공조냉동기계
기사 필기

 예문사

≫≫≫공조냉동기계기사
머리말

공조냉동 분야는 건물 및 산업체에서 탄소저감을 통해 기후변화에 대비한 전 세계적 노력에 최선의 힘을 보태고 있습니다. 그리고 정보통신시대에 Smart Grid 설계, Smart City 건립 등 정보통신과 건축물 및 각종 산업을 연결해 주는 핵심적 부분을 담당하고 있습니다. 또한 기계설비법의 제정에 따라 위상이 높아지고 있는 설비 분야에서 공조냉동기계기사는 자신의 가치를 인정받을 수 있어 최고의 자격증이라고 생각합니다.

공조냉동기계기사 필기시험에 합격하기 위해서는 핵심적 이론을 바탕으로 해당 이론이 문제에 어떻게 적용되는지를 파악하고 해결해 나가는 능력을 기르는 것이 중요합니다. 이 책은 단순 이론사항의 탐구보다는 문제와의 지속적인 접목을 통해 효과적인 학습이 되도록 이론과 핵심문제, 실전문제, 기출문제 등으로 구성하여 그 이해를 높이고 시험 합격에 한발 더 다가갈 수 있도록 하였습니다.

이 책은 다음과 같이 구성하였습니다.

1. 최근 10개년 이상의 출제 경향과 이슈를 면밀히 분석하여 이론을 구성하였습니다.
2. 이론 내용을 문제에 바로 접목시킬 수 있도록 이론 옆에 핵심문제를 삽입하였습니다.
3. 각 Chapter 별로 실전문제를 배치하여 실제 출제 유형을 파악토록 하였습니다.
4. 과년도 기출문제를 수록하여 수험생들의 실전력 향상을 도모하고자 하였습니다.

기사 시험은 핵심이론의 적절한 문제 접목이 중요한 시험입니다. 이에 대한 방법론을 반영하여 구성하였으므로 본서를 최대한 활용한다면 좋은 결과가 있을 것입니다. 끝으로 이 책을 출간하는 데 애써 주신 예문사 임직원 여러분, 책의 출간을 독려해 주신 주경야독 관계자, 그리고 늘 힘이 되어주는 가족에게 깊은 감사의 말씀을 전합니다. 이 책으로 공부하는 모든 분에게 합격의 영광이 있기를 바랍니다.

저 자
이 석 훈

» 이 책의 **특징**

핵심 이론

어렵고 복잡한 이론을 한눈에 이해할 수 있도록 핵심 내용을 간추려 구성하였습니다.

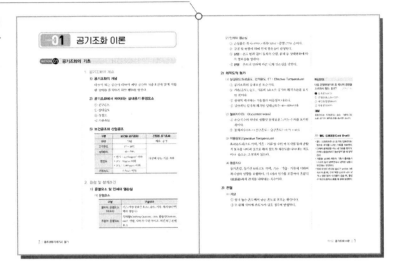

보조 자료

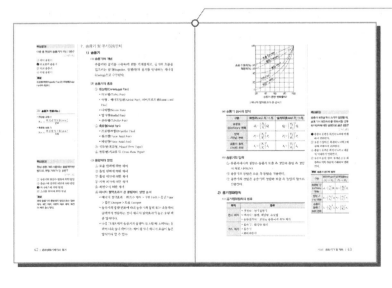

- 이론 내용에 해당하는 핵심문제를 보조단에 제시하여 개념 이해를 돕습니다.
- 시험 준비에 유용한 내용을 참고 자료로 제시하였습니다.

실전문제

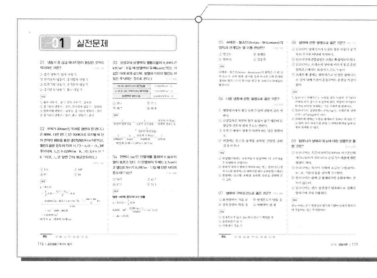

- 각 장이 끝날 때마다 연습문제를 풀어봄으로써 내용 이해도를 높일 수 있습니다.
- 각 문제마다 기출 회차를 표기하여 출제 경향을 알 수 있습니다.

과년도 기출문제

2018년 이후의 기출문제를 회차별로 수록하여 실제 시험과 동일한 조건에서 연습할 수 있도록 하였습니다.

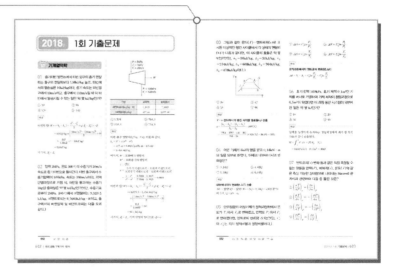

» 출제기준

직무 분야	기계	중직무 분야	기계장비 설비·설치	자격 종목	공조냉동기계 기사	적용 기간	2025.1.1.~2029.12.31.

○ 직무내용 : 산업현장, 건축물의 실내 환경을 최적으로 조성하고, 냉동냉장설비 및 기타 공작물을 주어진 조건으로 유지하기 위해 공학적 이론을 바탕으로 공조냉동, 유틸리티 등 필요한 설비를 계획, 설계, 시공관리 하는 직무이다.

필기검정방법	객관식	문제수	80	시험시간	2시간

필기과목명	문제수	주요항목	세부항목	세세항목
에너지관리	20	1. 공기조화 이론	1. 공기조화의 기초	1. 공기조화의 개요 2. 보건공조 및 산업공조 3. 환경 및 설계조건
			2. 공기의 성질	1. 공기의 성질 2. 습공기 선도 및 상태변화
		2. 공기조화 계획	1. 공기조화 방식	1. 공기조화 방식의 개요 2. 공기조화 방식 3. 열원 방식
			2. 공기조화부하	1. 부하의 개요 2. 난방부하 3. 냉방부하
			3. 난방	1. 중앙난방 2. 개별난방
			4. 클린룸	1. 클린룸 방식 2. 클린룸 구성 3. 클린룸 장치
		3. 공기조화설비	1. 공조기기	1. 공기조화기 장치 2. 송풍기 및 공기정화장치 3. 공기냉각 및 가열코일 4. 가습·감습장치 5. 열교환기
			2. 열원기기	1. 온열원기기 2. 냉열원기기
			3. 덕트 및 부속설비	1. 덕트 2. 급·환기설비 3. 부속설비
		4. TAB	1. TAB 계획	1. 측정 및 계측기기
			2. TAB 수행	1. 유량, 온도, 압력 측정·조정 2. 전압, 전류 측정·조정

필기과목명	문제수	주요항목	세부항목	세세항목
		5. 보일러설비 시운전	1. 보일러설비 시운전	1. 보일러설비 구성 2. 급탕설비 3. 난방설비 4. 가스설비 5. 보일러설비 시운전 및 안전대책
		6. 공조설비 시운전	1. 공조설비 시운전	1. 공조설비 시운전 준비 및 안전대책
		7. 급배수설비 시운전	1. 급배수설비 시운전	1. 급배수설비 시운전 준비 및 안전대책
공조냉동 설계	20	1. 냉동이론	1. 냉동의 기초 및 원리	1. 단위 및 용어 2. 냉동의 원리 3. 냉매 4. 신냉매 및 천연냉매 5. 브라인 및 냉동유 6. 전열과 방열
			2. 냉매선도와 냉동 사이클	1. 몰리에르 선도와 상변화 2. 역카르노 및 실제 사이클 3. 증기압축 냉동사이클 4. 흡수식 냉동사이클
		2. 냉동장치의 구조	1. 냉동장치 구성 기기	1. 압축기 2. 응축기 3. 증발기 4. 팽창밸브 5. 장치 부속기기 6. 제어기기
		3. 냉동장치의 응용과 안전관리	1. 냉동장치의 응용	1. 제빙 및 동결장치 2. 열펌프 및 축열장치 3. 흡수식 냉동장치 4. 신·재생에너지(지열, 태양열 이용 히트펌프 등) 5. 에너지 절약 및 효율 개선 6. 기타 냉동의 응용
			2. 냉동장치 안전관리	1. 냉매 취급 시 유의사항
		4. 냉동냉장 부하	1. 냉동냉장 부하계산	1. 냉동 부하계산 2. 냉장 부하계산
		5. 냉동설비 시운전	1. 냉동설비 시운전	1. 냉동설비 시운전 및 안전대책
		6. 열역학의 기본사항	1. 기본개념	1. 물질의 상태와 상태량 2. 과정과 사이클 등
			2. 용어와 단위계	1. 질량, 길이, 시간 및 힘의 단위계 등

필기과목명	문제수	주요항목	세부항목	세세항목
		7. 순수물질의 성질	1. 물질의 성질과 상태	1. 순수물질 2. 순수물질의 상평형 3. 순수물질의 독립상태량
			2. 이상기체	1. 이상기체와 실제기체 2. 이상기체의 상태방정식 3. 이상기체의 성질 및 상태변화 등
		8. 일과 열	1. 일과 동력	1. 일과 열의 정의 및 단위 2. 일이 있는 몇 가지 시스템 3. 일과 열의 비교
			2. 열전달	1. 전도, 대류, 복사의 기초
		9. 열역학의 법칙	1. 열역학 제1법칙	1. 열역학 제0법칙 2. 밀폐계 3. 개방계
			2. 열역학 제2법칙	1. 비가역 과정 2. 엔트로피
		10. 각종 사이클	1. 동력 사이클	1. 동력시스템 개요 2. 랭킨 사이클 3. 공기표준 동력 사이클 4. 오토, 디젤, 사바테 사이클 5. 기타 동력 사이클
		11. 열역학의 응용	1. 열역학의 적용사례	1. 압축기 2. 엔진 3. 냉동기 4. 보일러 5. 증기터빈 등
시운전 및 안전관리	20	1. 교류회로	1. 교류회로의 기초	1. 정현파 및 비정현파 교류의 전압, 전류, 전력 2. 각속도 3. 위상의 시간표현 4. 교류회로(저항, 유도, 용량)
			2. 3상 교류회로	1. 성형결선, 환상결선 및 V결선 2. 전력, 전류, 기전력 3. 대칭좌표법 및 Y−△ 변환
		2. 전기기기	1. 직류기	1. 직류전동기 및 발전기의 구조 및 원리 2. 전기자 권선법과 유도 기전력 3. 전기자 반작용과 정류 및 전압변동 4. 직류발전기의 병렬운전 및 효율 5. 직류전동기의 특성 및 속도제어

필기과목명	문제수	주요항목	세부항목	세세항목
			2. 유도기	1. 구조 및 원리 2. 전력과 역률, 토크 및 원 선도 3. 기동법과 속도제어 및 제동
			3. 동기기	1. 구조와 원리 2. 특성 및 용도 3. 손실, 효율, 정격 등 4. 동기전동기의 설치와 보수
			4. 정류기	1. 회전 변류기 2. 반도체 정류기 3. 수은 정류기 4. 교류 정류자기
		3. 전기계측	1. 전류, 전압, 저항의 측정	1. 직류 및 교류전압 측정 2. 저전압 및 고전압 측정 3. 충격전압 및 전류 측정 4. 미소전류 및 대전류 측정 5. 고주파 전류 측정 6. 저저항, 중저항, 고저항, 특수저항 측정
			2. 전력 및 전력량 측정	1. 전력과 기기의 정격 2. 직류 및 교류 전력 측정 3. 역률 측정
			3. 절연저항 측정	1. 전기기기의 절연저항 측정 2. 배선의 절연저항 측정 3. 스위치 및 콘센트 등의 절연저항 측정
		4. 시퀀스 제어	1. 제어요소의 동작과 표현	1. 입력기구 2. 출력기구 3. 보조기구
			2. 불 대수의 기본정리	1. 불 대수의 기본 2. 드모르간의 법칙
			3. 논리회로	1. AND 회로 2. OR 회로(EX-OR) 3. NOT 회로 4. NOR 회로 5. NAND 회로 6. 논리연산
			4. 무접점회로	1. 로직 시퀀스 2. PLC
			5. 유접점회로	1. 접점 2. 수동 스위치 3. 검출 스위치 4. 전자계전기

필기과목명	문제수	주요항목	세부항목	세세항목
		5. 제어기기 및 회로	1. 제어의 개념	1. 제어계의 기초 2. 자동제어계의 기본적인 용어
			2. 조작용 기기	1. 전자밸브 2. 전동밸브 3. 2상 서보전동기 4. 직류 서보전동기 5. 펄스전동기 6. 클러치 7. 다이어프램 8. 밸브 포지셔너 9. 유압식 조작기
			3. 검출용 기기	1. 전압 검출기 2. 속도 검출기 3. 전위차계 4. 차동변압기 5. 싱크로 6. 압력계 7. 유량계 8. 액면계 9. 온도계 10. 습도계 11. 액체성분계 12. 가스성분계
			4. 제어용 기기	1. 컨버터 2. 센서용 검출변환기 3. 조절계 및 조절계의 기본 동작 4. 비례동작기구 5. 비례미분동작기구 6. 비례적분미분동작기구
		6. 설치검사	1. 관련 법규 파악	1. 냉동공조기 제작 및 설치 관련 법규
		7. 설치안전관리	1. 안전관리	1. 근로자 안전관리교육 2. 안전사고 예방 3. 안전보호구
			2. 환경관리	1. 환경요소 특성 및 대처방법 2. 폐기물 특성 및 대처방법
		8. 운영안전관리	1. 분야별 안전관리	1. 고압가스 안전관리법에 의한 냉동기 관리 2. 기계설비법 3. 산업안전보건법
		9. 제어밸브 점검관리	1. 관련 법규 파악	1. 냉동공조설비 유지보수 관련 관계 법규
유지보수 공사관리	20	1. 배관재료 및 공작	1. 배관재료	1. 관의 종류와 용도 2. 관이음 부속 및 재료 등 3. 관 지지장치 4. 보온 · 보냉 재료 및 기타 배관용 재료
			2. 배관공작	1. 배관용 공구 및 시공 2. 관 이음방법

필기과목명	문제수	주요항목	세부항목	세세항목
		2. 배관 관련 설비	1. 급수설비	1. 급수설비의 개요 2. 급수설비 배관
			2. 급탕설비	1. 급탕설비의 개요 2. 급탕설비 배관
			3. 배수통기설비	1. 배수통기설비의 개요 2. 배수통기설비 배관
			4. 난방설비	1. 난방설비의 개요 2. 난방설비 배관
			5. 공기조화설비	1. 공기조화설비의 개요 2. 공기조화설비 배관
			6. 가스설비	1. 가스설비의 개요 2. 가스설비 배관
			7. 냉동 및 냉각설비	1. 냉동설비의 배관 및 개요 2. 냉각설비의 배관 및 개요
			8. 압축공기설비	1. 압축공기설비 및 유틸리티 개요
		3. 유지보수공사 및 검사 계획 수립	1. 유지보수공사 관리	1. 유지보수공사 계획 수립
			2. 냉동기 정비 · 세관작업 관리	1. 냉동기 오버홀 정비 및 세관공사 2. 냉동기 정비 계획 수립
			3. 보일러 정비 · 세관작업 관리	1. 보일러 오버홀 정비 및 세관공사 2. 보일러 정비 계획 수립
			4. 검사 관리	1. 냉동기 냉수 · 냉각수 수질관리 2. 보일러 수질관리 3. 응축기 수질관리 4. 공기질 기준
		4. 덕트설비 유지보수 공사	1. 덕트설비 유지보수 공사 검토	1. 덕트설비 보수공사 기준, 공사 매뉴얼, 절차서 검토 2. 덕트관경 및 장방형 덕트의 상당직경
		5. 냉동냉장설비 설계 도면 작성	1. 냉동냉장설비 설계 도면 작성	1. 냉동냉장 계통도 2. 장비도면 3. 배관도면(배관 표시법) 4. 배관구경 산출 5. 덕트도면 6. 산업표준에 규정한 도면 작성법

» 차 례

제1편 에너지관리

CHAPTER 01 공기조화 이론

01 공기조화의 기초 ··· 2
02 공기의 성질 ··· 5
■ 실전문제 ·· 9

CHAPTER 02 공기조화 계획

01 공기조화 방식 ·· 12
02 공기조화부하 ·· 22
03 난방 ··· 26
04 클린룸 ··· 30
■ 실전문제 ··· 35

CHAPTER 03 공조기기 및 덕트

01 공조기기 ··· 41
02 열원기기 ··· 51
03 덕트 및 부속설비 ·· 59
■ 실전문제 ··· 68

CHAPTER 04 TAB 및 시운전

01 TAB ··· 75
02 보일러설비 시운전 ··· 79
03 공조설비 시운전 ··· 82
04 급배수설비 시운전 ··· 86
■ 실전문제 ··· 89

제2편 공조냉동설계

CHAPTER 01 냉동이론

01 냉동의 기초 및 원리 ·········· 92
02 냉매선도와 냉동사이클 ·········· 103
■ 실전문제 ·········· 118

CHAPTER 02 냉동장치의 구조

01 압축기 ·········· 127
02 응축기 ·········· 133
03 증발기 ·········· 143
04 팽창밸브 ·········· 147
05 장치 부속기기 ·········· 152
06 제어기기 ·········· 157
■ 실전문제 ·········· 161

CHAPTER 03 냉동장치의 응용, 부하계산, 안전관리 및 시운전

01 냉동장치의 응용 ·········· 170
02 냉동냉장 부하계산 ·········· 181
03 냉동설비 시운전 ·········· 182
■ 실전문제 ·········· 184

CHAPTER 04 기계열역학

01 열역학의 기본사항 ·········· 187
02 열역학의 법칙 및 응용 ·········· 194
03 순수물질의 성질 ·········· 201
04 일과 열 ·········· 212
05 동력 사이클 ·········· 214
■ 실전문제 ·········· 220

≫ 차 례

제3편 시운전 및 안전관리

CHAPTER 01 교류회로

01 전기 기본사항 ··· 230
02 교류회로의 기초 ··· 239
■ 실전문제 ·· 247

CHAPTER 02 전기기기

01 직류기 ·· 253
02 유도기 ·· 256
03 변압기, 동기기 및 정류기 ··· 262
04 전기계측 ·· 268
■ 실전문제 ·· 272

CHAPTER 03 제어기기 및 회로

01 제어의 개념 ··· 275
02 시퀀스 제어 ··· 282
03 조작용 및 검출용 기기 ··· 290
■ 실전문제 ·· 293

CHAPTER 04 안전 및 설치, 운영, 점검

01 안전 및 설치, 운영, 점검 관계 법령 ······················· 298
■ 실전문제 ·· 310

제4편 유지보수공사관리

CHAPTER 01 배관재료 및 공작

01 배관재료 ·· 314
02 배관공작 ·· 323
■ 실전문제 ·· 330

CHAPTER 02 배관 관련 설비

01 기초적인 사항 ·· 336
02 급수설비 ··· 339
03 급탕설비 ··· 351
04 배수통기설비 ··· 358
05 난방설비 및 공기조화설비 ·· 370
06 가스설비 ··· 378
07 냉동, 냉각, 압축공기 설비 ·· 383
■ 실전문제 ··· 388

제5편 과년도 기출문제

2018년 1회 기출문제 ··· 402
2018년 2회 기출문제 ··· 424
2018년 3회 기출문제 ··· 444
2019년 1회 기출문제 ··· 466
2019년 2회 기출문제 ··· 487
2019년 3회 기출문제 ··· 508
2020년 1 · 2회 기출문제 ·· 528
2020년 3회 기출문제 ··· 550
2020년 4회 기출문제 ··· 571
2021년 1회 기출문제 ··· 592
2021년 2회 기출문제 ··· 612
2021년 3회 기출문제 ··· 633
2022년 1회 기출문제 ··· 655
2022년 2회 기출문제 ··· 671
2022년 3회 기출문제 (CBT 복원문제) ·· 688
2023년 1회 기출문제 (CBT 복원문제) ·· 706
2023년 2회 기출문제 (CBT 복원문제) ·· 722
2023년 3회 기출문제 (CBT 복원문제) ·· 739
2024년 1회 기출문제 (CBT 복원문제) ·· 756
2024년 2회 기출문제 (CBT 복원문제) ·· 772
2024년 3회 기출문제 (CBT 복원문제) ·· 788

※ 기사는 2022년 3회부터 CBT(Computer-Based Test)로 전면 시행됩니다.

PART

01

에너지관리

CHAPTER 01 공기조화 이론

CHAPTER 02 공기조화 계획

CHAPTER 03 공조기기 및 덕트

CHAPTER 04 TAB 및 시운전

공기조화 이론

SECTION 01 공기조화의 기초

1. 공기조화의 개요

1) 공기조화의 개념

대상이 되는 공간에 대하여 해당 공간의 사용조건에 맞게 적합한 상태를 유지하기 위한 행위를 말한다.

2) 공기조화에서 제어되는 실내공기 환경요소

① 건구온도
② 상대습도
③ 청정도
④ 기류속도

3) 보건공조와 산업공조

구분	보건용 공기조화	산업용 공기조화
대상	사람	제품, 공정
건구온도	17~28℃	대상에 맞는 기준 적용
상대습도	40~70%	
청정도	• 먼지 : 0.15mg/m³ 이하 • CO : 10ppm 이하 • CO_2 : 1,000ppm 이하	
기류속도	0.5m/s 이하	

2. 환경 및 설계조건

1) 온열요소 및 인체의 열손실

(1) 온열요소

구분	구성요소
물리적 온열요소 (4요소)	기온(가장 중요한 요소), 습도, 기류, 복사열(주위 벽의 열방사)
주관적 온열요소	착의량(Clothing Quantity, clo), 활동량(Activity, met), 성별, 나이 등 주관적이고, 개인적인 온열요소

2 | 공조냉동기계기사 필기

(2) 인체의 열손실

① 손실률은 복사(45%) > 대류(30%) > 증발(25%) 순이다.

② 잠열 및 현열에 의해 인체 열손실이 발생한다.

③ **잠열** : 온도 변화 없이 물체의 증발, 융해 등 상태변화에 따른 열손실을 말한다.

④ **현열** : 온도의 변화에 따른 인체 열손실을 말한다.

2) 쾌적도의 평가

(1) 실감온도(유효온도, 감각온도, ET : Effective Temperature)

① 공기조화의 실내조건 표준이다.

② 기온(온도), 습도, 기류의 3요소로 공기의 쾌적조건을 표시한 것이다.

③ 실내의 쾌적대는 겨울철과 여름철이 다르다.

④ 일반적인 실내의 쾌적한 상대습도는 40~60%이다.

(2) 불쾌지수(DI : Discomfort Index)

① 온습지수의 하나로 생활상 불쾌감을 느끼는 수치를 표시한 것이다.

② 불쾌지수(DI) = (건구온도 + 습구온도) × 0.72 + 40.6

(3) 작용온도(Operative Temperature)

효과온도라고도 하며, 기온·기류 및 주위 벽 복사열 등의 종합적 효과를 나타낸 것으로 쾌적 정도 등 체감도를 나타내는 척도이다. 습도는 고려되지 않는다.

(4) 등온지수

등가온감, 등가온도라고도 하며, 기온·기습·기류에 더하여 복사열의 영향을 포함하여, 이 4개의 인자를 조합하여 온감각(溫感覺)과의 관계를 나타내는 지수이다.

3) 전열

(1) 개념

① 열이 높은 온도에서 낮은 온도로 흐르는 현상이다.

② 두 물체 사이에 온도차가 있을 경우에 발생한다.

핵심문제

다음 온열환경지표 중 복사의 영향을 고려하지 않는 것은?

[22년 1회, 24년 2회]

❶ 유효온도(ET)

② 수정유효온도(CET)

③ 예상온열감(PMV)

④ 작용온도(OT)

해설

유효온도는 기온(온도), 습도, 기류의 3요소로 공기의 쾌적조건을 표시한 것이다.

>>> **콜드 드래프트(Cold Draft)**

- 콜드 드래프트란 찬 공기와 접촉한다는 뜻으로 추위를 느끼는 기류를 의미한다.
- 인체에 불쾌감을 주는 냉기류를 말하며, 인체의 열생산보다 열손실이 클 때 발생한다.
- 겨울철 실내에 저온의 기류가 흘러들거나 유리 등의 냉벽면에서 냉각된 냉풍이 하강하는 현상이다.
- 인체 주변의 온도와 습도가 낮으며 기류 속도가 클 때, 주위 벽면 온도가 너무 낮거나 창문 등의 극간풍이 많을 때, 흡입구 부근의 풍속이 빠를 때 등에 발생한다.

>>> **구조체 전열의 특징**

- 표면 열전달 저항이 커지면 열통과율은 작아진다.
- 수평구조체의 경우 상향열류가 하향열류보다 부력 등의 작용요소가 크므로 열통과율이 크다.
- 각종 재료의 열전도율은 대부분 함습률의 증가로 인하여 열전도율이 커지게 되는 특성을 갖고 있다.

냉동창고의 벽체가 두께 15cm, 열전도율 1.6W/m · K인 콘크리트와 두께 5cm, 열전도율 1.4W/m · K인 모르타르로 구성되어 있다면 벽체의 열통과율(W/m² · K)은?(단, 내벽 측 표면 열전달률은 9.3W/m² · K, 외벽 측 표면 열전달률은 23.2W/m² · K 이다.) [21년 1회]

① 1.11　　② 2.58
❸ 3.57　　④ 5.91

해설
열저항(m² · K/W) $= \dfrac{1}{9.3} + \dfrac{0.15}{1.6}$
$\qquad\qquad + \dfrac{0.05}{1.4} + \dfrac{1}{23.2}$
$\qquad = 0.28$

∴ 열통과율(W/m² · K) $= \dfrac{1}{\text{열저항(m² · K/W)}}$
$\qquad\qquad = \dfrac{1}{0.28}$
$\qquad\qquad = 3.57\text{W/m}^2\text{K}$

(2) 종류

    ① 전도 : 고체 간 열의 이동

    ② 대류 : 유체 간 열의 이동

    ③ 복사 : 빛과 같이 매개체가 없이 열이 이동

(3) 전열의 표현

구분	내용
열전도율 (λ)	• 물체의 고유 성질로, 전도(벽체 내)에 의한 열의 이동 정도를 표시한 것이다. • 단위는 W/m · K, kcal/m · h · ℃이다.
열전달률 (α)	• 고체 벽과 이에 접하는 공기층과의 전열현상이다. • 단위는 W/m² · K, kcal/m² · h · ℃이다.
열관류율 (K)	• 열관류는 열전도와 열전달의 복합형식이다. • 전달 → 전도 → 전달이라는 과정을 거쳐 열이 이동하는 것이다. • 열관류율이 큰 재료일수록 단열성이 좋지 않다. • 열관류율의 역수를 열저항이라 한다. • 벽체의 단열효과는 기밀성 및 두께와 큰 관계가 있다. • 단위는 W/m² · K, kcal/m² · h · ℃이다.

4) 열관류율(열통과율) 및 열손실량 산출

(1) 열관류율(열통과율) 산출

벽체 열관류율은 열저항의 합을 구한 후, 그것의 역수를 취해 구한다.

$$\text{열관류율}(\text{W/m}^2 \cdot \text{K}) = \frac{1}{\sum \text{열저항}(\text{m}^2 \cdot \text{K/W})}$$

(2) 열손실량 산출

$$q = K \times A \times \Delta t$$

여기서, q : 손실열량(W)
      K : 열관류율(W/m² · K)
      A : 면적(m²)
      Δt : 실내외 온도차(℃)

1. 공기의 기본성질

1) 공기의 기본구성

공기는 건공기와 수증기로 구성되며, 공기 내 수증기의 포함 여부에 따라 아래와 같이 분류된다.

① 건공기 : 수증기를 전혀 포함하고 있지 않은 공기

② 습공기(건공기+수증기) : 건공기와 수증기로 구성된 공기

2) 습공기의 성질

(1) 포화습공기의 개념

① 온도에 따라 일정한 부피의 공기에 포함될 수 있는 수증기량은 한계가 있는데, 최대한도의 수증기를 포함한 공기를 포화습공기라 하며, 이때의 수증기량을 포화수증기량이라고 한다.

② 포화습공기는 상대습도 100% 선에 상태점이 있는 공기를 의미한다.(상대습도 100% 초과 : 과포화공기, 상대습도 100% 미만 : 불포화공기)

③ 온도 상승(가열) : 포화수증기량 증가

④ 온도 하강(냉각) : 포화수증기량 감소

3) 습공기 선도

(1) 일반사항

① 습공기의 상태를 표시한 그래프를 습공기 선도라고 한다.

② 습공기상태값인 건구온도, 습구온도, 노점온도, 절대습도, 상대습도, 수증기 분압, 엔탈피, 비체적 등의 관련성을 나타낸 것이다.

③ 위의 8가지 습공기상태값 중에서 두 가지의 상태값을 알게 되면 그 습공기의 다른 상태값들을 알 수 있다.

핵심문제

습공기 선도($t - x$ 선도)상에서 알 수 없는 것은? [22년 1회]

① 엔탈피 ② 습구온도

❸ 풍속 ④ 상대습도

해설

습공기 선도는 습공기의 성질을 나타내는 선도로서 건구온도, 습구온도, 노점온도, 절대습도, 상대습도, 수증기 분압, 비용적, 엔탈피, 현열비, 열수분비 등을 나타낸다. 풍속은 습공기 선도에 나타내는 사항이 아니다.

(2) 구성요소

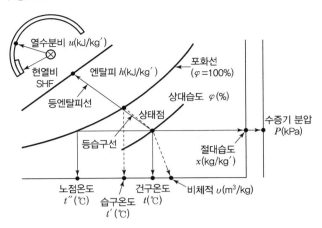

┃ 습공기 선도 ┃

핵심문제

공기 중의 수증기가 응축하기 시작할 때의 온도, 즉 공기가 포화상태로 될 때의 온도를 무엇이라고 하는가?

[22년 1회]

① 건구온도   ❷ 노점온도
③ 습구온도   ④ 상당외기온도

해설

노점온도는 수증기가 응축되기 시작하는 온도를 의미하며, 일상에서 볼 수 있는 결로가 시작되는 온도이기도 하다.

≫ 상대습도(ϕ)와 절대습도(w)의 관계성

$$\phi = \frac{w}{0.622}\frac{P_a}{P_s}$$

$$w = 0.622\frac{\phi P_s}{P - \phi P_s}$$

여기서, P : 습공기 분압(=수증기 분압 (P_w) + 건공기 분압(P_a))
P_s : 습공기와 같은 온도의 포화 수증기압

구성요소	개념 및 특징
건구온도(DB : Dry Bulb temperature, t, ℃)	• 보통의 온도계로 측정한 온도이다. • 건구온도가 높을수록 대기 중에 포함되는 수증기량은 많아진다.
습구온도(WB : Wet Bulb temperature, t', ℃)	• 온도계의 감온부를 물에 젖은 천으로 감싸고 바람이 부는 상태에서 측정한 온도이다. • 습구온도는 대기 중의 수증기량과 관계가 있으며, 수증기량이 많으면 젖은 천의 증발속도가 느려져 건구온도보다 온도가 낮게 된다.
노점온도(DP : Dew Point temperature, t'', ℃)	• 응축이 시작되는 온도이다. • 응축이 시작되어 구조체에 이슬이 맺히는 것을 결로라고 한다. • 노점온도는 결로가 발생하기 시작하는 온도로서 어떤 한 상태의 공기가 결로상태가 되면, 노점온도, 습구온도, 건구온도는 같은 값을 갖게 된다. • 결로 발생 시를 제외하고 건구온도 > 습구온도 > 노점온도 순으로 수치가 높다.
절대습도(SH : Specific Humidity, AH : Absolute Humidity, x)	• 건조공기 1kg 중에 포함되어 있는 수증기의 양이다. • 절대습도(x) $= \dfrac{수증기량(\text{kg})}{건조공기의\ 중량(\text{kg}')}$ (kg/kg′, kg/kg(DA))
상대습도(RH : Relative Humidity, ϕ, %)	• 현재 공기의 수증기량(수증기압)과 동일 온도에서의 포화공기수증기량(수증기압)의 비이다. • 상대습도(ϕ)$= \dfrac{현\ 포화공기의\ 수증기량}{포화공기의\ 수증기량} \times 100(\%)$

구성요소	개념 및 특징
수증기 분압(VP : Vapor Pressure, P, kPa)	습공기 속에서 수증기가 갖는 압력으로 수증기압이라고도 한다.
엔탈피(Enthalpy, h, i, kJ/kg)	• 엔탈피는 전열을 의미하며, 건공기의 엔탈피(h_a)와 수증기의 엔탈피(h_v)의 합이다. 또한 이는 현열과 잠열의 합을 의미한다. • 엔탈피$(h) = h_a + xh_v = C_p \cdot t + x(r + C_{vp} \cdot t)$ $= 1.01t + x(2,501 + 1.85t)$ 여기서, C_p : 건공기의 정압비열(1.01kJ/kg · K) t : 건공기의 온도(℃) x : 습공기의 절대습도(kg/kg′) r : 0℃에서 포화수의 증발잠열(2,501kJ/kg) C_{pv} : 수증기의 정압비열(1.85kJ/kg · K)
비체적(SV : Specific Volume, 비용적)	• 습공기 중에 포함되어 있는 건공기 1kg에 대한 습공기의 체적이다. • 비체적$(v) = \dfrac{습공기\ 체적(\text{m}^3)}{건공기\ 질량(\text{kg})}(\text{m}^3/\text{kg})$
현열비	• 현열비란 전열량에 대한 현열량의 비를 말한다. • 현열비$(SHF) = \dfrac{현열부하}{전열부하} = \dfrac{현열부하}{현열부하 + 전열부하}$
열수분비	• 열수분비란 공기의 상태변화 시 엔탈피 변화량과 절대습도 변화량의 비를 말한다. • 열수분비$(u) = \dfrac{엔탈피의\ 변화량}{절대습도의\ 변화량}$

≫ 수증기 분압

수증기 분압은 공기 중의 수증기의 압력으로서, 수증기의 양에 비례하여 커진다. 따라서 수증기의 양을 나타내는 절대습도와 비례관계에 있다.

(3) 습공기 선도의 해석

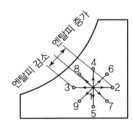

1→2 : 현열가열(Sensible Heating)
1→3 : 현열냉각(Sensible Cooling)
1→4 : 가습(Humidification)
1→5 : 감습(Dehumidification)
1→6 : 가열가습(Heating and Humidifying)
1→7 : 가열감습(Heating and Dehumidifying)
1→8 : 냉각가습(Cooling and Humidifying)
1→9 : 냉각감습(Cooling and Dehumidifying)

‖ 상태점의 변화에 따른 해석 ‖

① 공기를 냉각하면 상대습도는 높아지고, 공기를 가열하면 상대습도는 낮아진다.
② 공기를 냉각 또는 가열하여도 절대습도는 변하지 않는다.
③ 습구온도와 건구온도가 같다는 것은 상대습도 100%인 포화공기임을 뜻한다.
④ 결로 발생 시를 제외하고는 습구온도가 건구온도보다 높을 수는 없다.

핵심문제

습공기 선도상의 상태변화에 대한 설명으로 틀린 것은?(단, 가운데 5번 상태점을 기준으로 한다.) [22년 2회]

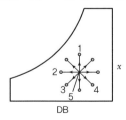

① 5 → 1 : 가습
② 5 → 2 : 현열냉각
❸ 5 → 3 : 냉각가습
④ 5 → 4 : 가열감습

해설

5 → 3은 건구온도와 절대습도가 동시에 낮아지고 있으므로 냉각감습에 해당한다.

$$BF_2 = \left(BF_1\right)^{\frac{N_2}{N_1}}$$

여기서,
BF_1, N_1 : 최초 바이패스 팩터와 열수
BF_2, N_2 : 변경된 바이패스 팩터와 열수

(4) 공기조화기의 바이패스팩터(BF), 콘택트팩터(CF), 장치노점온도
 (ADP)

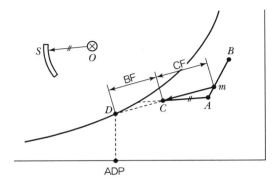

▮ 습공기 선도에서의 BF, CF, ADP ▮

구분	개념
바이패스팩터 (BF : By-pass Factor)	가열·냉각코일을 통과하는 공기 중 코일 표면에 접촉하지 않고 그대로 통과하는 공기의 비율을 말한다.
콘택트팩터 (CF : Contact Factor)	• 바이패스팩터의 반대개념으로 가열·냉각코일을 통과하는 공기 중 코일 표면에 완전히 접촉하면서 통과한 공기의 비율을 말한다. • 바이패스팩터와 콘택트팩터를 더하면 1이 된다.
장치노점온도 (ADP : Apparatus Dew Point)	냉각코일을 통과하는 공기가 100% 열교환했을 때의 온도이다.

01 인체의 발열에 관한 설명으로 틀린 것은?

[20년 3회]

① 증발 : 인체 피부에서의 수분이 증발하여 그 증발열로 체내 열을 방출한다.
② 대류 : 인체 표면과 주위 공기와의 사이에 열의 이동으로 인위적으로 조절이 가능하며 주위 공기의 온도와 기류에 영향을 받는다.
③ 복사 : 실내온도와 관계없이 유리창과 벽면 등의 표면온도와 인체 표면과의 온도차에 따라 실제 느끼지 못하는 사이 방출되는 열이다.
④ 전도 : 겨울철 유리창 근처에서 추위를 느끼는 것은 전도에 의한 열 방출이다.

[해설]

겨울철 유리창 근처에서 추위를 느끼는 것은 복사에 의한 열 방출이다. 전도에 의한 열 방출은 고체의 열전달이므로 유리창에 몸이 닿아야 전도에 의한 열 방출이 일어나게 된다.

02 슈테판-볼츠만(Stefan-Boltzmann)의 법칙과 관계있는 열 이동 현상은?

[19년 3회]

① 열전도
② 열대류
③ 열복사
④ 열통과

[해설]

슈테판-볼츠만(Stefan-Boltzmann)의 법칙은 각 면 간의 온도차, 면의 형태, 방사율 등과 복사량 간의 관계를 정리한 법칙으로서 열 이동 현상 중 열복사와 관계있는 법칙이다.

03 유효온도(Effective Temperature)의 3요소는?

[18년 3회, 24년 1회]

① 밀도, 온도, 비열
② 온도, 기류, 밀도
③ 온도, 습도, 비열
④ 온도, 습도, 기류

[해설]

유효온도(실감온도, 감각온도, ET : Effective Temperature)
• 공기조화의 실내조건 표준이다.
• 기온(온도), 습도, 기류의 3요소로 공기의 쾌적조건을 표시한 것이다.
• 실내의 쾌적대는 겨울철과 여름철이 다르다.
• 일반적인 실내의 쾌적한 상대습도는 40~60%이다.

04 기후에 따른 불쾌감을 표시하는 불쾌지수는 무엇을 고려한 지수인가?

[21년 1회]

① 기온과 기류
② 기온과 노점
③ 기온과 복사열
④ 기온과 습도

[해설]

불쾌지수(DI : Discomfort Index)
• 온습지수의 하나로 생활상 불쾌감을 느끼는 수치를 표시한 것이다.
• 불쾌지수(DI) = (건구온도 + 습구온도)×0.72 + 40.6

05 건축 구조체의 열통과율에 대한 설명으로 옳은 것은?

[21년 3회]

① 열통과율은 구조체 표면 열전달 및 구조체 내 열전도율에 대한 열 이동의 과정을 총 합한 값을 말한다.
② 표면 열전달 저항이 커지면 열통과율도 커진다.
③ 수평구조체의 경우 상향열류가 하향열류보다 열통과율이 작다.
④ 각종 재료의 열전도율은 대부분 함습률의 증가로 인하여 열전도율이 작아진다.

정답   01 ④   02 ③   03 ④   04 ④   05 ①

해설

② 표면 열전달 저항이 커지면 열통과율은 작아진다.
③ 수평구조체의 경우 상향열류가 하향열류보다 부력 등의 작용요소가 크므로 열통과율이 크다.
④ 각종 재료의 열전도율은 대부분 함습률의 증가로 인하여 열전도율이 커지게 되는 특성을 갖고 있다.

06 실내공기 상태에 대한 설명으로 옳은 것은?

[22년 1회]

① 유리면 등의 표면에 결로가 생기는 것은 그 표면온도가 실내의 노점온도보다 높게 될 때이다.
② 실내공기 온도가 높으면 절대습도가 높다.
③ 실내공기의 건구온도와 그 공기의 노점온도와의 차는 상대습도가 높을수록 작아진다.
④ 건구온도가 낮은 공기일수록 많은 수증기를 함유할 수 있다.

해설

① 유리면 등의 표면에 결로가 생기는 것은 그 표면온도가 실내의 노점온도보다 이하일 때이다.
② 실내공기 온도만 높아질 경우 절대습도는 변화가 없다.
④ 건구온도가 낮은 공기일수록 상대습도가 낮아 적은 수증기를 함유할 수 있다.

07 외기온도 5℃에서 실내온도 20℃로 유지되고 있는 방이 있다. 내벽 열전달계수가 5.8W/m² · K, 외벽 열전달계수가 17.5W/m² · K, 열전도율이 2.4W/m · K이고, 벽 두께가 10cm일 때, 이 벽체의 열저항(m² · K/W)은 얼마인가?

[19년 3회]

① 0.27
② 0.55
③ 1.37
④ 2.35

해설

$$열저항(R, m² · K/W) = \frac{1}{\alpha_i} + \frac{d}{\lambda} + \frac{1}{\alpha_o}$$
$$= \frac{1}{5.8} + \frac{0.1m}{2.4} + \frac{1}{17.5} = 0.27$$

여기서, α_i : 실내(내벽) 열전달계수(W/m² · K)
α_o : 외기(외벽) 열전달계수(W/m² · K)
λ : 열전도율(W/m · K)
d : 두께(m)

08 내벽 열전달률 4.7W/m² · K, 외벽 열전달률 5.8W/m² · K, 열전도율 2.9W/m · ℃, 벽두께 25cm, 외기온도 −10℃, 실내온도 20℃일 때 열관류율(W/m² · K)은?

[20년 1 · 2회 통합]

① 1.8
② 2.1
③ 3.6
④ 5.2

해설

$$K(열관류율) = \frac{1}{R(열저항)}$$
$$R = \frac{1}{내부 열전달률} + \frac{벽체 두께(m)}{벽체 열전도율} + \frac{1}{외부 열전달률}$$
$$= \frac{1}{4.7} + \frac{0.25m}{2.9} + \frac{1}{5.8} = 0.47$$
$$\therefore K = \frac{1}{R} = \frac{1}{0.47} = 2.1W/m² · K$$

09 가열로(加熱爐)의 벽 두께가 80mm이다. 벽의 안쪽과 바깥쪽의 온도차가 32℃, 벽의 면적은 60m², 벽의 열전도율은 46.5W/m · K일 때, 방열량(W)은?

[18년 2회, 24년 2회]

① 886,000
② 932,000
③ 1,116,000
④ 1,235,000

해설

$$q = kA\Delta t = \frac{\lambda}{d}A\Delta t = \frac{46.5}{0.08} \times 60 \times 32 = 1,116,000W$$

10 다음 중 사용되는 공기 선도가 아닌 것은? (단, h : 엔탈피, x : 절대습도, t : 온도, p : 압력이다.)

[18년 3회]

① $h-x$ 선도
② $t-x$ 선도
③ $t-h$ 선도
④ $p-h$ 선도

$p - h$ 선도는 압력과 엔탈피의 관계를 나타내는 선도로서 냉동기의 냉매 등의 상태변화량을 나타내는 것으로 습공기의 상태를 나타내는 공기 선도와는 거리가 멀다.

11 습공기의 습도에 대한 설명으로 틀린 것은?

[20년 1 · 2회 통합]

① 절대습도는 건공기 중에 포함된 수증기량을 나타낸다.
② 수증기 분압은 절대습도에 반비례 관계가 있다.
③ 상대습도는 습공기의 수증기 분압과 포화공기의 수증기 분압과의 비로 나타낸다.
④ 비교습도는 습공기의 절대습도와 포화공기의 절대습도와의 비로 나타낸다.

수증기 분압은 공기 중의 수증기의 압력으로서, 수증기의 양에 비례하여 커진다. 그러므로 수증기의 양을 나타내는 습공기 선도와 비례관계에 있다.

12 노점온도(Dew Point Temperature)에 대한 설명으로 옳은 것은?

[21년 1회]

① 습공기가 어느 한계까지 냉각되어 그 속에 있던 수증기가 이슬방울로 응축되기 시작하는 온도
② 건공기가 어느 한계까지 냉각되어 그 속에 있던 공기가 팽창하기 시작하는 온도
③ 습공기가 어느 한계까지 냉각되어 그 속에 있던 수증기가 자연 증발하기 시작하는 온도
④ 건공기가 어느 한계까지 냉각되어 그 속에 있던 공기가 수축하기 시작하는 온도

노점온도
습공기가 포화상태(습도 100%)가 되어 습공기 내의 수증기가 이슬방울로 응축되기 시작할 때의 온도를 그 습공기의 노점온도라고 한다.

13 습공기의 상태변화를 나타내는 방법 중 하나인 열수분비의 정의로 옳은 것은?

[19년 2회]

① 절대습도 변화량에 대한 잠열량 변화량의 비율
② 절대습도 변화량에 대한 전열량 변화량의 비율
③ 상대습도 변화량에 대한 현열량 변화량의 비율
④ 상대습도 변화량에 대한 잠열량 변화량의 비율

열수분비는 절대습도 변화량에 따른 전열량(현열＋잠열) 변화량의 비율을 의미한다.

14 다음 그림에서 상태 1인 공기를 2로 변화시켰을 때의 현열비를 바르게 나타낸 것은?

[18년 3회]

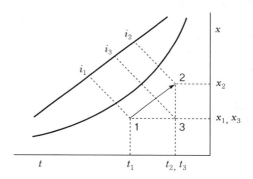

① $\dfrac{(i_3 - i_1)}{(i_2 - i_1)}$

② $\dfrac{(i_2 - i_3)}{(i_2 - i_1)}$

③ $\dfrac{(x_2 - x_1)}{(t_1 - t_2)}$

④ $\dfrac{(t_1 - t_2)}{(i_3 - i_1)}$

현열비는 전체 엔탈피의 변화량($i_2 - i_1$)에서 온도에 따른 엔탈피의 변화량($i_3 - i_1$)의 비율을 나타내는 것이다.

>>> **공기조화 방식을 결정할 때에 고려할 요소**

건물의 종류, 건물의 규모, 건물의 사용목적, 건물의 사용시간, 사용하는 대상 등

핵심문제

다음 공조 방식 중에서 전공기 방식에 속하지 않는 것은? [18년 2회]

① 단일덕트 방식
② 이중덕트 방식
❸ 팬코일유닛 방식
④ 각층유닛 방식

해설

팬코일유닛 방식은 전수 방식에 속한다.

>>> **동시사용률**

동시사용률은 전체 공조사용개소 중 동시에 사용할 확률을 의미하는 것으로서, 이러한 동시사용률을 고려하게 되면 설비용량을 작게 설계할 수 있다. 예를 들어 100개소의 공조사용개소가 있을 때 100개에 대하여 설비용량을 설정하는 것이 아니라, 70%의 동시사용확률이 있다면, 100개소의 70%인 70개소에 해당하는 설비용량으로 설정하는 것을 의미한다.

1. 공기조화 방식의 개요

1) 일반사항

공조기의 설치방법에 따라 중앙식과 개별식으로 나눌 수 있으며 열매체에 따라 전공기 방식, 공기 – 수 방식, 전수 방식으로 나뉜다.

2) 공기조화 방식의 분류

공조기의 설치방법	열(냉)매	공기조화 방식
중앙식	전공기 방식	단일덕트 정풍량 방식, 단일덕트 변풍량 방식, 이중덕트 방식, 멀티존유닛 방식, 바닥급기 공조 방식
	공기 – 수 방식	각층유닛 방식, 유인유닛 방식, 덕트병용 팬코일유닛(FCU) 방식, 복사냉난방 방식
	전수 방식	팬코일유닛 방식
개별식	냉매 방식	패키지유닛 방식

(1) 중앙식(중앙집중식, 중앙냉난방 방식)

중앙식은 1차 열원기기(냉동기, 보일러 등)를 중앙기계실에 집중 설치하여 2차 측 공조시스템(공조기 등)으로 펌프를 통해 열매를 공급하는 방식으로, 대규모 건물에서는 일반적으로 이 방식을 사용한다.

장점	• 비교적 대용량이고, 효율이 좋은 기기를 사용하기 때문에 운전효율이 좋다. • 부하특성에 맞게 기기 대수를 분할 설치하여 부분부하에 대응할 수 있다. • 축열조를 사용하여 열원기기의 용량을 줄일 수 있다. • 열회수 히트펌프(Heat Pump System) 사용이 가능하여 에너지를 유효하게 사용할 수 있다. • 각종 기기류가 집중 설치되므로 보수 · 유지관리가 용이하다. • 동시사용률을 고려하여 전체 설비용량을 줄일 수 있다.

| 단점 | • 넓은 기계실이 필요하다.
• 기기의 하중이 크고, 발생소음이 크기 때문에 사람이 거주하는 실과 인접하여 설치할 때에는 차음 및 방진에 세심한 배려가 필요하다. |

(2) 개별식(개별냉난방 방식)

개별식은 부하가 발생하는 장소(실내)에 별도의 열원기기(패키지 에어컨 등)를 설치하여 발생하는 부하를 처리하는 방식으로, 종전에는 주로 중·소규모의 건물에만 사용하였으나, 최근에는 기종이 다양해지고 성능도 많이 향상되어 대규모 건물에서도 많이 사용하고 있다.

장점	• 각 유닛마다 별도의 운전, 온도 제어가 가능하다.(개별 제어의 측면에서 유리하다.) • 별도의 냉온수배관이 필요 없으므로 시공이 간편하다. • 펌프, 팬 등의 열반송기기가 필요 없다. • 전용 기계실이 필요 없다.
단점	• 기기가 분산 설치되므로 유지관리가 어렵다. • 기기 설치공간을 줄이기 위해 천장 속에 설치하는 경우가 있는데, 이때는 소음처리가 어렵고, 필터의 청소나 유지관리도 힘들다. • 가습기가 내장된 기기가 있기는 하나 일반적으로 별도의 가습장치가 필요하다. • 기기의 능력은 외기온도, 냉매배관 길이 등에 따라서 큰 영향을 받으므로 기기 선정 시에는 설치장소의 조건을 충분히 반영하여 검토가 필요하다.(외기온도가 낮거나 배관 길이가 길면 냉동능력이 떨어진다.) • 중앙식에 비해 전체 설비용량이 커질 수 있다.

2. 공기조화 방식의 종류별 특징

1) 전공기 방식

정의	공기만을 열매로 하여 실내유닛으로 공기를 냉각·가열하는 방식
장점	• 온습도 및 공기청정 제어가 용이하다. • 실내기류 분포가 좋다. • 공조되는 실내에 수배관이 필요 없어 누수 우려가 없다. • 외기냉방이 가능하고, 폐열회수가 용이하다. • 공조되는 실내에 설치되는 기기가 없으므로 실 유효면적이 증가한다. • 운전 및 유지관리 집중화가 가능하다. • 동계 가습이 용이하고, 자동으로 계절전환이 가능하다.

단점	• 존마다 공기밸런스를 장착하지 않으면 공기밸런스가 잘 맞지 않는다. • 덕트 스페이스가 커진다. • 송풍동력이 커서 다른 방식에 비해 반송동력이 많이 소요된다. • 공조기계실 스페이스가 많이 필요하다.
용도	사무소 건물, 병원의 수술실, 극장

핵심문제

덕트 정풍량 방식에 대한 설명으로 틀린 것은?　[21년 3회]

❶ 각 실의 실온을 개별적으로 제어할 수 있다.

② 설비가 다른 방식에 비해서 적게 든다.

③ 기계실에 기기류가 집중 설치되므로 운전, 보수가 용이하고, 진동, 소음의 전달 염려가 적다.

④ 외기의 도입이 용이하며 환기팬 등을 이용하면 외기냉방이 가능하고 전열교환기의 설치도 가능하다.

해설

(단일)덕트 정풍량 방식은 부하에 따른 최대풍량을 전 실에 걸쳐 공급하므로 각 실의 실온을 개별적으로 제어하기 난해하다.

(1) 단일덕트 정풍량 방식(CAV : Constant Air Volume System)

① 송풍량은 항상 일정하게 하고 실내의 열부하에 따라 송풍의 온습도를 변화시켜 1대의 공조기에 1개의 덕트를 통하여 건물 전체에 냉온풍을 송풍하는 방식이다.

② 중·소규모 건물, 극장, 공장 등 바닥면적이 크고 천장이 높은 곳에 적합하다.

③ 장단점

장점	• 외기냉방이 가능하여 청정도가 높다. • 유지관리가 용이하다. • 고성능 공기정화장치가 가능하다. • 소규모에서 설치비가 저렴하다.
단점	• 비교적 덕트면적이 크게 요구된다. • 변풍량 방식에 비해 에너지가 많이 든다. • 각 실에서의 온습도 조절이 곤란하다. • 실이 많은 경우 부적합하다.

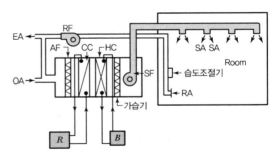

▎ 단일덕트 정풍량 방식 ▎

(2) 단일덕트 변풍량 방식(VAV : Variable Air Volume System)

① 송풍온도는 일정하게 하고 실내부하의 변동에 따라 송풍량을 변화시키는 방식으로 여러 방식 중 가장 에너지가 절약되는 방식이다.

② 대규모 사무소의 내부 존이나 인텔리전트빌딩, 점포 등 연간 냉방부하가 발생하는 공간에 적합하다.

③ 장단점

장점	• 실온을 유지하므로 에너지 손실이 가장 적다. • 각 실별 또는 존별로 개별적 제어가 가능하다. • 토출공기의 풍량조절이 용이하다. • 칸막이 등 부하변동에 대응하기 쉽다. • 설치비가 저렴하고, 외기냉방이 가능하다. • 설비용량이 적어서 경제적인 운전이 가능하다. • 부분부하 시 송풍기 동력 절감이 가능하다.
단점	• 설비비가 비싸다. • 송풍량을 변화시키기 위한 기계적 어려움이 있다. • 부하가 감소하면 송풍량이 작아져 환기량 확보가 어렵다. • 실내공기가 오염될 수 있다. • 토출공기 온도를 제어하기 어렵다.

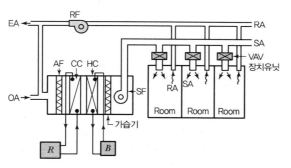

‖ 단일덕트 변풍량 방식 ‖

(3) 이중덕트 방식

① 1대의 공조기에 의해 냉풍과 온풍을 각각의 덕트로 보낸 후 말단의 혼합상자에서 혼합하여 각 실에 송풍하는 방식으로 에너지 과소비형 공조 방식이다.

② 고층건축물, 회의실, 병원식당 등 냉난방부하의 분포가 복잡한 건물에 사용한다.

③ 장단점

장점	• 각 실별로 개별 제어가 양호하다. • 계절마다 냉난방 전환이 필요하지 않다. • 전공기 방식이므로 냉온수관이 필요 없다. • 공조기가 집중되어 운전, 보수가 용이하다. • 칸막이 변경에 따라 임의로 계획을 바꿀 수 있다.

핵심문제

가변풍량 방식에 대한 설명으로 틀린 것은? [21년 2회]

❶ 부분부하 대응으로 송풍기 동력이 커진다.

② 시운전 시 토출구의 풍량조정이 간단하다.

③ 부하변동에 대해 제어응답이 빠르므로 거주성이 향상된다.

④ 동시부하율을 고려하여 설비용량을 적게 할 수 있다.

「해설」

부분부하 대응으로 송풍기 동력을 작게 할 수 있다.

≫≫≫ **변풍량 유닛(VAV Unit)의 종류**

• 교축형(벤추리형) : 샤프트를 움직여 풍량을 조절한다.
• 댐퍼형(교축형) : 댐퍼의 개폐각도를 움직여 풍량을 조절한다.
• 바이패스형 : 개구면적을 줄여 필요공기량을 실내에 공급하고 여분은 환기덕트에 바이패스한다.
• 유인형 : 공조기로부터의 1차 공기와 실내공기를 2차 공기로 유인하여 혼합 후 실내에 토출한다.

핵심문제

공기조화 방식 중 혼합상자에서 적당한 비율로 냉풍과 온풍을 자동적으로 혼합하여 각 실에 공급하는 방식은? [18년 2회]

① 중앙식

❷ 2중덕트 방식

③ 유인유닛 방식

④ 각층유닛 방식

「해설」

2중덕트 방식은 냉풍과 온풍을 각각 해당 실로 보내고 해당 실의 천장에 설치된 유닛에서 공조 조건에 맞추어 혼합하여 송풍하는 방식이다.

>>> **이중덕트 방식의 풍량 조절**

이중덕트 방식은 냉풍과 온풍을 말단(공기조화 대상 공간)의 혼합상자에서 혼합하여 취출하는 공기조화 방식으로서 냉풍과 온풍의 풍량이 부하에 따라 바뀐다. 이에 따라 각각 변동되는 정압에 대하여 실내기류의 안정적 공급을 위하여 송풍량이 완만하게 변화되어야 한다.

단점	• 운전비가 높아지기 쉬운 에너지 과소비형이다.
	• 혼합상자, 설비비가 고가이다.
	• 덕트면적을 많이 차지한다.
	• 습도조절이 어렵다.
	• 여름에도 보일러를 가동해야 한다.

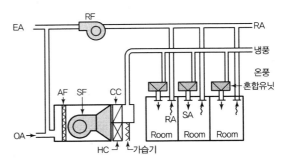

‖ 이중덕트 방식 ‖

(4) **멀티존유닛 방식**

① 공조기 1대로 냉온풍을 동시에 만들어 공급하고 공조기 출구에서 각 존마다 필요한 냉온풍을 혼합하여 각각의 덕트로 송풍하는 방식이다.

② 중간규모 이하의 건물에 사용한다. (존이 아주 많은 경우에는 덕트의 분할수에 한도가 있으므로, 중소규모의 공조 스페이스를 조닝하는 경우에 사용)

③ 장단점

장점	• 배관이나 조절장치 등을 집중시킬 수 있다.
	• 존(Zone) 제어가 가능하다.
	• 여름, 겨울의 냉난방 시 에너지 혼합손실이 적다.
단점	• 냉동기부하가 크다.
	• 변동이 심하면 각 실의 송풍불균형이 발생할 수 있다.
	• 중간기에 혼합손실이 발생하여 에너지손실이 크다.

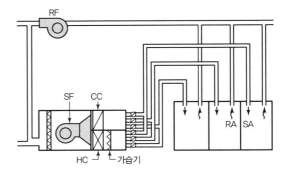

‖ 멀티존유닛 방식 ‖

2) 공기 – 수 방식(Air – Water System)

정의	공기와 물을 열매로 하여 실내유닛으로 공기를 냉각 · 가열하는 방식
장점	• 유닛 1대로 소규모 설비가 가능하다. • 전공기 방식보다 반송동력이 작게 든다. • 전공기 방식보다 덕트설치공간을 작게 차지한다. • 각 실의 온도 제어가 용이하다.
단점	• 저성능 필터를 사용하므로 실내공기의 청정도가 낮다. • 실내수배관으로 인한 누수 염려가 있다. • 폐열회수가 어렵다. • 정기적으로 필터를 청소해야 한다.
용도	사무소, 병원, 호텔 등의 다실건축물의 외부 존에 주로 사용한다.

(1) 각층유닛 방식

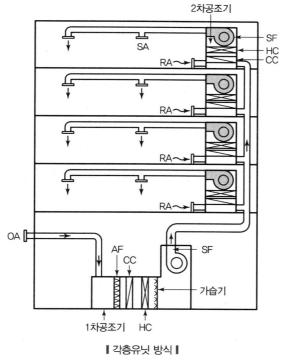

‖ 각층유닛 방식 ‖

① 외기처리용 1차 중앙공조기에서 처리된 외기를 각 층의 2차 공조기(유닛)로 보내어 부하에 따라 가열 또는 냉각하여 송풍하는 방식이다.

핵심문제

공기조화설비에 관한 설명으로 틀린 것은?   [21년 1회]

① 이중덕트 방식은 개별 제어를 할 수 있는 이점이 있지만, 단일덕트 방식에 비해 설비비 및 운전비가 많아진다.

② 변풍량 방식은 부하의 증가에 대처하기 용이하며, 개별 제어가 가능하다.

③ 유인유닛 방식은 개별 제어가 용이하며, 고속덕트를 사용할 수 있어 덕트 스페이스를 작게 할 수 있다.

❹ 각층유닛 방식은 중앙기계실 면적이 작게 차지하고, 공조기의 유지관리가 편하다.

해설

각층유닛 방식은 중앙기계실 면적은 작게 차지하나, 각 층에 공조실을 두어야 하므로 공조기의 유지관리가 난해한 단점이 있다.

② 장단점

장점	• 각 층, 각 실을 구획하여 온습도 조절이 가능하다. • 각 층마다 부분운전이 가능하다. • 중간에 외기를 도입하여 외기냉방이 가능하다. • 덕트가 작아도 된다.
단점	• 공조기 대수가 많아지므로 설비비가 많이 소요된다. • 공조기가 분산되어 유지관리가 어렵다. • 각 층 공조기로부터 소음이나 진동이 발생한다. • 각 층마다 공조기 설치공간이 필요하다.

(2) 유인유닛 방식

① 중앙의 1차 공조기에서 가열, 냉각, 가습, 감습처리한 공기를 고속 · 고압으로 각 실 유닛으로 공급하면 유닛의 노즐에서 불어내어, 그 불어낸 압력으로 실내의 2차 공기를 유인하여 혼합 · 분출한다.

② 장단점

장점	• 부하변동에 대응하기 쉽다. • 각 실별로 개별 제어가 가능하다. • 유닛에 송풍기나 전동기 등의 동력장치가 없어 전기배선이 없어도 된다. • 공조기가 소형으로 기계실면적 및 덕트면적이 작다.
단점	• 유닛의 실내 설치로 건축계획상 지장이 있다. • 유닛의 수량이 많아져 유지관리가 어렵다.

3) 전수 방식(All Water System) – 팬코일유닛 방식

(1) 정의

① 물만을 열매로 하여 실내유닛으로 공기를 냉각 · 가열하는 방식이다.

② 냉온수 코일 및 필터가 구비된 소형 유닛을 각 실에 설치하고 중앙기계실에서 냉수 또는 온수를 공급받아 공기조화를 하는 방식이다.

(2) 용도

여관, 주택, 경비실 등 극간풍에 의한 외기 침입이 가능한 건물

(3) 장단점

장점	• 각 유닛마다의 조절, 운전이 가능하고, 개별 제어를 할 수 있다. • 덕트면적이 필요하지 않다. • 열운반동력이 적게 든다. • 나중에 부하가 증가해도 유닛을 증설하여 대처할 수 있다. • 1차 공기를 사용하는 경우에는 페리미터 방식이 가능하다.
단점	• 공급외기량이 적으므로 실내공기가 오염되기 쉽다. • 필터를 매월 1회 정도 세정, 교체해야 한다. • 외기냉방이 곤란하고, 실내수배관이 필요하다. • 실내배관에 의한 누수의 염려가 있다. • 실내유닛의 방음이나 방진에 유의해야 한다.

4) 냉매 방식 – 패키지유닛 방식

(1) 정의

패키지유닛 방식이란 압축식 원리의 냉동기와 송풍기, 필터, 자동제어 및 케이싱 등으로 유닛화된 기기를 이용하는 방식이다.

(2) 용도

① 주택, 레스토랑, 다방, 상점, 소규모 건물 등에 주로 사용한다.
② 대규모 건물에서도 24시간 운전하는 수위실 등의 관리실과 시간 외 운전이 필요한 회의실 혹은 특수한 온도조건을 필요로 하는 전산실 등에 사용한다.

(3) 장단점

장점	• 공장에서 대량 생산하므로 가격이 저렴하고 품질이 보증된다. • 설치와 조립이 간편하고 공사기간이 짧다. • 비교적 취급이 간편할 뿐만 아니라 증축, 개축, 유닛의 증설에 따른 유연이 있다. • 유닛별 단독운전과 제어가 가능하다.
단점	• 동시부하율 등을 고려한 저감처리가 가능하지 않으므로 열원 전체 용량은 중앙식보다 커지는 경향이 있다. • 중앙식에 비해 냉동기, 보일러의 내용연수가 짧다. • 압축기, 팬, 필터 등의 부품수가 많아 보수비용이 증대된다. • 온습도 제어성이 떨어진다. • 외기냉방이 불가능하다.

≫ 직접팽창코일

증발기의 냉매코일이 냉수와 별도의 열교환과정 없이 직접 공기와 접촉하는 코일

핵심문제

개별 공기조화 방식에 사용되는 공기조화기에 대한 설명으로 틀린 것은?

[21년 2회]

❶ 사용하는 공기조화기의 냉각코일에는 간접팽창코일을 사용한다.
② 설치가 간편하고 운전 및 조작이 용이하다.
③ 제어대상에 맞는 개별 공조기를 설치하여 최적의 운전이 가능하다.
④ 소음이 크나, 국소운전이 가능하여 에너지 절약적이다.

해설

개별 공기조화 방식에서는 냉매가 직접 열매로 작용하는 직접팽창코일을 사용한다.

단일덕트 재열 방식의 특징에 관한 설명으로 옳은 것은?

❶ 부하 패턴이 다른 다수의 실 또는 존의 공조에 적합하다.
② 식당과 같이 잠열부하가 많은 곳의 공조에는 부적합하다.
③ 전수 방식으로서 부하변동이 큰 실이나 존에서 에너지 절약형으로 사용된다.
④ 시스템의 유지 · 보수 면에서는 일반 단일덕트에 비해 우수하다.

[해설]
단일덕트 재열 방식의 경우 각 존별로 나누어지는 덕트 속에 재열기를 설치하여 각각 개별 제어하므로, 부하 패턴이 다른 다수의 실 또는 존의 공조에 적합한 특징을 갖고 있다.

5) 기타 공조 방식

(1) 단일덕트 재열 방식

① 단일덕트 일정풍량 방식에서는 동일 공조계통 내에서 부하 변동이 있을 경우 제어할 수 없으므로, 중앙공조기를 분할 하는 조닝의 방법이 있다.

② 기계실 스페이스와 장치용량의 관계 등으로 인해 공조기의 분할이 불가능한 경우에는 여러 개의 존에 공통인 공조기를 두고, 각 존별로 나누어지는 덕트 속에 재열기를 설치하여 각각 개별 제어한다.

(2) 바닥취출 공조 방식

① 공조기에서 공조공기가 덕트 또는 체임버에 의해 이중바닥 면에 설치된 각 바닥취출구로 공급되어 실내로 취출되는 방식으로 에너지 절약형 공조 방식이다.

② 이중바닥을 OA 기기 등의 케이블 배선공사 및 공조공기용 공간으로서 사용하는 것이다.

③ 장단점

장점	• 사무실 용도 변경, 실내의 칸막이 변동 및 부하증가에 따른 대응이 용이하다. • 천장덕트 사용을 최소화할 수 있어 건축 층고를 줄일 수 있다. • 바닥취출구는 거주자의 근처에 설치되어, 개개인의 기분이나 체감에 맞게 풍량, 풍향을 조정할 수 있기 때문에 한층 쾌적성이 향상된다. • 환기횟수가 증대하여 거주자의 머리와 발 사이의 온도차를 약 2℃ 이내로 제어할 수 있다. • 실내의 분진, 악취, 담배연기의 제거효과가 탁월하다. • 천장에서의 작업이 감소하므로 공사기간이 단축되고 유지 · 보수가 용이하다. • 덕트를 큰 폭으로 삭감할 수 있기 때문에 공조기의 팬동력은 천장공조시스템에 비교하여 작아지며, 운전비용도 감소할 수 있다. • 상하온도차(수직온도차)를 최소화할 수 있다.

단점	• 공조기계실의 위치는 외벽에 근접하게 배치하여야 한다. • 가압식의 경우 공조공기를 이중바닥 내로 균일하게 분포시키기 위해서 배선케이블 등의 장해물은 이중바닥 높이의 1/4 이하로 제한하는 것이 필요하며, 급기거리도 18m 이하로 제한된다. • 바닥취출구에서 취출온도와 실내온도 차이가 10℃ 이상이면 드래프트 현상을 유발할 수 있다. • 이중바닥 하부로 공급되는 공기는 바닥 슬래브와 열 교환되어 온도가 변하게 된다. 급기경로가 길수록 온도차가 커지므로 설계 단계부터 고려하여야 한다. • 공조기가 거주구역에 가까이 설치되므로 소음대책에 유의하여야 한다.

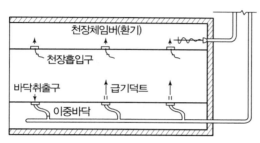

‖ 덕트 방식 ‖

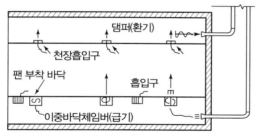

‖ 덕트리스 팬 부착 취출 ‖

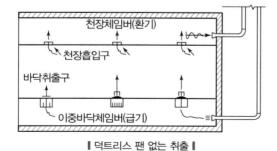

‖ 덕트리스 팬 없는 취출 ‖

핵심문제

바닥취출 공조 방식의 특징으로 틀린 것은?   [21년 1회]

① 천장 덕트를 최소화하여 건축 층고를 줄일 수 있다.

❷ 개개인에 맞추어 풍량 및 풍속 조절이 어려워 쾌적성이 저해된다.

③ 가압식의 경우 급기거리가 18m 이하로 제한된다.

④ 취출온도와 실내온도 차이가 10℃ 이상이면 드래프트 현상을 유발할 수 있다.

해설

바닥취출 공조 방식은 대표적인 거주역 공조 방식으로서, 공조대상 부위의 풍량 등을 적절히 변경해 가면서 제어가 가능하여 쾌적성 면에서 우수한 특징을 갖고 있다.

(3) 저온공조시스템

① 전공기식 공조시스템에서 일반 냉풍온도(13~14℃)보다 저온의 공기(3~11℃)를 만들어 송풍하는 것으로 일정한 냉방부하에 대해 송풍량을 감소시킴으로써 경제성(송풍계통 시설비, 동력비 등 감소)을 높이고자 하는 공조 방식이다.

② 냉수반송동력과 송풍동력 절약 등 에너지 절감형 공조 방식이다.

③ 특징

장점	• 건축물의 층고를 낮출 수 있어 건축공사비가 절감된다. • 송풍기의 소형화 및 송풍동력 절감이 가능하다. • 정풍량의 공기취출로 실내의 환기성능 및 기류분포가 양호해진다. • 제습량이 증가한다. • 실내 건구온도를 1℃ 정도 상승 및 상대습도를 10~15% 정도로 낮게 공급해도 쾌적하다.
단점	• Cold Draft를 유발한다. • 취출구에서 결로가 발생한다. • 덕트 누기 시 결로가 발생한다.

<h2>SECTION 02 공기조화부하</h2>

1. 부하의 개요

① 공기조화부하란, 실내의 온도와 습도를 유지하기 위하여 냉난방설비를 통해 실내로 공급되는 열량을 말한다.

② 여름철 실내의 냉방부하를 줄이기 위해 냉각(현열부하 감소)·감습(잠열부하 감소)을 한다.

③ 겨울철 실내의 난방부하를 줄이기 위해 가열(현열부하 감소)·가습(잠열부하 감소)을 한다.

2. 난방부하

1) 일반사항

① 겨울철에 실내의 온습도를 일정하게 유지하기 위하여, 실내의 손실열량을 보충하는 데 필요한 열량을 말한다.

② 실내에 보충해야 할 열량 중 현열은 가열을 통해 잠열은 가습을 통해 보충한다.

2) 난방부하의 종류

난방부하	개념	열 종류
외부부하	구조체 관류에 의한 손실열량	현열
	틈새바람에 의한 손실열량	현열·잠열
장치부하	덕트 등에서 손실되는 열량	현열
환기부하(외기부하)	환기로 인한 손실열량	현열·잠열

3) 난방부하의 계산

(1) 구조체를 통한 손실열량

$$q = K \cdot A \cdot \Delta t \cdot K'$$

여기서, K : 열관류율(W/m²·K)
A : 구조체 면적(m²)
Δt : 구조체 양면의 온도차(K)
K' : 방위계수(H, N, N·W=1.2 / E, W=1.1 / S=1.0)

(2) 장치부하

① 덕트를 통해 잃은 열량과 공기 누기에 의한 손실은 난방부하를 증가시킨다.

② 덕트를 통해 잃은 열량은 실내 발생 현열부하의 약 1~3% 값으로 구한다.

③ 덕트의 공기 누기량은 덕트의 길이, 형상, 공작, 공기의 압력, 시공의 정도 등에 따라 영향을 받으며, 평균하여 송풍량의 5% 전후, 많을 때는 10%를 가산한다.

(3) 틈새바람(극간풍)부하 및 환기로 인한 손실열량

① 현열 : $q_s = G \cdot C \cdot \Delta t$
$1.01 \times 1.2Q \times \Delta t = 1.21Q\Delta t$

② 잠열 : $q_L = 2,501 G \cdot \Delta x$
$2,501 \times 1.2Q \times \Delta x = 3,010Q\Delta x$

여기서, Δx : 내부와 외부의 절대습도 차

3. 냉방부하

1) 일반사항

① 여름철에 실내의 온습도를 일정하게 유지하기 위하여 실내의 획득열량을 제거하는 데 필요한 열량을 말한다.

② 실내에서 제거해야 할 열량 중 현열은 냉각을 통해 잠열은 감습을 통해 제거한다.

2) 냉방부하의 종류

구분		세부사항	열 종류
실부하	외피부하	전열부하(온도차에 의하여 외벽, 천장, 유리, 바닥 등을 통한 관류열량)	현열
		일사에 의한 부하	현열
		틈새바람에 의한 부하	현열, 잠열
	내부부하	조명기구 발생열	현열
		인체 발생열	현열, 잠열
장치부하		송풍 시 부하	현열
		덕트의 열손실	현열
		재열부하	현열
		혼합손실(이중덕트의 냉온풍 혼합손실)	현열
열원부하		배관열손실	현열
		펌프에서의 열취득	현열
환기부하		환기부하(신선 외기에 의한 부하)	현열, 잠열

3) 냉방부하의 계산

(1) 외피(외부)부하

① 지붕을 통한 전도열 $q = K \cdot A \cdot \Delta t_e$

여기서, Δt_e : 상당외기온도차(℃)이며, CLTD$_{corr}$로 대체 가능

※ CLTD$_{corr}$: 냉방부하온도차(Cooling Load Temperature Difference Method Correction)

② 외벽을 통한 전도열 $q = K \cdot A \cdot \Delta t_e$

③ 유리를 통한 전도열 $q = K \cdot A \cdot \Delta t$

④ 유리를 통한 일사량 $q = I \times A \times K$ or SHGC(일사취득계수)

여기서, I : 일사량, A : 면적, K : 차폐계수

⑤ 칸막이벽, 천장, 바닥 등을 통한 전도열 $q = K \cdot A \cdot \Delta t$

⑥ 극간풍에 의한 열취득

전열(q_T) $= G\Delta h = 1.2 Q\Delta h$

현열(q_S) $= GC\Delta t = 1.21 Q\Delta t$

잠열(q_L) $= 2,501 G\Delta X = 3,010 Q\Delta X$

(2) 내부부하

① 재실인원에 의한 발열

② 조명으로부터의 발열

③ 동력 사용에 의한 발열

④ 실내기구로부터의 발열

>>> 유리의 냉방부하 계산

유리의 냉방부하 계산 시 전도와 일사를 모두 고려해야 하며 열용량이 작아 상당 외기온도를 적용하지 않고, 일반외기온도를 적용한다.

>>> 상당외기온도차

상당외기온도차(유효온도차)는 여름철 일사에 의한 축열을 고려한 외기온도인 상당외기와 실내온도 간의 차이를 나타낸 것이다.

핵심문제

냉방부하 중 유리창을 통한 일사취득 열량을 계산하기 위한 필요 사항으로 가장 거리가 먼 것은? [21년 3회]

❶ 창의 열관류율 ② 창의 면적
③ 차폐계수　　④ 일사의 세기

해설

창의 열관류율은 일사취득열량 산출이 아닌 창의 전도에 의한 열량 산출에서 필요한 사항이다.

유리를 통한 일사취득열량 산출식

일사취득열량 = 창의 면적 × 차폐계수 × 일사의 세기

(3) 공조장치 부하

① 덕트로부터의 열취득(실내취득 현열량의 3~7%)

② 송풍기로부터의 열취득(실내취득 현열량의 5~13%)

(4) 환기부하

외기 도입에 의한 부하

전열(q_T) $= G\Delta h = 1.2 Q\Delta h$

현열(q_S) $= GC\Delta t = 1.21 Q\Delta t$

잠열(q_L) $= 2,501 G\Delta X = 3,010 Q\Delta X$

4) 상당외기온도차

① 벽체 또는 지붕은 일사가 표면에 닿아 표면온도가 상승하는데 이를 상당외기온도라 하며 실내온도와의 차를 상당외기온도차(ETD : Equivalent Temperature Difference)라고 한다.

② 냉방부하의 외피부하 중 유리관류열량을 제외한 외피부하에는 실내외 온도차가 아닌 상당외기온도차를 적용한다.

4. 공기조화계산식

1) 혼합공기의 온도 산출

$$혼합공기의\ 온도(℃) = \frac{t_1 \times m_1 + t_2 \times m_2}{m_1 + m_2}$$

여기서, t_1, t_2 : 공기의 온도(℃)

m_1, m_2 : 공기의 부피 혹은 질량(m³ 혹은 kg)

2) 현열비의 산출

$$현열비(SHF) = \frac{현열부하}{전열부하} = \frac{현열부하}{현열부하 + 잠열부하}$$

3) 현열부하의 산출

$$q = Q \cdot \rho \cdot C_p \cdot \Delta t$$

여기서, q : 실내발열량(현열부하)(kJ/h)

Q : 틈새바람에 의한 침기량(m³/h)

ρ : 공기의 밀도(1.2kg/m³)

C_p : 공기의 정압비열(1.01kJ/kg · K)

Δt : 실내외 온도차(℃)

핵심문제

외기에 접하고 있는 벽이나 지붕으로부터의 취득열량은 건물 내외의 온도차에 의해 전도의 형식으로 전달된다. 그러나 외벽의 온도는 일사에 의한 복사열의 흡수로 외기온도보다 높게 되는데 이 온도를 무엇이라고 하는가?

[22년 2회]

① 건구온도   ② 노점온도
❸ 상당외기온도   ④ 습구온도

해설

벽체 또는 지붕은 일사가 표면에 닿아 표면온도가 상승하는데 이를 상당외기온도라고 한다.

핵심문제

건구온도 30℃, 절대습도 0.01kg/kg′인 외부공기 30%와 건구온도 20℃, 절대습도 0.02kg/kg′인 실내공기 70%를 혼합하였을 때 최종 건구온도(T)와 절대습도(x)는 얼마인가?

[21년 2회]

❶ $T = 23℃$, $x = 0.017$kg/kg′
② $T = 27℃$, $x = 0.017$kg/kg′
③ $T = 23℃$, $x = 0.013$kg/kg′
④ $T = 27℃$, $x = 0.013$kg/kg′

해설

$T_{mix} = \dfrac{30℃ \times 0.3 + 20℃ \times 0.7}{1}$

$= 23℃$

$x_{mix} = \dfrac{0.01 \times 0.3 + 0.02 \times 0.7}{1}$

$= 0.017$kg/kg′

핵심문제

건구온도 10℃, 절대습도 0.003kg/kg′인 공기 50m³을 20℃까지 가열하는 데 필요한 열량(kJ)은?(단, 공기의 정압비열은 1.01kJ/kg · K, 공기의 밀도는 1.2kg/m³이다.) [21년 2회]

① 425   ❷ 606
③ 713   ④ 884

해설

q(kJ) $= 50$m³ $\times 1.2$kg/m³

$\times 1.01$kJ/kg · K $\times (20-10)$

$= 606$kJ

실내의 냉방 현열부하가 5.8kW, 잠열부하가 0.93kW인 방을 실온 26℃로 냉각하는 경우 송풍량(m³/h)은? (단, 취출온도는 15℃이며, 공기의 밀도 1.2kg/m³, 정압비열 1.01kJ/kg · K이다.) [21년 3회]

❶ 1,566.2 ② 1,732.4
③ 1,999.8 ④ 2,104.2

해설
온도조건이 주어졌으므로 송풍량(Q)은 현열부하를 기준으로 산출한다.

$$Q = \frac{5.8\text{kW}(\text{kJ/s}) \times 3,600}{1.2\text{kg/m}^3 \times 1.01\text{kJ/kg} \cdot \text{K} \times (26-15)}$$
$$= 1,566.2\text{m}^3/\text{h}$$

4) 침입외기량 산출방법

구분	내용
틈새법 (Crack Method)	창 및 문의 틈새길이를 계산하여 틈새바람의 양을 계산하는 방법으로, 풍속 및 창문의 형식과 재질에 따라 다르다.
면적법	침입외기량은 창 및 문의 총면적에 풍속과 문의 형식에 따른 단위면적, 단위시간당의 침입외기량을 곱하여 구한다.
환기횟수법	환기횟수란 1시간당 순환공기량을 실의 용적으로 나눈 값으로, 실이 외기와 접하는 창 및 문의 면이 많고 적음에 따라 결정된다.

SECTION 03 난방

1. 난방 방식의 분류

핵심문제

증기난방 방식에 대한 설명으로 틀린 것은? [22년 1회]
① 환수 방식에 따라 중력환수식과 진공환수식, 기계환수식으로 구분한다.
② 배관방법에 따라 단관식과 복관식이 있다.
❸ 예열시간이 길지만 열량 조절이 용이하다.
④ 운전 시 증기 해머로 인한 소음을 일으키기 쉽다.

해설
비열이 낮은 증기를 열매로 적용하기 때문에 예열시간이 짧고, 잠열을 이용하므로 열량 조절이 원활하지 않다.

분류	특징	종류
개별 난방	• 열원기기를 각각의 부하 발생장소(실내)에 설치하여 난방하는 방식이다. • 난방시설의 초기 투자비용이 적게 들며, 조작성이 편리하다. • 주택 등 소규모 건물의 난방에 적합하다.	난로, 온풍기, 화로 등
중앙 난방	• 중앙기계실의 보일러를 통해 열원을 각 실로 공급하여 난방하는 방식이다. • 이용이 편리하고 열효율이 높다. • 대규모 건물에서 주로 이용하며, 열원의 반송과정에서 열손실이 높다.	• 직접난방 : 고 · 저온수난방, 증기난방, 복사난방 • 간접난방 : 온풍난방, 공기조화에 의한 난방
지역 난방	• 지역의 대규모 플랜트에서 열원을 각 단지로 공급하여 난방하는 방식이다. • 배관의 길이가 길어져, 반송과정에서 열손실이 큰 단점이 있다. • 플랜트의 열원 생산 방식이 열병합 형태로 이루어지므로, 에너지 절약적이다.	증기난방, 고온수난방

2. 중앙난방

1) 증기난방

(1) 일반사항

① 증기난방은 기계실에 설치한 증기보일러에서 증기를 발생시켜 이것을 배관을 통해 각 실에 설치된 방열기에 공급한다.

② 증기난방에서는 주로 증기가 갖고 있는 잠열(潛熱), 즉 증발열을 이용하므로 방열기 출구에는 거의 증기트랩이 설치된다.

(2) 장단점

장점	• 증기순환이 빠르고 열의 운반능력이 크다. • 예열시간이 온수난방에 비해 짧다. • 방열면적과 관경을 온수난방보다 작게 할 수 있다. • 설비비 및 유지비가 저렴하다. • 한랭지에서 동결의 우려가 적다.
단점	• 외기온도 변화에 따른 방열량 조절이 곤란하다. • 방열기 표면온도가 높아 화상의 우려가 있다. • 대류작용으로 먼지가 상승하여 쾌감도가 낮다. • 응축수의 환수관 내 부식으로 장치의 수명이 짧다. • 열용량이 작아서 지속난방보다는 간헐난방에 사용한다.

2) 온수난방

(1) 일반사항

① 온수난방은 온수보일러에서 만들어진 $65 \sim 85\,^{\circ}\!C$ 정도의 온수를 배관을 통해 실내의 방열기에 공급하여 열을 방산(放散)시키고, 온수의 온도 강하에 수반하는 현열을 이용하여 실내를 난방하는 방식이다.

② 온수난방장치의 배관 내에는 항상 만수되어 있으므로 물의 온도 상승에 따른 체적팽창량을 흡수하기 위해 최상부에 팽창탱크를 설치한다.

(2) 장단점

장점	• 난방부하의 변동에 대한 온도조절이 용이하다. • 열용량이 크므로 보일러를 정지시켜도 실온은 급변하지 않는다. • 실내의 쾌감도는 실내공기의 상하 온도차가 작아 증기난방보다 좋다. • 환수배관의 부식이 적고, 수명이 길다. • 소음이 작다.

	• 열용량이 크므로 온수의 순환시간과 예열에 장시간이 필요하고, 연료소비량도 많다.
	• 증기난방에 비해 방열면적과 관경이 커진다.
단점	• 증기난방과 비교하여 설비비가 높아진다.
	• 한랭지에서는 난방 정지 시 동결의 우려가 있다.
	• 일반 저온수용 보일러는 사용압력에 제한이 있으므로 고층 건물에는 부적당하다.

3) 복사난방

(1) 개념

복사난방은 건축물 구조체(천장, 바닥, 벽 등)에 코일(Coil)을 매설하고, 코일에 열매를 공급하여 가열면의 온도를 높여서 복사열에 의해 난방하는 방식이다.

(2) 바닥복사난방의 장단점

	• 방열기가 필요치 않아 바닥의 이용도가 높다.
	• 실내의 수직적 온도분포가 균등하여 천장고가 높은 방의 난방에 유리하다.(쾌감도 양호)
장점	• 동일 방열량에 대하여 손실열량이 적다.
	• 방을 개방상태로 놓아도 난방열의 손실이 적다.
	• 대류가 적으므로 바닥의 먼지가 상승하지 않는다.
	• 배관 매설에 따른 시공 시 주의가 필요하다.
	• 외기온도 급변에 따른 방열량 조절이 난해하다.
단점	• 열손실을 막기 위한 단열층이 필요하다.
	• 유지 · 보수가 불편하다.
	• 설비비가 고가이다.

4) 온풍난방

(1) 개념

온풍난방은 온풍로나 공기조화기로 마련한 온풍을 이용하며 송풍기로 덕트를 경유하여 실내에 송풍하는 난방 방식이다.

(2) 장단점

	• 손쉽게 온풍난방을 할 수 있고 직접난방 방식에 비하여 장치가 간단하며 취급이 용이하기 때문에 온도조절과 환기가 쉽다.
장점	• 가열 공기를 보내어 난방부하를 조절함과 동시에 습도의 제어도 가능하며, 시설비가 싸다.
	• 온풍로의 상부에 직팽형 공기냉각기를 구성하면 용이하게 냉방을 할 수 있다.
	• 보일러나 배관을 필요로 하지 않으며 열효율이 높다.

단점	• 고온 열풍 때문에 실내 상하의 온도차가 뚜렷해지고, 불쾌감을 유발할 수 있다. • 연료와 고온의 연소 가스를 취급하므로 안전을 위한 충분한 주의가 필요하다. • 버너의 연소음이 덕트를 통하여 실내에 전해지는 경우가 있다.

3. 개별난방 및 지역난방

1) 개별난방

① 열원기기를 실내에 설치하여 대류 및 복사에 의해 난방하는 방식이다.

② 난방시설의 초기 투자비용이 적게 든다.

③ 언제든지 필요할 때 난방할 수 있다.

④ 거주자가 직접 난방관리를 해야 한다.

⑤ 주택 등 소규모 건물의 난방에 적합한 난방 방식이다.

2) 지역난방

(1) 개념

일정지역 내에 대규모 중앙열원플랜트에서 생산한 열매(증기, 고온수)를 배관을 통해 지역 내의 여러 건물에 공급하여 난방하는 방식이다.

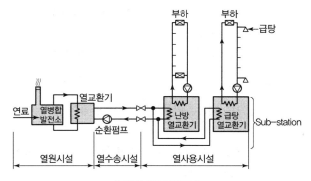

∥ 지역난방 계통도 ∥

(2) 장단점

장점	• 에너지의 이용효율이 상승한다. • 도시환경 개선효과가 있다. • 인력 및 공간을 절약한다. • 세대별 보일러, 냉동기 등의 설치가 필요 없다. • 방화(防火)효과가 증대된다. • 설비비를 경감할 수 있다.

핵심문제

난방 방식 종류별 특징에 대한 설명으로 틀린 것은?　　　[22년 2회]

① 저온복사난방 중 바닥복사난방은 특히 실내기온의 온도분포가 균일하다.

② 온풍난방은 공장과 같은 난방에 많이 쓰이고 설비비가 싸며 예열시간이 짧다.

❸ 온수난방은 배관부식이 크고 워밍업 시간이 증기난방보다 짧으며 관의 동파 우려가 있다.

④ 증기난방은 부하변동에 대응한 조절이 곤란하고 실온분포가 온수난방보다 나쁘다.

해설

온수난방은 증기난방에 비해 배관부식이 적고, 비열이 큰 물을 열매로 사용하므로 워밍업 시간이 증기난방보다 길며, 물을 열매로 사용하여 동파의 우려가 있다.

단점	• 배관이 길어져 열손실이 크다. • 초기의 시설투자비가 고가이다. • 열원기기의 용량 제어가 난해하다. • 고도의 숙련된 기술자가 필요하다. • 지역의 사용량이 적을수록 한 세대가 분담해야 할 기본요금이 상승한다. • 시간적 · 계절적 변동이 크다.

SECTION 04 클린룸

1. 클린룸 일반사항

1) 클린룸(Clean Room)의 개념

① 클린룸은 부유먼지, 유해가스, 미생물 등의 오염물질 존재를 정해진 기준치 이하로 제어하는 실내의 공간을 의미한다.

② 클린룸의 유지관리를 위해서 실내의 기류속도, 압력, 온습도 등은 기준 범위 내에서 제어되어야 한다.

2) 클린룸(Clean Room)의 종류

(1) ICR(Industrial C/R)

① 제어대상 : 부유먼지, 유해가스 등 주로 먼지 입자를 대상으로 한다.

② 적용 : 반도체 공장, 정밀 실험기기 측정실 등

(2) BCR(Bio C/R)

① 제어대상 : 미생물인 세균, 곰팡이 등의 미생물 입자를 주 대상으로 한다.

② 적용 : 제약 등의 GMP, 병원의 무균실, 수술실, 병실의 GLP, Bio Hazard

(3) SCR(Super C/R)

① 현재 SCR의 Level은 명확하지 않지만 종래의 Clean Room Class를 확장 적용한다.

② 0.3m Class 10 또는 0.1m Class 10 등과 같이 초청정도의 공기 공급을 요하는 것으로 ULPA Filter를 적용하여 공기를 공급한다.

3) 클린룸의 계획 시 고려사항(클린룸의 4원칙)

원칙	고려사항	세부사항
먼지의 유입 및 침투 방지	• 실내공기압력 • 건축적인 동선계획 • HEPA 필터	실 간의 차압 조정, 양압 유지, 도입 외기량 조정, 작업원·물류·원료의 동선 구분, 청정과 오염지역 구분, Air Lock Filter Leak 방지
먼지 발생 방지	• 인원관리 • 인원의 복장관리 • 건축내장재, 재료	필요인원 외 출입통제, 작업원 동선 최소화, 무진복·청정장갑 착용, 인체호흡 기류 차단, 표면 가공처리, 무발진 재료 사용
먼지 집적 방지	• 실내기류 • 건축내장재 • 실내청소	취출구 위치 조정, 층류풍속 및 환기 횟수 조정, 무정전 내장재 사용, 청소기준에 따른 지속 시설
먼지 신속 배제	• 클린룸 방식 • 실내기류 • 환기횟수	시설 용도의 정확한 파악, 기류분포 예상 및 환기구 위치 조정, 발진부분 배기·환기횟수를 높게 유지

2. 클린룸의 공조 방식 및 부속설비

1) 클린룸의 공조 방식

(1) Clean 덕트 컨벤션 방식

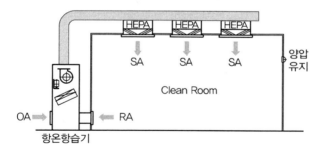

① 항온항습용 공조기기를 기계실에 배치하고 덕트로 Clean Room에 급기

② 터미널에 HEPA Filter를 설치하고 측면 리턴에서 흡입하는 가장 일반적인 방식

(2) 패키지 컨벤션 방식

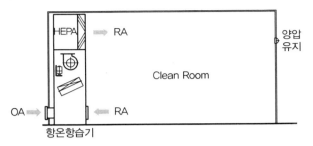

① 항온항습용 공조기기를 실내에 설치하여 기계실 공간을 없애고 덕트 설비가 없는 방식
② 항온항습기에 HEPA Filter를 설치하여 Up & Down Blow 방식으로 클린룸에 Make Up된 공기를 공급 회수

(3) 실내 덕트 방식

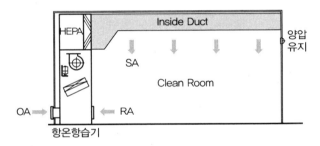

① 항온항습용 공조기기를 실내에 설치하여 기계실 공간을 없애고 실내 천장면에 노출로 덕트를 설치하여 토출하는 방식
② 패키지 컨벤션 방식보다 기류 분포 및 온도 분포가 잘되며, 인접실에 별도로 인출하여 공급 가능

(4) 패키지 상부 FFU 방식

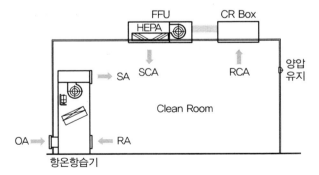

항온항습용 공조기기를 실내에 설치하여 온도, 습도 제어를 전담하고, 천장 상부에 매립 또는 노출로 FFU를 설치하여 HEPA Filter를 통하여 청정공기를 순환하는 방식

(5) 수직층류 방식

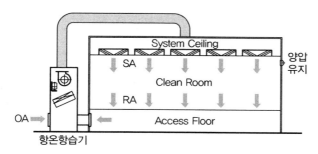

① 가장 고청정도를 요구하는 곳에 적용되며, 상부 시스템실링으로 HEPA 또는 ULPA Filter를 구성하고, 바닥면에 Access Floor를 설치하여 와류가 생기지 않는 수직 다운 층류 방식의 기류를 얻는 방식
② Class 1,000 이상에 적용되며, 시설비가 비싸고 유지관리가 난해

(6) 수평층류 방식

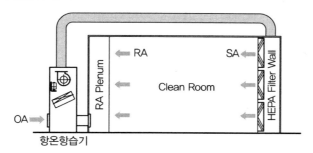

① 고청정도를 요구하는 곳에 적용되며, 측면 Filter Wall에 HEPA Filter를 전면 배치하여 수평 교차흐름으로 기류가 형성되어 반대편의 RA Plenum에서 회수하여 공조기기로 순환하는 방식
② 수평으로 기류를 요구하는 곳에 적용되며, 병원의 무균실 및 특수 수술실에 적용

2) 클린룸의 부속설비

(1) 패스박스(Pass Box)

① 클린룸에 설치하는 소형 물품의 이송장치이다.

② 물품을 넣고 빼는 구조로 되어 있으며, 용도, 규모, 공사비를 검토한다.

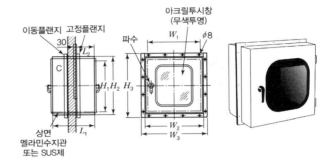

(2) Air Shower

사람에 대해서는 저속풍속 10m/s 이상의 청정한 Air Jet를 내뿜을 수 있도록 한다.

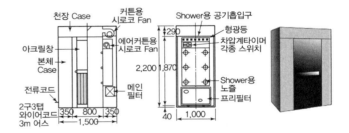

(3) Clean Bench : 무진작업대(무균상태의 작업공간)

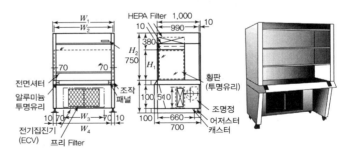

01 단일덕트 방식에 대한 설명으로 틀린 것은?

[20년 1 · 2회 통합]

① 중앙기계실에 설치한 공기조화기에서 조화한 공기를 주 덕트를 통해 각 실로 분배한다.
② 단일덕트 일정풍량 방식은 개별 제어에 적합하다.
③ 단일덕트 방식에서는 큰 덕트 스페이스를 필요로 한다.
④ 단일덕트 일정풍량 방식에서는 재열을 필요로 할 때도 있다.

해설

단일덕트 일정풍량 방식은 부하에 맞추어 풍량을 각 실에 동일하게 공급하는 방식으로 개별 제어에는 부적합하다.

02 공조 방식에서 가변풍량 덕트 방식에 관한 설명으로 틀린 것은?

[18년 1회]

① 운전비 및 에너지의 절약이 가능하다.
② 공조해야 할 공간의 열부하 증감에 따라 송풍량을 조절할 수 있다.
③ 다른 난방 방식과 동시에 이용할 수 없다.
④ 실내 칸막이 변경이나 부하의 증감에 대처하기 쉽다.

해설

가변풍량 덕트 방식은 바닥복사난방 등과 병행하여 동시에 공조가 가능하다.

03 이중덕트 방식에 설치하는 혼합상자의 구비조건으로 틀린 것은?

[21년 3회, 24년 2회]

① 냉풍 · 온풍 덕트 내의 정압변동에 의해 송풍량이 예민하게 변화할 것
② 혼합비율 변동에 따른 송풍량의 변동이 완만할 것

③ 냉풍 · 온풍 댐퍼의 공기누설이 적을 것
④ 자동제어 신뢰도가 높고 소음 발생이 적을 것

해설

이중덕트 방식은 냉풍과 온풍을 말단(공기조화 대상 공간)의 혼합상자에서 혼합하여 취출하는 공기조화 방식으로서 냉풍과 온풍의 풍량이 부하에 따라 바뀌며 이에 따라 각각 변동되는 정압에 대하여 실내기류의 안정적 공급을 위하여 송풍량이 완만하게 변화되어야 한다.

04 공조기에서 냉 · 온풍을 혼합 댐퍼에 의해 일정한 비율로 혼합한 후 각 존 또는 각 실로 보내는 공조 방식은?

[20년 4회]

① 단일덕트 재열 방식
② 멀티존유닛 방식
③ 단일덕트 방식
④ 유인유닛 방식

해설

멀티존유닛 방식은 기계실에서 혼합하여 각각 보내주는 방식이고, 이 방식과 유사한 이중덕트 방식은 각 실의 천장의 혼합상자에서 혼합하는 방식이다.

05 공기조화 방식 중 중앙식의 수 – 공기 방식에 해당하는 것은?

[19년 3회]

① 유인유닛 방식
② 패키지유닛 방식
③ 단일덕트 정풍량 방식
④ 이중덕트 정풍량 방식

해설

② 패키지유닛 방식 : 개별 방식의 냉매 방식
③ 단일덕트 정풍량 방식 : 중앙식의 전공기 방식
④ 이중덕트 정풍량 방식 : 중앙식의 전공기 방식

정답 01 ② 02 ③ 03 ① 04 ② 05 ①

06 유인유닛 공조 방식에 대한 설명으로 틀린 것은? [18년 1회]

① 1차 공기를 고속덕트로 공급하므로 덕트 스페이스를 줄일 수 있다.
② 실내유닛에는 회전기기가 없으므로 시스템의 내용연수가 길다.
③ 실내부하를 주로 1차 공기로 처리하므로 중앙공조기는 커진다.
④ 송풍량이 적어 외기 냉방효과가 낮다.

> **해설**
>
> 실내부하를 주로 2차 공기(유인공기)로 처리하므로 중앙공조기는 다른 방식에 비해 작아질 수 있다. 여기서, 2차 공기(유인공기)는 1차 공기와 혼합되는 기존 실내공기를 의미한다.

07 극간풍이 비교적 많고 재실 인원이 적은 실의 중앙 공조 방식으로 가장 경제적인 방식은? [19년 2회]

① 변풍량 2중덕트 방식 ② 팬코일유닛 방식
③ 정풍량 2중덕트 방식 ④ 정풍량 단일덕트 방식

> **해설**
>
> 극간풍이 비교적 많고, 재실 인원이 적어 잠열 처리 및 실내공기질에 대한 처리 부담이 적은 공간에서는 수 방식인 팬코일유닛 방식이 적합하다.

08 개별 공기조화 방식에 사용되는 공기조화기에 대한 설명으로 틀린 것은? [21년 1회]

① 사용하는 공기조화기의 냉각코일에는 간접팽창코일을 사용한다.
② 설치가 간편하고 운전 및 조작이 용이하다.
③ 제어대상에 맞는 개별 공조기를 설치하여 최적의 운전이 가능하다.
④ 소음이 크나, 국소운전이 가능하여 에너지 절약적이다.

> **해설**
>
> 개별 공기조화 방식에서는 냉매가 직접 열매로 작용하는 직접팽창코일을 사용한다.

09 공기조화 방식 중 전공기 방식이 아닌 것은? [19년 1회]

① 변풍량 단일덕트 방식
② 이중덕트 방식
③ 정풍량 단일덕트 방식
④ 팬코일유닛 방식(덕트병용)

> **해설**
>
> 덕트병용 팬코일유닛 방식은 수−공기 방식으로서, 일반적으로 덕트(공기)를 활용하여 내주부 공조 및 환기를, 팬코일유닛 방식(수)을 활용하여 외주부 공조를 진행한다.

10 다음 공기조화 방식 중 냉매 방식인 것은? [20년 3회]

① 유인유닛 방식   ② 멀티존 방식
③ 팬코일유닛 방식 ④ 패키지유닛 방식

> **해설**
>
> 패키지유닛 방식은 냉매를 개별적인 실내기와 실외기에 적용하여 냉방하는 냉매 방식이다.

11 단일덕트 재열 방식의 특징에 관한 설명으로 옳은 것은? [21년 2회]

① 부하 패턴이 다른 다수의 실 또는 존의 공조에 적합하다.
② 식당과 같이 잠열부하가 많은 곳의 공조에는 부적합하다.
③ 전수 방식으로서 부하변동이 큰 실이나 존에서 에너지 절약형으로 사용된다.
④ 시스템의 유지·보수 면에서는 일반 단일덕트에 비해 우수하다.

단일덕트 재열 방식의 경우 각 존별로 나누어지는 덕트 속에 재열기를 설치하여 각각 개별 제어하므로, 부하 패턴이 다른 다수의 실 또는 존의 공조에 적합한 특징을 갖고 있다.

12 바닥취출 공조 방식의 특징으로 틀린 것은?

[21년 1회]

① 천장 덕트를 최소화하여 건축 층고를 줄일 수 있다.
② 개개인에 맞추어 풍량 및 풍속 조절이 어려워 쾌적성이 저해된다.
③ 가압식의 경우 급기거리가 18m 이하로 제한된다.
④ 취출온도와 실내온도 차이가 10℃ 이상이면 드래프트 현상을 유발할 수 있다.

바닥취출 공조 방식은 대표적인 거주역 공조 방식으로서, 공조대상 부위의 풍량 등을 적절히 변경해 가면서 제어가 가능하여 쾌적성 면에서 우수한 특징을 갖고 있다.

13 다음 중 일반 사무용 건물의 난방부하 계산 결과에 가장 작은 영향을 미치는 것은? [22년 1회]

① 외기온도
② 벽체로부터의 손실열량
③ 인체부하
④ 틈새바람부하

인체부하는 인체가 열을 발생시킬 때 발생하는 부하이므로, 난방부하가 아닌 냉방부하 평가에 적용되는 사항이다.

14 난방부하를 산정할 때 난방부하의 요소에 속하지 않는 것은?

[21년 3회]

① 벽체의 열통과에 의한 열손실
② 유리창의 대류에 의한 열손실
③ 침입외기에 의한 난방손실
④ 외기부하

유리창의 경우 전도에 의한 열손실만 난방부하 요소로 산정한다.

난방부하의 종류

난방부하	개념	열 종류
외부부하	구조체 관류에 의한 손실열량	현열
	틈새바람에 의한 손실열량	현열 · 잠열
장치부하	덕트 등에서 손실되는 열량	현열
환기부하 (외기부하)	환기로 인한 손실열량	현열 · 잠열

15 극간풍(틈새바람)에 의한 침입외기량이 2,800 L/s일 때, 현열부하(q_S)와 잠열부하(q_L)는 얼마인가?(단, 실내의 공기온도와 절대습도는 각각 25℃, 0.0179kg/kg DA이고, 외기의 공기온도와 절대습도는 각각 32℃, 0.0209kg/kg DA이며, 건공기 정압비열 1.005kJ/kg · K, 0℃ 물의 증발잠열 2,501kJ/kg, 공기밀도 1.2kg/m³이다.)

[21년 1회]

① q_S : 23.6kW, q_L : 17.8kW
② q_S : 18.9kW, q_L : 17.8kW
③ q_S : 23.6kW, q_L : 25.2kW
④ q_S : 18.9kW, q_L : 25.2kW

$q_S = Q \rho C_p \Delta t$

$= 2.8 \text{m}^3/\text{s} \times 1.2 \text{kg}/\text{m}^3 \times 1.005 \text{kJ/kg} \cdot \text{K} \times (32 - 25)$

$= 23.6 \text{kW}$

$q_L = Q \rho \gamma \Delta x$

$= 2.8 \text{m}^3/\text{s} \times 1.2 \text{kg}/\text{m}^3 \times 2,501 \text{kJ/kg} \times (0.0209 - 0.0179)$

$= 25.2 \text{kW}$

16 어떤 방의 취득 현열량이 8,360kJ/h로 되었다. 실내온도를 28℃로 유지하기 위하여 16℃의 공기를 취출하기로 계획한다면 실내로의 송풍량은?(단, 공기의 비중량은 1.2kg/m³, 정압비열은 1.004kJ/kg · ℃이다.) [18년 1회]

① 426.2m³/h ② 467.5m³/h
③ 578.24m³/h ④ 612.3m³/h

> **해설**
>
> $$Q = \frac{q_s}{\rho C_p \Delta t_s}$$
>
> $$= \frac{8,360\text{kJ/h}}{1.2\text{kg/m}^3 \times 1.004\text{kJ/kg} \cdot \text{℃} \times (28-16)\text{℃}}$$
>
> $$= 578.24\text{m}^3/\text{h}$$

17 냉방부하에 따른 열의 종류로 틀린 것은? [21년 1회]

① 인체의 발생열 – 현열, 잠열
② 틈새바람에 의한 열량 – 현열, 잠열
③ 외기 도입량 – 현열, 잠열
④ 조명의 발생열 – 현열, 잠열

> **해설**
>
> 조명의 발생열은 현열에만 해당한다.

18 일사를 받는 외벽으로부터의 침입열량(q)을 구하는 계산식으로 옳은 것은?(단, K는 열관류율, A는 면적, Δt는 상당외기온도차이다.) [18년 3회, 20년 4회]

① $q = K \times A \times \Delta t$
② $q = 0.86 \times A / \Delta t$
③ $q = 0.24 \times A \times \Delta t / K$
④ $q = 0.29 \times K / (A \times \Delta t)$

> **해설**
>
> 냉방부하 요소 중 하나인 일사를 받는 외벽으로부터의 침입열량 q는 열관류율(K)과 면적(A), 그리고 상당외기온도차(Δt)의 곱으로 산정한다.

19 어느 건물 서편의 유리 면적이 40m²이다. 안쪽에 크림색의 베네시언 블라인드를 설치한 유리면으로부터 오후 4시에 침입하는 열량(kW)은?(단, 외기는 33℃, 실내는 27℃, 유리는 1중이며, 유리의 열통과율(K)은 5.9W/m² · ℃, 유리창의 복사량(I_{gr})은 608W/m², 차폐계수(K_s)는 0.56이다.) [18년 3회]

① 15 ② 13.6
③ 3.6 ④ 1.4

> **해설**
>
> 유리의 침입열량은 전도에 의한 것과 일사에 의한 것을 동시에 고려해 주어야 한다.
> • 전도에 의한 침입열량(q_c)
>
> $$q_c = kA\Delta t = 5.9\text{W/m}^2 \cdot \text{℃} \times 40\text{m}^2 \times (33-27)\text{℃}$$
> $$= 1,416\text{W} = 1.416\text{kW}$$
>
> • 일사에 의한 침입열량(q_s)
>
> $$q_s = I_{gr}AK_s = 608\text{W/m}^2 \times 40\text{m}^2 \times 0.56$$
> $$= 13,619\text{W} = 13.619\text{kW}$$
>
> ∴ 유리의 침입열량 $= q_c + q_s = 1.416 + 13.619$
> $$= 15.04 = 15\text{kW}$$

20 온도가 30℃이고, 절대습도가 0.02kg/kg인 실외공기와 온도가 20℃이고, 절대습도가 0.01kg/kg인 실내공기를 1 : 2의 비율로 혼합하였다. 혼합된 공기의 건구온도와 절대습도는? [18년 1회]

① 23.3℃, 0.013kg/kg
② 26.6℃, 0.025kg/kg
③ 26.6℃, 0.013kg/kg
④ 23.3℃, 0.025kg/kg

정답 16 ③ 17 ④ 18 ① 19 ① 20 ①

38 | 공조냉동기계기사 필기

가중평균을 통해 산출한다.

$$t_m = \frac{30 \times 1 + 20 \times 2}{1 + 2} = 23.3℃$$

$$x_m = \frac{0.02 \times 1 + 0.01 \times 2}{1 + 2} = 0.013kg/kg$$

21 온수난방과 비교하여 증기난방에 대한 설명으로 옳은 것은?

[22년 2회]

① 예열시간이 짧다.

② 실내온도의 조절이 용이하다.

③ 방열기 표면의 온도가 낮아 쾌적한 느낌을 준다.

④ 실내에서 상하 온도차가 작으며, 방열량의 제어가 다른 난방에 비해 쉽다.

② 증기난방은 잠열에 의해 난방을 하므로 현열에 의해 난방을 하는 온수난방에 비해 실내온도의 조절이 난해하다.

③ 증기난방은 100℃ 이상의 증기를 활용하므로 방열기 표면의 온도가 높아 쾌적성이 떨어질 수 있다.

④ 증기난방은 설치 위치에 따라 실내에서 상하 온도차가 커질 수 있으며, 방열량의 제어가 다른 난방에 비해 난해하다.

22 온수난방의 특징에 대한 설명으로 옳은 것은?

[21년 2회 문제변형]

① 증기난방에 비하여 연료소비량이 적다.

② 예열시간은 길지만 잘 식지 않으므로 증기난방에 비하여 배관의 동결 피해가 적다.

③ 보일러 취급이 증기보일러에 비해 안전하고 간단하므로 소규모 주택에 적합하다.

④ 열용량이 크기 때문에 짧은 시간에 예열할 수 있다.

① 증기난방에 비해 연료소비량이 많다.

② 온수난방은 배관 내 온도가 낮아 증기난방에 비해 배관 동결 피해가 많다.

④ 온수난방은 열용량이 크기 때문에 예열하는 데 긴 시간이 소요된다.

23 난방 방식 종류별 특징에 대한 설명으로 틀린 것은?

[22년 2회]

① 저온복사난방 중 바닥복사난방은 특히 실내기온의 온도분포가 균일하다.

② 온풍난방은 공장과 같은 난방에 많이 쓰이고 설비비가 싸며 예열시간이 짧다.

③ 온수난방은 배관부식이 크고 워밍업 시간이 증기난방보다 짧으며 관의 동파 우려가 있다.

④ 증기난방은 부하변동에 대응한 조절이 곤란하고 실온분포가 온수난방보다 나쁘다.

온수난방은 증기난방에 비해 배관부식이 적고, 비열이 큰 물을 열매로 사용하므로 워밍업 시간이 증기난방보다 길며, 물을 열매로 사용하여 동파의 우려가 있다.

24 온풍난방의 특징에 관한 설명으로 틀린 것은?

[18년 1회]

① 예열부하가 거의 없으므로 기동시간이 아주 짧다.

② 취급이 간단하고 취급자격자를 필요로 하지 않는다.

③ 방열기기나 배관 등의 시설이 필요 없어 설비비가 싸다.

④ 취출온도의 차가 적어 온도분포가 고르다.

온풍난방은 공기로 취출되는 대류난방을 하므로, 취출되는 공기의 온도와 실내 온도의 차가 크다. 이에 따라 온풍 기류 흐름에 따라 동일 실 안에서도 각 부분별로 온도차가 크게 발생하는 특징이 있다.

25 복사난방 방식의 특징에 대한 설명으로 틀린 것은? [20년 3회]

① 외기온도의 갑작스러운 변화에 대응이 용이하다.
② 실내 상하 온도분포가 균일하여 난방효과가 이상적이다.
③ 실내공기 온도가 낮아도 되므로 열손실이 적다.
④ 바닥에 난방기기가 필요 없어 바닥면의 이용도가 높다.

해설

복사난방 방식은 열용량이 큰 난방 방식으로서 실내온도를 변화시키는 데 시간이 걸리게 되므로, 외기온도의 급변에 따라 실내온도를 함께 변화시키는 데는 한계가 있다.

26 다음 중 출입의 빈도가 잦아 틈새바람에 의한 손실부하가 비교적 큰 경우 난방 방식으로 적용하기에 가장 적합한 것은? [21년 3회]

① 증기난방   ② 온풍난방
③ 복사난방   ④ 온수난방

해설

복사난방은 대류난방에 비해 기류에 의한 열손실이 작고 환기에 제한이 있으므로, 틈새바람이 큰 공간에 적용하기에 적합한 난방 방식이다.

27 특정한 곳에 열원을 두고 열수송 및 분배망을 이용하여 한정된 지역으로 열매를 공급하는 난방법은? [18년 1회, 24년 2회]

① 간접난방법   ② 지역난방법
③ 단독난방법   ④ 개별난방법

해설

지역난방은 중앙 플랜트에서 증기 혹은 고온수를 이송관을 통해 아파트 단지 등의 사용처에 공급하여 난방하는 방식이다.

CHAPTER 03 공조기기 및 덕트

SECTION 01 공조기기

1. 공기조화설비의 구성

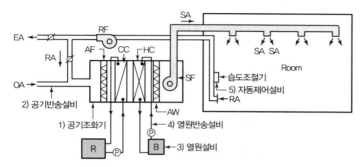

- OA(Out Air) : 외기, 외기덕트
- SA(Supply Air) : 급기, 급기덕트
- AF(Air Filter) : 공기여과기
- HC(Heating Coil) : 가열코일
- R(Refrigerator) : 냉동기
- P(Pump) : 펌프
- Φ(Damper) : 댐퍼
- EA(Exhaust Air) : 배기, 배기덕트
- RA(Return Air) : 환기, 환기덕트
- CC(Cooling Coil) : 냉각코일
- AW(Air Washer) : 가습기(Humidifier)
- B(Boiler) : 보일러
- F(Fan) : 송풍기(SF : 급기팬, RF : 환기팬)

구성	기기	기능
1) 공기조화기	공기여과기, 공기냉각코일, 공기가열코일, 제습기, 가습기, 전열교환기 등	공조 스페이스로 보내는 공기의 온도·습도와 냉온수의 온도를 조절하는 설비
2) 공기반송설비	송풍기, 덕트, 댐퍼, 공기취출구, 공기흡입구 등	실내에 공조공기를 공급하거나, 실외로 공기를 배출하는 설비
3) 열원설비	보일러, 냉동기, 냉각탑, 축열시스템 등	공조부하에 따른 가열 및 냉각을 하기 위해 증기, 온수 또는 냉수를 만드는 설비
4) 열원반송설비	펌프, 수배관, 송풍기, 덕트 등	공기조화기로 열매(냉온수, 공기)를 보내기 위한 설비
5) 자동제어설비	자동제어용 기기 (서모스탯 등)	온도·습도·유량 등을 조작·감시·기록하는 자동제어 설비

다음 중 원심식 송풍기가 아닌 것은?

[21년 1회]

① 다익 송풍기
❷ 프로펠러 송풍기
③ 터보 송풍기
④ 익형 송풍기

해설

프로펠러형(Propeller Fan)은 축류형(Axial Fan)에 속한다.

>>> **송풍기 번호(No.)**

• 원심형 송풍기

$$No. = \frac{회전날개지름(mm)}{150}$$

• 축류형 송풍기

$$No. = \frac{회전날개지름(mm)}{100}$$

원심 송풍기에 사용되는 풍량제어방법으로 가장 거리가 먼 것은?

[21년 3회]

① 송풍기의 회전수 변화에 의한 방법
② 흡입구에 설치한 베인에 의한 방법
❸ 바이패스에 의한 방법
④ 스크롤 댐퍼에 의한 방법

해설

원심 송풍기의 풍량제어 방법으로는 댐퍼 제어, 베인 제어, 가변익 축류 제어, 회전수 제어 등이 있다.

2. 송풍기 및 공기정화장치

1) 송풍기

(1) 송풍기의 개념

송풍기란 공기를 수송하기 위한 기계장치로, 공기의 흐름을 일으키는 날개(Impeller, 임펠러)와 공기를 안내하는 케이싱(Casing)으로 구성된다.

(2) 송풍기의 종류

① 원심형(Centrifugal Fan)
- 터보형(Turbo Fan)
- 익형 : 에어포일팬(Airfoil Fan), 리미트로드팬(Limit Lord Fan)
- 다익형(Siroco Fan)
- 방사형(Radial Fan)
- 관류형(Tubular Fan)

② 축류형(Axial Fan)
- 프로펠러형(Propeller Fan)
- 튜브형(Tube Axial Fan)
- 베인형(Vane Axial Fan)

③ 사류형(혼류형, Mixed Flow Type)

④ 횡류형(직교류식, Cross Flow Type)

(3) 풍량제어 방법

① 토출 댐퍼에 의한 제어

② 흡입 댐퍼에 의한 제어

③ 흡입 베인에 의한 제어

④ 가변 피치에 의한 제어

⑤ 회전수에 의한 제어

⑥ 에너지 절약효과가 큰 풍량제어 방법 순서
- 에너지 절약효과 : 회전수 제어 > 가변 Pitch > 흡인 Vane > 흡인 Damper > 토출 Damper
- 송풍기의 풍량 변화에 따라 송풍기의 동력 또는 축동력이 급격하게 변동하는 것이 에너지 절약효과가 높은 풍량 적용 방식이다.
- 다음 그래프에서 송풍기의 풍량이 감소할 때 소비하는 동력이 더욱 많이 작아지는 제어 방식이 에너지 효율이 높은 방식이라 할 수 있다.

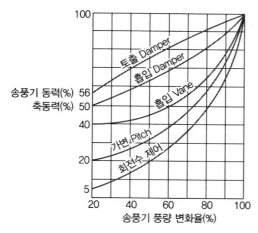

▌에너지 절약효과가 큰 순서 ▌

(4) 송풍기 상사의 법칙

구분	회전수(rpm) $N_1 \to N_2$	날개직경(mm) $D_1 \to D_2$
송풍량 Q(m³/min) 변화	$Q_2 = \left(\dfrac{N_2}{N_1}\right)Q_1$	$Q_2 = \left(\dfrac{D_2}{D_1}\right)^3 Q_1$
압력 P(Pa) 변화	$P_2 = \left(\dfrac{N_2}{N_1}\right)^2 P_1$	$P_2 = \left(\dfrac{D_2}{D_1}\right)^2 P_1$
송풍기 동력 L(kW) 변화	$L_2 = \left(\dfrac{N_2}{N_1}\right)^3 L_1$	$L_2 = \left(\dfrac{D_2}{D_1}\right)^5 L_1$

(5) 송풍기의 압력

① 송풍기에서의 정압은 송풍기 토출 측 정압과 흡입 측 정압의 차로 나타난다.

② 송풍기의 동압은 토출 측 동압을 적용한다.

③ 송풍기의 전압은 송풍기의 정압과 토출 측 동압의 합으로 산출한다.

2) 공기정화장치

(1) 공기정화장치의 분류

목적	종류
먼지 제거	• 정전식 : 전기집진기 • 여과식 : 롤형, 패널형, 유닛형 • 충돌점착식 : 분진을 충돌시켜 점착 제거
가스 제거	• 흡착식 : 활성탄 필터 • 흡수식 • 화학반응식

목적	종류
멸균	• 건열 방식 : 가스 또는 전기에 의해 직접 가열하는 방식 • 고압증기 방식 : 포화수증기로 가열하여 멸균 • 가스 방식 : 산화에틸렌가스, 산화프로필렌가스, 포름알데히드 • 방사선 방식 • 적외선 방식

(2) 고성능 필터

구분	내용
HEPA Filter (High Efficiency Particulate Air Filter)	• 계수법에 의한 여과효율이 99.97% 이상이며 여과재는 글라스파이버가 사용된다. • 병원 수술실, 방사성 물질 취급소, Clean Room 등에 사용된다. • 공기저항(정압손실 254~500Pa)이 크기 때문에 송풍 설계에 유의해야 한다. • Clean Room Class 10~100 정도에 사용한다.
ULPA Filter (Ultra Low Penetration Air Filter)	• 계수법에 의한 여과효율이 99.9997% 이상이며 Super Clean Room의 최종단 Filter로 사용된다. • 공기저항(정압손실 254~500Pa)이 크기 때문에 송풍 설계에 유의해야 한다. • Clean Room Class 10 이하에 사용한다.

(3) 여과효율(η_f) 산출방법

$$\eta_f = \frac{C_1 - C_2}{C_1} \times 100 = \left(1 - \frac{C_2}{C_1}\right) \times 100(\%)$$

여기서, η_f : 필터의 여과효율, 제진효율, 분진포집률, 오염제거율
C_1 : 필터입구 공기 중의 먼지량(먼지농도)
C_2 : 필터출구 공기 중의 먼지량(먼지농도)

(4) 효율 측정법

구분	내용
질량법(중량법, AFI : Air Filter Institute)	• 분진입경 $1\mu m$ 이상에 적용 • 필터 입구의 분진량과 필터 출구의 분진량을 계측하여 결과 산출
비색법(NBS : National Bureau of Standard)	• 분진입경 $1\mu m$ 이하에 적용 • 필터의 입구와 출구 쪽에 각각 여과지를 설치하고 일정시간 동안 공기를 통과시켜 2매의 Test 용지가 불투명도로 변하는 시간을 정하여 효율을 측정하는 방법

구분	내용
계수법	• 분진입경 $0.3\mu m$ 이하에 적용 • 광산란식 입자계수기를 사용하여 필터의 상류 및 하류의 미립자에 의한 산란광에서 그 먼지 입경과 개수를 계측하여 농도를 측정함으로써 여과효율을 구하는 방법 • HEPA Filter : 99.97%, ULPA Filter : 99.9997%, MEGA Filter : 99.9999997%

3. 공기냉각 및 가열코일

1) 냉각코일

(1) 일반사항

① 냉각코일 관 속의 열매를 외부공기와 통하게 하여 직·간접적으로 열교환이 일어나게 하는 방법이다.

② 냉매를 통해 열교환이 직접적으로 일어나는 방법은 직접팽창식, 간접적으로 일어나는 방법은 냉수코일방식이라 한다.

(2) 종류

구분	내용
직접팽창식	공기냉각코일을 중앙공조기와 덕트 속에 설치해 냉매배관을 접속하고, 적절한 온도 및 압력 조건하에서 비등 혹은 증발하는 냉매를 이용해 코일 표면에 부딪히는 공기를 직접 냉각하는 방식이다.
냉수코일방식	Chiller(Condensing Unit에 냉수증발기를 조합한 것)에서 코일을 배관접속하여 배관 내에 5~15℃ 정도의 냉수를 통수시켜 송풍되는 공기를 냉각·감습한다.

(3) 냉수코일 적용 시 유의사항

① 공기의 흐름과 코일 내의 냉수의 흐름이 역류가 되게 하고 대수평균온도차(LMTD)를 크게 한다.(가급적 대향류형으로 설계한다.)

② 물의 입출구 온도차는 약 5~10℃로 하고 코일의 열수는 4~8개가 많이 사용된다.

③ 코일 통과 공기의 풍속은 2~3m/s, 코일 내 수속은 1m/s 전후를 사용한다.

④ 코일의 설치는 관이 수평이 되도록 한다.

이 부분은 본문 사이드바

>>> **코일수로 형식**

유속 및 유량에 따라 일반적 유속 및 유량일 경우 풀서킷, 유속이 크고 유량이 많을 경우 더블서킷, 유속이 작고 유량이 적을 경우 하프서킷을 적용한다.

핵심문제

냉수코일의 설계에 대한 설명으로 옳은 것은?(단, q_s : 코일의 냉각부하, k : 코일전열계수, FA : 코일의 정면면적, $LMTD$: 대수평균온도차(℃), M : 젖은면계수이다.) [21년 3회]

❶ 코일 내의 순환수량은 코일 출입구의 수온차가 약 5~10℃가 되도록 선정한다.

② 관 내의 수속은 2~3m/s 내외가 되도록 한다.

③ 수량이 적어 관 내의 수속이 늦게 될 때에는 더블서킷(Double Circuit)을 사용한다.

④ 코일의 열수$(N) = (q_s \times LMTD)/(M \times k \times FA)$이다.

[해설]

② 관 내의 수속은 1m/s 내외가 되도록 한다.

③ 수량이 많아 관 내의 수속이 빨라질 때에는 더블서킷(Double Circuit)을 사용한다.

④ 코일의 열수$(N) = q_s/(M \times k \times FA \times LMTD)$이다.

(4) 냉수코일 계산식

① 코일의 열수(N)

$$N = \frac{q_T}{K \cdot A \cdot C_s \cdot LMTD}$$

여기서, q_T : 코일의 전열부하(W)

K : 코일의 열관류율(W/m² · K)

A : 코일 1열의 전열면적(m²)

C_s : 습면보정계수

② 코일 내의 순환수량(L, L/min)

$$L = \frac{3.6 \cdot q_T}{C \cdot (t_{w2} - t_{w1}) \cdot 60} = \frac{G(h_1 - h_2)}{(t_{w2} - t_{w1}) \cdot 60}$$

여기서, q_T : 코일의 전열부하(W)

C : 코일 내의 순환수의 비열(kJ/kg · K)

G : 공기의 질량(kg/h)

h_1, h_2 : 입출구 공기의 엔탈피(kJ/kg)

③ 관 내의 수속(V_w, m/s)

$$V_w = \frac{L}{A_p \cdot n \cdot \gamma \cdot 3,600}$$

여기서, L : 순환수량(kg/h)

A_p : 관 내의 단면적(m²)

n : 통로 수

γ : 물의 비중량(kg/m³)

④ 대수평균온도차의 산출

코일 내에서 물의 온도와 공기의 온도차는 위치마다 각각 다르므로 코일 전체를 대표할 수 있는 온도차를 대수평균온도차라고 한다.

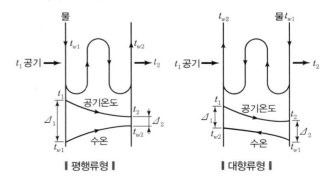

‖ 평행류형 ‖　　　　**‖ 대향류형 ‖**

핵심문제

열교환기에서 냉수코일 입구 측의 공기와 물의 온도차가 16℃, 냉수코일 출구 측의 공기와 물의 온도차가 6℃이면 대수평균온도차(℃)는 얼마인가?　　　　[22년 1회]

❶ 10.2　　　② 9.25

③ 8.37　　　④ 8.00

해설

대수평균온도차(LMTD)

$= \dfrac{\Delta_1 - \Delta_2}{\ln \dfrac{\Delta_1}{\Delta_2}} = \dfrac{16 - 6}{\ln \dfrac{16}{6}} = 10.2℃$

여기서, Δ_1 : 입구 측 온도차

Δ_2 : 출구 측 온도차

$$LMTD = \frac{\Delta_1 - \Delta_2}{\ln\left(\dfrac{\Delta_1}{\Delta_2}\right)}$$

여기서, Δ_1 : 공기 입구 측에서 공기와 물의 온도차(℃)

Δ_2 : 공기 출구 측에서 공기와 물의 온도차(℃)

t_1, t_2 : 공기 입출구의 온도(℃)

t_{w1}, t_{w2} : 물 입출구의 온도(℃)

2) 가열코일

(1) 일반사항

① 가열코일 관 속의 열매를 외부공기와 통하게 하여 간접적으로 열교환이 일어나게 하는 방법이다.

② 온수코일, 증기코일, 전열코일 등이 이에 해당한다.

(2) 종류

구분	내용
온수코일	온수코일은 관 내에 40~80℃의 온수를 통수시켜 송풍되는 공기를 가열하는 것으로, 냉수코일과 겸용하는 경우가 많다.
증기코일	증기코일은 관 내에 증기를 통과시켜 송풍공기를 가열하며, 증기압력은 저압(0.1~2.0kg/cm²)이다.
전열코일	관 중심에 전열선이 있으며 그 주위에 마그네시아 등의 절연재를 충진한 것을 사용하며, 핀을 설치한다.

(3) 가열코일의 동결 방지

① 송풍기 운전 정지 시 외기 댐퍼도 전폐한다.

② 온수코일은 야간운전 정지 시 순환펌프를 운전시켜 코일 내의 물을 유동시킨다.

③ 외기와 환기를 충분히 혼합하여야 한다.

④ 외기 도입 시 전열교환기를 사용하여 1℃ 이상으로 도입한다.

4. 가습 · 감습장치

1) 가습장치

(1) 일반사항

가습장치는 동절기 난방 시 공기가 가열됨에 따라 감소하는 상대습도를 쾌적수준으로 높여 주기 위해 가습을 하는 장치이다.

습공기의 가습 방법으로 가장 거리가
먼 것은?　　　　　　　　[22년 2회]

① 순환수를 분무하는 방법
② 온수를 분무하는 방법
③ 수증기를 분무하는 방법
❹ 외부공기를 가열하는 방법

해설
외부공기를 가열할 경우 절대습도에는 변
화가 없으므로 가습 방법으로 적절치 않다.

가습장치에 대한 설명으로 옳은 것
은?　　　　　　　　　　[21년 1회]

❶ 증기분무 방법은 제어의 응답성이
　빠르다.
② 초음파 가습기는 다량의 가습에 적
　당하다.
③ 순환수 가습은 가열 및 가습효과가
　있다.
④ 온수 가습은 가열·감습이 된다.

해설
② 초음파 가습기는 소량의 가습에 적합
　하다.
③ 순환수 가습은 단열가습의 형태로서 냉
　각 및 가습효과가 있다.
④ 온수 가습은 온수의 냉각 및 가습이 된
　다.

≫≫ 가습 시 습공기의 상태변화 특징

- 증기분무를 하면 공기는 가열 가습되고
  엔탈피도 증가한다.
- 분무수의 온도가 입구공기의 노점온도
  보다 낮으면 냉각 감습된다.
- 순환수 분무를 할 경우 엔탈피의 변화는
  없다.
- 분무수의 온도가 입구공기 노점온도보
  다 높고 습구온도보다 낮으면 냉각 가습
  된다.

(2) 가습장치의 분류

① 수분무식

물을 공기 중에 직접 분무하는 방식이다.

종류	내용	그림
원심식	전동기의 원판을 고속 회전하면 물은 흡습관을 통해 원판의 회전에 의한 원심력으로 미세화된 무화상태가 되고 전동기에 직결된 송풍기의 송풍력에 의해 흡상되어 공기 중에 방출된다.	
초음파식	• 수조 내의 물에 전기압력 120 ~320W의 전력을 사용하여 초음파를 가하면 수면으로부터 수 μm의 작은 물방울이 발생하여 공기 중에 방출된다. • 가격이 높고 용량은 작으나 큰 수적의 유출이 없고 저온에서도 가습 가능하다. • 가정, 전산실, 소규모 사무실에 적합하다.	
분무식	가압펌프를 사용하여 물을 공기 중에 2.5~7kg/cm²의 압력으로 노즐을 통해 분무한다.	

② 증기식 - 증기발생식

무균의 청정실이나 정밀한 습도제어가 요구되는 경우에 적당하다.

종류	내용	그림
전열식 (가습팬)	• 가습팬 내에 있는 물을 증기 또는 전열기로 가열하여 물의 증발에 의해 가습한다. • 수면의 면적이 작으므로 패키지 등의 소형 공조기에 사용된다.	
전극식	전열코일 대신에 전극판을 직접 수중에 넣어서 전기에너지가 열에너지로 전달되어 증기를 발생하여 가습한다.	
적외선식	물을 적외선등(Lamp)으로 가열하여 증기발생으로 가습한다.	

③ 증기식 – 증기공급식

증기관에 작은 구멍을 뚫어 직접 공기 중에 분사 가습하는 방식이다.

종류	내용	그림
과열증기식	증기를 가열시켜 직접 공기 중에 분무 가습한다.(가습효율 100%)	
분무식	수증기를 분무노즐을 통해 0.5kg/cm² 이하의 압력으로 분출하여 가습한다.	

④ 증발식

높은 습도를 요구하는 경우에 적당하다.

종류	내용	그림
회전식	회전체 일부를 물에 접촉시킨 상태에서 저속으로 회전하여 물을 증발시켜 가습한다.	
모세관식	흡수성이 강한 섬유류를 물에 적셔서 모세관 현상으로 물을 빨아올리게 하고 공기를 통과시켜 가습한다.	
적하식	가습용 충진재의 상부에서 물을 뿌리고 공기를 통과시켜 가습한다.	

⑤ 에어워셔에 의한 가습

- 체임버 내에 다수의 노즐을 설치하여 공기를 통과시킴으로써 가습하는 것이다.
- 공기 습구온도와 물의 온도가 일치하면 단열가습이 된다.

(3) 가습효율(η_H)

① 가습을 위해 공기 중에 분무한 수량 중 증발하여 수증기로 된 수량의 비를 %로 나타낸 값을 말한다.

② 과열증기식의 경우 가습효율이 $\eta_H = 100\%$에 가까워 가장 가습효율이 좋다.

$$\eta_H = \frac{증발수량}{분무수량} \times 100(\%)$$

>>> **에어워셔의 구성**

- 세정실(Spray Chamber) : 통과공기와 분무수를 접촉시키는 역할을 하며, 엘리미네이터 앞에 설치한다.
- 분무노즐(Spray Nozzle) : 스탠드파이프에 부착되어 스프레이 헤더에 연결된다.
- 플러딩 노즐(Flooding Nozzle) : 먼지를 세정한다.
- 다공판 또는 루버(Louver) : 세정기의 입구 측에 설치하여 입구공기의 난류를 정류로 만드는 역할을 한다.
- 엘리미네이터(Eliminator) : 수분이 비산되는 것을 방지하는 역할을 한다.

>>> **에어워셔 포화효율(η)**

$$\eta = \frac{(t_1 - t_2)}{(t_1 - t_{w1})} \times 100(\%)$$

여기서, t_1 : 입구공기의 건구온도
t_2 : 출구공기의 건구온도
t_{w1} : 입구공기의 습구온도
t_{w2} : 출구공기의 습구온도

2) 감습(제습)장치

(1) 일반사항

감습(제습)장치는 하절기 냉방 시 공기가 냉각됨에 따라 증가하는 상대습도를 쾌적수준으로 낮춰 주기 위해 감습(제습)을 하는 장치이다.

(2) 감습(제습)장치의 분류

구분	내용
냉각식 제습	냉각코일을 이용하여 습공기를 노점온도 이하로 냉각하여 제습한다.
압축식 제습	• 소요동력이 크고 제습만을 목적으로 할 때는 비경제적이다. • 압축공기 자체가 필요할 때 냉각과 병용하여 사용한다.
흡수식 제습 (Liquid Desiccant)	흡수성 수용액을 습한 공기와 접촉시켜 공기 중의 수분을 흡수하여 제습하며, 흡수제로 염화리튬이나 에틸렌글리콜 용액 등이 사용된다.
흡착식 제습 (Solid Desiccant)	물체의 표면에 흡착되기 쉬운 물분자가 흡착제를 통과할 때 공기로부터 수분이 흡착되어 모세관 이동이 일어난다.

≫≫ **흡수식 제습과 흡착식 제습**

흡수식(액체) 감습법은 연속적이고 큰 용량의 것에 적용하기 적합한 방식이고, 흡착식(고체) 감습법은 소용량의 감습에 적당하다.

(3) 감습(제습)효율(η_{deh})

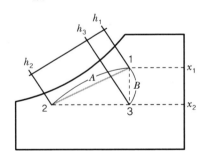

▎습공기 선도에서의 감습과정 ▎

$$\eta_{deh} = \frac{B}{A} = \frac{\Delta x \cdot r}{h_1 - h_2}$$

여기서, A : 제습기의 전열부하(kJ/kg)
　　　　B : 제습기의 잠열부하(kJ/kg)
　　　　h_1, h_2 : 제습기 입출구의 엔탈피(kJ/kg)
　　　　Δx : 제습기 입출구의 절대습도(kg/kg′)
　　　　r : 물의 증발잠열(kJ/kg)

1. 온열원기기

1) 보일러의 종류 및 특징

(1) 원통형(둥근) 보일러

① 수직형(입형) 보일러

- 수직으로 세운 드럼 내에 연관 또는 수관이 있는 소규모의 패키지형으로 되어 있다.
- 사용압력 : 증기 0.05MPa 이하, 온수 0.3MPa 이하
- 용도 : 주택 등
- 장단점

장점	• 설치면적이 작아, 협소한 장소에 설치가 가능하다. • 소용량 용도로 사용되며, 구조가 매우 간단하다. • 취급이 용이하다.
단점	• 전열면적이 작고, 전체적인 열효율이 낮다. • 내부 청소가 까다롭다. • 연소실이 작아서 불완전 연소의 우려가 있다.

② 노통연관보일러

- 횡형 원통 내부에 파형 노통의 연소실과 다수의 연관 (Smoke Tube)을 조합한 내분식 보일러이다.
- 사용압력 : 0.4~0.7MPa
- 용도 : 학교, 사무소, 아파트, 백화점 등
- 장단점

장점	• 보유수량이 많아 부하변동에 대한 대응력이 좋다. • 구조가 간단하고 제작이 간편하다.
단점	• 파열 시 보유수량이 많아 피해가 크다. • 고압이나 대용량 적용 시에는 문제가 있다.

(2) 수관식 보일러

① 복사열이 크게 전달되도록 상부는 기수드럼, 하부는 물드 럼 및 여러 개의 수관으로 구성된 외분식 보일러이다.

② 사용압력 : 1MPa 이상

③ 용도 : 대규모 건물, 상업용 등

핵심문제

보일러의 종류 중 수관 보일러 분류에 속하지 않는 것은? [21년 3회]

① 자연순환식 보일러

② 강제순환식 보일러

❸ 연관 보일러

④ 관류 보일러

해설

수관 보일러는 배관 내에 증기나 물이 흐르고 주변에서 배관 내 증기나 물을 가열하는 방식이며, 연관 보일러는 배관에 고온의 가열매체가 흐르고 배관 주변에 있는 물이나 증기를 가열하는 방식이다.

④ 장단점

장점	• 크기에 비해 전열면적이 크다. • 열효율이 좋다. • 증기 발생이 빠르고 대용량이다. • 보유수량이 적어 파열 시 비산에 의한 피해가 적다.
단점	• 보유수량이 적어 급수에 대한 수위변동이 크고, 수위 조절이 용이하지 못하다. • 고도의 수처리가 필요하다. • 수명이 짧고 압력변화가 심하다.

(3) 관류식 보일러

① 급수가 드럼 없이 긴 관을 통과할 동안 예열, 증발, 과열되어 소요의 과열증기를 발생시키는 초고압용 외분식 보일러이다.
② 가동시간이 짧고 증기발생속도가 빠르다.
③ 수처리가 복잡하고 스케일처리에 유의해야 한다.
④ 부하변동에 대한 응답이 빠르다.
⑤ 보일러 효율이 매우 높다.
⑥ 수처리공법과 자동제어장치가 발달함에 따라 널리 사용된다.

(4) 주철제 보일러

① 주물로 제작된 섹션(Section, 쪽수)을 조립하여 본체를 구성한 저압용 보일러이다.
② **사용압력** : 증기 0.1MPa 이하, 온수 0.3MPa 이하
③ **용도** : 소규모 주택 등
④ 장단점

장점	• 조립식 구조로서 분할·반입이 용이하며, 용량 증감이 간편하다. • 내식성 및 내열성이 우수하다. • 협소한 장소에도 설치가 가능하다.
단점	• 충격에 약하고 취성의 특성이 있어 대용량, 고압에는 부적당하다. • 구조가 복잡하여, 청소나 검사 시 불편하다. • 전열효율 및 연소효율이 좋지 않다.

2) 보일러의 효율 및 용량

(1) 보일러의 효율(η)

$$\eta = \frac{W \times C \times (t_2 - t_1)}{G \times H_L}$$

여기서, W : 온수 출탕량(kg/h)

≫ 폐열 보일러

배출가스 또는 배기가스의 열 등 버려지는 열을 폐열이라고 하며, 이러한 폐열을 이용하는 보일러를 폐열 보일러라고 한다.

C : 물의 비열(4.19kJ/kg · K)

t_2 : 온수의 평균출구온도(℃)

t_1 : 온수의 평균입구온도(℃)

G : 연료소비량(kg)

H_L : 연료의 저위발열량(kJ/kg)

(2) 보일러의 출력

① 정미출력 : 난방부하＋급탕부하

② 상용출력 : 난방부하＋급탕부하＋배관부하

③ 정격출력 : 난방부하＋급탕부하＋배관부하＋예열부하

④ 과부하출력 : 정격출력의 10～20% 정도 증가하여 운전할 때의 출력

(3) 보일러 마력(BHP : Boiler Horse Power)

100℃의 물 15.65kg을 1시간 동안 100℃의 증기로 바꿀 수 있는 능력을 1BHP(보일러 마력)이라고 한다.(1BHP≒35,222kJ/h ≒9.8kW)

(4) 상당증발량(Equivalent Evaporation, 기준증발량)

보일러의 능력을 나타내는 것의 하나로, 실제 증발량을 기준상태의 증발량으로 환산한 것이다. 즉, 실제 증발량과 그에 따른 엔탈피의 변화량을 증발잠열(100℃의 포화수를 100℃의 증기로 만드는 데 소요되는 열량)로 나눈 값을 의미한다.

$$G_e = \frac{G(h_2 - h_1)}{2,256}$$

여기서, G : 실제 증발량(kg/h)

h_1 : 급수의 엔탈피(kJ/kg)

h_2 : 발생 증기의 엔탈피(kJ/kg)

2,256 : 100℃ 물의 증발잠열(kJ/kg)

3) 방열기

(1) 방열기의 개념

증기나 온수의 공급을 받아 대류 등에 의해 열을 발산시키는 난방장치를 말한다.

(2) 방열기의 표준방열량

① 표준상태에서 방열면적 1m²당 방열되는 방열량이다.

② 온수난방 : 0.523kW/m²(표준상태 온수 80℃, 실온 18.5℃)

③ 증기난방 : 0.756kW/m²(표준상태 증기 102℃, 실온 18.5℃)

>>> 증발계수

증발계수 = $\dfrac{상당증발량}{실제증발량}$

(3) **상당방열면적(EDR : Equivalent Direct Radiation)**

① 보일러 방열기 면적을 계산하기 위한 방법 중 하나로, 보일러의 출력(능력, 전체 발열량 등)을 방열기의 표준방열량으로 나누어 방열면적으로 환산한 것이다.

② 상당방열면적 산정공식

$$EDR(\text{m}^2) = \frac{\overset{\text{총 손실열량}}{(\text{전체 발열량 또는 난방부하})(\text{kW})}}{\text{표준방열량}(\text{kW/m}^2)}$$

여기서, 표준방열량 : 증기난방 $-$ 0.756kW/m²
온수난방 $-$ 0.523kW/m²

(4) **방열기의 온수순환량**

$$G = \frac{q}{C\Delta t}$$

여기서, G : 온수순환량(kg/h)
q : 방열기 방열량(난방부하)(kJ/h)
C : 물의 비열(4.2kJ/kg · K)
Δt : 온수 입출구의 온도차(℃)

(5) **실내에 방열기 설치 시 고려사항**

① 응축수량이 적을 것
② 사용하는 열매 종류에 적합할 것
③ 실내온도 분포가 균일하게 될 것
④ 설치장소에 적합한 디자인과 견고성을 가질 것

2. 냉열원기기

1) 냉동기

(1) **개념**

냉동기(Refrigerator)란 냉매에 의하여 저온을 얻어 액체를 냉각 또는 냉동시키는 기계이다.

(2) **압축식 냉동기**

① 압축식 냉동기는 전기에너지를 압축기에서 기계적 에너지로 전환하여 냉동효과를 얻는 방식이다.
② 냉매 : 프레온가스(R $-$ 11, R $-$ 123)
③ 압축식 냉동사이클 : 압축기 → 응축기 → 팽창밸브 → 증발기

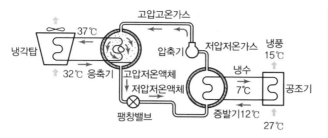

‖ 압축식 냉동사이클 ‖

④ 종류별 특징

구분	원심식(터보식)	왕복(동)식	회전식
원리	임펠러의 고속 회전에 의해 압축	피스톤의 왕복운동에 의해 압축	로터의 회전에 의해 압축
회전수	4,000rpm 이상	200~3,600rpm	1,000rpm 이상
냉동능력	중~대용량	소~중용량	소~대용량
적용	• 대형 냉동장치 • 공조시스템	에어컨 및 냉동기	• 소형 냉동장치 • 룸에어컨 (소용량)

(3) 흡수식 냉동기

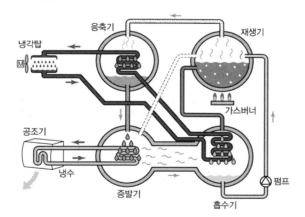

‖ 흡수식 냉동사이클 ‖

① 흡수식 냉동기는 저온상태에서는 서로 용해되는 두 물질을 고온에서 분리시켜 그중 한 물질이 냉매작용을 하여 냉동하는 방식을 말한다.
② 흡수식의 재생기(발생기)는 원심식의 압축기 역할로, 가스로 가열하여 냉매물질(H_2O)과 흡수액(LiBr)을 분리시킨다. (열에너지를 활용한 냉동효과 구현)

③ 냉매 : 물(H_2O)

④ 흡수액 : 리튬브로마이드(LiBr) 용액

⑤ 흡수식 냉동사이클 : 흡수기 → 재생기(발생기) → 응축기 → 증발기

⑥ 장단점

장점	• 압축기가 없고 도시가스를 주에너지원으로 사용하여 에너지원의 사용을 분산시키는 효과가 있다.(전기 → 전기, 도시가스) • 하절기에 발생하는 전력피크(Peak)부하가 저하되고 전기요금이 절감된다. • 증기, 고온수, 폐열 등의 에너지원으로도 운전이 가능하다. • 부분부하 시 기기효율이 높아 에너지 절약적이다. • 부하변동에 안정적이고, 소음이나 진동이 작다. • 낮은 온도에서 냉매가 증발할 수 있도록 진공상태에서 운전되므로 폭발에 안전하다.
단점	• 낮은 온도(6℃ 이하)의 냉수를 얻기가 어렵다. • 여름에도 보일러를 가동해야 한다. • 원심식에 비해 예랭시간이 길고, 설치면적 및 높이, 중량이 크며, 냉각탑을 크게 해야 한다.

⑦ 2중 효용 흡수식 냉동기

2중 효용 흡수식 냉동기는 발생기를 저온발생기와 고온발생기로 구성한 것을 말하며, 단효용 흡수식에 비해 높은 효율을 나타내는 것이 특징이다.

(4) 압축식 냉동기와 흡수식 냉동기 비교

구분	압축식 냉동기	흡수식 냉동기
에너지원	전기	도시가스 (증기, 고온수, 폐열)
냉매	프레온가스	물
소음, 진동	크다.	작다.

(5) 냉동능력

① 냉동능력이란 단위시간에 증발기에서 흡수하는 열량을 말하며, 냉동톤(RT : Refrigeration Ton, 국제냉동톤 : CGS RT)과 미국냉동톤(USRT)이 있다.

• 냉동톤(RT) : 0℃의 순수한 물 1ton을 24시간 동안에 0℃의 얼음으로 만드는 데 필요한 냉각능력(시간당 열량)이다.(1RT ≒ 3.86kW)

- 미국냉동톤(USRT) : 32°F의 순수한 물 1ton(=2,000 lb)을 24시간 동안에 32°F의 얼음으로 만드는 데 필요한 냉각능력(시간당 열량)이다. (1USRT ≒ 3.52kW)

2) 냉각탑

(1) 개념

냉각탑은 응축기용 냉각수를 재사용하기 위해 대기와 접속시켜 물을 냉각하는 장치이다.

(2) 냉각탑의 종류별 특징

① **개방식 냉각탑** : 냉각수가 냉각탑 내에서 대기에 노출되는 개방회로 방식으로, 공기조화에서 일반적으로 채용하고 있는 방식이다.

② **밀폐식 냉각탑** : 냉각수배관이 밀폐된 것으로서 순환수의 오염을 방지하고 연중 사용하는 전산실 등의 운전에 적합하다.

(3) 설치 시 주의사항

① 통풍이 잘되는 곳에 설치할 것
② 진동, 소음이 주거환경에 영향을 미치지 않을 것
③ 물의 비산작용으로 인접건물에 피해가 발생하지 않을 것
④ 겨울철 사용 시 동파 방지용 Heater(전기식) 설치
⑤ 건물 옥상에 설치 시 운전중량이 건축구조 계산에 반영되었는지 여부 검토

3) 히트펌프(Heat Pump) 시스템

(1) 개념

① 물을 낮은 위치에서 높은 위치로 퍼 올리는 기계라는 펌프의 의미를 채용한 것으로서, 히트펌프는 열을 온도가 낮은 곳에서 높은 곳으로 이동시킬 수 있는 장치를 의미한다.

② 압축식 히트펌프의 경우 구성 및 사이클은 압축식 냉동기와 마찬가지로 압축기, 응축기, 팽창밸브, 증발기로 구성되고 냉동사이클을 따른다.

③ 열을 저온 측으로부터 흡열하는 것(증발기의 냉각)을 이용해 냉방을 하고, 고온 측에 방열하는 것(응축기의 방열)을 이용해 난방을 함으로써 동시에 냉난방이 가능하다.

④ 열을 흡수하고 방열하는 원리의 구분에 따라 압축식, 화학식, 흡수식, 흡착식 등으로 분류하며, 이 중에서 압축식 히트펌프를 가장 많이 사용한다.

(2) 히트펌프의 성적계수(COP)

① 히트펌프의 효율을 나타내기 위해 성적계수를 사용한다.

② 히트펌프는 냉방과 난방이 동시에 가능하기 때문에 성적계수도 구분하여 산정한다.

③ 히트펌프의 성적계수는 기종과 열원의 종류에 따라 다르지만, 일반적으로 냉방 시보다 난방 시에 더 높다.

④ 난방 시 COP(성적계수)가 냉방 시 COP보다 1만큼 크다.

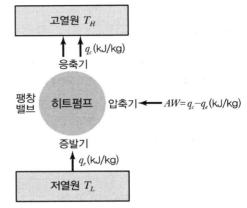

• COP_H(난방 시) $= \dfrac{\text{고열원으로 방출하는 열량}}{\text{공급열량}} = \dfrac{\text{난방능력}}{\text{압축일}}$

$= \dfrac{q_c}{AW} = \dfrac{q_c}{q_c - q_e} = \dfrac{(q_c - q_e) + q_e}{q_c - q_e}$

$= 1 + \dfrac{q_e}{q_c - q_e} = 1 + COP_R$

• COP_R(냉방 시) $= \dfrac{\text{저열원에서 흡수하는 열량}}{\text{공급열량}} = \dfrac{\text{냉동능력}}{\text{압축일}}$

$= \dfrac{q_e}{AW} = \dfrac{q_e}{q_c - q_e}$

┃ 히트펌프의 성적계수 ┃

핵심문제

다음 열원 방식 중에 하절기 피크전력의 평준화를 실현할 수 없는 것은?

[21년 3회]

① GHP 방식
❷ EHP 방식
③ 지역냉난방 방식
④ 축열 방식

해설

EHP 방식은 전기로 Heat Pump의 압축기를 구동하는 방식으로서 하절기 피크전력 평준화 실현방안과는 거리가 멀다.

(3) 종류

종류	내용
지열 히트펌프(GSHP : Ground Source Heat Pump)	연중 일정한 저온(10~20℃)의 지열을 이용하여 냉난방시스템에 이용하는 히트펌프
전기 구동 히트펌프(EHP : Electric Heat Pump)	전기 구동원을 통해 압축기를 가동하여 냉난방을 하는 히트펌프
가스엔진 구동 히트펌프(GHP : Gas engine driven Heat Pump)	가스엔진의 구동력에 의해 압축기를 운전하여 냉난방하는 방식

4) 축열시스템

(1) 개념

축열시스템은 열원설비와 공기조화기 사이에 축열조를 둔 열원 방식으로, 값이 저렴한 심야전력을 이용하여 축열조에 에너지를 축열하고 최대부하 때 활용하기 때문에 설비용량을 작게하며 에너지 절약적이다.

(2) 종류

구분	내용
수(水)축열시스템	야간에 심야전력(오후 11시~오전 9시)으로 냉동기를 가동하여 냉수를 생성한 뒤 축열 및 저장하였다가 주간에 이 냉수를 이용하여 건물의 냉방에 활용하는 방식이다.
빙(氷)축열시스템	야간에 심야전력(오후 11시~오전 9시)으로 냉동기를 가동하여 얼음을 생성한 뒤 축열 및 저장하였다가 주간에 이 얼음을 녹여서 건물의 냉방에 활용하는 방식이다.

핵심문제

주간 피크(Peak)전력을 줄이기 위한 냉방시스템 방식으로 가장 거리가 먼 것은? [22년 1회]

❶ 터보냉동기 방식
② 수축열 방식
③ 흡수식 냉동기 방식
④ 빙축열 방식

해설

주간 피크(Peak)전력을 줄이기 위한 방식으로는 심야전력을 이용한 현열축열 방식인 수축열 방식과 잠열축열 방식인 빙축열 방식이 있으며, 가스열을 이용하여 냉방을 하는 흡수식 냉동기 방식 등이 있다. 터보냉동기의 경우는 전기를 구동원으로 하여 냉방능력을 얻는 시스템으로서 주간 피크(Peak)전력을 줄이기 위한 냉방시스템과는 거리가 멀다.

SECTION 03 덕트 및 부속설비

1. 덕트

1) 덕트(Duct)의 일반사항

(1) 덕트의 개념

① 덕트란 송풍기와 연결하여 공기를 흐르게 하는 풍도를 말한다.

② 일반적으로 아연철판을 많이 사용하며, 외면은 보온재로 단열한다.

(2) 덕트의 종류

① 형상에 따른 분류

덕트의 형상	특징
장방형 덕트	• 단면의 형상이 자유로우나 강도에 약하다. • 일반공조용 저속덕트에 주로 사용한다. • 종횡비(Aspect Ratio)는 최대 8 : 1, 보통 4 : 1 이하가 적당하다.

>>> 덕트의 조립방법

- 원형 덕트 : 드로우 밴드 이음(Draw Band Joint), 비드 크림프 이음(Beaded Crimp Joint), 스파이럴 심(Spiral Seam), 그루브 심(Grooved Seam)
- 장방형 덕트 : 드라이브 슬립(Drive Slip), 스탠딩 심(Standing Seam), 버튼 펀치 스냅 심(Button Punch Snap Seam), 피츠버그 심(Pittsburgh Seam), 그루브 심(Grooved Seam), 더블 심(Double Seem)

>>> 달시 - 웨버의 덕트 마찰저항 산출식

$$\Delta P = f \times \frac{L}{d} \times \frac{\rho v^2}{2}\,[\text{Pa}]$$

여기서, ΔP : 저항에 따른 마찰손실
f : 마찰계수
L : 덕트 길이
d : 덕트 직경
ρ : 유체 밀도
v : 풍속

핵심문제

덕트 내의 풍속이 8m/s이고 정압이 200Pa일 때, 전압(Pa)은 얼마인가? (단, 공기밀도는 1.2kg/m³이다.)

[20년 4회]

① 197.3Pa ② 218.4Pa
❸ 238.4Pa ④ 255.3Pa

해설

전압 = 정압 + 동압

$= 200\text{Pa} + \dfrac{1.2\text{m}^3/\text{m}^3 \times (8\text{m/s})^2}{2}$

$= 238.4\text{Pa}$

>>> 덕트 소음

덕트를 여러 개로 분기시킬 경우 소음의 발생원이 분산되어 발생되는 개소가 많아지므로 덕트의 설계 시 유의한다.

덕트의 형상	특징
원형 덕트	• 단면의 형상이 원형으로 강도에 강하다. • 고속덕트에 적합하다.
스파이럴 덕트	• 원형 덕트를 발전시켜 스파이럴 형태의 홈을 만들어 강도를 높인 덕트이다. • 이음매가 없고 길이가 긴 고속덕트 제작이 가능하다. • 주차장 배기에 사용한다. • 가요성(可撓性, Flexibility : 휘는 성질)이 부족하다.
플렉시블 덕트	• 저속덕트에 적합하다. • 덕트와 박스 혹은 취출구 사이에 접속용으로 사용한다. • 가요성이 있다.

② 풍속에 따른 분류

구분	저속덕트	고속덕트
풍속	15m/s 이하	15~25m/s
소음	적음	큼(소음장치 필요)
용도	일반건물용, 공조용, 환기용	송풍용, 분체·분진 이송
형상	주로 각형 덕트를 사용	주로 원형 덕트를 사용

(3) 덕트의 압력

① 덕트 내 압력은 정압과 동압으로 이루어져 있으며, 정압과 동압의 합을 전압이라고 한다.

② 전압 = 정압 + 동압(속도압)

(4) 덕트의 소음 방지대책

① 덕트에 흡음재를 부착한다.

② 송풍기 출구 부근에 소음 체임버(Chamber)를 설치한다.

③ 덕트의 적당한 장소에 소음을 위한 흡음장치를 설치한다.

④ 댐퍼 취출구에 흡음재를 부착한다.

2) 덕트(Duct)의 설계

(1) 덕트의 설계 순서

부하 계산(현열, 잠열) → 송풍량 결정 → 취출구 및 흡입구의 위치 결정(형식, 크기, 수량) → 덕트의 경로 결정 → 덕트의 치수 결정 → 덕트의 전저항 결정(정압 계산) → 송풍기 선정 → 설계도 작성 → 시공사양 결정

(2) 설계 시 고려사항

① 일반적으로 공조기가 단열공간 외부에 있을 때, 급기·환기 덕트에 단열을 실시하며 외기의 급기덕트, 배기덕트에는 결로의 우려가 없을 경우에는 단열하지 않아도 된다.

② 덕트 내의 허용풍속은 가급적 권장풍속으로 한다.

③ 덕트의 재료로 아연철판 이외의 것을 사용할 경우 표면의 거칠기에 따라 마찰저항손실을 보정해야 한다.

④ 덕트의 종횡비(Aspect Ratio)는 최대 8 : 1 이상을 넘지 않도록 하고 가능한 한 4 : 1 이하로 한다.

⑤ 덕트의 수밀과 기밀을 유지하며 급확대, 급축소 시 압력손실이 커지지 않도록 한다.

⑥ 덕트의 분기부에는 풍량조절 댐퍼를 설치한다.

(3) 덕트의 치수 결정 방식

구분	내용
정압법 (Equal Friction Method)	• 등마찰손실법이라고도 하며 선도나 덕트 설계용 계산치(Duct Measure)를 이용하여 덕트의 크기를 결정한다. • 공조덕트 설계의 대부분이 정압법에 의해 이루어지며, 각형 및 저속덕트 설계 시 적용한다.
정압재취득법 (Static Pressure Regain Method)	베르누이 정리에 의하여 풍속이 감소하면 그 동압의 차만큼 정압이 상승하기 때문에 정압의 상승분을 다음 구간의 덕트 압력손실에 재이용하는 방법이다.
등속법 (Equal Velocity Method)	덕트의 주관이나 분기관의 풍속을 권장풍속치 내로 정하여 덕트 치수를 결정하며 주로 분체, 분진의 이송 등에 사용하고 원형 및 고속덕트 설계 시 적용한다.
전압법 (Total Pressure Method)	각 취출구까지의 전압력손실이 같아지도록 덕트의 단면을 결정하는 방식이다.

3) 덕트의 부속기구

(1) 댐퍼

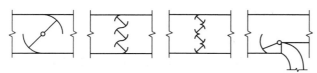

(a) 버터플라이 댐퍼 (b) 평행익형 댐퍼 (c) 대향익형 댐퍼 (d) 스플릿 댐퍼

▍댐퍼(Damper) ▍

핵심문제

다음 중 보온, 보냉, 방로의 목적으로 덕트 전체를 단열해야 하는 것은?

[22년 2회]

❶ 급기덕트 ② 배기덕트
③ 외기덕트 ④ 배연덕트

해설

급기덕트는 공기조화기를 통과하여 냉각 혹은 가열되어 실내로 공급되는 공기가 이송하는 통로이므로 덕트 전체를 단열하여 덕트에서 외부로의 열의 출입을 최소화하여야 한다.

》》》 장방형 덕트와 원형덕트의 환산 관계

두 덕트의 풍량과 단위 길이당 마찰손실이 같다고 가정하면

$$d_e = 1.3 \left[\frac{(a \cdot b)^5}{(a+b)^2} \right]^{\frac{1}{8}}$$

여기서, d_e : 원형 덕트의 관경
a : 장방형 덕트의 장변
b : 장방형 덕트의 단변

》》》 타원형 덕트의 상당지름(d_e)

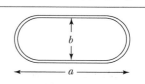

$$d_e = \frac{1.55 A^{0.625}}{P^{0.25}}$$

여기서, $A = \left[\frac{\pi b^2}{4} + b(a-b) \right]$
$P = \pi b + 2(a-b)$

핵심문제

덕트의 분기점에서 풍량을 조절하기 위하여 설치하는 댐퍼로 가장 적절한 것은?   [18년 2회, 22년 1회]

① 방화 댐퍼 ❷ 스플릿 댐퍼
③ 피봇 댐퍼 ④ 터닝 베인

해설 풍량분배용 댐퍼(스플릿 댐퍼, Split Damper)
• 덕트 분기부에서 풍량조절에 사용
• 개수에 따라 싱글형과 더블형으로 구분

핵심문제

다음 중 풍량조절 댐퍼의 설치 위치로 가장 적절하지 않은 곳은?
[22년 1회]

① 송풍기, 공조기의 토출 측 및 흡입 측
❷ 연소의 우려가 있는 부분의 외벽 개구부
③ 분기덕트에서 풍량조정을 필요로 하는 곳
④ 덕트계에서 분기하여 사용하는 곳

해설
풍량조절 댐퍼는 풍량의 정도를 조정하는 역할을 하는 댐퍼이다. 연소의 우려가 있는 부분의 외벽 개구부의 경우에는 방화 댐퍼(Fire Damper)를 적용하여 연소의 확대를 막아야 한다.

≫≫ 가이드 베인(Guide Vane)

가이드 베인은 덕트 굴곡부에서 유체의 흐름각을 완만하게 하여 기류를 안정시키는 목적으로 사용한다.

종류		특징
풍량조절용 (Volume Damper)	버터플라이 댐퍼	• 단익 댐퍼로 소형 덕트에 사용 • 덕트 내의 풍량을 조절하거나 폐쇄하기 위하여 사용 • 복잡한 환기장치에 설치 시 풍량조절기능이 떨어지고 소음 발생
	루버 댐퍼	• 다익 댐퍼(날개수 2개 이상)로 대형 덕트에 사용 • 평행익형 : 대형 덕트 개폐용 • 대향익형 : 공조기의 풍량조절용
	슬라이드 댐퍼	전체의 개폐를 목적으로 사용
풍량분배용 댐퍼 (스플릿 댐퍼, Split Damper)		• 덕트 분기부에서 풍량조절에 사용 • 개수에 따라 싱글형과 더블형으로 구분
역류방지용 댐퍼 (릴리프 댐퍼, Relief Damper)		• 실내의 정압을 일정하게 유지하고 실내외 또는 인접 실과의 공기 차압을 제어하는 기기 • 공기의 역류를 방지하여 클린룸의 오염을 방지
방화 댐퍼 (Fire Damper)		• 화재 발생 시 다른 실로 연소되는 것을 방지하기 위한 댐퍼 • 건축물의 방화구역에 설치 • 댐퍼 내 퓨즈를 부착하여 일정 이상의 온도 상승 시 퓨즈가 녹아 댐퍼가 닫히는 구조
방연 댐퍼 (Smoke Damper)		• 화재 발생 시 폐쇄하여 덕트 내에 연기가 전해지는 것을 방지하는 댐퍼 • 실내에 설치한 연기감지기와 연동하여 화재 초기에 댐퍼를 폐쇄

(2) 가이드 베인(Guide Vane)

① 기류를 안정시켜 저항을 줄이기 위한 장치이다.

② 덕트 내측의 굴곡된 부분에 조밀하게 부착한다.

2. 취출구 및 흡입구

1) 취출구

(1) 취출구의 개념

공기취출구(Diffuser, 토출구)란 공조기에서 조화공기를 덕트에서 실내에 반출하기 위한 개구부를 말한다.

(2) 주요 용어

용어	개념 및 특징
종횡비 (Aspect Ratio)	• 각형 덕트에서 덕트의 장변을 단변으로 나눈 값이다. • 장변 : 단변은 4 : 1 이하가 표준이며, 최대 8 : 1 이하로 계획하여야 한다. • 종횡비가 너무 클 경우 풍속 및 소음, 열손실이 증가하고 풍량의 분배가 고르지 못하게 되는 특징이 있다.
유효면적	취출구에서 공기가 실제 통과하는 면적이다.
퍼짐각	취출되는 공기가 확산작용에 의해 퍼지는 18~20° 정도의 각도를 말한다.
도달거리 (Throw)	• 취출구에서 취출기류의 풍속이 0.25m/s가 되는 위치까지의 거리이다. • 냉풍을 취출할 때, 도달거리에 도달할 때까지 생긴 기류의 강하를 강하도(Drop)라고 한다. • 온풍을 취출할 때, 도달거리에 도달할 때까지 생긴 기류의 상승을 상승도(Rise)라고 한다.

(3) 취출구의 종류

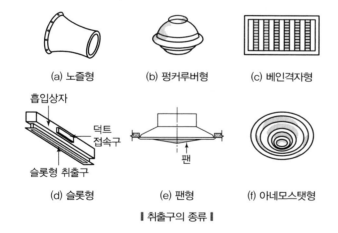

(a) 노즐형   (b) 펑커루버형   (c) 베인격자형

흡입상자
덕트 접속구
슬롯형 취출구
팬

(d) 슬롯형   (e) 팬형   (f) 아네모스탯형

‖ 취출구의 종류 ‖

① 축류(縮流)취출구(Axial Flow Diffuser)

한 방향으로 취출되는 방식으로 실내의 대류를 유발시키고 도달거리를 길게 할 수 있으며, 종류로는 노즐형(Nozzle Type), 펑커루버형(Punkah Louver Type), 베인격자형(그릴형, Universal Type), 슬롯형(Slot Type) 등이 있다.

>>> **종횡비의 크기**

종횡비(Aspect Ratio)를 크게 할 경우 덕트의 높이가 낮아져 층고가 낮아질 수 있는 효과가 있으나, 덕트 내 저항이 커지는 단점이 있다.

핵심문제

다음 용어에 대한 설명으로 틀린 것은?   [19년 2회, 22년 1회]

① 자유면적 : 취출구 혹은 흡입구 구멍면적의 합계

② 도달거리 : 기류의 중심속도가 0.25 m/s에 이르렀을 때, 취출구에서의 수평거리

❸ 유인비 : 전공기량에 대한 취출공기량(1차 공기)의 비

④ 강하도 : 수평으로 취출된 기류가 일정 거리만큼 진행한 뒤 기류중심선과 취출구 중심과의 수직거리

해설

유인비는 취출공기량(1차 공기)에 대한 전공기량[1차 공기+2차 공기(유인공기)]의 비이다.

$$유인비 = \frac{1차\ 공기량(취출공기량)+2차\ 공기량(유인공기량)}{1차\ 공기량(취출공기량)}$$

핵심문제

다음 중 라인형 취출구의 종류로 가장 거리가 먼 것은?   [21년 1회]

① 브리즈 라인형   ② 슬롯형

③ T-라인형   ❹ 그릴형

해설

그릴형 취출구(Universal Type)는 베인격자형 취출구에 속한다.

② 복류(輻流)취출구(Double Flow Diffuser)

여러 방향으로 취출되는 방식으로 확산반경이 크고 도달거리가 짧아 천장취출구로 이용하며, 종류로는 팬형(Pan Type), 아네모스탯형(Anemostat Type) 등이 있다.

2) 공기흡입구

(1) 공기흡입구의 개념

공기흡입구는 오염된 실내공기를 배기하기 위한 장치이다.

(2) 공기흡입구의 종류

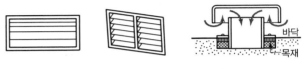

| (a) 도어그릴형 | (b) 루버형 | (c) 매시룸형 |

‖ 공기흡입구의 종류 ‖

종류	특징
도어그릴형 (Door Grill Type)	• 문의 하부에 부착되는 고정식 베인격자형의 흡입구이다. • 환기덕트를 절약할 수 있다.
루버형 (Louver Type)	외기 도입구나 각층유닛 방식에서 공조기실로의 환기구 등에 사용한다.
매시룸형 (Mash Room Type)	• 바닥의 먼지 등을 함께 흡입하게 된다. • 흡입공기를 재순환하는 경우에는 적합하지 않다. • 극장 등의 좌석 밑에 설치하여 사용한다.

3. 환기설비

1) 필요환기량

(1) CO_2 농도 제거

$$Q = \frac{M}{C_i - C_o}$$

여기서, Q : 필요환기량(m^3/h)

M : 실내에서 발생한 CO_2양(m^3/h)

C_i : 실내 CO_2 허용농도(m^3/m^3)

C_o : 실외 신선외기 CO_2 농도(m^3/m^3)

(2) 발열량 제거

$$Q = \frac{H_s}{C_p \cdot \rho \cdot (t_i - t_o)}$$

여기서, Q : 필요환기량(m³/h)

H_s : 발열량(현열)(kJ/h)

C_p : 정압비열(kJ/kg · K)

ρ : 공기의 밀도(kg/m³)

t_i : 실내 허용온도(℃)

t_o : 실외 신선외기온도(℃)

(3) 수증기량 제거

$$Q = \frac{W}{\rho(X_i - X_o)}$$

여기서, Q : 필요환기량(m³/h)

W : 수증기 발생량(kg/h)

ρ : 공기의 밀도(kg/m³)

X_i : 실내 허용 절대습도(kg/kg′)

X_o : 실외 신선외기 절대습도(kg/kg′)

(4) 환기횟수

$$n = \frac{Q}{V}$$

여기서, Q : 필요환기량(m³/h)

n : 환기횟수(회/h)

V : 실체적(m³)

2) 환기에 따른 손실열량

(1) 현열손실량

$$q_S = C_p \cdot \rho \cdot Q \cdot (t_i - t_o) = 1.21 \cdot Q \cdot (t_i - t_o)$$

여기서, q_S : 틈새바람에 의한 현열손실량(kJ/h)

Q : 틈새바람(m³/h)

t_i : 실내온도(℃)

t_o : 실외온도(℃)

ρ : 공기의 밀도(kg/m³)

C_p : 정압비열(kJ/kg · K)

(2) 잠열손실량

$$q_L = 2,501 \cdot \rho \cdot Q \cdot (x_i - x_o)$$

여기서, q_L : 틈새바람에 의한 잠열손실량(kJ/h)

2,501 : 0℃ 포화수의 증발잠열(kJ/kg)

x_i : 실내 절대습도(kg/kg′)

x_o : 실외 절대습도(kg/kg′)

3) 환기설비 설치 시 고려사항

① 환기는 복수의 실을 각각 단일 계통으로 하여, 각 실별로 환기
필요조건을 파악하여 환기해야 한다.

② 필요환기량은 실의 이용목적과 사용상황을 충분히 고려하여
결정한다.

③ 외기를 받아들이는 경우에는 외기의 오염도에 따라서 공기청
정장치를 설치한다.

④ 전열교환기에서 열회수를 하는 배기계통에는 악취나 배기가
스 등 오염물질을 수반하는 배기는 사용하지 않는다.

4) 환기설비의 종류 및 특징

(1) 자연환기

구분	개념 및 특징
풍력환기	바람에 의한 환기로서, 풍력환기에 의한 환기량은 유량계수와 통기율, 유출부와 유입부 간의 압력차 등에 비례한다.
중력환기	• 공기의 온도차에 의해 발생하는 밀도차에 의한 환기 현상이다. • 이를 연돌효과(Stack Effect)라고도 한다. • 실내외 온도차가 커지면, 실내외 압력차도 커지므로 환기량은 커지게 된다.(고온 측이 저기압, 저온 측이 고기압의 특성을 갖는다.)

(2) 기계환기

구분	개념 및 특징
1종 환기	• 송풍기와 배풍기를 사용하여 환기하는 방식으로 실내는 일정압을 갖는다. • 일반공조, 보일러실, 변전실 등에 적용한다.
2종 환기	• 급기구에 송풍기를 설치하여 강제급기를 하고, 배기는 자연배기한다. • 실내압을 정압(+)으로 유지하여 유해물질의 유입이 방지되어야 하는 곳(수술실 등)에 적용한다.

구분	개념 및 특징
3종 환기	• 급기는 자연급기하고, 배기구에 배풍기를 설치하여 강제배기를 한다. • 실내압을 부압(−)으로 유지하여 실내의 오염물질이 외부로 배출되지 말아야 하는 곳(화장실, 조리장, 음압격리병실 등)에 적용한다.

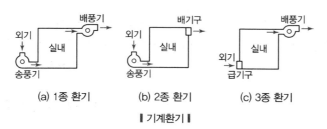

(a) 1종 환기   (b) 2종 환기   (c) 3종 환기

┃ 기계환기 ┃

5) 전열교환기

(1) 목적

공조기의 환기에 의한 열손실을 최소화하기 위하여 사용한다.

(2) 방법

외기(OA)덕트와 배기(EA)덕트에 설치하여 외기와 배기가 간접 접촉하게 함으로써 전열(현열＋잠열)을 교환한다.

(3) 특징

① 전열교환기는 "전열"을 교환하는 것으로서 현열뿐만 아니라 잠열 교환이 가능하다.
② 공조기는 물론 보일러나 냉동기의 용량을 줄일 수 있다.
③ 공기 방식의 중앙공조시스템이나 공장 등에서 환기 시 에너지 회수 방식으로 사용한다.
④ 전열교환기를 사용한 공조시스템에서 중간기(봄, 가을)를 제외한 냉방기와 난방기의 열회수량은 실내외의 온도차가 클수록 많다.

>>> **전열교환기의 장점**

전열교환기를 적용할 경우 도입되는 외기의 엔탈피를 설정된 실내외 온도와 가깝게 할 수 있으므로, 전열교환기를 적용하지 않는 경우에 대비하여 공기조화기기의 용량을 적게 설계할 수 있는 장점이 있다.

01 다음 중 원심식 송풍기가 아닌 것은?

[21년 1회]

① 다익 송풍기 ② 프로펠러 송풍기
③ 터보 송풍기 ④ 익형 송풍기

해설
프로펠러형(Propeller Fan)은 축류형(Axial Fan)에 속한다.

02 다음 원심 송풍기의 풍량제어 방법 중 동일한 송풍량 기준 소요동력이 가장 적은 것은?

[20년 4회]

① 흡입구 베인 제어 ② 스크롤 댐퍼 제어
③ 토출 측 댐퍼 제어 ④ 회전수 제어

해설
송풍기 풍량제어 방법에 따른 에너지 절약 순서
회전수 제어 − 가변익 축류 − 흡입 베인 − 흡입 댐퍼 − 토출 댐퍼

03 동일한 송풍기에서 회전수를 2배로 했을 경우 풍량, 정압, 소요동력의 변화에 대한 설명으로 옳은 것은?

[20년 4회, 24년 1회, 24년 2회]

① 풍량 1배, 정압 2배, 소요동력 2배
② 풍량 1배, 정압 2배, 소요동력 4배
③ 풍량 2배, 정압 4배, 소요동력 4배
④ 풍량 2배, 정압 4배, 소요동력 8배

해설
상사의 법칙
회전수 변화가 n배 될 때 풍량은 n배, 정압은 n^2배, 소요동력은 n^3배로 변하게 된다. 그러므로 회전수 변화가 2배가 되면 풍량은 2배, 정압은 $2^2 = 4$배, 소요동력은 $2^3 = 8$배로 변하게 된다.

04 공조기 냉수코일 설계 기준으로 틀린 것은?

[20년 1 · 2회 통합]

① 공기류와 수류의 방향은 역류가 되도록 한다.
② 대수평균온도차는 가능한 한 작게 한다.
③ 코일을 통과하는 공기의 전면풍속은 2~3m/s로 한다.
④ 코일의 설치는 관이 수평으로 놓이게 한다.

해설
대수평균온도차는 코일 내 냉수의 온도와 코일을 통과하는 공기의 온도 간의 차이를 대표하는 온도차로서 해당 온도차가 클수록 열교환이 수월해질 수 있으므로 대수평균온도차를 가능한 한 크게 해야 한다.

05 냉수코일 설계상 유의사항으로 틀린 것은?

[18년 2회, 24년 1회]

① 코일의 통과 풍속은 2~3m/s로 한다.
② 코일의 설치는 관이 수평으로 놓이게 한다.
③ 코일 내 냉수속도는 2.5m/s 이상으로 한다.
④ 코일의 출입구 수온 차이는 5~10℃ 전 · 후로 한다.

해설
코일 내 냉수속도는 1m/s 내외로 한다.

06 공기의 감습장치에 관한 설명으로 틀린 것은?

[18년 3회]

① 화학적 감습법은 흡착과 흡수 기능을 이용하는 방법이다.
② 압축식 감습법은 감습만을 목적으로 사용하는 경우 재열이 필요하므로 비경제적이다.

정답 01 ② 02 ④ 03 ④ 04 ② 05 ③ 06 ④

③ 흡착식 감습법은 실리카겔 등을 사용하며, 흡습재의 재생이 가능하다.

④ 흡수식 감습법은 활성 알루미나를 이용하기 때문에 연속적이고 큰 용량의 것에는 적용하기 곤란하다.

〔해설〕

④는 흡착식(고체) 감습법에 해당하며, 흡수식(액체) 감습법은 연속적이고 큰 용량의 것에 적용하기 적합한 방식이다.

07 가습장치에 대한 설명으로 옳은 것은?

[21년 1회]

① 증기분무 방법은 제어의 응답성이 빠르다.
② 초음파 가습기는 다량의 가습에 적당하다.
③ 순환수 가습은 가열 및 가습효과가 있다.
④ 온수 가습은 가열·감습이 된다.

〔해설〕

② 초음파 가습기는 소량의 가습에 적합하다.
③ 순환수 가습은 단열가습의 형태로서 냉각 및 가습효과가 있다.
④ 온수 가습은 온수의 냉각 및 가습이 된다.

08 에어워셔 내에 온수를 분무할 때 공기는 습공기 선도에서 어떠한 변화과정이 일어나는가?

[21년 2회]

① 가습·냉각
② 과냉각
③ 건조·냉각
④ 감습·과열

〔해설〕

에어워셔 내에 온수를 분무할 경우 절대습도가 상승하므로 가습되며, 온수가 증기상태로 변해야 하므로 상변화 시 소모되는 열량으로 인해 현열냉각되는 변화과정이 일어난다.

09 공기조화설비 중 수분이 공기에 포함되어 실내로 급기되는 것을 방지하기 위해 설치하는 것은?

[20년 4회]

① 에어워셔
② 에어필터
③ 엘리미네이터
④ 벤틸레이터

〔해설〕

엘리미네이터는 실내로 비산되는 수분을 제거하는 설비기기이다.

10 보일러의 종류 중 수관 보일러 분류에 속하지 않는 것은?

[21년 3회]

① 자연순환식 보일러
② 강제순환식 보일러
③ 연관 보일러
④ 관류 보일러

〔해설〕

수관 보일러는 배관 내에 증기나 물이 흐르고 주변에서 배관 내 증기나 물을 가열하는 방식이며, 연관 보일러는 배관에 고온의 가열매체가 흐르고 배관 주변에 있는 물이나 증기를 가열하는 방식이다.

11 열매에 따른 방열기의 표준방열량(W/m^2) 기준으로 가장 적절한 것은?

[21년 2회]

① 온수 : 405.2, 증기 : 822.3
② 온수 : 523.3, 증기 : 822.3
③ 온수 : 405.2, 증기 : 755.8
④ 온수 : 523.3, 증기 : 755.8

〔해설〕

방열기의 표준방열량
- 표준상태에서 방열면적 1m²당 방열되는 방열량이다.
- 온수난방 : 0.523kW/m²(표준상태 온수 80℃, 실온 18.5℃)
- 증기난방 : 0.756kW/m²(표준상태 증기 102℃, 실온 18.5℃)

12 A, B 두 방의 열손실은 각각 4kW이다. 높이 600mm인 주철제 5세주 방열기를 사용하여 실내 온도를 모두 18.5℃로 유지시키고자 한다. A실은 102℃의 증기를 사용하며, B실은 평균 80℃의 온수를 사용할 때 두 방 전체에 필요한 총 방열기의 절수는?(단, 표준방열량을 적용하며, 방열기 1절(節)의 상당방열면적은 0.23m²이다.)

[20년 1 · 2회 통합]

① 23개   ② 34개
③ 42개   ④ 57개

해설

증기온도 102℃, 온수온도 80℃, 실내온도 각각 18.5℃로서 표준방열상태이며, 이때의 방열량은 표준방열량으로서 증기 0.756kW, 온수 0.523kW이다.

$$총 방열기 절수 = \frac{열손실(kW)}{1절당 \ 방열면적(m^2) \times 표준방열량(kW)}$$

$$A실 \ 방열기 \ 절수 = \frac{4kW}{0.23m^2 \times 0.756kW} = 23개$$

$$B실 \ 방열기 \ 절수 = \frac{4kW}{0.23m^2 \times 0.523kW} = 33.25$$
$$= 34개(올림)$$

∴ 총 방열기의 절수 = 23 + 34 = 57개

13 난방부하가 10kW인 온수난방 설비에서 방열기의 출 · 입구 온도차가 12℃이고, 실내 · 외 온도차가 18℃일 때 온수순환량(kg/s)은 얼마인가?(단, 물의 비열은 4.2kJ/kg · ℃이다.)

[19년 3회]

① 1.3   ② 0.8
③ 0.5   ④ 0.2

해설

온수순환량(W, kg/s)

$$= \frac{난방부하(kW)}{비열(kJ/kg \cdot K) \times 방열기 \ 입출구 \ 온도차}$$

$$= \frac{10kW}{4.2kJ/kg \cdot K \times 12℃} = 0.2kg/s$$

14 보일러의 출력에는 상용출력과 정격출력이 있다. 다음 중 이들의 관계가 적당한 것은?

[20년 3회]

① 상용출력 = 난방부하 + 급탕부하 + 배관부하
② 정격출력 = 난방부하 + 배관 열손실부하
③ 상용출력 = 배관 열손실부하 + 보일러 예열부하
④ 정격출력 = 난방부하 + 급탕부하 + 배관부하
           + 예열부하 + 온수부하

해설

정미출력 = 난방부하 + 급탕부하
상용출력 = 정미출력 + 배관부하
       = 난방부하 + 급탕부하 + 배관부하
정격출력 = 상용출력 + 예열부하
       = 난방부하 + 급탕부하 + 배관부하 + 예열부하

15 보일러의 수위를 제어하는 주된 목적으로 가장 적절한 것은?

[21년 2회]

① 보일러의 급수장치가 동결되지 않도록 하기 위하여
② 보일러의 연료공급이 잘 이루어지도록 하기 위하여
③ 보일러가 과열로 인해 손상되지 않도록 하기 위하여
④ 보일러에서의 출력을 부하에 따라 조절하기 위하여

해설

보일러의 수위를 제어하는 주된 목적은 보일러의 수위가 낮아져 빈불때기 등이 발생하여 보일러의 과열에 따른 손상이 일어나는 것을 막기 위해서이다.

정답   12 ④   13 ④   14 ①   15 ③

16 보일러의 스케일 방지 방법으로 틀린 것은?

[18년 2회]

① 슬러지는 적절한 분출로 제거한다.
② 스케일 방지 성분인 칼슘의 생성을 돕기 위해 경도가 높은 물을 보일러수로 활용한다.
③ 경수연화장치를 이용하여 스케일 생성을 방지한다.
④ 인산염을 일정 농도가 되도록 투입한다.

해설

경도가 높은 물을 사용하는 것은 보일러 스케일 발생의 원인이 된다.

17 다음 중 감습(제습)장치의 방식이 아닌 것은?

[18년 2회]

① 흡수식   ② 감압식
③ 냉각식   ④ 압축식

해설

감압을 할 경우 수증기의 제거를 위한 응축이 되지 않으므로 감압은 감습(제습) 방식으로 적절하지 않다.

감습(제습)장치의 종류
• 냉각식
• 압축식
• 데시칸트(흡수식 / 흡착식)

18 냉각탑에 관한 설명으로 틀린 것은?

[20년 4회]

① 어프로치는 냉각탑 출구수온과 입구공기 건구온도 차이다.
② 레인지는 냉각수의 입구와 출구의 온도차이다.
③ 어프로치를 작게 할수록 설비비가 증가한다.
④ 어프로치는 일반 공조에서 5℃ 정도로 설정한다.

해설

어프로치는 냉각탑의 출구수온과 입구공기의 습구온도 차를 말한다.

19 공조용 열원장치에서 히트펌프 방식에 대한 설명으로 틀린 것은?

[18년 1회]

① 히트펌프 방식은 냉방과 난방을 동시에 공급할 수 있다.
② 히트펌프 원리를 이용하여 지열시스템 구성이 가능하다.
③ 히트펌프 방식 열원기기의 구동 동력은 전기와 가스를 이용한다.
④ 히트펌프를 이용해 난방은 가능하나 급탕 공급은 불가능하다.

해설

응축기 부분에서 열교환된 온수를 난방 및 급탕 열원으로 활용 가능하다.

20 주간 피크(Peak)전력을 줄이기 위한 냉방 시스템 방식으로 가장 거리가 먼 것은? [22년 1회]

① 터보냉동기 방식   ② 수축열 방식
③ 흡수식 냉동기 방식   ④ 빙축열 방식

해설

주간 피크(Peak)전력을 줄이기 위한 방식으로는 심야전력을 이용한 현열축열 방식인 수축열 방식과 잠열축열 방식인 빙축열 방식이 있으며, 가스열을 이용하여 냉방을 하는 흡수식 냉동기 방식 등이 있다. 터보냉동기의 경우는 전기를 구동원으로 하여 냉방능력을 얻는 시스템으로서 주간 피크(Peak)전력을 줄이기 위한 냉방시스템과는 거리가 멀다.

21 다음 열원 방식 중에 하절기 피크전력의 평준화를 실현할 수 없는 것은?

[21년 3회]

① GHP 방식   ② EHP 방식
③ 지역냉난방 방식   ④ 축열 방식

해설

EHP 방식은 전기로 Heat Pump의 압축기를 구동하는 방식으로서 하절기 피크전력 평준화 실현방안과는 거리가 멀다.

22 다음 중 고속덕트와 저속덕트를 구분하는 기준이 되는 풍속은? [19년 3회]

① 15m/s ② 20m/s
③ 25m/s ④ 30m/s

해설

고속덕트와 저속덕트를 구분하는 기준은 풍속 15m/s이다.

23 덕트 설계 시 주의사항으로 틀린 것은? [19년 3회]

① 덕트의 분기지점에 댐퍼를 설치하여 압력평행을 유지시킨다.
② 압력손실이 적은 덕트를 이용하고 확대 시와 축소 시에는 일정 각도 이내가 되도록 한다.
③ 종횡비(Aspect Ratio)는 가능한 한 크게 하여 덕트 내 저항을 최소화한다.
④ 덕트 굴곡부의 곡률반경은 가능한 한 크게 하며, 곡률이 매우 작을 경우 가이드 베인을 설치한다.

해설

종횡비(Aspect Ratio)를 크게 할 경우 덕트의 높이가 낮아져 층고가 낮아질 수 있는 효과가 있으나, 덕트 내 저항이 커지는 단점이 있다.

24 취출기류에 관한 설명으로 틀린 것은? [21년 1회, 24년 2회]

① 거주영역에서 취출구의 최소 확산반경이 겹치면 편류현상이 발생한다.
② 취출구의 베인 각도를 확대시키면 소음이 감소한다.
③ 천장 취출 시 베인의 각도를 냉방과 난방 시 다르게 조정해야 한다.
④ 취출기류의 강하 및 상승거리는 기류의 풍속 및 실내공기와의 온도차에 따라 변한다.

해설

취출구의 베인 각도를 확대시키면 와류 등의 현상이 증가하여 소음이 커질 수 있다.

25 다음 용어에 대한 설명으로 틀린 것은? [19년 2회, 22년 2회]

① 자유면적 : 취출구 혹은 흡입구 구멍면적의 합계
② 도달거리 : 기류의 중심속도가 0.25m/s에 이르렀을 때, 취출구에서의 수평거리
③ 유인비 : 전공기량에 대한 취출공기량(1차 공기)의 비
④ 강하도 : 수평으로 취출된 기류가 일정 거리만큼 진행한 뒤 기류중심선과 취출구 중심과의 수직거리

해설

유인비는 취출공기량(1차 공기)에 대한 전공기량[1차 공기＋2차 공기(유인공기)]의 비이다.

$$유인비 = \frac{1차\ 공기량(취출공기량)}{+2차\ 공기량(유인공기량)}{1차\ 공기량(취출공기량)}$$

26 다음 중 축류 취출구의 종류가 아닌 것은? [19년 1회]

① 펑커루버형 취출구
② 그릴형 취출구
③ 라인형 취출구
④ 팬형 취출구

해설

팬형 취출구(Pan Type)는 여러 방향으로 취출되는 방식인 복류 취출구(Double Flow Diffuser)이다.

27 다음의 취출과 관련한 용어 설명으로 틀린 것은? [20년 3회]

① 그릴(Grill)은 취출구의 전면에 설치하는 면격자이다.
② 아스펙트(Aspect)비는 짧은 변을 긴 변으로 나눈 값이다.
③ 셔터(Shutter)는 취출구의 후부에 설치하는 풍량 조절용 또는 개폐용의 기구이다.
④ 드래프트(Draft)는 인체에 닿아 불쾌감을 주는 기류이다.

> 해설

아스펙트(Aspect)비는 긴 변을 짧은 변으로 나눈 값이다.

28 9m × 6m × 3m의 강의실에 10명의 학생이 있다. 1인당 CO_2 토출량이 15L/h이면, 실내 CO_2 양을 0.1%로 유지시키는 데 필요한 환기량(m^3/h)은?(단, 외기 CO_2양은 0.04%로 한다.) [20년 4회]

① 80   ② 120
③ 180   ④ 250

> 해설

$$Q(\mathrm{m^3/h}) = \frac{M(\mathrm{m^3/h})}{C_i - C_o} = \frac{10 \times 0.015 \mathrm{m^3/h}}{(0.1-0.04) \times 10^{-2}} = 250 \mathrm{m^3/h}$$

29 6인용 입원실이 100실인 병원의 입원실 전체 환기를 위한 최소 신선 공기량(m^3/h)은?(단, 외기 중 CO_2 함유량은 0.0003m^3/m^3이고 실내 CO_2의 허용농도는 0.1%, 재실자의 CO_2 발생량은 개인당 0.015m^3/h이다.) [20년 3회, 24년 3회]

① 6,857   ② 8,857
③ 10,857   ④ 12,857

> 해설

$$Q(\mathrm{m^3/h}) = \frac{M(\mathrm{m^3/h})}{C_i - C_o} = \frac{6 \times 100 \times 0.015 \mathrm{m^3/h}}{0.001 - 0.0003}$$
$$= 12,857 \mathrm{m^3/h}$$

30 전열교환기에 관한 설명으로 틀린 것은? [20년 3회, 24년 2회]

① 공기조화기기의 용량설계에 영향을 주지 않음
② 열교환기 설치로 설비비와 요구 공간이 증가
③ 회전식과 고정식이 있음
④ 배기와 환기의 열교환으로 현열과 잠열을 교환

> 해설

전열교환기를 적용할 경우 도입되는 외기의 엔탈피를 설정된 실내외 온도와 가깝게 할 수 있으므로, 전열교환기를 적용하지 않는 경우에 비하여 공기조화기기의 용량을 적게 설계할 수 있는 장점이 있다.

31 환기에 따른 공기조화부하의 절감 대책으로 틀린 것은? [20년 1·2회 통합]

① 예랭, 예열 시 외기 도입을 차단한다.
② 열 발생원이 집중되어 있는 경우 국소배기를 채용한다.
③ 전열교환기를 채용한다.
④ 실내 정화를 위해 환기횟수를 증가시킨다.

> 해설

환기횟수(환기량)를 늘릴 경우 환기부하가 증가하므로 공기조화부하의 절감 대책과는 거리가 멀다.

32 다음 중 풍량조절 댐퍼의 설치 위치로 가장 적절하지 않은 곳은? [22년 1회]

① 송풍기, 공조기의 토출 측 및 흡입 측
② 연소의 우려가 있는 부분의 외벽 개구부
③ 분기덕트에서 풍량조정을 필요로 하는 곳
④ 덕트계에서 분기하여 사용하는 곳

> 해설

풍량조절 댐퍼는 풍량의 정도를 조정하는 역할을 하는 댐퍼이다. 연소의 우려가 있는 부분의 외벽 개구부의 경우에는 방화 댐퍼(Fire Damper)를 적용하여 연소의 확대를 막아야 한다.

정답   27 ②   28 ④   29 ④   30 ①   31 ④   32 ②

33 덕트의 분기점에서 풍량을 조절하기 위하여 설치하는 댐퍼로 가장 적절한 것은?

[18년 2회, 22년 1회]

① 방화 댐퍼 ② 스플릿 댐퍼
③ 피봇 댐퍼 ④ 터닝 베인

해설

풍량분배용 댐퍼(스플릿 댐퍼, Split Damper)
• 덕트 분기부에서 풍량조절에 사용한다.
• 개수에 따라 싱글형과 더블형으로 구분한다.

34 덕트의 굴곡부 등에서 덕트 내에 흐르는 기류를 안정시키기 위한 목적으로 사용하는 기구는?

[20년 4회]

① 스플릿 댐퍼 ② 가이드 베인
③ 릴리프 댐퍼 ④ 버터플라이 댐퍼

해설

가이드 베인은 덕트 굴곡부에서 유체의 흐름각을 완만하게 하여 기류를 안정시키는 목적으로 사용한다.

CHAPTER 04 TAB 및 시운전

1. TAB 계획

1) TAB의 개념 및 수행항목

(1) TAB의 개념

공기조화설비의 시험 조정 및 평가(Testing, Adjusting and Balancing)는 해당 설비가 설계목적에 부합하고, 시스템의 성능 확보와 합리적인 에너지 사용을 위하여 관련 계통을 시험, 조정 및 평가하는 것이다.

(2) TAB의 수행항목

① 계통 검토
② 공기분배계통의 성능 측정 및 조정
③ 물분배계통의 성능 측정 및 조정
④ 자동제어계통의 작동 성능 확인
⑤ 소음 측정
⑥ 최종점검 및 조정
⑦ 종합보고서 작성

2) 수행계획서 및 종합보고서

(1) 수행계획서

수급인은 시운전 10일 전까지 아래 사항을 포함하는 시험·조정·평가(TAB) 수행계획서를 공사감독자에게 제출한다.
① 시험·조정·평가(TAB) 수행업체 인원 및 측정 장비현황
② 시험·조정·평가(TAB) 수행내용 및 일정계획
③ 시험·조정·평가(TAB) 수행에 따른 보수 및 지원 대책
④ 계통 검토결과 예비보고서

(2) 종합보고서

수급인은 시운전 완료 후 시험·조정·평가(TAB) 종합보고서 3부를 공사감독자에게 제출한다.

》》 TAB 수행순서

계통검토 → 예비보고서 작성 → 현장점검 → 전원점검 → 물, 공기 분배계통 및 자동제어 계통의 시험조정과 각종 측정(온·습도, 소음 등) → 종합보고서 작성

》》

TAB는 전문업체의 인원 및 장비로 수행하여야 한다.

---

3) TAB 업무의 과정

구분		세부사항
설계 단계	공통 사항	• 인접 기기의 상호 간섭에 의한 영향 검토 • 국부적인 마찰손실의 검토 • 시스템 효과의 최적화를 위한 검토 • 운전장애 가능성에 대한 검토 • 계통검토(공기조화설비를 검토하고 미비점 보완)
	공기 계통	• 적정한 풍량조절 기구의 선택 및 배치 여부 검토 • 밸런싱 기구로 인한 소음의 증가가 없도록 위치 선정 • Splitter Damper나 Extractor는 풍량조절 기구로는 부적합 • 덕트 내장형 코일은 전단에 충분한 거리를 두어 공기의 흐름이 코일 면에서 쏠리지 않도록 하여야 함 • Pitot Tube 단면 측정 및 적정한 직선구간의 확보
	물 계통	• 적정한 유량조절 기구의 선택 및 배치 • 각종 계측기의 설치 및 측정을 위한 측정점 배려 • 공기빼기 및 관세척을 위한 배려
시공단계		• 측정점의 확보 및 선정 • 기기 및 구성요소의 성능자료를 입수하여 설계자료와 비교 · 검토 • 예비보고서의 작성 및 제출 • 시공상태의 점검(현장점검) • 시공기술자의 자문
준공단계		• 완료시스템의 점검 · 확인 • TAB 현장 측정 및 조정 • TAB 최종보고서의 작성 및 제출

2. TAB 수행

1) 예비점검

① 공기 및 물 분배 계통에 관한 각종 도면과 사양 등 자료를 수집하여, 그 내용을 검토하고, 적절한 계측기를 선정 · 확보한다.

② 설비가 안전하고, 정상적인 운전이 가능한지 여부를 점검한다.

③ 공조기의 필터(Filter) 청결상태를 점검한다.

④ 덕트계통 청소상태를 점검한다.

⑤ 팬(Fan)의 회전방향 적정 여부를 점검 및 확인한다.

⑥ 방화 댐퍼(Damper) 및 풍량조절 댐퍼(Damper)의 개폐상태를 점검한다.

⑦ 코일(Coil)의 청소상태 및 변경 여부를 점검한다.

⑧ 각종 배관의 청소상태 및 물채움 및 공기빼기 상태를 점검한다.

⑨ 각종 펌프의 회전방향을 점검 및 확인한다.

⑩ 스트레이너(Strainer) 상태를 점검한다.

⑪ 냉동기, 공조기, 냉각탑, 보일러, 송풍기, 열교환기 등 주요 설비의 가동 상태를 점검한다.

⑫ 주변 청소 정리 및 기타 TAB 시행에 앞서 점검해야 할 사항을 확인한다.

⑬ 시공 상태가 도면과 일치하는지의 여부를 확인한다.

2) TAB의 수행

① 공기조화기 검사를 위하여 팬(Fan) 검사항목에 따라 윤활유 상태, 벨트(Belt) 장력, 회전체와 케이싱(Casing)의 간격, 진동방지, 모터(Motor) 회전, 필터(Filter) 상태를 검사한 후 시험, 조정 및 밸런싱(Balancing)한다.

② 케이싱 누설과 각종 댐퍼(Damper) 작동상태를 검사하고, 덕트 치수의 적정 여부 및 공기흐름의 상태를 점검 조정한다.

③ 물계통설비 및 배관계통 검사를 위하여 펌프, 냉동기, 응축기 등 각종 설비와 냉수, 냉각수, 온수 및 증기배관계통의 이상 유무를 검사한 후 전체 계통을 점검 조정한다.

④ 실내공간의 소음 발생 여부를 점검하고 조정한다.

⑤ 공조기 및 팬의 기동정지 장치를 점검하고, TAB 시행을 위한 전기에너지 이상 유무를 점검한다.

⑥ 공기계통의 풍량 댐퍼와 방화 댐퍼가 완전 개방위치에 놓여 있는지 확인한다.

⑦ 모든 공기터미널이 설치되고, 개방 위치에 있는지 점검한다.

⑧ 피토튜브, 이송측정 위치를 확인하고, 이상 유무를 확인한다.

⑨ 칸막이, 문, 창문, 천장 등과 같은 건축구조물이 완성된 후 모든 공기순환이 정상적으로 되는지 점검한다.

⑩ 급기, 배기 및 환기계통이 설계대로 작동되는지 점검하고 조정한다.

⑪ 시스템의 자동제어기기가 시스템에 적합하게 작동되는지 점검한다.

⑫ 팬의 흡입정압, 토출정압, 전류 및 풍량을 측정, 기록하고, 구동모터 과부하 여부를 점검한다.

⑬ 각 실의 공기 순환경로를 검사하고, 급·배기계통의 밸런싱 여부를 점검한다.

⑭ 급기 메인(Main), 서브 메인 및 분기 메인에서의 공기흐름과 분배상태를 점검한다.

핵심문제

공기조화 시 TAB 측정 절차 중 측정 요건으로 틀린 것은? [22년 1회]

① 시스템의 검토 공정이 완료되고 시스템 검토보고서가 완료되어야 한다.

② 설계도면 및 관련 자료를 검토한 내용을 토대로 하여 보고서 양식에 장비규격 등의 기준이 완료되어야 한다.

❸ 댐퍼, 말단 유닛, 터미널의 개도는 완전 밀폐되어야 한다.

④ 제작사의 공기조화 시 시운전이 완료되어야 한다.

해설

공기계통의 풍량 댐퍼 등은 완전 개방된 상태로 TAB를 실시하게 된다.

⑮ 터미널을 조정하지 않은 상태에서 시스템 내의 각 터미널 공기 흐름을 측정하고, 이를 비교·검토하여 분기 밸런싱 순서를 계획한다.

⑯ 분기로부터 가장 먼 터미널에서 시작하여 분기 메인 쪽으로 진행하면서 풍량을 조정한다.

⑰ 시스템이 밸런싱될 때까지 풍량조절작업을 되풀이한다.

⑱ 팬 풍량과 작동상태를 점검하고 조정한다.

⑲ 팬 회전수는 제작사 설정 최대 허용회전수를 초과하지 않으며, 어떠한 운전 방식에서도 구동모터에 과부하가 걸리지 않도록 풀리(Pulley)를 조정한다.

⑳ 최대 축동력일 때 팬 구동모터의 전류를 측정한다.

㉑ 시스템 밸런싱 후 팬 회전수, 모터 전압, 전류 및 입·출구 정압 등을 측정하고 기록한다.

㉒ 팬 최종 회전수는 냉방 시 최소 외기량 상태에서 요구된 풍량이 나오도록 맞춘다.

㉓ 팬 출구 정압은 실제적으로 팬 하류 측으로부터 적정한 이격거리를 띄워서 측정하거나 덕트 내의 장해물 상류 측에서 측정한다.

㉔ 팬 출구나 신축이음, 캔버스를 통하여 정압을 직접적으로 측정해서는 안 된다.

㉕ 취출구의 기류는 드래프트(Draft) 현상이 발생하지 않도록 터미널 공기분배를 조정한다.

㉖ 최종 밸런싱의 입·출구 정압 및 각 코일의 입·출구 정압을 측정하고, 모든 창과 문이 닫힌 상태에서 건물 정압을 측정한다.

㉗ 공기조화와 물계통설비의 배관계통은 상호 연관 관계가 있으므로 통합된 개념으로 밸런싱을 해야 한다.

㉘ 물계통설비 밸런싱을 위해 시스템 충수, 배관 청소상태, 관 내 공기 제거, 각종 밸브 개방, 여과기 내부 청소상태, 2방 제어밸브, 관련 배관·코일 배관 정확성, 드레인 팬의 청결과 변형 유무, 압력계·온도계 등 계측기 위치, 자동제어시스템의 운전상태 및 기타 필요사항을 점검한다.

㉙ 유량 밸런싱은 정밀하게 보정된 유량계를 사용하여 최초 밸런싱 후의 최종 계기 지시치를 기록한다.

원심식 Pump의 TAB 시에는 펌프의 회전방향, 회전수, 펌프의 토출, 흡입 압력 등을 검토한다.

1. 시운전 전 점검

1) 급수배관 상태 점검

(1) 증기배관이 정상적으로 배관되어 있는지 점검

(2) 급수탱크의 크기가 적당한지 점검

① 냉수용 보일러는 보유수량 이상이다.

② 응축수 사용 보일러는 보일러 용량의 2배 정도이다.

(3) 급수배관이 바르게 설비되었는지 확인

① 급수배관이 20m 이상 되거나 급수탱크가 지하(급수펌프보다 낮은 위치)에 설치되었을 경우 급수탱크 옆에 순환펌프가 설치되었는지 확인한다.

② 급수탱크가 급수펌프보다 낮은 위치에 설치된 경우 흡입배관에 역류 방지용 체크밸브가 설치되었는지 확인한다.

③ 급수배관이 급수펌프 흡입관경과 일치하는지 확인한다.

④ 연수기 배관은 올바르게 설치되었는지 확인한다. 연수기 수압이 0.15~0.4MPa로 유지되는지 확인한다.

⑤ 보일러 배수배관(농축블로우 배관)이 되었는지 확인한다.

⑥ 보일러를 여러 대 설치하는 경우 드레인(농축블로우 배관) 배관을 각각 분리하여 설치하였는지 확인한다.

⑦ 보일러 배수관이 고정되어 있는지 급수탱크 내 물은 보충되었는지 확인한다.

2) 가스배관 점검

① 가스배관은 정상적으로 설비되었는지 확인한다.

② 가스배관이 보일러 주변에서 30cm 이상 떨어진 곳에 위치되었는지 확인한다.

③ 가스배관이 가스필터 관경과 같거나 큰지 확인한다.

④ 가스 공급압력이 보일러 운전에 문제가 되지 않는지 확인한다.

⑤ 가스의 퍼지는 정상적으로 이루어졌는지 담당자에게 확인한다. 만일 퍼지를 실시하지 않았다면 퍼지를 요청한다.(부득이한 경우는 직접 실시하되 절대 화재에 유의)

⑥ 메인 가스밸브를 열어 가스가 누기되는 곳이 없는지 확인한다.

⑦ 가스누설검출기는 정상위치에 설치되었는지 확인한다.

>>> **퍼지(Purge)**

퍼지란 인화성 증기나 가스를 포함하는 용기나 탱크 등에 불활성 가스 등을 주입하여 가연성 분위기가 유지되지 않게 하는 것을 말한다.

3) 연도의 설비 점검

① 연도의 직경은 보일러 연도의 직경과 같거나 큰지 확인한다.

② 여러 대의 연도를 묶어서 설치한 경우 계산에 의한 직경과 일치하는지 확인한다.

③ 연도의 구배가 너무 많거나 역구배가 되지는 않았는지 확인한다.

④ 연도의 보온은 되었는지 확인한다.

⑤ 연도가 가연물로부터 30cm 이상(이격거리) 떨어져 있는지 확인한다.

⑥ 연도의 끝은 갓 등으로 마감처리 되었는지 확인한다.

4) 전기의 점검

(1) 보일러의 용량에 알맞은 전압이 공급되었는지 확인

① 100kg/h 보일러는 220V 2W(단상)이면 정상이고, 200kg/h 이상은 220V 3W나 380V 3W와 220V 2W(단상)가 공급되어야 한다.

② 송풍기와 급수펌프 등은 380V 3W가 공급되어야 하고, 자동제어장치는 220V 2W(단상)가 공급되어야 한다.

(2) 보일러의 메인 전기전선의 굵기가 알맞은 것으로 설치되었는지 확인

(3) 보일러의 접지(2종 접지)가 되었는지 확인

2. 보일러의 시운전

1) 사전 작업

① 수전, 급수, 가스 공급이 정상적으로 이루어졌는지 다시 한번 확인한다.

② 배기 댐퍼가 열려 있는지 확인하고 배기가 정상적으로 이루어질 수 있는지 확인한다.

③ 보일러 상부에 설치된 송풍기 모터의 회전방향을 확인한다. 회전방향이 바뀌었으면 마그네트 스위치의 모터 전원 출력부의 3선(R · S · T) 중 두 선을 바꾸어 연결한다.

④ 급수펌프 모터의 에어코크를 열어 에어를 제거하고 마그네트 스위치를 눌렀을 때 열어 물이 세차게 토출되면 회전방향이 정상이고, 반대로 흡입되면 바뀐 것이므로 마그네트 스위치의 모터 전원 출력부에서 3선 중 가운데 선을 포함하여 두 선을 바꾸어 연결한다.

⑤ 업체 담당자에게 확인하여 사용하고자 하는 증기압력을 압력 스위치에 세팅한다.

⑥ 전자개폐기의 열동형 과부하계전기의 용량을 계산하여 저항값을 세팅한다.

⑦ 연수기의 채수량을 구하고 재생주기를 세팅한다. 연수기에 소금을 보충하고 연수기의 공급수압을 확인하여 리포트에 기록한다.

⑧ 버너를 분해하여 화실 상태 및 버너 상태를 확인하고 버너촌법을 확인하여 리포트에 기록한다.

⑨ 약주펌프는 약주탱크에 설치한 후 연수와 청관제를 보일러용량에 올바르게 혼합하여 투입한다.

⑩ 약주펌프의 스트로크를 보일러 용량에 올바르게 설정한다.

⑪ 약주펌프 설치 후 토출구에 호스를 연결하고 에어밸브를 열어 입으로 흡입하여 에어를 제거한 후 닫는다. 이때 청관제가 피부에 닿지 않도록 주의한다.

⑫ 버너의 노압 측정구에 노압계를 설치하고 연소 시 노 내 압력을 측정·기록한다.

⑬ 연소 시 연소가스 분석기를 이용하여 연소가스를 분석하고 기록한다.

⑭ 시운전 리포트를 준비하여 각종 부품의 모델과 형식, 용량 등을 사전에 기록한다.

>>> **연수기(Water Softener System)**

보일러의 스케일 발생을 방지하기 위해 경수를 연수로 바꾸어 주는 경수 연화장치를 말한다.

2) 보일러 시운전 시 비정상 발생원인 파악 및 수정

① 압력 상승 시에 증기압력계를 관찰하고 압력 설정값에서 정지하는지 확인한다.

② 압력 상승 시 2조의 수면계를 비교하여 수위가 다를 때 수면계 기능시험을 실시하여 원인을 파악한다.

③ 검사구 플랜지와 주증기밸브 등에서 증기가 누설되는지 확인하고 증기 누설 시 필요에 따라 더 조이고 누설을 확인한다.

④ 주증기밸브는 조금씩 천천히 열어 주증기관을 데우고 전개한 후 조금 되돌려 놓는다.

⑤ 연소 시 배기가스분석을 통해 CO, CO_2, O_2 농도를 측정하고 설치검사에 문제가 없는지 확인하고 연소비를 조정해 준다. (매연농도는 바카락카 스모크 스켈 4 이하. 다만, 가스용 보일러의 경우 배기가스 중 CO의 농도는 200ppm 이하이어야 한다.)

3) 시운전 전, 시운전 후 결과보고서 작성

점검내용을 확인하고 보일러의 특성을 파악하여 보일러별 시운전 결과보고서를 작성한다.

SECTION 03 공조설비 시운전

1. 시운전 전 점검

1) 시운전 전 준비항목

구분	준비항목
안전장구	안전모, 안전화, 보안경, 안전벨트, 보호장갑
인원배치	최소 2인 1조
측정장비	전압, 전류계, 풍량계, 차압계, 전압측정계, 표면온도측정계, 가스감지기
측정 기록지	공기조화기 현장 설치 체크리스트, 공기조화기 시운전 측정 기록지

2) 시운전 계통별 점검

구분	점검사항
냉매배관 설비	• 배관계통의 이상 유무를 확인한다. • 배관 접합부 누설 여부를 육안 검사한다. • 배관 접합부 가스감지기 검사를 한다. • 시운전하고자 하는 곳이 밀폐실일 경우 산소농도 측정 및 유해물질을 확인한다. • 냉매 MSDS(물질안전보건자료)를 확인한다.
수배관 및 증기배관	• 배관계통의 이상 유무를 확인한다. • 배관 접합부 누설 여부를 육안 검사한다. • 각 배관라인의 이상 압력 여부를 점검한다. • 코일 내 열원공급의 유무를 점검한다.(겨울철에는 매일 가열원 공급 10분 후 최초 운전할 것)

구분	점검사항
동력기계 부분	• 전기계통의 이상 유무를 확인한다. • 회전체 주변에 접근을 제한한다. • 베어링의 주유 상태를 점검한다. • 전동기(Motor)의 결선 상태를 점검한다. • 접지선이 잘 연결되어 있는지 확인한다. 안전(감전사고 방지)을 위하여 중요 사항이다. • 운반 도중 파손된 부분은 없는지 외관 검사를 한다. • 전동기 축을 손으로 돌릴 때 자유로이 회전하는지 확인한다. • 공급전력(전압, 주파수, 상수)은 명판에 기재된 것과 동일한지 확인한다. • 전동기가 튼튼하게 잘 고정되었는지 확인한다. • 벨트 사용 시 장력을 조절하여 늘어지지 않게 하고 베어링 하우징 쪽에 접근시켜 설치한다.
송풍기	• 점검을 할 때는 반드시 임펠러(Impeller)가 정지되었는지 확인한 후에 점검한다. • 송풍기 전원 입력과 관계되는 전원 스위치(NFB 등)를 차단한다. • 모든 베어링에 급유하고 실(Seal)과 베어링의 결합상태 등을 점검한다. • V벨트를 점검해서 긴장 상태를 조정하거나 필요하면 교환한다. • 전동기(Motor)에 부착된 점검표에 의해 전동기 상태를 점검해서 주유가 필요한 곳은 주유한다. • 송풍기의 상태를 점검해서 임펠러에 많은 먼지가 부착된 것이 확인되면 온수로 세척한다.(50℃ 이하의 온수 사용)

3) 기타 사항 및 안전점검

① 기초볼트, 풀리와 V벨트의 장력, 볼트와 베어링의 체결상태를 점검한다.

② 점검구(Access Door)가 제대로 닫혀 있는지 점검한다.

③ 덕트와 송풍기 토출구의 연결 상태를 점검한다.

④ 방진 장치의 상태를 점검한다.

⑤ 댐퍼의 개방 상태를 점검한다.

⑥ 송풍기 내부 및 공조기 내부를 점검한다.(이물질 검사)

⑦ 실외기의 공기 흡입구, 토출구 및 보조 흡입 그릴 부분에 장애물(냉방능력이 저하되고 전기료 인상요인이 됨) 검사를 한다.

⑧ 안전장구(안전모, 안전화, 보안경, 안전밸트, 보호장갑 등)를 확인한다.

⑨ 안전교육을 한다.

⑩ 인원을 배치한다.(최소 2인 1조로 구성)

>>> **안전교육**

• 시운전 작업자의 건강상태 확인
• 작업장 내 안전규칙 숙지 및 위험요소 확인
• 비상연락망 확인

2. 시운전 수행

1) 시운전 중 점검항목

점검항목	정격치
전압	규정 전압의 ±10% 이내
전류	전동기 명판 수치의 100% 이내
베어링 표면온도	주위 온도의 +40℃ 이내
필터 차압 상태	필터 종류 및 사양에 따라 차압 확인

2) 시운전의 수행

(1) 냉방 운전 수행

순서	수행사항
① 냉수 순환 운전	• 배관의 밸브를 전개한다. • 냉수펌프를 가동한다. • 공기 배출구를 이용하여 배관 및 코일 내의 공기를 배출한다.
② 팬(Fan) 가동	• 송풍기 토출 및 흡입 측 댐퍼를 전개한다. • 외기 댐퍼를 전개한다. • 송풍기를 가동한다. • 송풍기의 회전방향을 확인한다.
③ 운전 상태 확인	• 댐퍼 조절로 풍량을 조절한다. • 자동 컨트롤 장치의 작동 여부를 확인한다.

(2) 난방 운전 수행

순서		수행사항
① 열매 순환 운전	온수 순환	• 배관 중의 밸브를 전개한다. • 온수펌프를 가동한다. • 공기 배출구를 이용하여 배관 및 코일 내의 공기를 배출한다.
	증기 순환	• 배관의 밸브를 전개한다. • 증기를 방출한다. • 공기 배출구를 이용하여 배관 및 코일 내의 공기를 배출한다.
② 팬(Fan) 가동		• 송풍기 토출 및 흡입 측 댐퍼를 전개한다. • 외기 댐퍼를 전개한다. • 송풍기를 가동한다. • 송풍기의 회전방향을 확인한다.
③ 운전 상태 확인		• 댐퍼 조절로 풍량을 조절한다. • 자동 컨트롤 장치의 작동 여부를 확인한다.

(3) 시운전 점검사항 확인

구분	점검사항
송풍기 및 모터	• 모터 전류와 전압을 측정하여 명판 사양과 일치 여부를 확인한다. • 송풍기의 운전이 부드럽고 전류가 일정하게 될 때까지 댐퍼로 통과 공기량을 조절한다. • 이상 소음이나 진동을 확인한다. • 송풍기 및 모터 베어링의 과열 여부를 확인한다. • 송풍기 회전의 방향을 확인한다.
코일	• 냉·온수 및 증기 코일의 누설 여부를 확인한다. • 냉·온수 입출구 온도 및 증기의 압력, 응축수 배출 상태를 확인한다. • 배관 입출구의 각종 기능품 동작이 원활한지 확인한다.
기타 사항	• 공기조화기 케이싱의 휨이 발생하는지 확인한다. • 각종 댐퍼의 개도 상태 및 떨림 상태를 확인한다. • 각종 구성품의 진동이 발생하는지 확인한다.

4) 시운전 후 점검항목 및 운전 종료 후 조치

(1) 시운전 후 점검항목

공기조화기 운전과 관련하여 시운전 종료 후 점검할 항목은 송풍기 및 모터, 코일, 공조기 케이싱의 휨 발생 여부, 각종 댐퍼의 개도 상태 및 떨림 상태 여부, 각종 구성품의 진동 발생 여부 등이다.

(2) 운전 종료 후 조치

① 냉방 시즌이 끝난 경우에는 냉방 코일의 동파 방지를 위해 코일 내 잔류수를 배출한다. 난방 운전 시 또는 공조기 운전 정지 시 코일의 동파 방지를 위해 공조기 내부 온도를 영상으로 유지한다.

② 공기조화기 시운전 완료 후 제시된 기록지에 공기조화기 측정 결과를 기록한다.

1. 시운전 전 점검

1) 시운전 전 점검사항

① 모터 결선은 사용 전압과 모터 전압에 맞게 결선되었는지 확인한다.

② 손으로 2~3회 돌려 펌프의 회전 작동상태를 점검한다.

③ 커플링을 연결하지 않은 상태에서 빈 모터만 공회전하여 펌프의 회전 지시방향과 일치하여 회전하는지를 꼭 확인한다.

④ 회전방향을 확인한 후 커플링 연결 볼트의 체결 상태를 확인한다. 커플링 틈새는 2~3mm이며 상하 편차가 0.05mm 이내로 한다.

⑤ 축봉장치의 외장형 메커니컬 실에는 외부 실 공급수를 반드시 공급하며 정해진 적당량을 공급한 후에 가동한다.

⑥ 이상 모든 점검사항이 완료되었는지를 다시 한번 확인하고 점검 후 펌프 내부에 물을 가득 채우고 토출 측에 탈기를 실시한 후에 시운전을 가동한다.

⑦ 펌프의 명판과 유량, 양정, 동력, 회전수, 전압 등 사양이 일치하는지 확인한다.

⑧ 배관의 어떤 응력이나 무게가 펌프에 전달되는지 확인한다.

⑨ 펌프의 프라이밍(마중물)을 실시한다.

    ㉠ 프라이밍 없이 펌프를 운전하면 고장의 원인이 되므로 토출밸브를 열어 프라이밍 깔때기 또는 프라이밍 입구에서 한다.

    ㉡ 배관계에 이미 물이 채워져 있는 경우 펌프의 토출 입구까지 만수가 되는 경우는 흡입밸브, 토출밸브를 열어 프라이밍을 한다.

    ㉢ 프라이밍을 할 때는 펌프 축을 손으로 돌리면서 회전차 내의 공기를 완전히 제거한다.

    ㉣ 그랜드 누르개 볼트의 너트를 조여 준다. 이때, 커플링을 한쪽 손으로 돌리는 정도로 해서 축봉에서 과다 누수를 방지한다.

    ㉤ 외부로부터 냉각수 및 축봉수가 공급되는 경우에는 냉각수 및 축봉수가 이상 없이 잘 흐르는지 점검해야 한다.

2. 시운전 수행

1) 시운전 수행 및 운전 중 주의사항

(1) 시운전 수행

① 토출밸브를 닫고 펌프를 가동 후 토출밸브를 천천히 개방한다.

② 운전 중 소음, 진동, 압력계를 점검하고 10분 후에는 베어링 부위 온도를 확인한다.

③ 메커니컬 실 부위나 배관 및 조립된 부분을 중심으로 누수 상태를 점검한다.

④ 시운전을 완전히 종결 후에는 펌프, 배관 내부의 물을 완전히 빼내고 사용되는 액체를 공급하여 다시 가동한다.

⑤ 정격전류에 오버될 시에는 토출밸브를 조금씩 잠그면서 정격전류에 맞추어 사용한다.(흡입밸브 조작 금지)

⑥ 펌프를 운전하면서 기준 토출압력으로 되는지 점검한다.

⑦ 펌프의 진동 없이 운전되는지 확인한다.

⑧ 펌프가 공회전시키면 위험하므로 확인한다.

⑨ 모터의 과부하 유무를 확인한다.

⑩ 펌프 2대가 교번 운전될 수 있도록 확인한다.

⑪ 운전 중 체크리스트를 작성한다.

(2) 운전 중 주의사항

① 유기산을 이송하는 수지 계열의 펌프이므로 공회전이나 토출밸브를 잠그고 장시간(1분 이상) 운전은 절대 삼가야 한다.

② 유리섬유 강화 플라스틱(FRP), 폴리프로필렌(PP), 폴리염화비닐(PVC), 폴리플루오르화비닐리덴(DVDF), 테프론(Teflon) 등은 충격에 약한 제품이므로 외부 충격이나 캐비테이션 현상 발생을 절대 삼간다.(운전 중 흡입밸브 잠금을 삼간다.)

③ 축봉장치 메커니컬 실 부위에는 축봉수 공급을 항상 점검하고 케이싱 내부의 액체가 누수되는지 가끔 페하테이프로 점검한다.

④ 유기산 액체는 부식성이 강하므로 케이싱 내부를 제외한 부분(베어링 하우징, 베이스, 커플링, 모터 등)에는 절대 접액되어서는 안 된다. 접액된 경우에는 즉시 물로 깨끗이 씻어내고 페인트 및 방부액을 칠한다.

(3) 운전 정지 시 점검사항 및 운전기록

구분	내용
운전 정지 시 점검사항	• 먼저 토출 측의 컨트롤밸브(Control Valve)를 닫는다. 모터의 전원을 끄고 펌프가 원활하게 천천히 회전하는지를 확인한다. • 장시간 정지 시 펌프의 보존 펌프를 오랫동안 사용하지 않을 경우에는 보존에 주의를 요한다. • 내산, 내알칼리용 펌프는 메커니컬 실 타입이므로 분해 조립 시 특히 주의한다.
운전기록	기록 데이터에는 유량, 흡입압력, 토출압력, 회전속도, 베어링 온도, 모터의 전압, 전류를 기록하며 수리 보수 상태, 그리스의 충전, 축봉수와 냉각수의 온도 등을 기록한다.

2) 시운전 완료 후 점검사항 및 관리 보수 점검 필요사항 확인

(1) 시운전 완료 후 점검사항

① 시운전 완료 후 체크리스트를 확인하여 이상 유무를 확인한다.

② 이상 항목에 대한 재설정, 세팅, 교체 등의 계획을 작성하고 수정한다.

③ 이상 항목에 대한 재설정, 교체, 수정 항목별 대체사항을 작성한다.

④ 시운전 후 급배수 펌프 주위를 정리 · 정돈한다.

(2) 관리 보수 점검 필요사항 확인

① 내산 펌프는 온도에 민감하다. 그러므로 항상 주위 온도(+50℃)나 이송 액체의 온도를 점검한다.

② 메커니컬 실 부위에 누수가 발생되면 즉시 운전을 중지하고 실을 교체한다.

③ 메커니컬 실 부위의 이물질 발생 시 깨끗한 물로 씻고 제거한다.

④ 베어링은 소음, 진동이 발생되면 그 즉시 교체한다.

⑤ 베어링 교체 시 메커니컬 실을 재사용할 수 있게 조심하여 분해한다.

⑥ 커플링 센터는 운전 중 틀어질 수 있기 때문에 항상 점검한다.

⑦ 커플링 센터 점검 시는 운전을 정지하고 모터 고정 볼트만 조금 풀어 준다.

(3) 급배수설비 시운전 관련 결과 보고서 작성

01 공기조화 시 TAB 측정 절차 중 측정요건으로 틀린 것은? [22년 1회, 24년 1회]

① 시스템의 검토 공정이 완료되고 시스템 검토보고서가 완료되어야 한다.
② 설계도면 및 관련 자료를 검토한 내용을 토대로 하여 보고서 양식에 장비규격 등의 기준이 완료되어야 한다.
③ 댐퍼, 말단 유닛, 터미널의 개도는 완전 밀폐되어야 한다.
④ 제작사의 공기조화 시 시운전이 완료되어야 한다.

[해설]

공기계통의 풍량 댐퍼 등은 완전 개방된 상태로 TAB를 실시하게 된다.

02 TAB 수행을 위한 계측기기의 측정 위치로 가장 적절하지 않은 것은? [22년 2회, 24년 1회]

① 온도 측정 위치는 증발기 및 응축기의 입·출구에서 최대한 가까운 곳으로 한다.
② 유량 측정 위치는 펌프의 출구에서 가장 가까운 곳으로 한다.
③ 압력 측정 위치는 입·출구에 설치된 압력계용 탭에서 한다.
④ 배기가스 온도 측정 위치는 연소기의 온도계 설치 위치 또는 시료 채취 출구를 이용한다.

[해설]

유량 측정 위치는 펌프의 출구에서 가장 먼 부분, 즉 사용측(말단 측)에 가장 가까운 곳에서 측정해야 한다.

03 보일러의 시운전 보고서에 관한 내용으로 가장 관련이 없는 것은? [22년 1회, 24년 2회, 24년 3회]

① 제어기 세팅 값과 입/출수 조건 기록
② 입/출구 공기의 습구온도
③ 연도 가스의 분석
④ 성능과 효율 측정값을 기록, 설계값과 비교

[해설]

보일러의 시운전 보고서에는 입/출구 공기의 건구온도와 습도가 기재된다. 보기 외에도 증기압력, 안전밸브 설정압력, 급수량, 펌프 토출압력, 연료사용량, 연료공급온도 및 압력, 송풍기와 버너의 모터 전압 등이 표기된다.

PART

02

공조냉동설계

CHAPTER 01 냉동이론

CHAPTER 02 냉동장치의 구조

CHAPTER 03 냉동장치의 응용, 부하계산,
　　　　　　　안전관리 및 시운전

CHAPTER 04 기계열역학

1. 주요 용어 및 열의 전달

1) 주요 용어

(1) 냉동 관련 사항

구분	내용
냉동 (Refrigeration)	어떤 물질을 상온보다 낮게 하여 소정의 저온도를 유지하는 것이며 이를 위해 사용하는 기계를 냉동기(Refrigerator)라고 한다.
냉각 (Cooling)	주위 온도보다 높은 온도의 물체로부터 열을 흡수하여 그 물체가 필요로 하는 온도까지 낮게 유지하는 것을 말한다.(영상 이상)
냉장 (Storage)	저온도의 물체를 동결하지 않을 정도의 온도까지 낮추어 저장하는 상태를 말한다.
동결 (Freezing)	그 물체의 동결온도 이하로 낮추어 유지하는 상태로 좁은 의미의 냉동을 말한다.
제빙톤	1일 얼음생산능력을 톤(ton)으로 나타낸 것으로 25℃의 원수 1ton을 24시간 동안에 −9℃의 얼음으로 만드는 데 제거해야 할 열량을 냉동능력으로 나타낸 것이다.(외부 손실열량 20% 고려)
냉동톤(RT)	0℃의 순수한 물 1ton을 24시간 동안에 0℃의 얼음으로 만드는 데 필요한 냉각능력(시간당 열량)이다.(1RT=3.86kW)

(2) 증기 관련 사항

구분	내용
포화	어느 일정한 압력하에서 증발상태에 있을 때를 포화상태라 한다.
과냉액	일정한 압력하에서 포화온도 이하로 냉각된 액체를 말한다.
포화액	포화온도상태에 있는 액을 열로 가하면 온도는 오르지 않고 증발하는 액을 말한다.

구분	내용
포화증기	• 습포화증기 : 포화온도상태에서 수분을 포함하고 있는 증기(건조도 1 이하) • 건조포화증기 : 포화온도상태에서 수분을 포함하지 않는 증기로 습포화증기를 계속 가열하여 물방울을 완전히 제거한 증기(건조도가 1)
건조도	건조도(x)는 냉매 1kg 중에 포함된 액체에 대한 기체의 양을 표시하며, 0~1의 값을 가진다. 포화증기의 건조도는 1이고 포화액의 건조도는 0이다.
과열증기	포화온도보다 높은 온도의 증기로 건조포화증기에 계속 열을 가하여 얻은 증기이다. 단, 압력은 일정하다.
과열도(℃)	과열증기온도와 포화증기온도와의 차를 말한다.
임계점	증발잠열은 압력이 클수록 적어지므로 어느 압력에 도달하면 잠열이 0kJ/kg이 되어 액체, 기체의 구분이 없어진다. 이 상태를 임계상태라 하고 이때의 온도를 임계온도, 이에 대응하는 압력을 임계압력이라 한다.(그 이상의 압력에서는 액체와 증기가 서로 평형으로 존재할 수 없다.)

2) 냉동법의 원리에 따른 냉동기(압축기) 분류

냉동법	종류
기계식 냉동법	• 체적식 : 왕복동식 압축기, 회전식(스크루, 로터리) 압축기 • 원심식 : 터보 압축기
화학식 냉동법	흡수식 냉동기
전자식 냉동법	전자(열전)식 냉동기
흡착식 냉동법	흡착식 냉동기

3) 전열

(1) 개념

① 열이 높은 온도에서 낮은 온도로 흐르는 현상이다.
② 두 물체 사이에 온도차가 있을 경우에 발생한다.

(2) 종류

① 전도 : 고체 간 열의 이동(푸리에 열전도 법칙)
② 대류 : 유체 간 열의 이동(뉴턴의 냉각 법칙)
③ 복사 : 빛과 같이 매개체가 없는 열의 이동(슈테판－볼츠만 법칙)

핵심문제

단위시간당 전도에 의한 열량에 대한 설명으로 틀린 것은?　　[21년 3회]

① 전도열량은 물체의 두께에 반비례한다.

② 전도열량은 물체의 온도차에 비례한다.

❸ 전도열량은 전열면적에 반비례한다.

④ 전도열량은 열전도율에 비례한다.

해설

전도열량은 전열면적에 비례한다.

핵심문제

물속에 지름 10cm, 길이 1m인 배관이 있다. 이때 표면온도가 114℃로 가열되고 있고, 주위 온도가 30℃라면 열전달률(kW)은?(단, 대류 열전달 계수는 $1.6\text{kW/m}^2 \cdot \text{K}$이며, 복사열전달은 없는 것으로 가정한다.)

[19년 3회]

① 36.7　　　❷ 42.2

③ 45.3　　　④ 96.3

해설 열전달률(q) 산출

$q = KA\Delta t = K(\pi dl)\Delta t$

$\quad = 1.6\text{kW/m}^2 \cdot \text{K} \times (\pi \times 0.1 \times 1)$

$\qquad \times (114 - 30)$

$\quad = 42.22\text{kW}$

핵심문제

직경 10cm, 길이 5m의 관에 두께 5cm의 보온재(열전도율 $\lambda = 0.1163$ W/m · K)로 보온을 하였다. 방열층의 내측과 외측의 온도가 각각 −50℃, 30℃이라면 침입하는 전열량(W)은?

[21년 2회]

① 133.4　　　② 248.8

③ 362.6　　　❹ 421.7

해설 원통관의 전열량(q) 산출

$q = \dfrac{2\pi L(t_o - t_i)}{\dfrac{1}{\lambda}\ln\dfrac{d_o}{d_i}}$

$\quad = \dfrac{2\pi \times 5\text{m} \times (30 - (-50))}{\dfrac{1}{0.1163\text{W/m} \cdot \text{K}}\ln\dfrac{0.2\text{m}}{0.1\text{m}}}$

$\quad = 421.69 = 421.7\text{W}$

(3) 전열의 표현

구분	내용
열전도율(λ)	• 물체의 고유 성질로, 전도(벽체 내)에 의한 열의 이동 정도를 표시한 것이다. • 단위는 W/m · K, kcal/m · h · ℃이다.
열전달률(α)	• 고체 벽과 이에 접하는 공기층과의 전열현상이다. • 단위는 W/m^2 · K, kcal/m^2 · h · ℃이다.
열관류율(K)	• 열관류는 열전도와 열전달의 복합형식이다. • 전달 → 전도 → 전달이라는 과정을 거쳐 열이 이동하는 것이다. • 열관류율이 큰 재료일수록 단열성이 좋지 않다. • 열관류율의 역수를 열저항이라 한다. • 벽체의 단열효과는 기밀성 및 두께와 큰 관계가 있다. • 단위는 W/m^2 · K, kcal/m^2 · h · ℃이다.

(4) 열관류율(열통과율) 산출

벽체 열관류율은 열저항의 합을 구한 후, 그것의 역수를 취해 구한다.

$$\text{열관류율}(\text{W/m}^2 \cdot \text{K}) = \frac{1}{\sum\text{열저항}(\text{m}^2 \cdot \text{K/W})}$$

(5) 열손실량 산출

$$q = K \times A \times \Delta t$$

여기서, q : 손실열량(W)

$\quad\quad K$: 열관류율(W/m^2 · K)

$\quad\quad A$: 면적(m^2)

$\quad\quad \Delta t$: 실내외 온도차(℃)

(6) 원통형 전열량 산출

$$q = \frac{2\pi L(t_o - t_i)}{\dfrac{1}{\lambda}\ln\dfrac{d_o}{d_i}}$$

여기서, q : 전열량(W), L : 관의 길이(m)

$\quad\quad t_i$: 방열층 내측 온도(℃)

$\quad\quad t_o$: 방열층 외측 온도(℃)

$\quad\quad \lambda$: 열전도율(W/m · K)

$\quad\quad d_i$: 내부 직경(m)

$\quad\quad d_o$: 외부 직경(m)

4) 보온(방열)

(1) 보온재(방열재)의 구비조건

① 흡습성이 작을 것

② 강도가 있을 것

③ 불연성일 것

④ 부식성이 없을 것

⑤ 시공이 용이할 것

⑥ 내구력이 있을 것

⑦ 가격이 저렴하고 구입이 용이할 것

(2) 보온재(방열재)의 종류

유리섬유(Glass Fiber), 스타이로폼(Styrofoam), 코르크(Cork), 톱밥

2. 냉매

1) 냉매의 구비조건

(1) 물리적 구비조건

① 임계온도가 높고 상온에서 반드시 액화할 것

② 낮은 증발온도에서도 응고되지 않을 것

③ 응축압력이 비교적 낮을 것(안전성 및 효율적 운전 고려)

④ 증발잠열이 클 것

⑤ 비점이 적당히 낮을 것

⑥ 증기의 비체적이 작을 것

⑦ 압축기 토출가스의 온도가 낮을 것

⑧ 저온에서도 증발 포화압력이 대기압 이상일 것

⑨ 액체 비열이 작을 것(플래시 가스 방지)

⑩ 상온에서도 응축 액화가 용이할 것

⑪ Oil과 반응하여 악영향이 없을 것

⑫ 비열비가 작을 것(압축기 과열 방지)

⑬ 점도, 표면장력 등이 낮을 것(일반적으로 점도가 높으면 비점이 높아진다.)

⑭ 패킹재 침식을 방지할 것

(2) 화학적 특징 및 구비조건

① 금속을 부식시키지 않을 것(불활성일 것)

② 화학적 결합이 안정되어 있을 것(변질되지 않을 것)

③ 전기 절연성이 좋을 것

>>> 냉매

냉매란 냉동사이클의 작동유체로서 냉각을 위해 열을 전달하는 매체를 의미한다.

핵심문제

냉매의 구비조건에 대한 설명으로 틀린 것은?　　[18년 1회, 24년 1회]

① 동일한 냉동능력에 대하여 냉매가스의 용적이 작을 것

② 저온에 있어서도 대기압 이상의 압력에서 증발하고 비교적 저압에서 액화할 것

❸ 점도가 크고 열전도율이 좋을 것

④ 증발열이 크며 액체의 비열이 작을 것

해설

냉매는 점도가 낮고 열전도율이 좋아야(높아야) 한다.

④ 인화성 및 폭발성이 없을 것

⑤ 윤활유에 해가 없을 것

(3) 생물학적 특징 및 구비조건

① 인체에 무해할 것

② 악취가 나지 않을 것

③ 식품을 변질시키지 않을 것

(4) 경제적 조건

① 가격이 저렴하고, 구입이 용이할 것

② 동일 냉동능력당 소요동력이 작게 들 것(고효율)

(5) 기타 사항

① 누설이 되지 않고, 누설되더라도 누설 검지가 쉬울 것

② 성적계수가 높을 것

③ 독성 및 자극이 없을 것

2) 냉매 번호표기 방법

(1) 할로겐화탄화수소 냉매와 탄화수소 냉매의 명명법

① 화학식은 $C_kH_lF_mCl_n$이고 냉매번호는 $R-xyz$이다.

② R은 냉매의 영문자 'Refrigerant'의 머리글자이다.

③ $x=k-1$: 100단위 숫자 ········ 탄소(C) 원자수－1

④ $y=l+1$: 10단위 숫자 ·········· 수소(H) 원자수＋1

⑤ $z=m$: 1단위 숫자 ·············· 불소(F) 원자수

⑥ Br(취소)이 들어 있으면 오른쪽에 영문자 Bromine의 머리글자 'B'를 붙이고 그 오른쪽에 취소 원자수를 쓴다.

　예 $CBrF_2CBrF_2$의 냉매번호는 $R-114B$이다.

⑦ C_2H_6의 수소원자 대신에 할로겐 원소(F, Br, Cl, I, At 등)로 치환한 냉매의 경우는 이성체(Isomer)가 존재하므로 할로겐 원소의 안정도에 따라서 냉매번호 우측에 a, b, c 등을 붙인다.

(2) 공비 및 비공비 혼합냉매의 명명법

구분	명명법
공비 혼합냉매 (Azeotropic Refrigerant)	$R-500$부터 개발된 순서대로 $R-501$, $R-502$, …와 같이 일련번호를 붙인다.
비공비 혼합냉매	$R-4XX$로 명명되며 조성비에 따라 끝에 대문자를 추가하여 구분한다.

핵심문제

공비혼합물(Azeotrope) 냉매의 특성에 관한 설명으로 틀린 것은?

[18년 2회]

① 서로 다른 할로카본 냉매들을 혼합하여 서로 결점이 보완되는 냉매를 얻을 수 있다.

② 응축압력과 압축비를 줄일 수 있다.

❸ 대표적인 냉매로 R－407C와 R－410A가 있다.

④ 각각의 냉매를 적당한 비율로 혼합하면 혼합물의 비등점이 일치할 수 있다.

해설

공비 혼합냉매는 R－500부터 개발된 순서대로 R－501, R－502, …와 같이 일련번호를 붙인다. R－407C 등 R－4XX로 명명(조성비에 따라 끝에 대문자 추가)되는 냉매는 비공비 혼합냉매이다.

(3) 유기 및 무기화합물 냉매의 명명법

구분	명명법
유기화합물 냉매	R-6○○으로 명명하되 부탄계는 R-60○, 산소 화합물은 R-61○, 유황 화합물은 R-62○, 질소 화합물은 R-63○으로 명명하며 개발된 순서대로 일련번호를 붙인다.
무기화합물 냉매	R-7○○번대로 하되, 뒤의 2자리에는 분자량을 쓴다.

(4) 할론(Halon) 냉매의 명명법

① 화합물 중 취소(Bromine)를 포함하는 냉매를 Halon 냉매라 한다.

② Halon - ○○○○와 같이 4자리의 숫자로 표시한다.

- 천단위 : 탄소(C)의 원자수
- 백단위 : 불소(F)의 원자수
- 십단위 : 염소(Cl)의 원자수
- 일단위 : 취소(Br)의 원자수

(5) 국제 표준화기구(ISO)에서의 냉매 명명법

구분	명명법
CFC (Chloro Fluoro Carbon) 냉매	• CFC 냉매란 염소(Cl, Chlorine), 불소(F, Fluorine) 및 탄소(C, Carbon)만으로 화합된 냉매를 말하며, 많은 냉매가 규제 대상이다. • CFC 뒤의 숫자는 공식적인 명명법과 같은 방법으로 붙인다. $R-11(CCl_3F)$은 CFC-11, $R-12(CCl_2F_2)$는 CFC-12, $R-113(CCl_3CF_3)$는 CFC-113로 명명한다.
HFC (Hydro Fluoro Carbon) 냉매	• HFC 냉매란 수소(H, Hydrogen), 불소, 탄소로 구성된 냉매를 말하며, 오존을 파괴하는 염소가 화합물 중에 없으므로 대체 냉매로 사용된다. • $R-125(CHF_2CF_3)$는 HFC-125, $R-134a(CH_2FCF_3)$는 HFC-134a, $R-152a(CH_3CHF_2)$는 HFC-152a로 명명한다.
HCFC (Hydro Chloro Fluoro Carbon) 냉매	• HCFC 냉매란 수소, 염소, 불소, 탄소로 구성된 냉매를 말하며, 염소가 포함되어 있어도 공기 중에서 쉽게 분해되지 않아 오존층에 대한 영향이 적으므로 대체 냉매로 쓰인다. • $R-22(CHClF_2)$는 HCFC-22, $R-123(CHCl_2CF_3)$는 HCFC-123, $R-124(CHClFCF_3)$는 HCFC-124, $R-141b(CH_3CCl_2F)$는 HCFC-141b로 명명한다.

3) 냉매 누설 검지법

(1) 프레온 냉매의 누설 검지법

① 비눗물 또는 오일 등의 기포성 물질 활용 : 비눗물 또는 오일 등의 기포성 물질을 누설부에 발라 기포 발생의 유무를 확인한다.

② 헬로드 토치(Halode Torch) 누설검지기의 불꽃 색깔의 변화
  - 누설이 없을 때 : 파란색
  - 소량 누설 시 : 초록색
  - 다량 누설 시 : 자주색
  - 누설이 심할 때 : 불꽃이 꺼짐

③ 전자누설검지기 활용 : 1년 중 1/200oz(온스)까지의 미소량의 누설 여부를 검지할 수 있다.

(2) 암모니아(NH_3) 냉매의 누설 검지법

① 냄새로 확인 가능하다.

② 황을 적신 헝겊을 누설부에 접촉시키면 백색 연기가 발생한다.

③ 적색 리트머스 시험지를 물에 적셔 접촉하면 푸르게 변한다.

④ 페놀프탈레인 시험지를 물에 적셔 누설부에 접촉하면 붉은색으로 변한다.

⑤ 만액식 증발기 및 수랭식 응축기 또는 브라인 탱크 내의 누설 검사는 네슬러 시약을 투입하여 색깔의 변화로 누설 정도를 알 수 있다.
  - 소량 누설 시 : 황색
  - 다량 누설 시 : 갈색(자색)

4) 암모니아(NH_3) 냉매

(1) 일반특성

① 가연성인 동시에 독성이 있으며 자극적 냄새가 난다.(폭발범위 13~27%, 허용 농도 25ppm)

② 임계온도 133℃, 비등점 33.3℃, 응고점 −77.73℃이다.

③ 전열효과가 크다.(암모니아>물>프레온>공기)

④ 비열비(1.31)가 커서 토출가스의 온도가 높으므로 실린더의 상부에 워터재킷(Water Jacket)을 설치하여 실린더 두부의 과열을 방지한다.

⑤ 동, 동합금을 부식시키므로(아연 포함) 배관재료는 강관을 사용한다.

핵심문제

암모니아 냉매의 누설 검지방법으로 적절하지 않은 것은? [18년 1회]

① 냄새로 알 수 있다.
② 리트머스 시험지를 사용한다.
③ 페놀프탈레인 시험지를 사용한다.
❹ 할로겐 누설검지기를 사용한다.

해설

할로겐 누설검지기(헬로드 토치, Halode Torch)는 프레온계 냉매의 누설 검지에 사용되는 방법이다.

핵심문제

다음 중 가연성이 있어 조건이 나쁘면 인화, 폭발위험이 가장 큰 냉매는?

[20년 3회]

❶ R−717   ② R−744
③ R−718   ④ R−502

해설

R−717은 암모니아를 명명하는 것으로서, 우수한 열역학적 특성 및 높은 효율을 갖지만, 가연성이 있어 조건이 나쁘면 인화, 폭발위험이 있다.

≫ 워터재킷(Water Jacket)

수랭식 기관에서 압축기 실린더 헤드의 외측에 설치한 부분으로 냉각수를 순환시켜 실린더를 냉각하는 역할을 한다.

⑥ 수은과 폭발적으로 화합하고 합성고무를 부식시키므로 천
연고무를 사용한다.

⑦ 가격이 저렴하므로 공업용 대형 냉동기에 사용한다.

(2) 수분, 오일과의 관계

① 물과 NH_3는 잘 용해한다(용적비 약 900배).

② 냉동장치에 수분을 1% 혼합하면 증발온도는 0.5℃씩 상승
(증발압력은 저하하고, 증발온도는 상승)한다.

③ 수분이 지나치게 혼입될 시 유탁액 현상(Emulsion)이 발생
하여 유분리기에서 분리되지 않고 장치 내로 들어가서 유막
을 형성하여 전열을 불량하게 한다.

④ 윤활유와는 잘 용해하지 않는다.

(3) 액비중 : 프레온 > 물 > 오일 > 암모니아

(4) 오일과의 용해도 : R−12 > R−22 > 암모니아

(5) 물과의 용해도 : 암모니아 > R−22 > R−12

5) 천연(친환경, 자연)냉매

(1) 개념

① 물, 암모니아, 질소, 이산화탄소, 프로판, 부탄 등은 지구상
에 자연적으로 존재하는 물질로서, 지구 환경에 나쁜 영향
을 미치지 않는다.

② 따라서 이들 물질을 냉매로서의 가능성을 검토하고 있으며,
일부 국가에서는 이들 자연냉매를 적용하고 있다.

>>> **유탁액 현상(Emulsion)**

수분＋NH_3 → NH_4OH(수산화암모늄)이 생
성되어 오일을 미립화시켜 오일이 유윳빛
같이 혼탁하게 되어 오일의 점도가 떨어
져서 냉동장치에 전열불량과 같은 악영향
을 미친다.

(2) 주요 천연(친환경, 자연)냉매의 종류 및 특징

구분	세부사항
암모니아 (NH₃)	자연냉매 중에 암모니아(R−717)는 우수한 열역학적 특성 및 높은 효율을 지닌 냉매로서 제빙, 냉동, 냉장 등 산업용의 증기압축식 및 흡수식 냉동기의 작동 유체로 널리 사용되고 있다.
공기	공기는 투명, 무해, 무취, 무미한 냉매로서 냉동능력에 비해 압축기 소요동력이 크고 성능계수가 낮으므로 주로 항공기 내부 등과 같이 특수한 용도의 공기조화나 공기액화 등에 사용된다.
이산화탄소 (CO₂)	이산화탄소(R−744)는 할로카본 냉매가 사용되기 이전에 암모니아와 더불어 선박용 냉동, 사무실이나 극장 등의 냉방을 위한 냉매로 가장 많이 사용되었다.

6) 브라인

(1) 일반 개념

① 브라인은 냉동시스템 밖을 순환하며 간접적으로 열을 운반하는 매개체이다.

② 간접 냉각식 냉동장치에 사용하는 액상 냉각 열매체로서 2차 냉매(현열냉매), 간접냉매라고도 한다.

(2) 구비조건

① 열전도율이 크고 비열이 클 것

② 점도가 작고 응고점이 낮을 것

③ 금속에 대한 부식성이 없고, 불연성이며 독성이 없을 것

④ 값이 저렴하고 구입이 용이할 것

⑤ 누설 시 냉장품에 손상을 주지 않을 것

(3) 브라인의 종류와 특성

① 무기질 브라인

전반적 특성	• 가격이 경제적이다. • 금속에 대한 부식 특성이 크다. • 공업용 브라인으로 주로 사용된다. • 종류로는 염화칼슘($CaCl_2$) 수용액, 염화나트륨($NaCl$) 수용액, 염화마그네슘($MgCl_2$) 수용액 등이 있다.	
종류	염화칼슘 ($CaCl_2$) 수용액	• 제빙, 냉장, 공업용으로 주로 사용된다. • 흡수성이 강하고 쓰고 떫은 맛이 있어서 식품 저장에는 부적합하다.
	염화나트륨 ($NaCl$) 수용액 (식염수)	• 금속 부식력이 크나 가격이 싸며, 식품 저장용에 적합하다. • 식품에 무해하므로 침수 냉각 방식에 많이 사용된다.
	염화마그네슘 ($MgCl_2$) 수용액	• 금속 부식력은 $CaCl_2$보다 약간 크다. • $CaCl_2$ 대용으로 사용된다.

② 유기질 브라인

전반적 특성	• 부식성이 거의 없다. • 가격이 고가이다. • 종류로는 에틸렌글리콜, 프로필렌글리콜, 에틸알코올 등이 있다.	
종류	에틸렌글리콜	• 점성이 크고 단맛이 있는 무색의 액체이다. • 비교적 고온에서 2차 냉매 또는 제상용 브라인으로 사용된다.
	프로필렌글리콜	• 점성이 크고 무색 무독의 액체이다. • 분무식으로 또는 약 50% 수용액으로 직접 침지하여 식품 동결에 사용한다.
	에틸알코올	• 인화점이 낮으므로 취급에 유의한다. • 식품의 초저온 동결($-100℃$ 내외)에 사용하며, 마취성이 있다.

7) 냉동기유

(1) 일반사항

① 냉동용 압축기에 사용되는 윤활유를 의미하며 일반적으로 광물유(석유)를 정제한 광유가 사용된다.

② 냉동기유는 사용상태가 가혹하고, 냉매가 용해되어 냉동기유의 성질이 변하는 등 복잡한 현상이 있으므로 장기간의 경험에 따른 신뢰성이 확보된 것으로 사용해야 한다.

핵심문제

브라인(2차 냉매)중 무기질 브라인이 아닌 것은? [21년 1회]

① 염화마그네슘
❷ 에틸렌글리콜
③ 염화칼슘
④ 식염수

>>> **공정점(동결점)**

농도 29.9%의 경우 공정점
• 염화칼슘 수용액 : $-55℃$
• 염화나트륨 : $-21℃$
• 염화마그네슘 : $-33.6℃$

냉동기유의 역할로 가장 거리가 먼 것은? [19년 3회]

① 윤활작용　　② 냉각작용
❸ 탄화작용　　④ 밀봉작용

냉동기유가 갖추어야 할 조건으로 틀린 것은? [18년 3회]

① 응고점이 낮고, 인화점이 높아야 한다.
② 냉매와 잘 반응하지 않아야 한다.
❸ 산화가 되기 쉬운 성질을 가져야 된다.
④ 수분, 산분을 포함하지 않아야 된다.

해설
냉동기유는 산화되기 어려운 성질을 가져야 한다.

(2) 사용목적

구분	내용
윤활작용	압축기의 베어링, 실린더와 피스톤 사이 간격의 마찰이나 마모 감소
냉각작용	마찰에 의한 열을 흡수
밀봉작용	축봉장치나 피스톤링의 밀봉작용
방식작용	녹의 발생을 방지
기타 작용	Packing 보호, 방진, 방음, 충격 방지, 동력소모 절감

(3) 구비조건

물리적 성질	전기 · 화학적 성질
• 점도가 적당할 것 • 온도에 따른 점도의 변화가 적을 것 • 인화점이 높을 것 • 오일 회수를 위해 사용하는 액상 냉매보다 비중이 무거울 것 • 유성(油性)이 양호할 것(유막 형성 능력이 우수할 것) • 거품이 적게 날 것(Oil Forming) • 응고점이 낮고 낮은 온도에서 유동성이 있을 것 • 저온에서도 냉매와 분리되지 않을 것(상용성이 있는 냉매와 사용 시) • 수분함량이 적을 것	• 열안전성이 좋을 것 • 수분, 산분을 포함하지 않을 것 • 산화되기 어려울 것 • 냉매와 반응하지 않을 것 • 밀폐형 압축기에서 사용 시 전기 절연성이 좋을 것 • 저온에서 왁스성분(고형 성분)을 석출하지 않을 것(왁스성분은 팽창장치 막힘 등을 유발) • 고온에서 슬러지가 없을 것 • 반응은 중성일 것

1. 몰리에르 선도의 응용 및 계산

1) 몰리에르 선도($P-h$ 선도)의 일반사항

① 종축에 절대압력(P), 횡축에 비엔탈피(h)를 나타낸 선도로서 냉매 1kg이 냉동장치 내를 순환하며 일어나는 물리적인 변화 (액체, 기체, 온도, 압력, 건조도, 비체적, 열량 등의 변화)를 쉽게 알아볼 수 있도록 선으로 나타낸 그림이다.

② $P-h$ 선도(압력과 비엔탈피 선도)라 부르며 냉동장치의 운전 상태 및 계산 등에 활용된다.

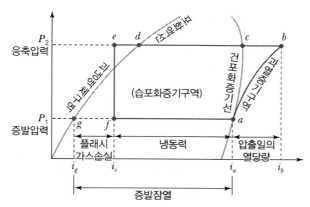

a : 압축기 흡입지점 = 증발기 출구지점
b : 압축기 토출지점 = 응축기 입구지점
c : 응축기에서 응축이 시작되는 지점
d : 응축기에서 응축이 끝난 지점 = 과냉각이 시작되는 점
e : 팽창밸브 입구지점
f : 팽창밸브 출구지점 = 증발기 입구지점

2) 과냉각도

(1) 정의

① 과냉각은 냉동기의 응축기에서 응축 액화된 냉매를 다시 냉각하여 해당 압력에 대한 포화온도보다 낮은 온도가 되도록 하는 것을 말한다.

② 과냉각도는 이러한 과냉각에 의해 포화온도 이하로 냉각된 냉매액의 온도와 포화온도 간의 차이를 말하며, 냉동기의 응축온도와 팽창밸브 직전 액 온도 간의 차이를 나타낸다.

(2) 과냉각도 생성이유

① 팽창밸브 통과 시 플래시 가스(Flash Gas) 발생량 감소

② 냉동능력 및 성적계수 증가

3) 체적효율

(1) 개념

① 실제로 압축기에 흡입되는 냉매증기의 체적과 피스톤이 배출한 체적과의 비(압축기 흡입구 압력으로 계산한 값)를 의미한다.

② 체적효율이 높으면 냉동용량은 증가한다.

③ 일반적으로 Clearance 비율(극간체적/행정체적)이 클수록, 압축비가 클수록, 비열비 k가 작을수록 체적효율이 감소한다.

(2) 체적효율이 저하되는 원인

① 극간체적(틈새체적) 중의 고압가스 재팽창(왕복동식에서의 주원인)

② 압축 중 고압 측에서 저압 측으로의 누설(스크루 또는 로터리식에서의 주원인)

③ 흡입 시 통로저항에 의한 실린더 내 압력강하(왕복동식에서는 흡입밸브에서 0.1~0.3기압의 압력손실이 발생)

④ 흡입밸브의 폐쇄지연

⑤ 고온의 실린더로 인한 흡입가스의 팽창

⑥ 흡배기 밸브, 피스톤링 등에서의 누설

(3) 향상방법

① 극간체적을 줄인다.

② 실린더 방열을 촉진하고, 흡입통로의 저항을 감소시킨다.

③ 흡입밸브의 동작을 확실하게 한다.

④ 실린더 및 Vane 틈새로의 냉매 누설을 방지한다.

4) 압축기의 소요동력(W)

압축기 소요동력(W)은 응축기 방열량(Q_c)에서 증발기 흡열량(Q_e , 냉동능력)을 뺀 값으로 산정한다.

$$소요동력(W) = Q_c - Q_e$$

5) 냉동효과(q_e , 냉동력, 냉동량)

(1) 개념 : 냉매 1kg이 증발기에서 흡수하는 열량

>>> **극간체적과 행정체적**

• 극간체적(Clearance 체적) : 피스톤과 실린더의 틈새체적

• 행정체적 : 피스톤의 이동에 의한 부피의 변화

핵심문제

냉동기에서 동일한 냉동효과를 구현하기 위해 압축기가 작동하고 있다. 이 압축기의 클리어런스(극간)가 커질 때 나타나는 현상으로 틀린 것은?

[19년 1회]

① 윤활유가 열화된다.

② 체적효율이 저하한다.

③ 냉동능력이 감소한다.

❹ 압축기의 소요동력이 감소한다.

해설

클리어런스(Clearance)가 커질 경우 체적효율이 저하되며, 이에 따라 압축기에 소요되는 동력은 증가하게 된다.

(2) 산출방법

$$q_e = h_a - h_f[\text{kJ/kg}]$$

여기서, q_e : 냉동효과(kJ/kg)

h_a : 증발기 출구 증기 냉매의 엔탈피(kJ/kg)

$h_f(=h_e)$: 팽창밸브 직전 고압 액냉매의 엔탈피(kJ/kg)

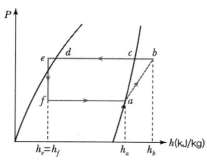

┃P–h 선도┃

6) 압축기 일(AW)

(1) 개념

압축기에 흡입된 저압 증기 냉매 1kg을 응축 압력까지 압축하는 데 소요되는 일의 열당량

(2) 산출식

$$AW = h_b - h_a[\text{kJ/kg}]$$

여기서, AW : 압축일(소비일)(kJ/kg)

h_b : 압축기 토출 고압 증기 냉매의 엔탈피(kJ/kg)

h_a : 압축기 흡입증기(증발기 출구) 냉매의 엔탈피(kJ/kg)

7) 응축기의 방출열량(q_c, 응축기 부하)

(1) 개념

압축기에서 토출된 고압 증기 냉매 1kg을 응축하기 위해 공기 및 냉각수에 방출 제거해야 할 열량

(2) 산출식

$$q_c = q_e + AW[\text{kJ/kg}]$$

여기서, q_c : 응축기의 방출열량(kJ/kg)

q_e : 냉동효과($h_a - h_e$)(kJ/kg)

AW : 압축일($h_b - h_a$)(kJ/kg)

h_e : 팽창밸브 직전 고압 액냉매의 엔탈피(kJ/kg)

8) 냉동기 성적계수(Refrigerator Coefficient of Performance, $COP_R = \varepsilon_R$)

(1) 개념

냉동기의 성능을 나타내는 값으로 압축일에 대한 냉동능력과의 비

(2) 종류

① 이론 성적계수

$$COP_R = \frac{q_e(냉동효과)}{AW(압축기\ 소요일)} = \frac{h_a - h_e}{h_b - h_a}$$

$$= \frac{Q_e}{Q_c - Q_e} = \frac{T_2}{T_1 - T_2}$$

여기서, Q_e : 냉동능력(kJ/h)

Q_c : 응축기의 시간당 방열량(kJ/h)

T_1 : 응축기 절대온도(K)

T_2 : 증발기 절대온도(K)

② 실제 성적계수

$$COP_R = \frac{q_e}{AW} \times G = \frac{q_e}{AW} \times \eta_c \times \eta_m$$

여기서, G : 냉매순환량(kg/s)

η_c : 압축효율

η_m : 기계효율

9) 압축비(Compression Ration, ε)

(1) 개념

냉동기에서 압축비란 증발기 절대압력(P_1)에 대한 응축기 절대압력(P_2)과의 비를 말한다.

(2) 산출식

$$압축비(\varepsilon) = \frac{P_2(응축기\ 절대압력)}{P_1(증발기\ 절대압력)} = \frac{고압}{저압}$$

(3) 특징

① 압축비가 크면 토출가스 온도가 상승하여 실린더가 과열하고 윤활유의 열화 및 탄화 냉동능력당 소요동력이 증대하며 체적효율의 감소로 결국 냉동능력이 감소하게 된다.

핵심문제

축동력 10kW, 냉매순환량 33kg/min인 냉동기에서 증발기 입구 엔탈피가 406kJ/kg, 증발기 출구 엔탈피가 615kJ/kg, 응축기 입구 엔탈피가 632kJ/kg이다. ㉠ 실제 성능계수와 ㉡ 이론 성능계수는 각각 얼마인가?

[24년 2회, 24년 3회]

① ㉠ 8.5, ㉡ 12.3

② ㉠ 8.5, ㉡ 9.5

③ ㉠ 11.5, ㉡ 9.5

❹ ㉠ 11.5, ㉡ 12.3

해설

㉠ 실제 성능계수 산출

$$COP = \frac{G(냉매순환량) \times q_e}{AW(축동력)}$$

$$= \frac{\frac{33\text{kg/min}(615 - 406)}{\div 60}}{10}$$

$$= 11.495 = 11.5$$

㉡ 이론 성능계수 산출

$$COP = \frac{q_e}{AW} = \frac{h_1 - h_4}{h_2 - h_1}$$

$$= \frac{615 - 406}{632 - 615}$$

$$= 12.294 = 12.3$$

토출가스 온도(단열압축 후 온도)(T_2)

$$= (T_1)\left(\frac{P_2}{P_1}\right)^{\frac{k-1}{k}}[\text{K}]$$

가역 단열변화 시 절대온도와 절대압력의 관계식

$$\frac{T_2}{T_1} = \left(\frac{P_2}{P_1}\right)^{\frac{k-1}{k}}$$

여기서, T_1 : 흡입가스 절대온도(K)

T_2 : 토출가스 절대온도(K)

P_1 : 흡입가스 절대압력(kPa)

P_2 : 토출가스 절대압력(kPa)

k : 단열지수(비열비)

② 냉매 가스의 비열비 값이 클수록 토출가스 온도의 상승은 커진다.

10) 냉매순환량(G)

$$G = \frac{Q_e}{q_e} = \frac{V_a}{v_a} \times \eta_v$$

여기서, G : 냉매순환량(kgf/h, kg/h)

Q_e : 냉동능력(kcal/h, kJ/h)

q_e : 냉동효과(kcal/kgf, kJ/kg)

V_a : 피스톤의 실제 압출량(m³/h)

v_a : 흡입가스 냉매의 비체적(m³/kgf, m³/kg)

η_v : 체적효율

11) 순환하는 증기 냉매의 체적(V_g)

$$V_g = G \times v = \frac{Q_e}{q_e} \times v$$

여기서, V_g : 순환 증기 냉매의 체적(m³/h)

G : 냉매의 순환량 $= \dfrac{Q_e}{q_e}$ (kg/h)

v : 흡입가스 냉매의 비체적(m³/kgf)

Q_e : 냉동능력(kJ/h)

q_e : 냉동효과(kJ/kg, kcal/kgf)

40냉동톤의 냉동부하를 가지는 제빙 공장이 있다. 이 제빙공장 냉동기의 압축기 출구 엔탈피가 1,914kJ/kg, 증발기 출구 엔탈피가 1,546kJ/kg, 증발기 입구 엔탈피가 536kJ/kg일 때, 냉매순환량(kg/h)은?(단, 1RT 는 3.86kW이다.)　　　[18년 3회]

❶ 550　　　② 403

③ 290　　　④ 25.9

해설 냉매순환량(G) 산출

$$G = \frac{\text{냉동능력}(Q_e)}{\text{냉동효과}(q_e)} = \frac{Q_e}{h_{eo} - h_{ci}}$$

$$= \frac{40\text{RT} \times 3.86\text{kW} \times 3,600}{1,546\text{kJ/kg} - 536\text{kJ/kg}}$$

$$= 550.34\text{kg/h}$$

여기서, h_{eo} : 증발기 출구 엔탈피

h_{ci} : 증발기 입구 엔탈피

핵심문제

압축기의 기통수가 6기통이며, 피스톤 직경이 140mm, 행정이 110mm, 회전수가 800rpm인 NH_3 표준 냉동 사이클의 냉동능력(kW)은?(단, 압축기의 체적효율은 0.75, 냉동효과는 1,126.3kJ/kg, 비체적은 0.5m³/kg 이다.)　　　[21년 2회]

① 122.7　　　② 148.3

③ 193.4　　　❹ 228.6

해설 냉동능력(Q) 산출

$Q = q_e \cdot G$

여기서, q_e : 냉동효과, G : 냉매순환량

• 피스톤 토출량(V)의 산출

$$V = \frac{\pi d^2}{4} L \times N \times Z$$

$$= \frac{\pi \times 0.14^2}{4} \times 0.11 \times 800 \div 60 \times 6$$

$$= 0.135\text{kg/s}$$

여기서, d : 실린더 지름(m)

L : 행정길이(m)

N : 회전수(rpm), Z : 기통수

• 냉매순환량(G)의 산출

$$G = \frac{V}{v} \times \eta_v = \frac{0.135\text{kg/s}}{0.5} \times 0.75$$

$$= 0.203\text{kg/s}$$

여기서, v : 비체적, η_v : 체적효율

∴ 냉동능력

$Q = q_e \cdot G$

$= 1,126.3\text{kJ/kg} \times 0.203\text{kg/s}$

$= 228.64\text{kW(kJ/s)}$

12) 이론적인 피스톤 압출량(Piston Displacement)

(1) 왕복동 압축기의 경우

$$V_a = \frac{\pi}{4} D^2 \times L \times N \times Z \times 60 [\text{m}^3/\text{h}]$$

여기서, V_a : 이론적 피스톤 압출량(m³/h)

D : 피스톤의 직경 및 실린더의 내경(m)

L : 피스톤의 행정(m)

Z : 기통수(실린더수)

N : 분당 회전수(rpm)

(2) 회전식 압축기의 경우

$$V_a = \frac{\pi}{4} (D^2 - d^2) \times t \times N \times Z \times 60 [\text{m}^3/\text{h}]$$

여기서, t : 회전 피스톤의 가스 압축 부분의 두께(m) = 실린더 높이

N : 회전 피스톤의 1분간의 표준 회전수(rpm)

D : 실린더의 내경(m)

d : 로터(Rotor)의 지름(m)

2. 증기압축 냉동사이클

1) 증기압축식 냉동기의 개요

① 압축식 냉동기는 전기를 이용하여 압축기를 구동하는 냉동기
이다.

② 압축식 냉동기는 압축 방식의 종류에 따라 왕복(동)식, 원심식
(터보식), 회전식으로 분류된다.

③ 압축식 냉동기는 압축식 냉동사이클과 몰리에르 선도를 따
른다.

2) 증기압축식 냉동기의 냉매 및 사이클

(1) 냉매 : 프레온 가스, 암모니아 등

(2) 증기압축식 냉동사이클

압축기 → 응축기 → 팽창밸브 → 증발기

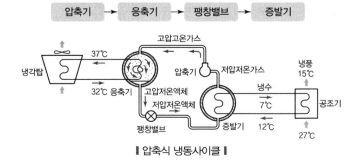

‖ 압축식 냉동사이클 ‖

(3) 사이클의 구성

① 압축기(Compressor) : 증발기에서 넘어온 저압·저온의 냉매가스를 응축 및 액화하기 쉽도록 압축하여 고온·고압으로 만들어 응축기로 보낸다.

② 응축기(Condenser) : 고온·고압의 냉매가스를 공기나 물을 접촉시켜 응축 및 액화시키고, 응축열을 냉각탑이나 실외기를 통해서 외부로 방출한다.

③ 팽창밸브(Expansion Valve) : 응축기에서 넘어온 저온·고압의 냉매액을 증발하기 쉽도록 하기 위해 감압시켜 저온·저압의 액체로 교축 및 팽창시킨다.

④ 증발기(Evaporator) : 팽창밸브에서 압력을 줄인 저온·저압의 액체 냉매가 피냉각물질로부터 열을 흡수하여 냉수의 냉각이 이루어지도록 한다.

3) 표준 냉동사이클과 몰리에르 선도

(1) 표준 냉동사이클

① 냉동기 능력의 대소를 표시하기 위해서는 어느 일정한 기준이 필요한데, 이 정해진 온도조건에 의한 냉동사이클을 표준 냉동사이클이라 한다.

② 표준 조건

구분	조건
냉매	암모니아(NH_3)
증발온도	$-15℃(258K)$
응축온도	$30℃(303K)$
압축기 흡입가스	$-15℃(258K)$
팽창밸브 직전 온도	$25℃(298K)$

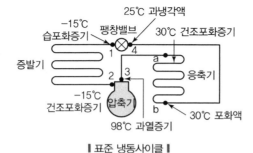

‖ 표준 냉동사이클 ‖

몰리에르 선도상에서 표준 냉동사이클의 냉매 상태변화에 대한 설명으로 옳은 것은? [21년 2회]

❶ 등엔트로피 변화는 압축과정에서 일어난다.
② 등엔트로피 변화는 증발과정에서 일어난다.
③ 등엔트로피 변화는 팽창과정에서 일어난다.
④ 등엔트로피 변화는 응축과정에서 일어난다.

해설
① 압축과정 : 등엔트로피 변화
② 증발과정 : 등온 · 등압변화
③ 팽창과정 : 등엔탈피 변화
④ 응축과정 : 등압변화

(2) 몰리에르 선도 및 상변화

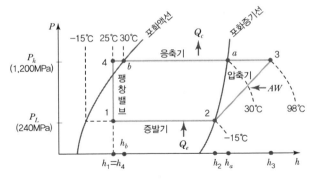

‖ 몰리에르 선도 ‖

사이클	과정명 (기기명)	설명
1 → 2	증발과정 (증발기)	• 냉매의 상태 : −15℃ 습포화증기 → −15℃ 건조포화증기(엔탈피 증가/압력 일정/온도 일정) • 팽창밸브에서 압력과 온도를 내린 저온 · 저압의 냉매가 열(Q_e)을 흡수하여 증발하면서 주변을 냉각 · 냉동
2 → 3	압축과정 (압축기)	• 냉매의 상태 : −15℃ 건조포화증기 → 98℃ 과열증기(엔탈피 증가/압력 증가/온도 증가) • 압축기의 피스톤에 가해진 일에 상당하는 열량(AW)을 흡수하여 엔탈피 증가
3 → 4	응축과정 (응축기)	**3 → a 과열제거부분** • 냉매의 상태 : 98℃ 과열증기 → 30℃ 건조포화증기(엔탈피 감소/압력 일정/온도 감소) • 압축기에서 토출된 냉매가스가 토출관을 통과하는 동안 외부로 열을 버려 과열을 제거 **a → b 응축부분** • 냉매의 상태 : 30℃ 건조포화증기 → 30℃ 포화액(엔탈피 감소/압력 일정/온도 감소) • 액화가 시작되며 열(Q_c)을 외부로 교환 및 방출 • 응축기에서 방출하는 열의 대부분은 여기에 해당 **b → 4 과냉각부분** • 냉매의 상태 : 30℃ 포화액 → 25℃ 과냉각액(엔탈피 감소/압력 일정/온도 감소) • 냉매가 팽창밸브까지 가는 동안 냉각되어 포화액이 과냉각액으로 변환

사이클	과정명 (기기명)	설명
4 → 1	팽창과정 (팽창밸브)	• 냉매의 상태 : 25℃ 과냉각액 → −15℃ 습포화증기(엔탈피 일정/압력 감소/온도 감소) • 팽창밸브의 감압작용으로 인해 냉매가 습포화증기가 되어 증발기 입구에 도착 • 이론상 단열팽창이므로 팽창밸브 전후의 엔탈피는 동일

>>> **Joule - Thomson 효과**

㉠ 정의 : 유체의 교축과정(등엔탈피 과정)에서 나타나는 냉동효과를 말한다.

㉡ Joule - Thomson 계수$(\mu_J = \dfrac{\partial T}{\partial P})$

• $\mu_J < 0$인 경우 : 교축과정에 따라 압력이 감소(−)할 때 온도는 증가(+)하는 것을 의미한다.

• $\mu_J > 0$인 경우 : 두 부호가 모두 같은 경우로서, 교축과정에 따라 압력이 감소(−)할 때 온도도 함께 감소(−)하는 것을 의미한다. 이때 온도가 감소하여 냉동효과가 발생하게 된다.

4) 2단 압축 냉동시스템

(1) 2단 압축 냉동시스템의 목적

① 2단 압축 냉동시스템은 −35℃ 이하의 증발온도를 용이하게 얻기 위해 고안된 장치이다.

② 단단압축 방식에서 압축비가 일정수준 이상이 되면, 다단으로 바꾸어 효율 증가 및 냉동기 열화 방지 등의 성능 개선을 하는 것이 2단 압축 냉동시스템의 목적이다.

(2) 2단 압축의 채택

① 압축비가 6 이상인 경우

② 증발온도

냉매	적용기준
암모니아(NH_3)	−35℃ 이하의 증발온도를 얻고자 하는 경우
프레온(Freon)	−50℃ 이하의 증발온도를 얻고자 하는 경우

(3) 냉동사이클과 선도

① 2단 압축 1단 팽창 냉동사이클의 구성도와 $P-h$ 선도

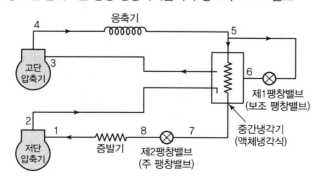

▌2단 압축 1단 팽창 장치도 ▌

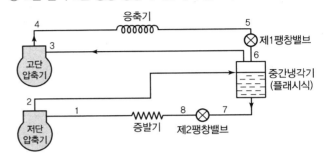

┃ 2단 압축 1단 팽창 $P-h$ 선도 ┃

② 2단 압축 2단 팽창 냉동사이클의 구성도와 $P-h$ 선도

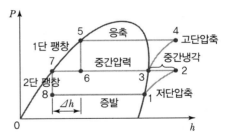

┃ 2단 압축 2단 팽창 장치도 ┃

┃ 2단 압축 2단 팽창 $P-h$ 선도 ┃

(4) 계산식(2단 압축 1단 팽창 냉동사이클의 경우)

① 중간압력의 선정

$$P_m = \sqrt{P_c \times P_e}\,[\text{kPa}]$$

여기서, P_m : 중간냉각기 절대압력(kPa)
　　　　P_c : 응축기 절대압력(kPa)
　　　　P_e : 증발기 절대압력(kPa)

② 저단 측 냉매순환량(G_L)

$$G_L = \frac{Q_e}{(h_1 - h_7)}\,[\text{kg/h}]$$

여기서, Q_e : 냉동능력(kJ/h)

h_1 : 증발기 출구 비엔탈피(kJ/kg)

h_7 : 증발기 입구 비엔탈피(kJ/kg)

③ 중간냉각기 냉매순환량(G_m)

$$G_m = \frac{G_L(h_2 - h_3) + (h_5 - h_7)}{(h_3 - h_6)}[\text{kg/h}]$$

④ 고단 측 냉매순환량(G_H)

$$G_H = G_L + G_m$$
$$= G_L \cdot \frac{(h_2 - h_7)}{(h_3 - h_6)}$$

⑤ 압축기 소요동력

저단 측 압축열량(w_L) : $w_L = G_L \times (h_2 - h_1)$

고단 측 압축열량(w_H) : $w_H = G_H \times (h_4 - h_3)$

압축기 소요동력(kW) : $\text{kW} = \dfrac{w_L + w_H}{3,600}$

$$(1\text{kW} = 1\text{kJ/s} = 3,600\text{kJ/h})$$

⑥ 성적계수(COP_R)

$$COP_R = \frac{(h_1 - h_8)}{(h_2 - h_1) + (h_4 - h_3) \cdot \dfrac{(h_2 - h_7)}{(h_3 - h_6)}}$$

(5) 중간냉각기(Intercooler)의 기능

① 저단 측 압축기(Booster) 토출가스의 과열을 제거하여 고단 측 압축기에서의 과열을 방지한다.(부스터의 용량은 고단 압축기보다 커야 한다.)

② 증발기로 공급되는 냉매액을 과냉시켜서 냉동효과 및 성적 계수를 높인다.

③ 고단 측 압축기 흡입가스 중의 액을 분리시켜 액압축을 방지한다.

④ 중간냉각기의 종류로는 플래시식(NH₃ 냉매), 액체냉각식(NH₃ 냉매), 직접팽창식(Freon 냉매)이 있다.

5) 2원 냉동사이클(Two-stage Cascade Refrigeration Cycle)

(1) 2원 냉동사이클의 적용

단일 냉매로는 2단 또는 다단 압축을 하여도 냉매의 특성(극도의 진공 운전, 압축비 과대) 때문에 초저온을 얻을 수 없으므로 비등점이 각각 다른 2개의 냉동사이클을 병렬로 구성하여 고온 측 증발기로 저온 측 응축기를 냉각시켜 −70℃ 이하의 초저온을 얻고자 할 경우에 채택하는 방식이다.

(2) 적용 냉매

구분	적용
고온 측 냉매	R−12, R−22 등 비등점이 높은 냉매
저온 측 냉매	R−13, R−14, 에틸렌, 메탄, 에탄 등 비등점이 낮은 냉매

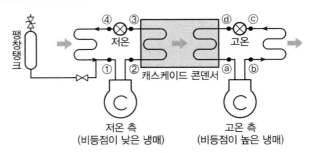

(3) 냉동사이클과 선도

‖ 2원 냉동사이클 장치도 ‖

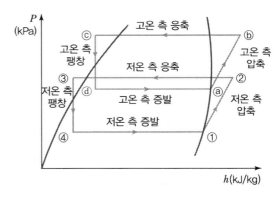

‖ 2원 냉동사이클 $P-h$ 선도 ‖

(4) 캐스케이드 콘덴서(Cascade Condenser)

저온 측 응축기와 고온 측 증발기를 조합하여 저온 측 응축기의 열을 고온 측 증발기가 흡수하여 응축 액화를 촉진시켜 주는 일종의 열교환기이다.

3. 흡수식 냉동사이클

1) 흡수식 냉동기의 개요

(1) 일반사항

① 흡수식 냉동기는 저온 상태에서 서로 용해되는 두 물질을 고온에서 분리시켜 그중 한 물질이 냉매 작용을 하여 냉동 하는 방식을 말한다.

② 흡수식의 재생기(발생기)는 원심식의 압축기 역할을 하며, 가스로 가열하여 냉매물질과 흡수액을 분리시킨다.

③ 흡수식 냉동기는 흡수식 냉동사이클과 몰리에르 선도를 따른다.

(2) 냉매와 흡수액

① 냉매가 H_2O일 때, 흡수액은 LiBr(리튬브로마이드) 용액

② 냉매가 NH_3(암모니아) 일 때, 흡수액은 H_2O

(3) 장단점

장점	• 압축기가 없고 도시가스를 주 에너지원으로 사용하여 에너지원의 사용을 분산시키는 효과가 있다.(전기 → 전기, 도시가스) • 하절기에 발생하는 전력피크(Peak)부하가 저하되고 전기 요금이 절감된다. • 증기, 고온수, 폐열 등의 에너지원으로도 운전이 가능하다. • 부분부하 시 기기효율이 높아 에너지 절약적이다. • 부하변동에 안정적이고, 소음이나 진동이 작다. • 낮은 온도에서 냉매가 증발할 수 있도록 진공상태에서 운전되므로 폭발에 안전하다.
단점	• 낮은 온도(6℃ 이하)의 냉수를 얻기 어렵다. • 여름에도 보일러를 가동해야 한다. • 원심식에 비해 예랭시간이 길고, 설치면적, 높이, 중량이 크며, 냉각탑을 크게 해야 한다.

핵심문제

흡수식 냉동기의 특징에 대한 설명으로 옳은 것은?　　　　[18년 3회]

① 자동제어가 어렵고 운전경비가 많이 소요된다.

❷ 초기 운전 시 정격 성능을 발휘할 때까지의 도달속도가 느리다.

③ 부분부하에 대한 대응이 어렵다.

④ 증기압축식보다 소음 및 진동이 크다.

해설

① 낮은 온도에서 냉매가 증발할 수 있도록 진공상태에서 운전되므로, 자동제어가 용이하고 운전경비가 적게 소요된다.

③ 부분부하 시 기기효율이 높아 에너지 절약적이다.

④ 증기압축식보다 소음 및 진동이 적은 특징을 갖고 있다.

2) 흡수식 냉동기의 냉동사이클

(1) 흡수식 냉동사이클

| 흡수기 | → | 재생기(발생기) | → | 응축기 | → | 증발기 |

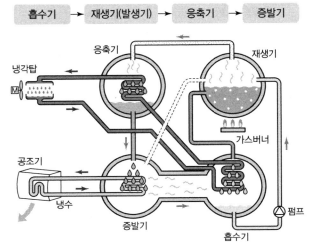

┃ 흡수식 냉동사이클 ┃

(2) 사이클의 구성

구분	내용
흡수기	• 증발기에서 넘어온 냉매증기(수증기)를 흡수기에서 수용액에 흡수시키고 묽어지게(묽은 수용액) 하여 재생기로 넘긴다. • 리튬브로마이드의 농용액이 증발기에서 들어온 냉매증기(수증기)를 연속적으로 흡수하고, 농용액은 물로써 희석되고 동시에 흡수열이 발생하며, 흡수열은 냉각수에 의하여 냉각된다.
재생기 (발생기)	• 흡수기에서 넘어온 묽은 수용액(H_2O＋LiBr)에 가스 등으로 열을 가하면 물은 증발하여 수증기로 된 후 응축기로 넘어가고 나머지 진한 용액(LiBr)은 다시 흡수기로 내려간다. • 희석된 희용액은 발생기 가열관(증기, 가스, 온수)에 의하여 가열된다.
응축기	• 재생기에서 응축기로 넘어온 수증기는 냉각수에 의해 냉각되어 물로 응축된 후 다시 증발기로 넘어간다. • 응축열을 냉각탑이나 실외기를 통해서 외부로 방출한다.

핵심문제

흡수식 냉동기에서 냉매의 순환경로는?   [18년 1회, 22년 1회]

① 흡수기 → 증발기 → 재생기 → 열교환기

❷ 증발기 → 흡수기 → 열교환기 → 재생기

③ 증발기 → 재생기 → 흡수기 → 열교환기

④ 증발기 → 열교환기 → 재생기 → 흡수기

해설 흡수식 냉동기 냉매 순환경로

증발기 → 흡수기 → 열교환기 → 재생기 → 응축기 → 팽창밸브(감압밸브)

》》 열교환기

발생기(재생기) 출구의 LiBr 수용액(농용액, 고온)과 흡수기 출구의 LiBr 수용액(희용액, 저온) 간의 열교환을 통해, LiBr 수용액(희용액)의 온도를 높여 발생기에서 냉매(증기)의 증발이 원활할 수 있도록 돕는 기능을 한다.

구분	내용
증발기	• 낮은 압력인 증발기 내에서 냉매(물)가 증발하면서 냉수코일 내의 물로부터 열을 빼앗아 냉수의 냉각이 이루어진다. • 흡수식 냉동기의 냉동능력은 증발기에서 냉수코일 내의 물로부터 열을 빼앗아 증발하는 냉매량에 비례한다. • 증발한 냉매증기(수증기)는 흡수기로 이동한다.

(3) 듀링 선도(Duhring Diagram)상의 흡수식 냉동사이클

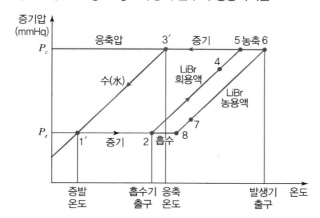

‖ 듀링 선도상의 1중 효용형 흡수식 냉동사이클 ‖

① 8 → 2 : 흡수기에서 흡수작용

② 2 → 4 : 재생기에서 고온 농용액과 희용액과의 열교환에 의한 온도 상승

③ 4 → 5 : 재생기 내에서 비등점에 이르기까지의 가열

④ 5 → 6 : 재생기 내에서 용액 농축

⑤ 6 → 7 : 흡수기에서의 저온 희용액과 열교환에 의해 농용액이 온도 강하되어 흡수기로 들어감

⑥ 7 → 8 : 농용액이 흡수기 내에 살포되면서 외부의 냉각수에 의해 온도가 강하되는 과정

⑦ 1′ → 2 : 증발기에서 냉매(물)가 증발하여 흡수기로 흡수되는 과정(증발압력 : P_e)

⑧ 5 → 3′ : 재생기에서 이탈된 수증기가 응축기에서 냉각되어 응축되는 과정(응축압력 : P_c)

01 냉동기 중 공급 에너지원이 동일한 것끼리 짝지어진 것은? [18년 2회, 24년 2회]

① 흡수 냉동기, 압축 냉동기
② 증기분사 냉동기, 증기압축 냉동기
③ 압축기체 냉동기, 증기분사 냉동기
④ 증기분사 냉동기, 흡수 냉동기

해설

① 흡수 냉동기 : 증기, 압축 냉동기 : 압축일
② 증기분사 냉동기 : 증기, 증기압축 냉동기 : 압축일
③ 압축기체 냉동기 : 압축일, 증기분사 냉동기 : 증기
④ 증기분사 냉동기 : 증기, 흡수 냉동기 : 증기

02 두께가 200mm인 두꺼운 평판의 한 면(T_0)은 600K, 다른 면(T_1)은 300K으로 유지될 때 단위 면적당 평판을 통한 열전달량(W/m²)은?(단, 열전도율은 온도에 따라 $\lambda(T) = \lambda_0(1+\beta t_m)$로 주어지며, λ_0는 0.029W/m · K, β는 3.6×10^{-3} K^{-1}이고, t_m은 양면 간의 평균온도이다.)

[20년 4회]

① 114   ② 105
③ 97   ④ 83

해설

$q = KA\Delta t$

$= \dfrac{\lambda}{d}A\Delta t = \dfrac{\lambda_0(1+\beta t_m)}{d}A\Delta t$

$= \dfrac{0.029\text{W/m} \cdot \text{K}(1+3.6 \times 10^{-3}\text{K}^{-1} \times \dfrac{600+300}{2}\text{K})}{0.2\text{m}}$

$\times 1\text{m}^2 \times (600-300)\text{K}$

$= 113.97\text{W/m}^2$

여기서, d : 평판의 두께(m)

    A : 단위면적당 열량 산출이므로 면적 A는 1m²를 적용한다.

03 냉장고의 방열벽의 열통과율이 0.000117 kW/m² · K일 때 방열벽의 두께(cm)는?(단, 각 값은 아래 표와 같으며, 방열재 이외의 열전도 저항은 무시하는 것으로 한다.) [19년 3회]

외기와 외벽면과의 열전달률	0.023kW/m² · K
고 내 공기와 내벽면과의 열전달률	0.0116kW/m² · K
방열벽의 열전도율	0.000046kW/m · K

① 35.6   ② 37.1
③ 38.7   ④ 41.8

해설

$\dfrac{1}{\text{방열벽 열통과율}} = \dfrac{1}{\text{외표면 열전달률}} + \dfrac{\text{방열벽 두께(m)}}{\text{방열벽 열전도율}}$
$+ \dfrac{1}{\text{내표면 열전달률}}$

$\dfrac{1}{0.000117} = \dfrac{1}{0.023} + \dfrac{\text{방열벽 두께(m)}}{0.000046} + \dfrac{1}{0.0116}$

∴ 방열벽 두께 = 0.387m = 38.7cm

04 단면이 1m²인 단열재를 통하여 0.3kW의 열이 흐르고 있다. 이 단열재의 두께는 2.5cm이고 열전도계수가 0.2W/m · ℃일 때 양면 사이의 온도차(℃)는? [19년 2회]

① 54.5   ② 42.5
③ 37.5   ④ 32.5

해설

양면 사이의 온도차(Δt) 산출

$q = KA\Delta t = \dfrac{\lambda}{d}A\Delta t$

$0.3\text{kW} \times 10^3 = \dfrac{0.2\text{W/m} \cdot ℃}{0.025\text{m}} \times 1\text{m}^2 \times \Delta t$

∴ $\Delta t = 37.5℃$

정답   01 ④   02 ①   03 ③   04 ③

05 슈테판-볼츠만(Stefan-Boltzmann)의 법칙과 관계있는 열 이동 현상은?

[19년 3회, 24년 3회]

① 열전도　　　　　② 열대류
③ 열복사　　　　　④ 열통과

해설

슈테판-볼츠만(Stefan-Boltzmann)의 법칙은 각 면 간의 온도차, 면의 형태, 방사율 등과 복사량 간의 관계를 정리한 법칙으로서 열 이동 현상 중 열복사와 관계있는 법칙이다.

06 다음 냉동에 관한 설명으로 옳은 것은?

[18년 2회]

① 팽창밸브에서 팽창 전후의 냉매 엔탈피 값은 변한다.
② 단열압축은 외부와 열의 출입이 없기 때문에 단열압축 전후의 냉매 온도는 변한다.
③ 응축기 내에서 냉매가 버려야 하는 열은 현열이다.
④ 현열에는 응고열, 융해열, 응축열, 증발열, 승화열 등이 있다.

해설

① 팽창밸브에서는 교축작용이 발생하며, 이 교축작용은 등엔탈피 과정이다.
③ 응축기 내에서 냉매가 버려야 하는 열은 잠열이다.(냉매가스를 냉매액으로 변화시킬 때의 응축잠열의 해소)
④ 잠열에는 응고열, 융해열, 응축열, 증발열, 승화열 등이 있다.

07 냉매의 구비조건으로 옳은 것은?

[20년 3회, 24년 3회]

① 표면장력이 작을 것　② 임계온도가 낮을 것
③ 증발잠열이 작을 것　④ 비체적이 클 것

해설

② 임계온도가 높고 상온에서 반드시 액화할 것
③ 증발잠열이 클 것
④ 비체적이 작을 것

08 냉매에 관한 설명으로 옳은 것은? [18년 1회]

① 암모니아 냉매가스가 누설된 경우 비중이 공기보다 무거워 바닥에 정체한다.
② 암모니아의 증발잠열은 프레온계 냉매보다 작다.
③ 암모니아는 프레온계 냉매에 비하여 동일 운전압력조건에서는 토출가스 온도가 높다.
④ 프레온계 냉매는 화학적으로 안정한 냉매이므로 장치 내에 수분이 혼입되어도 운전상 지장이 없다.

해설

① 암모니아 냉매가스는 누설될 경우 비중이 공기보다 가벼워 공기 중으로 부상하게 된다. 비중이 공기보다 무거워 바닥에 정체하는 것은 프레온계 냉매이다.
② 암모니아의 증발잠열(1,370kJ/kg)은 프레온계 냉매(159~217kJ/kg)보다 크다.
④ 프레온계 냉매는 수분을 용해하지 못하는 특성을 갖고 있어 장치 내에 수분 혼입 시 냉매순환계통 등에 문제가 발생할 수 있다.

09 암모니아 냉매의 특성에 대한 설명으로 틀린 것은?

[21년 3회]

① 암모니아는 오존파괴지수(ODP)와 지구온난화지수(GWP)가 각각 0으로 온실가스 배출에 대한 영향이 적다.
② 암모니아는 독성이 강하여 조금만 누설되어도 눈, 코, 기관지 등을 심하게 자극한다.
③ 암모니아는 물에 잘 용해되지만 윤활유에는 잘 녹지 않는다.
④ 암모니아는 전기 절연성이 양호하므로 밀폐식 압축기에 주로 사용된다.

해설

암모니아는 전기 절연성이 양호하지 않아 밀폐식 압축기에 적용하는 것은 부적합하다.

10 암모니아와 프레온 냉매의 비교 설명으로 틀린 것은?(단, 동일 조건을 기준으로 한다.)

[19년 1회]

① 암모니아가 R – 13보다 비등점이 높다.
② R – 22는 암모니아보다 냉동효과(kJ/kg)가 크고 안전하다.
③ R – 13은 R – 22에 비하여 저온용으로 적합하다.
④ 암모니아는 R – 22에 비하여 유분리가 용이하다.

해설

냉동효과는 암모니아(1,127.24kJ/kg)가 프레온계의 R – 22(168.23kJ/kg)에 비하여 크다.

11 냉매에 관한 설명으로 옳은 것은? [18년 2회]

① 냉매표기 R – xyz 형태에서 xyz는 공비 혼합냉매의 경우 400번대, 비공비 혼합냉매의 경우 500번대로 표시한다.
② R – 502는 R – 22와 R – 113과의 공비 혼합냉매이다.
③ 흡수식 냉동기는 냉매로 NH_3와 R – 11이 일반적으로 사용된다.
④ R – 1234yf는 HFO 계열의 냉매로서 지구온난화지수(GWP)가 매우 낮아 R – 134a의 대체 냉매로 활용 가능하다.

해설

① 냉매표기 R – xyz 형태에서 xyz는 비공비 혼합냉매의 경우 400번대, 공비 혼합냉매의 경우 500번대로 표시한다.
② R – 502는 R – 22와 R – 115와의 공비 혼합냉매이다.
③ 흡수식 냉동기는 냉매로 NH_3(암모니아)와 H_2O(물)이 일반적으로 사용된다.

12 염화칼슘 브라인에 대한 설명으로 옳은 것은?

[21년 3회]

① 염화칼슘 브라인은 식품에 대해 무해하므로 식품 동결에 주로 사용된다.

② 염화칼슘 브라인은 염화나트륨 브라인보다 일반적으로 부식성이 크다.
③ 염화칼슘 브라인은 공기 중에 장시간 방치하여 두어도 금속에 대한 부식성은 없다.
④ 염화칼슘 브라인은 염화나트륨 브라인보다 동일 조건에서 동결온도가 낮다.

해설

① 염화칼슘 브라인은 흡수성이 강하고 쓰고 떫은맛이 있어서 식품 저장에는 부적합하다.
② 염화칼슘 브라인은 염화나트륨 브라인보다 일반적으로 부식성이 작다.
③ 염화칼슘 브라인은 공기 중에 장시간 방치할 경우 금속에 대한 부식성을 갖는다.

13 냉동기유의 구비조건으로 틀린 것은?

[21년 1회]

① 점도가 적당할 것
② 응고점이 높고 인화점이 낮을 것
③ 유성이 좋고 유막을 잘 형성할 수 있을 것
④ 수분 등의 불순물을 포함하지 않을 것

해설

냉동기유는 응고점이 낮고 인화점이 높아야 한다.

냉동기유 구비조건

물리적 성질	전기·화학적 성질
• 점도가 적당할 것 • 온도에 따른 점도의 변화가 적을 것 • 인화점이 높을 것 • 오일 회수를 위해 사용하는 액상 냉매보다 비중이 무거울 것 • 유성(油性)이 양호할 것(유막 형성 능력이 우수할 것) • 거품이 적게 날 것 (Oil Forming) • 응고점이 낮고 낮은 온도에서 유동성이 있을 것 • 저온에서도 냉매와 분리되지 않을 것(상용성이 있는 냉매와 사용 시) • 수분함량이 적을 것	• 열안전성이 좋을 것 • 수분, 산분을 포함하지 않을 것 • 산화되기 어려울 것 • 냉매와 반응하지 않을 것 • 밀폐형 압축기에서 사용 시 전기 절연성이 좋을 것 • 저온에서 왁스성분(고형 성분)을 석출하지 않을 것(왁스성분은 팽창장치 막힘 등을 유발) • 고온에서 슬러지가 없을 것 • 반응은 중성일 것

14 표준 냉동사이클의 단열교축과정에서 입구 상태와 출구 상태의 엔탈피는 어떻게 되는가?

[22년 1회]

① 입구 상태가 크다.
② 출구 상태가 크다.
③ 같다.
④ 경우에 따라 다르다.

해설

단열교축과정은 압력강하 등의 물리적 성질이 변화되는 과정을 의미하며, 이 과정은 등엔탈피 과정으로서 교축 전과 후의 엔탈피는 변화가 없다.(단열교축과정 중에 엔탈피 변화는 없으며, 압력과 온도는 강하되고, 비체적과 엔트로피는 증가한다.)

15 2단 압축 1단 팽창 냉동시스템에서 게이지 압력계로 증발압력이 100kPa, 응축압력이 1,100 kPa일 때, 중간냉각기의 절대압력은 약 얼마인가?

[18년 1회]

① 331kPa
② 491kPa
③ 732kPa
④ 1,010kPa

해설

중간압력(P_m, 절대압력)의 산출

$P_m = \sqrt{P_e \times P_c} = \sqrt{201.3 \times 1,201.3} = 491.75 \fallingdotseq 491\text{kPa}$

여기서,
P_e(증발압력)=100kPa(게이지 압력)+101.3kPa(대기압)
　　　　　　=201.3kPa · a
P_c(응축압력)=1,100kPa(게이지 압력)+101.3kPa(대기압)
　　　　　　=1,201.3kPa · a

16 암모니아를 사용하는 2단 압축 냉동기에 대한 설명으로 틀린 것은?

[18년 2회]

① 증발온도가 -30℃ 이하가 되면 일반적으로 2단 압축 방식을 사용한다.
② 중간냉각기의 냉각 방식에 따라 2단 압축 1단 팽창과 2단 압축 2단 팽창으로 구분한다.

③ 2단 압축 1단 팽창 냉동기에서 저단 측 냉매와 고단 측 냉매는 서로 같은 종류의 냉매를 사용한다.
④ 2단 압축 2단 팽창 냉동기에서 저단 측 냉매와 고단 측 냉매는 서로 다른 종류의 냉매를 사용한다.

해설

④는 2단 압축 2단 팽창이 아닌 2원 냉동에 대한 설명이다.

17 다음은 2단 압축 1단 팽창 냉동장치의 중간 냉각기를 나타낸 것이다. 각부에 대한 설명으로 틀린 것은?

[22년 2회]

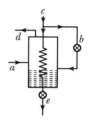

① a의 냉매관은 저단 압축기에서 중간냉각기로 냉매가 유입되는 배관이다.
② b는 제1(중간냉각기 앞)팽창밸브이다.
③ d부분의 냉매증기온도는 a부분의 냉매증기온도보다 낮다.
④ a와 c의 냉매순환량은 같다.

해설

a는 저단 측, c는 고단 측이며, 이때의 냉매순환량은 다르다. 고단 측 냉매순환량(G_H)은 저단 측 냉매순환량(G_L)과 중간냉각기 냉매순환량(G_m)의 합과 같다.

2단 압축 1단 팽창 냉동사이클의 장치도

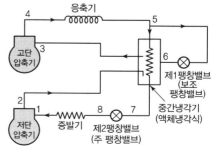

18 다음 그림은 2단 압축 암모니아 사이클을 나타낸 것이다. 냉동능력이 2RT인 경우 저단 압축기의 냉매순환량(kg/h)은?(단, 1RT는 3.8kW 이다.) [19년 2회, 24년 2회]

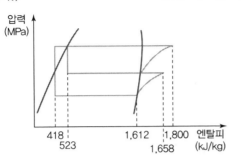

① 10.1   ② 22.9
③ 32.5   ④ 43.2

> **해설**

저단 측 냉매순환량(G_L) 산출

$$G_L = \frac{Q_e}{\varDelta h} = \frac{2\mathrm{RT} \times 3.8\mathrm{kW} \times 3,600}{1,612\mathrm{kJ/kg} - 418\mathrm{kJ/kg}} = 22.9\mathrm{kg/h}$$

19 다음 그림과 같은 2단 압축 1단 팽창식 냉동장치에서 고단 측의 냉매순환량(kg/h)은?(단, 저단 측 냉매순환량은 1,000kg/h이며, 각 지점에서의 엔탈피는 아래 표와 같다.) [19년 3회]

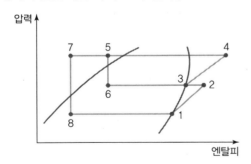

지점	엔탈피(kJ/kg)	지점	엔탈피(kJ/kg)
1	1,641.2	4	1,838.0
2	1,796.1	5	535.9
3	1,674.7	7	420.8

① 1,058.2   ② 1,207.7
③ 1,488.5   ④ 1,594.6

> **해설**

고단 측 냉매순환량(G_H) 산출

$$G_H = G_L \times \frac{h_2 - h_7}{h_3 - h_6} = 1,000\mathrm{kg/h} \times \frac{1,796.1 - 420.8}{1,674.7 - 535.9}$$
$$= 1,207.67\mathrm{kg/h}$$

여기서, G_L : 저단 측 냉매순환량

20 물을 냉매로 하고 LiBr을 흡수제로 하는 흡수식 냉동장치에서 장치의 성능을 향상시키기 위하여 열교환기를 설치하였다. 이 열교환기의 기능을 가장 잘 나타낸 것은? [18년 2회]

① 발생기 출구 LiBr 수용액과 흡수기 출구 LiBr 수용액의 열교환
② 응축기 입구 수증기와 증발기 출구 수증기의 열교환
③ 발생기 출구 LiBr 수용액과 응축기 출구 물의 열교환
④ 흡수기 출구 LiBr 수용액과 증발기 출구 수증기의 열교환

> **해설**

열교환기의 기능

발생기(재생기) 출구의 LiBr 수용액(농용액, 고온)과 흡수기 출구의 LiBr 수용액(희용액, 저온) 간의 열교환을 통해, LiBr 수용액(희용액)의 온도를 높여 발생기에서 냉매(증기)의 증발이 원활할 수 있도록 돕는 기능을 한다.

21 고온부의 절대온도를 T_1, 저온부의 절대온도를 T_2, 고온부로 방출하는 열량을 Q_1, 저온부로부터 흡수하는 열량을 Q_2라고 할 때, 이 냉동기의 이론 성적계수(COP)를 구하는 식은? [19년 2회]

① $\dfrac{Q_1}{Q_1 - Q_2}$ ② $\dfrac{Q_2}{Q_1 - Q_2}$

③ $\dfrac{T_1}{T_1 - T_2}$ ④ $\dfrac{T_1 - T_2}{T_1}$

> **해설**

이론 성적계수(COP)

$$COP = \frac{q_e}{AW} = \frac{Q_2}{Q_1 - Q_2} = \frac{T_2}{T_1 - T_2}$$

22 그림과 같은 냉동사이클로 작동하는 압축기가 있다. 이 압축기의 체적효율이 0.65, 압축효율이 0.8, 기계효율이 0.9라고 한다면 실제 성적계수는?

[20년 1·2회 통합, 24년 1회]

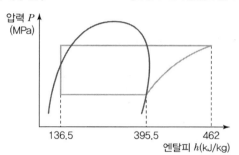

① 3.89　　② 2.80
③ 1.82　　④ 1.42

> **해설**

실제 성적계수(COP) 산출

$$COP = \frac{\text{냉동효과}(q_e)}{\dfrac{\text{압축일}(AW)}{\text{압축효율} \times \text{기계효율}}} = \frac{395.5 - 136.5}{\dfrac{462 - 395.5}{0.8 \times 0.9}} = 2.804$$

23 다음의 $P - h$ 선도상에서 냉동능력이 1냉동톤인 소형 냉장고의 실제 소요동력(kW)은? (단, 1냉동톤은 3.8kW이며, 압축효율은 0.75, 기계효율은 0.9이다.)

[20년 3회]

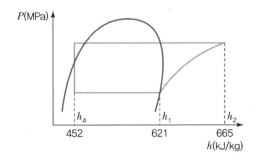

① 1.47　　② 1.81
③ 2.73　　④ 3.27

> **해설**

실제 소요동력(L) 산출

$$\text{실제 소요동력}(L) = \frac{Q_e}{COP \times \text{압축효율} \times \text{기계효율}}$$
$$= \frac{1RT \times 3.8kW}{3.84 \times 0.75 \times 0.9} = 1.47kW$$

여기서, $COP = \dfrac{q_e}{AW} = \dfrac{621 - 452}{665 - 621} = 3.84$

24 증기압축식 열펌프에 관한 설명으로 틀린 것은?

[20년 3회]

① 하나의 장치로 난방 및 냉방에 사용할 수 있다.
② 일반적으로 성적계수가 1보다 작다.
③ 난방을 위한 별도의 보일러 설치가 필요 없어 대기오염이 적다.
④ 증발온도가 높고 응축온도가 낮을수록 성적계수가 커진다.

> **해설**

증기압축식 열펌프는 압축식 냉동기의 성적계수보다 1만큼 큰 값을 가지므로, 최소한 1 이상의 성적계수 값을 갖게 된다. ($COP_H = COP_R + 1$)

25 증기압축 냉동사이클에서 압축기의 압축일은 5HP이고, 응축기의 용량은 12.86kW이다. 이때 냉동사이클의 냉동능력(RT)은? [20년 1·2회 통합]

① 1.8　　② 2.4
③ 3.1　　④ 3.5

> **해설**

냉동능력(Q_e) 산출

냉동능력(Q_e) = 응축부하(Q_c) - 압축일(AW)
$$= 12.86kW - 5HP \times 0.746kW = 9.13kW$$

여기서, 1HP = 0.746kW
1RT = 3.86kW이므로

∴ 냉동능력(Q_e) = $\dfrac{9.13}{3.86} = 2.37RT$

---

26 피스톤 압출량이 48m³/h인 압축기를 사용하는 아래와 같은 냉동장치가 있다. 압축기 체적효율(η_v)이 0.75이고, 배관에서의 열손실을 무시하는 경우, 이 냉동장치의 냉동능력(RT)은? (단, 1RT는 3.86kW이다.)

[18년 3회]

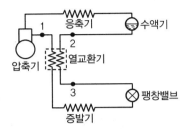

[조건]

$h_1 = 567.75$kJ/kg

$v_1 = 0.12$m³/kg

$h_2 = 442.05$kJ/kg

$h_3 = 435.76$kJ/kg

① 1.83
② 2.54
③ 2.71
④ 2.84

해설

냉동능력(Q_e) 산출

$$G = \frac{\text{냉동능력}(Q_e)}{\text{냉동효과}(q_e)}$$

$$= \frac{\text{피스톤 압출량}(V)}{\text{흡입증기 비체적}(v)} \times \text{압축기 체적효율}(\eta_v)$$

$$\text{냉동능력}(Q_e) = \frac{\text{피스톤 압출량}(V) \times \text{냉동효과}(q_e)}{\text{흡입증기 비체적}(v)}$$

$$\times \text{압축기 체적효율}(\eta_v)$$

$$= \frac{48\text{m}^3/\text{h} \times 125.7}{0.12\text{m}^3/\text{kg}} \times 0.75$$

$$= 37,710\text{kJ/h} = 10.475\text{kW} = 2.71\text{RT}$$

여기서, $q_e = h_{eo} - h_{ei} = (h_1 - h_2 + h_3) - h_3$

$$= (567.75 - 442.05 + 435.76) - 435.76 = 125.7$$

27 암모니아 냉동장치에서 고압 측 게이지 압력이 1,372kPa, 저압 측 게이지 압력이 294kPa이고, 피스톤 압출량이 100m³/h, 흡입증기의 비체적이 0.5m³/kg이라 할 때, 이 장치에서의 압축비와 냉매순환량(kg/h)은 각각 얼마인가? (단, 압축기의 체적효율은 0.7로 한다.)

[18년 3회, 21년 1회]

① 3.73, 70
② 3.73, 140
③ 4.67, 70
④ 4.67, 140

해설

압축비(ε)와 냉매순환량(G) 산출

• 압축비(ε) 산출

$$\text{압축비}(\varepsilon) = \frac{\text{고압 측 절대압력}}{\text{저압 측 절대압력}} = \frac{1,372 + 101.3}{294 + 101.3} = 3.73$$

여기서, 101.3kPa은 대기압

절대압력 = 게이지압 + 대기압

• 냉매순환량(G) 산출

$$G = \frac{\text{냉동능력}(Q_e)}{\text{냉동효과}(q_e)}$$

$$= \frac{\text{피스톤 압출량}(V)}{\text{흡입증기 비체적}(v)} \times \text{압축기 체적효율}(\eta_v)$$

$$= \frac{100\text{m}^3/\text{h}}{0.5\text{m}^3/\text{kg}} \times 0.7 = 140\text{kg/h}$$

28 염화나트륨 브라인을 사용한 식품냉장용 냉동장치에서 브라인의 순환량이 220L/min이며, 냉각관 입구의 브라인 온도가 -5℃, 출구의 브라인 온도가 -9℃라면 이 브라인 쿨러의 냉동능력(kW)은?(단, 브라인의 비열은 3.14kJ/kg · K, 비중은 1.15이다.)

[19년 1회, 24년 2회]

① 45.56
② 52.96
③ 63.78
④ 72.35

브라인 쿨러의 냉동능력(Q) 산출

$Q = mC\Delta t$

$\quad = 220\text{L/min} \div 60\text{sec} \times 1.15\text{kg/L} \times 3.14\text{kJ/kg} \cdot \text{K}$

$\quad\quad \times (-5 - (-9))$

$\quad = 52.96\text{kW}$

29 이원 냉동사이클에 대한 설명으로 옳은 것은?

[20년 4회]

① -100℃ 정도의 저온을 얻고자 할 때 사용되며, 보통 저온 측에는 임계점이 높은 냉매를, 고온 측에는 임계점이 낮은 냉매를 사용한다.

② 저온부 냉동사이클의 응축기 발열량을 고온부 냉동사이클의 증발기가 흡열하도록 되어 있다.

③ 일반적으로 저온 측에 사용하는 냉매로는 R-12, R-22, 프로판이 적절하다.

④ 일반적으로 고온 측에 사용하는 냉매로는 R-13, R-14가 적절하다.

① -100℃ 정도(-70℃ 이하)의 저온을 얻고자 할 때 사용되며, 보통 저온 측에는 임계점이 낮은 냉매를, 고온 측에는 임계점이 높은 냉매를 사용한다.

③ 일반적으로 저온 측에 사용하는 냉매로는 R-13, R-14, 에틸렌, 메탄, 에탄 등이 적절하다.

④ 일반적으로 고온 측에 사용하는 냉매로는 R-12, R-22 등이 적절하다.

30 다음 중 일반적으로 냉방시스템에서 물을 냉매로 사용하는 냉동 방식은?

[19년 3회]

① 터보식　　　　② 흡수식

③ 전자식　　　　④ 증기압축식

흡수식 냉동기는 물(H_2O) 또는 암모니아(NH_3)를 냉매로 사용하고, 흡수제로는 리튬브로마이드(LiBr) 용액을 적용한다.

31 흡수식 냉동기에 사용하는 흡수제의 구비 조건으로 틀린 것은?

[20년 1 · 2회 통합]

① 농도 변화에 의한 증기압의 변화가 클 것

② 용액의 증기압이 낮을 것

③ 점도가 높지 않을 것

④ 부식성이 없을 것

흡습제는 농도 변화(희용액 ↔ 농용액)에 따른 증기압의 변화가 크지 않아야 한다.

32 흡수식 냉동기에 사용되는 흡수제의 구비 조건으로 틀린 것은?

[22년 1회]

① 냉매와 비등온도 차이가 작을 것

② 화학적으로 안정하고 부식성이 없을 것

③ 재생에 필요한 열량이 크지 않을 것

④ 점성이 작을 것

냉매와 비등온도 차이가 커야, 발생기(재생기)에서 냉매는 증기로 증발하고, 냉매는 농용액으로 원활하게 분리가 가능하다.

33 물(H_2O) - 리튬브로마이드(LiBr) 흡수식 냉동기에 대한 설명으로 틀린 것은?

[20년 4회]

① 특수 처리한 순수한 물을 냉매로 사용한다.

② 4~15℃ 정도의 냉수를 얻는 기기로 일반적으로 냉수온도는 출구온도 7℃ 정도를 얻도록 설계한다.

③ LiBr 수용액은 성질이 소금물과 유사하여, 농도가 진하고 온도가 낮을수록 냉매증기를 잘 흡수한다.

④ LiBr의 농도가 진할수록 점도가 높아져 열전도율이 높아진다.

해설
LiBr의 농도가 진할수록 점도가 높아져 열전도율이 낮아지게 된다.(열저항 특성 증가)

34 다음 그림은 단효용 흡수식 냉동기에서 일어나는 과정을 나타낸 것이다. 각 과정에 대한 설명으로 틀린 것은? [19년 3회]

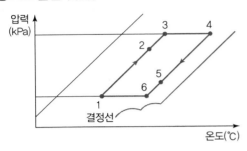

① 1 → 2 과정 : 재생기에서 돌아오는 고온 농용액과 열교환에 의한 희용액의 온도 증가
② 2 → 3 과정 : 재생기 내에서 비등점에 이르기까지의 가열
③ 3 → 4 과정 : 재생기 내에서 가열에 의한 냉매 응축
④ 4 → 5 과정 : 흡수기에서의 저온 희용액과 열교환에 의한 농용액의 온도 감소

해설
3 → 4 과정은 재생기 내에서 가열에 의하여 냉매가 증발하는 과정이다.

35 2중 효용 흡수식 냉동기에 대한 설명으로 틀린 것은? [20년 3회]

① 단중 효용 흡수식 냉동기에 비해 증기소비량이 적다.
② 2개의 재생기를 갖고 있다.
③ 2개의 증발기를 갖고 있다.
④ 증기 대신 가스 연소를 사용하기도 한다.

해설
이중 효용 흡수식은 단효용에 비하여 재생기(발생기)와 열교환기가 추가되어, 2개의 재생기(발생기)와 2개의 열교환기가 설치된다.

 **CHAPTER 02** 냉동장치의 구조

1. 압축기의 분류

1) 구조(외형)에 의한 분류

(1) 개방형(Open Type) : 압축기와 전동기(Motor)가 분리된 구조

  ① 직결 구동식 : 압축기의 축(Shaft)과 전동기의 축이 직접 연결되어 동력을 전달하는 형태

  ② 벨트 구동식 : 압축기의 플라이휠(Flywheel)과 전동기의 풀리(Pully) 사이를 V벨트로 연결하여 동력을 전달하는 형태

(2) 밀폐형(Hermetic Type) : 압축기와 전동기가 하나의 용기(Housing) 내에 내장되어 있는 구조

구분	내용
반밀폐형	• 볼트로 조립되어 분해 조립이 가능하다. • 서비스 밸브(Service Valve)가 흡입 측 및 토출 측에 부착되어 있다. • 오일 플러그(Oil Plug) 및 오일 사이트 글래스(Oil Sight Glass)가 부착되어 유량 측정이 가능하다.
완전밀폐형	• 밀폐된 용기 내에 압축기와 전동기가 동일한 축에 연결되어 있다. • 가정용 냉장고 및 룸 쿨러(Room Cooler) 등에 사용되고 있다.
전밀폐형	완전밀폐형과 동일한 구조로서, 추가로 흡입 측 또는 토출 측에 1개의 서비스 밸브가 부착되어 있다.(주로 흡입 측에 부착)

(3) 개방형 압축기와 밀폐형 압축기의 특징 비교

구분	개방형 압축기	밀폐형 압축기
장점	• 압축기의 회전수 가감이 가능하다. • 고장 시에 분해 · 조립이 가능하다. • 전원이 없는 곳에서도 타 구동원으로 운전이 가능하다. • 서비스 밸브를 이용하여 냉매, 윤활유의 충전 및 회수가 가능하다.	• 과부하 운전이 가능하다. • 소음이 적다. • 냉매의 누설의 우려가 적다. • 소형이며 경량으로 제작된다. • 대량 생산으로 제작비가 저렴하다.
단점	• 외형이 커서 설치면적이 커진다. • 소음이 크다. • 냉매 및 윤활유의 누설의 우려가 있다. • 제작비가 비싸다.	• 수리 작업이 불편하다. • 전원이 없으면 사용할 수 없다. • 회전수 가감이 불가능하다. • 냉매 윤활유의 충전, 회수가 불편하다.

2) 압축기의 압축 방식에 따른 분류

(1) 왕복동식 압축기

실린더(기통) 내에서 피스톤(Piston)의 상하 또는 좌우 왕복 운동에 의해 가스를 압축하는 구조

(2) 원심식 압축기

터보(Turbo) 냉동기라고도 하며, 임펠러(Impeller)의 고속 회전에 의한 원심력을 이용하여 가스를 압축하는 구조

(3) 회전식 압축기

① 실린더 내에서 회전 피스톤(Rotor)의 회전에 의해 가스를 압축하는 구조

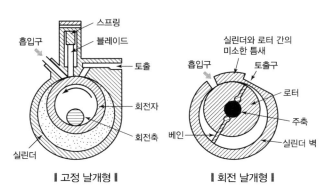

▎고정 날개형 ▎　　　　▎회전 날개형 ▎

② 특징

- 로터(Rotor)의 회전에 의한 압축이다.
- 왕복동식에 비해 부품수가 적고 간단하다.
- 진동 및 소음이 크다.
- 오일 냉각기(Oil Cooler)가 있다.
- 체적효율이 양호하다.
- 흡입밸브가 없고 토출밸브는 역지밸브이며 크랭크 케이스 내부는 고압이다.
- 압축이 연속적이며 고진공을 얻을 수 있어 진공 펌프용으로 적합하다.
- 활동 부분은 정밀도와 내마모성을 요구한다.
- 기동 시에 경부하 기동이 가능하다.
- 원심력에 의한 베인의 밀착으로 압축되므로 회전수가 빨라야 한다.

(4) 스크루 압축기

① 서로 맞물려 돌아가는 암나사와 수나사의 나선형 로터가 일정한 방향으로 회전하면서 두 로터와 케이싱 속에 흡입된 냉매증기를 연속적으로 압축시키는 동시에 배출시키는 구조

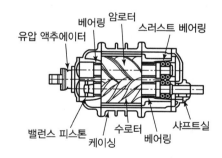

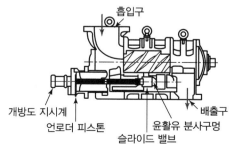

‖ 스크루 압축기의 구조 ‖

핵심문제

스크루 압축기의 특징에 대한 설명으로 틀린 것은?　　　[19년 2회]

① 소형 경량으로 설치면적이 작다.

❷ 밸브와 피스톤이 없어 장시간의 연속운전이 불가능하다.

③ 암수 회전자의 회전에 의해 체적을 줄여 가면서 압축한다.

④ 왕복동식과 달리 흡입밸브와 토출밸브를 사용하지 않는다.

│해설│

스크루 압축기는 서로 맞물려 돌아가는 암나사와 수나사의 나선형 로터가 일정한 방향으로 회전하면서 두 로터와 케이싱 속에 흡입된 냉매증기를 연속적으로 압축시키는 동시에 배출시키는 형식을 가지는 압축기로서, 흡입 토출밸브와 피스톤이 없어 장시간의 연속 운전이 가능하다.

② 특징

장점	• 진동이 없으므로 견고한 기초가 필요 없다. • 소형이고 가볍다. • 무단계 용량제어(10~100%)가 가능하며 자동운전에 적합하다. • 액압축(Liquid Hammer) 및 오일 해머링(Oil Hammering)이 적다.(NH₃ 자동운전에 적합하다.) • 흡입 토출밸브와 피스톤이 없어 장시간의 연속 운전이 가능하다.(흡입 토출밸브 대신 역류방지밸브를 설치한다.) • 부품수가 적고 수명이 길다.
단점	• 오일회수기 및 유냉각기가 크다. • 오일펌프를 따로 설치한다. • 경부하 시에도 기동력이 크다. • 소음이 비교적 크고 설치 시에 정밀도가 요구된다. • 정비 보수에 고도의 기술력이 요구된다. • 압축기의 회전방향이 정회전이어야 한다.(1,000rpm 이상인 고속회전)

3) 기통(실린더)의 배열에 의한 분류

① 입형 압축기(Vertical Type Compressor)

② 횡형 압축기(Horizontal Type Compressor)

③ 고속 다기통 압축기(High Speed Multi Type Compressor)

4) 기타 분류

① 속도에 의한 분류(저속, 중속, 고속)

② 사용 냉매에 의한 분류(암모니아, 프레온, 탄산가스 등)

2. 이상현상

1) 증기압축식 냉동시스템 이상 현상

(1) 압축기의 흡입압력

압축기의 흡입압력이 지나치게 높으면 냉동부하가 증가하고 지나치게 낮으면 압축기가 처리해야 할 냉동부하가 감소하게 된다.

흡입압력이 지나치게 높아지는 원인	• 냉동부하가 지나치게 증가하는 경우 • 팽창밸브가 너무 열린 경우(제어부 고장이나 Setting 불량) • 흡입밸브, 밸브시트, 피스톤링 등의 파손이나 언로더 기구의 고장이 발생한 경우 • 유분리기의 반유장치에 누설이 발생한 경우

흡입압력이 지나치게 높아지는 원인	• 언로더 제어장치의 설정치가 너무 높은 경우 • Bypass Valve가 열려서 압축기 토출가스의 일부가 바이패스되는 경우 • 증발기 측의 온도나 습도가 지나치게 높은 경우 • 증발기 측의 풍량이 냉동능력에 비하여 지나치게 높은 경우
흡입압력이 지나치게 낮아지는 원인	• 냉동부하가 지나치게 감소하는 경우 • 흡입 스트레이너나 서비스용 밸브가 막힌 경우 • 냉매액 통과량이 제한된 경우 • 냉매 충전량의 부족이나 냉매 누설이 발생한 경우 • 언로더, 제어장치의 설정치가 너무 낮은 경우 • 팽창밸브를 너무 잠가 팽창밸브에 수분이 동결된 경우 • 증발기 측의 온도나 습도가 지나치게 낮은 경우 • 증발기 측의 풍량이 냉동능력에 비하여 지나치게 낮은 경우 • 콘덴싱 유닛의 경우 유닛 쿨러와의 거리가 지나치게 멀어지거나 고낙차 설치로 인하여 냉매의 압력 저하가 심하게 발생하여 유량이 저하되는 경우

(2) 압축기의 토출압력

압축기의 토출압력이 지나치게 높으면 응축이 원활하지 못하며, 지나치게 낮으면 응축이 과도하게 이루어지게 된다.

토출압력이 지나치게 높아지는 원인	• 공기, 염소가스 등 불응축성 가스가 냉매계통에 흡입된 경우 • 응축온도가 높은 경우 • 냉각수 온도가 높거나, 냉각수 양이 부족한 경우 • 응축기 냉매관에 물때가 많이 끼었거나, 수로 뚜껑의 칸막이 판이 부식된 경우 • 냉매의 과충전으로 응축기의 냉각관이 냉매액에 잠기게 되어 유효 전열면적이 감소하는 경우 • 냉각수량이 부족하고, 냉각수의 온도가 높은 경우 • 토출배관 중의 밸브가 약간 잠겨 있어 저항이 증가하는 경우 • 공랭식 응축기의 경우 실외 열교환기가 심하게 오염되거나, 풍량이 방해물에 의해 차단된 경우 • 냉동장치로 인입되는 전압이 지나치게 과전압 혹은 저전압이 되어 압축비가 과상승하거나, Cycle의 불균형이 일어나는 경우 • 냉각탑 주변의 온도나 습도가 지나치게 상승하는 경우

핵심문제

압축기의 토출압력 상승 원인이 아닌 것은?   [19년 1회]

❶ 응축온도가 낮을 때
② 냉각수 온도가 높을 때
③ 냉각수 양이 부족할 때
④ 공기가 장치 내에 혼입되었을 때

해설

압축기의 토출압력은 응축온도가 높을 때 상승하게 된다.

토출압력이 지나치게 낮아지는 원인	• 냉각수량이 너무 많거나, 수온이 너무 낮은 경우 • 냉매액이 넘어오고 있어 압축기 출구 측이 과열이 이루어지지 않은 경우 • 응축온도가 낮은 경우 • 냉매 충전량이 지나치게 부족한 경우 • 토출밸브에서 누설이 발생한 경우 • 냉각탑 주변의 온도나 습도가 지나치게 낮은 경우 • 공랭식 응축기의 경우 실외 열교환기 주변에 자연 풍량이 증가하여 응축이 과다해지는 경우 • 유분기 측으로 바이패스되는 냉매량이 증가하는 경우 • 콘덴싱 유닛의 경우 유닛 쿨러와의 거리가 지나치게 멀어지거나 고낙차 설치로 인하여 냉매의 압력 저하가 심하게 발생하여 유량이 저하되는 경우 • 팽창밸브를 너무 잠가 유량이 감소하는 경우

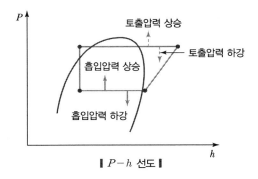

▮ $P-h$ 선도 ▮

2) 액백(Liquid Back)현상

(1) 개념

① 증발기의 냉매액이 전부 증발하지 못하고, 액체상태로 압축기로 흡입되는 현상을 말한다.

② 냉동장치에서 압축기에 냉매증기가 아닌 냉매액이 회수되어 오는 경우 그 액량이 많으면 압축기가 파손되는 사고가 발생할 수 있다.

(2) 영향

① 흡입관에 성에가 심하게 덮인다.

② 토출가스 온도가 저하되며 심하면 토출관이 차가워진다.

③ 실린더가 냉각되어 이슬이 맺히거나 성에가 낀다.

④ 심할 경우 크랭크 케이스에 성에가 끼고, 수격작용이 일어나 타격음이 난다.

⑤ 소요동력이 증대된다.

⑥ 압력계 및 전류계의 지침이 떨리고 압축기가 파손될 수 있다.

(3) 원인

① 팽창밸브 열림이 과도하게 클 때(속도저하에 따른 압력강하의 폭이 작아진다.)

② 증발기 냉각관에 유막 및 성에가 두껍게 덮였을 때(전열이 불량하여 증발이 제대로 되지 않는다.)

③ 급격한 부하변동(부하감소)

④ 냉매 과충전 시, 냉매순환량이 과도할 때

⑤ 흡입관에 트랩 등과 같은 액이 고이는 장소가 있을 때

⑥ 액분리기의 기능 불량

⑦ 기동 시 흡입밸브를 갑자기 열었을 때

(4) 대책

① 흡입관에 성에가 낄 정도로 경미할 경우에는 팽창밸브 열림을 조절한다.

② 실린더에 성에가 낄 경우에는 흡입스톱밸브를 닫고 팽창밸브를 닫은 후, 정상상태가 될 때까지 운전을 한 다음 흡입스톱밸브를 서서히 열고, 팽창밸브를 재조정한다.

③ 수격작용이 일어날 경우, 압축기를 정지시키고 워터재킷의 냉각수를 배출하고 크랭크 케이스를 가열시켜(액냉매를 증발시킨다.) 열교환을 한 후 재운전하며, 정도가 심하면 압축기 파손 부품을 교환한다.

④ 냉매 충전량을 적정하게 하고 기동조작에 신중을 기한다.

⑤ 액분리기를 설치한다.

SECTION 02 응축기

1. 응축기의 종류 및 특징

1) 입형 셸 앤드 튜브식 응축기(Vertical Shell and Tube Condenser)

(1) 구조

입형의 원통(지름 660~910mm, 유효길이 4,800mm) 상하 경판에 바깥지름 50mm인 다수의 냉각관을 설치한 것으로, 상단에 수조가 설치되어 있고 배관 내에는 물이 고르게 흐르게 하기 위하여 소용돌이를 일으키는 주철제 물 분배기를 설치한다.

(2) 특징

① 소형 경량으로 설치장소가 좁아도 되며 옥외에 설치가 용이하다.
② 전열이 양호하며 냉각관 청소가 가능하다.(운전 중 청소가 가능하다.)
③ 가격이 저렴하고 과부하에 견딘다.
④ 주로 대형의 암모니아 냉동기에 사용된다.
⑤ 냉매가스와 냉각수가 평행류로 되어 냉각수가 많이 필요하고 과냉각이 잘 안 된다.
⑥ 냉각관이 부식되기 쉽다.

2) 이중관식 응축기(Double Pipe Condenser)

(1) 구조

① 암모니아, 프레온계, 클로로메틸 등의 비교적 소형 냉동기에 사용되며 탄산가스용으로도 사용할 수 있다.
② 보통 길이가 3~6m의 관을 상하 6~12단으로 조립하여 사용하고 암모니아용은 $1\frac{1}{4}$B의 내관, 2B의 외관이 사용되며 (소형은 $\frac{3}{4}$B의 내관과 $1\frac{1}{4}$B의 외관), 프레온과 클로로메틸용은 외관이 $\frac{3}{4} \sim \frac{5}{6}$B, 내관이 $\frac{1}{2} \sim \frac{3}{5}$B로 된 것과 굵은 외관에 작은 지름의 내관을 4~5개 삽입한 것도 있다.

(2) 특징

① 냉매증기와 냉각수가 대향류로 되게 함으로써 냉각효과가 양호하며 고압에도 견딘다.
② 암모니아나 프레온 등의 소형 냉동기에 사용하며 CO_2 냉동기에도 설치가 가능하다.(설치면적이 작음)
③ 냉각수량이 적어도 되므로 과냉각 냉매를 얻을 수 있으나 한 대로는 대용량이 불가능하다.
④ 벽면을 이용하는 공간에도 설치할 수 있으므로 설치면적이 작아도 된다.
⑤ 구조가 복잡하여 냉각관의 점검 보수가 어려워 냉각관의 부식을 발견하기 곤란하며 냉각관의 청소가 곤란하다.

3) 평형 셸 앤드 튜브식 응축기(Horizontal Shell and Tube Condenser)

(1) 구조

① 암모니아 또는 프레온 장치의 소형에서 대용량까지 광범위하게 사용되는 수랭식의 응축기이다.

② 소용량으로부터 대용량의 프레온 콘덴싱 유닛(Condensing Unit), 워터 칠링 유닛(Water Chilling Unit), 패키지형 에어 컨디셔너(Packaged Type Air Conditioner) 등에 사용된다.

③ 물을 유턴(U-turn)시켜 통과시키는 횟수를 Pass라 하며 2~6회가 보통이고 유속은 강관 0.6~1m/s, 동관 1~1.5m/s, 니켈관 1.5~2m/s이다. 유속은 통로수(패스 횟수)에 따라 달라지며 1~2m/s 사이가 되도록 한다.

(2) 특징

① 전열이 양호하여 냉각수량이 입형에 비하여 적어도 된다.

② 설치면적이 좁아도 된다.

③ 암모니아, 프레온 등 대 · 중 · 소형 냉동기에 광범위하게 사용된다.

④ 냉각관이 부식되기 쉽고, 냉각관의 청소가 곤란하며, 입형에 비하여 과부하에 견디기 곤란하다.

4) 7통로식 응축기(Seven Pass Condenser)

(1) 구조

① 횡형 셸 앤드 튜브식 응축기의 일종으로, 안지름 200mm(8 inch), 길이 4,800mm인 원통 속에 바깥지름이 51mm(2inch)인 냉각관 7개를 설치하는 구조로 되어 있다.

② 냉각수는 아래에 있는 냉각관으로 유입되어 순차적으로 7개의 냉각관을 흐르며 냉매는 위로 유입되어 냉각관 외부를 통과하면서 응축된다.

③ 1기당 10RT로 설계되며 대용량이 필요할 때에는 여러 조로 병렬연결하여 사용할 수 있다.

(2) 특징

① 전열이 양호하여 냉각수량이 입형에 비하여 적어도 된다.

② 공간이나 벽을 이용하여 상하로 설치할 수 있어 설치면적이 좁아도 된다.

③ 암모니아 냉동기에 사용하며 1조로는 대용량에 사용할 수 없다.

④ 구조가 복잡하고 냉각관의 청소가 곤란하다.

5) 대기식 응축기(Atmospheric Condenser)

(1) 구조

지름 50mm, 길이 2,000~6,000mm의 수평관을 상하로 6~16단 겹쳐 리턴 벤드(Return Bend)로 직렬연결하여 그 속에 냉매증기를 흐르게 하고 냉각수를 최상단에 설치한 냉각수통으로부터 관 전길이에 걸쳐 균일하게 흐르도록 한 구형 암모니아용 응축기이다.

(2) 특징

① 냉각효과가 커 냉각수량이 적어도 되며 물의 증발에 의해서도 냉각된다.

② 부식에 대한 내력이 커 수질이 나쁜 곳이나 해수(海水)를 사용할 수 있다.

③ 냉각관의 청소가 쉽고 암모니아 냉동기에 사용한다.

④ 설치장소가 너무 크고 구조가 복잡하며 가격이 비싸다.

6) 지수식 응축기(Submerged Condenser)

(1) 구조

① 셸 앤드 코일 응축기(Shell and Coil Condenser)라고도 하며 나선 모양의 관에 냉매증기를 통과시키고 이 나선관을 원형 또는 구형의 수조에 담그고 물을 수조에 순환시켜 냉매를 응축시킨다.

② 암모니아, CO_2, SO_2 등의 소형 냉동기에 사용된다.

(2) 특징

① 구조가 간단하여 제작이 용이하다.

② 고압에 잘 견디고 제작비가 싸다.

③ 점검 보수가 곤란하다.

④ 다량의 냉각수가 필요하다.

⑤ 전열효과가 나빠서 현재 거의 사용되지 않는다.

7) 증발식 응축기(Evaporative Condenser)

(1) 구조

① 수랭식 응축기와 공랭식 응축기의 작용을 혼합한 것이다.

핵심문제

다음 그림과 같이 수랭식과 공랭식 응축기의 작용을 혼합한 형태의 응축기는?

[20년 4회]

❶ 증발식 응축기
② 셸코일 응축기
③ 공랭식 응축기
④ 7통로식 응축기

② 냉매가 흐르는 관에 노즐을 이용해 물을 분무시키고 상부에 있는 송풍기로 공기를 보내면 관 표면에서 물의 증발열에 의해서 냉매가 액화되고, 분무된 물은 아래에 있는 수조에 모여 순환펌프에 의해 다시 분무용 노즐로 보내지므로 물 소비량이 적고 다른 수랭식에 비하여 3~4% 냉각수를 순환시키면 된다.

(2) 특징

① 전열작용은 공랭식보다 양호하지만 타 수랭식보다 좋지 않다.

② 냉각수를 재사용하여 물의 증발잠열을 이용하므로 소비량이 적다.

③ 응축기 내부의 압력강하가 크고, 소비동력이 크다.

④ 사용되는 응축기 중에서 응축압력(응축온도)이 제일 높다.

⑤ 냉각탑(Cooling Tower)을 사용하는 경우에 비하여 설치비가 싸게 드나 고압 측의 냉매배관이 길어진다.

⑥ 주로 소·중형 냉동장치(10~150RT)가 사용되며 겨울철에는 공랭식으로 사용할 수 있으며, 실내·외 어디든지 설치가 가능하다.

8) 공랭식 응축기(Air Cooling Type Condenser)

(1) 구조

① 지름 5mm인 동관 안으로 냉매가스를 통과시키고 그 외면을 공기로 냉각시켜 냉매를 응축시킨다.

② 자연대류식과 강제대류식이 있으며, 강제 대류식은 풍속이 2~3m/s인 공기를 송풍기로 보내 냉각한다.

(2) 특징

① 보통 2~3HP 이하의 소형 냉동장치의 아황산, 염화메틸, 프레온 등에 사용된다.

② 냉수배관이 곤란하고 냉각수가 없는 곳에 사용한다.

③ 배관 및 배수설비가 불필요하다.

④ 공기의 전열작용이 좋지 않으므로 응축온도와 압력이 높아 형상이 커진다.(많은 냉각면적이 필요)

⑤ 냉각수를 얻기 어려운 장소나 룸 에어컨, 차량용 냉방기 등 가정용 냉장고나 소형 냉동기에 사용된다.

⑥ 열통과율이 상용하는 응축기 중 가장 낮다.

※ 응축기의 열통과율 순서 : 7통로식 > 횡형 셀 앤드 튜브식, 2중관식 > 입형 셀 앤드 튜브식 > 증발식 > 공랭식

핵심문제

응축기에 관한 설명으로 틀린 것은?

[20년 4회]

① 증발식 응축기의 냉각작용은 물의 증발잠열을 이용하는 방식이다.

② 이중관식 응축기는 설치면적이 작고, 냉각수량도 작기 때문에 과냉각 냉매를 얻을 수 있는 장점이 있다.

③ 입형 셀 튜브 응축기는 설치면적이 작고 전열이 양호하며 냉각관의 청소가 가능하다.

❹ 공랭식 응축기는 응축압력이 수랭식보다 일반적으로 낮기 때문에 같은 냉동기일 경우 형상이 작아진다.

해설

공랭식 응축기는 공기의 전열작용이 불량하므로 응축온도와 응축압력이 수랭식보다 높아 같은 냉동기일 경우 형상이 커진다.

핵심문제

다음 응축기 중 열통과율이 가장 작은 형식은?(단, 동일 조건 기준으로 한다.)

[18년 2회, 21년 2회]

① 7통로식 응축기

② 입형 셀 앤드 튜브식 응축기

❸ 공랭식 응축기

④ 2중관식 응축기

해설 응축기의 열통과율 순서

7통로식 > 횡형 셀 앤드 튜브식, 2중관식 > 입형 셀 앤드 튜브식 > 증발식 > 공랭식

2. 냉각탑

1) 일반사항

① 냉각탑은 응축기용의 냉각수를 재사용하기 위하여 대기와 접속시켜 물을 냉각하는 장치이다.

② 냉동기의 냉각수가 흡수한 열을 외기에 방사하고 온도가 내려간 물을 재순환시키는 장치이다.

2) 냉각원리

(1) 냉각탑에서 냉각수 · 공기 간의 온도관계

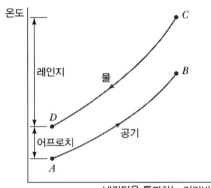

❚ 대향류형 냉각탑에서 물 · 공기의 온도관계 ❚

① 냉각탑의 냉각과정은 공기와 물의 온도차에 의한 현열냉각과 순환수의 증발에 의한 잠열냉각으로 이루어진다.

② 그림에서 곡선은 냉각탑을 통과하는 과정에서 각각 물 온도의 하강(C−D) 및 공기 습구온도의 상승(A−B)을 나타낸다.

(2) 레인지(Range, Cooling Range)

① 냉각탑 입구 수온과 출구 수온의 온도차(C−D)이다.

② 냉각탑에서 냉각되는 온도차로서 5℃ 정도이다.

③ 외기 습구온도가 낮을수록 냉각이 잘된다.

④ 냉각탑의 크기나 능력에 따라 정해지는 것이 아니고, 부하와 유량에 따라 결정된다.

(3) 어프로치(Approach)

① 냉각탑 출구 수온과 냉각탑 입구공기 습구온도의 차이(−)를 말한다.

② 냉각수가 이론적으로 냉각 가능한 접근값이다.

③ 어프로치는 같은 냉각탑에서 부하와 더불어 커지며, 동일한 부하에서는 냉각탑이 크면 클수록 작아진다.

(4) 냉각탑의 열성능(Thermal Performance)

냉각탑의 열성능은 입구공기의 습구온도에 영향을 받는다. 건구온도와 상대습도는 열성능에 큰 영향을 미치지 못하지만 물 증발량에는 영향을 미친다.

3. 이상현상

1) 불응축 가스

(1) 개념

응축기 상부에 고여 응축되지 않은 가스로서 주성분이 공기 또는 유증기이다.

(2) 불응축 가스의 발생 시 문제점

① 체적효율 감소
② 토출가스 온도 및 응축압력 상승
③ 냉동능력 감소 및 소요동력 증대(단위능력당)

(3) 발생원인

구분	원인
외부에서 침입하는 경우	• 압축기의 축봉장치 패킹 연결부분에 누설부분이 있으면 공기가 장치 내에 침입 • 오일 및 냉매 충전 시 부주의에 의한 침입 • 냉동기를 진공 운전할 경우 • 냉동장치의 압력이 대기압 이상으로 운전될 경우 고압 측에서 공기가 침입
내부에서 발생하는 경우	• 진공 시험 시 완전진공을 하지 않았을 경우 장치 내에 남아 있던 공기 • 장치를 분해, 조립하였을 경우에 공기가 잔류 • 오일이 탄화할 때 생긴 가스 • 냉매 및 오일의 순도가 불량할 때 • 냉매, 윤활유 등의 열분해로 인해 가스가 발생

(4) 불응축 가스의 퍼지(Purge)

① 응축기 상부로 제거하는 방법
② 자동배출밸브(Gas Purger)를 이용하여 불응축 가스와 냉매를 분리해 자동적으로 대기 중에 배출(자동배출밸브 내로 수액기 상부의 기상 냉매를 보내고, 배출밸브 내에서 냉각되

도록 구성하면 불응축 가스만 분리되어 밸브에 의해 배출됨)

③ 수액기 상부에 릴리프 밸브를 설치하여 배출

2) 플래시 가스(Flash Gas)

(1) 정의

플래시 가스란 응축기에서 응축된 냉매액이 과냉각이 덜 되어 팽창밸브로 가는 도중 액의 일부가 기체로 된 것을 말한다.(증발기가 아닌 곳에서 증기 발생)

(2) 발생원인

① 액관이 현저하게 입상한 경우

② 액관 및 액관에 설치한 각종 부속기기의 구경이 작은 경우 (전자밸브, 드라이어, 스트레이너, 밸브 등)

③ 액관 및 수액기가 직사광선을 받고 있을 경우

④ 액관이 방열되지 않고 따뜻한 곳을 통과할 경우

(3) 발생영향

① 팽창밸브의 능력 감소로 냉매순환이 감소되어 냉동능력이 감소된다.

② 증발 압력이 저하하여 압축비의 상승으로 냉동능력당 소요 동력이 증대한다.

③ 흡입가스의 과열로 토출가스 온도가 상승하며 윤활유의 성능을 저하하여 윤활 불량을 초래한다.

(4) 방지대책

① 액가스 열교환기를 설치한다.

② 액관 및 부속기기의 구경을 충분한 것으로 사용한다.

③ 압력강하가 적도록 배관 설계를 한다.

④ 액관을 방열한다.

⑤ 냉매를 과냉각한다.

⑥ 액관과 수액기가 외부에서 열을 얻지 않도록 단열한다.

3) 액봉(液封)현상

(1) 개념

밀폐된 냉매배관계통 내부에 갇힌 액체 냉매가 주위 온도가 상승함에 따라, 냉매액이 체적팽창하여 이상 고압이 발생하거나 파열되는 현상

핵심문제

냉매배관 내에 플래시 가스(Flash Gas)가 발생했을 때 나타나는 현상으로 틀린 것은?

[19년 2회, 24년 1회]

① 팽창밸브의 능력 부족 현상 발생

② 냉매 부족 현상 발생

③ 액관 중의 기포 발생

❹ 팽창밸브에서의 냉매순환량 증가

해설

플래시 가스(Flash Gas)의 발생에 따라 팽창밸브에서의 냉매순환량은 감소하게 된다.

(2) 발생현상

① 액봉 발생 부분이 상당한 고압이 되므로 밸브, 배관 등의 파괴가 발생할 수 있다.

② 보통은 냉매배관계통 중 약한 부위(용접부위, 밸브 연결부위 등)가 잘 파열된다.

(3) 발생원인

① 냉동장치를 수리할 때, 펌프다운을 하지 않고 하는 경우

② 응축기나 수액기를 수리하기 때문에 펌프다운을 할 수 없는 경우

③ 운전휴지 중 스톱밸브를 모두 닫아 놓은 경우

④ 기타 밸브 조작의 잘못으로 냉매액이 충만하고 있는 부분이 밀봉되어 냉매액이 빠져나갈 부분이 없는 경우

(4) 방지대책

① 냉동장치의 운전을 정지할 때는 수액기와 가까운 부분의 스톱밸브를 닫고 난 다음 액헤더 이후의 스톱밸브를 닫아서, 액헤더에 액이 충만하지 않는 공간을 만들어 준다.

② 액봉 발생이 예상되는 부분에 안전밸브 등 이상 고압 발생 시 압력을 도피시킬 수 있는 방지장치를 설치한다.(액봉의 우려 부위에 전자밸브를 설치하여 주기적으로 개방한다.)

③ 직렬로 연이어 설치된 2개 이상의 밸브를 동시에 닫지 않게 한다.(Pump Down Cycle 운전 등에서)

④ 냉매배관계통의 주위 온도가 과열되지 않게 한다.

⑤ 냉동장치 수리 시 펌프다운을 실시한다.

4) 이상작동 상태 및 원인

상태	원인
응축온도가 너무 높다. (응축압력이 너무 높다.)	• 냉매의 과충전 / 응축부하 증대 • 공기의 혼입 • 냉각관의 오염 • 수로 커버의 칸막이 누설 • 냉각수량(공기량)의 부족 • 냉각면적의 부족
냉각관이 빨리 손상된다.	• 냉각관의 부식 • 냉매 누설
액면계의 불량	• 볼의 상승불량

다음 조건을 이용하여 응축기 설계 시 1RT(3.86kW)당 응축면적(m²)을 구하면?(단, 온도차는 산술평균온도차를 적용한다.) [21년 1회]

- 응축온도 : 35℃
- 냉각수 입구온도 : 28℃
- 냉각수 출구온도 : 32℃
- 열통과율 : 1.05kW/m²℃

① 1.05 　　❷ 0.74
③ 0.52 　　④ 0.35

해설 응축면적(A) 산출

$q_c = KA\Delta T = q_c$

여기서, K : 열통과율(W/m²K)
　　　　A : 응축면적(m²)
　　　　ΔT : 응축온도−냉각수 평균온도
　　　　q_c : 냉동능력

$KA\Delta T = q_c$

$A = \dfrac{q_c}{K \times \Delta T}$

$= \dfrac{3.86\text{kW}}{1.05\text{kW/m}^2\text{K} \times \left(35 - \dfrac{28+32}{2}\right)}$

$= 0.74\text{m}^2$

셸 앤드 튜브식 응축기에서 냉각수 입구 및 출구 온도가 각각 16℃와 22℃, 냉매의 응축온도가 25℃라 할 때, 이 응축기의 냉매와 냉각수와의 대수평균온도차(℃)는? [20년 1 · 2회 통합]

① 3.5 　　❷ 5.5
③ 6.8 　　④ 9.2

해설 대수평균온도차(LMTD) 산출

대수평균온도차(LMTD)

$= \dfrac{\Delta_1 - \Delta_2}{\ln \dfrac{\Delta_1}{\Delta_2}} = \dfrac{9-3}{\ln \dfrac{9}{3}} = 5.46 = 5.5℃$

여기서, Δ_1 : 냉각수 입구 측 냉각수와 냉매의 온도차 = 25−16 = 9
　　　　Δ_2 : 냉각수 출구 측 냉각수와 냉매의 온도차 = 25−22 = 3

4. 계산 및 응용

1) 응축면적(A) 산출

$$q_c = KA\Delta T = q_e \times C$$
$$KA\Delta T = q_e \times C$$
$$A = \frac{q_e \times C}{K \times \Delta T}$$

여기서, K : 열통과율(W/m²K)
　　　　A : 응축면적(m²)
　　　　ΔT : 응축온도 − 냉각수 온도
　　　　q_e : 냉동능력
　　　　C : 방열계수

2) 응축기 방열량(q_c) 산출

$$q_c = q_e + AW$$

여기서, AW : 일량(압축동력)

3) 냉각수의 유량(m_c) 산출

냉각수의 유량은 응축부하(q_c)를 통해 산출한다.

$$q_c = m_c C \Delta t$$
$$m_c = \frac{q_c}{C\Delta t} = \frac{q_e + AW}{C\Delta t}$$

4) 대수평균온도차(LMTD) 산출

$$대수평균온도차(\text{LMTD}) = \frac{\Delta_1 - \Delta_2}{\ln \dfrac{\Delta_1}{\Delta_2}}$$

여기서, Δ_1 : 냉각수 입구 측 냉각수와 냉매의 온도차
　　　　Δ_2 : 냉각수 출구 측 냉각수와 냉매의 온도차

1. 증발기의 분류

1) 기준별 분류사항

(1) 냉동부하로부터 열을 흡수하는 방법에 따른 분류

① 직접팽창식 증발기(Direct Expansion Type Evaporator)

② 간접팽창식 증발기(Indirect Expansion Type Evaporator)

(2) 냉매 상태에 따른 분류

① 건식 증발기(Dry Expansion Type Evaporator)

② 습식 증발기(Wet Expansion Type Evaporator)

③ 만액식 증발기(Flood Type Evaporator)

④ 액순환식(액펌프) 증발기(Liquid Circulation Type Evaporator)

(3) 구조에 따른 분류

① 관코일식(나관형) 증발기(Bear Pipe Type Evaporator)

② 환코일식 증발기(Finned Coil Type Evaporator)

③ 판형 증발기(Plate Type Evaporator)

④ 캐스케이드 증발기(Cascade Type Evaporator)

⑤ 멀티피드 멀티석션 증발기(Multi Feed Multi Suction Evaporator)

⑥ 건식 셸 앤드 튜브식 증발기

⑦ 만액식 셸 앤드 튜브식 증발기

⑧ 헤링본식(탱크형) 증발기(Herring Bone Type Evaporator)

⑨ 셸 앤드 코일식 증발기

⑩ 보델로 증발기(Baudelot Evaporator)

2) 냉매 상태에 따른 분류

(1) 건식 증발기(Dry Expansion Type Evaporator)

① 냉매는 증발기 상부에서 하부로 공급된다.(Down Feed)

② 냉매의 소요량이 적고 윤활유의 회수가 용이하다.

③ 냉매 상태는 습증기가 건조포화증기로 되면서 열을 흡수하므로 전열이 불량하여 대용량의 증발기로는 적합하지 않다.

④ 공기 냉각용에 주로 이용된다.(냉매액 25%, 가스 75%)

(2) 습식 증발기(Wet Expansion Type Evaporator)

① 냉매는 증발기 하부에서 상부로 공급된다.(Up Feed)

핵심문제

증발기의 종류에 대한 설명으로 옳은 것은? [20년 1 · 2회 통합]

① 대형 냉동기에서는 주로 직접팽창식 증발기를 사용한다.

② 직접팽창식 증발기는 2차 냉매를 냉각시켜 물체를 냉동, 냉각시키는 방식이다.

③ 만액식 증발기는 팽창밸브에서 교축팽창된 냉매를 직접 증발기로 공급하는 방식이다.

❹ 간접팽창식 증발기는 제빙, 양조 등의 산업용 냉동기에 주로 사용된다.

해설

① 대형 냉동기에서는 주로 간접팽창식 증발기를 사용한다.

② 직접팽창식 증발기는 1차 냉매를 (직접) 냉각시켜 물체를 냉동, 냉각시키는 방식이다.

③ 만액식 증발기는 팽창밸브에서 교축팽창된 냉매를 액분리기로 보내, 증기는 압축기로 냉매액은 증발기로 각각 공급하는 방식이다.

≫≫ 건식 증발기

팽창밸브를 지난 냉매를 액분리기 등을 거치지 않고 바로 증발기로 보내는 방식

---

② 건식 증발기에 비해 냉매 소요량이 많고 전열이 양호하다.

③ 증발기 냉각관 내에 윤활유가 체류할 가능성이 있다.

(3) 만액식 증발기(Flood Type Evaporator)

① 증발기 내에는 일정량의 액냉매가 들어 있으며 건식에 비해 전열이 양호하다. (냉매액 75%, 가스 25%)

② 증발기 내에서 윤활유가 냉매와 함께 체류할 가능성이 많다.

③ 대용량의 액체 냉각용에 이용되고 있다.

④ 냉매 소요량이 많다.

⑤ 증발기 내에 액면 조절은 저압 측 플로트 밸브(LFV) 또는 플로트 스위치(FS)와 전자밸브(SV)를 조합시켜 사용한다.

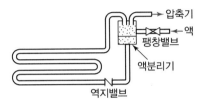

▌ 만액식 증발기의 장치도 ▌

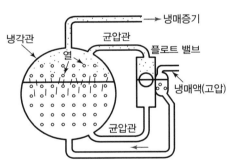

▌ 만액식 증발기의 작용 ▌

(4) 액순환식(액펌프) 증발기(Liquid Circulation(Pump) Type Evaporator)

① 저압 수액기와 증발기 입구 사이에 액펌프를 설치한다. (저압 수액기 액면을 액펌프보다 1~2m 높게 설치해야 한다.)

② 증발하는 냉매량의 4~6배의 액냉매를 강제 순환시킨다.

③ 전열이 양호하며 증발기 내에 윤활유가 체류할 염려가 없다.

④ Liquid Back을 방지할 수 있으며 제상의 자동화가 용이하다.

⑤ 증발기 냉각관 내에서의 압력강하의 문제를 해소한다.

⑥ 대용량 및 저온용에 적합하다.

⑦ 증발기 출구에서 냉매액 80%, 가스 20%의 혼합상태가 된다.

⑧ 열전달률이 크다.

>>> **만액식 증발기**

팽창밸브에서 교축팽창된 냉매를 액분리기로 보내. 증기는 압축기로 냉매액은 증발기로 각각 공급하는 방식

핵심문제

냉매액 강제순환식 증발기에 대한 설명으로 틀린 것은?　[18년 1회]

① 냉매액이 충분한 속도로 순환되므로 타 증발기에 비해 전열이 좋다.

② 일반적으로 설비가 복잡하며 대용량의 저온냉장실이나 급속동결장치에 사용한다.

③ 강제순환식이므로 증발기에 오일이 고일 염려가 적고 배관 저항에 의한 압력강하도 작다.

❹ 냉매액에 의한 리퀴드백(Liquid Back)의 발생이 적으며 저압 수액기와 액펌프의 위치에 제한이 없다.

[해설]

액순환식 증발기(Liquid Pump Type Eva-porator)는 타 증발기에서 증발하는 액화 냉매량의 4~6배의 액을 펌프로 강제로 냉각관을 흐르게 하는 방법으로서, 저압 수액기 액면을 액펌프보다 1~2m 높게 설치해야 한다.

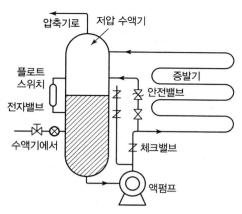

∎ 액순환식 증발기의 순환 계통도 ∎

2. 이상현상

1) 적상(착상, Frost)과 제상(Defrost)

(1) 개념

공기 냉각용 증발기에서 대기 중의 수증기가 응축 동결되어 서리 상태로 냉각관 표면에 부착하는 현상을 적상(착상, Frost)이라고 하며, 이를 제거하는 작업을 제상(Defrost)이라고 한다.

(2) 적상(착상, Frost)의 영향

① 전열 불량으로 냉장실 내 온도 상승 및 액압축 초래
② 증발압력 저하로 압축비 상승
③ 증발온도 저하
④ 실린더 과열로 토출가스 온도 상승
⑤ 윤활유의 열화 및 탄화 우려
⑥ 체적효율 저하 및 압축기 소비동력 증대
⑦ 성적계수 및 냉동능력 감소

(3) 제상(Defrost) 방법

구분	방법
압축기 정지 제상 (Off Cycle Defrost)	1일 6~8시간 정도 냉동기를 정지시키는 제상
온공기 제상 (Warm Air Defrost)	압축기 정지 후 Fan을 가동시켜 실내공기로 6~8시간 정도 제상
전열 제상 (Electric Defrost)	증발기에 히터를 설치하여 제상
살수식 제상 (Water Spray Defrost)	10~25℃의 온수를 살수시켜 제상

고온가스 제상(Hot Gas Defrost) 방식에 대한 설명으로 틀린 것은?

[18년 1회]

① 압축기의 고온 · 고압가스를 이용한다.
❷ 소형 냉동장치에 사용하면 언제라도 정상운전을 할 수 있다.
③ 비교적 설비하기가 용이하다.
④ 제상 소요시간이 비교적 짧다.

해설

고온(고압)가스 제상은 압축기에서 토출된 고온 고압의 냉매가스를 증발기로 유입시켜 고압가스의 응축잠열에 의해 제상하는 방법으로서 제상시간이 짧고 쉽게 설비할 수 있어 대형의 경우 가장 많이 사용되며, 냉매 충전량이 적은 소형 냉동장치의 경우 정상운전이 힘들어 사용하지 않는다.

구분	방법
브라인 분무 제상 (Brine Spray Defrost)	냉각관 표면에 부동액 또는 브라인을 살포시켜 제상
온 브라인 제상 (Hot Brine Defrost)	순환 중인 차가운 브라인을 주기적으로 따뜻한 브라인으로 바꾸어 순환시켜 제상
고압(고온)가스 제상 (Hot Gas Defrost)	• 압축기에서 토출된 고온 고압의 냉매가스를 증발기로 유입시켜 고압(고온)가스의 응축잠열에 의해 제상하는 방법으로 제상시간이 짧고 쉽게 설비할 수 있어 대형일 경우 많이 채용한다. • 냉매 충전량이 적은 소형 냉동장치의 경우 정상운전이 힘들어 사용하지 않는다.

2) 이상작동 상태 및 원인

상태	원인
냉각이 불충분하다.	• 냉매 부족(증발기에서의 냉각에 편차가 있다.) • 냉동기유가 증발기에 고였다. • 냉각 표면적의 부족 • 냉매 분류기의 불량 • 공기냉각기의 적상이 심하다. • 헤더의 형상이 불량하여 냉매의 분포가 나쁘다. • 피냉각물(물, 공기, 브라인 등)의 유량 부족 • 피냉각물의 온도가 너무 낮아진다.
냉각기의 이슬, 서리의 부착에 극단적인 편차가 있다.	디스트리뷰터의 구조 설치가 나빠서 냉매의 분류가 불량하다.
냉각기가 서리에 의해 금방 막힌다.	• 핀 간격이 너무 좁다. • 증발온도가 너무 낮다.(0도) • 공기량이 감소한다.
부하가 변동할 때 리퀴드백이 발생한다.	팽창밸브가 부하의 변동을 따르지 못한다.
증발기의 드레인이 넘쳐 흐른다.	• 배수관에 경사 불충분 막힘 • 증발기 내의 극단적인 부압
증발기의 방열표면에 이슬이 맺힌다.	• 방열 불량 • 금속 접속부의 열 절연 불량

1. 팽창밸브(압력강하장치)의 사용목적 및 작동원리

1) 팽창밸브의 사용목적

① 냉동사이클에서 냉매유량을 조절하는 가장 기본적인 기기이다.

② 냉매액을 증발기에 공급하고, 액의 증발에 의한 열흡수작용이 용이하도록 압력과 온도를 강하시키고 동시에 냉동부하의 변동에 대응하여 적절한 냉매유량을 조절, 공급하는 역할을 한다.

2) 팽창밸브의 작동원리

① 유체가 노즐이나 오리피스와 같이 유로(流路)가 좁은 곳을 통과하면, 외부와의 열량이나 일량 교환 없이도 압력이 감소하는데, 이와 같은 현상을 교축(Throttling)이라 한다.

② 유체가 유동 중에 교축되면 유체의 마찰과 와류의 증가로 압력손실이 발생하여 압력이 감소한다.

③ 액체의 경우는 교축되어 압력이 내려가 액체의 포화압력보다 낮아지면 액체의 일부가 증발하며(플래시 가스 발생), 증발에 필요한 열을 액체 자신으로부터 흡수하므로 액체의 온도는 감소하고, 교축 전후의 엔탈피는 변화가 없다.(비체적과 엔트로피는 증가)

2. 팽창밸브(압력강하장치)의 종류별 특성

1) 수동식 팽창밸브(MEV : Manual Expansion Valve)

① 니들밸브(Needle Valve)로 되어 있다.

② 다른 팽창밸브의 Bypass용으로 사용된다.

③ 유량조절에 숙달을 요한다.

2) 정압식 자동팽창밸브(AEV : Automatic Expansion Valve)

① 증발압력을 일정하게 유지할 수 있다.

② 정지 중에는 닫힌다.

③ 부하변동에 따른 유량제어가 불가능하므로 부하변동이 작은 소형 프레온 장치에 사용한다.

3) 온도식 자동팽창밸브(TEV : Thermostatic Expansion Valve)

① 증발기 출구의 냉매가스 과열도(Superheat)에 대응하여 증발

핵심문제

표준 냉동사이클에서 냉매의 교축 후에 나타나는 현상으로 틀린 것은?
[21년 1회]

① 온도는 강하한다.
② 압력은 강하한다.
③ 엔탈피는 일정하다.
❹ 엔트로피는 감소한다.

해설 냉매의 교축과정 시 나타나는 현상 엔탈피 변화는 없으며, 압력과 온도는 강하되고, 비체적과 엔트로피는 증가한다.

핵심문제

팽창밸브 중 과열도를 검출하여 냉매유량을 제어하는 것은? [20년 3회]

① 정압식 자동팽창밸브
② 수동팽창밸브
❸ 온도식 자동팽창밸브
④ 모세관

기로 공급하는 냉매유량을 제어하는 밸브로서 증발기 전체를
유용하게 이용하고 흡입관을 통하여 압축기로 액냉매가 되돌
아오는 것을 방지하는 데 목적이 있다.
② 증발기 출구에서 압축기로 흡입되는 흡입가스의 과열도에 의
하여 작동한다.
③ 부하의 변동, 냉각수의 상태 등에 의하여 항상 변화한다.
④ 내부균압형 TEV와 외부균압형 TEV의 두 종류가 있다.

4) 모세관(Capillary Tube)

(1) 일반사항
① 대부분의 소형 냉동시스템에서는 팽창밸브 대신에 모세관
을 이용한다.
② 왕복동식 증기압축 냉동사이클에 적용한다.

(2) 특성
① 압축기와 전동기는 밀폐형으로 만들어서 냉매의 누설, 소
음 등을 방지한다.
② 고장이 생겼을 때 수리가 난해하다.
③ 모세관의 지름은 0.4~2.0mm 정도, 길이는 1~2m의 동관
을 사용한다.
④ 압력강하는 튜브의 길이에 따라 결정된다.(튜브의 길이가
길수록 압력강하는 커진다.)
⑤ 주로 소형 냉동기, 즉 증발부하가 작은 곳에 사용되며, 가정
용 냉동기, 창문형 에어컨, 쇼케이스 등에 이용된다.
⑥ 조절이 불필요하고 구경이 작은 배관으로 제작된다.
⑦ 냉동기 정지 시 고저압이 밸런스(Balance)되므로 기동부하
가 작게 든다.
⑧ 모세관의 압력강하 정도는 지름의 제곱에 반비례하고 길이
에 비례한다.
⑨ 길이가 같을 때 굵기가 가늘수록, 굵기가 같을 때 길이가 길
수록 압력강하가 크다.
⑩ 사이클 내부에 이물질 혼합 시 모세관이 막힐 우려가 있으
므로 관리가 필요하다.
⑪ 모세관의 자기 조정능력의 한계로 부하조건이 넓은 공조장
치나 가변용량 압축기 사용 시스템에는 적용이 어렵다.
⑫ 암모니아계 냉매 적용 시에는 사용이 어렵다.

핵심문제

다음 중 모세관의 압력강하가 가장 큰
경우는?   [18년 2회]
❶ 직경이 가늘고 길수록
② 직경이 가늘고 짧을수록
③ 직경이 굵고 짧을수록
④ 직경이 굵고 길수록

해설
모세관의 압력강하는 길이에 비례하고, 관
의 안지름에 반비례한다.

5) 플로트 밸브(Float Valve)

① 액면 위에 떠 있는 플로트의 위치에 따라 밸브를 개폐하여 냉매유량을 조절한다.

② 저압 측 플로트 밸브(Low Side Float Valve)는 저압 측에 설치하여 부하변동에 따라 밸브의 열림을 조절함으로써 증발기 내의 액면을 유지하는 역할을 하며, 암모니아, CFC계 냉매의 만액식 증발기에 주로 사용된다.

③ 고압 측 플로트 밸브(High Side Float Valve)는 고압 측에 설치하여 부하변동에 따라 밸브의 개도를 조절하여 증발기 내의 액면을 일정하게 유지시키는 밸브로서, 고압 측의 액면이 높아지면 밸브가 열리고, 액면이 낮아지면 닫히게 되어 냉매 공급을 감소시키지만 부하의 변동에 신속히 대응할 수 없다.

6) 전자식 팽창밸브(Electronic Expansion Valve)

① 증발기의 냉매유량을 전자제어장치에 의하여 조절하는 밸브이다.

② 운전시간이 길고 부하변동이 클 경우에 적용하여 에너지를 절감한다.(유량제어 범위 확대)

③ 검출부와 제어부, 조작부로 구성되며 냉동공조장치의 전자화에 따라 활용도가 높아지고 있다.

7) 열전식 팽창밸브(Thermal Electronic Expansion Valve)

① 팽창밸브 본체와 온도센서 및 전자제어부를 Unit화함으로써 과열도 제어를 비롯한 각종 기능을 수행할 수 있다.

② 크게 2개의 부분으로 구성되어 있으며, 한쪽은 구동원이 되는 바이메탈과 히터가 조립된 바이메탈 부분, 다른 한쪽은 니들 밸브가 조립되어 있는 밸브 본체 부분이다.

3. 이상현상

1) 냉동장치의 수분 혼입

(1) 일반사항

① 계통 내에 수분이 들어가면 프레온을 냉매로 하는 냉동장치에서는 장해가 발생한다.

② 암모니아는 수분의 용해도가 크지만 프레온의 경우에는 수분의 용해도가 작아 용해량이 한도를 넘으면 물이 유리되어 여러 가지 장애를 일으키게 된다.

핵심문제

다음 팽창밸브 중 인버터 구동 가변용량형 공기조화장치나 증발온도가 낮은 냉동장치에서 팽창밸브의 냉매유량 조절 특성 향상과 유량제어 범위 확대 등을 목적으로 사용하는 것은?

[19년 2회]

❶ 전자식 팽창밸브
② 모세관
③ 플로트 팽창밸브
④ 정압식 팽창밸브

(2) 수분이 냉동장치에 미치는 영향

① 팽창밸브의 니들밸브(Needle Valve)부의 저온부분에서 수분이 동결되어 밸브의 작동불량을 일으키거나 오리피스를 막아서 운전을 불가능하게 한다.

② 윤활유의 윤활성능을 저해한다.

③ 냉매계통 내에 염산, 불화수소산을 생성하고 이들 산이 금속부분, 특히 압축기의 밸브, 베어링, 축봉 등의 중요 부분을 손상시킨다.

④ 냉매 중에 혼입되어 냉매의 전기 절연성능을 열화시키고 밀폐형 압축기의 전동기를 소손시킨다.

(3) 수분의 침입경로 및 방지대책

수분의 침입경로	방지대책
기밀시험에 공기압축기를 사용해서 공기와 함께 수분이 계통 내로 침입	• 충분히 건조한 불활성 가스(탄산가스, 질소가스 등)를 사용한다. • 공기를 사용할 때는 충분한 용량의 드라이어를 통해 공기를 공급한다. • 진공건조를 충분하게 하고 주위 온도가 5℃ 이상일 때 한다.
냉동기유 중의 수분	• 냉동기유의 취급에 주의한다. • 가능한 한 외기에 접촉시키지 않는다.
냉매계통의 개방 (수리 등)	개방된 계통을 복구할 때, 에어 퍼지를 확실하게 실시하고 그 부분이 클 때는 진공펌프를 사용해서 공기를 배출한다.
흡입가스 압력이 진공으로 될 때 공기와 함께 누기	누설개소를 수리하고 될 수 있으면 진공운전하지 않도록 운전 조정한다.

2) 이상작동 상태 및 원인

상태	원인
냉매의 통과가 나쁘다. (유량 감소)	• 팽창밸브를 잘못 선정하였다.(오리피스 구경이 작다.) • 팽창밸브의 직전까지의 압력 손실이 크다. • 응축압력이 너무 낮다. • 팽창밸브가 막혀 있다.
팽창밸브의 작동이 불량하다.	• 감온통의 가스가 누설되었다. • 감온통이 올바른 위치에 부착되어 있지 않다. • 감온통이 흡입가스관에 잘 부착되어 있지 않다. • 내부기구가 불량하다. • 감온통 내의 충전가스를 잘못 선정하였다.

상태	원인
리퀴드백이 일어난다.	• 팽창밸브가 불량하지 않으면 조정이 불량하다. • 팽창밸브의 구경이 너무 크다.
흡입압력이 너무 낮다.	• 냉동부하가 감소하였다. • 흡입 여과기가 막혀 있다. • 냉매액 통과량이 제한되어 있다. • 냉매 충전량이 부족하다. • 언로더 제어장치의 설정치가 너무 낮다.
압력 스위치 고압 측이 작동해서 압축기가 On/Off를 반복한다.	• 냉각수량이 부족하거나 냉각관이 막혔다. • 응축기의 팬 용량이 부족하다. • 압력 스위치의 고압 측의 설정이 잘못되었다. • 냉매 충전량이 너무 많다.
압력 스위치 고압 측이 작동해서 압축기가 발정을 반복한다.	• 냉각기에 서리가 끼었다. • 액냉매 필터가 막혀 있다. • 감온 팽창밸브 감온통 내의 냉매가 누설하였다. • 언로더 제어장치의 설정이 너무 낮다. • 압력 스위치의 저압 측의 설정이 너무 높다.
압축기의 정지시간이 짧다.	• 냉매가 부족하다.(냉동능력 저하) • 토출밸브로부터의 누설이 심하다. • 냉매액 전자밸브가 확실하게 열리지 않는다. (펌프다운 방식일 때) • 피스톤 링의 누설이 발생하였다. • 실린더가 마모되었다.
압축기가 시동되지 않는다.	• 전압의 강화가 발생하였다. • 과부하 보호 릴레이가 작동하였다. • 전원 등의 스위치를 넣지 않았다. • 저압 압력 스위치가 작동하였다. • 유압 보호 스위치가 리셋되어 있지 않다. • 냉매가 누설하였다. • 냉매액 전자밸브가 닫혀 있다.(펌프다운 방식일 때)
시동 후 90초 이내에 정지된다.	유압 보호 스위치가 작동하였다.
운전 중에 이상음이 발생한다.	• 기초 볼트가 풀어져서 진동벨트 풀리가 이완되었다. • 구동 측 커플링의 중심이 맞지 않거나 볼트가 풀렸다. • 액흡입을 일으킨다. • 피스톤 핀, 연결봉 베어링 등이 마모되었다. • 토출 측 스톱밸브의 디스크가 진동한다.
크랭크 케이스에 이슬, 서리가 맺힌다.	액냉매가 압축기로 돌아온다.

상태	원인
냉동기유 온도가 너무 높다.	• 압축기 실린더 재킷에 냉각수가 흐르지 않는다. • 실린더 재킷 부분이 물때(스케일)에 의해 막혔다. • 토출온도가 너무 높다. • 크랭크 케이스 온도가 상승하였다. • 베어링 부분, 마찰부분의 조정이 불량하다.
유압이 낮다.	• 유압계의 고장이 일어났다. • 유압계 배관이 막혀 있다. • 유압조정밸브가 너무 많이 열렸다. • 오일펌프의 고장이 일어났다. • 각 베어링 부분의 마모가 심하다. • 냉동기유 온도가 높다. • 흡입압력이 너무 낮다. • 유량이 부족하다.
유압이 높다.	• 유압계의 고장이 일어났다. • 유압조정밸브가 닫혔다. • 냉동기유 온도가 낮다. • 오일 배관이 막혀 있다.
냉동기유의 토출이 많다.	• 액냉매가 압축기로 돌아온다. • 유분리기에서 냉동기유가 돌아오지 않는다. • 오일 링이 마모되었다. • 시동 시 크랭크 케이스 내 유면에서 오일 포밍이 발생하였다.
용량제어 장치가 작동하지 않는다.	• 용량제어용 전자밸브가 불량하다. • 압력 스위치가 불량하다. • 언로드 기구가 불량하다. • 냉동기유 배관이 막혀 있다. • 압력 스위치의 가스배관이 막혀 있다.
언로더에서 로드로 돌아가지 않는다.	마찰부분의 마모가 심하다.

SECTION 05 장치 부속기기

1. 냉동기의 안전장치

1) 일반사항

① 안전장치는 허용압력 이하로 냉동기의 압력을 유지시키는 장치를 말한다.

② 안전밸브, 고저압 차단 스위치, 가용전, 파열판 등 크게 4가지로 구성된다.

③ 안전장치들의 구경이나 크기 등은 모두 냉매나 용기 크기 등에 따라 결정된다.

2) 안전밸브

① 밸브 내 스프링을 교체할 경우 밸브의 취출압력을 1～3MPa 범위 내에서 조정이 가능하다.

② 대기로 방출하는 방식과 압축기에 내장되어 토출가스를 저압으로 바이패스하는 방식이 있다.

③ 밸브의 구경
- 압축기에 설치하는 안전밸브의 최소 지름(d_1)

$$d_1 = C_1 \sqrt{V} \, (\text{mm})$$

- 압력용기(수액기 및 응축기)에 설치하는 안전밸브의 지름(d_2)

$$d_2 = C_2 \sqrt{\left(\frac{D}{1,000}\right) \cdot \left(\frac{L}{1,000}\right)} \, (\text{mm})$$

④ 작동압력
- 분출개시압력 : 설정압력의 95% 이상, 105% 이하
- 분출압력 : 설정압력의 110% 이하
- 분출정지압력 : 설정압력의 80% 이상

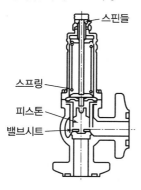

스핀들

스프링

피스톤

밸브시트

┃ 안전밸브의 구조 ┃

3) 가용전(Fusible Plug)

① 가용전은 플러그의 중공부 속에 낮은 온도에서 용해되는 금속을 넣은 것을 말한다.

② 응축기나 수액기 등 냉매의 액체와 증기가 공존하는 부분에서 액체에 접촉하도록 설치하여 온도 상승에 따른 이상 고압으로부터 응축기의 파손을 방지한다.

> **≫≫ 안전밸브**
>
> 안전밸브는 고압 측의 각 부분에 설치하여 일정 압력 이상의 고압이 되면 밸브가 열려 저압부로 보내거나 외부로 방출하도록 한다.

> **≫≫ 가용전**
>
> 가용전은 응축기, 수액기 등의 안전장치로 설치한다.

프레온 냉동장치에서 가용전에 관한 설명으로 틀린 것은?

[18년 3회, 22년 1회]

① 가용전의 용융온도는 일반적으로 75℃ 이하로 되어 있다.
② 가용전은 Sn(주석), Cd(카드뮴), Bi(비스무트) 등의 합금이다.
③ 온도 상승에 따른 이상 고압으로 부터 응축기 파손을 방지한다.
❹ 가용전의 구경은 안전밸브 최소 구경의 1/2 이하이어야 한다.

해설

가용전의 구경은 안전밸브 최소 구경의 1/2 이상이어야 한다.

③ 이상 고압이 발생할 때에는 냉매액의 온도도 상승하는 것이므로(포화압력과 포화온도의 관계) 어떤 온도에 도달할 때 금속이 녹아서 가스를 분출시킨다.

④ 가용전의 작동온도는 원칙적으로 75℃ 이하이고 100℃ 이상의 것은 사용할 수 없다.

⑤ 가용전의 재질은 Pb(납), Sn(주석) 등이 쓰이며, 가용전의 구경은 안전밸브 최소 구경의 1/2 이상이어야 한다.

⑥ 토출가스의 영향을 받지 않는 곳으로서 안전밸브 대신 응축기, 수액기의 안전장치로 사용된다.

⑦ 독성, 가연성 냉매에는 사용할 수 없다.

⑧ 압축기 토출 측처럼 고압가스의 영향을 직접 받는 곳에는 사용을 금지한다.

⑨ 내용적이 큰 것에는 안전밸브가 권장되고, 내용적이 작은 것에는 가용전을 사용한다.

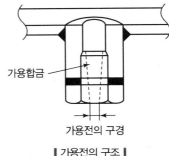

가용합금
가용전의 구경

▌ 가용전의 구조 ▌

4) 파열판(Rupture Disk)

① 장치 내에 과압력 발생 시 그 압력을 배출하기 위한 용도로 사용한다. (판이 터지면서 압력이 배출됨에 따라 재사용은 불가)

② 한번 파열되면 시스템 내 모든 가스가 방출되므로, 압력이 낮고 압력 맥동이 없는 장치(터보냉동기, 흡수식 냉동기) 외에는 일반적으로 사용하지 않는다.

③ 얇은 금속으로 용기의 구멍을 막는 구조로 되어 있다.

④ 파열판의 작동압력(파열압력)은 사용시간이 길어짐에 따라 낮아지는 경향이 있다.

⑤ 파열판의 최소 구경은 냉매 종류 및 용기의 크기에 따라 정해진다.

5) 압력 스위치

(1) 저압 스위치(Low Pressure Cut Out Switch)

① 냉동기 저압 측 압력이 저하했을 때 압축기를 정지시킨다.

② 압축기를 직접 보호해 준다.

(2) 고압 스위치(High Pressure Cut Out Switch)

① 냉동기 고압 측 압력이 이상적으로 높으면 압축기를 정지시킨다.

② 고압 차단장치라고도 한다.

③ 작동압력은 정상고압+0.3~0.4MPa이다.

(3) 고저압 스위치(Dual Pressure Cut Out Switch)

① 고압 스위치와 저압 스위치를 한곳에 모아 조립한 것이다.

② 듀얼 스위치라고도 한다.

(4) 유압 보호 스위치(Oil Protection Switch)

① 윤활유 압력이 일정 압력 이하가 되었을 경우 압축기를 정지한다.

② 재기동 시 리셋 버튼을 눌러야 한다.

③ 조작 회로를 제어하는 접점이 차압으로 동작하는 회로와 별도로 있어서 일정 시간(60~90초)이 지난 다음에 동작되는 타이머 기능을 갖는다.

2. 기타 장치

1) 액분리기(Accumulator)

① 흡입가스 중의 액립을 분리하여 증기만 압축기에 흡입시켜서 액압축(Liquid Hammer)으로부터 위험을 방지한다.

② 증발기와 압축기 사이의 흡입배관 중에 증발기보다 높은 위치에 설치하는데, 증발기 출구관을 증발기 최상부보다 150mm 입상시켜서 설치하는 경우도 있다.

③ 냉동부하변동이 격심한 장치에 설치한다.

④ 액분리기의 구조와 작동원리는 유분리기와 비슷하며, 흡입가스를 용기에 도입하여 유속을 1m/s 이하로 낮추어 액을 중력에 의하여 분리한다.

핵심문제

다음 안전장치에 대한 설명으로 틀린 것은? [20년 3회]

① 가용전은 응축기, 수액기 등의 압력용기에 안전장치로 설치된다.

② 파열판은 얇은 금속판으로 용기의 구멍을 막고 있는 구조이며 안전밸브로 사용된다.

③ 안전밸브는 고압 측의 각 부분에 설치하여 일정 이상 고압이 되면 밸브가 열려 저압부로 보내거나 외부로 방출하도록 한다.

❹ 고압 차단 스위치는 조정 설정압력보다 벨로스에 가해진 압력이 낮아졌을 때 압축기를 정지시키는 안전장치이다.

해설

고압 차단 스위치는 조정 설정압력보다 벨로스에 가해진 압력이 높아졌을 때 압축기를 정지시키는 안전장치이다.

핵심문제

다음 중 액압축을 방지하고 압축기를 보호하는 역할을 하는 것은?

[21년 1회]

① 유분리기   ❷ 액분리기
③ 수액기   ④ 드라이어

해설

액분리기(축압기)는 어큐뮬레이터라고도 하며, 압축기로 흡입되는 가스 중의 액체 냉매(액립)를 분리 제거하여 리퀴드백(Liquid Back)에 의한 영향을 방지하기 위한 기기이다.

핵심문제

암모니아용 압축기의 실린더에 있는 워터재킷의 주된 설치 목적은?

[19년 2회]

① 밸브 및 스프링의 수명을 연장하기 위해서
❷ 압축효율의 상승을 도모하기 위해서
③ 암모니아는 토출온도가 낮기 때문에 이를 방지하기 위해서
④ 암모니아의 응고를 방지하기 위해서

2) 워터재킷(Water Jacket, 물주머니)

① 수랭식 기관에서 압축기 실린더 헤드의 외측에 설치한 부분으로 냉각수를 순환시켜 실린더를 냉각시킨다.

② 기계(압축)효율(η_m)을 증대시키고 기계적 수명도 연장시킨다. (워터재킷을 설치하는 압축기는 냉매의 비열비(k) 값이 1.8~1.20 이상인 경우에 효과가 있다.)

3) 수액기

① 응축기에서 응축된 고온 고압의 냉매액을 일시 저장하는 용기이다.

② 장치 안에 있는 모든 냉매를 응축기와 함께 회수할 정도의 크기를 선택하는 것이 좋다.

③ 소형 냉동기에는 필요 없다.

4) 오일분리기

① 압축기에서 토출되는 냉매가스 중에 오일의 혼입량이 많을 경우 분리하는 역할을 한다.

② 종류로는 원심분리형, 가스충돌식, 유속감소식 등이 있다.

5) 냉매건조기(드라이어, 제습기)

① 프레온 냉동장치에서 수분의 침입으로 인하여 팽창밸브 동결을 방지하기 위하여 드라이어를 설치한다.

② 제습제로는 실리카겔, 알루미나겔, 소바비드, 몰레큘러시브 등이 있다.

6) 균압관

응축기 상부와 수액기 상부에 연결하는 관이며 수액기 압력이 높아진 때를 대비하여 응축기와 수액기의 압력을 일정하게 하고 응축기의 냉매액이 낙차에 의해 수액기로 흐르도록 한다.

7) 오일냉각기

오일의 온도가 높아지는 경우 오일펌프에서 나온 오일을 냉각시켜 오일의 기능을 증대시킨다.

8) 냉매액 회수장치

액분리기를 통하여 분리된 액을 고압 측 수액기로 회수하거나 증발기로 돌려보내는 장치이다.

9) 오일회수장치

유분리기, 응축기, 수액기 등에 고인 오일을 최저부의 드레인 밸브를 통해 가스는 저압 측으로 흡입시키고 오일은 드레인하여 회수하는 장치이다.

---

1. 압력조정밸브(Pressure Regulator)

1) 증발압력조정밸브(EPR : Evaporator Pressure Regulator)

① 증발압력(온도)이 소정압력(온도) 이하가 되는 것을 방지(증발온도의 저온화 및 동파를 방지)하는 역할을 한다.

② 증발기에서 압축기에 이르는 흡입배관에 설치한다.

③ 온도작동 팽창밸브(TXV)와 함께 사용하면, 과열도를 일정하게 유지시키는 시스템 특성을 가질 수 있다.

④ 증발온도가 서로 다른 여러 대의 증발기를 한 대의 냉동기로 운전하는 경우, EPR이 없으면 고온(고압) 측의 증발온도가 지나치게 낮아지므로 고온(고압) 측 증발기에 EPR을 설치함으로써 온도저하를 방지한다.

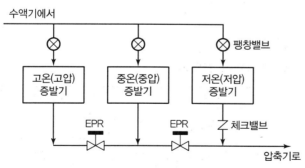

▌ 증발온도가 서로 다른 증발기의 운전 장치도 ▌

2) 흡입압력조정밸브(SPR : Suction Pressure Regulator)

(1) 개요

① 증발압력(온도)이 소정압력(온도) 이상이 되는 것을 방지(증발온도의 고온화를 방지)하는 역할을 한다.

② 압축기 흡입 측 배관에 설치한다.

핵심문제

여러 대의 증발기를 사용할 경우 증발관 내의 압력이 가장 높은 증발기의 출구에 설치하여 압력을 일정 값 이하로 억제하는 장치를 무엇이라고 하는가?

[19년 2회]

① 전자밸브
② 압력개폐기
❸ 증발압력조정밸브
④ 온도조절밸브

핵심문제

냉동장치에서 흡입압력조정밸브는 어떤 경우를 방지하기 위해 설치하는가?

[19년 1회]

❶ 흡입압력이 설정압력 이상으로 상승하는 경우
② 흡입압력이 일정한 경우
③ 고압 측 압력이 높은 경우
④ 수액기의 액면이 높은 경우

(2) 구조 및 작동원리

증발압력조정밸브(EPR)와는 반대 구조이다.

(3) 용도

① 높은 흡입압력으로 기동 시나 운전 시 압축기 모터의 과부하를 방지한다.
② 고압가스 제상으로 흡입압력이 장시간 높을 때 사용한다.
③ 흡입압력 변화가 심한 장치에서 압축기 운전을 안정화시킨다.
④ 저진압으로 높은 흡입압력인 상태에서 기동 시 사용한다.
⑤ 압축기로의 액백(Liquid Back)을 방지한다.

3) 응축압력조정밸브(CPR : Condenser Pressure Regulator)

① 공랭식 응축기를 연간 운전하는 냉동장치에 사용한다.
② 외기온도가 너무 낮아 응축압력 저하로 냉동능력이 감소하는 것을 방지한다.
③ 응축기 출구의 응축압력조절밸브에서 냉매를 응축기 입구와 Bypass시켜 일부 냉매가 응축기를 통과하지 않고 직접 수액기로 유입되도록 하여 응축압력을 조정한다.
④ 한랭기에는 일시적으로라도 수액기에 보유하는 냉매만으로 액공급을 해야 할 상황이 생기므로 수액기의 용량은 충분히 큰 것이 필요하다.

2. 용량제어 방법

1) 왕복동식 압축기

구분	세부사항
On/Off 제어	• 압축기 전원 On/Off 제어 • 경제적으로 불리, 기기수명 단축
Top Clearance 증감	체적효율의 변화로 냉매 토출량 제어
Bypass	토출된 고압가스 일부를 흡입 측에 바이패스시켜 능력 제어
Unloader 제어	• 다기통 압축기에 적용 • 흡입 Valve Plate를 열어 놓아 해당 실린더를 무부하로 만듦
회전수 제어 (0~100%)	• 극수변환 Motor 또는 Inverter 등을 이용 • 가정용에 많이 사용 • 압축기 기동 시의 부하 조정에 용이

2) 스크루 압축기

구분	세부사항
슬라이드 밸브 제어 (10~100%)	압축 회전자와 평행 이동하는 슬라이드 밸브를 설치하여 압축기로 흡입구 위치를 변경시킴으로써 무단계 용량제어
회전수 제어	스크루 회전자는 밸런스가 잡힌 회전체이므로 회전수 변화에 대해 진동 등 트러블이 없어 많이 이용
On/Off 제어	별로 사용하지 않는 방법

3) 터보형(원심식) 압축기

구분	세부사항
흡입 베인 제어 (30~100%)	• 임펠러에 유입되는 냉매의 유입각도를 변화시켜 제어 • 현재 가장 널리 사용
바이패스 제어 (30~100%)	• 용량 10% 이하로 안전운전이 필요할 때 적용(서징 방지) • 응축기 내 압축된 가스 일부를 증발기로 Bypass
회전수 제어 (20~100%)	• 전동기 사용 시는 일반적으로 적용하지 않음 • 증기터빈 구동 압축기일 때 적용할 수 있는 최적 제어법 • 구조가 간단
흡입 댐퍼 제어	• 댐퍼를 교축하여 서징 전까지 풍량감소 가능 • 제어 가능 범위는 전부하의 60% 정도 • 과거에 많이 적용되었으나, 현재는 동력소비 증가로 많이 쓰지 않음
Diffuser 제어	• R-12 등 고압냉매를 이용한 것에 사용 • 흡입 베인 제어와 병용 적용 • 와류 발생 시 효율 저하, 소음 발생, 서징 등의 문제가 발생 • Diffuser의 역할 : 토출가스를 감속하여 냉매의 속도에너지를 압력으로 변환

핵심문제

다음 중 터보 압축기의 용량(능력)제어 방법이 아닌 것은? [20년 3회]

① 회전속도에 의한 제어
② 흡입 댐퍼에 의한 제어
❸ 부스터에 의한 제어
④ 흡입 가이드 베인에 의한 제어

핵심문제

다음 중 흡수식 냉동기의 용량제어 방법으로 적당하지 않은 것은?

[18년 3회, 24년 1회]

❶ 흡수기 공급흡수제 조절
② 재생기 공급용액량 조절
③ 재생기 공급증기 조절
④ 응축수량 조절

해설

흡수식 냉동기의 용량제어는 냉매(물)량을 통해 진행하게 되며, 흡수기에서 냉매를 흡수하는 역할을 하는 흡수제의 조절은 용량제어 방법에 해당하지 않는다.

4) 흡수식 냉동기

구분	세부사항
구동열원 입구 제어	• 증기 또는 고온수 배관에 2방 밸브 또는 3방 밸브를 취부 • P 동작, PI 동작으로 제어 • 밸브 조작을 전기식과 공압식에 의해 진행
가열증기 또는 온수 유량제어 (10~100%)	• 단효용 흡수식 냉동기에 적용 • 증기부와 증기드레인(응축부)의 전열면적 비율을 조정하여 제어 • 부하변동에 대한 응답성이 늦고, 스팀해머 발생 우려
버너 연소량 제어 (10~100%)	• 직화식 냉온수기에 적용 • 버너의 연소량을 제어하여 부하에 따른 용량제어
바이패스 제어	• 폐열을 열원으로 하는 흡수식 냉동기에 적용 • 증발기, 흡수기 사이에 바이패스 밸브를 설치하고 부하에 따른 밸브 개도를 조정(용액 농도 차이에 의함)
흡수액 순환량 제어 (10~100%)	재생기의 흡수액 순환량을 감소시켜 용량제어 (용액 농도 차이에 의함)
기타	• 버너 On/Off 제어 • High/Low/Off의 3위치 제어 • 대수제어 • 응축수량 제어

01 다음 중 스크루 압축기의 구성요소가 아닌 것은?

[19년 3회]

① 스러스트 베어링　　② 수로터
③ 암로터　　　　　　④ 크랭크축

> 해설

크랭크축은 스크루 압축기의 구성요소가 아니다.

스크루 압축기의 구조

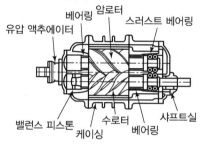

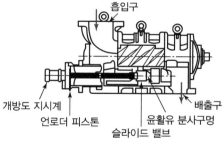

02 스크루 압축기에 대한 설명으로 틀린 것은?

[21년 3회]

① 동일 용량의 왕복동 압축기에 비하여 소형 경량으로 설치면적이 작다.
② 장시간 연속 운전이 가능하다.
③ 부품수가 적고 수명이 길다.
④ 오일펌프를 설치하지 않는다.

> 해설

스크루 압축기는 오일펌프를 별도로 설치해야 한다는 단점을 가지고 있다.

스크루 압축기의 특징

장점	• 진동이 없으므로 견고한 기초가 필요 없다. • 소형이고 가볍다. • 무단계 용량제어(10~100%)가 가능하며 자동운전에 적합하다. • 액압축(Liquid Hammer) 및 오일 해머링(Oil Hammering)이 적다.(NH_3 자동운전에 적합하다.) • 흡입 토출밸브와 피스톤이 없어 장시간의 연속 운전이 가능하다.(흡입 토출밸브 대신 역류방지밸브를 설치한다.) • 부품수가 적고 수명이 길다.
단점	• 오일회수기 및 유냉각기가 크다. • 오일펌프를 따로 설치한다. • 경부하 시에도 기동력이 크다. • 소음이 비교적 크고 설치 시에 정밀도가 요구된다. • 정비 보수에 고도의 기술력이 요구된다. • 압축기의 회전방향이 정회전이어야 한다.(1,000 rpm 이상인 고속회전)

03 냉동장치 내 공기가 혼입되었을 때, 나타나는 현상으로 옳은 것은?

[18년 2회]

① 응축기에서 소리가 난다.
② 응축온도가 떨어진다.
③ 토출온도가 높다.
④ 증발압력이 낮아진다.

> 해설

냉동장치 내에 공기가 혼입되면, 혼입된 공기에 의해 응축압력(온도)이 상승하며, 이에 따라 압축기의 토출가스 압력(온도)이 상승한다. 이는 압축기 실린더의 과열, 냉동능력의 감소, 소비동력의 증가를 수반하게 된다.

04 냉동장치의 운전 중 장치 내에 공기가 침입하였을 때 나타나는 현상으로 옳은 것은?

[21년 2회]

① 토출가스 압력이 낮게 된다.
② 모터의 암페어가 적게 된다.
③ 냉각능력에는 변화가 없다.
④ 토출가스 온도가 높게 된다.

해설

냉동장치 내에 공기가 혼입되면, 혼입된 공기에 의해 응축압력(온도)이 상승하며, 이에 따라 압축기의 토출가스 압력(온도)이 상승한다. 이는 압축기 실린더의 과열, 냉동능력의 감소, 소비(소요)동력의 증가를 수반하게 된다. 또한 압축기의 소비(소요)동력이 상승함에 따라 모터의 암페어도 함께 커지게 된다.

05 착상이 냉동장치에 미치는 영향으로 가장 거리가 먼 것은?

[18년 1회, 21년 3회]

① 냉장실 내 온도가 상승한다.
② 증발온도 및 증발압력이 저하한다.
③ 냉동능력당 전력 소비량이 감소한다.
④ 냉동능력당 소요동력이 증대한다.

해설

착상(Frost) 현상은 공기 냉각용 증발기에서 대기 중의 수증기가 응축 동결되어 서리 상태로 냉각관 표면에 부착하는 현상을 말하며 이를 제거하는 작업을 제상(Defrost)이라고 한다.

착상(적상, Frost)의 영향
• 전열 불량으로 냉장실 내 온도 상승 및 액압축 초래
• 증발압력 저하로 압축비 상승
• 증발온도 저하
• 실린더 과열로 토출가스 온도 상승
• 윤활유의 열화 및 탄화 우려
• 체적효율 저하 및 압축기 소비동력 증대
• 성적계수 및 냉동능력 감소

06 제상 방식에 대한 설명으로 틀린 것은?

[19년 1회, 21년 3회]

① 살수 방식은 저온의 냉장창고용 유닛 쿨러 등에서 많이 사용된다.
② 부동액 살포 방식은 공기 중의 수분이 부동액에 흡수되므로 일정한 농도 관리가 필요하다.
③ 핫가스 제상 방식은 응축기 출구의 고온의 액냉매를 이용한다.
④ 전기히터 방식은 냉각관 배열의 일부에 핀튜브 형태의 전기히터를 삽입하여 착상부를 가열한다.

해설

핫가스[고온(고압)가스] 제상의 경우 압축기에서 토출된 고온 고압의 냉매가스를 증발기로 유입시켜 고압가스의 응축잠열을 이용하여 제상하는 방법이다.

07 응축기에 관한 설명으로 틀린 것은?

[20년 4회]

① 응축기의 역할은 저온, 저압의 냉매증기를 냉각하여 액화시키는 것이다.
② 응축기의 용량은 응축기에서 방출하는 열량에 의해 결정된다.
③ 응축기의 열부하는 냉동기의 냉동능력과 압축기 소요일의 열당량을 합한 값과 같다.
④ 응축기 내에서의 냉매 상태는 과열영역, 포화영역, 액체영역 등으로 구분할 수 있다.

해설

응축기의 역할은 고온 고압의 냉매증기를 냉각하여 액화시키는 것이다.

08 다음 응축기 중 동일 조건하에 열관류율이 가장 낮은 응축기는?

[19년 1회]

① 셸 앤드 튜브식 응축기 ② 증발식 응축기
③ 공랭식 응축기   ④ 2중관식 응축기

해설

응축기의 열관류율 순서

7통로식 > 횡형 셸 앤드 튜브식, 2중관식 > 입형 셸 앤드 튜브식 > 증발식 > 공랭식

09 냉각탑에 관한 설명으로 옳은 것은?

[21년 3회]

① 오염된 공기를 깨끗하게 정화하며 동시에 공기를 냉각하는 장치이다.
② 냉매를 통과시켜 공기를 냉각시키는 장치이다.
③ 찬 우물물을 냉각시켜 공기를 냉각하는 장치이다.
④ 냉동기의 냉각수가 흡수한 열을 외기에 방사하고 온도가 내려간 물을 재순환시키는 장치이다.

해설

냉각탑

• 응축기용의 냉각수를 재사용하기 위하여 대기와 접속시켜 물을 냉각하는 장치이다.
• 강제통풍에 의한 증발잠열로 냉각수를 냉각시킨 후 응축기에 순환한다.
• 냉각탑은 공업용과 공조용으로 나누어지며, 일반적으로 공조용은 냉동기의 응축기 열을 냉각시키는 데 사용된다.

10 냉각탑에 대한 설명으로 틀린 것은?

[21년 2회]

① 밀폐식은 개방식 냉각탑에 비해 냉각수가 외기에 의해 오염될 염려가 적다.
② 냉각탑의 성능은 입구공기의 습구온도에 영향을 받는다.
③ 쿨링레인지는 냉각탑의 냉각수 입·출구 온도의 차이다.
④ 어프로치는 냉각탑의 냉각수 입구온도에서 냉각탑 입구공기의 습구온도의 차이다.

해설

어프로치는 냉각탑의 열교환 효율을 나타내는 척도로서 냉각수 출구온도에서 냉각탑 입구공기의 습구온도를 뺀 값으로, 낮을수록 열교환 효율이 양호함을 의미한다.

11 불응축 가스가 냉동장치에 미치는 영향으로 틀린 것은?

[19년 3회, 21년 3회]

① 체적효율 상승
② 응축압력 상승
③ 냉동능력 감소
④ 소요동력 증대

해설

불응축 가스 발생 시 문제점

• 체적효율 감소
• 토출가스 온도 상승
• 응축압력 상승
• 냉동능력 감소
• 소요동력 증대(단위능력당)

12 다음 중 불응축 가스를 제거하는 가스퍼저 (Gas Purger)의 설치 위치로 가장 적당한 것은?

[19년 1회]

① 수액기 상부
② 압축기 흡입부
③ 유분리기 상부
④ 액분리기 상부

해설

자동배출밸브(Gas Purger, 가스퍼저)는 수액기 상부에 설치되어 불응축 가스와 냉매를 분리해 자동적으로 대기 중에 배출하는 역할을 한다.

13 냉동장치에서 플래시 가스의 발생원인으로 틀린 것은?

[22년 1회]

① 액관이 직사광선에 노출되었다.
② 응축기의 냉각수 유량이 갑자기 많아졌다.
③ 액관이 현저하게 입상하거나 지나치게 길다.
④ 관의 지름이 작거나 관 내 스케일에 의해 관경이 작아졌다.

해설

플래시 가스(Flash Gas)의 발생원인

• 액관이 현저하게 입상한 경우
• 액관 및 액관에 설치한 각종 부속기기의 구경이 작은 경우(전자밸브, 드라이어, 스트레이너, 밸브 등)
• 액관 및 수액기가 직사광선을 받고 있을 경우
• 액관이 방열되지 않고 따뜻한 곳을 통과할 경우

14 응축압력의 이상 고압에 대한 원인으로 가장 거리가 먼 것은? [20년 1·2회 통합]

① 응축기의 냉각관 오염
② 불응축 가스 혼입
③ 응축부하 증대
④ 냉매 부족

해설
응축압력 이상의 고압 발생은 냉매의 과충전이 원인이 될 수 있으므로, 냉매 부족은 이상 고압의 원인과는 거리가 멀다.

15 냉동장치의 냉매량이 부족할 때 일어나는 현상으로 옳은 것은? [18년 1회]

① 흡입압력이 낮아진다.
② 토출압력이 높아진다.
③ 냉동능력이 증가한다.
④ 흡입압력이 높아진다.

해설
냉동장치에서 냉매량이 부족하게 되면 흡입가스가 과열 압축이 일어나게 되어 흡입압력과 토출압력이 낮아지게 되고 온도가 상승하며, 이에 따라 냉동능력이 저하된다.
② 토출압력이 낮아진다.
③ 냉동능력이 감소한다.
④ 흡입압력이 낮아진다.

16 증기압축식 냉동사이클에서 증발온도를 일정하게 유지하고 응축온도를 상승시킬 경우에 나타나는 현상으로 틀린 것은? [18년 1회]

① 성적계수 감소
② 토출가스 온도 상승
③ 소요동력 증대
④ 플래시 가스 발생량 감소

해설
증발온도가 일정하고 응축온도를 상승시킬 경우 과냉각도가 작아지므로 냉매가 팽창밸브를 통과할 때 플래시 가스(Flash Gas) 발생량이 증가할 수 있다.

17 다음 조건을 이용하여 응축기 설계 시 1RT (3.86kW)당 응축면적을 구하면?(단, 온도차는 산술평균온도차를 적용한다.) [18년 1회, 22년 2회, 24년 2회, 24년 3회]

- 방열계수 : 1.3
- 응축온도 : 35℃
- 냉각수 입구온도 : 28℃
- 냉각수 출구온도 : 32℃
- 열통과율 : 1.05 kW/m²K

① 1.25m²
② 0.96m²
③ 0.62m²
④ 0.45m²

해설
응축면적(A) 산출
$q_c = KA\Delta T = q_e \times C$
여기서, K : 열통과율(kW/m²K), A : 응축면적(m²)
　　　ΔT : 응축온도 − 냉각수 평균온도
　　　q_e : 냉동능력, C : 방열계수
$KA\Delta T = q_e \times C$

$$A = \frac{q_e \times C}{K \times \Delta T} = \frac{3.86\text{kW} \times 1.3}{1.05\text{kW/m}^2\text{K} \times \left(35 - \dfrac{28+32}{2}\right)}$$

$$= 0.96\text{m}^2$$

18 전열면적 40m², 냉각수량 300L/min, 열통과율 3,140kJ/m²h℃인 수랭식 응축기를 사용하며, 응축부하가 439,614kJ/h일 때 냉각수 입구온도가 23℃이라면 응축온도(℃)는 얼마인가?(단, 냉각수의 비열은 4.186kJ/kg·K이다.) [19년 3회]

① 29.42℃
② 25.92℃
③ 20.35℃
④ 18.28℃

> **해설**

응축온도(t_c) 산출

$$q_c = KA\Delta t_m = m_c C \Delta t$$

여기서, K : 열통과율(W/m²K)

A : 전열면적(m²)

$$\Delta t_m = \text{응축온도} - \cfrac{\begin{array}{c}\text{냉각수 입구온도}(t_{w1})\\+\text{냉각수 출구온도}(t_{w2})\end{array}}{2}$$

m_c : 냉각수량(L/min)

C : 비열(kJ/kg · K)

Δt = 냉각수 출구온도(t_{w2}) − 냉각수 입구온도(t_{w1})

• 냉각수 출구온도(t_{w2}) 산출

$$q_c = m_c C \Delta t = m_c C(t_{w2} - t_{w1})$$

$$439{,}614\text{kJ/h} = 300\text{L/min} \times 4.186\text{kJ/kg} \cdot \text{K}(t_{w2} - 23) \times 60$$

$$\therefore t_{w2} = 28.83\,℃$$

• 응축온도(t_c) 산출

$$q_c = KA\Delta t_m = KA\left(t_c - \frac{t_{w1} + t_{w2}}{2}\right)$$

$$439{,}614\text{kJ/h} = 3{,}140\text{kJ/m}^2\text{h}℃ \times 40\text{m}^2 \times \left(t_c - \frac{23 + 28.83}{2}\right)$$

$$\therefore t_c = 29.42\,℃$$

19 전열면적이 20m²인 수랭식 응축기의 용량이 200kW이다. 냉각수의 유량은 5kg/s이고, 응축기 입구에서 냉각수 온도는 20℃이다. 열관류율이 800W/m²K일 때, 응축기 내부 냉매의 온도(℃)는 얼마인가?(단, 온도차는 산술평균온도차를 이용하고, 물의 비열은 4.18kJ/kg · K이며, 응축기 내부 냉매의 온도는 일정하다고 가정한다.) [19년 1회, 24년 3회]

① 36.5　　　　② 37.3

③ 38.1　　　　④ 38.9

> **해설**

응축기 내부 냉매 온도(t_c) 산출

• 냉각수 출구온도(t_{w2}) 산출

$$q_s = m_c C \Delta t = m_c C(t_{w2} - t_{w1})$$

$$200\text{kW} = 5\text{kg/s} \times 4.18\text{kJ/kg} \cdot \text{K}(t_{w2} - 20)$$

$$\therefore t_{w2} = 29.57\,℃$$

• 응축기 내부 냉매 온도(t_c) 산출

$$q_s = KA\,\Delta t = KA\left(t_c - \frac{t_{w2} - t_{w1}}{2}\right)$$

$$200\text{kW} = 800\text{W/m}^2\text{K} \times 10^{-3} \times 20\text{m}^2\left(t_c - \frac{29.57 + 20}{2}\right)$$

$$\therefore t_{w2} = 37.29 ≒ 37.3\,℃$$

20 냉동능력이 1RT인 냉동장치가 1kW의 압축동력을 필요로 할 때, 응축기에서의 방열량(kW)은? [19년 2회, 24년 1회]

① 2　　　　② 3.3

③ 4.9　　　　④ 6

> **해설**

응축기 방열량(q_c) 산출

$$q_c = q_e + AW$$
$$= 1\text{RT} + 1\text{kW}$$
$$= 3.86\text{kW} + 1\text{kW} = 4.86\text{kW}$$

21 냉동능력이 7kW인 냉동장치에서 수랭식 응축기의 냉각수 입 · 출구 온도차가 8℃인 경우, 냉각수의 유량(kg/h)은?(단, 압축기의 소요동력은 2kW이다.) [18년 2회]

① 630　　　　② 750

③ 860　　　　④ 964

> **해설**

냉각수의 유량은 응축부하(q_c)를 통해 산출한다.

$$q_c = m_c C \Delta t$$

$$m_c = \frac{q_c}{C\Delta t} = \frac{q_e + AW}{C\Delta t}$$

$$= \frac{(7\text{kW} + 2\text{kW}) \times 3{,}600}{4.2\text{kJ/kg℃} \times 8℃}$$

$$= 964.3\text{kg/h}$$

정답　19 ②　20 ③　21 ④

22 2단 압축 냉동기에서 냉매의 응축온도가 38℃일 때 수랭식 응축기의 냉각수 입·출구의 온도가 각각 30℃, 35℃이다. 이때 냉매와 냉각수와의 대수평균온도차(℃)는? [21년 2회]

① 2 　　　　　　② 5
③ 8 　　　　　　④ 10

대수평균온도차(LMTD) 산출

대수평균온도차(LMTD) $= \dfrac{\Delta_1 - \Delta_2}{\ln \dfrac{\Delta_1}{\Delta_2}} = \dfrac{8-3}{\ln \dfrac{8}{3}}$

$\qquad\qquad\qquad = 5.09 = 5℃$

여기서, Δ_1 : 냉각수 입구 측 냉각수와 냉매의 온도차
$\qquad\quad \Delta_1 = 38 - 30 = 8$
$\qquad\quad \Delta_2$: 냉각수 출구 측 냉각수와 냉매의 온도차
$\qquad\quad \Delta_2 = 38 - 35 = 3$

---

23 증발기에 대한 설명으로 틀린 것은? [22년 2회]

① 냉각실 온도가 일정한 경우, 냉각실 온도와 증발기 내 냉매 증발온도의 차이가 작을수록 압축기 효율은 좋다.
② 동일 조건에서 건식 증발기는 만액식 증발기에 비해 충전 냉매량이 적다.
③ 일반적으로 건식 증발기 입구에서의 냉매의 증기가 액냉매에 섞여 있고, 출구에서 냉매는 과열도를 갖는다.
④ 만액식 증발기에서는 증발기 내부에 윤활유가 고일 염려가 없어 윤활유를 압축기로 보내는 장치가 필요하지 않다.

만액식 증발기는 증발기에 윤활유가 체류할 우려가 있기 때문에 Freon 냉동장치에서 윤활유를 회수시키는 장치가 필수적이다.

---

24 냉동부하가 25RT인 브라인 쿨러가 있다. 열전달계수가 1.53kW/m²K이고, 브라인 입구온도가 −5℃, 출구온도가 −10℃, 냉매의 증발온도가 −15℃일 때 전열면적(m²)은 얼마인가? (단, 1RT는 3.8kW이고, 산술평균온도차를 이용한다.) [20년 3회]

① 16.7 　　　　② 12.1
③ 8.3 　　　　　④ 6.5

$q = KA\Delta t$

$25RT \times 3.8kW = 1.53kW/m^2K \times A \times \left(\dfrac{-5 + (-10)}{2} - (-15) \right)$

$\therefore A(m^2) = 8.28 = 8.3m^2$

---

25 나관식 냉각코일로 물 1,000kg/h를 20℃에서 5℃로 냉각시키기 위한 코일의 전열면적(m²)은?(단, 냉매액과 물과의 대수평균온도차는 5℃, 물의 비열은 4.2kJ/kg℃, 열관류율은 0.23kW/m²℃이다.) [21년 3회]

① 15.2 　　　　② 30.0
③ 65.3 　　　　④ 81.4

냉수와 냉매 간의 열평형식으로 전열면적(A) 산출

$q_e = KA(LMTD) = mC\Delta t_w$

$A = \dfrac{mC\Delta t_w}{K(LMTD)}$

$\quad = \dfrac{(1,000kg/h \div 3,600sec) \times 4.2kJ/kg℃ \times (20-5)℃}{0.23kW/m^2℃ \times 5℃}$

$\quad = 15.2m^2$

여기서, K : 열통과율
$\qquad\quad A$: 증발기의 냉각면적
$\qquad\quad LMTD$: 냉수와 냉매 간의 대수평균온도차
$\qquad\quad m$: 냉수량
$\qquad\quad C$: 물의 비열
$\qquad\quad \Delta t_w$: 냉수의 입출구 온도차

---

26 다음 중 암모니아 냉동시스템에 사용되는 팽창장치로 적절하지 않은 것은?

[18년 1회, 24년 2회]

① 수동식 팽창밸브
② 모세관식 팽창장치
③ 저압 플로트 팽창밸브
④ 고압 플로트 팽창밸브

해설

모세관(Capillary Tube)식 팽창장치(압력강하장치)
1HP 이하의 소형용으로 가격이 경제적이나, 부하변동에 따른 유량 조절이 불가능하고, 고압 측에 수액기를 설치할 수 없으며, 수분이나 이물질에 의해 동결, 폐쇄의 우려가 있다. 또한 암모니아계 냉매 적용 시에는 사용이 어렵다.

27 프레온 냉동장치의 배관공사 중에 수분이 장치 내에 잔류했을 경우 이 수분에 의한 장치에 나타나는 현상으로 틀린 것은?

[20년 3회]

① 프레온 냉매는 수분의 용해도가 작으므로 냉동장치 내의 온도가 0℃ 이하이면 수분은 빙결한다.
② 수분은 냉동장치 내에서 철재 재료 등을 부식시킨다.
③ 증발기의 전열기능을 저하시키고, 흡입관 내 냉매 흐름을 방해한다.
④ 프레온 냉매와 수분이 서로 화합반응하여 알칼리를 생성시킨다.

해설

프레온계 냉매는 물과의 용해도가 낮아 화합반응이 일어나기 어렵다. 반면 암모니아 냉매의 경우는 수분과 화합반응하여 수산화암모늄의 알칼리 성분을 생성시키는 특성을 갖고 있다.

28 냉동장치 운전 중 팽창밸브의 열림이 적을 때 발생하는 현상이 아닌 것은?

[18년 3회]

① 증발압력은 저하한다.
② 냉매순환량은 감소한다.
③ 액압축으로 압축기가 손상된다.
④ 체적효율은 저하한다.

해설

액압축 현상은 증발기의 냉매액이 전부 증발하지 못하고, 액체상태로 압축기로 흡입되는 현상을 말하며, 팽창밸브 열림이 과도하게 클 때 발생한다.

29 그림은 R-134a를 냉매로 한 건식 증발기를 가진 냉동장치의 개략도이다. 지점 1, 2에서의 게이지 압력은 각각 0.2MPa, 1.4MPa로 측정되었다. 각 지점에서의 엔탈피가 아래 표와 같을 때, 5지점에서의 엔탈피(kJ/kg)는 얼마인가?(단, 비체적(v_1)은 0.08m³/kg이다.)

[21년 1회]

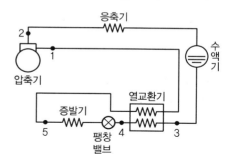

지점	엔탈피(kJ/kg)
1	623.8
2	665.7
3	460.5
4	439.6

① 20.9
② 112.8
③ 408.6
④ 602.9

열교환 평형식으로 정리한다.

$h_3 - h_4 = h_1 - h_5$

$h_5 = h_1 - h_3 + h_4$

$= 623.8 - 460.5 + 439.6 = 602.9 \text{kJ/kg}$

30 증기압축식 냉동기에 설치되는 가용전에 대한 설명으로 틀린 것은? [21년 3회]

① 냉동설비의 화재 발생 시 가용합금이 용융되어 냉매를 대기로 유출시켜 냉동기 파손을 방지한다.
② 안전성을 높이기 위해 압축가스의 영향이 미치는 압축기 토출부에 설치한다.
③ 가용전의 구경은 최소 안전밸브 구경의 1/2 이상으로 한다.
④ 암모니아 냉동장치에서는 가용합금이 침식되므로 사용하지 않는다.

가용전(Fusible Plug)은 응축기나 수액기 등 냉매의 액체와 증기가 공존하는 부분에서 액체에 접촉하도록 설치한다.

31 다음 중 증발기 출구와 압축기 흡입관 사이에 설치하는 저압 측 부속장치는? [19년 1회]

① 액분리기 ② 수액기
③ 건조기 ④ 유분리기

액분리기(Accumulator)
• 증발기와 압축기 사이의 흡입배관 중에 증발기보다 높은 위치에 설치하는데, 증발기 출구관을 증발기 최상부보다 150mm 입상시켜서 설치하는 경우도 있다.
• 흡입가스 중의 액립을 분리하여 증기만 압축기에 흡입시켜서 액압축(Liquid Hammer)으로부터 위험을 방지한다.
• 냉동부하변동이 격심한 장치에 설치한다.
• 액분리기의 구조와 작동원리는 유분리기와 비슷하며, 흡입가스를 용기에 도입하여 유속을 1m/s 이하로 낮추어 액을 중력에 의하여 분리한다.

32 1대의 압축기로 −20℃, −10℃, 0℃, 5℃의 온도가 다른 저장실로 구성된 냉동장치에서 증발압력조정밸브(EPR)를 설치하지 않는 저장실은? [19년 3회, 24년 1회]

① −20℃의 저장실
② −10℃의 저장실
③ 0℃의 저장실
④ 5℃의 저장실

증발온도가 서로 다른 여러 대의 증발기를 한 대의 냉동기로 운전하는 경우, 증발압력조정밸브(EPR)가 없으면 고온 측의 증발온도가 지나치게 낮아지게 되어 고온 측 증발기에 EPR을 설치함으로써 온도저하를 방지하게 된다. 그러므로 보기 중 가장 저온인 −20℃의 저장실은 다른 저장실에 비해 상대적으로 고온 측이 아니므로 증발압력조정밸브(EPR)를 설치하지 않는다.

33 다음 중 증발기 내 압력을 일정하게 유지하기 위해 설치하는 팽창장치는? [22년 2회]

① 모세관
② 정압식 자동팽창밸브
③ 플로트식 팽창밸브
④ 수동식 팽창밸브

정압식 자동팽창밸브(Constant Pressure Expansion Valve)
• 증발기 내의 냉매 증발압력을 항상 일정하게 해준다.
• 냉동부하변동이 심하지 않은 곳, 냉수 브라인의 동결 방지에 쓰인다.
• 증발기 내 압력이 높아지면 벨로스가 밀어 올려져 밸브가 닫히고, 압력이 낮아지면 벨로스가 줄어들어 밸브가 열려져 냉매가 많이 들어온다.
• 부하변동에 민감하지 못하다는 결점이 있다.

34 온도식 팽창밸브는 어떤 요인에 의해 작동되는가?

[20년 3회]

① 증발온도
② 과냉각도
③ 과열도
④ 액화온도

해설

온도식 자동팽창밸브(TEV : Thermostatic Expansion Valve)
• 증발기 출구에서 압축기로 흡입되는 흡입가스의 과열도에 의하여 작동한다.
• 부하의 변동, 냉각수의 상태 등에 의하여 항상 변화한다.

35 냉동기에서 유압이 낮아지는 원인으로 옳은 것은?

[19년 3회]

① 유온이 낮은 경우
② 오일이 과충전된 경우
③ 오일에 냉매가 혼입된 경우
④ 유압조정밸브의 개도가 적은 경우

해설

오일에 냉매가 혼입될 경우 유압이 낮아지게 된다. 이 외에 유압이 낮아지는 경우는 냉동기유 온도가 높을 경우, 흡입압력이 너무 낮을 경우, 유압조정밸브의 개도가 너무 클 경우 등이 있다.

36 수액기에 대한 설명으로 틀린 것은?

[21년 1회]

① 응축기에서 응축된 고온 고압의 냉매액을 일시 저장하는 용기이다.
② 장치 안에 있는 모든 냉매를 응축기와 함께 회수할 정도의 크기를 선택하는 것이 좋다.
③ 소형 냉동기에는 필요로 하지 않다.
④ 어큐뮬레이터라고도 한다.

해설

어큐뮬레이터는 액분리기(축압기)를 말하며, 압축기로 흡입되는 가스 중의 액체 냉매(액립)를 분리 제거하여 리퀴드백(Liquid Back)에 의한 영향을 방지하기 위한 기기이다.

37 흡수냉동기의 용량제어 방법으로 가장 거리가 먼 것은?

[21년 3회]

① 구동열원 입구 제어
② 증기토출 제어
③ 희석운전 제어
④ 버너 연소량 제어

해설

흡수식 냉동기 용량제어 방법
• 구동열원 입구 제어
• 가열증기(증기토출) 또는 온수유량 제어
• 버너 연소량 제어
• 바이패스 제어
• 흡수액 순환량 제어
• 버너 On/Off 제어
• High/Low/Off의 3위치 제어
• 대수제어

정답   34 ③   35 ③   36 ④   37 ③

SECTION 01 냉동장치의 응용

1. 제빙 및 동결

1) 제빙

(1) 제빙톤

① 1제빙톤이란, 25℃의 물 1ton을 1일 동안 −9℃ 얼음으로 바꿀 때 제거해야 하는 열량을 말한다.

② 제빙의 과정에서는 최종 계산 시 열손실량을 20% 정도 가산하여 산정한다.

(2) 제빙 소요시간

① 브라인

$$T = (0.53 \sim 0.6)\, \frac{a^2}{-b}$$

여기서, T : 얼음의 결빙시간(hour)
b : 브라인의 온도(℃)
a : 얼음의 두께(cm)

② 물

$$T = \frac{G\gamma}{q_e}$$

여기서, T : 얼음의 결빙시간(s)
G : 물의 질량(kg)
γ : 0℃ 얼음의 융해열(334kJ/kg)
q_e : 냉동능력(kW)

2) 식품 동결장치

(1) 공기동결장치

① 선반 위에 냉각코일을 설치하거나 천장에 냉각코일을 설치해서 자연대류에 의해서 공기를 냉각하여 선반 위 식품을 동결한다.

② 구조 및 취급이 간단하고 일시에 대량의 물품을 넣을 수 있다.

③ 식품의 형상 치수에 제약받는 일이 적다.

핵심문제

냉동능력이 5kW인 제빙장치에서 0℃의 물 20kg을 모두 0℃ 얼음으로 만드는 데 걸리는 시간(min)은 얼마인가? (단, 0℃ 얼음의 융해열은 334kJ/kg이다.) [19년 3회, 24년 3회]

❶ 22.3   ② 18.7
③ 13.4   ④ 11.2

해설 제빙에 소요되는 시간(T) 산출

$$T(\text{min}) = \frac{G\gamma}{Q_e} = \frac{20\text{kg} \times 334\text{kJ/kg}}{5\text{kW(kJ/s)} \times 60\text{s}}$$
$$= 22.27 = 22.3\text{min}$$

④ 동결시간이 긴, 소위 완만 동결이 되어 동결품의 품질은 좋지 않다.

⑤ 종류

구분	내용
관책식 동결법 (Semi Air Blast Freezing)	관책상에 배열된 흩어진 어체 또는 동결접시에 담겨진 물품에 영하 40℃ 이하의 냉풍을 약 1.5~2.0m/s의 속도로 불어주어 어체의 중심을 −18~−35℃ 또는 그 이하로 급속히 동결하는 것
에어 블라스트식 동결법(Air Blast Freezing)	송풍기에 의해 강제기류를 형성시켜 피동결품 표면의 열전달률을 크게 하여 동결속도를 증가시키는 방법

(2) 접촉식 동결법

① 냉매 또는 브라인이 통과하는 냉동판의 사이에 식품을 두고, 냉동판을 밀어 붙여서 식품과 접촉시켜 동결면의 열전달률을 높게 하여 동결하는 방식

② 가압 접촉이므로 변형에 의해 상품가치가 떨어질 수 있다.

(3) 냉각부동액(브라인) 침지식 동결장치

① 밀착 포장된 식품을 냉각부동액 중에 집어 넣어 동결시키는 방식

② 피동결품을 브라인에 직접 침적하는 직접접촉 방식과 피동결품을 포장하여 침적하는 간접접촉 방식이 있다.

(4) 냉각부동액(브라인) 살포식 동결장치

고 내 벽면 및 천장면에 설치한 다수의 노즐로부터 저온 브라인을 식품에 살포해 동결하는 방식

(5) 액화가스 동결장치

액화질소 또는 액화탄산가스를 고 내를 통과하는 컨베이어상의 식품에 직접 분무해서 동결하는 방식

(6) 진공동결(건조)장치

일종의 건조 방식으로서 용기의 온도를 낮춘 후 재료를 얼린 다음 용기 내부의 압력을 진공에 가깝게 낮추어 식품 내 고체화된 용매(얼음)를 수증기로 바로 승화시켜 건조하는 방식

핵심문제

다음 중 밀착 포장된 식품을 냉각부동액 중에 집어 넣어 동결시키는 방식은? [18년 3회, 24년 2회]

❶ 침지식 동결장치
② 접촉식 동결장치
③ 진공동결장치
④ 유동층 동결장치

해설 냉각부동액(브라인) 침지식 동결장치

• 선망어업이나 줄낚시 어업과 같이 다획성 어업의 보호처리에 현재 가장 많이 사용된다.
• 피동결품을 브라인에 직접 침적하는 직접접촉 방식과 피동결품을 포장하여 침적하는 간접접촉 방식이 있다.
• 종류로는 식염 브라인 동결장치, 염화칼슘 브라인 동결장치가 있다.

다음 중 자연냉동법이 아닌 것은?

[18년 1회]

① 융해열을 이용하는 방법
② 승화열을 이용하는 방법
③ 기한제를 이용하는 방법
❹ 증기분사를 하여 냉동하는 방법

해설
증기분사를 하여 냉동하는 방법은 설비를 활용한 동결법에 해당한다.

3) 자연냉동법

(1) 개념

기계적인 일이나 열에너지를 사용하지 않고, 잠열과 같은 물리 현상을 이용하는 냉동 방법

(2) 종류

구분	내용
융해열을 이용하는 방법	얼음 등과 같이 물체가 융해할 때에는 융해잠열을 흡수하게 되는 원리를 이용하여 냉동작용을 얻는 방법이다.
승화열을 이용하는 방법	어떤 물질이 고체에서 기체로 변화할 때 흡수하는 열을 이용하여 냉동작용을 얻는 방법이다.
증발열을 이용하는 방법	어떤 물질이 액체에서 기체로 될 때 증발잠열을 피냉각 물질로부터 흡수하게 되는 원리를 이용하는 방법이다.
기한제를 이용하는 방법	서로 다른 두 물질을 혼합하면 한 종류만을 사용할 때보다 더 낮은 온도를 얻을 수 있는데, 이러한 방법을 이용하여 냉동작용을 얻을 수 있고, 이와 같은 혼합물을 기한제라 한다.

2. 히트펌프

1) 히트펌프 시스템의 개요 및 특징

(1) 개요

① 물을 낮은 위치에서 높은 위치로 퍼 올리는 기계라는 펌프의 의미를 채용한 것으로서, 히트펌프는 열을 온도가 낮은 곳에서 높은 곳으로 이동시킬 수 있는 장치를 의미한다.

② 히트펌프의 구성 및 사이클은 압축식 냉동기와 마찬가지로 압축기, 응축기, 팽창밸브, 증발기로 구성되고 냉동사이클을 따른다.

③ 열을 저온 측으로부터 흡열하는 것(증발기의 냉각)을 이용해 냉방을 하고, 고온 측에 방열하는 것(응축기의 방열)을 이용해 난방을 함으로써 동시에 냉난방이 가능하다.

④ 히트펌프는 보일러에서와 같은 연소를 수반하지 않으므로, 대기오염물질의 배출이 없고 화재의 위험도 적어 친환경적이다.

⑤ 열을 흡수하고 방열하는 원리의 구분에 따라 압축식, 화학식, 흡수식, 흡착식 등으로 분류하며, 이 중에서 압축식 히트펌프를 가장 많이 사용한다.

(2) 특징

① 사용되는 물과 구동전기가 구분되어 감전위험이 없다.

② 연료탱크가 없기 때문에 기름 누출, 화재 등에서 안전하다.

③ 에너지 절약적이며 고효율 기기이다.

④ 유해한 가스 발생 및 대기오염이 없어 친환경적이다.

⑤ 냉방과 난방이 동시에 가능하다.

2) 히트펌프의 성적계수

① 히트펌프의 효율을 나타내기 위해 성적계수를 사용한다.

② 히트펌프는 냉방과 난방이 동시에 가능하기 때문에 성적계수도 구분하여 산정한다.

③ 히트펌프의 성적계수는 기종과 열원의 종류에 따라 다르지만, 일반적으로 냉방 시보다 난방 시에 더 높다.

④ 난방 시 COP(성적계수)가 냉방 시 COP보다 1만큼 크다.

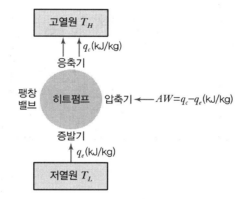

- COP_H(난방 시) $= \dfrac{\text{고열원으로 방출하는 열량}}{\text{공급열량}} = \dfrac{\text{난방능력}}{\text{압축일}}$

$$= \frac{q_c}{AW} = \frac{q_c}{q_c - q_e} = \frac{q_c - (q_e - q_e)}{q_c - q_e}$$

$$= 1 + \frac{q_e}{q_c - q_e} = 1 + COP_R$$

- COP_R(냉방 시) $= \dfrac{\text{저열원에서 흡수하는 열량}}{\text{공급열량}} = \dfrac{\text{냉동능력}}{\text{압축일}}$

$$= \frac{q_e}{AW} = \frac{q_e}{q_c - q_e}$$

‖ 히트펌프의 성적계수 ‖

핵심문제

그림과 같은 사이클을 난방용 히트펌프로 사용한다면 이론 성적계수를 구하는 식은 다음 중 어느 것인가?

[18년 1회]

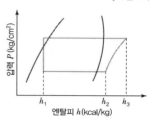

① $COP = \dfrac{h_2 - h_1}{h_3 - h_2}$

② $COP = 1 + \dfrac{h_3 - h_1}{h_3 + h_2}$

③ $COP = \dfrac{h_2 + h_1}{h_3 + h_2}$

❹ $COP = 1 + \dfrac{h_2 - h_1}{h_3 - h_2}$

해설

히트펌프의 성적계수(COP_H)

$= \dfrac{\text{고열원으로 방출하는 열량}}{\text{공급열량}}$

$= \dfrac{\text{난방능력}}{\text{압축일}} = \dfrac{q_c}{AW}$

$= \dfrac{h_3 - h_1}{h_3 - h_2} = \dfrac{(h_3 - h_2) + (h_2 - h_1)}{h_3 - h_2}$

$= 1 + \dfrac{h_2 - h_1}{h_3 - h_2}$

3) 열원의 종류에 따른 히트펌프의 분류

히트펌프	열원의 종류
공기 대 공기 히트펌프(Air to Air Heat Pump)	공기
물 대 물 히트펌프(Water to Water Heat Pump)	물
물 대 공기 히트펌프(Water to Air Heat Pump)	물
지열 히트펌프(Ground Source Heat Pump)	지열, 지하수
태양열 히트펌프(Solar Heat Pump)	태양열

4) 신재생열원을 이용한 히트펌프 시스템

(1) 지열 히트펌프 시스템

① 지열을 열원으로 사용하며, 지열을 이용하여 데워진 물과 냉매 사이에 열교환을 하는 간접적인 방식과 냉매를 직접 열교환시키는 방식으로 분류한다.

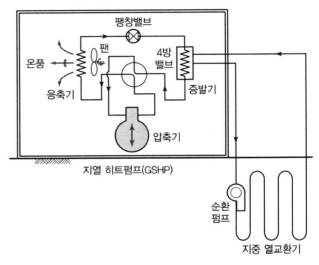

∥ 지열 히트펌프 시스템의 구성요소 ∥

② 난방사이클과 냉방사이클의 원리

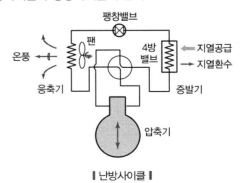

∥ 난방사이클 ∥

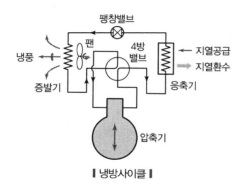

‖ 냉방사이클 ‖

③ 특징

난방사이클	냉방사이클
• 증발기 내부의 열교환기를 지나는 저온의 냉매액체는 지열루프의 부동액으로부터 열을 흡수하고 자신은 냉매증기로 상변화한다. • 지열시스템 내에서 유입수온은 15℃ 정도이고 냉매증기로 열을 빼앗기면 온도가 3~5℃ 정도 강하한다. • 강하된 부동액의 온도는 지하 지열루프를 순환하면서 지중의 온도와 열교환된다.	• 응축기 내부의 열교환기를 지나는 고온의 냉매증기는 지열루프의 부동액 쪽으로 열을 방출하고 자신은 냉매액체로 상변화한다. • 지열시스템 내에서 유입수온은 15℃ 정도이고 냉매로부터 열을 받게 되면 온도가 5~6℃ 정도 상승한다. • 상승된 부동액의 온도는 지하 지열루프를 순환하면서 지중의 온도와 열교환된다.

(2) 태양열 히트펌프 시스템

태양열의 흡수는 일반적으로 물을 매체로 행하여지나, 흡수량이 기상조건, 시각 등에 크게 좌우되므로 별도의 축열장치가 필요하다.

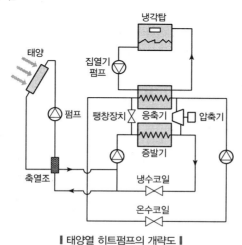

‖ 태양열 히트펌프의 개략도 ‖

3. 축열장치

1) 축열장치의 개요

① 축열시스템은 열원설비와 공기조화기 사이에 축열조를 둔 열원 방식으로, 값이 저렴한 심야전력을 이용하여 축열조에 에너지를 축열하고 최대 부하 때 활용하기 때문에 설비용량을 작게 하여 에너지 절약적이다.

② 축열매체가 물일 경우에는 수축열시스템, 얼음일 경우에는 빙축열시스템이라 한다.

2) 수(水)축열시스템

(1) 일반사항

① 수축열시스템(현열축열)이란 야간에 심야전력(PM 11시~AM 9시)으로 냉동기를 가동하여 냉수를 생성한 뒤 축열 및 저장하였다가 주간에 이 냉수를 이용하여 건물의 냉방에 활용하는 방식이다.

② 축열재로서 물은 비용이 저렴하고 입수가 용이하며 독성 및 폭발성이 없다.

③ 축열조는 제한된 용적에 가능한 한 많은 열량을 저장할 수 있도록 설계함과 동시에 저장한 열을 유효하게 방열할 수 있는 운전방법을 선정해야 한다.

3) 빙(氷)축열시스템

(1) 일반사항

① 빙축열시스템(잠열축열)이란 야간에 심야전력(PM 11시~AM 9시)으로 냉동기를 가동하여 얼음을 생성한 뒤 축열 및 저장하였다가 주간에 이 얼음을 녹여서 건물의 냉방에 활용하는 방식이다.

② 빙축열시스템에 활용되는 저온 냉동기는 얼음을 생성하기 위하여 영하의 온도에서 운전이 가능한 냉동기로서, 제빙 시에는 영하의 온도로 가동되며, 주간에는 일반 냉동기와 동일한 상태로 운전된다.

③ 빙축열 방식은 냉수의 현열뿐 아니라 얼음의 잠열까지도 이용할 수 있기 때문에, 동일한 부피의 수축열 방식보다 최대 12배까지 축열량을 크게 하므로 경제적이다.

④ 빙축열 방식은 주야간의 전력 불균형이 해소되어 주간 냉동기 가동시간이 줄게 되며 운전비가 다른 시스템보다 매우 저렴하다.

(2) 분류

구분	종류
정적 제빙형	관외착빙형, 관내착빙형, 완전동결형, 캡슐형
동적 제빙형	빙박리형, 액체식 빙생성형(슬러리형) ※ 액체식 빙생성형의 분류 • 직접식 : 과냉각 아이스형, 리퀴드 아이스형 • 간접식 : 비수용성 액체 이용 직접 열교환 방식, 직팽형 직접 열교환 방식

4) 현열축열과 잠열축열의 비교

구분	현열축열(수축열시스템)	잠열축열(빙축열시스템)
장점	• 가격이 저렴하고 수명이 길다. • 난방 시의 축열 대응에 적합하다.	• 축열조의 소형화가 가능하다. • 현열축열에 비해 단위질량당 축열효과가 크다.
단점	• 잠열축열에 비해 단위질량당 축열효과가 작다. • 큰 축열조가 필요하다.	• 가격이 고가이다. • 수축열에 비해 부하변동에 대한 정밀한 대응이 어렵다.

4. 흡수식 냉동장치

1) 압축식과 흡수식 냉동기의 비교

구분	압축식 냉동기	흡수식 냉동기
에너지원	전기	도시가스 (증기, 고온수, 폐열)
냉매	프레온 가스	물
구성요소	압축기, 응축기, 팽창밸브, 증발기	흡수기, 재생기, 응축기, 증발기
운전 중 기내압력	증발기 : 진공 응축기 : 대기압 (왕복식, 회전식은 대기압 이상)	진공
소음, 진동	크다.	작다.
냉수 발생	4℃ 이하 가능 (왕복식, 회전식은 −15℃ 이하 가능)	6℃ 이하 어려움
예랭시간	짧다.	길다.
설치면적, 높이, 중량, 냉각탑	작다.	크다.
성적계수(COP)	3~5	0.7~1.3

핵심문제

다음 중 이중 효용 흡수식 냉동기는 단
효용 흡수식 냉동기와 비교하여 어떤
장치가 복수기로 설치되는가?

[19년 3회]

① 흡수기   ② 증발기
③ 응축기   ❹ 재생기

해설

이중 효용 흡수식은 단효용에 비하여 재
생기(발생기)와 열교환기가 추가되어, 2개
의 재생기(발생기)와 2개의 열교환기가 설
치된다.

2) 2중 효용 흡수식 냉동기와 3중 효용 흡수식 냉동기

> N중 효용 흡수식 냉동기 : N개의 재생기, N개의 열교환기

(1) 2중 효용 흡수식 냉동기

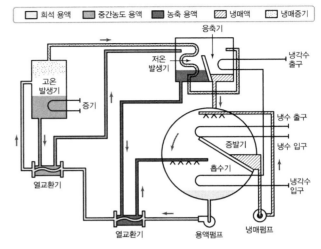

❙ 2중 효용 흡수식 냉동기 개념도 ❙

① 2중 효용 흡수식 냉동기란 흡수식 냉동기의 효율을 높이기 위해 재생기를 2단(고온용, 저온용)으로 나눈 냉동기를 말한다.

② 일반 흡수식은 발생기에서 발생한 냉매증기를 모두 응축기에서 냉각수에 의해 열을 방출하여 냉매액이 되나, 2중 효용 흡수식은 고온 발생기에서 발생한 냉매증기의 잠열을 저온 발생기 흡수 용액 가열에 이용한다.

③ 2중 효용 흡수식 냉동기는 발생 증기의 열에너지를 2중으로 이용하기 때문에 가열 열량을 감소시킴으로써 운전비가 절감된다.

④ 일반 흡수식 냉동기에 비해 연료소모량이 65% 정도 절감된다.

⑤ 고온 발생기와 고온 열교환기를 추가하여 배관시킨다.

⑥ 응축기에서 냉매 응축량의 감소로 냉각수의 발열이 감소한다.

⑦ 냉각탑 규모의 축소가 가능하다. (75% 정도)

(2) 3중 효용 흡수식 냉동기

① 3중 효용 흡수식 냉동기란 흡수식 냉동기의 효율을 높이기 위해 재생기를 3단(고온용, 중온용, 저온용)으로 나눈 냉동기를 말한다.

② 고온 재생기에서 발생된 냉매증기가 중온 재생기의 열원이 되고, 중온 재생기에서 발생된 냉매증기가 저온 재생기의 열원이 된다.

③ 2중 효용 흡수식 냉동기의 성적계수(COP) = 0.7 ~ 1.3이며, 3중 효용 흡수식 냉동기의 성적계수(COP) = 1.3 ~ 1.6이다.

④ 흡수식 냉동기는 이론상으로 7중 효용까지 가능하지만, 현재 3중 효용 흡수식 냉동기의 고온부(180 ~ 190℃) 전열관이 고온부식에 견디지 못하는 내구성의 문제로 상용화를 위한 연구가 진행 중이다.

5. 기타 냉동의 응용

1) 전자냉동(열전냉동) 시스템

(1) 전자냉동(열전냉동) 시스템의 개념

① 펠티에 효과(Peltier Effect)를 이용한 냉동 방법이다.

② 펠티에 효과에 따라 서로 다른 금속의 끝을 접합하여 양 접점을 서로 다른 온도로 하여 전류를 흐르게 하면, 한쪽의 접합부에서는 고온의 열이 발생하고 다른 쪽에서는 저온을 얻는데 이 저온을 이용하여 냉동의 목적을 달성하는 방식이다.

③ 전자기기의 냉각 등 특수한 분야에서 이용되는 예가 있고, 최근에 와서는 전자냉장고, 전자식 룸쿨러(Room Cooler) 등의 시제품이 개발되고 있다.

(2) 구성 및 작동원리

① 전자냉동기의 구성은, 그림과 같이, 2종류의 P형, N형 전자냉각소자를 π모양으로 접합한 것이 최소 단위이며, 이러한 것이 여러 개 결합되어 전자냉동기를 이룬다.

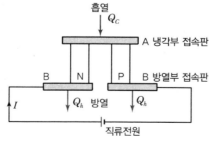

┃ 열전냉동 원리 ┃

② 그림과 같은 방향으로 전류를 흐르게 하면, 펠티에 효과에 의해 − 접합 전극 A는 흡열하고, 상대 극인 B는 발열한다. 전자냉동기는 A극의 흡열을 이용한 것이다.

핵심문제

다음 냉동장치에서 물의 증발열을 이용하지 않는 것은?   [18년 3회]
① 흡수식 냉동장치
② 흡착식 냉동장치
③ 증기분사식 냉동장치
❹ 열전식 냉동장치

해설

열전식 냉동장치(열전냉동, Thermoelectric Refrigeration)는 종류가 다른 두 금속도체를 접합하여 전류를 통하면, 전류의 방향에 따라 한쪽 접합점에서는 열을 방출하고, 다른 쪽 접합점에서는 열을 흡수하게 되는 펠티에 효과(Peltier Effect)를 이용한 냉동법이다.

(3) 특징

① 소음이 없다.(압축기, 응축기 등의 기기가 없고, 냉매순환도 없다.)

② 수리가 간단하고 수명이 반영구적이다.

③ 전류의 흐름 제어로 용량을 정밀하게 간단히 조절할 수 있다.

④ 대기오염과 오존층 파괴의 위험이 없다.

⑤ 가격이나 효율 면에서는 불리하다.

2) 히트 파이프(Heat Pipe)

(1) 구조

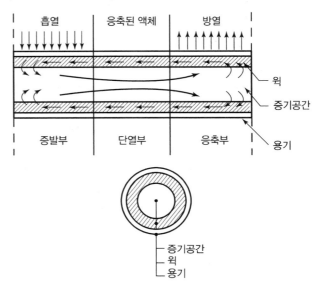

(2) 원리

① 외부 열원으로 증발부를 가열한다.

② 액 온도가 상승하면 포압에 달할 때까지 증발이 촉진된다.

③ 증기는 낮은 온도의 응축부로 흐른다.

④ 증기는 응축부에서 응축되고 잠열이 발생한다.

⑤ 방출열은 관의 표면을 통해 흡열원으로 방출된다.

⑥ 응축액은 윅을 통해 모세관 압력으로 증발부로 환류되어 사이클이 완결된다.

1. 냉장부하(Q_T) 계산

$$Q_T = (Q_1 + Q_2 + Q_3 + Q_4)$$

여기서, Q_1 : 전도에 의한 열손실

Q_2 : 환기에 의한 열손실

Q_3 : 입고품 냉각열량

Q_4 : 실내 발생 열량

2. 냉동창고의 침입열량 및 방열두께 산출

1) 침입열량(q) 산출

$$q = KA\Delta t$$

여기서, K : 열통과율(W/m²K)

A : (방열벽) 면적(m²)

Δt : 실내외 온도차(℃)

2) 방열두께 산출

① 냉동창고 외벽 표면에서의 열전달량은 벽을 통해 냉동창고 내로 전도되어 가는 열량과 같으므로, 다음 식이 성립한다.

$$Q = KA(t_o - t_i) = \alpha_o A(t_o - t_d)$$

이때, $K = \lambda/d$라고 하면

$$d = \frac{\lambda}{\alpha_o} \frac{(t_o - t_i)}{(t_o - t_d)}$$

여기서, K : 열통과율

λ : 열전도율

d : 방열벽 두께

α_o : 외표면 열전달률

t_o : 외기온도

t_i : 실내온도

t_d : 노점온도

② 즉, 방열재 두께는 이 식에서 구한 두께 이상으로 하여야 결로가 생기지 않는다.

핵심문제

어떤 냉장고의 방열벽 면적이 500m², 열통과열이 0.311W/m²℃일 때, 이 벽을 통하여 냉장고 내로 침입하는 열량(kW)은?(단, 이때의 외기온도는 32℃이며, 냉장고 내부온도는 −15℃이다.)   [19년 2회]

① 12.6   ② 10.4

③ 9.1   ❹ 7.3

해설 냉장고 침입열량(q) 산출

$q = KA\Delta t$

$= 0.311 \times 500 \times (32 - (-15))$

$= 7,308.5\text{W} = 7.3\text{kW}$

1. 냉동설비 시운전 시 점검사항

1) 기동 전 점검

① 오일탱크의 유면과 유온이 적정한지 확인한다.

② 액면계로 증발기 냉매 액면을 확인한다.

③ 냉동기 기동 전의 냉매가 안정된 상태로 냉수온도에 상당하는 포화압력과 비교하여 정상인지 확인한다.

④ 압축기의 베인이 완전히 닫혀 있는지 확인한다.

⑤ 제어반의 베인 설정이 자동으로 설정되어 있는지 확인한다.

⑥ 증발기, 응축기에 물이 흐르도록 한 후, 수실 및 수배관 중의 공기를 추출한다.

⑦ 오일펌프를 기동해 유압이 정상인지 확인한다.

⑧ 각 밸브의 개폐 상태가 올바른 위치에 있는지 확인한다.

2) 운전 중 점검

① 압축기에서 이상 소음의 발생 여부를 확인한다.

② 증발기, 응축기, 이코노마이저 등의 사이트 글라스의 냉매 상태를 확인하여 냉동사이클의 안정 여부를 확인한다.

2. 시운전 및 완료 후 조치

1) 시운전

① 냉각수 펌프를 시동해서 응축기 등에 통수한다.

② 냉각탑을 운전한다.

③ 응축기의 물 통로의 정상부에 있는 공기빼기밸브 또는 배관 중의 공기빼기밸브를 열어서 냉각수계통 내의 공기를 방출하고 완전히 만수시킨 후 확실하게 닫는다.

④ 증발기의 송풍기 또는 냉수순환펌프를 운전하여 확실하게 공기를 뺀다.

⑤ 제조회사의 취급설명서를 참조하여 압축기의 유압을 확인 조정한다.

⑥ 운전 상태가 안정되면 전동기의 전압, 운전전류를 확인한다.

※ 통상 운전전류는 정격전류의 110%까지를 정상으로 판정한다.

⑦ 압축기 크랭크 케이스의 유면을 점검한다.

핵심문제

냉동장치를 운전할 때 다음 중 가장 먼저 실시하여야 하는 것은?

[19년 2회]

❶ 응축기 냉각수 펌프를 기동한다.
② 증발기 팬을 기동한다.
③ 압축기를 기동한다.
④ 압축기의 유압을 조정한다.

해설 냉동장치의 운전 순서

응축기 통수를 위해 냉각수 펌프 기동 → 냉각탑 운전 → 응축기 등 수배관 내 공기를 배출시키고 완전하게 만수시킨 후 밸브 잠금 → 증발기의 송풍기 또는 냉수 순환펌프를 운전하고 공기 배출 → 압축기를 기동하여 흡입 측 정지밸브를 서서히 개방 → 압축기의 유압을 확인하여 조정 → 전동기의 전압, 운전전류 확인 → 각종 기기 및 계기류(수액기 액면, 각종 스위치 등)의 작동 확인

⑧ 응축기 또는 수액기의 액면에 주의한다.

⑨ 팽창밸브의 상태에 주의해서 소정의 흡입가스 압력, 적당한 과열도가 되도록 조절한다.

⑩ 토출가스 압력을 점검하고 필요에 따라 냉각수량, 냉각수 조절 밸브를 조정한다.

⑪ 증발기에서의 냉각 상태, 착상 상태, 냉매 액면을 점검한다.

⑫ 고저압, 유압 보호, 냉각수 압력 스위치 등의 상황을 확인하고 필요에 따라 조정한다.

⑬ 유분리기의 기능을 점검한다.

⑭ 운전 중 체크리스트를 작성한다.

2) 완료 후 조치

① 시운전 완료 후 체크리스트를 확인하여 이상 유무를 확인한다.

② 이상 항목에 대한 재설정, 세팅, 교체 등의 계획을 작성하고 수정한다.

③ 이상 항목에 대한 재설정, 교체, 수정 항목별 조치사항을 작성한다.

④ 시운전 후 냉동기 주위를 정리 · 정돈한다.

01 제빙에 필요한 시간을 구하는 공식이 아래와 같다. 이 공식에서 a와 b가 의미하는 것은?

[21년 2회]

$$\tau = (0.53 \sim 0.6)\frac{a^2}{-b}$$

① a : 브라인 온도, b : 결빙 두께
② a : 결빙 두께, b : 브라인 유량
③ a : 결빙 두께, b : 브라인 온도
④ a : 브라인 유량, b : 결빙 두께

해설

제빙에 필요한 시간

$\tau = (0.53 \sim 0.6)\dfrac{a^2}{-b}$

여기서, $0.53 \sim 0.6$: 결빙계수
  a : 결빙 두께
  b : 브라인 온도

02 산업용 식품 동결방법은 열을 빼앗는 방식에 따라 분류가 가능하다. 다음 중 위의 분류 방식에 따른 식품 동결방법이 아닌 것은? [18년 1회]

① 진공동결
② 접촉동결
③ 분사동결
④ 담금동결

해설

진공동결(건조) 방식은 일종의 건조 방식으로서 용기의 온도를 낮춘 후 재료를 얼린 다음 용기 내부의 압력을 진공에 가깝게 낮추어 식품 내 고체화된 용매(얼음)를 수증기로 바로 승화시켜 건조하는 방식이다.

03 다음 중 빙축열시스템의 분류에 대한 조합으로 적당하지 않은 것은?

[18년 1회, 20년 1 · 2회 통합, 21년 1회, 24년 1회]

① 정적 제빙형 – 관내착빙형
② 정적 제빙형 – 캡슐형
③ 동적 제빙형 – 관외착빙형
④ 동적 제빙형 – 과냉각 아이스형

해설

빙축열시스템의 분류

구분	종류
정적 제빙형	관외착빙형, 관내착빙형, 완전동결형, 캡슐형
동적 제빙형	빙박리형, 액체식 빙생성형(슬러리형) ※ 액체식 빙생성형의 분류 • 직접식 : 과냉각 아이스형, 리퀴드 아이스형 • 간접식 : 비수용성 액체 이용 직접 열교환 방식, 직팽형 직접 열교환 방식

04 다음 중 냉매를 사용하지 않는 냉동장치는?

[19년 2회, 24년 3회]

① 열전냉동장치
② 흡수식 냉동장치
③ 교축팽창식 냉동장치
④ 증기압축식 냉동장치

해설

열전냉동(Thermoelectric Refrigeration)

㉠ 개념
  • 종류가 다른 두 금속도체를 접합하여 전류를 통하면, 전류의 방향에 따라 한쪽 접합점에서는 열을 방출하고, 다른 쪽 접합점에서는 열을 흡수하게 된다.
  • 이러한 원리를 펠티에 효과(Peltier Effect)라 하는데, 전자냉동법은 이 원리를 이용한 냉동법으로, 반도체 기술이 발달하면서 실용화되기 시작하였다.(이것의 역현상은 제백(Seeback) 효과라 하여 온도의 측정에 널리 이용되고 있다.)

정답 01 ③ 02 ① 03 ③ 04 ①

ⓒ 특징
- 소음이 없다.(압축기, 응축기 등의 기기가 없고, 냉매순환도 없다.)
- 수리가 간단하고 수명이 반영구적이다.
- 전류의 흐름 제어로 용량을 정밀하게 간단히 조절할 수 있다.
- 가격이나 효율 면에서는 불리하다.

05 방열벽 면적 1,000m², 방열벽 열통과율 0.232W/m²℃인 냉장실에 열통과율 29.03W/m²℃, 전달면적 20m²인 증발기가 설치되어 있다. 이 냉장실에 열전달률 5.805W/m²℃, 전열면적 500m², 온도 5℃인 식품을 보관한다면 실내온도는 몇 ℃로 변화되는가?(단, 증발온도는 −10℃로 하며, 외기온도는 30℃로 한다.)

[18년 1회]

① 3.7℃   ② 4.2℃
③ 5.8℃   ④ 6.2℃

┌─해설─┐

변화되는 실내온도(t_i) 산출

실내온도는 방열벽 침입열량(q_1), 식품 냉각열량(q_2), 냉동장치의 냉동능력(q_3)을 고려하여 산출한다.

$q_3 = q_1 + q_2$

$K_3 A_3 \Delta t_3 = K_1 A_1 \Delta t_1 + K_2 A_2 \Delta t_2$

$29.03 W/m^2℃ \times 20m^2 \times (t_i - (-10))$
$= 0.232 \times 1,000 \times (30 - t_i) + 5.805 \times 500 \times (5 - t_i)$

$\therefore t_i = 4.217℃ \fallingdotseq 4.2℃$

06 냉동장치의 운전에 관한 설명으로 옳은 것은?

[20년 1 · 2회 통합]

① 압축기에 액백(Liquid Back) 현상이 일어나면 토출가스 온도가 내려가고 구동 전동기의 전류계 지시값이 변동한다.
② 수액기 내에 냉매액을 충만시키면 증발기에서 열부하 감소에 대응하기 쉽다.

③ 냉매 충전량이 부족하면 증발압력이 높게 되어 냉동능력이 저하한다.
④ 냉동부하에 비해 과대한 용량의 압축기를 사용하면 저압이 높게 되고, 장치의 성적계수는 상승한다.

┌─해설─┐

② 수액기 내에 냉매액은 충만상태보다는 75% 정도 충진상태가 증발기에서 열부하 감소에 대응하기 쉽다.
③ 냉매 충전량이 부족하면 증발압력이 낮게 되어 냉동능력이 저하한다.
④ 냉동부하에 비해 과대한 용량의 압축기를 사용하면 저압이 낮게 되고, 장치의 성적계수는 감소한다.

07 R−22를 사용하는 냉동장치에 R−134a를 사용하려 할 때, 장치의 운전 시 유의사항으로 틀린 것은?

[21년 1회]

① 냉매의 능력이 변하므로 전동기 용량이 충분한지 확인한다.
② 응축기, 증발기 용량이 충분한지 확인한다.
③ 개스킷, 시일 등의 패킹 선정에 유의해야 한다.
④ 동일 탄화수소계 냉매이므로 그대로 운전할 수 있다.

┌─해설─┐

R−134a는 R−22에 비해 효율이 40% 정도 낮으므로, 동일 냉동능력을 발휘하려면 냉동기 설비 용량을 40% 정도 증가시켜야 한다. 그러므로 그대로 운전하는 것은 부적합하다.

08 냉동장치의 운전 시 유의사항으로 틀린 것은?

[19년 1회]

① 펌프다운 시 저압 측 압력은 대기압 정도로 한다.
② 압축기 가동 전에 냉각수 펌프를 기동시킨다.
③ 장시간 정지시키는 경우에는 재가동을 위하여 배관 및 기기에 압력을 걸어둔 상태로 둔다.
④ 장시간 정지 후 시동 시에는 누설 여부를 점검한 후에 기동시킨다.

정답   05 ②   06 ①   07 ④   08 ③

냉동장치를 장기간 정지시키는 경우 압축기를 정지시키고 전원 스위치를 차단하는 조치를 취해야 한다.

09 냉동장치가 정상운전되고 있을 때 나타나는 현상으로 옳은 것은? [21년 1회]

① 팽창밸브 직후의 온도는 직전의 온도보다 높다.
② 크랭크 케이스 내의 유온은 증발온도보다 낮다.
③ 수액기 내의 액온은 응축온도보다 높다.
④ 응축기의 냉각수 출구온도는 응축온도보다 낮다.

① 냉매가 팽창밸브를 통과하게 되면 온도와 압력이 저하되므로, 팽창밸브 직후의 온도는 직전의 온도보다 낮다.
② 크랭크 케이스 내의 유온은 50℃ 이하 수준이므로 냉매의 증발온도(표준 사이클의 경우 −15℃)보다 높다.
③ 수액기는 응축기에서 팽창밸브 사이에 있는 기기로서, 응축 액화된 냉매를 팽창밸브로 보내기 전에 일시 저장하는 용기로 수액기 내의 액온은 응축온도보다 낮다.

기계열역학

1. 기본개념

1) 열역학의 기본 개념

(1) 열역학(Thermodynamics)의 정의

열역학은 열(Heat)과 일(Work) 간의 관계를 설명하는 학문으로서, 분야에 따라 기계분야에 적용하는 열역학을 공업열역학(Engineering Thermodynamics)이라고 하고 화학분야에 적용하는 열역학을 화학열역학(Chemical Thermodynamics)이라고 한다.

(2) 동작물질과 열역학적 계

① 동작물질(작업물질)

에너지를 저장 또는 이동 운반시키는 물질을 말하며 증기터빈의 증기, 내연기관의 공기와 연료의 혼합물, 냉동기의 냉매 등을 말한다.

② 열역학적 계(System)의 개념

계(System)란 연구 대상이 되는 일정량의 물질이나 공간의 어떤 구역을 의미하며, 이 계를 제외한 영역은 주위(Surroundings), 이 계의 테두리는 경계(Boundary)라 한다.

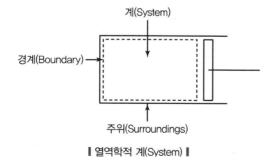

∥ 열역학적 계(System) ∥

③ 열역학적 계의 종류

구분	내용
절연계(고립계, Isolated System)	계의 경계를 통하여 물질이나 에너지의 교환이 없는 계
밀폐계 (Closed System)	계의 경계를 통하여 물질의 교환은 없으나 에너지의 교환은 있는 계(비유동계, Nonflow System)
개방계 (Open System)	계의 경계를 통하여 물질이나 에너지의 교환이 있는 계(유동계, Flow System)로 정상류와 비정상류로 구분할 수 있다. • 정상류(Steady State Flow) : 과정 간의 계의 열역학적 성질이 시간에 따라 변하지 않는 흐름 • 비정상류(Nonsteady State Flow) : 과정 간의 계의 열역학적 성질이 시간에 따라 변하는 흐름

2) 물질의 상태(State)와 상태량(Property)

(1) 물질의 상태(State)

① 상태(State)는 평형상태에서의 온도, 압력, 체적과 같은 성질들에 의해 정해지는 계를 말한다.

② 한 상태에서 다른 상태로 변화하는 것을 상태변화라 하고 이 경로를 과정(Process)이라 한다.

(2) 열역학적 상태량(Property)의 구분

구분	개념	종류
강도성 상태량 (Intensive Property)	물질이 가지는 질량의 크기에 관계없는 상태량	온도, 압력, 밀도, 비체적 등
종량성 상태량 (Extensive Property)	물질의 질량에 따라 값이 변하는 상태량	무게, 질량, 엔탈피, 내부에너지, 엔트로피, 체적 등

(3) 열역학적 함수(Function)의 구분

구분	내용
점함수 (Point Function)	경로에 따라서 값의 변화가 없는 함수이며 완전미분
경로함수 (Path Function)	경로에 따라서 값이 변화하는 함수로 불완전미분

3) 과정(Process)과 사이클(Cycle)

(1) 과정(Process)

① 한 상태에서 다른 상태로 변화할 때의 경로를 과정(Process) 이라 한다.

② 가역 과정과 비가역 과정

구분	내용
가역 과정 (Reversible Cycle)	• 경로의 모든 점에서 역학적, 열적, 화학적 등의 모든 평형이 유지되는 과정 • 주위에 어떤 변화도 남기지 않고 다시 거꾸로 되돌릴 수 있는 과정
비가역 과정 (Irreversible Cycle)	과정에 있어 손실을 수반하는 형태로 평형이 유지되지 않는 과정

③ 상태특성에 따른 과정

구분	내용
정압과정	과정 간의 압력이 일정한 과정
정적과정	과정 간의 체적 또는 비체적이 일정한 과정
등온과정	과정 간의 온도가 일정한 과정
단열과정	과정 간의 에너지의 출입이 없는 과정
등엔탈피 과정	과정 간의 엔탈피가 일정한 과정
등엔트로피 과정	과정 간의 엔트로피가 일정한 과정
폴리트로픽 과정	임의의 정수를 지수로 하는 "Pv^n = 일정"의 상태식으로 표시되는 상태변화

2. 단위

1) 압력(Pressure)

(1) 표준 대기압(1atm)

$$1\text{atm} = 1.0332\text{kgf/cm}^2 = 760\text{mmHg} = 10.33\text{mAq}$$
$$= 101.325\text{kPa} = 14.7\text{psi(lb/in}^2)$$

(2) 관련 단위 환산

$$1\text{mmAq} = \frac{1}{10,000}\text{kgf/cm}^2 = 1\text{kgf/m}^2 = 9.8\text{Pa}$$
$$1\text{bar} = 10^3\text{mbar} = 10^5\text{N/m}^2(\text{Pa}) = 0.1\text{MPa}$$
$$1\text{Pa} = 1\text{N/m}^2 = 1\text{kg/m} \cdot \text{s}^2$$

대기압이 100kPa일 때, 계기압력이 5.23MPa인 증기의 절대압력은 약 몇 MPa인가? [18년 1회]

① 3.02   ② 4.12
❸ 5.33   ④ 6.43

해설
절대압력 = 대기압 + 게이지압
     = 0.1MPa + 5.23MPa
     = 5.33MPa

여기서, 대기압 100kPa = 0.1MPa

(3) 절대압력(P_a) = 대기압(P_0) + 게이지압 P_g[ata]

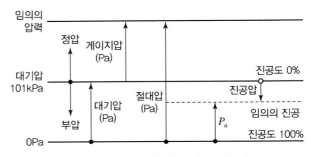

┃ 게이지압, 절대압, 대기압 및 진공도의 관계 ┃

2) 온도(Temperature)

(1) 섭씨온도(Celsius Temperature, ℃)

물의 어는점을 0℃로 하고, 끓는점을 100℃로 하여 그 사이를 100등분한 것이다.

$$0℃ \longleftrightarrow 100℃$$
(물의 어는점, 빙점, 융해점)   (비등점)

화씨온도와의 관계 : $℃ = \dfrac{100}{180}(℉ - 32)$

(2) 화씨온도(Fahrenheit Temperature, ℉)

물의 어는점을 32℉로 하고, 끓는점을 212℉로 하여 그 사이를 180등분한 것이다.

$$32℉ \longleftrightarrow 212℉$$
(물의 어는점, 빙점, 융해점)   (비등점)

섭씨온도와의 관계 : $℉ = \dfrac{180}{100}℃ + 32$

(3) 절대온도(Absolute Temperature, K)

열역학 제2법칙에 의해 이론적으로 정해진 눈금의 온도를 말하며, 물질을 이루는 분자들이 취할 수 있는 최저온도인 절대온도 0도를 기준점으로 한다.

① 섭씨 절대온도(K, Kelvin) = 273 + 섭씨온도(℃)

② 화씨 절대온도(R, Rankine) = 460 + 화씨온도(℉)

핵심문제

화씨온도가 86℉일 때 섭씨온도는 몇 ℃인가? [19년 2회]

❶ 30   ② 45
③ 60   ④ 75

해설 섭씨온도(℃) 산출
섭씨온도(℃) = $\dfrac{5}{9} \times (℉ - 32)$
           = $\dfrac{5}{9} \times (86 - 32)$
           = 30℃

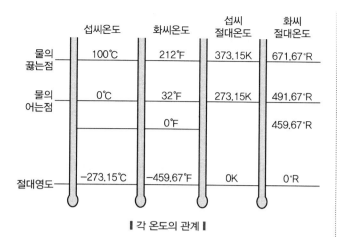

▌각 온도의 관계 ▌

3) 밀도(Density), 비중량(Specific Weight), 비체적(Specific Volume)

(1) 밀도(Density)

밀도란 단위체적당 질량을 의미한다.

$$밀도(\rho) = \frac{질량(m)}{체적(V)}[\text{kg/m}^3]$$

(2) 비중량(Specific Weight)

비중량이란 중력이 단위체적당 질량에 미치는 힘으로, 단위체적당 중량을 말한다.

$$밀도(\gamma) = \frac{중량(w)}{체적(V)}[\text{kgf/m}^3]$$

(3) 비체적(Specific Volume)

비체적이란 밀도의 역수개념으로서 단위질량당 체적을 말한다.

$$비체적(\rho) = \frac{체적(V)}{질량(m)}[\text{m}^3/\text{kg}]$$

4) 비열(Specific Heat)

(1) 비열의 일반사항

① 물질 1kg을 1℃ 높이는 데 필요한 열량을 비열이라고 한다.

② 단위는 kJ/kg · K 또는 J/kg · K 등으로 나타낸다.

③ 물의 비열은 4.186kJ/kg · K, 공기의 비열은 1.01kJ/kg · K, 얼음의 비열은 2.093kJ/kg · K이다.

④ 일반적으로 비열의 크기는 고체 > 액체 > 기체 순이다.

① 비열비란 정적비열(C_v)에 대한 정압비열(C_p)의 비를 말한다.

② **정압비열**(C_p) : 기체에 대해 압력이 일정한 조건에서 가열할 때 온도 상승비

③ **정적비열**(C_v) : 기체에 대해 체적이 일정한 조건에서 가열할 때 온도 상승비

④ 비열은 물체에 열이 가해지는 조건 및 상태에 따라 값이 다르며, 특히 기체는 고체나 액체와는 달리 조건에 절대적인 영향을 받는다.

⑤ 기체는 압력이 일정한 조건에서 가열할 때와 체적이 일정한 상태에서 가열할 때 온도 상승에 차이가 생긴다.

⑥ 일반적으로 정압비열은 정적비열보다 크다.

$$비열비(k) = \frac{정압비열(C_p)}{정적비열(C_v)} > 1$$

⑦ 액체와 고체에서는 C_p와 C_v 값의 차이가 거의 없으므로 C로 쓴다.

5) 열량(Quantity of Heat)과 열용량

(1) 열량

① 물체가 얻거나 뺏기는 열의 양(에너지의 양)을 말한다.

② **열량 단위의 환산**

SI 단위	공학단위	단위 환산
J(줄)	cal	• $1J = \frac{1}{4.186} cal = 0.239cal$ • $1cal = 4.186J$ • $1kcal = 4.186kJ$
kJ	kcal	$1kJ = 1,000J = 239cal = 0.239kcal$

(2) 열용량

어떤 물질을 1℃ 높이는 데 필요한 열량으로, 비열과 질량을 곱하여 계산한다.

$$Q = C \cdot G$$

여기서, Q : 열용량(kJ/K)

C : 비열(kJ/kg · K)

G : 질량(kg)

핵심문제

다음 중 가장 큰 에너지는?

[20년 1 · 2회 통합]

❶ 100kW 출력의 엔진이 10시간 동안 한 일

② 발열량 10,000kJ/kg의 연료를 100kg 연소시켜 나오는 열량

③ 대기압하에서 10℃의 물 10m³를 90℃로 가열하는 데 필요한 열량(단, 물의 비열은 4.2kJ/kg · K이다.)

④ 시속 100km로 주행하는 총 질량 2,000kg인 자동차의 운동에너지

해설

kJ로 단위 환산하여 비교한다.

① 100kW(kJ/s) × 10h × 3,600sec
= 3,600,000kJ

② 10,000kJ/kg × 100kg = 1,000,000kJ

③ $q = Q\rho C\Delta T$
= 10m³ × 1,000kg/m³
× 4.2kJ/kg · K × (90 − 10)K
= 3,360,000kJ

④ $q = \frac{1}{2}mv^2 = \frac{1}{2} × 2,000kg × (100km/h$
$÷ 3,600sec × 1,000m)^2$
= 771,605J = 772.6kJ

6) 현열(감열, Sensible Heat)과 잠열(Latent Heat)

(1) 현열(顯熱, 감열, Sensible Heat, q_S)

상태는 변하지 않고 온도가 변하면서 출입하는 열을 말한다.

(2) 잠열(潛熱, Latent Heat, q_L)

온도는 변하지 않고 상태가 변하면서 출입하는 열을 말한다.

(3) 가열에 따른 현열 및 잠열의 변화

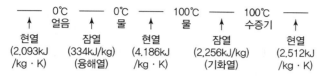

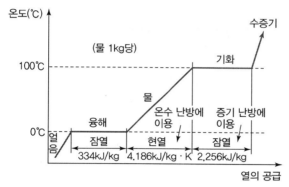

┃ 물의 상태변화 ┃

7) 동력(공률, 일률, Power)과 열효율(η)

(1) 동력(공률, 일률, Power)

① 동력은 단위시간당 일을 의미한다.

② 적용단위

$$1W(J/s) = 0.86kcal/h$$

$$1kcal/h = 1.163W$$

(2) 열효율(η)

$$열효율(\eta) = \frac{일량}{공급} = \frac{동력}{저위발열량 \times 시간당\ 연료\ 소비량} \times 100(\%)$$

>>> **건도(건조도, x)**

$$x = \frac{s - s'}{s'' - s'}$$

여기서, s : 수증기의 비엔트로피
s' : 포화액의 비엔트로피
s'' : 포화증기의 비엔트로피

>>> **습증기의 엔탈피(h)**

$$h = h' + x(h'' - h')$$

여기서, h' : 포화액의 엔탈피
h'' : 포화증기의 엔탈피
x : 건도

핵심문제

매시간 20kg의 연료를 소비하여 74kW의 동력을 생산하는 가솔린 기관의 열효율은 약 몇 %인가?(단, 가솔린의 저위발열량은 43,470kJ/kg이다.)

[18년 2회]

① 18　　② 22
❸ 31　　④ 43

해설 가솔린 기관의 효율(η) 산출

$$\eta = \frac{동력(출력)}{연료소비량 \times 연료의\ 저위발열량}$$

$$= \frac{W}{G_f \times H_L}$$

$$= \frac{74kW(kJ/s) \times 3,600}{20kg/h \times 43,470kJ/kg}$$

$$= 0.31 = 31\%$$

두 물체가 각각 제3의 물체와 온도가 같을 때는 두 물체도 역시 서로 온도가 같다는 것을 말하는 법칙으로 온도 측정의 기초가 되는 것은? [18년 3회]

❶ 열역학 제0법칙
② 열역학 제1법칙
③ 열역학 제2법칙
④ 열역학 제3법칙

해설 열역학 제0법칙

• 온도가 서로 다른 두 물체를 접촉시키면 고온의 물체는 열을 방출하고 저온의 물체는 열을 흡수해서 두 물체의 온도차는 없어진다.
• 이때 두 물체는 열평형이 되었다고 하며 이렇게 열평형이 되는 것을 열역학 제0법칙이라 한다.

100℃의 구리 10kg을 20℃의 물 2kg이 들어 있는 단열 용기에 넣었다. 물과 구리 사이의 열전달을 통한 평형 온도는 약 몇 ℃인가?(단, 구리 비열은 0.45kJ/kg · K, 물 비열은 4.2kJ /kg · K이다.) [20년 3회]

❶ 48   ② 54
③ 60   ④ 68

해설 가중평균에 의한 평형온도(t_b) 산출

$$t_b = \frac{\sum_{i=1}^{n} G_i C_i t_i}{\sum_{i=1}^{n} G_i C_i}$$

$$= \frac{G_1 C_1 t_1 + G_2 C_2 t_2}{G_1 C_1 + G_2 C_2}$$

$$= \frac{\begin{array}{c}10 \times 0.45 \times (273 + 100) \\ + 2 \times 4.2 \times (273 + 20)\end{array}}{10 \times 0.45 + 2 \times 4.2}$$

$$= 320.9K$$

$$\therefore t_b = 320.9 - 273 = 47.9 = 48℃$$

1. 열역학 법칙의 개요 및 열역학 제0법칙

1) 열역학 법칙의 개요

① 열역학 법칙은 열역학적 과정에서 열과 일에 관한 자연계 현상의 법칙이다.

② 열역학에서 열역학적 계(System)를 구성하기 위한 기본적이고 물리적인 양을 정의하는 데에는 4가지 법칙이 있다.

③ 열역학 법칙들은 다양한 조건에서 어떻게 물리적 양들이 변하는지를 설명하거나 영구기관과 같은 특정한 자연현상이 불가능함을 보여준다.

2) 열역학 제0법칙(열평형의 법칙)

(1) 정의

① 온도가 서로 다른 두 물체를 접촉시키면 고온의 물체는 열을 방출하고 저온의 물체는 열을 흡수해서 두 물체의 온도차는 없어진다.

② 이때 두 물체는 열평형이 되었다고 하며 이렇게 열평형이 되는 것을 열역학 제0법칙이라 한다.(온도 측정의 기초)

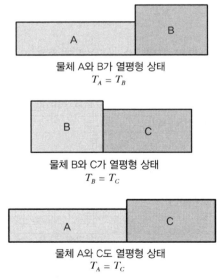

물체 A와 B가 열평형 상태
$T_A = T_B$

물체 B와 C가 열평형 상태
$T_B = T_C$

물체 A와 C도 열평형 상태
$T_A = T_C$

▌ 열역학 제0법칙 ▌

(2) 현상

① 열평형 상태에 있는 물체의 온도는 같다.

② 온도의 눈금은 물체의 열팽창을 이용하여 측정한다.

③ 고온의 물체와 저온의 물체가 합쳐져 시간이 지나면 열평형을 이룬다.

2. 열역학 제1법칙(에너지 보존의 법칙)

1) 정의

① 열은 일(에너지)의 일종이며, 열과 일은 서로 전환이 가능하다.

② 에너지는 보존되며 열량은 일량으로, 일량은 열량으로 환산 가능하다는 법칙이다.

③ 밀폐계가 임의의 사이클을 이룰 때 열전달의 총합은 이루어진 일의 총합과 같다.

2) 열(Q)과 일(W)의 관계

(1) 열(Q)과 일(W)의 일반사항

① 열과 일은 이동현상이며, 경계현상이다.(계의 경계에서만 존재한다.)

② 열과 일은 경로함수이고, 불완전 미분이다.

③ 열과 일은 방향성이 있으며 계를 중심으로 반대이다.

구분	방향
일(W)	시스템이 외부로 하는 일은 "+"이고, 시스템에 가해지는 일은 "−"이다.
열(Q)	시스템에 전달되는 열량은 "+"이고, 시스템에서 방출되는 열량은 "−"이다.

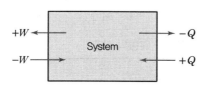

┃ 열과 일의 방향성 ┃

(2) 열(Q)과 일(W)의 관계식

$$Q = A \cdot W$$

여기서, A(일의 열당량) $= \dfrac{1}{427}$ kcal/kg · m, $\dfrac{1}{102}$ kJ/kg · m

$$W = J \cdot Q$$

여기서, J(열의 일당량) $= 427$kg · m/kcal, 102kg · m/kJ

3) 내부에너지(U)와 엔탈피(Enthalpy)

(1) 내부에너지(U)

① 계의 내부에 저장되어 있는 에너지의 총합을 말한다.

② 단위 및 기호 : U(kJ), u(kJ/kg)

③ 내부에너지의 변화(ΔU)

$$\Delta U = 열량(Q) - 일량(W)$$

(2) 엔탈피(Enthalpy)

① 물질이 지니고 있는 총에너지로, 물체의 내부에너지와 물질이 부피를 차지함으로써 외부에 하는 일(Work)의 합으로 표현되는 열역학적 함수이다.

② 단위 및 기호 : H(kJ), h(kJ/kg)

③ 엔탈피 값은 실제 설비시스템에서 활용되는 유체의 에너지 양(상태함수 값)으로 활용한다.

④ 산출식

$$h = u + Pv \, [\text{kJ/kg}]$$

여기서, h : 엔탈피(kJ/kg)
　　　　u : 내부에너지(kJ/kg)
　　　　P : 압력(kg/m³)
　　　　v : 비체적(m³/kg)

$$H = U + PV \, [\text{kJ}]$$

여기서, H : 엔탈피(kJ)
　　　　U : 내부에너지(kJ, $Q - W$)
　　　　V : 체적(m³)

⑤ 일량과 열량의 산출

<table>
<tr><th colspan="2">구분</th><th>일량 산출공식</th></tr>
<tr><td rowspan="2">일량</td><td>절대일(= 밀폐계 일
= 팽창일 = 비유동계 일)</td><td>$W = \displaystyle\int_1^2 P dV$
$= P(V_2 - V_1) [\text{kJ}]$</td></tr>
<tr><td>공업일(= 개방계 일
= 압축일 = 유동계 일)</td><td>$W = -\displaystyle\int_1^2 V dP [\text{kJ}]$</td></tr>
<tr><td rowspan="2">열량</td><td colspan="2">$Q = H_2 - H_1 = m(h_2 - h_1) [\text{kJ}]$
여기서, H(kJ), h(kJ/kg)는 엔탈피</td></tr>
<tr><td colspan="2">W(일량) $= Q_i - Q_o$
$Q_o = Q_i - W$
여기서, Q_i : 흡입열량, Q_o : 방출열량</td></tr>
</table>

4) 에너지 방정식

(1) 정상류 에너지 방정식(정상유동의 에너지 방정식)

$$_1Q_2 = (U_2 - U_1) + \frac{m}{2}(V_2{}^2 - V_1{}^2) + mg(Z_2 - Z_1) + W_t [\text{kJ}]$$

(2) 밀폐계 에너지 방정식(비유동 에너지 방정식)

$$\delta Q = dU + A\delta W [\text{kcal}]$$
$$\delta Q = dU + \delta W [\text{kJ}]$$
$$\delta Q = dU + PdV [\text{kJ}]$$

3. 열역학 제2법칙(열의 방향성 법칙)

1) 일반사항

(1) 정의

① 열역학 제2법칙이란 열과 일은 서로 전환이 가능하나 열에너지를 모두 일에너지로 변화시킬 수 없다는 것을 나타낸다.

② 사이클 과정에서 열이 모두 일로 변화할 수는 없다.(영구기관 제작 불가능)

③ 열 이동의 방향을 정하는 법칙이다.(저온의 유체에서 고온의 유체로의 자연적 이동은 불가능)

④ 비가역 과정을 하며, 비가역 과정에서는 엔트로피의 변화량이 항상 증가된다.

(2) 각종 서술

구분	서술
클라우지우스 (Clausius)의 서술	• 에너지를 소비하지 않고 열을 저온체에서 고온체로 이동시키는 것은 불가능하다. • 자연계에 어떠한 변화를 남기지 않고서 저온의 물체로부터 고온의 물체로 이동하는 기계(열펌프)를 만드는 것은 불가능하다.
켈빈-플랑크 (Kelvin-Planck)의 서술	• 자연계에 어떠한 변화를 남기지 않고 일정 온도의 어느 열원의 열을 계속하여 일로 변환시키는 기계(열기관)를 만드는 것은 불가능하다. • 열기관이 동작유체에 의해 일을 발생시키려면 공급 열원보다 더 낮은 열원이 필요하다.

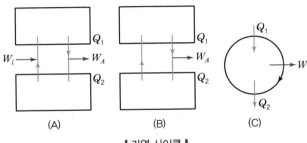

┃ 가역 사이클 ┃

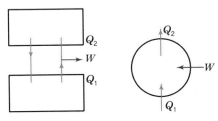

┃ 비가역 사이클 ┃

(3) 현상

① 냉동기나 열펌프의 원리상 냉열은 자연적으로는 저온체에서 고온체로 이동하지 않는다. 저온체에서 고온체로 이동시키려면 에너지를 공급하여야 한다.

② 열기관(자동차, 비행기 등)에서 열을 일로 바꾸려면 반드시 그보다 낮은 저온의 물체로 열의 일부를 버려야만 한다.

※ 제2종 영구기관

열역학 제2법칙을 위배하여 입력이 출력과 같게 되어 영구 운동을 하는 기관

2) 카르노 열기관 사이클(Carnot Cycle)

가역 사이클이며, 열기관 사이클 중에서 가장 이상적인 사이클이다.

(1) 카르노 사이클의 열효율

$$\text{카르노 사이클의 열효율}(\eta_c) = \frac{\text{생산일}(W)}{\text{공급열량}(Q)}$$
$$= 1 - \frac{T_L(\text{저온부 온도})}{T_H(\text{고온부 온도})}$$

여기서, 온도는 절대온도를 사용한다.

핵심문제

이상적인 카르노 사이클의 열기관이 500℃인 열원으로부터 500kJ을 받고, 25℃에 열을 방출한다. 이 사이클의 일(W)과 효율(η_{th})은 얼마인가?

[18년 2회]

❶ $W = 307.3\text{kJ}, \ \eta_{th} = 0.6145$

② $W = 207.2\text{kJ}, \ \eta_{th} = 0.5748$

③ $W = 250.3\text{kJ}, \ \eta_{th} = 0.8316$

④ $W = 401.5\text{kJ}, \ \eta_{th} = 0.6517$

해설 카르노 사이클의 일과 효율 산출

• 효율(η_{th}) 산출

$$\eta_{th} = 1 - \frac{T_L}{T_H} = 1 - \frac{273 + 25}{273 + 500}$$
$$= 0.6145$$

• 일량(W) 산출

$$\eta_{th} = \frac{\text{생산일}(W)}{\text{공급열량}(Q)}$$
$$0.6145 = \frac{W}{500\text{kJ}}$$
$$\therefore \ W = 307.3\text{kJ}$$

(2) 카르노 사이클의 특성

① 열효율은 동작 유체의 종류에 관계없이 양 열원의 절대온도에만 관계가 있다.

② 열기관의 이상 사이클로서 최고의 열효율을 갖는다.

③ 열기관의 이론상의 이상적 사이클이며, 실제로 운전이 불가능한 사이클이다.

(3) 카르노 사이클의 선도

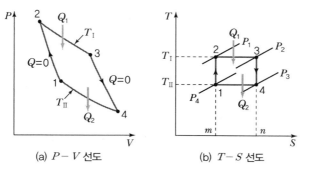

(a) $P-V$ 선도   (b) $T-S$ 선도

┃ 카르노 열기관 사이클의 선도 ┃

① 과정 1 → 2 : 단열압축   ② 과정 2 → 3 : 등온팽창
③ 과정 3 → 4 : 단열팽창   ④ 과정 4 → 1 : 등온압축

3) 엔트로피(Entropy)

(1) 일반사항

① 엔트로피란 계의 사용 불가능한 에너지의 흐름을 설명하는 데 이용되는 상태함수이다.

② 자연계에서 물질의 변화는 사용 불가능한 에너지(외부에 일을 할 수 없는 에너지)가 증가하는 방향으로 진행되는데, 이를 엔트로피가 증가한다고 하거나 분자들의 무질서도가 증가한다고 정의한다.

③ 엔트로피의 크기는 절댓값보다 변화량(ΔS)으로 표현되며, 열평형을 이뤄 온도가 T인 물체에 dQ만큼의 열을 가했을 때, 열을 가하기 전과 후의 엔트로피 변화량은 다음과 같다.

$$\text{엔트로피}(\Delta S) = \int \frac{dQ}{T} = \frac{\text{열량 변화량}}{\text{절대온도}}$$

여기서, S : 엔트로피(kJ/K)
Q : 열량(kJ)
T : 절대온도(K)

핵심문제

온도가 T_1인 고열원으로부터 온도가 T_2인 저열원으로 열전도, 대류, 복사 등에 의해 Q만큼 열전달이 이루어졌을 때 전체 엔트로피 변화량을 나타내는 식은?   [18년 2회]

① $\dfrac{T_1 - T_2}{Q(T_1 \times T_2)}$ ② $\dfrac{Q(T_1 + T_2)}{T_1 \times T_2}$

❸ $\dfrac{Q(T_1 - T_2)}{T_1 \times T_2}$ ④ $\dfrac{T_1 + T_2}{Q(T_1 \times T_2)}$

해설 전체 엔트로피 변화량(ΔS)

$$\Delta S = -\frac{Q}{T_1} + \frac{Q}{T_2} = \frac{Q(T_1 - T_2)}{T_1 T_2}$$

여기서,

$-\dfrac{Q}{T_1}$: 고온 열원의 엔트로피 감소분

$\dfrac{Q}{T_2}$: 저온 열원의 엔트로피 증가분

⋙ 계의 엔트로피 변화(dS)에 대한 열역학적 관계식

$dS = \dfrac{dQ}{T}$ 이므로,

$TdS = dQ = dH - VdP$
$\quad\quad = C_c dT - VdP$

클라우지우스(Clausius) 적분 중 비가역 사이클에 대하여 옳은 식은?(단, Q는 시스템에 공급되는 열, T는 절대온도를 나타낸다.)

[18년 3회, 24년 2회]

① $\displaystyle\oint \frac{\delta Q}{T} = 0$ ❷ $\displaystyle\oint \frac{\delta Q}{T} < 0$

③ $\displaystyle\oint \frac{\delta Q}{T} > 0$ ④ $\displaystyle\oint \frac{\delta Q}{T} \geq 0$

어떤 시스템에서 공기가 초기에 290K에서 330K으로 변화하였고, 압력은 200kPa에서 600kPa로 변화하였다. 이때 단위질량당 엔트로피 변화는 약 몇 kJ/kg · K인가?(단, 공기는 정압비열이 1.006kJ/kg · K이고 기체상수가 0.287kJ/kg · K인 이상기체로 간주한다.)

[19년 2회]

① 0.445   ② −0.445

③ 0.185   ❹ −0.185

해설 엔트로피의 변화량(ΔS) 산출

T와 P의 변화량이 제시되고 있으므로 T와 P의 관계식을 적용한다.

$\Delta S = S_2 - S_1$

$\quad = G\left(C_p \ln\dfrac{T_2}{T_1} - R\ln\dfrac{P_2}{P_1} \right)$

$\quad = 1\text{kg}\left(1.006\text{kJ/kg} \cdot \text{K} \times \ln\dfrac{330}{290} \right.$

$\quad\quad \left. -0.287\text{kJ/kg} \cdot \text{K} \times \ln\dfrac{600}{200} \right)$

$\quad = -0.185\text{kJ/kg} \cdot \text{K}$

여기서, 단위질량(kg)당 엔트로피이므로 $G = 1\text{kg}$이 된다.

1kg의 공기가 100℃를 유지하면서 가역 등온팽창하여 외부에 500kJ의 일을 하였다. 이때 엔트로피의 변화량은 약 몇 kJ/K인가?

[18년 2회, 24년 3회]

① 1.895   ② 1.665

③ 1.467   ❹ 1.340

해설 엔트로피 변화량 산출

$\Delta S = \dfrac{\Delta Q}{T} = \dfrac{500\text{kJ}}{273+100} = 1.34\text{J/K}$

(2) 클라우지우스(Clausius)의 엔트로피(S) 적분 : $\displaystyle\oint \frac{\delta Q}{T} \leq 0$

① 가역 과정 : $\displaystyle\oint \frac{\delta Q}{T} = 0$

② 비가역 과정 : $\displaystyle\oint \frac{\delta Q}{T} < 0$

(3) 엔트로피(ΔS) 산출

① T와 v의 함수

$$\Delta S = S_2 - S_1 = \int_1^2 dS = C_v \ln\frac{T_2}{T_1} + R \cdot \ln\frac{v_2}{v_1}$$

② T와 P의 함수

$$\Delta S = S_2 - S_1 = \int_1^2 dS = C_p \ln\frac{T_2}{T_1} - R \cdot \ln\frac{P_2}{P_1}$$

③ P와 v의 함수

$$\Delta S = S_2 - S_1 = \int_1^2 dS = C_p \ln\frac{v_2}{v_1} + C_v \ln\frac{P_2}{P_1}$$

④ 등적과정($v =$일정) : $\Delta S = C_v \ln\dfrac{T_2}{T_1} = C_v \ln\dfrac{P_2}{P_1}$

⑤ 등압과정($P =$일정) : $\Delta S = C_p \ln\dfrac{T_2}{T_1} = C_p \ln\dfrac{v_2}{v_1}$

⑥ 등온과정($T =$일정) : $\Delta S = \dfrac{Q}{T} = R \cdot \ln\dfrac{v_2}{v_1} = R \cdot \ln\dfrac{P_1}{P_2}$

⑦ 단열과정($S =$일정) : $\Delta S = 0$

⑧ 폴리트로픽 과정 : $\Delta S = C_n \ln\dfrac{T_2}{T_1} = C_v \dfrac{n-k}{n-1}(T_2 - T_1)$

- $n = 0$이면 등압변화
- $n = 1$이면 등온변화
- $n = k$이면 단열변화
- $n = \infty$이면 등적변화
- $1 < n < k$이면 폴리트로픽 변화

(4) 유효에너지와 무효에너지 산출

① 유효에너지(Q_a)

$$Q_a = Q_1 \eta_C = Q_1 \left(1 - \frac{T_2}{T_1} \right) = Q_1 - T_2 \Delta S$$

여기서, η_C : 카르노 사이클 효율

$$\Delta S = \frac{Q_1}{T_1}$$

② 무효에너지(Q_2)

$$Q_2 = Q_1(1 - \eta_C) - Q_1 \frac{T_2}{T_1} = T_2 \Delta S[\text{kJ}]$$

4) 열역학 제3법칙

① 온도가 절대영도 부근에 이르면 열역학 제1법칙과 제2법칙 이외에 또 하나의 법칙이 필요하다.

② 열역학 제3법칙이란 절대온도가 0K이 되면 엔트로피가 0(모든 순수한 고체 또는 액체의 엔트로피와 정압비열이 0)이 된다는 것으로, 어떠한 방법으로도 물체의 온도를 절대영도(0K)에 이르게 할 수 없다(Nernst)는 법칙이다.

③ Plank는 균질한 결정체의 엔트로피는 절대온도 0K 부근에서 절대온도(T)의 3승에 비례한다고 서술하였다.

핵심문제

단위질량의 이상기체가 정적과정하에서 온도가 T_1에서 T_2로 변하였고, 압력도 P_1에서 P_2로 변하였다면, 엔트로피 변화량 ΔS는?(단, C_v와 C_p는 각각 정적비열과 정압비열이다.)

[18년 1회]

① $\Delta S = C_v \ln \dfrac{P_1}{P_2}$

② $\Delta S = C_p \ln \dfrac{P_2}{P_1}$

❸ $\Delta S = C_v \ln \dfrac{T_2}{T_1}$

④ $\Delta S = C_p \ln \dfrac{T_1}{T_2}$

해설 정적과정에서의 엔트로피 변화량

$\Delta S = C_v \ln \dfrac{P_2}{P_1} = C_v \ln \dfrac{T_2}{T_1}$

SECTION 03 순수물질의 성질

1. 물질의 성질과 상태

1) 순수물질

물리적 조성(부피, 압력 등)은 변화하지만, 화학적 구성은 변하지 않는 물질(얼음, 물, 수증기)을 말한다. 즉, 고체, 액체, 기체의 상변화가 발생하더라도 화학적 구성은 변하지 않는 물질이다.

2) 순수물질의 상평형

① 물질의 상평형은 몇 개의 상이 공존하여 열역학적으로 평형상태를 이루고 있는 것을 말한다.

② 물질의 상평형곡선($P-T$ 선도)에서 삼중점이란, 고체, 액체, 기체의 삼상이 평형을 유지하면서 공존하는 점이다.

③ 임계점(증기압력곡선의 상한점)이란, 온도 및 압력이 변화해도 물질의 상태변화가 발생하지 않는 점이다.

④ 임계점이 나타내는 압력을 임계압력(Critical Pressure), 온도를 임계온도(Critical Temperature)라고 한다.

⑤ 예를 들어 물의 임계압력은 218atm, 물의 임계온도는 374.15℃이다.

⑥ 임계점 이상에서의 증기압력곡선은 더 이상 그려질 수 없으며, 물질은 액체인지 기체인지 구별이 모호한 상태가 된다.

⑦ 임계점 이상의 물질, 즉 초임계유체는 기체의 확산성과 액체의 용해성을 동시에 가지는 유체이며 중금속을 녹이기도 한다.

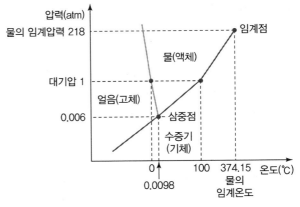

∥ 물의 $P-T$ 선도 ∥

>>> **반데르발스 상태방정식(Van der Waals equation of State)**

• 개념 : 이상기체 상태방정식을 변형한 것으로, 이상기체에서 따지지 않은 분자 간의 인력과 반발력 및 입자의 크기를 고려한 방정식이다.

• 상태방정식
$$\left(P+\frac{a}{v^2}\right)\times(v-b) = RT$$

여기서, P : 압력
　　　a : 압력보정계수
　　　v : 비체적
　　　$\dfrac{a}{v^2}$: 분자 간의 작용 인력
　　　b : 부피보정상수(1mol 기체 분자들이 차지하는 체적)
　　　R : 기체상수
　　　T : 온도

2. 이상기체

1) 이상기체 일반사항

① 분자 간의 상호 작용이 전혀 없고, 그 상태를 나타내는 온도, 압력, 부피의 양 사이에 보일–샤를의 법칙(이상기체 상태방정식, $Pv = RT$)이 완전하게 적용될 수 있다고 가정된 가상의 기체를 말한다.

② 완전기체라고도 하며, 기체분자의 부피는 기체 전체의 부피에 비하여 작고, 분자 간의 인력은 운동에너지에 비해 작은데, 기체분자의 부피와 분자 간의 인력을 무시할 수 있는 경우이다.

③ 압력이 낮을수록, 온도가 높을수록, 비체적이 클수록, 분자량이 작을수록 실제 기체가 이상기체에 근접하게 된다.

2) 이상기체의 법칙

(1) 보일의 법칙(Boyle's Law)

① 일정한 온도에서 기체의 수축과 팽창에 대한 관계를 말한다.

② 일정한 온도에서 일정량의 기체의 압력(P)과 그것의 부피(V)는 반비례한다.

③ 이 법칙은 이상기체를 가정한 기체분자운동론으로부터 유도할 수 있다.

④ 실제의 기체들은 아주 낮은 압력에서 보일의 법칙을 따른다. 그러나 압력이 높아지면 PV의 값은 일반적으로 조금씩 감소한다.

$$PV = k$$

여기서, k : 상수

(2) 샤를의 법칙(Charles's Law)

① 압력이 일정할 때 일정한 양의 기체가 차지하는 부피는 절대온도에 비례한다는 법칙을 말한다.

② 압력이 일정할 때 실제 기체의 열팽창을 측정해보면, 충분히 낮은 압력과 높은 온도에서는 실제 기체가 샤를의 법칙을 따른다는 것을 알 수 있다.

$$V = kT$$

여기서, k : 상수

(3) 보일-샤를의 법칙

① 보일의 법칙과 샤를의 법칙을 합하여 나타낸다.

② 주어진 양의 기체에 대하여 부피 V와 압력 P의 곱은 절대온도 T에 비례한다.

$$PV = kT$$

여기서, k : 상수

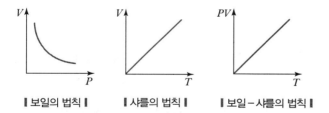

‖ 보일의 법칙 ‖   ‖ 샤를의 법칙 ‖   ‖ 보일-샤를의 법칙 ‖

(4) 아보가드로의 법칙(Avogadro's Law)

① 이탈리아의 아메데오 아보가드로가 1811년 발표한 기체 법칙에 대한 가설로 아보가드로의 가설이라고도 한다.

② 모든 기체는 같은 온도, 같은 압력에서 같은 부피 속에 같은 개수의 입자(분자)를 포함한다.

③ 표준상태(온도 0℃, 압력 760mmHg = 1atm)의 기체 1mol이 갖는 체적은 22.4L로 일정하고 그 속에 함유되어 있는 분자 수는 6.023×10^{23}개로 일정하다.

다음 중 기체상수(Gas Constant, R, kJ/kg · K) 값이 가장 큰 기체는?

[19년 1회]

① 산소(O_2)
❷ 수소(H_2)
③ 일산화탄소(CO)
④ 이산화탄소(CO_2)

해설

기체상수는 해당 기체의 몰질량(kg/kmol) 또는 분자량에 반비례한다.

기체상수 산출식 $R = \dfrac{R_u}{m}$

여기서, R_u : 일반기체상수(8.314kJ/kg · K)

각 기체의 분자량
① 산소(O_2) : 32
② 수소(H_2) : 2
③ 일산화탄소(CO) : 28
④ 이산화탄소(CO_2) : 44

체적이 0.5m³인 탱크에 분자량이 24 kg/kmol인 이상기체 10kg이 들어 있다. 이 기체의 온도가 25℃일 때 압력(kPa)은 얼마인가?(단, 일반기체 상수는 8.3143kJ/kmol · K이다.)

[19년 3회]

① 126   ② 845
❸ 2,065   ④ 49,578

해설

이상기체 상태방정식 $PV = nRT$

$P = \dfrac{nRT}{V} = \dfrac{n \frac{R_u}{m} T}{V}$

$= \dfrac{10 \times \frac{8.3143}{24} \times (273+25)}{0.5}$

$= 2,064.7 \text{kPa}$

여기서, 수소기체의 기체상수

$R = \dfrac{\text{일반기체상수}(R_u)}{\text{분자량}(m)}$

분자량$(m) = 24$

④ 기체 분자의 화학적 · 물리적 특성과는 무관하게 같은 온도와 압력에서 기체 시료가 차지하는 부피는 기체의 mol수(분자수)에 비례한다.

⑤ 분자의 mol수(분자수)를 2배로 하면 부피도 2배가 된다.

⑥ 아보가드로 수

$$\text{아보가드로 수 } N = 6.023 \times 10^{23}/\text{mol}$$

3) 이상기체 상태방정식

(1) 일반사항

① 표준상태(온도 0℃, 압력 760mmHg = 1atm)에서 1mol의 부피는 기체의 종류와 관계없이 22.4L이므로 기체 1mol에 대하여 보일 – 샤를의 법칙을 나타낸 관계식에 대입하여 기체상수(R) 값을 구할 수 있다.

② 비교하는 기체의 질량이 1mol(몰)이거나 1g의 분자량을 갖는다면 기체의 종류에 관계없이 기체상수는 일정한 값을 갖는다. 즉, 1mol인 경우에 PV/T는 항상 기체상수와 같은 값으로 $PV/T = R$이 된다.

(2) 이상기체 상태방정식

$$Pv = RT$$

여기서, P : 압력, v : 비체적, R : 기체상수, T : 온도

$$PV = nRT = n \cdot \frac{R_u}{m} \cdot T$$

여기서, V : 부피, n : 질량, R_u : 일반기체상수(J/mol · K)
      m : 몰질량 · 분자량(kg/kmol)

(3) 일반기체상수(Univeral Gas Constant, $\overline{R}$, R_u)

일반기체상수 $\overline{R}$ 은 이상기체 상태방정식을 만족시키는 기본적인 물리상수를 말한다.

$$\text{일반기체상수 } \overline{R} = \frac{PV}{T} = \frac{101,325 \times \frac{22.4}{1,000}}{273.15}$$
$$= 8.314 \text{J/mol} \cdot \text{K}$$

여기서, P : 760mmHg = 1atm = 101,325Pa
      V : 22.4L
      T : 0℃ = 273.15K

4) 이상기체의 비열

(1) 정적비열(C_v, kJ/kg·K)

$$C_v = \frac{du}{dT}$$

여기서, u : 비내부에너지(kJ/kg)

(2) 정압비열(C_p, kJ/kg·K)

$$C_p = \frac{dh}{dT}$$

여기서, h : 비엔탈피(kJ/kg)

(3) 정적비열과 정압비열의 관계

열역학 제1법칙에서

$\delta Q = du + \delta W = du + pdu$, $\delta Q = dh - vdp$

$\delta Q = CdT$에서

$$C_v = \left(\frac{\partial Q}{\partial T}\right)_v = \left(\frac{\partial U}{\partial T}\right)_v \qquad C_p = \left(\frac{\partial Q}{\partial T}\right)_p = \left(\frac{\partial h}{\partial T}\right)_p$$

$\Delta h = \Delta U + \Delta pv$이므로

$C_p dT = C_v dT + RdT$

$C_p = C_v + R$

$\therefore \; C_p - C_v = R$

양비열의 비를 비열비(k)라 하면

$k = \dfrac{C_p}{C_v}$

$C_p - C_v = kC_v - C_v = R$

$$C_v = \frac{R}{k-1}, \; C_p = \frac{kR}{k-1}, \; C_p - C_v = R$$

5) 이상기체의 상태변화

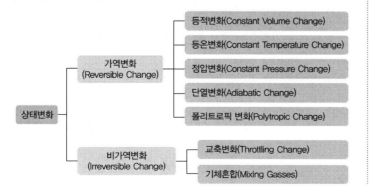

핵심문제

어떤 가스의 비내부에너지 u(kJ/kg), 온도 t(℃), 압력 P(kPa), 비체적 v(m³/kg) 사이에 아래의 관계식이 성립한다면, 이 가스의 정압비열(kJ/kg℃)은 얼마인가? [20년 4회]

$$u = 0.28t + 532$$
$$Pv = 0.560(t + 380)$$

❶ 0.84 　　② 0.68

③ 0.50 　　④ 0.28

해설 정압비열(C_p) 산출

$dh = C_p dt$

$C_p = \dfrac{dh}{dt} = \dfrac{d(u + Pv)}{dt}$

$= \dfrac{d(0.28t + 532 + 0.560(t + 380))}{dt}$

$= 0.28 + 0.56 = 0.84 \, \text{kJ/kg℃}$

핵심문제

이상기체에 대한 다음 관계식 중 잘못된 것은?(단, C_v는 정적비열, C_p는 정압비열, u는 내부에너지, T는 온도, V는 부피, h는 엔탈피, R은 기체상수, k는 비열비이다.) [19년 1회]

① $C_v = \left(\dfrac{\partial u}{\partial T}\right)_v$ 　❷ $C_p = \left(\dfrac{\partial h}{\partial T}\right)_v$

③ $C_p - C_v = R$ 　④ $C_p = \dfrac{kR}{k-1}$

해설

정압비열 $C_p = \left(\dfrac{\partial h}{\partial T}\right)_p$ 이다.

온도 20℃에서 계기압력 0.183MPa
의 타이어가 고속주행으로 온도 80℃
로 상승할 때 압력은 주행 전과 비교하
여 약 몇 kPa 상승하는가?(단, 타이어
의 체적은 변하지 않고, 타이어 내의
공기는 이상기체로 가정한다. 그리고
대기압은 101.3kPa이다.)

[18년 2회, 21년 1회, 24년 2회]

① 37kPa   ❷ 58kPa
③ 286kPa   ④ 445kPa

해설

정적과정이므로

$$\frac{T_2}{T_1} = \frac{P_2}{P_1}$$

$$P_2 = \frac{T_2}{T_1} \times P_1$$

$$= \frac{273+80}{273+20} \times (101.3 + 183)$$

$$= 342.52 \, \text{kPa}$$

여기서, P_1 = 대기압 + 계기압

$$= 101.3 + 183 = 284.3 \, \text{kPa}$$

$$\therefore P_2 - P_1 = 342.52 - 284.3$$

$$= 58.22 \, \text{kPa}$$

≫ 등적변화에서 공업일

$$W_t = \int v dP$$

$$= v(P_2 - P_1) = R(T_2 - T_1)$$

≫ 준평형 정적과정을 거치는 시스템에 대한 열전달량

전달열량(Q_{12}) = ΔU + 일량(W_{12})
여기서, ΔU : 내부에너지 변화량

$$(= U_2 - U_1)$$

정적과정이므로
$v = $ Constant이며, $\Delta v = 0$

$$W_{12} = \int_1^2 P \, dv = 0$$

$\therefore$ 전달열량(Q_{12}) = 내부에너지 변화량

$$= \Delta U = U_2 - U_1$$

≫ 정압상태에서의 가열 열량(q)

q(kJ) = $m \, C_p \Delta t$
여기서, m : 이상기체의 질량(kg)
    C_p : 정압비열(kJ/kg · K)
    Δt : 가열 전후 온도차(℃)

---

(1) 등적변화(정적변화)

① P, T의 관계

일정한 체적에서의 상태변화이므로 $Pv = RT$에서 $\dfrac{P}{T} = \dfrac{R}{v}$

우변이 정수이므로

$$\frac{P_1}{T_1} = \frac{P_2}{T_2} = 일정 \rightarrow \frac{T_2}{T_1} = \frac{P_2}{P_1} = 일정$$

② 일과 열량

$$_1W_2 = \int_1^2 Pdv = 0$$

$$_1Q_2 = m(u_2 - u_1) + \int_1^2 Pdv = m(u_2 - u_1)$$

$$_1Q_2 = m(u_2 - u_1) + mC_v(T_2 - T_1) = V(P_2 - P_1)$$

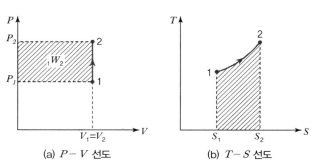

(a) $P-V$ 선도   (b) $T-S$ 선도

▎등적과정▎

③ 등적변화에서는 외부에서 가해진 열량이 전부 내부에너지 증가 또는 온도를 높이는 데 소비된다.

(2) 등압변화(정압변화)

① v, T의 관계

일정한 압력에서의 상태변화이므로 $Pv = RT$에서 $\dfrac{v}{T} = \dfrac{R}{P}$

우변이 정수이므로

$$\frac{v_1}{T_1} = \frac{v_2}{T_2} = 일정 \rightarrow \frac{T_2}{T_1} = \frac{v_2}{v_1} = 일정$$

② 일과 열량

$$_1W_2 = \int_1^2 PdV = P(V_2 - V_1) = R(T_2 - T_1)$$

$$_1Q_2 = \int_1^2 \delta Q = \int_1^2 dh - \int_1^2 vdP = C_p \int_1^2 dT = C_p(T_2 - T_1)$$

$$= h_2 - h_1 = \frac{k}{k-1} P(v_2 - v_1)$$

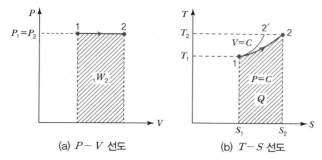

(a) $P-V$ 선도　　　　(b) $T-S$ 선도

‖ 등압과정 ‖

③ 등압변화에서는 가열량이 전부 엔탈피 증가에 사용된다.

(3) 등온변화

① P, v의 관계

$$Pv = 일정이므로 \ P_1v_1 = P_2v_2, \quad \frac{P_1}{P_2} = \frac{v_1}{v_2}$$

② 일과 열량

$$\delta Q = C_v dT + Pdv \ 및 \ \delta Q = C_v dT + vdP 에서$$

$$dP = 0 이므로$$

$$dQ = Pdv, \quad dQ = -vdP$$

$$Q = \int Pdv = W_2 = \int vdP = W_1$$

$$_1W_2 = \int_1^2 Pdv = P_1v_1 \int_1^2 \frac{dv}{v} = P_1v_1 \ln\frac{v_2}{v_1} = RT\ln\frac{v_2}{v_1}$$

$$= P_1v_1\ln\frac{P_1}{P_2} = RT\ln\frac{P_1}{P_2}$$

열량은 $\delta Q = C_v dT + Pdv$, $_1Q_2 = _1W_2 - W_t$

$$\therefore \ _1Q_2 = RT\frac{v_2}{v_1} = RT\frac{P_1}{P_2}$$

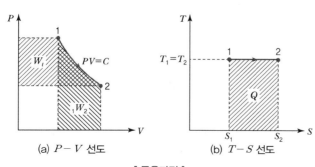

(a) $P-V$ 선도　　　　(b) $T-S$ 선도

‖ 등온과정 ‖

핵심문제

온도 150℃, 압력 0.5MPa의 공기 0.2kg이 압력이 일정한 과정에서 원래 체적의 2배로 늘어난다. 이 과정에서의 일은 약 몇 kJ인가?(단, 공기는 기체상수가 0.287kJ/kg · K인 이상기체로 가정한다.) [18년 2회]

① 12.3kJ　　　② 16.5kJ

③ 20.5kJ　　　❹ 24.3kJ

[해설] 정압과정에서 일량(W) 산출

$$W = mR\Delta T = mR(T_2 - T_1)$$
$$= 0.2kg \times 0.287kJ/kg \cdot K$$
$$\times [846 - (273 + 150)]$$
$$= 24.3kJ$$

여기서, T_2는 다음과 같이 산출된다.

정압과정이므로 $\dfrac{T_1}{V_1} = \dfrac{T_2}{V_2} = k$

$$\Leftrightarrow T_2 = \frac{T_1 \cdot V_2}{V_1} = \frac{T_1 \cdot 2V_1}{V_1}$$
$$= 2T_1 = 2 \times (273 + 150)$$
$$= 846k$$

(문제 조건에 따라 $V_2 = 2V_1$)

핵심문제

밀폐시스템에서 초기 상태가 300K, 0.5m³인 이상기체를 등온과정으로 150kPa에서 600kPa까지 천천히 압축하였다. 이 압축과정에 필요한 일은 약 몇 kJ인가? [18년 3회]

❶ 104　　　② 208

③ 304　　　④ 612

[해설] 등온과정에서 필요한 일(W) 산출

$$W = \int_1^2 Pdv = P_1V_1 \ln\left(\frac{P_2}{P_1}\right)$$
$$= 150kPa \times 0.5m^3 \times \ln\left(\frac{600}{150}\right)$$
$$= 104kJ$$

≫≫ **등온과정에서의 가열량(q)**

$q(kJ) = mT\Delta S = mT(S_2 - S_1)$

여기서, m : 이상기체의 질량(kg)

T : 실린더 내 온도(K)

ΔS : 가열 전후 엔트로피 차

(kJ/kg · K)

압력이 0.2MPa이고, 초기 온도가 120℃인 1kg의 공기를 압축비 18로 가역 단열압축하는 경우 최종 온도는 약 몇 ℃인가?(단, 공기는 비열비가 1.4인 이상기체이다.) [19년 2회]

① 676℃ ② 776℃
③ 876℃ ❹ 976℃

해설

단열변화에서의 T, V 관계를 활용한다.

$$\frac{T_2}{T_1} = \left(\frac{V_1}{V_2}\right)^{k-1}$$

여기서, k : 비열비

$$T_2 = \left(\frac{V_1}{V_2}\right)^{k-1} \times T_1$$
$$= (18)^{1.4-1} \times (273 + 120)$$
$$= 1,248.82\text{K}$$

∴ $1,248.82\text{K} - 273 = 975.82 = 976℃$

≫≫ 단열과정에서의 방출열량(Q)

$$Q = C_v(T_2 - T_1) + \frac{R}{k-1}(T_1 - T_2)$$

---

(4) 단열변화

① 외부와의 열의 출입이 없는 상태변화를 넓은 의미에서 단열변화라 한다. 이 경우 계 내에서 발생하는 마찰열이 작업유체에 전해지는 경우가 비가역 단열변화이며, 안팎으로 전열의 출입이 없는 경우가 가역 변화이다.

② P, V, T의 관계

$$\frac{T_2}{T_1} = \left(\frac{V_1}{V_2}\right)^{k-1} = \left(\frac{P_2}{P_1}\right)^{\frac{k-1}{k}}$$

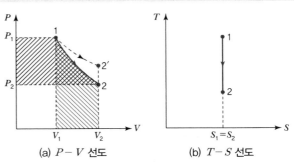

(a) $P - V$ 선도 (b) $T - S$ 선도

▮ 단열과정 ▮

③ 외부에서 하는 일($_1W_2$)

$$_1W_2 = \int_1^2 Pdv = P_1v_1\int_1^2 \frac{dv}{v} = \frac{P_1v_1}{k-1}\left[1 - \left(\frac{v_1}{v_2}\right)^{k-1}\right]$$
$$= \frac{P_1v_1}{k-1}\left[1 - \left(\frac{P_1}{P_2}\right)^{\frac{k-1}{k}}\right] = \frac{1}{k-1}(P_1v_1 - P_2v_2)$$
$$= \frac{R}{k-1}(T_1 - T_2) = \frac{C_v}{(T_1 - T_2)}$$
$$= \frac{P_1v_1}{k-1}\left(1 - \frac{T_2}{T_1}\right) = \frac{RT_1}{k-1}\left(1 - \frac{T_2}{T_1}\right)$$

④ 공업일(W_t)

$$W_t = -\int_1^2 vdP = \int_2^1 vdP = \int_2^1 \left(\frac{P_1}{P_2}\right)^{\frac{1}{k}}dP$$
$$= \frac{k}{k-1}(P_1v_1 - P_2v_2)$$

∴ $W_t = k \cdot {}_1W_2$

단열변화에서 공업일은 절대일의 k배에 해당된다.

⑤ 내부에너지 및 엔탈피

• 내부에너지 변화

$$u_2 - u_1 = C_v(T_2 - T_1) = \frac{(P_2v_2 - P_1v_1)}{k-1} = {}_1W_2$$

- 엔탈피 변화

$$h_2 - h_1 = C_p(T_2 - T_1) = \frac{k}{k-1}(P_2 v_2 - P_1 v_1)$$

$$= k \cdot {}_1W_2 = -W_t$$

⑥ $P-V$ 선도에서는 단열선이 등온선보다 경사가 크다.

(5) 폴리트로픽 변화

① 임의의 정수를 지수로 하는 다음 상태식으로 표시되는 상태변화로 상황에 따라 여러 가지 변화가 있다.

$$PV^n = 일정$$

위 식의 n을 폴리트로픽 지수(Polytropic Exponent)라 하며, $+\infty$ 에서 $-\infty$ 까지의 값을 가지며 등온변화는 $n=1$, 단열변화는 $n=k$, 등적변화는 $n=\infty$, 등압변화는 $n=0$이다.

② P, V, T의 관계

$$\frac{T_2}{T_1} = \left(\frac{v_1}{v_2}\right)^{n-1} = \left(\frac{P_2}{P_1}\right)^{\frac{n-1}{n}}$$

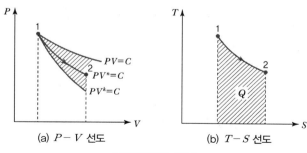

(a) $P-V$ 선도   (b) $T-S$ 선도

┃ 폴리트로픽 과정 ┃

③ 외부에서 하는 일(${}_1W_2$)

$${}_1W_2 = \int_1^2 Pdv = P_1 v_1 \int_1^2 \frac{dv}{v^n}$$

$$= \frac{1}{n-1}(P_1 v_1 - P_2 v_2)$$

$$= \frac{P_1 v_1}{n-1}\left(1 - \frac{T_2}{T_1}\right) = \frac{P_1 v_1}{n-1}\left[1 - \left(\frac{v_1}{v_2}\right)^{n-1}\right]$$

$$= \frac{P_1 v_1}{n-1}\left[1 - \left(\frac{P_2}{P_1}\right)^{\frac{n-1}{n}}\right] = \frac{1}{n-1}R(T_1 - T_2)$$

$$= \frac{RT_1}{n-1}\left(1 - \frac{T_2}{T_1}\right)$$

그림과 같이 다수의 추를 올려놓은 피스톤이 장착된 실린더가 있는데, 실린더 내의 초기 압력은 300kPa, 초기 체적은 0.05m³이다. 이 실린더에 열을 가하면서 적절히 추를 제거하여 폴리트로픽 지수가 1.3인 폴리트로픽 변화가 일어나도록 하여 최종적으로 실린더 내의 체적이 0.2m³이 되었다면 가스가 한 일은 약 몇 kJ인가?

[18년 2회]

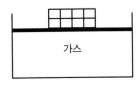

가스

❶ 17   ② 18
③ 19   ④ 20

해설 폴리트로픽 변화에 대한 가스가 한 일(W) 산출

$$W = \frac{1}{n-1}(P_1 V_1 - P_2 V_2)$$
$$= \frac{1}{1.3-1}(300 \times 0.05 - 49.48$$
$$\times 0.2) = 17 \text{kJ}$$

여기서, P_2는 다음과 같이 산출된다.
폴리트로픽 변화에 따라

$$P_2 = P_1 \left(\frac{V_1}{V_2}\right)^n$$
$$= 300 \left(\frac{0.05}{0.2}\right)^{1.3}$$
$$= 49.48 \text{kPa}$$

≫≫ 압축기 일량(W) 및 소요동력

• 압축기 일량(W)

$$W = \frac{k}{k-1} P_1 V_1 \left[\left(\frac{P_2}{P_1}\right)^{\frac{K-1}{K}} - 1\right]$$

여기서, k : 비열비
    P_1 : 입구공기의 압력(Pa)
    P_2 출구공기의 압력(Pa)
    V_1 : 체적유량(m³/s)

• 압축기 소요동력 $= \dfrac{\text{압축기 일량}(W)}{\text{압축기 효율}}$

④ 공업일(W_t)

$$-W_t = \int_1^2 v dP = P_1 \frac{1}{n} v_1 \int_1^2 \frac{dP}{P^{1/n}}$$
$$= \frac{n}{n-1}(P_1 v_1 - P_2 v_2)$$
$$= \frac{nP_1 v_1}{n-1}\left(1 - \frac{T_2}{T_1}\right) = \frac{nP_1 v_1}{n-1}\left[1 - \left(\frac{v_1}{v_2^{n-1}}\right)\right]$$
$$= \frac{nP_1 v_1}{n-1}\left[1 - \left(\frac{P_2}{P_1}\right)^{\frac{n-1}{n}}\right] = \frac{n}{n-1}R(T_1 - T_2)$$
$$= n \cdot W_2$$

⑤ 외부에서 공급되는 열량($_1Q_2$)

$$\delta Q = C_v dT + Pdv$$
$$_1Q_2 = C_v(T_2 - T_1) + _1W_2 = C_v(T_2 - T_1) + \frac{R}{n-1}(T_1 - T_2)$$
$$= C_v \frac{n-k}{n-1}(T_2 - T_1) = C_n(T_2 - T_1)$$

여기서 $C_v \dfrac{n-k}{n-1} = C_n$ 이라 표시하고, C_n을 폴리트로픽 비열(Polytropic Specific Heat)이라 한다.

⑥ 내부에너지 변화(Δu)

$$u_2 - u_1 = C_v(T_2 - T_1) = \frac{1}{k-1}RT_1\left[\left(\frac{P_2}{P_1}\right)^{\frac{n-1}{n}} - 1\right]$$

⑦ 엔탈피 변화(Δh)

$$h_2 - h_1 = C_p(T_2 - T_1) = \frac{k}{k-1}RT_1\left[\left(\frac{P_2}{P_1}\right)^{\frac{n-1}{n}} - 1\right]$$

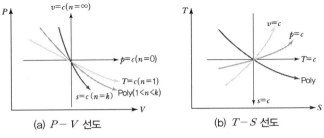

(a) $P-V$ 선도   (b) $T-S$ 선도

▎상태변화 과정에 따른 선도 ▎

(6) 이상기체 상태변화 관계식 정리

구분	등적(정적)변화 $(v=C)$	등압(정압)변화 $(P=C)$	등온(정온)변화 $(T=C)$	단열변화 $(Pv^k=C)$	폴리트로픽 변화 $(Pv^n=C)$
$P,\ v,\ T$ 관계	$\dfrac{P_1}{T_1}=\dfrac{P_2}{T_2}$	$\dfrac{v_1}{T_1}=\dfrac{v_2}{T_2}$	$P_1v_1=P_2v_2$	$\dfrac{T_2}{T_1}=\left(\dfrac{v_1}{v_2}\right)^{k-1}$ $=\left(\dfrac{P_2}{P_1}\right)^{\frac{k-1}{k}}$	$\dfrac{T_2}{T_1}=\left(\dfrac{v_1}{v_2}\right)^{n-1}$ $=\left(\dfrac{P_2}{P_1}\right)^{\frac{n-1}{n}}$
비열 C	C_v	C_p	∞	0	$C_n=\dfrac{n-k}{n-1}C_v$
절대일 ${}_1W_2=$ $\int Pdv$	0	$P(v_2-v_1)$ $=R\times$ (T_2-T_1)	$P_1v_1\ln\dfrac{v_2}{v_1}$ $=P_1v_1\ln\dfrac{P_1}{P_2}$ $=RT\ln\dfrac{v_2}{v_1}$ $=RT\ln\dfrac{P_1}{P_2}$	$\dfrac{P_1v_1-P_2v_2}{k-1}$ $=\dfrac{P_1v_1}{k-1}\left(1-\dfrac{T_2}{T_1}\right)$ $=\dfrac{R(T_1-T_2)}{k-1}$ $=\dfrac{RT_1}{k-1}\left(1-\dfrac{T_2}{T_1}\right)$	$\dfrac{P_1v_1-P_2v_2}{n-1}$ $=\dfrac{P_1v_1}{n-1}\left(1-\dfrac{T_2}{T_1}\right)$ $=\dfrac{R(T_1-T_2)}{n-1}$ $=\dfrac{RT_1}{n-1}\left(1-\dfrac{T_2}{T_1}\right)$
공업일 $W_t=$ $-\int vdP$	$v(P_2-P_1)$ $=R\times$ (T_2-T_1)	0	$P_1v_1\ln\dfrac{v_2}{v_1}$ $=P_1v_1\ln\dfrac{P_1}{P_2}$	$k\cdot{}_1W_2$	$n\cdot{}_1W_2$
가열량 $({}_1Q_2)$	U_2-U_1	H_2-H_1	${}_1W_2$ $=AW_t$	0	$GC_n(T_2-T_1)$
내부에너지 변화량	$GC_v\times$ (T_2-T_1)	$GC_v\times$ (T_2-T_1)	0	$GC_v(T_2-T_1)$ $=-{}_1W_2$	$GC_v(T_2-T_1)$ $=-{}_1W_2$
엔탈피의 변화	$GC_p\times$ (T_2-T_1)	$GC_p\times$ (T_2-T_1)	0	$GC_p(T_2-T_1)$ $=-AW_t$	$GC_p(T_2-T_1)$ $=-AW_t$
엔트로피의 변화량	$GC_v\ln\dfrac{T_2}{T_1}$ $=GC_v\ln\dfrac{P_2}{P_1}$	$GC_p\ln\dfrac{T_2}{T_1}$ $=GC_p\ln\dfrac{v_2}{v_1}$	$AGR\ln\dfrac{v_2}{v_1}$ $=AGR\ln\dfrac{P_1}{P_2}$	0	$GC_n\ln\dfrac{T_2}{T_1}$ $=GC_v(n-k)\ln\dfrac{v_1}{v_2}$ $=GC_v\dfrac{n-k}{n}\ln\dfrac{P_2}{P_1}$

폴리트로픽 지수(n)	$P,\ v$ 관계	상태변화
$n=0$	$P=$일정	등압변화
$n=1$	$Pv=$일정	등온변화
$1<n<k$	$Pv^n=$일정	폴리트로픽 변화
$n=k$	$Pv^k=$일정	단열변화
$n=\infty$	$v=$일정	등적변화

≫ 이상기체 질량유량($\dot{m}$)

$$\dot{m}(\text{kg/s})=\rho AV$$

여기서, ρ : 밀도(kg/m³)
$\quad\quad\quad A$: 단면적(m²)
$\quad\quad\quad V$: 유속(m/s)

초기 압력 100kPa, 초기 체적 $0.1m^3$인 기체를 버너로 가열하여 기체 체적이 정압과정으로 $0.5m^3$이 되었다면 이 과정 동안 시스템이 외부에 한 일은 약 몇 kJ인가?

[18년 1회, 20년 1 · 2회 통합]

① 10   ② 20
③ 30   ❹ 40

해설
압력을 일정하게 유지하는 정압과정에서 계가 한 일은 다음과 같이 산출된다.

$$_1W_2 = \int_1^2 PdV = P(V_2 - V_1)$$
$$= 100kPa \times (0.5 - 0.1)m^3$$
$$= 40kJ$$

실린더에 밀폐된 8kg의 공기가 그림과 같이 $P_1 = 800kPa$, 체적 $V_1 = 0.27m^3$에서 $P_2 = 350kPa$, 체적 $V_2 = 0.80m^3$으로 직선 변화하였다. 이 과정에서 공기가 한 일은 약 몇 kJ인가?

[19년 1회]

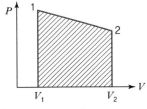

❶ 305   ② 334
③ 362   ④ 390

해설
압력(P)−부피(V) 선도에서의 일량은 선도상의 경로선 내의 면적이 된다.

AW(일량)

$$= \frac{1}{2}[(P_1 + P_2) \times (V_2 - V_1)]$$
$$= \frac{1}{2}[(800 + 350) \times (0.80 - 0.27)]$$
$$= 305kJ$$

1. 일(Work)

1) 기본개념

① 일은 힘과 거리의 곱으로 나타내며 중력단위계에서는 $kgf \cdot m$이며 절대단위계에서는 $N \cdot m = J$로 나타낸다.

② $1kgf \cdot m = 9.8N \cdot m = 9.8J$

2) 일의 산출

(1) 밀폐계 일(절대일)

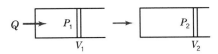

∥ 밀폐계 일(절대일) ∥

그림에서 상태가 P_1에서 P_2로 V_1에서 V_2로 변했으므로 시작점 1에서 종료점 2로 피스톤이 후퇴했을 때의 일을 나타내면 $_1W_2 = \int_1^2 Pdv$이다.

(2) 절대일과 공업일

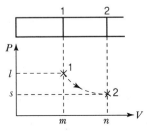

∥ 절대일과 공업일 ∥

① V축에 투상한 면적 $12nm1$을 절대일(Absolute Work)이라고 하며, 절대일은 비유동일(밀폐계 일 = 팽창일)이라고도 한다.

$$_1W_2 = \int_1^2 \delta W = \int_1^2 Pdv$$

② P축에 투상한 면적 $l12sl$을 공업일(Technical Work)이라고 하며, 유동일(정상류 일＝압축일)이라고도 한다.

$$W_t = \int_1^2 \delta W = -\int_1^2 v dP$$

여기서, 면적에는 $(-)$가 없으므로 $(+)$값으로 만든다.

2. 열(Heat)

1) 기본개념

① 열이란 온도차($T_1 - T_2$) 혹은 온도구배에 의해 계의 경계를 이동하는 에너지 형태이다.

② 열량은 질량(kg)과 온도차(℃)에 비례한다.

2) 열량(Q)의 산출

$$Q = m C \Delta t$$

여기서, m : 질량(kg)
C : 비열(kJ/kg · K)
Δt : 온도차(℃)

3) 열과 일의 비교

① 열과 일은 둘 다 전이현상($Q \leftrightarrow W$)이다.

② 열과 일은 경계현상이다. 이들은 계의 경계에서만 측정되고 또한 경계를 이동하는 에너지이다.

③ 열과 일은 모두 경로함수(과정함수)이며, 불완전 미분이다.

④ 열은 급열 시 $(+)$, 방열 시 $(-)$이며, 일은 할 때가 $(+)$, 받을 때가 $(-)$이다.

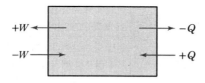

∥ 열과 일의 비교 ∥

>>> **터빈의 일(W)**

$$W(kJ/kg) = (h_i - h_e) + \frac{v_i^2 - v_e^2}{2} + g(Z_i - Z_e) + Q$$

여기서, h_i : 입구 엔탈피(kJ/kg)
h_e : 출구 엔탈피(kJ/kg)
v_i : 입구유속(m/s)
v_e : 출구유속(m/s)
Z_i : 입구높이(m)
Z_e : 출구높이(m)

>>> **터빈의 효율(η_{turb})**

$$\eta_{turb} = \frac{AW}{h_1 - h_2}$$

여기서, AW : 터빈의 출력일(kJ/kg)
h_1 : 입구 엔탈피(kJ/kg)
h_2 : 출구 엔탈피(kJ/kg)

1. 랭킨 사이클

1) 개념

랭킨 사이클(Rankine Cycle)은 증기원동소(증기 동력 사이클)의 기본 사이클이며, 2개의 단열과정과 2개의 등압과정으로 구성된다.

2) 랭킨 사이클의 구성

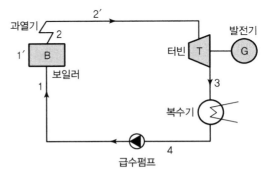

▌ 랭킨 사이클의 구성 ▌

과정	내용
정압가열(1 → 2′)	급수펌프에서 이송된 압축수를 보일러에서 정압가열하여 포화수가 되고, 계속 가열하여 건포화증기가 되고, 과열기(Super Heater)에서 다시 가열하여 과열증기가 된다.
단열팽창(2′ → 3)	과열증기는 터빈에 유입되어 단열팽창으로 일을 하고 습증기가 된다.
정압냉각(3 → 4)	터빈에서 유출된 습증기는 복수기에서 정압냉각되어 포화수가 된다.
단열압축(4 → 1)	일명 등적압축과정이며, 복수기에서 나온 포화수를 복수펌프로 대기압까지 가압하고 다시 급수펌프로 보일러 압력까지 보일러에 급수한다.

3) 랭킨 사이클의 선도

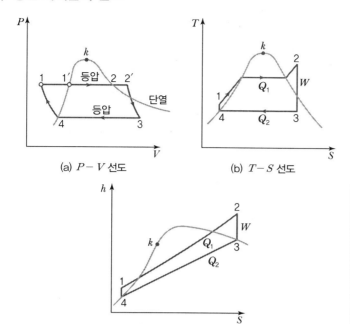

(a) $P-V$ 선도

(b) $T-S$ 선도

(c) $h-S$ 선도

‖ 랭킨 사이클의 선도 ‖

4) 랭킨 사이클의 열효율(η_R)

$$\eta_R = \frac{\text{사이클 중 일에 이용된 열량}}{\text{사이클에서의 가열량}}$$

$$= \frac{W}{Q_1} = \frac{Q_1 - Q_2}{Q_1} = 1 - \frac{Q_2}{Q_1}$$

$$= 1 - \frac{h_3 - h_4}{h_2 - h_1} = \frac{h_2 - h_1 - (h_2 - h_4)}{h_3 - h_1}$$

$$= \frac{(h_2 - h_3) - (h_1 - h_4)}{h_2 - h_1} = \frac{(h_2 - h_3) - (h_1 - h_4)}{(h_2 - h_4) - (h_1 - h_4)}$$

5) 랭킨 사이클에서 펌프의 수행일(W) 산출

$$W_{pump} = \int_1^2 v \, dP = v(P_2 - P_1)$$

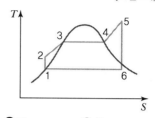

2. 공기표준 동력 사이클

1) 공기표준 오토 사이클(Otto Cycle)

(1) 일반사항

① 공기표준 오토 사이클은 전기점화기관(Spark Ignition Internal Combustion Engine)의 이상 사이클로서 가솔린 기관의 기본 사이클이다.

② 열공급 및 방열이 정적하에서 이루어지므로 정적 사이클이라고도 한다.

(2) 오토 사이클의 열효율(η)

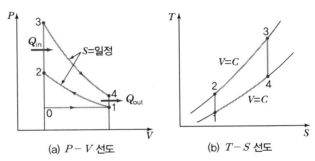

(a) $P-V$ 선도　　(b) $T-S$ 선도

‖공기표준 오토 사이클의 선도‖

$0 \rightarrow 1$: 흡입　　　$1 \rightarrow 2$: 단열압축　　$2 \rightarrow 3$: 등적가열
$3 \rightarrow 4$: 단열팽창　　$4 \rightarrow 5$: 등적방열

① 오토 사이클의 선도에서의 열효율(η)

$$\eta = \frac{AW}{q_s} = \frac{q_s - q_e}{q_s} = 1 - \frac{q_e}{q_s}$$
$$= 1 - \frac{T_4 - T_1}{T_3 - T_2}$$

여기서, q_s : 공급열량, q_e : 방출열량

② 오토 사이클의 압축비(ε)를 통한 열효율(η) 산출

$$\eta = 1 - \left(\frac{1}{\varepsilon}\right)^{k-1}$$

여기서, k : 비열비

$$\varepsilon \,:\, 압축비 = \frac{실린더 체적}{간극체적}$$
$$= \frac{행정체적 + 간극체적}{간극체적}$$

>>> **실린더체적(Cylinder Volume)**

실린더체적 = 행정체적 + 간극체적
여기서,
- 행정체적(Stroke Volume, V_s) : 실린더에서 상사점과 하사점 사이의 체적
- 간극체적(Clearance Volume, V_c) : 피스톤이 상사점에 있을 때 피스톤 헤드와 실린더 헤드 사이의 체적

2) 공기표준 디젤 사이클(Diesel Cycle)

(1) 일반사항

① 공기표준 디젤 사이클은 압축착화기관(Compression Ignition Engine)인 저속 디젤 기관의 기본 사이클이다.

② 이론적으로 연소가 등압하에서 이루어지므로 등압 사이클이라고도 한다.

(2) 디젤 사이클의 열효율(η_d)

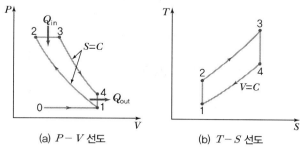

(a) $P-V$ 선도   (b) $T-S$ 선도

‖ 공기표준 디젤 사이클의 선도 ‖

0 → 1 : 흡입   1 → 2 : 단열압축   2 → 3 : 등압가열

3 → 4 : 단열팽창   4 → 5 : 등적방열

$$\eta_d = \frac{W}{q_1} = 1 - \frac{q_2}{q_1}$$

$$= 1 - \frac{C_v(T_4 - T_1)}{C_p(T_3 - T_2)} = 1 - \frac{(T_4 - T_1)}{k(T_3 - T_2)}$$

$$= 1 - \left(\frac{1}{\varepsilon}\right)^{k-1} \frac{\sigma^k - 1}{k(\sigma - 1)}$$

여기서, k : 비열비

ε : 압축비

σ : 체절비(단절비) $= \dfrac{v_3}{v_2} = \dfrac{T_3}{T_2}$

핵심문제

공기표준 사이클로 운전하는 디젤 사이클 엔진에서 압축비는 18, 체절비(분사 단절비)는 2일 때 이 엔진의 효율은 약 몇 %인가?(단, 비열비는 1.4이다.)

[18년 3회]

❶ 63%   ② 68%

③ 73%   ④ 78%

해설 공기표준 사이클로 운전하는 디젤 사이클 엔진의 효율(η_d) 산출

$\eta_d = 1 - \left(\dfrac{1}{\varepsilon}\right)^{k-1} \cdot \dfrac{\sigma^k - 1}{k(\sigma - 1)}$

$= 1 - \left(\dfrac{1}{18}\right)^{1.4-1} \cdot \dfrac{2^{1.4} - 1}{1.4(2 - 1)}$

$= 0.63 = 63\%$

3) 공기표준 사바테 사이클(Sabathe Cycle)

(1) 일반사항

① 공기표준 사바테 사이클은 고속 디젤 기관의 기본 사이클이다.

② 고속 디젤 기관에서는 공기를 압축하는 과정에서 피스톤이 상사점에 도달하기 직전에 연료를 분사하므로 초기 분사연료는 등적연소가 되며, 다음 분사되는 연료는 용적이 증가하므로 거의 등압연소로 된다.

③ 이러한 사이클을 일명 복합 사이클, 등적ㆍ등압 사이클 또는 2중 연소 사이클이라 한다.

(2) 사바테 사이클의 열효율(η_d)

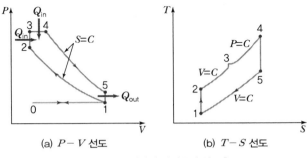

(a) $P-V$ 선도   (b) $T-S$ 선도

┃공기표준 사바테 사이클의 선도┃

| 0 → 1 : 흡입 | 1 → 2 : 단열압축 | 2 → 3 : 정적급열 |
| 3 → 4 : 정압급열 | 4 → 5 : 단열팽창 | 5 → 1 : 배기 |

$$\eta_s = A\frac{W}{q_1} = 1 - \frac{q_2}{q_1}$$
$$= 1 - \frac{(T_5 - T_1)}{(T_3 - T_2) + k(T_4 - T_2)}$$
$$= 1 - \left(\frac{1}{\varepsilon}\right)^{k-1}\frac{\alpha\sigma^k - 1}{(\rho - 1) + k\alpha(\sigma - 1)}$$

여기서, k : 비열비

ε : 압축비

σ : 체절비(단절비) $= \dfrac{v_3}{v_2} = \dfrac{T_3}{T_2}$

α : 압력비(최고압력비, 압력상승비) 또는 폭발비 $= \dfrac{P_3}{P_2}$

핵심문제

이상적인 복합 사이클(사바테 사이클)에서 압축비는 16, 최고압력비(압력상승비)는 2.3, 체절비는 1.6이고, 공기의 비열비는 1.4일 때 이 사이클의 효율은 약 몇 %인가? [18년 1회]

① 55.52   ② 58.41
③ 61.54   ❹ 64.88

[해설] 이상적인 복합 사이클(사바테 사이클)에서의 열효율(η_s) 산출

$$\eta_s = 1 - \frac{1}{\varepsilon^{k-1}} \cdot \frac{\alpha\sigma^k - 1}{(\alpha - 1) + k\alpha(\sigma - 1)}$$
$$= 1 - \frac{1}{16^{1.4-1}} \cdot \frac{2.3 \times 1.6^{1.4} - 1}{(2.3 - 1) + 1.4 \times 2.3(1.6 - 1)}$$
$$= 0.6488 = 64.88\%$$

여기서, σ : 체절비, α : 압력비
ε : 압축비, k : 비열비

≫ 공기표준 사이클(오토, 디젤, 사바테 사이클)의 비교

㉠ 공통점
- 일을 생성하는 과정은 모두 단열팽창 과정
- 열을 배출하는 과정은 모두 정적과정

㉡ 비교사항
- 압축비 일정 시 열효율은 오토 사이클이 가장 우수
- 최고압력 일정 시 열효율은 디젤 사이클이 가장 우수

4) 공기표준 가스터빈 사이클(브레이턴 사이클, Brayton Cycle)

(1) 일반사항

① 가스터빈은 터빈의 깃에 직접 연소가스를 분출시켜 회전일을 얻어 동력을 발생시키는 열기관으로서 3대 기본요소에는 압축기, 연소기, 터빈이 있다.

② 가스터빈의 공기표준 사이클을 브레이턴(Braton) 사이클이라 한다.

(2) 가스터빈 사이클의 열효율(η_b)

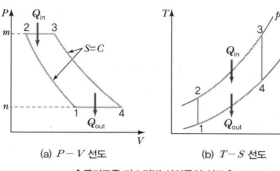

(a) $P-V$ 선도 (b) $T-S$ 선도

∥ 공기표준 가스터빈 사이클의 선도 ∥

$m34nm$: 터빈의 팽창일 $m21nm$: 펌프일
23412 : 실제일

$$\eta_b = \frac{AW}{q_{in}} = \frac{q_{in} - q_{out}}{q_{in}} = 1 - \frac{q_{out}}{q_{in}}$$

$$= 1 - \frac{h_4 - h_1}{h_3 - h_2} = 1 - \frac{T_4 - T_1}{T_3 - T_2}$$

$$= 1 - \frac{1}{\left(\frac{P_2}{P_1}\right)^{\frac{k-1}{k}}} = 1 - \left(\frac{1}{\alpha}\right)^{\frac{k-1}{k}}$$

여기서, α : 압력비 $= \dfrac{P_2}{P_1}$

핵심문제

어떤 기체 동력장치가 이상적인 브레이턴 사이클로 다음과 같이 작동할 때 이 사이클의 열효율은 약 몇 %인가? (단, 온도(T) $-$ 엔트로피(S) 선도에서 $T_1 = 30℃$, $T_2 = 200℃$, $T_3 = 1,060℃$, $T_4 = 160℃$이다.)

[19년 1회, 24년 2회]

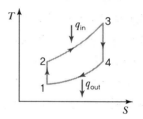

① 81% ❷ 85%
③ 89% ④ 92%

해설 브레이턴 사이클의 열효율(η_b) 산출

$$\eta_b = \left(1 - \frac{T_4 - T_1}{T_3 - T_2}\right) \times 100(\%)$$

$$= \left(1 - \frac{(273 + 160) - (273 + 30)}{(273 + 1,060) - (273 + 200)}\right)$$

$$\times 100(\%) = 85\%$$

01 용기에 부착된 압력계에 읽힌 계기압력이 150kPa이고 국소대기압이 100kPa일 때 용기 안의 절대압력은? [19년 2회]

① 250kPa　　　　　② 150kPa

③ 100kPa　　　　　④ 50kPa

> **해설**
>
> 절대압력＝대기압＋게이지압＝150＋100＝250kPa

02 시간당 380,000kg의 물을 공급하여 수증기를 생산하는 보일러가 있다. 이 보일러에 공급하는 물의 엔탈피는 830kJ/kg이고, 생산되는 수증기의 엔탈피는 3,230kJ/kg이라고 할 때, 발열량이 32,000kJ/kg인 석탄을 시간당 34,000kg씩 보일러에 공급한다면 이 보일러의 효율은 약 몇 %인가? [19년 3회]

① 66.9%　　　　　② 71.5%

③ 77.3%　　　　　④ 83.8%

> **해설**
>
> **보일러 효율(η) 산출**
> $$\eta = \frac{\text{증기 발생량}\times\text{엔탈피 변화량}}{\text{연료소비량}\times\text{연료의 저위발열량}}$$
> $$= \frac{G(h_2 - h_1)}{G_f \times H_L} = \frac{380,000\text{kg/h}\times(3,230-830)}{34,000\text{kg/h}\times32,000\text{kJ/kg}}$$
> $$= 0.838 = 83.8\%$$

03 그림과 같은 단열된 용기 안에 25℃의 물이 0.8m³ 들어 있다. 이 용기 안에 100℃, 50kg의 쇳덩어리를 넣은 후 열적 평형이 이루어졌을 때 최종 온도는 약 몇 ℃인가?(단, 물의 비열은 4.18 kJ/kg · K, 철의 비열은 0.45kJ/kg · K이다.) [19년 1회]

① 25.5　　　　　② 27.4

③ 29.2　　　　　④ 31.4

> **해설**
>
> **가중평균에 의한 평형온도(t_b) 산출**
> $$t_b = \frac{\sum\limits_{i=1}^{n} G_i C_i t_i}{\sum\limits_{i=1}^{n} G_i C_i} = \frac{G_1 C_1 t_1 + G_2 C_2 t_2}{G_1 C_1 + G_2 C_2}$$
> $$= \frac{\begin{array}{l}50\text{kg}\times0.45\text{kJ/kg}\cdot\text{K}\times(273+100)\text{K}\\ +800\text{kg}\times4.18\text{kJ/kg}\cdot\text{K}\times(273+25)\text{K}\end{array}}{50\text{kg}\times0.45\text{kJ/kg}\cdot\text{K}+800\text{kg}\times4.18\text{kJ/kg}\cdot\text{K}}$$
> $$= 298.5\text{K}$$
>
> 여기서, 물의 질량은 밀도를 1,000kg/m³로 간주하고, 부피가 0.8m³이므로 800kg으로 산정한다.
> $$\therefore\ t_b = 298.5 - 273 = 25.5\text{℃}$$

04 어떤 시스템에서 유체는 외부로부터 19kJ의 일을 받으면서 167kJ의 열을 흡수하였다. 이때 내부에너지의 변화는 어떻게 되는가? [19년 2회]

① 148kJ 상승한다.

② 186kJ 상승한다.

③ 148kJ 감소한다.

④ 186kJ 감소한다.

> **해설**
>
> **내부에너지의 변화(ΔU) 산출**
> $$\Delta U = \text{열량}(Q) - \text{일량}(W)$$
> $$= 167\text{kJ} - (-19\text{kJ})$$
> $$= 186\text{kJ(증가)}$$

05 기체가 0.3MPa로 일정한 압력하에 8m³에서 4m³까지 마찰 없이 압축되면서 동시에 500kJ의 열을 외부로 방출하였다면, 내부에너지의 변화는 약 몇 kJ인가? [20년 3회]

① 700
② 1,700
③ 1,200
④ 1,400

해설

내부에너지의 변화량(ΔU) 산출

$$\Delta U = 열량(Q) - 일량(W) = Q - P(V_2 - V_1)$$
$$= -500 - 0.3 \times 10^3 \times (4 - 8)$$
$$= 700kJ$$

06 어느 내연기관에서 피스톤의 흡기과정으로 실린더 속에 0.2kg의 기체가 들어 왔다. 이것을 압축할 때 15kJ의 일이 필요하였고, 10kJ의 열을 방출하였다고 한다면, 이 기체 1kg당 내부에너지의 증가량은? [19년 1회]

① 10kJ/kg
② 25kJ/kg
③ 35kJ/kg
④ 50kJ/kg

해설

1kg당 내부에너지 증가량(ΔU) 산출

$$\Delta U = 열량(Q) - 일량(W) = (-10) - (-15) = 5kJ(증가)$$

$$1kg당\ \Delta U(kJ/kg) = \frac{\Delta U}{m} = \frac{5kJ}{0.2kg} = 25kJ/kg$$

07 공기 1kg이 압력 50kPa, 부피 3m³인 상태에서 압력 900kPa, 부피 0.5m³인 상태로 변화할 때 내부에너지가 160kJ 증가하였다. 이때 엔탈피는 약 몇 kJ이 증가하였는가? [19년 1회]

① 30
② 185
③ 235
④ 460

해설

엔탈피 변화량(dh) 산출

$$dh = dU + d(PV) = dU + (P_2 V_2 - P_1 V_1)$$
$$= 160kJ + (900 \times 0.5 - 50 \times 3) = 460kJ$$

08 보일러에 온도 40℃, 엔탈피 167kJ/kg인 물이 공급되어 온도 350℃, 엔탈피 3,115kJ/kg인 수증기가 발생한다. 입구와 출구에서의 유속은 각각 5m/s, 50m/s이고, 공급되는 물의 양이 2,000kg/h일 때, 보일러에 공급해야 할 열량(kW)은?(단, 위치에너지 변화는 무시한다.)

[20년 1·2회 통합, 24년 2회]

① 631
② 832
③ 1,237
④ 1,638

해설

보일러 공급열량(q) 산출

$$q(kW) = m[\Delta h + \frac{1}{2}(v_2^2 - v_1^2)]$$
$$= m[(h_2 - h_1) + \frac{1}{2}(v_2^2 - v_1^2)]$$
$$= 2,000kg/h \times \left(\frac{1}{3,600}\right)$$
$$\times \left[(3,115 - 167)kJ/kg + \frac{1}{2}(50^2 - 5^2) \times \frac{1kJ}{1,000J}\right]$$
$$= 1,638.5kW$$

09 열역학 제2법칙과 관계된 설명으로 가장 옳은 것은? [21년 2회, 24년 1회]

① 과정(상태변화)의 방향성을 제시한다.
② 열역학적 에너지의 양을 결정한다.
③ 열역학적 에너지의 종류를 판단한다.
④ 과정에서 발생한 총 일의 양을 결정한다.

해설

열역학 제2법칙

• 열역학 제2법칙이란 열과 일은 서로 전환이 가능하나 열에너지를 모두 일에너지로 변화시킬 수 없다는 것을 나타낸다.
• 사이클 과정에서 열이 모두 일로 변화할 수는 없다.(영구기관 제작 불가능)
• 열 이동의 방향을 정하는 법칙이다.(저온의 유체에서 고온의 유체로의 자연적 이동은 불가능)
• 비가역 과정을 하며, 비가역 과정에서는 엔트로피의 변화량이 항상 증가된다.

10 열과 일에 대한 설명으로 옳은 것은?

[18년 3회, 22년 2회]

① 열역학적 과정에서 열과 일은 모두 경로에 무관한 상태함수로 나타낸다.

② 일과 열의 단위는 대표적으로 Watt(W)를 사용한다.

③ 열역학 제1법칙은 열과 일의 방향성을 제시한다.

④ 한 사이클 과정을 지나 원래 상태로 돌아왔을 때 시스템에 가해진 전체 열량은 시스템이 수행한 전체 일의 양과 같다.

해설

① 열역학적 과정에서 열과 일은 모두 경로에 따라 달라지는 경로함수이다.

② 일과 열의 단위는 대표적으로 J(Joule)을 사용한다.

③ 열역학 제2법칙에 대한 설명이다.

11 비가역 단열변화에 있어서 엔트로피 변화량은 어떻게 되는가?

[20년 4회]

① 증가한다.

② 감소한다.

③ 변화량은 없다.

④ 증가할 수도 감소할 수도 있다.

해설

비가역 과정에서는 열역학 제2법칙에 의해 엔트로피가 증가하게 된다. 단, 가역일 경우는 불변한다.

12 500℃의 고온부와 50℃의 저온부 사이에서 작동하는 Carnot 사이클 열기관의 열효율은 얼마인가?

[18년 3회]

① 10% ② 42%

③ 58% ④ 90%

해설

카르노 사이클의 열효율(η_c) 산출

$$\eta_c = \frac{\text{생산일}(W)}{\text{공급열량}(Q)} = 1 - \frac{T_L}{T_H} = 1 - \frac{273+50}{273+500}$$

$$= 0.58 = 58\%$$

13 그림과 같이 카르노 사이클로 운전하는 기관 2개가 직렬로 연결되어 있는 시스템에서 두 열기관의 효율이 똑같다고 하면 중간 온도 T는 약 몇 K인가?

[18년 3회]

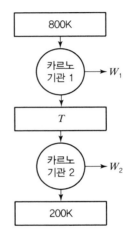

① 330K ② 400K

③ 500K ④ 660K

해설

카르노 기관 1의 효율(η_1)과 카르노 기관 2의 효율(η_2)이 같을 경우 온도 T 산출

$\eta = 1 - \dfrac{T_L}{T_H}$ 이므로, $\eta_1 = \eta_2$ 이면, $1 - \dfrac{T}{800} = 1 - \dfrac{200}{T}$

$\therefore \ T = 400K$

14 카르노 사이클로 작동되는 열기관이 고온체에서 100kJ의 열을 받고 있다. 이 기관의 열효율이 30%라면 방출되는 열량은 약 몇 kJ인가?

[19년 2회]

① 30 ② 50

③ 60 ④ 70

> **해설**

카르노 사이클의 열효율 산출공식을 통해 방출열량(Q_L)을 산출한다.

$$\text{열효율}(\eta_c) = \frac{\text{생산일}(W)}{\text{공급열량}(Q)} = 1 - \frac{T_L}{T_H} = 1 - \frac{Q_L}{Q_H}$$

$$\eta_c = 1 - \frac{Q_L}{Q_H}$$

$$0.3 = 1 - \frac{Q_L}{100\text{kJ}}$$

$$\therefore \ Q_L = 70\text{kJ}$$

15 역카르노 사이클로 운전하는 이상적인 냉동사이클에서 응축기 온도가 40℃, 증발기 온도가 −10℃이면 성능계수는? [18년 3회]

① 4.26
② 5.26
③ 3.56
④ 6.56

> **해설**

이상적인 냉동기의 성적계수(COP_R) 산출

$$COP_R = \frac{T_L}{T_H - T_L} = \frac{273 + (-10)}{(273 + 40) - (273 + (-10))} = 5.26$$

16 성능계수가 3.2인 냉동기가 시간당 20MJ의 열을 흡수한다면 이 냉동기의 소비동력(kW)은? [20년 4회]

① 2.25
② 1.74
③ 2.85
④ 1.45

> **해설**

$$\text{냉동기의 성적계수}(COP_R) = \frac{\text{냉동효과}}{\text{압축일}} = \frac{q}{AW}$$

$$AW = \frac{q}{COP_R} = \frac{20\text{MJ/h} \times 10^3}{3,600 \times 3.2} = 1.74\text{kW}$$

17 R−12를 작동 유체로 사용하는 이상적인 증기압축 냉동사이클이 있다. 여기서 증발기 출구 엔탈피는 229kJ/kg, 팽창밸브 출구 엔탈피는 81kJ/kg, 응축기 입구 엔탈피는 255kJ/kg일 때 이 냉동기의 성적계수는 약 얼마인가? [19년 2회]

① 4.1
② 4.9
③ 5.7
④ 6.8

> **해설**

냉동기의 성적계수(COP_R) 산출

$$COP_R = \frac{q_e}{AW} = \frac{\text{증발기 출구 } h - \text{팽창밸브 출구 } h}{\text{응축기 입구 } h - \text{증발기 출구 } h}$$

$$= \frac{229 - 81}{255 - 229} = 5.7$$

18 클라우지우스(Clausius) 부등식을 옳게 표현한 것은?(단, T는 절대온도, Q는 시스템으로 공급된 전체 열량을 표시한다.) [19년 2회, 24년 3회]

① $\oint \frac{\delta Q}{T} \geq 0$
② $\oint \frac{\delta Q}{T} \leq 0$
③ $\oint T\delta Q \geq 0$
④ $\oint T\delta Q \leq 0$

> **해설**

클라우지우스(Clausius)의 적분 : $\oint \frac{\delta Q}{T} \leq 0$

• 가역 과정 : $\oint \frac{\delta Q}{T} = 0$

• 비가역 과정 : $\oint \frac{\delta Q}{T} < 0$

19 다음 4가지 경우에서 ( ) 안의 물질이 보유한 엔트로피가 증가한 경우는? [21년 2회, 24년 1회]

ⓐ 컵에 있는 (물)이 증발하였다.
ⓑ 목욕탕의 (수증기)가 차가운 타일 벽에서 물로 응결되었다.
ⓒ 실린더 안의 (공기)가 가역 단열적으로 팽창되었다.
ⓓ 뜨거운 (커피)가 식어서 주위 온도와 같게 되었다.

① ⓐ
② ⓑ
③ ⓒ
④ ⓓ

해설

ⓐ 엔트로피 증가   ⓑ 엔트로피 감소
ⓒ 엔트로피 일정   ⓓ 엔트로피 감소

20 에어컨을 이용하여 실내의 열을 외부로 방출하려고 한다. 실외 35℃, 실내 20℃인 조건에서 실내로부터 3kW의 열을 방출하려 할 때 필요한 에어컨의 최소 동력은 약 몇 kW인가? [18년 3회]

① 0.154   ② 1.54
③ 0.308   ④ 3.08

해설

에어컨의 동력(일량, AW) 산출

냉동기의 성적계수(COP_R) = $\dfrac{냉동효과}{이론동력}$ = $\dfrac{q}{AW}$ = $\dfrac{T_L}{T_H - T_L}$

$\dfrac{q}{AW} = \dfrac{T_L}{T_H - T_L} \rightarrow \dfrac{3\text{kW}}{AW} = \dfrac{(273+20)}{(273+35)-(273+20)}$

∴ 동력(일량, AW) = 0.154kW

21 어떤 사이클이 다음 온도(T)−엔트로피(s) 선도와 같을 때 작동 유체에 주어진 열량은 약 몇 kJ/kg인가? [19년 2회]

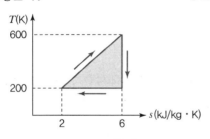

① 4   ② 400
③ 800   ④ 1,600

해설

T(온도)−s(엔트로피) 선도에서의 열량은 선도상의 경로선 내의 면적이 된다.

Q(열량) = $\dfrac{(T_2 - T_1) \times (s_2 - s_1)}{2}$

$= \dfrac{(600-200)\times(6-2)}{2} = 800\text{kJ/kg}$

22 온도 20℃에서 계기압력 0.183MPa의 타이어가 고속주행으로 온도 80℃로 상승할 때 압력은 주행 전과 비교하여 약 몇 kPa 상승하는가?(단, 타이어의 체적은 변하지 않고, 타이어 내의 공기는 이상기체로 가정하며, 대기압은 101.3kPa이다.)

[18년 2회, 21년 1회, 24년 2회]

① 37kPa   ② 58kPa
③ 286kPa   ④ 445kPa

해설

정적과정이므로 $\dfrac{T_2}{T_1} = \dfrac{P_2}{P_1}$

$P_2 = \dfrac{T_2}{T_1} \times P_1 = \dfrac{273+80}{273+20} \times (101.3+183) = 342.52\text{kPa}$

여기서, P_1 = 대기압 + 계기압 = 101.3 + 183 = 284.3kPa

∴ $P_2 - P_1$ = 342.52 − 284.3 = 58.22kPa

23 그림과 같이 다수의 추를 올려놓은 피스톤이 끼워져 있는 실린더에 들어 있는 가스를 계로 생각한다. 초기 압력이 300kPa이고, 초기 체적은 0.05m³이다. 피스톤을 고정하여 체적을 일정하게 유지하면서 압력이 200kPa로 떨어질 때까지 계에서 열을 제거한다. 이때 계가 외부에 한 일(kJ)은 얼마인가? [19년 3회]

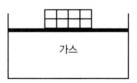

① 0   ② 5
③ 10   ④ 15

해설

정적과정이므로 v = Constant이고 Δv = 0

∴ $_1W_2 = \displaystyle\int_1^2 Pdv = 0$

24 이상기체 1kg이 초기에 압력 2kPa, 부피 0.1m³를 차지하고 있다. 가역 등온과정에 따라 부피가 0.3m³로 변화했을 때 기체가 한 일은 약 몇 J인가? [19년 1회]

① 9,540　　　　　② 2,200
③ 954　　　　　　④ 220

해설

등온과정에서 기체가 한 일(W) 산출

$$W = \int_1^2 Pdv = P_1 V_1 \ln\left(\frac{V_2}{V_1}\right)$$

$$= 2\text{kPa} \times 0.1\text{m}^3 \times \ln\left(\frac{0.3}{0.1}\right) = 0.2197\text{kJ} = 219.7\text{J} = 220\text{J}$$

25 압력 250kPa, 체적 0.35m³의 공기가 일정 압력하에서 팽창하여, 체적이 0.5m³로 되었다. 이때 내부에너지의 증가가 93.9kJ이었다면, 팽창에 필요한 열량은 약 몇 kJ인가? [18년 3회]

① 43.8　　　　　② 56.4
③ 131.4　　　　　④ 175.2

해설

등압과정에서의 팽창에 필요한 열량(Q) 산출

$Q = \Delta H$(내부에너지 변화량) + W(일량)

$\quad = 93.9 + 37.5 = 131.4\text{kJ}$

여기서, 일량 W는 다음과 같이 산출한다.

$$W = \int_1^2 PdV = P(V_2 - V_1)$$

$$= 250\text{kPa} \times (0.5 - 0.35)\text{m}^3 = 37.5\text{kJ}$$

26 그림과 같이 실린더 내의 공기가 상태 1에서 상태 2로 변화할 때 공기가 한 일은?(단, P는 압력, V는 부피를 나타낸다.) [19년 2회]

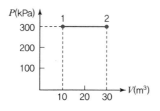

① 30kJ　　　　　② 60kJ
③ 3,000kJ　　　　④ 6,000kJ

해설

$W = \int_1^n Pdv$이므로 $P-V$ 선도의 면적은 일을 나타낸다.

$$_1W_2 = \int_1^2 Pdv = P(V_2 - V_1)$$

$$= 300\text{kPa} \times (30-10)\text{m}^3 = 6,000\text{kJ}$$

27 펌프를 사용하여 150kPa, 26℃의 물을 가역 단열과정으로 650kPa까지 변화시킨 경우 펌프의 일(kJ/kg)은?(단, 26℃의 포화액의 비체적은 0.001m³/kg이다.) [20년 1·2회 통합]

① 0.4　　　　　② 0.5
③ 0.6　　　　　④ 0.7

해설

펌프가 수행한 일(W_{pump}) 산출

$$W_{pump} = \int_1^2 vdP = v(P_2 - P_1)$$

$$= 0.001\text{m}^3/\text{kg} \times (650\text{kPa} - 150\text{kPa})$$

$$= 0.5\text{kJ/kg}$$

28 가역 과정으로 실린더 안의 공기를 50kPa, 10℃ 상태에서 300kPa까지 압력(P)과 체적(V)의 관계가 다음과 같은 과정으로 압축할 때 단위질량당 방출되는 열량은 약 몇 kJ/kg인가?(단, 기체상수는 0.287kJ/kg·K이고, 정적비열은 0.7kJ/kg·K이다.) [19년 2회]

$PV^{1.3} =$ 일정

① 17.2　　　　　② 37.2
③ 57.2　　　　　④ 77.2

단열과정에서의 방출열량(Q) 산출

$$Q = C_v(T_2 - T_1) + \frac{R}{k-1}(T_1 - T_2)$$

$$= 0.7\text{kJ/kg} \cdot \text{K} \times (428 - (273 + 10))$$

$$+ \frac{0.287\text{kJ/kg} \cdot \text{K}}{1.3 - 1} \times ((273 + 10) - 428)$$

$$= -37.2 = 37.2\text{kJ/kg}(\text{방출})$$

여기서, T_2는 단열과정이므로 다음과 같이 산출한다.

$$\frac{T_2}{T_1} = \left(\frac{V_1}{V_2}\right)^{k-1} = \left(\frac{P_2}{P_1}\right)^{\frac{k-1}{k}}$$

$$T_2 = \left(\frac{P_2}{P_1}\right)^{\frac{k-1}{k}} \times T_1 = \left(\frac{300}{50}\right)^{\frac{1.3-1}{1.3}} \times (273 + 10) = 428\text{K}$$

29 증기를 가역 단열과정을 거쳐 팽창시키면 증기의 엔트로피는? [21년 1회]

① 증가한다.
② 감소한다.
③ 변하지 않는다.
④ 경우에 따라 증가도 하고, 감소도 한다.

해설

가역 단열과정은 등엔트로피 과정이다.

30 그림과 같은 Rankine 사이클로 작동하는 터빈에서 발생하는 일은 약 몇 kJ/kg인가?(단, h는 엔탈피, s는 엔트로피를 나타내며, $h_1 = 191.8$kJ/kg, $h_2 = 193.8$kJ/kg, $h_3 = 2,799.5$kJ/kg, $h_4 = 2,007.5$kJ/kg이다.) [19년 1회]

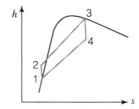

① 2.0kJ/kg
② 792.0kJ/kg
③ 2,605.7kJ/kg
④ 1,815.7kJ/kg

해설

랭킨 사이클에서의 일(AW)은 단열팽창(터빈)과정(3 → 4)이므로, $AW = h_3 - h_4 = 2,799.5 - 2,007.5 = 792$kJ/kg

31 랭킨 사이클의 각각의 지점에서 엔탈피는 다음과 같다. 이 사이클의 효율은 약 몇 %인가? (단, 펌프일은 무시한다.) [18년 3회, 24년 1회]

- 보일러 입구 : 290.5kJ/kg
- 보일러 출구 : 3,476.9kJ/kg
- 응축기 입구 : 2,622.1kJ/kg
- 응축기 출구 : 286.3kJ/kg

① 32.4%
② 29.8%
③ 26.8%
④ 23.8%

해설

펌프일을 무시하므로, 다음과 같이 효율을 산출한다.

$$\eta = \frac{h_3 - h_4}{h_3 - h_2} \times 100(\%)$$

$$= \frac{3,476.9 - 2,622.1}{3,476.9 - 290.5} \times 100(\%) = 26.83\% = 26.8\%$$

여기서, h_2 : 보일러 입구 엔탈피(kJ/kg)
h_3 : 보일러 출구 엔탈피(kJ/kg)
h_4 : 응축기 입구 엔탈피(kJ/kg)

32 600kPa, 300K 상태의 이상기체 1kmol이 엔탈피가 등온과정을 거쳐 압력이 200kPa로 변했다. 이 과정 동안의 엔트로피 변화량은 약 몇 kJ/K인가?(단, 일반기체상수($\overline{R}$)는 8.31451kJ/kmol · K이다.) [19년 1회]

① 0.782
② 6.31
③ 9.13
④ 18.6

해설

엔트로피 변화량(ΔS) 산출

$$\Delta S = S_2 - S_1 = G\overline{R}\ln\frac{P_1}{P_2}$$

$$= 1\text{kmol} \times 8.31451\text{kJ/kmol} \cdot \text{K} \times \ln\frac{600}{200} = 9.134\text{kJ/K}$$

33 어떤 습증기의 엔트로피가 $6.78\text{kJ/kg}\cdot\text{K}$ 이라고 할 때 이 습증기의 엔탈피는 약 몇 kJ/kg 인가?(단, 이 기체의 포화액 및 포화증기의 엔탈피와 엔트로피는 다음과 같다.) [20년 3회]

구분	포화액	포화증기
엔탈피(kJ/kg)	384	2,666
엔트로피(kJ/kg · K)	1.25	7.62

① 2,365 ② 2,402
③ 2,473 ④ 2,511

해설

습증기의 엔탈피(h) 산출

$$x(\text{건도}) = \frac{s(\text{습증기 엔트로피}) - s'(\text{포화액 엔트로피})}{s''(\text{포화증기 엔트로피}) - s'(\text{포화액 엔트로피})}$$

$$= \frac{6.78 - 1.25}{7.62 - 1.25} = 0.868$$

$$h = h' + x(h'' - h')$$

$$= 384 + 0.868(2,666 - 384) = 2,364.78$$

여기서, h' : 포화액의 엔탈피
h'' : 포화증기의 엔탈피

34 압력이 100kPa이며 온도가 25℃인 방의 크기가 240m³이다. 이 방에 들어 있는 공기의 질량은 약 몇 kg인가?(단, 공기는 이상기체로 가정하며, 공기의 기체상수는 $0.287\text{kJ/kg}\cdot\text{K}$이다.) [19년 2회]

① 0.00357 ② 0.28
③ 3.57 ④ 281

해설

이상기체 상태방정식 $PV = nRT$

$$n = \frac{PV}{RT}$$

$$= \frac{100\text{kPa} \times 240\text{m}^3}{0.287\text{kJ/kg}\cdot\text{K} \times (273 + 25)} = 280.62 = 281\text{kg}$$

35 공기 10kg이 압력 200kPa, 체적 5m³인 상태에서 압력 400kPa, 온도 300℃인 상태로 변한 경우 최종 체적(m³)은 얼마인가?(단, 공기의 기체상수는 $0.287\text{kJ/kg}\cdot\text{K}$이다.) [20년 1·2회 통합]

① 10.7 ② 8.3
③ 6.8 ④ 4.1

해설

이상기체 상태방정식 $P_2 V_2 = nRT_2$

$$V_2 = \frac{nRT_2}{P_2}$$

$$= \frac{10\text{kg} \times 0.287\text{kJ/kg}\cdot\text{K} \times (273 + 300)}{400\text{kPa}} = 4.1\text{m}^3$$

36 이상적인 오토 사이클에서 열효율을 55%로 하려면 압축비를 약 얼마로 하면 되겠는가? (단, 기체의 비열비는 1.4이다.) [19년 1회]

① 5.9 ② 6.8
③ 7.4 ④ 8.5

해설

오토 사이클의 압축비(ε) 산출

$$\eta = 1 - \left(\frac{1}{\varepsilon}\right)^{k-1}$$

$$0.55 = 1 - \left(\frac{1}{\varepsilon}\right)^{1.4-1}$$

$$\therefore \varepsilon = 7.4$$

37 공기표준 브레이턴(Brayton) 사이클 기관에서 최고압력이 500kPa, 최저압력은 100kPa 이다. 비열비(k)가 1.4일 때, 이 사이클의 열효율 (%)은? [19년 3회]

① 3.9 ② 18.9
③ 36.9 ④ 26.9

브레이턴 사이클의 열효율(η_b) 산출

$$\eta_b = 1 - \frac{1}{\left(\dfrac{P_H}{P_L}\right)^{\frac{k-1}{k}}} \times 100(\%)$$

$$= 1 - \frac{1}{\left(\dfrac{500}{100}\right)^{\frac{1.4-1}{1.4}}} \times 100(\%)$$

$$= 36.9\%$$

38 배기량(Displacement Volume)이 1,200cc, 극간체적(Clearance Volume)이 200cc인 가솔린 기관의 압축비는 얼마인가? [19년 3회]

① 5   ② 6

③ 7   ④ 8

해설

압축비 $\phi = \dfrac{\text{실린더체적}}{\text{간극체적}}$

$$= \frac{\text{행정체적} + \text{간극체적}}{\text{극간(간극)체적}}$$

$$= \frac{1,200 + 200}{200} = 7$$

39 이상적인 디젤 기관의 압축비가 16일 때 압축 전의 공기 온도가 90℃라면, 압축 후의 공기 온도는 약 몇 ℃인가?(단, 공기의 비열비는 1.4 이다.) [18년 3회]

① 1,100℃   ② 718℃

③ 808℃   ④ 827℃

해설

단열압축과정

$$\frac{T_2}{T_1} = \left(\frac{V_1}{V_2}\right)^{k-1} = \varepsilon^{k-1}$$

여기서, k : 비열비, ε : 압축비

$$T_2 = \varepsilon^{k-1} \times T_1$$

$$= 16^{1.4-1} \times (273+90) = 1,100.4\text{K}$$

$$\therefore \ 1,100.4 - 273 = 827.4℃$$

40 복사열을 방사하는 방사율과 면적이 같은 2개의 방열판이 있다. 각각의 온도가 A방열판은 120℃, B방열판은 80℃일 때 두 방열판의 복사 열전달량비(Q_A/Q_B)는? [21년 2회, 24년 2회]

① 1.08   ② 1.22

③ 1.54   ④ 2.42

해설

슈테판－볼츠만 법칙에서 복사에너지의 양은 절대온도의 4제곱에 비례한다.

$$\therefore \ \frac{(120+273)^4}{(80+273)^4} = 1.54\text{배}$$

PART

03

시운전 및
안전관리

CHAPTER 01 교류회로

CHAPTER 02 전기기기

CHAPTER 03 제어기기 및 회로

CHAPTER 04 안전 및 설치, 운영, 점검

1. 전기회로

1) 전류(Electric Current, I)

① 전기회로에서 시간에 대한 전하의 변화량, 전하의 이동을 전류라고 한다.

② 전위가 높은 곳($+$극)에서 낮은 곳($-$극)으로 전하가 연속적으로 이동하는 현상을 말한다.

③ 어떤 도체의 단면을 t(sec) 동안 Q(C)의 전하가 이동할 때 통과하는 전하의 양으로 정의한다.

$$I = \frac{dQ}{dt}[\text{A}][\text{C/sec}]$$

④ 전하량이 변화하면 주변에 자기장이 형성된다.

⑤ 자기장의 발생원인은 전류이며, 자기장이 있다는 것은 전류가 흐르고 있음을 나타낸다.

2) 전압(Electric Voltage, 전위차, V)

① 물질의 전기적인 위치에너지를 전위(Electric Potential)라 하며, 두 점의 전위차를 전압이라고 한다.

② 어떤 도체에서 단위전하 Q(C)를 옮기는 데 필요한 일 W(J)의 양으로 정의한다.

$$V = \frac{W}{Q}[\text{V}][\text{J/C}]$$

3) 저항(Resistance, R)

(1) 저항

① 전류의 흐름을 방해하는 소자 또는 크기를 말한다.

② 저항(R)은 저항의 길이(l)에 비례하며 도체의 단면적(A)에 반비례한다.

$$R = \rho\frac{l}{A}[\Omega(\text{Ohm})]$$

여기서, ρ : 고유저항(Specific Resistance)

≫ 전압(V)

• 전압은 전기량이 이동하여 일을 할 수 있는 전위 에너지 차로서 전류를 흐르게 하는 힘을 의미한다.

• 단위는 볼트(V, Volt)이며, 표시기호는 V를 사용한다.

≫ 저항(R)

• 저항은 도체의 전기 흐름을 방해하는 성질을 의미한다.

• 단위는 옴(Ω)이며, 표시기호는 R을 사용한다.

- 이 식은 길이 1m, 단면적 1m²인 물질의 저항을 나타낸다.
- 물질의 종류에 따라 고유한 값을 갖는다.

‖ 저항 ‖

(2) 저항의 연결

① 저항의 직렬연결(Series Connection)

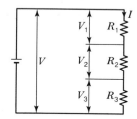

‖ 저항의 직렬연결 ‖

- 각 저항에 흐르는 전류의 세기는 같다.
- 합성 저항(R) = $R_1 + R_2 + R_3$[Ω]
- 각 저항 양단의 전압은 다음과 같다.

$$V_1 = IR_1 = \frac{R_1}{R} V$$

$$V_2 = IR_2 = \frac{R_2}{R} V$$

$$V_3 = IR_3 = \frac{R_3}{R} V$$

② 저항의 병렬연결(Parallel Connection)

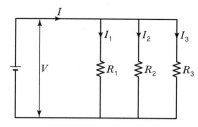

‖ 저항의 병렬연결 ‖

- 각 저항의 양단의 전압은 같다.
- 합성 저항(R) = $\dfrac{1}{\dfrac{1}{R_1} + \dfrac{1}{R_2} + \dfrac{1}{R_3}}$[Ω]

• 각각의 분로 및 저항에 흐르는 전류는 다음과 같다.

$$I_1 = \frac{V}{R_1} = \frac{R}{R_1}I$$

$$I_2 = \frac{V}{R_2} = \frac{R}{R_2}I$$

$$I_3 = \frac{V}{R_3} = \frac{R}{R_3}I$$

③ 저항의 직·병렬연결

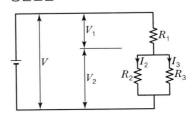

┃ 저항의 직·병렬연결 ┃

• 합성 저항$(R) = R_1 + \dfrac{1}{\dfrac{1}{R_2} + \dfrac{1}{R_3}} = R_1 + \dfrac{R_2 \cdot R_3}{R_2 + R_3}$ [Ω]

• 합성 전류$(I) = \dfrac{V}{R}$ [A]

(3) 컨덕턴스(Conductance)

① 컨덕턴스(G)란 전기가 얼마나 잘 통하는지를 나타내는 지표이다.

② 저항의 역수로 정의된다.

$$G = \frac{1}{R} = \frac{1}{\rho}\frac{A}{l} = \sigma\frac{A}{l} [\text{S(Siemens)}]$$

여기서, σ : 전도율(Conductivity)

• 전류가 흐르기 쉬움을 나타내는 값으로 고유저항의 역수이다.

• 물질의 종류에 따라 고유한 값을 갖는다.

4) 옴의 법칙과 키르히호프의 법칙

(1) 옴의 법칙(Ohm's Law)

회로에 흐르는 전류의 세기는 전압에 비례하고 저항에 반비례한다.

$$I = \frac{V}{R} [\text{A}]$$

$$V = IR [\text{V}]$$

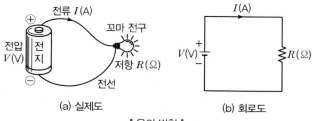

| (a) 실제도 | (b) 회로도 |

‖ 옴의 법칙 ‖

(2) 키르히호프의 법칙(Kirchhoff's Law)

① 제1법칙(전류 평형의 법칙)

전기회로의 어느 접속점에서도 접속점에 유입하는 전류의 합은 유출하는 전류의 합과 같다.

> 유입하는 전류의 합 = 유출하는 전류의 합
>
> $$I_1 + I_2 + I_4 = I_3 + I_5$$

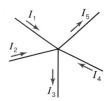

‖ 키르히호프 제1법칙 ‖

② 제2법칙(전압 평형의 법칙)

전기회로의 기전력의 합은 전기회로에 포함된 저항 등에서 발생하는 전압강하의 합과 같다.

> 기전력의 합 = 전압강하의 합
>
> $$V_1 - V_2 + V_3 = IR_1 + IR_2 + IR_3 + IR_4$$

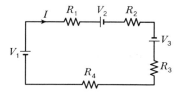

‖ 키르히호프 제2법칙 ‖

2. 자기회로

1) 인덕터(L)

(1) 인덕터(Inductor, L)

① 회로에서 전류가 변하면 그것을 방해하는 방향으로 전압을 유도하는 소자를 말하며, 이때 발생하는 힘을 역기전력, 유도 기전력이라고 한다.

② 코일이라고도 부르며, 전류를 잘 흐르지 못하게 만드는 소자로 자기장의 에너지가 저장된다.

③ 코일 내부에 철심(Core)을 넣어 주면 저장되는 자기장의 세기가 세진다.

④ 코일을 원통형으로 만든 기기를 솔레노이드(Solenoid)라 하며 에너지 변환장치 및 전자석으로 이용된다.

⑤ 인덕터는 콘덴서와 반대 특성을 가진 소자이다.

▮인덕터▮

(2) 인덕턴스(Inductance, L)

① 자기 인덕턴스(Self - inductance)

- 인덕터(코일) 하나의 자기 유도(Self - induction) 정도를 나타내는 값이다.

- 코일에 흐르는 전류가 변화하면 그에 따른 자속의 변화로 코일 내에 유도 기전력이 발생하는데, 그 정도를 나타내는 값이다.

- 기전력(e)을 시간에 따른 전류(I)의 변화량으로 표시하면 다음과 같다.

$$e = -L\frac{\Delta I}{\Delta t}\,[\text{V}]$$

여기서, 비례상수 L을 자기 인덕턴스라 하고 다음과 같이 정의할 수 있다.

$$L = -\frac{dt}{dI} \cdot e\,[\text{H(Henry)}]$$

② 상호 인덕턴스(Mutual Inductance)

하나의 회로의 다른 곳에 1차 코일과 2차 코일을 감고 1차 코일에 전류를 변화시키면 2차 코일에도 유도 기전력이 발생하는 현상을 말한다.

핵심문제

어떤 코일에 흐르는 전류가 0.01초 사이에 일정하게 50A에서 10A로 변할 때 20V의 기전력이 발생할 경우 자기 인덕턴스(mH)는?　　　[18년 3회]

❶ 5　　　　　② 10
③ 20　　　　④ 40

[해설] 자기 인덕턴스(L) 산출

자기 인덕턴스 $L = -\dfrac{dt}{dI} \times e$

$\quad = -\dfrac{0.01}{10-50} \times 20$

$\quad = 0.005\text{H} = 5\,\text{mH}$

여기서, dt : 전류가 흐른 시간(sec)

　　　　dI : 전류 변화량(A)

　　　　e : 유도 기전력(V)

(3) 전자에너지(Electromagnetic Energy, W)

① 전기장, 자기장이 갖는 에너지 또는 인덕터(코일)에 축적되는 전기·자기에너지를 말한다.

② 인덕터에 전류(I)를 t(sec) 동안 0에서 1A까지 일정한 비율로 증가시켰을 때 코일에 축적되는 전자에너지(W)는 인덕턴스(L)에 비례하고 전류(I)의 제곱에 비례한다.

$$W = \frac{1}{2}LI^2 = \frac{1}{2}L\frac{I}{t}It = \frac{1}{2}VIt = \frac{1}{2}Pt \, [\text{J}]$$

여기서, V : 전압(V), V = 기전력(e) $= L\dfrac{I}{t}$

P : 전력(W), $P = VI$

2) 콘덴서(C)

(1) 콘덴서(Condenser, 커패시터, Capacitor, C)

① 전하를 축적할 수 있는 회로 소자를 말한다.

② 2매의 얇은 도체의 판 사이에 공기 또는 유전체(유전율을 갖는 물질)를 끼워 만든다.

③ 콘덴서의 용량을 정전용량(Electrostatic Capacity) 또는 커패시턴스(Capacitance)라고 한다.

④ 콘덴서의 축전 능력(전하량, Q)은 전압(V)에 비례하며 비례상수는 정전용량(C)이다.

$$Q = CV \, [\text{C}]$$

⑤ 콘덴서에 축적되는 에너지를 정전에너지(W)라 하며 콘덴서에 전압 V(V)가 가해져서 Q(C)의 전하가 축적되어 있을 때 다음과 같이 정의된다.

$$W = \frac{1}{2}QV = \frac{1}{2}CV^2 = \frac{1}{2}\frac{Q^2}{C} \, [\text{J}]$$

‖ 콘덴서 ‖

(2) 콘덴서의 연결

① 직렬연결

직렬연결 시 합성 정전용량은 저항의 병렬연결 시와 같이 계산한다. 직렬연결 합성 정전용량은 다음 식과 같다.

$$C = \cfrac{1}{\dfrac{1}{C_1} + \dfrac{1}{C_2} + \dfrac{1}{C_3} + \cdots + \dfrac{1}{C_n}}$$

핵심문제

100mH의 인덕턴스를 갖는 코일에 10A의 전류를 흘릴 때 축적되는 에너지(J)는? [19년 3회]

① 0.5 　② 1

❸ 5 　④ 10

[해설] 에너지(W) 산출

$W = \dfrac{1}{2}LI^2$

$\quad = \dfrac{1}{2} \times 100\text{mH} \times 10^{-3} \times (10\text{A})^2$

$\quad = 5\text{J}$

여기서, L : 인덕턴스(H), I : 전류(A)

핵심문제

10μF의 콘덴서에 200V의 전압을 인가하였을 때 콘덴서에 축적되는 전하량은 몇 C인가? [20년 3회]

❶ 2×10^{-3} 　② 2×10^{-4}

③ 2×10^{-5} 　④ 2×10^{-6}

[해설] 전하량(Q) 산출

$Q = CV = (10 \times 10^{-6}) \times 200$

$\quad = 2 \times 10^{-3}\text{C}$

여기서, Q : 전하량(C)

$\quad\quad\ C$: 정전용량(F)

$\quad\quad\ V$: 전압(V)

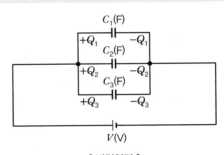

$$V_1(V) \quad V_2(V) \quad V_3(V)$$

$$V(V)$$

‖ 직렬연결 ‖

② 병렬연결

병렬연결의 경우 저항의 직렬연결과 같은 형식으로 합성 정전용량을 계산한다. 병렬연결 시 합성 정전용량은 다음 식과 같다.

$$C = C_1 + C_2 + C_3 + \cdots + C_n$$

‖ 병렬연결 ‖

(3) 역률 개선용 콘덴서 용량

$$Q_c = P(\tan\theta_1 - \tan\theta_2)$$
$$= P\left(\frac{\sqrt{1-\cos\theta_1^2}}{\cos\theta_1} - \frac{\sqrt{1-\cos\theta_2^2}}{\cos\theta_2}\right)[\mathrm{kVA}]$$

여기서, P : 전력(kW)

$\cos\theta_1$: 개선 전 역률

$\cos\theta_2$: 개선 후 역률

3) 전력과 전력량

(1) 전력(Electric Power, P)

① 전류가 단위시간에 하는 일의 양 또는 단위시간 동안에 전송되는 전기에너지를 의미한다.

$$P = \frac{W}{t}[\mathrm{W}]$$

여기서, W : 일, 전기에너지(J)

② 저항(R)에 전압(V)을 가하여 전류(I)가 흘렀을 때의 전력은 다음과 같다.

$$P = VI = I^2 R = \frac{V^2}{R}$$

(2) 전력량(Electric Energy, W)

전류가 어느 일정시간 내에 한 일의 총량을 전력량이라 한다.

$$W = Pt \, [\text{W} \cdot \text{sec}][\text{J}]$$

4) 줄의 법칙

$$H = I^2 Rt \, [\text{J}]$$

여기서, H : 도체에서 발생하는 열량
I : 도체에 흐르는 전류
R : 도체의 저항
t : 전류가 흐른 시간

5) 열전 현상

(1) 제백 효과(Seebeck Effect)

도체에 전류를 흘리면 열이 발생하며 반대로 여기에 열을 가하면 전류가 흐른다. 이와 같은 기전력을 열기전력이라 하고, 전류를 열전류라 하며, 이러한 장치를 열전쌍이라고 한다. 이와 같은 효과를 제백 효과라 한다.

(2) 앙페르의 오른나사 법칙(Ampere's Right-handed Screw Rule)

도체에 전류가 흐르면 주위에 자장이 생기는데, 전류가 오른나사 진행 방향으로 흐르면 자력선은 오른나사를 돌리는 방향으로 생기며, 오른나사를 돌리는 방향으로 전류가 흐르면 나사 진행 방향으로 자력선이 발생하는 현상을 앙페르의 오른나사 법칙이라 한다.

6) 전자력

(1) 자기회로의 옴의 법칙

$$F = NI = Hl \, [\text{AT}]$$
$$\phi = \frac{F}{R} \, [\text{Wb}]$$
$$R = \frac{F}{\phi} = \frac{1}{\mu} \, [\text{A}]$$

핵심문제

100V에서 500W를 소비하는 저항이 있다. 이 저항에 100V의 전원을 200V로 바꾸어 접속하면 소비되는 전력(W)은? [20년 4회]

① 250　　② 500
③ 1,000　　❹ 2,000

[해설]

전력 산출식($P = \frac{V^2}{R}$)을 저항 R에 관한 식으로 놓고 산출한다.

전력 $P = \frac{V^2}{R}$ 이므로 저항 R에 관해 풀면

$$R = \frac{V_1^2}{P_1} = \frac{V_2^2}{P_2}$$

$$P_2 = P_1 \times \frac{V_2^2}{V_1^2} = 500 \times \frac{200^2}{100^2}$$

$$= 2,000\text{W}$$

핵심문제

저항 $R(\Omega)$에 전류 $I(\text{A})$를 일정 시간 동안 흘렸을 때 도선에 발생하는 열량의 크기로 옳은 것은? [18년 3회]

① 전류의 세기에 비례
② 전류의 세기에 반비례
❸ 전류의 세기의 제곱에 비례
④ 전류의 세기의 제곱에 반비례

[해설] 도선에 발생하는 열량(H)

$$H(\text{J}) = I^2 Rt$$

여기서, I : 전류, R : 저항, t : 시간

여기서, ϕ : 자속(Wb)

$\qquad I$: 전류(A)

$\qquad R$: 자기저항(AT/Wb)

$\qquad l$: 자기회로의 길이(m)

$\qquad H$: 자장의 세기(AT/m)

$\qquad A$: 자기회로의 단면적(m²)

(2) 누설자속

① 코일을 철심의 일부에만 감으면 누설자속이 공기 중으로 누설된다.

② 환상 철심에 평등하게 감은 솔레노이드에 있어서는 누설자속이 거의 없다.

③ 전기회로에서는 전류를 옴의 법칙으로 간단히 구할 수 있으나 자기회로에서는 누설자속이 있으므로 예정된 회로에 대한 자속 수를 간단히 계산할 수 없는 경우가 많다.

④ 누설계수(Leakage Coefficient)

전 자속과 예정된 회로를 통하는 유효자속과의 비를 말한다.

$$누설계수 = \frac{전 \ 자속}{유효자속} = \frac{유효자속 + 누설자속}{유효자속}$$

이 값은 대체로 1.1~1.4 정도이다.

(3) 자기저항

$$R = \frac{1}{\mu} \times \frac{1}{A} [\text{AT/Wb}]$$

(4) 플레밍의 왼손 법칙(Fleming's Left-hand Rule)

왼손의 세 손가락(엄지손가락, 집게손가락, 가운뎃손가락)을 서로 직각으로 펼치고, 가운뎃손가락을 전류, 집게손가락을 자장의 방향으로 하면 엄지손가락의 방향이 힘의 방향이다. 이것을 플레밍의 왼손 법칙이라 한다.(이 법칙은 전동기에 적용된다.)

(5) 플레밍의 오른손 법칙(Fleming's Right-hand Rule)

유도 기전력의 방향은 자장의 방향을 집게손가락이 가리키는 방향으로 하고, 도체를 엄지손가락 방향으로 움직이면 가운뎃손가락 방향으로 전류가 흐른다. 이것을 플레밍의 오른손 법칙이라 한다.(이 법칙은 발전기에 적용된다.)

1. 정현파 교류

1) 개요

① 시간의 변화에 따라 크기와 방향이 주기적으로 변화하는 전기의 흐름을 교류라고 한다.

② 정현파 교류가 가장 일반적이며 사인파 교류라고도 한다.

③ 교류회로란 교류 전원에 의해 교류 전압·전류가 공급되는 회로이다.

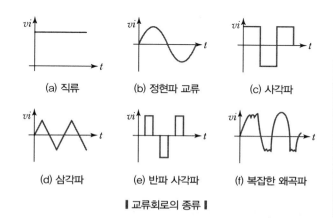

(a) 직류   (b) 정현파 교류   (c) 사각파

(d) 삼각파   (e) 반파 사각파   (f) 복잡한 왜곡파

∥ 교류회로의 종류 ∥

2) 주기, 주파수, 각속도

(1) 주기(Period)

① 교류에 있어 전류가 어떤 상태에서 출발하여 차츰 변화되어서 최초의 상태로 돌아올 때까지의 행정을 사이클(Cycle)이라고 한다.

② 교류 1Cycle을 만드는 데 필요한 시간을 주기(T)라고 정의한다.(단위 : sec)

(2) 주파수(Frequency)

① 교류에 있어 1초간 진행되는 사이클의 수를 주파수(f)라고 한다.(단위 : Hz)

② 우리나라는 60사이클, 60Hz를 사용한다.

(3) 각속도(각주파수)

교류에 있어 1초 동안에 회전한 각도를 각속도(ω)라고 한다.
(단위 : rad/sec)

≫ 주파수(Frequency)

• 교류에 있어 전류가 어떤 상태에서 출발하여 차츰 변화되어서 최초의 상태로 돌아올 때까지의 행정을 사이클(Cycle)이라 하고, 1초간 사이클 수를 주파수(Frequency)라 한다.

• 발전소에서 보통 발전되는 주파수는 50, 60Hz인데, 우리나라는 60Hz를 사용하고 있고, 이를 상용주파수라 한다.

$$\omega = \frac{\theta}{t} \, [\text{rad/sec}]$$

3) 복소평면

교류는 주파수를 갖고 시간의 변화에 따라 크기와 방향이 변하므로 복소평면에 표현한다.

$$\dot{A} = a + jb$$
$$\text{절댓값} : \dot{A} = |\dot{A}| = \sqrt{a^2 + b^2}$$
$$\text{위상각} : \theta = \tan^{-1} \frac{b}{a}$$

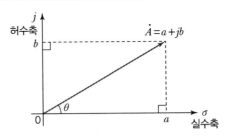

‖ 복소평면과 표현법 ‖

2. 정현파 교류의 표시

1) 순시값과 최댓값

① 순시값(Instantaneous Value) : 교류는 시간에 따라 변하고 있으므로 임의의 순간에서 전압 또는 전류의 크기(v, i)

$$v = V_m \sin\omega t \, [\text{V}]$$
$$i = I_m \sin\omega t \, [\text{A}]$$

② 최댓값(Maximum Value) : 교류의 순시값 중에서 가장 큰 값 (V_m, I_m)

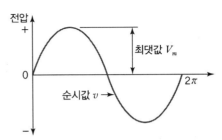

‖ 순시값과 최댓값 ‖

2) 평균값(Average Value) : V_a, I_a

정현파 교류의 1주기를 평균하면 0이 되므로, 반주기를 평균한 값

$$V_a = \frac{2}{\pi} V_m \fallingdotseq 0.637 V_m \, [\text{V}]$$

$$I_a = \frac{2}{\pi} I_m \fallingdotseq 0.637 I_m \, [\text{A}]$$

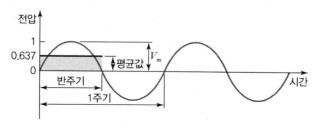

▮ 정현파 교류의 평균값 ▮

3) 실효값(Effective Value) : V, I

① 교류의 크기를 직류와 동일한 일을 하는 교류의 크기로 바꾸어 나타냈을 때의 값

② 교류의 실효값 : 순시값의 제곱평균의 제곱근 값(RMS : Root Mean Square Value)

$$V = \sqrt{v^2 \text{의 평균}}$$

여기서, v : 순시값

③ 교류의 실효값 V(V)와 최댓값 V_m(V) 사이의 관계

$$V = \frac{1}{\sqrt{2}} V_m \fallingdotseq 0.707 V_m \, [\text{V}]$$

$$I = \frac{1}{\sqrt{2}} I_m \fallingdotseq 0.707 I_m \, [\text{A}]$$

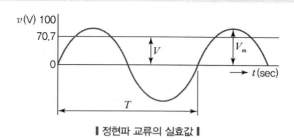

▮ 정현파 교류의 실효값 ▮

3. 임피던스(Z)

1) 임피던스(Impedance)

① 교류에서의 저항의 개념으로, 교류회로(AC)에서 전류의 흐름을 방해하는 성질을 말한다.

② 리액턴스(X, Reactance)

직류회로는 주파수가 0이므로 전류를 방해하는 것은 저항뿐이나, 교류회로에서는 인덕터에 의한 유도성 리액턴스(Inductive Reactance, X_L)와 콘덴서에 의한 용량성 리액턴스(Capacitive Reactance, X_C)가 추가된다.

- 유도성 리액턴스(X_L) $= \omega L = 2\pi f L$

- 용량성 리액턴스(X_C) $= \dfrac{1}{\omega C} = \dfrac{1}{2\pi f C}$

③ 임피던스(Z)는 저항(R)과 인덕터와 콘덴서에 의한 리액턴스(X)를 결합한 값으로 복소평면에서 정의된다.

$$Z = R + jX = R + j(X_L + X_C) = R + j\left(\omega L + \frac{1}{\omega C}\right)[\Omega]$$

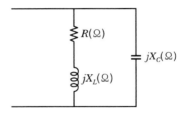

❚ 회로에서의 임피던스 ❚

≫ **임피던스(Z)를 적용한 옴의 법칙**

전류$(I) = \dfrac{전압(V)}{임피던스(Z)}$

2) 임피던스의 연결

(1) 임피던스의 직렬연결

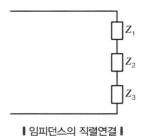

❚ 임피던스의 직렬연결 ❚

$$합성\ 임피던스(Z) = Z_1 + Z_2 + Z_3\,[\Omega]$$

(2) 임피던스의 병렬연결

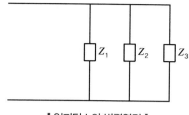

▌ 임피던스의 병렬연결 ▌

$$\text{합성 임피던스}(Z) = \cfrac{1}{\dfrac{1}{Z_1} + \dfrac{1}{Z_2} + \dfrac{1}{Z_3}} [\Omega]$$

(3) 어드미턴스(Admittance)

① 어드미턴스(Y)란 교류전기가 얼마나 잘 통하는지를 나타내는 지표이다.

② 임피던스의 역수로 정의된다.

$$Y = \frac{1}{Z} = \frac{1}{R + jX} [\mho]$$

4. 전력과 역률

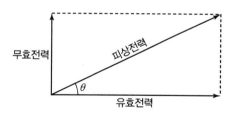

피상전력^2 = 유효전력^2 + 무효전력^2

1) 피상전력(Apparent Power, P_a)

① 이론상의 전력으로 전기기기의 용량표시전력을 말한다.

② 회로에 가해지는 전압과 전류의 곱으로 표시한다.

$$P_a = VI [\text{VA}]$$

핵심문제

$R = 4\Omega$, $X_L = 9\Omega$, $X_C = 6\Omega$인 직렬 접속회로의 어드미턴스($\mho$)는?

[21년 1회]

① $4 + j8$　　❷ $0.16 - j0.12$
③ $4 - j8$　　④ $0.16 + j0.12$

해설 어드미턴스(Y) 산출

• 임피던스(Z)

$\begin{aligned} Z &= R + jX \\ &= R + j(X_L - X_C) \\ &= 4 + j(9 - 6) = 4 + j3 \end{aligned}$

• 어드미턴스(Y)

$\begin{aligned} Y &= \frac{1}{Z} = \frac{1}{4 + j3} \\ &= \frac{4 - j3}{(4 + j3)(4 - j3)} \\ &= \frac{4 - j3}{16 + 9} = \frac{4 - j3}{25} \\ &= 0.16 - j0.12 \end{aligned}$

2) 유효전력(Active Power, P)

① 손실되는 전류를 제외하고 실제로 회로에서 소모되는 전력을 말한다.

② 소비전력, 평균전력이라고도 한다.

$$P = VI\cos\theta\,[\text{W}]$$

3) 무효전력(Reactive Power, P_r)

① 아무 일도 하지 못하고 손실되는 전류를 무효전력이라고 한다.

② 유효전력은 소비되나 무효전력은 소비되지 않는다.

$$P_r = VI\sin\theta\,[\text{Var}]$$

4) 역률과 무효율

(1) 역률(Power Factor)

① 교류회로에서 유효전력과 피상전력의 비를 역률(PF)이라고 한다.

② 교류는 전압·전류 모두 크기와 방향이 시시각각 변하기 때문에 전류가 전압보다 위상이 뒤진 경우와 앞선 경우가 있는데, 이 뒤지거나 앞서는 각도의 여현($\cos\theta$)을 역률이라 한다.

$$PF = \cos\theta = \frac{P(\text{유효전력})}{P_a(\text{피상전력})} = \frac{R(\text{저항})}{Z(\text{임피던스})}$$

여기서, θ : 전압과 전류의 위상각 차

③ 역률은 항상 1보다 작으며 값이 작을수록 무효전력이 많아 손실이 많음을 뜻한다.

④ 전구의 역률은 거의 1이나 전동기는 0.6~0.9의 범위이기 때문에 역률 개선을 위해 큰 건물의 고압 수전반에는 반드시 콘덴서를 사용한다.

(2) 무효율(Reactive Factor)

① 교류회로에서 피상전력과 무효전력의 비를 무효율이라고 한다.

② 전압과 전류의 위상각 차를 θ라 했을 때 $\sin\theta$를 의미한다.

$$\text{무효율} = \sin\theta = \frac{\text{무효전력}}{\text{피상전력}} = \frac{P_r}{P_a} = \sqrt{1 - \cos^2\theta}$$

5. 교류회로의 산출 응용

1) 단독회로의 응답

구분	저항 R만으로 구성된 회로	코일 L만으로 구성된 회로	콘덴서 C만으로 구성된 회로
전류 순시값	$i = I_m \sin\omega t$ $= \sqrt{2}\,I\sin\omega t$	$i = I_m \sin(\omega t - 90°)$ $= \sqrt{2}\,I\sin(\omega t - 90°)$	$i = I_m \sin(\omega t + 90°)$ $= \sqrt{2}\,I\sin(\omega t + 90°)$
최대 전류	$I_m = \dfrac{V_m}{R}$ $= \dfrac{\sqrt{2}\,V}{R}$	$I_m = \dfrac{V_m}{X_L} = \dfrac{V_m}{\omega L}$ $= \dfrac{\sqrt{2}\,V}{X_L}$	$I_m = \dfrac{V_m}{X_C} = \dfrac{V_m}{\left(\dfrac{1}{\omega C}\right)}$ $= \dfrac{\sqrt{2}\,V}{X_c} = \omega C V_m$ $= \omega C \sqrt{2}\,V$
실효값 전류	$I = \dfrac{V}{R} = \dfrac{\dfrac{V_m}{\sqrt{2}}}{R}$	$I = \dfrac{V}{\omega L} = \dfrac{\dfrac{V_m}{\sqrt{2}}}{\omega L}$	$I = \dfrac{V}{X_c} = \dfrac{\dfrac{V_m}{\sqrt{2}}}{X_c}$ $= \omega C V$
위상 관계	동위상 역률 $\cos\theta = 1$	지상 (전류가 전압보다 위상이 90° 뒤진다.)	진상 (전류가 전압보다 위상이 90° 앞선다.)

2) 조합회로의 응답

(1) 직렬회로

구분	$R-L$ 회로	$R-C$ 회로	$R-L-C$ 회로
임피던스 (Z)	$\sqrt{R^2 + X_L{}^2}$	$\sqrt{R^2 + X_C{}^2}$	$\sqrt{R^2 + (X_L - X_C)^2}$
위상각	$\tan^{-1}\dfrac{X_L}{R}$	$\tan^{-1}\dfrac{X_C}{R}$	$\tan^{-1}\dfrac{X_L - X_C}{R}$
실효값 전류	$\dfrac{V}{\sqrt{R^2 + X_L{}^2}}$	$\dfrac{V}{\sqrt{R^2 + X_C{}^2}}$	$\dfrac{V}{\sqrt{R^2 + (X_L - X_C)^2}}$
위상	전류가 뒤진다.	전류가 앞선다.	L이 크면 전류가 뒤진다. C가 크면 전류가 앞선다.

여기서, $X_L = \omega L$, $X_C = \dfrac{1}{\omega C}$

핵심문제

아래 $R-L-C$ 직렬회로의 합성 임피던스(Ω)는? [20년 1 · 2회 통합]

4Ω 7Ω 4Ω

① 1   ❷ 5
③ 7   ④ 15

해설 임피던스(Z) 산출

$Z = \sqrt{R^2 + (X_L - X_C)^2}$
$= \sqrt{4^2 + (7-4)^2} = 5\,\Omega$

(2) 병렬회로

구분	$R-L$ 회로	$R-C$ 회로	$R-L-C$ 회로
어드미턴스	$\sqrt{\left(\dfrac{1}{R}\right)^2 + \left(\dfrac{1}{X_L}\right)^2}$	$\sqrt{\left(\dfrac{1}{R}\right)^2 + \left(\dfrac{1}{X_C}\right)^2}$	$\sqrt{\left(\dfrac{1}{R}\right)^2 + \left(\dfrac{1}{X_L} - \dfrac{1}{X_C}\right)^2}$
위상각	$\tan^{-1}\dfrac{R}{X_L}$	$\tan^{-1}\dfrac{R}{X_C}$	$\tan^{-1}\dfrac{\dfrac{1}{X_L} - \dfrac{1}{X_C}}{\dfrac{1}{R}}$
실효값 전류	$\sqrt{\left(\dfrac{1}{R^2}\right) + \left(\dfrac{1}{X_L}\right)^2}\,V$	$\sqrt{\left(\dfrac{1}{R^2}\right) + \left(\dfrac{1}{X_C}\right)^2}\,V$	$\sqrt{\left(\dfrac{1}{R^2}\right) + \left(\dfrac{1}{X_L} - \dfrac{1}{X_C}\right)^2}\,V$
위상	전류가 뒤진다.	전류가 앞선다.	L이 크면 전류가 뒤진다. C가 크면 전류가 앞선다.

3) 공진회로의 종류별 적용

구분	직렬공진	병렬공진
조건	$X_L - X_C = 0$ $X_L = X_C$	$\dfrac{1}{X_C} - \dfrac{1}{X_L} = 0$ $\dfrac{1}{X_C} = \dfrac{1}{X_L}$
공통점	• 허수부가 0이다. • 전압과 전류가 동상이다. • 역률이 1이다.	
차이점	• 임피던스가 최소이다. • 흐르는 전류가 최대이다. • 리액턴스가 0이다.	• 어드미턴스가 최소이다. • 흐르는 전류가 최소이다. • 리액턴스가 무한대이다.
전류	$I = \dfrac{V}{R}$	$I = GV$
공진 주파수	$f_0 = \dfrac{1}{2\pi\sqrt{LC}}$	
선택도 (첨예도)	$Q = \dfrac{1}{R}\sqrt{\dfrac{L}{C}}$	$Q = R\sqrt{\dfrac{C}{L}}$

01 다음 설명에 알맞은 전기 관련 법칙은?

[19년 1회]

도선에서 두 점 사이 전류의 크기는 그 두 점 사이의 전위차에 비례하고, 전기 저항에 반비례한다.

① 옴의 법칙 ② 렌츠의 법칙
③ 플레밍의 법칙 ④ 전압분배의 법칙

해설

옴의 법칙

$I = \dfrac{V}{R}(A)$ 또는 $R = \dfrac{V}{I}(\Omega)$, $V = IR(V)$

전류는 전압에 비례하고 저항에 반비례한다.

02 4,000Ω의 저항기 양단에 100V의 전압을 인가할 경우 흐르는 전류의 크기(mA)는?

[19년 1회]

① 4 ② 15
③ 25 ④ 40

해설

전류의 크기(I) 산출

$I = \dfrac{V}{R} = \dfrac{100V}{4,000\Omega} = 0.025A = 25mA$

03 일정 전압의 직류전원 V에 저항 R을 접속하니 정격전류 I가 흘렀다. 정격전류 I의 130%를 흘리기 위해 필요한 저항은 약 얼마인가?

[19년 3회, 24년 3회]

① $0.6R$ ② $0.77R$
③ $1.3R$ ④ $3R$

해설

옴의 법칙에 의해 전류와 저항은 서로 반비례한다$\left(R \propto \dfrac{1}{I}\right)$.

그러므로 정격전류를 130% 흘리려면,

저항 $R_2 = \dfrac{1}{1.3}R_1 = 0.77R_1$

여기서 R_1 : 기존 저항, R_2 : 변경(필요)저항

04 일정 전압의 직류전원에 저항을 접속하고, 전류를 흘릴 때 이 전류값을 20% 감소시키기 위한 저항값은 처음 저항의 몇 배가 되는가?(단, 저항을 제외한 기타 조건은 동일하다.)

[21년 2회, 24년 1회]

① 0.65 ② 0.85
③ 0.91 ④ 1.25

해설

$V = IR$에서 변경 전후의 V는 일정하므로 다음과 같이 식을 산정할 수 있다.

$V = I_1 R_1 = I_2 R_2$, $I_1 R_1 = I_2 R_2$

$I_1 R_1 = (1 - 0.2)I_1 R_2$

$R_2 = \dfrac{I_1 R_1}{0.8 I_1} = \dfrac{R_1}{0.8} = 1.25R_1$

05 다음 설명이 나타내는 법칙은?

[18년 3회, 21년 3회]

회로 내의 임의의 한 폐회로에서 한 방향으로 전류가 일주하면서 취한 전압상승의 대수합은 각 회로 소자에서 발생한 전압강하의 대수합과 같다.

① 옴의 법칙 ② 가우스 법칙
③ 쿨롱의 법칙 ④ 키르히호프의 법칙

정답 01 ① 02 ③ 03 ② 04 ④ 05 ④

보기는 키르히호프의 법칙(Kirchhoff's Law) 중 제2법칙에 대한 설명이다.

키르히호프의 법칙(Kirchhoff's Law)

구분	내용
제1법칙 (전류 평형의 법칙)	전기회로의 어느 접속점에서도 접속점에 유입하는 전류의 합은 유출하는 전류의 합과 같다.
제2법칙 (전압 평형의 법칙)	전기회로의 기전력의 합은 전기회로에 포함된 저항 등에서 발생하는 전압강하의 합과 같다.

06 그림과 같은 회로에 흐르는 전류 I(A)는?

[20년 3회]

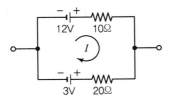

① 0.3　　　　　　② 0.6
③ 0.9　　　　　　④ 1.2

키르히호프의 제2법칙(공급전압의 합＝전압강하의 합)을 이용하여 산출한다.

$$\sum V = \sum IR$$
$$V_1 - V_2 = IR_1 + IR_2$$
$$V_1 - V_2 = I(R_1 + R_2)$$
$$I = \frac{V_1 - V_2}{R_1 + R_2} = \frac{12-3}{10+20} = 0.3\text{A}$$

07 상호 인덕턴스가 150mH인 a, b 두 개의 코일이 있다. b코일에 전류를 균일한 변화율로 1/50초 동안 10A 변화시키면 a코일에 유기되는 기전력(V)의 크기는?

[21년 1회]

① 75　　　　　　② 100
③ 150　　　　　　④ 200

유도 기전력(e) 산출

$$e = L\frac{dI}{dt} = (150 \times 10^{-3}) \times \frac{10}{\frac{1}{50}} = 75\text{V}$$

여기서, L : 상호 인덕턴스(H)
　　　　I : 전류(A)
　　　　t : 시간(sec)

08 어떤 코일에 흐르는 전류가 0.01초 사이에 20A에서 10A로 변할 때 20V의 기전력이 발생한다고 하면 자기 인덕턴스(mH)는?

[20년 4회]

① 10　　　　　　② 20
③ 30　　　　　　④ 50

자기 인덕턴스(L) 산출

$$자기\ 인덕턴스\ L = -\frac{dt}{dI} \times e = -\frac{0.01}{10-20} \times 20$$
$$= 0.02\text{H} = 20\text{mH}$$

여기서, dt : 전류가 흐른 시간(sec)
　　　　dI : 전류 변화량(A)
　　　　e : 유도 기전력(V)

09 콘덴서의 전위차와 축적되는 에너지와의 관계식을 그림으로 나타내면 어떤 그림이 되는가?

[21년 2회]

① 직선　　　　　　② 타원
③ 쌍곡선　　　　　　④ 포물선

콘덴서에 축적되는 에너지를 정전에너지(W)라 하며 콘덴서에 전압 V(V)가 가해져서 Q(C)의 전하가 축적되어 있을 때 다음과 같이 정의된다.

$$W = \frac{1}{2}QV = \frac{1}{2}CV^2 = \frac{1}{2}\frac{Q^2}{C}\text{[J]}$$

위 식에서 정전에너지(W)는 전위차(V)의 제곱에 비례하므로 정전에너지와 전위차 간의 그래프는 2차 곡선의 포물선 형태를 띠게 된다.

10 저항 8Ω과 유도 리액턴스 6Ω이 직렬접속된 회로의 역률은? [18년 2회]

① 0.6
② 0.8
③ 0.9
④ 1

> 해설

역률($\cos\theta$)의 산출

$$역률(\cos\theta) = \frac{저항(R)}{임피던스(Z)}$$

$$= \frac{R}{\sqrt{R^2 + X_L^2}} = \frac{8}{\sqrt{8^2 + 6^2}} = 0.8$$

여기서, X_L : 유도 리액턴스(Ω)

11 $R = 8Ω$, $X_L = 2Ω$, $X_C = 8Ω$의 직렬회로에 100V의 교류전압을 가할 때, 전압과 전류의 위상관계로 옳은 것은? [22년 2회]

① 전류가 전압보다 약 37° 뒤진다.
② 전류가 전압보다 약 37° 앞선다.
③ 전류가 전압보다 약 43° 뒤진다.
④ 전류가 전압보다 약 43° 앞선다.

> 해설

전압과 전류의 위상관계

$$\tan^{-1}\left(\frac{X_L - X_C}{R}\right) = \tan^{-1}\left(\frac{2-8}{8}\right) = \tan^{-1}\left(-\frac{6}{8}\right) = -37°$$

여기서, X_L : 유도 리액턴스, X_C : 용량 리액턴스

∴ 전류가 전압보다 약 37° 앞선다.

※ $X_L > X_C$인 경우에는 전압이 앞서고,
  $X_L < X_C$인 경우에는 전류가 앞선다.

12 다음 회로에서 $E = 100V$, $R = 4Ω$, $X_L = 5Ω$, $X_C = 2Ω$일 때 이 회로에 흐르는 전류(A)는? [20년 4회]

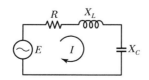

① 10
② 15
③ 20
④ 25

> 해설

회로에 흐르는 전류(I) 산출

• 임피던스 $Z = \sqrt{R^2 + (X_L - X_C)^2}$
$$= \sqrt{4^2 + (5-2)^2} = 5Ω$$

• 전류 $I = \frac{V}{Z} = \frac{100}{5} = 20A$

13 코일에 흐르고 있는 전류가 5배로 되면 축적되는 에너지는 몇 배가 되는가? [20년 1 · 2회 통합]

① 10
② 15
③ 20
④ 25

> 해설

에너지(W) 산출

$W = \frac{1}{2}LI^2$에서 W(에너지)는 I(전류)의 제곱에 비례하므로 전류가 5배 될 경우 축적되는 에너지는 25배가 된다.

여기서, L : 인덕턴스(H), I : 전류(A)

14 전력(W)에 관한 설명으로 틀린 것은? [20년 3회]

① 단위는 J/s이다.
② 열량을 적분하면 전력이다.
③ 단위시간에 대한 전기에너지이다.
④ 공률(일률)과 같은 단위를 갖는다.

> 해설

전력(W)을 시간으로 적분하면 전력량(W · sec)이 되고, 전력량은 열량(W · sec = J)을 의미하므로, 전력(W)을 시간으로 적분하면 열량(J)이 된다.

전력량 산출공식

전력량 = Pt(W · sec, J)

여기서, P : 전력(W), t : 시간(sec)

※ W = J/sec이므로, W · sec = J/sec × sec = J이다.

---

15 저항 100Ω의 전열기에 5A의 전류를 흘렸을 때 소비되는 전력은 몇 W인가? [22년 1회]

① 500
② 1,000
③ 1,500
④ 2,500

> 해설

소비전력(P) 산출

$P = I^2 R = (5A)^2 \times 100\Omega = 2,500W$

16 200V, 1kW 전열기에서 전열선의 길이를 1/2로 할 경우, 소비전력은 몇 kW인가? [19년 2회]

① 1
② 2
③ 3
④ 4

> 해설

전열선의 길이 $\frac{1}{2}$ → 저항 $\frac{1}{2}$

$\therefore R_2 = \frac{1}{2} R_1$

전력 $P = VI = V \times \frac{V}{R} = \frac{V^2}{R}$ 이므로

$P_1 = \frac{V^2}{R_1} = 1kW$

$P_2 = \frac{V^2}{\frac{1}{2} R_1} = \frac{2 V^2}{R_1} = 2kW$

17 지상 역률 80%, 1,000kW의 3상 부하가 있다. 이것에 콘덴서를 설치하여 역률을 95%로 개선하려고 한다. 필요한 콘덴서의 용량(kvar)은 약 얼마인가? [21년 2회]

① 421.3
② 633.3
③ 844.3
④ 1,266.3

> 해설

콘덴서 용량(Q_c) 산출

$$Q_c = P(\tan\theta_1 - \tan\theta_2)$$
$$= P\left(\frac{\sqrt{1-\cos^2\theta_1}}{\cos\theta_1} - \frac{\sqrt{1-\cos^2\theta_2}}{\cos\theta_2} \right)$$
$$= 1,000\left(\frac{\sqrt{1-0.8^2}}{0.8} - \frac{\sqrt{1-0.95^2}}{0.95} \right)$$
$$= 421.3kvar$$

여기서, $\cos\theta_1$: 개선 전 역률
$\cos\theta_2$: 개선 후 역률

18 피상전력이 P_a(kVA)이고 무효전력이 P_r(kvar)인 경우 유효전력 P(kW)를 나타낸 것은? [21년 1회]

① $P = \sqrt{P_a - P_r}$
② $P = \sqrt{P_a^2 - P_r^2}$
③ $P = \sqrt{P_a + P_r}$
④ $P = \sqrt{P_a^2 + P_r^2}$

> 해설

피상전력 $= \sqrt{\text{유효전력}^2 + \text{무효전력}^2}$ 이므로,
유효전력 $= \sqrt{\text{피상전력}^2 - \text{무효전력}^2} = \sqrt{P_a^2 - P_r^2}$

19 $e(t) = 200\sin\omega t$(V), $i(t) = 4\sin\left(\omega t - \frac{\pi}{3}\right)$ (A)일 때 유효전력(W)은? [20년 3회, 24년 2회]

① 100
② 200
③ 300
④ 400

> 해설

유효전력(P) 산출

$$P = VI\cos\theta = \frac{V_m}{\sqrt{2}} \cdot \frac{I_m}{\sqrt{2}} \cdot \cos\theta$$
$$= \frac{200}{\sqrt{2}} \times \frac{4}{\sqrt{2}} \times \cos\left(0 - \left(-\frac{\pi}{3}\right)\right)$$
$$= 400\cos\frac{\pi}{3} = 200W$$

여기서, $\theta = \theta_e - \theta_i$, $2\pi = 360$, $\pi = 180$

20 그림과 같은 회로에서 부하전류 I_L은 몇 A 인가? [19년 3회]

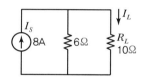

① 1   ② 2
③ 3   ④ 4

[해설]

부하전류(I_L) 산출

$$I_L = \frac{R}{R+R_L} \times I_S = \frac{6}{6+10} \times 8 = 3A$$

21 발전기에 적용되는 법칙으로 유도 기전력의 방향을 알기 위해 사용되는 법칙은? [21년 3회, 24년 3회]

① 옴의 법칙
② 암페어의 주회적분 법칙
③ 플레밍의 왼손 법칙
④ 플레밍의 오른손 법칙

[해설]

플레밍의 오른손 법칙

유도 기전력의 방향은 자장의 방향을 집게손가락이 가리키는 방향으로 하고, 도체를 엄지손가락 방향으로 움직이면 가운뎃손가락 방향으로 전류가 흐른다. 이것을 플레밍의 오른손 법칙(Fleming's Right-hand Rule)이라 한다.(이 법칙은 발전기에 적용된다.)

22 $v = 141\sin\{377t - (\pi/6)\}$인 파형의 주파수(Hz)는 약 얼마인가? [21년 3회, 24년 2회]

① 50   ② 60
③ 100   ④ 377

[해설]

주파수(f) 산출

정현파 교류전압 $v = V_m\sin(\omega t + \theta)$에서

• 각속도 : $\omega = 2\pi f$

• 주파수 : $f = \frac{\omega}{2\pi} = \frac{377}{2\pi} = 60Hz$

23 어떤 교류전압의 실효값이 100V일 때 최댓값은 약 몇 V가 되는가? [19년 2회]

① 100   ② 141
③ 173   ④ 200

[해설]

$$V(\text{실효값}) = \frac{V_m(\text{최댓값})}{\sqrt{2}}$$

$$\therefore V_m = \sqrt{2}\,V = \sqrt{2} \times 100 = 141.42 = 141V$$

24 역률이 80%이고, 유효전력이 80kW일 때, 피상전력(kVA)은? [22년 2회, 24년 1회]

① 100   ② 120
③ 160   ④ 200

[해설]

피상전력(P_a) 산출

$P = P_a\cos\theta$이므로

피상전력 $P_a = \frac{P}{\cos\theta} = \frac{80}{0.8} = 100kVA$

여기서, P : 유효전력(kW)

25 교류에서 역률에 관한 설명으로 틀린 것은? [19년 3회, 22년 2회]

① 역률은 $\sqrt{1-(\text{무효율})^2}$ 로 계산할수 있다.
② 역률을 이용하여 교류전력의 효율을 알 수 있다.
③ 역률이 클수록 유효전력보다 무효전력이 커진다.
④ 교류회로의 전압과 전류의 위상차에 코사인(cos)을 취한 값이다.

역률($\cos\theta$) $= \dfrac{\text{유효전력}}{\text{피상전력}}$ 이므로, 역률이 클수록 무효전력보다 유효전력이 커지게 된다.

※ 피상전력 $= \sqrt{\text{유효전력}^2 + \text{무효전력}^2}$

26 선간전압 200V의 3상 교류전원에 화물용 승강기를 접속하고 전력과 전류를 측정하였더니 2.77kW, 10A이었다. 이 화물용 승강기 모터의 역률은 약 얼마인가? [20년 3회]

① 0.6　　　　　② 0.7

③ 0.8　　　　　④ 0.9

역률($\cos\theta$) 산출

유효전력 $P = \sqrt{3}\, VI\cos\theta$

$\cos\theta = \dfrac{P}{\sqrt{3}\, VI} = \dfrac{2.77 \times 10^3 \text{W}}{\sqrt{3} \times 200 \times 10} = 0.8$

27 $R - L - C$ 직렬회로에서 전압(E)과 전류(I) 사이의 위상관계에 관한 설명으로 옳지 않은 것은? [18년 3회]

① $X_L = X_C$인 경우 I는 E와 동상이다.

② $X_L > X_C$인 경우 I는 E보다 θ만큼 뒤진다.

③ $X_L < X_C$인 경우 I는 E보다 θ만큼 앞선다.

④ $X_L < (X_C - R)$인 경우 I는 E보다 θ만큼 뒤진다.

$X_L < (X_C - R)$인 경우 $\theta = \tan^{-1}\dfrac{X_L - X_C}{R} < 0$이므로 I는 E보다 θ만큼 앞선다. (여기서 X_L은 유도 리액턴스, X_C는 용량 리액턴스이다.)

CHAPTER 02 전기기기

SECTION 01 직류기

1. 직류기 일반사항

1) 직류기의 3요소

구분	내용
전기자(armature)	원동기로 회전시켜 자속을 끊어서 기전력을 유도하는 부분
계자(field magnet)	전기자가 쇄교하는 자속을 만들어 주는 부분
정류자(commutator)	브러시와 접촉하여 유도 기전력을 정류시켜 직류로 바꾸어 주는 부분

2) 직류기의 유기 기전력

(1) 전기자 도체 1개당 유기 기전력(e)

$$e = Blv = \frac{p}{60}\pi N[\mathrm{V}]$$

여기서, B : 자속밀도(Wb/m²), l : 코일의 유효길이(m)
v : 도체의 주변속도(m/s), p : 자극수
ϕ : 1극당의 자속(Wb), N : 회전수(rpm)

(2) 직류기의 단자 간에 얻어지는 유기 기전력(E)

$$E = \frac{Z}{a}e = \frac{pZ}{60}\phi N[\mathrm{V}]$$

여기서, Z : 전기자 도체수
a : 권선의 병렬회로수
(중권에서는 $a = p$, 파권에서는 $a = 2$)

(3) 직류발전기의 단자전압(V)과 유기 기전력(E)의 관계

$$V = E - IR - e_b - e_a[\mathrm{V}]$$

여기서, IR : 부하전류에 의한 전기자 권선, 직권 권선, 보상 권선 등의 전전압강하(V)
e_b : 브러시 전압강하(V)
e_a : 전기자 반작용에 의한 전압강하(V)

3) 직류 효율

(1) 실측 효율

$$\eta = \frac{출력}{입력} \times 100\%$$

(2) 규약 효율

$$\eta = \frac{출력}{출력 + 손실} \times 100\% (발전기)$$
$$= \frac{입력 - 손실}{입력} \times 100\% (전동기)$$

2. 직류전동기

1) 직류전동기의 특징 및 적용

(1) 특징
① 직권전동기는 기동 회전력이 크다. 또한 광범위한 속도제한이 가능하다.
② 분권전동기는 정속도 운전용에 적합하다.

(2) 적용
① 직권전동기는 토크가 증가하면 속도가 저하되어 일정한 출력을 발생시키는 특징이 있다.
② 분권전동기는 일반 공장용, 펌프용, 송풍기용 등에 적합하다. 또한 자계 제한에 의해 30% 정도까지의 속도제어가 연속적으로 가능하다.
③ 고속도 엘리베이터, 고급 동작기계 등에는 직류전원으로 전용 전동발전기를 둔다.(워드 레너드 방식)

2) 직류전동기의 회전수, 토크, 출력

(1) 회전수(N)

$$N = K\frac{E}{\phi} = K\frac{V - I_a R_a}{\phi} [\text{rpm}]$$

여기서, E : 전기자 역기전력(V)
ϕ : 매극당 자속(Wb)
V : 단자전압(V)
I_a : 전기자 전류(A)
R_a : 전기자 회로 저항(Ω)
K : 정수

핵심문제

토크가 증가하면 속도가 낮아져 대체적으로 일정한 출력이 발생하는 것을 이용해서 전차, 기중기 등에 주로 사용하는 직류전동기는?

[18년 1회, 24년 1회]

❶ 직권전동기
② 분권전동기
③ 가동복권전동기
④ 차동복권전동기

해설 직권전동기
• 직류전동기의 한 종류로서 토크가 증가하면 속도가 저하되는 특성이 있다.
• 이에 따라 회전속도와 토크와의 곱에 비례하는 출력도 어느 정도 일정한 경향을 갖게 되며, 이와 같은 특성을 이용하여 큰 기동 토크가 요구되고 운전 중 부하 변동이 심한 전차, 기중기 등에 주로 적용하고 있다.

(2) 토크(τ)

$$\tau = \frac{pZ}{2\pi a} \cdot \phi I_a = K\phi I_a [\text{N} \cdot \text{m}]$$

여기서, p : 극수, N : 전기자 도체수
a : 병렬회로수, K : 정수

(3) 출력(P)

$$P = EI_a = 2\phi\left(\frac{N}{60}\right)\tau[\text{W}]$$

여기서, τ : 토크(N · m), ω : 각속도(rad/s)

≫≫ **부하전류 증가 대비 토크의 증가**

직권발전기>가동복권발전기>분권발전
기>차동복권발전기

3) 직류전동기의 속도제어

① 직류전동기는 구조가 복잡하고 고가로 직류 전원을 필요로 하며 보수가 번잡한 결점이 있다. 그러나 속도제어 성능은 유도전동기에 비해 우수한 특성을 갖는다.

② 직류전동기의 속도

$$N = K\frac{V - I_a(R_a + R_s)}{\phi}[\text{rpm}]$$

③ 제어방법

제어방법	장단점(적용 전동기)
전압제어(V)	• 넓은 범위의 속도제어가 가능하고 효율이 좋다. • 전부하 토크에서 기동하거나 회전방향의 변경이 자유롭고 원활하다.(타여자 · 직권전동기)
저항제어(R_s)	• 구성이 간단한 속도제어법이다. • R_s에 의한 저항손 때문에 효율은 낮다. • 속도 변동률이 크다.(타여자 · 직권 · 분권전동기)
계자제어(ϕ)	• 비교적 넓은 범위의 속도제어에서 효율이 양호하다.(타여자 · 분권전동기) • 전기자 반작용에 의한 정류 불량, 속도의 불안정 때문에 고속 운전에는 일정한 한도가 있다.(직권전동기)

3. 직류발전기

1) 직류발전기의 특성곡선

유기 기전력 E(V), 단자전압 V(V), 전기자 전류 I_a(A), 부하전류 I(A), 계자전류 I_f(A), 속도 N(rpm) 등의 상호 관계를 나타내는 곡선을 특성곡선이라 한다.

2) 전압 변동률

$$\epsilon = \frac{V_0 - V_n}{V_n} \times 100\%$$

여기서, V_n : 정격전압(V)

V_0 : 무부하 전압(V)

유도기

1. 유도전동기 일반사항

1) 교류전동기의 종류별 특징

구분	특징
유도전동기	• 구조가 간단하고 견고하다. • 가격이 저렴하고 취급이 간단하다. • 제조업자가 양산하고 있어 구입이 편리하고 나중에 수리하기가 편리하다. • 단상 유도전동기는 소형으로 가정용 등으로 사용된다. • 삼상 유도전동기는 엘리베이터, 펌프, 권상기 등에 사용된다.
동기전동기	• 역률이 우수하다. • 역률 조정을 가능하게 한다. • 전력계통의 역할이 개선된다. • 대용량 저속도용으로 적합하다. • 기동전류가 커서 반드시 기동기를 사용한다. • 여자용 직류전원이 필요한 단점이 있다. • 큰 기동 회전력을 필요로 하는 부하에는 클러치 부착 동기전동기나 초동기전동기가 적합하다.
정류자전동기	• 광범위하게 속도제한이 가능하다. • 속도 조정으로 전력손실이 없다. • 저속도로 높은 역률을 유지한다. • 능률이 좋고 기동 회전력이 크다. 또한 기동전류도 비교적 작다. • 정류자를 가진 특수한 교류전동기로 정류자상의 브러시를 이동하는 것만으로 동기속도를 상하로 또한 연속적으로 조절할 수 있다. • 가격이 매우 비싸다. • 고압회로에 직접 접속할 수 없다.

2) 단상, 삼상 유도전동기 종류

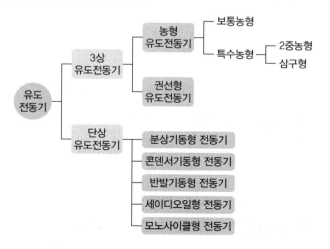

3) 3상 유도전동기의 종류별 특징

구분	회전자 종류	운전특성	정격출력	주요 용도
농형	보통농형	• 속도는 거의 일정하며, 전부하일 때는 무부하일 때보다 약 5~10% 늦다. • 속도 조정이 불가능하다.	0.2~37kW	소용량, 일반적인 용도
	특수농형 1종		5.5~37kW, 11kW 이상은 기동기 사용	펌프, 송풍기, 콤프레셔 등
	특수농형 2종			권상기, 공작기계, 엘리베이터 등
권선형	권선형	회전자 회로에 저항을 삽입함으로써 속도 조정이 가능하다.	5.5~37kW, 5.5kW 이상은 기동기 사용	송풍기, 크레인, 압연기, 분쇄기

2. 유도전동기의 동기속도와 슬립

1) 회전속도(회전수, N) 산출

$$N = \frac{120f}{P}(1-s)\,[\text{rpm}]$$

여기서, f : 주파수, P : 극수, s : 슬립

2) 동기속도(N_s)

$$N_s = \frac{120f}{P}\,[\text{rpm}]$$

핵심문제

유도전동기에서 슬립이 "0"이라고 하는 것의 의미는?

[18년 3회, 19년 2회, 22년 1회, 24년 1회]

① 유도전동기가 정지 상태인 것을 나타낸다.
② 유도전동기가 전부하 상태인 것을 나타낸다.
❸ 유도전동기가 동기속도로 회전한다는 것이다.
④ 유도전동기가 제동기의 역할을 한다는 것이다.

[해설]

슬립(Slip)은 동기속도에 대한 동기속도와 회전자속도 차와의 비를 말하며, 회전자속도가 동기속도와 동일하게 회전하면 슬립(s)은 0이 된다.

슬립(s) 산출식($s = 0$)

$s = \dfrac{N_s - N}{N_s} = 0$

$N_s - N = 0$ ∴ $N_s = N$

여기서, N : 회전자속도(rpm)
N_s : 동기속도(rpm)

3) 슬립

$$s = \frac{N_s - N}{N_s}$$

여기서, N_s : 동기속도
N : 회전속도(회전수)

4) 회전자의 회전자에 대한 상대속도

$$N = (1 - s) N_s [\text{rpm}]$$

3. 유도전동기의 손실 및 효율

1) 유도전동기의 2차 입력, 출력, 2차 동손

(1) 2차 입력과 2차 동손의 관계

2차 동손 $P_{c2}(\text{W})$는 슬립 s로 운전 중 2차 입력이 $P_2(\text{W})$일 것

$$P_{c2} = s P_2 [\text{W}]$$

(2) 2차 입력과 기계적 출력의 관계

기계적 출력 $P_0(\text{W})$는 슬립 s로 운전 중 2차 입력이 $P_2(\text{W})$일 것

$$P_0 = (1 - s) P_2 [\text{W}]$$

(3) 2차 입력과 2차 동손과 기계적 출력의 관계

$$P_2 : P_{c2} : P_0 = 1 : s : (1 - s)$$

$$P_{c2} = \frac{s}{1 - s} \times P$$

여기서, P_{c2} : 2차 동손(kW)
P : 기계적 출력(kW)
s : 슬립

2) 유도전동기의 손실 및 효율

(1) 손실

구분	내용
고정손	철손, 베어링 마찰손, 브러시 전기손, 풍손
직접 부하손	1차 권선의 저항손, 2차 회로의 저항손, 브러시의 전기손
표유 부하손	도체 및 철 속에 발생하는 손실

(2) 효율 및 2차 효율

① 효율 $\eta = \dfrac{\text{출력}}{\text{입력}} \times 100 = \dfrac{\text{입력} - \text{손실}}{\text{입력}} \times 100$

$\qquad = \dfrac{P}{\sqrt{3} \, V_1 I_1 \cos\theta_1} \times 100\%$

② 2차 효율 $\eta = \dfrac{2\text{차 출력}}{2\text{차 입력}} \times 100 = \dfrac{P_0}{P_2} \times 100$

$\qquad = \dfrac{P_2(1-s)}{\sqrt{3} \, V_1 I_1 \cos\theta_1} \times 100 = (1-s) \times 100$

$\qquad = \dfrac{n}{n_2} 100\%$

4. 유도전동기의 기동 및 제동

1) 유도전동기의 기동

(1) 권선형 유도전동기의 기동법

구분	방법
2차 저항법 (기동저항기법)	기동 시 2차 저항의 크기를 조절하여 기동전류를 제한하고 기동 토크를 크게 하는 방법이다.
2차 임피던스	2차 저항에 리액터를 추가로 설치하여 기동전류를 제한하는 기동방식이다.
게르게스법	회전자에 소권수 코일 2개를 설치하고 이를 병렬로 사용하여 시동 시 기동전류를 제한한다.

(2) 농형 유도전동기의 기동법

구분		특징
전전압기동 (직입기동)		• 5HP 이하 소용량 • 기동전류가 전부하전류의 6배 이하
감전압 기동	Y－△ 기동법	• 기동 시 : Y, 운전 시 : △ (기동 시 전압이 $\dfrac{1}{\sqrt{3}}$ 감압) • 기동 시 전류와 토크는 $\dfrac{1}{3}$ 배 감소
	리액터 기동법	• 15kW 이상 • 리액터에 의해 전압을 감압하는 방식
	기동 보상기법	• 강압용 단권 변압기 3대를 Y결선하여 감전압 기동하는 방식 • 탭 : 50%, 65%, 80%

>>> **단상 유도전동기**

단상 전원에 의해 운전되는 단상 유도전동기는 원리적으로 기동 토크가 0이므로 기동장치가 필요하다.

2) 유도전동기의 속도제어

(1) 권선형 유도전동기의 속도제어법

구분	내용
2차 저항제어	• 2차 측 저항값을 변화시켜 속도 토크 특성을 변환시키는 제어방법이다. • 구조가 간단하고 제어가 용이하다. • 효율이 나쁘다. • 속도 변동률이 크다.
2차 여자제어	• 회전자 슬립을 제어하는 방식으로 외부에서 전압을 인가한다. • 효율이 우수하다. • 토크가 일정하다. • 설비가 고가이다.

(2) 농형 유도전동기의 속도제어법

구분	내용
주파수제어법	• 가변 주파수 전원을 사용하여 제어하는 방식이다. • 효율이 우수하여 정밀하게 운전한다. • 설비가 고가이다. • 선박용, 방직공장(Pot Motor)에 사용한다.
전압제어법	• 토크는 전원(1차) 전압의 제곱에 비례하므로 이것을 이용하여 제어하는 방법이다. • 토크가 일정하고 효율이 우수하다. • 설비가 고가이다. • 대용량기에는 적용하기가 곤란하다.
극수변환법	• 고정자 권선의 접속을 전환함으로써 속도를 제어하는 방법이다. • 연속 제어가 불가능하다. • 설비가 저렴하다.
VVVF(Variable Voltage Variable Frequency) 속도제어 방식	• 가변전압 가변주파수 변환장치로 공급된 전압과 주파수의 비를 일정하게 제어하여 유도전동기에 공급함으로써 유도전동기의 속도를 정격속도 이하로 제어하는 방법으로 효율 면에서 우수하다. • VVVF 속도제어 방식에는 전압형 인버터와 전류형 인버터가 있으며 일반적으로 전압형 인버터를 많이 적용한다.

3) 토크(Torque)

(1) **토크** : 회전체를 돌리고자 하는 힘

$$T = F \cdot R$$

여기서, T : 토크(kg · m)

F : 접선방향의 힘(kg)

R : 반지름(m)

(2) **토크와 일**

$$W = F \cdot R \cdot \omega = T \cdot \omega$$

$$T = \frac{W}{\omega} = \frac{PS \times 75}{\omega} = \frac{PS \times 75 \times 60}{2\pi N} = \frac{4,500\,PS}{2\pi N}$$

여기서, ω : 각속도 $= \dfrac{2\pi N}{60}$

4) 유도전동기 제동

구분	내용
회생제동	유도전동기를 전원에 연결한 상태에서 유도발전기로 동작시켜서 발생전력을 전원으로 반환하면서 제동하는 방법으로, 기계적 제동과 같은 큰 발열이 없고 마모도 적으며 또한 전력 회수에도 유리하다. 특히 권선형에 많이 사용된다.
발전제동	3상 유도전동기의 1차 권선을 전원에서 분리하여 두 개를 합쳐서 이것과 다른 한 선과의 사이에 직류 여자전류를 통하여 발전기로 동작시켜서 제동하는 방법으로, 발생전력을 외부의 저항기를 통해서 열로 방산되게 한다.
역상제동	3상 유도전동기를 운전 중 급히 정지시킬 경우에 1차 측 3선 중 2선을 바꾸어 접속하여 제동을 가하는 방식으로, 정지를 검출해서 회로를 분리하지 않으면 그대로 역전해 버리므로 타임 릴레이(Time Relay)나 영회전 검출 릴레이(Plugging Relay)를 사용한다.

핵심문제

전동기를 전원에 접속한 상태에서 중력부하를 하강시킬 때 속도가 빨라지는 경우 전동기의 유기 기전력이 전원전압보다 높아져서 발전기로 동작하고 발생전력을 전원으로 되돌려 줌과 동시에 속도를 감속하는 제동법은?

[20년 4회]

❶ 회생제동 ② 역전제동
③ 발전제동 ④ 유도제동

1. 변압기

1) 일반사항

(1) 개념

변압기는 수전전압을 부하설비의 운전 전압으로 변환하여 전력공급을 하는 것으로 중요 설비에 포함된다.

(2) 변압기의 부하설비용량

① 부하설비용량은 부하밀도에 대한 표준부하, 부분부하, 가산부하 등을 고려하여 결정한다.

② 부하설비용량(q)

$$q = PA + QB + C \text{ [VA]}$$

여기서, P : (가)*형 용도의 바닥면적(m^2)
Q : (나)*형 용도의 바닥면적(m^2)
A : (가)*형 용도의 표준부하밀도(VA/m^2)
B : (나)*형 용도의 부분부하밀도(VA/m^2)
C : 가산부하*(VA)

2) 변압기 결선방법

(1) △ – △ 결선 방식

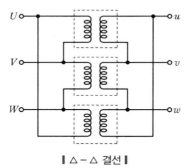

▎ △ – △ 결선 ▎

장점	• 제3고조파 전류가 △결선 내를 순환하므로 정현파 교류 전압을 유기하여 기전력이 왜곡을 일으키지 않는다.(유도장해가 없다.) • 1상분이 고장나면 나머지 2대로 V결선할 수 있다. • 인가전압이 정현파이면 유도전압도 정현파가 된다. • 각 변압기의 상전류가 선전류의 $\frac{1}{\sqrt{3}}$ 이 되어 대전류에 적당하다.

▶▶▶ 부하설비용량 참고사항

(가)형

용도	표준부하 밀도(VA/m^2)
공장, 교회, 극장, 영화관, 연회장 등	10
기숙사, 여관, 호텔, 병원, 학교, 음식점, 대중목욕탕 등	20
단독 및 공동주택, 사무실, 은행, 상점 등	30

(나)형

용도	표준부하 밀도(VA/m^2)
복도, 계단, 세면장, 창고, 다락 등	5
강당, 관람석 등	10

가산부하

용도	가산 VA 수
단독 및 공동주택 (1세대마다)	500~1,000 VA
상점의 진열창에 대하여 진열창 폭 1m당 가산	300VA
옥외의 광고등, 전광 사인, 네온 사인, 극장, 무대 등의 무대조명, 영화관 등의 특수 전등부하	실제로 설비하는 VA

단점	• 중성점을 접지할 수 없으므로 지락사고의 검출이 곤란하다.(비접지 방식으로 고장전류가 적다.) • 변압기가 다른 것을 결선하면 순환전류가 흐른다. • 각 상의 권선 임피던스가 다르면 3상 부하가 평형이 되었어도 변압기의 부하전류는 불평형이 된다.

(2) Y - Y 결선방식

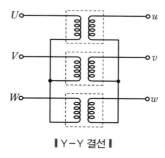

▮ Y - Y 결선 ▮

장점	• 중성점을 접지할 수 있으므로 단절연 방식을 채택할 수 있다. • 상전압이 선간전압의 $\dfrac{1}{\sqrt{3}}$ 이 되어 고전압의 결선에 적합하다. • 변압비, 권선 임피던스가 서로 달라도 순환전류가 흐르지 않는다.(3상의 1차, 2차의 전류 전압 간의 위상변위가 없다.)
단점	• 제3고조파 여자전류의 통로가 없으므로 유도 기전력이 제3고조파를 함유하여 중성점을 접지하면 통신선에 유도장해를 준다. • 기전력 파형은 제3고조파를 포함한 왜형파가 된다.

(3) △ - Y 결선방식

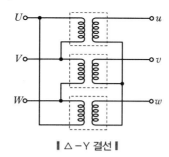

▮ △ - Y 결선 ▮

장점	• 2차 권선의 전압이 선간전압의 $\frac{1}{\sqrt{3}}$ 이고 승압용에 적당하다. • △−△결선과 Y−Y결선의 장점을 갖고 있다. • 중성점을 접지할 수 있다. • 2차 전압이 저압의 경우 전등과 동력을 겸해서 사용할 수 있으므로 일반 건물에 많이 사용하고 있다. • 2차 부하에 고조파 발생원 부하가 있는 경우 유용하게 채용하고 있다. • 1차, 2차 혼촉 방지용 설비를 별도로 할 필요가 없다.
단점	30°의 위상변위가 있어서 1대라도 고장이 나면 전원 공급이 불가능하다.

(4) Y−△ 결선방식

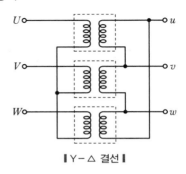

‖ Y−△ 결선 ‖

장점	• 강압 변압기에 적당하고 1차 권선의 전압은 선간전압의 $\frac{1}{\sqrt{3}}$ 이다. • 높은 전압을 Y 결선으로 하므로 절연이 유리하다. • △−△결선과 Y−Y결선의 장점을 모두 가지고 있다.
단점	3상의 입력, 출력의 전압 전류 간에 위상변위가 생긴다.

(5) V−V 결선방식

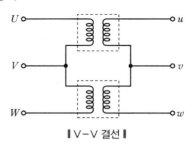

‖ V−V 결선 ‖

핵심문제

단상 변압기 2대를 사용하여 3상 전압을 얻고자 하는 결선방법은?

[18년 2회, 24년 1회]

① Y결선   ❷ V결선
③ △결선   ④ Y−△결선

해설

단상 전압기 2대를 사용하여 3상 전압을 얻을 수 있는 결선은 V결선이며, 또한 단상 변압기 3대로 운전하는 △결선 시 1대가 고장 날 경우 V결선을 통해 나머지 2대로 3상 전압운전이 가능하다.

장점	△−△결선에서 2대의 변압기로 3상 전압으로 운전할 수 있다.
단점	• 이용률이 $\dfrac{\sqrt{3}}{2}=0.866$으로 떨어져서 3상 부하의 $\sqrt{3}$ 배의 변압기 설비용량을 필요로 한다. 또한 출력은 $\dfrac{\sqrt{3}}{3}=0.577$이 된다. • 부하 시 두 단자전압이 불평형하다.(대용량의 경우 불평형이 더욱 심하다.)

3) 전압 변동률(Voltage Regulation)

(1) 개요

부하에 의하여 전압이 변화하는 정도를 표시하는 것으로 정격부하 시와 무부하 시의 2차 단자전압이 서로 다른 정도를 표시한다.

(2) 전압 변동률(ε)

$$\varepsilon = \frac{\text{무부하전압}-\text{정격전압}}{\text{정격전압}} \times 100$$
$$= P\cos\theta \pm q\sin\theta$$

여기서, P : %저항강하, q : %리액턴스강하
    $+$: 지상부하, $-$: 진상부하

4) 변압기 관계 특성

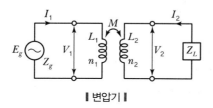

‖ 변압기 ‖

(1) 권수비

$$a = \frac{N_1}{N_2} = \frac{E_1}{E_2} = \frac{I_2}{I_1} = \sqrt{\frac{Z_1}{Z_2}}$$

여기서, N_1, N_2 : 1차, 2차 권수
    E_1, E_2 : 1차, 2차 유도 기전력(V)
    I_1, I_2 : 1차, 2차 전류(A)
    Z_1, Z_2 : 1차, 2차 임피던스(Ω)

핵심문제

변압기의 1차 및 2차의 전압, 권선수, 전류를 각각 E_1, N_1, I_1 및 E_2, N_2, I_2 라고 할 때 성립하는 식으로 옳은 것은?   [19년 3회]

① $\dfrac{E_2}{E_1} = \dfrac{N_1}{N_2} = \dfrac{I_2}{I_1}$

② $\dfrac{E_1}{E_2} = \dfrac{N_2}{N_1} = \dfrac{I_1}{I_2}$

❸ $\dfrac{E_2}{E_1} = \dfrac{N_2}{N_1} = \dfrac{I_1}{I_2}$

④ $\dfrac{E_1}{E_2} = \dfrac{N_1}{N_2} = \dfrac{I_1}{I_2}$

(2) 전압비

$$\frac{V_2}{V_1} = \frac{1}{n} = \frac{n_2}{n_1}$$

(3) 전류비

$$\frac{I_2}{I_1} = \frac{1}{n} = \frac{n_1}{n_2}$$

(4) 전류 임피던스

$$Z_g = n^2 Z_L = \left(\frac{n_1}{n_2}\right)^2 Z_L$$

2. 동기기

1) 일반사항

(1) 개념

일정한 주파수와 극수를 가지고 동기속도로 회전하는 회전기기를 말하며, 동기발전기와 동기전동기가 있다.

(2) 동기속도(N_s)

$$N_s = \frac{120f}{p}[\text{rpm}]$$

여기서, f : 주파수, p : 극수

2) 동기전동기

(1) 개념

정속도 전동기로서 비교적 회전수가 낮고, 큰 출력이 요구되는 부하에 이용되며, 전력계통의 전류의 세기, 역률 등을 조절할 수 있다.

(2) 특징

장점	• 효율이 좋은 정속도 전동기이다. • 역률이 1 또는 앞서는 역률로 운전이 가능하다. • 공극이 넓어 기계적으로 튼튼하고 보수가 용이하다.
단점	• 기동 토크가 작고 기동하는 데 손이 많이 간다. • 직류여자가 필요하다. • 난조가 일어나기 쉽다.

3) 동기발전기

(1) 개념

발전소에서 사용하는 수차 도는 증기터빈으로 운전되는 교류 발전기는 대부분 3상 동기발전기이다.

(2) 동기발전기의 병렬운전 조건

① 기전력의 크기가 같을 것
② 기전력의 위상이 같을 것
③ 기전력의 주파수가 같을 것
④ 기전력의 파형이 같을 것
⑤ 상회전이 같을 것

4) 안전도 향상

(1) 난조 발생원인 및 방지대책

난조 발생원인	난조 방지대책
• 원동기의 조속기 감도가 지나치게 예민한 경우 • 원동기의 토크에 고조파의 토크가 포함된 경우 • 전기자 회로의 저항이 상당히 큰 경우 • 부하가 맥동할 경우	제동권선을 설치한다.

(2) 안전도 향상 방안

① 정상 과도 리액턴스를 작게 하고, 단락비를 크게 한다.
② 영상 임피던스와 역상 임피던스를 크게 한다.
③ 회전자 관성을 크게 한다.(플라이휠 효과)
④ 속응 여자 방식을 채용한다.
⑤ 조속기 동작을 신속히 한다.

3. 정류기

1) 일반사항

(1) 개념

정류기(Rectifier)는 단상 또는 삼상 교류전원을 수전하여 스위칭 소자, 제어회로를 통해 직류 전원을 얻어내는 장치이다.

(2) 맥동률

정류된 직류값 속에 교류성분이 포함된 정도

① 관계식

$$맥동률 = \sqrt{\frac{실효값^2 - 평균값^2}{평균값^2}} \times 100(\%)$$

$$= \frac{교류분}{직류분} \times 100(\%)$$

② 파형의 맥동률 크기

단상 반파(120%) > 단상 전파(48%) > 3상 반파(17%) > 3상 전파(4%)

핵심문제

맥동률이 가장 큰 정류회로는?

[20년 1 · 2회 통합]

① 3상 전파 ② 3상 반파
③ 단상 전파 ❹ 단상 반파

해설 맥동률의 크기 비교

단상 반파(1.21)>단상 전파(0.482)>3상 반파(0.183)>3상 전파(0.042)

2) 종류 및 특징

구분	특징
단상 직권 교류 정류자 전동기	• 직류 교류 양용 만능 전동기 • 직권형, 보상 직권형, 유도보상 직권형 • 보상 권선을 설치하면 역률을 좋게 할 수 있다. • 가정용 미싱, 소형 공구, 영상기, 믹서기 등에 사용된다.
단상 반발전동기	• 직권형의 교류 정류자 전동기 • 아트킨손형, 톰슨형, 데리형, 윈터 아이히베르그 전동기
3상 직권 정류자 전동기	중간변압기 사용(실효 권수비의 조정)
3상 분권 정류자 전동기	시라게 전동기(브러시 이동만으로 속도제어와 역률 개선)

SECTION 04 전기계측

1. 전류, 전압, 저항의 측정

1) 전류 및 전압 측정

(1) 전류계(A)

전류계는 측정 회로에 직렬로 연결하고, 내부저항이 작을수록 좋다.

(2) 전압계(V)

전압계는 측정 회로에 병렬로 연결하고, 내부저항이 클수록 좋다.

(3) 분류기(R_s)

① 분류기는 전류계의 측정범위를 넓히기 위해 적용되며, 전류계와 병렬로 연결한다.

② 관계식

$$I = I_0\left(\frac{R}{R_s}+1\right)[\text{A}]$$

여기서, I : 측정할 전류(A)

　　　　I_0 : 전류계의 눈금(A)

　　　　R_S : 분류기의 저항(Ω)

　　　　R : 전류계의 내부저항(Ω)

(4) 배율기(R_m)

① 배율기는 전압계의 측정범위를 넓히기 위해 적용되며, 전압계와 직렬로 연결한다.

② 관계식

$$V = V_0\left(\frac{R_m}{R}+1\right)[\text{V}]$$

여기서, V : 측정할 전압(V)

　　　　V_0 : 전압계의 눈금(V)

　　　　R_m : 배율기의 저항(Ω)

　　　　R : 전압계의 내부저항(Ω)

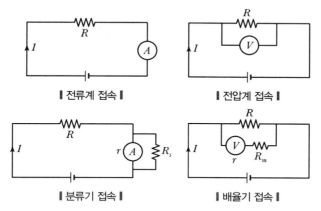

┃ 전류계 접속 ┃　　　　┃ 전압계 접속 ┃

┃ 분류기 접속 ┃　　　　┃ 배율기 접속 ┃

2) 저항의 측정

(1) 저항기의 조건

① 고유저항이 클 것

② 저항의 온도계수가 작을 것

③ 구리에 대한 열기전력이 작을 것

핵심문제

전류의 측정범위를 확대하기 위하여 사용되는 것은?

[19년 3회, 22년 1회]

① 배율기

❷ 분류기

③ 전위차계

④ 계기용 변압기

해설

분류기는 어떤 전로의 전류를 측정할 때, 전로의 전류가 전류계의 정격보다 큰 경우에 전류계와 병렬로 전로를 만들고 전류를 분류하여 전류의 측정범위를 확대하여 측정하는 계기이다.

핵심문제

배율기의 저항이 50kΩ, 전압계의 내부 저항이 25kΩ이다. 전압계가 100V를 지시하였을 때, 측정한 전압(V)은?

[22년 1회, 24년 3회]

① 10　　　　② 50

③ 100　　　❹ 300

해설 배율기(R_m)에서의 측정 전압(V) 산출

$$V = V_0\left(\frac{R_m}{R}+1\right)[\text{V}]$$

여기서, V : 측정 전압(V)

　　　　V_0 : 전압계의 눈금(V)

　　　　R_m : 배율기의 저항(Ω)

　　　　R : 전압계의 내부저항(Ω)

$$V = 100\left(\frac{50}{25}+1\right) = 300\text{V}$$

≫ 저항기

저항기는 전류에 대하여 저항 작용을 할 수 있도록 만들어진 장치를 말한다.

(2) 저항 측정의 분류

구분	종류
저저항 측정(1Ω 이하)	켈빈 더블 브리지, 전위차계법 등
중저항 측정(1Ω~1MΩ)	전압전류계법(전압강하법), 휘트스톤 브리지법, 저항계, 회로 시험기 등
고저항 측정(1MΩ 이상)	직편법, 전압계법, 절연저항계(메거) 등
특수저항 측정	• 검류계의 내부저항 : 휘트스톤 브리지법 • 전지의 내부저항 : 전압계법, 전류계법, 콜라우시 브리지법, 맨스법 • 전해액의 저항 : 콜라우시 브리지법, 슈트라우스와 헨더슨법 • 접지저항 : 접지저항계, 콜라우시 브리지법, 비헤르트법

(3) 휘트스톤 브리지(Wheatstone Bridge)

① 휘트스톤 브리지 회로를 통하여 미지의 저항을 측정할 수 있다.

② 다음 회로에서 스위치를 닫았을 때 검류계(G)에서 전류가 흐르지 않으면 평행조건 $ac = bd$가 성립하게 된다.

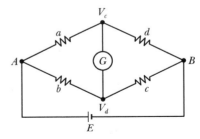

‖ 휘트스톤 브리지 ‖

3) 각종 측정기구

구분	용도
캠벨 브리지	상호 인덕턴스와 주파수 측정에 사용
맥스웰 브리지	상호 인덕턴스 측정용 브리지
휘트스톤 브리지	$0.5 \sim 10^5 \Omega$의 중저항 측정용 계기
콜라우시 브리지	접지저항, 전해액의 저항, 전지의 내부저항을 측정하는 계기
메거(Megger)	절연저항 측정에 사용(승강기, 에스컬레이터 등 옥내 절연저항 측정)

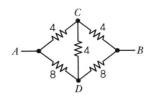

2. 전력 측정

1) 단상 교류전력의 측정

3전압계법	3전류계법
$P = \dfrac{1}{2R}(V_3^2 - V_1^2 - V_2^2)$	$P = \dfrac{1}{2}(I_3^2 - I_1^2 - I_2^2)$

전압계가 앞에	전류계가 앞에
$P = VI - \dfrac{V^2}{R_L}\,[\mathrm{W}]$	$P = VI - I^2 R_L\,[\mathrm{W}]$

2) 3상 교류전력의 측정

2전력계법	3전력계법
$P = P_1 + P_2\,[\mathrm{W}]$	$P = P_1 + P_2 + P_3$
$I = \dfrac{P_1 + P_2}{\sqrt{3}\,V}$	$I = \dfrac{P_1 + P_2 + P_3}{\sqrt{3}\,V}$
$P_r = \sqrt{3}\,(P_1 - P_2)\,[\mathrm{var}]$	
$\cos\theta = \dfrac{P_1 + P_2}{2\sqrt{P_1^2 + P_2^2 - P_1 P_2}}\,[\mathrm{W}]$	

핵심문제

단상 교류전력을 측정하는 방법이 아닌 것은? [21년 1회]

① 3전압계법
② 3전류계법
③ 단상 전력계법
❹ 2전력계법

해설
2전력계법은 3상 교류전력의 측정 시 적용하는 방법이다.

핵심문제

2전력계법으로 3상 전력을 측정할 때 전력계의 지시가 $W_1 = 200\mathrm{W}$, $W_2 = 200\mathrm{W}$이다. 부하전력(W)은? [20년 1·2회 통합]

① 200   ❷ 400
③ $200\sqrt{3}$ ④ $400\sqrt{3}$

해설 부하전력(P)의 산출
2전력계법으로 3상 전력을 측정할 때에는 전력계의 지시된 전력을 그대로 더해주게 된다.
$P = W_1 + W_2 = 200 + 200 = 400\mathrm{W}$

실전문제

01 엘리베이터용 전동기의 필요 특성으로 틀린 것은?

[22년 2회]

① 소음이 작아야 한다.

② 기동 토크가 작아야 한다.

③ 회전부분의 관성 모멘트가 작아야 한다.

④ 가속도의 변화 비율이 일정 값이 되어야 한다.

해설

엘리베이터용 전동기는 기동 토크가 커야 하며, 큰 기동 토크가 요구되는 고속 엘리베이터의 경우 큰 기동 토크를 가진 직류전동기를 적용한다.

02 다음은 직류전동기의 토크 특성을 나타내는 그래프이다. (A), (B), (C), (D)에 알맞은 것은?

[19년 1회, 22년 2회, 24년 3회]

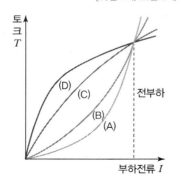

① (A) : 직권발전기, (B) : 가동복권발전기,
    (C) : 분권발전기, (D) : 차동복권발전기

② (A) : 분권발전기, (B) : 직권발전기,
    (C) : 가동복권발전기, (D) : 차동복권발전기

③ (A) : 직권발전기, (B) : 분권발전기,
    (C) : 가동복권발전기, (D) : 차동복권발전기

④ (A) : 분권발전기, (B) : 가동복권발전기,
    (C) : 직권발전기, (D) : 차동복권발전기

해설

(A) : 직권발전기, (B) : 가동복권발전기,
(C) : 분권발전기, (D) : 차동복권발전기

토크 특성 그래프

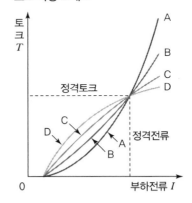

03 3상 유도전동기의 주파수가 60Hz, 극수가 6극, 전부하 시 회전수가 1,160rpm이라면 슬립은 약 얼마인가?

[21년 2회, 24년 2회]

① 0.03
② 0.24
③ 0.45
④ 0.57

해설

슬립(s) 산출

$$N = \frac{120f}{P}(1-s)$$

$$1,160 = \frac{120 \times 60}{6}(1-s)$$

$$\therefore s = 0.03$$

여기서, N : 회전수(rpm)

      f : 주파수

      P : 극수

      s : 슬립

04 3상 유도전동기의 출력이 10kW, 슬립이 4.8%일 때의 2차 동손은 약 몇 kW인가?

[20년 3회]

① 0.24　　　　　　② 0.36
③ 0.5　　　　　　④ 0.8

해설

2차 동손(P_{c2}) 산출

$$P_{c_2} = \frac{s}{1-s} \times P = \frac{0.048}{1-0.048} \times 10 = 0.5042$$

∴ 0.5kW

여기서, P_{c2} : 2차 동손(kW)
　　　　P : 기계적 출력(kW)
　　　　s : 슬립

05 유도전동기에 인가되는 전압과 주파수의 비를 일정하게 제어하여 유도전동기의 속도를 정격 속도 이하로 제어하는 방식은?

[20년 3회, 24년 1회, 24년 2회]

① CVCF 제어 방식
② VVVF 제어 방식
③ 교류 궤환제어 방식
④ 교류 2단 속도제어 방식

해설

VVVF(Variable Voltage Variable Frequency) 속도제어 방식
- VVVF란 가변전압 가변주파수 변환장치로 공급된 전압과 주파수를 변환하여 유도전동기에 공급함으로써 모터의 회전수를 제어하는 방법으로 효율 면에서 우수하다.
- VVVF 속도제어 방식에는 전압형 인버터와 전류형 인버터가 있으며 일반적으로 전압형 인버터를 많이 적용한다.

06 전류의 측정범위를 확대하기 위하여 사용되는 것은?

[19년 3회, 22년 1회]

① 배율기　　　　　② 분류기
③ 전위차계　　　　④ 계기용 변압기

해설

분류기는 어떤 전로의 전류를 측정할 때, 전로의 전류가 전류계의 정격보다 큰 경우에 전류계와 병렬로 전로를 만들고 전류를 분류하여 전류의 측정범위를 확대하여 측정하는 계기이다.

07 다음 중 전류계에 대한 설명으로 틀린 것은?

[20년 4회]

① 전류계의 내부저항이 전압계의 내부저항보다 작다.
② 전류계를 회로에 병렬접속하면 계기가 손상될 수 있다.
③ 직류용 계기에는 (+), (−)의 단자가 구별되어 있다.
④ 전류계의 측정범위를 확장하기 위해 직렬로 접속한 저항을 분류기라고 한다.

해설

분류기(R_s)는 전류계의 측정범위를 넓히기 위해 적용되며, 전류계와 병렬로 연결한다.

08 배율기의 저항이 50kΩ, 전압계의 내부저항이 25kΩ이다. 전압계가 100V를 지시하였을 때, 측정한 전압(V)은?

[22년 1회, 24년 3회]

① 10　　　　　　② 50
③ 100　　　　　④ 300

해설

배율기(R_m)에서의 측정 전압(V) 산출

$$V = V_0 \left(\frac{R_m}{R} + 1 \right) [\text{V}]$$

여기서, V : 측정 전압(V)
　　　　V_0 : 전압계의 눈금(V)
　　　　R_m : 배율기의 저항(Ω)
　　　　R : 전압계의 내부저항(Ω)

$$V = 100 \left(\frac{50}{25} + 1 \right) = 300\text{V}$$

09 다음과 같은 회로에서 a, b 양단자 간의 합성 저항은?(단, 그림에서의 저항의 단위는 Ω이다.)

[18년 2회]

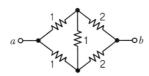

① 1.0Ω
② 1.5Ω
③ 3.0Ω
④ 6.0Ω

해설

휘트스톤 브리지 회로에서의 합성 저항(R)의 산출

$$R = \cfrac{1}{\cfrac{1}{1+2} + \cfrac{1}{1+2}} = 1.5\Omega$$

10 $R_1 = 100\Omega$, $R_2 = 1,000\Omega$, $R_3 = 800\Omega$일 때 전류계의 지시가 0이 되었다. 이때 저항 R_4는 몇 Ω인가?

[21년 2회, 24년 2회]

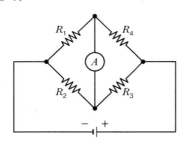

① 80
② 160
③ 240
④ 320

해설

휘트스톤 브리지 회로

$$R_2 R_4 = R_1 R_3 \rightarrow R_4 = \frac{R_1 R_3}{R_2} = \frac{100 \times 800}{1,000} = 80\Omega$$

11 예비 전원으로 사용되는 축전지의 내부저항을 측정할 때 가장 적합한 브리지는?

[18년 1회, 24년 3회]

① 캠벨 브리지
② 맥스웰 브리지
③ 휘트스톤 브리지
④ 콜라우시 브리지

해설

브리지의 종류별 용도

구분	용도
캠벨 브리지	상호 인덕턴스와 주파수 측정에 사용
맥스웰 브리지	상호 인덕턴스 측정용 브리지
휘트스톤 브리지	$0.5 \sim 10^5\Omega$의 중저항 측정용 계기
콜라우시 브리지	접지저항, 전해액의 저항, 전지의 내부저항을 측정하는 계기

12 최대눈금 100mA, 내부저항 1.5Ω인 전류계에 0.3Ω의 분류기를 접속하여 전류를 측정할 때 전류계의 지시가 50mA라면 실제 전류는 몇 mA인가?

[19년 1회, 24년 3회]

① 200
② 300
③ 400
④ 600

해설

분류기 접속 시 실제 전류(I) 산출

$$I = I_a \times \left(1 + \frac{r_a}{R_s}\right) = 50\text{mA} \times \left(1 + \frac{1.5\Omega}{0.3\Omega}\right) = 300\text{mA}$$

여기서, I_a : 전류계에서의 측정 전류(mA)

$\quad\quad\quad r_a$: 내부저항(Ω)

$\quad\quad\quad R_s$: 분류기 저항(Ω)

13 승강기나 에스컬레이터 등의 옥내 전선의 절연저항을 측정하는 데 가장 적당한 측정기기는?

[20년 3회, 24년 2회]

① 메거
② 휘트스톤 브리지
③ 켈빈 더블 브리지
④ 콜라우시 브리지

해설

② 휘트스톤 브리지 : $0.5 \sim 10^5\Omega$의 중저항 측정용 계기

③ 켈빈 더블 브리지 : 1Ω 이하 이하 저항 측정용 계기

④ 콜라우시 브리지 : 접지저항, 전해액의 저항, 전지의 내부저항을 측정하는 계기

CHAPTER 03 제어기기 및 회로

SECTION 01 제어의 개념

1. 자동제어의 일반사항

1) 개념 및 목적

(1) 개념

① 자동제어란 실내의 온도, 습도, 환기 등을 목적에 맞게 자동으로 조절하는 것을 말한다.

② 검출부, 조절부, 조작부 등으로 구성되어 있고, 조절부의 제어 방식에 따라 피드백 제어와 시퀀스 제어로 구분된다.

(2) 목적

① 조작인원, 숙련기능공의 감소

② 환경, 제품의 질 향상

③ 에너지 절약

④ 운전비용 절감

2) 자동제어의 구성

구성	역할
검출부	실내의 온도, 습도, CO_2 농도 등을 검출하고, 검출된 데이터는 조절부로 보낸다.
조절부	검출부에서 보낸 데이터를 목표치와 비교하여 조절한 후 조작부로 보내며, 종류에는 온도조절기, 습도조절기 등이 있다.
조작부	조절부에서 조절된 신호에 의하여 밸브, 댐퍼 등을 조작하여 실내 온습도를 제어하며, 주로 전동식 밸브, 전동식 댐퍼 등을 사용한다.

기계장치, 프로세스 및 시스템 등에서 제어되는 전체 또는 부분으로서 제어량을 발생시키는 장치는? [18년 1회]

① 제어장치　　❷ 제어대상
③ 조작장치　　④ 검출장치

해설

제어량을 발생시키는 주체는 제어대상이다. 예를 들면, 공기조화에서 제어대상은 어떠한 공간(실)이 되고, 이 공간에서 목표로 한 온도 등의 조건을 맞추기 위해 제어를 해야 하는 양이 발생하게 된다.

피드백 제어계에서 목표치를 기준입력신호로 바꾸는 역할을 하는 요소는? [19년 1회]

① 비교부　　② 조절부
③ 조작부　　❹ 설정부

해설

설정부는 목표값을 제어 가능한 신호로 변환하는 역할을 하는 요소를 말하며, 기준입력요소(Reference Input Element)라고도 한다.

목표값 이외의 외부 입력으로 제어량을 변화시키며 인위적으로 제어할 수 없는 요소는? [20년 1·2회 통합]

① 제어동작신호　② 조작량
❸ 외란　　④ 오차

해설

외란(Disturbance)은 제어계에서 예상치 못한 교란이 발생하는 것을 의미하며, 이러한 외란이 발생하였을 때, 외란을 검출하고 대처할 수 있어야 한다. 또한 이러한 외란을 검출하고 제어하는 데 적합한 제어 방식은 피드백 제어 방식이다.

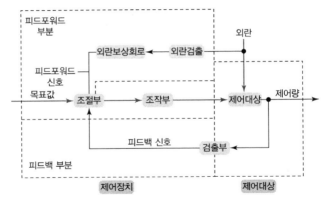

‖ 자동제어계의 구성 ‖

3) 관련 용어

구분	내용
제어대상 (Control System)	제어량을 발생시키는 제어의 대상으로, 제어하려고 하는 기계 전체 또는 그 일부분을 말한다.
제어장치 (Control Device)	제어를 하기 위해 제어대상에 부착되는 장치로, 조절부, 설정부, 검출부 등이 이에 해당된다.
제어요소 (Control Element)	동작신호를 조작량으로 변화하는 요소로, 조절부와 조작부로 이루어진다.
제어량 (Controlled Value)	제어대상에 속하는 양으로, 제어대상을 제어하는 것을 목적으로 하는 물리적인 양을 말한다. (출력 발생 장치)
목표값 (Desired Value)	제어량이 어떤 값을 목표로 정하도록 외부에서 주어지는 값이다.(피드백 제어계에서는 제외되는 신호)
기준입력 (Reference Input)	제어계를 동작시키는 기준으로 직접 제어계에 가해지는 신호를 말한다.(목표치와 비례 관계)
설정부(기준입력요소, Reference Input Element)	목표값을 제어할 수 있는 신호(기준입력신호)로 변환하는 요소이며 설정부라고 한다.(목표치 비례 기준입력신호 → 설정부)
외란 (Disturbance)	자동제어에서 기준입력 이외에서, 제어량에 변화를 주는 원인을 의미한다. 예를 들어 공조제어를 하는 실내에 창문을 열어 제어대상인 온습도에 영향을 주는 것을 말한다.
피드포워드 (Feed Forward)	외란이 제어대상으로 나타나기 전에 필요한 정정 동작을 행하는 것이다.
검출부 (Detecting Element)	제어대상으로부터 제어에 필요한 신호를 인출하는 부분(제어량 검출 주궤환 신호 발생 요소)
조절기 (Blind Type Controller)	설정부, 조절부 및 비교부를 합친 것

구분	내용
조절부 (Controlling Units)	제어계가 작용을 하는 데 필요한 신호를 만들어 조작부로 보내는 부분
비교부 (Comparator)	목표값과 제어량의 신호를 비교하여 제어동작에 필요한 신호를 만들어 내는 부분
조작량 (Manipulated Value)	제어장치가 제어대상에 가하는 신호로 제어장치의 출력인 동시에 제어대상의 입력인 신호
편차 검출기 (Error Detector)	궤환요소가 변환기로 구성되고 입력에도 변환기가 필요할 때에 제어계의 일부를 편차 검출기라 한다.

2. 제어 방식의 분류

1) 시퀀스 제어(Sequential Control)

(1) 개념

    ① 미리 정해진 순서에 의하여 순차적으로 밸브, 댐퍼 등을 기동 정지시킨다.

    ② 신호는 한 방향으로만 전달되는 개방회로 방식이다.

    ③ 디지털 신호(DI : Digital In, DO : Digital Out)로 제어한다.

(2) 예시 : 급배수설비의 양수펌프 제어

    ① 고가수조의 수위에 대해 각 층에서 물이 사용되면 수위가 낮아지고, 최저선에 도달하면 고가수조 내에 있는 수위센서(전극봉)가 이를 감지하여, 양수펌프에 물을 보내라는 신호를 보낸다.

    ② 신호를 받은 양수펌프는 만수선까지 급수를 계속 공급하는데, 이렇게 정해진 순서의 흐름에 따른 제어를 시퀀스 제어라 한다.

핵심문제

시퀀스 제어에 관한 설명으로 틀린 것은?   [20년 4회, 24년 2회]

① 조합논리회로가 사용된다.

② 시간지연요소가 사용된다.

③ 제어용 계전기가 사용된다.

❹ 폐회로 제어계로 사용된다.

해설

시퀀스 제어는 개회로 제어계이다.

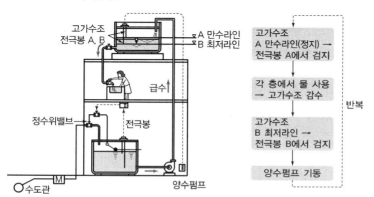

‖ 급배수설비의 양수펌프 제어 ‖

핵심문제

아날로그 신호로 이루어지는 정량적 제어로서 일정한 목표값과 출력값을 비교·검토하여 자동적으로 행하는 제어는?　　　　　[22년 2회]

❶ 피드백 제어
② 시퀀스 제어
③ 오픈루프 제어
④ 프로그램 제어

2) 피드백 제어(Feedback Control)

(1) 개념

① 검출부의 신호를 목표치와 비교한 후 수정동작을 하여 조작부에 신호를 보내 제어하고, 자동제어에서 주로 사용한다.

② 폐회로로 구성된 폐회로 방식이다.

③ 제어 결과를 끊기지 않게 검출하면서 정정동작을 행한다.

④ 아날로그 신호(AI : Analogue In, AO : Analogue Out)로 제어한다.

⑤ 전압, 보일러 내 압력, 실내온도 등과 같이 목표치를 일정하게 정해 놓은 제어에 사용한다.

(2) 예시 : 공조설비의 온도제어

① 공조 대상실에는 실온 측정용인 온도센서, 냉동기로부터의 냉수량을 조절하는 자동제어밸브가 작동한다.

② 온도센서는 실온을 항상 측정하여 컨트롤러에 정보를 보내고 컨트롤러는 설정온도를 기억하여 이와 비교해서 실온이 설정온도에 가깝도록 자동제어밸브의 개도를 조절하는 신호를 보낸다.

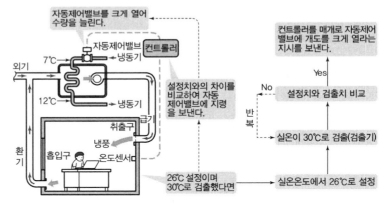

▍공조설비의 자동밸브 제어▍

3. 제어시스템의 분류

1) 제어목적에 의한 분류

시스템의 제어목적에 따라 정치제어, 추치제어, 캐스케이드 제어로 구분한다.

구분	내용
정치제어 (定値制御)	제어량을 어떤 일정한 목표값으로 유지시키는 것을 목적으로 한다.
추치제어 (追値制御)	• 시간에 따라서 변화하는 목표값에 정확히 추종하도록 설계한 제어이다. • 추종제어, 프로그램 제어, 비율제어가 있다.
캐스케이드 제어 (Cascade Control)	• 2개의 제어계를 조합하여 1차 제어장치의 제어량을 측정하여 제어 명령을 발하고, 2차 제어장치의 목표치로 설정하는 제어이다. • 외란의 영향을 최소화하고, 시스템 전체의 지연을 감소시켜 제어효과를 향상시키므로 출력 측 낭비시간이나 시간지연이 큰 프로세서 제어에 적합하다. • 최근 공조설비 VAV 방식에서 VAV 본체의 풍속센서와 댐퍼에 주어진 풍량을 유지하기 위한 제어로 널리 이용되고 있다.

2) 제어동작에 의한 종류

(1) 선형 동작

기본 동작	비례제어 P (Proportional) 동작	• 조절부의 전달 특성이 비례적인 특성을 가진 시스템이다. • 조작량 0∼100%까지의 제어폭을 비례대라고 한다. • 목표치가 아닌 지점에서 안정상태가 유지될 때 이 안정상태의 값과 목표치의 차이를 잔류편차라고 한다.
	적분제어 I (Integral) 동작	• 오차의 크기와 오차가 발생하고 있는 시간에 둘러싸인 면적의 크기에 비례하여 조작부를 제어하는 것이다. • 잔류오차가 없도록 제어 가능하다.
	미분제어 D (Differential) 동작	• 제어오차가 검출될 때 오차가 변화하는 속도에 비례하여 조작량을 변화시키는 동작이다. • 오차가 커지는 것을 미리 방지할 수 있다.
종합 동작	비례적분제어 PI 동작	• 비례동작에 의해 발생되는 잔류오차를 소멸시키기 위해 적분동작을 부가한다. • 제어 결과가 진동적(간헐현상)으로 되기 쉬우나 잔류오차가 적다.
	비례미분제어 PD 동작	• 제어 결과에 빨리 도달하도록 미분동작을 부가한다. • 응답의 속응성이 좋다.
	비례적분 미분제어 PID 동작	• 비례적분동작에 미분동작을 추가한 것이다. • 정상 특성과 응답속도를 동시에 개선시키며 정정시간이 짧다.

핵심문제

오차 발생시간과 오차의 크기로 둘러싸인 면적에 비례하여 동작하는 것은? [18년 2회]

① P 동작   ❷ I 동작
③ D 동작   ④ PD 동작

[해설] I 동작(적분제어)

적분값(오차 발생시간과 오차의 크기로 둘러싸인 면적)의 크기에 비례하여 조작부를 제어하는 것으로 오프셋을 소멸시키지만 진동이 발생한다.

- 응답속도가 느리다.
- 오프셋(잔류편차)이 발생한다.
- 사이클링(난조)이 발생한다.

핵심문제

물체의 위치, 방위, 자세 등의 기계적 변위를 제어량으로 하여 목표값의 임의의 변화에 항상 추종되도록 구성된 제어장치는?

[18년 2회, 20년 1 · 2회 통합]

❶ 서보기구　　② 자동조정
③ 정치제어　　④ 프로세스 제어

해설 서보기구

- 물체의 위치, 방위, 자세, 각도 등의 기계적 변위를 제어량으로 해서 목표값이 임의의 변화에 추종하도록 구성된 제어계이다.
- 비행기 및 선박의 방향제어계, 미사일 발사대의 자동 위치제어계, 추적용 레이더, 자동 평형 기록계 등에 적용되고 있다.

>>> **서보기구(추종제어)의 특징**

- 원격제어인 경우가 많다.
- 제어량이 기계적 변위이다.
- 추종제어로서 임의의 변화에 추종하여야 하므로 아날로그 신호인 경우가 많다.

(2) 비선형 동작

공간적 불연속 동작	2위치 (On-Off) 동작	편차의 정부(+, −)에 따라 조작부를 전폐, 전개하는 것이다.
	다위치 동작	조작량을 다단으로 분류하여 편차에 근거하여 적절한 단수에 조작 신호를 나타낸다.
	단속도 동작	제어량의 사이클링을 해결하기 위해 중립위치를 갖춘 조절기로 일정 회전의 모터를 갖춘 전동조작기에 의해서 행해진다.
시간적 불연속 동작	시간비례 동작	검출부로의 비례적인 신호를 근본으로 일정 주기 내에서의 온−오프 시간비율로 변화된 신호를 내고 위치비례동작에 가까운 제어를 하는 것이다.

3) 제어량의 성질에 의한 분류

구분	개념	제어량
프로세스 기구	플랜트나 생산 공정 중의 상태량을 제어량으로 하는 제어로서 외란의 억제를 주목적으로 한다.	온도, 유량, 압력, 액위, 농도, 밀도
서보기구 (추종제어)	기계적 변위를 제어량으로 해서 목표값이 임의의 변화에 추종하도록 구성된 제어계이다.	물체의 위치, 방위, 자세, 각도, 비행기 및 선박의 방향제어계, 미사일 발사대의 자동 위치제어계, 추적용 레이더, 자동 평형 기록계
자동조정 기구	전기적 · 기계적 양을 주로 제어하는 것으로서 응답속도가 대단히 빨라야 하는 것이 특징이다.	전압, 전류, 속도, 주파수, 회전속도, 힘, 발전기의 가속기 제어, 전전압 장치 제어

4) 신호 전달 방식(제어동작 실현 수단)에 따른 종류 및 특징

(1) 종류

구분	세부사항
전기식	기계적인 변위를 직접 전기 처리하는 것
전자식	검출단의 전기적 특성을 포착하여 이것을 전자회로로 증폭한 것을 제어용 신호로 처리하는 것
디지털식	제어나 연산처리에 마이크로프로세서를 이용하는 것
공기식	제어의 매체로 공기압력을 이용하는 것
전자−공기식	전자식, 공기식의 혼성으로 보통 조작 출력만이 공기압으로, 기타 부분은 전자식의 조합으로 이용

(2) 특징

구분	전기식	전자식	디지털식	공기식	전자-공기식
제어 정도	보통	좋음	좋음	좋음	좋음
검출부의 응답속도	보통	빠름	빠름	보통	빠름
제어동작	2위치, 비례	2위치, 비례, PI, PID	2위치, 비례, PI, PID	비례, PI, PID	비례, PI, PID
보상제어	무	유	유	유	유
최적화 제어	무	무	유	무	무
시퀀스 제어	무	무	유	무	무
중앙관제와의 협조	무	무	유	무	무
고장 시의 기능 유지	무	무	유	유	무
원격 설정	무	유	유	유	유
설치, 취급의 간편성	간단	약간 복잡	약간 복잡	간단	약간 복잡
제어용 에너지원	상용전원	상용전원	상용전원	압축공기	상용전원 압축공기
가격	저	중	고	고	고
적합한 건물 규모	소규모	중규모	중·대규모	중·대규모	중·대규모

4. 전달함수(Transfer Function)

1) 일반사항

(1) 개념

전달함수(G)는 모든 초기값을 0으로 하였을 때 출력신호(C)의 라플라스 변환과 입력신호(R)의 라플라스 변환의 비이다.

(2) 산출식

$$G(s) = \frac{출력}{입력} = \frac{C(s)}{R(s)} = \frac{전향경로}{1-피드백\ 경로}$$

$$\xrightarrow[G(s)]{\frac{입력}{r(t)}}\ 시스템\ G(s)\ \xrightarrow[G(s)]{\frac{출력}{r(t)}}$$

다음 블록선도의 전달함수 $\dfrac{C(s)}{R(s)}$ 는?

[20년 4회]

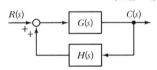

❶ $\dfrac{G(s)}{1-G(s)H(s)}$

② $\dfrac{G(s)}{1+G(s)H(s)}$

③ $\dfrac{H(s)}{1-G(s)H(s)}$

④ $\dfrac{H(s)}{1+G(s)H(s)}$

해설 전달함수 산출

$$\frac{C(s)}{R(s)} = \frac{\text{전향경로}}{1-\text{피드백 경로}}$$
$$= \frac{G(s)}{1-(G(s)\times H(s))}$$
$$= \frac{G(s)}{1-G(s)H(s)}$$

2) 제어요소 전달함수

종류	입력과 출력의 관계	전달함수	비고
비례요소	$Y(t) = Kx(t)$	$G(s) = \dfrac{Y(s)}{X(s)} = K$	K : 비례 감도 (비례 이득)
적분요소	$Y(t) = \dfrac{1}{K}\displaystyle\int x(t)dt$	$G(s) = \dfrac{Y(s)}{X(s)} = \dfrac{K}{S}$	
미분요소	$Y(t) = K\dfrac{dx(t)}{dt}$	$G(s) = \dfrac{Y(s)}{X(s)} = KS$	
1차 지연 요소	$b_1\dfrac{d}{dt}Y(t)$ $+ b_0 Y(t)$ $= a_0 x(t)$	$G(s) = \dfrac{Y(s)}{X(s)}$ $= \dfrac{a_0}{b_1 s + b_0} = \dfrac{K}{T_s + 1}$	$K = \dfrac{a_0}{b_0},\ T = \dfrac{b_1}{b_0}$ T : 시정수
2차 지연 요소	$b_2\dfrac{d^2}{dt^2}Y(t)$ $+ b_1\dfrac{d}{dt}Y(t)$ $= b_0 Y(t)$ $= a_0 x(t)$	$G(s) = \dfrac{Y(s)}{X(s)}$ $= \dfrac{K\omega_n^2}{s^2 + 2\xi\omega_n s + \omega_n^2}$ $= \dfrac{K}{1 + 2\xi Ts + T^2 s^2}$	$K = \dfrac{a_0}{b_0},\ T^2 = \dfrac{b_2}{b_0}$ $2\xi T = \dfrac{b_1}{b_0},\ \omega_n = \dfrac{1}{T}$ ξ : 감소계수 ω_n : 고유 각주파수
부동작 시간 요소	$Y(t) = Kx(t-L)$	$G(s) = \dfrac{Y(s)}{X(s)}$ $= Ke^{-Ls}$	L : 부동작시간

SECTION 02 시퀀스 제어

1. 일반사항

1) 개념 및 표현방법

(1) 개념

① 미리 정해진 순서에 의하여 순차적으로 밸브, 댐퍼 등을 기동 정지시킨다.

② 신호는 한 방향으로만 전달되는 개방회로 방식이다.

③ 디지털 신호(DI : Digital In, DO : Digital Out)로 제어한다.

(2) 표현방법

구분	내용
전개 접속도	• 가장 많이 사용하는 방법으로 시퀀스도라고도 한다. • 시퀀스 제어를 사용한 전기장치 및 기기 · 기구의 동작을 기능 중심으로 전개하여 표시한 도면이다. • 시퀀스 제어기호를 사용하여 작성하며, 주회로와 제어회로, 표시회로로 구성된다.

구분	내용
타이밍 도표	제어계의 각 접점 및 제어장치의 시간적인 동작 상태를 그림으로 표현한 것으로, 제어요소 간의 동작 상황을 비교할 수 있다.
논리회로도	논리기호를 사용하여 신호처리회로를 그림으로 나타낸 것이다.
표면 접속도	제어반의 제작 및 점검 등에 사용하기 위하여 기구나 부품의 실제 배치를 그려놓은 도면이다.
블록선도	제어계의 신호 전달 방식 등을 블록과 화살표로 그려놓은 도면으로, 플로차트(흐름도)도 일종의 블록선도라 할 수 있고 시퀀스도는 이 플로차트를 기초로 이루어진다.

2) 시퀀스 제어의 종류

(1) 제어장치에 따른 분류

구분	내용
유접점 제어	릴레이 또는 전자계전기 등의 소자를 사용한 제어 방식을 말한다.
무접점 제어	트랜지스터, 다이오드 등의 반도체 소자를 사용하여 제어하는 방식을 말한다.
PLC(프로그램 제어, Program Logic Controller)	• 논리연산이 주된 기능이며, 수치연산기능, 데이터 처리기능, 프로그램 제어기능을 조합한 것으로 일종의 무접점 제어 방식이다. • 미리 정해진 프로그램에 따라 제어량을 변화시키는 것을 목적으로 하는 제어법이다. • 무인 엘리베이터, 무인 열차 제어 등에 적용한다. • PLC의 구성 　－중앙처리장치(CPU) : 마이크로프로세서 및 메모리를 중심으로 구성되며, 인간의 두뇌 역할을 하는 부분으로 메모리에 저장되어 있는 프로그램을 해독하여 처리내용을 실행한다.(연산부와 메모리부 등으로 구성) 　－입·출력부 : 외부 기기와 신호를 연결한다. 　－전원부 : 각부에 전원을 공급한다. 　－주변장치 : PLC 내의 메모리에 프로그램을 기록하는 장치이다.

핵심문제

다음 중 무인 엘리베이터의 자동제어로 가장 적합한 것은?

[18년 1회, 19년 2회, 21년 3회]

① 추종제어
② 정치제어
❸ 프로그램 제어
④ 프로세스 제어

해설 **프로그램 제어**

• 미리 정해진 프로그램에 따라 제어량을 변화시키는 것을 목적으로 하는 제어법이다.
• 무인 엘리베이터, 무인 열차 제어 등에 적용한다.

≫ **PLC 출력부 설치기기**

PLC의 출력부는 내부 연산의 결과를 외부 기기에 전달하여 구동시키는 부분으로서 해당 출력부에 설치하는 기기는 다음과 같다.

• 표지경보 : 시그널 램프, 파일럿 램프, 부저 등
• 구동출력 : 전자개폐기, 솔레노이드밸브(전자밸브), 전자 브레이크, 전자 클러치 등

(2) 명령처리 방법에 따른 분류

구분	개념	용도
시한제어	제어의 순서와 제어시간이 기억되어 정해진 제어 순서를 정해진 시간에 행하는 제어	가정용 세탁기, 교통 신호기, 네온사인의 점등과 소등제어용
순서제어	제어의 순서만이 기억되고 시간은 검출기에 의해 이루어지는 제어	컨베이어 장치, 공작기계, 자동 조립 기계제어용
조건제어	검출 결과에 따라 제어 명령이 결정되는 제어	불량품 처리 제어, 엘리베이터 제어용

2. 시퀀스 제어와 불 대수(Boolean Algebra)

1) 일반사항

(1) 불 대수(논리식)의 개념

시퀀스 제어회로는 논리회로를 중심으로 성립한다. 논리회로는 대수식으로 표시할 수 있으며, 이 대수식을 불 대수식이라 하고 불 대수식으로 표현한 식을 일반적으로 논리식이라 부른다.

(2) 논리의 표시

구분	성격
"0"	L레벨, 접점 Open, 코일 소자
"1"	H레벨, 접점 Close, 코일 여자

2) 불 대수식(논리식)

구분	논리기호 및 논리식	내용
부정 (NOT) 연산	$A \multimap C$ $C = \overline{A}$	• 2개의 변수 A와 C가 있을 때, A가 아니면 C이다. • A가 "1"이면 C는 "0", A가 "0"이면 C는 "1"이 된다. • 부정의 논리식은 $C = \overline{A}$로 표시한다.

구분	논리기호 및 논리식	내용
논리곱 (AND) 연산	A B C $C = A \cdot B$	• 3개의 변수 A, B, C의 관계에서 A와 B가 모두 성립할 때, C가 성립하면 C는 A와 B의 논리곱이라고 한다. • C가 "1"이 되기 위해서는 A가 "1"이고 또한 B가 "1"이 되어야 한다. • AND 회로의 논리식은 입력의 곱으로 출력에 나타난다. • 논리곱의 논리식은 $C = A \times B$로 표시한다.
논리합 (OR) 연산	A B C $C = A + B$	• 3개의 변수 A, B, C의 관계에서 A와 B 중에서 어느 한쪽이 성립할 때, C가 성립하면 C는 A와 B의 논리합이라고 한다. • C가 "1"이 되기 위해서는 A가 "1" 또는 B가 "1"이면 된다. • OR 회로의 논리식은 입력의 합으로 출력에 나타난다. • 논리합의 논리식은 $C = A + B$로 표시한다.
NAND 회로	A B C $\overline{C} = A \cdot B$ $\overline{\overline{C}} = \overline{A \cdot B}$ $C = \overline{A \cdot B} = \overline{A} + \overline{B}$	AND 회로 결과에 NOT 회로를 접속한 회로
NOR 회로	A B C $\overline{C} = A + B$ $\overline{\overline{C}} = \overline{A + B}$ $C = \overline{A + B} = \overline{A} \cdot \overline{B}$	OR 회로 결과에 NOT 회로를 접속한 회로

핵심문제

입력신호가 모두 "1"일 때만 출력이 생성되는 논리회로는?

[20년 1 · 2회 통합]

❶ AND 회로　　② OR 회로
③ NOR 회로　　④ NOT 회로

해설 AND 회로(논리곱 회로)
입력단자 모두가 On(1)이 되면 출력이 On(1)이 되고, 입력단자 중 하나라도 Off(0)가 되면 출력이 Off(0)가 되는 회로를 말한다.

논리식 $L = \overline{x} \cdot \overline{y} + \overline{x} \cdot y$를 간단히 한 식은? [20년 1 · 2회 통합]

① $L = x$ ❷ $L = \overline{x}$

③ $L = y$ ④ $L = \overline{y}$

해설

$L = \overline{x} \cdot \overline{y} + \overline{x} \cdot y = \overline{x}(\overline{y} + y)$
$\quad = \overline{x} \cdot 1 = \overline{x}$

아래 접점회로의 논리식으로 옳은 것은? [20년 4회]

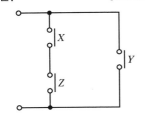

① $X \cdot Y \cdot Z$ ② $(X + Y) \cdot Z$

❸ $(X \cdot Z) + Y$ ④ $X + Y + Z$

해설

X와 Z는 접점이 직렬로 연결되어 있으므로 논리곱(AND)으로서 $X \cdot Z$이고, $X \cdot Z$와 Y는 병렬로 연결되어 있으므로 논리합(OR)으로서 $(X \cdot Z) + Y$가 된다.

3) 논리식의 응용

(1) 논리식의 적용 법칙

법칙	논리식
항등법칙	$A + 0 = A,\ A + 1 = 1,\ A \cdot 1 = A,\ A \cdot 0 = 0$
동일법칙	$A \cdot A = A,\ A + A = A$
부정법칙	$A \cdot \overline{A} = 0,\ A + \overline{A} = 1,\ \overline{\overline{A}} = A$
교환법칙	$A \cdot B = B \cdot A,\ A + B = B + A$
결합법칙	$A \cdot (B \cdot C) = (A \cdot B) \cdot C$ $A + (B + C) = (A + B) + C$
분배법칙	$A \cdot (B + C) = A \cdot B + A \cdot C$ $A + (B \cdot C) = (A + B) \cdot (A + C)$
흡수법칙	$A \cdot (A + B) = A,\ A + (A \cdot B) = A$
드모르간의 법칙	$\overline{AB} = \overline{A} + \overline{B},\ \overline{A + B} = \overline{A} \cdot \overline{B}$

(2) 논리식에 따른 등가접점회로

논리식	등가접점회로
$A \cdot A = A$ (누승법칙)	
$A \cdot \overline{A} = 0$ (보원법칙)	
$A \cdot 1 = A$	
$A \cdot 0 = 0$	
$A + A = A$ (누승법칙)	
$A + \overline{A} = 1$ (보원법칙)	
$A + 1 = 1$	
$A + 0 = A$ (보원법칙)	

3. 유접점 회로

1) 스위치(Switch)

(1) 개념

스위치(Switch)는 회로의 개폐 또는 접속 변경 등의 작업을 수행한다.

(2) 종류

구분	내용
복귀형 수동 스위치	• 조작 중에만 접점 상태가 변하고 조작을 중지하면 원래 상태로 복귀하는 스위치이다. • Push-button Switch, Foot Switch 등이 있다.
유지형 수동 스위치	• 조작하면 접점의 개폐 상태가 그대로 유지되는 스위치이다. • Micro Switch, Tumbler Switch, Selector Switch 등이 있다.
검출 스위치	• 제어대상의 상태 또는 변화를 검출하는 리밋 스위치, 센서가 있고, 위치, 압력, 힘, 빛, 온도, 수위, 속도, 전압, 전류 등의 물리량의 검출과 고장 난 제품의 수리 등의 검출에 사용한다. • Limit Switch, Float Switch, Photo Switch, Proximity Switch 등이 있다.

2) 릴레이(Relay)

(1) 개념

릴레이(R : Relay)는 전자계전기라고도 불리며, 전자석에 의한 철편의 흡입력을 이용해서 접점을 개폐하는 기능을 가진 기기를 말한다.

(2) 릴레이의 접점

구분	접점의 상태	별칭
a접점	열려 있는 접점 (Arbeit Contact)	• 메이크 접점(Make Contact) : 회로를 만드는 접점 • 상개 접점(Normally Open Contact) : no접점(항상 열려 있는 접점)
b접점	닫혀 있는 접점 (Break Contact)	• 브레이크 접점(Break Contact) • 상폐 접점(Normally Close Contact) : nc접점(항상 닫혀 있는 접점)
c접점	전환 접점 (Change-over Contact)	• 브레이크 메이크 접점(Break Make Contact) • 트랜스퍼 접점(Transfer Contact)

① a접점

릴레이의 코일에 전류가 흐르지 않은 상태(복귀 상태)에서는 가동 접점과 고정 접점이 떨어져서 개로하고 있지만, 코일에 전류가 흐르게 되면(동작 상태) 가동 접점이 고정 접점에 접촉되어 폐로하는 접점을 말한다.

② b접점

릴레이의 코일에 전류가 흐르지 않은 상태(복귀 상태)에서는 가동 접점과 고정 접점이 접촉되어 폐로하고 있지만, 코일에 전류가 흐르게 되면(동작 상태) 가동 접점과 고정 접점이 떨어져서 개로하는 접점을 말한다.

③ c접점

a접점과 b접점이 1개의 가동 접점을 공유해서 조합된 구조의 접점을 말한다. 따라서 c접점이 있는 릴레이의 전자 코일에 전류가 흐르지 않은 복귀 상태에서 a접점은 개로하고 있고 b접점은 폐로하고 있으나, 전자 코일에 전류가 흘러 동작 상태가 되면 상호 공통인 가동 접점이 아래쪽으로 이동하기 때문에 a접점은 폐로하고 b접점은 개로하게 된다. 이와 같이 릴레이의 c접점은 회로의 전환을 할 수 있다.

3) 타이머(한시계전기, Timer)

① 일반적으로 전자계전기는 전자 코일에 전류가 흐르게 하면, 그 접점은 순간적으로 폐로 또는 개로한다. 그러나 한시계전기(T : Timer)는 전기적 또는 기계적 입력을 부여하면, 전자계전기와는 달리 이미 정해진 시한이 경과한 후에 그 접점이 폐로 또는 개로하여 인위적으로 시간 지연을 만들어낸다.

② 타이머의 시간차를 만들어내는 방법에 따라서 모터식 타이머, 전자식 타이머, 제동식 타이머 등이 있다.

4) 전자개폐기(MS : Magnetic Switch)

① 전자개폐기는 전자석의 동작에 의해 접점을 개폐하는 기구로서, 전동기 등의 동력부하에 필수적으로 사용되고 있다.

② 동작은 계전기와 같고, 접점은 주접점과 보조접점으로 나뉘어 있어 주접점은 부하의 전원을 개폐하며 보조접점은 계전기와 동일하게 제어회로에 사용된다.

③ 전자접촉기와 서멀 릴레이를 조합하여 하나로 합친 것을 전자개폐기라 하고, 마그넷 스위치(Magnetic Switch)라고도 한다.

4. 무접점 회로

심벌(기호)	명칭	기본 특성
	정류 다이오드	• P형 반도체와 N형 반도체를 접한 구조 • 한쪽 방향으로만 전류를 통과시키는 기능을 가지고 있다.
	제너 다이오드	• 정전압 소자로 만든 PN접합 다이오드 • 전압을 일정하게 유지하기 위한 전압제어 소자로서 정전압 회로에 사용한다.
$A \rightarrow K$, G	실리콘 제어 정류기 (SCR, 사이리스터)	• 3극 순방향 대전류 스위칭 소자로서 전력의 변환과 제어가 가능한 정류소자 • 제어이득이 높고, 고전압, 대전류의 제어가 용이하다. • 특징 　－과전압에 약하고, 열의 발생이 적다. 　－고온에 약하고 양극의 전압강하가 적다. 　－정류 기능을 갖는 단일 방향성 3단자 소자이다.
B C E NPN B C E PNP	트랜지스터	• 증폭 소자로 PNP형 및 NPN형 트랜지스터가 있다. • 기본 증폭회로 　－이미지 접지회로 : 전압 증폭에 사용한다. 　－컬렉터 접지회로 : 임피던스 변환기에 사용한다. 　－베이스 접지회로 : 고주파 증폭기에 사용한다.
T_1 G T_2	TRIAC	• 쌍방향 전력용 소자 • 교류전력의 개폐, 제어가 가능하다.
T_1 T_2	DIAC	• 쌍방향 전력제어소자 • 트리거(trigger)회로, 과전압 보호회로로 사용한다.
	서미스터 (Thermistor)	• 부성저항 특성을 가진 저항기로서 니켈, 망간, 코발트 등의 산화물을 혼합한 것 • 주로 온도보상용으로 사용한다.
	배리스터 (Varistor)	• 비직선적인 전압 · 전류 특성을 갖는 2단자 반도체 소자 • 인가전압이 높을 때 저항값은 작아지고 인가전압이 낮을 때 저항값이 크게 되어 회로를 보호한다. • 주로 서지전압에 대한 보호용으로 사용한다.

>>> **래칭 전류**

턴 온(Turn－on)할 때 유지전류 이상의 순전류를 필요로 하는 최소의 순전류

>>> **버랙터 다이오드**

가변용량 다이오드라고도 하며, 마이크로파 회로에 사용한다.

1. 조작용 기기

1) 조작용 기기의 분류 및 특징

구분	전기계	기계계	
		공기식	유압식
적응성	대단히 넓고 특성의 변경이 쉽다.	PID 동작을 만들기 쉽다.	관성이 작고 큰 출력을 얻기가 쉽다.
속응성	늦다.	장거리에서는 어렵다.	빠르다.
전송	장거리의 전송이 가능하고 지연이 적다.	장거리가 되면 지연이 크다.	지연은 적으나 배관에서 장거리 전송이 어렵다.
출력	작다.	크지 않다.	인화성이 있다.
조작기기	전자밸브, 전동밸브, 서보전동기, 펄스전동기	다이어프램 밸브, 밸브 포지셔너, 파워 실린더	안내밸브, 조작 실린더, 조작 피스톤, 분사관

2) 기기의 종류

(1) 기계계

구분		내용
공기식	노즐 플래퍼 (Nozzle Flapper)	노즐과 조합하여 압력 조정에 사용하며 변위를 공기압으로 변환하는 장치
	벨로스	벨로스의 신축량을 이용하여 압력을 변위로 변환하는 장치
유압식	파일럿 밸브	외부의 압력에 따라 서보 모터에서 피스톤과 실린더에 공급되는 높은 압력의 기름을 제어하는 밸브로, 비례동작에 의해 제어되며 변위를 유량으로 변환시키는 장치

(2) 전기계

① 진공관 : 진공이나 고체 속의 전자 운동을 이용하여 증폭작용을 한다.
② 반도체 증폭 소자(트랜지스터, 사이리스터 등)
③ 자기증폭기
④ 회전증폭기(앰플리다인, 로토트롤 등)

2. 검출용 기기

1) 온도 검출용

구분	종류
열팽창식 온도계	유리 온도계, 바이메탈 온도계, 압력식 온도계
전기식 온도계	열전대 온도계(제백효과 이용), 저항 온도계
방사식 온도계	방사 고온계, 광고온계, 광전관 고온계, 색 온도계

2) 압력 검출용

구분	종류
액체식 압력계	U자관식, 단관식, 경사관식, 링 평형식, 침종식
탄성식 압력계	부르동관식, 다이어프램식, 벨로스식
전기식 압력계	저항선식, 압전기식

3) 유량 검출용

(1) 접촉식

① 차압식 : 벤투리형, 오리피스형, 노즐형

② 면적식 : 플로트형, 피스톤형

③ 용적식

(2) 비접촉식 : 초음파식, 전자식

4) 자동조정용 검출기

(1) 전압 검출기

직류 또는 교류 전압을 항상 일정한 값으로 유지시켜 주는 검출기

(2) 속도 검출기

회전속도를 위치나 전압 또는 주파수 등으로 변환시키는 검출기

5) 서보기구용 검출기

(1) 개념

물체의 방위나 위치 또는 자세를 기계적인 변위를 제어량으로 하는 검출기

(2) 용도

전위차계, 차동 변압기, 싱크로, 마이크로신

온도를 전압으로 변환시키는 것은?

[19년 1회]

① 광전관
❷ 열전대
③ 포토다이오드
④ 광전 다이오드

해설

온도를 전압으로 변환시키는 요소는 열전대이다.

6) 변환요소의 종류

변환량	변환요소
온도 → 전압	열전대
압력 → 변위	벨로스, 다이어프램, 스프링
변위 → 압력	노즐 플래퍼, 유압 분사관, 스프링
변위 → 임피던스	가변저항기, 용량형 변환기
변위 → 전압	퍼텐셔미터, 차동변압기, 전위차계
전압 → 변위	전자석, 전자코일
광 → 임피던스	광전관, 광전도 셀, 광전 트랜지스터
광 → 전압	광전지, 광전 다이오드
방사선 → 임피던스	GM관, 전리함
온도 → 임피던스	측온 저항(열선, 서미스터, 백금, 니켈)

01 피드백 제어계에서 제어장치가 제어대상에 가하는 제어신호로 제어장치의 출력인 동시에 제어대상의 입력인 신호는? [18년 1회, 19년 2회]

① 목표값
② 조작량
③ 제어량
④ 동작신호

> 해설

조작량은 제어대상에 양을 가하는 출력인 동시에 제어대상의 입력신호이다.
① 목표값 : 제어량이 어떤 값을 목표로 정하도록 외부에서 주어지는 값이다.(피드백 제어계에서는 제외되는 신호)
③ 제어량 : 제어대상에 속하는 양으로, 제어대상을 제어하는 것을 목적으로 하는 물리적인 양을 말한다.(출력 발생 장치)
④ 동작신호 : 제어요소에 가해지는 신호를 말하며 불연속 동작, 연속 동작으로 분류된다.

02 제어하려는 물리량을 무엇이라 하는가? [18년 1회]

① 제어
② 제어량
③ 물질량
④ 제어대상

> 해설

제어량(Controlled Value)
제어대상에 속하는 양으로, 제어대상을 제어하는 것을 목적으로 하는 물리적인 양을 말한다.

03 제어시스템의 구성에서 제어요소는 무엇으로 구성되는가? [19년 3회]

① 검출부
② 검출부와 조절부
③ 검출부와 조작부
④ 조작부와 조절부

> 해설

제어요소(Control Element)는 동작신호를 조작량으로 변화하는 요소이며, 조절부와 조작부로 이루어진다.

04 피드백 제어의 장점으로 틀린 것은? [18년 1회, 24년 3회]

① 목표값에 정확히 도달할 수 있다.
② 제어계의 특성을 향상시킬 수 있다.
③ 외부 조건의 변화에 대한 영향을 줄일 수 있다.
④ 제어기 부품들의 성능이 나쁘면 큰 영향을 받는다.

> 해설

제어기 부품들의 성능이 나쁘면 검출의 부정확성 등으로 인해 나쁜 영향을 줄 수 있다. 이는 피드백 제어의 단점에 해당한다.

05 제어동작에 대한 설명으로 틀린 것은? [19년 3회]

① 비례동작 : 편차의 제곱에 비례한 조작신호를 출력한다.
② 적분동작 : 편차의 적분값에 비례한 조작신호를 출력한다.
③ 미분동작 : 조작신호가 편차의 변화속도에 비례하는 동작을 한다.
④ 2위치 동작 : On-Off 동작이라고도 하며, 편차의 정부($+$, $-$)에 따라 조작부를 전폐, 전개하는 것이다.

> 해설

비례동작(P 동작)은 연속동작의 기본동작으로서 설정값과 제어 결과와의 편차 크기에 비례한 조작신호를 출력한다.

정답 01 ② 02 ② 03 ④ 04 ④ 05 ①

06 입력에 대한 출력의 오차가 발생하는 제어 시스템에서 오차가 변환하는 속도에 비례하여 조작량을 가변하는 제어 방식은? [20년 4회]

① 미분제어
② 정치제어
③ On – Off 제어
④ 시퀀스 제어

해설

미분제어(D) 동작은 제어오차가 검출될 때 오차가 변화하는 속도에 비례하여 조작량을 가감하여 오차가 커지는 것을 미연에 방지하는 제어동작이다.

07 비례적분제어동작의 특징으로 옳은 것은? [19년 1회]

① 간헐현상이 있다.
② 잔류편차가 많이 생긴다.
③ 응답의 안정성이 낮은 편이다.
④ 응답의 진동시간이 매우 길다.

해설

비례적분제어는 비례동작에 의해 발생되는 잔류오차를 소멸시키기 위해 적분동작을 부여하는 방식으로서 제어 결과에 간헐현상(진동)이 발생하기 쉬운 단점이 있으나, 잔류오차가 적은 장점 또한 가지고 있는 제어동작 방식이다.

08 스위치를 닫거나 열기만 하는 제어동작은? [21년 1회]

① 비례동작
② 미분동작
③ 적분동작
④ 2위치 동작

해설

2위치 동작은 불연속 동작으로서 스위를 닫거나(Close) 열기만(Open) 하는 제어동작이다.

09 온 – 오프(On – Off) 동작에 관한 설명으로 옳은 것은? [18년 2회]

① 응답속도는 빠르나 오프셋이 생긴다.
② 사이클링은 제거할 수 있으나 오프셋이 생긴다.
③ 간단한 단속적 제어동작이고 사이클링이 생긴다.
④ 오프셋은 없앨 수 있으나 응답시간이 늦어질 수 있다.

해설

온 – 오프(On – Off)는 2위치의 불연속 동작으로서 간단한 단속적 제어동작이고, 설정값에 의하여 조작부를 개폐하여 운전한다. 제어 결과가 사이클링(Cycling)이나 오프셋(Offset)을 일으켜 항상 일정한 값을 유지하기 어려운 특성을 갖고 있어 응답속도가 빨라야 하는 제어계는 사용이 불가능하다.

10 프로세스 제어용 검출기기는? [18년 3회]

① 유량계
② 전위차계
③ 속도 검출기
④ 전압 검출기

해설

프로세스 기구(프로세스 제어)
온도, 유량, 압력, 액위, 농도, 밀도 등의 플랜트나 생산 공정 중의 상태량을 제어량으로 하는 제어로서 외란의 억제를 주목적으로 한다.

11 제어량에 따른 분류 중 프로세스 제어에 속하지 않는 것은? [21년 2회, 22년 1회]

① 압력
② 유량
③ 온도
④ 속도

해설

속도는 자동조정제어(기구)에 속하는 제어량이다.

12 다음 중 무인 엘리베이터의 자동제어로 가장 적합한 것은? [18년 1회, 19년 2회, 21년 3회]

① 추종제어
② 정치제어
③ 프로그램 제어
④ 프로세스 제어

해설

프로그램 제어
- 미리 정해진 프로그램에 따라 제어량을 변화시키는 것을 목적으로 하는 제어법이다.
- 무인 엘리베이터, 무인 열차 제어 등에 적용한다.

13 서보기구의 특징에 관한 설명으로 틀린 것은? [19년 1회]

① 원격제어의 경우가 많다.
② 제어량이 기계적 변위이다.
③ 추치제어에 해당하는 제어장치가 많다.
④ 신호는 아날로그에 비해 디지털인 경우가 많다.

해설

서보기구
물체의 위치, 방위, 자세, 각도 등의 기계적 변위를 제어량으로 해서 목표값이 임의의 변화에 추종하도록 구성된 제어계로서 주로 아날로그 신호인 경우가 많다.

14 추종제어에 속하지 않는 제어량은? [19년 2회]

① 위치
② 방위
③ 자세
④ 유량

해설

- 유량의 경우는 목표값이 시간에 관계없이 항상 일정한 정치제어에 속한다.
- 목표값의 크기나 위치가 시간에 따라 변화하는 추종제어는 제어량에 의한 분류 중 서보기구(제어량이 기계적인 추치제어)에 해당하는 값을 제어한다.
- 위치, 방향, 자세, 각도는 서보기구 제어를 한다.

15 PLC(Programmable Logic Controller)의 출력부에 설치하는 것이 아닌 것은? [19년 1회]

① 전자개폐기
② 열동계전기
③ 시그널 램프
④ 솔레노이드밸브

해설

PLC(Programmable Logic Controller)의 출력부는 내부 연산의 결과를 외부 기기에 전달하여 구동시키는 부분으로서 해당 출력부에 설치하는 기기는 다음과 같다.

구분	기기
표시경보	시그널 램프, 파일럿 램프, 부저 등
구동출력	전자개폐기, 솔레노이드밸브(전자밸브), 전자 브레이크, 전자 클러치 등

16 PLC 프로그래밍에서 여러 개의 입력신호 중 하나 또는 그 이상의 신호가 On 되었을 때 출력이 나오는 회로는? [18년 2회]

① OR 회로
② AND 회로
③ NOT 회로
④ 자기유지회로

해설

각종 회로의 동작 성격

구분	동작
OR 회로 (논리합 회로)	입력단자 중 하나라도 On이 되면 출력이 On 되고, 모든 입력단자가 Off 되었을 때 출력이 Off 되는 회로를 말한다.
AND 회로 (논리곱 회로)	입력단자 모두가 On이 되면 출력이 On 되고, 입력단자 중 하나라도 Off가 되면 출력이 Off 되는 회로를 말한다.
NOT 회로 (부정 회로)	입력이 On 되면 출력이 Off 되고, 출력이 Off 되면 입력이 On 되는 회로를 말한다.
자기유지회로	- 계전기 자신의 접점에 의하여 동작회로를 구성하고 스스로 동작을 유지하는 회로이다. - 복귀신호를 주어야 비로소 복귀하는 회로이다.

17 그림과 같은 피드백 제어계에서의 폐루프 종합 전달함수는?

[18년 3회, 19년 2회]

① $\dfrac{1}{G_1(s)} + \dfrac{1}{G_2(s)}$ ② $\dfrac{1}{G_1(s) + G_2(s)}$

③ $\dfrac{G_1(s)}{1 + G_1(s)G_2(s)}$ ④ $\dfrac{G_1(s)G_2(s)}{1 + G_1(s)G_2(s)}$

[해설]

전달함수($\dfrac{C(s)}{R(s)}$) 산출

$$\begin{aligned}\frac{C(s)}{R(s)} &= \frac{전향경로}{1 - 피드백\ 경로}\\ &= \frac{G_1(s)}{1 - (-G_1(s)G_2(s))}\\ &= \frac{G_1(s)}{1 + G_1(s)G_2(s)}\end{aligned}$$

※ (−) 피드백되고 있음에 유의한다.

18 그림과 같은 단위 피드백 제어시스템의 전달함수 $\dfrac{C(s)}{R(s)}$ 는?

[20년 3회]

① $\dfrac{1}{1 + G(s)}$ ② $\dfrac{G(s)}{1 + G(s)}$

③ $\dfrac{1}{1 - G(s)}$ ④ $\dfrac{G(s)}{1 - G(s)}$

[해설]

전달함수($\dfrac{C(s)}{R(s)}$) 산출

$$\frac{C(s)}{R(s)} = \frac{전향경로}{1 - 피드백\ 경로} = \frac{G(s)}{1 - (G(s) \times 1)} = \frac{G(s)}{1 - G(s)}$$

19 다음의 신호흐름선도에서 전달함수 $\dfrac{C(s)}{R(s)}$ 는?

[20년 4회]

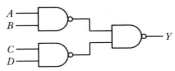

① $-\dfrac{6}{41}$ ② $\dfrac{6}{41}$

③ $-\dfrac{6}{43}$ ④ $\dfrac{6}{43}$

[해설]

전달함수($\dfrac{C(s)}{R(s)}$) 산출

$$\begin{aligned}\frac{C(s)}{R(s)} &= \frac{전향경로}{1 - 피드백\ 경로}\\ &= \frac{1 \times 2 \times 3 \times 1}{1 - [(3 \times (-4)) + (2 \times 3 \times (-5))]} = \frac{6}{43}\end{aligned}$$

20 그림의 논리회로에서 A, B, C, D를 입력, Y를 출력이라 할 때 출력식은?

[20년 3회]

① $A + B + C + D$ ② $(A + B)(C + D)$

③ $AB + CD$ ④ $ABCD$

[해설]

$$\begin{aligned}Y &= \overline{\overline{AB} \cdot \overline{CD}}\\ &= \overline{\overline{AB}} + \overline{\overline{CD}} \quad (\because 드모르간\ 법칙\ 적용)\\ &= AB + CD \quad (\because 부정법칙\ 적용)\end{aligned}$$

21 다음의 논리식 중 다른 값을 나타내는 논리식은?

[18년 3회, 24년 2회]

① $X(\overline{X} + Y)$ ② $X(X + Y)$

③ $XY + X\overline{Y}$ ④ $(X + Y)(X + \overline{Y})$

해설

① $X(\overline{X}+Y)=X\overline{X}+XY=0+XY=XY$

② $X(X+Y)=XX+XY=X+XY=X(1+Y)$
$\qquad = X\cdot 1=X$

③ $XY+X\overline{Y}=X(Y+\overline{Y})=X\cdot 1=X$

④ $(X+Y)(X+\overline{Y})=XX+X\overline{Y}+XY+Y\overline{Y}$
$\qquad = X+X\overline{Y}+XY+0$
$\qquad = X+X(\overline{Y}+Y)=X+X(1)=X$

22 입력 A, B, C에 따라 Y를 출력하는 다음의 회로는 무접점 논리회로 중 어떤 회로인가?

[20년 3회, 24년 3회]

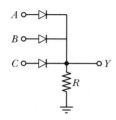

① OR 회로
② NOR 회로
③ AND 회로
④ NAND 회로

해설

A, B, C 중 하나라도 On이 될 경우 Y가 On이 되는 형태로서 OR 회로에 속한다.

23 그림과 같은 유접점 논리회로를 간단히 하면?

[21년 1회, 22년 2회, 24년 1회, 24년 2회]

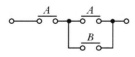

①
 A

② A

③ B

④ B

해설

유접점 논리회로

$Y=A(A+B)=AA+AB=A+AB=A(1+B)=A$

24 기계적 제어의 요소로서 변위를 공기압으로 변환하는 요소는?

[20년 4회]

① 벨로스
② 트랜지스터
③ 다이어프램
④ 노즐 플래퍼

해설

변환요소의 종류

변환량	변환요소
온도 → 전압	열전대
압력 → 변위	벨로스, 다이어프램, 스프링
변위 → 압력	노즐 플래퍼, 유압 분사관, 스프링
변위 → 임피던스	가변저항기, 용량형 변환기
변위 → 전압	퍼텐셔미터, 차동변압기, 전위차계
전압 → 변위	전자석, 전자코일
광 → 임피던스	광전관, 광전도 셀, 광전 트랜지스터
광 → 전압	광전지, 광전 다이오드
방사선 → 임피던스	GM관, 전리함
온도 → 임피던스	측온 저항(열선, 서미스터, 백금, 니켈)

25 온도를 임피던스로 변환시키는 요소는?

[19년 3회, 24년 1회]

① 측온 저항체
② 광전지
③ 광전 다이오드
④ 전자석

해설

② 광전지 : 광 → 전압

③ 광전 다이오드 : 광 → 전압

④ 전자석 : 전압 → 변위

26 다음의 제어기기에서 압력을 변위로 변환하는 변환요소가 아닌 것은?

[21년 3회, 24년 1회]

① 스프링
② 벨로스
③ 노즐 플래퍼
④ 다이어프램

해설

노즐 플래퍼는 변위를 공기압으로 변환하는 변환요소이다.

정답 22 ① 23 ② 24 ④ 25 ① 26 ③

1. 산업안전보건법

1) 주요 용어(산업안전보건법 제2조)

구분	개념
산업재해	노무를 제공하는 사람이 업무에 관계되는 건설물 · 설비 · 원재료 · 가스 · 증기 · 분진 등에 의하거나 작업 또는 그 밖의 업무로 인하여 사망 또는 부상하거나 질병에 걸리는 것을 말한다.
중대재해	산업재해 중 사망 등 재해 정도가 심하거나 다수의 재해자가 발생한 경우로서 고용노동부령으로 정하는 재해를 말한다. ※ 고용노동부령으로 정하는 재해(시행규칙 제3조) • 사망자가 1명 이상 발생한 재해 • 3개월 이상의 요양이 필요한 부상자가 동시에 2명 이상 발생한 재해 • 부상자 또는 직업성 질병자가 동시에 10명 이상 발생한 재해
안전보건진단	산업재해를 예방하기 위하여 잠재적 위험성을 발견하고 그 개선대책을 수립할 목적으로 조사 · 평가하는 것을 말한다.
작업환경측정	작업환경 실태를 파악하기 위하여 해당 근로자 또는 작업장에 대하여 사업주가 유해인자에 대한 측정계획을 수립한 후 시료를 채취하고 분석 · 평가하는 것을 말한다.

2) 건설공사 중 유해위험방지계획서 제출 대상(산업안전보건법 시행령 제42조)

(1) 다음 중 어느 하나에 해당하는 건축물 또는 시설 등의 건설 · 개조 또는 해체 공사

① 지상높이가 31m 이상인 건축물 또는 인공구조물

② 연면적 3만m² 이상인 건축물

③ 연면적 5천m² 이상인 시설로서 다음의 어느 하나에 해당하는 시설

- 문화 및 집회시설(전시장 및 동물원 · 식물원은 제외)
- 판매시설, 운수시설(고속철도의 역사 및 집배송시설은 제외)
- 종교시설, 의료시설 중 종합병원, 숙박시설 중 관광숙박시설
- 지하도상가
- 냉동 · 냉장 창고시설

(2) 연면적 5천m² 이상인 냉동 · 냉장 창고시설의 설비공사 및 단열공사

(3) 최대 지간길이(다리의 기둥과 기둥의 중심 사이의 거리)가 50m 이상인 다리의 건설 등 공사

(4) 터널의 건설 등 공사

(5) 다목적댐, 발전용댐, 저수용량 2천만 톤 이상의 용수 전용 댐 및 지방 상수도 전용 댐의 건설 등 공사

(6) 깊이 10m 이상인 굴착공사

3) 안전보건표지의 종류와 형태(산업안전보건법 시행규칙 별표 6)

1. 금지표지	101 출입금지	102 보행금지	103 차량통행금지	104 사용금지	105 탑승금지	106 금연
107 화기금지	108 물체이동금지	2. 경고표지	201 인화성물질 경고	202 산화성물질 경고	203 폭발성물질 경고	204 급성독성물질 경고
205 부식성물질 경고	206 방사성물질 경고	207 고압전기 경고	208 매달린 물체 경고	209 낙하물 경고	210 고온 경고	211 저온 경고
212 몸균형 상실 경고	213 레이저광선 경고	214 발암성 · 변이원성 · 생식독성 · 전신독성 · 호흡기과민성 물질 경고	215 위험장소 경고	3. 지시표지	301 보안경 착용	302 방독마스크 착용
303 방진마스크 착용	304 보안면 착용	305 안전모 착용	306 귀마개 착용	307 안전화 착용	308 안전장갑 착용	309 안전복 착용

4. 안내표지	401 녹십자표지	402 응급구호표지	403 들 것	404 세안장치	405 비상용기구	406 비상구
	407 좌측비상구	408 우측비상구	5. 관계자외 출입금지	501 허가대상물질 작업장 **관계자외 출입금지** (허가물질 명칭) 제조/사용/보관 중 보호구/보호복 착용 흡연 및 음식물 섭취 금지	502 석면취급/해체 작업장 **관계자외 출입금지** 석면 취급/해체 중 보호구/보호복 착용 흡연 및 음식물 섭취 금지	503 금지대상물질의 취급 실험실 등 **관계자외 출입금지** 발암물질 취급 중 보호구/보호복 착용 흡연 및 음식물 섭취 금지
6. 문자추가시 예시문	취발유화기엄금	▶ 내 자신의 건강과 복지를 위하여 안전을 늘 생각한다. ▶ 내 가정의 행복과 화목을 위하여 안전을 늘 생각한다. ▶ 내 자신의 실수로써 동료를 해치지 않도록 안전을 늘 생각한다. ▶ 내 자신이 일으킨 사고로 인한 회사의 재산과 손실을 방지하기 위하여 안전을 늘 생각한다. ▶ 내 자신의 방심과 불안전한 행동이 조국의 번영에 장애가 되지 않도록 하기 위하여 안전을 늘 생각한다.			

핵심문제

고압가스 안전관리법령에 따라 ( ) 안의 내용으로 옳은 것은?

[22년 1회]

"충전용기"란 고압가스의 충전질량 또는 충전압력의 (㉠)이 충전되어 있는 상태의 용기를 말한다. "잔가스용기"란 고압가스의 충전질량 또는 충전압력의 (㉡)이 충전되어 있는 상태의 용기를 말한다.

❶ ㉠ 2분의 1 이상, ㉡ 2분의 1 미만
② ㉠ 2분의 1 초과, ㉡ 2분의 1 이하
③ ㉠ 5분의 2 이상, ㉡ 5분의 2 미만
④ ㉠ 5분의 2 초과, ㉡ 5분의 2 이하

해설 용어의 정의(고압가스 안전관리법 시행규칙 제2조)
• 충전용기 : 고압가스의 충전질량 또는 충전압력의 2분의 1 이상이 충전되어 있는 상태의 용기를 말한다.
• 잔가스용기 : 고압가스의 충전질량 또는 충전압력의 2분의 1 미만이 충전되어 있는 상태의 용기를 말한다.

2. 고압가스 안전관리법에 의한 냉동기 관리

1) 주요 용어(고압가스 안전관리법 시행규칙 제2조)

구분	개념
액화가스	가압(加壓) · 냉각 등의 방법에 의하여 액체상태로 되어 있는 것으로서 대기압에서의 끓는점이 40℃ 이하 또는 상용온도 이하인 것을 말한다.
초저온저장탱크	−50℃ 이하의 액화가스를 저장하기 위한 저장탱크로서 단열재를 씌우거나 냉동설비로 냉각시키는 등의 방법으로 저장탱크 내의 가스온도가 상용의 온도를 초과하지 아니하도록 한 것을 말한다.
충전용기	고압가스의 충전질량 또는 충전압력의 2분의 1 이상이 충전되어 있는 상태의 용기를 말한다.
잔가스용기	고압가스의 충전질량 또는 충전압력의 2분의 1 미만이 충전되어 있는 상태의 용기를 말한다.
처리능력	처리설비 또는 감압설비에 의하여 압축 · 액화나 그 밖의 방법으로 1일에 처리할 수 있는 가스의 양(온도 0℃, 게이지압력 0Pa의 상태를 기준으로 한다.)을 말한다.
접합 또는 납붙임용기	동판 및 경판을 각각 성형하여 심(Seam)용접이나 그 밖의 방법으로 접합하거나 납붙임하여 만든 내용적 1L 이하인 일회용 용기를 말한다.

구분	개념
일체형 냉동기 (시행규칙 별표 11)	아래의 ①부터 ④까지의 모든 조건 또는 ⑤의 조건에 적합한 것과 응축기 유닛 및 증발 유닛이 냉매배관으로 연결된 것으로 하루 냉동능력이 20톤 미만인 공조용 패키지 에어컨 등을 말한다. ① 냉매설비 및 압축기용 원동기가 하나의 프레임 위에 일체로 조립된 것 ② 냉동설비를 사용할 때 스톱밸브 조작이 필요 없는 것 ③ 사용장소에 분할·반입하는 경우에는 냉매설비에 용접 또는 절단을 수반하는 공사를 하지 않고 재조립하여 냉동제조용으로 사용할 수 있는 것 ④ 냉동설비의 수리 등을 하는 경우에 냉매설비 부품의 종류, 설치 개수, 부착 위치 및 외형 치수와 압축기용 원동기의 정격출력 등이 제조 시 상태와 같도록 설계·수리될 수 있는 것 ⑤ ①부터 ④까지 외에 산업통상자원부장관이 일체형 냉동기로 인정하는 것

≫≫ **안전성 향상계획의 내용**
(고압가스 안전관리법 시행령 제10조)

안전성 향상계획에는 다음의 사항이 포함되어야 한다.
- 공정안전 자료
- 안전성 평가서
- 안전운전계획
- 비상조치계획
- 그 밖에 안전성 향상을 위하여 산업통상자원부장관이 필요하다고 인정하여 고시하는 사항

2) 고압가스 제조허가 등의 종류와 대상범위(고압가스 안전관리법 시행령 제3조)

종류	대상범위
고압가스 특정제조	산업통상자원부령으로 정하는 시설에서 압축·액화 또는 그 밖의 방법으로 고압가스를 제조(용기 또는 차량에 고정된 탱크에 충전하는 것을 포함)하는 것으로서 그 저장능력 또는 처리능력이 산업통상자원부령으로 정하는 규모 이상인 것
고압가스 일반제조	고압가스 제조로서 고압가스 특정제조의 범위에 해당하지 아니하는 것
고압가스 충전	용기 또는 차량에 고정된 탱크에 고압가스를 충전할 수 있는 설비로 고압가스를 충전하는 것
냉동제조	• 1일의 냉동능력이 20톤 이상(가연성 가스 또는 독성 가스 외의 고압가스를 냉매로 사용하는 것으로서 산업용 및 냉동·냉장용인 경우에는 50톤 이상, 건축물의 냉·난방용인 경우에는 100톤 이상)인 설비를 사용하여 냉동을 하는 과정에서 압축 또는 액화의 방법으로 고압가스가 생성되게 하는 것 • 다만, 다음의 어느 하나에 해당하는 자가 그 허가받은 내용에 따라 냉동제조를 하는 것은 제외한다. 　－고압가스 특정제조의 허가를 받은 자 　－고압가스 일반제조의 허가를 받은 자 　－「도시가스사업법」에 따른 도시가스사업의 허가를 받은 자

≫≫ **고압가스의 종류 및 범위**
(고압가스 안전관리법 시행령 제2조)

- 상용(常用)의 온도에서 압력(게이지압력)이 1메가파스칼 이상이 되는 압축가스로서 실제로 그 압력이 1메가파스칼 이상이 되는 것 또는 섭씨 35도의 온도에서 압력이 1메가파스칼 이상이 되는 압축가스(아세틸렌가스는 제외)
- 섭씨 15도의 온도에서 압력이 0파스칼을 초과하는 아세틸렌가스
- 상용의 온도에서 압력이 0.2메가파스칼 이상이 되는 액화가스로서 실제로 그 압력이 0.2메가파스칼 이상이 되는 것 또는 압력이 0.2메가파스칼이 되는 경우의 온도가 섭씨 35도 이하인 액화가스
- 섭씨 35도의 온도에서 압력이 0파스칼을 초과하는 액화가스 중 액화시안화수소·액화브롬화메탄 및 액화산화에틸렌가스

3) 고압가스 제조의 신고대상(고압가스 안전관리법 시행령 제4조)

(1) 고압가스 충전

용기 또는 차량에 고정된 탱크에 고압가스를 충전할 수 있는 설비로 고압가스(가연성 가스 및 독성 가스는 제외)를 충전하는 것으로서 1일 처리능력이 10m³ 미만이거나 저장능력이 3톤 미만인 것

(2) 냉동제조

① 냉동능력이 3톤 이상 20톤 미만(가연성 가스 또는 독성 가스 외의 고압가스를 냉매로 사용하는 것으로서 산업용 및 냉동 · 냉장용인 경우에는 20톤 이상 50톤 미만, 건축물의 냉 · 난방용인 경우에는 20톤 이상 100톤 미만)인 설비를 사용하여 냉동을 하는 과정에서 압축 또는 액화의 방법으로 고압가스가 생성되게 하는 것

② 다만, 다음의 어느 하나에 해당하는 자가 그 허가받은 내용에 따라 냉동제조를 하는 것은 제외한다.
- 고압가스 특정제조, 고압가스 일반제조 또는 고압가스저장소 설치의 허가를 받은 자
- 「도시가스사업법」에 따른 도시가스사업의 허가를 받은 자

4) 용기 등의 제조등록 대상 범위 및 등록기준(고압가스 안전관리법 시행령 제5조)

(1) 제조등록 대상 범위

구분	범위
용기 제조	고압가스를 충전하기 위한 용기(내용적 3dL 미만의 용기는 제외), 그 부속품인 밸브 및 안전밸브를 제조하는 것
냉동기 제조	냉동능력이 3톤 이상인 냉동기를 제조하는 것
특정설비 제조	고압가스의 저장탱크(지하 암반동굴식 저장탱크는 제외), 차량에 고정된 탱크 및 산업통상자원부령으로 정하는 고압가스 관련 설비를 제조하는 것

>>> **정밀안전검진의 실시기관**
(고압가스 안전관리법 시행령 제14조의2)

- 한국가스안전공사
- 한국산업안전보건공단

>>> **노후시설(기기)**

고압가스 안전관리법 시행규칙 제33조에 따라 노후시설(기기)이란 완성검사증명서를 받은 날부터 15년이 경과한 시설을 의미한다.

>>> **안전관리자의 업무**
(고압가스안전관리법 시행령 제13조)

- 사업소 또는 사용신고시설의 시설 · 용기 등 또는 작업과정의 안전유지
- 용기 등의 제조공정관리
- 공급자의 의무이행 확인
- 안전관리규정의 시행 및 그 기록의 작성 · 보존
- 사업소 또는 사용신고시설의 종사자[사업소 또는 사용신고시설을 개수(改修) 또는 보수(補修)하는 업체의 직원을 포함]에 대한 안전관리를 위하여 필요한 지휘 · 감독
- 그 밖의 위해방지 조치

(2) 제조등록기준

구분	범위
용기	용기별로 제조에 필요한 단조(鍛造 : 금속을 두들기거나 눌러서 필요한 형체로 만드는 일)설비 · 성형설비 · 용접설비 또는 세척설비 등을 갖출 것
냉동기	냉동기 제조에 필요한 프레스설비 · 제관설비 · 건조설비 · 용접설비 또는 조립설비 등을 갖출 것
특정설비	특정설비의 제조에 필요한 용접설비 · 단조설비 또는 조립설비 등을 갖출 것

5) 품질유지 고압가스 제외 대상(고압가스 안전관리법 시행령 제15조의3)

"냉매로 사용되는 가스 등 대통령령으로 정하는 종류의 고압가스"란 냉매로 사용되는 고압가스 또는 연료전지용으로 사용되는 고압가스로서 산업통상자원부령으로 정하는 종류의 고압가스를 말한다. 다만, 다음의 어느 하나에 해당하는 고압가스는 제외한다.

① 수출용으로 판매 또는 인도되거나 판매 또는 인도될 목적으로 저장 · 운송 또는 보관되는 고압가스
② 시험용 또는 연구개발용으로 판매 또는 인도되거나 판매 또는 인도될 목적으로 저장 · 운송 또는 보관되는 고압가스(해당 고압가스를 직접 시험하거나 연구개발하는 경우만 해당한다.)
③ 1회 수입되는 양이 40kg 이하인 고압가스

6) 벌칙(고압가스 안전관리법 제39조~제42조)

(1) 2년 이하의 징역 또는 2천만 원 이하의 벌금
① 허가를 받지 아니하고 고압가스를 제조한 자
② 허가를 받지 아니하고 저장소를 설치하거나 고압가스를 판매한 자
③ 등록을 하지 아니하고 용기 등을 제조한 자
④ 등록을 하지 아니하고 고압가스 수입업을 한 자
⑤ 등록을 하지 아니하고 고압가스를 운반한 자
⑥ 고압가스배관 매설상황의 확인요청을 하지 아니하고 굴착공사를 한 자
⑦ 협의를 하지 아니하고 굴착공사를 하거나 정당한 사유 없이 협의 요청에 응하지 아니한 자
⑧ 협의서를 작성하지 아니하거나 거짓으로 작성한 자

핵심문제

고압가스 안전관리법령에 따라 "냉매로 사용되는 가스 등 대통령령으로 정하는 종류의 고압가스"는 품질기준으로 고시하여야 하는데, 목적 또는 용량에 따라 고압가스에서 제외될 수 있다. 이러한 제외 기준에 해당되는 경우를 모두 고른 것은? [22년 2회]

> 가. 수출용으로 판매 또는 인도되거나 판매 또는 인도될 목적으로 저장 · 운송 또는 보관되는 고압가스
> 나. 시험용 또는 연구개발용으로 판매 또는 인도되거나 판매 또는 인도될 목적으로 저장 · 운송 또는 보관되는 고압가스(해당 고압가스를 직접 시험하거나 연구개발하는 경우만 해당한다.)
> 다. 1회 수입되는 양이 400kg 이하인 고압가스

❶ 가, 나
② 가, 다
③ 나, 다
④ 가, 나, 다

해설
다. 1회 수입되는 양이 40kg 이하인 고압가스

⑨ 협의 내용을 지키지 아니한 사업소 밖 배관 보유 사업자와 굴착공사의 시행자

⑩ 기준에 따르지 아니하고 굴착작업을 한 자

⑪ 고압가스배관에 대한 도면을 작성·보존하지 아니하거나 거짓으로 작성·보존한 사업소 밖 배관 보유 사업자

⑫ 검사기관으로 지정을 받지 아니하고 검사를 한 자

⑬ 검사업무를 위탁받지 아니하고 검사를 한 자

(2) 1년 이하의 징역 또는 1천만 원 이하의 벌금

① 변경허가를 받지 아니하고 허가받은 사항을 변경한 자(상호의 변경 및 법인의 대표자 변경은 제외)

② 변경등록을 하지 아니하고 등록받은 사항을 변경한 자(상호의 변경 및 법인의 대표자 변경은 제외)

③ 안전점검을 실시하지 아니한 자 또는 시설기준과 기술기준을 위반한 자

④ 안전성 평가를 하지 아니하거나 안전성 향상계획을 제출하지 아니한 자

⑤ 안전성 향상계획을 이행하지 아니한 자

⑥ 규정에 따른 검사나 감리를 받지 아니한 자

⑦ 검사나 재검사를 받지 아니하고 판매할 목적으로 진열한 자

⑧ 품질기준에 맞지 아니한 고압가스를 판매 또는 인도하거나 판매 또는 인도할 목적으로 저장·운송 또는 보관한 자

⑨ 품질검사를 받지 아니하거나 품질검사를 거부·방해·기피한 자

⑩ 인증을 받지 아니한 안전설비를 양도·임대 또는 사용하거나 판매할 목적으로 진열한 자

⑪ 고압가스배관 매설상황 확인을 하여 주지 아니한 사업소 밖 배관 보유 사업자

⑫ 적절한 조치를 하지 아니한 굴착공사자 또는 사업소 밖 배관 보유 사업자

⑬ 굴착공사 개시통보를 받기 전에 굴착공사를 한 굴착공사자

(3) 500만 원 이하의 벌금

① 신고를 하지 아니하고 고압가스를 제조한 자

② 규정에 따른 안전관리자를 선임하지 아니한 자

(4) 300만 원 이하의 벌금

① 적합한 자가 아닌 자에게 용기수리를 받은 자

② 사업개시신고를 하지 아니한 자

③ 용기의 안전관리사항, 운반에 대한 안전관리사항을 위반한 자

④ 정기검사나 수시검사를 받지 아니한 자

⑤ 정밀안전검진을 받지 아니한 자

⑥ 회수 등의 명령을 위반한 자

⑦ 사용신고를 하지 아니하거나 거짓으로 신고한 자

3. 기계설비법

1) 목적(기계설비법 제1조)

이 법은 기계설비산업의 발전을 위한 기반을 조성하고 기계설비의 안전하고 효율적인 유지관리를 위하여 필요한 사항을 정함으로써 국가경제의 발전과 국민의 안전 및 공공복리 증진에 이바지함을 목적으로 한다.

2) 기계설비 발전 기본계획의 수립(기계설비법 제5조)

국토교통부장관은 기계설비산업의 육성과 기계설비의 효율적인 유지관리 및 성능확보를 위하여 기계설비 발전 기본계획을 5년마다 수립·시행하여야 한다.

3) 기계설비의 착공 전 확인과 사용 전 검사의 대상 건축물(기계설비법 시행령 제11조)

(1) 용도별 건축물 중 연면적 10,000m² 이상인 건축물(창고시설은 제외)

(2) 에너지를 대량으로 소비하는 다음의 건축물

① 냉동·냉장, 항온·항습 또는 특수청정을 위한 특수설비가 설치된 건축물로서 해당 용도에 사용되는 바닥면적의 합계가 500m² 이상인 건축물

② 아파트 및 연립주택

③ 다음의 건축물로서 해당 용도에 사용되는 바닥면적의 합계가 500m² 이상인 건축물

• 목욕장

• 놀이형 시설(물놀이를 위하여 실내에 설치된 경우) 및 운동장(실내에 설치된 수영장과 이에 딸린 건축물)

> **≫≫ 기계설비의 범위**
> **(기계설비법 시행령 별표 1)**
>
> 열원설비, 냉난방설비, 공기조화·공기청정·환기설비, 위생기구·급수·급탕·오배수·통기설비, 오수정화·물재이용설비, 우수배수설비, 보온설비, 덕트(Duct)설비, 자동제어설비, 방음·방진·내진설비, 플랜트설비, 특수설비(청정실 구성 설비 등)

④ 다음의 건축물로서 해당 용도에 사용되는 바닥면적의 합계가 2,000m² 이상인 건축물
  • 기숙사, 의료시설, 유스호스텔, 숙박시설
⑤ 다음의 건축물로서 해당 용도에 사용되는 바닥면적의 합계가 3,000m² 이상인 건축물
  • 판매시설, 연구소, 업무시설

(3) 지하역사 및 연면적 2,000m² 이상인 지하도상가(연속되어 있는 둘 이상의 지하도상가의 연면적 합계가 2,000m² 이상인 경우를 포함)

4) 기계설비의 착공 전 확인과 사용 전 검사 시 기계설비 시공자 및 감리업무 수행자의 업무(기계설비 기술기준)

(1) 기계설비 시공자
① 기계설비 착공 전 확인표 작성
② 기계설비 사용 전 확인표 작성
③ 기계설비 성능확인서 작성
④ 기계설비 안전확인서 작성

(2) 감리업무 수행자
① 기계설비 착공적합확인서 작성
② 기계설비 사용적합확인서 작성

5) 기계설비 유지관리 준수 대상 건축물(기계설비법 시행령 제14조)

(1) 연면적 10,000m² 이상의 건축물(창고시설은 제외)

(2) 500세대 이상의 공동주택 또는 300세대 이상으로서 중앙집중식 난방 방식(지역난방 방식 포함)의 공동주택

(3) 다음의 건축물 등 중 해당 건축물 등의 규모를 고려하여 국토교통부장관이 정하여 고시하는 건축물 등
① 건설공사를 통하여 만들어진 교량 · 터널 · 항만 · 댐 · 건축물 등 구조물과 그 부대시설
② 학교시설
③ 지하역사 및 지하도상가

(4) 중앙행정기관의 장, 지방자치단체의 장 및 그 밖에 국토교통부장관이 정하는 자가 소유하거나 관리하는 건축물 등

6) 기계설비유지관리자 선임대상 건축물 및 선임기준(기계설비법 시행규칙 제8조)

≫≫ **특급 책임기계설비유지관리자의 자격 요건**

기계설비유지관리자의 자격 및 등급(기계설비법 시행령 별표 5의2)에 따라 관련 기사(공조냉동기계기사 등)를 보유할 경우 실무경력 10년 이상이면 특급 책임기계설비유지관리자가 될 수 있다.[관련 산업기사(공조냉동기계산업기사 등) 취득자의 경우는 실무경력 13년 이상]

구분	선임대상	선임자격	선임 인원
1. 연면적 10,000m² 이상의 용도별 건축물	가. 연면적 60,000m² 이상	특급 책임기계설비유지관리자	1
		보조기계설비유지관리자	1
	나. 연면적 30,000m² 이상 연면적 60,000m² 미만	고급 책임기계설비유지관리자	1
		보조기계설비유지관리자	1
	다. 연면적 15,000m² 이상 연면적 30,000m² 미만	중급 책임기계설비유지관리자	1
	라. 연면적 10,000m² 이상 연면적 15,000m² 미만	초급 책임기계설비유지관리자	1
2. 500세대 이상의 공동주택 또는 300세대 이상으로서 중앙집중식 난방방식(지역난방방식을 포함한다)의 공동주택	가. 3,000세대 이상	특급 책임기계설비유지관리자	1
		보조기계설비유지관리자	1
	나. 2,000세대 이상 3,000세대 미만	고급 책임기계설비유지관리자	1
		보조기계설비유지관리자	1
	다. 1,000세대 이상 2,000세대 미만	중급 책임기계설비유지관리자	1
	라. 500세대 이상 1,000세대 미만	초급 책임기계설비유지관리자	1
	마. 300세대 이상 500세대 미만으로서 중앙집중식 난방방식(지역난방방식을 포함한다)의 공동주택	초급 책임기계설비유지관리자	1
3. 교량·터널·항만·댐·건축물 등 구조물과 그 부대시설, 학교시설, 지하역사 및 지하도상가, 공공기관 소유 건축물(단, 위의 1, 2에 속하는 건축물은 제외한다)		중급 책임기계설비유지관리자	1

7) 유지관리 및 성능점검 대상 기계설비와 성능점검 시 검토사항(기계설비 유지관리기준 제7조, 제11조)

(1) 유지관리 및 성능점검 대상 기계설비

기계설비의 종류	세부항목
열원 및 냉난방설비	냉동기, 냉각탑, 축열조, 보일러, 열교환기, 팽창탱크, 펌프(냉·난방), 신재생에너지(지열, 태양열, 연료전지 등), 패키지 에어컨, 항온항습기
공기조화설비	공기조화기, 팬코일유닛
환기설비	환기설비, 필터
위생기구설비	위생기구설비
급수·급탕설비	급수펌프, 급탕탱크, 고·저수조
오·배수 통기 및 우수배수설비	오·배수배관, 통기배관, 우수배관
오수정화 및 물재이용설비	오수정화설비, 물재이용설비
배관설비	배관 및 부속기기
덕트설비	덕트 및 부속기기
보온설비	보온 및 부속기기
자동제어설비	자동제어설비
방음·방진·내진설비	방음설비, 방진설비, 내진설비

(2) 기계설비의 성능점검 시 검토사항

점검항목	세부검토사항
기계설비시스템 검토	• 유지관리지침서의 적정성 • 기계설비시스템의 작동상태 • 점검대상 현황표상의 설계값과 측정값 일치 여부
성능개선계획 수립	• 기계설비의 내구연수에 따른 노후도 • 성능점검표에 따른 부적합 및 개선사항 • 성능개선 필요성 및 연도별 세부개선계획
에너지사용량 검토	냉난방설비 등 분류별 에너지 사용량

※ 관리주체가 성능점검을 대행하게 하는 경우, 기계설비 성능점검 시 검토사항은 특급 책임기계설비유지관리자가 작성해야 한다.

8) 기계설비성능점검업자에 대한 행정처분의 기준(기계설비법 시행령 별표 8)

위반행위	근거 법조문	행정처분 기준		
		1차 위반	2차 위반	3차 이상 위반
가. 거짓이나 그 밖의 부정한 방법으로 등록한 경우	법 제22조 제2항제1호	등록취소		
나. 최근 5년간 3회 이상 업무정지 처분을 받은 경우	법 제22조 제2항제2호	등록취소		
다. 업무정지기간에 기계설비성능점검 업무를 수행한 경우. 다만, 등록취소 또는 업무정지의 처분을 받기 전에 체결한 용역계약에 따른 업무를 계속한 경우는 제외한다.	법 제22조 제2항제3호	등록취소		
라. 기계설비성능점검업자로 등록한 후 법 제22조제1항에 따른 결격사유에 해당하게 된 경우 (같은 항 제6호에 해당하게 된 법인이 그 대표자를 6개월 이내에 결격사유가 없는 다른 대표자로 바꾸어 임명하는 경우는 제외한다.)	법 제22조 제2항제4호	등록취소		
마. 법 제21조제1항에 따른 대통령령으로 정하는 요건에 미달한 날부터 1개월이 지난 경우	법 제22조 제2항제5호	등록취소		
바. 법 제21조제2항에 따른 변경등록을 하지 않은 경우	법 제22조 제2항제6호	시정명령	업무정지 1개월	업무정지 2개월
사. 법 제21조제3항에 따라 발급받은 등록증을 다른 사람에게 빌려 준 경우	법 제22조 제2항제7호	업무정지 6개월	등록취소	

9) 기계설비 유지관리교육에 관한 업무 위탁(위탁지정 관련 행정규칙)

(1) 위탁업무의 내용 : 기계설비 유지관리교육에 관한 업무

(2) 관련 법령 : 기계설비법 시행령 제16조

(3) 위탁기관 : 대한기계설비건설협회

01 산업안전보건법령상 냉동·냉장 창고시설 건설공사에 대한 유해위험방지계획서를 제출해야 하는 대상시설의 연면적 기준은 얼마인가?

[22년 2회, 24년 1회]

① 3천m² 이상 　　② 4천m² 이상
③ 5천m² 이상 　　④ 6천m² 이상

〔해설〕

냉동·냉장 창고시설 건설공사의 경우 연면적 5,000m² 이상 시 유해위험방지계획서를 제출하여야 한다.

02 고압가스 안전관리법령에 따라 (　　) 안의 내용으로 옳은 것은?

[22년 1회]

> "충전용기"란 고압가스의 충전질량 또는 충전압력의 (㉠)이 충전되어 있는 상태의 용기를 말한다. "잔가스용기"란 고압가스의 충전질량 또는 충전압력의 (㉡)이 충전되어 있는 상태의 용기를 말한다.

① ㉠ 2분의 1 이상, ㉡ 2분의 1 미만
② ㉠ 2분의 1 초과, ㉡ 2분의 1 이하
③ ㉠ 5분의 2 이상, ㉡ 5분의 2 미만
④ ㉠ 5분의 2 초과, ㉡ 5분의 2 이하

〔해설〕

용어의 정의(고압가스 안전관리법 시행규칙 제2조)
• 충전용기
　고압가스의 충전질량 또는 충전압력의 2분의 1 이상이 충전되어 있는 상태의 용기를 말한다.
• 잔가스용기
　고압가스의 충전질량 또는 충전압력의 2분의 1 미만이 충전되어 있는 상태의 용기를 말한다.

03 고압가스 안전관리법령에 따라 일체형 냉동기의 조건으로 틀린 것은?

[22년 2회, 24년 3회]

① 냉매설비 및 압축기용 원동기가 하나의 프레임 위에 일체로 조립된 것
② 냉동설비를 사용할 때 스톱밸브 조작이 필요한 것
③ 응축기 유닛 및 증발유닛이 냉매배관으로 연결된 것으로 하루 냉동능력이 20톤 미만인 공조용 패키지 에어컨
④ 사용장소에 분할 반입하는 경우에는 냉매설비에 용접 또는 절단을 수반하는 공사를 하지 않고 재조립하여 냉동제조용으로 사용할 수 있는 것

〔해설〕

일체형 냉동기(고압가스 안전관리법 시행규칙 별표 11)
냉동설비를 사용할 때 스톱밸브 조작이 필요 없는 것을 조건으로 한다.

04 고압가스 안전관리법령에 따라 "냉매로 사용되는 가스 등 대통령령으로 정하는 종류의 고압가스"는 품질기준으로 고시하여야 하는데, 목적 또는 용량에 따라 고압가스에서 제외될 수 있다. 이러한 제외 기준에 해당되는 경우를 모두 고른 것은?

[22년 2회]

> 가. 수출용으로 판매 또는 인도되거나 판매 또는 인도될 목적으로 저장·운송 또는 보관되는 고압가스
> 나. 시험용 또는 연구개발용으로 판매 또는 인도되거나 판매 또는 인도될 목적으로 저장·운송 또는 보관되는 고압가스(해당 고압가스를 직접 시험하거나 연구개발하는 경우만 해당한다.)
> 다. 1회 수입되는 양이 400kg 이하인 고압가스

① 가, 나 　　　　　　② 가, 다

③ 나, 다 　　　　　　④ 가, 나, 다

해설

품질유지 고압가스 제외 대상(고압가스 안전관리법 시행령 제15조의3)

"냉매로 사용되는 가스 등 대통령령으로 정하는 종류의 고압가스"란 냉매로 사용되는 고압가스 또는 연료전지용으로 사용되는 고압가스로서 산업통상자원부령으로 정하는 종류의 고압가스를 말한다. 다만, 다음의 어느 하나에 해당하는 고압가스는 제외한다.

• 수출용으로 판매 또는 인도되거나 판매 또는 인도될 목적으로 저장 · 운송 또는 보관되는 고압가스
• 시험용 또는 연구개발용으로 판매 또는 인도되거나 판매 또는 인도될 목적으로 저장 · 운송 또는 보관되는 고압가스(해당 고압가스를 직접 시험하거나 연구개발하는 경우만 해당한다.)
• 1회 수입되는 양이 40kg 이하인 고압가스

---

05 고압가스 안전관리법령에서 규정하는 냉동기 제조 등록을 해야 하는 냉동기의 기준은 얼마인가?

[22년 1회]

① 냉동능력 3톤 이상인 냉동기
② 냉동능력 5톤 이상인 냉동기
③ 냉동능력 8톤 이상인 냉동기
④ 냉동능력 10톤 이상인 냉동기

해설

용기 등의 제조등록 대상 범위(고압가스 안전관리법 시행령 제5조)

구분	범위
용기 제조	고압가스를 충전하기 위한 용기(내용적 3dL 미만의 용기는 제외), 그 부속품인 밸브 및 안전밸브를 제조하는 것
냉동기 제조	냉동능력이 3톤 이상인 냉동기를 제조하는 것
특정설비 제조	고압가스의 저장탱크(지하 암반동굴식 저장탱크는 제외), 차량에 고정된 탱크 및 산업통상자원부령으로 정하는 고압가스 관련 설비를 제조하는 것

---

06 다음 중 고압가스 안전관리법령에 따라 500만 원 이하의 벌금 기준에 해당하는 경우는?

[22년 2회, 24년 1회, 24년 2회]

> ㉠ 고압가스를 제조하려는 자가 신고를 하지 아니하고 고압가스를 제조한 경우
> ㉡ 특정고압가스 사용신고자가 특정고압가스의 사용 전에 안전관리자를 선임하지 않은 경우
> ㉢ 고압가스의 수입을 업(業)으로 하려는 자가 등록을 하지 아니하고 고압가스 수입업을 한 경우
> ㉣ 고압가스를 운반하려는 자가 등록을 하지 아니하고 고압가스를 운반한 경우

① ㉠ 　　　　　　② ㉠, ㉡

③ ㉠, ㉡, ㉢ 　　　④ ㉠, ㉡, ㉢, ㉣

해설

500만 원 이하의 벌금 대상(고압가스 안전관리법 제41조)

• 신고를 하지 아니하고 고압가스를 제조한 자
• 규정에 따른 안전관리자를 선임하지 아니한 자

※ 보기 ㉢, ㉣의 경우는 2년 이하의 징역 또는 2천만 원 이하의 벌금 대상이다.

---

07 기계설비법령에 따라 기계설비 발전 기본계획은 몇 년마다 수립 · 시행하여야 하는가?

[22년 1회]

① 1 　　　　　　② 2

③ 3 　　　　　　④ 5

해설

기계설비 발전 기본계획의 수립(기계설비법 제5조)

국토교통부장관은 기계설비산업의 육성과 기계설비의 효율적인 유지관리 및 성능확보를 위하여 기계설비 발전 기본계획을 5년마다 수립 · 시행하여야 한다.

---

08 기계설비법령에 따른 기계설비의 착공 전 확인과 사용 전 검사의 대상 건축물 또는 시설물에 해당하지 않는 것은? [22년 2회]

① 연면적 1만m² 이상인 건축물
② 목욕장으로 사용되는 바닥면적 합계가 500m² 이상인 건축물
③ 기숙사로 사용되는 바닥면적 합계가 1천m² 이상인 건축물
④ 판매시설로 사용되는 바닥면적 합계가 3천m² 이상인 건축물

[해설]

기숙사로 사용되는 바닥면적 합계가 2천m² 이상인 건축물이 해당된다.

09 기계설비법령에 따라 기계설비성능점검업자는 기계설비성능점검업의 등록한 사항 중 대통령령으로 정하는 사항이 변경된 경우에는 변경등록을 하여야 한다. 만약 변경등록을 정해진 기간 내 못한 경우 1차 위반 시 받게 되는 행정처분 기준은? [22년 2회]

① 등록취소
② 업무정지 2개월
③ 업무정지 1개월
④ 시정명령

[해설]

변경등록을 정해진 기간 내 하지 않은 경우, 1차 위반 시 시정명령, 2차 위반 시 업무정지 1개월, 3차 위반 시 업무정지 2개월의 행정처분을 받게 된다.

10 기계설비법령에 따라 기계설비 유지관리교육에 관한 업무를 위탁받아 시행하는 기관은? [22년 1회, 24년 2회]

① 한국기계설비건설협회
② 대한기계설비건설협회
③ 한국공작기계산업협회
④ 한국건설기계산업협회

[해설]

기계설비 유지관리교육에 관한 업무 위탁(위탁지정 관련 행정규칙)
• 위탁업무의 내용 : 기계설비 유지관리교육에 관한 업무
• 관련 법령 : 기계설비법 시행령 제16조
• 위탁기관 : 대한기계설비건설협회

PART

04

유지보수공사
관리

CHAPTER 01 배관재료 및 공작

CHAPTER 02 배관 관련 설비

1. 배관재료의 특징

1) 배관재료의 종류별 특징

(1) 금속관

종류	특징	접합방법
주철관	• 내식성, 내구성, 내압성이 우수하다. • 충격에 약하며, 인장강도가 작다. • 방열성능이 열세하다. • 선철의 함량이 적을수록 고급주철이다. • 강관에 비해 가격이 저렴하다.	• 소켓 접합 : 누수의 우려가 있다. • 플랜지 접합 : 기밀성이 우수(고압배관에 적합)하고, 관 교체가 용이하다. • 메커니컬 접합(기계적 접합) : 내진성이 우수하고, 시공이 복잡하며 고가이다. • 빅토리 접합 • 타이튼 접합
강관	• 경량이며, 인장강도가 우수하고, 가장 많이 사용한다. • 부식하기 쉬운 특징 때문에 내구연한이 짧다. • 내충격성이 좋으며, 굴곡성이 양호하다. • 배관용, 수도용, 열전달용, 구조용 등으로 사용한다.	• 나사 접합(유니 접합) : 50A 이하의 접합에 사용한다. • 플랜지 접합 : 관 교체가 용이하다. • 용접 접합 : 맞댐 용접과 슬리브 용접 등이 있다.
연관 (납관)	• 굴곡성이 우수하고 시공성이 양호하다. • 내산성이 좋으나, 알칼리에는 약하다.(콘크리트에 매입 시 주의를 요함) • 가격이 저렴하고 쉽게 변형된다. • 용도에 따라 1종(화학공업용), 2종(일반용), 3종(가스용)으로, 사용방법에 따라 수도용과 배수용으로 나뉜다.	• 플라스터 접합 • 납땜 접합

종류	특징	접합방법
동관	• 열전도율이 크고, 내식성이 강하다.(난방, 급탕용) • 저온취성에 강하다.(냉동관 등에 이용) • 가격이 비교적 고가이다.	• 납땜 접합 • 플레어 접합 • 용접 접합 • 경납땜
황동관	동의 합금관으로 관의 내외면에 주석도금을 한 것이다.	접합방법은 동관과 동일하다.
스테인리스관	• 철에 12~20% 정도의 크롬 등을 첨가하여 만든 합금강으로서, 외부 표면에 얇은 피막을 형성하여 부식을 방지한다. • 피막이 파손되더라도 화학적으로 곧 재생되어 부식을 방지한다.	• 플랜지 접합 • 용접 접합 • 무용접 접합

>>> 동관의 두께에 따른 호칭 종류

두께가 두꺼운 것부터
K형>L형>M형>S형

(2) 비금속관

종류	특징	접합방법
경질염화비닐관 (PVC관)	• 내화학적(내산 및 내알칼리)이다. • 내열성이 취약하다. • 마찰손실이 적고, 전기 절연성과 열팽창률이 크다.	• 열간 공법 • 냉간 공법
콘크리트관	옥외배수나 상하수도의 배관으로 이용한다.	• 칼라 조인트 • 가볼트 조인트 • 심플렉스 조인트 • 모르타르 조인트
폴리에틸렌피복관	지하매설용 가스관에 이용한다.	• 플랜지 접합 • 용착 슬리브 접합 • 인서트 접합 • 테이퍼 접합 • 나사 접합

핵심문제

염화비닐관의 설명으로 틀린 것은?
[20년 3회, 24년 2회, 24년 3회]

① 열팽창률이 크다.
② 관 내 마찰손실이 적다.
❸ 산, 알칼리 등에 대해 내식성이 적다.
④ 고온 또는 저온의 장소에 부적당하다.

2) 배관재료별 주요 접합방법

(1) 주철관의 접합

종류	내용
소켓 이음(Socket Joint)	관의 소켓부에 납과 마(얀, Yarn)를 넣어 접합한다.(고무링을 사용하지 않음)
플랜지 이음(Flange Joint)	고압 및 펌프 주위 배관에 이용한다.

핵심문제

주철관 이음 중 고무링 하나만으로 이음하여 이음과정이 간편하여 관 부설을 신속하게 할 수 있는 것은?
[21년 1회]

① 기계식 이음
② 빅토릭 이음
❸ 타이튼 이음
④ 소켓 이음

핵심문제

주철관의 이음방법 중 고무링(고무 개
스킷 포함)을 사용하지 않는 방법은?

[21년 1회]

① 기계식 이음
② 타이튼 이음
❸ 소켓 이음
④ 빅토릭 이음

해설

소켓 이음은 관의 소켓부에 납과 마(얀,
Yarn)를 넣어서 접합하는 방식이다.

**≫ 순동 이음쇠와 대비한 동합금
주물 이음쇠의 특징**

- 모세관 현상에 의한 용융 확산이 어렵다.
- 용접재의 부착력이 좋지 않다.
- 냉벽 부분이 발생할 수 있다.
- 열팽창의 불균일에 의한 부정적 틈새가
  발생할 수 있다.

핵심문제

공기조화설비에서 수배관 시공 시 주
요 기기류의 접속배관에는 수리 시 전
계통의 물을 배수하지 않도록 서비스
용 밸브를 설치한다. 이때 밸브를 완전
히 열었을 때 저항이 적은 밸브가 요구
되는데 가장 적당한 밸브는?

[21년 3회]

① 나비밸브
❷ 게이트밸브
③ 니들밸브
④ 글로브밸브

종류	내용
빅토릭 이음(Victoric Joint)	가스배관용으로 고무링과 금속제 컬러로 구성된다.
기계적 이음 (Mechanical Joint)	수도관 접합에 이용되며 가요성이 풍부하여 지층 변화에도 누수되지 않는다.
타이튼 접합(Tyton Joint)	원형의 고무링 하나만으로 접합한다.

(2) 강관의 접합

종류	내용
나사 이음	50A 이하의 소구경에 이용한다.
용접 접합	• 접합강도가 크고 누수 염려가 없다. • 중량이 가볍다. • 유체 저항손실이 적고, 유지보수 비용이 절감된다. • 보온피복이 용이하다. ※ 강관의 용접형 엘보의 곡률반경은 숏(Short) 엘보의 경우 호칭경과 동일하게 해 준다. 또한 롱(Long) 엘보의 경우에는 호칭경에 1.5배를 하여 산출한다.
플랜지 접합	• 관 지름이 65A 이상인 것에 이용한다. • 배관의 중간이나 밸브 등 및 교환이 빈번한 곳에 이용한다.

(3) 연관의 접합

종류	내용
납땜 접합	토치램프로 녹여 접합한다.
플라스탄 접합	납 60%＋주석 40% 합금, 용융점 232℃

3) 밸브의 종류 및 특징

(1) 개폐용 밸브

종류	특징
슬루스밸브 (게이트밸브, Sluice Valve)	• 마찰저항 손실이 적고, 일반 배관의 개폐용 밸브에 주로 사용한다. • 증기수평관에서 드레인이 고이는 것을 방지하기 위해 사용한다.
글로브밸브 (스톱밸브, 구형밸브, Glove Valve)	• 마찰손실이 크다. • 유로폐쇄 및 유량조절에 적당하다.
콕밸브 (볼밸브, Cock Valve)	• 90° 회전으로 개폐한다.(90° 내의 범위에서 유량조절 가능) • 급속한 개폐 시 사용한다.

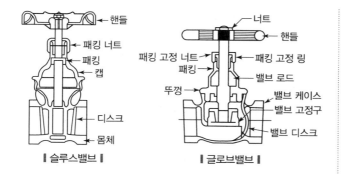

▮ 슬루스밸브 ▮   ▮ 글로브밸브 ▮

(2) 유량의 흐름 방향과 관련된 밸브

종류	특징
체크밸브 (역지밸브, Check Valve)	• 유체의 흐름을 한 방향으로 유지하여, 역류를 방지한다. • 밸브 부착 시 방향 확인이 필요하며, 유량조절은 불가능하다. • 체크밸브의 종류 – 스윙형 : 수직, 수평배관에 사용한다. – 리프트형 : 수평배관에 사용한다.
앵글밸브 (Angle Valve)	유체의 흐름을 직각으로 바꾸는 역할을 하며, 유량조절이 가능하다.

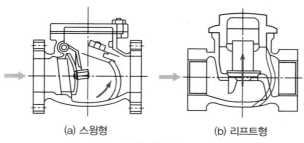

(a) 스윙형   (b) 리프트형

▮ 체크밸브 ▮

(3) 압력 조정과 관련된 밸브

종류	특징
공기빼기밸브 (Air Vent Valve)	배관 내에 고이는 공기를 배출하기 위해 배관 최상부(배관 굴곡부 상단, 보일러 최상부 등)에 설치한다.
감압밸브 (Reduction Valve)	• 고압배관과 저압배관 사이에 설치하며 압력을 낮추는 역할을 한다. • 배관에 일정한(적정한) 압력을 유지한다.
안전밸브 (Safety Valve)	• 배관 등에 이상 과잉압력 발생 시, 압력을 자동으로 배출한다. • 압력탱크, 압축공기탱크, 증기보일러 등에 설치한다.

핵심문제

다음 중 수직배관에서 역류 방지 목적으로 사용하기에 가장 적절한 밸브는?

[21년 1회]

① 리프트식 체크밸브
❷ 스윙식 체크밸브
③ 안전밸브
④ 콕밸브

해설

역류 방지를 위한 체크밸브는 크게 스윙형과 리프트형으로 나눌 수 있으며, 스윙형은 수직배관과 수평배관 모두 사용 가능하며, 리프트형은 수평배관에만 주로 적용한다.

≫ 온도조절밸브

열교환기 입구에 설치하여 탱크 내의 온도에 따라 밸브를 개폐하며, 열매의 유입량을 조절하여 탱크 내의 온도를 설정범위 내로 유지시키는 밸브이다.

핵심문제

보일러 등 압력용기와 그 밖에 고압 유체를 취급하는 배관에 설치하여 관 또는 용기 내의 압력이 규정 한도에 달하면 내부에너지를 자동적으로 외부에 방출하여 항상 안전한 수준으로 압력을 유지하는 밸브는?

[19년 2회, 24년 1회]

① 감압밸브   ② 온도조절밸브
❸ 안전밸브   ④ 전자밸브

해설

안전밸브는 유체의 압력이 이상적으로 높아졌을 때, 해당 압력을 도피시켜주는 역할을 한다.

4) 배관연결 부속기구

(a) 엘보　(b) 45° 엘보　(c) 이경 엘보　(d) 티　(e) 이경 티　(f) 이경 티

(g) 이경 티　(h) 편심 이경 티　(i) 삼방 이경 티　(j) 크로스　(k) 소켓　(l) 이경 소켓

(m) 캡　(n) 부싱　(o) 로크 너트　(p) 플러그　(q) 니플　(r) 이경 니플

(s) 유니언　(t) 플랜지　(u) 플랜지　(v) 벤드　(w) 45° 벤드　(x) 크로스형 리턴 벤드

❚ 관 이음쇠의 종류 ❚

기구명	용도
엘보	배관을 방향 전환시킬 때(45° 엘보, 90° 엘보, 이경 엘보)
티	분기관을 낼 때(이경 티, 편심 이경 티)
소켓	배관을 직선 연결(이경 소켓, 암수 소켓, 편심 이경 소켓)
니플	부속과 부속을 연결(이경 니플)
부싱	지름이 다른 배관과 부속을 연결(암수 이경 소켓)
리듀서	관경이 다른 두 관을 직선 연결(이경 소켓)
플러그, 캡	배관 말단을 막을 때
유니언, 플랜지	배관의 연결 시 사용하며, 조립, 분해가 용이

5) 기타 주요 부속

(1) 볼탭(Ball Tap)

① 고가수조 등에서 일정 수위를 유지하고자 할 때 이용한다.
② 플로트(부자)의 부력에 의해 밸브가 작동한다.

(2) 플러시밸브(Flush Valve)

① 대변기, 소변기의 세정밸브에 사용한다.
② 레버를 한 번 누르면 0.1MPa의 수압으로 일정량의 물이 분출되고 잠긴다.

(3) 스트레이너(Strainer)

① 배관 중의 오물을 제거하기 위한 부속품이다.
② 보호밸브 앞에 설치한다.

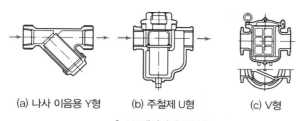

(a) 나사 이음용 Y형　　(b) 주철제 U형　　(c) V형

‖ 스트레이너의 종류 ‖

2. 배관지지 기구

1) 행거

(1) 역할 : 배관을 천장에 고정하는 역할을 한다.

(2) 종류

종류	내용
콘스턴트 행거 (Constant Hanger)	배관의 상·하 이동을 허용하면서 관 지지력을 일정하게 유지한다.(변위가 큰 개소에 적합)
리지드 행거 (Rigid Hanger)	빔에 턴버클을 연결하여 파이프 아래를 받쳐 달아 올린 구조로 상하변위가 없다.(수직방향에 변위가 없는 곳에 사용)
스프링 행거 (Spring Hanger)	배관에서 발생하는 소음과 진동을 흡수하기 위하여 턴버클 대신 스프링을 설치한 것이다.

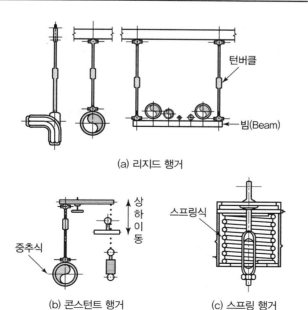

(a) 리지드 행거

(b) 콘스턴트 행거　　(c) 스프링 행거

‖ 행거의 종류 ‖

2) 서포트(Support)

(1) 역할 : 배관의 하중을 아래에서 위로 지지하는 지지쇠 역할을 한다.

(2) 종류

종류	내용
롤러 서포트	배관의 축방향 이동을 허용(신축 허용)하는 지지대로서 롤러가 관을 받친다.
리지드 서포트	파이프의 하중 변화에 따라 상하 이동을 허용하지 않는 지지대이다.(수직 방향의 변위가 없는 곳에 사용)
스프링 서포트	파이프의 하중 변화에 따라 상하 이동을 허용하는 지지대이다.(스프링의 탄성을 이용)
파이프슈	배관의 곡관부 및 수평부분에 관으로 영구히 지지한다.

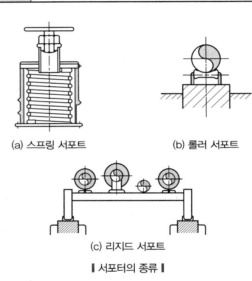

(a) 스프링 서포트   (b) 롤러 서포트

(c) 리지드 서포트

▋ 서포터의 종류 ▋

3) 리스트레인트(Restraint)

(1) 역할 : 열팽창에 의한 배관의 움직임을 제한하거나 고정하는 역할을 한다.

(2) 종류

종류	내용
앵커(Anchor)	관의 이동 및 회전을 방지하기 위하여 배관을 완전 고정한다.
스토퍼(Stopper)	관의 회전은 허용하고, 이동은 구속한다.
가이드(Guide)	배관의 축방향 이동은 구속하고, 회전은 허용한다.

핵심문제

롤러 서포트를 사용하여 배관을 지지하는 주된 이유는?   [22년 2회]

❶ 신축 허용   ② 부식 방지
③ 진동 방지   ④ 해체 용이

해설
롤러 서포트는 배관의 축방향 이동을 허용하는 지지대로서 배관의 신축을 허용한다.

핵심문제

배관을 지지장치에 완전하게 구속시켜 움직이지 못하도록 한 장치는?   [18년 3회]

① 리지드 행거   ❷ 앵커
③ 스토퍼   ④ 브레이스

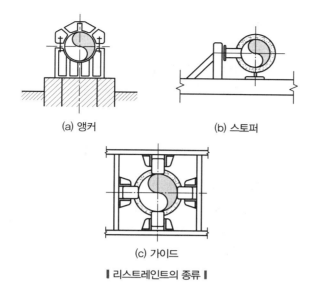

(a) 앵커   (b) 스토퍼

(c) 가이드

▌리스트레인트의 종류 ▌

4) 브레이스(Brace)

배관의 자중이나 열팽창에 의한 힘 이외에 기계의 진동, 수격작용, 지진 등 다른 하중에 의해 발생하는 변위 또는 진동을 억제시키기 위한 장치이다.

5) 강관의 수평배관 지지간격

관지름	지지간격
20A 이하	1.8m 이내
25~40A	2.0m 이내
50~80A	3.0m 이내
100A~150A	4.0m 이내
200A 이상	5.0m 이내

3. 보온재 및 단열재, 패킹재

1) 보온재의 구비조건

① 내열성이 높을수록 좋다.
② 물리적, 화학적 강도가 커야 한다.
③ 열전도율이 작을수록 좋다.
④ 흡수성이 작을수록 좋다.
⑤ 비중이 작을수록 좋다.
⑥ 불연성이어야 한다.
⑦ 환경친화적이어야 한다.

핵심문제

열팽창에 의한 배관의 이동을 구속 또는 제한하기 위해 사용되는 관 지지장치는?   [18년 2회, 24년 1회]

① 행거(Hanger)
② 서포트(Support)
③ 브레이스(Brace)
❹ 리스트레인트(Restraint)

해설

① 행거(Hanger) : 배관을 천장에 고정하는 역할을 한다.
② 서포트(Support) : 배관의 하중을 아래에서 위로 지지하는 지지쇠 역할을 한다.
③ 브레이스(Brace) : 배관의 자중이나 열팽창에 의한 힘 이외에 기계의 진동, 수격작용, 지진 등 다른 하중에 의해 발생하는 변위 또는 진동을 억제시키기 위한 장치이다.

핵심문제

관경 100A인 강관을 수평주관으로 시공할 때 지지간격으로 가장 적절한 것은?   [18년 1회, 24년 1회]

① 2m 이내   ❷ 4m 이내
③ 8m 이내   ④ 12m 이내

해설

강관을 수평주관으로 시공할 때 100A일 경우 지지간격은 4.0m 이내이다.

핵심문제

배관용 보온재의 구비조건에 관한 설명으로 틀린 것은?   [18년 1회]

① 내열성이 높을수록 좋다.
② 열전도율이 작을수록 좋다.
③ 비중이 작을수록 좋다.
❹ 흡수성이 클수록 좋다.

해설

보온재에 수분이 흡수되면 단열성능이 저하되므로, 보온재는 흡수성이 작을수록 좋다.

2) 종류

(1) 온도에 의한 분류

① 내화재 : 1,580℃ 이상에 견디는 것

② 단열재 : 850~900℃ 이상 1,200℃ 정도까지 견디는 것

③ 보온재
- 무기질 : 300~850℃ 정도까지 견디는 것
- 유기질 : 200℃까지 견디는 것

(2) 보온재 종류별 안전사용온도

① 규조토 / 규산칼슘 보온판 : 650℃

② 펄라이트 : 650℃

③ 석면 보온판 : 550℃

④ 암면 : 400℃

⑤ 글라스울 보온판 : 300℃

⑥ 우모 펠트 : 100℃

⑦ (발포)폴리스티렌폼 : 80℃

(3) 재질에 의한 분류

① 무기질 재료 : 탄산마그네슘, 유리섬유(글라스울), 규조토, 석면(아스베스토스), 암면(미네랄울), 펄라이트, 세라믹화 이버

② 유기질 재료 : 경질폴리우레탄폼, 폴리스티렌폼, 우모, 양모, 페놀폼, 압출법 보온판, 비드법 보온판

3) 시공 시 주의사항

① 보온대상물과 보온재의 적합 유무를 점검한다.

② 보온통의 경우는 소정 두께의 보온통을 강선으로 밀착 후 작업한다.

③ 보온재의 두께가 75mm 이상 시는 두 층으로 나누어 시공한다.

④ 입상·섬유상의 보온재를 사용할 때에는 소정의 두께를 외각에 만들고 그 속에 보온재를 채운다.

4) 보온효율(η)

$$\eta = \frac{Q_b - Q_i}{Q_b} \times 100(\%)$$

여기서, Q_b : 보온하지 않은 나관손실(W)

Q_i : 보온 후 손실(W)

5) 패킹재(Packing) 선정 시 고려되는 관 내 유체의 성질

구분	성질
물리적 성질	온도, 압력, 가스체와 액체의 구분, 밀도, 점도 등
화학적 성질	화학 성분과 안정도, 부식성, 용해능력, 휘발성, 인화성과 폭발성 등
기계적 성질	교환의 난이, 진동의 유무, 내압과 외압의 정도 등

핵심문제

패킹재의 선정 시 고려사항으로 관 내 유체의 화학적 성질이 아닌 것은?

[20년 4회, 24년 2회]

❶ 점도   ② 부식성
③ 휘발성   ④ 용해능력

해설

점도는 관 내 유체의 성질 중 물리적 성질에 해당한다.

SECTION 02   배관공작

1. 배관의 표시

1) 배관의 도시기호

종류	기호	종류	기호
〈배관〉		〈밸브, 콕〉	
급수관	— · — · —	밸브	
배수관	—D—	슬루스밸브	
통기관	- - - - - - - - - -	앵글밸브	
급탕관	—ǀ—ǀ—	체크밸브	
반탕관	—ǁ—ǁ—	다이어프램	
소화수관	—X—X—	공기빼기밸브	
가스관	—G—G—	콕	
〈연결부속〉		온도계	
플랜지	—ǁ—	〈위생, 소화〉	
유니언	—ǂ—	청소구	ǁ—
90° 엘보		볼탭	○—○
티		샤워기	
막힘 플랜지	—ǁ	송수구(쌍구형)	
캡		–	–
슬리브형 신축이음		–	–
밸로스형 신축이음		–	–
곡관형 신축이음		–	–
스위블 신축이음		–	–

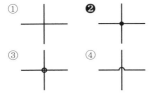
2) 배관의 접속 표시기호

(1) 관의 접속 상태 및 입체적 표시방법

접속 상태	실제 모양	도시기호	굽은 상태	실제 모양	도시기호
접속하지 않을 때		╫	파이프 A가 앞쪽 수직으로 구부러질 때	A	A
접속하고 있을 때		╂	파이프 B가 뒤쪽 수직으로 구부러질 때	B	B
분기하고 있을 때		╀	파이프 C가 뒤쪽으로 구부 러져서 D에 접속될 때	C D	C D

(2) 관의 결합 방식

이음 종류	연결방법	도시기호	예
관 이음	나사형		
	용접형		
	플랜지형		
	턱걸이형		
	납땜형		
신축 이음	루프형		
	슬리브형		
	벨로스형		
	스위블형		

3) 유체의 종류에 따른 표시기호 및 식별색

유체의 종류	공기	가스	유류	수증기	물
표시기호	A	G	O	S	W
식별색	백색	황색	진한 황적색	진한 적색	청색

4) 강관의 규격 기호 및 스케줄 번호(SCH)

(1) 강관의 규격 기호

구분	종류	KS 기호	용도
배관용	배관용 탄소강관	SPP	10kgf/cm² 이하에 사용
	압력배관용 탄소강관	SPPS	350℃ 이하, 10∼100kgf/cm²까지 사용
	고압배관용 탄소강관	SPPH	350℃ 이하, 100kgf/cm² 이상에 사용
	고온배관용 탄소강관	SPHT	350℃ 이상에 사용
	배관용 아크용접 탄소강	SPW	10kgf/cm² 이하에 사용
	배관용 합금강관	SPA	주로 고온용
	배관용 스테인리스 강관	STS×T	내식용, 내열용, 저온용
	저온배관용 강관	SPLT	빙점 이하의 저온도배관
수도용	수도용 아연도금 강관	SPPW	SPP관에 아연 도금한 관, 정수두 100m 이하의 수도관
	수도용 도복장 강관	STPW	정수두 100m 이하 급수배관용
열전달용	보일러 열교환기용 탄소강관	STBH	관의 내외면에 열의 접촉을 목적으로 하는 장소에 사용
	보일러 열교환기용 합금강관	STHA	보일러의 수관, 연관, 과열관, 공기예열관 등에 사용
	보일러 열교환기용 스테인리스 강관	STS×TB	보일러의 수관, 연관, 과열관, 공기예열관 등에 사용
	저온 열교환기용 강관	STLT	빙점 이하에서 사용
구조용	일반구조용 탄소강관	SPS	토목, 건축, 철탑에 사용
	기계구조용 탄소강관	STM	기계, 항공기, 자동차, 자전거에 사용

아래 강관 표시방법 중 "S−H"의 의미로 옳은 것은?

[22년 2회, 24년 3회]

SPPS−S−H−1965.11
−100A×SCH40×6

① 강관의 종류　　② 제조회사명
❸ 제조방법　　　④ 제품표시

[해설]
• SPPS : 관 종류
• S−H : 제조방법
• 1965.11 : 제조년월
• 100A : 호칭방법
• SCH40 : 스케줄 번호
• 6 : 길이

(2) 강관의 표시방법

배관용 탄소강관

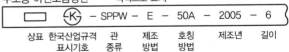

| | 상표 | 한국산업규격 표시기호 | 관 종류 | 제조 방법 | 호칭 방법 | 제조년 | 길이 |

수도용 아연도금강관　　적색으로 표시

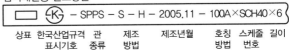

| | 상표 | 한국산업규격 표시기호 | 관 종류 | 제조 방법 | 호칭 방법 | 제조년 | 길이 |

압력배관용 탄소강관

□　(K) − SPPS − S − H − 2005.11 − 100A×SCH40×6

상표　한국산업규격　관　제조　제조년월　호칭　스케줄　길이
표시기호　종류　방법　　　　방법　번호

(3) 강관의 스케줄 번호(SCH) : 관의 두께를 나타내는 번호

$$\text{SCH No.} = 10 \times \frac{P}{S}$$

여기서, P : 사용압력(MPa), S : 허용응력(MPa)

(4) 강관의 직선 길이(l) 산출

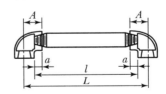

$$L = l + 2(A-a), \quad l = L - 2(A-a)$$

여기서, L : 배관의 중심선 길이
　　　　l : 관의 길이
　　　　A : 이음쇠의 중심선에서 단면까지의 치수
　　　　a : 나사 길이

동관의 호칭경이 20A일 때 실제 외경은?

[18년 2회]

① 15.87mm　　❷ 22.23mm
③ 28.57mm　　④ 34.93mm

[해설] 동관의 실제 외경(OD) 산출

$OD = [호칭경(인치) + \dfrac{1}{8}(인치)] \times 25.4$

$= (\dfrac{3}{4} 인치 + \dfrac{1}{8} 인치) \times 25.4$

$= 22.225 = 22.23mm$

여기서, 20A의 인치(B)는 $\dfrac{3}{4}$ 인치이다.

5) 동관의 표기

호칭경		실제 외경(mm)
A	B(inch)	
20	$\dfrac{3}{4}$	22.23(22.225)
25	1	25.58
32	$1\dfrac{1}{4}$	34.92
50	2	53.98

2. 배관도면의 종류 및 치수 기입법

1) 배관도면의 종류

(1) 시점에 따른 분류

구분	내용
평면 배관도	위에서 아래로 보면서 그린 도면
입면 배관도	앞, 뒤, 측면에서 보면서 그린 도면
입체 배관도	입체적 형상을 평면에 나타낸 도면
부분 조립도	배관 일부를 인출하여 그린 도면

(2) 표시에 따른 분류

구분	내용
계통도 (Flow Diagram)	기기장치 모양의 배관기호로 도시하고 주요 밸브, 온도, 유량, 압력 등을 기입한 대표적인 도면이다.
PID(Piping and Instrument Diagram)	가격 산출, 관 장치의 설계, 제작, 시공, 운전, 조작, 공정 수정 등에 도움을 주기 위해서 모든 주 계통의 라인, 계기, 제어기 및 장치기기 등에서 필요한 모든 자료를 도시한 도면이다.
관 장치도(배관도)	실제 공장에서 제작, 설치, 시공할 수 있도록 PID를 기본 도면으로 하여 그린 도면이다.

2) 치수기입법

(1) 기입 단위

치수 표시는 숫자로 나타내되, mm로 기입한다.

(2) 높이 표시

구분	내용
EL	관의 중심을 기준으로 배관의 높이를 표시한다.
BOP(Bottom of Pipe)	지름이 다른 관의 높이를 나타낼 때 적용되며 관 바깥 지름의 아랫면까지를 기준으로 하여 표시한다.
TOP(Top of Pipe)	BOP와 같은 목적으로 사용되나 관 윗면을 기준으로 하여 표시한다.
GL(Ground Line)	포장된 지표면을 기준으로 하여 배관장치의 높이를 표시할 때 적용된다.
FL(Floor Line)	1층의 바닥면을 기준으로 하여 높이를 표시한다.

3. 배관공작 기기

1) 강관 공작용 공구와 기계

(1) 강관 공작용 공구

공구	역할
파이프 바이스(Pipe Vise)	관의 절단과 나사 절삭 및 조합 시 관을 고정시키는 데 사용하는 공구
파이프 커터(Pipe Cutter)	관을 절단할 때 사용하는 공구
쇠톱(Hack Saw)	관과 환봉 등의 절단용 공구
파이프 리머(Pipe Reamer)	관 절단 후 관 단면의 안쪽에 생기는 거스러미(Burr)를 제거하는 공구
파이프 렌치(Pipe Wrench)	관을 회전시키거나 나사를 죌 때 사용하는 공구
나사 절삭기	수동으로 나사를 절삭할 때 사용하는 공구

(2) 강관 공작용 기계

① 동력 나사 절삭기(Pipe Machine)

공구	역할
오스터식	동력으로 관을 저속 회전시키며 나사 절삭기를 밀어 넣는 방법으로 나사가 절삭되며 50A 이하의 작은 관에 주로 사용한다.
다이헤드식	관의 절단, 나사 절삭, 거스러미 제거 등의 일을 연속적으로 할 수 있기 때문에 다이헤드를 관에 밀어 넣어 나사를 가공한다.
호브식	나사 절삭 전용 기계로서 호브를 100~180rpm의 저속으로 회전시키면 관은 어미 나사와 척의 연결에 의해 1회전할 때마다 1피치만큼 이동나사가 절삭된다.

② 기계톱(Hack Sawing Machine)

③ 고속 숫돌 절단기(Abrasive Cut off Machine)

2) 동관용 공구

공구	역할
익스펜더(Expander, 확관기)	동관의 확관용 공구
플레어링 툴(Flaring Tool)	동관의 끝을 나팔형으로 만드는 공구
리머(Reamer)	동관 절단 후 생긴 거스러미를 제거하는 공구
사이징 툴(Sizing Tool)	동관의 끝부분을 원형으로 정형하는 공구

공구	역할
벤더(Bender)	동관의 전용 굽힘 공구
파이프 커터(Pipe Cutter)	동관 절단 공구
티뽑기(Extractors)	직관에서 분기관 성형 시 사용하는 공구

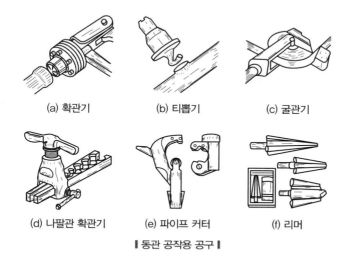

(a) 확관기　　　　(b) 티뽑기　　　　(c) 굴관기

(d) 나팔관 확관기　　(e) 파이프 커터　　(f) 리머

┃ 동관 공작용 공구 ┃

01 염화비닐관의 설명으로 틀린 것은?

[20년 3회, 24년 2회, 24년 3회]

① 열팽창률이 크다.
② 관 내 마찰손실이 적다.
③ 산, 알칼리 등에 대해 내식성이 적다.
④ 고온 또는 저온의 장소에 부적당하다.

〔해설〕

(경질)염화비닐관(PVC관)의 특성
• 내화학적(내산 및 내알칼리)이다.
• 내열성이 취약하다.
• 마찰손실이 적고, 전기 절연성과 열팽창률이 크다.

02 보일러 등 압력용기와 그 밖에 고압 유체를 취급하는 배관에 설치하여 관 또는 용기 내의 압력이 규정 한도에 달하면 내부에너지를 자동적으로 외부에 방출하여 항상 안전한 수준으로 압력을 유지하는 밸브는?
[19년 2회, 24년 1회]

① 감압밸브   ② 온도조절밸브
③ 안전밸브   ④ 전자밸브

〔해설〕

안전밸브는 유체의 압력이 이상적으로 높아졌을 때, 해당 압력을 도피시켜주는 역할을 한다.

03 열교환기 입구에 설치하여 탱크 내의 온도에 따라 밸브를 개폐하며, 열매의 유입량을 조절하여 탱크 내의 온도를 설정범위로 유지시키는 밸브는?
[18년 1회]

① 감압밸브   ② 플랩밸브
③ 바이패스밸브   ④ 온도조절밸브

〔해설〕

열교환기 입구에 설치하여 탱크 내에서 감지된 온도에 따라 밸브를 개패하여 열매 유입량을 조절하는 밸브는 온도조절밸브이다.

04 관의 두께별 분류에서 가장 두꺼워 고압배관으로 사용할 수 있는 동관의 종류는?

[19년 1회, 24년 1회]

① K형 동관   ② S형 동관
③ L형 동관   ④ N형 동관

〔해설〕

동관의 두께 크기 순서는 K>L>M>N으로서 가장 두꺼운 K형 동관이 고압배관으로 적용 가능하다.

05 동관 이음방법에 해당하지 않는 것은?

[19년 1회, 24년 3회]

① 타이튼 이음   ② 납땜 이음
③ 압축 이음   ④ 플랜지 이음

〔해설〕

타이튼 이음(Tyton Joint)은 원형의 고무링 하나만으로 접합을 하는 이음방법으로서 주철관의 이음방법이다.

06 순동 이음쇠를 사용할 때에 비하여 동합금 주물 이음쇠를 사용할 때 고려할 사항으로 가장 거리가 먼 것은?
[19년 2회, 21년 3회]

① 순동 이음쇠 사용에 비해 모세관 현상에 의한 용융 확산이 어렵다.
② 순동 이음쇠와 비교하여 용접재 부착력은 큰 차이가 없다.
③ 순동 이음쇠와 비교하여 냉벽 부분이 발생할 수 있다.

정답   01 ③   02 ③   03 ④   04 ①   05 ①   06 ②

④ 순동 이음쇠 사용에 비해 열팽창의 불균일에 의한 부정적 틈새가 발생할 수 있다.

> **해설**
>
> 순동 이음쇠에 비해 동합금 주물 이음쇠의 용접재 부착력이 좋지 않으므로, 용접재 부착력에 유의하여 사용하여야 한다.

07 폴리에틸렌 배관의 접합방법이 아닌 것은?

[22년 2회]

① 기볼트 접합　　② 용착 슬리브 접합
③ 인서트 접합　　④ 테이퍼 접합

> **해설**
>
> **폴리에틸렌관의 접합법**
> 나사 접합, 플랜지 접합, 인서트 접합, 용착 슬리브 접합, 테이퍼 접합

08 25mm 강관의 용접 이음용 숏(Short) 엘보의 곡률반경(mm)은 얼마 정도로 하면 되는가?

[18년 1회]

① 25　　　　　② 37.5
③ 50　　　　　④ 62.5

> **해설**
>
> 용접형 엘보의 곡률반경은 숏(Short) 엘보의 경우 호칭경과 동일하게 해 준다. 또한 롱(Long) 엘보의 경우에는 호칭경에 1.5배를 하여 산출한다.

09 배관의 분리, 수리 및 교체가 필요할 때 사용하는 관 이음재의 종류는?

[18년 2회]

① 부싱　　　　② 소켓
③ 엘보　　　　④ 유니언

> **해설**
>
> 유니언과 플랜지는 배관의 분리, 수리 및 교체가 용이한 관 이음재이며, 유니언은 소구경에 플랜지는 대구경에 주로 적용한다.

10 배관의 끝을 막을 때 사용하는 이음쇠는?

[19년 2회, 22년 2회]

① 유니언　　　② 니플
③ 플러그　　　④ 소켓

> **해설**
>
> 배관의 끝(말단)을 막을 때 사용하는 이음쇠는 플러그, 캡 등이 있다.

11 증기배관의 수평 환수관에서 관경을 축소할 때 사용하는 이음쇠로 가장 적합한 것은?

[18년 3회]

① 소켓　　　　② 부싱
③ 플랜지　　　④ 리듀서

> **해설**
>
> ① 소켓 : 배관의 직선 연결 시에 사용한다.
> ② 부싱 : 지름이 다른 배관과 부속을 연결할 때 사용한다.
> ③ 플랜지 : 배관의 조립, 분해를 용이하게 이어주는 방식으로서 주로 대구경에 적용한다.

12 다음 중 열팽창에 의한 관의 신축으로 배관의 이동을 구속 또는 제한하는 장치가 아닌 것은?

[19년 2회]

① 앵커(Anchor)　　② 스토퍼(Stopper)
③ 가이드(Guide)　　④ 인서트(Insert)

> **해설**
>
> 인서트(Insert)는 관이나 덕트를 천장에 매달아 지지하는 경우 미리 천장 콘크리트에 매입하는 지지쇠이다.
>
> **리스트레인트(Restraint)의 종류**

종류	내용
앵커(Anchor)	관의 이동 및 회전을 방지하기 위하여 배관을 완전 고정한다.
스토퍼(Stopper)	일정한 방향의 이동과 관의 회전을 구속한다.
가이드(Guide)	관의 축과 직각방향의 이동을 구속한다. 배관 라인의 축방향의 이동을 허용하는 안내 역할도 담당한다.

정답　07 ①　08 ①　09 ④　10 ③　11 ④　12 ④

13 배관의 자중이나 열팽창에 의한 힘 이외에 기계의 진동, 수격작용, 지진 등 다른 하중에 의해 발생하는 변위 또는 진동을 억제시키기 위한 장치는? [18년 2회]

① 스프링 행거
② 브레이스
③ 앵커
④ 가이드

① 스프링 행거(Spring Hanger) : 배관에서 발생하는 소음과 진동을 흡수하기 위하여 턴버클 대신 스프링을 설치한 것이다.
③ 앵커(Anchor) : 관의 이동 및 회전을 방지하기 위하여 배관을 완전 고정한다.
④ 가이드(Guide) : 관의 축과 직각방향의 이동을 구속한다. 배관 라인의 축방향의 이동을 허용하는 안내 역할도 담당한다.

14 다음 중 밸브몸통 내에 밸브대를 축으로 하여 원판 형태의 디스크가 회전함에 따라 개폐하는 밸브는 무엇인가? [20년 1·2회 통합, 24년 3회]

① 버터플라이밸브
② 슬루스밸브
③ 앵글밸브
④ 볼밸브

버터플라이밸브(Butterfly Valve)
밸브판의 지름을 축으로 하여 밸브판을 회전함으로써 유량을 조정하는 밸브이다. 이 밸브는 기밀을 완전하게 하는 것은 곤란하나 유량을 조절하는 데는 편리하다.

15 다음 중 안전밸브의 그림 기호로 옳은 것은? [18년 3회]

16 배관의 보온재를 선택할 때 고려해야 할 점이 아닌 것은? [18년 3회]

① 불연성일 것
② 열전도율이 클 것
③ 물리적, 화학적 강도가 클 것
④ 흡수성이 작을 것

배관의 보온재는 열전도율이 작아야 한다.

17 다음 보온재 중 안전사용(최고)온도가 가장 높은 것은?(단, 동일 조건 기준으로 한다.) [21년 2회, 24년 2회]

① 글라스울 보온판
② 우모 펠트
③ 규산칼슘 보온판
④ 석면 보온판

안전사용(최고)온도
① 글라스울 보온판 : 300℃
② 우모 펠트 : 100℃
③ 규산칼슘 보온판 : 650℃
④ 석면 보온판 : 550℃

18 다음 중 난방 또는 급탕설비의 보온재료로 가장 부적합한 것은? [19년 2회]

① 유리섬유
② 발포 폴리스티렌폼
③ 암면
④ 규산칼슘

발포 폴리스티렌폼은 안전사용온도가 80℃ 이하로서 난방 또는 급탕설비에 적용하는 것은 적합하지 않다.

정답 13 ② 14 ① 15 ③ 16 ② 17 ③ 18 ②

19 보온재를 유기질과 무기질로 구분할 때, 다음 중 성질이 다른 하나는? [18년 1회, 24년 1회]

① 우모 펠트　　　　　② 규조토
③ 탄산마그네슘　　　④ 슬래그 섬유

해설

우모 펠트는 유기질이며, 나머지 보기는 모두 무기질 재료이다.

20 패킹재의 선정 시 고려사항으로 관 내 유체의 화학적 성질이 아닌 것은? [20년 4회, 24년 2회]

① 점도　　　　　② 부식성
③ 휘발성　　　④ 용해능력

해설

점도는 관 내 유체의 성질 중 물리적 성질에 해당한다.

패킹재의 선정 시 고려되는 관 내 유체의 성질

구분	성질
물리적 성질	온도, 압력, 가스체와 액체의 구분, 밀도, 점도 등
화학적 성질	화학 성분과 안정도, 부식성, 용해능력, 휘발성, 인화성과 폭발성 등
기계적 성질	교환의 난이, 진동의 유무, 내압과 외압의 정도 등

21 강관의 종류와 KS 규격 기호가 바르게 짝지어진 것은? [22년 1회]

① 배관용 탄소강관 : SPA
② 저온배관용 탄소강관 : SPPT
③ 고압배관용 탄소강관 : SPTH
④ 압력배관용 탄소강관 : SPPS

해설

① 배관용 탄소강관 : SPP
② 저온배관용 탄소강관 : SPLT
③ 고압배관용 탄소강관 : SPPH

22 강관작업에서 아래 그림처럼 15A 나사용 90° 엘보 2개를 사용하여 길이가 200mm가 되도록 연결 작업을 하려고 한다. 이때 실제 15A 강관의 길이(mm)는 얼마인가?(단, 나사가 물리는 최소 길이(여유치수)는 11mm, 이음쇠의 중심에서 단면까지의 길이는 27mm이다.) [21년 3회, 24년 3회]

① 142　　　　　② 158
③ 168　　　　　④ 176

해설

실제 강관길이(l) 산출

$l = L - 2(A - a)$
$\quad = 200 - 2(27 - 11)$
$\quad = 168\text{mm}$

여기서, L : 전체 길이
$\quad\quad A$: 이음쇠의 중심에서 단면까지의 길이
$\quad\quad a$: 나사가 물리는 최소 길이(여유치수)

23 동관의 호칭경이 20A일 때 실제 외경은? [18년 2회]

① 15.87mm　　　② 22.23mm
③ 28.57mm　　　④ 34.93mm

해설

동관의 실제 외경(OD) 산출

$OD = \left[\text{호칭경(인치)} + \dfrac{1}{8}\text{(인치)}\right] \times 25.4$
$\quad\quad = \left(\dfrac{3}{4}\text{인치} + \dfrac{1}{8}\text{인치}\right) \times 25.4$
$\quad\quad = 22.225 = 22.23\text{mm}$

여기서, 20A의 인치(B)는 $\dfrac{3}{4}$인치이다.

24 강관의 두께를 선정할 때 기준이 되는 것은? [22년 1회]

① 곡률반경 　　　② 내경
③ 외경 　　　④ 스케줄 번호

> 해설

강관의 스케줄 번호(SCH) : 관의 두께를 나타내는 번호

$$SCH \ No. = 10 \times \frac{P}{S}$$

여기서, P : 사용압력(MPa), S : 허용응력(MPa)

25 아래 강관 표시방법 중 "S－H"의 의미로 옳은 것은? [22년 2회, 24년 3회]

SPPS－S－H－1965.11－100A×SCH40×6

① 강관의 종류 　　　② 제조회사명
③ 제조방법 　　　④ 제품표시

> 해설

- SPPS : 관 종류
- S－H : 제조방법
- 1965.11 : 제조년월
- 100A : 호칭방법
- SCH40 : 스케줄 번호
- 6 : 길이

26 배관 접속 상태 표시 중 배관 A가 앞쪽으로 수직하게 구부러져 있음을 나타낸 것은? [22년 2회]

① 　　　②

③ 　　　④ A ──×──

> 해설

② 관 A가 도면 뒤쪽에서 직각으로 구부러져 있을 때
③ 관 A가 도면 뒤쪽에서 직각으로 구부러져 우측 관에 접속할 때
④ 관 A가 우측 관과 용접 이음을 하고 있을 때

27 강관의 나사 이음 시 관을 절단한 후 관 단면의 안쪽에 생기는 거스러미를 제거할 때 사용하는 공구는? [20년 1 · 2회 통합]

① 파이프 바이스 　　　② 파이프 리머
③ 파이프 렌치 　　　④ 파이프 커터

> 해설

① 파이프 바이스 : 물체를 고정하는 기구
③ 파이프 렌치 : 관 이음에서 파이프를 조이거나 회전시킬 때 쓰이는 공구
④ 파이프 커터 : 관을 절단하는 기구

28 동관작업용 사이징 툴(Sizing Tool) 공구에 관한 설명으로 옳은 것은? [21년 2회, 24년 2회]

① 동관의 확관용 공구
② 동관의 끝부분을 원형으로 정형하는 공구
③ 동관의 끝을 나팔형으로 만드는 공구
④ 동관 절단 후 생긴 거스러미를 제거하는 공구

> 해설

① 동관의 확관용 공구 : 익스펜더(확관기)
③ 동관의 끝을 나팔형으로 만드는 공구 : 플레어링 툴
④ 동관 절단 후 생긴 거스러미를 제거하는 공구 : 리머

29 배관작업용 공구의 설명으로 틀린 것은? [19년 2회]

① 파이프 리머(Pipe Reamer) : 관을 파이프 커터 등으로 절단한 후 관 단면의 안쪽에 생긴 거스러미(Burr)를 제거
② 플레어링 툴(Flaring Tool) : 동관을 압축 이음 하기 위하여 관 끝을 나팔 모양으로 가공
③ 파이프 바이스(Pipe Vice) : 관을 절단하거나 나사 이음을 할 때 관이 움직이지 않도록 고정
④ 사이징 툴(Sizing Tool) : 동일 지름의 관을 이음쇠 없이 납땜 이음을 할 때 한쪽 관 끝을 소켓 모양으로 가공

사이징 툴(Sizing Tool)은 동관의 끝부분을 원형으로 정형하는 공구이다.

30 다이헤드형 동력 나사 절삭기에서 할 수 없는 작업은?

[19년 3회]

① 리밍　　　　② 나사 절삭
③ 절단　　　　④ 벤딩

다이헤드형 동력 나사 절삭기는 관의 절삭, 절단, 리밍, 거스러미 제거 등을 연속으로 진행할 수 있는 기기이다.

정답　　30 ④

1. 유체의 물리적 성질

1) 유체의 특성

(1) 연속의 법칙

① 관 내 흐름이 정상류일 때, 단위시간에 흘러가는 유량은 어느 단면에서나 일정하다.

② 연속방정식

$$Q = A_1 V_1 = A_2 V_2 = \cdots$$

(2) 베르누이(Bernoulli)의 정리

① 에너지 보존의 법칙을 유체의 흐름에 적용한 것으로 정상류, 비점성, 비압축성의 유체가 유선 운동을 할 때 같은 유선상의 각 지점에서의 압력수두, 속도수두, 위치수두의 합은 일정하다는 법칙(정리)이다.

② 베르누이 방정식

$$P_1 + \frac{\rho V_1{}^2}{2} + \rho g z_1 = P_2 + \frac{\rho V_2{}^2}{2} + \rho g z_2 = \cdots\cdots \text{일정}$$

여기서, P_1, P_2 : 1, 2 지점에서의 압력(Pa)
ρ : 유체의 밀도(kg/m³)
V_1, V_2 : 1, 2 지점에서의 유속(m/s)
g : 중력가속도(9.8m/s²)
z_1, z_2 : 1, 2 지점에서의 위치수두(m)

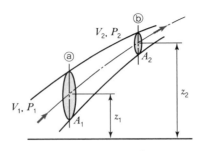

▍베르누이의 정리 ▍

≫ 배관을 흐르는 유체의 유량(Q)

$Q = AV$
여기서, Q : 유량(m³/s)
A : 배관의 단면적(m²)
V : 유체의 유속(m/s)

≫ 베르누이 정리의 적용 조건(성립 조건)

• 베르누이 정리가 적용되는 임의의 두 점은 같은 유선상에 있다.
• 정상류이다.
• 비점성 유체이다.
• 비압축성 유체이다.

(3) 토리첼리의 정리(Torricelli's Theorem Equation)

① 수조의 측면에 작은 구멍이 뚫려 액체가 흘러갈 때의 속도
는 수면에서부터 구멍까지의 높이와 중력가속도에 의해 결
정된다는 것이다.

② 토리첼리 관련식

$$V = \sqrt{2gh}$$

여기서, V : 유속, g : 중력가속도, h : 높이

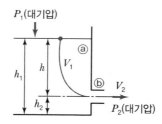

▐ 토리첼리의 정리 ▐

≫ **토리첼리 정리의 가정사항**

용기의 단면이 구멍에 비해 충분히 크고 액체의 유출에 따른 수면의 강하가 극히 작을 때를 가정한다.

2) 물의 경도

(1) 개념

물속에 녹아 있는 칼슘(Ca)이나 마그네슘(Mg)의 양을 이것에
대응하는 탄산칼슘($CaCO_3$) 또는 탄산마그네슘($MgCO_3$)의 백
만분율(ppm : parts per million)로 환산표시한 것을 말하며 1L
의 물속에 탄산칼슘($CaCO_3$)이 10mg 함유된 것을 1도라 한다.

(2) 물의 경도 산출식(ppm)

$$\text{물의 경도} = \frac{CaCO_3(\text{탄산칼슘})}{Mg(\text{마그네슘})} \times 1,000,000$$

(3) 경도에 따른 급수의 종류

구분	특징
극연수(極軟水)	• 탄산칼슘($CaCO_3$)의 함유량이 50ppm 이하 • 증류수와 멸균수 등이 있으며, 연관이나 황동을 부식시킨다.
연수(軟水)	• 탄산칼슘($CaCO_3$)의 함유량이 90ppm 이하 • 세탁, 보일러 보급수, 양조, 염색, 제지공업 등에 사용한다. • 일반적인 지표수가 해당된다.
적수(滴水)	• 탄산칼슘($CaCO_3$)의 함유량이 90~110ppm 이하 • 음용수로 적합하다.

구분	특징
경수(硬水)	• 탄산칼슘($CaCO_3$)의 함유량이 110ppm 이상 • 보일러 보급수로 사용 시 내면에 스케일(Scale)이 생겨 전열효율 저하 및 과열과 수명 단축의 원인이 된다. • 세탁, 보일러 보급수, 양조, 염색, 제지공업 등에 부적합하다. • 지하수는 경수로 간주한다.

>>> 배관 및 각종 장비에서의 Scale

• 물에는 광물질 및 금속의 이온 등이 녹아 있다. 이러한 이온 등의 화학적 결합물($CaCO_3$)이 침전하여 배관이나 장비의 벽에 부착하는데, 이를 Scale이라고 한다.
• Scale의 대부분은 $CaCO_3$이며 주로 사용되는 방법은 경수연화법이다.

(4) 경도가 높은 물을 보일러에 사용했을 때 나타나는 현상

① 보일러 내면에 스케일(Scale)이 발생한다.

② 보일러 수명 단축의 원인이 된다.

③ 보일러 전열면의 과열 원인이 된다.

④ 열의 전도를 방해하고 보일러 효율을 불량하게 한다.

⑤ 수처리장치 등을 이용하여 발생을 방지할 수 있다.

3) 배관마찰손실

(1) 수두(mmAq) 형식 계산식

$$\Delta h = f \times \frac{l}{d} \times \frac{V^2}{2g} \times \gamma$$

여기서, Δh : 마찰손실수두(mmAq)

f : 마찰손실계수(관마찰계수)

l : 배관길이(m)

d : 배관관경(m)

V : 유속(m/s)

g : 중력가속도(9.8)

γ : 유체의 비중(kgf/m^3)

(2) 압력(Pa) 형식 계산식

$$\Delta P = f \times \frac{l}{d} \times \frac{V^2}{2} \times \rho$$

여기서, ΔP : 마찰손실압력(Pa)

f : 마찰손실계수(관마찰계수)

l : 배관길이(m)

d : 배관관경(m)

V : 유속(m/s)

ρ : 유체의 밀도(kg/m^3)

1. 펌프의 종류 및 특성

1) 왕복동펌프

(1) 원리

실린더 속에서 피스톤, 플런저, 버킷 등을 왕복운동시킴으로써, 물을 빨아올려 송출하는 방식이다.

(2) 특징

① 수압변동이 심하다.(공기실을 설치하여 완화)
② 양수량이 적고, 양정이 클 때 적합하다.
③ 양수량 조절이 어려우며, 고속회전 시 용적효율이 저하된다.

(3) 종류

① 피스톤펌프(Piston Pump)
② 플런저펌프(Plunger Pump)
③ 워싱턴펌프(Worthington Pump)

2) 원심펌프(Centrifugal Pump, 와권펌프, 회전펌프)

(1) 원리

물이 축과 직각방향으로 된 임펠러로부터 흘러나와 스파이럴 케이싱에 모이면 토출구로 이끄는 방식이다.

(2) 특징

① 양수량 조절이 용이하고, 진동이 적어 고속운전에 적합하다.
② 양수량이 많으며, 고양정에 적합하다.
③ 급수, 급탕, 배수 등에 주로 사용한다.
④ 전체적으로 크기가 작고 장치가 간단하며, 운전상의 성능이 우수하다.
⑤ 송수압의 변동이 적다.

(3) 종류 및 특징

종류	특징
벌류트펌프 (Volute Pump)	• 축에 날개차(Impeller)가 달려 있어 원심력으로 양수한다. • 임펠러의 수에 따라 단단벌류트펌프와 다단벌류트펌프로 구분한다. • 주로 20m 이하의 저양정에 사용한다.

>>> **펌프의 개념 및 설치 일반사항**

펌프는 원동기 등으로부터 기계적 에너지를 받아서 유체에너지로 변환하는 기계로서 각종 유체의 특성과 용도에 맞게 형식, 양정, 유량, 구경, 회전속도, 동력 등을 구하고 설치 시 주의사항을 고려하여 설치하여야 한다.

종류	특징
터빈펌프 (Turbine Pump)	• 임펠러의 외주부에 안내날개(Guide Vane)가 달려 있어 물의 흐름을 조절한다. • 임펠러의 수에 따라 단단터빈펌프와 다단터빈펌프로 구분한다. • 단단터빈펌프는 저양정에, 다단터빈펌프는 고양정에 사용한다.
보어홀펌프 (Bore Hole Pump, Deep Hole Pump)	• 지상의 모터와 수중의 임펠러를 긴 중공축으로 연결하여 작동한다. • 고장이 많고 수리가 어렵다. • 깊은 우물의 양수에 적합하게 사용한다.

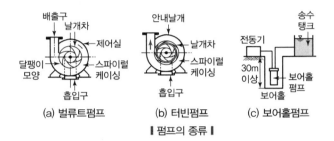

∥ 펌프의 종류 ∥

3) 특수펌프

(1) 수중모터펌프(Submerged Pump)

① 모터에 직결된 펌프를 수중에서 작동하도록 한 펌프이다.

② 수직형 터빈펌프 밑에 모터를 직결하여 양수하며, 모터와 터빈은 수중에서 작동한다.

③ 배수펌프, 심정의 양수 등에 많이 사용한다.

④ 풋밸브나 흡입호스가 없고 설치, 운반과 조작이 간편하다.

(2) 논클러그펌프(Non-clog Pump)

① 오물잔재의 고형물이나 천조각 등이 섞인 물을 배제하는 데 사용하는 펌프이다.

② 주로 오수나 배수펌프로 사용한다.

(3) 제트펌프(Jet Pump)

① 노즐로부터 고압의 유체(증기 또는 물)를 분사시키면 노즐 끝부분의 압력이 낮아지게 되어 이에 따라 물을 흡상하여 송수한다.

② 지하수 배출용, 소화용 펌프로 사용한다.

(4) 기어펌프(Gear Pump)

① 두 개의 기어(톱니)의 회전에 의해 기어(톱니) 사이에 끼어 있는 액체가 케이싱의 내벽을 따라서 송출되는 펌프이다.

② 소형으로 구조가 간단하며 가격이 저렴하다.

③ 점성이 강한 기름 및 윤활유 반송용으로 사용한다.

(5) 기포펌프(Air Lift Pump)

압축공기를 압입하여 기포의 부력을 이용하는 펌프이다.

4) 펌프의 동력

(1) 수동력

① 양정과 유량만이 고려된 동력으로서, 이론동력이라고도 한다.

② 산출식

$$\text{펌프의 수동력} = \frac{QH}{102} = QH\gamma \, [\text{kW}]$$

여기서, Q : 양수량(L/s)

H : 전양정(m)

γ : 비중량(kN/m²)

(2) 축동력

① 펌프의 효율이 적용된 동력으로서, 모터에 의해 펌프에 전해지는 동력이다.

② 산출식

$$\text{펌프의 축동력} = \frac{QH}{102E} = \frac{QH\gamma}{E} \, [\text{kW}]$$

여기서, E : 효율

(3) 소요동력

① 실제 펌프 가동을 위해 필요한 동력으로서, 모터동력이라고도 하며 모터의 전달계수가 적용된다.

② 산출식

$$\text{펌프의 소요동력} = \frac{QH}{102E} \cdot k = \frac{QH\gamma}{E} \cdot k \, [\text{kW}]$$

여기서, k : 모터의 전달계수

5) 상사의 법칙

펌프의 회전수 변화 $N_1 \rightarrow N_2$, 임펠러의 직경 $D_1 \rightarrow D_2$일 때

① 유량(Q) : $Q_2 = Q_1 \dfrac{N_2}{N_1}$, $Q_2 = Q_1 \left(\dfrac{D_2}{D_1} \right)^3$

② 양정(H) : $H_2 = H_1 \left(\dfrac{N_2}{N_1} \right)^2$, $H_2 = H_1 \left(\dfrac{D_2}{D_1} \right)^2$

③ 축동력(L) : $L_2 = L_1 \left(\dfrac{N_2}{N_1} \right)^3$, $L_2 = L_1 \left(\dfrac{D_2}{D_1} \right)^5$

6) 펌프의 구경 산출

$$Q = A \times V = \frac{\pi d^2}{4} \times V$$

$$d = \sqrt{\frac{4Q}{\pi V}}$$

여기서, Q : 수량, A : 단면적
V : 유속, d : 펌프의 구경(직경)

7) 펌프의 특성곡선

펌프의 특성곡선이란 펌프의 양수량, 양정, 동력 및 효율 사이의 관계를 밝히기 위해 가로축에 양수량, 세로축에 양정, 동력, 효율을 나타낸 곡선을 말한다. 다음은 특성곡선의 예시이다.

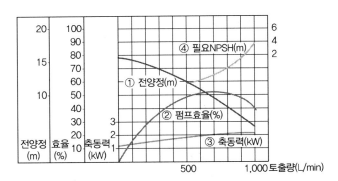

┃ 펌프의 특성곡선 ┃

8) 펌프의 이상현상

(1) 공동(Cavitation) 현상

① 수온이 상승하거나 빠른 속도로 물이 운동할 때 물의 압력이 증기압 이하로 낮아져 물속에 공동(기포, 기체거품)이 발생하는 현상이다.

② 물에서 빠져나온 기포는 펌프의 흡입을 저하시키는 원인이 된다.

③ 소음, 진동, 부식의 원인이 된다.

④ 발생원인 및 방지대책

발생원인	방지대책
펌프의 흡입양정이 클 경우	흡입양정을 작게 한다.(설비에서 얻는 유효 흡입양정이 펌프의 필요흡입양정보다 커야 한다.)
펌프의 마찰손실이 과대할 경우	부속류를 적게 하여 마찰손실수두를 줄인다.
펌프의 임펠러 속도가 클 경우	펌프의 임펠러 속도, 즉 회전수를 낮게 한다.
펌프의 흡입관경이 작을 경우	펌프의 흡입관경을 양수량에 맞추어 크게 설계한다.
펌프의 흡입수온이 높을 경우	펌프의 흡입수온을 낮게 한다.

(2) 서징(Surging) 현상

① 산형(山形) 특성의 양정곡선을 갖는 펌프의 산형 왼쪽 부분에서 유량과 양정이 주기적으로 변동하는 현상이다.

② 펌프와 송풍기 등이 운전 중에 한숨을 쉬는 것과 같은 상태가 되어 펌프인 경우 입구와 출구의 진공계, 압력계의 침이 흔들리고 동시에 송출유량이 변화하는 현상, 즉 송출압력과 송출유량 사이에 주기적인 변동이 일어나는 현상을 말한다.

(3) 베이퍼록(Vapor-lock) 현상

① 비등점이 낮은 액체 등을 이송할 경우 펌프의 입구 측에서 발생되는 액체의 비등현상을 말한다.

② 액 자체 또는 흡입배관 외부의 온도가 상승할 경우, 흡입관 지름이 작거나 펌프 설치 위치가 적당하지 않을 경우, 흡입 관로의 막힘, 스케일 부착 등에 의한 저항이 증대될 경우, 펌프 냉각기가 작동하지 않거나 설치되지 않은 경우 발생한다.

③ 실린더 라이너의 외부를 냉각시키고, 흡입관 지름을 크게 하거나 펌프의 설치 위치를 낮추면 방지할 수 있다.

9) 펌프 주위에 배관 시공 시 주의사항

① 풋밸브 등 모든 관의 이음은 수밀, 기밀을 유지할 수 있도록 한다.

② 흡입관의 길이는 가능한 한 짧게 배관하여 저항이 적도록 한다.

③ 흡입관의 수평배관은 펌프를 향하여 상향 구배로 한다.

④ 양정이 높을 경우 펌프 토출구와 게이트밸브 사이에 체크밸브를 설치한다.

2. 급수량 산정

1) 급수량 산정의 일반사항

(1) 급수부하단위(FU, Fixture Unit)

급수기구 부하단위수를 결정할 때의 기준은 세면기를 기준(1FU)으로 산정하며, 1FU를 단위로 각 기구의 급수기구 부하단위수를 산출한다.

(2) 산정 시 고려사항

① 급수량 산정은 일반적으로 인원수에 의하여 산정한다.

② 소화용수, 비상발전용 냉각수는 급수량 산정에서 제외한다.

2) 급수량 산정방법

(1) 1일당 급수량(Q_d) 산정방법

① 건물 사용인원에 의한 방법

② 건물면적에 의한 방법

③ 사용기구수에 의한 방법

(2) 시간평균 예상급수량(Q_h) 산정방법

$$Q_h = \frac{Q_d}{T}[\text{L/h}]$$

여기서, Q_h : 시간평균 예상급수량(L/h)

Q_d : 1일당 급수량(L/day)

T : 건물 평균 사용시간(h)

(3) 시간최대 예상급수량(Q_m) 산정방법

$$Q_m = Q_h \times (1.5 \sim 2.0)[\text{L/h}]$$

여기서, Q_m : 시간최대 예상급수량(L/h)

Q_h : 시간평균 예상급수량(L/h)

급수량 산정에 있어서 시간평균 예상급수량(Q_h)이 3,000L/h였다면, 순간최대 예상급수량(Q_p)은?

[18년 2회]

① 70~100L/min

❷ 150~200L/min

③ 225~250L/min

④ 275~300L/min

해설

순간최대 예상급수량(Q_p)은 시간평균 급수량(Q_h)의 약 3~4배이다.

$$Q_p(L/\min) = \frac{3 \sim 4 Q_h}{60}$$

$$= \frac{(3 \sim 4) \times 3,000L}{60}$$

$$= 150 \sim 200L/\min$$

(4) 순간최대 예상급수량(Q_p) 산정방법

$$Q_p = \frac{Q_h \times (3 \sim 4)}{60}[\text{L/min}]$$

여기서, Q_p : 순간최대 예상급수량(L/min)
Q_h : 시간평균 예상급수량(L/h)

3. 급수 방식 및 특징

1) 수도직결 방식

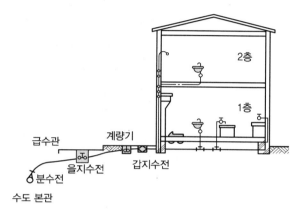

┃ 수도직결 방식 ┃

(1) 개념

도로 밑의 수도 본관에서 분기하여 건물 내에 직접 급수하는 방식이다.

(2) 급수경로

인입계량기 이후 수도전까지 직접 연결하여 급수한다.

(3) 특징

① 급수의 수질오염 가능성이 가장 낮다.
② 정전 시 급수가 가능하나, 단수 시 급수가 전혀 불가능하다.
③ 급수압의 변동이 있으며, 일반적으로 4층 이상에는 부적합하다.
④ 구조가 간단하고 설비비 및 운전관리비가 적게 들며, 고장 가능성이 적다.

핵심문제

수도 직결식 급수 방식에서 건물 내에 급수를 할 경우 수도 본관에서의 최저 필요압력을 구하기 위한 필요 요소가 아닌 것은?
[20년 1·2회 통합, 24년 2회]

❶ 수도 본관에서 최고 높이에 해당하는 수전까지의 관 재질에 따른 저항
② 수도 본관에서 최고 높이에 해당하는 수전이나 기구별 소요압력
③ 수도 본관에서 최고 높이에 해당하는 수전까지의 관 내 마찰손실수두
④ 수도 본관에서 최고 높이에 해당하는 수전까지의 상당압력

핵심문제

전기가 정전되어도 계속하여 급수를 할 수 있으며 급수오염 가능성이 적은 급수 방식은? [19년 2회, 24년 1회]

① 압력탱크 방식
❷ 수도직결 방식
③ 부스터 방식
④ 고가탱크 방식

해설

수도직결 방식은 상수도 본관의 압력을 이용해 직접 급수전까지 급수를 공급하는 방식으로서, 별도의 저수를 하지 않고 상수도를 그대로 활용하기 때문에 급수오염 가능성이 적다.

(4) 수도 본관의 필요수압(kPa)

$$P_0 \geq P_1 + P_2 + 10h$$

여기서, P_1 : 기구별 최저소요압력(kPa)
P_2 : 관 내 마찰손실수두(kPa)
h : 수전고(수도 본관과 최고층 수전까지의 높이)(m)
$\rightarrow 10h$(kPa)

2) 고가탱크(고가수조, 옥상탱크) 방식

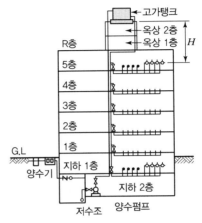

▌고가탱크 방식 ▌

(1) 개념

대규모 시설에서 일정한 수압을 얻고자 할 때 많이 이용하며, 수돗물을 지하 저수조에 모은 후 양수펌프에 의해 고가탱크로 양수하여, 탱크에서 급수관을 통해 필요 장소로 하향 급수하는 방식이다.

(2) 급수경로

지하 저수조 → 양수펌프 → 고가탱크 → 급수전

(3) 특징

① 수질오염의 가능성이 높다.
② 항상 일정한 수압으로 급수가 가능하다.
③ 정전, 단수 시 일정시간 동안 급수가 가능하다.
④ 대규모 급수설비에 일반적으로 적용하고 있다.
⑤ 옥상탱크로 양수를 위한 양수펌프는 옥상탱크의 유량을 30분 내에 양수할 수 있는 능력을 갖추어야 한다.
⑥ 고가탱크의 재질은 일반적으로 FRP(유리섬유강화플라스틱), STS(스테인리스스틸) 등이 주로 쓰인다.

핵심문제

고가수조식 급수 방식의 장점이 아닌 것은? [19년 1회]

① 급수압력이 일정하다.
② 단수 시에도 일정량의 급수가 가능하다.
❸ 급수 공급계통에서 물의 오염 가능성이 없다.
④ 대규모 급수에 적합하다.

[해설]
고가수조 방식은 고가수조에 물을 저장하므로 저장 시 오염의 우려가 있다. 고가수조 방식은 급수 방식 중 물의 오염 가능성이 가장 높은 방식이다.

핵심문제

급수 방식 중 대규모의 급수 수요에 대응이 용이하고 단수 시에도 일정한 급수를 계속할 수 있으며 거의 일정한 압력으로 항상 급수되는 방식은? [18년 2회]

① 양수펌프식 ② 수도직결식
❸ 고가탱크식 ④ 압력탱크식

[해설]
고가탱크식은 일정한 중력에 의한 하향 급수 방식으로서, 거의 일정한 압력으로 급수가 가능하며, 단수 시에도 고가탱크에 저장한 물을 통해 급수할 수 있는 장점이 있다.

≫ **오버플로관의 설치 위치**

고가탱크에서 오버플로관(넘침관, 월류관)은 양수관보다 상위에 설치한다.

(4) 고가탱크 설치높이

$$H \geq H_1 + H_2 + h[\mathrm{m}]$$

여기서, H_1 : 최고층 급수전 또는 기구에서의 소요압력에 상당하
는 높이(m)
H_2 : 관 내 마찰손실수두(m)
h : 지상에서 최고층에 있는 수전까지의 높이(m)

3) 압력탱크 방식

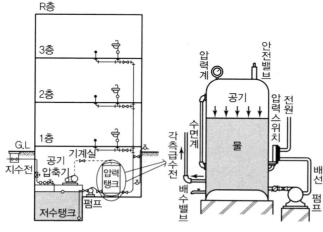

∥ 압력탱크 방식 ∥

(1) 개념

지하 저수탱크에 저장된 물을 양수펌프로 압력탱크 내로 공급
하면 공기압축기(컴프레서)에 의해 가압된 공기압에 의하여
건물 상부로 급수하는 방식이다.

(2) 급수경로

지하 저수조 → 양수펌프 → 압력탱크(공기압축기로 가압) →
급수전

(3) 특징

① 수압변동이 심하다.
② 고압이 요구되는 특정 위치가 있을 경우 유용하다.
③ 정전 시 즉시 급수가 중단되며, 단수 시에는 저수조 수량으
로 일정시간 급수가 가능하다.

(4) 압력탱크 방식(압력수조 급수 방식)을 채택하는 이유

(4) 압력탱크 방식(압력수조 급수 방식)을 채택하는 이유

① 설치환경의 제약으로 고가탱크 방식의 적용이 어려운 경우

② 동일한 높이에 설치된 다른 장비에 적절한 수압을 얻을 수 없는 경우

③ 고가탱크 방식으로는 제일 높은 층에서 필요로 하는 압력을 얻을 수 없는 경우

4) 탱크리스 부스터 방식(펌프직송 방식)

(1) 개념

저수조에 저장한 물을 펌프를 이용하여 수전까지 직송하는 방식이다.

(2) 급수경로

지하 저수조 → 부스터펌프 → 급수전

(3) 특징

① 옥상탱크나 압력탱크가 필요 없다.

② 설비비가 고가이다.

③ 정전이나 단수 시 급수가 중단된다.(단, 비상발전시스템을 갖춘 경우에는 정전 시 가동이 가능하다.)

④ 전력소비가 많다.

⑤ 자동제어시스템으로 고장 시 수리가 어렵다.

⑥ 제어 방식에는 정속 방식과 변속 방식이 있다.

4. 설계 및 시공 시 유의사항

1) 저수조 및 급수배관 설계, 시공상 유의사항

(1) 저수조의 설치

① 저수 및 고가탱크는 물을 저장하는 공간으로 유해물질의 침입 및 오염이 최소화되어야 하므로, 건축부분과의 겸용은 피해야 한다.

② 상수탱크에 설치하는 뚜껑은 유효 안지름 1,000mm 이상의 것으로 한다.

③ 상수관 이외의 관은 상수용 탱크를 관통하거나 상부를 횡단해서는 안 된다.

④ 상수탱크는 청소 시 급수에 지장이 있을 경우 또는 기간에 따라 급수부하의 변동이 있는 경우에 대비하여 분할하여 설치하거나 칸막이를 설치한다.

(2) 급수배관 설계 및 시공상 주의사항

① 급수배관의 최소 관경은 15mm 이상으로 하며, 구배(기울기)는 1/300~1/200 정도로 한다.

② 주배관에는 적당한 위치에 플랜지 이음을 하여 보수점검을 용이하게 하여야 한다.

③ 수격작용이 발생할 염려가 있는 급수계통에는 에어체임버나 워터해머 방지기 등의 완충장치를 설치한다.

④ 수평배관에는 공기가 정체하지 않도록 하며, 어쩔 수 없이 공기정체가 일어나는 곳에는 공기빼기밸브를 설치한다.

⑤ 벽 관통 시 슬리브(Sleeve)를 설치하고 그 속으로 배관이 관통할 경우, 구조체와 배관을 분리(이격)시켜 관의 설치 및 수리, 교체를 용이하게 하여야 한다.

⑥ 수리와 기타 필요시 관 속의 물을 완전히 뺄 수 있도록 기울기를 주어야 한다.

⑦ 급수관에서 상향 급수는 선단 상향 구배로 하고, 하향 급수에서는 선단 하향 구배로 한다.

⑧ 가능한 한 마찰손실이 작도록 배관하며 관의 축소는 편심 리듀서를 써서 공기의 고임을 피한다.

(3) 파이프 래크 시공 시 유의사항

① 파이프 래크의 실제 폭은 신규 라인을 대비하여 계산된 폭보다 20% 정도 크게 한다.

② 파이프 래크상의 배관밀도가 작아지는 부분에 대해서는 파이프 래크의 폭을 좁게 한다.

③ 고온배관에서는 열팽창에 의하여 과대한 구속을 받지 않도록 충분한 간격을 둔다.

④ 인접하는 파이프의 외측과 파이프 래크 외측과의 최소 간격을 30mm 이상으로 하여 래크의 폭을 결정한다.

2) 수격작용(Water Hammer)

(1) 개념

① 수격현상(Water Hammer)이란 관 속을 충만하게 흐르는 액체(물)의 속도를 정지시키거나 흘려보내 물의 운동상태를 급격히 변화시킴으로써 일어나는 압력파 현상이다.

② 일종의 물에 의한 마찰음으로 수격작용은 소음·진동을 유발하고 수전 및 수전의 패킹이나 와셔 등에 손상을 입힌다.

>>> **급수배관 매설깊이**

중차량이 통과하는 도로에서의 급수배관 매설깊이는 1.2m 이상으로 한다.

>>> **매립배관과 슬리브(Sleeve) 설치 시 주의사항**

- Sleeve 설치 전 건축협의를 거친다.(통과 위치, 주위 보강 관계통)
- Sleeve 설치를 위해 철근 훼손 시 필히 슬리브 주위를 보강한다.
- 방수층 및 외벽 관통 시 지수판붙이 슬리브를 설치한다.
- Sleeve 구경은 통과 구경보다 2단 커야 한다.
- 배관 이음부의 코팅 및 보온은 기밀, 내압시험 완료 후 설치한다.
- 배관 매설깊이는 기준에 따라 설치하며, 안전 보호커버 또는 슬리브를 설치한다.
- 동파 방지에 충분한 단열 등으로 보온 예방 조치한다.
- 타 자재와의 간섭을 검토하며, 벽체 및 슬래브(Slab) 등의 관통 시는 구조적 영향을 최소화한다.

(2) 특징

① 배관 파손 및 접속부 이완과 누설이 발생한다.

② Pipe Hanger, Guide의 이완 및 파손이 발생한다.

③ Valve 및 기기류가 파손된다.

④ 배관의 진동·소음으로 주거환경에 악영향을 미친다.

(3) 발생장소

① 개폐밸브

② 펌프의 토출 측

③ 곡관, 관경이 급변하는 곳

(4) 원인 및 대책

원인	• 관 내 유속 또는 압력이 급변할 때 일어나기 쉽다.(밸브 급개폐 및 급조작 시, 펌프 급정지 시, 배관에 굴곡지점이 많을 때) • 관 내 유속이 클 때 일어나기 쉽다.(관경이 작을 때, 수압이 클 때, 20m 이상 고양정일 때) • 감압밸브 미사용 시 일어나기 쉽다.
대책	• 배관 상단 및 기구류 가까이에 공기실(Air Chamber)이나 수격방지기를 설치한다. • 수압을 감소시키고 관 내 유속을 2m/s 이내로 느리게 하는 것이 좋다. • 밸브 및 수전류를 서서히 개폐한다. • 급수관경을 크게 하고, 펌프에 플라이휠(Fly Wheel)을 설치한다. • 가능하면 직선배관으로 한다. • 자동수압조절밸브 및 서지탱크(Surge Tank)를 설치한다. • 펌프의 토출 측에 스모렌스키 체크밸브를 설치한다.

3) 급수오염 방지

(1) 크로스 커넥션(Cross Connection) 방지

① 음용수의 오염현상으로서 수돗물에 수돗물 이외의 물질이 혼입되어 오염이 발생하는 현상이다.

② 배관의 잘못된 연결에 의해 발생하므로, 각 계통마다 배관을 색깔로 구분하여 크로스 커넥션의 방지가 필요하다.

(2) 배관의 부식 방지

(3) 저수탱크의 정체수 수질관리

1. 급탕량 및 급탕부하 산정방법

1) 급탕량 산정방법

(1) 1일 급탕량(Q_d) 산정방법

① 건물 사용인원을 기준으로 급탕량을 산정한다.

② 산출식

$$Q_d = N \cdot q_d$$

여기서, Q_d : 1일 급탕량(L/day)

N : 사용인원(인)

q_d : 1일 1인 급탕량(L)

(2) 시간최대 급탕량(Q_m) 산정방법

$$Q_m = Q_d \cdot q_h$$

여기서, Q_m : 시간최대 급탕량(L/h)

Q_d : 1일 급탕량(L/day)

q_h : 1일 사용에 대한 1시간당 최댓값

(3) 급탕기구수를 이용한 급탕량 산정방법

사용횟수를 추정할 수 있을 때	$Q_h = F \times P \times \alpha$ 여기서, Q_h : 시간당 급탕량(L/h) F : 기구 1개의 1회당 급탕량(L) P : 기구의 사용횟수(회/h) α : 기구의 동시사용률(%)
사용횟수를 추정할 수 없을 때	$Q_h = F_h \times O \times \alpha$ 여기서, Q_h : 시간당 급탕량(L/h) F_h : 기구의 시간당 급탕량(L/h) O : 기구수(개) α : 기구의 동시사용률(%)

>>> **기구의 동시사용률**

시설에 설치된 전체 위생기구 중 동시에 사용할 확률을 말하는 것으로서, 기구의 동시사용률을 감안하여 급수량 혹은 급탕량을 산정하게 된다.

2) 급탕부하 및 순환수량 산출

(1) 급탕부하(kW)

급탕부하＝급탕량×비열×온도차(급탕온도−급수온도)

(2) 순환수량(L/min)

$$W = \frac{q}{\rho C \Delta t}$$

여기서, W : 순환수량(L/min)

q : 총 손실열량(W)

ρ : 물의 밀도(1kg/L)

C : 물의 비열(4.19kJ/kg · K)

Δt : 급탕 및 반탕 온도차(℃)

(3) 가열필요열량(kJ/h)

$$q = G \cdot C \cdot \Delta t$$

여기서, q : 필요열량(kJ/h)

G : 온수량(kg/h)

C : 물의 비열(4.2kJ/kg · K)

Δt : 급탕과 급수의 온도차(℃)

(4) 자연순환수두(H)

$$H = (\rho_1 - \rho_2)h$$

여기서, H : 자연순환수두(mAq)

ρ_1 : 급수(저온)의 밀도(kg/L)

ρ_2 : 급탕(고온)의 밀도(kg/L)

h : 가열기에서 수전까지의 높이(m)

| 핵심문제

가열기에서 최고위 급탕 전까지 높이가 12m이고, 급탕온도가 85℃, 복귀탕의 온도가 70℃일 때, 자연순환수두(mmAq)는?(단, 85℃일 때 밀도는 0.96876kg/L이고, 70℃일 때 밀도는 0.97781kg/L이다.)

[18년 1회]

① 70.5   ② 80.5
③ 90.5   ❹ 108.6

해설 자연순환수두(H) 산출

$H = (\rho_1 - \rho_2)h$
$= (0.97781 - 0.96876) \times 12\text{m}$
$= 0.1086\text{mAq} = 108.6\text{mmAq}$

여기서, ρ_1 : 급수(저온)의 밀도(kg/L)

ρ_2 : 급탕(고온)의 밀도(kg/L)

h : 가열기에서 수전까지의 높이(m)

2. 급탕 방식 및 특징

1) 개별식(국소식) 급탕 방식

(1) 개념

주택 등 소규모 건축물에서 사용장소에 급탕기를 설치하여 간단히 온수를 얻는 급탕방식이다.

(2) 장단점

장점	• 배관길이가 짧아 배관 중의 열손실이 적게 일어난다. • 수시로 급탕하여 사용할 수 있다. • 높은 온도의 온수가 필요할 때 쉽게 얻을 수 있다. • 급탕 개소가 적을 경우 시설비가 적게 든다. • 급탕 개소의 증설이 비교적 용이하다.
단점	• 급탕 규모가 커지면 가열기가 필요하므로 유지관리가 어렵다. • 급탕 개소마다 가열기의 설치공간이 필요하다. • 가스 탕비기를 사용하는 경우 구조적으로 제약을 받기 쉽다.

352 | 공조냉동기계기사 필기

(3) 종류

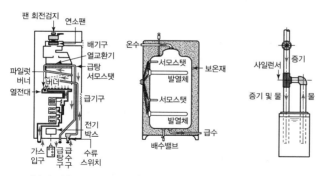

(a) 순간온수기   (b) 저탕용 탕비기   (c) 기수혼합식 탕비기

‖ 개별식 급탕 방식 ‖

종류	세부사항
순간온수기 (즉시탕비기)	• 급탕관의 일부를 가스나 전기로 가열하여 직접 온수를 얻는 방법이다. 즉, 급수된 물이 가열코일에서 즉시 가열되어 급탕되는 방식이다. • 열의 전도효율이 양호하고, 배관 열손실이 적다. • 급탕 개소마다 가열기의 설치공간이 필요하고, 급탕 개소가 적을 경우 시설비가 저렴하다. • 높은 온도의 온수를 얻기가 용이하고 수시 급탕이 가능하다. • 가열온도는 60~70℃ 정도이다. • 주택의 욕실, 부엌의 싱크, 미용실, 이발소 등에 적합한 방식이다.
저탕형 탕비기	• 가열된 온수를 저탕조 내에 저장한다. • 비등점에 가까운 온수를 얻을 수 있고, 비교적 열손실이 많다. • 항상 일정량의 탕이 저장되어 있어, 일정시간에 다량의 온수를 요하는 곳에 적합하다.(여관, 학교, 기숙사 등)
기수혼합식 탕비기	• 보일러에서 생긴 증기를 급탕용의 물속에 직접 불어 넣어서 온수를 얻는 방법이다. • 열효율이 100%이다. • 고압의 증기(0.1~0.4MPa)를 사용하며, 사용 시 소음이 발생한다. • 소음을 줄이기 위해 스팀사일런서(Steam Silencer)를 설치한다. • 사용장소의 제약을 받는다.(공장, 병원 등 큰 욕조의 특수장소에 사용)

핵심문제

중앙식 급탕법에 대한 설명으로 틀린 것은? [20년 1 · 2회 통합]

① 탱크 속에 직접 증기를 분사하여 물을 가열하는 기수혼합식의 경우 소음이 많아 증기관에 소음기(Silencer)를 설치한다.
② 열원으로 비교적 가격이 저렴한 석탄, 중유 등을 사용하므로 연료비가 적게 든다.
③ 급탕설비를 다른 설비 기계류와 동일한 장소에 설치하므로 관리가 용이하다.
❹ 저탕탱크 속에 가열코일을 설치하고, 여기에 증기보일러를 통해 증기를 공급하여 탱크 안의 물을 직접 가열하는 방식을 직접가열식 중앙 급탕법이라 한다.

【해설】
저탕탱크 속에 가열코일을 설치하고, 여기에 증기보일러를 통해 증기를 공급하여 탱크 안의 물을 간접 가열하는 방식을 간접가열식 중앙 급탕법이라 한다.

핵심문제

간접가열식 급탕법에 관한 설명으로 틀린 것은? [19년 1회]

❶ 대규모 급탕설비에 부적당하다.
② 순환증기는 높이에 관계없이 저압으로 사용 가능하다.
③ 저탕탱크와 가열용 코일이 설치되어 있다.
④ 난방용 증기보일러가 있는 곳에 설치하면 설비비를 절약하고 관리가 편하다.

【해설】
간접가열식 급탕법은 저탕조에서 가열코일을 통해 다량의 급탕을 만드는 방법으로서 대규모 급탕설비에 적합하다.

2) 중앙식 급탕 방식

(1) 개념

중앙기계실에서 보일러에 의해 가열한 급탕을 배관을 통하여 각 사용소에 공급하는 방식이다.

(2) 장단점

장점	• 연료비가 적게 든다. • 열효율이 좋다. • 관리가 편리하다. • 기구의 동시이용률을 고려하여 가열장치의 총열량을 적게 할 수 있다. • 대규모 급탕에 적합하다.
단점	• 초기 투자비용, 즉 설비비가 많이 든다. • 전문기술자가 필요하다. • 배관 도중 열손실이 크다. • 시공 후 증설에 따른 배관 변경이 어렵다.

(3) 종류

직접 가열식	• 온수보일러로 가열한 온수를 저탕조에 저장하여 공급하는 방식이다. • 열효율 면에서 좋지만, 보일러에 공급되는 냉수로 인해 보일러 본체에 불균등한 신축이 생길 수 있다. • 건물높이에 따라 고압의 보일러가 필요하다. • 급탕 전용 보일러를 필요로 한다. • 스케일이 생겨 열효율이 저하되고 보일러의 수명이 단축된다. • 주택 또는 소규모 건물에 적합하다.
간접 가열식	• 저탕조 내에 안전밸브와 가열코일을 설치하고 증기 또는 고온수를 통과시켜 저탕조 내의 물을 간접적으로 가열하는 방식이다. • 저장탱크에 설치된 서모스탯에 의해 가열코일 내의 증기 또는 고온수 공급량이 조절되어 일정한 온도의 급탕을 얻을 수 있다. • 난방용 보일러에 증기를 사용할 경우 별도의 급탕용 보일러가 불필요하다. • 열효율이 직접가열식에 비해 나쁘다. • 보일러 내면에 스케일이 거의 생기지 않는다. • 고압용 보일러가 불필요하다. • 대규모 급탕설비에 적합하다.

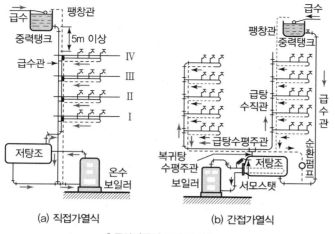

(a) 직접가열식　　　　(b) 간접가열식

❙ 중앙집중식 급탕 방식 ❙

3. 급탕설비의 설치

1) 급탕관의 신축 이음

(1) 일반사항

① 급탕배관은 온수의 온도차에 의해 관의 신축이 심하여 누수의 원인이 된다.

② 누수를 방지하고, 밸브류 등의 파손을 방지하며, 신축을 흡수하기 위하여 신축 이음을 설치한다.

(2) 급탕관의 팽창량(ΔL)

$$\Delta L = L \cdot \alpha \cdot \Delta t$$

여기서, ΔL : 관의 팽창량(신축량)(m)
　　　　L : 관 길이(m)
　　　　α : 관의 선팽창계수
　　　　Δt : 온도 변화(급탕온도 – 급수온도)(℃)

(3) 신축 이음의 종류

종류	내용
스위블 조인트 (Swivel Joint)	• 2개 이상의 엘보를 이용하여 나사부의 회전으로 신축을 흡수한다. • 난방배관 주위에 설치하여 방열기의 이동을 방지한다. • 누수의 우려가 크다.

종류	내용
신축 곡관 (Expansion Loop, 루프관)	• 파이프를 원형 또는 ㄷ자형으로 벤딩하여 신축을 흡수한다. • 고압배관의 옥외배관에 주로 사용한다. • 신축길이가 길며 다소 넓은 공간이 요구된다. • 누수가 거의 없는 신축 이음 방식이다.
슬리브형 이음쇠 (Sleeve Type)	• 관의 신축을 슬리브에 의해 흡수한다. • 패킹의 파손 우려가 있어 누수되기 쉽다. • 보수가 용이한 곳에 설치한다. • 벽, 바닥용의 관통배관에 사용한다.
벨로스형 이음쇠 (Bellows Type)	• 주름 모양의 벨로스에서 신축을 흡수한다. • 고압에는 부적당하다.
볼조인트 (Ball Joint)	• 관 끝에 볼 부분을 만들고 이것을 케이싱으로 싸되 그 사이를 개스킷으로 밀봉한 것으로서 볼 부분이 케이싱 내에서 360° 회전하면서 회전과 굽힘작용을 한다. • 이음을 2~3개 사용하면 관절작용을 하여 관의 신축을 흡수한다. • 고온이나 고압에 사용한다.

핵심문제

다음 중 방열기나 팬코일유닛에 가장 적합한 관 이음은? [18년 3회]

❶ 스위블 이음   ② 루프 이음
③ 슬리브 이음   ④ 벨로스 이음

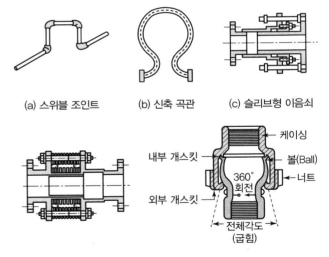

(a) 스위블 조인트   (b) 신축 곡관   (c) 슬리브형 이음쇠

(d) 벨로스형 이음쇠   (e) 볼조인트

‖ 신축 이음쇠 ‖

(4) 설치간격

구분	동관(m)	강관(m)
수직	10	20
수평	20	30

2) 급탕설비 설치 시 유의사항

(1) 일반사항

① 냉수, 온수를 혼합 사용해도 압력차에 의한 온도 변화가 없도록 한다.

② 배관은 적정한 압력손실 상태에서 피크 시를 충족시킬 수 있어야 한다.

③ 도피관(팽창관) 도중에는 절대 밸브를 달아서는 안 되며, 도피관(팽창관)의 배수는 간접배수로 한다.

④ 밀폐형 급탕시스템에는 온도 상승에 의한 압력을 도피시킬 수 있는 팽창탱크 등의 장치를 설치한다.

⑤ 수평관의 구배는 중력순환식인 경우 1/150, 기계식(강제식)인 경우 1/200 정도가 좋다.

⑥ 관의 신축을 고려하여 굽힘부분에는 스위블 이음 등으로 접합한다.

⑦ 관의 신축을 고려하여 건물의 벽 관통부분의 배관에는 슬리브를 사용한다.

⑧ 역구배나 공기정체가 일어나기 쉬운 배관 등 온수의 순환을 방해하는 것은 피한다.

⑨ 관 내 유속을 빠르게 하면 부식의 원인이 될 수 있다. 유속은 1.5m/s 이하로 제어되는 것이 부식 방지에 좋다.

(2) 공급 방식에 따른 유의사항

구분	내용
상향식 (Up Feed System)	• 급탕수평주관을 설치하고 수직관을 세워 상향으로 공급하는 방식이다. • 급탕수평주관은 앞올림(선상향) 구배, 복귀관은 앞내림(선하향) 구배로 한다.
하향식 (Down Feed System)	• 급탕주관을 건물 최고층까지 끌어올린 후 수평주관을 설치하고 하향 수직관을 설치하여 내려오면서 공급하는 방식이다. • 급탕관 및 복귀관 모두 앞내림(선하향) 구배로 한다.
상하향 혼합식 (Combined System)	건물의 저층부는 상향식, 3층 이상은 하향식으로 배관하는 방식이다.

(3) 팽창관(Expansion Pipe) 또는 안전관(Escape Pipe)

① 온수난방배관에서 발생하는 온수의 체적팽창을 도출시키기 위한 역할을 한다.

② 보일러에서 온수가 과열되어 증기가 발생하였을 경우에 증기의 도출을 위해 팽창탱크 수면으로 돌출시킨 관으로, 팽창관 또는 안전관(도피관)이라고도 한다.

SECTION 04 배수통기설비

>>> **위생기구 설치 시 유의사항**

• 위생기구의 설치장소 및 설치방법을 검토한다.
• 위생기구의 수도꼭지 방향과 조작의 적절성을 고려한다.
• 청소의 용이성, 역류 방지, 수격작용(워터해머) 감소장치를 고려한다.
• 바닥과 벽 배수관의 연결에 유의한다.
• 동결 방지, 절수, 크로스 커넥션(오연결)에 유의한다.

1. 위생기구의 종류 및 특징

1) 위생기구의 개념 및 조건

(1) 위생기구의 개념

위생기구란 급수관과 배수관 사이에서 물을 배수관으로 흘려보내는 각종 장치 및 기구를 말한다.

(2) 위생기구의 조건

① 흡수성이 작을 것
② 항상 청결하게 유지할 수 있을 것
③ 내식성, 내마모성이 있을 것
④ 제작 및 설치가 용이할 것

2) 위생기구의 유닛화

(1) 개념

공장에서 화장실 내의 위생기구 및 타일 등을 유닛화하여 제작하며, 현장에서 조립하는 방식을 말한다.

(2) 목적

① 공사기간의 단축
② 공정의 단순화·합리화
③ 시공정도 향상
④ 인건비 및 재료비 절감

(3) 설비 유닛화를 위한 선행조건

① 현장조립이 용이할 것(설비의 현장조립이 원활하려면 유닛의 소요 배관이 건축물의 방수부를 통과하지 않고 바닥 위에서 처리가 가능해야 한다.)

② 가볍고 운반이 용이하며, 가격이 저렴할 것

③ 유닛화 내의 배관이 단순할 것

3) 대변기의 급수 방식에 따른 분류

(1) 하이탱크식

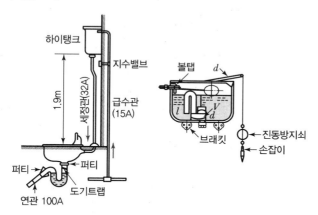

‖ 하이탱크식 ‖

① 바닥으로부터 1.6m 이상 높은 위치에 탱크를 설치하고, 볼탭을 통하여 공급된 일정량의 물을 저장하고 있다가 핸들 또는 레버의 조작에 의한 낙차에 의해 수압으로 대변기를 세척하는 방식이다.

② 설치면적이 작다.

③ 세정 시 소리가 크다.

④ 탱크 내에 고장이 있을 때 불편하다.

⑤ 급수관경은 15A, 세정관경은 32A이다.

⑥ 탱크의 표준높이는 1.9m, 표준용량은 15L이다.

(2) 로탱크식

① 탱크로의 급수압력에 관계없이 대변기로의 공급수량이나 압력이 일정하며, 세정효과가 양호하고 소음이 적어 일반 주택에서 주로 사용되는 대변기 세정수의 급수 방식이다.

② 인체공학적이다.

③ 소음이 적어 주택, 호텔에 이용되고, 급수압이 낮아도 이용이 가능하다.

④ 설치면적이 크다.

⑤ 탱크가 낮아 세정관은 50mm 이상으로 하며, 급수관경은 15A이다.

>>> **대변기의 세정원리에 따른 분류**

구분	세정원리
세출식(Wash-out Type)	씻겨 나오는 방식
세락식(Wash-down Type)	씻어 내림식(물의 낙차에 의한 유수 작용)
사이펀식(Siphon Type)	자기 사이펀 원리를 이용한 방식
사이펀제트식(Siphon Jet Type)	제트구멍으로 분출하는 물이 강한 사이펀 작용을 일으켜 오물을 배출하는 방식
블로아웃식(Blow-out Type, 취출식)	물의 압력으로 세정하는 방식(세정밸브 사용)

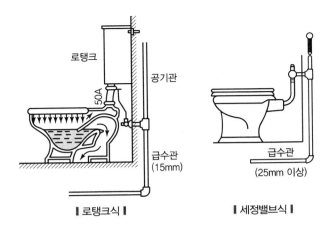

■ 로탱크식 ■   ■ 세정밸브식 ■

(3) 세정밸브(플러시밸브, Flush Valve)식

   ① 한 번 밸브를 누르면 일정량의 물이 나오고 잠긴다.

   ② 수압이 0.1MPa(100kPa) 이상이어야 한다.

   ③ 급수관의 최소관경은 25A이다.

   ④ 레버식, 버튼식, 전자식이 있다.

   ⑤ 소음이 크고, 연속 사용이 가능하며, 단시간에 다량의 물이 필요하다.(일반 가정용으로는 사용이 곤란)

   ⑥ 오수가 급수관으로 역류하는 것을 방지하기 위해 진공 방지기(Vaccum Breaker)를 설치한다.

   ⑦ 점유면적이 작다.

2. 배수의 종류와 트랩

1) 배수의 종류

(1) 배수 접속 방식에 의한 분류

구분	특징 및 유의사항
직접배수	• 배수를 배수관에 직접 접속하는 방식 • 악취 유입을 막기 위해 트랩을 설치한다.
간접배수	• 배수를 배수관에 직접 접속시키지 않고 공간을 두고 배수하는 방식 • 냉장고, 세탁기, 음료기 등 배수의 역류가 되면 안 되는 곳에 사용한다.

(2) 배수의 성질에 의한 분류

구분	용도 및 특징
오수	화장실 대소변기에서의 배수이다.
잡배수	부엌, 세면대, 욕실 등에서의 배수이다.

구분	용도 및 특징
우수	빗물배수로 단독배수를 원칙으로 한다.
특수배수	공장배수, 병원의 배수, 방사선 시설의 배수는 유해 · 위험한 물질을 포함하고 있으므로 일반적인 배수와는 다른 계통으로 처리해서 방류한다.

(3) 배수 처리 방식에 의한 분류

구분	개념
합류배수	오수, 잡배수를 전부 모아서 배제하는 방식이다.
분류배수	오수를 분뇨정화조에서 단독으로 처리한 후 공공하수도로 방류하는 방식이다.

2) 트랩(Trap)

(1) 트랩의 설치 목적

① 트랩은 배수계통의 일부에 봉수를 고이게 하여 배수관 내의 악취, 유독가스 및 벌레 등이 실내로 침투하는 것을 방지한다.

② 일반적으로 봉수의 유효깊이는 50~100mm이다. 봉수의 깊이가 50mm 이하이면 봉수가 파괴되기 쉽고, 100mm 이상이면 배수저항이 증가하게 된다.

유입구
오버플로
유출구
봉수깊이
(50~100mm)
디프(Deep)

┃ 트랩의 봉수 ┃

(2) 트랩의 구비조건

① 구조가 간단하여 오물이 체류하지 않을 것

② 자체의 유수로 배수로를 세정하고 평활하여 오수가 정체하지 않을 것

③ 봉수가 파괴되지 않을 것

④ 내식성, 내구성이 있을 것

⑤ 관 내 청소가 용이할 것

(3) 설치 금지 트랩

    ① 수봉식이 아닌 것

    ② 가동부분이 있는 것

    ③ 격벽에 의한 것

    ④ 정부에 통기관이 부착된 것

    ⑤ 이중 트랩

(4) 트랩의 종류

    ① **사이펀식 트랩(관트랩)** : 사이펀 작용을 이용하여 배수하는 트랩으로서, 종류에는 S트랩, P트랩 등이 있으며, 주로 세면기, 소변기, 대변기 등에 적용되고 있다.

종류	특징
P트랩	• 세면기, 소변기 등의 배수에 사용한다. • 통기관 설치 시 봉수가 안정적이며 가장 널리 사용된다. • 배수를 벽면 배수관에 접속하는 데 사용한다.
S트랩	• 세면기, 소변기, 대변기 등에 사용한다. • 배수를 바닥 배수관에 연결하는 데 사용한다. • 사이펀 작용에 의하여 봉수가 파괴될 가능성이 높다.
U트랩	• 일명 가옥트랩 또는 메인트랩이라고 한다. • 가옥의 배수 본관과 공공 하수관 연결부위에 설치하여 공공 하수관의 악취가 옥내에 유입되는 것을 방지한다. • 수평주관 끝에 설치하는 것으로 유속을 저해하는 결점은 있으나 봉수가 안전하다.

    ② **비사이펀식 트랩** : 중력작용에 의하여 배수하는 트랩이다.

종류	특징
드럼트랩	• 드럼 모양의 통을 만들어 설치한다. • 보수, 안정성이 높고 청소도 용이하다. • 주방용 싱크대 배수트랩으로 주로 사용되며, 다량의 물을 고이게 한 것으로 봉수 보호가 잘되는 편이다.
벨트랩	• 주로 바닥 배수용으로 사용한다. • 상부 벨을 들면 트랩(Trap) 기능이 상실되므로 주의한다. • 증발에 의한 봉수 파괴가 잘된다.

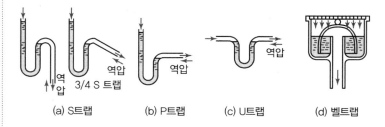

(a) S트랩   (b) P트랩   (c) U트랩   (d) 벨트랩

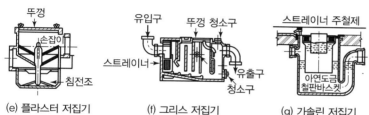

(e) 플라스터 저집기	(f) 그리스 저집기	(g) 가솔린 저집기

‖ 각종 트랩 ‖

③ **저집기형 트랩** : 배수 중에 혼입된 여러 유해물질이나 기타 불순물 등을 분리 수집함과 동시에 트랩의 기능을 발휘하는 기구이다.

≫ **저집기(포집기)의 유지관리 시 유의사항**

• 저집기에 기밀 뚜껑을 설치하는 경우에 공기가 정체하지 않도록 설계한다.
• 각각의 저집기마다 트랩 봉수가 손실될 수 있는 곳에 통기를 한다.
• 각각의 저집기마다 유지관리용 점검구를 설치한다.
• 정기적으로 저집기 안에 쌓인 그리스나 오일 또는 기타 부유물질과 고형물을 제거하여 저집기를 유지하기 용이하게 한다.

구분	내용
그리스 저집기 (Grease Trap)	주방 등에서 기름기가 많은 배수로부터 기름기를 제거, 분리시키는 장치이다.
샌드 저집기 (Sand Trap)	배수 중의 진흙이나 모래를 다량으로 포함하는 곳에 설치한다.
헤어 저집기 (Hair Trap)	이발소, 미용실에 설치하여 배수관 내 모발 등을 제거, 분리시키는 장치이다.
플라스터 저집기 (Plaster Trap)	치과의 기공실, 정형외과의 깁스실 등의 배수에 설치한다.
가솔린 저집기 (Gasoline Trap)	가솔린을 많이 사용하는 곳에 쓰이는 것으로 배수에 포함된 가솔린을 수면 위에 뜨게 하여 통기관에 의해 휘발시킨다.
런드리 저집기 (Laundry Trap)	영업용 세탁장에 설치하여 단추, 끈 등 세탁 불순물이 배수관에 유입되는 것을 방지한다.

3) 트랩 봉수의 파괴 원인 및 방지대책

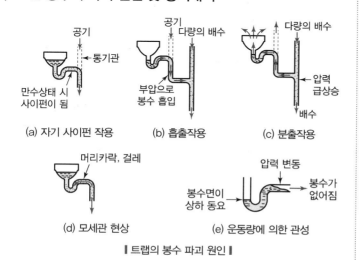

(a) 자기 사이펀 작용	(b) 흡출작용	(c) 분출작용

(d) 모세관 현상	(e) 운동량에 의한 관성

‖ 트랩의 봉수 파괴 원인 ‖

구분	봉수 파괴의 원인	방지대책
자기 사이펀 작용	만수된 물의 배수 시 배수의 유속에 의하여 사이펀 작용이 일어나 봉수를 남기지 않고 모두 배수된다.	통기관 설치 시 S트랩 사용을 자제한다.(P트랩 사용)
유도 사이펀 (감압에 의한 흡입)작용	하류 측에서 물을 배수하면 상류 측의 물에 의해서 배수수직관 내 관의 압력이 저하되면서 봉수를 흡입파괴한다.	통기관을 설치한다.
분출(토출)작용	상류에서 배수한 물이 하류 측에 부딪쳐서 관 내 압력이 상승하여 봉수를 분출하여 파손이 일어난다.	통기관을 설치한다.
모세관 현상	트랩 내에 실, 머리카락, 천조각 등이 걸려 아래로 늘어져 있어 모세관 현상에 의해 봉수가 파괴된다.	청소(머리카락, 이물질 제거)를 하고, 내면이 미끄러운 재질의 트랩을 사용한다.
증발현상	오랫동안 사용하지 않는 베란다, 다용도실 바닥 배수에서 봉수가 증발하여 파괴된다.	기름막 형성으로 물의 증발을 방지한다.(트랩에 물 공급)
자기운동량에 의한 관성작용	강풍 등에 의해 관 내 기압이 변동하여 봉수가 파괴된다.	기압 변동의 원인을 감소시킨다.(유속 감소)

3. 배수관의 시공 및 시험

1) 배수관의 시공

(1) 배수관의 관경

① 배수관의 관경은 단위시간당 최대 유량을 기준으로 결정하는 것이 합리적이다.

② 시간당 최대 유량과 기구의 동시사용률 및 사용빈도수를 감안한 기구배수부하단위(DFU : Drain Fixture Unit)를 이용하여 결정한다.

③ 이때 1DFU는 세면기의 배수량을 의미한다.

④ 배수부하단위의 기준이 되는 세면기(1FU) 배수관의 최소 관경(부속트랩의 구경)은 32mm이다. 소변기의 최소 관경은 32mm, 대변기의 최소 관경은 75mm이다.

(2) 배수관의 구배

① 배수관경과 구배는 상관관계를 가지며 유속은 적당해야 한다.

② 배수의 평균유속은 1.2m/s 정도이다.(최소 0.6m/s에서 최대 2.4m/s로 한다. 단, 옥내배수관에서는 0.6~1.2m/s로 한다.)

③ 옥내배수관의 표준구배는 관경(mm)의 역수보다 크게 한다.

(3) 청소구(Clean Out) 설치

배수배관은 관이 막혔을 때 이를 점검·수리하기 위해 배관 굴곡부나 분기점에 반드시 청소구를 설치한다.

① 가옥배수관과 부지하수관이 접속하는 곳

② 배수수직관의 최하단부

③ 수평주관의 최상단부

④ 가옥배수수평주관의 기점

⑤ 45° 이상 굴곡부

⑥ 각종 트랩

⑦ 수평관(관경 100mm 이하)의 직선거리 15m 이내마다, 100mm 초과의 관에서는 직선거리 30m 이내마다 설치한다.

(4) 배수배관 설치원칙

① 건물 내에서 지중배관은 피하고 피트 내 또는 가공배관을 한다.

② 배수는 원칙적으로 중력에 의해 옥외로 배출하도록 한다.

③ 엘리베이터 샤프트, 엘리베이터 기계실 등에는 배수배관을 설치하지 않는다.

④ 트랩의 봉수 보호, 배수의 원활한 흐름, 배관 내의 환기를 위해 통기배관을 설치한다.

⑤ 수직관, 수평관 모두 배수가 흐르는 방향으로 관경이 축소되어서는 안 된다.

⑥ 땅속에 매설되는 배수관의 최소 구경은 50mm 이상으로 한다.

2) 배수 및 통기배관의 시험

(1) 목적

트랩과 각 접속부분의 누수, 누기 여부를 파악하기 위해 시험을 실시한다.

핵심문제

배수배관 시공 시 청소구의 설치 위치로 가장 적절하지 않은 곳은?

[20년 3회]

① 배수수평주관과 배수수평분기관의 분기점

② 길이가 긴 수평배수관 중간

❸ 배수수직관의 제일 윗부분 또는 근처

④ 배수관이 45° 이상의 각도로 방향을 전환하는 곳

해설

청소구(소제구)는 이물질이 쌓일 가능성이 높은 곳에 배치하며, 배수수직관의 윗부분이 아닌 배수수직관의 최하단부에 설치한다.

(2) 시험진행 시점

　① 수압 또는 기압시험은 건물 내의 배수통기관 시공 후, 보온 시공 이전 또는 은폐 이전에 진행한다.

　② 기밀시험(연기시험, 박하시험)은 위생기구 등의 설치가 완료된 후 트랩을 봉수하여 실시한다.

(3) 시험종류 및 시험사항

시험종류	시험사항
수압시험	• 30kPa에 해당하는 압력에 30분 이상 견딜 것 • 수압시험과 기압시험은 위생기기 부착 전 배수, 통기 배관에 대하여 실시한다.
기압시험	• 35kPa에 해당하는 압력에 15분 이상 견딜 것 • 공기압축기 또는 시험기를 배수관의 적절한 장소에 접속하여 개구부를 모두 밀폐한 후 관 내에 공기압을 걸어 누출 여부를 검사한다. • 시험방법 중 가장 정확하다.
기밀시험	• 연기시험(Smoke Test) : 시험수두 25mm 이상, 15분 간 유지 • 박하시험(Peppermint Test) : 시험대상 부분의 모든 트랩을 밀폐한 다음, 입관 7.5m당 박하유 50g을 4L 이상의 열탕에 녹여 그 용액을 통기구에 주입한 다음 그 통기구를 밀폐하여 박하의 누출 여부를 검사한다.
만수시험	배수통기관에 3m 수두로 물을 채워 수압시험을 실시한다.
통수시험	• 각 기구의 사용상태에 대응한 수량으로 배수하고 배수의 유하상황이나 트랩의 봉수 등에 이상 소음의 발생 여부를 검사한다. • 물을 통과해 보는 시험으로 최종점검에 해당한다.

4. 통기 방식

1) 통기 방식 일반사항

(1) 통기관의 설치 목적

　① 트랩의 봉수를 보호한다.

　② 배수 흐름을 원활하게 유지(압력 변화를 방지)한다.

　③ 배수관 내 악취 배출을 방지하고 청결을 유지한다.

(2) 통기 방식의 분류

종류		개념 및 특징
배관 방식	1관식	• 별도의 통기관 없이 배수관이 통기의 기능을 겸하는 방법 • 신정통기관, 섹스티아 방식 등
	2관식	• 배수관과 별도의 통기관을 두는 방법 • 대규모 건물에 주로 채용하는 방식
통기계통	각개통기	위생기구마다 통기관을 접속하는 방법
	환상통기	여러 개의 위생기를 묶어 통기관 1개를 접속하는 방법

2) 통기관의 종류별 특징

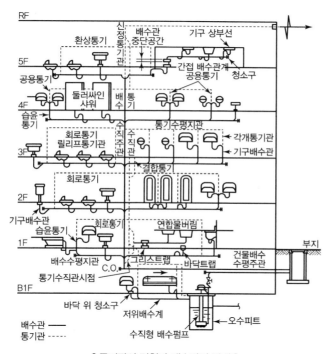

‖ 통기관의 명칭과 배수관의 관계 ‖

(1) 각개통기관

① 위생기구마다 각각 통기관을 설치하는 방법으로 가장 이상적인 방법이다.

② 설비비가 많이 소요된다.

(2) 회로통기관(환상, Loop 통기관)

① 2개 이상의 기구트랩에 공통으로 하나의 통기관을 설치하는 통기 방식이다.

배수 및 통기배관에 대한 설명으로 틀린 것은? [19년 3회, 24년 2회]

① 루프통기식은 여러 개의 기구군에 1개의 통기지관을 빼내어 통기주관에 연결하는 방식이다.

❷ 도피통기관의 관경은 배수관의 1/4 이상이 되어야 하며 최소 40mm 이하가 되어서는 안 된다.

③ 루프통기식 배관에 의해 통기할 수 있는 기구의 수는 8개 이내이다.

④ 한랭지의 배수관은 동결되지 않도록 피복을 한다.

해설

도피통기관의 관경은 배수관의 1/2 이상이 되어야 하며 최소 32mm 이하가 되어서는 안 된다.

② 배수수평주관 최상류 기구 바로 아래의 배수관에 통기관을 세워 통기수직관 또는 신정통기관에 연결한다.

③ 회로통기 1개당 최대 담당 기구수는 8개 이내(세면기 기준)이며 통기수직관까지는 7.5m 이내가 되게 한다.

(3) 도피통기관

① 배수·통기 양계통 간의 공기의 유통을 원활히 하기 위해 설치하는 통기관이다.

② 배수수평주관 하류에 통기관을 연결한다.

③ 회로통기를 돕는다. (회로(루프)통기관에서 8개 이상의 기구를 담당하거나 대변기가 3개 이상 있는 경우 통기능률을 향상시키기 위하여 배수횡지관 최하류와 통기수직관을 연결하여 통기역할을 한다.)

(4) 신정통기관

① 최상부의 배수수평관이 배수입상관에 접속한 지점보다도 더 상부방향으로, 그 배수입상관을 지붕 위까지 연장하여 이것을 통기관으로 사용하는 관을 말한다.

② 배수수직관 상부에 통기관을 연장하여 대기에 개방시킨다.

③ 배관길이에 비해 성능이 우수하다.

(5) 결합통기관

① 오배수입상관으로부터 취출하여 위쪽의 통기관에 연결하는 배관으로, 오배수입상관 내의 압력을 같게 하기 위한 도피통기관의 일종이다.

② 고층건물에서 5개층마다 설치하여 배수주관의 통기를 촉진한다.

(6) 습윤(습식)통기관

배수수평주관 최상류 기구에 설치하여 배수와 통기를 동시에 하는 통기관이다.

3) 통기관의 최소 관경

종류	최소관경
각개통기관	기구배수부하단위에 따라 설정하며, 최소 32A 이상, 배수관 지름의 1/2 이상의 관경을 가져야 한다.
회로통기관(환상, Loop 통기관)	
도피통기관	
신정통기관, 통기수직관	

종류	최소관경
결합통기관	통기수직관 지름과 동일하다.
습윤(습식)통기관	별도의 최소 관경 기준은 없다.(기구배수부하단위에 따라 설정)

4) 특수통기 방식

종류	개념 및 특징
소벤트 시스템 (Sovent System)	• 통기관을 따로 설치하지 않고 하나의 배수수직관으로 배수와 통기를 겸하는 시스템이다. • 2개의 특수이음쇠 적용 : 공기혼합 이음쇠(Aerator Fitting), 공기분리 이음쇠(Deaerator Fitting)
섹스티아 시스템 (Sextia System)	• 배수수직관에 섹스티아 이음(Sextia 이음쇠와 Sextia 벤트관을 사용)을 통한 선회류 발생으로, 수직관에 공기 코어(Air Core)를 형성시켜 통기 역할을 하도록 하는 시스템이다. • 하나의 관으로 배수와 통기를 겸하며, 층수의 제한 없이 고층, 저층에 모두 사용이 가능하다. • 신정통기만을 사용하므로 통기 및 배수계통이 간단하고 배수관경이 작아도 되며 소음이 적다.

핵심문제

다음에서 설명하는 통기관 설비 방식과 특징으로 적합한 방식은?

[18년 1회]

• 배수관의 청소구 위치로 인해서 수평관이 구부러지지 않게 시공한다.
• 배수수평분기관이 수평주관의 수위에 잠기면 안 된다.
• 배수관의 끝 부분은 항상 대기 중에 개방되도록 한다.
• 이음쇠를 통해 배수에 선회력을 주어 관 내 통기를 위한 공기 코어를 유지하도록 한다.

❶ 섹스티아(Sextia) 방식
② 소벤트(Sovent) 방식
③ 각개통기 방식
④ 신정통기 방식

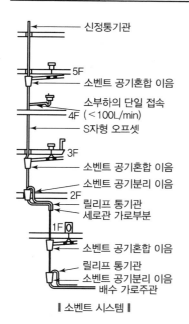

‖ 소벤트 시스템 ‖

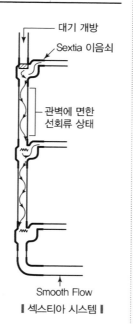

‖ 섹스티아 시스템 ‖

5) 통기관 배관 시 유의사항

① 바닥 아래의 통기관은 금지해야 한다.

② 오물 정화조의 배기관은 단독으로 대기 중에 개구해야 하며, 일반 통기관과 연결해서는 안 된다.

③ 통기수직관을 빗물수직관과 연결해서는 안 된다.

④ 오수피트 및 잡배수피트 통기관은 양자 모두 개별 통기관을 갖지 않으면 안 된다.

⑤ 통기관은 실내환기용 덕트에 연결하여서는 안 된다.

⑥ 간접배수계통의 통기관은 단독배관한다.

⑦ 오버플로관은 트랩의 유입구 측에 연결해야 한다.

⑧ 바닥 아래에서 빼내는 각 통기관에는 횡주부를 형성시키지 않는다.

⑨ 통기수직관은 최하위의 배수수평지관보다 낮은 위치에서 연결하여 입상시켜야 한다.

SECTION 05 난방설비 및 공기조화설비

1. 증기난방

1) 일반사항

① 증기난방은 기계실에 설치한 증기보일러에서 증기를 발생시켜 이것을 배관을 통해 각 실에 설치된 방열기에 공급한다.

② 증기난방에서는 주로 증기가 갖고 있는 잠열, 즉 증발열을 이용하므로 방열기 출구에는 거의 증기트랩이 설치된다.

2) 증기트랩

(1) 개념

증기트랩이란 증기와 응축수를 공학적 원리 및 내부구조에 의해 구별하여 응축수만을 자동적으로 배출하는 일종의 자동조절밸브이다.

(2) 증기트랩의 분류

구분	응축수 회수원리	종류
기계식 트랩	증기와 응축수의 비중 차이	플로트 트랩, 버킷 트랩
열동식 트랩	증기와 응축수의 온도 차이	바이메탈식 트랩, 벨로스 트랩
열역학적 트랩	증기와 응축수의 열역학적 특성인 운동에너지 차이	디스크 트랩, 피스톤, 오리피스, Y형 트랩

핵심문제

증기와 응축수의 온도 차이를 이용하여 응축수를 배출하는 트랩은?

[18년 2회]

① 버킷 트랩(Bucket Trap)
② 디스크 트랩(Disk Trap)
❸ 벨로스 트랩(Bellows Trap)
④ 플로트 트랩(Float Trap)

3) 응축수 환수 방식에 의한 분류

환수 방식	특징
중력환수식	• 중력작용에 의해 응축수를 보일러로 유입시키는 방식이다. • 방열기는 보일러의 수면보다 높게 하여야 한다. • 건식 환수배관 : 환수주관이 보일러의 수면보다 높은 위치에 설치되고, 트랩을 설치해야 한다. • 습식 환수배관 : 환수주관이 보일러의 수면보다 아래에 설치되고, 트랩을 설치하지 않는다.
기계환수식	• 응축수탱크에 응축수를 모아 펌프로 보일러에 환수시키는 방식이다. • 방열기 설치 위치에 제한을 받지 않는다.
진공환수식	• 진공펌프로 장치 내의 공기를 제거하면서 환수관 내의 응축수를 보일러에 환수하는 방식이다. • 응축수 순환이 가장 빠르다. • 보일러, 방열기의 설치 위치에 제한을 받지 않는다.

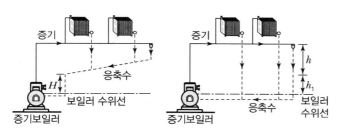

(a) 건식 환수배관　　　(b) 습식 환수배관

‖ 중력환수식 ‖

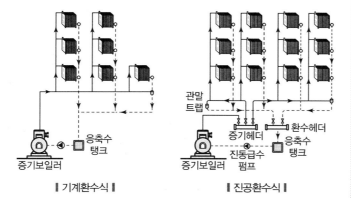

‖ 기계환수식 ‖　　　　‖ 진공환수식 ‖

핵심문제

증기난방법에 관한 설명으로 틀린 것은? [18년 2회, 20년 4회, 24년 3회]

① 저압식은 증기의 사용압력이 0.1 MPa 미만인 경우이며, 주로 10~35kPa인 증기를 사용한다.

② 단관 중력환수식의 경우 증기와 응축수가 역류하지 않도록 선단 하향 구배로 한다.

❸ 환수주관을 보일러 수면보다 높은 위치에 배관한 것은 습식 환수관식이다.

④ 증기의 순환이 가장 빠르며 방열기, 보일러 등의 설치 위치에 제한을 받지 않고 대규모 난방용으로 주로 채택되는 방식은 진공환수식이다.

해설

환수주관을 보일러 수면보다 높은 위치에 배관한 것은 건식 환수관식이다.

핵심문제

진공환수식 증기난방 배관에 대한 설명으로 틀린 것은? [18년 1회]

❶ 배관 도중에 공기빼기밸브를 설치한다.

② 배관 기울기를 작게 할 수 있다.

③ 리프트 피팅에 의해 응축수를 상부로 배출할 수 있다.

④ 응축수의 유속이 빠르게 되므로 환수관을 가늘게 할 수가 있다.

해설

진공환수식의 경우 진공펌프로 장치 내의 공기를 제거하면서 환수 내의 응축수를 보일러에 환수하는 방식으로서 별도의 공기 빼기밸브를 설치하지 않아도 된다.

❶ 관경은 증기주관보다 한 치수 크게
　한다.

② 냉각 레그와 환수관 사이에는 트랩
　을 설치하여야 한다.

③ 응축수를 냉각하여 재증발을 방지
　하기 위한 배관이다.

④ 보온피복을 할 필요가 없다.

해설

냉각 레그(Cooling Leg)는 증기주관보다
한 치수 작게 시공한다.

증기난방 배관시공에서 환수관에 수
직 상향부가 필요할 때 리프트 피팅
(Lift Fitting)을 써서 응축수가 위쪽
으로 배출되게 하는 방식은?

① 단관 중력환수식

② 복관 중력환수식

❸ 진공환수식

④ 압력환수식

해설 리프트 이음(Lift Fitting)

• 진공환수식 난방장치에 사용한다.

• 환수주관보다 높은 위치로 응축수를 끌
　어올릴 때 사용하는 배관법이다.

4) 증기난방의 배관방법

(1) 냉각 다리(Cooling Leg, 냉각테)

① 증기주관에 생긴 증기나 응축수를 냉각시킨다.

② 냉각다리와 환수관 사이에 트랩을 설치한다.

③ 완전한 응축수를 트랩에 보내는 역할을 한다.

④ 노출배관을 하고 보온피복을 하지 않는다.

⑤ 증기주관보다 한 치수 작게 한다.

⑥ 냉각면적을 넓히기 위해 최소 1.5m 이상의 길이로 한다.

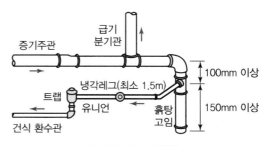

┃ 냉각 레그 배관법 ┃

(2) 리프트 이음(Lift Fitting)

① 진공환수식 난방장치에 사용한다.

② 환수주관보다 높은 위치로 응축수를 끌어올릴 때 사용하는
　배관법이다.

③ 가능한 한 환수주관 말단의 진공펌프 가까이에 설치한다.

④ 수직관(리프트관)은 주관(환수관)보다 한 치수 작은 관을
　사용한다.

⑤ 흡상높이는 1.5m 이내로 한다.

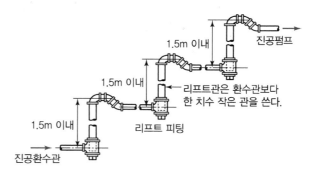

┃ 리프트 이음 ┃

(3) 하트퍼드 접속법(Hartford Connection)

① 저압 증기난방 장치에서 환수주관이 보일러 하단에 위치하여 환수하면 보일러 수면이 낮아져 보일러가 빈불때기가 되고 이는 사고위험이 있으므로 이것을 방지하여 주는 일종의 안전장치이다.

② 보일러 수면이 안전수위 이하로 내려가지 않게 하기 위해 안전수면보다 높은 위치에 환수관을 접속하는 방법이다.

③ 보일러의 안전수위를 확보하기 위한 안전장치의 일종이다.

④ 환수압과 증기압의 균형을 유지한다.

⑤ 빈불때기를 방지한다.

⑥ 화상이나 소음을 방지한다.

⑦ 환수주관 안의 침적된 찌꺼기가 보일러로 유입되는 것을 방지한다.

핵심문제

증기보일러 배관에서 환수관의 일부가 파손된 경우 보일러수의 유출로 안전수위 이하가 되어 보일러수가 빈 상태로 되는 것을 방지하기 위해 하는 접속법은?   [18년 3회]

❶ 하트퍼드 접속법
② 리프트 접속법
③ 스위블 접속법
④ 슬리브 접속법

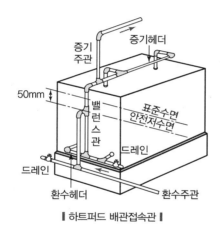

‖ 하트퍼드 배관접속관 ‖

(4) 스팀헤더(Steam Header)

증기를 각 계통별로 필요한 만큼 송기하는 설비이다.

2. 온수난방

1) 일반사항

① 온수난방은 온수보일러에서 만들어진 65~85℃ 정도의 온수를 배관을 통해 실내의 방열기에 공급하여 열을 방산(放散)시키고, 온수의 온도 강하에 수반하는 현열을 이용하여 실내를 난방하는 방식이다.

② 온수난방장치의 배관 내에는 항상 만수되어 있으므로 물의 온도 상승에 따른 체적팽창량을 흡수하기 위해 최상부에 팽창탱크를 설치한다.

2) 온수난방의 분류

(1) 온수온도에 따른 분류

온수온도	특징
저온수식	• 100℃ 미만(보통 80℃ 이하)의 온수를 사용한다. • 개방형 또는 밀폐형 팽창탱크를 설치한다.
고온수식	• 100℃ 이상의 고온수를 사용한다. • 밀폐식 팽창탱크를 설치한다.

>>> **고온수난방**

• 약 100~120℃의 고온의 온수를 사용
  한 난방 방식으로서 지역난방 방식에 주
  로 사용하며, 열교환 시의 온도차를 높
  임으로써 유량 및 배관 관경을 줄일 수
  있다.
• 팽창탱크 설치 시 특별한 가압장치가 필
  요하다.

(2) 배관 방식에 따른 분류

배관 방식	특징
단관식	• 1개의 관으로 공급관과 환수관을 겸하는 방식이다. • 설비비가 저렴하나 효율이 나쁘다.
복관식	• 온수의 공급관과 환수관을 별도로 설치하여 공급하는 방식이다. • 설비비가 많이 드나 효율이 좋다.

(3) 온수순환 방식에 따른 분류

순환 방식	특징
중력순환식 (Gravity Circulation System)	• 온수의 온도차에 의해서 생기는 대류작용으로 자연순환시키는 방식이다. • 방열기는 보일러보다 높은 위치에 설치한다.
강제(기계)순환식 (Forced Circulation System)	• 환수주관 보일러 측 말단에 순환펌프를 설치하여 강제로 순환시킨다. • 온수순환이 신속하며 균등하게 이루어진다. • 방열기 설치 위치에 제한을 받지 않는다. • 강제순환식은 직접환수 방식과 역환수 방식으로 구분된다. 　－직접환수 방식 : 보일러와 가장 가까운 방열기의 공급관 및 환수관의 길이가 가장 짧고, 가장 먼 거리에 있는 방열기일수록 관의 길이가 길어지는 배관을 하게 되므로 방열기로의 저항이 각각 다르게 되는 방식이다. 　－역환수 방식 : 보일러와 가장 가까운 방열기는 공급관이 가장 짧고 환수관은 가장 길게 배관한 것으로 각 방열기의 공급관과 환수관의 합은 각각 동일하게 되며, 동일저항으로 온수가 순환하므로 방열기에 온수를 균등히 공급할 수 있는 방식이다.

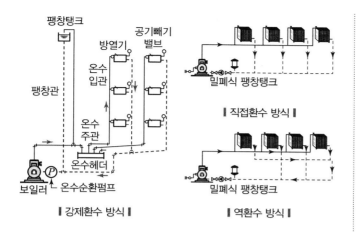

‖ 강제환수 방식 ‖　　　　‖ 역환수 방식 ‖

(4) 온수공급 방식에 따른 분류

공급 방식	특징
상향식	온수주관을 건물의 하부에 설치하고 수직관에 의해 공급하는 방식이다.
하향식	온수주관을 건물의 상부에 설치하고 수직관에 의해 공급하는 방식이다.

3) 팽창탱크

(1) 개념

팽창탱크는 온수난방 시 온수의 체적팽창을 흡수하며 배관계 내의 수온의 포화증기압 유지, 대기압 이하로 되지 않게 정수두 확보를 위하여 사용한다.

(2) 적용

① **보통온수식** : 100℃ 이하의 온수－개방형 또는 밀폐형 팽창탱크

② **고온수식** : 100℃ 이상 고온수－밀폐형 팽창탱크

(3) 온수의 체적팽창량(Δv)

$$\Delta v = \left(\frac{1}{\rho_2} - \frac{1}{\rho_1} \right) V$$

여기서, Δv : 온수의 체적팽창량(L)

ρ_1 : 온도 변화 전(급수)의 물의 밀도(kg/L)

ρ_2 : 온도 변화 후(온수)의 물의 밀도(kg/L)

V : 장치 내의 전수량(L)

(4) 팽창탱크의 용량

① 개방식 팽창탱크용량

$$V = (2 \sim 2.5)\Delta V$$

② 밀폐식 팽창탱크용량

$$V = \frac{\Delta V}{P_a\left(\dfrac{1}{P_o} - \dfrac{1}{P_m}\right)}$$

여기서, P_a : 팽창탱크의 가압력(절대압력)

P_o : 장치 만수 시의 절대압력

P_m : 팽창탱크의 최고사용압력(절대압력)

(5) 팽창탱크 설치 시 주의사항

① 공기빼기 배기관을 설치한다.

② 4℃의 물을 100℃로 높였을 때 팽창체적 비율이 4.3% 정도 이므로 이를 고려하여 팽창탱크를 설치한다.

③ 팽창탱크에는 오버플로관을 설치한다.

④ 팽창관 도중에는 저항이 발생할 수 있는 밸브 등의 설치를 하지 않는다.

3. 공기조화설비 배관 방식

1) 수배관

(1) 회로 방식에 의한 분류

구분	내용
개방회로 (Open Circuit) 방식	냉각탑이나 축열조를 사용하는 냉수배관과 같이 순환수가 대기에 개방되어 접촉하는 방식이다.
밀폐회로 (Closed Circuit) 방식	열교환기와 방열기를 연결하는 배관과 같이 순환수를 대기와 접촉시키지 않으므로 물의 체적팽창을 흡수하기 위한 팽창탱크를 설치한다.

(2) 제어 방식에 의한 분류

구분	내용
정유량 방식	3방 밸브를 사용하는 방식이며 부하변동에 대하여 순환수의 온도차를 이용하는 방식이다.
변유량 방식	2방 밸브를 사용하는 방식이며 부하변동에 대하여 순환수량을 변경시켜 대응하는 방식이다.

핵심문제

밀폐식 온수난방 배관에 대한 설명으로 틀린 것은? [20년 3회]

① 팽창탱크를 사용한다.
② 배관의 부식이 비교적 적어 수명이 길다.
③ 배관경이 작아지고 방열기도 적게 할 수 있다.
❹ 배관 내의 온수온도는 70℃ 이하이다.

해설

밀폐식 온수난방의 경우 배관 내 온수온도는 일반적으로 80℃ 이상이다.

(3) 배관 계통수에 의한 분류

구분	내용
1관식	공급관과 환수관이 통합된 형태이다.
2관식	공급관과 환수관이 각각 1개씩 있는 형태이다.
3관식	2개의 공급관(온수공급관, 냉수공급관)과 1개의 환수관이 있는 형태이다.
4관식	2개의 공급관(온수공급관, 냉수공급관)과 2개의 환수관(온수환수관, 냉수환수관)이 있는 형태이다.

2) 증기배관

(1) 증기압에 의한 분류

구분	압력
고압식	• 증기압 0.1MPa 이상 • 배관을 가늘게 할 수 있으나 방열면의 온도가 높기 때문에 난방에 의한 쾌감도가 낮다. • 지역난방이나 공장 등에서 사용한다.
저압식	• 증기압 0.1MPa 미만 • 쾌적성이 높아 대부분 건축물에서 사용한다.
진공식	• 증기압 0.1MPa에서 진공압 200mmHg 정도의 증기를 이용한다. • 방열기 내의 압력을 조절하여 그 온도를 광범위하게 변화시켜 방열량을 조절할 수 있다.

(2) 배관 방식에 따른 분류

구분	내용
단관식	응축수와 증기가 하나의 관 속을 흐르는 배관 방식
복관식	증기와 응축수가 각기 다른 배관을 흐르는 배관 방식

(3) 증기공급 방식에 따른 분류

구분	압력
상향식	• 증기주관을 건물의 하부에 설치하고 수직관에 의해 증기를 방열기에 공급한다. • 입상관의 관경을 크게 하고 증기의 유속을 느리게 한다.
하향식	• 증기주관을 건물의 상부에 설치하고 수직관에 의해 방열기에 증기를 공급한다. • 상향 공급식보다 관경을 작게 할 수 있다.
상하혼용식	• 온도 차이를 줄이기 위해 혼용하는 방식이다. • 대규모 건축물에 사용한다.

핵심문제

팬코일유닛 방식의 배관 방식 중 공급관이 2개이고 환수관이 1개인 방식은? [18년 2회, 20년 3회]

① 1관식　　② 2관식
❸ 3관식　　④ 4관식

해설

3관식은 공급관 2개(온수공급관, 냉수공급관), 환수관 1개(냉온수환수관)로 구성된다.

1. 도시가스 및 액화석유가스

1) 도시가스

(1) 일반사항

LNG, LPG, 나프타 등을 혼합하여 제조하며, 최근에는 LNG의 조성 비율이 높아 LNG의 일반적 특성을 띠고 있다.

(2) 특징

① 메탄(CH_4)을 주성분으로 한다.
② 무공해, 무독성으로 열량이 높은 편이다.
③ 공기보다 가벼워 창문으로 배기 가능하며, LPG보다 안전하다.
④ 누설감지기는 천장 30cm 이내에 설치한다.
⑤ 가스 공급을 위해 대규모 저장시설 및 배관 등의 설치가 필요하므로 큰 초기 투자비용이 들어간다.

2) 액화석유가스(LPG : Liquefied Petroleum Gas)

(1) 일반사항

프로판과 부탄 등을 액화한 것으로 주성분은 프로판이며, 프로판 가스라고도 한다.

(2) 특징

① 공기보다 무겁기 때문에 누설 시 위험성이 크다.
② 누설 시 무색무취이므로, 감지를 위해 부취제(메르캅탄 등)를 첨가한다.
③ 용기는 직사광선을 피하고, 통풍이 잘되는 옥상 등에 설치하며, 부식되지 않도록 습기 등을 피한다.
④ 용기는 40℃ 이하로 보관하고, 용기 2m 이내에는 화기 접근을 금한다.

2. 가스공급과 배관 방식

1) 가스공급 방식

(1) 도시가스

① 각 지역의 도시가스 사업자가 각 가스제조소에서 제조된 가스를 도로 하부에 매설된 가스배관을 통해 각 수용가에게 공급한다.(가스 제조 → 압송설비 → 저장설비 → 압력조정기 → 도관 → 수용가)

② 가스제조소에서 부여된 가스압력의 힘으로 각 수용가까지 가게 되는데 공급압력에 따라 고압, 중압, 저압 공급으로 분류된다.

구분	공급압력
저압	0.1MPa 이하
중압	0.1MPa 이상~1.0MPa 미만
고압	1.0MPa 이상

③ 건물에서 공급을 받을 때 중압으로 받은 후 필요에 따라 압력 조정을 하여 각 가스기기에 공급하게 되는데, 이 역할을 하는 기기를 압력조정기(정압기, 거버너, Governor)라 한다.

④ 가스홀더(Gas Holder)는 공장에서 제조 정제된 가스를 저장했다가 공급하기 위한 압력탱크로서 가스압력을 균일하게 하며, 급격한 수요 변화에도 제조량과 소비량을 조절하기 위한 장치이다. 이러한 가스홀더의 종류는 다음과 같다.
- 저압식 : 유수식, 무수식
- 고압식 : 원통형, 구형

(2) 액화석유가스(LPG)

① 단지 내에 LPG 저장탱크를 설치하여 LPG를 저장하거나, 각 세대별로 소형의 가스봄베를 설치하여 사용한다.

② LPG 용기(봄베) 설치 시에는 다음의 사항에 주의한다.
- 옥외에 설치한다.
- 화기와는 2m 이상 이격한다.
- 통풍이 잘되는 그늘진 곳에 설치한다.
- 온도는 40℃ 이하가 되도록 보관한다.
- 충격을 금하며, 습기로 인한 부식을 고려한다.

③ LPG 가스 공급, 소비 설비의 압력손실 요인
- 배관의 입상에 의한 압력손실
- 엘보, 티 등에 의한 압력손실
- 배관의 직관부에서 일어나는 압력손실
- 가스미터, 콕, 밸브 등에 의한 압력손실

2) 배관 방식

(1) 일반사항

가스배관에 사용하는 배관은 대부분 백관(아연도금 배관용 탄소강 강관)이며, 매설배관인 경우에는 PLP(폴리에틸렌 라이닝 강관) 등을 사용한다.

도시가스의 제조소 및 공급소 밖의 배관 표시기준에 관한 내용으로 틀린 것은? [21년 1회]

① 가스배관을 지상에 설치할 경우에는 배관의 표면색상을 황색으로 표시한다.

❷ 최고사용압력이 중압인 가스배관을 매설할 경우에는 황색으로 표시한다.

③ 배관을 지하에 매설하는 경우에는 그 배관이 매설되어 있음을 명확하게 알 수 있도록 표시한다.

④ 배관의 외부에 사용가스명, 최고사용압력 및 가스의 흐름 방향을 표시하여야 한다. 다만, 지하에 매설하는 경우에는 흐름 방향을 표시하지 아니할 수 있다.

해설

최고사용압력이 중압인 가스배관을 매설할 경우에는 적색으로 표시한다.

가스배관의 표면색상
- 지상배관 : 황색
- 매설배관 : 최고사용압력이 저압인 경우 황색, 최고사용압력이 중압인 경우 적색

도시가스 배관 시 배관이 움직이지 않도록 관 지름 13~33mm 미만의 경우 몇 m마다 고정 장치를 설치해야 하는가? [18년 2회, 20년 4회]

① 1m ❷ 2m
③ 3m ④ 4m

(2) 가스배관의 표면색상

① 지상배관 : 황색

② 매설배관
- 최고사용압력이 저압인 경우 : 황색
- 최고사용압력이 중압인 경우 : 적색

(3) 가스배관 시공 시 주의사항

① 건물에서의 가스배관은 관리, 검사가 용이하도록 노출배관을 원칙으로 하되 동관, 스테인리스관으로 이음매 없이 매립배관할 수 있다.

② 전선, 상하수도관 등과 같이 매립할 때에는 이들 관보다 아래에 매립한다. (매립깊이는 0.6~1.2m 이상)

③ 관 재료의 기밀시험은 최고사용압력의 1.1배 이상의 압력으로 진행한다.

④ 배관재료는 노출관인 경우 강관나사 이음이나 용접 이음이 주로 이용되고, 지하매립인 경우 폴리에틸렌피복강관 또는 폴리에틸렌관을 사용한다.

⑤ 부득이하게 콘크리트 주요 구조부를 통과할 경우에는 슬리브를 사용한다.

⑥ 특별한 경우를 제외한 배관의 최고사용압력은 중압 이하이어야 한다.

⑦ 지반이 약한 곳에 설치되는 배관은 지반침하에 의해 배관이 손상되지 않도록 필요한 조치 후 배관을 설치해야 한다.

⑧ 본관 및 공급관은 건축물의 내부 또는 기초 밑에 설치하면 안 된다.

(4) 가스관 지름에 따른 가스배관의 고정간격

가스관 지름	고정간격
10mm 이상~13mm 미만	1m마다 고정
13mm 이상~33mm 미만	2m마다 고정
33mm 이상	3m마다 고정

(5) 가스배관의 매설깊이 기준

① 배관을 지하에 매설하는 경우에는 지표면으로부터 배관의 외면까지의 매설깊이는 산이나 들에서는 1m 이상, 그 밖의 지역에서는 1.2m 이상. 다만, 방호구조물 안에 설치하는 경우에는 제외한다.

② 배관의 외면으로부터 도로의 경계까지 수평거리 1m 이상, 도로 밑의 다른 시설물과는 0.3m 이상

③ 배관을 시가지의 도로 노면 밑에 매설하는 경우에는 노면으로부터 배관의 외면까지 1.5m 이상. 다만, 방호구조물 안에 설치하는 경우에는 노면으로부터 그 방호구조물의 외면까지 1.2m 이상

④ 배관을 시가지 외의 도로 노면 밑에 매설하는 경우(시가지 외에서 시가지로 변경된 구간에서 500m 이하의 배관이설 공사를 시행하는 경우를 포함)에는 노면으로부터 배관의 외면까지 1.2m 이상

⑤ 배관을 포장되어 있는 차도에 매설하는 경우에는 그 포장부분의 지반(차단층이 있는 경우에는 그 차단층을 말한다)의 밑에 매설하고 배관의 외면과 지반의 최하부와의 거리는 0.5m 이상

⑥ 배관을 인도·보도 등 노면 외의 도로 밑에 매설하는 경우에는 지표면으로부터 배관의 외면까지 1.2m 이상. 다만, 방호구조물 안에 설치하는 경우에는 그 방호구조물의 외면까지 0.6m(시가지의 노면 외의 도로 밑에 매설하는 경우에는 0.9m) 이상

⑦ 배관을 철도부지에 매설하는 경우에는 배관의 외면으로부터 궤도 중심까지 4m 이상, 그 철도부지 경계까지는 1m 이상의 거리를 유지하고, 지표면으로부터 배관의 외면까지의 깊이를 1.2m 이상

(6) 가스계량기(가스미터) 설치기준

① 전기계량기, 전기개폐기, 전기안전기에서 60cm 이상 이격 설치

② 전기점멸기(스위치), 전기콘센트, 굴뚝과는 30cm 이상 이격 설치

③ 저압 전선에서 15cm 이상 이격 설치

④ 설치높이는 바닥(지면)에서 1.6∼2.0m 이내 설치

⑤ 가스미터는 화기와 2m 이상의 우회거리 유지 및 양호한 환기 처리가 필요하며, 설계유량을 통과시킬 수 있는 능력을 가진 것을 선정한다.

핵심문제

도시가스배관 설비기준에서 배관을 시가지의 도로 노면 밑에 매설하는 경우에는 노면으로부터 배관의 외면까지 얼마 이상을 유지해야 하는가?(단, 방호구조물 안에 설치하는 경우는 제외한다.) [19년 1회, 24년 2회]

① 0.8m　　　② 1m
❸ 1.5m　　　④ 2m

해설

배관을 시가지의 도로 노면 밑에 매설하는 경우에는 노면으로부터 배관의 외면까지 1.5m 이상을 유지하여야 한다.

핵심문제

도시가스계량기(30m³/h 미만)의 설치 시 바닥으로부터 설치높이로 가장 적합한 것은?(단, 설치높이의 제한을 두지 않는 특정 장소는 제외한다.) [18년 1회, 24년 1회]

① 0.5m 이하
② 0.7m 이상 1m 이내
❸ 1.6m 이상 2m 이내
④ 2m 이상 2.5m 이내

⑥ 가스계량기의 구조상 분류

구분	종류
직접식(실측식)	건식(막식, 회전식), 습식(루츠미터) 등
간접식(추정식)	터빈, 임펠러식, 오리피스식, 벤투리식, 와류식 등

(7) 저압가스배관의 직경(D) 산출

$$D^5 = \frac{Q^2 \cdot S \cdot L}{K^2 \cdot H}$$

여기서, Q : 가스유량, S : 가스비중, L : 배관길이
　　　　K : 유량계수, H : 허용압력손실

(8) 가스유량(Q, $\mathrm{m^3/h}$) 산출

$$Q = K\sqrt{\frac{(P_1^2 - P_2^2)d^5}{s \times l}}$$

여기서, P_1 : 공급압력(절대압력), P_2 : 최종압력(절대압력)
　　　　d : 관 내경, l : 관 길이, s : 가스비중, K : 유량계수

>>> 가스 설계유량

일반적으로 사용되고 있는 가스유량 중 1시간당 최댓값을 설계유량으로 한다.

3. 가스설비용 기기

1) 안전장치

(1) 목적

가스누설 등 이상이 발생했을 때 즉시 알려주거나 자동적으로 조치를 취하는 역할을 한다.

(2) 종류

종류	개념
긴급차단밸브	가스누설, 지진 등 이상 발생 시 안전을 확보하기 위해 가스공급을 긴급히 차단하는 장치이다.
가스누설검지기 (경보기)	가스가 누설되었을 때 검지기가 가스의 누설을 검지하면 그 신호를 감시실의 가스감지제어반에 전달하여 경보램프와 경보벨을 작동시키고 긴급차단밸브로 자동 또는 수동으로 차단하게 한다.

2) 가스의 연소성(웨버지수, WI : Weber Index)

① 웨버지수는 가스연료의 단위시간당 방출되는 에너지를 정의하기 위한 변수, 즉 가스의 연소성을 나타내는 변수이다.

② 동일한 노즐압력에서 동일한 WI를 갖는 가스를 사용하면 동일한 출력을 얻을 수 있다.

1. 냉매배관

1) 냉매배관의 구성 및 냉매배관의 구비조건

(1) 사이클에 따른 냉매배관 구성

[저압 흡입가스배관] 압축기 [고압 토출가스배관] → 응축기 → [고압 액배관] 팽창밸브 [저압 액배관] → 증발기

(2) 냉매배관 재료로서 갖추어야 할 조건(선정 시 주의사항)

① 가공성이 양호할 것
② 내식성이 좋을 것
③ 냉매와 윤활유가 혼합될 때, 화학적 작용으로 인한 냉매의 성질이 변하지 않을 것
④ 저온에서 기계적 강도가 크고, 압력손실이 적을 것
⑤ 관 내 마찰저항이 작을 것
⑥ 배관 선택 시 냉매의 종류에 따라 적절한 재료를 선택해야 한다.
⑦ 동관은 가급적 이음매 없는 관을 사용해야 한다.
⑧ 저압용 배관은 저온에서도 재료의 물리적 성질이 변하지 않는 것으로 사용한다.
⑨ 구부릴 수 있는 관은 내구성을 고려하여 충분한 강도가 있는 것을 사용한다.

2) 냉매배관의 설치

(1) 냉매배관 설치 시 일반사항

① 배관은 굽힘을 적게 하고 가능한 한 간단하게 한다.
② 배관을 굽힐 경우 곡률 반지름을 가능한 한 크게 한다.
③ 배관길이는 되도록 짧게 한다.
④ 온도 변화에 의한 신축을 고려한다.
⑤ 수평배관은 냉매흐름 방향으로 하향 구배한다.
⑥ 배관에 큰 응력이 발생할 염려가 있는 곳에는 루프 배관을 한다.
⑦ 냉매배관의 누설 등 유지보수에 대한 사항을 고려하여 가급적 매립하지 않으며, 열손실을 방지하기 위해서는 단열처리를 해야 한다.
⑧ 냉동장치 내의 배관은 절대 기밀을 유지해야 한다.
⑨ 배관 도중에 고저의 변화를 될수록 피해야 한다.

핵심문제

증기압축식 냉동사이클에서 냉매배관의 흡입관은 어느 구간을 의미하는가? [21년 1회]

① 압축기 – 응축기 사이
② 응축기 – 팽창밸브 사이
③ 팽창밸브 – 증발기 사이
❹ 증발기 – 압축기 사이

해설 사이클에 따른 냉매배관

[저압 흡입가스배관] 압축기 [고압 토출가스배관] → 응축기 → [고압 액배관] 팽창밸브 [저압 액배관] → 증발기

핵심문제

냉매배관 설치 시 주의사항으로 틀린 것은? [18년 1회]

① 배관은 가능한 한 간단하게 한다.
② 배관의 굽힘을 적게 한다.
③ 배관에 큰 응력이 발생할 염려가 있는 곳에는 루프 배관을 한다.
❹ 냉매의 열손실을 방지하기 위해 바닥에 매설한다.

해설

냉매배관의 누설 등 유지보수에 대한 사항을 고려하여 가급적 매립하지 않으며, 열손실을 방지하기 위해서는 단열처리를 해야 한다.

냉매배관 중 토출관 배관 시공에 관한
설명으로 틀린 것은?　　[18년 3회]

① 응축기가 압축기보다 2.5m 이상
　 높은 곳에 있을 때는 트랩을 설치
　 한다.

② 수평관은 모두 끝내림 구배로 배관
　 한다.

❸ 수직관이 너무 높으면 3m마다 트
　 랩을 설치한다.

④ 유분리기는 응축기보다 온도가 낮
　 지 않은 곳에 설치한다.

해설
토출관의 입상이 너무 높으면(10m 이상일
경우) 10m마다 중간 트랩을 설치한다.

냉매배관에서 압축기 흡입관의 시공
시 유의사항으로 틀린 것은?

[20년 3회]

① 압축기가 증발기보다 밑에 있는 경
　 우 흡입관은 작은 트랩을 통과한 후
　 증발기 상부보다 높은 위치까지 올
　 려 압축기로 가게 한다.

❷ 흡입관의 수직상승 입상부가 매우
　 길 때는 냉동기유의 회수를 쉽게 하
　 기 위하여 약 20m마다 중간에 트랩
　 을 설치한다.

③ 각각의 증발기에서 흡입주관으로
　 들어가는 관은 주관 상부로부터 들
　 어가도록 접속한다.

④ 2대 이상의 증발기가 있어도 부하
　 의 변동이 그다지 크지 않은 경우는
　 1개의 입상관으로 충분하다.

해설
흡입관의 수직상승 입상부가 매우 길 때는
냉동기유의 회수를 쉽게 하기 위하여 약
10m마다 중간에 트랩을 설치한다.

(2) 압축기 토출관 배관 시 주의사항

① 응축기가 압축기보다 2.5m 이상 높은 곳에 있을 때는 트랩
　 을 설치한다.

② 수평관은 모두 끝내림 구배로 배관한다.

③ 토출관의 입상이 너무 높으면(10m 이상일 경우) 10m마다
　 중간 트랩을 설치한다.

④ 유분리기는 응축기보다 온도가 낮지 않은 곳에 설치한다.

⑤ 토출가스의 합류 부분 배관은 Y이음으로 한다.

⑥ 압축기와 응축기의 수평배관은 하향 구배로 한다.

⑦ 토출가스배관에는 역류방지밸브를 설치한다.

⑧ 2대의 압축기가 아래쪽에 있고 1대의 응축기가 위쪽에 있는
　 경우 토출가스 헤더는 응축기 위에 배관하여 토출가스관에
　 연결한다.

⑨ 압축기와 응축기가 각각 2대이고 압축기가 응축기의 하부
　 에 설치된 경우 압축기의 크랭크 케이스 균압관은 수평으로
　 배관한다.

(3) 압축기 흡입관 배관 시 주의사항

① 압축기 가까이에 트랩을 설치하면 액이나 오일이 고여 액백
　 발생의 우려가 있으므로 피해야 한다.

② 흡입관의 입상이 매우 길 경우에는 중간에 트랩을 설치한다.

③ 각각의 증발기에서 흡입주관으로 들어가는 관은 주관의 상
　 부에 접속한다.

④ 2대 이상의 증발기가 다른 위치에 있고 압축기가 그보다 밑
　 에 있는 경우 증발기 출구의 관은 트랩을 만든 후 증발기 상
　 부 이상으로 올리고 나서 압축기로 향하게 한다.

⑤ 흡입관의 수직상승 입상부가 매우 길 때는 냉동기유의 회수
　 를 쉽게 하기 위하여 약 10m마다 중간에 트랩을 설치한다.

⑥ 압축기가 증발기보다 밑에 있는 경우 흡입관은 작은 트랩을
　 통과한 후 증발기 상부보다 높은 위치까지 올려 압축기로
　 가게 한다.

⑦ 2대 이상의 증발기가 있어도 부하의 변동이 그다지 크지 않
　 은 경우는 1개의 입상관으로 충분하다.

2. 냉동배관 재료의 구비조건 및 냉동기의 시험

1) 냉동배관 재료의 구비조건

① 저온에서 강도가 커야 한다.
② 가공성이 좋아야 한다.
③ 내식성이 커야 한다.(부식이 잘 되지 않는 특성을 가져야 한다.)
④ 관 내 마찰저항이 작아야 한다.

2) 냉동기의 성능시험

(1) 내압시험(Hydraulic Pressure Test)

① 압축기, 냉매펌프, 흡수용액펌프, 윤활유펌프, 용기 및 기타 냉매설비의 배관, 그 밖의 부분의 조립품 또는 그들의 부품마다에 시행하고 있는 액압시험이다.

② 내압시험 압력은 누설시험 압력의 $\frac{15}{8}$배 또는 설계압력의 1.5배의 압력 중에서 높은 압력 이상으로 한다.

③ 이음을 포함하고 있는 각부에서 누설이나 이상변형 또는 파괴 등이 없어야 한다.

(2) 기밀시험(Gas Tight Pressure Test)

① 내압시험에 합격된 용기의 조립품 및 이들을 이용한 냉매배관에서 연결한 냉매설비에 대하여 행하는 가스시험이다.

② 기밀시험 압력은 누설시험 압력의 $\frac{5}{4}$배 또는 설계압력 중 높은 압력 이상으로 한다.

③ 기밀시험 실시에 따른 누기가 없어야 한다.

(3) 누설시험(Gas Leak Test)

① 내압시험 및 기밀시험에 합격한 용기를 냉매배관으로 연결한 후 진행하는 가스압 시험이다.

② 누설시험 압력은 고압부 또는 저압부의 구분에 따라 누설시험 압력 이상으로 한다.

③ 누설시험 실시에 따른 누설이 없어야 한다.

(4) 진공에 의한 누설시험(Vacuum Test)

누설시험에서 누설하지 않을 경우 장치 전체를 630mmHg 이상의 진공하에 12시간 이상 유지하고, 이에 따른 이상이 없어야 한다.

(5) 냉매에 의한 누설시험(Refrigerant Gas Leak Test)

진공에 의한 누설시험에서 이상이 없는 경우 냉매를 일부 충전하고 설계압력 이상 또는 검사기 관이 지정하는 압력으로 하며 누설이 없어야 한다.

(6) 냉각시험(Cooling Down Test)

① 냉동설비의 모든 압축기를 사용해서 냉각해야 할 부분을 지정 또는 계획 시간 내에 소정온도까지 냉각하는 시험이다.
② 운전이 원활하고 각부에 이상이 없어야 한다.

(7) 방열시험(Insulation Test)

방열벽의 외표면 등에 이상 결로 또는 착상이 없어야 하고, 냉각을 정지한 후에도 각부의 온도에 이상이 없어야 한다.

(8) 기타 시험

① 압축기, 펌프, 팬 등의 운전시험
② 압축기, 펌프 등의 개방 검사
③ 통전시험, 통수, 송액 시험, 통풍시험, 예랭시험
④ 밸런스 시험, 서모스탯 시험, 디프로스트 시험
⑤ 안전밸브 시험, 압력 스위치 등 작동시험
⑥ 기타 필요한 시험

3. 압축공기 설비

1) 압축공기 설비시스템의 개념

① 대기 중의 공기를 압축하여 얻어지는 에너지를 이용하는 시스템을 말한다.
② 밀폐한 용기 속에 공기를 동력으로 압축하여 그 압력을 높이는 공기압축기와 최종 사용처에 안정적인 공급을 목적으로 필요한 부속설비들이 있다.

핵심문제

기체 수송설비에서 압축공기 배관의 부속장치가 아닌 것은?

[18년 1회, 20년 4회]

① 후부냉각기
② 공기여과기
③ 안전밸브
❹ 공기빼기밸브

2) 압축공기 배관시스템의 구성

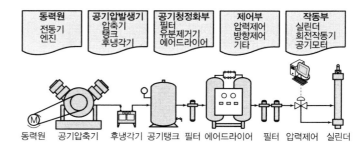

3) 압축공기의 배관설비

① 분리기는 윤활유를 공기나 가스에서 분리시켜 제거하는 장치로서 보통 중간냉각기와 후부냉각기 사이에 설치한다.
② 위험성 가스가 체류될 경우 폭발의 위험이 있으므로 위험성 가스는 적절히 환기시켜 위험성을 낮추어야 한다.
③ 맥동을 완화하기 위하여 공기탱크를 장치한다.
④ 가스관, 냉각수관 및 공기탱크 등에 안전밸브를 설치한다.

핵심문제

압축공기 배관설비에 대한 설명으로 틀린 것은?　　[20년 1 · 2회 통합]

① 분리기는 윤활유를 공기나 가스에서 분리시켜 제거하는 장치로서 보통 중간냉각기와 후부냉각기 사이에 설치한다.
❷ 위험성 가스가 체류되어 있는 압축기실은 밀폐시킨다.
③ 맥동을 완화하기 위하여 공기탱크를 장치한다.
④ 가스관, 냉각수관 및 공기탱크 등에 안전밸브를 설치한다.

01 배관계통 중 펌프에서의 공동현상(Cavita-tion)을 방지하기 위한 대책으로 틀린 것은?

[19년 3회]

① 펌프의 설치 위치를 낮춘다.
② 회전수를 줄인다.
③ 양흡입을 단흡입으로 바꾼다.
④ 굴곡부를 적게 하여 흡입관의 마찰손실수두를 작게 한다.

[해설]

단흡입으로 바꿀 경우 흡입수두가 더욱 크게 걸려 공동현상 발생 가능성이 더욱 커지게 된다.

02 공조배관설비에서 수격작용의 방지방법으로 틀린 것은?

[20년 1 · 2회 통합, 24년 3회]

① 관 내의 유속을 낮게 한다.
② 밸브는 펌프 흡입구 가까이 설치하고 제어한다.
③ 펌프에 플라이휠(Fly Wheel)을 설치한다.
④ 서지탱크를 설치한다.

[해설]

수격작용은 펌프의 토출 측에서 발생하므로 밸브는 펌프의 토출구 가까이 설치하고 제어하여야 한다.

03 펌프 흡입 측 수평배관에서 관경을 바꿀 때 편심 리듀서를 사용하는 목적은? [20년 1 · 2회 통합]

① 유속을 빠르게 하기 위하여
② 펌프 압력을 높이기 위하여
③ 역류 발생을 방지하기 위하여
④ 공기가 고이는 것을 방지하기 위하여

[해설]

펌프 흡입 측 수평배관에서 관경을 바꿀 때 편심 리듀서를 쓰는 이유는 관경을 바꿀 경우 압력 변화로 인해 기체가 발생하여, 공기가 고이게 되는 것을 막기 위해서이다.

04 펌프의 양수량이 60m³/min이고 전양정이 20m일 때, 벌류트펌프로 구동할 경우 필요한 동력(kW)은 얼마인가?(단, 물의 비중량은 9,800 N/m³이고, 펌프의 효율은 60%로 한다.)

[21년 1회, 22년 1회, 24년 1회]

① 196.1
② 200
③ 326.7
④ 405.8

[해설]

$$축동력(kW) = \frac{QH\gamma}{E}$$

$$= \frac{60m^3/min \times 20m \times 9,800N/m^3}{60 \times 1,000 \times 0.6}$$

$$= 326.7kW$$

여기서, Q : 양수량(m³/sec), H : 양정(m(Aq))
γ : 비중량(kN/m³), E : 효율

05 펌프 주위 배관시공에 관한 사항으로 틀린 것은?

[20년 4회]

① 풋밸브 등 모든 관의 이음은 수밀, 기밀을 유지할 수 있도록 한다.
② 흡입관의 길이는 가능한 한 짧게 배관하여 저항이 적도록 한다.
③ 흡입관의 수평배관은 펌프를 향하여 하향 구배로 한다.
④ 양정이 높을 경우 펌프 토출구와 게이트 밸브 사이에 체크밸브를 설치한다.

정답   01 ③   02 ②   03 ④   04 ③   05 ③

흡입관의 수평배관은 펌프를 향하여 상향 구배로 한다.

06 옥상탱크에서 오버플로관을 설치하는 가장 적합한 위치는?

[20년 1 · 2회 통합]

① 배수관보다 하위에 설치한다.
② 양수관보다 상위에 설치한다.
③ 급수관과 수평위치에 설치한다.
④ 양수관과 동일 수평위치에 설치한다.

오버플로관은 넘침관으로서 고수위 위로 수위가 형성될 때 외부로 배수하는 역할을 하는 것이므로 공급관인 양수관보다 상위에 설치해야 한다.

07 급수 방식 중 급수량의 변화에 따라 펌프의 회전수를 제어하여 급수압을 일정하게 유지할 수 있는 회전수 제어시스템을 이용한 방식은?

[19년 2회]

① 고가수조 방식   ② 수도직결 방식
③ 압력수조 방식   ④ 펌프직송 방식

펌프직송 방식은 정속 방식과 변속 방식이 있으며, 정속 방식은 펌프의 대수제어를 통해 공급유량을 조절하는 방식이고, 변속 방식은 펌프의 회전수를 통해 공급유량을 조절하는 방식이다.

08 급수배관 내에 공기실을 설치하는 주된 목적은?

[18년 1회]

① 공기밸브를 작게 하기 위하여
② 수압시험을 원활하게 하기 위하여
③ 수격작용을 방지하기 위하여
④ 관 내 흐름을 원활하게 하기 위하여

수격작용 발생 시 충격압을 최소화(도피)하기 위해 공기실(Air Chamber), 수격방지기(Water Hammer Arrester) 등을 설치한다.

09 급수배관 시공에 관한 설명으로 가장 거리가 먼 것은?

[18년 2회]

① 수리와 기타 필요시 관 속의 물을 완전히 뺄 수 있도록 기울기를 주어야 한다.
② 공기가 모여 있는 곳이 없도록 하여야 하며, 공기가 모일 경우 공기빼기밸브를 부착한다.
③ 급수관에서 상향 급수는 선단 하향 구배로 하고, 하향 급수에서는 선단 상향 구배로 한다.
④ 가능한 한 마찰손실이 작도록 배관하며 관의 축소는 편심 리듀서를 써서 공기의 고임을 피한다.

급수관에서 상향 급수는 선단 상향 구배로 하고, 하향 급수에서는 선단 하향 구배로 한다.

10 중차량이 통과하는 도로에서의 급수배관 매설깊이 기준으로 옳은 것은?

[21년 1회]

① 450mm 이상   ② 750mm 이상
③ 900mm 이상   ④ 1,200mm 이상

급수관의 매설깊이
• 평지 : 450mm 이상
• 시가지 일반 차량의 통행 장소 : 450mm 이상
• 시가지 외 차량 통행 장소, 중차량이 통행하는 장소 또는 한랭지방 : 1,200mm 이상

11 신축 이음쇠의 종류에 해당하지 않는 것은?

[22년 1회]

① 벨로스형   ② 플랜지형
③ 루프형   ④ 슬리브형

신축 이음쇠의 종류
- 스위블 조인트(Swivel Joint)
- 신축 곡관(Expansion Loop, 루프관)
- 슬리브형 이음쇠(Sleeve Type)
- 벨로스형 이음쇠(Bellows Type)
- 볼조인트(Ball Joint)

12 저압 증기의 분기점을 2개 이상의 엘보로 연결하여 한쪽이 팽창하면 비틀림이 일어나 팽창을 흡수하는 특징의 이음방법은? [19년 3회]

① 슬리브형　　　　② 벨로스형
③ 스위블형　　　　④ 루프형

해설

스위블형에 대한 설명이며, 누수가 많은 특징을 갖고 있고 주로 방열기 주변에 적용되고 있다.

13 급탕배관의 단락현상(Sort Circuit)을 방지할 수 있는 배관 방식은? [19년 1회]

① 리버스 리턴 배관 방식
② 다이렉트 리턴 배관 방식
③ 단관식 배관 방식
④ 상향식 배관 방식

해설

급탕배관의 단락현상(Sort Circuit)은 증기배관계에서 응축수 환수과정에서 발생하는 유량 불균형 현상을 말한다. 모든 방열기에 대해 공급관과 환수관의 길이의 합을 동일하게 하는 리버스 리턴 배관 방식(역환수 방식)을 적용하여 유량 불균형 현상인 단락현상을 예방할 수 있다.

14 배관설비 공사에서 파이프 래크의 폭에 관한 설명으로 틀린 것은? [18년 3회, 21년 2회]

① 파이프 래크의 실제 폭은 신규 라인을 대비하여 계산된 폭보다 20% 정도 크게 한다.

② 파이프 래크상의 배관밀도가 작아지는 부분에 대해서는 파이프 래크의 폭을 좁게 한다.
③ 고온배관에서는 열팽창에 의하여 과대한 구속을 받지 않도록 충분한 간격을 둔다.
④ 인접하는 파이프의 외측과 파이프 래크 외측과의 최소 간격을 25mm로 하여 래크의 폭을 결정한다.

해설

인접하는 파이프의 외측과 파이프 래크 외측과의 최소 간격을 30mm 이상으로 하여 래크의 폭을 결정한다.

15 급수급탕설비에서 탱크류에 대한 누수의 유무를 조사하기 위한 시험방법으로 가장 적절한 것은? [20년 1 · 2회 통합, 24년 1회]

① 수압시험　　　　② 만수시험
③ 통수시험　　　　④ 잔류염소의 측정

해설

① 수압시험 : 배관 및 이음쇠의 누수 여부 조사
② 만수시험 : 탱크류 등 유체가 정체하는 공간의 누수 여부 조사
③ 통수시험 : 위생기구 등으로의 통수를 통해, 필요 유량과 압력에 적합한지를 조사
④ 잔류염소의 측정 : 잔류염소의 농도를 측정하여 음용수로서의 적합성 조사

16 배수의 성질에 따른 구분에서 수세식 변기의 대 · 소변에서 나오는 배수는? [19년 2회, 24년 1회]

① 오수　　　　② 잡배수
③ 특수배수　　　　④ 우수배수

해설

수세식 변기의 대소변은 오수에 해당한다.
② 잡배수 : 세탁배수, 싱크배수 등 일반 생활배수를 말한다.
③ 특수배수 : 공장 등에서 나오는 각종 특이물질 등이 섞여 있는 배수를 말한다.
④ 우수배수 : 빗물배수를 말한다.

정답　12 ③　13 ①　14 ④　15 ②　16 ①

17 배수배관 시공 시 청소구의 설치 위치로 가장 적절하지 않은 곳은? [20년 3회]

① 배수수평주관과 배수수평분기관의 분기점
② 길이가 긴 수평배수관 중간
③ 배수수직관의 제일 윗부분 또는 근처
④ 배수관이 45° 이상의 각도로 방향을 전환하는 곳

> **해설**
>
> 청소구(소제구)는 이물질이 쌓일 가능성이 높은 곳에 배치하며, 배수수직관의 윗부분이 아닌 배수수직관의 최하단부에 설치한다.

18 배수배관이 막혔을 때 이것을 점검, 수리하기 위해 청소구를 설치하는데, 다음 중 설치 필요장소로 적절하지 않은 곳은? [22년 2회]

① 배수수평주관과 배수수평분기관의 분기점에 설치
② 배수관이 45° 이상의 각도로 방향을 전환하는 곳에 설치
③ 길이가 긴 수평배수관인 경우 관경이 100A 이하일 때 5m마다 설치
④ 배수수직관의 제일 밑부분에 설치

> **해설**
>
> 길이가 긴 수평배수관인 경우 관경이 100A 이하일 때는 직선거리 15m 이내마다 설치한다.

19 배수 통기배관의 시공 시 유의사항으로 옳은 것은? [19년 3회]

① 배수 입관의 최하단에는 트랩을 설치한다.
② 배수 트랩은 반드시 이중으로 한다.
③ 통기관은 기구의 오버플로선 이하에서 통기 입관에 연결한다.
④ 냉장고의 배수는 간접배수로 한다.

> **해설**
>
> ① 배수 입관의 최하단에는 이물이 정체할 수 있으므로 청소구(소제구)를 설치한다.
> ② 트랩이 이중으로 될 경우 배수 유하에 지장이 있으므로 이중 트랩은 하지 않는 것이 일반적이다.
> ③ 통기관은 기구의 오버플로선 이상에서 통기 입관에 연결해야 배수의 오버플로 시에도 공기 영역이 남아 있게 되어 통기 역할이 가능하다.

20 배수 및 통기배관에 대한 설명으로 틀린 것은? [19년 3회, 24년 2회]

① 루프통기식은 여러 개의 기구군에 1개의 통기지관을 빼내어 통기주관에 연결하는 방식이다.
② 도피통기관의 관경은 배수관의 1/4 이상이 되어야 하며 최소 40mm 이하가 되어서는 안 된다.
③ 루프통기식 배관에 의해 통기할 수 있는 기구의 수는 8개 이내이다.
④ 한랭지의 배수관은 동결되지 않도록 피복을 한다.

> **해설**
>
> 도피통기관의 관경은 배수관의 1/2 이상이 되어야 하며 최소 32mm 이하가 되어서는 안 된다.

21 배수 및 통기설비에서 배관시공법에 관한 주의사항으로 틀린 것은? [18년 2회]

① 우수수직관에 배수관을 연결해서는 안 된다.
② 오버플로관은 트랩의 유입구 측에 연결해야 한다.
③ 바닥 아래에서 빼내는 각 통기관에는 횡주부를 형성시키지 않는다.
④ 통기수직관은 최하위의 배수수평지관보다 높은 위치에서 연결해야 한다.

> **해설**
>
> 통기수직관은 최하위의 배수수평지관보다 낮은 위치에서 연결하여 입상시켜야 한다.

22 다음 중 배수설비와 관련된 용어는?

[18년 1회]

① 공기실(Air Chamber) ② 봉수(Seal Water)
③ 볼탭(Ball Tap) ④ 드렌처(Drencher)

해설

공기실은 급수에서의 수격작용, 볼탭은 저수조의 일정수위 유지, 드렌처는 소방 관련 벽취출 설치를 말한다. 봉수는 배수트랩에 채워져 있으면서 배수관으로부터 악취의 역류를 막아준다.

23 길이 30m의 강관의 온도 변화가 120℃일 때 강관에 대한 열팽창량은?(단, 강관의 열팽창계수는 11.9×10^{-6}mm/mm·℃이다.)

[20년 3회, 24년 2회]

① 42.8mm ② 42.8cm
③ 42.8m ④ 4.28mm

해설

관의 열팽창량(ΔL) 산출

$\Delta L = L \cdot \alpha \cdot \Delta t$
$\quad = 30\text{m} \times 10^3(\text{mm}) \times 11.9 \times 10^{-6}\text{mm/mm℃} \times 120℃$
$\quad = 42.84 = 42.8\text{mm}$

24 증기트랩의 종류를 대분류한 것으로 가장 거리가 먼 것은?

[18년 2회, 24년 3회]

① 박스 트랩 ② 기계적 트랩
③ 온도조절 트랩 ④ 열역학적 트랩

해설

증기트랩의 분류

• 기계적 트랩 : 증기와 응축수 간의 비중차를 이용한다.
• 열동식 트랩(온도조절식 트랩) : 증기와 응축수 간의 온도차를 이용한다.
• 열역학적 트랩 : 증기와 응축수 간의 운동에너지 차를 이용한다.

25 부력에 의해 밸브를 개폐하여 간헐적으로 응축수를 배출하는 구조를 가진 증기트랩은?

[19년 3회]

① 버킷 트랩 ② 열동식 트랩
③ 벨 트랩 ④ 충격식 트랩

해설

증기와 응축수 간의 비중차(부력)에 의해 밸브를 계폐하는 방식을 기계식 트랩이라고 하며, 종류로는 소량 간헐적 처리를 하는 버킷 트랩, 대량 연속적 처리를 하는 플로트 트랩 등이 있다.

26 저·중압의 공기 가열기, 열교환기 등 다량의 응축수를 처리하는 데 사용되며, 작동원리에 따라 다량 트랩, 부자형 트랩으로 구분하는 트랩은?

[20년 1·2회 통합, 24년 1회]

① 바이메탈 트랩 ② 벨로스 트랩
③ 플로트 트랩 ④ 벨 트랩

해설

플로트 트랩은 기계식(비중식) 트랩의 일종으로서 다량의 응축수를 연속적으로 처리하는 특성을 갖고 있다. 반면, 기계식(비중식) 트랩 중 소량의 응축수를 간헐적으로 처리하는 트랩으로는 버킷 트랩이 있다.

27 증기난방법에 관한 설명으로 틀린 것은?

[18년 2회, 20년 4회, 24년 3회]

① 저압식은 증기의 사용압력이 0.1MPa 미만인 경우이며, 주로 10~35kPa인 증기를 사용한다.
② 단관 중력환수식의 경우 증기와 응축수가 역류하지 않도록 선단 하향 구배로 한다.
③ 환수주관을 보일러 수면보다 높은 위치에 배관한 것은 습식 환수관식이다.
④ 증기의 순환이 가장 빠르며 방열기, 보일러 등의 설치 위치에 제한을 받지 않고 대규모 난방용으로 주로 채택되는 방식은 진공환수식이다.

환수주관을 보일러 수면보다 높은 위치에 배관한 것은 건식 환수관식이다.

28 리버스 리턴 배관 방식에 대한 설명으로 틀린 것은? [19년 2회]

① 각 기기 간의 배관회로 길이가 거의 같다.
② 저항의 밸런싱을 취하기 쉽다.
③ 개방회로 시스템(Open Loop System)에서 권장된다.
④ 환수관이 2중이므로 배관 설치 공간이 커지고 재료비가 많이 든다.

리버스 리턴 배관 방식은 밀폐계 배관에서 유량의 밸런싱을 위해 적용되는 배관 방식이다.

29 방열기 전체의 수저항이 배관의 마찰손실에 비해 큰 경우 채용하는 환수 방식은? [18년 2회]

① 개방류 방식
② 재순환 방식
③ 역귀환 방식
④ 직접귀환 방식

방열기 전체의 수저항이 배관의 마찰손실에 비해 클 경우, 방열기 저항에 적절히 대응키 위해 직접환수 방식을 적용한다. 만약 배관 마찰손실이 더 클 경우에는 공급관과 환수관의 밸런싱이 중요하므로 역귀환 방식(리버스 리턴 방식, 역환수 방식)을 적용하게 된다.

30 증기난방 배관 시공법에 대한 설명으로 틀린 것은? [19년 1회, 22년 2회]

① 증기주관에서 지관을 분기하는 경우 관의 팽창을 고려하여 스위블 이음법으로 한다.
② 진공환수식 배관의 증기주관은 1/100~1/200 선상향 구배로 한다.
③ 주형 방열기는 일반적으로 벽에서 50~60mm 정도 떨어지게 설치한다.
④ 보일러 주변의 배관방법에서는 증기관과 환수관 사이에 밸런스관을 달고, 하트퍼드(Hartford) 접속법을 사용한다.

진공환수식 배관의 증기주관은 1/200~1/300 선하향(앞내림) 구배로 한다.

31 증기배관 중 냉각 레그(Cooling Leg)에 관한 내용으로 옳은 것은? [22년 1회, 24년 1회, 24년 3회]

① 완전한 응축수를 회수하기 위함이다.
② 고온증기의 동파 방지시설이다.
③ 열전도 차단을 위한 보온단열 구간이다.
④ 익스팬션 조인트이다.

냉각 레그(Cooling Leg)
• 증기주관에 생긴 증기나 응축수를 냉각시킨다.
• 냉각 다리와 환수관 사이에 트랩을 설치한다.
• 완전한 응축수를 트랩에 보내는 역할을 한다.
• 노출배관을 하고 보온피복을 하지 않는다.
• 증기주관보다 한 치수 작게 한다.
• 냉각면적을 넓히기 위해 최소 1.5m 이상의 길이로 한다.

32 저압 증기난방 장치에서 적용되는 하트퍼드 접속법(Hartford Connection)과 관련된 용어로 가장 거리가 먼 것은? [18년 2회]

① 보일러 주변 배관
② 균형관
③ 보일러수의 역류 방지
④ 리프트 피팅

리프트 피팅은 진공환수식 난방장치에서 환수주관보다 높은 위치로 응축수를 끌어올릴 때 사용하는 배관법으로서 안전수위 확보를 위한 안전장치의 일종인 하트퍼드 접속법(Hartford Connection)과는 거리가 멀다.

33 온수난방에서 개방식 팽창탱크에 관한 설명으로 틀린 것은? [18년 3회]

① 공기빼기 배기관을 설치한다.
② 4℃의 물을 100℃로 높였을 때 팽창체적 비율이 4.3% 정도이므로 이를 고려하여 팽창탱크를 설치한다.
③ 팽창탱크에는 오버플로관을 설치한다.
④ 팽창관에는 반드시 밸브를 설치한다.

> **해설**
> 팽창관 도중에는 저항이 발생할 수 있는 밸브 등의 설치를 하지 않는다.

34 급수온도 5℃, 급탕온도 60℃, 가열 전 급탕설비의 전수량은 2m³, 급수와 급탕의 압력차는 50kPa일 때, 절대압력 300kPa의 정수두가 걸리는 위치에 설치하는 밀폐식 팽창탱크의 용량(m³)은?(단, 팽창탱크의 초기 봉입 절대압력은 300kPa이고, 5℃일 때 밀도는 1,000kg/m³, 60℃일 때 밀도는 983.1kg/m³이다.) [20년 1·2회 통합]

① 0.83
② 0.57
③ 0.24
④ 0.17

> **해설**
>
> **밀폐식 팽창탱크 용량(V) 산출**
>
> - $\Delta V = \left(\dfrac{1}{\rho_2} - \dfrac{1}{\rho_1} \right)V = \left(\dfrac{1}{0.9831\text{kg/L}} - \dfrac{1}{1\text{kg/L}} \right) \times 2,000\text{L}$
> $= 34.38\text{L}$
>
>   여기서, ΔV : 온수의 체적팽창량(L)
> ρ_1 : 온도 변화 전(급수)의 물의 밀도(kg/L)
> ρ_2 : 온도 변화 후(급탕)의 물의 밀도(kg/L)
> V : 장치 내의 전수량(L)
>
> - $V = \dfrac{\Delta V}{P_a\left(\dfrac{1}{P_0} - \dfrac{1}{P_m} \right)} = \dfrac{34.38\text{L}}{300\left(\dfrac{1}{300} - \dfrac{1}{350} \right)}$
> $= 240.66\text{L} = 0.24\text{m}^3$

여기서, V : 밀폐식 팽창탱크 용량(L)
  P_a : 팽창탱크의 가압력(설치하는 위치의 압력) (kPa, 절대압력)
  P_0 : 장치 만수 시의 절대압력(최소압력, 초기압력)(kPa, 절대압력)
  P_m : 팽창탱크 최고사용압력(kPa, 절대압력)

35 온수난방 배관에서 에어 포켓(Air Pocket)이 발생될 우려가 있는 곳에 설치하는 공기빼기 밸브의 설치 위치로 가장 적절한 것은? [18년 2회, 19년 3회]

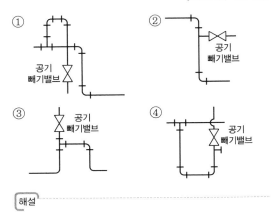

> **해설**
> 공기빼기밸브는 배관계의 최상부에 설치한다.

36 팬코일유닛 방식의 배관 방식 중 공급관이 2개이고 환수관이 1개인 방식은? [18년 2회, 20년 3회]

① 1관식
② 2관식
③ 3관식
④ 4관식

> **해설**
> 3관식은 공급관 2개(온수공급관, 냉수공급관), 환수관 1개(냉온수환수관)로 구성된다.

37 정압기의 종류 중 구조에 따라 분류할 때 해당하지 않는 것은? [22년 2회]

① 피셔식 정압기
② 액시얼 플로식 정압기
③ 가스미터식 정압기
④ 레이놀즈식 정압기

해설

도시가스 정압기의 구조적 분류
- 피셔(Fisher)식 정압기
- 레이놀즈(Reynolds)식 정압기
- 액시얼 플로(Axial – flow Valve)식 정압기

38 공장에서 제조 정제된 가스를 저장했다가 공급하기 위한 압력탱크로서 가스압력을 균일하게 하며, 급격한 수요 변화에도 제조량과 소비량을 조절하기 위한 장치는? [19년 3회, 24년 3회]

① 정압기
② 압축기
③ 오리피스
④ 가스홀더

해설

가스홀더는 수요 변화에 대응하기 위한 일종의 저장탱크이다. 가스홀더의 저장량을 통해 정전, 배관공사 등 제조나 공급의 일시적 중단 시에도 공급이 가능토록 하는 것이 주목적이다.

39 도시가스의 공급설비 중 가스홀더의 종류가 아닌 것은? [18년 1회, 22년 1회]

① 유수식
② 중수식
③ 무수식
④ 고압식

해설

가스홀더의 종류
- 저압식 : 유수식, 무수식
- 고압식 : 원통형, 구형

40 가스설비에 관한 설명으로 틀린 것은? [18년 1회]

① 일반적으로 사용되고 있는 가스유량 중 1시간당 최댓값을 설계유량으로 한다.
② 가스미터는 설계유량을 통과시킬 수 있는 능력을 가진 것을 선정한다.
③ 배관 관경은 설계유량이 흐를 때 배관의 끝부분에서 필요한 압력이 확보될 수 있도록 한다.
④ 일반적으로 공급되고 있는 천연가스에는 일산화탄소가 많이 함유되어 있다.

해설

일산화탄소는 연소 시 배출되는 물질이다. 천연가스는 석유 등 다른 연료들에 비해 연소 후 배출되는 황산화물 및 일산화탄소의 양이 적은 특징을 갖고 있다.

41 LP가스 공급, 소비 설비의 압력손실 요인으로 틀린 것은? [19년 2회, 21년 3회, 24년 1회, 24년 3회]

① 배관의 입하에 의한 압력손실
② 엘보, 티 등에 의한 압력손실
③ 배관의 직관부에서 일어나는 압력손실
④ 가스미터, 콕, 밸브 등에 의한 압력손실

해설

배관의 입상에 의한 압력손실이 발생하며, 입하할 경우 중력에 의해 압력이 증가하게 된다.

42 가스배관 시공에 대한 설명으로 틀린 것은? [22년 1회]

① 건물 내 배관은 안전을 고려하여 벽, 바닥 등에 매설하여 시공한다.
② 건축물의 벽을 관통하는 부분의 배관에는 보호관 및 부식 방지 피복을 한다.
③ 배관의 경로와 위치는 장래의 계획, 다른 설비와의 조화 등을 고려하여 정한다.
④ 부식의 우려가 있는 장소에 배관하는 경우에는 방식, 절연조치를 한다.

건물에서의 가스배관은 관리, 검사가 용이하도록 노출배관을 원칙으로 한다.

43 도시가스의 제조소 및 공급소 밖의 배관 표시기준에 관한 내용으로 틀린 것은? [21년 1회]

① 가스배관을 지상에 설치할 경우에는 배관의 표면색상을 황색으로 표시한다.
② 최고사용압력이 중압인 가스배관을 매설할 경우에는 황색으로 표시한다.
③ 배관을 지하에 매설하는 경우에는 그 배관이 매설되어 있음을 명확하게 알 수 있도록 표시한다.
④ 배관의 외부에 사용가스명, 최고사용압력 및 가스의 흐름 방향을 표시하여야 한다. 다만, 지하에 매설하는 경우에는 흐름 방향을 표시하지 아니할 수 있다.

최고사용압력이 중압인 가스배관을 매설할 경우에는 적색으로 표시한다.

가스배관의 표면색상
• 지상배관 : 황색
• 매설배관 : 최고사용압력이 저압인 경우 황색, 최고사용압력이 중압인 경우 적색

44 도시가스 배관 시 배관이 움직이지 않도록 관 지름 13mm 이상 33mm 미만의 경우 몇 m마다 고정장치를 설치해야 하는가? [18년 2회, 20년 4회]

① 1m ② 2m
③ 3m ④ 4m

가스관 지름에 따른 가스배관의 고정간격

가스관 지름	고정간격
10mm 이상~13mm 미만	1m마다 고정
13mm 이상~33mm 미만	2m마다 고정
33mm 이상	3m마다 고정

45 도시가스배관 매설에 대한 설명으로 틀린 것은? [18년 3회]

① 배관을 철도부지에 매설하는 경우 배관의 외면으로부터 궤도 중심까지 거리는 4m 이상 유지할 것
② 배관을 철도부지에 매설하는 경우 배관의 외면으로부터 철도부지 경계까지 거리는 0.6m 이상 유지할 것
③ 배관을 철도부지에 매설하는 경우 지표면으로부터 배관의 외면까지의 깊이는 1.2m 이상 유지할 것
④ 배관의 외면으로부터 도로의 경계까지 수평거리는 1m 이상 유지할 것

배관의 매설깊이(도시가스사업법 시행규칙 별표 5)
배관을 철도부지에 매설하는 경우에는 배관의 외면으로부터 궤도 중심까지 4m 이상, 그 철도부지 경계까지는 1m 이상의 거리를 유지하고, 지표면으로부터 배관의 외면까지의 깊이를 1.2m 이상 유지할 것

46 가스미터는 구조상 직접식(실측식)과 간접식(추정식)으로 분류된다. 다음 중 직접식 가스미터는? [19년 2회, 24년 2회]

① 습식
② 터빈식
③ 벤투리식
④ 오리피스식

가스미터의 구조상 분류

구분	종류
직접식(실측식)	건식(막식, 회전식), 습식(루츠미터) 등
간접식(추정식)	터빈, 임펠러식, 오리피스식, 벤투리식, 와류식 등

47 아래 저압가스배관의 직경(D)을 구하는 식에서 S가 의미하는 것은?(단, L은 관의 길이를 의미한다.) [19년 2회, 24년 1회]

$$D^5 = \frac{Q^2 \cdot S \cdot L}{K^2 \cdot H}$$

① 관의 내경 ② 공급압력차
③ 가스유량 ④ 가스비중

해설

배관의 직경(D)

$$D^5 = \frac{Q^2 \cdot S \cdot L}{K^2 \cdot H}$$

여기서, Q : 가스유량, S : 가스비중
　　　　L : 배관길이, K : 유량계수
　　　　H : 허용압력손실

48 관경 300mm, 배관길이 500m의 중압가스 수송관에서 공급압력과 도착압력이 게이지 압력으로 각각 0.3MPa, 0.2MPa인 경우 가스유량(m^3/h)은 얼마인가?(단, 가스비중 0.64, 유량계수 52.31이다.) [21년 3회]

① 10,238 ② 20,583
③ 38,193 ④ 40,153

해설

$$Q = K\sqrt{\frac{(P_1^2 - P_2^2)d^5}{s \times l}}$$

$$= 52.31 \times \sqrt{\frac{((0.3+0.101)^2 - (0.3+0.101)^2) \times 300^5}{0.64 \times 500 \times 10^3}}$$

$$= 38,193 m^3/h$$

여기서, P_1 : 공급압력(절대압력)
　　　　P_2 : 최종압력(절대압력)
　　　　d : 관 내경, l : 관 길이
　　　　s : 가스비중, K : 유량계수

49 냉매배관 시공 시 주의사항으로 틀린 것은? [19년 1회]

① 배관길이는 되도록 짧게 한다.
② 온도 변화에 의한 신축을 고려한다.
③ 곡률 반지름은 가능한 한 작게 한다.
④ 수평배관은 냉매흐름 방향으로 하향 구배한다.

해설

곡률 반지름을 작게 한다는 것은 곡선이 급하게 꺾인다는 것을 의미하므로, 곡률 반지름을 크게 하여 완만하게 배관을 시공하는 것이 마찰손실 등을 최소화할 수 있는 방법이다.

50 냉매배관에 사용되는 재료에 대한 설명으로 틀린 것은? [18년 2회]

① 배관 선택 시 냉매의 종류에 따라 적절한 재료를 선택해야 한다.
② 동관은 가능한 한 이음매 있는 관을 사용한다.
③ 저압용 배관은 저온에서도 재료의 물리적 성질이 변하지 않는 것으로 사용한다.
④ 구부릴 수 있는 관은 내구성을 고려하여 충분한 강도가 있는 것을 사용한다.

해설

동관은 가급적 이음매 없는 관을 사용해야 한다.

51 냉동장치의 배관 설치에 관한 내용으로 틀린 것은? [19년 1회]

① 토출가스의 합류 부분 배관은 T이음으로 한다.
② 압축기와 응축기의 수평배관은 하향 구배로 한다.
③ 토출가스배관에는 역류방지밸브를 설치한다.
④ 토출관의 입상이 10m 이상일 경우 10m마다 중간 트랩을 설치한다.

해설

토출가스의 합류 부분 배관은 Y이음으로 한다.

52 프레온 냉동기에서 압축기로부터 응축기에 이르는 배관의 설치 시 유의사항으로 틀린 것은?

[20년 1 · 2회 통합]

① 배관이 합류할 때는 T자형보다 Y자형으로 하는 것이 좋다.
② 압축기로부터 올라온 토출관이 응축기에 연결되는 수평부분은 응축기 쪽으로 하향 구배로 배관한다.
③ 2대의 압축기가 아래쪽에 있고 1대의 응축기가 위쪽에 있는 경우 토출가스 헤더는 압축기 위에 배관하여 토출가스관에 연결한다.
④ 압축기와 응축기가 각각 2대이고 압축기가 응축기의 하부에 설치된 경우 압축기의 크랭크 케이스 균압관은 수평으로 배관한다.

해설

2대의 압축기가 아래쪽에 있고 1대의 응축기가 위쪽에 있는 경우 토출가스 헤더는 응축기 위에 배관하여 토출가스관에 연결한다.

53 냉매배관 시공 시 흡입관 시공에 대한 설명으로 틀린 것은?

[19년 3회]

① 압축기 가까이에 트랩을 설치하면 액이나 오일이 고여 액백 발생의 우려가 있으므로 피해야 한다.
② 흡입관의 입상이 매우 길 경우에는 중간에 트랩을 설치한다.
③ 각각의 증발기에서 흡입주관으로 들어가는 관은 주관의 하부에 접속한다.
④ 2대 이상의 증발기가 다른 위치에 있고 압축기가 그보다 밑에 있는 경우 증발기 출구의 관은 트랩을 만든 후 증발기 상부 이상으로 올리고 나서 압축기로 향하게 한다.

해설

각각의 증발기에서 흡입주관으로 들어가는 관은 주관의 상부에 접속한다.

54 냉동장치의 액분리기에서 분리된 액이 압축기로 흡입되지 않도록 하기 위한 액 회수 방법으로 틀린 것은?

[19년 3회]

① 고압 액관으로 보내는 방법
② 응축기로 재순환시키는 방법
③ 고압 수액기로 보내는 방법
④ 열교환기를 이용하여 증발시키는 방법

해설

응축기가 아닌 증발기로 재순환시켜야 한다.

55 다음 중 암모니아 냉동장치에 사용되는 배관재료로 가장 적합하지 않은 것은?

[21년 2회, 24년 2회]

① 이음매 없는 동관
② 배관용 탄소강관
③ 저온배관용 강관
④ 배관용 스테인리스강관

해설

암모니아는 동, 동합금을 부식시키므로 배관재료로 주로 강관계열을 사용한다.

56 냉동장치의 배관공사가 완료된 후 방열공사의 시공 및 냉매를 충전하기 전에 전 계통에 걸쳐 실시하며, 진공시험으로 최종적인 기밀 유무를 확인하기 전에 하는 시험은?

[19년 2회]

① 내압시험
② 기밀시험
③ 누설시험
④ 수압시험

해설

누설시험(Gas Leak Test)
• 내압시험 및 기밀시험에 합격한 용기를 냉매배관으로 연결한 가스압 시험이다.
• 누설시험 압력은 고압부 또는 저압부의 구분에 따라 누설시험 압력 이상으로 한다.
• 누설시험 실시에 따른 누설이 없어야 한다.

① 내압시험(Hydraulic Pressure Test) : 압축기, 냉매펌프, 흡수용액펌프, 윤활유펌프, 용기 및 기타 냉매설비의 배관, 그 밖의 부분의 조립품 또는 그들의 부품마다에 시행하고 있는 액압시험이다.
② 기밀시험(Gas Tight Pressure Test) : 내압시험에 합격된 용기의 조립품 및 이들을 이용한 냉매배관에서 연결한 냉매설비에 대하여 행하는 가스시험이다.

57 압축공기 배관설비에 대한 설명으로 틀린 것은?
[20년 1 · 2회 통합]

① 분리기는 윤활유를 공기나 가스에서 분리시켜 제거하는 장치로서 보통 중간냉각기와 후부냉각기 사이에 설치한다.
② 위험성 가스가 체류되어 있는 압축기실은 밀폐시킨다.
③ 맥동을 완화하기 위하여 공기탱크를 장치한다.
④ 가스관, 냉각수관 및 공기탱크 등에 안전밸브를 설치한다.

[해설]
위험성 가스가 체류될 경우 폭발의 위험이 있으므로 위험성 가스는 적절히 환기시켜 위험성을 낮추어야 한다.

58 기체 수송설비에서 압축공기 배관의 부속 장치가 아닌 것은?
[18년 1회, 20년 4회]

① 후부냉각기
② 공기여과기
③ 안전밸브
④ 공기빼기밸브

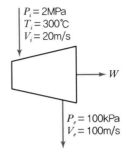

$P_i = 2\text{MPa}$
$T_i = 300°C$
$V_i = 20\text{m/s}$

W

$P_e = 100\text{kPa}$
$V_e = 100\text{m/s}$

Section 01 기계열역학

01 증기터빈 발전소에서 터빈 입구의 증기 엔탈피는 출구의 엔탈피보다 136kJ/kg 높고, 터빈에서의 열손실은 10kJ/kg이다. 증기 속도는 터빈입구에서 10m/s이고, 출구에서 110m/s일 때 이 터빈에서 발생시킬 수 있는 일은 약 몇 kJ/kg인가?

① 10　　　　　　② 90
③ 120　　　　　　④ 140

해설

$$\text{터빈의 일}(W) = (h_i - h_e) + \frac{v_i^2 - v_e^2}{2} + g(Z_i - Z_e) + Q$$
$$= 136\text{kJ/kg} + \left(\frac{(10\text{m/s})^2 - (110\text{m/s})^2}{2} + 0\right)$$
$$\times \frac{1\text{kJ}}{1,000\text{J}} + (-10\text{kJ/kg})$$
$$= 120\text{kJ/kg}$$

여기서, $Z_i = Z_e$

02 압력 2MPa, 온도 300℃의 수증기가 20m/s 속도로 증기터빈으로 들어간다. 터빈 출구에서 수증기압력이 100kPa, 속도는 100m/s이다. 가역단열과정으로 가정 시, 터빈을 통과하는 수증기 1kg당 출력일은 약 몇 kJ/kg인가?(단, 수증기표로부터 2MPa, 300℃에서 비엔탈피는 3,023.5 kJ/kg, 비엔트로피는 6.7663kJ/kg · K이고, 출구에서의 비엔탈피 및 비엔트로피는 다음 표와 같다.)

구분	포화액	포화증기
비엔트로피(kJ/kg · K)	1.3025	7.3593
비엔탈피(kJ/kg)	417.44	2,675.46

① 1,534　　　　　② 564.3
③ 153.4　　　　　④ 764.5

해설

터빈 출구 엔탈피(kJ/kg · K)는 다음과 같다.
$$h_e = h' + x(h'' - h')$$
$$= 417.44 + 0.9021(2,675.46 - 417.44)$$
$$= 2,454.4\text{kJ/kg}$$

여기서, h' : 포화액의 엔탈피
　　　　h'' : 포화증기의 엔탈피
　　　　x : 건도

$$x = \frac{\text{수증기 비엔트로피} - \text{포화액 비엔트로피}}{\text{포화증기 비엔트로피} - \text{포화액 비엔트로피}}$$
$$= \frac{s - s'}{s'' - s'} = \frac{6.7663 - 1.3025}{7.3593 - 1.3025} = 0.9021$$

$$\text{터빈의 일}(W) = (h_i - h_e) + \frac{v_i^2 - v_e^2}{2} + g(Z_i - Z_e) + Q$$
$$= (3,023.5 - 2,454.4)\text{kJ/kg}$$
$$+ \left(\frac{(20\text{m/s})^2 - (100\text{m/s})^2}{2} + 0\right)$$
$$\times \frac{1\text{kJ}}{1,000\text{J}} + (0)$$
$$= 564.3\text{kJ/kg}$$

여기서, $Z_i = Z_e$, 가역 단열과정이므로 $Q = 0$

03 그림과 같이 온도(T)－엔트로피(s)로 표시된 이상적인 랭킨 사이클에서 각 상태의 엔탈피(h)가 다음과 같다면, 이 사이클의 효율은 약 몇 %인가?(단, $h_1 = 30\text{kJ/kg}$, $h_2 = 31\text{kJ/kg}$, $h_3 = 274\text{kJ/kg}$, $h_4 = 668\text{kJ/kg}$, $h_5 = 764\text{kJ/kg}$, $h_6 = 478\text{kJ/kg}$이다.)

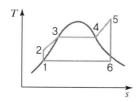

① 39   ② 42

③ 53   ④ 58

해설

$T-s$ 선도에서의 랭킨 사이클 열효율(η) 산출

$$\eta = \frac{(h_5 - h_6) - (h_2 - h_1)}{h_5 - h_2} \times 100(\%)$$

$$= \frac{(764 - 478) - (31 - 30)}{764 - 31} \times 100(\%) = 38.9\% = 39\%$$

04 어떤 기체가 5kJ의 열을 받고 $0.18\text{kN} \cdot \text{m}$의 일을 외부로 하였다. 이때의 내부에너지의 변화량은?

① 3.24kJ   ② 4.82kJ

③ 5.18kJ   ④ 6.14kJ

해설

내부에너지의 변화량(ΔU) 산출

ΔU = 열량(Q) － 일량(W) = 5kJ － 0.18kJ = 4.82J(증가)

여기서, kJ = kN · m

05 단위질량의 이상기체가 정적과정하에서 온도가 T_1에서 T_2로 변하였고, 압력도 P_1에서 P_2로 변하였다면, 엔트로피 변화량 ΔS는?(단, C_v와 C_p는 각각 정적비열과 정압비열이다.)

① $\Delta S = C_v \ln \dfrac{P_1}{P_2}$ ② $\Delta S = C_p \ln \dfrac{P_2}{P_1}$

③ $\Delta S = C_v \ln \dfrac{T_2}{T_1}$ ④ $\Delta S = C_p \ln \dfrac{T_1}{T_2}$

해설

정적과정에서의 엔트로피 변화량(ΔS)

$$\Delta S = S_1 - S_2 = C_v \ln \frac{P_2}{P_1} = C_v \ln \frac{T_2}{T_1}$$

06 초기 압력 100kPa, 초기 체적 0.1m^3인 기체를 버너로 가열하여 기체 체적이 정압과정으로 0.5m^3이 되었다면 이 과정 동안 시스템이 외부에 한 일은 약 몇 kJ인가?

① 10   ② 20

③ 30   ④ 40

해설

압력을 일정하게 유지하는 정압과정에서 계가 한 일은 다음과 같이 산출된다.

$$_1W_2 = \int_1^2 P \, dV = P(V_2 - V_1)$$

$$= 100\text{kPa}(0.5 - 0.1)\text{m}^3 = 40\text{kJ}$$

07 엔트로피(s) 변화 등과 같은 직접 측정할 수 없는 양들을 압력(P), 비체적(v), 온도(T)와 같은 측정 가능한 상태량으로 나타내는 Maxwell 관계식과 관련하여 다음 중 틀린 것은?

① $\left(\dfrac{\partial T}{\partial P}\right)_s = \left(\dfrac{\partial v}{\partial s}\right)_P$

② $\left(\dfrac{\partial T}{\partial v}\right)_s = -\left(\dfrac{\partial P}{\partial s}\right)_v$

③ $\left(\dfrac{\partial v}{\partial T}\right)_P = -\left(\dfrac{\partial s}{\partial P}\right)_T$

④ $\left(\dfrac{\partial P}{\partial v}\right)_T = \left(\dfrac{\partial s}{\partial T}\right)_v$

$da = -sdT - Pdv$에 의해 $\left(\dfrac{\partial s}{\partial v}\right)_T = \left(\dfrac{\partial P}{\partial T}\right)_v$ 가 된다.

① $dh = Tds + vdP \rightarrow \left(\dfrac{\partial T}{\partial P}\right)_s = \left(\dfrac{\partial v}{\partial s}\right)_P$

② $du = Tds - Pdv \rightarrow \left(\dfrac{\partial T}{\partial v}\right)_s = -\left(\dfrac{\partial P}{\partial s}\right)_v$

③ $dg = -sdT + vdP \rightarrow \left(\dfrac{\partial v}{\partial T}\right)_P = -\left(\dfrac{\partial s}{\partial P}\right)_T$

---

08 대기압이 100kPa일 때, 계기압력이 5.23 MPa인 증기의 절대압력은 약 몇 MPa인가?

① 3.02 ② 4.12
③ 5.33 ④ 6.43

해설

절대압력 = 대기압 + 게이지압
          = 0.1MPa + 5.23MPa
          = 5.33MPa
여기서, 대기압 100kPa = 0.1MPa

---

09 열역학적 변화와 관련하여 다음 설명 중 옳지 않은 것은?

① 단위질량당 물질의 온도를 1℃ 올리는 데 필요한 열량을 비열이라 한다.
② 정압과정으로 시스템에 전달된 열량은 엔트로피 변화량과 같다.
③ 내부에너지는 시스템의 질량에 비례하므로 종량적(Extensive) 상태량이다.
④ 어떤 고체가 액체로 변화할 때 융해(Melting)라고 하고, 어떤 고체가 기체로 바로 변화할 때 승화(Sublimation)라고 한다.

해설

정압과정으로 시스템에 전달된 열량은 엔탈피 변화량과 같다.

---

10 공기압축기에서 입구 공기의 온도와 압력은 각각 27℃, 100kPa이고, 체적유량은 0.01m³/s이다. 출구에서 압력이 400kPa이고, 이 압축기의 등엔트로피 효율이 0.8일 때, 압축기의 소요동력은 약 몇 kW인가?(단, 공기의 정압비열과 기체상수는 각각 1kJ/kg·K, 0.287kJ/kg·K이고, 비열비는 1.4이다.)

① 0.9 ② 1.7
③ 2.1 ④ 3.8

해설

- 압축기 일량(AW) 산출

$$AW = \dfrac{K}{K-1} P_1 V_1 \left[\left(\dfrac{P_2}{P_1}\right)^{\frac{K-1}{K}} - 1\right]$$

$$= \dfrac{1.4}{1.4-1} \times 100 \times 0.01 \left[\left(\dfrac{400}{100}\right)^{\frac{1.4-1}{1.4}} - 1\right]$$

$$= 1.7\text{kJ/s}$$

여기서, K : 비열비, P_1 : 입구공기 압력(kPa)
      P_2 출구공기 압력(kPa), V_1 : 체적유량(m³/s)

- 압축기 소요동력 $= \dfrac{\text{압축기 일량}(AW)}{\text{압축기 효율}}$

$$= \dfrac{1.7\text{kJ/s}}{0.8} = 2.13\text{kJ/s} = 2.1\text{kW}$$

---

11 다음 중 강성적(강도성, Intensive) 상태량이 아닌 것은?

① 압력 ② 온도
③ 엔탈피 ④ 비체적

해설

열역학적 상태량(Property)의 구분

구분	개념	종류
강도성 상태량 (Intensive Property)	물질이 가지는 질량의 크기에 관계없는 상태량	온도, 압력, 밀도, 비체적 등
종량성 상태량 (Extensive Property)	물질의 질량에 따라서 값이 변하는 상태량	무게, 질량, 엔탈피, 내부에너지, 엔트로피, 체적 등

12 이상기체가 정압과정으로 dT만큼 온도가 변하였을 때 1kg당 변화된 열량 Q는?(단, C_v는 정적비열, C_p는 정압비열, k는 비열비를 나타낸다.)

① $Q = C_v dT$　　　　② $Q = k^2 C_v dT$

③ $Q = C_p dT$　　　　④ $Q = k C_p dT$

> 해설

이상기체 정압과정에서의 열량(Q)

$dh = Q = C_p dT$

※ 정압과정에서 출입하는 열량(Q)은 엔탈피(h) 변화량과 같다.

13 랭킨 사이클에서 25℃, 0.01MPa 압력의 물 1kg을 5MPa 압력의 보일러로 공급한다. 이때 펌프가 가역 단열과정으로 작용한다고 가정할 경우 펌프가 한 일은 약 몇 kJ인가?(단, 물의 비체적은 0.001m³/kg이다.)

① 2.58　　　　② 4.99

③ 20.10　　　　④ 40.20

> 해설

펌프가 수행한 일(W_{pump}) 산출

$$W_{pump} = \int_1^2 vdP = v(P_2 - P_1)$$
$$= 0.001 \text{m}^3/\text{kg}(5{,}000\,\text{kN/m}^2 - 10\,\text{kN/m}^2)$$
$$= 4.99\text{kJ/kg}$$

여기서, 1MPa = 1MN/m² = 1,000kN/m²

14 520K의 고온 열원으로부터 18.4kJ의 열량을 받고 273K의 저온 열원에 13kJ의 열량을 방출하는 열기관에 대하여 옳은 설명은?

① Clausius 적분값은 -0.0122kJ/K이고, 가역 과정이다.

② Clausius 적분값은 -0.0122kJ/K이고, 비가역 과정이다.

③ Clausius 적분값은 $+0.0122$kJ/K이고, 가역 과정이다.

④ Clausius 적분값은 $+0.0122$kJ/K이고, 비가역 과정이다.

> 해설

클라우지우스(Clausius)의 적분 : $\oint \dfrac{\delta Q}{T} \leq 0$

• 가역 과정 : $\oint \dfrac{\delta Q}{T} = 0$

• 비가역 과정 : $\oint \dfrac{\delta Q}{T} < 0$

$$\oint \frac{\delta Q}{T} = \frac{\delta q_1}{T_1} + \frac{\delta q_2}{T_2} = \frac{18.4}{520} - \frac{13}{273} = -0.0122 < 0$$

여기서, 공급받는 열량은 ($+$), 방출되는 열량은 ($-$) 부호를 적용한다.

∴ $\oint \dfrac{\delta Q}{T} < 0$ 이므로 비가역 과정이다.

15 이상적인 오토 사이클에서 단열압축되기 전 공기가 101.3kPa, 21℃이며, 압축비 7로 운전할 때 이 사이클의 효율은 약 몇 %인가?(단, 공기의 비열비는 1.4이다.)

① 62%　　　　② 54%

③ 46%　　　　④ 42%

> 해설

오토 사이클의 효율(η) 산출

$$\eta = 1 - \left(\frac{1}{\phi}\right)^{k-1} = 1 - \left(\frac{1}{7}\right)^{1.4-1} = 0.54 = 54\%$$

16 이상적인 복합 사이클(사바테 사이클)에서 압축비는 16, 최고압력비(압력상승비)는 2.3, 체절비는 1.6이고, 공기의 비열비는 1.4일 때 이 사이클의 효율은 약 몇 %인가?

① 55.52　　　　② 58.41

③ 61.54　　　　④ 64.88

정답 　12 ③　13 ②　14 ②　15 ②　16 ④

이상적인 복합 사이클(사바테 사이클)에서의 열효율(η_s) 산출

$$\eta_s = 1 - \frac{1}{\varepsilon^{k-1}} \cdot \frac{\alpha\sigma^k - 1}{(\alpha-1) + k\alpha(\sigma-1)}$$

$$= 1 - \frac{1}{16^{1.4-1}} \cdot \frac{2.3 \times 1.6^{1.4} - 1}{(2.3-1) + 1.4 \times 2.3(1.6-1)}$$

$$= 0.6488 = 64.88\%$$

여기서, σ : 체절비, α : 압력비

ε : 압축비, k : 비열비

---

17 이상기체 공기가 안지름 0.1m인 관을 통하여 0.2m/s로 흐르고 있다. 공기의 온도는 20℃, 압력은 100kPa, 기체상수는 0.287kJ/kg · K라면 질량유량은 약 몇 kg/s인가?

① 0.0019   ② 0.0099

③ 0.0119   ④ 0.0199

질량유량($\dot{m}$) 산출

$$\dot{m} = \rho A V = \rho \times \frac{\pi d^2}{4} \times V = 1.189 \times \frac{\pi \times 0.1^2}{4} \times 0.2$$

$$= 0.0019 \text{kg/s}$$

여기서, 밀도 ρ는 다음과 같이 산출된다.

$$Pv = RT \rightarrow \rho = \frac{P}{RT} = \frac{100}{0.287 \times (273+20)} = 1.189 \text{kg/m}^3$$

※ 비체적 $v = \frac{1}{\rho}$

---

18 저온실로부터 46.4kW의 열을 흡수할 때 10kW의 동력을 필요로 하는 냉동기가 있다면, 이 냉동기의 성능계수는?

① 4.64   ② 5.65

③ 7.49   ④ 8.82

냉동기의 성적계수(COP_R) = $\dfrac{\text{냉동효과}}{\text{압축일}} = \dfrac{q}{AW}$

$$= \frac{46.4}{10} = 4.64$$

---

19 온도가 각기 다른 액체 A(50℃), B(25℃), C(10℃)가 있다. A와 B를 동일 질량으로 혼합하면 40℃로 되고, A와 C를 동일 질량으로 혼합하면 30℃로 된다. B와 C를 동일 질량으로 혼합할 때는 몇 ℃로 되겠는가?

① 16.0℃   ② 18.4℃

③ 20.0℃   ④ 22.5℃

주어진 조건에서 비열의 관계성을 찾아 산정한다.

- A와 B를 동일 질량으로 혼합 시

  $$GC_A(50-40) = GC_B(40-25)$$

  $$C_B = \frac{50-40}{40-25}C_A = \frac{1}{1.5}C_A$$

- A와 C를 동일 질량으로 혼합 시

  $$GC_A(50-30) = GC_C(30-10)$$

  $$C_C = \frac{50-30}{30-10}C_A = C_A$$

  $$\therefore \frac{C_C}{C_B} = \frac{C_A}{\frac{1}{1.5}C_A} = 1.5$$

- B와 C를 동일 질량으로 혼합 시

  $$GC_B(25-t) = GC_C(t-10)$$

  $$\frac{(25-t)}{(t-10)} = \frac{C_C}{C_B} = 1.5$$

  $$1.5(t-10) = (25-t)$$

  $$\therefore t = \frac{40}{2.5} = 16℃$$

---

20 다음 4가지 경우에서 ( ) 안의 물질이 보유한 엔트로피가 증가한 경우는?

ⓐ 컵에 있는 (물)이 증발하였다.

ⓑ 목욕탕의 (수증기)가 차가운 타일 벽에서 물로 응결되었다.

ⓒ 실린더 안의 (공기)가 가역 단열적으로 팽창되었다.

ⓓ 뜨거운 (커피)가 식어서 주위 온도와 같게 되었다.

① ⓐ   ② ⓑ

③ ⓒ   ④ ⓓ

정답   17 ①   18 ①   19 ①   20 ①

21 축열시스템 중 빙축열 방식이 수축열 방식에 비해 유리하다고 할 수 없는 것은?

① 축열조를 소형화할 수 있다.
② 낮은 온도를 이용할 수 있다.
③ 난방 시의 축열 대응에 적합하다.
④ 축열조의 설치장소가 자유롭다.

@해설

빙축열시스템은 잠열을 이용하여 축열 및 방열을 하는 시스템으로서, 현열을 이용하는 수축열시스템에 비하여 부하에 대한 정밀한 대응이 어려운 단점이 있으며, 난방보다는 냉방 시의 축열 대응에 적합하다.

22 유량이 1,800kg/h인 30℃ 물을 −10℃의 얼음으로 만드는 능력을 가진 냉동장치의 압축기 소요동력은 약 얼마인가?(단, 압축기의 냉각수 입구온도 30℃, 냉각수 출구온도 35℃, 냉각수 수량 50m³/h이고, 열손실은 무시한다.)

① 30kW ② 40kW
③ 50kW ④ 60kW

@해설

압축기 소요동력(W)의 산출
압축기 소요동력(W)은 응축기 방열량(q_c)에서 증발기 흡열량(q_e, 냉동능력)을 뺀 값으로 산정한다.
소요동력(W) $= q_c - q_e = 290.97 - 240.1 = 50.87$kW
∴ 약 50kW

여기서,
• 응축기 방열량(q_c)

$q_c = mC\Delta t$
$= (50\text{m}^3/\text{h} \times 1,000\text{kg/m}^3 \div 3,600\text{s}) \times 4.19\text{kJ/kg} \cdot \text{K}$
$\times (35 - 30) = 290.97\text{kW(kJ/s)}$

• 증발기 흡열량(q_e, 냉동능력)
30℃ 물 → 0℃ 물

$Q_1 = mC\Delta t$
$= (1,800\text{kg/h} \div 3,600\text{s}) \times 4.19\text{kJ/kg} \cdot \text{K} \times (30 - 0)$
$= 62.85\text{kW(kJ/s)}$

0℃ 물 → 0℃ 얼음

$Q_2 = m\gamma$
$= (1,800\text{kg/h} \div 3,600\text{s}) \times 334\text{kJ/kg}$
$= 167\text{kW(kJ/s)}$

0℃ 얼음 → −10℃ 얼음

$Q_3 = mC\Delta t$
$= (1,800\text{kg/h} \div 3,600\text{s}) \times 2.05\text{kJ/kg} \cdot \text{K} \times (0 - (-10))$
$= 10.25\text{kW(kJ/s)}$

$q_e = Q_1 + Q_2 + Q_3$
$= 62.85 + 167 + 10.25 = 240.1\text{kW}$

23 냉매의 구비조건에 대한 설명으로 틀린 것은?

① 동일한 냉동능력에 대하여 냉매가스의 용적이 적을 것
② 저온에 있어서도 대기압 이상의 압력에서 증발하고 비교적 저압에서 액화할 것
③ 점도가 크고 열전도율이 좋을 것
④ 증발열이 크며 액체의 비열이 작을 것

@해설

냉매는 점도가 낮고 열전도율이 좋아야(높아야) 한다.

24 냉매에 관한 설명으로 옳은 것은?

① 암모니아 냉매가스가 누설된 경우 비중이 공기보다 무거워 바닥에 정체한다.
② 암모니아의 증발잠열은 프레온계 냉매보다 작다.
③ 암모니아는 프레온계 냉매에 비하여 동일 운전압력조건에서는 토출가스 온도가 높다.
④ 프레온계 냉매는 화학적으로 안정한 냉매이므로 장치 내에 수분이 혼입되어도 운전상 지장이 없다.

정답 21 ③ 22 ③ 23 ③ 24 ③

해설

① 암모니아 냉매가스는 누설될 경우 비중이 공기보다 가벼워 공기 중으로 부상하게 된다. 비중이 공기보다 무거워 바닥에 정체하는 것은 프레온계 냉매이다.
② 암모니아의 증발잠열(1,370kJ/kg)은 프레온계 냉매(159~217kJ/kg)보다 크다.
④ 프레온계 냉매는 수분을 용해하지 못하는 특성을 갖고 있어 장치 내에 수분 혼입 시 냉매순환계통 등에 문제가 발생할 수 있다.

25 흡수식 냉동기에서 냉매의 순환경로는?

① 흡수기 → 증발기 → 재생기 → 열교환기
② 증발기 → 흡수기 → 열교환기 → 재생기
③ 증발기 → 재생기 → 흡수기 → 열교환기
④ 증발기 → 열교환기 → 재생기 → 흡수기

해설

흡수식 냉동기에서 냉매의 순환경로
증발기 → 흡수기 → 열교환기 → 재생기 → 응축기 → 팽창밸브(감압밸브)

26 고온가스 제상(Hot Gas Defrost) 방식에 대한 설명으로 틀린 것은?

① 압축기의 고온·고압가스를 이용한다.
② 소형 냉동장치에 사용하면 언제라도 정상운전을 할 수 있다.
③ 비교적 설비하기가 용이하다.
④ 제상 소요시간이 비교적 짧다.

해설

핫가스[고온(고압)가스] 제상의 경우 압축기에서 토출된 고온 고압의 냉매가스를 증발기로 유입시켜 고압가스의 응축 잠열에 의해 제상하는 방법으로서 제상 시간이 짧고 쉽게 설비할 수 있어 대형의 경우 가장 많이 사용되며, 냉매 충전량이 적은 소형 냉동장치의 경우 정상운전이 힘들어 사용하지 않는다.

27 다음의 장치는 액－가스 열교환기가 설치되어 있는 1단 증기압축식 냉동장치를 나타낸 것이다. 이 냉동장치의 운전 시에 아래와 같은 현상이 발생하였다. 이 현상에 대한 원인으로 옳은 것은?

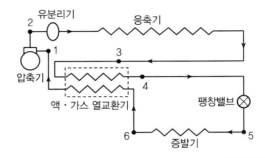

액－가스 열교환기에서 응축기 출구 냉매액과 증발기 출구 냉매증기가 서로 열교환할 때, 이 열교환기 내에서 증발기 출구 냉매 온도 변화($T_1 - T_6$)는 18℃이고, 응축기 출구 냉매액의 온도 변화($T_3 - T_4$)는 1℃이다.

① 증발기 출구(점 6)의 냉매상태는 습증기이다.
② 응축기 출구(점 3)의 냉매상태는 불응축 상태이다.
③ 응축기 내에 불응축 가스가 혼입되어 있다.
④ 액－가스 열교환기의 열손실이 상당히 많다.

해설

액－가스 열교환기를 통과한 냉매액의 온도 변화($T_3 - T_4$)가 1℃ 밖에 안 되는 것은 응축기를 통과한 냉매가 불응축 상태였다는 것을 말한다.

28 냉동장치의 냉매량이 부족할 때 일어나는 현상으로 옳은 것은?

① 흡입압력이 낮아진다.
② 토출압력이 높아진다.
③ 냉동능력이 증가한다.
④ 흡입압력이 높아진다.

냉동장치에서 냉매량이 부족하게 되면 흡입가스가 과열 압축이 일어나게 되어 흡입압력과 토출압력이 낮아지게 되고 온도가 상승하며, 이에 따라 냉동능력이 저하된다.
② 토출압력이 낮아진다.
③ 냉동능력이 감소한다.
④ 흡입압력이 낮아진다.

29 증기압축식 냉동사이클에서 증발온도를 일 정하게 유지하고 응축온도를 상승시킬 경우에 나 타나는 현상으로 틀린 것은?

① 성적계수 감소
② 토출가스 온도 상승
③ 소요동력 증대
④ 플래시 가스 발생량 감소

증발온도가 일정하고 응축온도를 상승시킬 경우 과냉각 도가 작아지므로 냉매가 팽창밸브를 통과할 때 플래시 가스(Flash Gas) 발생량이 증가할 수 있다.

30 냉매액 강제순환식 증발기에 대한 설명으로 틀린 것은?

① 냉매액이 충분한 속도로 순환되므로 타 증발기에 비해 전열이 좋다.
② 일반적으로 설비가 복잡하며 대용량의 저온 냉 장실이나 급속 동결장치에 사용한다.
③ 강제순환식이므로 증발기에 오일이 고일 염려가 적고 배관 저항에 의한 압력강하도 작다.
④ 냉매액에 의한 리퀴드백(Liquid Back)의 발생이 적으며 저압 수액기와 액펌프의 위치에 제한이 없다.

액순환식 증발기(Liquid Pump Type Evaporator)는 타 증발기에서 증발하는 액화 냉매량의 4~6배의 액을 펌프로 강제로 냉각관을 흐르게 하는 방법으로서, 저압 수액기 액면을 액펌프보다 1~2m의 높게 설치해야 한다.

31 그림과 같은 사이클을 난방용 히트펌프로 사 용한다면 이론 성적계수를 구하는 식은 다음 중 어 느 것인가?

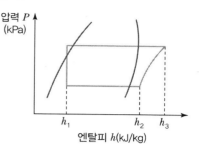

① $COP = \dfrac{h_2 - h_1}{h_3 - h_2}$

② $COP = 1 + \dfrac{h_3 - h_1}{h_3 + h_2}$

③ $COP = \dfrac{h_2 + h_1}{h_3 + h_2}$

④ $COP = 1 + \dfrac{h_2 - h_1}{h_3 - h_2}$

히트펌프의 성적계수(COP_H)

$$= \frac{\text{고열원으로 방출하는 열량}}{\text{공급열량}} = \frac{\text{난방능력}}{\text{압축일}} = \frac{q_c}{AW}$$

$$= \frac{h_3 - h_1}{h_3 - h_2} = \frac{(h_3 - h_2) + (h_2 - h_1)}{h_3 - h_2} = 1 + \frac{h_2 - h_1}{h_3 - h_2}$$

32 암모니아 냉매의 누설 검지방법으로 적절하 지 않은 것은?

① 냄새로 알 수 있다.
② 리트머스 시험지를 사용한다.
③ 페놀프탈레인 시험지를 사용한다.
④ 할로겐 누설검지기를 사용한다.

할로겐 누설검지기(헬로드 토치, Halode Torch)는 프레 온계 냉매의 누설 검지에 사용되는 방법이다.

33 다음 조건을 이용하여 응축기 설계 시 1RT (3.86kW)당 응축면적을 구하면?(단, 온도차는 산술평균온도차를 적용한다.)

- 방열계수 : 1.3
- 응축온도 : 35℃
- 냉각수 입구온도 : 28℃
- 냉각수 출구온도 : 32℃
- 열통과율 : 1,046.5W/m²K

① 1.25m² ② 0.96m²
③ 0.62m² ④ 0.45m²

해설

응축면적(A) 산출

$q_c = KA\Delta T = q_e \times C$

여기서, K : 열통과율(W/m²K), A : 응축면적(m²)

ΔT : 응축온도 − 냉각수 평균온도

q_e : 냉동능력, C : 방열계수

$KA\Delta T = q_e \times C$

$A = \dfrac{q_e \times C}{K \times \Delta T} = \dfrac{3.86\text{kW} \times 1.3}{1,046.5\text{W/m}^2\text{K} \times \left(35 - \dfrac{28+32}{2}\right)}$

$= 0.96\text{m}^2$

34 다음 중 빙축열시스템의 분류에 대한 조합으로 적당하지 않은 것은?

① 정적 제빙형 – 관내착빙형
② 정적 제빙형 – 캡슐형
③ 동적 제빙형 – 관외착빙형
④ 동적 제빙형 – 과냉각아이스형

해설

빙축열시스템의 분류

구분	종류
정적 제빙형	관외착빙형, 관내착빙형, 완전동결형, 캡슐형
동적 제빙형	빙박리형, 액체식 빙생성형(슬러리형) ※ 액체식 빙생성형의 분류 • 직접식 : 과냉각 아이스형, 리키드 아이스형 • 간접식 : 비수용성 액체 이용 직접 열교환 방식, 직팽형 직접 열교환 방식

35 산업용 식품동결 방법은 열을 빼앗는 방식에 따라 분류가 가능하다. 다음 중 위의 분류방식에 따른 식품동결 방법이 아닌 것은?

① 진공동결 ② 접촉동결
③ 분사동결 ④ 담금동결

해설

진공동결 방식은 일종의 건조 방식으로서 용기의 온도를 낮춘 후 재료를 얼린 다음 용기 내부의 압력을 진공에 가깝게 낮추어 식품 내 고체화된 용매(얼음)를 수증기로 바로 승화시켜 건조하는 방식이다.

36 2단 압축 1단 팽창 냉동시스템에서 게이지 압력계로 증발압력이 100kPa, 응축압력이 1,100 kPa일 때, 중간냉각기의 절대압력은 약 얼마인가?

① 331kPa ② 491kPa
③ 732kPa ④ 1,010kPa

해설

중간압력(P_m, 절대압력)의 산출

$P_m = \sqrt{P_e \times P_c} = \sqrt{201.3 \times 1201.3} = 491.75\text{kPa}$

∴ 약 491kPa

여기서,

P_e(증발압력) $= 100\text{kPa}$(게이지 압력) $+ 101.3\text{kPa}$(대기압)

$= 201.3\text{kPa} \cdot a$

P_c(응축압력) $= 1,100\text{kPa}$(게이지 압력) $+ 101.3\text{kPa}$(대기압)

$= 1,201.3\text{kPa} \cdot a$

37 방열벽 면적 1,000m², 방열벽 열통과율 0.232W/m²℃인 냉장실에 열통과율 29.03W/ m²℃, 전달면적 20m²인 증발기가 설치되어 있다. 이 냉장실에 열전달률 5.805W/m²℃, 전열면적 500m², 온도 5℃인 식품을 보관한다면 실내온도는 몇 ℃로 변화되는가?(단, 증발온도는 −10℃로 하며, 외기온도는 30℃로 한다.)

① 3.7℃ ② 4.2℃
③ 5.8℃ ④ 6.2℃

변화되는 실내온도(t_i) 산출.

실내온도는 방열벽 침입열량(q_1), 식품 냉각열량(q_2), 냉동장치의 냉동능력(q_3)을 고려하여 산출한다.

$q_3 = q_1 + q_2 \rightarrow K_3 A_3 \Delta t_3 = K_1 A_1 \Delta t_1 + K_2 A_2 \Delta t_2$

$29.03 \text{W/m}^2 \text{℃} \times 20 \text{m}^2 \times (t_i - (-10))$

$= 0.232 \times 1,000 \times (30 - t_i) + 5.805 \times 500 \times (5 - t_i)$

$\therefore t_i = 4.217\text{℃} = 4.2\text{℃}$

38 다음 중 자연냉동법이 아닌 것은?

① 융해열을 이용하는 방법
② 승화열을 이용하는 방법
③ 기한제를 이용하는 방법
④ 증기분사를 하여 냉동하는 방법

증기분사를 하여 냉동하는 방법은 설비를 활용한 동결법 중에 하나이다.

자연냉동을 이용한 냉동법

구분	내용
융해열을 이용하는 방법	얼음 등과 같이 물체가 융해할 때에는 융해잠열을 흡수하게 되는 원리를 이용하여 냉동작용을 얻는 방법이다.
승화열을 이용하는 방법	어떤 물질이 고체에서 기체로 변화할 때 흡수하는 열을 이용하여 냉동작용을 얻는 방법이다.
증발열을 이용하는 방법	어떤 물질이 액체에서 기체로 될 때는 증발잠열을 피냉각 물질로부터 흡수하게 되는 원리를 이용하는 방법이다.
기한제를 이용하는 방법	서로 다른 두 물질을 혼합하면 한 종류만을 사용할 때보다 더 낮은 온도를 얻을 수 있는데, 이와 같은 방법을 이용하여 냉동작용을 얻을 수 있고, 이와 같은 혼합물을 기한제라 한다.

39 다음 중 암모니아 냉동시스템에 사용되는 팽창장치로 적절하지 않은 것은?

① 수동식 팽창밸브
② 모세관식 팽창장치
③ 저압 플로트 팽창밸브
④ 고압 플로트 팽창밸브

모세관(Capillary Tube)식 팽창장치(압력강하장치)

1HP 이하의 소형용으로 가격이 경제적이나, 부하변동에 따른 유량 조절이 불가능하고, 고압 측에 수액기를 설치할 수 없으며, 수분이나 이물질에 의해 동결, 폐쇄의 우려가 있다. 또한 암모니아계 냉매 적용 시에는 사용이 어렵다.

40 착상이 냉동장치에 미치는 영향으로 가장 거리가 먼 것은?

① 냉장실 내 온도가 상승한다.
② 증발온도 및 증발압력이 저하한다.
③ 냉동능력당 전력 소비량이 감소한다.
④ 냉동능력당 소요동력이 증대한다.

착상(Frost) 현상은 공기 냉각용 증발기에서 대기 중의 수증기가 응축 동결되어 서리 상태로 냉각관 표면에 부착하는 현상을 말하며 이를 제거하는 작업을 제상(Defrost)이라고 한다.

착상(적상, Frost)의 영향

• 전열 불량으로 냉장실 내 온도 상승 및 액압축 초래
• 증발압력 저하로 압축비 상승
• 증발온도 저하
• 실린더 과열로 토출가스 온도 상승
• 윤활유의 열화 및 탄화 우려
• 체적효율 저하 및 압축기 소비동력 증대
• 성적계수 및 냉동능력 감소

Section 03 공기조화

41 온도가 30℃이고, 절대습도가 0.02kg/kg인 실외 공기와 온도가 20℃, 절대습도가 0.01kg/kg인 실내공기를 1 : 2의 비율로 혼합하였다. 혼합된 공기의 건구온도와 절대습도는?

① 23.3℃, 0.013kg/kg
② 26.6℃, 0.025kg/kg
③ 26.6℃, 0.013kg/kg
④ 23.3℃, 0.025kg/kg

정답 38 ④ 39 ② 40 ③ 41 ①

가중평균을 통해 산출한다.

$$t_m = \frac{30 \times 1 + 20 \times 2}{1 + 2} = 23.3\,℃$$

$$x_m = \frac{0.02 \times 1 + 0.01 \times 2}{1 + 2} = 0.013\text{kg/kg}$$

42 냉수코일 설계 시 유의사항으로 옳은 것은?

① 대향류로 하고 대수평균온도차를 되도록 크게 한다.
② 병행류로 하고 대수평균온도차를 되도록 작게 한다.
③ 코일 통과 풍속을 5m/s 이상으로 취하는 것이 경제적이다.
④ 일반적으로 냉수 입·출구 온도차는 10℃보다 크게 취하여 통과 유량을 적게 하는 것이 좋다.

해설

② 대향류로 하고 대수평균온도차를 되도록 크게 한다.
③ 코일 통과 풍속을 2~3m/s 정도로 취하는 것이 경제적이다.
④ 일반적으로 냉수 입·출구 온도차는 5℃ 내외로 하고, 적당한 통과 유량을 확보하는 것이 좋다.

43 건물의 지하실, 대규모 조리장 등에 적합한 기계환기법(강제급기＋강제배기)은?

① 제1종 환기
② 제2종 환기
③ 제3종 환기
④ 제4종 환기

해설

강제급기＋강제배기방식은 일정한 압력을 유지하고자 시행하는 환기방식으로 제1종 환기에 해당한다.

44 다음 난방 방식의 표준방열량에 대한 것으로 옳은 것은?

① 증기난방 : 0.523kW
② 온수난방 : 0.756kW
③ 복사난방 : 1.003kW
④ 온풍난방 : 표준방열량이 없다.

해설

• 표준방열량 : 온수난방 0.523kW, 증기난방 0.756kW
• 온풍난방은 별도로 규정된 표준방열량이 없으며, 복사 난방 방식의 경우 매립된 배관 혹은 패널 내를 흐르는 열매에 따라 표준방열량이 달라지게 된다.

45 냉·난방 시의 실내 현열부하를 q_s(W), 실내와 말단장치의 온도(℃)를 각각 t_r, t_d라 할 때 송풍량 Q(L/s)를 구하는 식은?

① $Q = \dfrac{q_s}{0.24(t_r - t_d)}$ ② $Q = \dfrac{q_s}{1.2(t_r - t_d)}$

③ $Q = \dfrac{q_s}{1.85(t_r - t_d)}$ ④ $Q = \dfrac{q_s}{2,501(t_r - t_d)}$

해설

$$q_s = Q\rho C_p \Delta t$$

$$Q = \frac{q_s}{\rho C_p \Delta t} = \frac{q_s}{1.2 \times 1.01 \times (t_r - t_d)} ≒ \frac{q_s}{1.2 \times (t_r - t_d)}$$

여기서, ρ : 밀도, C_p : 정압비열

46 에어워셔에 대한 설명으로 틀린 것은?

① 세정실(Spray Chamber)은 엘리미네이터 뒤에 있어 공기를 세정한다.
② 분무 노즐(Spray Nozzle)은 스탠드 파이프에 부착되어 스프레이 헤더에 연결된다.
③ 플러딩 노즐(Flooding Nozzle)은 먼지를 세정한다.
④ 다공판 또는 루버(Louver)는 기류를 정류해서 세정실 내를 통과시키기 위한 것이다.

세정실(Spray Chamber)은 통과 공기와 분무수를 접촉시키는 역할을 하는 것으로서, 엘리미네이터 앞에 설치한다.

47 덕트 내 풍속을 측정하는 피토관을 이용하여 전압 23.8mmAq, 정압 10mmAq를 측정하였다. 이 경우 풍속은 약 얼마인가?

① 10m/s ② 15m/s
③ 20m/s ④ 25m/s

해설

전압 = 정압 + 동압

$$P_T = P_S + P_D = P_S + \frac{\gamma V^2}{2g}$$

여기서, γ : 공기의 비중량(kgf/m³)

$$23.18 = 10 + \frac{1.2 \times V^2}{2 \times 9.8}$$

$$\therefore \ V = 14.67 \fallingdotseq 15\text{m/s}$$

48 어떤 방의 취득 현열량이 8,360kJ/h로 되었다. 실내온도를 28℃로 유지하기 위하여 16℃의 공기를 취출하기로 계획한다면 실내로의 송풍량은?(단, 공기의 비중량은 1.2kg/m³, 정압비열은 1.004kJ/kg℃이다.)

① 426.2m³/h ② 467.5m³/h
③ 578.24m³/h ④ 612.3m³/h

해설

$$Q = \frac{q_s}{\rho C_p \Delta t_s}$$

$$= \frac{8,360\text{kJ/h}}{1.2\text{kg/m}^3 \times 1.004\text{kJ/kg℃} \times (28-16)\text{℃}}$$

$$= 578.24\text{m}^3/\text{h}$$

49 다음 조건의 외기와 재순환공기를 혼합하려고 할 때 혼합공기의 건구온도는?

- 외기 34℃ DB, 1,000m³/h
- 재순환공기 26℃ DB, 2,000m³/h

① 31.3℃ ② 28.7℃
③ 18.6℃ ④ 10.3℃

해설

$$t_{mix} = \frac{34 \times 1,000 + 26 \times 2,000}{1,000 + 2,000} = 28.67\text{℃} = 28.7\text{℃}$$

50 온풍난방의 특징에 관한 설명으로 틀린 것은?

① 예열부하가 거의 없으므로 기동시간이 아주 짧다.
② 취급이 간단하고 취급자격자를 필요로 하지 않는다.
③ 방열기기나 배관 등의 시설이 필요 없어 설비비가 싸다.
④ 취출온도의 차가 작아 온도분포가 고르다.

해설

온풍난방은 공기로 취출되는 대류난방을 하므로, 취출되는 공기의 온도와 실내 온도 간의 차가 크다. 따라서 온풍기류 흐름에 따라 동일 실 안에서도 각 부분별로 온도차가 크게 발생하는 특징이 있다.

51 간이계산법에 의한 건평 150m²에 소요되는 보일러의 급탕부하는?(단, 건물의 열손실은 90kJ/m²h, 급탕량은 100kg/h, 급수 및 급탕 온도는 각각 30℃, 70℃이다.)

① 3,500kJ/h ② 4,000kJ/h
③ 13,500kJ/h ④ 16,800kJ/h

해설

급탕부하(kJ/h) = 급탕량 × 비열 × 온도차
　　　　　 = 100kg/h × 4.19kJ/kg℃ × (70-30)℃
　　　　　 = 16,760kJ/h ≒ 16,800kJ/h

정답　　47 ②　48 ③　49 ②　50 ④　51 ④

52 덕트 조립공법 중 원형 덕트의 이음 방법이 아닌 것은?

① 드로우 밴드 이음(Draw Band Joint)
② 비드 크림프 이음(Beaded Crimp Joint)
③ 더블 심(Double Seem)
④ 스파이럴 심(Spiral Seam)

해설

더블 심(Double Seem)은 원형 덕트가 아닌 장방형 덕트의 세로 방향 조립법이다.

53 공기 냉각 · 가열코일에 대한 설명으로 틀린 것은?

① 코일의 관 내에 물 또는 증기, 냉매 등의 열매를 통과시키고 외측에는 공기를 통과시켜서 열매와 공기 간의 열교환을 시킨다.
② 코일에 일반적으로 16mm 정도의 동관 또는 강관의 외측에 동, 강 또는 알루미늄제의 판을 붙인 구조로 되어 있다.
③ 에로핀 중 감아 붙인 핀이 주름진 것을 스무드 핀, 주름이 없는 평면상의 것을 링클핀이라고 한다.
④ 관의 외부에 얇게 리본 모양의 금속판을 일정한 간격으로 감아 붙인 핀의 형상을 에로핀형이라 한다.

해설

에로핀 중 감아 붙인 핀이 주름진 것을 링클핀, 주름이 없는 평면상의 것을 평판핀이라고 한다.

54 유인유닛 공조 방식에 대한 설명으로 틀린 것은?

① 1차 공기를 고속덕트로 공급하므로 덕트 스페이스를 줄일 수 있다.
② 실내 유닛에는 회전기기가 없으므로 시스템의 내용연수가 길다.

③ 실내부하를 주로 1차 공기로 처리하므로 중앙공조기는 커진다.
④ 송풍량이 적어 외기 냉방효과가 낮다.

해설

실내부하를 주로 2차 공기(유인공기)로 처리하므로 중앙공조기는 다른 방식에 비해 작아질 수 있다. 여기서, 2차 공기(유인공기)는 1차 공기와 혼합되는 기존 실내공기를 의미한다.

55 온풍난방에서 중력식 순환 방식과 비교한 강제순환 방식의 특징에 관한 설명으로 틀린 것은?

① 기기 설치장소가 비교적 자유롭다.
② 급기덕트가 작아서 은폐가 용이하다.
③ 공급되는 공기는 필터 등에 의하여 깨끗하게 처리될 수 있다.
④ 공기순환이 어렵고 쾌적성 확보가 곤란하다.

해설

펌프를 이용하는 강제순환식은 중력순환식에 비해 공기순환이 원활하고, 그에 따라 균일한 풍량 공급이 가능하여 쾌적성 면에서도 좋다.

56 공조 방식에서 가변풍량 덕트 방식에 관한 설명으로 틀린 것은?

① 운전비 및 에너지의 절약이 가능하다.
② 공조해야 할 공간의 열부하 증감에 따라 송풍량을 조절할 수 있다.
③ 다른 난방 방식과 동시에 이용할 수 없다.
④ 실내 칸막이 변경이나 부하의 증감에 대처하기 쉽다.

해설

가변풍량 덕트 방식은 바닥복사난방 등과 병행하여 동시에 공조가 가능하다.

57 특정한 곳에 열원을 두고 열수송 및 분배망을 이용하여 한정된 지역으로 열매를 공급하는 난방법은?

① 간접난방법　　　② 지역난방법
③ 단독난방법　　　④ 개별난방법

해설

지역난방은 중앙 플랜트에서 증기 혹은 고온수를 이송관을 통해 아파트 단지 등의 사용처에 공급하여 난방하는 방식이다.

58 공조용 열원장치에서 히트펌프 방식에 대한 설명으로 틀린 것은?

① 히트펌프 방식은 냉방과 난방을 동시에 공급할 수 있다.
② 히트펌프 원리를 이용하여 지열시스템 구성이 가능하다.
③ 히트펌프 방식 열원기기의 구동 동력은 전기와 가스를 이용한다.
④ 히트펌프를 이용해 난방은 가능하나 급탕 공급은 불가능하다.

해설

응축기 부분에서 열교환된 온수를 난방 및 급탕 열원으로 활용 가능하다.

59 겨울철에 어떤 방을 난방하는 데 있어서 이 방의 현열 손실이 12,000kJ/h이고 잠열 손실이 4,000kJ/h이며, 실온을 21℃, 습도를 50%로 유지하려 할 때 취출구의 온도차를 10℃로 하면 취출구 공기상태점은?

① 21℃, 50%인 상태점을 지나는 현열비 0.75에 평행한 선과 건구온도 31℃인 선이 교차하는 점
② 21℃, 50%인 점을 지나고 현열비 0.33에 평행한 선과 건구온도 31℃인 선이 교차하는 점
③ 21℃, 50%인 점을 지나고 현열비 0.75에 평행한 선과 건구온도 11℃인 선이 교차하는 점

④ 21℃, 50%인 점과 31℃, 50%인 점을 잇는 선분을 4 : 3으로 내분하는 점

해설

현열비 $= \dfrac{\text{현열부하}}{\text{현열부하} + \text{잠열부하}} = \dfrac{12,000}{12,000 + 4,000} = 0.75$

취출온도차가 10℃이므로, 실내온도는 21℃이고 취출온도는 31℃이다.(겨울철은 난방을 해야 하므로, 취출온도가 실내온도보다 높다.)

∴ 취출구 공기상태점은 21℃, 50%인 상태점을 지나는 현열비 0.75에 평행한 선과 건구온도 31℃인 선이 교차하는 점이다.

60 관류보일러에 대한 설명으로 옳은 것은?

① 드럼과 여러 개의 수관으로 구성되어 있다.
② 관을 자유로이 배치할 수 있어 보일러 전체를 합리적인 구조로 할 수 있다.
③ 전열면적당 보유수량이 커 시동시간이 길다.
④ 고압 대용량에 부적합하다.

해설

①, ④ 급수가 드럼 없이 긴 관을 통과할 동안 예열, 증발, 과열되어 소요의 과열증기를 발생시키는 초고압용 외분식 보일러이다.
③ 전열면적당 보유수량이 적어 가동시간이 짧고 증기 발생속도가 빠르다.

61 회로에서 A와 B 간의 합성 저항은 약 몇 Ω인가?(단, 각 저항의 단위는 모두 Ω이다.)

① 2.66　　　　　② 3.2
③ 5.33　　　　　④ 6.4

휘트스톤 브리지 회로에서의 합성 저항(R)의 산출

휘트스톤 브리지 회로에서 마주보는 저항들 간의 곱의 크기가 서로 같으므로, CD의 4Ω은 개방상태로 간주할 수 있다.

$$R = \cfrac{1}{\cfrac{1}{R_{ACB}} + \cfrac{1}{R_{ADB}}}$$

$$= \cfrac{1}{\cfrac{1}{4+4} + \cfrac{1}{8+8}} = 5.33\Omega$$

62 기계장치, 프로세스 및 시스템 등에서 제어되는 전체 또는 부분으로서 제어량을 발생시키는 장치는?

① 제어장치   ② 제어대상
③ 조작장치   ④ 검출장치

제어량을 발생시키는 주체는 제어대상이다. 예를 들면, 공기조화에서 제어대상은 어떠한 공간(실)이 되고, 이 공간에서 목표로 한 온도 등의 조건을 맞추기 위해 제어를 해야 하는 양이 발생하게 된다.

63 목표값이 미리 정해진 시간적 변화를 하는 경우 제어량을 변화시키는 제어는?

① 정치제어   ② 추종제어
③ 비율제어   ④ 프로그램 제어

① 정치제어 : 제어량을 어떤 일정한 목표값으로 유지하는 것을 목적으로 하는 제어법이다.
② 추종제어 : 미지의 임의 시간적 변화를 하는 목표값에 제어량을 추종시키는 것을 목적으로 하는 제어법이다.
③ 비율제어 : 목표값이 다른 양과 일정한 비율 관계를 가지고 변화시키는 제어 방식이다.

64 입력이 011$_{(2)}$일 때, 출력이 3V인 컴퓨터 제어의 D/A 변환기에서 입력을 101$_{(2)}$로 하였을 때 출력은 몇 V인가?(단, 3bit 디지털 입력이 011$_{(2)}$은 Off, On, On을 뜻하고 입력과 출력은 비례한다.)

① 3   ② 4
③ 5   ④ 6

$101_{(2)} = 2^2 \times 1 + 2^1 \times 0 + 2^0 \times 1 = 5V$

65 토크가 증가하면 속도가 낮아져 대체적으로 일정한 출력이 발생하는 것을 이용해서 전차, 기중기 등에 주로 사용하는 직류전동기는?

① 직권전동기   ② 분권전동기
③ 가동복권전동기   ④ 차동복권전동기

직권전동기
• 직권전동기는 직류전동기의 한 종류로서 토크가 증가하면 속도가 저하되는 특성이 있다.
• 이에 따라 회전속도와 토크와의 곱에 비례하는 출력도 어느 정도 일정한 경향을 갖게 되며, 이와 같은 특성을 이용하여 큰 기동 토크가 요구되고 운전 중 부하변동이 심한 전차, 기중기 등에 주로 적용하고 있다.

66 제어량을 원하는 상태로 하기 위한 입력신호는?

① 제어명령   ② 작업명령
③ 명령처리   ④ 신호처리

제어량을 원하는 상태로 하기 위한 입력신호를 제어명령이라고 한다.

67 평행하게 왕복되는 두 도선에 흐르는 전류 간의 전자력은?(단, 두 도선 간의 거리는 r(m)라 한다.)

① r에 비례하며 흡인력이다.

② r^2에 비례하며 흡인력이다.

③ $\dfrac{1}{r}$에 비례하며 반발력이다.

④ $\dfrac{1}{r^2}$에 비례하며 반발력이다.

해설

평행 전류 사이의 전자력

평행 도선에 각각 I_1, I_2의 전류가 흐르고 도선 사이의 거리가 r일 때 도선이 받는 힘 F는 다음과 같다.

$$F = BI_2L = 2 \times 10^{-7} \times \frac{I_1 \times I_2}{r} L$$

여기서, B : 자속밀도(Wb/m²)

L : 도선길이(m)

이때, 전류의 방향이 같으면 인력(흡인력), 반대 방향이면 척력(반발력)이 작용한다.

본 문제에서는 평행하게 왕복된다고 하였으므로 반대 방향에 해당하며, 거리(r)에 반비례하는 척력(반발력)이 작용하게 된다.

68 피드백 제어계에서 제어장치가 제어대상에 가하는 제어신호로 제어장치의 출력인 동시에 제어대상의 입력인 신호는?

① 목표값   ② 조작량
③ 제어량   ④ 동작신호

해설

조작량은 제어대상에 양을 가하는 출력인 동시에 제어대상의 입력신호이다.

① 목표값 : 제어량이 어떤 값을 목표로 정하도록 외부에서 주어지는 값이다.(피드백 제어계에서는 제외되는 신호)

③ 제어량 : 제어대상에 속하는 양으로, 제어대상을 제어하는 것을 목적으로 하는 물리적인 양을 말한다.(출력 발생 장치)

④ 동작신호 : 제어요소에 가해지는 신호를 말하며 불연속 동작, 연속 동작으로 분류된다.

69 피드백 제어의 장점으로 틀린 것은?

① 목표값에 정확히 도달할 수 있다.

② 제어계의 특성을 향상시킬 수 있다.

③ 외부 조건의 변화에 대한 영향을 줄일 수 있다.

④ 제어기 부품들의 성능이 나쁘면 큰 영향을 받는다.

해설

제어기 부품들의 성능이 나쁘면 검출의 부정확성 등으로 인해 나쁜 영향을 줄 수 있다. 이는 피드백 제어의 단점에 해당한다.

70 다음과 같은 두 개의 교류전압이 있다. 두 개의 전압은 서로 어느 정도의 시간차를 가지고 있는가?

$$v_1 = 10\cos 10t, \quad v_2 = 10\cos 5t$$

① 약 0.25초   ② 약 0.46초
③ 약 0.63초   ④ 약 0.72초

해설

시간차(Δt) 산출

$$t(\sec) = \frac{2\pi}{\omega}$$

여기서, ω : 각속도

$v = \cos\omega t$이므로 ω는 각각 10과 5이다.

$t_1 = \dfrac{2\pi}{\omega_1} = \dfrac{2\pi}{10} = 0.63$ $\qquad$ $t_2 = \dfrac{2\pi}{\omega_2} = \dfrac{2\pi}{5} = 1.26$

$\therefore \Delta t = t_2 - t_1 = 1.26 - 0.63 = 0.63\sec$

71 그림과 같은 계통의 전달함수는?

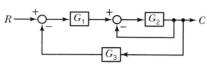

① $\dfrac{G_1 G_2}{1 + G_2 G_3}$ $\qquad\qquad$ ② $\dfrac{G_1 G_2}{1 + G_1 + G_2 G_3}$

③ $\dfrac{G_1 G_2}{1 + G_2 + G_1 G_2 G_3}$ $\qquad$ ④ $\dfrac{G_1 G_2}{1 + G_1 G_2 + G_2 G_3}$

정답   67 ③   68 ②   69 ④   70 ③   71 ③

해설

전달함수 $G(s) = \dfrac{C}{R} = \dfrac{\text{전향경로의 합}}{1-\text{피드백의 합}}$

$= \dfrac{G_1 G_2}{1-(-G_2-G_1 G_2 G_3)}$

$= \dfrac{G_1 G_2}{1+G_2+G_1 G_2 G_3}$

72 평행판 간격을 처음의 2배로 증가시킬 경우 정전용량 값은?

① 1/2로 된다.　　② 2배로 된다.

③ 1/4로 된다.　　④ 4배로 된다.

해설

평행판 간격과 정전용량은 반비례한다.

정전용량(Capacitance)의 산출식

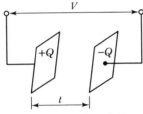

정전용량$(C) = \dfrac{Q}{V} = \varepsilon\left(\dfrac{A}{t}\right)$

여기서, Q : 전하(C), V : 전압(V), ε : 유전율

　　　A : 극판면적(m²), t : 평행판 간격(m)

73 내부저항 r인 전류계의 측정범위를 n배로 확대하려면 전류계에 접속하는 분류기 저항(Ω)값은?

① nr　　　　　　② $\dfrac{r}{n}$

③ $(n-1)r$　　　④ $\dfrac{r}{n-1}$

해설

n배의 분류기 저항값(Ω) $= \dfrac{r}{n-1}$

74 그림과 같은 계전기 접점회로의 논리식은?

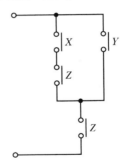

① $XZ+Y$　　　　② $(X+Y)Z$

③ $(X+Z)Y$　　　④ $X+Y+Z$

해설

$((X \cdot Z)+Y)Z = X \cdot Z \cdot Z + Y \cdot Z$

$= X \cdot Z + Y \cdot Z$

$= (X+Y)Z$

75 전달함수 $G(s) = \dfrac{s+b}{s+a}$ 를 갖는 회로가 진상 보상회로의 특성을 갖기 위한 조건으로 옳은 것은?

① $a > b$　　　　　② $a < b$

③ $a > 1$　　　　　④ $b > 1$

해설

전달함수 $G(s) = \dfrac{s+b}{s+a}$ 에서 진상 보상회로의 경우 $a > b$, 지상 보상회로의 경우 $a < b$이다.

진상 보상기 회로

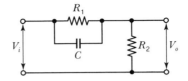

76 예비 전원으로 사용되는 축전지의 내부저항을 측정할 때 가장 적합한 브리지는?

① 캠벨 브리지　　　② 맥스웰 브리지

③ 휘트스톤 브리지　④ 콜라우시 브리지

브리지의 종류별 용도

구분	용도
캠벨 브리지	상호 인덕턴스와 주파수 측정에 사용
맥스웰 브리지	상호 인덕턴스 측정용 브리지
휘트스톤 브리지	$0.5 \sim 10^5 \Omega$의 중저항 측정용 계기
콜라우시 브리지	접지저항, 전해액의 저항, 전지의 내부저항을 측정하는 계기

77 물 20L를 15℃에서 60℃로 가열하려고 한다. 이때 필요한 열량은 몇 kJ인가?(단, 가열 시 손실은 없는 것으로 한다.)

① 2,933 ② 3,352
③ 3,771 ④ 4,186

해설

$q = Q\rho C \Delta t = 20\text{L} \times 1\text{kg/L} \times 4.19\text{kJ/kg} \cdot \text{K} \times (60 - 15)$
$= 3,771\text{kJ}$

78 제어하려는 물리량을 무엇이라 하는가?

① 제어 ② 제어량
③ 물질량 ④ 제어대상

해설

제어량(Controlled Value)
제어대상에 속하는 양으로, 제어대상을 제어하는 것을 목적으로 하는 물리적인 양을 말한다.

79 전동기에 일정 부하를 걸어 운전 시 전동기 온도 변화로 옳은 것은?

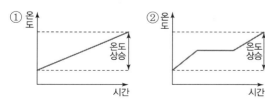

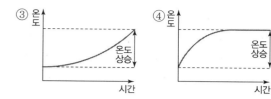

해설

전동기에 일정 부하를 걸어 운전할 경우 초기에 온도가 상승하다 어느 정도의 온도가 되면 일정한 온도 특성을 띠게 된다.

80 서보 드라이브에서 펄스로 지령하는 제어운전은?

① 위치제어운전 ② 속도제어운전
③ 토크제어운전 ④ 변위제어운전

해설

서보 드라이브는 모션 제어기로부터 위치명령을 입력받아 서보 모터가 정해진 위치만큼 움직이도록 코일에 원하는 전류를 흘려주는 장치로서, 이러한 서보 드라이브에서 펄스로 지령하는 제어운전은 위치제어운전이다.

Section 05 배관일반

81 배관용 보온재의 구비조건에 관한 설명으로 틀린 것은?

① 내열성이 높을수록 좋다.
② 열전도율이 작을수록 좋다.
③ 비중이 작을수록 좋다.
④ 흡수성이 클수록 좋다.

해설

보온재에 수분이 흡수되면 단열성능이 저하되므로, 보온재는 흡수성이 작을수록 좋다.

82 가열기에서 최고위 급탕 전까지 높이가 12m 이고, 급탕온도가 85℃, 복귀탕의 온도가 70℃일 때, 자연순환수두(mmAq)는?(단, 85℃일 때 밀도는 0.96876kg/L이고, 70℃일 때 밀도는 0.97781 kg/L이다.)

① 70.5   ② 80.5

③ 90.5   ④ 108.6

> [해설]

자연순환수두(H) 산출

$$H = (\rho_1 - \rho_2)h = (0.97781 - 0.96876) \times 12m$$
$$= 0.1086mAq = 108.6mmAq$$

여기서, ρ_1 : 급수(저온)의 밀도(kg/L)

ρ_2 : 급탕(고온)의 밀도(kg/L)

h : 가열기에서 수전까지의 높이(m)

83 관경 100A인 강관을 수평주관으로 시공할 때 지지간격으로 가장 적절한 것은?

① 2m 이내   ② 4m 이내

③ 8m 이내   ④ 12m 이내

> [해설]

강관을 수평주관으로 시공할 때 100A일 경우 지지간격은 4.0m 이내이다.

84 상수 및 급탕배관에서 상수 이외의 배관 또는 장치가 접속되는 것을 무엇이라고 하는가?

① 크로스 커넥션   ② 역압 커넥션

③ 사이펀 커넥션   ④ 에어캡 커넥션

> [해설]

크로스 커넥션(Cross Connection)

상수 및 급탕배관에 상수 이외의 배관(중수도 배관 등)이 잘못 연결되는 것을 말하며, 배관 색상 등을 명확히 구분하는 등 예방책이 필요하다.

85 보온재를 유기질과 무기질로 구분할 때, 다음 중 성질이 다른 하나는?

① 우모 펠트

② 규조토

③ 탄산마그네슘

④ 슬래그 섬유

> [해설]

우모 펠트는 유기질이며, 나머지 보기는 모두 무기질 재료이다.

86 도시가스의 공급설비 중 가스홀더의 종류가 아닌 것은?

① 유수식   ② 중수식

③ 무수식   ④ 고압식

> [해설]

가스홀더의 종류
- 저압식 : 유수식, 무수식
- 고압식 : 원통형, 구형

87 냉매배관 설치 시 주의사항으로 틀린 것은?

① 배관은 가능한 한 간단하게 한다.

② 배관의 굽힘을 적게 한다.

③ 배관에 큰 응력이 발생할 염려가 있는 곳에는 루프 배관을 한다.

④ 냉매의 열손실을 방지하기 위해 바닥에 매설한다.

> [해설]

냉매배관의 누설 등 유지보수에 대한 사항을 고려하여 가급적 매립하지 않으며, 열손실을 방지하기 위해서는 단열처리를 해야 한다.

정답   82 ④   83 ②   84 ①   85 ①   86 ②   87 ④

88 냉각 레그(Cooling Leg) 시공에 대한 설명으로 틀린 것은?

① 관경은 증기주관보다 한 치수 크게 한다.
② 냉각 레그와 환수관 사이에는 트랩을 설치하여야 한다.
③ 응축수를 냉각하여 재증발을 방지하기 위한 배관이다.
④ 보온피복을 할 필요가 없다.

해설

냉각 레그(Cooling Leg)는 증기주관보다 한 치수 작게 시공한다.

89 기체 수송 설비에서 압축공기 배관의 부속장치가 아닌 것은?

① 후부냉각기　　　② 공기여과기
③ 안전밸브　　　　④ 공기빼기밸브

해설

공기빼기밸브는 난방이나 급탕 등의 밀폐배관계에서 발생하는 기포(증기)를 빼주기 위한 기기이다.

90 가스설비에 관한 설명으로 틀린 것은?

① 일반적으로 사용되고 있는 가스유량 중 1시간당 최댓값을 설계유량으로 한다.
② 가스미터는 설계유량을 통과시킬 수 있는 능력을 가진 것을 선정한다.
③ 배관 관경은 설계유량이 흐를 때 배관의 끝부분에서 필요한 압력이 확보될 수 있도록 한다.
④ 일반적으로 공급되고 있는 천연가스에는 일산화탄소가 많이 함유되어 있다.

해설

일산화탄소는 연소 시 배출되는 물질이다. 천연가스는 석유 등 다른 연료들에 비해 연소 후 배출되는 황산화물 및 일산화탄소의 양이 적은 특징을 갖고 있다.

91 증기트랩에 관한 설명으로 옳은 것은?

① 플로트 트랩은 응축수나 공기가 자동적으로 환수관에 배출되며, 저·고압에 쓰이고 형식에 따라 앵글형과 스트레이트형이 있다.
② 열동식 트랩은 고압, 중압의 증기관에 적합하며, 환수관을 트랩보다 위쪽에 배관할 수도 있고, 형식에 따라 상향식과 하향식이 있다.
③ 임펄스 증기트랩은 실린더 속의 온도 변화에 따라 연속적으로 밸브가 개폐하며, 작동 시 구조상 증기가 약간 새는 결점이 있다.
④ 버킷 트랩은 구조상 공기를 함께 배출하지 못하지만 다량의 응축수를 처리하는 데 적합하며, 다량 트랩이라고 한다.

해설

① 열동식 트랩에 대한 설명이다.
② 기계식 트랩 중 버킷 트랩에 대한 설명이다.
④ 기계식 트랩 중 플로트 트랩에 대한 설명이다.

92 폴리에틸렌관의 이음방법이 아닌 것은?

① 콤포 이음　　　② 융착 이음
③ 플랜지 이음　　④ 테이퍼 이음

해설

폴리에틸렌관의 접합법
나사 접합, 플랜지 접합, 인서트 접합, 용착(융착) 슬리브 접합, 테이퍼 접합

93 동일 구경의 관을 직선 연결할 때 사용하는 관 이음재료가 아닌 것은?

① 소켓　　　　　② 플러그
③ 유니언　　　　④ 플랜지

해설

플러그는 배관 말단을 막을 때 적용하는 재료이다.

94 열교환기 입구에 설치하여 탱크 내의 온도에 따라 밸브를 개폐하며, 열매의 유입량을 조절하여 탱크 내의 온도를 설정범위로 유지시키는 밸브는?

① 감압밸브   ② 플랩밸브
③ 바이패스밸브   ④ 온도조절밸브

[해설]

열교환기 입구에 설치하여 탱크 내에서 감지된 온도에 따라 밸브를 개폐하여 열매 유입량을 조절하는 밸브는 온도조절밸브이다.

95 급수배관 내에 공기실을 설치하는 주된 목적은?

① 공기밸브를 작게 하기 위하여
② 수압시험을 원활하게 하기 위하여
③ 수격작용을 방지하기 위하여
④ 관 내 흐름을 원활하게 하기 위하여

[해설]

수격작용 발생 시 충격압을 최소화(도피)하기 위해 공기실(Air Chamber), 수격방지기(Water Hammer Arrester) 등을 설치한다.

96 다음 보기에서 설명하는 통기관 설비 방식과 특징으로 적합한 방식은?

- 배수관의 청소구 위치로 인해서 수평관이 구부러지지 않게 시공한다.
- 배수수평분기관이 수평주관의 수위에 잠기면 안된다.
- 배수관의 끝부분은 항상 대기 중에 개방되도록 한다.
- 이음쇠를 통해 배수에 선회력을 주어 관 내 통기를 위한 공기 코어를 유지하도록 한다.

① 섹스티아(Sextia) 방식
② 소벤트(Sovent) 방식
③ 각개통기 방식
④ 신정통기 방식

[해설]

② 소벤트(Sovent) 방식
- 통기관을 따로 설치하지 않고 하나의 배수수직관으로 배수와 통기를 겸하는 시스템이다.
- 2개의 특수이음쇠 적용 : 공기혼합 이음쇠(Aerator Fitting), 공기분리 이음쇠(Deaerator Fitting)
③ 각개통기 방식 : 위생기구마다 각각 통기관을 설치하는 방법으로 가장 이상적인 방법이다.
④ 신정통기 방식 : 최상부의 배수수평관이 배수입상관에 접속한 지점보다도 더 상부방향으로, 그 배수입상관을 지붕 위까지 연장하여 이것을 통기관으로 사용하는 관을 말한다.

97 25mm 강관의 용접 이음용 숏(Short) 엘보의 곡률반경(mm)은 얼마 정도로 하면 되는가?

① 25   ② 37.5
③ 50   ④ 62.5

[해설]

용접형 엘보의 곡률반경은 숏(Short) 엘보의 경우 호칭경과 동일하게 해 준다. 또한 롱(Long) 엘보의 경우에는 호칭경에 1.5배를 하여 산출한다.

98 다음 중 배수설비와 관련된 용어는?

① 공기실(Air Chamber)
② 봉수(Seal Water)
③ 볼탭(Ball Tap)
④ 드렌처(Drencher)

[해설]

공기실은 급수에서의 수격작용, 볼탭은 저수조의 일정수위 유지, 드렌처는 소방 관련 벽취출 설치를 말한다. 봉수는 배수 트랩에 채워져 있으면서 배수관으로부터 악취의 역류를 막아준다.

99 도시가스계량기(30m³/h 미만)의 설치 시 바닥으로부터 설치높이로 가장 적합한 것은?(단, 설치높이의 제한을 두지 않는 특정 장소는 제외한다.)

① 0.5m 이하
② 0.7m 이상 1m 이내
③ 1.6m 이상 2m 이내
④ 2m 이상 2.5m 이내

해설

도시가스계량기 설치기준
- 전기계량기, 전기개폐기, 전기안전기에서 60cm 이상 이격 설치
- 전기점멸기(스위치), 전기콘센트, 굴뚝과는 30cm 이상 이격 설치
- 저압전선에서 15cm 이상 이격 설치
- 설치높이는 바닥(지면)에서 1.6~2.0m 이내 설치
- 계량기는 화기와 2m 이상의 우회거리 유지 및 양호한 환기 처리가 필요

100 진공환수식 증기난방 배관에 대한 설명으로 틀린 것은?

① 배관 도중에 공기빼기밸브를 설치한다.
② 배관 기울기를 작게 할 수 있다.
③ 리프트 피팅에 의해 응축수를 상부로 배출할 수 있다.
④ 응축수의 유속이 빠르게 되므로 환수관을 가늘게 할 수가 있다.

해설

진공환수식의 경우 진공펌프로 장치 내의 공기를 제거하면서 환수 내의 응축수를 보일러에 환수하는 방식으로서 별도의 공기빼기밸브를 설치하지 않아도 된다.

Section 01 기계열역학

01 이상기체에 대한 관계식 중 옳은 것은?(단, C_p, C_v는 정압 및 정적비열, k는 비열비이고, R은 기체상수이다.)

① $C_p = C_v - R$

② $C_v = \dfrac{k-1}{k}R$

③ $C_p = \dfrac{k}{k-1}R$

④ $R = \dfrac{C_p + C_v}{2}$

> **해설**
> ① $C_p = C_v + R$
> ② $C_v = \dfrac{1}{k-1}R$
> ④ $R = C_p - C_v$

02 온도가 T_1인 고열원으로부터 온도가 T_2인 저열원으로 열전도, 대류, 복사 등에 의해 Q만큼 열전달이 이루어졌을 때 전체 엔트로피 변화량을 나타내는 식은?

① $\dfrac{T_1 - T_2}{Q(T_1 \times T_2)}$

② $\dfrac{Q(T_1 + T_2)}{T_1 \times T_2}$

③ $\dfrac{Q(T_1 - T_2)}{T_1 \times T_2}$

④ $\dfrac{T_1 + T_2}{Q(T_1 \times T_2)}$

> **해설**
> **전체 엔트로피 변화량(ΔS)**
> $$\Delta S = -\frac{Q}{T_1} + \frac{Q}{T_2} = \frac{Q(T_1 - T_2)}{T_1 T_2}$$
> 여기서, $-\dfrac{Q}{T_1}$: 고온 열원의 엔트로피 감소분
> $\dfrac{Q}{T_2}$: 저온 열원의 엔트로피 증가분

03 1kg의 공기가 100℃를 유지하면서 가역 등온팽창하여 외부에 500kJ의 일을 하였다. 이때 엔트로피의 변화량은 약 몇 kJ/K인가?

① 1.895

② 1.665

③ 1.467

④ 1.340

> **해설**
> **엔트로피 변화량(ΔS) 산출**
> $$\Delta S = \frac{\Delta Q}{T} = \frac{500\text{kJ}}{273 + 100} = 1.34\text{J/K}$$

04 증기압축 냉동사이클로 운전하는 냉동기에서 압축기 입구, 응축기 입구, 증발기 입구의 엔탈피가 각각 387.2kJ/kg, 435.1kJ/kg, 241.8kJ/kg일 경우 성능계수는 약 얼마인가?

① 3.0

② 4.0

③ 5.0

④ 6.0

> **해설**
> **냉동기의 성적계수(COP_R)**
> $$COP_R = \frac{q_e}{AW} = \frac{\text{압축기 입구 } h - \text{증발기 입구 } h}{\text{응축기 입구 } h - \text{압축기 입구 } h}$$
> $$= \frac{387.2 - 241.8}{435.1 - 387.2} = 3.0$$

05 습증기 상태에서 엔탈피 h를 구하는 식은? (단, h_f는 포화액의 엔탈피, h_g는 포화증기의 엔탈피, x는 건도이다.)

① $h = h_f + (xh_g - h_f)$

② $h = h_f + x(h_g - h_f)$

③ $h = h_g + (xh_f - h_g)$

④ $h = h_g + x(h_g - h_f)$

정답 01 ③ 02 ③ 03 ④ 04 ① 05 ②

해설

습증기의 엔탈피(h)

$h = h' + x(h'' - h') \longrightarrow h = h_f + x(h_g - h_f)$

여기서, h' : 포화액의 엔탈피

h'' : 포화증기의 엔탈피

x : 건도

---

06 다음의 열역학 상태량 중 종량성 상태량(Extensive Property)에 속하는 것은?

① 압력　　　　　② 체적
③ 온도　　　　　④ 밀도

해설

열역학적 상태량(Property)의 구분

구분	개념	종류
강도성 상태량 (Intensive Property)	물질이 가지는 질량의 크기에 관계없는 상태량	온도, 압력, 밀도, 비체적 등
종량성 상태량 (Extensive Property)	물질의 질량에 따라서 값이 변하는 상태량	무게, 질량, 엔탈피, 내부에너지, 엔트로피, 체적 등

---

07 온도 150℃, 압력 0.5MPa의 공기 0.2kg이 압력이 일정한 과정에서 원래 체적의 2배로 늘어난다. 이 과정에서의 일은 약 몇 kJ인가?(단, 공기는 기체상수가 0.287kJ/kg · K인 이상기체로 가정한다.)

① 12.3kJ　　　　② 16.5kJ
③ 20.5kJ　　　　④ 24.3kJ

해설

정압과정에서 일량(W) 산출

$W = mR\Delta T = mR(T_2 - T_1)$

$\quad = 0.2\text{kg} \times 0.287\text{kJ/kg} \cdot \text{K} \times [846 - (273 + 150)] = 24.3\text{kJ}$

여기서, T_2는 다음과 같이 산출된다.

정압과정이므로 $\dfrac{T_1}{V_1} = \dfrac{T_2}{V_2} = k$

$\Leftrightarrow T_2 = \dfrac{T_1 \cdot V_2}{V_1} = \dfrac{T_1 \cdot 2V_1}{V_1}$

$\qquad = 2T_1 = 2 \times (273 + 150) = 846k$

---

08 천제연 폭포의 높이가 55m이고 주위와 열교환을 무시한다면 폭포수가 낙하한 후 수면에 도달할 때까지 온도 상승은 약 몇 K인가?(단, 폭포수의 비열은 4.2kJ/kg · K이다.)

① 0.87　　　　　② 0.31
③ 0.13　　　　　④ 0.68

해설

에너지 보존 법칙에 의해 "위치에너지 = 열에너지"의 평형식을 통해 온도 상승(Δt) 정도를 산정한다.

$mgh = mC\Delta t$

$gh = C\Delta t$

$9.8 \times 55\text{m} = 4.2\text{kJ/kg} \cdot \text{K} \times 10^3 \, (\text{J}) \times \Delta t$

$\therefore \Delta t = 0.128 = 0.13\text{K}$

---

09 유체의 교축과정에서 Joule $-$ Thomson 계수(μ_J)가 중요하게 고려되는데 이에 대한 설명으로 옳은 것은?

① 등엔탈피 과정에 대한 온도 변화와 압력 변화의 비를 나타내며 $\mu_J < 0$인 경우 온도 상승을 의미한다.

② 등엔탈피 과정에 대한 온도 변화와 압력 변화의 비를 나타내며 $\mu_J < 0$인 경우 온도 강하를 의미한다.

③ 정적과정에 대한 온도 변화와 압력 변화의 비를 나타내며 $\mu_J < 0$인 경우 온도 상승을 의미한다.

④ 정적과정에 대한 온도 변화와 압력 변화의 비를 나타내며 $\mu_J < 0$인 경우 온도 강하를 의미한다.

해설

줄$-$톰슨 계수는 $\mu_J = \dfrac{\partial T}{\partial P}$이다.

본 과정은 교축과정으로서 등엔탈피 과정이며, $\mu_J < 0$인 경우 교축과정에 따라 압력이 감소($-$)할 때 온도는 증가($+$)하는 것을 의미한다. $\mu_J > 0$인 경우는 두 부호가 모두 같은 경우로서, 교축과정에 따라 압력이 감소($-$)할 때 온도도 함께 감소($-$)하는 것을 의미한다. $\mu_J > 0$ 부분에서 온도가 감소하여 냉동효과가 발생하게 된다.

정답　　06 ②　07 ④　08 ③　09 ①

10 Brayton 사이클에서 압축기 소요일은 175kJ/kg, 공급열은 627kJ/kg, 터빈 발생일은 406kJ/kg로 작동될 때 열효율은 약 얼마인가?

① 0.28   ② 0.37

③ 0.42   ④ 0.48

해설

Brayton 사이클의 열효율(η_b) 산출

$$\eta_b = \frac{일량(AW)}{공급열(q)} = \frac{AW_{turb} - AW_c}{q} = \frac{406 - 175}{627} = 0.37$$

11 마찰이 없는 실린더 내에 온도 500K, 비엔트로피 3kJ/kg · K인 이상기체가 2kg 들어 있다. 이 기체의 비엔트로피가 10kJ/kg · K이 될 때까지 등온과정으로 가열한다면 가열량은 약 몇 kJ인가?

① 1,400kJ   ② 2,000kJ

③ 3,500kJ   ④ 7,000kJ

해설

등온과정에서의 가열량(q) 산출

$q = m T \Delta S = m T(S_2 - S_1)$
$= 2kg \times 500K \times (10 - 3)kJ/kg \cdot K = 7,000kJ$

12 매시간 20kg의 연료를 소비하여 74kW의 동력을 생산하는 가솔린 기관의 열효율은 약 몇 %인가?(단, 가솔린의 저위발열량은 43,470kJ/kg이다.)

① 18   ② 22

③ 31   ④ 43

해설

가솔린 기관의 효율(η) 산출

$$\eta = \frac{동력(출력)}{연료소비량 \times 연료의\ 저위발열량}$$
$$= \frac{W}{G_f \times H_L} = \frac{74kW(kJ/s) \times 3,600}{20kg/h \times 43,470kJ/kg} = 0.31 = 31\%$$

13 다음 중 이상적인 증기터빈의 사이클인 랭킨 사이클을 옳게 나타낸 것은?

① 가역 등온압축 → 정압가열 → 가역 등온팽창 → 정압냉각

② 가역 단열압축 → 정압가열 → 가역 단열팽창 → 정압냉각

③ 가역 등온압축 → 정적가열 → 가역 등온팽창 → 정적냉각

④ 가역 단열압축 → 정적가열 → 가역 단열팽창 → 정적냉각

해설

랭킨 사이클은 증기 동력 사이클의 이상 사이클로서, 2개의 정압변화와 2개의 단열변화로 이루어져 있다.

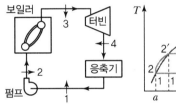 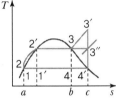

- 펌프(1 → 2) : 가역 단열압축 과정
- 보일러(2 → 3) : 정압가열 과정
- 터빈(3 → 4) : 가역 단열팽창 과정
- 응축기(4 → 1) : 정압냉각 과정

14 피스톤−실린더 장치 내에 있는 공기가 0.3m³에서 0.1m³으로 압축되었다. 압축되는 동안 압력(P)과 체적(V) 사이에 $P = aV^{-2}$의 관계가 성립하며, 계수 $A = 6kPa \cdot m^6$이다. 이 과정 동안 공기가 한 일은 약 얼마인가?

① −53.3kJ   ② −1.1kJ

③ 253kJ   ④ −40kJ

해설

$W = \int_1^n P dv$ 이므로,

$$W = \int_{0.1}^{0.3} P dv = \int_{0.1}^{0.3} a V^{-2} dv = \left[\frac{a}{-2+1} V^{-2+1} \right]_{0.3}^{0.1}$$
$$= -a [V^{-1}]_{0.3}^{0.1} = -6[0.1^{-1} - 0.3^{-1}] = -40kJ$$

15 이상적인 카르노 사이클의 열기관이 500℃인 열원으로부터 500kJ을 받고, 25℃에 열을 방출한다. 이 사이클의 일(W)과 효율(η_{th})은 얼마인가?

① $W = 307.3\text{kJ}$, $\eta_{th} = 0.6145$

② $W = 207.2\text{kJ}$, $\eta_{th} = 0.5748$

③ $W = 250.3\text{kJ}$, $\eta_{th} = 0.8316$

④ $W = 401.5\text{kJ}$, $\eta_{th} = 0.6517$

[해설]

카르노 사이클의 일(W)과 효율(η_{th}) 산출

• 효율(η_{th}) 산출

$$\eta_{th} = 1 - \frac{T_L}{T_H} = 1 - \frac{273 + 25}{273 + 500} = 0.6145$$

• 일량(W) 산출

$$\eta_{th} = \frac{\text{생산일}(W)}{\text{공급열량}(Q)}$$

$$0.6145 = \frac{W}{500\text{kJ}}$$

$$W = 307.3\text{kJ}$$

16 어떤 카르노 열기관이 100℃와 30℃ 사이에서 작동되며 100℃의 고온에서 100kJ 의 열을 받아 40kJ의 유용한 일을 한다면 이 열기관에 대하여 가장 옳게 설명한 것은?

① 열역학 제1법칙에 위배된다.

② 열역학 제2법칙에 위배된다.

③ 열역학 제1법칙과 제2법칙에 모두 위배되지 않는다.

④ 열역학 제1법칙과 제2법칙에 모두 위배된다.

[해설]

열역학 제2법칙에 따라 가역 사이클인 카르노 사이클로 작동되는 기관에서는 같은 효율$\left(\dfrac{\text{생산일}(W)}{\text{공급열량}(Q)} = 1 - \dfrac{T_L}{T_H} \right)$을 가져야 하므로 열역학 제2법칙에 위배된다.

카르노 사이클의 열효율(η_c)

$$= \frac{\text{생산일}(W)}{\text{공급열량}(Q)} = \frac{40}{100} = 0.4$$

$$\neq 1 - \frac{T_L}{T_H} = 1 - \frac{273 + 30}{273 + 100} = 0.19$$

17 내부에너지가 30kJ인 물체에 열을 가하여 내부에너지가 50kJ이 되는 동안에 외부에 대하여 10kJ의 일을 하였다. 이 물체에 가해진 열량은?

① 10kJ　　② 20kJ

③ 30kJ　　④ 60kJ

[해설]

밀폐계 내부에너지의 변화(ΔU)로부터 열량 산출

$\Delta U = $ 열량(Q) − 일량(W)

열량(Q) $= \Delta U + $ 일량(W) $= (U_2 - U_1) + $ 일량(W)

　　　$= (50 - 30)\text{kJ} + 10\text{kJ} = 30\text{kJ}$

일과 열의 부호규약

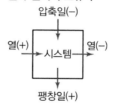

18 그림과 같이 다수의 추를 올려놓은 피스톤이 장착된 실린더가 있는데, 실린더 내의 초기 압력은 300kPa, 초기 체적은 0.05m³이다. 이 실린더에 열을 가하면서 적절히 추를 제거하여 폴리트로픽 지수가 1.3인 폴리트로픽 변화가 일어나도록 하여 최종적으로 실린더 내의 체적이 0.2m³이 되었다면 가스가 한 일은 약 몇 kJ인가?

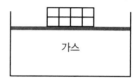

① 17　　② 18

③ 19　　④ 20

폴리트로픽 변화에 대한 가스가 한 일(W) 산출

$$W = \frac{1}{n-1}(P_1 V_1 - P_2 V_2)$$
$$= \frac{1}{1.3-1}(300 \times 0.05 - 49.48 \times 0.2) = 17\text{kJ}$$

여기서, P_2 는 다음과 같이 산출된다.

폴리트로픽 변화에 따라 $P_2 = P_1\left(\dfrac{V_1}{V_2}\right)^n = 300\left(\dfrac{0.05}{0.2}\right)^{1.3}$
$$= 49.48\text{kPa}$$

19 온도 20℃에서 계기압력 0.183MPa의 타이어가 고속주행으로 온도 80℃로 상승할 때 압력은 주행 전과 비교하여 약 몇 kPa 상승하는가?(단, 타이어의 체적은 변하지 않고, 타이어 내의 공기는 이상기체로 가정한다. 그리고 대기압은 101.3kPa 이다.)

① 37kPa
② 58kPa
③ 286kPa
④ 445kPa

해설

정적과정

$$\frac{T_2}{T_1} = \frac{P_2}{P_1}$$

$$P_2 = \frac{T_2}{T_1} \times P_1 = \frac{273+80}{273+20} \times (101.3+183)\text{kPa} = 342.52\text{kPa}$$

여기서, $P_1 = $ 대기압 + 계기압 $= 101.3 + 183 = 284.3\text{kPa}$
$\therefore P_2 - P_1 = 342.52 - 284.3 = 58.22\text{kPa}$

20 랭킨 사이클의 열효율을 높이는 방법으로 틀린 것은?

① 복수기의 압력을 저하시킨다.
② 보일러 압력을 상승시킨다.
③ 재열(Reheat) 장치를 사용한다.
④ 터빈 출구온도를 높인다.

해설

터빈 입구온도가 높고 터빈 출구온도가 낮을 경우 터빈 입출구의 엔탈피차가 커질 경우 기계적 일량이 많아져 열효율이 증가하게 된다.

> **Section 02 냉동공학**

21 1대의 압축기로 증발온도를 −30℃ 이하의 저온도로 만들 경우 일어나는 현상이 아닌 것은?

① 압축기 체적효율의 감소
② 압축기 토출증기의 온도 상승
③ 압축기의 단위흡입체적당 냉동효과 상승
④ 냉동능력당의 소요동력 증대

해설

- 증발온도를 −30℃ 이하의 저온으로 만들 경우에는 증발압력이 저하되므로 2단 압축 방식을 적용하여야 한다. 압축기를 2단으로 나누어 저단 압축기는 저압을 중간압력까지 상승시키고, 고단 압축기로 고압까지 상승시켜 주어야 한다.
- 만약 1대의 압축기(단일 압축)를 사용하게 되면 증발압력 저하로 압축비가 상승하고 이에 따라 압축기 체적효율 감소, 토출증기의 온도 상승, 냉동능력당 소요동력 증대 및 단위체적당 냉동효과 감소 등의 현상이 나타나게 된다.

22 제빙장치에서 135kg용 빙관을 사용하는 냉동장치와 가장 거리가 먼 것은?

① 헤어 핀 코일
② 브라인 펌프
③ 공기교반장치
④ 브라인 아지테이터(Agitator)

해설

브라인 펌프는 액상의 브라인의 이송에 대한 펌프이므로, 빙관을 사용하는 냉동장치의 기기와는 거리가 멀다.

23 모세관 팽창밸브의 특징에 대한 설명으로 옳은 것은?

① 가정용 냉장고 등 소용량 냉동장치에 사용된다.
② 베이퍼록 현상이 발생할 수 있다.
③ 내부균압관이 설치되어 있다.
④ 증발부하에 따라 유량조절이 가능하다.

> **해설**
>
> ③ 모세관 팽창밸브는 가늘고 긴 튜브로 유체가 통과할 때 교축작용이 발생하는 것을 이용하는 것으로서 내부균압관은 설치되어 있지 않다.
> ④ 유량조절밸브가 없어 증발부하에 따른 유량조절이 불가능하다.

24 증발기에서의 착상이 냉동장치에 미치는 영향에 대한 설명으로 옳은 것은?

① 압축비 및 성적계수 감소
② 냉각능력 저하에 따른 냉장실 내 온도 강하
③ 증발온도 및 증발압력 강하
④ 냉동능력에 대한 소요동력 감소

> **해설**
>
> **착상(적상)의 영향**
> • 전열 불량으로 냉장실 내 온도 상승 및 액압축 초래
> • 증발압력 저하로 압축비 상승
> • 증발온도 및 증발압력 저하
> • 실린더 과열로 토출가스 온도 상승
> • 윤활유의 열화 및 탄화 우려
> • 체적효율 저하 및 압축기 소비동력 증대
> • 성적계수 및 냉동능력 감소

25 냉동능력이 7kW인 냉동장치에서 수랭식 응축기의 냉각수 입·출구 온도차가 8℃인 경우, 냉각수의 유량(kg/h)은?(단, 압축기의 소요동력은 2kW이다.)

① 630   ② 750
③ 860   ④ 964

> **해설**
>
> 냉각수의 유량은 응축부하(q_c)를 통해 산출한다.
>
> $q_c = m_c C \Delta t$
>
> $$m_c = \frac{q_c}{C \Delta t} = \frac{q_e + A W}{C \Delta t} = \frac{(7\text{kW} + 2\text{kW}) \times 3,600}{4.2 \text{kJ/kg}℃ \times 8℃}$$
> $$= 964.3 \text{kg/h}$$

26 다음 냉동에 관한 설명으로 옳은 것은?

① 팽창밸브에서 팽창 전후의 냉매 엔탈피 값은 변한다.
② 단열압축은 외부와 열의 출입이 없기 때문에 단열압축 전후의 냉매 온도는 변한다.
③ 응축기 내에서 냉매가 버려야 하는 열은 현열이다.
④ 현열에는 응고열, 융해열, 응축열, 증발열, 승화열 등이 있다.

> **해설**
>
> ① 팽창밸브에서는 교축작용이 발생하며, 이 교축작용은 등엔탈피 과정이다.
> ③ 응축기 내에서 냉매가 버려야 하는 열은 잠열이다.(냉매가스를 냉매액으로 변화시킬 때의 응축잠열의 해소)
> ④ 잠열에는 응고열, 융해열, 응축열, 증발열, 승화열 등이 있다.

27 암모니아를 사용하는 2단 압축 냉동기에 대한 설명으로 틀린 것은?

① 증발온도가 −30℃ 이하가 되면 일반적으로 2단 압축 방식을 사용한다.
② 중간냉각기의 냉각방식에 따라 2단 압축 1단 팽창과 2단 압축 2단 팽창으로 구분한다.
③ 2단 압축 1단 팽창 냉동기에서 저단 측 냉매와 고단 측 냉매는 서로 같은 종류의 냉매를 사용한다.
④ 2단 압축 2단 팽창 냉동기에서 저단 측 냉매와 고단 측 냉매는 서로 다른 종류의 냉매를 사용한다.

> **해설**
>
> ④는 2단 압축 2단 팽창이 아닌 2원 냉동에 대한 설명이다.

정답   23 ①, ②   24 ③   25 ④   26 ②   27 ④

28 $P-h$(압력−엔탈피) 선도에서 나타내지 못하는 것은?

① 엔탈피 ② 습구온도
③ 건조도 ④ 비체적

해설

$P-h$ 선도에서는 압축기로 흡입되는 냉매가스의 엔탈피 및 비체적, 압축기에서 토출된 냉매가스의 엔탈피 및 온도, 증발압력과 증발온도, 응축압력과 응축온도, 팽창밸브 직전의 냉매액 온도에서 그 엔탈피 및 교축팽창 후의 건조도 등을 알 수 있으며, 습구온도는 나타내지 않는다.

29 냉동장치가 정상적으로 운전되고 있을 때에 관한 설명으로 틀린 것은?

① 팽창밸브 직후의 온도가 직전의 온도보다 낮다.
② 크랭크 케이스 내의 유온은 증발온도보다 높다.
③ 응축기의 냉각수 출구온도는 응축온도보다 높다.
④ 응축온도는 증발온도보다 높다.

해설

응축기의 냉각수 출구온도는 응축온도보다 낮다.

30 만액식 증발기를 사용하는 $R-134a$용 냉동장치가 아래와 같다. 이 장치에서 압축기의 냉매순환량이 0.2kg/s이며, 이론 냉동사이클의 각 점에서의 엔탈피가 다음 표와 같을 때, 이론 성능계수(COP)는?(단, 배관의 열손실은 무시한다.)

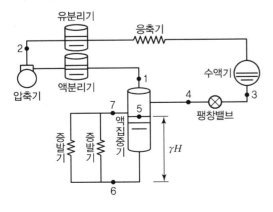

- $h_1 = 393$kJ/kg
- $h_2 = 440$kJ/kg
- $h_3 = 230$kJ/kg
- $h_4 = 230$kJ/kg
- $h_5 = 185$kJ/kg
- $h_6 = 185$kJ/kg
- $h_7 = 385$kJ/kg

① 1.98 ② 2.39
③ 2.87 ④ 3.47

해설

이론 성능계수(COP_R) 산출

$$COP_R = \frac{q_e}{AW} = \frac{h_1 - h_4}{h_2 - h_1} = \frac{393 - 230}{440 - 393} = 3.468 = 3.47$$

31 냉동장치 내 공기가 혼입되었을 때, 나타나는 현상으로 옳은 것은?

① 응축기에서 소리가 난다.
② 응축온도가 떨어진다.
③ 토출온도가 높다.
④ 증발압력이 낮아진다.

해설

냉동장치 내에 공기가 혼입되면, 혼입된 공기에 의해 응축압력(온도)이 상승하며, 이에 따라 압축기의 토출가스 압력(온도)이 상승한다. 이는 압축기 실린더의 과열, 냉동능력의 감소, 소비동력의 증가를 수반하게 된다.

32 빙축열 설비의 특징에 대한 설명으로 틀린 것은?

① 축열조의 크기를 소형화할 수 있다.
② 값싼 심야전력을 사용하므로 운전비용이 절감된다.
③ 자동화 설비에 의한 최적화 운전으로 시스템의 운전효율이 높다.
④ 제빙을 위한 냉동기 운전은 냉수 취출을 위한 운전보다 증발온도가 높기 때문에 소비동력이 감소한다.

제빙을 위한 냉동기 운전은 일반 냉수 취출을 위한 운전 보다 증발온도가 낮기 때문에 성능계수(COP)가 저하된 다. 성능계수의 저하는 필요 소비동력의 증가를 초래하 게 된다.

33 공비 혼합물(Azeotrope) 냉매의 특성에 관한 설명으로 틀린 것은?

① 서로 다른 할로카본 냉매들을 혼합하여 서로 결점이 보완되는 냉매를 얻을 수 있다.
② 응축압력과 압축비를 줄일 수 있다.
③ 대표적인 냉매로 R−407C와 R−410A가 있다.
④ 각각의 냉매를 적당한 비율로 혼합하면 혼합물의 비등점이 일치할 수 있다.

해설

공비 혼합냉매는 R−500부터 개발된 순서대로 R−501, R−502, …와 같이 일련번호를 붙인다. R−407C 등 R−4XX로 명명(조성비에 따라 끝에 대문자 추가)되는 냉매는 비공비 혼합냉매이다.

34 암모니아 냉동장치에서 피스톤 압출량 120 m³/h의 압축기가 아래 선도와 같은 냉동사이클로 운전되고 있을 때 압축기의 소요동력(kW)은?

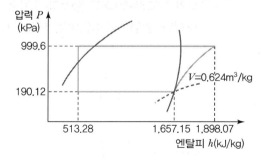

① 8.7
② 10.9
③ 12.9
④ 15.2

압축기 소요동력(L) 산출

$$L(\text{kW}) = G(h_3 - h_2)$$
$$= 120\text{m}^3/\text{h} \div 0.624\text{m}^3/\text{kg}$$
$$\div 3,600(1,898.07 - 1,657.15)\text{kJ/kg}$$
$$= 12.87 = 12.9\text{kW}$$

35 다음 중 모세관의 압력강하가 가장 큰 경우는?

① 직경이 가늘고 길수록
② 직경이 가늘고 짧을수록
③ 직경이 굵고 짧을수록
④ 직경이 굵고 길수록

해설

모세관의 압력강하는 길이에 비례하고, 관의 안지름에 반비례한다.

36 물을 냉매로 하고 LiBr을 흡수제로 하는 흡수식 냉동장치에서 장치의 성능을 향상시키기 위하여 열교환기를 설치하였다. 이 열교환기의 기능을 가장 잘 나타낸 것은?

① 발생기 출구 LiBr 수용액과 흡수기 출구 LiBr 수용액의 열교환
② 응축기 입구 수증기와 증발기 출구 수증기의 열교환
③ 발생기 출구 LiBr 수용액과 응축기 출구 물의 열교환
④ 흡수기 출구 LiBr 수용액과 증발기 출구 수증기의 열교환

해설

열교환기의 기능
발생기(재생기) 출구의 LiBr 수용액(농용액, 고온)과 흡수기 출구 LiBr 수용액(희용액, 저온) 간의 열교환을 통해, LiBr 수용액(희용액)의 온도를 높여 발생기에서 냉매(증기)의 증발이 원활할 수 있도록 돕는 기능을 한다.

37 다음 응축기 중 열통과율이 가장 작은 형식은?(단, 동일 조건 기준으로 한다.)

① 7통로식 응축기
② 입형 셸 앤드 튜브식 응축기
③ 공랭식 응축기
④ 2중관식 응축기

해설

응축기의 열통과율 순서

7통로식 > 횡형 셸 앤드 튜브식, 2중관식 > 입형 셸 앤드 튜브식 > 증발식 > 공랭식

38 흡수식 냉동기에서 재생기에 들어가는 희용액의 농도가 50%, 나오는 농용액의 농도가 65%일 때, 용액순환비는?(단, 흡수기의 냉각열량은 3,058.7kJ/kg이다.)

① 2.5 ② 3.7
③ 4.3 ④ 5.2

해설

용액순환비(a) 산출

$$a = \frac{X_2}{X_2 - X_1} = \frac{0.65}{0.65 - 0.5} = 4.33$$

여기서, X_1 : 희용액의 농도
　　　　X_2 : 농용액의 농도

39 냉매에 관한 설명으로 옳은 것은?

① 냉매표기 R + xyz 형태에서 xyz는 공비 혼합냉매의 경우 400번대, 비공비 혼합냉매의 경우 500번대로 표시한다.
② R - 502는 R - 22와 R - 113과의 공비 혼합냉매이다.
③ 흡수식 냉동기는 냉매로 NH_3와 R - 11이 일반적으로 사용된다.
④ R - 1234yf는 HFO 계열의 냉매로서 지구온난화지수(GWP)가 매우 낮아 R - 134a의 대체 냉매로 활용 가능하다.

해설

① 냉매표기 R + xyz 형태에서 xyz는 비공비 혼합냉매의 경우 400번대, 공비 혼합냉매의 경우 500번대로 표시한다.
② R - 502는 R - 22와 R - 115와의 공비 혼합냉매이다.
③ 흡수식 냉동기는 냉매로 NH_3(암모니아)와 H_2O(물)이 일반적으로 사용된다.

40 냉동기 중 공급 에너지원이 동일한 것끼리 짝지어진 것은?

① 흡수 냉동기, 압축기 냉동기
② 증기분사 냉동기, 증기압축 냉동기
③ 압축기체 냉동기, 증기분사 냉동기
④ 증기분사 냉동기, 흡수 냉동기

해설

① 흡수 냉동기 : 증기, 압축기 냉동기 : 압축일
② 증기분사 냉동기 : 증기, 증기압축 냉동기 : 압축일
③ 압축기체 냉동기 : 압축일, 증기분사 냉동기 : 증기
④ 증기분사 냉동기 : 증기, 흡수 냉동기 : 증기

Section
03 공기조화

41 난방부하가 7,558W인 어떤 방에 대해 온수난방을 하고자 한다. 방열기의 상당방열면적(m^2)은?

① 6.7 ② 8.4
③ 10   ④ 14.5

해설

$$\text{상당방열면적(EDR, } m^2) = \frac{\text{난방부하}}{\text{표준방열량}}$$
$$= \frac{7,558\text{W}}{523\text{W}}$$
$$= 14.45 = 14.5m^2$$

42 다음 중 감습(제습)장치의 방식이 아닌 것은?

① 흡수식 ② 감압식
③ 냉각식 ④ 압축식

해설

감압을 할 경우 수증기의 제거를 위한 응축이 되지 않으므로 감압은 감습(제습) 방식으로 적절하지 않다.

감습(제습)장치의 종류
• 냉각식
• 압축식
• 데시칸트(흡수식/흡착식)

43 실내 설계온도 26℃인 사무실의 실내유효 현열부하는 20.42kW, 실내유효 잠열부하는 4.27 kW이다. 냉각코일의 장치노점온도는 13.5℃, 바이패스 팩터가 0.1일 때, 송풍량(L/s)은?(단, 공기의 밀도는 1.2kg/m³, 정압비열은 1.006kJ/kg · K이다.)

① 1,350 ② 1,503
③ 12,530 ④ 13,532

해설

• 취출온도(t_s) 산출

$$t_s = t_d + t_d \times BF = 13.5 + 13.5 \times 0.1 = 14.85℃$$

• 송풍량(Q) 산출

$$Q = \frac{q_s}{\rho C_p \Delta t_s} = \frac{q_s}{\rho C_p (t_s - t_i)}$$

$$= \frac{20.42\text{kW}}{1.2\text{kg/m}^3 \times 1.006\text{kJ/kg} \cdot \text{K} \times (26-14.85)}$$

$$= 1.517\text{m}^3/\text{s} = 1,517\text{L/s} \fallingdotseq 1,503\text{L/s}$$

44 유효온도(Effective Temperature)의 3요소는?

① 밀도, 온도, 비열 ② 온도, 기류, 밀도
③ 온도, 습도, 비열 ④ 온도, 습도, 기류

해설

유효온도(실감온도, 감각온도, ET : Effective Temperature)
• 공기조화의 실내조건 표준이다.
• 기온(온도), 습도, 기류의 3요소로 공기의 쾌적조건을 표시한 것이다.
• 실내의 쾌적대는 겨울철과 여름철이 다르다.
• 일반적인 실내의 쾌적한 상대습도는 40~60%이다.

45 배출가스 또는 배기가스 등의 열을 열원으로 하는 보일러는?

① 관류보일러 ② 폐열보일러
③ 입형보일러 ④ 수관보일러

해설

배출가스 또는 배기가스의 열 등 버려지는 열을 폐열이라고 하며, 이러한 폐열을 이용하는 보일러를 폐열보일러라고 한다.

46 공기조화설비의 구성에서 각종 설비별 기기로 바르게 짝지어진 것은?

① 열원설비 – 냉동기, 보일러, 히트펌프
② 열교환설비 – 열교환기, 가열기
③ 열매 수송설비 – 덕트, 배관, 오일펌프
④ 실내유닛 – 토출구, 유인유닛, 자동제어기기

해설

② 가열기는 열원설비이다.
③ 오일펌프는 열원설비이다.
④ 자동제어기기는 제어계통기기이다.

47 덕트의 분기점에서 풍량을 조절하기 위하여 설치하는 댐퍼는?

① 방화 댐퍼 ② 스플릿 댐퍼
③ 피봇 댐퍼 ④ 터닝 베인

정답 42 ② 43 ② 44 ④ 45 ② 46 ① 47 ②

풍량분배용 댐퍼(스플릿 댐퍼, Split Damper)
• 덕트 분기부에서 풍량조절에 사용한다.
• 개수에 따라 싱글형과 더블형으로 구분한다.

48 냉방부하 계산 결과 실내취득열량은 q_R, 송풍기 및 덕트 취득열량은 q_F, 외기부하는 q_O, 펌프 및 배관 취득열량은 q_P일 때, 공조기 부하를 바르게 나타낸 것은?

① $q_R + q_O + q_P$　　　② $q_F + q_O + q_P$
③ $q_R + q_O + q_F$　　　④ $q_R + q_P + q_F$

해설

공조기 부하는 실내취득열량(q_R), 송풍기 및 덕트 취득열량(q_F), 외기부하(q_O)의 합이다. 이러한 공조기 부하에 펌프 및 배관 취득열량(q_P)을 합하면 열원기기 부하가 된다.

49 다음 공조 방식 중에서 전공기 방식에 속하지 않는 것은?

① 단일덕트 방식　　　② 이중덕트 방식
③ 팬코일유닛 방식　　　④ 각층유닛 방식

해설

팬코일유닛 방식은 전수 방식에 속한다.

50 온수보일러의 수두압을 측정하는 계기는?

① 수고계　　　② 수면계
③ 수량계　　　④ 수위 조절기

해설

수고계는 온수보일러의 온도 및 수두압을 측정하는 계기이다.

51 공기조화 방식을 결정할 때에 고려할 요소로 가장 거리가 먼 것은?

① 건물의 종류　　　② 건물의 안정성
③ 건물의 규모　　　④ 건물의 사용목적

해설

건물의 안정성은 건축물의 구조 형식 등을 결정할 때 고려하는 요소이다.

52 증기난방 방식에서 환수주관을 보일러 수면보다 높은 위치에 배관하는 환수배관 방식은?

① 습식 환수 방식　　　② 강제환수 방식
③ 건식 환수 방식　　　④ 중력환수 방식

해설

환수주관을 보일러 수면보다 높은 위치에 배관하는 환수배관 방식은 건식 환수 방식이고, 환수주관을 보일러 수면보다 낮은 위치에 배관하는 환수배관 방식을 습식 환수 방식이라고 한다.

53 온수난방설비에 사용되는 팽창탱크에 대한 설명으로 틀린 것은?

① 밀폐식 팽창탱크의 상부 공기층은 난방장치의 압력변동을 완화하는 역할을 할 수 있다.
② 밀폐식 팽창탱크는 일반적으로 개방식에 비해 탱크 용적을 크게 설계해야 한다.
③ 개방식 탱크를 사용하는 경우는 장치 내의 온수 온도를 85℃ 이상으로 해야 한다.
④ 팽창탱크는 난방장치가 정지하여도 일정압 이상으로 유지하여 공기침입 방지 역할을 한다.

해설

개방식 탱크의 경우 보통 온수의 경우에 적용하며, 온수 온도가 85℃ 이상이 되면 밀폐식 탱크의 설치를 고려해야 한다.

54 냉수코일 설계상 유의사항으로 틀린 것은?

① 코일의 통과 풍속은 2~3m/s로 한다.
② 코일의 설치는 관이 수평으로 놓이게 한다.
③ 코일 내 냉수속도는 2.5m/s 이상으로 한다.
④ 코일의 출입구 수온 차이는 5~10℃ 전·후로 한다.

해설

코일 내 냉수속도는 1m/s 내외로 한다.

55 가열로(加熱爐)의 벽 두께가 80mm이다. 벽의 안쪽과 바깥쪽의 온도차가 32℃, 벽의 면적은 60m², 벽의 열전도율은 46.5W/m·K일 때, 방열량(W)은?

① 886,000
② 932,000
③ 1,116,000
④ 1,235,000

해설

$$q = kA\Delta t = \frac{\lambda}{d}A\Delta t = \frac{46.5}{0.08} \times 60 \times 32 = 1,116,000W$$

56 다음 중 온수난방과 가장 거리가 먼 것은?

① 팽창탱크
② 공기빼기밸브
③ 관말트랩
④ 순환펌프

해설

관말트랩은 증기난방에서 증기와 응축수를 분리하는 기기이다.

57 공기조화 방식 중 혼합상자에서 적당한 비율로 냉풍과 온풍을 자동적으로 혼합하여 각 실에 공급하는 방식은?

① 중앙식
② 2중덕트 방식
③ 유인유닛 방식
④ 각층유닛 방식

해설

2중덕트 방식은 냉풍과 온풍을 각각 해당 실로 보내고 해당 실의 천장에 설치된 유닛에서 공조 조건에 맞추어 혼합하여 송풍하는 방식이다.

58 다음의 공기조화 장치에서 냉각코일 부하를 올바르게 표현한 것은?(단, G_F는 외기량(kg/h)이며, G는 전풍량(kg/h)이다.)

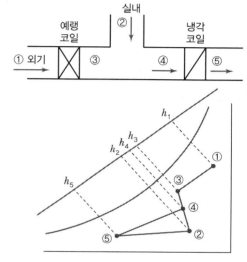

① $G_F(h_1 - h_3) + G_F(h_1 - h_2) + G(h_2 - h_5)$
② $G(h_1 - h_2) - G_F(h_1 - h_3) + G_F(h_2 - h_5)$
③ $G_F(h_1 - h_2) - G_F(h_1 - h_3) + G(h_2 - h_5)$
④ $G(h_1 - h_2) + G_F(h_1 - h_3) + G_F(h_2 - h_5)$

해설

냉각코일의 부하는 외기부하($h_1 - h_2$)와 실내부하($h_2 - h_5$)의 합이다.
여기서 외기부하는 예랭코일에 의해 감소($h_1 - h_3$)되므로 외기부하에 해당 감소분을 반영하여야 한다.
냉각코일 부하 = (외기부하 - 예랭코일 제거 부하)
          + 실내부하
$$= G_F(h_1 - h_2) - G_F(h_1 - h_3) + G(h_2 - h_5)$$

59 온풍난방의 특징에 대한 설명으로 틀린 것은?

① 예열시간이 짧아 간헐운전이 가능하다.
② 실내 상하의 온도차가 커서 쾌적성이 떨어진다.
③ 소음 발생이 비교적 크다.
④ 방열기, 배관 설치로 인해 설비비가 비싸다.

〔해설〕

온풍난방은 난방코일과 열교환된 공기(열매)를 실내에 취출하는 방식으로서, 방열기의 설치가 불필요하고, 배관 등의 설치를 최소화할 수 있다.

60 에어워셔를 통과하는 공기의 상태변화에 대한 설명으로 틀린 것은?

① 분무수의 온도가 입구공기의 노점온도보다 낮으면 냉각 감습된다.
② 순환수 분무를 하면 공기는 냉각 가습되어 엔탈피가 감소한다.
③ 증기분무를 하면 공기는 가열 가습되고 엔탈피도 증가한다.
④ 분무수의 온도가 입구공기 노점온도보다 높고 습구온도보다 낮으면 냉각 가습된다.

〔해설〕

순환수 분무를 할 경우 엔탈피의 변화는 없다.

Section 04 전기제어공학

61 그림과 같이 철심에 두 개의 코일 C_1, C_2를 감고 코일 C_1에 흐르는 전류 I에 $\varDelta I$만큼의 변화를 주었다. 이때 일어나는 현상에 관한 설명으로 옳지 않은 것은?

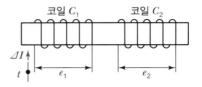

① 코일 C_2에서 발생하는 기전력 e_2는 렌츠의 법칙에 의하여 설명이 가능하다.
② 코일 C_1에서 발생하는 기전력 e_1은 자속의 시간 미분값과 코일의 감은 횟수의 곱에 비례한다.
③ 전류의 변화는 자속의 변화를 일으키며, 자속의 변화는 코일 C_1에 기전력 e_1을 발생시킨다.
④ 코일 C_2에서 발생하는 기전력 e_2와 전류 I의 시간 미분값의 관계를 설명해 주는 것이 자기 인덕턴스이다.

〔해설〕

코일 C_2에서 발생하는 기전력 e_2와 전류 I의 시간 미분값의 관계를 설명해 주는 것은 상호 인덕턴스이다.

62 그림과 같은 제어에 해당하는 것은?

① 개방 제어   ② 시퀀스 제어
③ 개루프 제어   ④ 폐루프 제어

〔해설〕

폐루프 제어에 대한 계통이며, 폐루프 제어를 피드백 제어라고도 한다.

63 물체의 위치, 방위, 자세 등의 기계적 변위를 제어량으로 하여 목표값의 임의의 변화에 항상 추종되도록 구성된 제어장치는?

① 서보기구   ② 자동조정
③ 정치제어   ④ 프로세스 제어

서보기구

- 물체의 위치, 방위, 자세, 각도 등의 기계적 변위를 제어량으로 해서 목표값이 임의의 변화에 추종하도록 구성된 제어계이다.
- 비행기 및 선박의 방향제어계, 미사일 발사대의 자동 위치제어계, 추적용 레이더, 자동 평형 기록계 등에 적용되고 있다.

64 다음 중 무인 엘리베이터의 자동제어로 가장 적합한 것은?

① 추종제어　　　　　② 정치제어
③ 프로그램 제어　　　④ 프로세스 제어

프로그램 제어

- 미리 정해진 프로그램에 따라 제어량을 변화시키는 것을 목적으로 하는 제어법이다.
- 엘리베이터, 무인 열차 제어 등에 적용한다.

65 다음 논리식을 간단히 한 것은?

$$X = \overline{A}\,\overline{B}\,C + \overline{A}\,B\,\overline{C} + \overline{A}\,B\,C$$

① $\overline{B}(A+C)$　　　② $C(A+\overline{B})$
③ $\overline{C}(A+B)$　　　④ $\overline{A}(B+C)$

OR(+) 논리식이므로 $\overline{A}\,\overline{B}\,C$를 추가해도 결과는 동일하므로 $\overline{A}\,\overline{B}\,C$를 추가하여 다음과 같이 정리한다.

$X = \overline{A}\,\overline{B}\,C + \overline{A}\,B\,\overline{C} + \overline{A}\,B\,C + \overline{A}\,\overline{B}\,C$

$\quad = \overline{B}\,C(\overline{A}+A) + A\overline{B}(\overline{C}+C)$

$\quad = \overline{B}\,C(1) + A\overline{B}(1)$

$\quad = \overline{B}\,C + A\overline{B}$

$\quad = \overline{B}(C+A)$

$\quad = \overline{B}(A+C)$

66 PLC 프로그래밍에서 여러 개의 입력신호 중 하나 또는 그 이상의 신호가 On 되었을 때 출력이 나오는 회로는?

① OR 회로　　　　　② AND 회로
③ NOT 회로　　　　④ 자기유지회로

각종 회로의 동작 성격

구분	동작
OR 회로 (논리합 회로)	입력단자 중 하나라도 On이 되면 출력이 On 되고, 모든 입력단자가 Off 되었을 때 출력이 Off 되는 회로를 말한다.
AND 회로 (논리곱 회로)	입력단자 모두가 On이 되면 출력이 On 되고, 입력단자 중 하나라도 Off가 되면 출력이 Off 되는 회로를 말한다.
NOT 회로 (부정 회로)	입력이 On 되면 출력이 Off 되고, 출력이 Off 되면 입력이 On 되는 회로를 말한다.
자기유지회로	• 계전기 자신의 접점에 의하여 동작회로를 구성하고 스스로 동작을 유지하는 회로이다. • 복귀신호를 주어야 비로서 복귀하는 회로이다.

67 단상 변압기 2대를 사용하여 3상 전압을 얻고자 하는 결선방법은?

① Y결선　　　　　② V결선
③ △결선　　　　　④ Y－△결선

V결선은 단상 변압기 3대로 △결선 운전 중 변압기 1대가 고장날 경우 나머지 2대의 변압기로 3상 부하를 운전할 수 있는 결선방법이다.

68 직류기에서 전압정류의 역할을 하는 것은?

① 보극　　　　　② 보상 권선
③ 탄소 브러시　　④ 리액턴스 코일

보극(Commutating Pole)은 직류기에서 전압정류의 역할을 하는 것으로서 정류기계의 주자속 중간 위치에 둔 보조자극으로 그 여자 권선에는 부하전류에 비례한 전류가 흘러 정류를 쉽게 하는 자속이 발생하도록 한다.

69 전동기 2차 측에 기동저항기를 접속하고 비례추이를 이용하여 기동하는 전동기는?

① 단상 유도전동기　　② 2상 유도전동기
③ 권선형 유도전동기　④ 2중 농형 유도전동기

해설

- 비례추이(Proportional Shifting)는 유도전동기에 있어서 전압이 일정하면 전류나 회전력이 2차 저항(회전자 저항)에 비례하여 변화하는 것으로서, 유도전동기의 최대 토크가 2차 회로의 저항값에 비례하여 저속도의 영역으로 이동되는 현상을 말한다. 이러한 비례추이를 이용하여 기동하는 전동기는 권선형 유도전동기이다.
- 권선형 유도전동기는 회전자에 외부에서 2차 저항을 접속한 후 변화시키면 토크는 그대로 유지되면서 저항에 비례하여 슬립(속도)이 이동하는 비례추이 특성을 갖고 있다.

70 100V, 40W의 전구에 0.4A의 전류가 흐른다면 이 전구의 저항은?

① 100Ω　　　　　　　② 150Ω
③ 200Ω　　　　　　　④ 250Ω

해설

옴의 법칙을 통해 전구의 저항(Ω)을 산출한다.

$$R = \frac{V}{I} = \frac{100\text{V}}{0.4\text{A}} = 250\Omega$$

71 공작기계의 부품 가공을 위하여 주로 펄스를 이용한 프로그램 제어를 하는 것은?

① 수치제어　　　　　② 속도제어
③ PLC 제어　　　　　④ 계산기제어

해설

수치제어(NC : Numerical Control)
- 수치명령을 사용하여 기계를 제어하거나 작업을 처리하는 기술을 말한다.
- 수치제어장치는 수치정보를 서보기구(Servo Mechanism)에 대한 지령 펄스열로 변환하는 장치를 말한다.

72 다음 중 절연저항을 측정하는 데 사용되는 계측기는?

① 메거　　　　　　　② 저항계
③ 켈빈 브리지　　　　④ 휘트스톤 브리지

해설

메거(Megger)는 절연저항 측정 시 사용되는 계측기이며, $10^5\Omega$ 이상의 고저항을 측정하는 데 적합하다.

73 검출용 스위치에 속하지 않는 것은?

① 광전 스위치　　　　② 액면 스위치
③ 리미트 스위치　　　④ 누름버튼 스위치

해설

누름버튼 스위치는 검출용이 아닌, 2위치(On-Off) 스위치이다.

74 다음과 같은 회로에서 i_2가 0이 되기 위한 C의 값은?(단, L은 합성 인덕턴스, M은 상호 인덕턴스이다.)

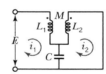

① $\dfrac{1}{\omega L}$　　　　　　② $\dfrac{1}{\omega^2 L}$

③ $\dfrac{1}{\omega M}$　　　　　　④ $\dfrac{1}{\omega^2 M}$

해설

주어진 회로(캠벨 브리지 회로)는 직렬접속이 가극성이므로 등가회로도는

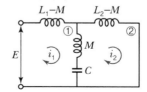

Loop ②에 키르히호프의 전압법칙(KVL)을 적용하면

$$j\omega(L_2 - M)I_2 + \frac{1}{j\omega C}(I_2 - I_1) + j\omega M(I_2 - I_1) = 0$$

$I_2 = 0$이므로

$$\frac{1}{j\omega C}I_1 - j\omega M I_1 = 0$$

$$\frac{1}{\omega C} = \omega M$$

$$\therefore \ C = \frac{1}{\omega^2 M}$$

75 오차 발생시간과 오차의 크기로 둘러싸인 면적에 비례하여 동작하는 것은?

① P 동작
② I 동작
③ D 동작
④ PD 동작

해설

I 동작(적분제어)

적분값(오차 발생시간과 오차의 크기로 둘러싸인 면적)의 크기에 비례하여 조작부를 제어하는 것으로 오프셋을 소멸시키지만 진동이 발생한다.

76 개루프 전달함수 $G(s) = \dfrac{1}{s^2 + 2s + 3}$ 인 단위궤환계에서 단위계단입력을 가하였을 때의 오프셋(Offset)은?

① 0
② 0.25
③ 0.5
④ 0.75

해설

• 단위계단입력 $R(s) = \dfrac{1}{s}$

• 오프셋(e_{ss})

$$e_{ss} = \lim_{s \to 0} \frac{s}{1 + G(s)} R(s)$$

$$= \lim_{s \to 0} \frac{s}{1 + G(s)} \cdot \frac{1}{s} = \frac{1}{1 + \lim_{s \to 0} G(s)}$$

$$= \frac{1}{1 + \lim_{s \to 0} \frac{1}{s^2 + 2s + 3}} = \frac{1}{1 + \frac{1}{3}} = \frac{3}{4} = 0.75$$

77 저항 8Ω과 유도 리액턴스 6Ω이 직렬접속된 회로의 역률은?

① 0.6
② 0.8
③ 0.9
④ 1

해설

역률(cosθ)의 산출

$$역률(\cos\theta) = \frac{저항(R)}{임피던스(Z)}$$

$$= \frac{R}{\sqrt{R^2 + X_L^2}} = \frac{8}{\sqrt{8^2 + 6^2}} = 0.8$$

여기서, X_L : 유도 리액턴스(Ω)

78 온도보상용으로 사용되는 소자는?

① 서미스터
② 배리스터
③ 제너 다이오드
④ 버랙터 다이오드

해설

② 배리스터 : 서지전압에 대한 보호용으로 사용한다.
③ 제너 다이오드 : 전압제어소자로서 전압을 일정하게 유지하기 위해 사용한다.
④ 버랙터 다이오드 : 가변용량 다이오드라고도 하며, 마이크로파 회로에 사용한다.

79 다음과 같은 회로에서 a, b 양단자 간의 합성 저항은?(단, 그림에서의 저항의 단위는 Ω이다.)

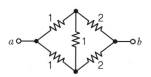

① 1.0Ω
② 1.5Ω
③ 3.0Ω
④ 6.0Ω

해설

휘트스톤 브리지 회로에서의 합성 저항(R) 산출

$$R = \frac{1}{\frac{1}{1+2} + \frac{1}{1+2}} = 1.5\Omega$$

80 온 오프(On – Off) 동작에 관한 설명으로 옳은 것은?

① 응답속도는 빠르나 오프셋이 생긴다.
② 사이클링은 제거할 수 있으나 오프셋이 생긴다.
③ 간단한 단속적 제어동작이고 사이클링이 생긴다.
④ 오프셋은 없앨 수 있으나 응답시간이 늦어질 수 있다.

[해설]

온 – 오프(On – Off)는 2위치의 불연속 동작으로서 간단한 단속적 제어동작이고, 설정값에 의하여 조작부를 개폐하여 운전한다. 제어 결과가 사이클링(Cycling)이나 오프셋(Offset)을 일으켜 항상 일정한 값을 유지하기 어려운 특성을 갖고 있어 응답속도가 빨라야 되는 제어계는 사용이 불가능하다.

Section
05 배관일반

81 도시가스 배관 시 배관이 움직이지 않도록 관 지름 13~33mm 미만의 경우 몇 m마다 고정장치를 설치해야 하는가?

① 1m
② 2m
③ 3m
④ 4m

[해설]

가스관 지름에 따른 가스배관의 고정간격

가스관 지름	고정간격
10mm 이상~13mm 미만	1m마다 고정
13mm 이상~33mm 미만	2m마다 고정
33mm 이상	3m마다 고정

82 냉매배관에 사용되는 재료에 대한 설명으로 틀린 것은?

① 배관 선택 시 냉매의 종류에 따라 적절한 재료를 선택해야 한다.
② 동관은 가능한 한 이음매 있는 관을 사용한다.

③ 저압용 배관은 저온에서도 재료의 물리적 성질이 변하지 않는 것으로 사용한다.
④ 구부릴 수 있는 관은 내구성을 고려하여 충분한 강도가 있는 것을 사용한다.

[해설]

동관은 가급적 이음매 없는 관을 사용해야 한다.

83 동관의 호칭경이 20A일 때 실제 외경은?

① 15.87mm
② 22.23mm
③ 28.57mm
④ 34.93mm

[해설]

동관의 실제 외경(OD) 산출

$$OD = \left[호칭경(인치) + \frac{1}{8}(인치) \right] \times 25.4$$

$$= \left(\frac{3}{4}인치 + \frac{1}{8}인치 \right) \times 25.4$$

$$= 22.225 = 22.23mm$$

여기서, 20A의 인치(B)는 $\frac{3}{4}$ 인치이다.

84 팬코일유닛 방식의 배관 방식에서 공급관이 2개이고 환수관이 1개인 방식으로 옳은 것은?

① 1관식
② 2관식
③ 3관식
④ 4관식

[해설]

냉수공급관, 온수공급관을 두어 공급관이 2개, 환수관은 공통으로 두어 1개인 방식을 3관식이라고 한다.

85 방열기 전체의 수저항이 배관의 마찰손실에 비해 큰 경우 채용하는 환수 방식은?

① 개방류 방식
② 재순환 방식
③ 역귀환 방식
④ 직접귀환 방식

방열기 전체의 수저항이 배관의 마찰손실에 비해 클 경우, 방열기 저항에 적절히 대응하기 위해 직접환수 방식을 적용한다. 만약 배관 마찰손실이 더 클 경우에는 공급관과 환수관의 밸런싱이 중요하므로 역귀환 방식(리버스 리턴 방식, 역환수 방식)을 적용하게 된다.

86 증기와 응축수의 온도 차이를 이용하여 응축수를 배출하는 트랩은?

① 버킷 트랩(Bucket Trap)
② 디스크 트랩(Disk Trap)
③ 벨로스 트랩(Bellows Trap)
④ 플로트 트랩(Float Trap)

① 버킷 트랩(Bucket Trap) : 증기와 응축수 간의 비중차를 이용한다.
② 디스크 트랩(Disk Trap) : 증기와 응축수 간의 운동에너지 차를 이용한다.
④ 플로트 트랩(Float Trap) : 증기와 응축수 간의 비중차를 이용한다.

87 배관의 분리, 수리 및 교체가 필요할 때 사용하는 관 이음재의 종류는?

① 부싱
② 소켓
③ 엘보
④ 유니언

유니언과 플랜지는 배관의 분리, 수리 및 교체가 용이한 관 이음재이며, 유니언은 소구경에 플랜지는 대구경에 주로 적용한다.

88 급수량 산정에 있어서 시간평균 예상급수량(Q_h)이 3,000L/h였다면, 순간최대 예상급수량(Q_p)은?

① 70~100L/min
② 150~200L/min
③ 225~250L/min
④ 275~300L/min

순간최대 예상급수량(Q_p)은 시간평균급수량(Q_h)의 약 3~4배이다.

$$Q_p(\text{L/min}) = \frac{3 \sim 4Q_h}{60} = \frac{(3 \sim 4) \times 3,000\text{L}}{60}$$
$$= 150 \sim 200\text{L/min}$$

89 증기난방법에 관한 설명으로 틀린 것은?

① 저압 증기난방에 사용하는 증기의 압력은 0.15~0.35kg/cm² 정도이다.
② 단관 중력환수식의 경우 증기와 응축수가 역류하지 않도록 선단 하향 구배로 한다.
③ 환수주관을 보일러 수면보다 높은 위치에 배관한 것은 습식 환수관식이다.
④ 증기의 순환이 가장 빠르며 방열기, 보일러 등의 설치 위치에 제한을 받지 않고 대규모 난방용으로 주로 채택되는 방식은 진공환수식이다.

환수주관을 보일러 수면보다 높은 위치에 배관한 것은 건식 환수관식이다.

90 배관의 자중이나 열팽창에 의한 힘 이외에 기계의 진동, 수격작용, 지진 등 다른 하중에 의해 발생하는 변위 또는 진동을 억제시키기 위한 장치는?

① 스프링 행거
② 브레이스
③ 앵커
④ 가이드

① 스프링 행거(Spring Hanger) : 배관에서 발생하는 소음과 진동을 흡수하기 위하여 턴버클 대신 스프링을 설치한 것이다.
③ 앵커(Anchor) : 관의 이동 및 회전을 방지하기 위하여 배관을 완전 고정한다.
④ 가이드(Guide) : 관의 축과 직각방향의 이동을 구속한다. 배관 라인의 축방향의 이동을 허용하는 안내 역할도 담당한다.

정답 86 ③ 87 ④ 88 ② 89 ③ 90 ②

91 펌프를 운전할 때 공동현상(캐비테이션)의 발생 원인으로 가장 거리가 먼 것은?

① 토출양정이 높다.
② 유체의 온도가 높다.
③ 날개차의 원주속도가 크다.
④ 흡입관의 마찰저항이 크다.

해설

공동현상(캐비테이션)은 펌프의 흡입 측에서 발생하는 현상으로서, 토출양정의 크기와는 큰 상관관계가 없다.

92 급수 방식 중 대규모의 급수 수요에 대응이 용이하고 단수 시에도 일정한 급수를 계속할 수 있으며 거의 일정한 압력으로 항상 급수되는 방식은?

① 양수펌프식
② 수도직결식
③ 고가탱크식
④ 압력탱크식

해설

고가탱크식은 일정한 중력에 의한 하향 급수 방식으로서, 거의 일정한 압력으로 급수가 가능하며, 단수 시에도 고가 탱크에 저장한 물을 통해 급수할 수 있는 장점이 있다.

93 증기트랩의 종류를 대분류한 것으로 가장 거리가 먼 것은?

① 박스 트랩
② 기계적 트랩
③ 온도조절 트랩
④ 열역학적 트랩

해설

증기트랩의 분류
• 기계적 트랩 : 증기와 응축수 간의 비중차를 이용한다.
• 열동식 트랩(온도조절식 트랩) : 증기와 응축수 간의 온도차를 이용한다.
• 열역학적 트랩 : 증기와 응축수 간의 운동에너지 차를 이용한다.

94 열팽창에 의한 배관의 이동을 구속 또는 제한하기 위해 사용되는 관 지지장치는?

① 행거(Hanger)
② 서포트(Support)
③ 브레이스(Brace)
④ 리스트레인트(Restraint)

해설

① 행거(Hanger) : 배관을 천장에 고정하는 역할을 한다.
② 서포트(Support) : 배관의 하중을 아래에서 위로 지지하는 지지쇠 역할을 한다.
③ 브레이스(Brace) : 배관의 자중이나 열팽창에 의한 힘 이외에 기계의 진동, 수격작용, 지진 등 다른 하중에 의해 발생하는 변위 또는 진동을 억제시키기 위한 장치이다.

95 그림과 같은 입체도에 대한 설명으로 맞는 것은?

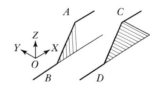

① 직선 A와 B, 직선 C와 D는 각각 동일한 수직평면에 있다.
② A와 B는 수직높이 차가 다르고, 직선 C와 D는 동일한 수평평면에 있다.
③ 직선 A와 B, 직선 C와 D는 각각 동일한 수평평면에 있다.
④ 직선 A와 B는 동일한 수평평면에, 직선 C와 D는 동일한 수직평면에 있다.

해설

빗금의 방향에 따라 직선 A와 B는 동일한 수직평면에, 직선 C와 D는 동일한 수평평면에 있다.

96 급수배관 시공에 관한 설명으로 가장 거리가 먼 것은?

① 수리와 기타 필요시 관 속의 물을 완전히 뺄 수 있도록 기울기를 주어야 한다.
② 공기가 모여 있는 곳이 없도록 하여야 하며, 공기가 모일 경우 공기빼기밸브를 부착한다.
③ 급수관에서 상향 급수는 선단 하향 구배로 하고, 하향 급수에서는 선단 상향 구배로 한다.
④ 가능한 한 마찰손실이 작도록 배관하며 관의 축소는 편심 리듀서를 써서 공기의 고임을 피한다.

해설

급수관에서 상향 급수는 선단 상향 구배로 하고, 하향 급수에서는 선단 하향 구배로 한다.

97 베이퍼록 현상을 방지하기 위한 방법으로 틀린 것은?

① 실린더 라이너의 외부를 가열한다.
② 흡입배관을 크게 하고 단열 처리한다.
③ 펌프의 설치 위치를 낮춘다.
④ 흡입관로를 깨끗이 청소한다.

해설

베이퍼록은 일종의 비등현상으로서 실린더 라이너의 외부를 가열하게 되면, 비등현상이 증가되어 베이퍼록 현상이 가중될 수 있다.

98 저압 증기난방 장치에서 적용되는 하트퍼드 접속법(Hartford Connection)과 관련된 용어로 가장 거리가 먼 것은?

① 보일러 주변 배관
② 균형관
③ 보일러수의 역류 방지
④ 리프트 피팅

해설

리프트 피팅은 진공환수식 난방장치에서 환수주관보다 높은 위치로 응축수를 끌어올릴 때 사용하는 배관법으로서 안전수위 확보를 위한 안전장치의 일종인 하트퍼드 접속법(Hartford Connection)과는 거리가 멀다.

99 배수 및 통기설비에서 배관시공법에 관한 주의사항으로 틀린 것은?

① 우수수직관에 배수관을 연결해서는 안 된다.
② 오버플로관은 트랩의 유입구 측에 연결해야 한다.
③ 바닥 아래에서 빼내는 각 통기관에는 횡주부를 형성시키지 않는다.
④ 통기수직관은 최하위의 배수수평지관보다 높은 위치에서 연결해야 한다.

해설

통기수직관은 최하위의 배수수평지관보다 낮은 위치에서 연결하여 입상시켜야 한다.

100 온수난방 배관에서 에어 포켓(Air Pocket)이 발생될 우려가 있는 곳에 설치하는 공기빼기밸브의 설치 위치로 가장 적절한 것은?

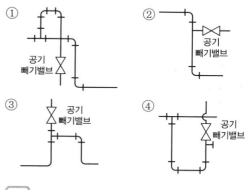

해설

공기빼기밸브는 배관계의 최상부에 설치한다.

Section 01 기계열역학

01 그림과 같이 카르노 사이클로 운전하는 기관 2개가 직렬로 연결되어 있는 시스템에서 두 열기관의 효율이 똑같다고 하면 중간 온도 T는 약 몇 K인가?

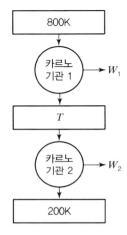

① 330K
② 400K
③ 500K
④ 660K

해설

카르노 기관 1의 효율(η_1)과 카르노 기관 2의 효율(η_2)이 같을 경우 온도(T) 산출

$\eta = 1 - \dfrac{T_L}{T_H}$ 이므로

$\eta_1 = \eta_2$ 이면,

$1 - \dfrac{T}{800} = 1 - \dfrac{200}{T}$

$\therefore T = 400K$

02 역카르노 사이클로 운전하는 이상적인 냉동 사이클에서 응축기 온도가 40℃, 증발기 온도가 −10℃이면 성능계수는?

① 4.26
② 5.26
③ 3.56
④ 6.56

해설

이상적인 냉동기의 성적계수(COP_R) 산출

$$COP_R = \frac{T_L}{T_H - T_L}$$

$$= \frac{273 + (-10)}{(273 + 40) - (273 + (-10))} = 5.26$$

03 밀폐시스템에서 초기 상태가 300K, 0.5m³인 이상기체를 등온과정으로 150kPa에서 600kPa까지 천천히 압축하였다. 이 압축과정에 필요한 일은 약 몇 kJ인가?

① 104
② 208
③ 304
④ 612

해설

등온과정에서 필요한 일(W) 산출

$$W = \int_1^2 P dv = P_1 V_1 \ln\left(\frac{P_2}{P_1}\right)$$

$$= 150kPa \times 0.5m^3 \times \ln\left(\frac{600}{150}\right) = 104kJ$$

04 에어컨을 이용하여 실내의 열을 외부로 방출하려고 한다. 실외 35℃, 실내 20℃인 조건에서 실내로부터 3kW의 열을 방출하려고 할 때 필요한 에어컨의 최소 동력은 약 몇 kW인가?

① 0.154
② 1.54
③ 0.308
④ 3.08

정답   01 ②   02 ②   03 ①   04 ①

에어컨의 동력(일량, AW) 산출

냉동기의 성적계수$(COP_R) = \dfrac{\text{냉동효과}}{\text{이론동력}} = \dfrac{q}{AW} = \dfrac{T_L}{T_H - T_L}$

$\dfrac{q}{AW} = \dfrac{T_L}{T_H - T_L} \rightarrow \dfrac{3\text{kW}}{AW} = \dfrac{(273 + 20)}{(273 + 35) - (273 + 20)}$

∴ 동력(일량, AW) = 0.154

---

05 압력 250kPa, 체적 0.35m³의 공기가 일정 압력하에서 팽창하여, 체적이 0.5m³로 되었다. 이때 내부에너지의 증가가 93.9kJ이었다면, 팽창에 필요한 열량은 약 몇 kJ인가?

① 43.8   ② 56.4
③ 131.4   ④ 175.2

해설

등압과정에서의 팽창에 필요한 열량(Q) 산출

$Q = \Delta H$(내부에너지 변화량) $+ W$(일량)

$\quad = 93.9 + 37.5 = 131.4$kJ

여기서, 일량 W는 다음과 같이 산출한다.

$W = \displaystyle\int_1^2 PdV = P(V_2 - V_1)$

$\quad = 250\text{kPa}(0.5 - 0.35)\text{m}^3 = 37.5$kJ

---

06 이상기체의 가역 폴리트로픽 과정은 다음과 같다. 이에 대한 설명으로 옳은 것은?(단, P는 압력, v는 비체적, C는 상수이다.)

$$Pv^n = C$$

① $n = 0$이면 등온과정
② $n = 1$이면 정적과정
③ $n = \infty$이면 정압과정
④ $n = k$(비열비)이면 단열과정

해설

$Pv^n = \text{Constant}$의 경우 $n = k$(비열비)이면, 단열과정을 의미한다.

$Pv^n = \text{Constant}$ (가역 폴리트로픽 과정)

- $n = 0$이면, $P = \text{Constant} \rightarrow$ 등압과정
- $n = 1$이면, $Pv = \text{Constant} \rightarrow$ 등온과정
- $n = k$(비열비)이면, $Pv^k = \text{Constant} \rightarrow$ 단열과정
- $n = \infty$이면, $v = \text{Constant} \rightarrow$ 정적과정

---

07 열과 일에 대한 설명 중 옳은 것은?

① 열역학적 과정에서 열과 일은 모두 경로에 무관한 상태함수로 나타낸다.
② 일과 열의 단위는 대표적으로 Watt(W)를 사용한다.
③ 열역학 제1법칙은 열과 일의 방향성을 제시한다.
④ 한 사이클 과정을 지나 원래 상태로 돌아왔을 때 시스템에 가해진 전체 열량은 시스템이 수행한 전체 일의 양과 같다.

해설

① 열역학적 과정에서 열과 일은 모두 경로에 따라 달라지는 경로함수이다.
② 일과 열의 단위는 대표적으로 J(Joule)을 사용한다.
③ 열역학 제2법칙에 대한 설명이다.

---

08 랭킨 사이클의 각각의 지점에서 엔탈피는 다음과 같다. 이 사이클의 효율은 약 몇 %인가?(단, 펌프일은 무시한다.)

- 보일러 입구 : 290.5kJ/kg
- 보일러 출구 : 3,476.9kJ/kg
- 응축기 입구 : 2,622.1kJ/kg
- 응축기 출구 : 286.3kJ/kg

① 32.4%   ② 29.8%
③ 26.8%   ④ 23.8%

해설

랭킨 사이클의 열효율(η) 산출

$\eta = \dfrac{\text{보일러 출구 } h - \text{응축기 입구 } h}{\text{보일러 출구 } h - \text{응축기 출구 } h} \times 100(\%)$

$\quad = \dfrac{3,476.9 - 2,622.1}{3,476.9 - 286.3} \times 100(\%) = 26.79\%$

---

09 공기의 정압비열(C_p, kJ/kg℃)이 다음과 같다고 가정한다. 이때 공기 5kg을 0℃에서 100℃까지 일정한 압력하에서 가열하는 데 필요한 열량은 약 몇 kJ인가?(단, 다음 식에서 t는 섭씨온도를 나타낸다.)

$$C_p = 1.0053 + 0.000079 \times t \, [\text{kJ/kg℃}]$$

① 85.5 　　　　　 ② 100.9

③ 312.7 　　　　　 ④ 504.6

> 해설

정압상태에서의 가열 열량(q) 산출

$q = m C_p \Delta t$

$\quad = 5\text{kg} \times \left(1.0053 + 0.000079 \times \dfrac{0+100}{2} \right) \times (100-0)$

$\quad = 504.6\text{kJ}$

10 공기표준 사이클로 운전하는 디젤 사이클 엔진에서 압축비는 18, 체절비(분사 단절비)는 2일 때 이 엔진의 효율은 약 몇 %인가?(단, 비열비는 1.4이다.)

① 63% 　　　　　 ② 68%

③ 73% 　　　　　 ④ 78%

> 해설

디젤 사이클 엔진의 효율(η_d) 산출

$\eta_d = 1 - \left(\dfrac{1}{\varepsilon} \right)^{k-1} \cdot \dfrac{\sigma^k - 1}{k(\sigma-1)} = 1 - \left(\dfrac{1}{18} \right)^{1.4-1} \cdot \dfrac{2^{1.4}-1}{1.4(2-1)}$

$\quad = 0.63 = 63\%$

11 카르노 냉동기 사이클과 카르노 열펌프 사이클에서 최고 온도와 최소 온도가 서로 같다. 카르노 냉동기의 성적계수는 COP_R이라고 하고, 카르노 열펌프의 성적계수는 COP_{HP}라고 할 때 다음 중 옳은 것은?

① $COP_{HP} + COP_R = 1$ 　　② $COP_{HP} + COP_R = 0$

③ $COP_R - COP_{HP} = 1$ 　　④ $COP_{HP} - COP_R = 1$

> 해설

냉동기의 성적계수(COP_R) $= \dfrac{\text{냉동효과}}{\text{압축일}} = \dfrac{q}{AW}$

열펌프의 성적계수(COP_{HP}) $= \dfrac{\text{응축기의 방출열량}}{\text{압축일}}$

$\qquad\qquad = \dfrac{q + AW}{AW} = \dfrac{q}{AW} + 1$

$\qquad\qquad = COP_R + 1$

∴ $COP_{HP} - COP_R = 1$

12 500℃의 고온부와 50℃의 저온부 사이에서 작동하는 Carnot 사이클 열기관의 열효율은 얼마인가?

① 10% 　　　　　 ② 42%

③ 58% 　　　　　 ④ 90%

> 해설

카르노 사이클의 열효율(η_c) 산출

$\eta_c = \dfrac{\text{생산일}(W)}{\text{공급열량}(Q)} = \dfrac{T_H - T_L}{T_H} = 1 - \dfrac{T_L}{T_H}$

$\quad = 1 - \dfrac{273 + 50}{273 + 500}$

$\quad = 0.58 = 58\%$

13 이상기체가 등온과정으로 부피가 2배로 팽창할 때 한 일이 W_1이다. 이 이상기체가 같은 초기조건하에서 폴리트로픽 과정(지수=2)으로 부피가 2배로 팽창할 때 한 일은?

① $\dfrac{1}{2\ln 2} \times W_1$ 　　　　② $\dfrac{2}{\ln 2} \times W_1$

③ $\dfrac{\ln 2}{2} \times W_1$ 　　　　④ $2\ln 2 \times W_1$

> 해설

팽창일(W) 산출

• 등온과정에서의 일(W_1)

$\quad W_1 = P_1 V_1 \ln \dfrac{V_2}{V_1} = P_1 V_1 \ln 2 \quad \cdots\cdots$ ⓐ

$\quad (\because V_2 = 2V_1)$

- 폴리트로픽 과정($n=2$)의 일(W)

$$W = \frac{P_1 V_1}{n-1}\left[1-\left(\frac{V_1}{V_2}\right)^{n-1}\right]$$

$$= \frac{P_1 V_1}{2-1}\left[1-\left(\frac{1}{2}\right)^{2-1}\right]$$

$$= P_1 V_1 \cdot \frac{1}{2} = \frac{P_1 V_1}{2} \rightarrow P_1 V_1 = 2W \quad \cdots\cdots \text{ⓑ}$$

ⓑ를 ⓐ에 대입하면

$$W_1 = 2W\ln2$$

$$\therefore W = \frac{W_1}{2\ln2}$$

14 클라우지우스(Clausius) 적분 중 비가역 사이클에 대하여 옳은 식은?(단, Q는 시스템에 공급되는 열, T는 절대온도를 나타낸다.)

① $\oint \frac{\delta Q}{T} = 0$ ② $\oint \frac{\delta Q}{T} < 0$

③ $\oint \frac{\delta Q}{T} > 0$ ④ $\oint \frac{\delta Q}{T} \geq 0$

[해설]

클라우지우스(Clausius)의 적분 : $\oint \frac{\delta Q}{T} \leq 0$

- 가역 과정 : $\oint \frac{\delta Q}{T} = 0$

- 비가역 과정 : $\oint \frac{\delta Q}{T} < 0$

15 다음 중 이상적인 스로틀 과정에서 일정하게 유지되는 양은?

① 압력 ② 엔탈피

③ 엔트로피 ④ 온도

[해설]

스로틀 과정(Throttle Process)은 일종의 교축과정으로서 유체가 밸브나 오리피스 등 단면의 변화가 있는 구간을 지나 압력강하 등의 물리적 성질이 변화되는 과정을 의미한다. 이 과정은 등엔탈피 과정으로서 교축 전과 후의 엔탈피 변화가 없으며, 압력과 온도는 강하되고, 비체적과 엔트로피는 증가한다.

16 70kPa에서 어떤 기체의 체적이 12m³이었다. 이 기체를 800kPa까지 폴리트로픽 과정으로 압축했을 때 체적이 2m³로 변화했다면, 이 기체의 폴리트로픽 지수는 약 얼마인가?

① 1.21 ② 1.28

③ 1.36 ④ 1.43

[해설]

폴리트로픽 과정이므로 $PV^n = \text{Constant}$

$P_1 V_1^n = P_2 V_2^n \rightarrow 70 \times 12^n = 800 \times 2^n$

$\therefore$ 폴리트로픽 지수 $n = 1.36$

17 어떤 기체 1kg이 압력 50kPa, 체적 2.0m³의 상태에서 압력 1,000kPa, 체적 0.2m³의 상태로 변화하였다. 이 경우 내부에너지의 변화가 없다고 한다면, 엔탈피의 변화는 얼마나 되겠는가?

① 57kJ ② 79kJ

③ 91kJ ④ 100kJ

[해설]

엔탈피 변화량(dh) 산출

$$dh = dU + d(PV) = dU + (P_2 V_2 - P_1 V_1)$$

$$= 0\text{kJ} + (1,000 \times 0.2 - 50 \times 2) = 100\text{kJ}$$

여기서, 내부에너지의 변화가 없으므로 $dU = 0$

18 두 물체가 각각 제3의 물체와 온도가 같을 때는 두 물체도 역시 서로 온도가 같다는 것을 말하는 법칙으로 온도 측정의 기초가 되는 것은?

① 열역학 제0법칙 ② 열역학 제1법칙

③ 열역학 제2법칙 ④ 열역학 제3법칙

[해설]

열역학 제0법칙

- 온도가 서로 다른 두 물체를 접촉시키면 고온의 물체는 열을 방출하고 저온의 물체는 열을 흡수해서 두 물체의 온도차는 없어진다.
- 이때 두 물체는 열평형이 되었다고 하며 이렇게 열평형이 되는 것을 열역학 제0법칙이라 한다.

정답   14 ② 15 ② 16 ③ 17 ④ 18 ①

19 이상기체가 등온과정으로 체적이 감소할 때 엔탈피는 어떻게 되는가?

① 변하지 않는다.
② 체적에 비례하여 감소한다.
③ 체적에 반비례하여 증가한다.
④ 체적의 제곱에 비례하여 감소한다.

해설

이상기체에서 엔탈피는 온도만의 함수이므로, 온도 변화가 없는 등온과정일 경우 엔탈피도 변하지 않는다.

20 이상적인 디젤 기관의 압축비가 16일 때 압축 전의 공기 온도가 90℃라면, 압축 후의 공기의 온도는 약 몇 ℃인가?(단, 공기의 비열비는 1.4이다.)

① 1,101℃　　　　② 718℃
③ 808℃　　　　④ 827℃

해설

단열압축과정

$$\frac{T_2}{T_1} = \left(\frac{V_1}{V_2}\right)^{k-1} = \varepsilon^{k-1}$$

여기서, k : 비열비, ε : 압축비

$$T_2 = \varepsilon^{k-1} \times T_1$$
$$= 16^{1.4-1} \times (273+90) = 1,100.4\text{K}$$

∴ $1,100.4 - 273 = 827.4℃$

Section
02 냉동공학

21 흡수식 냉동기의 특징에 대한 설명으로 옳은 것은?

① 자동제어가 어렵고 운전경비가 많이 소요된다.
② 초기 운전 시 정격 성능을 발휘할 때까지의 도달 속도가 느리다.
③ 부분부하에 대한 대응이 어렵다.
④ 증기압축식보다 소음 및 진동이 크다.

해설

① 낮은 온도에서 냉매가 증발할 수 있도록 진공상태에서 운전되므로, 자동제어가 용이하고 운전경비가 적게 소요된다.
③ 부분부하 시 기기효율이 높아 에너지 절약적이다.
④ 증기압축식보다 소음 및 진동이 적은 특징을 갖고 있다.

22 내경이 20mm인 관 안으로 포화상태의 냉매가 흐르고 있으며 관은 단열재로 싸여 있다. 관의 두께는 1mm이며, 관 재질의 열전도도는 50W/m · K이며, 단열재의 열전도도는 0.02W/m · K이다. 단열재의 내경과 외경은 각각 22mm와 42mm일 때, 단위길이당 열손실(W)은?(단, 이때 냉매의 온도는 60℃, 주변 공기의 온도는 0℃이며, 냉매 측과 공기 측의 평균 대류 열전달계수는 각각 2,000W/m² · K와 10W/m² · K이다. 관과 단열재 접촉부의 열저항은 무시한다.)

① 9.87　　　　② 10.15
③ 11.10　　　　④ 13.27

해설

열손실(Q) = K(열관류율)×A(면적)×온도차

• 열관류율(K) = $\cfrac{1}{\cfrac{1}{a_1} + \cfrac{b_1}{\lambda_1} + \cfrac{b_2}{\lambda_2} + \cfrac{1}{a_2}}$

$$= \cfrac{1}{\cfrac{1}{2,000} + \cfrac{0.001}{50} + \cfrac{0.02}{0.02} + \cfrac{1}{10}}$$

$$= \frac{1}{1.10052} = 0.90\text{W/m}^2 \cdot \text{K}$$

• 면적(A) = πDL

$$= 3.14 \times \left(\frac{20+40}{10^3}\right) \times 1 = 0.188\text{m}^2$$

여기서, 길이 $L = 20 + (42-22) \times 2 = 20 + 40$

∴ 열손실 $Q = 0.90 \times 0.188 \times (60-0)$
$$= 10.15\text{W/m}$$

23 40냉동톤의 냉동부하를 가지는 제빙공장이 있다. 이 제빙공장 냉동기의 압축기 출구 엔탈피가 1,914kJ/kg, 증발기 출구 엔탈피가 1,546kJ/kg, 증발기 입구 엔탈피가 536kJ/kg일 때, 냉매순환량(kg/h)은?(단, 1RT는 3.86kW이다.)

① 550 ② 403
③ 290 ④ 25.9

해설

냉매순환량(G) 산출

$$G = \frac{냉동능력(Q_e)}{냉동효과(q_e)} = \frac{Q_e}{h_{eo} - h_{ei}}$$

$$= \frac{40RT \times 3.86kW \times 3,600}{1,546kJ/kg - 536kJ/kg} = 550.34kg/h$$

여기서, h_{eo} : 증발기 출구 엔탈피
h_{ei} : 증발기 입구 엔탈피

24 증기압축식 냉동시스템에서 냉매량 부족 시 나타나는 현상으로 틀린 것은?

① 토출압력의 감소
② 냉동능력의 감소
③ 흡입가스의 과열
④ 토출가스의 온도 감소

해설

냉매량이 부족할 경우 냉매액의 증발이 완료된 이후에도 계속적으로 열을 흡수하여 흡입가스 및 토출가스 온도가 상승하여 압축기가 과열운전된다.

25 프레온 냉동장치에서 가용전에 관한 설명으로 틀린 것은?

① 가용전의 용융온도는 일반적으로 75℃ 이하로 되어 있다.
② 가용전은 Sn(주석), Cd(카드뮴), Bi(비스무트) 등의 합금이다.
③ 온도 상승에 따른 이상 고압으로부터 응축기 파손을 방지한다.

④ 가용전의 구경은 안전밸브 최소 구경의 1/2 이하이어야 한다.

해설

가용전의 구경은 안전밸브 최소 구경의 1/2 이상이어야 한다.

26 암모니아 냉동장치에서 고압 측 게이지 압력이 1,372kPa, 저압 측 게이지 압력이 294kPa이고, 피스톤 압출량이 100m³/h, 흡입증기의 비체적이 0.5m³/kg이라 할 때, 이 장치에서의 압축비와 냉매순환량(kg/h)은 각각 얼마인가?(단, 압축기의 체적효율은 0.7로 한다.)

① 3.73, 70 ② 3.73, 140
③ 4.67, 70 ④ 4.67, 140

해설

압축비(ε)과 냉매순환량(G) 산출

• 압축비(ε) 산출

$$압축비(\varepsilon) = \frac{고압 \ 측 \ 절대압력}{저압 \ 측 \ 절대압력}$$

$$= \frac{1,372 + 101.3}{294 + 101.3} = 3.73$$

여기서, 101.3kPa은 대기압
절대압력 = 게이지압 + 대기압

• 냉매순환량(G) 산출

$$G = \frac{냉동능력(Q_e)}{냉동효과(q_e)}$$

$$= \frac{피스톤 \ 압출량(V)}{흡입증기 \ 비체적(v)} \times 압축기 \ 체적효율(\eta_v)$$

$$= \frac{100m^3/h}{0.5m^3/kg} \times 0.7 = 140kg/h$$

27 피스톤 압출량이 48m³/h인 압축기를 사용하는 냉동장치가 있다. 압축기 체적효율(n_v)이 0.75이고, 배관에서의 열손실을 무시하는 경우, 이 냉동장치의 냉동능력(RT)은?(단, 1RT는 3.86kW이다.)

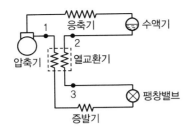

- $h_1 = 567.75\text{kJ/kg}$ • $v_1 = 0.12\text{m}^3\text{/kg}$
- $h_2 = 442.05\text{kJ/kg}$ • $h_3 = 435.76\text{kJ/kg}$

① 1.83　　　　　② 2.34

③ 2.50　　　　　④ 2.84

> 해설

냉동능력(Q_e) 산출

$$G = \frac{\text{냉동능력}(Q_e)}{\text{냉동효과}(q_e)}$$

$$= \frac{\text{피스톤 압출량}(V)}{\text{흡입증기 비체적}(v)} \times \text{압축기 체적효율}(\eta_v)$$

$$\text{냉동능력}(Q_e) = \frac{\text{피스톤 압출량}(V) \times \text{냉동효과}(q_e)}{\text{흡입증기 비체적}(v)}$$
$$\times \text{압축기 체적효율}(\eta_v)$$

$$= \frac{48\text{m}^3\text{/h} \times 115.7}{0.12\text{m}^3\text{/kg}} \times 0.75$$

$$= 34,710\text{kJ/h} = 9.64\text{kW} = 2.50\text{RT}$$

여기서, $q_e = h_{eo} - h_{ei} = (h_1 - h_2 + h_3) - h_3$
$$= (557.75 - 442.05 + 435.76) - 435.76 = 115.7$$

28 다음 중 독성이 거의 없고 금속에 대한 부식성이 적어 식품냉동에 사용되는 유기질 브라인은?

① 프로필렌글리콜　　　② 식염수

③ 염화칼슘　　　　　　④ 염화마그네슘

> 해설

프로필렌글리콜($C_3H_6(OH)_2$)

- 부식성이 작고 독성이 없으므로 냉동식품의 동결용에 사용된다.(분무식 식품 동결)
- 물보다 무거우며(비중 1.04), 무색·무독의 액체로서 점성이 크다.
- 50% 수용액으로 식품에 접촉시킨다.
- 응고점 $-59.5℃$ 비등점 $188.2℃$, 인화점 $107℃$이다.

29 열통과율 $1,046.5\text{W/m}^2\text{K}$, 전열면적 5m^2인 아래 그림과 같은 대향류 열교환기에서의 열교환량(kW)은?(단, $t_1 : 27℃$, $t_2 : 13℃$, $t_{w1} : 5℃$, $t_{w2} : 10℃$이다.)

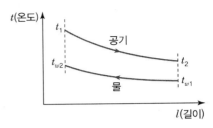

① 26,865　　　　　② 64,476

③ 45,000　　　　　④ 90,245

> 해설

열교환량(q) 산출

$q = KA(LMTD)$
$= 1,046.5\text{W/m}^2\text{K} \times 5\text{m}^2 \times 11.94℃$
$= 64,476.05$

여기서, $LMTD$(대수평균온도차)

$$= \frac{\Delta_1 - \Delta_2}{\ln\dfrac{\Delta_1}{\Delta_2}} = \frac{(27-10)-(13-5)}{\ln\dfrac{27-10}{13-5}} = 11.94℃$$

Δ_1 : 공기를 기준으로 입구 측 온도차($t_1 - t_{w2}$)
Δ_2 : 공기를 기준으로 출구 측 온도차($t_2 - t_{w1}$)

30 냉동장치에 사용하는 브라인 순환량이 200 L/min이고, 비열이 $2.91\text{kJ/kg}\cdot\text{K}$이다. 브라인의 입·출구 온도는 각각 $-6℃$와 $-10℃$일 때, 브라인 쿨러의 냉동능력(kW)은?(단, 브라인의 밀도는 1.20이다.)

① 36.88　　　　　② 38.86

③ 46.56　　　　　④ 43.20

> 해설

냉동능력(Q_e) 산출

$Q_e = GC\Delta t$
$= 200\text{L/min} \div 60 \times 1.2\text{kg/L} \times 2.91\text{kJ/kg}\cdot\text{K} \times (-6-(-10))$
$= 46.56\text{kW}$

31 프레온 냉매의 경우 흡입배관에 이중 입상관을 설치하는 목적으로 가장 적합한 것은?

① 오일의 회수를 용이하게 하기 위하여
② 흡입가스의 과열을 방지하기 위하여
③ 냉매액의 흡입을 방지하기 위하여
④ 흡입관에서의 압력강하를 줄이기 위하여

> 해설

가는 관과 굵은 관을 설치하여 흡입 및 토출배관의 오일의 회수를 용이하게 하는 이중 입상관은 일종의 부분부하에 대처하는 효과를 가진다. 굵은 관 입구에 트랩을 설치하여 최소 부하 시는 오일이 트랩에 고여 굵은 관을 막아 가는 관으로만 가스가 통과하여 오일을 회수하고, 최대 부하 시는 두 관을 통해 가스가 통과되면서 오일을 회수한다.

32 다음 중 흡수식 냉동기의 용량제어 방법으로 적당하지 않은 것은?

① 흡수기 공급흡수제 조절
② 재생기 공급용액량 조절
③ 재생기 공급증기 조절
④ 응축수량 조절

> 해설

흡수식 냉동기의 용량제어는 냉매(물)량을 통해 진행하게 되며, 흡수기에서 냉매를 흡수하는 역할을 하는 흡수제의 조절은 용량제어 방법에 해당하지 않는다.

33 냉동장치 운전 중 팽창밸브의 열림이 적을 때 발생하는 현상이 아닌 것은?

① 증발압력은 저하한다.
② 냉매순환량은 감소한다.
③ 액압축으로 압축기가 손상된다.
④ 체적효율은 저하한다.

> 해설

액압축 현상은 증발기의 냉매액이 전부 증발하지 못하고 액체상태로 압축기로 흡입되는 현상을 말하며, 팽창밸브 열림이 과도하게 클 때 발생한다.

34 폐열을 회수하기 위한 히트파이프(Heat Pipe)의 구성요소가 아닌 것은?

① 단열부
② 응축부
③ 증발부
④ 팽창부

> 해설

Heat Pipe는 증발부(흡열을 통한 액체 → 기체), 단열부, 응축부(방열을 통한 기체 → 액체)로 구성된다.

35 냉동기유가 갖추어야 할 조건으로 틀린 것은?

① 응고점이 낮고, 인화점이 높아야 한다.
② 냉매와 잘 반응하지 않아야 한다.
③ 산화가 되기 쉬운 성질을 가져야 한다.
④ 수분, 산분을 포함하지 않아야 한다.

> 해설

냉동기유는 산화되기 어려운 성질을 가져야 한다.

냉동기유 구비조건

물리적 성질	• 점도가 적당할 것 • 온도에 따른 점도의 변화가 적을 것 • 인화점이 높을 것 • 오일 회수를 위해 사용하는 액상 냉매보다 비중이 무거울 것 • 유성(油性)이 양호할 것(유막 형성 능력이 우수할 것) • 거품이 적게 날 것(Oil Forming) • 응고점이 낮고 낮은 온도에서 유동성이 있을 것 • 저온에서도 냉매와 분리되지 않을 것(상용성이 있는 냉매와 사용 시) • 수분함량이 적을 것
전기 · 화학적 성질	• 열안전성이 좋을 것 • 수분, 산분을 포함하지 않을 것 • 산화되기 어려울 것 • 냉매와 반응하지 않을 것 • 밀폐형 압축기에서 사용 시 전기 절연성이 좋을 것 • 저온에서 왁스성분(고형성분)을 석출하지 않을 것(왁스성분은 팽창장치 막힘 등을 유발) • 고온에서 슬러지가 없을 것 • 반응은 중성일 것

36 냉동장치 내에 불응축 가스가 생성되는 원인으로 가장 거리가 먼 것은?

① 냉동장치의 압력이 대기압 이상으로 운전될 경우 저압 측에서 공기가 침입한다.
② 장치를 분해, 조립하였을 경우에 공기가 잔류한다.
③ 압축기의 축봉장치 패킹 연결부분에 누설부분이 있으면 공기가 장치 내에 침입한다.
④ 냉매, 윤활유 등의 열분해로 인해 가스가 발생한다.

> **해설**
>
> 불응축 가스는 응축기 상부에 고여 응축되지 않은 가스를 의미하며, 냉동장치의 압력이 대기압 이상으로 운전될 경우 고압 측에서 공기가 침입하여 발생하게 된다.

37 가역 카르노 사이클에서 고온부 40℃, 저온부 0℃로 운전될 때 열기관의 효율은?

① 7.825　　　　② 6.825
③ 0.147　　　　④ 0.128

> **해설**
>
> **카르노 사이클의 효율(η_{th}) 산출**
>
> $$\eta_{th} = 1 - \frac{T_L}{T_H} = 1 - \frac{273 + 0}{273 + 40} = 0.128$$

38 다음 냉동장치에서 물의 증발열을 이용하지 않는 것은?

① 흡수식 냉동장치　　② 흡착식 냉동장치
③ 증기분사식 냉동장치　④ 열전식 냉동장치

> **해설**
>
> 열전식 냉동장치(열전냉동, Thermoelectric Refrigeration)는 종류가 다른 두 금속도체를 접합하여 전류를 통하면, 전류의 방향에 따라 한쪽 접합점에서는 열을 방출하고, 다른 쪽 접합점에서는 열을 흡수하게 되는 펠티에 효과(Peltier's Effect)를 이용한 냉동법이다.

39 다음 중 밀착 포장된 식품을 냉각부동액 중에 집어 넣어 동결시키는 방식은?

① 침지식 동결장치
② 접촉식 동결장치
③ 진공 동결장치
④ 유동층 동결장치

> **해설**
>
> **냉각부동액(브라인) 침지식 동결장치**
> • 선망어업이나 줄낚시 어업과 같이 다획성 어업의 보호 처리 방식으로서 현재 가장 많이 사용한다.
> • 피동결품을 브라인에 직접 침적하는 직접접촉 방식과 피동결품을 포장하여 침적하는 간접접촉 방식이 있다.
> • 종류로는 식염브라인 동결장치, 염화칼슘 브라인 동결장치가 있다.

40 압축기에 부착하는 안전밸브의 최소 구경을 구하는 공식으로 옳은 것은?

① 냉매상수×(표준회전속도에서 1시간의 피스톤 압출량)$^{1/2}$
② 냉매상수×(표준회전속도에서 1시간의 피스톤 압출량)$^{1/3}$
③ 냉매상수×(표준회전속도에서 1시간의 피스톤 압출량)$^{1/4}$
④ 냉매상수×(표준회전속도에서 1시간의 피스톤 압출량)$^{1/5}$

> **해설**
>
> 압축기에 부착하는 안전밸브의 최소 구경은 냉매상수×(표준회전속도에서 1시간의 피스톤 압출량)$^{1/2}$의 공식을 활용하여 산출한다.

41 장방형 덕트(장변 a, 단변 b)를 원형 덕트로 바꿀 때 사용하는 식은 아래와 같다. 이 식으로 환산된 장방형 덕트와 원형 덕트의 관계는?

$$D_e = 1.3 \left[\frac{(a \cdot b)^5}{(a+b)^2} \right]^{\frac{1}{8}}$$

① 두 덕트의 풍량과 단위길이당 마찰손실이 같다.
② 두 덕트의 풍량과 풍속이 같다.
③ 두 덕트의 풍속과 단위길이당 마찰손실이 같다.
④ 두 덕트의 풍량과 풍속 및 단위길이당 마찰손실이 모두 같다.

해설

보기는 원형 덕트경(D_e)과 각형 덕트의 장단변(장변 a, 단변 b) 간의 관계식을 나타낸 것이다. 원형 덕트경(D_e)을 결정할 때 마찰저항 선도를 사용하며, 마찰저항 선도 종축의 풍량, 횡축의 단위길이당 마찰손실을 통해 원형 덕트경(D_e)을 산정하게 된다. 이렇게 산정된 원형 덕트경(D_e)과 동일한 풍량과 단위길이당 마찰손실을 갖는 장방형 덕트를 식으로 환산한다.

42 열회수 방식 중 공조설비의 에너지 절약기법으로 많이 이용되고 있으며, 외기 도입량이 많고 운전시간이 긴 시설에서 효과가 큰 것은?

① 잠열교환기 방식   ② 현열교환기 방식
③ 비열교환기 방식   ④ 전열교환기 방식

해설

열교환기는 외기와 배기 간의 열교환을 통해 외기를 실내공기조화에 가까운 상태로 도입하는 기기를 말한다. 외기는 온도에 따른 현열과 습도에 따른 잠열을 모두 포함하고 있으므로 전열(현열+잠열)을 열교환하는 전열교환기의 적용이 효과적이다.

43 중앙식 공조 방식의 특징에 대한 설명으로 틀린 것은?

① 중앙집중식이므로 운전 및 유지관리가 용이하다.
② 리턴 팬을 설치하면 외기냉방이 가능하게 된다.
③ 대형 건물보다는 소형 건물에 적합한 방식이다.
④ 덕트가 대형이고, 개별식에 비해 설치공간이 크다.

해설

대형 건물보다 소형 건물에 적합한 방식은 개별 공조 방식이다.

44 어느 건물 서편의 유리 면적이 40m²이다. 안쪽에 크림색의 베네시언 블라인드를 설치한 유리면으로부터 오후 4시에 침입하는 열량(kW)은? (단, 외기는 33℃, 실내는 27℃, 유리는 1중이며, 유리의 열통과율(K)은 5.9W/m²℃, 유리창의 복사량(I_{gr})은 608W/m², 차폐계수(K_s)는 0.56이다.)

① 15   ② 13.6
③ 3.6   ④ 1.4

해설

유리의 침입열량은 전도에 의한 것과 일사에 의한 것을 동시에 고려해 주어야 한다.
• 전도에 의한 침입열량(q_c)
$$q_c = kA\Delta t$$
$$= 5.9\text{W/m}^2℃ \times 40\text{m}^2 \times (33-27)℃$$
$$= 1,416\text{W} = 1.416\text{kW}$$
• 일사에 의한 침입열량(q_s)
$$q_s = I_{gr}AK_s$$
$$= 608\text{W/m}^2 \times 40\text{m}^2 \times 0.56$$
$$= 13,619\text{W} = 13.619\text{kW}$$
∴ 유리의 침입열량$= q_c + q_s$
$$= 1.416 + 13.619$$
$$= 15.04 = 15\text{kW}$$

45 보일러의 스케일 방지방법으로 틀린 것은?

① 슬러지는 적절한 분출로 제거한다.
② 스케일 방지 성분인 칼슘의 생성을 돕기 위해 경도가 높은 물을 보일러수로 활용한다.
③ 경수연화장치를 이용하여 스케일 생성을 방지한다.
④ 인산염을 일정 농도가 되도록 투입한다.

해설

경도가 높은 물의 사용은 보일러 스케일 발생의 원인이 된다.

46 외부의 신선한 공기를 공급하여 실내에서 발생한 열과 오염물질을 대류효과 또는 급배기팬을 이용하여 외부로 배출시키는 환기 방식은?

① 자연환기   ② 전달환기
③ 치환환기   ④ 국소환기

해설

치환환기는 신선한 외기를 공급하여 오염농도가 높은 실내공기를 외부로 빼내고, 실내공간을 오염농도가 낮은 공기로 바꾸는(치환하는) 환기를 말한다.

47 다음 중 사용되는 공기 선도가 아닌 것은? (단, h : 엔탈피, x : 절대습도, t : 온도, p : 압력이다.)

① $h-x$ 선도   ② $t-x$ 선도
③ $t-h$ 선도   ④ $p-h$ 선도

해설

$p-h$ 선도는 압력과 엔탈피의 관계를 나타내는 선도로서 냉동기의 냉매 등의 상태변화량을 나타내는 것으로 습공기의 상태를 나타내는 공기 선도와는 거리가 멀다.

48 다음 중 일반 공기 냉각용 냉수코일에서 가장 많이 사용되는 코일의 열수로 가장 적절한 것은?

① $0.5\sim1$ ② $1.5\sim2$
③ $4\sim8$ ④ $10\sim14$

해설

일반 공조용 냉수코일의 열수는 공기의 풍속 및 공기와 코일이 부딪치는 정면 면적 등을 고려할 때 $4\sim8$열로 구성하는 것이 가장 적절하다.

49 일사를 받는 외벽으로부터의 침입열량(q)을 구하는 식으로 옳은 것은?(단, k는 열관류율, A는 면적, Δt는 상당외기온도차이다.)

① $q = k \times A \times \Delta t$ ② $q = \dfrac{0.86 \times A}{\Delta t}$

③ $q = \dfrac{0.24 \times A \times \Delta t}{k}$ ④ $q = \dfrac{0.29 \times k}{A \times \Delta t}$

해설

일사를 받는 외벽으로터의 침입열량(q)은 일사의 영향을 고려한 상당외기온도를 적용하고 이 때의 산출식은 다음과 같다.
$q = k \times A \times \Delta t$

50 공기의 감습장치에 관한 설명으로 틀린 것은?

① 화학적 감습법은 흡착과 흡수 기능을 이용하는 방법이다.
② 압축식 감습법은 감습만을 목적으로 사용하는 경우 재열이 필요하므로 비경제적이다.
③ 흡착식 감습법은 실리카겔 등을 사용하며, 흡습재의 재생이 가능하다.
④ 흡수식 감습법은 활성 알루미나를 이용하기 때문에 연속적이고 큰 용량의 것에는 적용하기 곤란하다.

51 간접난방과 직접난방 방식에 대한 설명으로 틀린 것은?

① 간접난방은 중앙공조기에 의해 공기를 가열해 실내로 공급하는 방식이다.
② 직접난방은 방열기에 의해서 실내공기를 가열하는 방식이다.
③ 직접난방은 방열체의 방열형식에 따라 대류난방과 복사난방으로 나눌 수 있다.
④ 온풍난방과 증기난방은 간접난방에 해당된다.

해설

온풍난방은 간접난방에 속하나, 증기난방은 직접난방에 속한다.

52 다음 중 온수난방용 기기가 아닌 것은?

① 방열기
② 공기방출기
③ 순환펌프
④ 증발탱크

해설

증발(Flash) 탱크는 증기난방용 기기로서, 방열기(기구)를 통과한 고온의 응축수를 재증발시켜 저압의 증기로 만드는 장치이다.

53 다음 중 축류형 취출구에 해당되는 것은?

① 아네모스탯형 취출구
② 펑커루버형 취출구
③ 팬형 취출구
④ 다공판형 취출구

해설

아네모스탯형 취출구와 팬형 취출구는 복류(輻流) 취출구(Double Flow Diffuser)에 해당한다.

54 냉수코일의 설계상 유의사항으로 옳은 것은?

① 일반적으로 통과 풍속은 2~3m/s로 한다.
② 입구 냉수온도는 20℃ 이상으로 취급한다.
③ 관 내의 물의 유속은 4m/s 전후로 한다.
④ 병류형으로 하는 것이 보통이다.

해설

② 냉수코일 방식은 Chiller(Condensing Unit에 냉수증발기를 조합한 것)에서 코일을 배관접속하여 배관 내에 5~15℃ 정도의 냉수를 통수시켜 송풍되는 공기를 냉각·감습한다.
③ 관 내의 물의 유속은 1m/s 전후로 한다.
④ 대수평균온도차(LMTD)를 크게 하기 위해 공기의 흐름과 코일 내의 냉수의 흐름이 서로 반대가 되게 하는 대향류형으로 설계하는 것이 보통이다.

55 수증기 발생으로 인한 환기를 계획하고자 할 때, 필요 환기량 $Q(m^3/h)$의 계산식으로 옳은 것은?(단, q_s : 발생 현열량(kJ/h), W : 수증기 발생량(kg/h), M : 먼지 발생량(m^3/h), $t_i(℃)$: 허용 실내온도, $X_i(kg/kg)$: 허용 실내 절대습도, $t_o(℃)$: 도입 외기온도, $X_o(kg/kg)$: 도입 외기절대습도, K, K_o : 허용 실내 및 도입 외기 가스농도, C, C_o : 허용 실내 및 도입 외기 먼지농도이다.)

① $Q = \dfrac{q_s}{0.29(t_i - t_o)}$

② $Q = \dfrac{W}{1.2(x_i - x_o)}$

③ $Q = \dfrac{100 \cdot M}{K - K_o}$

④ $Q = \dfrac{M}{C - C_o}$

해설

수증기 발생에 따른 필요 환기량이므로 수증기 발생량(W)과 절대습도의 차이($x_i - x_o$)를 변수로 하는 관계식을 적용하여야 한다. 그리고 식에서 1.2(kg/m³)는 밀도를 의미한다.

56 다음 그림에서 상태 1인 공기를 상태 2로 변화시켰을 때의 현열비를 바르게 나타낸 것은?

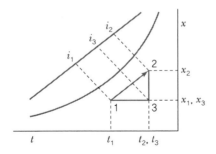

① $\dfrac{i_3 - i_1}{i_2 - i_1}$

② $\dfrac{i_2 - i_3}{i_2 - i_1}$

③ $\dfrac{x_2 - x_1}{t_1 - t_2}$

④ $\dfrac{t_1 - t_2}{i_3 - i_1}$

해설

현열비는 전체 엔탈피의 변화량($i_2 - i_1$)에서 온도에 따른 엔탈피의 변화량($i_3 - i_1$)의 비율을 나타낸다.

57 보일러의 종류 중 수관 보일러 분류에 속하지 않는 것은?

① 자연순환식 보일러

② 강제순환식 보일러

③ 연관 보일러

④ 관류 보일러

해설

관류식 보일러는 급수가 드럼 없이 긴 관을 통과할 동안 예열, 증발, 과열되어 소요의 과열증기를 발생시키는 초고압용 보일러로서 여러 개의 수관(관 속에 물이 흐르는 관)을 갖고 있는 수관식 보일러와는 거리가 멀다.

58 제주지방의 어느 한 건물에 대한 냉방기간 동안의 취득열량(GJ/기간)은?(단, 냉방도일 CD_{24-24} $=162.4\text{deg}℃ \cdot \text{day}$, 건물 구조체 표면적 500m², 열관류율 0.58W/m²℃, 환기에 의한 취득열량은 168W/℃이다.)

① 9.37

② 6.43

③ 4.07

④ 2.36

해설

냉방기간 동안 취득열량(q) $= BLC \times CD$

여기서, BLC(총열손실) $=$ 관류열손실 $+$ 환기열손실

$$= KA + V$$

CD : Cooling Degree(day)

$q = BLC \times CD = (KA + V) \times CD$

$= (0.58\text{W/m}^2℃ \times 500\text{m}^2 + 168\text{W/}℃)$

$\times (162.4\text{deg}℃ \cdot \text{day} \times 24\text{h} \times 3,600\text{sec})$

$= 6,426,362,880\text{J} = 6.43\text{GJ}$

59 송풍량 2,000m³/min을 송풍기 전후의 전압차 20Pa로 송풍하기 위한 필요 전동기 출력(kW)은?(단, 송풍기의 전압효율은 80%, 전동효율은 V벨트로 0.95이며, 여유율은 0.20이다.)

① 1.05

② 10.35

③ 14.04

④ 25.32

해설

전동기 출력(kW) $= \dfrac{QH}{E_T \times E_A} \times \alpha$

$= \dfrac{2,000\text{m}^3/\text{min} \times 20\text{Pa}}{60 \times 0.8 \times 0.95} \times 1.2$

$= 1,052.63\text{W} = 1.05\text{kW}$

60 에어워셔 단열 가습 시 포화효율은 어떻게 표시하는가?(단, 입구공기의 건구온도 t_1, 출구공기의 건구온도 t_2, 입구공기의 습구온도 t_{w1}, 출구공기의 습구온도 t_{w2}이다.)

① $\eta = \dfrac{t_1 - t_2}{t_2 - t_{w2}}$

② $\eta = \dfrac{t_1 - t_2}{t_1 - t_{w1}}$

③ $\eta = \dfrac{t_2 - t_1}{t_{w2} - t_1}$

④ $\eta = \dfrac{t_1 - t_{w1}}{t_2 - t_1}$

해설

에어워셔 포화효율(η)

$\eta = \dfrac{t_1 - t_2}{t_1 - t_{w1}} \times 100(\%)$

61 변압기의 부하손(동손)에 관한 설명으로 옳은 것은?

① 동손은 온도 변화와 관계없다.
② 동손은 주파수에 의해 변화한다.
③ 동손은 부하전류에 의해 변화한다.
④ 동손은 자속밀도에 의해 변화한다.

해설

동손(Copper Loss)은 전기기에 생기는 손실 중 권선저항에 의해 생기는 열손실(J)로서 다음의 관계식을 갖는다.
동손$(P) = I^2 \cdot r$
여기서, I : 전류(A), r : 권선의 저항(Ω)
∴ 동손은 부하전류와 권선의 저항에 의해 변화한다.

62 목표값이 다른 양과 일정한 비율 관계를 가지고 변화하는 경우의 제어는?

① 추종제어　　　　② 비율제어
③ 정치제어　　　　④ 프로그램 제어

해설

① 추종제어 : 미지의 임의 시간적 변화를 하는 목표값에 제어량을 추종시키는 것을 목적으로 하는 제어법이다.
③ 정치제어 : 제어량을 어떤 일정한 목표값으로 유지하는 것을 목적으로 하는 제어법이다.
④ 프로그램 제어 : 목표값이 미리 정해진 시간적 변화를 하는 경우 제어량을 변화시키는 제어 방식이다.

63 프로세스 제어용 검출기기는?

① 유량계　　　　② 전위차계
③ 속도검출기　　　④ 전압검출기

해설

프로세스 기구(프로세스 제어)

온도, 유량, 압력, 액위, 농도, 밀도 등의 플랜트나 생산 공정 중의 상태량을 제어량으로 하는 제어로서 외란의 억제를 주목적으로 한다.

64 $R-L-C$ 직렬회로에서 전압(E)과 전류(I) 사이의 위상 관계에 관한 설명으로 옳지 않은 것은?

① $X_L = X_C$인 경우 I는 E와 동상이다.
② $X_L > X_C$인 경우 I는 E보다 θ만큼 뒤진다.
③ $X_L < X_C$인 경우 I는 E보다 θ만큼 앞선다.
④ $X_L < (X_C - R)$인 경우 I는 E보다 θ만큼 뒤진다.

해설

$X_L < (X_C - R)$인 경우 $\theta = \tan^{-1}\dfrac{X_L - X_C}{R} < 0$이므로 I는 E보다 θ만큼 앞선다.(여기서 X_L은 유도 리액턴스, X_C는 용량 리액턴스이다.)

65 그림과 같은 $R-L-C$ 회로의 전달함수는?

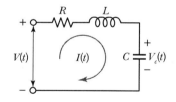

① $\dfrac{1}{LCs + RC + 1}$ 　　 ② $\dfrac{1}{LC + RCs + 1}$

③ $\dfrac{1}{LCs^2 + RCs + 1}$ 　 ④ $\dfrac{1}{LCs + RCs^2 + 1}$

해설

• 회로의 전압방정식

$$V(t) = Ri(t) + L\frac{di(t)}{dt} + \frac{1}{C}\int i(t)dt$$

$$V_c(t) = \frac{1}{C}\int i(t)dt$$

• 초기값을 0으로 하고 라플라스 변환

$$V(s) = RI(s) + LsI(s) + \frac{I(s)}{Cs} = (R + Ls + \frac{1}{Cs})I(s)$$

$$V_c(s) = \frac{1}{Cs}I(s)$$

• 전달함수

$$G(s) = \frac{V_c(s)}{V(s)} = \frac{\frac{1}{Cs}}{R + Ls + \frac{1}{Cs}} = \frac{1}{LCs^2 + RCs + 1}$$

66 디지털 제어에 관한 설명으로 옳지 않은 것은?

① 디지털 제어의 연산속도는 샘플링계에서 결정된다.
② 디지털 제어를 채택하면 조정 개수 및 부품수가 아날로그 제어보다 줄어든다.
③ 디지털 제어는 아날로그 제어보다 부품편차 및 경년변화의 영향을 덜 받는다.
④ 정밀한 속도제어가 요구되는 경우 분해능이 떨어지더라도 디지털 제어를 채택하는 것이 바람직하다.

해설

디지털 제어는 분해능(신호 차이를 분별하는 능력)이 우수하여 정밀한 속도제어가 요구되는 경우에 적합하다.

67 그림과 같은 피드백 제어계에서의 폐루프 종합 전달함수는?

① $\dfrac{1}{G_1(s)} + \dfrac{1}{G_2(s)}$ ② $\dfrac{1}{G_1(s) + G_2(s)}$

③ $\dfrac{G_1(s)}{1 + G_1(s)G_2(s)}$ ④ $\dfrac{G_1(s)G_2(s)}{1 + G_1(s)G_2(s)}$

해설

전달함수(G)의 산출

$$G = \frac{C(s)}{R(s)} = \frac{전향경로}{1 - 피드백\ 경로}$$

$$= \frac{G_1(s)}{1 - (-G_1(s)G_2(s))} = \frac{G_1(s)}{1 + G_1(s)G_2(s)}$$

※ (−) 피드백되고 있음에 유의한다.

68 자성을 갖고 있지 않은 철편에 코일을 감아서 여기에 흐르는 전류의 크기와 방향을 바꾸면 히스테리시스 곡선이 발생되는데, 이 곡선 표현에서 X축과 Y축을 옳게 나타낸 것은?

① X축 − 자화력, Y축 − 자속밀도
② X축 − 자속밀도, Y축 − 자화력
③ X축 − 자화세기, Y축 − 잔류자속
④ X축 − 잔류자속, Y축 − 자화세기

해설

히스테리시스(Hysteresis) 곡선

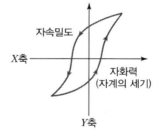

69 그림과 같은 회로에서 전력계 W와 직류전압계 V의 지시가 각각 60W, 150V일 때 부하전력은 얼마인가?(단, 전력계의 전류코일의 저항은 무시하고 전압계의 저항은 1kΩ이다.)

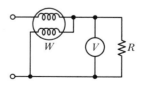

① 27.5W   ② 30.5W
③ 34.5W   ④ 37.5W

정답 66 ④ 67 ③ 68 ① 69 ④

전체 부하 $P_t = \dfrac{V^2}{R_t}$ 에서

전체 저항 $R_t = \dfrac{V^2}{P_t} = \dfrac{150^2}{60} = 375\,\Omega$

병렬저항의 합성 저항 $R_t = \dfrac{R \times r}{R + r}$ 에서

$R = \dfrac{r \times R_t}{r - R_t} = \dfrac{1,000 \times 375}{1,000 - 375} = 600\,\Omega$

$\therefore$ 저항 R에 걸리는 부하전력

$P = \dfrac{V^2}{R} = \dfrac{150^2}{600} = 37.5\,\text{W}$

70 제어계의 동작상태를 교란하는 외란의 영향을 제거할 수 있는 제어는?

① 순서 제어　　　　② 피드백 제어
③ 시퀀스 제어　　　④ 개루프 제어

외란(Disturbance)은 제어계에서 예상치 못한 교란이 발생하는 것을 의미하며, 이러한 외란이 발생하였을 때 외란을 검출하고 대처할 수 있어야 한다. 외란을 검출하고 제어하는 데 적합한 제어 방식은 피드백 제어 방식이다.

71 $C(j\omega) = \dfrac{1}{1 + 3(j\omega) + 3(j\omega)^2}$ 일 때 이 요소의 인디셜 응답은?

① 진동　　　　　　② 비진동
③ 임계진동　　　　④ 선형진동

$G(s) = \dfrac{1}{3s^2 + 3s + 1} = \dfrac{\frac{1}{3}}{s^2 + s + \frac{1}{3}}$

2차 시스템 전달함수 $G(s) = \dfrac{\omega_n^2}{s^2 + 2\delta\omega_n s + \omega_n^2}$ 와 비교하면

$2\delta\omega_n = 1$, $\omega_n = \dfrac{1}{\sqrt{3}}$ 이므로

$\delta = \dfrac{1}{2\omega_n} = \dfrac{1}{2 \times \frac{1}{\sqrt{3}}} = \dfrac{\sqrt{3}}{2} < 1$　$\therefore$ 감쇠진동(부족제동)

인디셜 응답

특성방정식 $s^2 + 2\delta\omega_n s + \omega_n^2 = 0$

여기서, δ : 제동비(감쇠비), ω_n : 고유진동수

• $0 < \delta < 1$인 경우 : 부족제동(감쇠진동)
• $\delta = 1$인 경우 : 임계제동(임계감쇠)
• $\delta > 1$인 경우 : 과제동(비진동)
• $\delta = 0$인 경우 : 무제동(무한진동)

72 다음의 논리식 중 다른 값을 나타내는 논리식은?

① $X(\overline{X} + Y)$　　　　② $X(X + Y)$
③ $XY + X\overline{Y}$　　　　④ $(X + Y)(X + \overline{Y})$

① $X(\overline{X} + Y) = X\overline{X} + XY = 0 + XY = XY$
② $X(X + Y) = XX + XY = X + XY = X(1 + Y)$
　　　　　　$= X \cdot 1 = X$
③ $XY + X\overline{Y} = X(Y + \overline{Y}) = X \cdot 1 = X$
④ $(X + Y)(X + \overline{Y}) = XX + X\overline{Y} + XY + Y\overline{Y}$
　　　　　　$= X + X\overline{Y} + XY + 0$
　　　　　　$= X + X(\overline{Y} + Y) = X + X(1) = X$

73 다음 중 불연속 제어에 속하는 것은?

① 비율제어　　　　② 비례제어
③ 미분제어　　　　④ On－Off 제어

비율제어, 비례제어, 미분제어는 연속동작에 해당한다.

제어동작의 종류

		비례제어 P(Proportional) 동작
선형 동작	기본동작	적분제어 I(Integral) 동작
		미분제어 D(Differential) 동작
	종합동작	비례적분제어 PI 동작
		비례미분제어 PD 동작
		비례적분미분제어 PID 동작
비선형 동작	공간적 불연속 동작	2위치(On－Off) 동작
		다위치 동작
		단속도 동작
	시간적 불연속 동작	시간비례 동작

74 저항 $R(\Omega)$에 전류 $I(A)$를 일정 시간 동안 흘렸을 때 도선에 발생하는 열량의 크기로 옳은 것은?

① 전류의 세기에 비례
② 전류의 세기에 반비례
③ 전류의 세기의 제곱에 비례
④ 전류의 세기의 제곱에 반비례

[해설]

도선에 발생하는 열량(H)

$H(J) = I^2 Rt$

여기서, I : 전류, R : 저항, t : 시간

75 어떤 코일에 흐르는 전류가 0.01초 사이에 일정하게 50A에서 10A로 변할 때 20V의 기전력이 발생할 경우 자기 인덕턴스(mH)는?

① 5
② 10
③ 20
④ 40

[해설]

자기 인덕턴스(L) 산출

$L = -\dfrac{dt}{dI} \times e = -\dfrac{0.01}{10-50} \times 20 = 0.005H = 5mH$

여기서, dt : 전류가 흐른 시간(sec)
　　　　dI : 전류 변화량(A)
　　　　e : 유도 기전력(V)

76 유도전동기에서 슬립이 "0"이라고 하는 것의 의미는?

① 유도전동기가 정지 상태인 것을 나타낸다.
② 유도전동기가 전부하 상태인 것을 나타낸다.
③ 유도전동기가 동기속도로 회전한다는 것이다.
④ 유도전동기가 제동기의 역할을 한다는 것이다.

[해설]

슬립(Slip)은 동기속도에 대한 동기속도와 회전자속도 차와의 비를 말하며, 회전자속도가 동기속도와 동일하게 회전하면 슬립(s)은 0이 된다.

슬립(s) 산출식

$s = \dfrac{N_s - N}{N_s} = 0$

$N_s - N = 0$　　$\therefore N_s = N$

여기서, N : 회전자속도(rpm)
　　　　N_s : 동기속도(rpm)

77 공기식 조작기기에 관한 설명으로 옳은 것은?

① 큰 출력을 얻을 수 있다.
② PID 동작을 만들기 쉽다.
③ 속응성이 장거리에서는 빠르다.
④ 신호를 먼 곳까지 보낼 수 있다.

[해설]

공기식 조작기기는 제어의 매체로 공기압력을 이용하는 것으로서 PID 제어동작을 만들기 쉬운 특징을 갖고 있다.

신호전달방식에 따른 종류별 특징 비교

구분	전기식	전자식	디지털식	공기식	전자-공기식
제어 정도	보통	좋음	좋음	좋음	좋음
검출부의 응답속도	보통	빠름	빠름	보통	빠름
제어동작	2위치, 비례	2위치, 비례, PI, PID	2위치, 비례, PI, PID	비례, PI, PID	비례, PI, PID
보상제어	무	유	유	유	유
최적화 제어	무	무	유	무	무
시퀀스 제어	무	무	유	무	무
중앙관제와의 협조	무	무	유	무	무
고장 시의 기능 유지	무	무	유	무	무
원격 설정	무	유	유	유	유
설치, 취급의 간편성	간단	약간 복잡	약간 복잡	간단	약간 복잡
제어용 에너지원	상용 전원	상용 전원	상용 전원	압축 공기	상용전원 압축공기
가격	저	중	고	고	고
적합한 건물 규모	소규모	중규모	중·대규모	중·대규모	중·대규모

78 자기회로에서 퍼미언스(Permeance)에 대응하는 전기회로의 요소는?

① 도전율
② 컨덕턴스
③ 정전용량
④ 엘라스턴스

해설

자기회로와 전기회로 간의 대응관계

자기회로	전기회로
자속 ϕ	전류 I
자계 H	전계 E
기자력 F	기전력 V
자속밀도 B	전류밀도 J
투자율 μ	도전율 σ
자기저항 R_m	전기저항 R
자성체(Permeance) P	컨덕턴스(Conductance) G

79 다음 설명에 알맞은 전기 관련 법칙은?

회로 내의 임의의 폐회로에서 한쪽 방향으로 일주하면서 취할 때 공급된 기전력의 대수합은 각 회로 소자에서 발생한 전압강하의 대수합과 같다.

① 옴의 법칙
② 가우스 법칙
③ 쿨롱의 법칙
④ 키르히호프의 법칙

해설

보기는 키르히호프의 법칙(Kirchhoff's Law) 중 제2법칙에 대한 설명이다.

키르히호프의 법칙(Kirchhoff's Law)

구분	내용
제1법칙 (전류 평형의 법칙)	전기회로의 어느 접속점에서도 접속점에 유입하는 전류의 합은 유출하는 전류의 합과 같다.
제2법칙 (전압 평형의 법칙)	전기회로의 기전력의 합은 전기회로에 포함된 저항 등에서 발생하는 전압강하의 합과 같다.

80 방사성 위험물을 원격으로 조작하는 인공수(人工手 : Manipulator)에 사용되는 제어계는?

① 서보기구
② 자동조정
③ 시퀀스 제어
④ 프로세스 제어

해설

서보기구

• 물체의 위치, 방위, 자세, 각도 등의 기계적 변위를 제어량으로 해서 목표값이 임의의 변화에 추종하도록 구성된 제어계이다.
• 비행기 및 선박의 방향제어계, 미사일 발사대의 자동위치제어계, 추적용 레이더, 자동 평형 기록계 등에 적용되고 있다.

81 배관설비 공사에서 파이프 래크의 폭에 관한 설명으로 틀린 것은?

① 파이프 래크의 실제 폭은 신규 라인을 대비하여 계산된 폭보다 20% 정도 크게 한다.
② 파이프 래크상의 배관밀도가 작아지는 부분에 대해서는 파이프 래크의 폭을 좁게 한다.
③ 고온배관에서는 열팽창에 의하여 과대한 구속을 받지 않도록 충분한 간격을 둔다.
④ 인접하는 파이프의 외측과 파이프 래크 외측과의 최소 간격을 25mm로 하여 래크의 폭을 결정한다.

해설

인접하는 파이프의 외측과 파이프 래크 외측과의 최소 간격을 30mm 이상으로 하여 래크의 폭을 결정한다.

82 다음 중 방열기나 팬코일유닛에 가장 적합한 관 이음은?

① 스위블 이음
② 루프 이음
③ 슬리브 이음
④ 벨로스 이음

> **해설**
>
> **스위블 이음(Swivel Joint)**
> • 2개 이상의 엘보를 이용하여 나사부의 회전으로 신축을 흡수한다.
> • 난방배관 주위에 설치하여 방열기의 이동을 방지한다.
> • 누수의 우려가 크다.

83 원심력 철근 콘크리트관에 대한 설명으로 틀린 것은?

① 흄(Hume)관이라고 한다.
② 보통관과 압력관으로 나뉜다.
③ A형 이음재 형상은 칼라 이음쇠를 말한다.
④ B형 이음재 형상은 삽입 이음쇠를 말한다.

> **해설**
>
> B형 이음재 형상은 소켓 이음쇠를 말한다.
> 원심력 철근 콘크리트관의 이음재는 형상에 따라 A형, B형, C형으로 나누며 각 이음방법은 다음과 같다.
> • A형 : 칼라 이음쇠(모르타르 사용)
> • B형 : 소켓 이음쇠(고무링 사용)
> • C형 : 삽입 이음쇠(고무링 사용)

84 냉매배관 중 토출관 배관 시공에 관한 설명으로 틀린 것은?

① 응축기가 압축기보다 2.5m 이상 높은 곳에 있을 때는 트랩을 설치한다.
② 수평관은 모두 끝내림 구배로 배관한다.
③ 수직관이 너무 높으면 3m마다 트랩을 설치한다.
④ 유분리기는 응축기보다 온도가 낮지 않은 곳에 설치한다.

> **해설**
>
> 토출관의 입상이 너무 높으면(10m 이상일 경우) 10m마다 중간 트랩을 설치한다.

85 배관의 보온재를 선택할 때 고려해야 할 점이 아닌 것은?

① 불연성일 것
② 열전도율이 클 것
③ 물리적, 화학적 강도가 클 것
④ 흡수성이 작을 것

> **해설**
>
> 배관의 보온재는 열전도율이 작아야 한다.

86 다음 냉매액관 중에 플래시 가스 발생 원인이 아닌 것은?

① 열교환기를 사용하여 과냉각도가 클 때
② 관경이 매우 작거나 현저히 입상할 경우
③ 여과망이나 드라이어가 막혔을 때
④ 온도가 높은 장소를 통과 시

> **해설**
>
> 플래시 가스(Flash Gas)는 액관이 적절히 방열되지 않을 경우 발생하므로, 고압의 액체 냉매와 저압의 흡입증기를 서로 열교환하여 냉매를 과냉각함으로써 플래시 가스를 예방할 수 있다. 즉, 열교환기를 사용하여 과냉각도가 클 때는 플래시 가스의 발생이 최소화된다.

87 고가탱크식 급수방법에 대한 설명으로 틀린 것은?

① 고층건물이나 상수도 압력이 부족할 때 사용된다.
② 고가탱크의 용량은 양수펌프의 양수량과 상호 관계가 있다.
③ 건물 내의 밸브나 각 기구에 일정한 압력으로 물을 공급한다.
④ 고가탱크에 펌프로 물을 압송하여 탱크 내에 공기를 압축 가압하여 일정한 압력을 유지시킨다.

> **해설**
>
> 고가탱크식 급수방법은 고가탱크에 펌프로 물을 압송한 후 대기압 수준의 압력을 유지하고, 급수 필요시 중력에 의해 하향 급수하는 방식이다.

정답   82 ①   83 ④   84 ③   85 ②   86 ①   87 ④

88 지역난방 열공급 관로 중 지중 매설 방식과 비교한 공동구 내 배관 시설의 장점이 아닌 것은?

① 부식 및 침수 우려가 적다.
② 유지보수가 용이하다.
③ 누수 점검 및 확인이 쉽다.
④ 건설비용이 적고 시공이 용이하다.

[해설]

공동구 내 배관 시설의 경우 유지관리 등의 편의성은 있으나 최초 시공 시에 건설비용이 많이 들고, 교통통제 등이 수반될 수 있어 시공이 난해하다.

89 스케줄 번호에 의해 관의 두께를 나타내는 강관은?

① 배관용 탄소강관
② 수도용 아연도금강관
③ 압력배관용 탄소강관
④ 내식성 급수용 강관

[해설]

압력배관용 탄소강관은 "호칭지름×호칭두께"로 호칭하며, 이때 호칭두께를 스케줄 번호(SCH No.)에 의해 나타낸다.

90 배관을 지지장치에 완전하게 구속시켜 움직이지 못하도록 한 장치는?

① 리지드 행거
② 앵커
③ 스토퍼
④ 브레이스

[해설]

앵커(Anchor)에 대한 설명이며, 배관의 열팽창에 대응하는 리스트레인트(Restraint)의 종류는 다음과 같다.

종류	내용
앵커(Anchor)	관의 이동 및 회전을 방지하기 위하여 배관을 완전 고정한다.
스토퍼(Stopper)	일정한 방향의 이동과 관의 회전을 구속한다.
가이드(Guide)	관의 축과 직각방향의 이동을 구속한다. 배관 라인의 축방향의 이동을 허용하는 안내 역할도 담당한다.

91 증기보일러 배관에서 환수관의 일부가 파손된 경우 보일러수의 유출로 안전수위 이하가 되어 보일러수가 빈 상태로 되는 것을 방지하기 위해 하는 접속법은?

① 하트퍼드 접속법
② 리프트 접속법
③ 스위블 접속법
④ 슬리브 접속법

[해설]

하트퍼드 접속법(Hartford Connection)
- 저압 증기난방장치에서 환수주관이 보일러 하단에 위치하여 환수하면 보일러 수면이 낮아져 보일러가 빈불 때기가 되어 사고 위험이 있으므로 이것을 방지하여 주는 일종의 안전장치이다.
- 보일러 수면이 안전수위 이하로 내려가지 않게 하기 위해 안전수면보다 높은 위치에 환수관을 접속하는 방법이다.

92 동력 나사 절삭기의 종류 중 관의 절단, 나사 절삭, 거스러미 제거 등의 작업을 연속적으로 할 수 있는 유형은?

① 리드형
② 호브형
③ 오스터형
④ 다이헤드형

[해설]

다이헤드형 동력 나사 절삭기는 관의 절삭, 절단, 리밍, 거스러미 제거 등을 연속으로 진행할 수 있는 기기이다.

93 냉동배관 재료로서 갖추어야 할 조건으로 틀린 것은?

① 저온에서 강도가 커야 한다.
② 가공성이 좋아야 한다.
③ 내식성이 작아야 한다.
④ 관 내 마찰저항이 작아야 한다.

[해설]

냉동배관 재료는 내식성이 커야 한다.(부식이 잘되지 않는 특성을 가져야 한다.)

정답 88 ④ 89 ③ 90 ② 91 ① 92 ④ 93 ③

94 급탕배관의 신축 방지를 위한 시공 시 틀린 것은?

① 배관의 굽힘 부분에는 스위블 이음으로 접합한다.
② 건물의 벽 관통부분 배관에는 슬리브를 끼운다.
③ 배관 직관부에는 팽창량을 흡수하기 위해 신축 이음쇠를 사용한다.
④ 급탕밸브나 플랜지 등의 패킹은 고무, 가죽 등을 사용한다.

해설
고무, 가죽 등은 열에 약하기 때문에 급탕밸브나 플랜지의 패킹재료로 부적합하며, 급탕밸브나 플랜지에는 내열성이 확보될 수 있는 패킹재료를 적용하여야 한다.

95 5명의 가족이 생활하는 아파트에서 급탕가열기를 설치하려고 할 때 필요한 가열기의 용량(kW)은?(단, 1일 1인당 급탕량 90L/d, 1일 사용량에 대한 가열능력비율 1/7, 탕의 온도 70℃, 급수온도 20℃이다.)

① 0.50 　　　② 0.75
③ 2.62 　　　④ 3.74

해설
q=1일 급탕량×가열능력비율×비열×온도차
$= 90\text{L/d} \times 5명 \times 1\text{kg/L} \times \dfrac{1}{7} \times 4.19\text{kJ/kg} \cdot \text{K} \times (70-20)$
$= 13,467.86\text{kJ/h} = 3.74\text{kW}(\text{kJ/s})$

96 온수난방에서 개방식 팽창탱크에 관한 설명으로 틀린 것은?

① 공기빼기 배기관을 설치한다.
② 4℃의 물을 100℃로 높였을 때 팽창체적 비율이 4.3% 정도이므로 이를 고려하여 팽창탱크를 설치한다.
③ 팽창탱크에는 오버플로관을 설치한다.
④ 팽창관에는 반드시 밸브를 설치한다.

해설
팽창관 도중에는 저항이 발생할 수 있는 밸브 등의 설치를 하지 않는다.

97 도시가스의 공급계통에 따른 공급 순서로 옳은 것은?

① 원료 → 압송 → 제조 → 저장 → 압력조정
② 원료 → 제조 → 압송 → 저장 → 압력조정
③ 원료 → 저장 → 압송 → 제조 → 압력조정
④ 원료 → 저장 → 제조 → 압송 → 압력조정

해설
도시가스 공급계통
원료 → 가스 제조 → 압송설비 → 저장설비 → 압력조정기 → 도관 → 수용가

98 증기배관의 수평 환수관에서 관경을 축소할 때 사용하는 이음쇠로 가장 적합한 것은?

① 소켓 　　　② 부싱
③ 플랜지 　　　④ 리듀서

해설
① 소켓 : 배관의 직선 연결 시에 사용한다.
② 부싱 : 지름이 다른 배관과 부속을 연결할 때 사용한다.
③ 플랜지 : 배관의 조립, 분해를 용이하게 이어주는 방식으로서 주로 대구경에 적용한다.

99 다음 중 안전밸브의 그림 기호로 옳은 것은?

해설
① 수동팽창밸브
② 글로브밸브
④ 다이어프램밸브

100 도시가스 배관 매설에 대한 설명으로 틀린 것은?

① 배관을 철도부지에 매설하는 경우 배관의 외면으로부터 궤도 중심까지 거리는 4m 이상 유지할 것
② 배관을 철도부지에 매설하는 경우 배관의 외면으로부터 철도부지 경계까지 거리는 0.6m 이상 유지할 것
③ 배관을 철도부지에 매설하는 경우 지표면으로부터 배관의 외면까지의 깊이는 1.2m 이상 유지할 것
④ 배관의 외면으로부터 도로의 경계까지 수평거리 1m 이상 유지할 것

> 해설

배관의 매설깊이(도시가스사업법 시행규칙 별표 5)
배관을 철도부지에 매설하는 경우에는 배관의 외면으로부터 궤도 중심까지 4m 이상, 그 철도부지 경계까지는 1m 이상의 거리를 유지하고, 지표면으로부터 배관의 외면까지의 깊이를 1.2m 이상 유지할 것

Section 01 기계열역학

01 어느 내연기관에서 피스톤의 흡기과정으로 실린더 속에 0.2kg의 기체가 들어 왔다. 이것을 압축할 때 15kJ의 일이 필요하였고, 10kJ의 열을 방출하였다고 한다면, 이 기체 1kg당 내부에너지의 증가량은?

① 10kJ/kg
② 25kJ/kg
③ 35kJ/kg
④ 50kJ/kg

해설

1kg당 내부에너지 증가량(kJ) 산출

- ΔU = 열량(Q) $-$ 일량(W)

$= (-10)kJ - (-15) = 5kJ$(증가)

- 1kg당 ΔU(kJ/kg) $= \dfrac{\Delta U}{m}$

$= \dfrac{5kJ}{0.2kg} = 25kJ/kg$

02 그림과 같은 단열된 용기 안에 25℃의 물이 0.8m³ 들어 있다. 이 용기 안에 100℃, 50kg의 쇳덩어리를 넣은 후 열적 평형이 이루어졌을 때 최종 온도는 약 몇 ℃인가?(단, 물의 비열은 4.18 kJ/kg · K, 철의 비열은 0.45kJ/kg · K이다.)

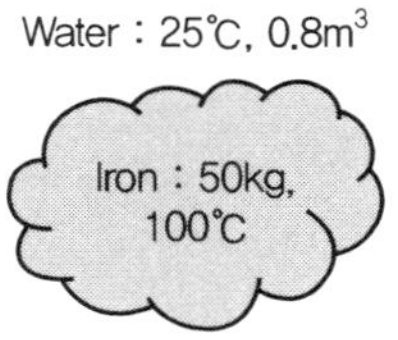

Water : 25℃, 0.8m³

Iron : 50kg, 100℃

① 25.5
② 27.4
③ 29.2
④ 31.4

해설

가중평균에 의한 평형온도(t_b) 산출

$$t_b = \frac{\sum_{i=1}^{n} G_i C_i t_i}{\sum_{i=1}^{n} G_i C_i} = \frac{G_1 C_1 t_1 + G_2 C_2 t_2}{G_1 C_1 + G_2 C_2}$$

$$= \frac{\begin{matrix}50kg \times 0.45kJ/kg \cdot K \times (273 + 100)K \\ + 800kg \times 4.18kJ/kg \cdot K \times (273 + 25)K\end{matrix}}{50kg \times 0.45kJ/kg \cdot K + 800kg \times 4.18kJ/kg \cdot K}$$

$$= 298.5K$$

여기서, 물의 질량은 밀도를 1,000kg/m³로 간주하고, 부피가 0.8m³이므로 800kg으로 산정한다.

$\therefore t_b = 298.5 - 273 = 25.5$℃

03 체적이 일정하고 단열된 용기 내에 80℃, 320kPa의 헬륨 2kg이 들어 있다. 용기 내에 있는 회전날개가 20W의 동력으로 30분 동안 회전한다고 할 때 용기 내의 최종 온도는 약 몇 ℃인가?(단, 헬륨의 정적비열은 3.12kJ/kg · K이다.)

① 81.9℃
② 83.3℃
③ 84.9℃
④ 85.8℃

해설

열평형식을 통해 용기 내의 최종 온도(T_2) 산출

헬륨이 얻은 열량(q_H) = 회전날개가 일한 열량(q_W)

$GC_v \Delta T = GC_v (T_2 - T_1) = q_W$

$2kg \times 3.12kJ/kg \cdot K [T_2 - (273 + 80)]$

$= 30W(J/s) \times 60s \times 20min \div 1,000kJ$

$\therefore T_2 = 358.8K = 358.8 - 273 = 85.8$℃

04 이상적인 오토 사이클에서 열효율을 55%로 하려면 압축비를 약 얼마로 하면 되겠는가?(단, 기체의 비열비는 1.4이다.)

① 5.9
② 6.8
③ 7.4
④ 8.5

오토 사이클의 압축비(ϕ) 산출

$$\eta = 1 - \left(\frac{1}{\phi}\right)^{k-1}$$

$$0.55 = 1 - \left(\frac{1}{\phi}\right)^{1.4-1}$$

$$\therefore \ \phi = 7.4$$

05 유리창을 통해 실내에서 실외로 열전달이 일어난다. 이때 열전달량은 약 몇 W인가?(단, 대류 열전달계수는 50W/m²K, 유리창 표면온도는 25℃, 외기온도는 10℃, 유리창 면적은 2m²이다.)

① 150 ② 500
③ 1,500 ④ 5,000

해설

열전달량(q) 산출

$q = \alpha A \Delta t$
$\quad = 50\text{W/m}^2\text{K} \times 2\text{m}^2 \times (25 - 10)$
$\quad = 1,500\text{W}$

06 열역학 제2법칙에 관해서는 여러 가지 표현으로 나타낼 수 있는데, 다음 중 열역학 제2법칙과 관계되는 설명으로 볼 수 없는 것은?

① 열을 일로 변환하는 것은 불가능하다.
② 열효율이 100%인 열기관을 만들 수 없다.
③ 열은 저온 물체로부터 고온 물체로 자연적으로 전달되지 않는다.
④ 입력되는 일 없이 작동하는 냉동기를 만들 수 없다.

해설

열을 일로 변환하는 것은 가능하나, 열을 100% 일로 변화시키는 것은 불가능하다. 즉, 열효율이 100%인 열기관은 만들 수 없다.

07 시간당 380,000kg의 물을 공급하여 수증기를 생산하는 보일러가 있다. 이 보일러에 공급하는 물의 엔탈피는 830kJ/kg이고, 생산되는 수증기의 엔탈피는 3,230kJ/kg이라고 할 때, 발열량이 32,000kJ/kg인 석탄을 시간당 34,000kg씩 보일러에 공급한다면 이 보일러의 효율은 약 몇 %인가?

① 66.9% ② 71.5%
③ 77.3% ④ 83.8%

해설

보일러 효율(η) 산출

$$\eta = \frac{\text{증기발생량} \times \text{엔탈피 변화량}}{\text{연료소비량} \times \text{연료의 저위발열량}}$$

$$= \frac{G(h_2 - h_1)}{G_f \times H_L} = \frac{380,000\text{kg/h}(3,230 - 830)}{34,000\text{kg/h} \times 32,000\text{kJ/kg}}$$

$$= 0.838 = 83.8\%$$

08 실린더에 밀폐된 8kg의 공기가 그림과 같이 $P_1 = 800\text{kPa}$, 체적 $V_1 = 0.27\text{m}^3$에서 $P_2 = 350\text{kPa}$, 체적 $V_2 = 0.80\text{m}^3$으로 직선 변화하였다. 이 과정에서 공기가 한 일은 약 몇 kJ인가?

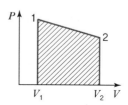

① 305 ② 334
③ 362 ④ 390

해설

압력(P) - 부피(V) 선도에서의 일량은 선도상의 경로선 내의 면적이 된다.

$$AW = \frac{1}{2}[(P_1 + P_2) \times (V_2 - V_1)]$$

$$= \frac{1}{2}[(800 + 350) \times (0.80 - 0.27)] = 305\text{kJ}$$

09 계의 엔트로피 변화에 대한 열역학적 관계식 중 옳은 것은?(단, T는 온도, S는 엔트로피, U는 내부에너지, V는 체적, P는 압력, H는 엔탈피를 나타낸다.)

① $TdS = dU - PdV$ ② $TdS = dH - PdV$

③ $TdS = dU - VdP$ ④ $TdS = dH - VdP$

> **해설**
>
> **계의 엔트로피 변화(dS)에 대한 열역학적 관계식**
>
> $dS = \dfrac{dQ}{T}$ 이므로,
>
> $TdS = dQ = dH - VdP = C_p dT - VdP$

10 터빈, 압축기, 노즐과 같은 정상 유동장치의 해석에 유용한 몰리에르(Mollier) 선도를 옳게 설명한 것은?

① 가로축에 엔트로피, 세로축에 엔탈피를 나타내는 선도이다.

② 가로축에 엔탈피, 세로축에 온도를 나타내는 선도이다.

③ 가로축에 엔트로피, 세로축에 밀도를 나타내는 선도이다.

④ 가로축에 비체적, 세로축에 압력을 나타내는 선도이다.

> **해설**
>
> 몰리에르 선도는 횡축(가로축)이 엔트로피(s), 종축(세로축)이 엔탈피(h)를 나타내는 선도이다.

11 그림과 같은 Rankine 사이클로 작동하는 터빈에서 발생하는 일은 약 몇 kJ/kg인가?(단, h는 엔탈피, s는 엔트로피를 나타내며, $h_1 = 191.8$kJ/kg, $h_2 = 193.8$kJ/kg, $h_3 = 2,799.5$kJ/kg, $h_4 = 2,007.5$kJ/kg이다.)

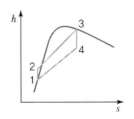

① 2.0kJ/kg ② 792.0kJ/kg

③ 2605.7kJ/kg ④ 1815.7kJ/kg

> **해설**
>
> 랭킨 사이클에서의 일(AW)은 단열팽창(터빈)과정(3 → 4)이므로,
>
> $AW = h_3 - h_4 = 2,799.5 - 2,007.5 = 792$kJ/kg

12 다음 중 강도성 상태량(Intensive Property)이 아닌 것은?

① 온도 ② 압력

③ 체적 ④ 밀도

> **해설**
>
> **열역학적 상태량(Property)의 구분**
>
> | 구분 | 개념 | 종류 |
> | --- | --- | --- |
> | 강도성 상태량 (Intensive Property) | 물질이 가지는 질량의 크기에 관계없는 상태량 | 온도, 압력, 밀도, 비체적 등 |
> | 종량성 상태량 (Extensive Property) | 물질의 질량에 따라서 값이 변하는 상태량 | 무게, 질량, 엔탈피, 내부에너지, 엔트로피, 체적 등 |

13 이상기체 1kg이 초기에 압력 2kPa, 부피 0.1m³를 차지하고 있다. 가역 등온과정에 따라 부피가 0.3m³로 변화했을 때 기체가 한 일은 약 몇 J인가?

① 9,540 ② 2,200

③ 954 ④ 220

등온과정에서 기체가 한 일(W) 산출

$$W = \int_1^2 P dv = P_1 V_1 \ln\left(\frac{V_2}{V_1}\right)$$

$$= 2\text{kPa} \times 0.1\text{m}^3 \times \ln\left(\frac{0.3}{0.1}\right) = 0.2197\text{kJ} = 219.7\text{J} = 220\text{J}$$

14 밀폐계가 가역 정압변화를 할 때 계가 받은 열량은?

① 계의 엔탈피 변화량과 같다.

② 계의 내부에너지 변화량과 같다.

③ 계의 엔트로피 변화량과 같다.

④ 계가 주위에 대해 한 일과 같다.

해설

밀폐계가 가역 정압변화할 때 일은 0이며 가해진 열량은 모두 엔탈피 증가로 이어지게 된다.

15 어떤 기체 동력장치가 이상적인 브레이턴 사이클로 다음과 같이 작동할 때 이 사이클의 열효율은 약 몇 %인가?(단, 온도(T)−엔트로피(s) 선도에서 $T_1 = 30℃$, $T_2 = 200℃$, $T_3 = 1,060℃$, $T_4 = 160℃$이다.)

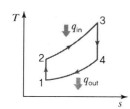

① 81%   ② 85%

③ 89%   ④ 92%

해설

Brayton 사이클의 열효율(η_b) 산출

$$\eta_b = \left(1 - \frac{T_4 - T_1}{T_3 - T_2}\right) \times 100(\%)$$

$$= \left(1 - \frac{(273+160)-(273+30)}{(273+1,060)-(273+200)}\right) \times 100(\%) = 85\%$$

16 600kPa, 300K 상태의 이상기체 1kmol이 엔탈피가 일정한 등온과정을 거쳐 압력이 200kPa로 변했다. 이 과정 동안의 엔트로피 변화량은 약 몇 kJ/K인가?(단, 일반기체상수($\overline{R}$)는 8.31451 kJ/kmol · K이다.)

① 0.782   ② 6.31

③ 9.13   ④ 18.6

해설

엔트로피 변화량(ΔS) 산출

$$\Delta S = S_2 - S_1 = G\overline{R}\ln\frac{P_1}{P_2}$$

$$= 1\text{kmol} \times 8.31451\text{kJ/kmol} \cdot \text{K} \times \ln\frac{600}{200}$$

$$= 9.134\text{kJ/K}$$

17 다음 중 기체상수(Gas Constant, R, kJ/kg · K) 값이 가장 큰 기체는?

① 산소(O_2)

② 수소(H_2)

③ 일산화탄소(CO)

④ 이산화탄소(CO_2)

해설

기체상수는 해당 기체의 몰질량(kg/kmol) 또는 분자량에 반비례한다.

기체상수 산출식 $R = \frac{R_u}{m}$

여기서, R_u : 일반기체상수(8.314kJ/kg · K)

각 기체의 분자량

① 산소(O_2) : 32

② 수소(H_2) : 2

③ 일산화탄소(CO) : 28

④ 이산화탄소(CO_2) : 44

18 이상기체에 대한 다음 관계식 중 잘못된 것은?(단, C_v는 정적비열, C_p는 정압비열, u는 내부에너지, T는 온도, V는 부피, h는 엔탈피, R은 기체상수, k는 비열비이다.)

① $C_v = \left(\dfrac{\partial u}{\partial T}\right)_V$

② $C_p = \left(\dfrac{\partial h}{\partial T}\right)_V$

③ $C_p - C_v = R$

④ $C_p = \dfrac{kR}{k-1}$

> **해설**
>
> 정압비열 $C_p = \left(\dfrac{\partial h}{\partial T}\right)_P$ 이다.

19 압력 2MPa, 300℃의 공기 0.3kg이 폴리트로픽 과정으로 팽창하여, 압력이 0.5MPa로 변화하였다. 이때 공기가 한 일은 약 몇 kJ인가?(단, 공기는 기체상수가 0.287kJ/kg · K인 이상기체이고, 폴리트로픽 지수는 1.30이다.)

① 416 ② 157

③ 573 ④ 45

> **해설**
>
> **공기가 한 일(W_a) 산출**
>
> $$W_a = \frac{GRT_1}{n-1}\left\{1 - \left(\frac{P_2}{P_1}\right)^{\frac{n-1}{n}}\right\}$$
> $$= \frac{0.3\text{kg} \times 0.287\text{kJ/kg} \cdot \text{K} \times (273+300)\text{K}}{1.3-1}$$
> $$\times \left\{1 - \left(\frac{0.5 \times 10^3}{2 \times 10^3}\text{kPa}\right)^{\frac{1.3-1}{1.3}}\right\}$$
> $$= 45\text{kJ}$$

20 공기 1kg이 압력 50kPa, 부피 3m³인 상태에서 압력 900kPa, 부피 0.5m³인 상태로 변화할 때 내부에너지가 160kJ 증가하였다. 이때 엔탈피는 약 몇 kJ이 증가하였는가?

① 30 ② 185

③ 235 ④ 460

> **해설**
>
> **엔탈피 변화량(dh) 산출**
>
> $$dh = dU + d(PV) = dU + (P_2 V_2 - P_1 V_1)$$
> $$= 160\text{kJ} + (900 \times 0.5 - 50 \times 3) = 460\text{kJ}$$

Section 02 냉동공학

21 제빙능력은 원료수 온도 및 브라인 온도 등 조건에 따라 다르다. 다음 중 제빙에 필요한 냉동능력을 구하는 데 필요한 항목으로 가장 거리가 먼 것은?

① 온도 t_w℃인 제빙용 원수를 0℃까지 냉각하는 데 필요한 열량

② 물의 동결 잠열에 대한 열량(79.68kcal/kg)

③ 제빙장치 내의 발생열과 제빙용 원수의 수질상태

④ 브라인 온도 t_1℃ 부근까지 얼음을 냉각하는 데 필요한 열량

> **해설**
>
> 제빙장치 내의 발생열은 고려되나, 제빙용 원수의 수질상태는 제빙 냉동능력을 구하는 데 필요한 요소가 아니다.

22 냉동장치에서 흡입압력조정밸브는 어떤 경우를 방지하기 위해 설치하는가?

① 흡입압력이 설정압력 이상으로 상승하는 경우

② 흡입압력이 일정한 경우

③ 고압 측 압력이 높은 경우

④ 수액기의 액면이 높은 경우

> **해설**
>
> **흡입압력조정밸브(SPR : Suction Pressure Regulator)**
> - 흡입압력, 증발압력(온도)이 소정압력(온도) 이상이 되는 것을 방지(증발온도의 고온화 방지)하는 역할을 한다.
> - 압축기 흡입 측 배관에 설치한다.

23 다음 중 증발기 출구와 압축기 흡입관 사이에 설치하는 저압 측 부속장치는?

① 액분리기
② 수액기
③ 건조기
④ 유분리기

> **해설**
>
> **액분리기(Accumulator)**
> - 증발기와 압축기 사이의 흡입배관 중에 증발기보다 높은 위치에 설치하는데, 증발기 출구관을 증발기 최상부보다 150mm 입상시켜서 설치하는 경우도 있다.
> - 흡입가스 중의 액립을 분리하여 증기만 압축기에 흡입시켜서 액압축(Liquid Hammer)으로부터 위험을 방지한다.
> - 냉동부하 변동이 격심한 장치에 설치한다.
> - 액분리기의 구조와 작동원리는 유분리기와 비슷하며, 흡입가스를 용기에 도입하여 유속을 1m/s 이하로 낮추어 액을 중력에 의하여 분리한다.

24 염화나트륨 브라인을 사용한 식품냉장용 냉동장치에서 브라인의 순환량이 220L/min이며, 냉각관 입구의 브라인 온도가 −5℃, 출구의 브라인 온도가 −9℃라면 이 브라인 쿨러의 냉동능력(kW)은?(단, 브라인의 비열은 3.14kJ/kg · K, 비중은 1.15이다.)

① 45.56
② 52.96
③ 63.78
④ 72.35

> **해설**
>
> **브라인 쿨러의 냉동능력(Q) 산출**
> $Q = mC\Delta t$
> $= 220\text{L/min} \div 60\text{sec} \times 1.15\text{kg/L} \times 3.14\text{kJ/kg} \cdot \text{K}$
> $\quad \times (-5 - (-9))$
> $= 52.96\text{kW}$

25 다음의 냉매 중 지구온난화지수(GWP)가 가장 낮은 것은?

① R − 1234yf
② R − 23
③ R − 12
④ R − 744

> **해설**
>
> **지구온난화지수(GWP)의 크기 순서**
> R − 23(11,700) > R − 12(8,100) > R − 1234yf(4) > R − 744(1)

26 25℃ 원수 1,000kg을 1일 동안에 −9℃의 얼음으로 만드는 데 필요한 냉동능력(RT)은?(단, 열손실은 없으며, 동결잠열 334kJ/kg, 원수의 비열 4.19kJ/kg · K, 얼음의 비열 2.1kJ/kg · K이며, 1RT는 3.86kW로 한다.)

① 1.37
② 1.88
③ 2.38
④ 2.88

> **해설**
>
> $$냉동능력(RT) = \frac{\begin{array}{c}1,000\text{kg} \times (25 \times 4.19\text{kJ/kg} \cdot \text{K} \\ + 334\text{kJ/kg} + 9 \times 2.1\text{kJ/kg} \cdot \text{K})\end{array}}{3.86 \times 24 \times 3,600}$$
> $$= 1.37\text{RT}$$

27 다음 중 불응축 가스를 제거하는 가스퍼저(Gas Purger)의 설치 위치로 가장 적당한 것은?

① 수액기 상부
② 압축기 흡입부
③ 유분리기 상부
④ 액분리기 상부

> **해설**
>
> 자동배출밸브(Gas Purger, 가스퍼저)는 수액기 상부에 설치되어 불응축 가스와 냉매를 분리해 자동적으로 대기 중에 배출하는 역할을 한다.

28 암모니아와 프레온 냉매의 비교 설명으로 틀린 것은?(단, 동일 조건을 기준으로 한다.)

① 암모니아가 R − 13보다 비등점이 높다.
② R − 22는 암모니아보다 냉동효과(kJ/kg)가 크고 안전하다.
③ R − 13은 R − 22에 비하여 저온용으로 적합하다.
④ 암모니아는 R − 22에 비하여 유분리가 용이하다.

정답   23 ①   24 ②   25 ④   26 ①   27 ①   28 ②

해설

암모니아(1,127.24kJ/kg)의 냉동효과가 프레온계의 R−22(168.23kJ/kg)에 비하여 크다.

29 냉동기, 열기관, 발전소, 화학플랜트 등에서의 뜨거운 배수를 주위의 공기와 직접 열교환시켜 냉각시키는 방식의 냉각탑은?

① 밀폐식 냉각탑　　　② 증발식 냉각탑
③ 원심식 냉각탑　　　④ 개방식 냉각탑

해설

개방식 냉각탑은 뜨거운 배수(냉각수)를 대기에 개방하여 대기와 직접 열교환하여 냉각하는 방식을 적용한 설비이다.

30 제상 방식에 대한 설명으로 틀린 것은?

① 살수 방식은 저온의 냉장창고용 유닛 쿨러 등에서 많이 사용된다.
② 부동액 살포 방식은 공기 중의 수분이 부동액에 흡수되므로 일정한 농도 관리가 필요하다.
③ 핫가스 제상 방식은 응축기 출구의 고온의 액냉매를 이용한다.
④ 전기히터 방식은 냉각관 배열의 일부에 핀튜브 형태의 전기히터를 삽입하여 착상부를 가열한다.

해설

핫가스[고온(고압)가스] 제상의 경우 압축기에서 토출된 고온 고압의 냉매가스를 증발기로 유입시켜 고압가스의 응축 잠열을 이용하여 제상하는 방법이다.

31 냉동장치의 운전 시 유의사항으로 틀린 것은?

① 펌프다운 시 저압 측 압력은 대기압 정도로 한다.
② 압축기 가동 전에 냉각수 펌프를 기동시킨다.
③ 장시간 정지시키는 경우에는 재가동을 위하여 배관 및 기기에 압력을 걸어둔 상태로 둔다.

④ 장시간 정지 후 시동 시에는 누설 여부를 점검한 후에 기동시킨다.

해설

냉동장치를 장기간 정지시키는 경우 압축기를 정지시키고 전원 스위치를 차단하는 조치를 취해야 한다.

32 전열면적이 20m²인 수랭식 응축기의 용량이 200kW이다. 냉각수의 유량은 5kg/s이고, 응축기 입구에서 냉각수 온도는 20℃이다. 열관류율이 800 W/m²K일 때, 응축기 내부 냉매의 온도(℃)는 얼마인가?(단, 온도차는 산술평균온도차를 이용하고, 물의 비열은 4.18kJ/kg · K이며, 응축기 내부 냉매의 온도는 일정하다고 가정한다.)

① 36.5　　　　　② 37.3
③ 38.1　　　　　④ 38.9

해설

응축기 내부 냉매 온도(t_c) 산출
- 냉각수 출구온도(t_{w2}) 산출

$$q_s = m_c C \Delta t = m_c C(t_{w2} - t_{w1})$$
$$200\text{kW} = 5\text{kg/s} \times 4.18\text{kJ/kg} \cdot \text{K}(t_{w2} - 20)$$
$$\therefore t_{w2} = 29.57℃$$

- 응축기 내부 냉매 온도(t_c) 산출

$$q_s = KA\Delta t = KA\left(t_c - \frac{t_{w2} - t_{w1}}{2}\right)$$
$$200\text{kW} = 800\text{W/m}^2\text{K} \times 10^{-3} \times 20\text{m}^2\left(t_c - \frac{29.57 + 20}{2}\right)$$
$$\therefore t_{w2} = 37.29 = 37.3℃$$

33 다음 응축기 중 동일 조건하에 열관류율이 가장 낮은 응축기는 무엇인가?

① 셸 앤드 튜브식 응축기　② 증발식 응축기
③ 공랭식 응축기　　　　　④ 2중관식 응축기

해설

응축기의 열관류율 순서
7통로식>횡형 셸 앤드 튜브식, 2중관식>입형 셸 앤드 튜브식>증발식>공랭식

34 냉동기에서 동일한 냉동효과를 구현하기 위해 압축기가 작동하고 있다. 이 압축기의 클리어런스(극간)가 커질 때 나타나는 현상으로 틀린 것은?

① 윤활유가 열화된다.
② 체적효율이 저하한다.
③ 냉동능력이 감소한다.
④ 압축기의 소요동력이 감소한다.

> **해설**
>
> 클리어런스(Clearance)가 커질 경우 체적효율이 저하되며, 이에 따라 압축기에 소요되는 동력은 증가하게 된다.

35 냉동장치의 냉동부하가 3냉동톤이며, 압축기의 소요동력이 20kW일 때 응축기에 사용되는 냉각수량(L/h)은?(단, 냉각수 입구온도는 15℃이고, 출구온도는 25℃이다.)

① 2,713
② 2,547
③ 1,530
④ 600

> **해설**
>
> 냉각수의 유량은 응축부하(q_c)를 통해 산출한다.
>
> $q_c = m_c C \Delta t$
>
> $$m_c = \frac{q_c}{C \Delta t} = \frac{q_e + AW}{C \Delta t}$$
>
> $$= \frac{(3RT \times 3.86kW + 20kW) \times 3,600}{4.19kJ/kg℃ \times (25 - 15)℃} = 2,713.3L/h$$
>
> 여기서, q_e : 냉동능력, AW : 압축기의 소요동력

36 대기압에서 암모니아액 1kg을 증발시킨 열량은 0℃ 얼음 몇 kg을 융해시킨 것과 유사한가?

① 2.1
② 3.1
③ 4.1
④ 5.1

> **해설**
>
> • 암모니아의 증발잠열 : 1,370.13kJ/kg
> • 얼음의 융해잠열 : 333.86kJ/kg
>
> $$\therefore \frac{1,370.13}{333.86} = 4.1$$

37 축열시스템 방식에 대한 설명으로 틀린 것은?

① 수축열 방식 : 열용량이 큰 물을 축열재료로 이용하는 방식
② 빙축열 방식 : 냉열을 얼음에 저장하여 작은 체적에 효율적으로 냉열을 저장하는 방식
③ 잠열축열 방식 : 물질의 융해 및 응고 시 상변화에 따른 잠열을 이용하는 방식
④ 토양축열 방식 : 심해의 해수온도 및 해양의 축열성을 이용하는 방식

> **해설**
>
> 토양축열 방식은 흙을 이용한 축열을 말한다.

38 압축기 토출압력 상승 원인이 아닌 것은?

① 응축온도가 낮을 때
② 냉각수 온도가 높을 때
③ 냉각수 양이 부족할 때
④ 공기가 장치 내에 혼입되었을 때

> **해설**
>
> **압축기의 토출압력 상승 원인**
> • 공기, 염소가스 등 불응축성 가스가 냉매계통에 흡입된 경우
> • 냉각수 온도가 높거나, 냉각수 양이 부족한 경우
> • 응축기 냉매관에 물때가 많이 끼었거나, 수로 뚜껑의 칸막이 판이 부식된 경우
> • 냉매의 과충전으로 응축기의 냉각관이 냉매액에 잠기게 되어 유효 전열면적이 감소하는 경우
> • 토출배관 중의 밸브가 약간 잠겨 있어 저항이 증가하는 경우
> • 공랭식 응축기의 경우 실외 열교환기가 심하게 오염되거나, 풍량이 어떤 방해물에 의해 차단된 경우
> • 냉동장치로 인입되는 전압이 지나치게 과전압 혹은 저전압이 되어 압축비가 과상승하거나, Cycle의 불균형이 일어나는 경우
> • 냉각탑 주변의 온도나 습도가 지나치게 상승하는 경우

정답　　34 ④　35 ①　36 ③　37 ④　38 ①

39 단위에 대한 설명으로 틀린 것은?

① 토리첼리의 실험 결과 수은주의 높이가 68cm일 때, 실험장소에서의 대기압은 1.2atm이다.

② 비체적이 0.5m³/kg인 암모니아 증기 1m³의 질량은 2.0kg이다.

③ 압력 760mmHg는 1.01 bar이다.

④ 작업대 위에 놓여진 밑면적이 2.4m²인 가공물의 무게가 24kgf라면 작업대의 가해지는 압력은 98 Pa이다.

> 해설
>
> 1atm＝76cmHg이므로, 수은주의 높이가 68cmHg일 때 실험장소의 대기압은 0.89atm이다. $(1atm \times \dfrac{68cmHg}{76cmHg} = 0.89atm)$

40 다음과 같은 냉동사이클 중 성적계수가 가장 큰 사이클은 어느 것인가?

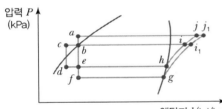

① $b-e-h-i-b$
② $c-d-h-i-c$
③ $b-f-g-i_1-b$
④ $a-e-h-j-a$

> 해설
>
> 성적계수는 냉동효과(q_e)에 비례하고, 압축일(AW)에 반비례하므로, 냉동효과로서 가장 긴 경로인 $d-h$, 압축일로의 가장 짧은 경로인 $h-i$를 통하는 사이클에서 가장 큰 값을 갖게 된다.

41 다음 중 난방설비의 난방부하를 계산하는 방법 중 현열만을 고려하는 경우는?

① 환기부하
② 외기부하
③ 전도에 의한 열손실
④ 침입 외기에 의한 난방손실

> 해설
>
> 전도에 의한 열손실의 경우 습도에 대한 영향이 없으므로 현열만 고려하게 된다.

42 다음 중 냉방부하의 종류에 해당되지 않는 것은?

① 일사에 의해 실내로 들어오는 열
② 벽이나 지붕을 통해 실내로 들어오는 열
③ 조명이나 인체와 같이 실내에서 발생하는 열
④ 침입 외기를 가습하기 위한 열

> 해설
>
> 침입 외기를 가습하기 위한 열을 가습부하라 하며, 가습부하의 경우 겨울철 낮은 절대습도를 갖는 외기 유입 시 소모되는 부하로서, 냉방부하에는 속하지 않는다.

43 송풍덕트 내의 정압제어가 필요 없고, 발생소음이 적은 변풍량 유닛은?

① 유인형
② 슬롯형
③ 바이패스형
④ 노즐형

> 해설
>
> 바이패스형은 개구면적을 줄여 필요한 공기량을 실내에 공급하고 여분은 환기덕트로 바이패스하는 VAV Unit 방식으로, 구조가 간단하고 저소음이며, 정압(송풍기)제어가 필요 없다.

44 증기난방에 대한 설명으로 틀린 것은?

① 건식 환수시스템에서 환수관에는 증기가 유입되지 않도록 증기관과 환수관 사이에 증기트랩을 설치한다.
② 중력식 환수시스템에서 환수관은 선하향 구배를 취해야 한다.
③ 증기난방은 극장 같이 천장고가 높은 실내에 적합하다.
④ 진공식 환수시스템에서 관경을 가늘게 할 수 있고 리프트 피팅을 사용하여 환수관 도중에서 입상시킬 수 있다.

> **해설**
>
> 극장 같이 천장고가 높은 실내의 경우 실의 상하 온도차를 균일하게 하는 것이 고려되어야 하며, 이 경우에는 증기난방보다는 바닥복사난방이 효과적이다.

45 정방실에 35kW의 모터에 의해 구동되는 정방기가 12대 있을 때 전력에 의한 취득열량(kW)은?(단, 전동기와 이것에 의해 구동되는 기계가 같은 방에 있으며, 전동기의 가동률은 0.74이고, 전동기 효율은 0.87, 전동기 부하율은 0.92이다.)

① 483
② 420
③ 357
④ 329

> **해설**
>
> $$취득열량(발생열량) = \frac{모터용량 \times 부하율 \times 가동률}{전동기\ 효율}$$
> $$= \frac{(35 \times 12) \times 0.92 \times 0.74}{0.87}$$
> $$= 328.66\text{kW}$$

46 다음 중 보온, 보냉, 방로의 목적으로 덕트 전체를 단열해야 하는 것은?

① 급기덕트
② 배기덕트
③ 외기덕트
④ 배연덕트

> **해설**
>
> 급기덕트는 냉방 또는 난방을 위해 실내로 공급되는 공기가 흐르는 덕트로서 해당 열손실을 최소화하기 위해 덕트 전체를 단열해야 한다.

47 덕트의 소음 방지대책에 해당되지 않는 것은?

① 덕트의 도중에 흡음재를 부착한다.
② 송풍기 출구 부근에 플래넘 체임버를 장치한다.
③ 댐퍼 입·출구에 흡음재를 부착한다.
④ 덕트를 여러 개로 분기시킨다.

> **해설**
>
> 덕트를 여러 개로 분기시킬 경우 소음의 발생원이 분산되어 발생되는 개소가 많아지므로 덕트의 소음 방지대책으로는 부적합하다.

48 취출구에서 수평으로 취출된 공기가 일정 거리만큼 진행된 뒤 기류 중심선과 취출구 중심과의 수직거리를 무엇이라고 하는가?

① 강하도
② 도달거리
③ 취출온도차
④ 셔터

> **해설**
>
> 강하도는 냉풍의 취출 시 주로 발생하는 현상으로 수평으로 취출된 공기가 일정 거리만큼 진행한 뒤 냉풍의 높은 비중에 의해 기류가 하강하는 정도를 말한다. 온풍을 취출할 경우는 반대로 낮은 비중에 의해 기류가 상승하게 되고 그때의 상승 정도를 상승도라고 한다.

49 증기설비에 사용하는 증기트랩 중 기계식 트랩의 종류로 바르게 조합한 것은?

① 버킷 트랩, 플로트 트랩
② 버킷 트랩, 벨로스 트랩
③ 바이메탈 트랩, 열동식 트랩
④ 플로트 트랩, 열동식 트랩

정답   44 ③   45 ④   46 ①   47 ④   48 ①   49 ①

- 기계식 트랩 : 증기와 응축수의 비중차를 이용하여 증기와 응축수를 분리한다.(버킷 트랩, 플로트 트랩)
- 열동식 트랩 : 증기와 응축수의 온도차를 이용하여 증기와 응축수를 분리한다.(벨로스 트랩, 바이메탈 트랩)
- 열역학적 트랩 : 증기와 응축수의 운동에너지 차를 이용하여 증기와 응축수를 분리한다.(디스크 트랩)

50 공기조화 방식에서 변풍량 단일덕트 방식의 특징에 대한 설명으로 틀린 것은?

① 송풍기의 풍량제어가 가능하므로 부분부하 시 반송에너지 소비량을 경감시킬 수 있다.
② 동시사용률을 고려하여 기기 용량을 결정할 수 있으므로 설비용량이 커질 수 있다.
③ 변풍량 유닛을 실별 또는 존별로 배치함으로써 개별 제어 및 존 제어가 가능하다.
④ 부하변동에 따라 실내온도를 유지할 수 있으므로 열원설비용 에너지 낭비가 적다.

동시사용률은 전체 공조사용개소 중 동시에 사용할 확률을 의미하는 것으로서, 이러한 동시사용률을 고려하게 되면 설비용량을 작게 설계할 수 있다. 예를 들어 100개소의 공조사용개소가 있을 때 100개에 대하여 설비용량을 설정하는 것이 아니라, 70%의 동시사용확률이 있다면, 100개소의 70%인 70개소에 해당하는 설비용량으로 설정하는 것을 의미한다.

51 다음 중 공기조화설비의 계획 시 조닝을 하는 목적으로 가장 거리가 먼 것은?

① 효과적인 실내 환경의 유지
② 설비비의 경감
③ 운전 가동면에서의 에너지 절약
④ 부하특성에 대한 대처

조닝을 할 경우 설비 형식이 해당 조닝 구간별로 달라질 수 있어 설비시설 비용이 증가할 수 있다.

52 다음 중 축류 취출구의 종류가 아닌 것은?

① 펑커루버형 취출구
② 그릴형 취출구
③ 라인형 취출구
④ 팬형 취출구

팬형 취출구(Pan Type)는 여러 방향으로 취출되는 방식인 복류 취출구(Double Flow Diffuser)이다.

53 건물의 콘크리트 벽체의 실내 측에 단열재를 부착하여 실내 측 표면에 결로가 생기지 않도록 하려고 한다. 외기온도가 0℃, 실내온도가 20℃, 실내공기의 노점온도가 12℃, 콘크리트 두께가 100mm일 때, 결로를 막기 위한 단열재의 최소 두께(mm)는?(단, 콘크리트와 단열재의 접촉부분의 열저항은 무시한다.)

열전도도	콘크리트	1.63W/m · K
	단열재	0.17W/m · K
대류 열전달계수	외기	23.3W/m² · K
	실내공기	9.3W/m² · K

① 11.7
② 10.7
③ 9.7
④ 8.7

표면온도가 노점온도보다 클 경우 결로가 예방되므로, 표면온도를 노점온도로 간주한다.

- 열평형식을 통해 표면온도가 노점온도일 때 열관류율을 산출한다.

$$KA\Delta T = \alpha_i A\Delta T_s$$
$$K\Delta T = \alpha_i \Delta T_s$$
$$K = \frac{\alpha_i \Delta T_s}{\Delta T} = \frac{9.3 \times (20-12)}{20-0} = 3.72\text{W/m}^2\text{K}$$

여기서, α_i : 실내공기의 대류 열전달계수
ΔT : 실내외 온도차
ΔT_s : 실내온도와 표면온도 간의 온도차

- 벽체의 열관류율 산정식을 세우고 단열재 두께를 산출한다.

$$K = \frac{1}{R} = \frac{1}{\dfrac{1}{\alpha_i} + \dfrac{L_{콘크리트}}{\lambda_{콘크리트}} + \dfrac{L_{단열재}}{\lambda_{단열재}} + \dfrac{1}{\alpha_o}}$$

$$= \frac{1}{\dfrac{1}{9.3} + \dfrac{0.1}{1.63} + \dfrac{L_{단열재}}{0.17} + \dfrac{1}{23.3}} = 3.72$$

$$\therefore L_{단열재} = 0.0097m = 9.7mm$$

54 공기조화 방식 중 전공기 방식이 아닌 것은?

① 변풍량 단일덕트 방식
② 이중덕트 방식
③ 정풍량 단일덕트 방식
④ 팬코일유닛 방식(덕트 병용)

[해설]

덕트 병용 팬코일유닛 방식은 수−공기 방식으로서, 일반적으로 덕트(공기)를 활용하여 내주부 공조 및 환기, 팬코일유닛 방식(수)을 활용하여 외주부 공조를 진행한다.

55 외기의 건구온도 32℃와 환기의 건구온도 24℃인 공기를 1 : 3(외기 : 환기)의 비율로 혼합하였다. 이 혼합공기의 온도는?

① 26℃
② 28℃
③ 29℃
④ 30℃

[해설]

가중평균으로 혼합온도(T_{mix}) 산출

$$T_{mix} = \frac{32℃ \times 1 + 24℃ \times 3}{1 + 3} = 26℃$$

56 부하계산 시 고려되는 지중온도에 대한 설명으로 틀린 것은?

① 지중온도는 지하실 또는 지중배관 등의 열손실을 구하기 위하여 주로 이용된다.
② 지중온도는 외기온도 및 일사의 영향에 의해 1일 또는 연간을 통하여 주기적으로 변한다.
③ 지중온도는 지표면의 상태변화, 지중의 수분에 따라 변화하나, 토질의 종류에 따라서는 큰 차이

가 없다.
④ 연간 변화에 있어 불역층 이하의 지중온도는 1m 증가함에 따라 0.03~0.05℃씩 상승한다.

[해설]

지중온도는 지표면의 상태변화, 지중의 수분에 따른 변화뿐만 아니라 토질의 종류에 따라서도 달라지게 된다. 이는 토질의 종류에 따라 열전도 특성이 달라지기 때문이다.

57 이중덕트 방식에 설치하는 혼합상자의 구비 조건으로 틀린 것은?

① 냉풍 · 온풍 덕트 내에 정압변동에 의해 송풍량이 예민하게 변화할 것
② 혼합비율 변동에 따른 송풍량의 변동이 완만할 것
③ 냉풍 · 온풍 댐퍼의 공기 누설이 적을 것
④ 자동제어 신뢰도가 높고 소음 발생이 적을 것

[해설]

혼합상자는 이중덕트 방식에서 냉풍과 온풍을 혼합하는 역할을 하는 설비로서, 냉풍과 온풍의 혼합 시 발생하는 압력변화(정압변동)에 적절히 대응하여 송풍량의 급변 등이 일어나지 않도록 하여야 한다.

58 보일러의 부속장치인 과열기가 하는 역할은?

① 연료 연소에 쓰이는 공기를 예열시킨다.
② 포화액을 습증기로 만든다.
③ 습증기를 건포화증기로 만든다.
④ 포화증기를 과열증기로 만든다.

[해설]

과열기(Super Heater)
- 보일러에서 발생한 포화증기에는 다수의 수분이 함유되어 있으므로 이를 가열하여 과열증기로 만들어 절탄기 및 공기예열기에서 활용할 수 있게 하는 장치이다.
- 증기의 엔탈피가 증가해 단위부피당 더 많은 에너지를 포함하게 된다.
- 연소실의 천장부, 노벽 또는 연도에도 설치가 가능하다.

59 공조기 내에 엘리미네이터를 설치하는 이유로 가장 적절한 것은?

① 풍량을 줄여 풍속을 낮추기 위해서
② 공조기 내의 기류의 분포를 고르게 하기 위해서
③ 결로수가 비산되는 것을 방지하기 위해서
④ 먼지 및 이물질을 효율적으로 제거하기 위해서

[해설]

엘리미네이터는 실내로 수분이 비산 유입되는 것을 막기 위해 공조기 내에서 발생한 결로수가 비산되는 것을 막아주는 설비이다.

60 저온공조 방식에 관한 내용으로 가장 거리가 먼 것은?

① 배관지름의 감소
② 팬 동력 감소로 인한 운전비 절감
③ 낮은 습도의 공기 공급으로 인한 쾌적성 향상
④ 저온공기 공급으로 인한 급기 풍량 증가

[해설]

저온공기로 공급할 경우 급기온도와 실내온도 간의 차이를 크게 할 수 있어 송풍량을 감소시켜 송풍하더라도 동일한 열량을 실내에 공급(제거)할 수 있는 장점이 있다.

Section
04 **전기제어공학**

61 서보기구의 특징에 관한 설명으로 틀린 것은?

① 원격제어의 경우가 많다.
② 제어량이 기계적 변위이다.
③ 추치제어에 해당하는 제어장치가 많다.
④ 신호는 아날로그에 비해 디지털인 경우가 많다.

[해설]

서보기구 : 물체의 위치, 방위, 자세, 각도 등의 기계적 변위를 제어량으로 해서 목표값이 임의의 변화에 추종하도록 구성된 제어계로서 주로 아날로그 신호인 경우가 많다.

62 다음은 직류전동기의 토크 특성을 나타내는 그래프이다. (A), (B), (C), (D)에 알맞은 것은?

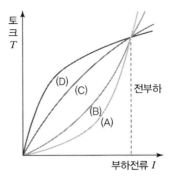

① (A) : 직권발전기, (B) : 가동복권발전기,
   (C) : 분권발전기, (D) : 차동복권발전기
② (A) : 분권발전기, (B) : 직권발전기,
   (C) : 가동복권발전기, (D) : 차동복권발전기
③ (A) : 직권발전기, (B) : 분권발전기,
   (C) : 가동복권발전기, (D) : 차동복권발전기
④ (A) : 분권발전기, (B) : 가동복권발전기,
   (C) : 직권발전기, (D) : 차동복권발전기

[해설]

(A) : 직권발전기, (B) : 가동복권발전기,
(C) : 분권발전기, (D) : 차동복권발전기

토크 특성 그래프

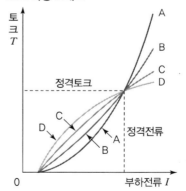

정답   59 ③   60 ④   61 ④   62 ①

63 4,000Ω의 저항기 양단에 100V의 전압을 인가할 경우 흐르는 전류의 크기(mA)는?

① 4　　　　　　　　② 15
③ 25　　　　　　　④ 40

> 해설

전류의 크기(I) 산출

$$I = \frac{V}{R} = \frac{100\mathrm{V}}{4,000\Omega} = 0.025\mathrm{A} = 25\mathrm{mA}$$

64 공기 중 자계의 세기가 100A/m의 점에 놓아 둔 자극에 작용하는 힘은 8×10^{-3}N이다. 이 자극의 세기는 몇 Wb인가?

① 8×10　　　　　② 8×10^{5}
③ 8×10^{-1}　　　④ 8×10^{-5}

> 해설

자극의 세기(m) 산출

$$m = \frac{F}{H} = \frac{8 \times 10^{-3}}{100} = 8 \times 10^{-5}\mathrm{Wb}$$

여기서, F : 자력, H : 자계의 세기

65 온도를 전압으로 변환시키는 것은?

① 광전관
② 열전대
③ 포토다이오드
④ 광전 다이오드

> 해설

온도를 전압으로 변환시키는 요소는 열전대이다.

변환량과 변환요소

변환량	변환요소
온도 → 전압	열전대
압력 → 변위	벨로스, 다이어프램, 스프링
변위 → 압력	노즐 플래퍼, 유압 분사관, 스프링
변위 → 임피던스	가변저항기, 용량형 변환기
변위 → 전압	퍼텐셔미터, 차동변압기, 전위차계
전압 → 변위	전자석, 전자코일
광 → 임피던스	광전관, 광전도 셀, 광전 트랜지스터

변환량	변환요소
광 → 전압	광전지, 광전 다이오드
방사선 → 임피던스	GM관, 전리함
온도 → 임피던스	측온 저항(열선, 서미스터, 백금, 니켈)

66 신호흐름선도와 등가인 블록선도를 그리려고 한다. 이때 $G(s)$로 알맞은 것은?

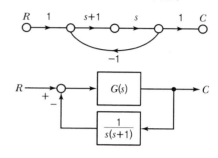

① s

② $\dfrac{1}{s+1}$

③ 1

④ $s(s+1)$

> 해설

신호흐름선도의 등가변환

- 신호흐름선도의 전달함수

$$\frac{C(s)}{R(s)} = \frac{1 \cdot (s+1) \cdot s \cdot 1}{1 - [(s+1) \cdot s \times (-1)]}$$
$$= \frac{s(s+1)}{1 + s(s+1)}$$

- 블록선도의 전달함수

$$\frac{C(s)}{R(s)} = \frac{G(s)}{1 + G(s)\dfrac{1}{s(s+1)}}$$
$$= \frac{G(s)}{\dfrac{s(s+1) + G(s)}{s(s+1)}}$$
$$= \frac{G(s)s(s+1)}{s(s+1) + G(s)}$$

두 선도는 등가이므로

$$\frac{s(s+1)}{1 + s(s+1)} = \frac{G(s)s(s+1)}{s(s+1) + G(s)}$$
$$\frac{1}{1 + s(s+1)} = \frac{G(s)}{s(s+1) + G(s)}$$
$$\therefore \ G(s) = 1$$

67 정상 편차를 개선하고 응답속도를 빠르게 하며 오버슈트를 감소시키는 동작은?

① K

② $K(1+sT)$

③ $K\left(1+\dfrac{1}{sT}\right)$

④ $K\left(1+sT+\dfrac{1}{sT}\right)$

정상 편차를 개선하고 응답속도를 빠르게 하며, 오버슈트를 감소시키는 동작은 PID(비례미분적분제어) 동작을 의미한다. 여기서, 오버슈트는 자동제어계의 안정도 척도가 되는 것으로서 응답이 목표값을 넘어가는 양을 의미한다. 보기 중 PID(비례미분적분제어) 동작을 의미하는 것은 ④이다.

① P(비례제어) 동작
② PD(비례미분제어) 동작
③ PI(비례적분제어) 동작

68 최대눈금 100mA, 내부저항 1.5Ω인 전류계에 0.3Ω의 분류기를 접속하여 전류를 측정할 때 전류계의 지시가 50mA라면 실제 전류는 몇 mA인가?

① 200

② 300

③ 400

④ 600

분류기 접속 시 실제 전류(I) 산출

$$I = I_a \times \left(1+\frac{r_a}{R_s}\right) = 50\text{mA} \times \left(1+\frac{1.5\Omega}{0.3\Omega}\right) = 300\text{mA}$$

여기서, I_a : 전류계에서의 측정 전류(mA)
$\quad\quad\quad r_a$: 내부저항(Ω)
$\quad\quad\quad R_s$: 분류기 저항(Ω)

69 그림과 같은 $R-L-C$ 병렬공진회로에 관한 설명으로 틀린 것은?

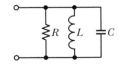

① 공진조건은 $\omega C = 1/\omega L$이다.
② 공진 시 공진전류는 최소가 된다.
③ R이 작을수록 선택도 Q가 높다.
④ 공진 시 입력 어드미턴스는 매우 작아진다.

R이 클수록 선택도 Q가 높다.

선택도(Q) 산출식

$$Q = R\sqrt{\frac{C}{L}}$$

여기서, R : 저항, C : 커패시터, L : 인덕터

70 SCR에 관한 설명으로 틀린 것은?

① PNPN 소자이다.
② 스위칭 소자이다.
③ 양방향성 사이리스터이다.
④ 직류나 교류의 전력제어용으로 사용된다.

SCR(실리콘 제어 정류소자)는 전류를 단락시키거나 개방시킬 수 있는 스위칭 소자로서 정류기능을 갖는 단일 방향성 소자이다.

71 병렬 운전 시 균압모선을 설치해야 되는 직류발전기로만 구성된 것은?

① 직권발전기, 분권발전기
② 분권발전기, 복권발전기
③ 직권발전기, 복권발전기
④ 분권발전기, 동기발전기

균압모선(Equalizing Bus−bar)은 전기자와 계자가 직렬로 연결된 발전기를 병렬로 연결하여 운전을 안정적으로 하기 위하여 설치하는 것으로서 직권발전기 및 복권발전기는 이러한 균압모선의 설치가 필요하다.

정답 67 ④ 68 ② 69 ③ 70 ③ 71 ③

72 정현파 교류의 실효값(V)과 최댓값(V_m)의 관계식으로 옳은 것은?

① $V = \sqrt{2}\, V_m$

② $V = \dfrac{1}{\sqrt{2}}\, V_m$

③ $V = \sqrt{3}\, V_m$

④ $V = \dfrac{1}{\sqrt{3}}\, V_m$

해설

정현파 교류의 실효값(V)은 교류의 크기를 교류와 동일한 일을 하는 직류의 크기로 바꾸어 나타냈을 때의 값을 의미하며, 최댓값($V_{\max}$)은 교류의 순시값 중 가장 큰 값을 의미한다. 이때 실효값(V)과 최댓값($V_{\max}$)의 관계는 최댓값($V_{\max}$)이 실효값(V)의 $\sqrt{2}$ 배만큼 크게 된다.

그러므로 $V_{\max} = \sqrt{2}\, V \rightarrow V = \dfrac{V_{\max}}{\sqrt{2}}$ 가 된다.

73 비례적분제어 동작의 특징으로 옳은 것은?

① 간헐현상이 있다.

② 잔류편차가 많이 생긴다.

③ 응답의 안정성이 낮은 편이다.

④ 응답의 진동시간이 매우 길다.

해설

비례적분제어는 비례동작에 의해 발생되는 잔류오차를 소멸시키기 위해 적분동작을 부여하는 방식으로서 제어 결과에 간헐현상(진동)이 발생하기 쉬운 단점을 갖고 있으나, 잔류오차가 적은 장점 또한 갖고 있는 제어동작 방식이다.

74 목표값을 직접 사용하기 곤란할 때, 주 되먹임 요소와 비교하여 사용하는 것은?

① 제어요소

② 비교장치

③ 되먹임 요소

④ 기준입력요소

해설

되먹임 요소는 제어대상으로부터 나오는 출력을 기준 입력과 비교될 수 있게 하여 주는 요소로서, 목표값(예를 들어 실내 설정온도)을 직접 사용하기 곤란할 때에는 되먹임 요소와 기준입력요소를 비교하여 값을 설정하여 제어하게 된다.

75 피드백 제어계에서 목표치를 기준입력신호로 바꾸는 역할을 하는 요소는?

① 비교부

② 조절부

③ 조작부

④ 설정부

해설

설정부는 목표값을 제어 가능한 신호로 변환하는 역할을 하는 요소를 말하며, 기준입력요소(Reference Input Element)라고도 한다.

76 특성방정식이 $s^3 + 2s^2 + Ks + 5 = 0$인 제어계가 안정하기 위한 K 값은?

① $K > 0$

② $K < 0$

③ $K > \dfrac{5}{2}$

④ $K < \dfrac{5}{2}$

해설

루스 안정도 판별

계가 안정되려면 모든 차수의 항이 존재하고 각 계수의 부호가 같아야 한다.

제1열의 부호 변화가 없으려면

루스표		
s^3	1	K
s^2	2	5
s^1	$\dfrac{2K-5}{2}$	0
s^0	5	0

여기서, $2K - 5 > 0$

$\therefore K > \dfrac{5}{2}$

77 세라믹 콘덴서 소자의 표면에 103^{K}라고 적혀 있을 때 이 콘덴서의 용량은 몇 μF 인가?

① 0.01　　　　　② 0.1

③ 103　　　　　④ 10^3

78 PLC(Programmable Logic Controller)의 출력부에 설치하는 것이 아닌 것은?

① 전자개폐기
② 열동계전기
③ 시그널 램프
④ 솔레노이드밸브

79 적분시간이 2초, 비례감도가 5mA/mV인 PI 조절계의 전달함수는?

① $\dfrac{1+2s}{5s}$　　　　　② $\dfrac{1+5s}{2s}$

③ $\dfrac{1+2s}{0.4s}$　　　　　④ $\dfrac{1+0.4s}{2s}$

80 다음 설명에 알맞은 전기 관련 법칙은?

> 도선에서 두 점 사이 전류의 크기는 그 두 점 사이의 전위차에 비례하고, 전기 저항에 반비례한다.

① 옴의 법칙　　　　　② 렌츠의 법칙
③ 플레밍의 법칙　　　　　④ 전압분배의 법칙

> Section
> **05** **배관일반**

81 증기난방 배관 시공법에 대한 설명으로 틀린 것은?

① 증기주관에서 지관을 분기하는 경우 관의 팽창을 고려하여 스위블 이음법으로 한다.
② 진공환수식 배관의 증기주관은 1/100~1/200 선상향 구배로 한다.
③ 주형 방열기는 일반적으로 벽에서 50~60mm 정도 떨어지게 설치한다.
④ 보일러 주변의 배관방법에서는 증기관과 환수관 사이에 밸런스관을 달고, 하트퍼드(Hartford) 접속법을 사용한다.

진공환수식 배관의 증기주관은 1/200~1/300 선하향(앞내림) 구배로 한다.

82 급탕배관의 단락현상(Sort Circuit)을 방지할 수 있는 배관 방식은?

① 리버스 리턴 배관 방식
② 다이렉트 리턴 배관 방식
③ 단관식 배관 방식
④ 상향식 배관 방식

해설

급탕배관의 단락현상(Sort Circuit)은 증기배관계에서 응축수 환수과정에서 발생하는 유량 불균형 현상을 말한다. 모든 방열기에 대해 공급관과 환수관의 길이의 합을 동일하게 하는 리버스 리턴 배관 방식(역환수 방식)을 적용하여 유량 불균형 현상인 단락현상을 예방할 수 있다.

83 다음 중 온수온도 90℃의 온수난방 배관의 보온재로 사용하기에 가장 부적합한 것은?

① 규산칼슘
② 펄라이트
③ 암면
④ 폴리스티렌

해설

(발포)폴리스티렌폼은 안전사용온도가 80℃ 이하이므로 온수온도 90℃의 온수난방 배관의 보온재로 적용하기에는 부적합하다.

84 간접가열식 급탕법에 관한 설명으로 틀린 것은?

① 대규모 급탕설비에 부적당하다.
② 순환증기는 높이에 관계없이 저압으로 사용 가능하다.
③ 저탕탱크와 가열용 코일이 설치되어 있다.
④ 난방용 증기보일러가 있는 곳에 설치하면 설비비를 절약하고 관리가 편하다.

해설

간접가열식 급탕법은 저탕조에서 가열코일을 통해 다량의 급탕을 만드는 방법으로서 대규모 급탕설비에 적합하다.

85 동관 이음방법에 해당하지 않는 것은?

① 타이튼 이음
② 납땜 이음
③ 압축 이음
④ 플랜지 이음

해설

타이튼 이음(Tyton Joint)은 원형의 고무링 하나만으로 접합을 하는 이음방법으로서 주철관의 이음방법이다.

86 증기난방 설비의 특징에 대한 설명으로 틀린 것은?

① 증발열을 이용하므로 열의 운반능력이 크다.
② 예열시간이 온수난방에 비해 짧고 증기순환이 빠르다.
③ 방열면적을 온수난방보다 작게 할 수 있다.
④ 실내 상하 온도차가 작다.

해설

증기난방은 대류난방 형태가 일반적이어서, 실내의 수직(상하) 온도차가 크게 형성된다. 실내 상하 온도차가 적게 형성되는 것은 복사난방 형태인 바닥복사난방 방식이다.

87 벤더에 의한 관 굽힘 시 주름이 생겼다. 주된 원인은?

① 재료에 결함이 있다.
② 굽힘형의 홈이 관 지름보다 작다.
③ 클램프 또는 관에 기름이 묻어 있다.
④ 압력형이 조정이 세고 저항이 크다.

해설

굽힘형의 홈이 관 지름보다 작게 되면 벤더 과정에서 주름이 생길 수 있다.

88 냉동장치의 배관 설치에 관한 내용으로 틀린 것은?

① 토출가스의 합류 부분 배관은 T이음으로 한다.
② 압축기와 응축기의 수평배관은 하향 구배로 한다.
③ 토출가스배관에는 역류방지밸브를 설치한다.
④ 토출관의 입상이 10m 이상일 경우 10m마다 중간 트랩을 설치한다.

> **해설**
>
> 토출가스의 합류 부분 배관은 Y이음으로 한다.

89 가스 배관재료 중 내약품성 및 전기 절연성이 우수하며 사용온도가 80℃ 이하인 관은?

① 주철관　　　　　② 강관
③ 동관　　　　　　④ 폴리에틸렌관

> **해설**
>
> 폴리에틸렌관은 지하매설용 가스관 등에 이용하는 비금속관의 일종이다.

90 도시가스배관 설비기준에서 배관을 시가지의 도로 노면 밑에 매설하는 경우에는 노면으로부터 배관의 외면까지 얼마 이상을 유지해야 하는가?(단, 방호구조물 안에 설치하는 경우는 제외한다.)

① 0.8m　　　　　② 1m
③ 1.5m　　　　　④ 2m

> **해설**
>
> 배관을 시가지의 도로 노면 밑에 매설하는 경우에는 노면으로부터 배관의 외면까지 1.5m 이상을 유지하여야 한다.
>
> **배관의 매설깊이(도시가스사업법 시행규칙 별표 5)**
> • 배관을 지하에 매설하는 경우에는 지표면으로부터 배관의 외면까지의 매설깊이는 산이나 들에서는 1m 이상, 그 밖의 지역에서는 1.2m 이상. 다만, 방호구조물 안에 설치하는 경우에는 그러하지 아니하다.

• 배관의 외면으로부터 도로의 경계까지 수평거리 1m 이상, 도로 밑의 다른 시설물과는 0.3m 이상
• 배관을 시가지의 도로 노면 밑에 매설하는 경우에는 노면으로부터 배관의 외면까지 1.5m 이상. 다만, 방호구조물 안에 설치하는 경우에는 노면으로부터 그 방호구조물의 외면까지 1.2m 이상
• 배관을 시가지 외의 도로 노면 밑에 매설하는 경우(시가지 외에서 시가지로 변경된 구간에서 500m 이하의 배관이설공사를 시행하는 경우를 포함)에는 노면으로부터 배관의 외면까지 1.2m 이상
• 배관을 포장되어 있는 차도에 매설하는 경우에는 그 포장부분의 지반(차단층이 있는 경우에는 그 차단층을 말한다)의 밑에 매설하고 배관의 외면과 지반의 최하부와의 거리는 0.5m 이상
• 배관을 인도 · 보도 등 노면 외의 도로 밑에 매설하는 경우에는 지표면으로부터 배관의 외면까지 1.2m 이상. 다만, 방호구조물 안에 설치하는 경우에는 그 방호구조물의 외면까지 0.6m(시가지의 노면 외의 도로 밑에 매설하는 경우에는 0.9m) 이상
• 배관을 철도부지에 매설하는 경우에는 배관의 외면으로부터 궤도 중심까지 4m 이상, 그 철도부지 경계까지는 1m 이상의 거리를 유지하고, 지표면으로부터 배관의 외면까지의 깊이를 1.2m 이상

91 급탕설비의 설계 및 시공에 관한 설명으로 틀린 것은?

① 중앙식 급탕 방식은 개별식 급탕 방식보다 시공비가 많이 든다.
② 온수의 순환이 잘되고 공기가 고이는 것을 방지하기 위해 배관에 구배를 둔다.
③ 게이트밸브는 공기고임을 만들기 때문에 글로브밸브를 사용한다.
④ 순환 방식은 순환펌프에 의한 강제순환식과 온수의 비중량 차이에 의한 중력식이 있다.

> **해설**
>
> 글로브밸브는 공기고임을 만들기 때문에 게이트밸브를 사용한다.

92 냉매배관 재료 중 암모니아를 냉매로 사용하는 냉동설비에 가장 적합한 것은?

① 동, 동합금
② 아연, 주석
③ 철, 강
④ 크롬, 니켈 합금

[해설]
암모니아는 동, 동합금, 아연 등을 부식시키는 성질이 있어 주로 철, 강을 배관재료로 활용한다.

93 다음 중 "접속해 있을 때"를 나타내는 관의 도시기호는?

①
②
③
④

[해설]
②가 접속하고 있을 때를 나타내며, ①, ④는 접속하고 있지 않을 때의 도시기호이다.

94 증기 및 물배관 등에서 찌꺼기를 제거하기 위하여 설치하는 부속품은?

① 유니언
② P트랩
③ 부싱
④ 스트레이너

[해설]
스트레이너는 배관 중에 설치되어 배관의 찌꺼기를 제거하는 역할을 한다.

95 공조배관 설계 시 유속을 빠르게 했을 경우의 현상으로 틀린 것은?

① 관경이 작아진다.
② 운전비가 감소한다.
③ 소음이 발생한다.
④ 마찰손실이 증대한다.

[해설]
유속을 빠르게 할 경우 마찰저항이 증가하기 때문에 반송효율이 저감되고 이에 따라 운전비가 증가할 수 있다.

96 관의 두께별 분류에서 가장 두꺼워 고압배관으로 사용할 수 있는 동관의 종류는?

① K형 동관
② S형 동관
③ L형 동관
④ N형 동관

[해설]
동관의 두께 크기 순서는 K > L > M > N으로서 가장 두꺼운 K형 동관이 고압배관으로 적용 가능하다.

97 증발량 5,000kg/h인 보일러의 증기 엔탈피가 2,681.6kJ/kg이고, 급수 엔탈피가 62.85kJ/kg일 때, 보일러의 상당증발량(kg/h)은?

① 278
② 4,800
③ 5,804
④ 3,125,000

[해설]
보일러의 상당증방량(G_e) 산출
$$G_e = \frac{G(h_H - h_L)}{\gamma} = \frac{5,000\text{kg/h}(2,681.6 - 62.85)\text{kJ/kg}}{2,256\text{kJ/kg}}$$
$$= 5,804\text{kg/h}$$

98 배수관의 관경 선정방법에 관한 설명으로 틀린 것은?

① 기구배수관의 관경은 배수트랩의 구경 이상으로 하고 최소 30mm 정도로 한다.
② 수직관, 수평관 모두 배수가 흐르는 방향으로 관경이 축소되어서는 안 된다.
③ 배수수직관은 어느 층에서나 최하부의 가장 큰 배수부하를 담당하는 부분과 동일한 큰 배수부하를 담당하는 부분과 동일한 관경으로 한다.
④ 땅속에 매설되는 배수관의 최소 구경은 30mm 정도로 한다.

땅속에 매설되는 배수관의 최소 구경은 50mm 정도로 한다.

99 고가수조식 급수 방식의 장점이 아닌 것은?

① 급수압력이 일정하다.
② 단수 시에도 일정량의 급수가 가능하다.
③ 급수 공급계통에서 물의 오염 가능성이 없다.
④ 대규모 급수에 적합하다.

고가수조 방식은 고가수조에 물을 저장하므로 저장 시 오염의 우려가 있다. 고가수조 방식은 급수 방식 중 물의 오염 가능성이 가장 높은 방식이다.

100 냉매배관 시공 시 주의사항으로 틀린 것은?

① 배관길이는 되도록 짧게 한다.
② 온도 변화에 의한 신축을 고려한다.
③ 곡률 반지름은 가능한 한 작게 한다.
④ 수평배관은 냉매흐름 방향으로 하향 구배한다.

곡률 반지름을 작게 한다는 것은 곡선이 급하게 꺾인다는 것을 의미하므로, 곡률 반지름을 크게 하여 완만하게 배관을 시공하는 것이 마찰손실 등을 최소화할 수 있는 방안이다.

Section 01 기계열역학

01 어떤 시스템에서 공기가 초기에 290K에서 330K으로 변화하였고, 압력은 200kPa에서 600kPa로 변화하였다. 이때 단위질량당 엔트로피 변화는 약 몇 kJ/kg · K인가?(단, 공기는 정압비열이 1.006kJ/kg · K이고, 기체상수가 0.287kJ/kg · K인 이상기체로 간주한다.)

① 0.445 ② −0.445
③ 0.185 ④ −0.185

해설

엔트로피의 변화량(ΔS) 산출

$$\Delta S = S_2 - S_1 = G\left(C_p \ln\frac{T_2}{T_1} - R \ln\frac{P_2}{P_1} \right)$$

$$= 1\text{kg}\left(1.006\text{kJ/kg} \cdot \text{K} \times \ln\frac{330}{290} - 0.287\text{kJ/kg} \cdot \text{K} \times \ln\frac{600}{200} \right)$$

$$= -0.185\text{kJ/kg} \cdot \text{K}$$

여기서, 단위질량(kg)당 엔트로피이므로 $G=1$kg이 된다.

02 체적이 500cm³인 풍선에 압력 0.1MPa, 온도 288K의 공기가 가득 채워져 있다. 압력이 일정한 상태에서 풍선 속 공기 온도가 300K으로 상승했을 때 공기에 가해진 열량은 약 얼마인가?(단, 공기는 정압비열이 1.005kJ/kg · K, 기체상수가 0.287kJ/kg · K인 이상기체로 간주한다.)

① 7.3J ② 7.3kJ
③ 14.6J ④ 14.6kJ

해설

공급열량(q) 산출

$q = mC_p \Delta t = 0.0006049 \times 1.005 \times (300 - 288)$

$= 0.0073\text{kJ} = 7.3\text{J}$

여기서, m(질량)은 이상기체 상태방정식($PV = mRT$)으로 구한다.

$$m = \frac{PV}{RT} = \frac{100\text{kPa} \times 500\text{cm}^3 \times 10^{-6}(\text{m})}{0.287\text{kJ/kg} \cdot \text{K} \times 288\text{K}} = 0.0006049\text{kg}$$

03 어떤 사이클이 다음 온도(T)−엔트로피(s) 선도와 같을 때 작동 유체에 주어진 열량은 약 몇 kJ/kg인가?

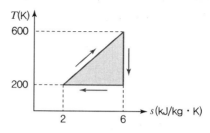

① 4 ② 400
③ 800 ④ 1,600

해설

T(온도)−s(엔트로피) 선도에서의 열량은 선도상의 경로선 내의 면적이 된다.

$$Q(\text{열량}) = \frac{(T_2 - T_1) \times (s_2 - s_1)}{2}$$

$$= \frac{(600 - 200) \times (6 - 2)}{2}$$

$$= 800\text{kJ/kg}$$

04 효율이 40%인 열기관에서 유효하게 발생되는 동력이 110kW라면 주위로 방출되는 총 열량은 약 몇 kW인가?

① 375 ② 165
③ 135 ④ 85

정답 01 ④ 02 ① 03 ③ 04 ②

해설

방출되는 열량(Q_o) 산출

W(일량)$= Q_i - Q_o$

$Q_o = Q_i - W = 275\text{kW} - 110\text{kW} = 165\text{kW}$

여기서, W : 일량으로서 동력에 해당되며 110kW

Q_i : 동력과의 효율에서 산출

$$\eta = \frac{W}{Q_i} \rightarrow Q_i = \frac{W}{\eta} = \frac{110\text{kW}}{0.4} = 275\text{kW}$$

05 500W의 전열기로 4kg의 물을 20℃에서 90℃까지 가열하는 데 몇 분이 소요되는가?(단, 전열기에서 열은 전부 온도 상승에 사용되고 물의 비열은 4,180J/kg·K이다.)

① 16　　　　　　② 27

③ 39　　　　　　④ 45

해설

$$\text{가열시간} = \frac{\text{가열량}(Q)}{\text{가열기 용량}(W)}$$

• 가열량$(Q) = mC\Delta t = 4\text{kg} \times 4,180\text{J/kg·K} \times (90-20)$
$\qquad\qquad\quad = 1,170,400\text{J}$

• 가열시간$(\min) = \dfrac{\text{가열량}(Q)}{\text{가열기 용량}(W)} = \dfrac{1,170,400\text{J}}{500\text{W(J/s)}}$
$\qquad\qquad\qquad = 2,340.8\text{sec} = 39\text{min}$

06 카르노 사이클로 작동되는 열기관이 고온체에서 100kJ의 열을 받고 있다. 이 기관의 열효율이 30%라면 방출되는 열량은 약 몇 kJ인가?

① 30　　　　　　② 50

③ 60　　　　　　④ 70

해설

카르노 사이클의 열효율 산출공식을 통해 방출열량(Q_L)을 산출한다.

$$\text{열효율}(\eta_c) = \frac{\text{생산일}(W)}{\text{공급열량}(Q)} = 1 - \frac{T_L}{T_H} = 1 - \frac{Q_L}{Q_H}$$

$$\eta_c = 1 - \frac{Q_L}{Q_H} \rightarrow 0.3 = 1 - \frac{Q_L}{100\text{kJ}}$$

$$\therefore \ Q_L = 70\text{kJ}$$

07 100℃와 50℃ 사이에서 작동하는 냉동기로 가능한 최대성능계수(COP)는 약 얼마인가?

① 7.46　　　　　② 2.54

③ 4.25　　　　　④ 6.46

해설

냉동기의 성적계수(COP_R) 산출

$$COP_R = \frac{T_L}{T_H - T_L} = \frac{273+50}{(273+100)-(273+50)} = 6.46$$

08 압력이 0.2MPa이고, 초기 온도가 120℃인 1kg의 공기를 압축비 18로 가역 단열압축하는 경우 최종 온도는 약 몇 ℃인가?(단, 공기는 비열비가 1.4인 이상기체이다.)

① 676℃　　　　② 776℃

③ 876℃　　　　④ 976℃

해설

단열변화에서의 T, V 관계를 활용한다.

$$\frac{T_2}{T_1} = \left(\frac{V_1}{V_2}\right)^{k-1}$$

여기서, k : 비열비

$$T_2 = \left(\frac{V_1}{V_2}\right)^{k-1} \times T_1 = (18)^{1.4-1} \times (273+120) = 1,248.82\text{K}$$

$$\therefore \ 1,248.82\text{K} - 273 = 975.82 = 976\text{℃}$$

09 수증기가 정상과정으로 40m/s의 속도로 노즐에 유입되어 275m/s로 빠져나간다. 유입되는 수증기의 엔탈피는 3,300kJ/kg, 노즐로부터 발생되는 열손실은 5.9kJ/kg일 때 노즐 출구에서의 수증기 엔탈피는 약 몇 kJ/kg인가?

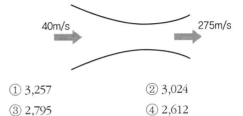

① 3,257　　　　② 3,024

③ 2,795　　　　④ 2,612

노즐 입출구의 유속을 활용한 엔탈피(h_2) 산출

$$h_1 - h_2 = \frac{1}{2}(v_2^2 - v_1^2) + h_{loss}$$

$$h_2 = h_1 - \frac{1}{2}(v_2^2 - v_1^2) - h_{loss}$$

$$= 3,300\text{kJ/kg} - \frac{1}{2}(275^2 - 40^2) \times 10^{-3} - 5.9\text{kJ/kg}$$

$$= 3,257.09\text{kJ/kg}$$

10 용기에 부착된 압력계에 읽힌 계기압력이 150kPa이고 국소대기압이 100kPa일 때 용기 안의 절대압력은?

① 250kPa
② 150kPa
③ 100kPa
④ 50kPa

절대압력 = 대기압 + 게이지압
= 150 + 100 = 250kPa

11 R-12를 작동 유체로 사용하는 이상적인 증기압축 냉동사이클이 있다. 여기서 증발기 출구 엔탈피는 229kJ/kg, 팽창밸브 출구 엔탈피는 81kJ/kg, 응축기 입구 엔탈피는 255kJ/kg일 때 이 냉동기의 성적계수는 약 얼마인가?

① 4.1
② 4.9
③ 5.7
④ 6.8

냉동기의 성적계수(COP_R) 산출

$$COP_R = \frac{q_e}{AW}$$

$$= \frac{\text{증발기 출구 } h - \text{팽창밸브 출구 } h}{\text{응축기 입구 } h - \text{증발기 출구 } h}$$

$$= \frac{229 - 81}{255 - 229} = 5.7$$

12 어떤 시스템에서 유체는 외부로부터 19kJ의 일을 받으면서 167kJ의 열을 흡수하였다. 이때 내부에너지의 변화는 어떻게 되는가?

① 148kJ 상승한다.
② 186kJ 상승한다.
③ 148kJ 감소한다.
④ 186kJ 감소한다.

내부에너지의 변화(ΔU) 산출

$$\Delta U = \text{열량}(Q) - \text{일량}(W)$$

$$= 167\text{kJ} - (-19) = 186\text{kJ(증가)}$$

13 그림과 같이 실린더 내의 공기가 상태 1에서 상태 2로 변화할 때 공기가 한 일은?(단, P는 압력, V는 부피를 나타낸다.)

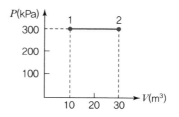

① 30kJ
② 60kJ
③ 3,000kJ
④ 6,000kJ

$W = \int_1^n P\,dv$이므로 $P-V$ 선도의 면적은 일을 나타낸다.

$$W_{12} = \int_1^2 P\,dv = P(V_2 - V_1)$$

$$= 300\text{kPa}(30-10)\text{m}^3 = 6,000\text{kJ}$$

14 보일러에 물(온도 20℃, 엔탈피 84kJ/kg)이 유입되어 600kPa의 포화증기(온도 159℃, 엔탈피 2,757kJ/kg) 상태로 유출된다. 물의 질량유량이 300kg/h라면 보일러에 공급된 열량은 약 몇 kW인가?

① 121
② 140
③ 223
④ 345

T는 온도를 나타낸다.)

$$\left(P+\frac{a}{v^2}\right)\times(v-b)=RT$$

해설

보일러 공급열량(q) 산출

$q(\mathrm{kW})=m\Delta h=m(h_2-h_1)$

$\qquad =300\mathrm{kg/h}\times\left(\dfrac{1}{3,600}\right)\times(2,757-84)\mathrm{kJ/kg}$

$\qquad =222.75\mathrm{kW}$

15 압력이 100kPa이며 온도가 25℃인 방의 크기가 240m³이다. 이 방에 들어 있는 공기의 질량은 약 몇 kg인가?(단, 공기는 이상기체로 가정하며, 공기의 기체상수는 0.287kJ/kg · K이다.)

① 0.00357 　　　　 ② 0.28

③ 3.57 　　　　　　 ④ 281

해설

이상기체 상태방정식 $PV=nRT$

$n=\dfrac{PV}{RT}=\dfrac{100\mathrm{kPa}\times240\mathrm{m}^3}{0.287\mathrm{kJ/kg\cdot K}\times(273+25)}=280.62=281\mathrm{kg}$

16 클라우지우스(Clausius) 부등식을 옳게 표현한 것은?(단, T는 절대온도, Q는 시스템으로 공급된 전체 열량을 표시한다.)

① $\displaystyle\oint\frac{\delta Q}{T}\geq0$ 　　 ② $\displaystyle\oint\frac{\delta Q}{T}\leq0$

③ $\displaystyle\oint T\delta Q\geq0$ 　　 ④ $\displaystyle\oint T\delta Q\leq0$

해설

클라우지우스(Clausius)의 적분 : $\displaystyle\oint\frac{\delta Q}{T}\leq0$

• 가역 과정 : $\displaystyle\oint\frac{\delta Q}{T}=0$

• 비가역 과정 : $\displaystyle\oint\frac{\delta Q}{T}<0$

17 Van der Waals 상태방정식은 다음과 같이 나타낸다. 이 식에서 $\dfrac{a}{v^2}$, b는 각각 무엇을 의미하는가?(단, P는 압력, v는 비체적, R은 기체상수, T는 온도를 나타낸다.)

$$\left(P+\frac{a}{v^2}\right)\times(v-b)=RT$$

① 분자 간의 작용 인력, 분자 내부에너지

② 분자 간의 작용 인력, 기체 분자들이 차지하는 체적

③ 분자 간의 질량, 분자 내부에너지

④ 분자 자체의 질량, 기체 분자들이 차지하는 체적

해설

Van der Waals 상태방정식

$$\left(P+\frac{a}{v^2}\right)\times(v-b)=RT$$

여기서, P : 압력, a : 압력보정계수, v : 비체적

$\qquad\dfrac{a}{v^2}$: 분자 간의 작용 인력

$\qquad b$: 부피보정상수(1mol의 기체 분자들이 차지하는 체적)

$\qquad R$: 기체상수, T : 온도

18 가역 과정으로 실린더 안의 공기를 50kPa, 10℃ 상태에서 300kPa까지 압력(P)과 체적(V)의 관계가 다음과 같은 과정으로 압축할 때 단위질량당 방출되는 열량은 약 몇 kJ/kg인가?(단, 기체상수는 0.287kJ/kg · K이고, 정적비열은 0.7kJ/kg · K이다.)

$$PV^{1.3}=\text{일정}$$

① 17.2 　　　　　　 ② 37.2

③ 57.2 　　　　　　 ④ 77.2

해설

단열과정에서의 방출열량(Q) 산출

$Q=C_v(T_2-T_1)+\dfrac{R}{k-1}(T_1-T_2)$

$\quad =0.7\mathrm{kJ/kg\cdot K}(428-(273+10))$

$\qquad +\dfrac{0.287\mathrm{kJ/kg\cdot K}}{1.3-1}((273+10)-428)$

$\quad =-37.2=37.2\mathrm{kJ/kg}(방출)$

여기서, T_2는 단열과정이므로 다음과 같이 산출한다.

$$\frac{T_2}{T_1} = \left(\frac{V_1}{V_2}\right)^{k-1} = \left(\frac{P_2}{P_1}\right)^{\frac{k-1}{k}}$$

$$T_2 = \left(\frac{P_2}{P_1}\right)^{\frac{k-1}{k}} \times T_1 = \left(\frac{300}{50}\right)^{\frac{1.3-1}{1.3}} \times (273+10) = 428\text{K}$$

19 등엔트로피 효율이 80%인 소형 공기터빈의 출력이 270kJ/kg이다. 입구 온도는 600K이며, 출구 압력은 100kPa이다. 공기의 정압비열은 1.004kJ/kg · K, 비열비는 1.4일 때, 입구 압력(kPa)은 약 몇 kPa인가?(단, 공기는 이상기체로 간주한다.)

① 1,984   ② 1,842
③ 1,773   ④ 1,621

해설

터빈의 입구 압력(P_1) 산출

• 일량식으로 출구온도(T_2) 산출

$$W_{turb} = C_p(T_1 - T_2)$$

$270\text{kJ/kg} = 1.004\text{kJ/kg} \cdot \text{K}(600 - T_2) \rightarrow T_2 = 331\text{K}$

• 단열과정 공급 측 출구온도($T_{2'}$) 산출

$$\eta = \frac{T_1 - T_2}{T_1 - T_{2'}} \rightarrow 0.8 = \frac{600 - 331}{600 - T_{2'}} \rightarrow T_{2'} = 263.75\text{K}$$

단열과정이므로 $\dfrac{T_{2'}}{T_1} = \left(\dfrac{V_1}{V_2}\right)^{k-1} = \left(\dfrac{P_2}{P_1}\right)^{\frac{k-1}{k}}$

$$P_1 = \left(\frac{T_1}{T_{2'}}\right)^{\frac{k}{k-1}} \times P_2 = \left(\frac{600}{263.75}\right)^{\frac{1.4}{1.4-1}} \times 100 = 1,774\text{kPa}$$

20 화씨 온도가 86°F일 때 섭씨 온도는 몇 ℃인가?

① 30   ② 45
③ 60   ④ 75

해설

$$\text{섭씨 온도(℃)} = \frac{5}{9} \times (\text{°F} - 32)$$
$$= \frac{5}{9} \times (86 - 32) = 30\text{℃}$$

21 냉각탑의 성능이 좋아지기 위한 조건으로 적절한 것은?

① 쿨링레인지가 작을수록, 쿨링어프로치가 작을수록
② 쿨링레인지가 작을수록, 쿨링어프로치가 클수록
③ 쿨링레인지가 클수록, 쿨링어프로치가 작을수록
④ 쿨링레인지가 클수록, 쿨링어프로치가 클수록

해설

냉각수의 입구온도와 출구온도의 차이인 쿨링레인지가 클수록, 냉각수의 출구온도와 공기의 입구온도(습구온도) 간의 차이는 작을수록 냉각탑에서 열교환이 잘된 것이다.

22 다음 중 절연내력이 크고 절연물질을 침식시키지 않기 때문에 밀폐형 압축기에 사용하기에 적합한 냉매는?

① 프레온계 냉매   ② H_2O
③ 공기   ④ NH_3

해설

프레온계 냉매는 암모니아(NH_3) 냉매에 비하여 절연내력이 커서 밀폐형에 적용이 가능하다.

23 어떤 냉동기의 증발기 내 압력이 245kPa이며, 이 압력에서의 포화온도, 포화액 엔탈피 및 건포화증기 엔탈피, 정압비열은 조건과 같다. 증발기 입구 측 냉매의 엔탈피가 455kJ/kg이고, 증발기 출구 측 냉매 온도가 −10℃의 과열증기일 경우 증발기에서 냉매가 취득한 열량(kJ/kg)은?

• 포화온도 : −20℃
• 포화액 엔탈피 : 396kJ/kg
• 건포화증기 엔탈피 : 615.6kJ/kg
• 정압비열 : 0.67kJ/kg · K

① 167.3   ② 152.3

③ 148.3   ④ 112.3

> **해설**

증발기에서 냉매가 취득한 열량(q_e, 냉동효과) 산출

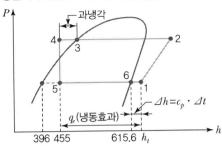

$$q_e = h_1 - h_5$$
$$= (h_6 + \Delta h) - h_5$$
$$= (h_6 + C_p \Delta t) - h_5$$
$$= (615.6 + 0.67(-10 - (-20))) - 455 = 167.3 \text{kJ/kg}$$

24 냉동능력이 1RT인 냉동장치가 1kW의 압축동력을 필요로 할 때, 응축기에서의 방열량(kW)은?

① 2   ② 3.3

③ 4.9   ④ 6

> **해설**

응축기 방열량(q_c) 산출

$$q_c = q_e + AW = 1\text{RT} + 1\text{kW} = 3.86\text{kW} + 1\text{kW} = 4.86\text{kW}$$

25 냉동사이클에서 응축온도 상승에 따른 시스템의 영향으로 가장 거리가 먼 것은?(단, 증발온도는 일정하다.)

① COP 감소

② 압축비 증가

③ 압축기 토출가스 온도 상승

④ 압축기 흡입가스 압력 상승

> **해설**

응축온도가 상승할 경우 압축기의 토출가스 온도가 상승하고, 압축일 및 압축비가 증가하며, 이에 따라 성적계수(COP)가 감소하게 된다.

26 어떤 냉장고의 방열벽 면적이 500m^2, 열통과율이 $0.311\text{W/m}^2\text{°C}$일 때, 이 벽을 통하여 냉장고 내로 침입하는 열량(kW)은?(단, 이때의 외기온도는 32°C이며, 냉장고 내부온도는 -15°C이다.)

① 12.6   ② 10.4

③ 9.1   ④ 7.3

> **해설**

냉장고 침입열량(q) 산출

$$q = KA\Delta t = 0.311 \times 500 \times (32 - (-15))$$
$$= 7,308.5\text{W} = 7.3\text{kW}$$

27 2차 유체로 사용되는 브라인의 구비 조건으로 틀린 것은?

① 비등점이 높고, 응고점이 낮을 것

② 점도가 낮을 것

③ 부식성이 없을 것

④ 열전달률이 작을 것

> **해설**

2차 유체로 사용되는 브라인은 현열 냉매의 일종이므로 열교환성능이 우수해야 하며, 이에 따라 열전달률은 커야 한다.

28 냉매배관 내에 플래시 가스(Flash Gas)가 발생했을 때 나타나는 현상으로 틀린 것은?

① 팽창밸브의 능력 부족 현상 발생

② 냉매 부족과 같은 현상 발생

③ 액관 중의 기포 발생

④ 팽창밸브에서의 냉매순환량 증가

해설

플래시 가스는 액관 중에 기포가 발생하는 현상이다.

플래시 가스(Flash Gas)의 발생영향
- 팽창밸브의 능력 감소로 냉매순환이 감소되어 냉동능력이 감소된다.
- 증발압력이 저하하여 압축비의 상승으로 냉동능력당 소요동력이 증대한다.
- 흡입가스의 과열로 토출가스 온도가 상승하며 윤활유의 성능이 저하하여 윤활 불량을 초래한다.

---

29 단면이 $1m^2$인 단열재를 통하여 $0.3kW$의 열이 흐르고 있다. 이 단열재의 두께는 $2.5cm$이고 열전도계수가 $0.2W/m℃$일 때 양면 사이의 온도차($℃$)는?

① 54.5   ② 42.5
③ 37.5   ④ 32.5

해설

양면 사이의 온도차(Δt) 산출

$q = KA\Delta t$

$q = \dfrac{\lambda}{d}A\Delta t \rightarrow 0.3kW \times 10^3 = \dfrac{0.2W/m℃}{0.025m} \times 1m^2 \times \Delta t$

$\therefore \Delta t = 37.5℃$

---

30 여러 대의 증발기를 사용할 경우 증발관 내의 압력이 가장 높은 증발기의 출구에 설치하여 압력을 일정 값 이하로 억제하는 장치를 무엇이라고 하는가?

① 전자밸브   ② 압력개폐기
③ 증발압력조정밸브   ④ 온도조절밸브

해설

증발압력조정밸브(EPR : Evaporator Pressure Regulator)
- 증발압력(온도)이 소정압력(온도) 이하가 되는 것을 방지(증발온도의 저온화 및 동파를 방지)하는 역할을 한다.
- 증발기에서 압축기에 이르는 흡입배관에 설치한다.
- 온도작동 팽창밸브(TXV)와 함께 사용하면, 과열도를 일정하게 유지시키는 시스템 특성을 가질 수 있다.

---

31 다음 그림은 2단 압축 암모니아 사이클을 나타낸 것이다. 냉동능력이 2RT인 경우 저단 압축기의 냉매순환량(kg/h)은?(단, 1RT는 3.8kW이다.)

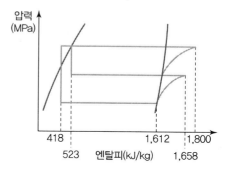

① 10.1   ② 22.9
③ 32.5   ④ 43.2

해설

저단 측 냉매순환량(G_L) 산출

$G_L = \dfrac{Q_e}{\Delta h} = \dfrac{2RT \times 3.8kW \times 3,600}{1,612kJ/kg - 418kJ/kg} = 22.9kg/h$

---

32 다음 팽창밸브 중 인버터 구동 가변용량형 공기조화장치나 증발온도가 낮은 냉동장치에서 팽창밸브의 냉매유량 조절 특성 향상과 유량제어 범위 확대 등을 목적으로 사용하는 것은?

① 전자식 팽창밸브   ② 모세관
③ 플로트 팽창밸브   ④ 정압식 팽창밸브

해설

전자식 팽창밸브(Electronic Expansion Valve)
검출부와 제어부, 조작부로 구성되며 냉동공조장치의 전자화에 따라 활용도가 높아지고 있다.

---

33 식품의 평균 초온이 $0℃$일 때 이것을 동결하여 온도 중심점을 $-15℃$까지 내리는 데 걸리는 시간을 나타내는 것은?

① 유효동결시간   ② 유효냉각시간
③ 공칭동결시간   ④ 시간상수

식품동결시간

구분	내용
공칭동결시간	평균 초온이 0℃인 식품을 동결하여 온도 중심점을 −15℃까지 내리는 데 소요되는 시간
유효동결시간	초온이 t_a℃인 식품을 동결시켜 t_b℃까지 내리는 데 필요한 시간

34 냉동장치를 운전할 때 다음 중 가장 먼저 실시하여야 하는 것은?

① 응축기 냉각수 펌프를 기동한다.
② 증발기 팬을 기동한다.
③ 압축기를 기동한다.
④ 압축기의 유압을 조정한다.

냉동장치의 운전 순서
응축기 통수를 위해 냉각수 펌프 기동 → 냉각탑 운전 → 응축기 등 수배관 내 공기를 배출시키고 완전하게 만수시킨 후 밸브 잠금 → 증발기의 송풍기 또는 냉수 순환펌프를 운전하고 공기 배출 → 압축기를 기동하여 흡입 측 정지밸브를 서서히 개방 → 압축기의 유압을 확인하여 조정 → 전동기의 전압, 운전전류 확인 → 각종 기기 및 계기류(수액기 액면, 각종 스위치 등)의 작동 확인

35 다음 중 냉매를 사용하지 않는 냉동장치는?

① 열전냉동장치
② 흡수식 냉동장치
③ 교축팽창식 냉동장치
④ 증기압축식 냉동장치

열전냉동(Thermoelectric Refrigeration)
㉠ 개념
 • 종류가 다른 두 금속도체를 접합하여 전류를 통하면, 전류의 방향에 따라 한쪽 접합점에서는 열을 방출하고, 다른 쪽 접합점에서는 열을 흡수하게 된다.
 • 이러한 원리를 펠티에 효과(Peltier's Effect)라 하는데, 전자냉동법은 이 원리를 이용한 냉동법으로, 반

도체 기술이 발달하면서 실용화되기 시작하였다. (이것의 역현상은 제백(Seeback) 효과라 하여 온도의 측정에 널리 이용되고 있다.)
㉡ 특징
 • 소음이 없다.(압축기, 응축기 등의 기기가 없고, 냉매순환도 없다.)
 • 수리가 간단하고 수명이 반영구적이다.
 • 전류의 흐름 제어로 용량을 정밀하게 간단히 조절할 수 있다.
 • 가격이나 효율 면에서는 불리하다.

36 축동력 10kW, 냉매순환량 33kg/min인 냉동기에서 증발기 입구 엔탈피가 406kJ/kg, 증발기 출구 엔탈피가 615kJ/kg, 응축기 입구 엔탈피가 632kJ/kg이다. ㉠ 실제 성능계수와 ㉡ 이론 성능계수는 각각 얼마인가?

① ㉠ 8.5, ㉡ 12.3 ② ㉠ 8.5, ㉡ 9.5
③ ㉠ 11.5, ㉡ 9.5 ④ ㉠ 11.5, ㉡ 12.3

• 실제 성능계수 산출

$$COP = \frac{G(냉매순환량) \times q_e}{AW(축동력)}$$
$$= \frac{33\text{kg/min}(615-406) \div 60}{10} = 11.495 = 11.5$$

• 이론 성능계수 산출

$$COP = \frac{q_e}{AW} = \frac{h_1 - h_4}{h_2 - h_1}$$
$$= \frac{615 - 406}{632 - 615} = 12.294 = 12.3$$

37 암모니아용 압축기의 실린더에 있는 워터재킷의 주된 설치 목적은?

① 밸브 및 스프링의 수명을 연장하기 위해서
② 압축효율의 상승을 도모하기 위해서
③ 암모니아는 토출온도가 낮기 때문에 이를 방지하기 위해서
④ 암모니아의 응고를 방지하기 위해서

워터재킷(Water Jacket, 물주머니)

수랭식 기관에서 압축기 실린더 헤드의 외측에 설치한 부분으로 냉각수를 순환시켜 실린더를 냉각시킴으로써 기계(압축)효율(n_m)을 증대시키고 기계적 수명도 연장시킨다.(워터재킷을 설치하는 압축기는 냉매의 비열비(k) 값이 1.8~1.20 이상인 경우에 효과가 있다.)

38 스크루 압축기의 특징에 대한 설명으로 틀린 것은?

① 소형 경량으로 설치면적이 작다.
② 밸브와 피스톤이 없어 장시간의 연속 운전이 불가능하다.
③ 암수 회전자의 회전에 의해 체적을 줄여 가면서 압축한다.
④ 왕복동식과 달리 흡입밸브와 토출밸브를 사용하지 않는다.

스크루 압축기는 서로 맞물려 돌아가는 암나사와 수나사의 나선형 로터가 일정한 방향으로 회전하면서 두 로터와 케이싱 속에 흡입된 냉매증기를 연속적으로 압축시키는 동시에 배출시키는 형식을 가지는 압축기로서, 흡입 토출밸브와 피스톤이 없어 장시간의 연속 운전이 가능하다.

스크루 압축기의 특징

장점	• 진동이 없으므로 견고한 기초가 필요 없다. • 소형이고 가볍다. • 무단계 용량제어(10~100%)가 가능하며 자동운전에 적합하다. • 액압축(Liquid Hammer) 및 오일 해머링(Oil Hammering)이 적다.(NH_3 자동운전에 적합하다.) • 흡입 토출밸브와 피스톤이 없어 장시간의 연속 운전이 가능하다.(흡입 토출밸브 대신 역류방지밸브를 설치한다.) • 부품수가 적고 수명이 길다.
단점	• 오일회수기 및 유냉각기가 크다. • 오일펌프를 따로 설치한다. • 경부하 시에도 기동력이 크다. • 소음이 비교적 크고 설치 시에 정밀도가 요구된다. • 정비 보수에 고도의 기술력이 요구된다. • 압축기의 회전방향이 정회전이어야 한다.(1,000 rpm 이상인 고속회전)

39 고온부의 절대온도를 T_1, 저온부의 절대온도를 T_2, 고온부로 방출하는 열량을 Q_1, 저온부로부터 흡수하는 열량을 Q_2라고 할 때, 이 냉동기의 이론 성적계수(COP)를 구하는 식은?

① $\dfrac{Q_1}{Q_1 - Q_2}$ ② $\dfrac{Q_2}{Q_1 - Q_2}$

③ $\dfrac{T_1}{T_1 - T_2}$ ④ $\dfrac{T_1 - T_2}{T_1}$

이론 성적계수(COP)

$$COP = \frac{q_e}{AW}$$

$$= \frac{Q_2}{Q_1 - Q_2} = \frac{T_2}{T_1 - T_2}$$

40 2단 압축 냉동장치 내 중간냉각기 설치에 대한 설명으로 옳은 것은?

① 냉동효과를 증대시킬 수 있다.
② 증발기에 공급되는 냉매액을 과열시킨다.
③ 저압 압축기 흡입가스 중의 액을 분리시킨다.
④ 압축비가 증가되어 압축효율이 저하된다.

2단 압축 냉동장치 내 중간냉각기(Intercooler)의 기능

• 저단 측 압축기(Booster) 토출가스의 과열을 제거하여 고단 측 압축기에서의 과열을 방지한다.(부스터의 용량은 고단 압축기보다 커야 한다.)
• 증발기로 공급되는 냉매액을 과냉각시켜서 냉동효과 및 성적계수를 높인다.
• 고단 측 압축기 흡입가스 중의 액을 분리시켜 액압축을 방지한다.

---

41 난방부하 계산 시 일반적으로 무시할 수 있는 부하의 종류가 아닌 것은?

① 틈새바람 부하   ② 조명기구 발열 부하
③ 재실자 발생 부하   ④ 일사 부하

해설

틈새바람 부하는 의도치 않은 환기에 의해 발생하는 부하로서 냉방 및 난방부하 계산에 모두 반영하여야 한다.

42 습공기의 상태변화를 나타내는 방법 중 하나인 열수분비의 정의로 옳은 것은?

① 절대습도 변화량에 대한 잠열량 변화량의 비율
② 절대습도 변화량에 대한 전열량 변화량의 비율
③ 상대습도 변화량에 대한 현열량 변화량의 비율
④ 상대습도 변화량에 대한 잠열량 변화량의 비율

해설

열수분비는 절대습도 변화량에 따른 전열량(현열＋잠열) 변화량의 비율을 의미한다.

43 온수관의 온도가 80℃, 환수관의 온도가 60℃인 자연순환식 온수난방장치에서의 자연순환수두(mmAq)는?(단, 보일러에서 방열기까지의 높이는 5m, 60℃에서의 온수 밀도는 983.24kg/m³, 80℃에서의 온수 밀도는 971.84kg/m³이다.)

① 55   ② 56
③ 57   ④ 58

해설

자연순환수두(H) 산출
$H = (\rho_L - \rho_H) \times h = (983.24 - 971.84) \times 5\text{m}$
$\quad = 57\text{kgf/m}^2 = 57\text{mmAq}$
여기서, ρ_L : 저온 온수의 밀도
$\qquad \rho_H$: 고온 온수의 밀도
$\qquad h$: 보일러에서 방열기까지의 높이

44 온수난방 배관 방식에서 단관식과 비교한 복관식에 대한 설명으로 틀린 것은?

① 설비비가 많이 든다.
② 온도 변화가 많다.
③ 온수 순환이 좋다.
④ 안정성이 높다.

해설

단관식에 비해 복관식은 급탕관과 환탕관을 갖고 있어 유량의 밸런싱이 원활하여 단관식에 비해 온도 변화가 크지 않은 특징을 갖고 있다.

45 극간풍이 비교적 많고 재실 인원이 적은 실의 중앙공조 방식으로 가장 경제적인 방식은?

① 변풍량 2중덕트 방식
② 팬코일유닛 방식
③ 정풍량 2중덕트 방식
④ 정풍량 단일덕트 방식

해설

극간풍이 비교적 많고, 재실 인원이 적어 잠열 처리 및 실내 공기질에 대한 처리 부담이 적은 공간에서는 수 방식인 팬코일유닛 방식이 적합하다.

46 덕트 설계 시 주의사항으로 틀린 것은?

① 장방형 덕트 단면의 종횡비는 가능한 한 6 : 1 이상으로 해야 한다.
② 덕트의 풍속은 15m/s 이하, 정압은 50mmAq 이하의 저속덕트를 이용하여 소음을 줄인다.
③ 덕트의 분기점에는 댐퍼를 설치하여 압력평행을 유지시킨다.
④ 재료는 아연도금강판, 알루미늄판 등을 이용하여 마찰저항 손실을 줄인다.

해설

장방형 덕트 단면의 종횡비는 가능한 한 4 : 1 이하로 하는 것이 좋다. 종횡비가 커지면 마찰저항 및 소음 등이 증가할 수 있다.

정답   41 ①   42 ②   43 ③   44 ②   45 ②   46 ①

47 공장에 12kW의 전동기로 구동되는 기계 장치 25대를 설치하려고 한다. 전동기는 실내에 설치하고 기계 장치는 실외에 설치한다면 실내로 취득되는 열량(kW)은?(단, 전동기의 부하율은 0.78, 가동률은 0.9, 전동기 효율은 0.87이다.)

① 242.1

② 210.6

③ 44.8

④ 31.5

해설

취득열량(발생열량) $= \dfrac{\text{모터용량} \times \text{부하율} \times \text{가동률}}{\text{전동기 효율}}$

$= \dfrac{(25 \times 12) \times 0.78 \times 0.90}{0.87}$

$= 242.07 = 242.1\text{kW}$

48 공기세정기에서 순환수 분무에 대한 설명으로 틀린 것은?(단, 출구 수온은 입구 공기의 습구온도와 같다.)

① 단열변화

② 증발냉각

③ 습구온도 일정

④ 상대습도 일정

해설

순환수 분무는 분무 시 단열변화를 일으키게 된다. 단열변화 시 습구온도는 일정하다. 또한 건구온도는 낮아지고 절대습도는 높아지는 증발냉각의 형태를 띠므로 상대습도는 상승하게 된다.

49 전압기준 국부저항계수 ζ_T와 정압기준 국부저항계수 ζ_S와의 관계를 바르게 나타낸 것은? (단, 덕트 상류 풍속은 v_1, 하류 풍속은 v_2이다.)

① $\zeta_T = \zeta_S - 1 + \left(\dfrac{v_2}{v_1}\right)^2$

② $\zeta_T = \zeta_S + 1 - \left(\dfrac{v_2}{v_1}\right)^2$

③ $\zeta_T = \zeta_S - 1 - \left(\dfrac{v_2}{v_1}\right)^2$

④ $\zeta_T = \zeta_S + 1 + \left(\dfrac{v_2}{v_1}\right)^2$

해설

전압기준 국부저항계수 ζ_T와 정압기준 국부저항계수 ζ_S와는 상류와 하류의 풍속이 각각 v_1과 v_2일 때, $\zeta_T = \zeta_S + 1 - \left(\dfrac{v_2}{v_1}\right)^2$ 의 관계가 있다.

50 공기세정기에 대한 설명으로 틀린 것은?

① 세정기 단면의 종횡비를 크게 하면 성능이 떨어진다.

② 공기세정기의 수·공기비는 성능에 영향을 미친다.

③ 세정기 출구에는 분무된 물방울의 비산을 방지하기 위해 루버를 설치한다.

④ 스프레이 헤더의 수를 뱅크(Bank)라 하고 1본을 1뱅크, 2본을 2뱅크라 한다.

해설

세정기 출구에는 분무된 물방울의 비산을 방지하기 위해 엘리미네이터를 설치한다. 루버는 세정기의 입구 측에 설치하여 입구 공기의 난류를 정류로 만드는 역할을 한다.

51 실내의 CO_2 농도 기준이 1,000ppm이고, 1인당 CO_2 발생량이 18L/h인 경우, 실내 1인당 필요한 환기량(m^3/h)은?(단, 외기 CO_2 농도는 300ppm이다.)

① 22.7

② 23.7

③ 25.7

④ 26.7

해설

$Q(\text{m}^3/\text{h}) = \dfrac{M(\text{m}^3/\text{h})}{C_i + C_o}$

$= \dfrac{0.018\text{m}^3/\text{h}}{(1,000 - 300) \times 10^{-6}}$

$= 25.7\text{m}^3/\text{h}$

52 타원형 덕트(Flat Oval Duct)와 같은 저항을 갖는 상당직경 D_e를 바르게 나타낸 것은?(단, A는 타원형 덕트 단면적, P는 타원형 덕트 둘레 길이이다.)

① $D_e = \dfrac{1.55 P^{0.25}}{A^{0.625}}$　　② $D_e = \dfrac{1.55 A^{0.25}}{P^{0.625}}$

③ $D_e = \dfrac{1.55 P^{0.625}}{A^{0.25}}$　　④ $D_e = \dfrac{1.55 A^{0.625}}{P^{0.25}}$

> 해설

타원형 덕트의 상당지름(D_e)

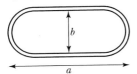

$$D_e = \frac{1.55 A^{0.625}}{P^{0.25}}$$

여기서, $A = \left[\dfrac{\pi b^2}{4} + b(a-b) \right]$, $P = \pi b + 2(a-b)$

53 압력 1MPa, 건도 0.89인 습증기 100kg이 일정 압력의 조건에서 엔탈피가 3,052kJ/kg인 300℃의 과열증기로 되는 데 필요한 열량(kJ)은? (단, 1MPa에서 포화액의 엔탈피는 759kJ/kg, 증발잠열은 2,018kJ/kg이다.)

① 44,208　　　　　② 94,698
③ 229,311　　　　④ 103,432

> 해설

습증기 엔탈피 $h_1 = h' + xh$
$$\quad = 759 + 0.89 \times 2,018$$
$$\quad = 2,555.02 \text{kJ/kg}$$

여기서, h' : 포화액의 엔탈피
　　　 h : 증발잠열
　　　 x : 건도
$q = G(h_2 - h_1)$
$\quad = 100\text{kg} \times (3,502 - 2,555.02)\text{kJ/kg}$
$\quad = 94,698\text{kJ}$

54 EDR(Equivalent Direct Radiation)에 관한 설명으로 틀린 것은?

① 증기의 표준방열량은 650kcal/m²h이다.
② 온수의 표준방열량은 450kcal/m²h이다.
③ 상당방열면적을 의미한다.
④ 방열기의 표준방열량을 전방열량으로 나눈 값이다.

> 해설

EDR(상당방열면적)은 전방열량을 방열기의 표준방열량으로 나눈 값이다.
$$\text{EDR}(\text{m}^2) = \frac{\text{전 방열량(W)}}{\text{표준방열량(W/m}^2)}$$

55 증기난방 방식에 대한 설명으로 틀린 것은?

① 환수 방식에 따라 중력환수식과 진공환수식, 기계환수식으로 구분한다.
② 배관방법에 따라 단관식과 복관식이 있다.
③ 예열시간이 길지만 열량 조절이 용이하다.
④ 운전 시 증기 해머로 인해 소음을 일으키기 쉽다.

> 해설

증기난방 방식은 열용량이 작은 증기로 난방하기 때문에 예열시간이 짧은 특징을 갖고 있다.

56 어떤 냉각기의 1열(列) 코일의 바이패스 펙터가 0.65라면 4열(列)의 바이패스 펙터는 약 얼마가 되는가?

① 0.18　　　　　② 1.82
③ 2.83　　　　　④ 4.84

> 해설

열수(N)에 따른 바이패스 팩터

$$BF_2 = (BF_1)^{\frac{N_2}{N_1}} = (0.65)^{\frac{4}{1}} = 0.179 = 0.18$$

57 다음 냉방부하 요소 중 잠열을 고려하지 않아도 되는 것은?

① 인체에서의 발생열
② 커피포트에서의 발생열
③ 유리를 통과하는 복사열
④ 틈새바람에 의한 취득열

> **해설**
>
> 유리를 통과하는 복사열은 온도의 변화를 수반하지만, 습도의 변화는 수반하지 않으므로 잠열을 고려하지 않아도 된다.

58 냉수 코일설계 기준에 대한 설명으로 틀린 것은?

① 코일은 관이 수평으로 놓이게 설치한다.
② 관 내 유속은 1m/s 정도로 한다.
③ 공기 냉각용 코일의 열수는 일반적으로 4~8열이 주로 사용된다.
④ 냉수 입·출구 온도차는 10℃ 이상으로 한다.

> **해설**
>
> 일반적으로 냉수 입·출구 온도차는 5℃ 내외로 하고, 적당한 통과 유량을 확보하는 것이 좋다.

59 다음 용어에 대한 설명으로 틀린 것은?

① 자유면적 : 취출구 혹은 흡입구 구멍면적의 합계
② 도달거리 : 기류의 중심속도가 0.25m/s에 이르렀을 때, 취출구에서의 수평거리
③ 유인비 : 전공기량에 대한 취출공기량(1차 공기)의 비
④ 강하도 : 수평으로 취출된 기류가 일정 거리만큼 진행한 뒤 기류중심선과 취출구 중심과의 수직거리

> **해설**
>
> 유인비는 취출공기량(1차 공기)에 대한 전공기량[1차 공기＋2차 공기(유인공기)]의 비이다.
>
> $$유인비 = \frac{1차\ 공기량(취출공기량)\\ +2차\ 공기량(유인공기량)}{1차\ 공기량(취출공기량)}$$

60 덕트의 마찰저항을 증가시키는 요인 중 값이 커지면 마찰저항이 감소되는 것은?

① 덕트 재료의 마찰저항계수
② 덕트 길이
③ 덕트 직경
④ 풍속

> **해설**
>
> 달시 － 웨버의 마찰저항 산출식에 따라 덕트의 직경이 커질수록 마찰저항은 감소하게 된다.
>
> $$\Delta P = f \times \frac{L}{d} \times \frac{\rho v^2}{2}$$
>
> 여기서, ΔP : 저항에 따른 마찰손실, f : 마찰계수
> L : 덕트 길이, d : 덕트 직경
> ρ : 유체 밀도, v : 풍속

> **Section 04** 전기제어공학

61 정격주파수 60Hz의 농형 유도전동기를 50Hz의 정격전압에서 사용할 때, 감소하는 것은?

① 토크 ② 온도
③ 역률 ④ 여자전류

> **해설**
>
> **주파수 60Hz → 50Hz로 감소 시 변수의 증감**
> • 토크 증가   • 온도 상승
> • 역률 감소   • 여자전류 증가
> • 회전수 감소   • 속도 감소
> • 기동전류 증가 등

정답 57 ③ 58 ④ 59 ③ 60 ③ 61 ③

62 그림과 같은 피드백 회로의 종합 전달함수는?

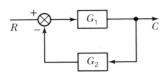

① $\dfrac{1}{G_1} + \dfrac{1}{G_2}$ ② $\dfrac{G_1}{1 - G_1 G_2}$

③ $\dfrac{G_1}{1 + G_1 G_2}$ ④ $\dfrac{G_1 G_2}{1 - G_1 G_2}$

해설

전달함수$\left(\dfrac{C(s)}{R(s)}\right)$ 산출

$$\dfrac{C(s)}{R(s)} = \dfrac{전향경로}{1 - 피드백\ 경로}$$

$$= \dfrac{G_1(s)}{1 - (- G_1(s) G_2(s))}$$

$$= \dfrac{G_1(s)}{1 + G_1(s) G_2(s)}$$

※ (−) 피드백되고 있음에 유의한다.

---

63 도체가 대전된 경우 도체의 성질과 전하 분포에 관한 설명으로 틀린 것은?

① 도체 내부의 전계는 ∞이다.
② 전하는 도체 표면에만 존재한다.
③ 도체는 등전위이고 표면은 등전위면이다.
④ 도체 표면상의 전계는 면에 대하여 수직이다.

해설

도체가 대전된 경우 전위차가 발생하지 않으므로 도체 내부의 전계(전기력이 미치는 공간)는 0이다.

---

64 어떤 교류전압의 실효값이 100V일 때 최댓값은 약 몇 V가 되는가?

① 100 ② 141
③ 173 ④ 200

해설

$$V(실효값) = \dfrac{V_m\,(최댓값)}{\sqrt{2}}$$

$$\therefore\ V_m = \sqrt{2}\ V = \sqrt{2} \times 100 = 141.42 = 141\text{V}$$

---

65 PLC(Programmable Logic Controller)에서, CPU부의 구성과 거리가 먼 것은?

① 연산부 ② 전원부
③ 데이터 메모리부 ④ 프로그램 메모리부

해설

PLC는 CPU(중앙처리장치로서 연산부와 메모리부 등으로 구성), 입력부, 출력부(전자개폐기 등으로 구성), 전원부, 기타 주변장치로 구성되어 있다.

---

66 제어대상의 상태를 자동적으로 제어하며, 목표값이 제어 공정과 기타의 제한 조건에 순응하면서 가능한 한 가장 짧은 시간에 요구되는 최종 상태까지 가도록 설계하는 제어는?

① 디지털 제어 ② 적응제어
③ 최적제어 ④ 정치제어

해설

보기는 제어대상의 상태를 자동적으로, 필요한 최적 상태에까지 이르도록 하는 제어인 최적제어에 대한 설명이다.

---

67 90Ω의 저항 3개가 △결선으로 되어 있을 때, 상당(단상) 해석을 위한 등가 Y결선에 대한 각 상의 저항 크기는 몇 Ω인가?

① 10 ② 30
③ 90 ④ 120

해설

△결선 → Y결선으로의 등가해석

△결선→Y결선으로의 저항을 등가해석하면 저항은 1/3로 줄어든다.

$$R_Y = \frac{1}{3}R_\triangle = \frac{1}{3} \times 90\Omega = 30\Omega$$

68 다음과 같은 회로에 전압계 3대와 저항 10Ω을 설치하여 $V_1 = 80V$, $V_2 = 20V$, $V_3 = 100V$의 실효치 전압을 계측하였다. 이때 순저항 부하에서 소모하는 유효전력은 몇 W인가?

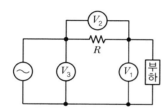

① 160
② 320
③ 460
④ 640

해설

유효전력(P) 산출

유효전력 $P = V_1 I \cos\theta$

$$= V_1 \times \frac{V_2}{R} \times \frac{V_3^2 - V_1^2 - V_2^2}{2V_1 V_2}$$

$$= \frac{1}{R} \times \frac{V_3^2 - V_1^2 - V_2^2}{2}$$

$$= \frac{1}{10} \times \frac{100^2 - 20^2 - 80^2}{2} = 160W$$

69 $G(j\omega) = e^{-j\omega 0.4}$일 때 $\omega = 2.5$에서의 위상각은 약 몇 도인가?

① -28.6
② -42.9
③ -57.3
④ -71.5

해설

$G(j\omega) = e^{-j\omega 0.4} = \cos\omega 0.4 - j\sin\omega 0.4$

$\theta = \angle G(j\omega) = -\tan^{-1}\dfrac{\sin\omega 0.4}{\cos\omega 0.4} = -\omega 0.4$

여기서, $\omega = 2.5$rad/sec일 때의 위상각(θ)은

$\theta = \angle G(j\omega) = -\omega 0.4 = -2.5 \times 0.4$

$= -1\text{rad} = -\dfrac{180°}{\pi}$

$= -57.3°$

70 여러 가지 전해액을 이용한 전기분해에서 동일량의 전기로 석출되는 물질의 양은 각각의 화학당량에 비례한다는 법칙은?

① 줄의 법칙
② 렌츠의 법칙
③ 쿨롱의 법칙
④ 패러데이의 법칙

해설

패러데이의 법칙(Faraday's Law)

• 전기량이 일정할 때 석출되는 물질의 양은 화학당량에 비례한다.
• 전기분해에 의해서 석출되는 물질의 양은 전해액 속을 통과한 전기량에 비례한다.

71 과도응답의 소멸되는 정도를 나타내는 감쇠비(Decay Ratio)로 옳은 것은?

① $\dfrac{\text{제2오버슈트}}{\text{최대오버슈트}}$
② $\dfrac{\text{제4오버슈트}}{\text{최대오버슈트}}$
③ $\dfrac{\text{최대오버슈트}}{\text{제2오버슈트}}$
④ $\dfrac{\text{최대오버슈트}}{\text{제4오버슈트}}$

해설

감쇠비(Decay Ratio)는 과도응답의 소멸 정도를 나타내는 척도로서 "제2오버슈트 / 최대오버슈트" 나타낼 수 있다.

72 유도전동기에서 슬립이 '0'이란 의미와 같은 것은?

① 유도제동기의 역할을 한다.
② 유도전동기가 정지상태이다.
③ 유도전동기가 전부하 운전상태이다.
④ 유도전동기가 동기속도로 회전한다.

정답　68 ①　69 ③　70 ④　71 ①　72 ④

슬립(Slip)은 동기속도에 대한 동기속도와 회전자속도 차와의 비를 말하며, 회전자속도가 동기속도와 동일하게 회전하면 슬립(s)은 0이 된다.

슬립(s) 산출식($s = 0$)

$$s = \frac{N_s - N}{N_s} = 0$$

$$N_s - N = 0 \quad \therefore \ N_s = N$$

여기서, N : 회전자속도(rpm)

N_s : 동기속도(rpm)

73 제어장치가 제어대상에 가하는 제어신호로 제어장치의 출력인 동시에 제어대상의 입력인 신호는?

① 조작량   ② 제어량

③ 목표값   ④ 동작신호

해설

조작량은 제어대상에 양을 가하는 출력인 동시에 제어대상의 입력신호이다.

② 제어량 : 제어대상에 속하는 양으로, 제어대상을 제어하는 것을 목적으로 하는 물리적인 양을 말한다.(출력 발생 장치)

③ 목표값 : 제어량이 어떤 값을 목표로 정하도록 외부에서 주어지는 값이다.(피드백 제어계에서는 제외되는 신호)

④ 동작신호 : 제어요소에 가해지는 신호를 말하며 불연속 동작, 연속 동작으로 분류된다.

74 200V, 1kW 전열기에서 전열선의 길이를 1/2로 할 경우, 소비전력은 몇 kW인가?

① 1   ② 2

③ 3   ④ 4

해설

전열선의 길이 $\dfrac{1}{2}$ → 저항 $\dfrac{1}{2}$

$$\therefore \ R_2 = \frac{1}{2} R_1$$

전력 $P = VI = V \times \dfrac{V}{R} = \dfrac{V^2}{R}$ 이므로

$$P_1 = \frac{V^2}{R_1} = 1\text{kW}$$

$$P_2 = \frac{V^2}{\frac{1}{2}R_1} = \frac{2V^2}{R_1} = 2\text{kW}$$

75 제어계의 분류에서 엘리베이터에 적용되는 제어방법은?

① 정치제어   ② 추종제어

③ 비율제어   ④ 프로그램 제어

해설

프로그램 제어

• 미리 정해진 프로그램에 따라 제어량을 변화시키는 것을 목적으로 하는 제어법이다.

• 엘리베이터, 무인 열차 제어 등에 적용한다.

76 다음 설명은 어떤 자성체를 표현한 것인가?

> N극을 가까이 하면 N극으로, S극을 가까이 하면 S극으로 자화되는 물질로 구리, 금, 은 등이 있다.

① 강자성체   ② 상자성체

③ 반자성체   ④ 초강자성체

해설

반자성체는 반자성을 보이는 물질로 금속과 산소를 제외한 기체, 물 등의 물질이 이에 해당하며, 외부 자기장에 의해서 자기장과 반대 방향으로 자화되는 특성을 가진다.

77 단위 피드백 제어계통에서 입력과 출력이 같다면 전향전달함수 $G(s)$의 값은?

① 0   ② 0.707

③ 1   ④ ∞

입력과 출력이 같다면

$$G(S) = \frac{C(S)}{R(S)} = \frac{G(s)}{1+G(s)} = 1$$

$$\frac{1}{\dfrac{1}{G(s)}+1} = 1$$

$$\frac{1}{G(s)} = 0$$

$$\therefore\ G(s) = \infty$$

78 제어계의 과도응답특성을 해석하기 위해 사용하는 단위계단입력은?

① $\delta(t)$ ② $u(t)$

③ $-3tu(t)$ ④ $\sin(120\pi t)$

[해설]

제어계의 과도응답특성을 해석하기 위해 사용하는 단위계단입력은 $u(t)$ 함수를 적용한다.

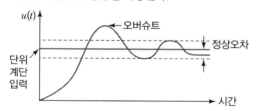

79 추종제어에 속하지 않는 제어량은?

① 위치   ② 방위

③ 자세   ④ 유량

[해설]

• 유량의 경우는 목표값이 시간에 관계없이 항상 일정한 정치제어에 속한다.
• 목표값의 크기나 위치가 시간에 따라 변화하는 추종제어는 제어량에 의한 분류 중 서보기구(제어량이 기계적인 추치제어)에 해당하는 값을 제어한다.
• 위치, 방향, 자세, 각도는 서보기구 제어를 한다.

80 PI 동작의 전달함수는?(단, K_P 는 비례감도이고, T_I 는 적분시간이다.)

① K_P ② $K_P s T_I$

③ $K_P(1+sT_I)$ ④ $K_P\left(1+\dfrac{1}{sT_I}\right)$

[해설]

PI(비례적분) 동작

PI 전달함수 $= K_P\left(1+\dfrac{1}{T_I s}\right)$

여기서, Y : 조작량, K_P : 비례감도, $Z(t)$: 동작신호

T_I : 적분시간, $\dfrac{1}{T_I}$: 리셋률

Section **05** 배관일반

81 냉동장치의 배관공사가 완료된 후 방열공사의 시공 및 냉매를 충전하기 전에 전 계통에 걸쳐 실시하며, 진공시험으로 최종적인 기밀 유무를 확인하기 전에 하는 시험은?

① 내압시험   ② 기밀시험

③ 누설시험   ④ 수압시험

[해설]

누설시험(Gas Leak Test)

• 내압시험 및 기밀시험에 합격한 용기를 냉매배관으로 연결한 가스압 시험이다.
• 누설시험 압력은 고압부 또는 저압부의 구분에 따라 누설시험 압력 이상으로 한다.
• 누설시험 실시에 따른 누설이 없어야 한다.

① 내압시험(Hydraulic Pressure Test) : 압축기, 냉매펌프, 흡수용액펌프, 윤활유펌프, 용기 및 기타 냉매설비의 배관, 그 밖의 부분의 조립품 또는 그들의 부품마다에 시행하고 있는 액압시험이다.

② 기밀시험(Gas Tight Pressure Test) : 내압시험에 합격된 용기의 조립품 및 이들을 이용한 냉매배관에서 연결한 냉매설비에 대하여 행하는 가스시험이다.

정답   78 ②   79 ④   80 ④   81 ③

82 가스미터는 구조상 직접식(실측식)과 간접식(추정식)으로 분류된다. 다음 중 직접식 가스미터는?

① 습식
② 터빈식
③ 벤투리식
④ 오리피스식

해설

가스미터의 구조상 분류

구분	종류
직접식(실측식)	건식(막식, 회전식), 습식(루츠미터) 등
간접식(추정식)	터빈, 임펠러식, 오리피스식, 벤투리식, 와류식 등

83 전기가 정전되어도 계속하여 급수를 할 수 있으며 급수오염 가능성이 적은 급수 방식은?

① 압력탱크 방식
② 수도직결 방식
③ 부스터 방식
④ 고가탱크 방식

해설

수도직결 방식은 상수도 본관의 압력을 이용해 직접 급수전까지 급수를 공급하는 방식으로서, 별도의 저수를 하지 않고 상수도를 그대로 활용하기 때문에 급수오염 가능성이 적어지게 된다.

84 배관작업용 공구의 설명으로 틀린 것은?

① 파이프 리머(Pipe Reamer) : 관을 파이프 커터 등으로 절단한 후 관 단면의 안쪽에 생긴 거스러미(Burr)를 제거
② 플레어링 툴(Flaring Tool) : 동관을 압축 이음 하기 위하여 관 끝을 나팔 모양으로 가공
③ 파이프 바이스(Pipe Vice) : 관을 절단하거나 나사 이음을 할 때 관이 움직이지 않도록 고정
④ 사이징 툴(Sizing Tool) : 동일 지름의 관을 이음쇠 없이 납땜 이음을 할 때 한쪽 관 끝을 소켓 모양으로 가공

해설

사이징 툴(Sizing Tool)은 동관의 끝부분을 원형으로 정형하는 공구이다.

85 LP가스 공급, 소비 설비의 압력손실 요인으로 틀린 것은?

① 배관의 입하에 의한 압력손실
② 엘보, 티 등에 의한 압력손실
③ 배관의 직관부에서 일어나는 압력손실
④ 가스미터, 콕, 밸브 등에 의한 압력손실

해설

배관의 입상에 의한 압력손실이 발생하며, 입하할 경우 중력에 의해 압력이 증가하게 된다.

86 통기관의 설치 목적으로 가장 거리가 먼 것은?

① 배수의 흐름을 원활하게 하여 배수관의 부식을 방지한다.
② 봉수가 사이펀 작용으로 파괴되는 것을 방지한다.
③ 배수계통 내에 신선한 공기를 유입하기 위해 환기시킨다.
④ 배수계통 내의 배수 및 공기의 흐름을 원활하게 한다.

해설

통기관이 배수의 흐름을 원활하게 하는 것은 맞으나 배수관의 부식까지 방지하지는 못한다.

87 배관의 끝을 막을 때 사용하는 이음쇠는?

① 유니언
② 니플
③ 플러그
④ 소켓

해설

배관의 끝(말단)을 막을 때 사용하는 이음쇠는 플러그, 캡 등이 있다.

88 아래 저압가스 배관의 직경(D)을 구하는 식에서 S가 의미하는 것은?(단, L은 관의 길이를 의미한다.)

$$D^5 = \frac{Q^2 \cdot S \cdot L}{K^2 \cdot H}$$

① 관의 내경
② 공급압력차
③ 가스유량
④ 가스비중

해설

배관의 직경(D) 산출

$$D^5 = \frac{Q^2 \cdot S \cdot L}{K^2 \cdot H}$$

여기서, Q : 가스유량, S : 가스비중, L : 배관길이
　　　K : 유량계수, H : 허용압력손실

89 다음 장치 중 일반적으로 보온, 보냉이 필요한 것은?

① 공조기용의 냉각수 배관
② 방열기 주변 배관
③ 환기용 덕트
④ 급탕배관

해설

보온, 보냉이 필요한 배관은 해당 배관을 흐르고 있는 유체의 온도가 보존되어야 하는 경우이며, 보기 중에 급탕배관이 이에 속한다.

90 순동 이음쇠를 사용할 때에 비하여 동합금 주물 이음쇠를 사용할 때 고려할 사항으로 가장 거리가 먼 것은?

① 순동 이음쇠 사용에 비해 모세관 현상에 의한 용융 확산이 어렵다.
② 순동 이음쇠와 비교하여 용접재 부착력은 큰 차이가 없다.
③ 순동 이음쇠와 비교하여 냉벽 부분이 발생할 수 있다.

④ 순동 이음쇠 사용에 비해 열팽창의 불균일에 의한 부정적 틈새가 발생할 수 있다.

해설

순동 이음쇠에 비해 동합금 주물 이음쇠의 용접재 부착력이 좋지 않으므로, 용접재 부착력에 유의하여 사용하여야 한다.

91 보온 시공 시 외피의 마무리재로서 옥외 노출부에 사용되는 재료로 사용하기에 가장 적당한 것은?

① 면포
② 비닐 테이프
③ 방수 마포
④ 아연 철판

해설

아연 철판은 대기 중에서 내식성을 갖고 있어, 보온 시공 시 외피의 마무리재로서 옥외 노출부에 사용할 수 있는 적절한 금속재료이다.

92 급수 방식 중 급수량의 변화에 따라 펌프의 회전수를 제어하여 급수압을 일정하게 유지할 수 있는 회전수 제어시스템을 이용한 방식은?

① 고가수조 방식
② 수도직결 방식
③ 압력수조 방식
④ 펌프직송 방식

해설

펌프직송 방식은 정속 방식과 변속 방식이 있으며, 정속 방식은 펌프의 대수제어를 통해 공급유량을 조절하는 방식이고, 변속 방식은 펌프의 회전수를 통해 공급유량을 조절하는 방식이다.

93 보일러 등 압력용기와 그 밖에 고압 유체를 취급하는 배관에 설치하여 관 또는 용기 내의 압력이 규정 한도에 달하면 내부에너지를 자동적으로 외부에 방출하여 항상 안전한 수준으로 압력을 유지하는 밸브는?

① 감압밸브   ② 온도조절밸브
③ 안전밸브   ④ 전자밸브

[해설]

안전밸브는 유체의 압력이 이상적으로 높아졌을 때, 해당 압력을 도피시켜주는 역할을 한다.

94 밀폐 배관계에서는 압력계획이 필요하다. 압력계획을 하는 이유로 틀린 것은?

① 운전 중 배관계 내에 대기압보다 낮은 개소가 있으면 접속부에서 공기를 흡입할 우려가 있기 때문에
② 운전 중 수온에 알맞은 최소압력 이상으로 유지하지 않으면 순환수 비등이나 플래시 현상 발생 우려가 있기 때문에
③ 펌프의 운전으로 배관계 각부의 압력이 감소하므로 수격작용, 공기정체 등의 문제가 생기기 때문에
④ 수온의 변화에 의한 체적의 팽창·수축으로 배관 각부에 악영향을 미치기 때문에

[해설]

펌프의 운전으로 배관계 각부의 압력이 증가하므로 수격작용, 공기정체 등의 문제가 생기기 때문에 압력계획이 필요하다.

95 다음 중 난방 또는 급탕설비의 보온재료로 가장 부적합한 것은?

① 유리섬유   ② 발포 폴리스티렌폼
③ 암면   ④ 규산칼슘

[해설]

발포 폴리스티렌폼은 안전사용온도가 80℃ 이하로서 난방 또는 급탕설비에 적용하는 것은 적합하지 않다.

96 배수의 성질에 따른 구분에서 수세식 변기의 대·소변에서 나오는 배수는?

① 오수   ② 잡배수
③ 특수배수   ④ 우수배수

[해설]

수세식 변기의 대소변은 오수에 해당한다.
② 잡배수 : 세탁배수, 싱크배수 등 일반 생활배수를 말한다.
③ 특수배수 : 공장 등에서 나오는 각종 특이물질 등이 섞여 있는 배수를 말한다.
④ 우수배수 : 빗물배수를 말한다.

97 리버스 리턴 배관 방식에 대한 설명으로 틀린 것은?

① 각 기기 간의 배관회로 길이가 거의 같다.
② 저항의 밸런싱을 취하기 쉽다.
③ 개방회로 시스템(Open Loop System)에서 권장된다.
④ 환수관이 2중이므로 배관 설치 공간이 커지고 재료비가 많이 든다.

[해설]

리버스 리턴 배관 방식은 밀폐계 배관에서 유량의 밸런싱을 위해 적용되는 배관 방식이다.

98 패럴렐 슬라이드 밸브(Parallel Slide Valve)에 대한 설명으로 틀린 것은?

① 평행한 두 개의 밸브 몸체 사이에 스프링이 삽입되어 있다.
② 밸브 몸체와 디스크 사이에 시트가 있어 밸브 측면의 마찰이 적다.
③ 쐐기 모양의 밸브로서 쐐기의 각도는 보통 6~8°이다.
④ 밸브 시트는 일반적으로 경질금속을 사용한다.

③은 웨지 게이트 밸브(Wedge Gate Valve)에 대한 설명이다.

99 5세주형 700mm의 주철제 방열기를 설치하여 증기온도가 110℃, 실내 공기온도가 20℃이며 난방부하가 29kW일 때 방열기의 소요쪽수는?(단, 방열계수는 8W/m²℃, 1쪽당 방열면적은 0.28m²이다.)

① 144쪽   ② 154쪽
③ 164쪽   ④ 174쪽

해설

방열기의 쪽수(n, 절수) 산정

$$n = \frac{\text{총 손실열량(난방부하, kW)}}{\text{방열량}(kW/m^2) \times \text{방열기 1쪽당 면적}(m^2)}$$

$$= \frac{\text{총 손실열량(난방부하, kW)}}{\text{방열계수}(kW/m^2℃) \times \text{온도차} \times \text{방열기 1쪽당 면적}(m^2)}$$

$$= \frac{29kW \times 10^3(W)}{8W/m^2℃ \times (110-20)℃ \times 0.28m^2}$$

$$= 143.85 = 144쪽$$

100 다음 중 열팽창에 의한 관의 신축으로 배관의 이동을 구속 또는 제한하는 장치가 아닌 것은?

① 앵커(Anchor)   ② 스토퍼(Stopper)
③ 가이드(Guide)   ④ 인서트(Insert)

해설

인서트(Insert)는 관이나 덕트를 천장에 매달아 지지하는 경우 미리 천장 콘크리트에 매입하는 지지쇠이다.

리스트레인트(Restraint)

종류	내용
앵커(Anchor)	관의 이동 및 회전을 방지하기 위하여 배관을 완전 고정한다.
스토퍼(Stopper)	일정한 방향의 이동과 관의 회전을 구속한다.
가이드(Guide)	관의 축과 직각방향의 이동을 구속한다. 배관 라인의 축방향의 이동을 허용하는 안내 역할도 담당한다.

01 두께 10mm, 열전도율 15W/m℃인 금속판 두 면의 온도가 각각 70℃와 50℃일 때 전열면 1m²당 1분 동안에 전달되는 열량(kJ)은 얼마인가?

① 1,800 ② 14,000
③ 92,000 ④ 162,000

해설

단위시간당 전달되는 열량(kJ/m²) 산출

$$q = kA\frac{dt}{dx}$$
$$= \frac{\lambda}{d}A\frac{dt}{dx}$$
$$= \frac{15\text{W/m℃} \div 10^3(\text{kW})}{0.01\text{m}} \times 1\text{m}^2 \times \frac{70-50}{1\min \div 60\sec}$$
$$= 1,800\text{kJ}$$

02 압축비가 18인 오토 사이클의 효율(%)은? (단, 기체의 비열비는 1.41이다.)

① 65.7 ② 69.4
③ 71.3 ④ 74.6

해설

오토 사이클의 열효율(η) 산출

$$\eta = 1 - \left(\frac{1}{\epsilon}\right)^{k-1}$$
$$= 1 - \left(\frac{1}{18}\right)^{1.41-1} = 0.694$$
$$\therefore \eta = 69.4\%$$

03 800kPa, 350℃의 수증기를 200kPa로 교축한다. 이 과정에 대하여 운동에너지의 변화를 무시할 수 있다고 할 때 이 수증기의 Joule-Thomson 계수(K/kPa)는 얼마인가?(단, 교축 후의 온도는 344℃이다.)

① 0.005 ② 0.01
③ 0.02 ④ 0.03

해설

줄-톰슨 계수(μ) 산출

$$\mu = \frac{dT}{dP} = \frac{T_2 - T_1}{P_2 - P_1} = \frac{(273+350)-(273+344)}{800-200} = 0.01$$

04 표준대기압 상태에서 물 1kg이 100℃로부터 전부 증기로 변하는 데 필요한 열량이 0.652kJ이다. 이 증발과정에서의 엔트로피 증가량(J/K)은 얼마인가?

① 1.75 ② 2.75
③ 3.75 ④ 4.00

해설

엔트로피 증가량(ΔS) 산출

$$\Delta S = \frac{\Delta Q}{T} = \frac{0.652\text{kJ} \times 10^3(\text{J})}{273+100} = 1.75\text{J/K}$$

05 냉동기 팽창밸브 장치에서 교축과정을 일반적으로 어떤 과정이라고 하는가?

① 정압과정 ② 등엔탈피 과정
③ 등엔트로피 과정 ④ 등온과정

해설

교축과정은 압력이 강하되는 단열과정으로서 등엔탈피 과정이다.

06 최고온도(T_H)와 최저온도(T_L)가 모두 동일한 이상적인 가역 사이클 중 효율이 다른 하나는?(단, 사이클 작동에 사용되는 가스(기체)는 모두 동일하다.)

① 카르노 사이클   ② 브레이턴 사이클
③ 스털링 사이클   ④ 에릭슨 사이클

【해설】

카르노 사이클, 스털링 사이클, 에릭슨 사이클의 효율은 온도만의 함수이고, 브레이턴 사이클의 효율은 압력비만의 함수이므로 효율이 다르게 산정된다.

07 냉동효과가 70kW인 냉동기의 방열기 온도가 20℃, 흡열기 온도가 −10℃이다. 이 냉동기를 운전하는 데 필요한 압축기의 이론 동력(kW)은 얼마인가?

① 6.02   ② 6.98
③ 7.98   ④ 8.99

【해설】

냉동기의 성적계수를 활용하여 이론동력(압축일)을 산정한다.

냉동기의 성적계수(COP_R) $= \dfrac{냉동효과}{이론동력}$

$$= \frac{q}{AW} = \frac{T_L}{T_H - T_L}$$

$\dfrac{냉동효과}{이론동력} = \dfrac{T_L}{T_H - T_L}$

$\dfrac{70kW}{이론동력} = \dfrac{(273 + (-10))}{(273 + 20) - (273 + (-10))}$

∴ 이론동력 $= 7.98kW$

08 배기량(Displacement Volume)이 1,200cc, 극간체적(Clearance Volume)이 200cc인 가솔린 기관의 압축비는 얼마인가?

① 5   ② 6
③ 7   ④ 8

【해설】

압축비 $\phi = \dfrac{실린더체적}{간극체적}$

$= \dfrac{행정체적 + 간극체적}{극간(간극)체적}$

$= \dfrac{1,200 + 200}{200} = 7$

09 체적이 1m³인 용기에 물이 5kg 들어 있으며 그 압력을 측정해 보니 500kPa이었다. 이 용기에 있는 물 중에 증기량(kg)은 얼마인가?(단, 500 kPa에서 포화액체와 포화증기의 비체적은 각각 0.001093m³/kg, 0.37489m³/kg이다.)

① 0.005   ② 0.94
③ 1.87   ④ 2.65

【해설】

증기량(수중기량, kg) $= \dfrac{증기\ 체적(m^3)}{증기\ 비체적(kg/m^3)}$

$= \dfrac{0.9945}{0.37489} = 2.65kg$

여기서, 증기체적
= 전체 체적 − 액체의 체적
= 전체 체적 − (액체의 질량×액체의 비체적)
= 1m³ − (5kg×0.001093m³/kg)
= 0.9945m³

10 국소 대기압력이 0.099MPa일 때 용기 내 기체의 게이지 압력이 1MPa이었다. 기체의 절대압력(MPa)은 얼마인가?

① 0.901   ② 1.099
③ 1.135   ④ 1.275

【해설】

절대압력 = 대기압 + 게이지압
= 0.099 + 1 = 1.099MPa

11 그림과 같이 다수의 추를 올려놓은 피스톤이 끼워져 있는 실린더에 들어 있는 가스를 계로 생각한다. 초기 압력이 300kPa이고, 초기 체적은 0.05m³이다. 피스톤을 고정하여 체적을 일정하게 유지하면서 압력이 200kPa로 떨어질 때까지 계에서 열을 제거한다. 이때 계가 외부에 한 일(kJ)은 얼마인가?

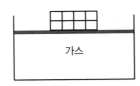

① 0   ② 5
③ 10   ④ 15

> **해설**
> 정적과정이므로 $v = \text{Constant}$이고 $\Delta v = 0$
> $$\therefore {}_1 W_2 = \int_1^2 P dv = 0$$

12 질량 4kg의 액체를 15℃에서 100℃까지 가열하기 위해 714kJ의 열을 공급하였다면 액체의 비열(kJ/kg · K)은 얼마인가?

① 1.1   ② 2.1
③ 3.1   ④ 4.1

> **해설**
> 열량(q) 산출식 $q = mC\Delta t$에서
> $$C = \frac{q}{m\Delta t} = \frac{714\text{kJ}}{4\text{kg} \times (100-15)} = 2.1\text{kJ/kg} \cdot \text{K}$$

13 공기 3kg이 300K에서 650K까지 온도가 올라갈 때 엔트로피 변화량(J/K)은 얼마인가?(단, 이때 압력은 100kPa에서 550kPa로 상승하고, 공기의 정압비열은 1.005kJ/kg · K, 기체상수는 0.287kJ/kg · K이다.)

① 712   ② 863
③ 924   ④ 966

> **해설**
> **엔트로피의 변화량(ΔS) 산출**
> $$\Delta S = S_2 - S_1 = G\left(C_p \ln \frac{T_2}{T_1} - R \ln \frac{P_2}{P_1}\right)$$
> $$= 3\text{kg}\left(1.005\text{kJ/kg} \cdot \text{K} \times \ln \frac{650}{300} - 0.287\text{kJ/kg} \cdot \text{K} \times \ln \frac{550}{100}\right)$$
> $$= 0.863\text{kJ/K} = 863\text{J/K}$$

14 열역학적 상태량은 일반적으로 강도성 상태량과 용량성 상태량으로 분류할 수 있다. 강도성 상태량에 속하지 않는 것은?

① 압력   ② 온도
③ 밀도   ④ 체적

> **해설**
> **열역학적 상태량(Property)의 구분**
>
> | 구분 | 개념 | 종류 |
> | --- | --- | --- |
> | 강도성 상태량 (Intensive Property) | 물질이 가지는 질량의 크기에 관계없는 상태량 | 온도, 압력, 밀도, 비체적 등 |
> | 종량성 상태량 (Extensive Property) | 물질의 질량에 따라서 값이 변하는 상태량 | 무게, 질량, 엔탈피, 내부에너지, 엔트로피, 체적 등 |

15 공기 표준 브레이턴(Brayton) 사이클 기관에서 최고압력이 500kPa, 최저압력은 100kPa이다. 비열비(k)가 1.4일 때, 이 사이클의 열효율(%)은?

① 3.9   ② 18.9
③ 36.9   ④ 26.9

> **해설**
> **Brayton 사이클의 열효율(η_b) 산출**
> $$\eta_b = 1 - \frac{1}{\left(\frac{P_H}{P_L}\right)^{\frac{k-1}{k}}} \times 100(\%)$$
> $$= 1 - \frac{1}{\left(\frac{500}{100}\right)^{\frac{1.4-1}{1.4}}} \times 100(\%) = 36.9\%$$

정답   11 ①   12 ②   13 ②   14 ④   15 ③

16 증기가 디퓨저를 통하여 0.1MPa, 150℃, 200m/s의 속도로 유입되어 출구에서 50m/s의 속도로 빠져나간다. 이때 외부로 방열된 열량이 500J/kg일 때 출구 엔탈피(kJ/kg)는 얼마인가? (단, 입구의 0.1MPa, 150℃ 상태에서 엔탈피는 2,776.4kJ/kg이다.)

① 2,751.3 ② 2,778.2

③ 2,794.7 ④ 2,812.4

해설

출구 엔탈피(h_2) 산출

$$h_1 - h_2 = \frac{1}{2}(v_2^2 - v_1^2) + h_{loss}$$

$$h_2 = h_1 - \frac{1}{2}(v_2^2 - v_1^2) - h_{loss}$$

$$= 2,776.4\text{kJ/kg} \times 10^3 - \frac{1}{2}(50^2 - 200^2) - 500\text{J/kg}$$

$$= 2,794,650\text{J/kg} = 2,794.7\text{kJ/kg}$$

17 체적이 0.5m³인 탱크에 분자량이 24kg/kmol인 이상기체 10kg이 들어 있다. 이 기체의 온도가 25℃일 때 압력(kPa)은 얼마인가?(단, 일반기체상수는 8.3143kJ/kmol · K이다.)

① 126 ② 845

③ 2,065 ④ 49,578

해설

이상기체 상태방정식 $PV = nRT$

$$P = \frac{nRT}{V} = \frac{n\dfrac{R_u}{m}T}{V}$$

$$= \frac{10\text{kg} \times \dfrac{8.3143\text{kJ/kmol} \cdot \text{K}}{24} \times (273 + 25)}{0.5\text{m}^3}$$

$$= 2,064.7\text{kPa}$$

여기서, 수소기체의 기체상수 $R = \dfrac{\text{일반기체상수}(R_u)}{\text{분자량}(m)}$

분자량 $m = 24$

18 이상적인 카르노 사이클 열기관에서 사이클당 585.35J의 일을 얻기 위하여 필요로 하는 열량이 1kJ이다. 저열원의 온도가 15℃라면 고열원의 온도(℃)는 얼마인가?

① 422 ② 595

③ 695 ④ 722

해설

카르노 사이클의 열효율 산출공식을 통해 고열원의 온도를 산출한다.

카르노 사이클의 열효율$(\eta_c) = \dfrac{\text{생산일}(W)}{\text{공급열량}(Q)} = 1 - \dfrac{T_L}{T_H}$

$$\frac{\text{생산일}(W)}{\text{공급열량}(Q)} = 1 - \frac{T_L}{T_H} \rightarrow \frac{0.5855\text{kJ}}{1\text{kJ}} = 1 - \frac{273 + 15}{T_H}$$

$$T_H = 684.81\text{K} \rightarrow 684.81 - 273 = 411.82℃$$

19 5kg의 산소가 정압하에서 체적이 0.2m³에서 0.6m³로 증가했다. 이때의 엔트로피의 변화량(kJ/K)은 얼마인가?(단, 산소는 이상기체이며, 정압비열은 0.92kJ/kg · K이다.)

① 1.857 ② 2.746

③ 5.054 ④ 6.507

해설

등압과정에서의 엔트로피 변화량(ΔS) 산출

$$\Delta S = S_2 - S_1 = GC_p \ln \frac{V_2}{V_1}$$

$$= 5\text{kg} \times 0.92\text{kJ/kg} \cdot \text{K} \times \ln \frac{0.6}{0.2} = 5.054\text{kJ/K}$$

20 다음 냉동사이클에서 열역학 제1법칙과 제2법칙을 모두 만족하는 Q_1, Q_2, W는?

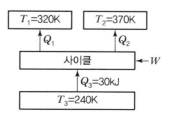

① $Q_1 = 20\text{kJ}$, $Q_2 = 20\text{kJ}$, $W = 20\text{kJ}$

② $Q_1 = 20\text{kJ}$, $Q_2 = 30\text{kJ}$, $W = 20\text{kJ}$

③ $Q_1 = 20\text{kJ}$, $Q_2 = 20\text{kJ}$, $W = 10\text{kJ}$

④ $Q_1 = 20\text{kJ}$, $Q_2 = 15\text{kJ}$, $W = 5\text{kJ}$

[해설]

②에 제시된 수치를 기입하면 아래와 같이 성립된다.

- 열역학 제1법칙

  $Q_3 + W = Q_1 + Q_2$

  $30 + 20 = 20 + 30$

- 열역학 제2법칙

  $\Delta S = S_2 - S_1 = \left(\dfrac{Q_1}{T_1} + \dfrac{Q_2}{T_2}\right) - \left(\dfrac{Q_3}{T_3}\right) > 0$

  $\left(\dfrac{Q_1}{T_1} + \dfrac{Q_2}{T_2}\right) - \left(\dfrac{Q_3}{T_3}\right) = \left(\dfrac{20}{320} + \dfrac{30}{370}\right) - \left(\dfrac{30}{240}\right) = 0.0186 > 0$

Section 02 냉동공학

21 다음 중 흡수식 냉동기의 냉매 흐름 순서로 옳은 것은?

① 발생기 → 흡수기 → 응축기 → 증발기

② 발생기 → 흡수기 → 증발기 → 응축기

③ 흡수기 → 발생기 → 응축기 → 증발기

④ 응축기 → 흡수기 → 발생기 → 증발기

[해설]

흡수식 냉동기에서 냉매는 흡수기 → 발생기 → 응축기 → 증발기의 사이클로 흐르게 된다.

22 다음 중 스크루 압축기의 구성요소가 아닌 것은?

① 스러스트 베어링   ② 수로터

③ 암로터   ④ 크랭크축

[해설]

크랭크축은 스크루 압축기의 구성요소가 아니다.

스크루 압축기의 구조

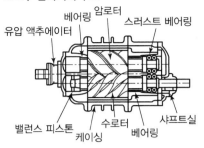

베어링 암로터 스러스트 베어링
유압 액추에이터
밸런스 피스톤 수로터 샤프트실
케이싱 베어링

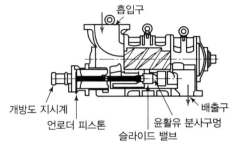

흡입구
개방도 지시계 배출구
언로더 피스톤 윤활유 분사구멍
슬라이드 밸브

23 다음 그림은 단효용 흡수식 냉동기에서 일어나는 과정을 나타낸 것이다. 각 과정에 대한 설명으로 틀린 것은?

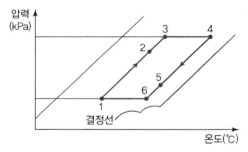

① 1 → 2 과정 : 재생기에서 돌아오는 고온 농용액과 열교환에 의한 희용액의 온도 증가

② 2 → 3 과정 : 재생기 내에서 비등점에 이르기까지의 가열

③ 3 → 4 과정 : 재생기 내에서 가열에 의한 냉매 응축

④ 4 → 5 과정 : 흡수기에서의 저온 희용액과 열교환에 의한 농용액의 온도 감소

24 다음 카르노 사이클의 $P-V$ 선도를 $T-S$ 선도로 바르게 나타낸 것은?

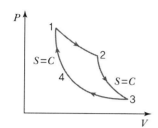

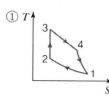
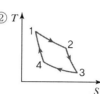

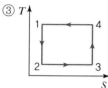
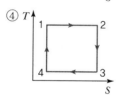

해설

- 1 → 2 과정 : 등온팽창
- 2 → 3 과정 : 단열팽창
- 3 → 4 과정 : 등온압축
- 4 → 1 과정 : 단열압축

25 슈테판 – 볼츠만(Stefan – Boltzmann)의 법칙과 관계있는 열 이동 현상은?

① 열 전도   ② 열 대류
③ 열 복사   ④ 열 통과

해설

슈테판 – 볼츠만(Stefan – Boltzmann)의 법칙은 각 면 간의 온도차, 면의 형태, 방사율 등과 복사량 간의 관계를

26 다음 그림과 같은 2단 압축 1단 팽창식 냉동장치에서 고단 측의 냉매순환량(kg/h)은?(단, 저단 측 냉매순환량은 1,000kg/h이며, 각 지점에서의 엔탈피는 아래 표와 같다.)

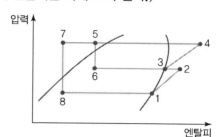

지점	엔탈피(kJ/kg)	지점	엔탈피(kJ/kg)
1	1,641.2	4	1,838.0
2	1,796.1	5	535.9
3	1,674.7	6	420.8

① 1,058.2   ② 1,207.7
③ 1,488.5   ④ 1,594.6

해설

고단 측 냉매순환량(G_H) 산출

$$G_H = G_L \times \frac{h_2 - h_7}{h_3 - h_6}$$

$$= 1,000\text{kg/h} \times \frac{1,796.1 - 420.8}{1,674.7 - 535.9}$$

$$= 1,207.67\text{kg/h}$$

여기서, G_L : 저단 측 냉매순환량

27 증발기의 착상이 냉동장치에 미치는 영향에 대한 설명으로 틀린 것은?

① 냉동능력 저하에 따른 냉장(동)실 내 온도 상승
② 증발온도 및 증발압력의 상승
③ 냉동능력당 소요동력의 증대
④ 액압축 가능성의 증대

착상(적상, Frost)의 영향

- 전열 불량으로 냉장실 내 온도 상승 및 액압축 초래
- 증발압력 저하로 압축비 상승
- 증발온도 저하
- 실린더 과열로 토출가스 온도 상승
- 윤활유의 열화 및 탄화 우려
- 체적효율 저하 및 압축기 소비동력 증대
- 성적계수 및 냉동능력 감소

28 다음 중 일반적으로 냉방시스템에서 물을 냉매로 사용하는 냉동방식은?

① 터보식   ② 흡수식

③ 전자식   ④ 증기압축식

해설

흡수식 냉동기는 물(H_2O) 또는 암모니아(NH_3)를 냉매로 사용하고, 흡수제로는 리튬브로마이드(LiBr) 용액을 적용한다.

29 전열면적 40m², 냉각수량 300L/min, 열통과율 3,140kJ/m²h℃인 수랭식 응축기를 사용하며, 응축부하가 439,614kJ/h일 때 냉각수 입구온도가 23℃이라면 응축온도(℃)는 얼마인가? (단, 냉각수의 비열은 4.186kJ/kg · K이다.)

① 29.42℃   ② 25.92℃

③ 20.35℃   ④ 18.28℃

해설

응축온도(t_c) 산출

$q_c = KA\Delta t_m = m_c C\Delta t$

여기서, K : 열통과율(W/m²K)

A : 전열면적(m²)

$\Delta t_m = $ 응축온도 $- \dfrac{\begin{array}{c}\text{냉각수 입구온도}(t_{w1})\\ + \text{냉각수 출구온도}(t_{w2})\end{array}}{2}$

m_c : 냉각수량(L/min)

C : 비열(kJ/kg · K)

$\Delta t = $ 냉각수 출구온도(t_{w2}) − 냉각수 입구온도(t_{w1})

- 냉각수 출구온도(t_{w2}) 산출

$q_c = m_c C\Delta t = m_c C(t_{w2} - t_{w1})$

$439,614\text{kJ/h} = 300\text{L/min} \times 4.186\text{kJ/kg} \cdot \text{K}(t_{w2} - 23) \times 60$

$\therefore t_{w2} = 28.83℃$

- 응축온도(t_c) 산출

$q_c = KA\Delta t_m = KA\left(t_c - \dfrac{t_{w1} + t_{w2}}{2}\right)$

$439,614\text{kJ/h} = 3,140\text{kJ/m}^2\text{h℃} \times 40\text{m}^2 \times \left(t_c - \dfrac{23 + 28.83}{2}\right)$

$\therefore t_c = 29.42℃$

30 냉동장치에서 일원 냉동사이클과 이원 냉동사이클을 구분 짓는 가장 큰 차이점은?

① 증발기의 대수   ② 압축기의 대수

③ 사용 냉매 개수   ④ 중간냉각기의 유무

해설

2원 냉동사이클

단일 냉매로는 2단 또는 다단 압축을 하여도 냉매의 특성(극도의 진공 운전, 압축비 과대) 때문에 초저온을 얻을 수 없으므로 비등점이 각각 다른 2개의 냉동사이클을 병렬로 구성하여 고온 측 증발기로 저온 측 응축기를 냉각시켜 −70℃ 이하의 초저온을 얻고자 할 경우에 채택하는 방식이다.(고온 측 냉매 : 비등점이 높은 냉매, 저온 측 냉매 : 비등점이 낮은 냉매)

31 불응축 가스가 냉동장치에 미치는 영향으로 틀린 것은?

① 체적효율 상승   ② 응축압력 상승

③ 냉동능력 감소   ④ 소요동력 증대

해설

불응축 가스 발생 시 문제점

- 체적효율 감소
- 토출가스 온도 상승
- 응축압력 상승
- 냉동능력 감소
- 소요동력 증대(단위능력당)

32 냉동기유의 역할로 가장 거리가 먼 것은?

① 윤활작용
② 냉각작용
③ 탄화작용
④ 밀봉작용

냉동기유의 역할

구분	내용
윤활작용	압축기의 베어링, 실린더와 피스톤 사이 간격의 마찰이나 마모 감소
냉각작용	마찰에 의한 열을 흡수
밀봉작용	축봉장치나 피스톤링의 밀봉작용
방식작용	녹의 발생을 방지
기타 작용	Packing 보호, 방진, 방음, 충격 방지, 동력소모 절감

33 1대의 압축기로 −20℃, −10℃, 0℃, 5℃의 온도가 다른 저장실로 구성된 냉동장치에서 증발압력조정밸브(EPR)를 설치하지 않는 저장실은?

① −20℃의 저장실
② −10℃의 저장실
③ 0℃의 저장실
④ 5℃의 저장실

증발온도가 서로 다른 여러 대의 증발기를 한 대의 냉동기로 운전하는 경우, 증발압력조정밸브(EPR)가 없으면 고온 측의 증발온도가 지나치게 낮아지게 되어 고온 측 증발기에 EPR을 설치함으로써 온도저하를 방지하게 된다. 그러므로 보기 중 가장 저온인 −20℃의 저장실은 다른 저장실에 비해 상대적으로 고온 측이 아니므로 증발압력조정밸브(EPR)를 설치하지 않는다.

34 물속에 지름 10cm, 길이 1m인 배관이 있다. 이때 표면온도가 114℃로 가열되고 있고, 주위 온도가 30℃라면 열전달률(kW)은?(단, 대류 열전달계수는 1.6kW/m²K이며, 복사열전달은 없는 것으로 가정한다.)

① 36.7
② 42.2
③ 45.3
④ 96.3

열전달률(q) 산출

$$q = KA\Delta t = K(\pi dl)\Delta t$$
$$= 1.6\text{kW/m}^2\text{K} \times (\pi \times 0.1 \times 1) \times (114-30)$$
$$= 42.22\text{kW}$$

35 냉동기에서 유압이 낮아지는 원인으로 옳은 것은?

① 유온이 낮은 경우
② 오일이 과충전된 경우
③ 오일에 냉매가 혼입된 경우
④ 유압조정밸브의 개도가 적은 경우

오일에 냉매가 혼입될 경우 유압이 낮아지게 된다. 이 외에도 유압이 낮아지는 경우는 냉동기유 온도가 높을 경우, 흡입압력이 너무 낮을 경우, 유압조정밸브의 개도가 너무 클 경우 등이 있다.

36 냉장고의 방열벽의 열통과율이 0.000117 kW/m² · K일 때 방열벽의 두께(cm)는?(단, 각 값은 아래 표와 같으며, 방열재 이외의 열전도 저항은 무시하는 것으로 한다.)

외기와 외벽면과의 열전달률	0.023kW/m² · K
고 내 공기와 내벽면과의 열전달률	0.0116kW/m² · K
방열벽의 열전도율	0.000046kW/m · K

① 35.6
② 37.1
③ 38.7
④ 41.8

$$\frac{1}{\text{방열벽 열통과율}} = \frac{1}{\text{외표면 열전달률}} + \frac{\text{방열벽 두께}(m)}{\text{방열벽 열전도율}} + \frac{1}{\text{내표면 열전달률}}$$

$$\frac{1}{0.000117} = \frac{1}{0.023} + \frac{\text{방열벽 두께}(m)}{0.000046} + \frac{1}{0.0116}$$

∴ 방열벽 두께 = 0.387m = 38.7cm

정답 　32 ③　33 ①　34 ②　35 ③　36 ③

37 냉동능력이 5kW인 제빙장치에서 0℃의 물 20kg을 모두 0℃ 얼음으로 만드는 데 걸리는 시간(min)은 얼마인가?(단, 0℃ 얼음의 융해열은 334 kJ/kg이다.)

① 22.3　　　　　② 18.7

③ 13.4　　　　　④ 11.2

해설

제빙에 소요되는 시간(T) 산출

$$T(\text{min}) = \frac{G\gamma}{Q_e} = \frac{20\text{kg} \times 334\text{kJ/kg}}{5\text{kW(kJ/s)} \times 60\text{s}} = 22.27 = 22.3\text{min}$$

38 2단 압축 냉동장치에 관한 설명으로 틀린 것은?

① 동일한 증발온도를 얻을 때 단단압축 냉동장치 대비 압축비를 감소시킬 수 있다.

② 일반적으로 두 개의 냉매를 사용하여 −30℃ 이하의 증발온도를 얻기 위해 사용된다.

③ 중간냉각기는 증발기에 공급하는 액을 과냉각시키고 냉동효과를 증대시킨다.

④ 중간냉각기는 냉매증기와 냉매액을 분리시켜 고단 측 압축기 액백 현상을 방지한다.

해설

두 개의 냉매를 사용하여 냉동효과를 얻는 방식은 2원 냉동 방식에 해당한다.

39 다음 중 동일한 조건에서 열전도도가 가장 낮은 것은?

① 물　　　　　② 얼음

③ 공기　　　　④ 콘크리트

해설

열전도도(W/m · K) 크기 순서
얼음(1.6) > 콘크리트(1.3) > 물(0.6) > 공기(0.03)

40 다음 중 이중 효용 흡수식 냉동기는 단효용 흡수식 냉동기와 비교하여 어떤 장치가 복수기로 설치되는가?

① 흡수기　　　　② 증발기

③ 응축기　　　　④ 재생기

해설

이중 효용 흡수식은 단효용에 비하여 재생기(발생기)와 열교환기가 추가되어, 2개의 재생기(발생기)와 2개의 열교환기가 설치된다.

Section 03 공기조화

41 유인유닛 방식에 관한 설명으로 틀린 것은?

① 각 실 제어를 쉽게 할 수 있다.

② 덕트 스페이스를 작게 할 수 있다.

③ 유닛에는 가동부분이 없어 수명이 길다.

④ 송풍량이 비교적 커 외기냉방 효과가 크다.

해설

유인유닛 방식은 수−공기 방식으로서 전공기 방식에 비해 상대적으로 송풍량이 작아 외기냉방 효과가 크지 않다.

$$Q(\text{풍량}, \text{m}^3/\text{h}) = \frac{q_s}{C_p \times \rho \times (t_s - t_i)}$$

$$= \frac{6.5\text{kW} \times 3,600}{1.005\text{kJ/kg} \cdot \text{K} \times 1.2\text{kg/m}^3}$$

$$= 1,940.3$$

여기서, q_s : 실내 현열량(kW)

　　　　C_p : 정압비열(kJ/kg · K)

　　　　ρ : 밀도(kg/m³)

　　　　t_s : 취출(송풍)공기온도(℃)

　　　　t_i : 실내온도(℃)

---

42 가로 20m, 세로 7m, 높이 4.3m인 방이 있다. 아래 표를 이용하여 용적 기준으로 한 전체 필요환기량(m³/h)을 구하면?

실용적(m³)	500 미만	500~1,000	1,000~1,500	1,500~2,000	2,000~2,500
환기횟수 n (회/h)	0.7	0.6	0.55	0.5	0.42

① 421   ② 361
③ 331   ④ 253

해설

필요환기량(Q)＝환기횟수(n)×실용적(m³)
여기서, 실용적(m³)＝20×7×4.3＝602m³이므로, 조건에 의해 환기횟수는 0.6회/h이다.
∴ Q＝0.6회/h×602m³＝361.2m³

43 난방설비에 관한 설명으로 옳은 것은?

① 증기난방은 실내 상·하 온도차가 작은 특징이 있다.
② 복사난방의 설비비는 온수나 증기난방에 비해 저렴하다.
③ 방열기의 트랩은 증기의 유량을 조절하는 역할을 한다.
④ 온풍난방은 신속한 난방효과를 얻을 수 있는 특징이 있다.

해설

① 증기난방은 따뜻한 기류가 실내의 상부 쪽에 치중되기 때문에 실내 상·하 온도차가 큰 특징이 있다.
② 복사난방의 경우 바닥 등에 매립을 해야 하므로 배관 매입 등의 비용이 높아 온수나 증기난방에 비해 설비비가 많이 든다.

44 공기조화 방식 중 중앙식의 수-공기 방식에 해당하는 것은?

① 유인유닛 방식
② 패키지유닛 방식
③ 단일덕트 정풍량 방식
④ 이중덕트 정풍량 방식

해설

② 패키지유닛 방식 : 개별 방식의 냉매 방식
③ 단일덕트 정풍량 방식 : 중앙식의 전공기 방식
④ 이중덕트 정풍량 방식 : 중앙식의 전공기 방식

45 다음 공기 선도상에서 난방풍량이 25,000 m³/h인 경우 가열코일의 열량(kW)은?(단, 1은 외기, 2는 실내 상태점을 나타내며, 공기의 비중량은 1.2kg/m³이다.)

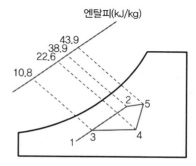

① 98.3   ② 87.1
③ 73.2   ④ 61.4

해설

가열코일에 의한 변화는 3 → 4 과정이다.
$q＝m\Delta h＝Q\gamma(h_4-h_3)$
$＝25,000\text{m}^3/\text{h}×1.2\text{kg/m}^3×(22.6-10.8)\text{kJ/kg}$
$＝354,000\text{kJ/h}＝98.3\text{kJ/s}\,(\text{kW})$

46 다음 가습 방법 중 물분무식이 아닌 것은?

① 원심식   ② 초음파식
③ 노즐분무식   ④ 적외선식

해설

적외선식은 증기식에 해당한다.

47 덕트 설계 시 주의사항으로 틀린 것은?

① 덕트의 분기지점에 댐퍼를 설치하여 압력평형을
  유지시킨다.
② 압력손실이 적은 덕트를 이용하고 확대 시와 축
  소 시에는 일정 각도 이내가 되도록 한다.
③ 종횡비(Aspect Ratio)는 가능한 한 크게 하여 덕
  트 내 저항을 최소화한다.
④ 덕트 굴곡부의 곡률반경은 가능한 한 크게 하며,
  곡률이 매우 작을 경우 가이드 베인을 설치한다.

해설

종횡비(Aspect Ratio)를 크게 할 경우 덕트의 높이가 낮아
져 층고가 낮아질 수 있는 효과가 있으나, 덕트 내 저항이
커지는 단점이 있다.

48 보일러의 능력을 나타내는 표시방법 중 가장
작은 값을 나타내는 출력은?

① 정격출력   ② 과부하출력
③ 정미출력   ④ 상용출력

해설

• 정미출력 : 난방부하+급탕부하
• 상용출력 : 정미출력+배관부하
• 정격출력 : 상용출력+예열부하
• 과부하출력 : 정격출력을 초과하는 출력을 의미하며,
  주로 운전 초기에 발생하게 된다.

49 덕트의 부속품에 관한 설명으로 틀린 것은?

① 댐퍼는 통과 풍량의 조정 또는 개폐에 사용되는
  기구이다.
② 분기덕트 내의 풍량제어용으로 주로 익형 댐퍼
  를 사용한다.
③ 방화구획 관통부에는 방화 댐퍼 또는 방연 댐퍼
  를 설치한다.
④ 가이드 베인은 곡부의 기류를 세분해서 와류의
  크기를 작게 하는 것이 목적이다.

해설

분기덕트 내의 풍량제어용으로 주로 스플릿 댐퍼를 사용
한다.

50 난방부하가 10kW인 온수난방 설비에서 방
열기의 출·입구 온도차가 12℃이고, 실내·외
온도차가 18℃일 때 온수순환량(kg/s)은 얼마인
가?(단, 물의 비열은 4.2kJ/kg℃이다.)

① 1.3   ② 0.8
③ 0.5   ④ 0.2

해설

온수순환량(W, kg/s)

$$= \frac{난방부하(kW)}{비열(kJ/kg \cdot K) \times 방열기 입출구 온도차}$$

$$= \frac{10kW}{4.2kJ/kg \cdot K \times 12℃} = 0.2kg/s$$

51 다음 중 온수난방과 관계없는 장치는 무엇
인가?

① 트랩   ② 공기빼기밸브
③ 순환펌프   ④ 팽창탱크

해설

트랩은 증기난방에서 증기와 응축수를 분리하는 장치
이다.

52 공조기용 코일은 관 내 유속에 따라 배열방
식을 구분하는데, 그 배열방식에 해당하지 않는
것은?

① 풀서킷   ② 더블서킷
③ 하프서킷   ④ 탑다운서킷

해설

유속 및 유량에 따른 배열방식으로는 일반적 유속 및 유
량일 경우 풀서킷, 유속이 크고 유량이 많을 경우 더블서
킷, 유속이 작고 유량이 적을 경우 하프서킷을 적용한다.

53 어떤 단열된 공조기의 장치도가 다음 그림과 같을 때 열수분비(U)를 구하는 식으로 옳은 것은?(단, h_1, h_2 : 입구 및 출구 엔탈피(kJ/kg), x_1, x_2 : 입구 및 출구 절대습도(kg/kg), q_s : 가열량(W), L : 가습량(kg/h), h_L : 가습수분(L)의 엔탈피(kJ/kg), G : 유량(kg/h)이다.)

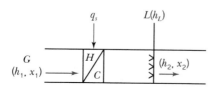

① $U = \dfrac{q_s}{G} - h_L$
② $U = \dfrac{q_s}{L} - h_L$

③ $U = \dfrac{q_s}{L} + h_L$
④ $U = \dfrac{q_s}{G} + h_L$

해설

열수분비(U) $= \dfrac{dh}{dx}$

여기서,

• dh는 열평형식을 통해 산출한다.
$$Gh_1 + q_s + Lh_1 = Gh_2 \rightarrow G(h_2 - h_1) = q_s + Lh_L$$

• dx는 물질평형식을 통해 산출한다.
$$Gh_1 + L = Gx_2 \rightarrow G(x_2 - x_1) = L$$

∴ $U = \dfrac{dh}{dx} = \dfrac{q_s + Lh_L}{L} = \dfrac{q_s}{L} + h_L$

54 실내 난방을 온풍기로 하고 있다. 이때 실내 현열량 6.5kW, 송풍공기온도 30℃, 외기온도 −10℃, 실내온도 20℃일 때, 온풍기의 풍량(m³/h)은 얼마인가?(단, 공기의 비열은 1.005kJ /kg · K, 밀도는 1.2kg/m³이다.)

① 1,940.3
② 1,882.1
③ 1,324.1
④ 890.1

해설

Q(풍량, m³/h) $= \dfrac{q_s}{C_p \times \rho \times (t_s - t_i)}$

$= \dfrac{6.5\text{kW} \times 3,600}{1.005\text{kJ/kg} \cdot \text{K} \times 1.2\text{kg/m}^3} = 1,940.3\text{m}^3/\text{h}$

여기서, q_s : 실내 현열량(kW)

C_p : 정압비열(kJ/kg · K)

ρ : 밀도(kg/m³)

t_s : 취출(송풍)공기온도(℃)

t_i : 실내온도(℃)

55 다음 송풍기의 풍량제어 방법 중 송풍량과 축동력의 관계를 고려하여 에너지 절감 효과가 가장 좋은 제어방법은?(단, 모두 동일한 조건으로 운전된다.)

① 회전수 제어
② 흡입 베인 제어
③ 취출 댐퍼 제어
④ 흡입 댐퍼 제어

해설

에너지 절감 순서

회전수 제어 − 가변익 축류 − 흡입 베인 제어 − 흡입 댐퍼 제어 − 토출 댐퍼 제어

56 다음 중 고속덕트와 저속덕트를 구분하는 기준이 되는 풍속은?

① 15m/s
② 20m/s
③ 25m/s
④ 30m/s

해설

고속덕트와 저속덕트를 구분하는 기준은 풍속 15m/s이다.

57 공조부하 중 재열부하에 관한 설명으로 틀린 것은?

① 냉방부하에 속한다.
② 냉각코일의 용량 산출 시 포함시킨다.
③ 부하 계산 시 현열, 잠열부하를 고려한다.
④ 냉각된 공기를 가열하는 데 소요되는 열량이다.

해설

재열부하는 가열과 관련된 것으로서 부하 계산 시 현열부하를 고려해야 한다.

정답   53 ③   54 ①   55 ①   56 ①   57 ③

58 보일러에서 급수내관을 설치하는 목적으로 가장 적합한 것은?

① 보일러수 역류 방지 ② 슬러지 생성 방지
③ 부동팽창 방지 ④ 과열 방지

급수내관은 급수와 보일러의 온도차에 의해 발생하는 부동팽창을 방지하는 역할을 한다.

59 아래의 특징에 해당하는 보일러는 무엇인가?

> 공조용으로 사용하기보다는 편리하게 고압의 증기를 발생하는 경우에 사용하며, 드럼이 없어 수관으로 되어 있다. 보유 수량이 적어 가열시간이 짧고 부하변동에 대한 추종성이 좋다.

① 주철제 보일러 ② 연관 보일러
③ 수관 보일러 ④ 관류 보일러

관류 보일러
- 급수가 드럼 없이 긴 관을 통과할 동안 예열, 증발, 과열되어 소요의 과열증기를 발생시키는 초고압용 외분식 보일러이다.
- 가동시간이 짧고 증기 발생속도가 빠르다.
- 수처리가 복잡하고 스케일 처리에 유의해야 한다.
- 부하변동에 대한 응답이 빠르다.
- 보일러 효율이 매우 높다.

60 외기온도 5℃에서 실내온도 20℃로 유지되고 있는 방이 있다. 내벽 열전달계수 5.8W/m² · K, 외벽 열전달계수 17.5W/m² · K, 열전도율이 2.4W/m · K이고, 벽 두께가 10cm일 때, 이 벽체의 열저항(m² · K/W)은 얼마인가?

① 0.27 ② 0.55
③ 1.37 ④ 2.35

$$열저항(R, \text{m}^2 \cdot \text{K/W}) = \frac{1}{\alpha_i} + \frac{d}{\lambda} + \frac{1}{\alpha_o}$$

$$= \frac{1}{5.8} + \frac{0.1\text{m}}{2.4} + \frac{1}{17.5} = 0.27$$

여기서, α_i : 실내(내벽) 열전달계수(W/m² · K)
α_o : 외기(외벽) 열전달계수(W/m² · K)
λ : 열전도율(W/m · K), d : 두께(m)

Section 04 전기제어공학

61 사이클링(Cycling)을 일으키는 제어는?

① I 제어 ② PI 제어
③ PID 제어 ④ On - Off 제어

온 - 오프(On - Off) 제어는 2위치의 불연속 동작으로서 간단한 단속적 제어동작이고, 설정값에 의하여 조작부를 개폐하여 운전한다. 제어 결과가 사이클링(Cycling)이나 오프셋(Offset)을 일으켜 항상 일정한 값을 유지하기 어려운 특성을 갖고 있어 응답속도가 빨라야 하는 제어계는 사용이 불가능하다.

62 60Hz, 4극, 슬립 6%인 유도전동기를 어느 공장에서 운전하고자 할 때 예상되는 회전수는 약 몇 rpm인가?

① 240 ② 720
③ 1,690 ④ 1,800

회전수(N) 산출

$$N = \frac{120f}{P}(1-s) = \frac{120 \times 60\text{Hz}}{4}(1-0.06)$$

$$= 1,692 ≒ 1,690\text{rpm}$$

여기서, f : 주파수, P : 극수, s : 슬립

63 제어동작에 대한 설명으로 틀린 것은?

① 비례동작 : 편차의 제곱에 비례한 조작신호를 출력한다.
② 적분동작 : 편차의 적분값에 비례한 조작신호를 출력한다.
③ 미분동작 : 조작신호가 편차의 변화속도에 비례하는 동작을 한다.
④ 2위치 동작 : On－Off 동작이라고도 하며, 편차의 정부(＋, －)에 따라 조작부를 전폐, 전개하는 것이다.

해설

비례(P)동작은 연속동작의 기본동작으로서 설정값과 제어 결과와의 편차 크기에 비례한 조작신호를 출력한다.

64 전류의 측정범위를 확대하기 위하여 사용되는 것은?

① 배율기
② 분류기
③ 전위차계
④ 계기용 변압기

해설

분류기는 어떤 전로의 전류를 측정할 때, 전로의 전류가 전류계의 정격보다 큰 경우에 전류계와 병렬로 전로를 만들고 전류를 분류하여 전류의 측정범위를 확대하여 측정하는 계기이다.

65 그림과 같은 △결선회로를 등가 Y결선으로 변환할 때 R_c의 저항값(Ω)은?

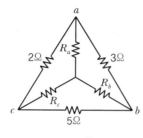

① 1
② 3
③ 5
④ 7

해설

$$R_c = \frac{R_{bc}R_{ca}}{R_{ab} + R_{bc} + R_{ca}} = \frac{5 \times 2}{3 + 5 + 2} = 1\,\Omega$$

66 제어시스템의 구성에서 제어요소는 무엇으로 구성되는가?

① 검출부
② 검출부와 조절부
③ 검출부와 조작부
④ 조작부와 조절부

해설

제어요소(Control Element)는 동작신호를 조작량으로 변화하는 요소이며, 조절부와 조작부로 이루어진다.

67 제어계에서 미분요소에 해당하는 것은?

① 한 지점을 가진 지렛대에 의하여 변위를 변환한다.
② 전기로에 열을 가하여도 처음에는 열이 올라가지 않는다.
③ 직렬 $R-C$ 회로에 전압을 가하여 C에 충전전압을 가한다.
④ 계단 전압에서 임펄스 전압을 얻는다.

해설

① 비례요소에 해당한다.
② 적분요소에 해당한다.
③ 적분요소에 해당한다.

68 특성방정식의 근이 복소평면의 좌반면에 있으면 이 계는?

① 불안정하다.
② 조건부 안정이다.
③ 반안정이다.
④ 안정이다.

해설

특성방정식의 근의 위치
• 복소평면의 좌반면 : 안정
• 복소평면의 축상 : 임계안정
• 복소평면의 우반면 : 불안정

정답 63 ① 64 ② 65 ① 66 ④ 67 ④ 68 ④

69 피드백(Feedback) 제어시스템의 피드백 효과로 틀린 것은?

① 정상상태 오차 개선
② 정확도 개선
③ 시스템 복잡화
④ 외부 조건의 변화에 대한 영향 증가

해설

피드백(Feedback) 제어시스템은 폐회로(Closed Circuit)이므로 외부 조건의 변화에 대한 영향 증가와는 거리가 멀다.

70 그림과 같은 회로에서 부하전류 I_L은 몇 A인가?

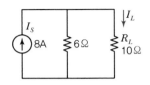

① 1
② 2
③ 3
④ 4

해설

부하전류(I_L) 산출

$$I_L = \frac{R}{R + R_L} \times I_S$$

$$= \frac{6}{6 + 10} \times 8 = 3\text{A}$$

71 어떤 전지에 5A의 전류가 10분간 흘렀다면 이 전지에서 나온 전기량은 몇 C인가?

① 1,000
② 2,000
③ 3,000
④ 4,000

해설

전기량(Q, 전하량) 산출

$Q = I \times t = 5 \times (10 \times 60) = 3,000\text{C}$

여기서, Q : 전기량(C), I : 전류(A), t : 시간(sec)

72 일정 전압의 직류전원 V에 저항 R을 접속하니 정격전류 I가 흘렀다. 정격전류 I의 130%를 흘리기 위해 필요한 저항은 약 얼마인가?

① $0.6R$
② $0.77R$
③ $1.3R$
④ $3R$

해설

옴의 법칙에 의해 전류와 저항은 서로 반비례한다.$\left(R \propto \dfrac{1}{I}\right)$

그러므로 정격전류를 130% 흘리려면,

저항 $R_2 = \dfrac{1}{1.3} R_1 = 0.77 R_1$

여기서 R_1 : 기존 저항, R_2 : 변경(필요)저항

73 그림에서 3개의 입력단자 모두 1을 입력하면 출력단자 A와 B의 출력은?

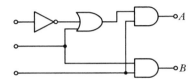

① $A = 0$, $B = 0$
② $A = 0$, $B = 1$
③ $A = 1$, $B = 0$
④ $A = 1$, $B = 1$

해설

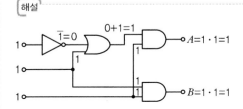

74 다음 신호흐름선도와 등가인 블록선도는?

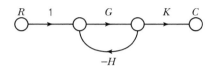

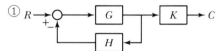

② R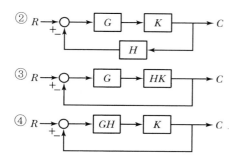

③ R

④ R

해설

$$T = \frac{C(s)}{R(s)}, \ \Delta = 1 + G, \ \Delta_1 = 1$$

$$\therefore \ T = \frac{G}{1+G}$$

즉 $G_1 = G, \ \Delta_1 = 1$

$\ \ \ \ G_2 = H, \ \Delta_2 = K$

$$G = \frac{G_1 \Delta_1 + G_2 HK}{\Delta}$$

$$\therefore \ \frac{C}{R} = \frac{GK}{1+GH}$$

※ 블록선도 병렬접속 $C = (G_1 \pm G_2)R$

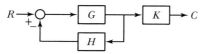

75 교류에서 역률에 관한 설명으로 틀린 것은?

① 역률은 $\sqrt{1-(무효율)^2}$ 로 계산할수 있다.

② 역률을 이용하여 교류전력의 효율을 알 수 있다.

③ 역률이 클수록 유효전력보다 무효전력이 커진다.

④ 교류회로의 전압과 전류의 위상차에 코사인(cos)을 취한 값이다.

해설

역률$(\cos\theta) = \frac{유효전력}{피상전력}$ 이므로, 역률이 클수록 무효전력보다 유효전력이 커지게 된다.

※ 피상전력 $= \sqrt{유효전력^2 + 무효전력^2}$

76 다음 블록선도의 전달함수는?

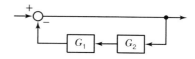

① $\dfrac{1}{G_2(G_1+1)}$ ② $\dfrac{1}{G_1(G_2+1)}$

③ $\dfrac{1}{G_1 G_2(1+G_1 G_2)}$ ④ $\dfrac{1}{1+G_1 G_2}$

해설

$$C = R - CG_1 G_2$$

$$C(1+G_1 G_2) = R$$

$$\frac{C(s)}{R(s)} = \frac{1}{1+G_1 G_2}$$

77 100mH의 인덕턴스를 갖는 코일에 10A의 전류를 흘릴 때 축적되는 에너지(J)는?

① 0.5 ② 1

③ 5 ④ 10

해설

에너지(W) 산출

$$W = \frac{1}{2}LI^2 = \frac{1}{2} \times 100\text{mH} \times 10^{-3} \times (10\text{A})^2 = 5\text{J}$$

여기서, L : 인덕턴스(H), I : 전류(A)

78 변압기의 1차 및 2차의 전압, 권선수, 전류를 각각 E_1, N_1, I_1 및 E_2, N_2, I_2라고 할 때 성립하는 식으로 옳은 것은?

① $\dfrac{E_2}{E_1} = \dfrac{N_1}{N_2} = \dfrac{I_2}{I_1}$ ② $\dfrac{E_1}{E_2} = \dfrac{N_2}{N_1} = \dfrac{I_1}{I_2}$

③ $\dfrac{E_2}{E_1} = \dfrac{N_2}{N_1} = \dfrac{I_1}{I_2}$ ④ $\dfrac{E_1}{E_2} = \dfrac{N_1}{N_2} = \dfrac{I_1}{I_2}$

해설

전압, 권선수, 전류 간의 관계

$$n = \frac{N_1}{N_2} = \frac{E_1}{E_2} = \frac{I_2}{I_1} = \sqrt{\frac{Z_1}{Z_2}}$$

여기서, N_1, N_2 : 1차, 2차 권수

$E_1(V)$, $E_2(V)$: 1차, 2차 유도 기전력

$I_1(A)$, $I_2(A)$: 1차, 2차 전류

$Z_1(\Omega)$, $Z_2(\Omega)$: 1차, 2차 임피던스

79 온도를 임피던스로 변환시키는 요소는?

① 측온 저항체
② 광전지
③ 광전 다이오드
④ 전자석

[해설]

온도를 임피던스로 변환시키는 요소는 측온 저항체(열선, 서미스터, 백금, 니켈)이다.

변환량과 변환요소

변환량	변환요소
온도 → 전압	열전대
압력 → 변위	벨로스, 다이어프램, 스프링
변위 → 압력	노즐 플래퍼, 유압 분사관, 스프링
변위 → 임피던스	가변저항기, 용량형 변환기
변위 → 전압	퍼텐셔미터, 차동변압기, 전위차계
전압 → 변위	전자석, 전자코일
광 → 임피던스	광전관, 광전도 셀, 광전 트랜지스터
광 → 전압	광전지, 광전 다이오드
방사선 → 임피던스	GM관, 전리함
온도 → 임피던스	측온 저항(열선, 서미스터, 백금, 니켈)

80 근궤적의 성질로 틀린 것은?

① 근궤적은 실수축을 기준으로 대칭이다.
② 근궤적은 개루프 전달함수의 극점으로부터 출발한다.
③ 근궤적의 가지수는 특성방정식의 극점수와 영점수 중 큰 수와 같다.
④ 점근선은 허수축에서 교차한다.

[해설]

근궤적은 개루프 전달함수의 이득정수 K를 0에서 ∞까지 변화시킬 때, 개루프 전달함수의 극점인 특성방정식의 근의 이동궤적을 말하며, 근궤적은 실수축에 대하여 대칭이고 점근선은 실수축에 교차하게 된다.

81 배수 및 통기배관에 대한 설명으로 틀린 것은?

① 루프통기식은 여러 개의 기구군에 1개의 통기지관을 빼내어 통기주관에 연결하는 방식이다.
② 도피통기관의 관경은 배수관의 1/4 이상이 되어야 하며 최소 40mm 이하가 되어서는 안 된다.
③ 루프통기식 배관에 의해 통기할 수 있는 기구의 수는 8개 이내이다.
④ 한랭지의 배수관은 동결되지 않도록 피복을 한다.

[해설]

도피통기관의 관경은 배수관의 1/2 이상이 되어야 하며 최소 32mm 이하가 되어서는 안 된다.

82 다이헤드형 동력 나사 절삭기에서 할 수 없는 작업은?

① 리밍
② 나사 절삭
③ 절단
④ 벤딩

[해설]

다이헤드형 동력 나사 절삭기는 관의 절삭, 절단, 리밍, 거스러미 제거 등을 연속으로 진행할 수 있는 기기이다.

83 저장탱크 내부에 가열코일을 설치하고 코일 속에 증기를 공급하여 물을 가열하는 급탕법은?

① 간접가열식
② 기수혼합식
③ 직접가열식
④ 가스순간탕비식

[해설]

간접가열식
• 저탕조 내에 안전밸브와 가열코일을 설치하고 증기 또는 고온수를 통과시켜 저탕조 내의 물을 간접적으로 가열하는 방식이다.

• 증기보일러에서 공급된 증기로 열교환기에서 냉수를 가열하여 온수를 공급하는 방식으로서, 저장탱크에 설치된 서모스탯에 의해 증기공급량이 조절되어 일정한 온수를 얻을 수 있다.

84 주철관의 이음방법 중 고무링(고무 개스킷 포함)을 사용하지 않는 방법은?

① 기계식 이음   ② 타이튼 이음
③ 소켓 이음   ④ 빅토릭 이음

[해설]

소켓 이음은 관의 소켓부에 납과 마(얀, Yarn)를 넣어서 접합하는 방식이다.

85 저압증기의 분기점을 2개 이상의 엘보로 연결하여 한쪽이 팽창하면 비틀림이 일어나 팽창을 흡수하는 특징의 이음방법은?

① 슬리브형   ② 벨로스형
③ 스위블형   ④ 루프형

[해설]

스위블형에 대한 설명이며, 누수가 많은 특징을 갖고 있고 주로 방열기 주변에 적용되고 있다.

86 배관계통 중 펌프에서의 공동현상(Cavita-tion)을 방지하기 위한 대책으로 틀린 것은?

① 펌프의 설치 위치를 낮춘다.
② 회전수를 줄인다.
③ 양흡입을 단흡입으로 바꾼다.
④ 굴곡부를 적게 하여 흡입관의 마찰손실수두를 작게 한다.

[해설]

단흡입으로 바꿀 경우 흡입수두가 더욱 크게 걸려 공동현상 발생 가능성이 더욱 커지게 된다.

87 지름 20mm 이하의 동관을 이음할 때, 기계의 점검 보수, 기타 관을 분해하기 쉽게 하기 위해 이용하는 동관 이음방법은?

① 슬리브 이음   ② 플레어 이음
③ 사이징 이음   ④ 플랜지 이음

[해설]

플레어 이음(Flare Joint)은 관의 선단부를 나팔형으로 넓혀서 이음 본체의 원뿔면에 슬리브와 너트로 체결하는 방식으로서 지름 20mm 이하의 동관의 이음 시 쓰이며 유지관리가 편리하다.

88 냉동장치의 액분리기에서 분리된 액이 압축기로 흡입되지 않도록 하기 위한 액 회수 방법으로 틀린 것은?

① 고압 액관으로 보내는 방법
② 응축기로 재순환시키는 방법
③ 고압 수액기로 보내는 방법
④ 열교환기를 이용하여 증발시키는 방법

[해설]

응축기가 아닌 증발기로 재순환시켜야 한다.

89 방열량이 3kW인 방열기에 공급하여야 하는 온수량(L/s)은 얼마인가?(단, 방열기 입구온도 80℃, 출구온도 70℃, 온수 평균온도에서 물의 비열은 4.2kJ/kg · K, 물의 밀도는 977.5kg/m³ 이다.)

① 0.002   ② 0.025
③ 0.073   ④ 0.098

[해설]

온수량(Q) 산출

$$온수량(Q, \text{L/s}) = \frac{q(방열량)}{\rho(밀도) \times C(비열) \times \Delta t(온도차)}$$
$$= \frac{3\text{kW}(\text{kJ/s})}{977.5\text{kg/m}^3 \times 4.2\text{kJ/kg} \cdot \text{K} \times (80-70)}$$
$$= 0.000073\text{m}^3/\text{s} = 0.073\text{L/s}$$

90 고가(옥상) 탱크 급수 방식의 특징에 대한 설명으로 틀린 것은?

① 저수시간이 길어지면 수질이 나빠지기 쉽다.
② 대규모의 급수 수요에 쉽게 대응할 수 있다.
③ 단수 시에도 일정량의 급수를 계속할 수 있다.
④ 급수 공급압력의 변화가 심하다.

[해설]

고가(옥상) 탱크 급수 방식은 중력에 의한 하향 급수 방식이므로, 중력에 의한 일정압이 작용하여 급수 공급압력의 변화가 크지 않다.

91 공장에서 제조 정제된 가스를 저장했다가 공급하기 위한 압력탱크로서 가스압력을 균일하게 하며, 급격한 수요 변화에도 제조량과 소비량을 조절하기 위한 장치는?

① 정압기   ② 압축기
③ 오리피스   ④ 가스홀더

[해설]

가스홀더는 수요 변화에 대응하기 위한 일종의 저장탱크이다. 가스홀더의 저장량을 통해 정전, 배관공사 등 제조나 공급의 일시적 중단 시에도 공급이 가능토록 하는 것이 주목적이다.

92 배수 통기배관의 시공 시 유의사항으로 옳은 것은?

① 배수 입관의 최하단에는 트랩을 설치한다.
② 배수 트랩은 반드시 이중으로 한다.
③ 통기관은 기구의 오버플로선 이하에서 통기 입관에 연결한다.
④ 냉장고의 배수는 간접배수로 한다.

[해설]

① 배수 입관의 최하단에는 이물이 정체할 수 있으므로 청소구(소제구)를 설치한다.
② 트랩이 이중으로 될 경우 배수 유하에 지장이 있으므로 이중 트랩은 하지 않는 것이 일반적이다.

③ 통기관은 기구의 오버플로선 이상에서 통기 입관에 연결해야 배수의 오버플로 시에도 공기 영역이 남아 있게 되어 통기 역할이 가능하다.

93 지역난방의 특징에 관한 설명으로 틀린 것은?

① 대기오염물질이 증가한다.
② 도시의 방재수준 향상이 가능하다.
③ 사용자에게는 화재에 대한 우려가 적다.
④ 대규모 열원기기를 이용한 에너지의 효율적 이용이 가능하다.

[해설]

지역난방은 발전과정에서 나오는 여열(폐열)을 이용하는 것이 일반적이다. 여열(폐열)을 이용하므로 대기오염물질의 증가와는 거리가 멀다.

94 급수관의 수리 시 물을 배제하기 위한 관의 최소 구배 기준은?

① 1/120 이상   ② 1/150 이상
③ 1/200 이상   ④ 1/250 이상

[해설]

급수관의 수리 시 배수를 위한 관의 최소 구배 기준은 1/250 이상이다.

95 냉매배관 시 흡입관 시공에 대한 설명으로 틀린 것은?

① 압축기 가까이에 트랩을 설치하면 액이나 오일이 고여 액백 발생의 우려가 있으므로 피해야 한다.
② 흡입관의 입상이 매우 길 경우에는 중간에 트랩을 설치한다.
③ 각각의 증발기에서 흡입주관으로 들어가는 관은 주관의 하부에 접속한다.
④ 2대 이상의 증발기가 다른 위치에 있고 압축기가 그보다 밑에 있는 경우 증발기 출구의 관은 트랩

을 만든 후 증발기 상부 이상으로 올리고 나서 압축기로 향하게 한다.

해설

각각의 증발기에서 흡입주관으로 들어가는 관은 주관의 상부에 접속한다.

96 배관 용접 작업 중 다음과 같은 결함을 무엇이라고 하는가?

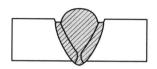

① 용입불량 　　　　② 언더컷
③ 오버랩 　　　　　④ 피트

해설

언더컷(Undercut)은 용접의 변 끝을 따라 모재가 파여지고 용착금속이 채워지지 않고 홈으로 남아 있는 결함을 의미하며 용접전압 및 전류가 과다할 때 주로 발생한다.
① 용입불량(Underfill) : 용착금속이 완전히 채워지지 않아 모재의 어느 한 부분이 완전히 융착되지 않은 현상
③ 오버랩(Over Lap) : 용융된 금속이 모재면을 덮은 상태(용착금속이 끝부분에서 모재와 융합하지 않고 겹쳐 있는 현상)
④ 피트(Pit) : 비드 표면에 입을 벌리고 있는 것

97 유체 흐름의 방향을 바꾸어 주는 관 이음쇠는?

① 리턴 벤드 　　　　② 리듀서
③ 니플 　　　　　　④ 유니언

해설

② 리듀서 : 관경이 다른 두 관을 직선 연결할 때 사용한다.
③ 니플 : 부속과 부속을 연결할 때 사용한다.
④ 유니언 : 배관의 조립, 분해를 용이하게 이어주는 방식으로서 주로 소구경에 적용한다.

98 온수난방 배관에서 에어 포켓(Air Pocket)이 발생될 우려가 있는 곳에 설치하는 공기빼기밸브(◇)의 설치 위치로 가장 적절한 것은?

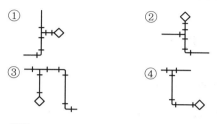

해설

공기빼기밸브는 배관계의 최상부에 설치한다.

99 부력에 의해 밸브를 개폐하여 간헐적으로 응축수를 배출하는 구조를 가진 증기트랩은?

① 버킷 트랩 　　　　② 열동식 트랩
③ 벨 트랩 　　　　　④ 충격식 트랩

해설

증기와 응축수 간의 비중차(부력)에 의해 밸브를 계폐하는 방식을 기계식 트랩이라고 하며, 종류로는 소량 간헐적 처리를 하는 버킷 트랩, 대량 연속적 처리를 플로트 트랩 등이 있다.

100 가스배관에 관한 설명으로 틀린 것은?

① 특별한 경우를 제외한 옥내배관은 매설배관을 원칙으로 한다.
② 부득이하게 콘크리트 주요 구조부를 통과할 경우에는 슬리브를 사용한다.
③ 가스배관에는 적당한 구배를 두어야 한다.
④ 열에 의한 신축, 진동 등의 영향을 고려하여 적절한 간격으로 지지하여야 한다.

해설

특별한 경우를 제외하고는 유지보수, 누설의 검침 등의 원활화를 위해 옥내배관을 매설하지 않는다.

Section 01
기계열역학

01 다음 중 가장 큰 에너지는?

① 100kW 출력의 엔진이 10시간 동안 한 일
② 발열량 10,000kJ/kg의 연료를 100kg 연소시켜 나오는 열량
③ 대기압하에서 10℃의 물 10m³를 90℃로 가열하는 데 필요한 열량(단, 물의 비열은 4.2kJ/kg · K이다.)
④ 시속 100km로 주행하는 총 질량 2,000kg인 자동차의 운동에너지

해설

kJ로 단위환산하여 비교한다.
① 100kW(kJ/s)×10h×3,600sec=3,600,000kJ
② 10,000kJ/kg×100kg=1,000,000kJ
③ $q=Q\rho C \Delta T = 10m^3 \times 1,000kg/m^3 \times 4.2kJ/kg \cdot K$
$\times (90-10)=3,360,000kJ$
④ $q=\dfrac{1}{2}mv^2=\dfrac{1}{2}\times 2,000kg\times(100km/h \div 3,600sec$
$\times 1,000m)^2=771,605J=771.6kJ$

02 실린더 내의 공기가 100kPa, 20℃ 상태에서 300kPa이 될 때까지 가역 단열과정으로 압축된다. 이 과정에서 실린더 내의 계에서 엔트로피의 변화(kJ/kg · K)는?(단, 공기의 비열비(k)는 1.4이다.)

① −1.35
② 0
③ 1.35
④ 13.5

해설

엔트로피의 변화량(ΔS)

$\Delta S = S_2 - S_1 = GC_p \ln \dfrac{T_2}{T_1}$

가역 단열과정에서 $T_2 = T_1$이므로 $\Delta S = 0$

03 용기 안에 있는 유체의 초기 내부에너지는 700kJ이다. 냉각과정 동안 250kJ의 열을 잃고, 용기 내에 설치된 회전날개로 유체에 100kJ의 일을 한다. 최종 상태의 유체의 내부에너지(kJ)는 얼마인가?

① 350
② 450
③ 550
④ 650

해설

밀폐계 내부에너지의 변화(ΔU) 산출

열량(Q) = ΔU + 일량(W)
ΔU = 열량(Q) − 일량(W)
$\quad = (-250)-(-100)=-150kJ$(감소)
$\therefore \Delta U = U_2 - U_1$
$\quad U_2 = U_1 + \Delta U = 700 + (-150) = 550kJ$

04 열역학적 관점에서 다음 장치들에 대한 설명으로 옳은 것은?

① 노즐은 유체를 서서히 낮은 압력으로 팽창하여 속도를 감소시키는 기구이다.
② 디퓨저는 저속의 유체를 가속하는 기구이며 그 결과 유체의 압력이 증가한다.
③ 터빈은 작동 유체의 압력을 이용하여 열을 생성하는 회전식 기계이다.
④ 압축기의 목적은 외부에서 유입된 동력을 이용하여 유체의 압력을 높이는 것이다.

해설

① 노즐은 유체를 서서히 낮은 압력으로 팽창하여 속도를 증가시키는 기구이다.
② 디퓨저는 고속의 유체를 감속하는 기구이며 그 결과 유체의 압력이 증가한다.
③ 터빈은 작동 유체의 압력을 이용하여 일을 생성하는 회전식 기계이다.

정답   01 ①   02 ②   03 ③   04 ④

05 랭킨 사이클에서 보일러 입구 엔탈피 192.5 kJ/kg, 터빈 입구 엔탈피 3,002.5kJ/kg, 응축기 입구 엔탈피 2,361.8kJ/kg일 때 열효율(%)은? (단, 펌프의 동력은 무시한다.)

① 20.3
② 22.8
③ 25.7
④ 29.5

해설

펌프동력을 무시하므로, 다음과 같이 효율을 산출한다.

$$\eta = \frac{h_3 - h_4}{h_3 - h_2} \times 100(\%)$$

$$= \frac{3,002.5 - 2,361.8}{3,002.5 - 192.5} \times 100(\%) = 22.8\%$$

여기서, h_2 : 보일러 입구 엔탈피(kJ/kg)

h_3 : 보일러 출구(터빈 입구) 엔탈피(kJ/kg)

h_4 : 응축기 입구 엔탈피(kJ/kg)

06 준평형 정적과정을 거치는 시스템에 대한 열전달량은?(단, 운동에너지와 위치에너지의 변화는 무시한다.)

① 0이다.
② 이루어진 일량과 같다.
③ 엔탈피 변화량과 같다.
④ 내부에너지 변화량과 같다.

해설

전달열량(Q_{12}) = 내부에너지 변화량($\Delta U = U_2 - U_1$)
　　　　　　　　　　 + 일량(W_{12})

정적과정이므로 $v = $ Constant이고 $\Delta v = 0$

$$W_{12} = \int_1^2 P\,dv = 0$$

∴ 전달열량(Q_{12}) = 내부에너지 변화량($\Delta U = U_2 - U_1$)

07 초기 압력 100kPa, 초기 체적 0.1m³인 기체를 버너로 가열하여 기체 체적이 정압과정으로 0.5m³이 되었다면 이 과정 동안 시스템이 외부에 한 일(kJ)은?

① 10
② 20
③ 30
④ 40

해설

압력을 일정하게 유지하는 정압과정에서 계가 한 일은 다음과 같이 산출된다.

$$_1W_2 = \int_1^2 P\,dV = P(V_2 - V_1)$$

$$= 100\text{kPa}(0.5 - 0.1)\text{m}^3 = 40\text{kJ}$$

08 열역학 제2법칙에 대한 설명으로 틀린 것은?

① 효율이 100%인 열기관은 얻을 수 없다.
② 제2종의 영구기관은 작동 물질의 종류에 따라 가능하다.
③ 열은 스스로 저온의 물질에서 고온의 물질로 이동하지 않는다.
④ 열기관에서 작동 물질이 일을 하게 하려면 그보다 더 저온인 물질이 필요하다.

해설

계에 아무런 변화도 남기지 않고 열원을 일로 바꾸는 제2종의 영구기관은 존재하지 않는다.

09 공기 10kg이 압력 200kPa, 체적 5m³인 상태에서 압력 400kPa, 온도 300℃인 상태로 변한 경우 최종 체적(m³)은 얼마인가?(단, 공기의 기체상수는 0.287kJ/kg · K이다.)

① 10.7
② 8.3
③ 6.8
④ 4.1

해설

이상기체 상태방정식 $P_2 V_2 = nRT_2$

$$V_2 = \frac{nRT_2}{P_2}$$

$$= \frac{10\text{kg} \times 0.287\text{kJ/kg} \cdot \text{K} \times (273 + 300)}{400\text{kPa}}$$

$$= 4.1\text{m}^3$$

10 그림과 같은 공기표준 브레이턴(Brayton) 사이클에서 작동 유체 1kg당 터빈 일(kJ/kg)은? (단, $T_1=300$K, $T_2=475.1$K, $T_3=1,100$K, $T_4=694.5$K이고, 공기의 정압비열과 정적비열은 각각 1.0035kJ/kg · K, 0.7165kJ/kg · K이다.)

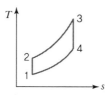

① 290

② 407

③ 448

④ 627

해설

터빈 일(W_{turb}) 산출

$$W_{turb}=C_p\Delta T=C_p(T_3-T_4)$$
$$=1.0035(1,100-694.5)=406.9\text{kJ/kg}$$

11 보일러에 온도 40℃, 엔탈피 167kJ/kg인 물이 공급되어 온도 350℃, 엔탈피 3,115kJ/kg인 수증기가 발생한다. 입구와 출구에서의 유속은 각각 5m/s, 50m/s이고, 공급되는 물의 양이 2,000kg/h일 때, 보일러에 공급해야 할 열량(kW)은?(단, 위치에너지 변화는 무시한다.)

① 631

② 832

③ 1,237

④ 1,638

해설

보일러 공급열량(q) 산출

$$q(\text{kW})=m[\Delta h+\frac{1}{2}(v_2^2-v_1^2)]$$
$$=m[(h_2-h_1)+\frac{1}{2}(v_2^2-v_1^2)]$$
$$=2,000\text{kg/h}\times\left(\frac{1}{3,600}\right)$$
$$\times\left[(3,115-167)\text{kJ/kg}+\frac{1}{2}(50^2-5^2)\times\frac{1\text{kJ}}{1,000\text{J}}\right]$$
$$=1,638.5\text{kW}$$

12 피스톤−실린더 장치에 들어 있는 100kPa, 27℃의 공기가 600kPa까지 가역 단열과정으로 압축된다. 비열비가 1.4로 일정하다면 이 과정 동안에 공기가 받은 일(kJ/kg)은?(단, 공기의 기체상수는 0.287kJ/kg · K이다.)

① 263.6

② 171.8

③ 143.9

④ 116.9

해설

단열과정에서의 공기가 받은 일(W) 산출

• $-W=\dfrac{R}{k-1}(T_1-T_2)=\dfrac{0.287}{1.4-1}(300-500.55)$

$$=-143.89\text{kJ/kg} \quad \therefore \ W=143.89\text{kJ/kg}$$

여기서, R : 공기의 기체상수, k : 비열비

T_1 : 273+27=300K, T_2 : 압축 후 온도

※ 장치 내로 한 일이므로 일은 $-W$의 값으로 설정한다.

• T_2 산출

$$\frac{T_2}{T_1}=\left(\frac{P_2}{P_1}\right)^{\frac{k-1}{k}}$$

$$T_2=\left(\frac{P_2}{P_1}\right)^{\frac{k-1}{k}}\times T_1=\left(\frac{600}{100}\right)^{\frac{1.4-1}{1.4}}\times(273+27)=500.55\text{K}$$

13 이상기체 1kg을 300K, 100kPa에서 500K까지 "$PV^n=$일정"의 과정($n=1.2$)을 따라 변화시켰다. 이 기체의 엔트로피 변화량(kJ/K)은? (단, 기체의 비열비는 1.3, 기체상수는 0.287kJ/kg · K이다.)

① −0.244

② −0.287

③ −0.344

④ −0.373

해설

폴리트로픽 변화에서의 엔트로피 변화량(ΔS) 산출

엔트로피 변화량(ΔS) = $m\cdot C_n\cdot\ln\dfrac{T_2}{T_1}$

$$=m\cdot\frac{n-k}{n-1}\cdot C_v\ln\frac{T_2}{T_1}$$

$$=m\cdot\frac{n-k}{n-1}\times\frac{R}{k-1}\ln\frac{T_2}{T_1}$$

$$= 1 \times \frac{1.2 - 1.3}{1.2 - 1} \times \frac{0.287}{1.3 - 1} \ln \frac{500}{300}$$

$$= -0.244 \text{kJ/K}$$

여기서, $C_v = \dfrac{R}{k-1}\left(\because k = \dfrac{C_p}{C_v} = \dfrac{C_v + R}{C_v} = 1 + \dfrac{R}{C_v}\right)$

14 300L 체적의 진공인 탱크가 25℃, 6MPa의 공기를 공급하는 관에 연결된다. 밸브를 열어 탱크 안의 공기 압력이 5MPa이 될 때까지 공기를 채우고 밸브를 닫았다. 이 과정이 단열이고 운동에너지와 위치에너지의 변화를 무시한다면 탱크 안의 공기의 온도(℃)는 얼마가 되는가?(단, 공기의 비열비는 1.4이다.)

① 1.5 ② 25.0
③ 84.4 ④ 144.2

해설

단열용기의 온도(T_2) 산출

$$T_2 = T_1 \times \frac{C_p}{C_v} = T_1 \times k$$

$$\therefore T_2 = (273 + 25) \times 1.4 = 417.2\text{K} \rightarrow 144.2℃$$

15 1kW의 전기히터를 이용하여 101kPa, 15℃의 공기로 차 있는 100m³의 공간을 난방하려고 한다. 이 공간은 견고하고 밀폐되어 있으며 단열되어 있다. 히터를 10분 동안 작동시킨 경우, 이 공간의 최종 온도(℃)는?(단, 공기의 정적비열은 0.718kJ/kg · K이고, 기체상수는 0.287kJ/kg · K이다.)

① 18.1 ② 21.8
③ 25.3 ④ 29.4

해설

공간의 최종 온도 산출

$q = mC\Delta t$

$$\Delta t = \frac{q}{mC} = \frac{1\text{kW(kJ/s)} \times 10\text{min} \times 60\text{sec}}{122.19\text{kg} \times 0.718\text{kJ/kg} \cdot \text{K}} = 6.84℃$$

여기서, m(질량)은 이상기체 상태방정식($PV = mRT$)으로 산출한다.

$$m = \frac{PV}{RT} = \frac{101\text{kPa} \times 100\text{m}^3}{0.287\text{kJ/kg} \cdot \text{K} \times (273 + 15)} = 122.19\text{kg}$$

$\therefore \Delta t =$ 최종 온도 $-$ 초기 온도 $= 6.84$

$\rightarrow$ 최종 온도 $=$ 초기 온도 $+ \Delta t = 15 + 6.84 = 21.84℃$

16 다음은 시스템(계)과 경계에 대한 설명이다. 옳은 내용을 모두 고른 것은?

가. 검사하기 위하여 선택한 물질의 양이나 공간 내의 영역을 시스템(계)이라 한다.
나. 밀폐계는 일정한 양의 체적으로 구성된다.
다. 고립계의 경계를 통한 에너지 출입은 불가능하다.
라. 경계는 두께가 없으므로 체적을 차지하지 않는다.

① 가, 다 ② 나, 라
③ 가, 다, 라 ④ 가, 나, 다, 라

해설

밀폐계는 계의 경계를 통한 물질의 이동이 없는 계를 의미하며, 체적은 변화가 가능하고 일정한 질량으로 구성된다.

17 단열된 가스터빈의 입구 측에서 압력 2MPa, 온도 1,200K인 가스가 유입되어 출구 측에서 압력 100kPa, 온도 600K으로 유출된다. 5MW의 출력을 얻기 위해 가스의 질량유량(kg/s)은 얼마이어야 하는가?(단, 터빈의 효율은 100%이고, 가스의 정압비열은 1.12kJ/kg · K이다.)

① 6.44 ② 7.44
③ 8.44 ④ 9.44

해설

가스의 질량유량($\dot{m}$) 산출

$$W_{turb} = \dot{m} C_p \Delta T = \dot{m} C_p (T_1 - T_2)$$

$$\dot{m} = \frac{W_{turb}}{C_p (T_1 - T_2)} = \frac{5\text{MW} \times 10^3 \text{(kW)}}{1.12\text{kJ/kg} \cdot \text{K}(1,200 - 600)} = 7.44\text{kg/s}$$

18 펌프를 사용하여 150kPa, 26℃의 물을 가역 단열과정으로 650kPa까지 변화시킨 경우 펌프의 일(kJ/kg)은?(단, 26℃의 포화액의 비체적은 0.001m³/kg이다.)

① 0.4　　　　　　　② 0.5
③ 0.6　　　　　　　④ 0.7

> [해설]

펌프가 수행한 일(W_{pump}) 산출

$$W_{pump} = \int_1^2 vdP = v(P_2 - P_1)$$

$$= 0.001\text{m}^3/\text{kg}\,(650\text{kPa} - 150\text{kPa}) = 0.5\text{kJ/kg}$$

19 압력 1,000kPa, 온도 300℃ 상태의 수증기(엔탈피 3,051.15kJ/kg, 엔트로피 7.1228kJ/kg·K)가 증기터빈으로 들어가서 100kPa 상태로 나온다. 터빈의 출력일이 370kJ/kg일 때 터빈의 효율(%)은?

수증기의 포화상태표 (압력 100kPa / 온도 99.62℃)			
엔탈피(kJ/kg)		엔트로피(kJ/kg·K)	
포화액체	포화증기	포화액체	포화증기
417.44	2,675.46	1.3025	7.3593

① 15.6　　　　　　　② 33.2
③ 66.8　　　　　　　④ 79.8

> [해설]

터빈의 효율(η_{turb}) 산출

터빈 출구 엔탈피(kJ/kg·K)는 다음과 같다.

$h_e = h' + x(h'' - h')$

　$= 417.44 + 0.961(2,675.46 - 417.44)$

　$= 2,587.4$

여기서, h' : 포화액의 엔탈피

　　　　h'' : 포화증기의 엔탈피

$$x(\text{건도}) = \frac{\text{수증기 엔트로피} - \text{포화액 엔트로피}}{\text{포화증기 엔트로피} - \text{포화액 엔트로피}}$$

$$= \frac{s - s'}{s'' - s'} = \frac{7.1228 - 1.3025}{7.3593 - 1.3025} = 0.961$$

터빈의 효율(η_{turb}) $= \dfrac{AW}{h_i - h_e}$

$$= \frac{370\text{kJ/kg}}{3,051.15 - 2,587.4} \times 100(\%)$$

$$= 79.8\%$$

20 이상적인 냉동사이클에서 응축기 온도가 30℃, 증발기 온도가 −10℃일 때 성적계수는?

① 4.6　　　　　　　② 5.2
③ 6.6　　　　　　　④ 7.5

> [해설]

냉동기의 성적계수(COP_R) 산출

$$COP_R = \frac{T_L}{T_H - T_L} = \frac{273 + (-10)}{(273 + 30) - (273 + (-10))} = 6.6$$

Section 02　냉동공학

21 스크루 압축기의 운전 중 로터에 오일을 분사시켜주는 목적으로 가장 거리가 먼 것은?

① 높은 압축비를 허용하면서 토출온도 유지
② 압축효율 증대로 전력소비 증가
③ 로터의 마모를 줄여 장기간 성능 유지
④ 높은 압축비에서도 체적효율 유지

> [해설]

압축효율 증대로 전력소비를 감소시키는 데 목적이 있다.

22 그림은 냉동사이클을 압력−엔탈피 선도에 나타낸 것이다. 이 그림에 대한 설명으로 옳은 것은?

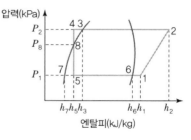

① 팽창밸브 출구의 냉매 건조도는 $\left[\dfrac{(h_5-h_7)}{(h_6-h_7)}\right]$로 계산한다.

② 증발기 출구에서의 냉매 과열도는 엔탈피차 (h_1-h_6)로 계산한다.

③ 응축기 출구에서의 냉매 과냉각도는 엔탈피차 (h_3-h_5)로 계산한다.

④ 냉매순환량은 $\left[\dfrac{냉동능력}{(h_6-h_5)}\right]$로 계산한다.

해설

① 팽창밸브 출구의 냉매 건조도는 $\left[\dfrac{(h_5-h_7)}{증발잠열}\right]$로 계산한다.

③ 응축기 출구에서의 냉매 과냉각도는 엔탈피차 (h_3-h_4)로 계산한다.

④ 냉매순환량은 $\left[\dfrac{냉동능력}{(h_1-h_5)}\right]$로 계산한다.

23 최근 에너지를 효율적으로 사용하자는 측면에서 빙축열시스템이 보급되고 있다. 빙축열시스템의 분류에 대한 조합으로 적절하지 않은 것은?

① 정적 제빙형 – 관외착빙형
② 정적 제빙형 – 빙박리형
③ 동적 제빙형 – 리퀴드 아이스형
④ 동적 제빙형 – 과냉각 아이스형

해설

빙박리형은 동적 제빙형에 속한다.

빙축열시스템의 분류

구분	종류
정적 제빙형	관외착빙형, 관내착빙형, 완전동결형, 캡슐형
동적 제빙형	빙박리형, 액체식 빙생성형(슬러리형) ※ 액체식 빙생성형의 분류 • 직접식 : 과냉각 아이스형, 리퀴드 아이스형 • 간접식 : 비수용성 액체 이용 직접 열교환 방식, 직팽형 직접 열교환 방식

24 냉동장치의 운전에 관한 설명으로 옳은 것은?

① 압축기에 액백(Liquid Back) 현상이 일어나면 토출가스 온도가 내려가고 구동 전동기의 전류계 지시값이 변동한다.

② 수액기 내에 냉매액을 충만시키면 증발기에서 열부하 감소에 대응하기 쉽다.

③ 냉매 충전량이 부족하면 증발압력이 높게 되어 냉동능력이 저하한다.

④ 냉동부하에 비해 과대한 용량의 압축기를 사용하면 저압이 높게 되고, 장치의 성적계수는 상승한다.

해설

② 수액기 내에 냉매액은 충만상태보다는 75% 정도 충진상태가 증발기에서 열부하 감소에 대응하기 쉽다.

③ 냉매 충전량이 부족하면 증발압력이 낮게 되어 냉동능력이 저하한다.

④ 냉동부하에 비해 과대한 용량의 압축기를 사용하면 저압이 낮게 되고, 장치의 성적계수는 감소한다.

25 다음의 역카르노 사이클에서 등온팽창과정을 나타내는 것은?

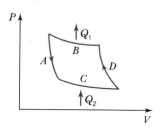

① A
② B
③ C
④ D

해설

A : 팽창과정(단열팽창) → C : 증발과정(등온팽창) → D : 압축과정(단열압축) → B : 응축과정(등온압축)

26 증기압축 냉동사이클에서 압축기의 압축일은 5HP이고, 응축기의 용량은 12.86kW이다. 이때 냉동사이클의 냉동능력(RT)은?

① 1.8
② 2.4
③ 3.1
④ 3.5

> **해설**

냉동능력(Q_e) 산출

냉동능력(Q_e) = 응축부하(Q_c) − 압축일(AW)
$$= 12.86\text{kW} - 5\text{HP} \times 0.746\text{kW} = 9.13\text{kW}$$

여기서, 1HP = 0.746kW

1RT = 3.86kW이므로

$$\therefore \text{ 냉동능력}(Q_e, \text{RT}) = \frac{9.13}{3.86} = 2.37\text{RT}$$

27 다음과 같은 카르노 사이클에 대한 설명으로 옳은 것은?

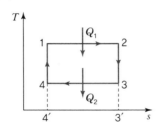

① 면적 $1-2-3'-4'$는 흡열 Q_1을 나타낸다.
② 면적 $4-3-3'-4'$는 유효열량을 나타낸다.
③ 면적 $1-2-3-4$는 방열 Q_2를 나타낸다.
④ Q_1, Q_2는 면적과는 무관하다.

> **해설**

② 면적 $4-3-3'-4'$는 방열 Q_2를 나타낸다.
③ 면적 $1-2-3-4$는 유효열량을 나타낸다.
④ Q_1, Q_2는 면적으로 나타낼 수 있다.

28 비열이 3.86kJ/kg · K인 액 920kg을 1시간 동안 25℃에서 5℃로 냉각시키는 데 소요되는 냉각열량은 몇 냉동톤(RT)인가?(단, 1RT는 3.5kW이다.)

① 3.2
② 5.6
③ 7.8
④ 8.3

> **해설**

냉각열량(q_e) 산출

$q_e = mC\Delta t = 920\text{kg/h} \times 3.86\text{kJ/kg} \cdot \text{K} \times (25-5)$
$$= 71,024\text{kJ/h} = 19.73\text{kW} = 5.6\text{RT}$$

여기서,
- kJ/h → kW 환산을 위해 나누기 3,600
- kW → RT 환산을 위해 문제 조건(1RT=3.5kW)에 따라 나누기 3.5kW

29 1분간에 25℃의 물 100L를 0℃의 물로 냉각시키기 위하여 최소 몇 냉동톤의 냉동기가 필요한가?

① 45.2RT
② 4.52RT
③ 452RT
④ 42.5RT

> **해설**

$q_e = mC\Delta t$
$$= 100\text{kg/min} \times 4.19\text{kJ/kg} \cdot \text{K} \times (25-0)$$
$$= 10,475\text{kJ/min} = 174.58\text{kW} = 45.2\text{RT}$$

여기서,
- 특별한 조건이 없으므로 물의 밀도는 1kg/L, 물의 비열은 4.19kJ/kg · K을 적용한다.
- kJ/min → kW 환산을 위해 나누기 60
- kW → RT 환산을 위해 나누기 3.86kW(1RT=3.86kW)

30 흡수식 냉동기에 사용하는 흡수제의 구비조건으로 틀린 것은?

① 농도 변화에 의한 증기압의 변화가 클 것
② 용액의 증기압이 낮을 것
③ 점도가 높지 않을 것
④ 부식성이 없을 것

> **해설**

흡습제는 농도 변화(희용액 ↔ 농용액)에 따라 증기압의 변화가 크지 않아야 한다.

31 셸 앤드 튜브식 응축기에서 냉각수 입구 및 출구 온도가 각각 16℃와 22℃, 냉매의 응축온도를 25℃라 할 때, 이 응축기의 냉매와 냉각수와의 대수평균온도차(℃)는?

① 3.5
② 5.5
③ 6.8
④ 9.2

해설

대수평균온도차(LMTD) 산출

$$대수평균온도차(LMTD) = \frac{\Delta_1 - \Delta_2}{\ln\frac{\Delta_1}{\Delta_2}} = \frac{9-3}{\ln\frac{9}{3}}$$

$$= 5.46 = 5.5℃$$

여기서, Δ_1 : 냉각수 입구 측 냉각수와 냉매의 온도차

$\Delta_1 = 25 - 16 = 9$

Δ_2 : 냉각수 출구 측 냉각수와 냉매의 온도차

$\Delta_2 = 25 - 22 = 3$

32 실제 냉동사이클에서 압축과정 동안 냉매 변환 중 스크루 냉동기는 어떤 압축과정에 가장 가까운가?

① 단열압축
② 등온압축
③ 등적압축
④ 과열압축

해설

스크루 냉동기의 압축과정은 서로 맞물려 돌아가는 암나사와 수나사의 나선형 로터가 일정한 방향으로 회전하면서 두 로터와 케이싱 속에 흡입된 냉매증기를 연속적으로 압축시키는 동시에 배출시키는 과정으로서 엔탈피의 변화가 없는 단열압축과정에 해당한다.

33 암모니아 냉동기의 배관재료로서 적절하지 않은 것은?

① 배관용 탄소강 강관
② 동합금관
③ 압력배관용 탄소강 강관
④ 스테인리스 강관

해설

암모니아의 경우 동, 동합금을 부식시키므로 배관재료로 강관을 사용한다.

34 냉동기유의 구비조건으로 틀린 것은?

① 응고점이 높아 저온에서도 유동성이 있을 것
② 냉매나 수분, 공기 등이 쉽게 용해되지 않을 것
③ 쉽게 산화하거나 열화하지 않을 것
④ 적당한 점도를 가질 것

해설

냉동기유는 응고점이 낮아 저온에서 유동성이 있어야 한다.

냉동기유 구비조건

물리적 성질	• 점도가 적당할 것 • 온도에 따른 점도의 변화가 적을 것 • 인화점이 높을 것 • 오일 회수를 위해 사용하는 액상 냉매보다 비중이 무거울 것 • 유성(油性)이 양호할 것(유막 형성 능력이 우수할 것) • 거품이 적게 날 것(Oil Forming) • 응고점이 낮고 낮은 온도에서 유동성이 있을 것 • 저온에서도 냉매와 분리되지 않을 것(상용성이 있는 냉매와 사용 시) • 수분함량이 적을 것
전기·화학적 성질	• 열안전성이 좋을 것 • 수분, 산분을 포함하지 않을 것 • 산화되기 어려울 것 • 냉매와 반응하지 않을 것 • 밀폐형 압축기에서 사용 시 전기 절연성이 좋을 것 • 저온에서 왁스성분(고형 성분)을 석출하지 않을 것(왁스성분은 팽창장치 막힘 등을 유발) • 고온에서 슬러지가 없을 것 • 반응은 중성일 것

35 그림과 같은 냉동사이클로 작동하는 압축기가 있다. 이 압축기의 체적효율이 0.65, 압축효율이 0.8, 기계효율이 0.9라고 한다면 실제 성적계수는?

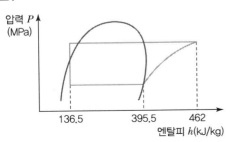

① 3.89
② 2.80
③ 1.82
④ 1.42

실제 성적계수(COP) 산출

$$COP = \dfrac{냉동효과(q_e)}{\dfrac{압축일(AW)}{압축효율 \times 기계효율}} = \dfrac{395.5 - 136.5}{\dfrac{462 - 395.5}{0.8 \times 0.9}} = 2.804$$

36 증발기의 종류에 대한 설명으로 옳은 것은?

① 대형 냉동기에서는 주로 직접팽창식 증발기를 사용한다.
② 직접팽창식 증발기는 2차 냉매를 냉각시켜 물체를 냉동, 냉각시키는 방식이다.
③ 만액식 증발기는 팽창밸브에서 교축팽창된 냉매를 직접 증발기로 공급하는 방식이다.
④ 간접팽창식 증발기는 제빙, 양조 등의 산업용 냉동기에 주로 사용된다.

① 대형 냉동기에서는 주로 간접팽창식 증발기를 사용한다.
② 직접팽창식 증발기는 1차 냉매를(냉매를 직접) 냉각시켜 물체를 냉동, 냉각시키는 방식이다.
③ 만액식 증발기는 팽창밸브에서 교축팽창된 냉매를 액분리기로 보내, 증기는 압축기로 냉매액은 증발기로 각각 공급하는 방식이다.

37 2단 압축 1단 팽창식과 2단 압축 2단 팽창식의 비교 설명으로 옳은 것은?(단, 동일 운전 조건으로 가정한다.)

① 2단 팽창식의 경우에는 두 가지의 냉매를 사용한다.
② 2단 팽창식의 경우가 성적계수가 약간 높다.
③ 2단 팽창식은 중간냉각기를 필요로 하지 않는다.
④ 1단 팽창식의 팽창밸브는 1개가 좋다.

① 두 가지 냉매를 사용하는 것은 2원 냉동 방식이다.
③ 2단 팽창식은 중간냉각기를 필요로 한다.
④ 1단 팽창식에서는 주팽창밸브와 보조팽창밸브 2개로 구성하는 것이 좋다.

38 운전 중인 냉동장치의 저압 측 진공게이지가 50cmHg을 나타내고 있다. 이때의 진공도는?

① 65.8%
② 40.8%
③ 26.5%
④ 3.4%

진공도 산출

$$진공도 = \dfrac{진공압}{대기압} = \dfrac{50cmHg}{76cmHg} = 0.658 = 65.8\%$$

39 안전밸브의 시험방법에서 약간의 기포가 발생할 때의 압력을 무엇이라고 하는가?

① 분출 전개압력
② 분출 개시압력
③ 분출 정지압력
④ 분출 종료압력

안전밸브의 분출압력

• 분출 개시압력(Opening Pressure) : 입구 쪽의 압력이 증가하여 출구 측에서 미량의 유출이 지속적으로 검지될 때의 입구 쪽의 압력을 말한다.
• 분출 정지압력(Closing Pressure, Reseating Pressure) : 입구 쪽의 압력이 감소하여 밸브 몸체가 밸브 시트와 재접촉할 때, 즉 리프트가 제로가 되었을 때의 입구 쪽의 압력으로서, 재착 시트압력이라고도 한다.

※ 분출 전개압력과 분출 종료압력은 관련 기술지침상 용어 정의가 없다.

40 응축압력의 이상 고압에 대한 원인으로 가장 거리가 먼 것은?

① 응축기의 냉각관 오염 ② 불응축 가스 혼입
③ 응축부하 증대 ④ 냉매 부족

[해설]

응축압력 이상의 고압 발생은 냉매의 과충전이 원인이 될 수 있으므로, 냉매 부족은 이상 고압의 원인과는 거리가 멀다.

Section 03 공기조화

41 단일덕트 방식에 대한 설명으로 틀린 것은?

① 중앙기계실에 설치한 공기조화기에서 조화한 공기를 주 덕트를 통해 각 실로 분배한다.
② 단일덕트 일정풍량 방식은 개별 제어에 적합하다.
③ 단일덕트 방식에서는 큰 덕트 스페이스를 필요로 한다.
④ 단일덕트 일정풍량 방식에서는 재열을 필요로 할 때도 있다.

[해설]

단일덕트 일정풍량 방식은 부하에 맞추어 풍량을 각 실에 동일하게 공급하는 방식으로 개별 제어에는 부적합하다.

42 내벽 열전달률 $4.7W/m^2 \cdot K$, 외벽 열전달률 $5.8W/m^2 \cdot K$, 열전도율 $2.9W/m \cdot ℃$, 벽두께 25cm, 외기온도 $-10℃$, 실내온도 $20℃$일 때 열관류율($W/m^2 \cdot K$)은?

① 1.8 ② 2.1
③ 3.6 ④ 5.2

[해설]

$$K(열관류율) = \frac{1}{R(열저항)}$$

$$R = \frac{1}{내부\ 열전달률} + \frac{벽체\ 두께(m)}{벽체\ 열전도율} + \frac{1}{외부\ 열전달률}$$

$$= \frac{1}{4.7} + \frac{0.25m}{2.9} + \frac{1}{5.8} = 0.47$$

$$\therefore\ K = \frac{1}{R} = \frac{1}{0.47} = 2.1W/m^2 \cdot K$$

43 변풍량 유닛의 종류별 특징에 대한 설명으로 틀린 것은?

① 바이패스형은 덕트 내의 정압변동이 거의 없고 발생 소음이 작다.
② 유인형은 실내 발생열을 온열원으로 이용 가능하다.
③ 교축형은 압력손실이 작고 동력 절감이 가능하다.
④ 바이패스형은 압력손실이 작지만 송풍기 동력 절감이 어렵다.

[해설]

교축형은 샤프트를 움직여 풍량을 조절하는 변풍량 유닛으로서 구조가 간단하고 경제적이라는 장점이 있으나 정압손실이 커서 동력 소모가 큰 단점을 갖고 있다.

44 냉방부하의 종류에 따라 연관되는 열의 종류로 틀린 것은?

① 인체의 발생열 – 현열, 잠열
② 극간풍에 의한 열량 – 현열, 잠열
③ 조명부하 – 현열, 잠열
④ 외기 도입량 – 현열, 잠열

[해설]

조명부하는 현열부하만 발생시킨다.

정답 40 ④ 41 ② 42 ② 43 ③ 44 ③

45 습공기의 습도에 대한 설명으로 틀린 것은?

① 절대습도는 건공기 중에 포함된 수증기량을 나타낸다.

② 수증기 분압은 절대습도와 반비례 관계가 있다.

③ 상대습도는 습공기의 수증기 분압과 포화공기의 수증기 분압과의 비로 나타낸다.

④ 비교습도는 습공기의 절대습도와 포화공기의 절대습도와의 비로 나타낸다.

〔해설〕

수증기 분압은 공기 중의 수증기의 압력으로서, 수증기의 양에 비례하여 커진다. 따라서 수증기의 양을 나타내는 절대습도와 비례관계에 있다.

46 공기의 온도에 따른 밀도 특성을 이용한 방식으로 실내보다 낮은 온도의 신선공기를 해당 구역에 공급함으로써 오염물질을 대류효과에 의해 실내 상부에 설치된 배기구를 통해 배출시켜 환기 목적을 달성하는 방식은?

① 기계식 환기법 ② 전반환기법

③ 치환환기법 ④ 국소환기법

〔해설〕

치환환기는 실 하부에서 취출하여, 연돌효과에 의해 기류가 상승하여 상부로 배기되는 방식으로서, 이때 하부에서 취출한 신선공기가 기존에 체류되어 있던 공기를 위로 밀어올리면서 기존 공기를 신선공기로 치환시키게 된다.

47 다음 그림에 나타낸 장치를 표의 조건으로 냉방운전을 할 때 A실에 필요한 송풍량(m³/h)은?(단, A실의 냉방부하는 현열부하 8.8kW, 잠열부하 2.8kW이고, 공기의 정압비열은 1.01kJ/kg · K, 밀도는 1.2kg/m³이며, 덕트에서의 열손실은 무시한다.)

지점	온도(DB, ℃)	습도(RH, %)
A	26	50
B	17	—
C	16	85

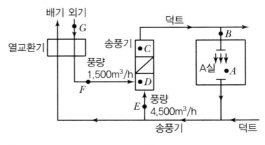

① 924 ② 1,847

③ 2,904 ④ 3,831

〔해설〕

필요 송풍량(Q)을 산출하는 문제로서, 문제에서 온도가 주어졌으므로 현열부하(q_s)를 기준으로 산출한다.

$$q = Q\rho C_p \Delta t_s$$

$$Q(\text{m}^3/\text{h}) = \frac{q}{\rho C_p \Delta t_s}$$

$$= \frac{8.8\text{kW} \times 3,600}{1.2\text{kg/m}^3 \times 1.01\text{kJ/kg} \times (26 - 17)}$$

$$= 2,904\text{m}^3/\text{h}$$

여기서, Δt_s는 실내온도(A)와 취출점(B) 간의 온도차를 적용한다.

48 다음 중 증기난방장치의 구성으로 가장 거리가 먼 것은?

① 트랩 ② 감압밸브

③ 응축수탱크 ④ 팽창탱크

〔해설〕

팽창탱크는 온수난방에서 온수의 팽창에 대응하는 설비이다.

49 환기에 따른 공기조화부하의 절감대책으로 틀린 것은?

① 예랭, 예열 시 외기 도입을 차단한다.
② 열 발생원이 집중되어 있는 경우 국소배기를 채용한다.
③ 전열교환기를 채용한다.
④ 실내 정화를 위해 환기횟수를 증가시킨다.

> **해설**
>
> 환기횟수(환기량)를 늘릴 경우 환기부하가 증가하므로 공기조화부하의 절감대책과는 거리가 멀다.

50 온수난방에 대한 설명으로 틀린 것은?

① 저온수 난방에서 공급수의 온도는 100℃ 이하이다.
② 사람이 상주하는 주택에서는 복사난방을 주로 한다.
③ 고온수 난방의 경우 밀폐식 팽창탱크를 사용한다.
④ 2관식 역환수 방식에서는 펌프에 가까운 방열기일수록 온수순환량이 많아진다.

> **해설**
>
> 역환수 방식은 온수의 공급과 환수량의 합(온수순환량)을 각 방열기에서 동일하게 하여, 온수 유량 밸런싱을 맞추는 환수 방식으로서 펌프에서의 거리와 관계없이 방열기의 온수순환량은 동일하게 된다.

51 방열기에서 상당방열면적(EDR)은 아래의 식으로 나타낸다. 이 중 Q_o는 무엇을 뜻하는가? (단, 사용단위로 Q는 W, Q_o는 W/m²이다.)

$$EDR(\text{m}^2) = \frac{Q}{Q_o}$$

① 증발량
② 응축수량
③ 방열기의 전방열량
④ 방열기의 표준방열량

> **해설**
>
> **상당방열면적(EDR) 산출식**
>
> $$EDR(\text{m}^2) = \frac{\text{방열기의 전 방열량(총 손실열량, 난방부하)}}{\text{방열기의 표준방열량}}$$

52 공조기 냉수코일 설계 기준으로 틀린 것은?

① 공기류와 수류의 방향은 역류가 되도록 한다.
② 대수평균온도차는 가능한 한 작게 한다.
③ 코일을 통과하는 공기의 전면풍속은 2~3m/s로 한다.
④ 코일의 설치는 관이 수평으로 놓이게 한다.

> **해설**
>
> 대수평균온도차는 코일 내 냉수의 온도와 코일을 통과하는 공기의 온도 간의 차이를 대표하는 온도차로서 해당 온도차가 클수록 열교환이 수월해질 수 있으므로 대수평균온도차를 가능한 한 크게 해야 한다.

53 공기세정기의 구성품인 엘리미네이터의 주된 기능은?

① 미립화된 물과 공기와의 접촉 촉진
② 균일한 공기 흐름 유도
③ 공기 내부의 먼지 제거
④ 공기 중의 물방울 제거

> **해설**
>
> 엘리미네이터는 실내로 비산되는 수분(물방울)을 제거하는 설비기기이다.

54 다음 중 열수분비(μ)와 현열비(SHF)와의 관계식으로 옳은 것은?(단, q_S는 현열량, q_L는 잠열량, L은 가습량이다.)

① $\mu = SHF \times \dfrac{q_S}{L}$
② $\mu = \dfrac{1}{SHF} \times \dfrac{q_L}{L}$
③ $\mu = SHF \times \dfrac{q_L}{L}$
④ $\mu = \dfrac{1}{SHF} \times \dfrac{q_S}{L}$

정답   49 ④   50 ④   51 ④   52 ②   53 ④   54 ④

㉠ 열수분비 열수분비 $\mu = \dfrac{dh}{dx} = \dfrac{q_s + q_L}{L}$

㉡ 현열비 $SHF = \dfrac{q_s}{q_s + q_L} \rightarrow q_s + q_L = \dfrac{q_s}{SHF}$

㉡식을 ㉠식에 대입하면,

$$U = \dfrac{dh}{dx} = \dfrac{q_s + q_L}{L} = \dfrac{\dfrac{q_s}{SHF}}{L} = \dfrac{1}{SHF} \times \dfrac{q_s}{L}$$

55 대류 및 복사에 의한 열전달률에 의해 기온과 평균복사온도를 가중평균한 값으로 복사난방 공간의 열환경을 평가하기 위한 지표를 나타내는 것은?

① 작용온도(Operative Temperature)

② 건구온도(Dry-bulb Temperature)

③ 카타냉각력(Kata Cooling Power)

④ 불쾌지수(Discomfort Index)

작용온도(OT : Operative Temperature)
기온과 복사열 및 기류의 영향을 조합한 쾌적지표(습도의 영향이 고려되지 않음)

$$OT = \dfrac{h_r \cdot MRT + h_c \cdot t_a}{h_r + h_c}$$

여기서, h_r : 복사전달률, h_c : 대류열전달률
MRT : 평균복사온도(℃), t_a : 기온(℃)

56 A, B 두 방의 열손실은 각각 4kW이다. 높이 600mm인 주철제 5세주 방열기를 사용하여 실내온도를 모두 18.5℃로 유지시키고자 한다. A실은 102℃의 증기를 사용하며, B실은 평균 80℃의 온수를 사용할 때 두 방 전체에 필요한 총 방열기의 절수는?(단, 표준방열량을 적용하며, 방열기 1절(節)의 상당방열면적은 0.23m²이다.)

① 23개 ② 34개

③ 42개 ④ 57개

증기온도 102℃, 온수온도 80℃, 실내온도 각각 18.5℃로서 표준방열상태이며, 이때의 방열량은 표준방열량으로서 증기 0.756kW, 온수 0.523kW이다.

$$\text{총 방열기 절수} = \dfrac{\text{열손실(kW)}}{\text{1절당 방열면적(m}^2) \times \text{표준방열량(kW)}}$$

$$\text{A실 방열기 절수} = \dfrac{4\text{kW}}{0.23\text{m}^2 \times 0.756\text{kW}} = 23\text{개}$$

$$\text{B실 방열기 절수} = \dfrac{4\text{kW}}{0.23\text{m}^2 \times 0.523\text{kW}} = 33.25$$
$$= 34\text{개(올림)}$$

∴ 총 방열기의 절수 = 23 + 34 = 57개

57 실내를 항상 급기용 송풍기를 이용하여 정압(+)상태로 유지할 수 있어서 오염된 공기의 침입을 방지하고, 연소용 공기가 필요한 보일러실, 반도체 무균실, 소규모 변전실, 창고 등에 적용하기에 적합한 환기법은?

① 제1종 환기 ② 제2종 환기

③ 제3종 환기 ④ 제4종 환기

제2종 환기(압입식)

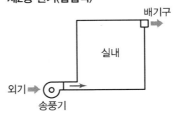

- 송풍기와 배기구로 환기하는 방식
- 실내를 정(+)압 상태로 유지하여 오염공기 침입을 방지하는 환기
- 용도 : Clean Room, 무균실, 무진실, 반도체공장, 수술실 등 유해가스, 분진 등 외부로부터의 유입을 최대한 막아야 하는 곳

58 전공기 방식에 대한 설명으로 틀린 것은?

① 송풍량이 충분하여 실내오염이 적다.
② 환기용 팬을 설치하면 외기냉방이 가능하다.
③ 실내에 노출되는 기기가 없어 마감이 깨끗하다.
④ 천장의 여유 공간이 작을 때 적합하다.

[해설]

전공기 방식은 덕트를 천장 속 공간에 배치해야 하므로 천장(속)의 여유 공간이 클 때 적합하다.

59 건구온도 30℃, 습구온도 27℃일 때 불쾌지수(DI)는 얼마인가?

① 57
② 62
③ 77
④ 82

[해설]

불쾌지수(DI) = (건구온도 + 습구온도) × 0.72 + 40.6
$\qquad$ = (30 + 27) × 0.72 + 40.6 = 81.64 ≒ 82

60 송풍기의 법칙에 따라 송풍기 날개 직경이 D_1일 때, 소요동력이 L_1인 송풍기를 직경 D_2로 크게 했을 때 소요동력 L_2를 구하는 공식으로 옳은 것은?(단, 회전속도는 일정하다.)

① $L_2 = L_1 \left(\dfrac{D_1}{D_2}\right)^5$
② $L_2 = L_1 \left(\dfrac{D_1}{D_2}\right)^4$
③ $L_2 = L_1 \left(\dfrac{D_2}{D_1}\right)^4$
④ $L_2 = L_1 \left(\dfrac{D_2}{D_1}\right)^5$

[해설]

송풍기 상사의 법칙

구분	회전수(rpm) $N_1 \rightarrow N_2$	날개직경(mm) $D_1 \rightarrow D_2$
송풍량 Q(m³/min) 변화	$Q_2 = \left(\dfrac{N_2}{N_1}\right) Q_1$	$Q_2 = \left(\dfrac{D_2}{D_1}\right)^3 Q_1$
압력 P(Pa) 변화	$P_2 = \left(\dfrac{N_2}{N_1}\right)^2 P_1$	$P_2 = \left(\dfrac{D_2}{D_1}\right)^2 P_1$
송풍기 동력 L(kW) 변화	$L_2 = \left(\dfrac{N_2}{N_1}\right)^3 L_1$	$L_2 = \left(\dfrac{D_2}{D_1}\right)^5 L_1$

61 다음 신호흐름선도에서 $\dfrac{C(s)}{R(s)}$는?

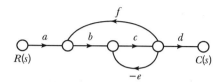

① $\dfrac{abcd}{1 + ce + bcf}$
② $\dfrac{abcd}{1 - ce + bcf}$
③ $\dfrac{abcd}{1 + ce - bcf}$
④ $\dfrac{abcd}{1 - ce - bcf}$

[해설]

전달함수(G)의 산출

$G = \dfrac{C(s)}{R(s)} = \dfrac{\text{전향경로}}{1 - \text{피드백 경로}}$

$\qquad = \dfrac{abcd}{1 - [(-e \cdot c) + (f \cdot b \cdot c)]} = \dfrac{abcd}{1 + ce - bcf}$

62 코일에 흐르고 있는 전류가 5배로 되면 축적되는 에너지는 몇 배가 되는가?

① 10
② 15
③ 20
④ 25

[해설]

에너지(W) 산출

$W = \dfrac{1}{2}LI^2$로서, W(에너지)는 I(전류)의 제곱에 비례하므로 전류가 5배가 될 경우 축적되는 에너지는 25배가 된다.

여기서, L : 인덕턴스(H), I : 전류(A)

63 역률 0.85, 선전류 50A, 유효전력 28kW인 평형 3상 △부하의 전압(V)은 약 얼마인가?

① 300
② 380
③ 476
④ 660

정답 58 ④ 59 ④ 60 ④ 61 ③ 62 ④ 63 ②

3상 △부하의 전압(V) 산출

$P = \sqrt{3}\ VI\cos\theta$

$V = \dfrac{P}{\sqrt{3}\,I\cos\theta} = \dfrac{28\text{kW} \times 10^3}{\sqrt{3} \times 50\text{A} \times 0.85} = 380.37 = 380\text{V}$

여기서, P : 유효전력(kW), V : 전압(V)
$\quad\quad\quad I$: 전류(A), $\cos\theta$: 역률

64 탄성식 압력계에 해당되는 것은?

① 경사관식   ② 압전기식
③ 환상평형식   ④ 벨로스식

해설

탄성식 압력계에는 부르동관식, 벨로스식, 다이어프램식
등이 있다.

65 맥동률이 가장 큰 정류회로는?

① 3상 전파   ② 3상 반파
③ 단상 전파   ④ 단상 반파

해설

맥동률의 크기 비교
단상 반파(1.21) > 단상 전파(0.482) > 3상 반파(0.183) >
3상 전파(0.042)

66 다음 블록선도의 전달함수는?

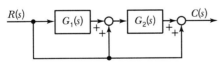

① $G_1(s)G_2(s) + G_2(s) + 1$

② $G_1(s)G_2(s) + 1$

③ $G_1(s)G_2(s) + G_2(s)$

④ $G_1(s)G_2(s) + G_1(s) + 1$

해설

전달함수($\dfrac{C(s)}{R(s)}$)의 산출

$(RG_1 + R)G_2 + R \rightarrow C$

$RG_1G_2 + RG_1 + R \rightarrow C$

$R(G_1G_2 + G_2 + 1) \rightarrow C$

$\therefore$ 전달함수$\left(\dfrac{C}{R}\right) = G_1G_2 + G_2 + 1$

67 다음 중 간략화한 논리식이 다른 것은?

① $(A+B) \cdot (A+\overline{B})$

② $A \cdot (A+B)$

③ $A + (\overline{A} \cdot B)$

④ $(A \cdot B) + (A \cdot \overline{B})$

해설

① $(A+B) \cdot (A+\overline{B}) = AA + A\overline{B} + BA + B\overline{B}$
$\quad\quad\quad\quad\quad\quad\quad\quad = A + A(\overline{B}+B) + 0$
$\quad\quad\quad\quad\quad\quad\quad\quad = A + A \cdot 1$
$\quad\quad\quad\quad\quad\quad\quad\quad = A$

② $A \cdot (A+B) = AA + AB = A + AB$
$\quad\quad\quad\quad\quad\quad = A(1+B)$
$\quad\quad\quad\quad\quad\quad = A \cdot 1 = A$

③ $A + (\overline{A} \cdot B) = (A+\overline{A}) \cdot (A+B)$
$\quad\quad\quad\quad\quad\quad\quad = 1 \cdot (A+B)$
$\quad\quad\quad\quad\quad\quad\quad = A + B$

④ $(A \cdot B) + (A \cdot \overline{B}) = A(B+\overline{B})$
$\quad\quad\quad\quad\quad\quad\quad\quad = A \cdot 1 = A$

68 논리식 $L = \overline{x} \cdot \overline{y} + \overline{x} \cdot y$를 간단히 한 식은?

① $L = x$ ② $L = \overline{x}$

③ $L = y$ ④ $L = \overline{y}$

해설

$L = \overline{x} \cdot \overline{y} + \overline{x} \cdot y = \overline{x}(\overline{y}+y) = \overline{x} \cdot 1 = \overline{x}$

69 물체의 위치, 방향 및 자세 등의 기계적 변위를 제어량으로 해석 목표값의 임의의 변화에 추종하도록 구성된 제어계는?

① 프로그램 제어 ② 프로세스 제어
③ 서보기구 ④ 자동조정

> 해설

서보기구
- 물체의 위치, 방위, 자세, 각도 등의 기계적 변위를 제어량으로 해서 목표값이 임의의 변화에 추종하도록 구성된 제어계이다.
- 비행기 및 선박의 방향제어계, 미사일 발사대의 자동위치제어계, 추적용 레이더, 자동 평형 기록계 등에 적용되고 있다.

70 단자전압 V_{ab}는 몇 V인가?

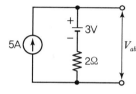

① 3 ② 7
③ 10 ④ 13

> 해설

중첩의 원리를 적용한다.
- 5A만 있을 경우 : $V_1 = IR = 5 \times 2 = 10V$

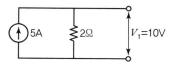

- 3V만 있을 경우 : $V_2 = 3V$

∴ 단자전압 $V_{ab} = V_1 + V_2 = 10V + 3V = 13V$

71 전자석의 흡인력은 자속밀도 $B(Wb/m^2)$와 어떤 관계에 있는가?

① B에 비례 ② $B^{1.5}$에 비례
③ B^2에 비례 ④ B^3에 비례

> 해설

전자석의 흡인력(f)는 자속밀도(B)의 제곱에 비례한다.
전자석의 흡인력(f) 산출식
$$f = \frac{1}{2} \times \frac{B^2}{\mu_0} (N/m^2)$$
여기서, B : 자속밀도, μ_0 : 자장의 세기

72 피드백 제어의 특징에 대한 설명으로 틀린 것은?

① 외란에 대한 영향을 줄일 수 있다.
② 목표값과 출력을 비교한다.
③ 조절부와 조작부로 구성된 제어요소를 가지고 있다.
④ 입력과 출력의 비를 나타내는 전체 이득이 증가한다.

> 해설

계의 특성 변화에 대한 입력 대 출력비는 감소하게 된다.

73 다음 회로와 같이 외전압계법을 통해 측정한 전력(W)은?(단, R_i : 전류계의 내부저항, R_e : 전압계의 내부저항이다.)

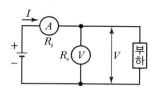

① $P = VI - \dfrac{V^2}{R_e}$ ② $P = VI - \dfrac{V^2}{R_i}$
③ $P = VI - 2R_e I$ ④ $P = VI - 2R_i I$

해설

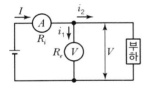

$i_2 = I - i_1$

$i_1 = \dfrac{V}{R_e}$

$P = V \cdot i_2 = V(I - i_1) = V\left(I - \dfrac{V}{R_e}\right) = VI - \dfrac{V^2}{R_e}$

74 목표값 이외의 외부 입력으로 제어량을 변화시키며 인위적으로 제어할 수 없는 요소는?

① 제어동작신호　　　② 조작량

③ 외란　　　　　　　④ 오차

해설

외란(Disturbance)은 제어계에서 예상치 못한 교란이 발생하는 것을 의미하며, 이러한 외란이 발생하였을 때 외란을 검출하고 대처할 수 있어야 한다. 외란을 검출하고 제어하는 데 적합한 제어 방식은 피드백 제어 방식이다.

75 2전력계법으로 3상 전력을 측정할 때 전력계의 지시가 $W_1 = 200$W, $W_2 = 200$W이다. 부하전력(W)은?

① 200　　　　　　　② 400

③ $200\sqrt{3}$　　　　　　④ $400\sqrt{3}$

해설

부하전력(P)의 산출

2전력계법으로 3상 전력을 측정할 때에는 전력계의 지시된 전력을 그대로 더해준다.

$P = W_1 + W_2 = 200 + 200 = 400$W

76 $R = 10\Omega$, $L = 10$mH에 가변콘덴서 C를 직렬로 구성시킨 회로에 교류주파수 1,000Hz를 가하여 직렬공진을 시켰다면 가변콘덴서는 약 몇 μF인가?

① 2.533　　　　　　② 12.675

③ 25.35　　　　　　④ 126.75

해설

직렬공진에서의 공진주파수 산정공식을 활용하여 산출한다.

공진주파수 $f = \dfrac{1}{2\pi\sqrt{LC}}$ 에서

가변콘덴서 $C = \dfrac{1}{(2\pi)^2 \cdot L \cdot f^2}$

$= \dfrac{1}{4\pi^2 \times (10 \times 10^{-3}) \times (1{,}000)^2}$

$= 2.533 \times 10^{-6}$F $= 2.533\mu$F

77 스위치 S의 개폐에 관계없이 전류 I가 항상 30A라면 R_3와 R_4는 각각 몇 Ω인가?

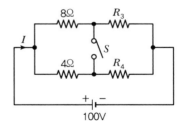

① $R_3 = 1$, $R_4 = 3$　　② $R_3 = 2$, $R_4 = 1$

③ $R_3 = 3$, $R_4 = 2$　　④ $R_3 = 4$, $R_4 = 4$

해설

스위치 S의 개폐와 관계없이 전류 I가 일정한 조건이므로 본 회로는 휘트스톤 브리지 회로이다.

- 전체 저항 $R = \dfrac{V}{I} = \dfrac{100}{30} = \dfrac{10}{3}\Omega$

- 브리지 평형상태 $8 \times R_4 = 4 \times R_3 \rightarrow 2R_4 = R_3$

　　　　　　　　　　　　　　　　　$\rightarrow R_3 = 2R_4$

- 회로의 합성(전체) 저항을 구하면

$$\dfrac{1}{\dfrac{1}{8+R_3} + \dfrac{1}{4+R_4}} = \dfrac{1}{\dfrac{1}{8+(2R_4)} + \dfrac{1}{4+R_4}} = \dfrac{10}{3}$$

$\therefore R_4 = 1\Omega \rightarrow R_3 = 2R_4 = 2\Omega$

78 아래 $R-L-C$ 직렬회로의 합성 임피던스 (Ω)는?

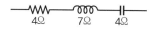

① 1 ② 5

③ 7 ④ 15

┌ 해설 ┐

임피던스(Z) 산출

$$Z = \sqrt{R^2 + (X_L - X_C)^2}$$
$$= \sqrt{4^2 + (7-4)^2} = 5\Omega$$

79 변압기의 효율이 가장 좋을 때의 조건은?

① 철손 $= \dfrac{2}{3} \times$ 동손 ② 철손 $= 2 \times$ 동손

③ 철손 $= \dfrac{1}{2} \times$ 동손 ④ 철손 $=$ 동손

┌ 해설 ┐

무부하손의 대부분인 철손과 부하손의 대부분인 동손이 같을 때 효율이 최대가 된다.

80 입력신호가 모두 "1"일 때만 출력이 생성되는 논리회로는?

① AND 회로 ② OR 회로

③ NOR 회로 ④ NOT 회로

┌ 해설 ┐

AND 회로(논리곱 회로)

입력단자 모두가 On(1)이 되면 출력이 On(1)이 되고, 입력단자 중 하나라도 Off(0)가 되면 출력이 Off(0)가 되는 회로를 말한다.

┌ Section ┐
05 **배관일반**

81 펌프 흡입 측 수평배관에서 관경을 바꿀 때 편심 리듀서를 사용하는 목적은?

① 유속을 빠르게 하기 위하여

② 펌프 압력을 높이기 위하여

③ 역류 발생을 방지하기 위하여

④ 공기가 고이는 것을 방지하기 위하여

┌ 해설 ┐

펌프 흡입 측 수평배관에서 관경을 바꿀 때 편심 리듀서를 쓰는 이유는 관경을 바꿀 경우 압력 변화로 인해 기체가 발생하여, 공기가 고이게 되는 것을 막기 위해서다.

82 다음 중 배관의 중심이동이나 구부러짐 등의 변위를 흡수하기 위한 이음이 아닌 것은?

① 슬리브형 이음 ② 플렉시블 이음

③ 루프형 이음 ④ 플라스탄 이음

┌ 해설 ┐

플라스탄은 변위 흡수를 위한 이음이 아니라, 납과 주석의 합금을 통해 연관을 강접합하는 방법이다.

83 온수배관 시공 시 유의사항으로 틀린 것은?

① 일반적으로 팽창관에는 밸브를 설치하지 않는다.

② 배관의 최저부에는 배수 밸브를 설치한다.

③ 공기밸브는 순환펌프의 흡입 측에 부착한다.

④ 수평관은 팽창탱크를 향하여 올림구배로 배관한다.

┌ 해설 ┐

공기밸브는 밀폐배관계의 가장 높은 위치에 설치하며, 순환펌프 흡입 측이 아닌 토출 측에 설치한다.

84 다음 중 밸브몸통 내에 밸브대를 축으로 하여 원판 형태의 디스크가 회전함에 따라 개폐하는 밸브는 무엇인가?

① 버터플라이밸브 　② 슬루스밸브
③ 앵글밸브 　　　　④ 볼밸브

해설

버터플라이밸브(Butterfly Valve)
밸브판의 지름을 축으로 하여 밸브판을 회전함으로써 유량을 조정하는 밸브이다. 이 밸브는 기밀을 완전하게 하는 것은 곤란하나 유량을 조절하는 데는 편리하다.

85 강관의 나사 이음 시 관을 절단한 후 관 단면의 안쪽에 생기는 거스러미를 제거할 때 사용하는 공구는?

① 파이프 바이스 　② 파이프 리머
③ 파이프 렌치 　　④ 파이프 커터

해설

① 파이프 바이스 : 물체를 고정하는 기구
③ 파이프 렌치 : 관 이음에서 파이프를 조이거나 회전시킬 때 쓰이는 공구
④ 파이프 커터 : 관을 절단하는 기구

86 옥상탱크에서 오버플로관을 설치하는 가장 적합한 위치는?

① 배수관보다 하위에 설치한다.
② 양수관보다 상위에 설치한다.
③ 급수관과 수평위치에 설치한다.
④ 양수관과 동일 수평위치에 설치한다.

해설

오버플로관은 넘침관으로서 고수위 위로 수위가 형성될 때 외부로 배수하는 역할을 하는 것이므로 공급관인 양수관보다 상위에 설치해야 한다.

87 하트퍼드(Hartford) 배관법에 관한 설명으로 틀린 것은?

① 보일러 내의 안전 저수면보다 높은 위치에 환수관을 접속한다.
② 저압 증기난방에서 보일러 주변의 배관에 사용한다.
③ 하트퍼드 배관법은 보일러 내의 수면을 안전수위 이하로 유지하기 위해 사용된다.
④ 하트퍼드 배관 접속 시 환수주관에 침적된 찌꺼기의 보일러 유입을 방지할 수 있다.

해설

하트퍼드 배관법은 보일러 내의 수면을 안전수위 이상으로 유지하기 위해 사용된다.

88 급수급탕설비에서 탱크류에 대한 누수의 유무를 조사하기 위한 시험방법으로 가장 적절한 것은?

① 수압시험
② 만수시험
③ 통수시험
④ 잔류염소의 측정

해설

① 수압시험 : 배관 및 이음쇠의 누수 여부 조사
② 만수시험 : 탱크류 등 유체가 정체하는 공간의 누수 여부 조사
③ 통수시험 : 위생기구 등으로의 통수를 통해, 필요 유량과 압력에 적합한지를 조사
④ 잔류염소의 측정 : 잔류염소의 농도를 측정하여 음용수로서의 적합성 조사

89 중앙식 급탕법에 대한 설명으로 틀린 것은?

① 탱크 속에 직접 증기를 분사하여 물을 가열하는 기수혼합식의 경우 소음이 많아 증기관에 소음기(Silencer)를 설치한다.

② 열원으로 비교적 가격이 저렴한 석탄, 중유 등을 사용하므로 연료비가 적게 든다.

③ 급탕설비를 다른 설비 기계류와 동일한 장소에 설치하므로 관리가 용이하다.

④ 저탕탱크 속에 가열코일을 설치하고, 여기에 증기보일러를 통해 증기를 공급하여 탱크 안의 물을 직접 가열하는 방식을 직접가열식 중앙 급탕법이라 한다.

해설

저탕탱크 속에 가열코일을 설치하고, 여기에 증기보일러를 통해 증기를 공급하여 탱크 안의 물을 간접 가열하는 방식을 간접가열식 중앙 급탕법이라 한다.

90 공기조화설비에서 에어워셔의 플러딩 노즐이 하는 역할은?

① 공기 중에 포함된 수분을 제거한다.
② 입구공기의 난류를 정류로 만든다.
③ 엘리미네이터에 부착된 먼지를 제거한다.
④ 출구에 섞여 나가는 비산수를 제거한다.

해설

• 입구루버 : 입구공기의 난류를 정류로 만든다.
• 엘리미네이터 : 출구에 섞여 나가는 비산수를 제거한다.
• 플러딩 노즐 : 엘리미네이터에 부착된 먼지를 제거한다.

91 다음 공조용 배관 중 배관 샤프트 내에서 단열시공을 하지 않는 배관은?

① 온수관
② 냉수관
③ 증기관
④ 냉각수관

해설

냉각수는 응축기로부터 흡수한 열을 최대한 방열해야 하므로 단열시공을 하지 않는다.

92 급수온도 5℃, 급탕온도 60℃, 가열 전 급탕설비의 전수량은 2m³, 급수와 급탕의 압력차는 50kPa일 때, 절대압력 300kPa의 정수두가 걸리는 위치에 설치하는 밀폐식 팽창탱크의 용량(m³)은?(단, 팽창탱크의 초기 봉입 절대압력은 300 kPa이고, 5℃일 때 밀도는 1,000kg/m³, 60℃일 때 밀도는 983.1kg/m³이다.)

① 0.83
② 0.57
③ 0.24
④ 0.17

해설

밀폐식 팽창탱크의 용량(V) 산출

• $\Delta V = \left(\dfrac{1}{\rho_2} - \dfrac{1}{\rho_1} \right) V$

$\quad = \left(\dfrac{1}{0.9831 \text{kg/L}} - \dfrac{1}{1 \text{kg/L}} \right) \times 2{,}000 \text{L}$

$\quad = 34.38 \text{L}$

여기서, ΔV : 온수의 체적팽창량(L)

$\quad\quad \rho_1$: 온도 변화 전(급수)의 물의 밀도(kg/L)

$\quad\quad \rho_2$: 온도 변화 후(급탕)의 물의 밀도(kg/L)

$\quad\quad V$: 장치 내의 전수량(L)

• $V = \dfrac{\Delta V}{P_a \left(\dfrac{1}{P_0} - \dfrac{1}{P_m} \right)}$

$\quad = \dfrac{34.38 \text{L}}{300 \left(\dfrac{1}{300} - \dfrac{1}{350} \right)}$

$\quad = 240.66 \text{L} = 0.24 \text{m}^3$

여기서, V : 밀폐식 팽창탱크 용량(L)

$\quad\quad P_a$: 팽창탱크의 가압력(설치하는 위치의 압력) (kPa, 절대압력)

$\quad\quad P_0$: 장치 만수 시의 절대압력(최소압력, 초기 압력)(kPa, 절대압력)

$\quad\quad P_m$: 팽창탱크 최고사용압력(kPa, 절대압력)

---

93 배관재료에 대한 설명으로 틀린 것은?

① 배관용 탄소강 강관은 1MPa 이상, 10MPa 이하 증기관에 적합하다.
② 주철관은 용도에 따라 수도용, 배수용, 가스용, 광산용으로 구분한다.
③ 연관은 화학공업용으로 사용되는 1종관과 일반용으로 쓰이는 2종관, 가스용으로 사용되는 3종관이 있다.
④ 동관은 관 두께에 따라 K형, L형, M형으로 구분한다.

해설
배관용 탄소강 강관은 0.1MPa 이하의 사용압력에 적합하다.

94 다음 중 증기난방용 방열기를 열손실이 가장 많은 창문 쪽의 벽면에 설치할 때 벽면과의 거리로 가장 적절한 것은?

① 5~6cm   ② 10~11cm
③ 19~20cm   ④ 25~26cm

해설
외주부 부하를 적절하게 처리하기 위한 방열기와 창문 쪽 벽과의 최적 이격거리는 5~6cm 정도이다.

95 저·중압의 공기 가열기, 열교환기 등 다량의 응축수를 처리하는 데 사용되며, 작동원리에 따라 다량 트랩, 부자형 트랩으로 구분하는 트랩은?

① 바이메탈 트랩   ② 벨로스 트랩
③ 플로트 트랩   ④ 벨 트랩

해설
플로트 트랩은 기계식(비중식) 트랩의 일종으로서 다량의 응축수를 연속적으로 처리하는 특성을 갖고 있다. 반면, 기계식(비중식) 트랩 중 소량의 응축수를 간헐적으로 처리하는 트랩으로는 버킷 트랩이 있다.

96 냉동장치에서 압축기의 표시방법으로 틀린 것은?

① ⬭ : 밀폐형 일반   ② ◖ : 로터리형
③ ⬠ : 원심형   ④ ◗ : 왕복동형

해설
③, ④는 왕복동형의 표시사항이다.

97 공조배관설비에서 수격작용의 방지방법으로 틀린 것은?

① 관 내의 유속을 낮게 한다.
② 밸브는 펌프 흡입구 가까이 설치하고 제어한다.
③ 펌프에 플라이휠(Fly Wheel)을 설치한다.
④ 서지탱크를 설치한다.

해설
수격작용은 펌프의 토출 측에서 발생하므로 밸브는 펌프의 토출구 가까이 설치하고 제어하여야 한다.

98 압축공기 배관설비에 대한 설명으로 틀린 것은?

① 분리기는 윤활유를 공기나 가스에서 분리시켜 제거하는 장치로서 보통 중각냉각기와 후부냉각기 사이에 설치한다.
② 위험성 가스가 체류되어 있는 압축기실은 밀폐시킨다.
③ 맥동을 완화하기 위하여 공기탱크를 장치한다.
④ 가스관, 냉각수관 및 공기탱크 등에 안전밸브를 설치한다.

해설
위험성 가스가 체류될 경우 폭발의 위험이 있으므로 위험성 가스는 적절히 환기시켜 위험성을 낮추어야 한다.

99 프레온 냉동기에서 압축기로부터 응축기에 이르는 배관의 설치 시 유의사항으로 틀린 것은?

① 배관이 합류할 때는 T자형보다 Y자형으로 하는 것이 좋다.

② 압축기로부터 올라온 토출관이 응축기에 연결되는 수평부분은 응축기 쪽으로 하향 구배로 배관한다.

③ 2대의 압축기가 아래쪽에 있고 1대의 응축기가 위쪽에 있는 경우 토출가스 헤더는 압축기 위에 배관하여 토출가스관에 연결한다.

④ 압축기와 응축기가 각각 2대이고 압축기가 응축기의 하부에 설치된 경우 압축기의 크랭크 케이스 균압관은 수평으로 배관한다.

해설

2대의 압축기가 아래쪽에 있고 1대의 응축기가 위쪽에 있는 경우 토출가스 헤더는 응축기 위에 배관하여 토출가스관에 연결한다.

100 수도 직결식 급수 방식에서 건물 내에 급수를 할 경우 수도 본관에서의 최저 필요압력을 구하기 위한 필요 요소가 아닌 것은?

① 수도 본관에서 최고 높이에 해당하는 수전까지의 관 재질에 따른 저항

② 수도 본관에서 최고 높이에 해당하는 수전이나 기구별 소요압력

③ 수도 본관에서 최고 높이에 해당하는 수전까지의 관 내 마찰손실수두

④ 수도 본관에서 최고 높이에 해당하는 수전까지의 상당압력

해설

수도 본관의 필요수압 $P_o(\text{kPa}) \geq P_1 + P_2 + 10h$

여기서, P_1 : 기구별 최저소요압력(kPa)

P_2 : 관 내 마찰손실수두(kPa)

h : 수전고(수도 본관과 최고층 수전까지의 높이)(m)

Section 01 기계열역학

01 어떤 습증기의 엔트로피가 $6.78kJ/kg \cdot K$ 라고 할 때 이 습증기의 엔탈피는 약 몇 kJ/kg인 가?(단, 이 기체의 포화액 및 포화증기의 엔탈피와 엔트로피는 다음과 같다.)

구분	포화액	포화증기
엔탈피(kJ/kg)	384	2,666
엔트로피(kJ/kg · K)	1.25	7.62

① 2,365
② 2,402
③ 2,473
④ 2,511

해설

습증기의 엔탈피(h) 산출

$h = h' + x(h'' - h')$

$= 384 + 0.868(2,666 - 384) = 2,364.78$

여기서, h' : 포화액의 엔탈피

h'' : 포화증기의 엔탈피

$$x(건도) = \frac{수증기\ 엔트로피 - 포화액\ 엔트로피}{포화증기\ 엔트로피 - 포화액\ 엔트로피}$$

$$= \frac{s - s'}{s'' - s'} = \frac{6.78 - 1.25}{7.62 - 1.25} = 0.868$$

02 압력(P) – 부피(V) 선도에서 이상기체가 그림과 같은 사이클로 작동한다고 할 때 한 사이클 동안 행한 일은 어떻게 나타내는가?

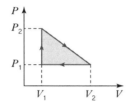

① $\dfrac{(P_2 + P_1)(V_2 + V_1)}{2}$
② $\dfrac{(P_2 - P_1)(V_2 + V_1)}{2}$
③ $\dfrac{(P_2 + P_1)(V_2 - V_1)}{2}$
④ $\dfrac{(P_2 - P_1)(V_2 - V_1)}{2}$

해설

(압력)P – 부피(V) 선도에서의 일량은 선도상의 경로선 내의 면적이 된다.

$$A W(일량) = \frac{(P_2 - P_1) \times (V_2 - V_1)}{2}$$

03 다음 중 슈테판–볼츠만의 법칙과 관련이 있는 열전달은?

① 대류
② 복사
③ 전도
④ 응축

해설

슈테판–볼츠만 법칙에 의해 다음과 같이 복사량을 산출할 수 있다.

$$Q = \sigma F_E F_A A(T_1{}^4 - T_2{}^4)$$

여기서, Q : 복사량(W)

σ : 슈테판–볼츠만 상수(5.667×10^{-8}W/m²K⁴)

F_E : 유효방사율(Emissivity)

F_A : 형태계수(형상계수, Configuration Factor)

A : 열전달면적(m²)

T_1, T_2 : 각 면의 온도(K)

04 이상기체 2kg이 압력 98kPa, 온도 25℃ 상태에서 체적이 0.5m³였다면 이 이상기체의 기체상수는 약 몇 J/kg · K인가?

① 79
② 82
③ 97
④ 102

이상기체 상태방정식 $PV = nRT$에서

$$R = \frac{PV}{nT} = \frac{98\text{kPa} \times 0.5\text{m}^3}{2\text{kg} \times (273 + 25)}$$

$$= 0.082\text{kJ/kg} \cdot \text{K} = 82\text{J/kg} \cdot \text{K}$$

05 냉매가 갖추어야 할 요건으로 틀린 것은?

① 증발온도에서 높은 잠열을 가져야 한다.
② 열전도율이 커야 한다.
③ 표면장력이 커야 한다.
④ 불활성이고 안전하며 비가연성이어야 한다.

해설

냉매는 표면장력이 작아야 하며, 또한 관련 물리적 성질인 점도 또한 작아야 한다.

06 어떤 유체의 밀도가 741kg/m³이다. 이 유체의 비체적은 약 몇 m³/kg인가?

① 0.78×10^{-3}　　② 1.35×10^{-3}
③ 2.35×10^{-3}　　④ 2.98×10^{-3}

해설

유체의 밀도와 비체적은 서로 역수의 관계에 있다.

$$\text{비체적}(v) = \frac{1}{\text{밀도}(\rho)} = \frac{1}{741\text{kg/m}^3}$$

$$= 0.00135 = 1.35 \times 10^{-3}$$

07 이상적인 랭킨 사이클에서 터빈 입구온도가 350℃이고, 75kPa과 3MPa의 압력범위에서 작동한다. 펌프 입구와 출구, 터빈 입구와 출구에서 엔탈피는 각각 384.4kJ/kg, 387.5kJ/kg, 3,116 kJ/kg, 2,403kJ/kg이다. 펌프일을 고려한 사이클의 열효율과 펌프일을 무시한 사이클의 열효율 차이는 약 몇 %인가?

① 0.001　　② 0.092
③ 0.11　　④ 0.18

해설

- 펌프일을 고려한 사이클의 열효율(η_p)

$$\eta_p = \frac{(h_4 - h_5) - (h_2 - h_1)}{h_4 - h_2}$$

$$= \frac{(3,116 - 2,403) - (387.5 - 384.4)}{3,116 - 387.5}$$

$$= 0.26018 = 26.018\%$$

여기서, h_1 : 펌프 입구 엔탈피
　　　　h_2 : 펌프 출구 (보일러 입구) 엔탈피
　　　　h_4 : 터빈 입구 (보일러 출구) 엔탈피
　　　　h_5 : 터빈 출구 엔탈피

- 펌프일을 무시한 사이클의 열효율(η_{np})

$$\eta_{np} = \frac{h_4 - h_5}{h_4 - h_2}$$

$$= \frac{3,116 - 2,403}{3,116 - 387.5} = 0.26132 = 26.132\%$$

$$\therefore \eta_{np} - \eta_p = 26.132 - 26.018 = 0.114\% = 0.11\%$$

08 전류 25A, 전압 13V를 가하여 축전지를 충전하고 있다. 충전하는 동안 축전지로부터 15W의 열손실이 있다. 축전지의 내부에너지 변화율은 약 몇 W인가?

① 310　　② 340
③ 370　　④ 420

해설

내부에너지의 변화(ΔU) 산출
$$\Delta U = \text{열량}(Q) - \text{일량}(W) = \text{열량}(Q) - \text{일량}(IV)$$
$$= -15 - (-25 \times 13) = 310\text{W}(\text{증가})$$

09 고온열원(T_1)과 저온열원(T_2) 사이에서 작동하는 역카르노 사이클에 의한 열펌프(Heat Pump)의 성능계수는?

① $\dfrac{T_1 - T_2}{T_1}$　　② $\dfrac{T_2}{T_1 - T_2}$

③ $\dfrac{T_1}{T_1 - T_2}$　　④ $\dfrac{T_1 - T_2}{T_2}$

역카르노 사이클의 성능계수

- 열펌프 성능계수(COP_H)

$$= \frac{고온열원(T_1)}{고온열원(T_1) - 저온열원(T_2)}$$

- 냉동기 성능계수(COP_R)

$$= \frac{저온열원(T_2)}{고온열원(T_1) - 저온열원(T_2)}$$

10 압력이 0.2MPa, 온도가 20℃의 공기를 압력이 2MPa로 될 때까지 가역 단열압축했을 때 온도는 약 몇 ℃인가?(단, 공기는 비열비가 1.4인 이상기체로 간주한다.)

① 225.7 ② 273.7

③ 292.7 ④ 358.7

단열과정에서의 T, P 관계를 활용한다.

$$\frac{T_2}{T_1} = \left(\frac{P_2}{P_1}\right)^{\frac{k-1}{k}}$$

$$T_2 = \left(\frac{P_2}{P_1}\right)^{\frac{k-1}{k}} \times T_1 = \left(\frac{2}{0.2}\right)^{\frac{1.4-1}{1.4}} \times (273+20) = 565.7\text{K}$$

$$\therefore \ 565.7 - 273 = 292.7℃$$

11 어떤 물질에서 기체상수(R)가 0.189kJ/kg·K, 임계온도가 305K, 임계압력이 7,380kPa 이다. 이 기체의 압축성 인자(Compressibility Factor, Z)가 다음과 같은 관계식을 나타낸다고 할 때 이 물질의 20℃, 1,000kPa 상태에서의 비체적(v)은 약 몇 m³/kg인가?(단, P는 압력, T는 절대온도, P_r은 환산압력, T_r은 환산온도를 나타낸다.)

$$Z = \frac{Pv}{RT} = 1 - 0.8\frac{P_r}{T_r}$$

① 0.0111 ② 0.0303

③ 0.0491 ④ 0.0554

비체적(v)의 산출

$$Z = \frac{Pv}{RT} = 1 - 0.8\frac{P_r}{T_r}$$

$$\frac{1,000\text{kPa} \times v}{0.189\text{kJ/kg·K} \times (273+20)} = 1 - 0.8 \times \frac{0.136}{0.961}$$

여기서, 환산온도(T_r) $= \dfrac{T}{T_e} = \dfrac{273+20}{305} = 0.961$

환산압력(P_r) $= \dfrac{P}{P_e} = \dfrac{1,000}{7,380} = 0.136$

$\therefore \ v = 0.0491\text{m}^3/\text{kg}$

12 단열된 노즐에 유체가 10m/s의 속도로 들어와서 200m/s의 속도로 가속되어 나간다. 출구에서의 엔탈피가 2,770kJ/kg일 때 입구에서의 엔탈피는 약 몇 kJ/kg인가?

① 4,370 ② 4,210

③ 2,850 ④ 2,790

노즐 입출구의 유속을 활용한 엔탈피(h_1) 산출

$$h_1 - h_2 = \frac{1}{2}(v_2^2 - v_1^2)$$

$$h_1 = \frac{1}{2}(v_2^2 - v_1^2) + h_2$$

$$= \frac{1}{2}(200^2 - 10^2) \times 10^{-3} + 2,770\text{kJ/kg}$$

$$= 2,789.95\text{kJ/kg}$$

13 100℃의 구리 10kg을 20℃의 물 2kg이 들어 있는 단열 용기에 넣었다. 물과 구리 사이의 열전달을 통한 평형온도는 약 몇 ℃인가?(단, 구리 비열은 0.45kJ/kg·K, 물 비열은 4.2kJ/kg·K 이다.)

① 48 ② 54

③ 60 ④ 68

해설

가중평균에 의한 평형온도(t_b) 산출

$$t_b = \frac{\sum\limits_{i=1}^{n} G_i C_i t_i}{\sum\limits_{i=1}^{n} G_i C_i} = \frac{G_1 C_1 t_1 + G_2 C_2 t_2}{G_1 C_1 + G_2 C_2}$$

$$= \frac{\begin{array}{c}10\text{kg} \times 0.45\text{kJ/kg} \cdot \text{K} \times (273+100)\text{K} \\ + 2 \times 4.2 \times (273+20)\end{array}}{10\text{kg} \times 0.45\text{kJ/kg} \cdot \text{K} + 2 \times 4.2} = 320.9\text{K}$$

$$\therefore t_b = 320.9 - 273 = 47.9 = 48\,℃$$

14 이상적인 교축과정(Throttling Process)을 해석하는 데 있어서 다음 설명 중 옳지 않은 것은?

① 엔트로피는 증가한다.

② 엔탈피의 변화가 없다고 본다.

③ 정압과정으로 간주한다.

④ 냉동기의 팽창밸브의 이론적인 해석에 적용될 수 있다.

해설

교축과정은 압력이 감소하는 과정이므로 정압과정이 아니다.

15 이상기체로 작동하는 어떤 기관의 압축비가 170이다. 압축 전의 압력 및 온도는 112kPa, 25℃이고 압축 후의 압력은 4,350kPa이었다. 압축 후의 온도는 약 몇 ℃인가?

① 53.7

② 180.2

③ 236.4

④ 407.8

해설

보일-샤를의 법칙을 활용하여 압축 후의 온도(T_2)를 산출한다.

$$\frac{P_1 V_1}{T_1} = \frac{P_2 V_2}{T_2}$$

$$T_2 = \frac{P_2 V_2}{P_1 V_1 T_1} = \frac{P_2 T_1}{P_1}\left(\frac{V_2}{V_1}\right) = \frac{P_2 T_1}{P_1}\left(\frac{1}{\varepsilon}\right)$$

$$= \frac{4,350 \times (273+25)}{112} \times \left(\frac{1}{17}\right) = 680.8\text{K}$$

여기서, 압축비(ε) $= \dfrac{V_1}{V_2}$ 이므로 $\dfrac{V_2}{V_1} = \dfrac{1}{17}$

$$\therefore 680.8 - 273 = 407.8\,℃$$

16 다음은 오토(Otto) 사이클의 온도-엔트로피($T-s$) 선도이다. 이 사이클의 열효율을 온도를 이용하여 나타낼 때 옳은 것은?(단, 공기의 비열은 일정한 것으로 본다.)

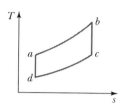

① $1 - \dfrac{T_c - T_d}{T_b - T_a}$

② $1 - \dfrac{T_b - T_a}{T_c - T_d}$

③ $1 - \dfrac{T_a - T_d}{T_b - T_c}$

④ $1 - \dfrac{T_b - T_c}{T_a - T_d}$

해설

오토 사이클의 $T-s$ 선도에서의 열효율(η)

$$\eta = \frac{AW}{q_s} = \frac{q_s - q_e}{q_s} = 1 - \frac{q_e}{q_s} = 1 - \frac{T_c - T_d}{T_b - T_a}$$

여기서, q_s : 공급열량, q_e : 방출열량

17 클라우지우스(Clausius)의 부등식을 옳게 나타낸 것은?(단, T는 절대온도, Q는 시스템으로 공급된 전체 열량을 나타낸다.)

① $\oint T\delta Q \leq 0$

② $\oint T\delta Q \geq 0$

③ $\oint \dfrac{\delta Q}{T} \leq 0$

④ $\oint \dfrac{\delta Q}{T} \geq 0$

해설

클라우지우스(Clausius)의 적분 : $\oint \dfrac{\delta Q}{T} \leq 0$

• 가역 과정 : $\oint \dfrac{\delta Q}{T} = 0$

• 비가역 과정 : $\oint \dfrac{\delta Q}{T} < 0$

정답 14 ③ 15 ④ 16 ① 17 ③

18 다음 중 강도성 상태량(Intensive Property)이 아닌 것은?

① 온도　　　　　② 내부에너지
③ 밀도　　　　　④ 압력

해설

열역학적 상태량(Property)의 구분

구분	개념	종류
강도성 상태량 (Intensive Property)	물질이 가지는 질량의 크기에 관계없는 상태량	온도, 압력, 밀도, 비체적 등
종량성 상태량 (Extensive Property)	물질의 질량에 따라서 값이 변하는 상태량	무게, 질량, 엔탈피, 내부에너지, 엔트로피, 체적 등

19 기체가 0.3MPa로 일정한 압력하에 8m³에서 4m³까지 마찰 없이 압축되면서 동시에 500kJ의 열을 외부로 방출하였다면, 내부에너지의 변화는 약 몇 kJ인가?

① 700　　　　　② 1,700
③ 1,200　　　　④ 1,400

해설

내부에너지의 변화량(ΔU) 산출

$$\Delta U = 열량(Q) - 일량(W)$$
$$= Q - P(V_2 - V_1)$$
$$= -500 - 0.3 \times 10^3 (4-8)$$
$$= 700\text{kJ}$$

20 카르노 사이클로 작동하는 열기관이 1,000℃의 열원과 300K의 대기 사이에서 작동한다. 이 열기관이 사이클당 100kJ의 일을 할 경우 사이클당 1,000℃의 열원으로부터 받은 열량은 약 몇 kJ인가?

① 70.0　　　　　② 76.4
③ 130.8　　　　④ 142.9

해설

카르노 사이클의 열효율 공식을 이용하여 공급 열량을 산출한다.

$$카르노\ 사이클의\ 열효율(\eta_c) = \frac{생산일(W)}{공급열량(Q)}$$
$$= \frac{T_H - T_L}{T_H} = 1 - \frac{T_L}{T_H}$$

$$공급열량(Q) = \frac{생산일(W)}{1 - \dfrac{T_L}{T_H}} = \frac{100\text{kJ}}{1 - \dfrac{300}{273 + 1000}} = 130.8\text{kJ}$$

Section 02

02 냉동공학

21 냉동능력이 15RT인 냉동장치가 있다. 흡입증기 포화온도가 −10℃이며, 건조포화증기 흡입압축으로 운전된다. 이때 응축온도가 45℃이라면 이 냉동장치의 응축부하(kW)는 얼마인가?(단, 1RT는 3.8kW이다.)

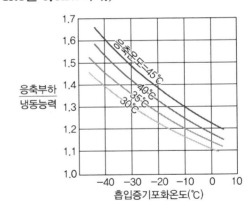

① 74.1　　　　　② 58.7
③ 49.8　　　　　④ 36.2

해설

응축부하(q_c) 산출

응축온도 45℃, 흡입증기포화온도 −10℃의 교점에서의
$\dfrac{응축부하}{냉동능력} = 1.3$이므로,

응축부하 = 냉동능력 × 1.3
　　　　　= 15RT × 3.8kW × 1.3 = 74.1kW

22 다음 중 터보압축기의 용량(능력)제어 방법이 아닌 것은?

① 회전속도에 의한 제어
② 흡입 댐퍼에 의한 제어
③ 부스터에 의한 제어
④ 흡입 가이드 베인에 의한 제어

해설

터보형(원심식) 압축기의 용량(능력)제어 방법

구분	세부사항
흡입베인 제어 (30~100%)	• 임펠러에 유입되는 냉매의 유입각도를 변화시켜 제어 • 현재 가장 널리 사용
바이패스 제어 (30~100%)	• 용량 10% 이하로 안전운전이 필요할 때 적용 (서징 방지) • 응축기 내 압축된 가스 일부를 증발기로 Bypass
회전수 제어 (20~100%)	• 전동기 사용 시는 일반적으로 적용하지 않음 • 증기터빈 구동 압축기일 때 적용할 수 있는 최적 제어법 • 구조가 간단
흡입 댐퍼 제어	• 댐퍼를 교축하여 서징 전까지 풍량감소 가능 • 제어 가능 범위는 전부하의 60% 정도 • 과거에 많이 적용되었으나, 현재는 동력소비 증가로 많이 쓰지 않음
Diffuser 제어	• R-12 등 고압냉매를 이용한 것에 사용 • 흡입베인 제어와 병용 적용 • 와류 발생 시 효율 저하, 소음 발생, 서징 등의 문제가 발생 • Diffuser의 역할 • 토출가스를 감속하여 냉매의 속도에너지를 압력으로 변환

23 냉매의 구비조건으로 옳은 것은?

① 표면장력이 작을 것
② 임계온도가 낮을 것
③ 증발잠열이 작을 것
④ 비체적이 클 것

해설

② 임계온도가 높고 상온에서 반드시 액화할 것
③ 증발잠열이 클 것
④ 비체적이 작을 것

24 증기압축식 열펌프에 관한 설명으로 틀린 것은?

① 하나의 장치로 난방 및 냉방으로 사용할 수 있다.
② 일반적으로 성적계수가 1보다 작다.
③ 난방을 위한 별도의 보일러 설치가 필요 없어 대기오염이 적다.
④ 증발온도가 높고 응축온도가 낮을수록 성적계수가 커진다.

해설

증기압축식 열펌프는 압축식 냉동기의 성적계수보다 1만큼 큰 값을 가지므로, 최소한 1 이상의 성적계수 값을 갖게 된다. ($COP_H = COP_R + 1$)

25 프레온 냉동장치의 배관공사 중에 수분이 장치 내에 잔류했을 경우 이 수분에 의한 장치에 나타나는 현상으로 틀린 것은?

① 프레온 냉매는 수분의 용해도가 작으므로 냉동장치 내의 온도가 0℃ 이하이면 수분은 빙결한다.
② 수분은 냉동장치 내에서 철재 재료 등을 부식시킨다.
③ 증발기의 전열기능을 저하시키고, 흡입관 내 냉매 흐름을 방해한다.
④ 프레온 냉매와 수분이 서로 화합반응하여 알칼리를 생성시킨다.

해설

프레온계 냉매는 물과의 용해도가 낮아 화합반응이 일어나기 어렵다. 반면 암모니아 냉매의 경우는 수분과 화합반응하여 수산화암모늄의 알칼리 성분을 생성시키는 특성을 갖고 있다.

정답　22 ③　23 ①　24 ②　25 ④

26 0℃와 100℃ 사이에서 작용하는 카르노 사이클 기관(㉮)과 400℃와 500℃ 사이에서 작용하는 카르노 사이클 기관(㉯)이 있다. ㉮기관 열효율은 ㉯기관 열효율의 약 몇 배가 되는가?

① 1.2배 ② 2배
③ 2.5배 ④ 4배

[해설]

$$\eta_{th(가)} = \frac{T_H - T_L}{T_H} = 1 - \frac{T_L}{T_H} = 1 - \frac{273+0}{273+100} = 0.268$$

$$\eta_{th(나)} = \frac{T_H - T_L}{T_H} = 1 - \frac{T_L}{T_H} = 1 - \frac{273+400}{273+500} = 0.129$$

∴ ㉮기관의 열효율(0.268)은 ㉯기관의 열효율(0.129)의 약 2배이다.

27 팽창밸브 중 과열도를 검출하여 냉매유량을 제어하는 것은?

① 정압식 자동팽창밸브
② 수동팽창밸브
③ 온도식 자동팽창밸브
④ 모세관

[해설]

온도식 자동팽창밸브(TEV : Thermostatic Expansion Valve)
• 증발기 출구에서 압축기로 흡입되는 흡입가스의 과열도에 의하여 작동한다.
• 부하의 변동, 냉각수의 상태 등에 의하여 항상 변화한다.

28 다음 중 가연성이 있어 조건이 나쁘면 인화, 폭발위험이 가장 큰 냉매는?

① R-717 ② R-744
③ R-718 ④ R-502

[해설]

R-717은 암모니아를 명명하는 것으로서, 우수한 열역학적 특성 및 높은 효율을 갖지만, 가연성이 있어 조건이 나쁘면 인화, 폭발위험의 단점이 있다.

29 흡수식 냉동사이클 선도에 대한 설명으로 틀린 것은?

① 듀링 선도는 수용액의 농도, 온도, 압력 관계를 나타낸다.
② 증발잠열 등 흡수식 냉동기 설계상 필요한 열량은 엔탈피–농도 선도를 통해 구할 수 있다.
③ 듀링 선도에서는 각 열교환기 내의 열교환량을 표현할 수 없다.
④ 엔탈피–농도 선도는 수평축에 비엔탈피, 수직축에 농도를 잡고 포화용액의 등온·등압선과 발생증기의 등압선을 그은 것이다.

[해설]

엔탈피–농도 선도는 수평축에 농도, 수직축에 비엔탈피를 잡고 포화용액의 등온·등압선, 발생증기의 등압선을 그은 것이다.

30 저온용 단열재의 조건으로 틀린 것은?

① 내구성이 있을 것 ② 흡습성이 클 것
③ 팽창계수가 작을 것 ④ 열전도율이 작을 것

[해설]

단열재는 수분이 혼입되면 단열성능이 저하되므로, 흡습성이 낮아야 한다.

31 다음 안전장치에 대한 설명으로 틀린 것은?

① 가용전은 응축기, 수액기 등의 압력용기에 안전장치로 설치된다.
② 파열판은 얇은 금속판으로 용기의 구멍을 막고 있는 구조이며 안전밸브로 사용된다.
③ 안전밸브는 고압 측의 각 부분에 설치하여 일정 이상 고압이 되면 밸브가 열려 저압부로 보내거나 외부로 방출하도록 한다.
④ 고압차단 스위치는 조정 설정압력보다 벨로스에 가해진 압력이 낮아졌을 때 압축기를 정지시키는 안전장치이다.

고압 차단 스위치는 조정 설정압력보다 벨로스에 가해진 압력이 높아졌을 때 압축기를 정지시키는 안전장치이다.

32 흡수식 냉동기의 특징에 대한 설명으로 틀린 것은?

① 부분부하에 대한 대응성이 좋다.
② 압축식, 터보식 냉동기에 비해 소음과 진동이 적다.
③ 초기 운전 시 정격 성능을 발휘할 때까지의 도달 속도가 느리다.
④ 용량제어 범위가 비교적 작아 큰 용량 장치가 요구되는 장소에 설치 시 보조 기기 설비가 요구된다.

흡수식 냉동기는 용량제어 범위가 비교적 넓어 부하변동에 안정적이고, 부분부하 시 기기 효율이 높아 에너지 절약적인 특성을 갖고 있다.

33 다음의 $P-h$ 선도상에서 냉동능력이 1냉동톤인 소형 냉장고의 실제 소요동력(kW)은? (단, 1냉동톤은 3.8kW이며, 압축효율은 0.75, 기계효율은 0.9이다.)

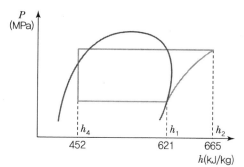

① 1.47
② 1.81
③ 2.73
④ 3.27

실제 소요동력(L) 산출

$$실제 \ 소요동력(L) = \frac{Q_e}{COP \times 압축효율 \times 기계효율}$$

$$= \frac{1RT \times 3.8kW}{3.84 \times 0.75 \times 0.9} = 1.47kW$$

여기서, $COP = \dfrac{q_e}{AW} = \dfrac{621-452}{665-621} = 3.84$

34 냉동장치의 윤활 목적으로 틀린 것은?

① 마모 방지
② 부식 방지
③ 냉매 누설 방지
④ 동력손실 증대

윤활은 유막을 형성하여 누설 및 마모를 방지함으로써 기계효율을 증대시켜 동력손실을 최소화하는 것을 목적으로 한다.

35 2단 압축 1단 팽창 냉동장치에서 고단 압축기의 냉매순환량을 G_2, 저단 압축기의 냉매순환량을 G_1이라고 할 때 G_2 / G_1은 얼마인가?

저단 압축기 흡입증기 엔탈피(h_1)	610.4kJ/kg
저단 압축기 토출증기 엔탈피(h_2)	652.3kJ/kg
고단 압축기 흡입증기 엔탈피(h_3)	622.2kJ/kg
중간냉각기용 팽창밸브 직전 냉매 엔탈피(h_4)	462.6kJ/kg
증발기용 팽창밸브 직전 냉매 엔탈피(h_5)	427.1kJ/kg

① 0.8
② 1.4
③ 2.5
④ 3.1

고단 측 냉매순환량(G_2) $= G_1 \times \dfrac{h_2 - h_5}{h_3 - h_4}$

$$\frac{G_2}{G_1} = \frac{h_2 - h_5}{h_3 - h_4} = \frac{652.3 - 427.1}{622.2 - 462.6}$$

$$= 1.41 = 1.4$$

36 공기열원 수가열 열펌프 장치를 가열운전 (시운전)할 때 압축기 토출밸브 부근에서 토출가스 온도를 측정하였더니 일반적인 온도보다 지나치게 높게 나타났다. 이러한 현상의 원인으로 가장 거리가 먼 것은?

① 냉매 분해가 일어났다.
② 팽창밸브가 지나치게 교축되었다.
③ 공기 측 열교환기(증발기)에서 눈에 띄게 착상이 일어났다.
④ 가열 측 순환 온수의 유량이 설계값보다 많다.

해설

가열 측 순환 온수의 유량이 설계값보다 작을 때 열교환 매체가 적어지므로, 압축기 토출 측 가스의 방열이 용이하지 않게 되어 온도가 올라간다.

37 두께 30cm의 벽돌로 된 벽이 있다. 내면온도 21℃, 외면온도가 35℃일 때 이 벽을 통해 흐르는 열량(W/m²)은?(단, 벽돌의 열전도율은 0.793W /m · K이다.)

① 32   ② 37
③ 40   ④ 43

해설

통과열량(q) 산출

$q = KA\Delta t = \dfrac{\lambda}{d} A \Delta t$

$= \dfrac{0.793 \text{W/m}^2\text{K}}{0.3\text{m}} \times 1\text{m}^2 \times (35 - 21)$

$= 37\text{W/m}^2$

38 온도식 팽창밸브는 어떤 요인에 의해 작동되는가?

① 증발온도   ② 과냉각도
③ 과열도   ④ 액화온도

해설

온도식 자동팽창밸브(TEV : Thermostatic Expansion Valve)
• 증발기 출구에서 압축기로 흡입되는 흡입가스의 과열도에 의하여 작동한다.
• 부하의 변동, 냉각수의 상태 등에 의하여 항상 변화한다.

39 프레온 냉매를 사용하는 냉동장치에 공기가 침입하면 어떤 현상이 일어나는가?

① 고압 압력이 높아지므로 냉매순환량이 많아지고 냉동능력도 증가한다.
② 냉동톤당 소요동력이 증가한다.
③ 고압 압력은 공기의 분압만큼 낮아진다.
④ 배출가스의 온도가 상승하므로 응축기의 열통과율이 높아지고 냉동능력도 증가한다.

해설

냉동장치 내에 공기가 혼입되면, 혼입된 공기에 의해 응축압력(온도)이 상승하며, 이에 따라 압축기의 토출가스 압력(온도)이 상승한다. 이는 압축기 실린더의 과열, 냉동능력의 감소, 냉동톤당 소요동력(소비동력)의 증가를 수반하게 된다.

40 냉동부하가 25RT인 브라인 쿨러가 있다. 열전달계수가 1.53kW/m²K이고, 브라인 입구온도가 −5℃, 출구온도가 −10℃, 냉매의 증발온도가 −15℃일 때 전열면적(m²)은 얼마인가?(단, 1RT는 3.8kW이고, 산술평균온도차를 이용한다.)

① 16.7   ② 12.1
③ 8.3   ④ 6.5

해설

$q = KA\Delta t$

$25\text{RT} \times 3.8\text{kW} = 1.53\text{kW/m}^2\text{K} \times A \times \left(\dfrac{-5 + (-10)}{2} - (-15) \right)$

$\therefore A(\text{m}^2) = 8.28 = 8.3\text{m}^2$

41 인체의 발열에 관한 설명으로 틀린 것은?

① 증발 : 인체 피부에서의 수분이 증발하여 그 증발열로 체내 열을 방출한다.

② 대류 : 인체 표면과 주위 공기와의 사이에 열의 이동으로 인위적으로 조절이 가능하며 주위 공기의 온도와 기류에 영향을 받는다.

③ 복사 : 실내온도와 관계없이 유리창과 벽면 등의 표면온도와 인체 표면과의 온도차에 따라 실제 느끼지 못하는 사이 방출되는 열이다.

④ 전도 : 겨울철 유리창 근처에서 추위를 느끼는 것은 전도에 의한 열 방출이다.

해설

겨울철 유리창 근처에서 추위를 느끼는 것은 복사에 의한 열 방출이다. 전도에 의한 열 방출은 고체의 열전달이므로 유리창에 몸이 닿아야 전도에 의한 열 방출이 일어나게 된다.

42 냉방 시 실내부하에 속하지 않는 것은?

① 외기의 도입으로 인한 취득열량

② 극간풍에 의한 취득열량

③ 벽체로부터의 취득열량

④ 유리로부터의 취득열량

해설

외기의 도입으로 인한 취득열량은 환기부하로 분류된다.

43 송풍기의 크기는 송풍기의 번호(No. #)로 나타내는데, 원심송풍기의 송풍기 번호를 구하는 식으로 옳은 것은?

① $No(\#) = \dfrac{회전날개의\ 지름(mm)}{100}$

② $No(\#) = \dfrac{회전날개의\ 지름(mm)}{150}$

③ $No(\#) = \dfrac{회전날개의\ 지름(mm)}{200}$

④ $No(\#) = \dfrac{회전날개의\ 지름(mm)}{250}$

해설

송풍기의 번호(No.)

• 원심형 송풍기

$No. = \dfrac{회전날개지름(mm)}{150}$

• 축류형 송풍기

$No. = \dfrac{회전날개지름(mm)}{100}$

44 아래 습공기 선도에 나타낸 과정과 일치하는 장치도는?

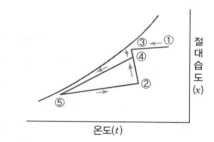

①
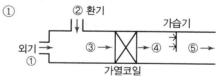

②

③

④

본 과정은 외기(①)를 예랭(③)한 후, 환기(②)와 혼합(④)하여 냉각코일을 통과(⑤)한 후 실내로 취출하는 프로세스이다.

45 인위적으로 실내 또는 일정한 공간의 공기를 사용 목적에 적합하도록 공기조화하는 데 있어서 고려하지 않아도 되는 것은?

① 온도
② 습도
③ 색도
④ 기류

공기조화의 주요 고려요소
온도, 습도, 기류, 청정도

46 크기 $1,000 \times 500\text{mm}$의 직관 덕트에 35℃의 온풍 $18,000\text{m}^3/\text{h}$이 흐르고 있다. 이 덕트가 -10℃의 실외 부분을 지날 때 길이 20m당 덕트 표면으로부터의 열손실(kW)은?(단, 덕트는 암면 25mm로 보온되어 있고, 이때 1,000m당 온도차 1℃에 대한 온도 강하는 0.9℃이다. 공기의 밀도는 1.2kg/m^3, 정압비열은 $1.01\text{kJ/kg} \cdot \text{K}$이다.)

① 3.0
② 3.8
③ 4.9
④ 6.0

손실열량(q) 산출

$q(\text{kW}) = Q\rho C_p \Delta t$

$$= 18,000\text{m}^3/\text{h} \times 1.2\text{kg/m}^3 \div 3,600 \times 1.01\text{kJ/kg} \cdot \text{K}$$
$$\times \left(\frac{0.9℃}{1,000\text{m}} \times 20\text{m} \right) \times (35 - (-10))$$
$$= 4.9\text{kW}$$

여기서, $\dfrac{0.9℃}{1,000\text{m}} \times 20\text{m}$는 문제의 조건에 따라 1,000m당 온도 강하 0.9℃에 20m당 덕트 표면 열손실 산출사항을 반영한 것이다.

47 동일한 덕트 장치에서 송풍기 날개의 직경이 d_1, 전동기 동력이 L_1인 송풍기를 직경 d_2로 교환했을 때 동력의 변화로 옳은 것은?(단, 회전수는 일정하다.)

① $L_2 = \left(\dfrac{d_2}{d_1} \right)^2 L_1$

② $L_2 = \left(\dfrac{d_2}{d_1} \right)^3 L_1$

③ $L_2 = \left(\dfrac{d_2}{d_1} \right)^4 L_1$

④ $L_2 = \left(\dfrac{d_2}{d_1} \right)^5 L_1$

송풍기 상사의 법칙

구분	회전수(rpm) $N_1 \rightarrow N_2$	날개직경(mm) $D_1 \rightarrow D_2$
송풍량 $Q(\text{m}^3/\text{min})$ 변화	$Q_2 = \left(\dfrac{N_2}{N_1} \right) Q_1$	$Q_2 = \left(\dfrac{D_2}{D_1} \right)^3 Q_1$
압력 $P(\text{Pa})$ 변화	$P_2 = \left(\dfrac{N_2}{N_1} \right)^2 P_1$	$P_2 = \left(\dfrac{D_2}{D_1} \right)^2 P_1$
송풍기 동력 $L(\text{kW})$ 변화	$L_2 = \left(\dfrac{N_2}{N_1} \right)^3 L_1$	$L_2 = \left(\dfrac{D_2}{D_1} \right)^5 L_1$

48 다음의 취출과 관련한 용어 설명으로 틀린 것은?

① 그릴(Grill)은 취출구의 전면에 설치하는 면격자이다.
② 아스펙트(Aspect)비는 짧은 변을 긴 변으로 나눈 값이다.
③ 셔터(Shutter)는 취출구의 후부에 설치하는 풍량 조절용 또는 개폐용의 기구이다.
④ 드래프트(Draft)는 인체에 닿아 불쾌감을 주는 기류이다.

아스펙트(Aspect)비는 긴 변을 짧은 변으로 나눈 값이다.

49 온수난방에 대한 설명으로 틀린 것은?

① 온수의 체적팽창을 고려하여 팽창탱크를 설치한다.

② 보일러가 정지하여도 실내온도의 급격한 강하가 적다.

③ 밀폐식일 경우 배관의 부식이 많아 수명이 짧다.

④ 방열기에 공급되는 온수온도와 유량 조절이 용이하다.

해설

밀폐식의 경우 대기와의 노출이 없으므로 개방식에 비해 상대적으로 부식이 적고 수명이 길다.

50 증기난방 배관에서 증기트랩을 사용하는 이유로 옳은 것은?

① 관 내의 공기를 배출하기 위하여

② 배관의 신축을 흡수하기 위하여

③ 관 내의 압력을 조절하기 위하여

④ 증기관에 발생된 응축수를 제거하기 위하여

해설

증기트랩은 증기관에서 응축수와 증기를 분리하여 응축수를 제거하는 역할을 한다.

51 보일러에서 화염이 없어지면 화염검출기가 이를 감지하여 연료 공급을 즉시 정시시키는 형태의 제어는?

① 시퀀스 제어　　　② 피드백 제어

③ 인터록 제어　　　④ 수면 제어

해설

인터록 제어는 두 회로가 동시에 가동하지 못하도록 다른 하나의 회로를 차단하는 제어를 말하며, 보일러의 화염이 없어지면 연료 공급을 정지시키는 역할을 한다.

52 중앙식 난방법의 하나로서 각 건물마다 보일러 시설 없이 일정 장소에서 여러 건물에 증기 또는 고온수 등을 보내서 난방하는 방식은?

① 복사난방　　　② 지역난방

③ 개별난방　　　④ 온풍난방

해설

지역난방은 중앙의 플랜트에서 중온수를 공동주택 등에 공급하여 난방하는 일종의 중앙식 난방방법이다.

53 보일러의 출력에는 상용출력과 정격출력이 있다. 다음 중 이들의 관계가 적당한 것은?

① 상용출력 = 난방부하 + 급탕부하 + 배관부하

② 정격출력 = 난방부하 + 배관 열손실부하

③ 상용출력 = 배관 열손실부하 + 보일러 예열부하

④ 정격출력 = 난방부하 + 급탕부하 + 배관부하 + 예열부하 + 온수부하

해설

정미출력 = 난방부하 + 급탕부하
상용출력 = 정미출력 + 배관부하
　　　　= 난방부하 + 급탕부하 + 배관부하
정격출력 = 상용출력 + 예열부하
　　　　= 난방부하 + 급탕부하 + 배관부하 + 예열부하

54 수관식 보일러의 특징에 관한 설명으로 틀린 것은?

① 관(드럼)의 직경이 작아서 고온·고압용에 적당하다.

② 전열면적이 커서 증기 발생시간이 빠르다.

③ 구조가 단순하여 청소나 검사 수리가 용이하다.

④ 보유수량이 적어 부하변동 시 압력변화가 크다.

해설

수관식 보일러는 복사열이 크게 전달되도록 상부는 기수 드럼, 하부는 물 드럼 및 여러 개의 수관으로 구성된 외분식 보일러로서 전열면적이 크고 효율이 높지만, 구조가 복잡하고 가격이 비싼 특징을 갖고 있다.

55 6인용 입원실이 100실인 병원의 입원실 전체 환기를 위한 최소 신선공기량(m^3/h)은?(단, 외기 중 CO_2 함유량은 $0.0003m^3/m^3$이고 실내 CO_2의 허용농도는 0.1%, 재실자의 CO_2 발생량은 개인당 $0.015m^3/h$이다.)

① 6,857   ② 8,857
③ 10,857   ④ 12,857

해설

$$Q(\mathrm{m^3/h}) = \frac{M(\mathrm{m^3/h})}{C_i + C_o}$$
$$= \frac{6 \times 100 \times 0.015\mathrm{m^3/h}}{0.001 - 0.0003}$$
$$= 12,857\mathrm{m^3/h}$$

56 다음 공기조화 방식 중 냉매 방식인 것은?

① 유인유닛 방식
② 멀티존 방식
③ 팬코일유닛 방식
④ 패키지유닛 방식

해설

패키지유닛은 냉매를 개별적인 실내기와 실외기에 적용하여 냉방하는 냉매 방식이다.

57 전열교환기에 관한 설명으로 틀린 것은?

① 공기조화기기의 용량설계에 영향을 주지 않음
② 열교환기 설치로 설비비와 요구 공간 증가
③ 회전식과 고정식이 있음
④ 배기와 환기의 열교환으로 현열과 잠열을 교환

해설

전열교환기를 적용할 경우 도입되는 외기의 엔탈피를 설정된 실내외 온도와 가깝게 할 수 있으므로, 전열교환기를 적용하지 않는 경우에 대비하여 공기조화기기의 용량을 적게 설계할 수 있는 장점이 있다.

58 복사난방 방식의 특징에 대한 설명으로 틀린 것은?

① 외기온도의 갑작스러운 변화에 대응이 용이함
② 실내 상하 온도분포가 균일하여 난방효과가 이상적임
③ 실내 공기온도가 낮아도 되므로 열손실이 적음
④ 바닥에 난방기기가 필요 없어 바닥면의 이용도가 높음

해설

복사난방 방식은 열용량이 큰 난방 방식으로서 실내의 온도를 변화시키는 데 시간이 걸리게 되므로, 외기온도의 급변에 따라 실내온도를 함께 변화시키는 데는 한계가 있다.

59 송풍기의 풍량조절법이 아닌 것은?

① 토출 댐퍼에 의한 제어
② 흡입 댐퍼에 의한 제어
③ 토출 베인에 의한 제어
④ 흡입 베인에 의한 제어

해설

송풍기의 풍량조절방법에는 회전수, 가변익 축류, 흡입 베인, 흡입 댐퍼, 토출 댐퍼 방식 등이 있다.

60 유효온도차(상당외기온도차)에 대한 설명으로 틀린 것은?

① 태양 일사량을 고려한 온도차이다.
② 계절, 시각 및 방위에 따라 변화한다.
③ 실내온도와는 무관하다.
④ 냉방부하 시에 적용된다.

해설

유효온도차(상당외기온도차)는 여름철 일사에 의한 축열을 고려한 외기온도인 상당외기온도와 실내온도 간의 차이를 나타낸 것으로서 실내온도와 관련이 있다.

정답   55 ④ 56 ④ 57 ① 58 ① 59 ③ 60 ③

61 그림과 같은 회로에서 전달함수 $G(s) = \dfrac{I(s)}{V(s)}$ 를 구하면?

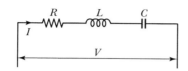

① $R + Ls + Cs$

② $\dfrac{1}{R + Ls + Cs}$

③ $R + Ls + \dfrac{1}{Cs}$

④ $\dfrac{1}{R + Ls + \dfrac{1}{Cs}}$

해설

전압 $v(t) = Ri(t) + L\dfrac{d}{dt}i(t) + \dfrac{1}{C}\displaystyle\int_0^t i(t)dt$

라플라스 변환하면

$V(s) = RI(s) + LsI(s) + \dfrac{1}{Cs}I(s)$

$\qquad = \left(R + Ls + \dfrac{1}{Cs}\right) \cdot I(s)$

$\therefore\ G(s) = \dfrac{I(s)}{V(s)} = \dfrac{1}{R + Ls + \dfrac{1}{Cs}}$

62 논리식 $A + BC$와 등가인 논리식은?

① $AB + AC$

② $(A+B)(A+C)$

③ $(A+B)C$

④ $(A+C)B$

해설

$(A+B)(A+C) = AA + AC + AB + BC$

$\qquad = A + AC + AB + BC$

$\qquad = A(1+C) + AB + BC$

$\qquad = A \cdot 1 + AB + BC$

$\qquad = A + AB + BC$

$\qquad = A(1+B) + BC$

$\qquad = A \cdot 1 + BC$

$\qquad = A + BC$

63 입력 A, B, C에 따라 Y를 출력하는 다음의 회로는 무접점 논리회로 중 어떤 회로인가?

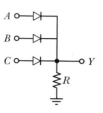

① OR 회로

② NOR 회로

③ AND 회로

④ NAND 회로

해설

A, B, C 중 하나라도 On이 될 경우 Y가 On이 되는 형태로서 OR 회로에 속한다.

64 승강기나 에스컬레이터 등의 옥내 전선의 절연저항을 측정하는 데 가장 적당한 측정기기는?

① 메거

② 휘트스톤 브리지

③ 켈빈 더블 브리지

④ 콜라우시 브리지

해설

② 휘트스톤 브리지 : 0.5~10⁵Ω의 중저항 측정용 계기

③ 켈빈 더블 브리지 : 1Ω 이하의 저저항 측정용 계기

④ 콜라우시 브리지 : 접지저항, 전해액의 저항, 전지의 내부저항을 측정하는 계기

65 $e(t) = 200\sin\omega t\,(V)$, $i(t) = 4\sin\left(\omega t - \dfrac{\pi}{3}\right)$ (A)일 때 유효전력(W)은?

① 100

② 200

③ 300

④ 400

정답 61 ④ 62 ② 63 ① 64 ① 65 ②

유효전력(P) 산출

$$P = VI\cos\theta$$

$$= \frac{V_m}{\sqrt{2}} \cdot \frac{I_m}{\sqrt{2}} \cdot \cos\theta$$

$$= \frac{200}{\sqrt{2}} \times \frac{4}{\sqrt{2}} \times \cos\left(0 - \left(-\frac{\pi}{3}\right)\right)$$

$$= 400\cos\frac{\pi}{3} = 200\text{W}$$

여기서, $\theta = \theta_e - \theta_i$, $2\pi = 360$, $\pi = 180$

66 전력(W)에 관한 설명으로 틀린 것은?

① 단위는 J/s이다.
② 열량을 적분하면 전력이다.
③ 단위시간에 대한 전기에너지이다.
④ 공률(일률)과 같은 단위를 갖는다.

해설

전력(W)을 시간으로 적분하면 전력량(W·sec)이 되고, 전력량은 열량을 의미(W·sec=J)하므로, 전력(W)을 시간으로 적분하면 열량(J)이 된다.

전력량 산출공식

전력량 $= Pt$ [W·sec][J]

여기서, P : 전력(W), t : 시간(sec)

※ W=J/sec이므로, W·sec=J/sec×sec=J이 된다.

67 환상 솔레노이드 철심에 200회의 코일을 감고 2A의 전류를 흘릴 때 발생하는 기자력은 몇 AT인가?

① 50
② 100
③ 200
④ 400

해설

기자력 $F(\text{AT}) = N \times I = 200 \times 2 = 400\text{AT}$

여기서, N : 코일 권수(회)
$\quad\quad\quad I$: 전류(A)

68 제어편차가 검출될 때 편차가 변화하는 속도에 비례하여 조작량을 가감하도록 하는 제어로서 오차가 커지는 것을 미연에 방지하는 제어동작은?

① On/Off 제어동작
② 미분제어동작
③ 적분제어동작
④ 비례제어동작

해설

미분(D)제어동작은 제어오차가 검출될 때 오차가 변화하는 속도에 비례하여 조작량을 가감하여 오차가 커지는 것을 미연에 방지하는 제어동작이다.

69 $10\mu\text{F}$의 콘덴서에 200V의 전압을 인가하였을 때 콘덴서에 축적되는 전하량은 몇 C인가?

① 2×10^{-3}
② 2×10^{-4}
③ 2×10^{-5}
④ 2×10^{-6}

해설

전하량(Q) 산출

$Q = CV = (10 \times 10^{-6}) \times 200 = 2 \times 10^{-3}\text{C}$

여기서, Q : 전하량(C)
$\quad\quad\quad C$: 정전용량(F)
$\quad\quad\quad V$: 전압(V)

70 3상 유도전동기의 출력이 10kW, 슬립이 4.8%일 때의 2차 동손은 약 몇 kW인가?

① 0.24
② 0.36
③ 0.5
④ 0.8

해설

2차 동손(P_{c2}) 산출

$$P_{c2} = \frac{s}{1-s} \times P = \frac{0.048}{1-0.048} \times 10 = 0.5042$$

$\therefore$ 0.5kW

여기서, P_{c2} : 2차 동손(kW)
$\quad\quad\quad P$: 출력(kW)
$\quad\quad\quad s$: 슬립

71 유도전동기에 인가되는 전압과 주파수의 비를 일정하게 제어하여 유도전동기의 속도를 정격 속도 이하로 제어하는 방식은?

① CVCF 제어 방식
② VVVF 제어 방식
③ 교류 궤환제어 방식
④ 교류 2단 속도제어 방식

[해설]

VVVF(Variable Voltage Variable Frequency) 속도제어 방식
- 가변전압 가변주파수 변환장치로 공급된 전압과 주파수를 변환하여 유도전동기에 공급함으로써 모터의 회전수를 제어하는 방법으로 효율 면에서 우수하다.
- VVVF 속도제어 방식에는 전압형 인버터와 전류형 인버터가 있으며 일반적으로 전압형 인버터를 많이 적용한다.

72 회전각을 전압으로 변환시키는 데 사용되는 위치 변환기는?

① 속도계
② 증폭기
③ 변조기
④ 전위차계

[해설]

회전각(변위)을 전압으로 변환시키는 데 사용되는 위치 변환기에는 전위차계, 퍼텐셔미터, 차동변압기 등이 있다.

73 그림의 신호흐름선도에서 전달함수 $\dfrac{C(s)}{R(s)}$는?

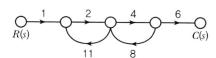

① $-\dfrac{8}{9}$
② $-\dfrac{13}{19}$
③ $-\dfrac{48}{53}$
④ $-\dfrac{105}{77}$

[해설]

전달함수($\dfrac{C(s)}{R(s)}$) 산출

$$\frac{C(s)}{R(s)} = \frac{\text{전향경로}}{1 - \text{피드백 경로}}$$

$$= \frac{1 \times 2 \times 4 \times 6}{1 - [(2 \times 11) + (4 \times 8)]}$$

$$= -\frac{48}{53}$$

74 폐루프 제어시스템의 구성에서 조절부와 조작부를 합쳐서 무엇이라고 하는가?

① 보상요소
② 제어요소
③ 기준입력요소
④ 귀환요소

[해설]

제어요소(Control Element)는 동작신호를 조작량으로 변화하는 요소이며, 조절부와 조작부로 이루어진다.

75 그림과 같은 회로에 흐르는 전류 I(A)는?

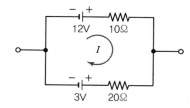

① 0.3
② 0.6
③ 0.9
④ 1.2

[해설]

키르히호프의 제2법칙(공급전압의 합 = 전압강하의 합)을 이용하여 산출한다.

$$\sum V = \sum IR$$
$$V_1 - V_2 = IR_1 + IR_2$$
$$V_1 - V_2 = I(R_1 + R_2)$$
$$I = \frac{V_1 - V_2}{R_1 + R_2} = \frac{12 - 3}{10 + 20} = 0.3\text{A}$$

76 그림과 같은 단위 피드백 제어시스템의 전달함수 $\dfrac{C(s)}{R(s)}$는?

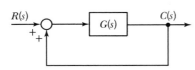

① $\dfrac{1}{1+G(s)}$ ② $\dfrac{G(s)}{1+G(s)}$

③ $\dfrac{1}{1-G(s)}$ ④ $\dfrac{G(s)}{1-G(s)}$

전달함수($\dfrac{C(s)}{R(s)}$) 산출

$$\dfrac{C(s)}{R(s)} = \dfrac{전향경로}{1-피드백\ 경로} = \dfrac{G(s)}{1-(G(s)\times 1)} = \dfrac{G(s)}{1-G(s)}$$

77 선간전압 200V의 3상 교류전원에 화물용 승강기를 접속하고 전력과 전류를 측정하였더니 2.77kW, 10A이었다. 이 화물용 승강기 모터의 역률은 약 얼마인가?

① 0.6 ② 0.7

③ 0.8 ④ 0.9

역률($\cos\theta$) 산출

유효전력 $P = \sqrt{3}\,VI\cos\theta$

$$\cos\theta = \dfrac{P}{\sqrt{3}\,VI} = \dfrac{2.77\times 10^3\,(\text{W})}{\sqrt{3}\times 200\times 10} = 0.8$$

78 그림의 논리회로에서 A, B, C, D를 입력, Y를 출력이라 할 때 출력식은?

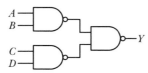

① $A+B+C+D$ ② $(A+B)(C+D)$

③ $AB+CD$ ④ $ABCD$

$Y = \overline{\overline{AB}\cdot\overline{CD}}$

$\quad = \overline{\overline{AB}} + \overline{\overline{CD}}$ ($\because$ 드모르간 법칙 적용)

$\quad = AB + CD$ ($\because$ 부정법칙 적용)

79 그림과 같은 $R-L$ 직렬회로에서 공급전압의 크기가 10V일 때 $|V_R|$=8V이면 V_L의 크기는 몇 V인가?

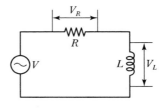

① 2 ② 4

③ 6 ④ 8

$V = \sqrt{V_R^2 + V_L^2}$

$V_L = \sqrt{V^2 - V_R^2} = \sqrt{10^2 - 8^2} = 6\text{V}$

80 전기자 철심을 규소 강판으로 성층하는 주된 이유는?

① 정류자면의 손상이 적다.

② 가공하기 쉽다.

③ 철손을 적게 할 수 있다.

④ 기계손을 적게 할 수 있다.

전기자 철심을 규소 강판으로 성층하는 주된 이유는 철손(와류손, 히스테리시스손으로 구성)을 적게 하기 위해서이다.

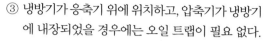

Section 05 배관일반

81 팬코일유닛 방식의 배관 방식 중 공급관이 2개이고 환수관이 1개인 방식은?

① 1관식   ② 2관식
③ 3관식   ④ 4관식

해설

3관식은 공급관 2개(온수공급관＋냉수공급관), 환수관 1개(냉온수환수관)로 구성된다.

82 냉매 액관 중에 플래시 가스 발생의 방지대책으로 틀린 것은?

① 온도가 높은 곳을 통과하는 액관은 방열시공을 한다.
② 액관, 드라이어 등의 구경을 충분히 선정하여 통과저항을 적게 한다.
③ 액펌프를 사용하여 압력강하를 보상할 수 있는 충분한 압력을 준다.
④ 열교환기를 사용하여 액관에 들어가는 냉매의 과냉각도를 없앤다.

해설

플래시 가스(Flash Gas)는 액관이 적절히 방열되지 않을 경우 발생하므로, 고압의 액체 냉매와 저압의 흡입증기를 서로 열교환하여 냉매를 과냉각함으로써 플래시 가스를 예방할 수 있다.

83 공랭식 응축기 배관 시 유의사항으로 틀린 것은?

① 소형 냉동기에 사용하며 핀이 있는 파이프 속에 냉매를 통하여 바람 이송 냉각설계로 되어 있다.
② 냉방기가 응축기 아래 설치되는 경우 배관 높이가 10m 이상일 때는 5m마다 오일 트랩을 설치해야 한다.

③ 냉방기가 응축기 위에 위치하고, 압축기가 냉방기에 내장되었을 경우에는 오일 트랩이 필요 없다.
④ 수랭식에 비해 능력은 낮지만, 냉각수를 사용하지 않아 동결의 염려가 없다.

해설

냉방기가 응축기 아래 설치되는 경우 배관 높이가 10m 이상일 때는 10m마다 오일 트랩을 설치해야 한다.

84 배수배관 시공 시 청소구의 설치 위치로 가장 적절하지 않은 곳은?

① 배수수평주관과 배수수평분기관의 분기점
② 길이가 긴 수평배수관 중간
③ 배수수직관의 제일 윗부분 또는 근처
④ 배수관이 45° 이상의 각도로 방향을 전환하는 곳

해설

청소구(소제구)는 이물질이 쌓일 가능성이 높은 곳에 배치하며, 배수수직관의 윗부분이 아닌 배수수직관의 최하단부에 설치한다.

85 급탕배관에 관한 설명으로 틀린 것은?

① 단관식의 경우 급수관경보다 큰 관을 사용해야 한다.
② 하향식 공급 방식에서는 급탕관 및 복귀관은 모두 선하향 구배로 한다.
③ 보통 급탕관은 수명이 짧으므로 장래에 수리, 교체가 용이하도록 노출 배관하는 것이 좋다.
④ 연관은 열에 강하고 부식도 잘되지 않으므로 급탕배관에 적합하다.

해설

연관은 내산성이 우수하나 알칼리에는 약한 특성을 가지고 있으며, 급탕배관이 아닌 주로 급수용 수도관에 사용한다.

정답   81 ③   82 ④   83 ②   84 ③   85 ④

86 냉매배관 시 유의사항으로 틀린 것은?

① 냉동장치 내의 배관은 절대 기밀을 유지할 것
② 배관 도중에 고저의 변화를 될수록 피할 것
③ 기기 간의 배관은 가능한 한 짧게 할 것
④ 만곡부는 될 수 있는 한 적고 또한 곡률반경은 작게 할 것

해설

만곡부는 될 수 있는 한 최소화하고, 또한 곡률반경은 가급적 크게 하여 저항 등이 최소화되도록 해야 한다.

87 염화비닐관의 설명으로 틀린 것은?

① 열팽창률이 크다.
② 관 내 마찰손실이 적다.
③ 산, 알칼리 등에 대해 내식성이 적다.
④ 고온 또는 저온의 장소에 부적당하다.

해설

(경질)염화비닐관(PVC관)의 특성
• 내화학적(내산 및 내알칼리)이다.
• 내열성이 취약하다.
• 마찰손실이 적고, 전기 절연성과 열팽창률이 크다.

88 급수펌프에서 발생하는 캐비테이션 현상의 방지법으로 틀린 것은?

① 펌프 설치 위치를 낮춘다.
② 입형 펌프를 사용한다.
③ 흡입손실수두를 줄인다.
④ 회전수를 올려 흡입속도를 증가시킨다.

해설

흡입속도를 올릴 경우 마찰수두가 증가하여 캐비테이션 발생이 증가할 수 있다.

89 가스배관의 설치 시 유의사항으로 틀린 것은?

① 특별한 경우를 제외한 배관의 최고사용압력은 중압 이하일 것
② 배관은 하천(하천을 횡단하는 경우는 제외) 또는 하수구 등 암거 내에 설치할 것
③ 지반이 약한 곳에 설치되는 배관은 지반침하에 의해 배관이 손상되지 않도록 필요한 조치 후 배관을 설치할 것
④ 본관 및 공급관은 건축물의 내부 또는 기초 밑에 설치하지 아니할 것

해설

가스배관을 전선, 상하수도관(암거) 등과 같이 매립할 때에는 이들 관보다 아래에 매립해야 한다.

90 밀폐식 온수난방 배관에 대한 설명으로 틀린 것은?

① 팽창탱크를 사용한다.
② 배관의 부식이 비교적 적어 수명이 길다.
③ 배관경이 작아지고 방열기도 적게 할 수 있다.
④ 배관 내의 온수온도는 70℃ 이하이다.

해설

밀폐식 온수난방의 배관 내 온수온도는 일반적으로 80℃ 이상이다.

91 동관 이음 중 경납땜 이음에 사용되는 것으로 가장 거리가 먼 것은?

① 황동납   ② 은납
③ 양은납   ④ 규소납

해설

융점이 450℃ 이상의 납땜재인 경납(Hard Solder)의 종류로는 황동납, 은납, 양은납, 알루미늄납, 니켈납 등이 있다.

92 온수난방 배관에서 리버스 리턴(Reverse Return) 방식을 채택하는 주된 이유는?

① 온수의 유량 분배를 균일하게 하기 위하여
② 배관의 길이를 짧게 하기 위하여
③ 배관의 신축을 흡수하기 위하여
④ 온수가 식지 않도록 하기 위하여

해설

리버스 리턴 방식(역환수 방식)은 모든 방열기의 공급관과 환수관 길이의 합을 동일하게 한 방식으로 방열기의 위치에 관계없이 온수 유량을 균등하게 배분하게 하기 위해 적용한다.

93 하향급수 배관 방식에서 수평주관의 설치 위치로 가장 적절한 것은?

① 지하층의 천장 또는 1층의 바닥
② 중간층의 바닥 또는 천장
③ 최상층의 바닥 또는 천장
④ 최상층의 천장 또는 옥상

해설

하향급수 방식은 급수주관(수직주관)을 최상층까지 끌어올린 후 최상층에 수평주관을 설치하고 하향 수직관을 설치하여 내려오면서 공급하는 방식이다.

94 냉매배관에서 압축기 흡입관의 시공 시 유의사항으로 틀린 것은?

① 압축기가 증발기보다 밑에 있는 경우 흡입관은 작은 트랩을 통과한 후 증발기 상부보다 높은 위치까지 올려 압축기로 가게 한다.
② 흡입관의 수직상승 입상부가 매우 길 때는 냉동기유의 회수를 쉽게 하기 위하여 약 20m마다 중간에 트랩을 설치한다.
③ 각각의 증발기에서 흡입주관으로 들어가는 관은 주관 상부로부터 들어가도록 접속한다.
④ 2대 이상의 증발기가 있어도 부하의 변동이 그다지 크지 않은 경우는 1개의 입상관으로 충분하다.

해설

흡입관의 수직상승 입상부가 매우 길 때는 냉동기유의 회수를 쉽게 하기 위하여 약 10m마다 중간에 트랩을 설치한다.

95 난방배관 시공을 위해 벽, 바닥 등에 관통 배관 시공을 할 때, 슬리브(Sleeve)를 사용하는 이유로 가장 거리가 먼 것은?

① 열팽창에 따른 배관 신축에 적응하기 위해
② 관 교체 시 편리하게 하기 위해
③ 고장 시 수리를 편리하게 하기 위해
④ 유체의 압력을 증가시키기 위해

해설

슬리브(Sleeve)는 바닥이나 벽을 관통하는 배관에 주로 적용하며, 슬리브를 설치하고 그 속으로 배관을 관통시킴으로써 구조체와 배관을 분리(이격)시켜 관의 설치 및 수리, 교체를 용이하게 하고, 열팽창에 따른 배관 신축에 대응하는 역할을 한다.

96 급수 방식 중 압력탱크 방식에 대한 설명으로 틀린 것은?

① 국부적으로 고압을 필요로 하는 데 적합하다.
② 탱크의 설치 위치에 제한을 받지 않는다.
③ 항상 일정한 수압으로 급수할 수 있다.
④ 높은 곳에 탱크를 설치할 필요가 없으므로 건축물의 구조를 강화할 필요가 없다.

해설

압력탱크 방식은 수압의 변동이 심한 특징을 갖고 있다. 항상 일정한 수압으로 급수할 수 있는 특징을 갖는 것은 중력에 의해 하향 급수하는 고가수조(고가탱크) 방식이다.

97 냉동설비배관에서 액분리기와 압축기 사이에 냉매배관을 할 때 구배로 옳은 것은?

① 1/100 정도의 압축기 측 상향 구배로 한다.
② 1/100 정도의 압축기 측 하향 구배로 한다.
③ 1/200 정도의 압축기 측 상향 구배로 한다.
④ 1/200 정도의 압축기 측 하향 구배로 한다.

[해설]

액분리기와 압축기 사이의 냉매배관은 수평배관으로서, 1/200~1/250의 하향 구배로 하여야 한다.

98 길이 30m의 강관의 온도 변화가 120℃일 때 강관에 대한 열팽창량은?(단, 강관의 열팽창계수는 11.9×10^{-6}mm/mm℃이다.)

① 42.8mm
② 42.8cm
③ 42.8m
④ 4.28mm

[해설]

관의 열팽창량(ΔL) 산출

$\Delta L = L \cdot \alpha \cdot \Delta t$

$\quad = 30\text{m} \times 10^3 (\text{mm}) \times 11.9 \times 10^{-6} \text{mm/mm℃} \times 120℃$

$\quad = 42.84 = 42.8\text{mm}$

99 증기나 응축수가 트랩이나 감압밸브 등의 기기에 들어가기 전 고형물을 제거하여 고장을 방지하기 위해 설치하는 장치는?

① 스트레이너
② 리듀서
③ 신축 이음
④ 유니언

[해설]

스트레이너(Strainer)
• 배관 중의 오물을 제거하기 위한 부속품이다.
• 보호밸브 앞에 설치한다.

100 부하변동에 따라 밸브의 개도를 조절함으로써 만액식 증발기의 액면을 일정하게 유지하는 역할을 하는 것은?

① 에어벤트
② 온도식 자동팽창밸브
③ 감압밸브
④ 플로트밸브

[해설]

플로트밸브(Float Valve)
• 액면 위에 떠 있는 플로트의 위치에 따라 밸브를 개폐하여 냉매유량을 조절한다.
• 저압 측 플로트 밸브(Low Side Float Valve)는 저압 측에 설치하여 부하변동에 따라 밸브의 열림을 조절함으로써 증발기 내의 액면을 유지하는 역할을 하며, 암모니아, CFC계 냉매의 만액식 증발기에 주로 사용된다.
• 고압 측 플로트 밸브(High Side Float Valve)는 고압 측에 설치하여 부하변동에 따라 밸브의 개도를 조절하여 증발기 내의 액면을 일정하게 유지시키는 밸브이다. 이 밸브는 고압 측의 액면이 높아지면 밸브가 열리고, 액면이 낮아지면 닫히게 되어 냉매 공급을 감소시키지만 부하의 변동에 신속히 대응할 수 없다는 단점을 가지고 있다.

01 어떤 이상기체 1kg이 압력 100kPa, 온도 30℃의 상태에서 체적 0.8m³을 점유한다면 기체 상수(kJ/kg · K)는 얼마인가?

① 0.251   ② 0.264
③ 0.275   ④ 0.293

해설

이상기체 상태방정식을 통해 산출한다.

$$PV = nRT$$

$$R = \frac{PV}{nT}$$

$$= \frac{100\text{kPa} \times 0.8\text{m}^3}{1\text{kg} \times (273+30)} = 0.264\text{kJ/kg} \cdot \text{K}$$

02 이상적인 디젤 기관의 압축비가 16일 때 압축 전의 공기 온도가 90℃라면 압축 후의 공기 온도(℃)는 얼마인가?(단, 공기의 비열비는 1.4 이다.)

① 1,101.9   ② 718.7
③ 808.2   ④ 827.4

해설

단열압축과정

$$\frac{T_2}{T_1} = \left(\frac{V_1}{V_2}\right)^{k-1} = \varepsilon^{k-1}$$

여기서, k : 비열비, ε : 압축비

$$T_2 = \varepsilon^{k-1} \times T_1$$

$$= 16^{1.4-1} \times (273+90)$$

$$= 1,100.4\text{K}$$

$$\therefore 1,100.4\text{K} - 273 = 827.4℃$$

03 내부에너지가 30kJ인 물체에 열을 가하여 내부에너지가 50kJ이 되는 동안에 외부에 대하여 10kJ의 일을 하였다. 이 물체에 가해진 열량(kJ)은?

① 10   ② 20
③ 30   ④ 60

해설

밀폐계 내부에너지의 변화(ΔU)로부터 열량 산출

$$\Delta U = 열량(Q) - 일량(W)$$

$$열량(Q) = \Delta U + 일량(W)$$

$$= (U_2 - U_1) + 일량(W)$$

$$= (50-30)\text{kJ} + 10\text{kJ} = 30\text{kJ}$$

04 풍선에 공기 2kg이 들어 있다. 일정 압력 500kPa하에서 가열 팽창하여 체적이 1.2배가 되었다. 공기의 초기 온도가 20℃일 때 최종 온도(℃)는 얼마인가?

① 32.4   ② 53.7
③ 78.6   ④ 92.3

해설

정압과정에서의 T, V 관계를 활용한다.

$$\frac{T_2}{T_1} = \frac{V_2}{V_1}$$

$$T_2 = \left(\frac{V_2}{V_1}\right) \times T_1$$

$$= \left(\frac{1.2\,V_1}{V_2}\right) \times T_1$$

$$= 1.2 \times (273+20)$$

$$= 351.6\text{K}$$

$$\therefore 351.6 - 273 = 78.6℃$$

정답   01 ②   02 ④   03 ③   04 ③

05 그림과 같이 A, B 두 종류의 기체가 한 용기 안에서 박막으로 분리되어 있다. A의 체적은 $0.1m^3$, 질량은 2kg이고, B의 체적은 $0.4m^3$, 밀도는 $1kg/m^3$이다. 박막이 파열되고 난 후에 평형에 도달하였을 때 기체 혼합물의 밀도(kg/m^3)는 얼마인가?

① 4.8
② 6.0
③ 7.2
④ 8.4

A	B

혼합물의 밀도(ρ_m) 산출

A, B 기체의 체적에 따른 가중평균으로 구한다.

$$\rho_m = \frac{V_A \cdot \rho_A + V_B \cdot \rho_B}{V_A + V_B} = \frac{0.1m^3 \times 20kg/m^3 + 0.4 \times 1}{0.1 + 0.4}$$

$$= 4.8kg/m^3$$

여기서, $\rho_A = \frac{2kg}{0.1m^3} = 20kg/m^3$

06 다음 중 경로함수(Path Function)는?

① 엔탈피
② 엔트로피
③ 내부에너지
④ 일

일은 경로에 따라서 값이 변화하는 함수인 경로함수(Path Fuction)에 해당한다.

07 이상적인 가역 과정에서 열량 ΔQ가 전달될 때, 온도 T가 일정하면 엔트로피 변화 ΔS를 구하는 계산식으로 옳은 것은?

① $\Delta S = 1 - \frac{\Delta Q}{T}$
② $\Delta S = 1 - \frac{T}{\Delta Q}$
③ $\Delta S = \frac{\Delta Q}{T}$
④ $\Delta S = \frac{T}{\Delta Q}$

엔트로피 계산식

$$\Delta S = \frac{\Delta Q}{T}$$

08 처음 압력이 500kPa이고, 체적이 $2m^3$인 기체가 "PV=일정"인 과정으로 압력이 100kPa까지 팽창할 때 밀폐계가 하는 일(kJ)을 나타내는 계산식으로 옳은 것은?

① $1,000 \ln\frac{2}{5}$
② $1,000 \ln\frac{5}{2}$
③ $1,000 \ln 5$
④ $1,000 \ln\frac{1}{5}$

PV=일정(constant)은 등온과정을 의미하며, 등온과정에서의 일(W)은 다음과 같이 산출한다.

$$W = P_1 V_1 \ln\frac{P_1}{P_2}$$

$$= 500kPa \times 2m^3 \times \ln\left(\frac{500kPa}{100kPa}\right) = 1,000 \ln 5$$

09 냉매로서 갖추어야 될 요구 조건으로 적합하지 않은 것은?

① 불활성이고 안정하며 비가연성이어야 한다.
② 비체적이 커야 한다.
③ 증발 온도에서 높은 잠열을 가져야 한다.
④ 열전도율이 커야 한다.

냉동기의 냉매는 냉동장치 체적을 최소화하기 위해 비체적이 작아야 한다.

10 밀폐계에서 기체의 압력이 100kPa로 일정하게 유지되면서 체적이 $1m^3$에서 $2m^3$으로 증가되었을 때 옳은 설명은?

① 밀폐계의 에너지 변화는 없다.
② 외부로 행한 일은 100kJ이다.
③ 기체가 이상기체라면 온도가 일정하다.
④ 기체가 받은 열은 100kJ이다.

압력을 일정하게 유지하는 등압과정에서 계가 한 일은 다음과 같이 산출된다.

$$W = \int_1^2 P dV = P(V_2 - V_1)$$
$$= 100 \text{kPa}(2-1)\text{m}^3 = 100 \text{kJ}$$

11 원형 실린더를 마찰 없는 피스톤이 덮고 있다. 피스톤에 비선형 스프링이 연결되고 실린더 내의 기체가 팽창하면서 스프링이 압축된다. 스프링의 압축 길이가 Xm일 때 피스톤에는 $kX^{1.5}$N의 힘이 걸린다. 스프링의 압축 길이가 0m에서 0.1m로 변하는 동안에 피스톤이 하는 일이 W_a이고, 0.1m에서 0.2m로 변하는 동안에 하는 일이 W_b라면 W_a / W_b는 얼마인가?

① 0.083 ② 0.158
③ 0.214 ④ 0.333

> **해설**

$$\frac{W_a}{W_b} = \frac{0.00126k}{0.0059k} = 0.214$$

여기서, $W_a = \int_0^{0.1} kX^{1.5} dX$

$$= \left[\frac{k}{1+1.5} X^{1.5+1} \right]_0^{0.1} = \left[\frac{k}{2.5} X^{2.5} \right]_0^{0.1}$$
$$= 0.00126k$$

$$W_b = \int_{0.1}^{0.2} kX^{1.5} dX$$

$$= \left[\frac{k}{1+1.5} X^{1.5+1} \right]_{0.1}^{0.2} = \left[\frac{k}{2.5} X^{2.5} \right]_{0.1}^{0.2}$$
$$= 0.0059k$$

12 랭킨 사이클의 각 점에서의 엔탈피가 아래와 같을 때 사이클의 이론 열효율(%)은?

- 보일러 입구 : 58kJ/kg
- 보일러 출구 : 810.3kJ/kg
- 응축기 입구 : 614.2kJ/kg
- 응축기 출구 : 57.4kJ/kg

① 32 ② 30
③ 28 ④ 26

> **해설**

랭킨 사이클의 열효율(η) 산출

$$\eta = \frac{(h_3 - h_4) - (h_2 - h_1)}{h_3 - h_2} \times 100(\%)$$

$$= \frac{(810.3 - 614.2) - (58 - 57.4)}{810.3 - 58} \times 100(\%)$$

$$= 25.99\% = 26\%$$

여기서, h_1 : 응축기 출구 엔탈피(kJ/kg)

h_2 : 보일러 입구 엔탈피(kJ/kg)

h_3 : 보일러 출구 엔탈피(kJ/kg)

h_4 : 응축기 입구 엔탈피(kJ/kg)

13 고온 열원의 온도가 700℃이고, 저온 열원의 온도가 50℃인 카르노 열기관의 열효율(%)은?

① 33.4 ② 50.1
③ 66.8 ④ 78.9

> **해설**

카르노 사이클의 열효율(η_c) 산출

$$\eta_c = \frac{생산일(W)}{공급열량(Q)} = \frac{T_H - T_L}{T_H} = 1 - \frac{T_L}{T_H}$$

$$= 1 - \frac{273 + 50}{273 + 700} = 0.668 = 66.8\%$$

14 자동차 엔진을 수리한 후 실린더 블록과 헤드 사이에 수리 전과 비교하여 더 두꺼운 개스킷을 넣었다면 압축비와 열효율은 어떻게 되겠는가?

① 압축비는 감소하고, 열효율도 감소한다.
② 압축비는 감소하고, 열효율은 증가한다.
③ 압축비는 증가하고, 열효율은 감소한다.
④ 압축비는 증가하고, 열효율도 증가한다.

> **해설**

자동차 압축비는 실린더 안으로 들어간 기체가 피스톤에 의해 압축된 용적비를 말하므로 실린더에 더 두꺼운 개스킷을 넣었다면 기체의 압축되는 용적비가 감소하게 된다. 또한 압축비가 커질수록 열효율은 증대되므로, 압축비가 감소하여 열효율도 감소하게 된다.

정답　11 ③　12 ④　13 ③　14 ①

15 엔트로피(s) 변화 등과 같은 직접 측정할 수 없는 양들을 압력(P), 비체적(v), 온도(T)와 같은 측정 가능한 상태량으로 나타내는 Maxwell 관계식과 관련하여 다음 중 틀린 것은?

① $\left(\dfrac{\partial T}{\partial P}\right)_s = \left(\dfrac{\partial v}{\partial s}\right)_P$

② $\left(\dfrac{\partial T}{\partial v}\right)_s = -\left(\dfrac{\partial P}{\partial s}\right)_v$

③ $\left(\dfrac{\partial v}{\partial T}\right)_P = -\left(\dfrac{\partial s}{\partial P}\right)_T$

④ $\left(\dfrac{\partial P}{\partial v}\right)_T = \left(\dfrac{\partial s}{\partial T}\right)_v$

> **해설**
>
> $da = -sdT - Pdv$에 의해 $\left(\dfrac{\partial s}{\partial v}\right)_T = \left(\dfrac{\partial P}{\partial T}\right)_v$가 된다.

16 비가역 단열변화에 있어서 엔트로피 변화량은 어떻게 되는가?

① 증가한다.
② 감소한다.
③ 변화량은 없다.
④ 증가할 수도 감소할 수도 있다.

> **해설**
>
> 비가역 과정에서는 열역학 제2법칙에 의해 엔트로피가 증가하게 된다. 단, 가역일 경우는 불변한다.

17 성능계수가 3.2인 냉동기가 시간당 20MJ의 열을 흡수한다면 이 냉동기의 소비동력(kW)은?

① 2.25
② 1.74
③ 2.85
④ 1.45

> **해설**
>
> 냉동기의 성적계수(COP_R) $= \dfrac{\text{냉동효과}}{\text{압축일}} = \dfrac{q}{AW}$
>
> $AW = \dfrac{q}{COP_R} = \dfrac{20\text{MJ/h} \times 10^3}{3{,}600 \times 3.2} = 1.74\text{kW}$

18 랭킨 사이클에서 25℃, 0.01MPa 압력의 물 1kg을 5MPa 압력의 보일러로 공급한다. 이때 펌프가 가역 단열과정으로 작용한다고 가정할 경우 펌프가 한 일(kJ)은?(단, 물의 비체적은 0.001m^3/kg이다.)

① 2.58
② 4.99
③ 20.12
④ 40.24

> **해설**
>
> **펌프가 수행한 일(W_{pump}) 산출**
>
> $W_{pump} = \displaystyle\int_1^2 vdP = v(P_2 - P_1)$
>
> $\quad = 0.001\text{m}^3/\text{kg}(5{,}000\text{kN/m}^2 - 10\text{kN/m}^2)$
>
> $\quad = 4.99\text{kJ/kg}$

19 어떤 가스의 비내부에너지 u(kJ/kg), 온도 t(℃), 압력 P(kPa), 비체적 v(m³/kg) 사이에 아래의 관계식이 성립한다면, 이 가스의 정압비열 (kJ/kg℃)은 얼마인가?

$$u = 0.28t + 532$$
$$Pv = 0.560(t + 380)$$

① 0.84
② 0.68
③ 0.50
④ 0.28

> **해설**
>
> **정압비열(C_p) 산출**
>
> $dh = C_p dt$
>
> $C_p = \dfrac{dh}{dt} = \dfrac{d(u + Pv)}{dt}$
>
> $\quad = \dfrac{d(0.28t + 532 + 0.560(t + 380))}{dt}$
>
> $\quad = 0.28 + 0.560 = 0.84\text{kJ/kg}$

20 최고온도 1,300K과 최저온도 300K 사이에서 작동하는 공기표준 Brayton 사이클의 열효율(%)은?(단, 압력비는 9, 공기의 비열비는 1.4이다.)

① 30.4 　　　　　　② 36.5
③ 42.1 　　　　　　④ 46.6

해설

Brayton 사이클의 열효율(η_b) 산출

$$\eta_b = 1 - \frac{1}{\varepsilon^{\frac{k-1}{k}}} \times 100(\%) = 1 - \frac{1}{9^{\frac{1.4-1}{1.4}}} \times 100(\%) = 46.6\%$$

Section 02 냉동공학

21 축열장치의 종류로 가장 거리가 먼 것은?

① 수축열 방식 　　　　② 잠열축열 방식
③ 빙축열 방식 　　　　④ 공기축열 방식

해설

축열시스템에는 현열에 의해 축열하는 수축열 방식과 잠열에 의해 축열하는 빙축열(잠열축열) 방식이 있다.

22 이원 냉동사이클에 대한 설명으로 옳은 것은?

① −100℃ 정도의 저온을 얻고자 할 때 사용되며, 보통 저온 측에는 임계점이 높은 냉매를, 고온 측에는 임계점이 낮은 냉매를 사용한다.
② 저온부 냉동사이클의 응축기 발열량을 고온부 냉동사이클의 증발기가 흡열하도록 되어 있다.
③ 일반적으로 저온 측에 사용하는 냉매로는 R−12, R−22, 프로판이 적절하다.
④ 일반적으로 고온 측에 사용하는 냉매로는 R−13, R−14가 적절하다.

해설

① −100℃ 정도(−70℃ 이하)의 저온을 얻고자 할 때 사용되며, 보통 저온 측에는 임계점이 낮은 냉매를, 고온 측에는 임계점이 높은 냉매를 사용한다.
③ 일반적으로 저온 측에 사용하는 냉매로는 R−13, R−14, 에틸렌, 메탄, 에탄 등이 적절하다.
④ 일반적으로 고온 측에 사용하는 냉매로는 R−12, R−22 등이 적절하다.

23 중간냉각이 완전한 2단 압축 1단 팽창 사이클로 운전되는 R−134a 냉동기가 있다. 냉동능력은 10kW이며, 사이클의 중간압, 저압부의 압력은 각각 350kPa, 120kPa이다. 전체 냉매순환량을 m, 증발기에서 증발하는 냉매의 양을 m_e 라 할 때, 중간냉각시키기 위해 바이패스되는 냉매의 양 $m - m_e$(kg/h)은 얼마인가?(단, 제1압축기의 입구 과열도는 0이며, 각 엔탈피는 아래 표를 참고한다.)

압력(kPa)	포화액체 엔탈피 (kJ/kg)	포화증기 엔탈피 (kJ/kg)
120	160.42	379.11
350	195.12	395.04

지점별 엔탈피(kJ/kg)	
h_2	227.23
h_4	401.08
h_7	482.41
h_8	234.29

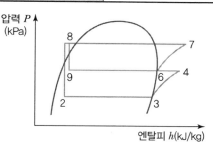

① 5.8 　　　　　　② 11.1
③ 15.7 　　　　　　④ 19.4

- 증발기의 냉매순환량($\dot{m_e}$) 산출

$$q_e = \dot{m_e}(h_3 - h_2)$$

$$10kJ/s = \dot{m_e}(379.11 - 227.33)kJ/kg$$

여기서, q_e : 냉동능력($kW = kJ/s$)

$$\therefore \dot{m_e} = 0.0659kg/s = 237.24kg/h$$

- 전체 냉매순환량($\dot{m}$) 산출

$$\dot{m} = \dot{m_e} \times \frac{h_4 - h_2}{h_6 - h_9}$$

$$= 237.94 \times \frac{401.08 - 227.23}{395.04 - 234.29} = 257.33kg/h$$

여기서, $h_9 = h_8$

$$\therefore \dot{m} - \dot{m_e} = 257.33 - 237.94 = 19.4kg/h$$

24 진공압력이 60mmHg일 경우 절대압력(kPa)은?(단, 대기압은 101.3kPa이고 수은의 비중은 13.6이다.)

① 53.8 ② 93.3
③ 106.6 ④ 196.4

해설

절대압력 = 대기압 - 진공압

$$= 101.3kPa - \frac{60mmHg}{760mmHg} \times 101.3kPa$$

$$= 93.3kPa$$

25 다음 중 대기 중의 오존층을 가장 많이 파괴시키는 물질은?

① 질소 ② 수소
③ 염소 ④ 산소

해설

오존층을 가장 많이 파괴시키는 물질은 염소(Cl)이다.

오존층 파괴 메커니즘
1. 프레온가스($CF Cl_3$와 CF_2Cl_2)와 자외선이 결합한다.

$$CFCl_3 + 자외선 \rightarrow CF_2Cl_2 + Cl(염소)$$

$$CF_2Cl_2 + 자외선 \rightarrow CF_2Cl + Cl(염소)$$

2. 생성된 염소는 오존층으로 올라가서 오존분자와 반응한다. 이때 O_3가 산소원자 한 개를 뺏기고 O_2로 변하면서 오존이 파괴되며 ClO를 만들어낸다.

$$Cl + O_3(오존) \rightarrow ClO + O_2$$

3. 위에서 만들어진 ClO가 산소를 만나 또다시 O_2와 Cl로 나누어지고 Cl은 또다시 오존을 파괴한다.

$$ClO + O \rightarrow O_2 + Cl$$

4. 위의 메커니즘이 대략 10만 번 이상 연쇄작용을 일으키며 반복적으로 오존층을 파괴하게 된다.

26 냉동장치에서 증발온도를 일정하게 하고 응축온도를 높일 때 나타나는 현상으로 옳은 것은?

① 성적계수 증가
② 압축일량 감소
③ 토출가스 온도 감소
④ 체적효율 감소

해설

응축온도가 상승할 경우 압축기의 토출가스 온도가 상승하고, 압축일 및 압축비가 증가하며, 이에 따라 체적효율 및 성적계수(COP)가 감소하게 된다.

27 물(H_2O) - 리튬브로마이드(LiBr) 흡수식 냉동기에 대한 설명으로 틀린 것은?

① 특수 처리한 순수한 물을 냉매로 사용한다.
② 4~15℃ 정도의 냉수를 얻는 기기로 일반적으로 냉수온도는 출구온도 7℃ 정도를 얻도록 설계한다.
③ LiBr 수용액은 성질이 소금물과 유사하여, 농도가 진하고 온도가 낮을수록 냉매증기를 잘 흡수한다.
④ LiBr의 농도가 진할수록 점도가 높아져 열전도율이 높아진다.

해설

LiBr의 농도가 진할수록 점도가 높아져 열전도율이 낮아지게 된다.(열저항 특성 증가)

28 응축압력 및 증발압력이 일정할 때 압축기의 흡입증기 과열도가 크게 된 경우 나타나는 현상으로 옳은 것은?

① 냉매순환량이 증대한다.
② 증발기의 냉동능력은 증대한다.
③ 압축기의 토출가스 온도가 상승한다.
④ 압축기의 체적효율은 변하지 않는다.

> **[해설]**
>
> 압축기의 흡입증기 과열도가 크게 되면 압축기의 토출가스 온도가 상승하여 실린더가 과열된다. 이러한 실린더 과열에 의해 윤활유의 열화 및 탄화현상이 발생하며, 압축기의 소요동력이 증대되어 효율이 저하된다.

29 두께가 200mm인 두꺼운 평판의 한 면(T_0)은 600K, 다른 면(T_1)은 300K로 유지될 때 단위면적당 평판을 통한 열전달량(W/m^2)은?(단, 열전도율은 온도에 따라 $\lambda(T) = \lambda_0(1+\beta t_m)$로 주어지며, λ_0는 0.029W/m·K, β는 3.6×10^{-3} K^{-1}이고, t_m은 양면 간의 평균온도이다.)

① 114   ② 105
③ 97   ④ 83

> **[해설]**
>
> $$q = KA\Delta t = \frac{\lambda}{d}A\Delta t = \frac{\lambda_0(1+\beta t_m)}{d}A\Delta t$$
>
> $$= \frac{0.029W/m \cdot K(1+3.6\times10^{-3}K^{-1}\times\frac{600+300}{2}K)}{0.2m}$$
>
> $$\times 1m^2 \times (600-300)K$$
>
> $$= 113.97W/m^2$$
>
> 여기서, d : 평판의 두께(m)
> A : 단위면적당 열량 산출이므로 면적 A는 $1m^2$를 적용한다.

30 응축기에 관한 설명으로 틀린 것은?

① 응축기의 역할은 저온, 저압의 냉매증기를 냉각하여 액화시키는 것이다.

② 응축기의 용량은 응축기에서 방출하는 열량에 의해 결정된다.
③ 응축기의 열부하는 냉동기의 냉동능력과 압축기 소요일의 열당량을 합한 값과 같다.
④ 응축기 내에서의 냉매상태는 과열영역, 포화영역, 액체영역 등으로 구분할 수 있다.

> **[해설]**
>
> 응축기의 역할은 고온, 고압의 냉매증기를 냉각하여 액화시키는 것이다.

31 다음 그림과 같이 수랭식과 공랭식 응축기의 작용을 혼합한 형태의 응축기는?

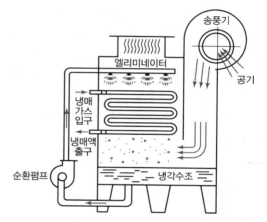

① 증발식 응축기   ② 셸코일 응축기
③ 공랭식 응축기   ④ 7통로식 응축기

> **[해설]**
>
> **증발식 응축기(Evaporative Condenser)**
> - 수랭식 응축기와 공랭식 응축기의 작용을 혼합한 것이다.
> - 냉매가 흐르는 관에 노즐을 이용해 물을 분무시키고 상부에 있는 송풍기로 공기를 보내면 관 표면에서 물의 증발열에 의해서 냉매가 액화되고, 분무된 물은 아래에 있는 수조에 모여 순환펌프에 의해 다시 분무용 노즐로 보내지므로 물 소비량이 적고 다른 수랭식에 비하여 3~4%의 냉각수를 순환시키면 된다.
> - 주로 소·중형 냉동장치(10~150RT)가 사용되며 겨울철에는 공랭식으로 사용할 수 있으며, 실내·외 어디든지 설치가 가능하다.

정답   28 ③   29 ①   30 ①   31 ①

32 2중 효용 흡수식 냉동기에 대한 설명으로 틀린 것은?

① 단중 효용 흡수식 냉동기에 비해 증기소비량이 적다.
② 2개의 재생기를 갖고 있다.
③ 2개의 증발기를 갖고 있다.
④ 증기 대신 가스 연소를 사용하기도 한다.

┌─────
│ 해설
└─────

이중 효용 흡수식은 단효용에 비하여 재생기(발생기)와 열교환기가 추가되어, 2개의 재생기(발생기)와 2개의 열교환기가 설치된다.

33 어떤 냉동사이클에서 냉동효과를 $\gamma(kJ/kg)$, 흡입건조 포화증기의 비체적을 $v(m^3/kg)$로 표시하면 NH_3와 $R-22$에 대한 값은 다음과 같다. 사용 압축기의 피스톤 압출량은 NH_3와 $R-22$의 경우 동일하며, 체적효율도 75%로 동일하다. 이 경우 NH_3와 $R-22$ 압축기의 냉동능력을 각각 R_N, $R_F(RT)$로 표시한다면 R_N / R_F는?

구분	NH_3	$R-22$
$\gamma(kJ/kg)$	1,126.37	168.90
$v(m^3/kg)$	0.509	0.077

① 0.6
② 0.7
③ 1.0
④ 1.5

┌─────
│ 해설
└─────

• NH_3의 냉동능력(R_N) 산출

$$R_N = G_N \times \gamma_N = \left(\frac{V}{v_n} \times \eta_v \right) \times \gamma_N$$

$$= \left(\frac{V}{0.509} \times 0.75 \right) \times 1,126.37 = 1,659.68\,V$$

여기서, G_N : 암모니아 냉매순환량
　　　　V : 압축기의 피스톤 압출량
　　　　η_v : 체적효율
　　　　v_n : 암모니아의 비체적
　　　　γ_N : 암모니아의 냉동효과

• $R-22$의 냉동능력(R_F) 산출

$$R_F = G_F \times \gamma_F = \left(\frac{V}{v_F} \times \eta_v \right) \times \gamma_F$$

$$= \left(\frac{V}{0.077} \times 0.75 \right) \times 168.90 = 1,645.13\,V$$

여기서, G_F : $R-22$ 냉매순환량
　　　　v_F : $R-22$의 비체적
　　　　γ_F : $R-22$의 냉동효과

$\therefore R_N / R_F = 1,659.68\,V / 1,645.13\,V = 1.01 = 1.0$

34 냉각수 입구온도 25℃, 냉각수량 900kg/min인 응축기의 냉각 면적이 80m², 그 열통과율이 1.6kW/m² · K이고, 응축온도와 냉각 수온의 평균 온도차가 6.5℃이면 냉각수 출구온도(℃)는?(단, 냉각수의 비열은 4.2kJ/kg · K이다.)

① 28.4
② 32.6
③ 29.6
④ 38.2

┌─────
│ 해설
└─────

냉각수와 냉매 간의 열교환에 따른 열평형식으로 출구온도(t_{w2}) 산출

$q_c = KA\Delta t = m_c C\Delta t_w = m_c C(t_{w2} - t_{w1})$

$KA\Delta t = m_c C(t_{w2} - t_{w1})$

$1.6kW/m^2 \cdot K \times 80m^2 \times 6.5$

$= 900kg/min \times 4.2kJ/kg \cdot K(t_{w2} - 25) \div 60$

여기서, K : 열통과율, A : 응축기의 냉각면적
　　　　Δt : 응축온도와 냉각 수온의 평균 온도차
　　　　m_c : 냉각수량, C : 냉각수의 비열
　　　　Δt_w : 냉각수의 입출구 온도차

$\therefore t_{w2} = 38.2$℃

35 다음 중 흡수식 냉동기의 구성요소가 아닌 것은?

① 증발기
② 응축기
③ 재생기
④ 압축기

┌─────
│ 해설
└─────

흡수식 냉동기의 구성요소는 흡수기, 발생기(재생기), 응축기, 증발기이다.

36 흡수식 냉동기에서 냉동시스템을 구성하는 기기들 중 냉각수가 필요한 기기의 구성으로 옳은 것은?

① 재생기와 증발기   ② 흡수기와 응축기
③ 재생기와 응축기   ④ 증발기와 흡수기

해설

- 흡수기 : 리튬브로마이드의 농용액이 증발기에서 들어온 냉매증기(수증기)를 연속적으로 흡수하고, 농용액은 물로써 희석되고 동시에 흡수열이 발생하며, 흡수열은 냉각수에 의하여 냉각된다.
- 응축기 : 재생기에서 응축기로 넘어온 수증기는 냉각수에 의해 냉각되어 물로 응축된 후 다시 증발기로 넘어간다.

37 실린더 지름 200mm, 행정 200mm, 400 rpm, 기통수 3기통인 냉동기의 냉동능력이 5.72 RT이다. 이때, 냉동효과(kJ/kg)는?(단, 체적효율은 0.75, 압축기의 흡입 시의 비체적은 0.5m³/kg이고, 1RT는 3.8kW이다.)

① 115.0   ② 110.8
③ 89.4   ④ 68.8

해설

냉동효과(q_e) 산출

$$q_e = \frac{Q}{G}$$

여기서, Q : 냉동능력, G : 냉매순환량

- 피스톤 토출량(V)의 산출

$$V = \frac{\pi d^2}{4} L \times N \times R = \frac{\pi \times 0.2^2}{4} \times 0.2 \times 3 \times 400 \div 60$$

$$= 0.126 \text{kg/s}$$

여기서, d : 실린더 지름(m), L : 행정길이(m)

$\quad\quad\quad N$: 기통수, R : 회전수(rpm)

- 냉매순환량(G)의 산출

$$G = \frac{V}{v} \times \eta_v = \frac{0.126 \text{kg/s}}{0.5} \times 0.75 = 0.189 \text{kg/s}$$

여기서, v : 비체적, η_v : 체적효율

∴ 냉동효과 $q_e = \dfrac{Q}{G} = \dfrac{5.72 \text{RT} \times 3.8 \text{kW}}{0.189 \text{kg/s}} = 115.01 \text{kJ/kg}$

38 두께가 0.1cm인 관으로 구성된 응축기에서 냉각수 입구온도 15℃, 출구온도 21℃, 응축온도를 24℃라고 할 때, 이 응축기의 냉매와 냉각수의 대수평균온도차(℃)는?

① 9.5   ② 6.5
③ 5.5   ④ 3.5

해설

대수평균온도차(LMTD) 산출

$$\text{대수평균온도차(LMTD)} = \frac{\Delta_1 - \Delta_2}{\ln \dfrac{\Delta_1}{\Delta_2}} = \frac{9 - 3}{\ln \dfrac{9}{3}}$$

$$= 5.46 = 5.5 ℃$$

여기서, Δ_1 : 냉각수 입구 측 냉각수와 냉매의 온도(응축온도)차

$\quad\quad\quad \Delta_1 = 24 - 15 = 9$

$\quad\quad \Delta_2$: 냉각수 출구 측 냉각수와 냉매의 온도(응축온도)차

$\quad\quad\quad \Delta_2 = 24 - 21 = 3$

39 열의 종류에 대한 설명으로 옳은 것은?

① 고체에서 기체가 될 때에 필요한 열을 증발열이라 한다.
② 온도의 변화를 일으켜 온도계에 나타나는 열을 잠열이라 한다.
③ 기체에서 액체로 될 때 제거해야 하는 열을 응축열 또는 감열이라 한다.
④ 고체에서 액체로 될 때 필요한 열은 융해열이며 이를 잠열이라 한다.

해설

① 고체에서 기체가 될 때에 필요한 열을 승화열이라 한다.
② 온도의 변화를 일으켜 온도계에 나타나는 열을 현열(감열)이라 한다.
③ 기체에서 액체로 될 때 제거해야 하는 열을 응축열 또는 액화열이라고 하며, 감열은 현열변화를 의미하므로 옳지 않다.

40 증기압축식 냉동장치 내에 순환하는 냉매의 부족으로 인해 나타나는 현상이 아닌 것은?

① 증발압력 감소
② 토출온도 증가
③ 과냉도 감소
④ 과열도 증가

> [해설]
>
> 순환냉매의 부족은 과냉을 일으키는 원인 중 하나로서, 순환냉매가 부족하게 되면 과냉도가 증가하게 된다.

> Section
> **03 공기조화**

41 장방형 덕트(장변 a, 단변 b)를 원형 덕트로 바꿀 때 사용하는 계산식은 아래와 같다. 이 식으로 환산된 장방형 덕트와 원형 덕트의 관계는?

$$D_e = 1.3 \left[\frac{(a \times b)^5}{(a+b)^2} \right]^{\frac{1}{8}}$$

① 두 덕트의 풍량과 단위길이당 마찰손실이 같다.
② 두 덕트의 풍량과 풍속이 같다.
③ 두 덕트의 풍속과 단위길이당 마찰손실이 같다.
④ 두 덕트의 풍량과 풍속 및 단위길이당 마찰손실이 모두 같다.

> [해설]
>
> 각형 덕트와 원형 덕트의 환산관계식은 풍량 및 단위길이당 마찰손실이 동일하다는 가정하에 성립한다.

42 공조기의 풍량이 45,000kg/h, 코일 통과 풍속을 2.4m/s로 할 때 냉수코일의 전면적(m²)은?(단, 공기의 밀도는 1.2kg/m³이다.)

① 3.2
② 4.3
③ 5.2
④ 10.4

> [해설]
>
> Q(풍량, m³/sec) $= A$(전면적, m²) $\times V$(풍속, m/s)
>
> A(전면적, m²) $= \dfrac{Q(\text{풍량, m}^3/\text{sec})}{V(\text{풍속, m/s})}$
>
> $\qquad = \dfrac{45{,}000\text{kg/h} \div 1.2\text{kg/m}^3 \div 3{,}000\text{sec}}{2.4\text{m/s}}$
>
> $\qquad = 5.2\text{m}^2$

43 다음 중 직접난방 방식이 아닌 것은?

① 온풍난방
② 고온수난방
③ 저압증기난방
④ 복사난방

> [해설]
>
> 온풍난방은 공기조화기를 통해 난방하는 방식으로서, 공조기 내에 설치된 난방코일에 공기가 부딪혀 따뜻한 공기로 열교환되어 실내로 취출되는 간접난방에 해당한다.

44 9m×6m×3m의 강의실에 10명의 학생이 있다. 1인당 CO_2 토출량이 15L/h이면, 실내 CO_2 양을 0.1%로 유지시키는 데 필요한 환기량(m³/h)은?(단, 외기 CO_2양은 0.04%로 한다.)

① 80
② 120
③ 180
④ 250

> [해설]
>
> $Q(\text{m}^3/\text{h}) = \dfrac{M(\text{m}^3/\text{h})}{C_i - C_o} = \dfrac{10 \times 0.015\text{m}^3/\text{h}}{(0.1 - 0.04) \times 10^{-2}} = 250\text{m}^3/\text{h}$

45 덕트 내의 풍속이 8m/s이고 정압이 200Pa일 때, 전압(Pa)은 얼마인가?(단, 공기밀도는 1.2kg/m³이다.)

① 197.3Pa
② 218.4Pa
③ 238.4Pa
④ 255.3Pa

> [해설]
>
> 전압 = 정압 + 동압
>
> $\qquad = 200\text{Pa} + \dfrac{1.2\text{kg/m}^3 \times (8\text{m/s})^2}{2} = 238.4\text{Pa}$

---

46 냉각탑에 관한 설명으로 틀린 것은?

① 어프로치는 냉각탑 출구수온과 입구공기 건구온도 차

② 레인지는 냉각수의 입구와 출구의 온도차

③ 어프로치를 적게 할수록 설비비 증가

④ 어프로치는 일반 공조에서 5℃ 정도로 설정

해설

어프로치는 냉각탑의 출구수온과 입구공기의 습구온도 차를 말한다.

47 동일한 송풍기에서 회전수를 2배로 했을 경우 풍량, 정압, 소요동력의 변화에 대한 설명으로 옳은 것은?

① 풍량 1배, 정압 2배, 소요동력 2배

② 풍량 1배, 정압 2배, 소요동력 4배

③ 풍량 2배, 정압 4배, 소요동력 4배

④ 풍량 2배, 정압 4배, 소요동력 8배

해설

상사의 법칙

회전수 변화가 n배 될 때 풍량은 n배, 정압은 n^2배, 소요동력은 n^3배로 변하게 된다.

그러므로 회전수 변화가 2배가 되면 풍량은 2배, 정압은 $2^2=4$배, 소요동력은 $2^3=8$배로 변하게 된다.

48 겨울철 창면을 따라 발생하는 콜드 드래프트 (Cold Draft)의 원인으로 틀린 것은?

① 인체 주위의 기류속도가 클 때

② 주위 공기의 습도가 높을 때

③ 주위 벽면의 온도가 낮을 때

④ 창문의 틈새를 통한 극간풍이 많을 때

해설

콜드 드래프트는 주위 습도가 낮을 때 발생한다.

49 건구온도(t_1) 5℃, 상대습도 80%인 습공기를 공기 가열기를 사용하여 건구온도(t_2) 43℃가 되는 가열공기 950m³/h을 얻으려고 한다. 이때 가열에 필요한 열량(kW)은?

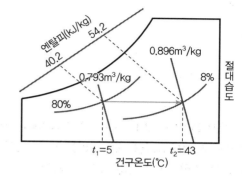

① 2.14

② 4.66

③ 8.97

④ 11.02

해설

가열량(q) 산출

$$q(\text{kW}) = m\Delta h = Q\frac{1}{\nu}(h_2 - h_1)$$

$$= 950\text{m}^3/\text{h} \times \frac{1}{0.793\text{m}^3/\text{kg}} \times (54.2 - 40.2)\text{kJ/kg}$$

$$= 16,771.8\text{kJ/h} = 4.66\text{kJ/s}\,(\text{kW})$$

여기서, v는 비체적이며, 가열 전 비체적을 적용한다.

50 증기난방 방식에서 환수주관을 보일러 수면보다 높은 위치에 배관하는 환수배관 방식은?

① 습식 환수 방식

② 강제 환수 방식

③ 건식 환수 방식

④ 중력 환수 방식

해설

환수주관을 보일러 수면보다 높은 위치에 배관하는 환수배관 방식은 건식 환수 방식이고, 환수주관을 보일러 수면보다 낮은 위치에 배관하는 환수배관 방식은 습식 환수 방식이라고 한다.

51 난방용 보일러의 요구조건이 아닌 것은?

① 일상에서 취급 및 보수관리가 용이할 것
② 건물로의 반출입이 용이할 것
③ 높이 및 설치면적이 적을 것
④ 전열효율이 낮을 것

보일러는 열매의 열량을 부하 해소를 위해 잘 전달하여야 하므로 전열효율이 높아야 한다.

52 일사를 받는 외벽으로부터의 침입열량(q)을 구하는 계산식으로 옳은 것은?(단, K는 열관류율, A는 면적, Δt는 상당외기온도차이다.)

① $q = K \times A \times \Delta t$

② $q = \dfrac{0.86 \times A}{\Delta t}$

③ $q = \dfrac{0.24 \times A \times \Delta t}{K}$

④ $q = \dfrac{0.29 \times K}{A \times \Delta t}$

냉방부하 요소 중 하나인 일사를 받는 외벽으로부터의 침입열량 q는 열관류율(K)과 면적(A), 그리고 상당외기온도차(Δt)의 곱으로 산정한다.

53 팬코일유닛 방식에 대한 설명으로 틀린 것은?

① 일반적으로 사무실, 호텔, 병원 및 점포 등에 사용한다.
② 배관 방식에 따라 2관식, 4관식으로 분류한다.
③ 중앙기계실에서 냉수 또는 온수를 공급하여 각 실에 설치한 팬코일유닛에 의해 공조하는 방식이다.
④ 팬코일유닛 방식에서 열부하 분담은 내부 존 팬코일유닛 방식과 외부 존 터미널 방식이 있다.

팬코일유닛 방식에서 열부하 분담은 내부 존 터미널유닛 방식(패키지형 에어컨디셔너)과 외부 존 팬코일유닛 방식을 적용한다.

54 덕트의 굴곡부 등에서 덕트 내에 흐르는 기류를 안정시키기 위한 목적으로 사용하는 기구는?

① 스플릿 댐퍼
② 가이드 베인
③ 릴리프 댐퍼
④ 버터플라이 댐퍼

가이드 베인은 덕트 굴곡부에서 유체의 흐름각을 완만하게 하여 기류를 안정시키는 목적으로 사용한다.

55 공기조화기에 관한 설명으로 옳은 것은?

① 유닛히터는 가열코일과 팬, 케이싱으로 구성된다.
② 유인유닛은 팬만을 내장하고 있다.
③ 공기 세정기를 사용하는 경우에는 엘리미네이터를 사용하지 않아도 좋다.
④ 팬코일유닛은 팬과 코일, 냉동기로 구성된다.

② 유인유닛은 수-공기 방식으로서 배관과 덕트로 구성된다.
③ 공기 세정기를 사용하는 경우에는 엘리미네이터를 사용하여 물방울의 비산을 방지하여야 한다.
④ 팬코일유닛은 팬과 코일로 구성된다.

56 공기조화설비 중 수분이 공기에 포함되어 실내로 급기되는 것을 방지하기 위해 설치하는 것은?

① 에어워셔
② 에어필터
③ 엘리미네이터
④ 벤틸레이터

엘리미네이터는 실내로 비산되는 수분을 제거하는 설비기기이다.

57 다음 원심 송풍기의 풍량제어 방법 중 동일한 송풍량 기준 소요동력이 가장 작은 것은?

① 흡입구 베인 제어
② 스크롤 댐퍼 제어
③ 토출 측 댐퍼 제어
④ 회전수 제어

송풍기 풍량제어 방법에 따른 에너지 절약 순서

회전수 제어 – 가변익 축류 – 흡입 베인 – 흡입 댐퍼 – 토출 댐퍼

58 공조기에서 냉 · 온풍을 혼합 댐퍼에 의해 일정한 비율로 혼합한 후 각 존 또는 각 실로 보내는 공조 방식은?

① 단일덕트 재열 방식
② 멀티존유닛 방식
③ 단일덕트 방식
④ 유인유닛 방식

멀티존유닛 방식은 냉 · 온풍을 기계실에서 혼합하여 각각 보내주는 방식이고, 이 방식과 유사한 이중덕트 방식은 각 실의 천장의 혼합상자에서 혼합을 하는 방식이다.

59 온풍난방에 관한 설명으로 틀린 것은?

① 송풍동력이 크며, 설계가 나쁘면 실내로 소음이 전달되기 쉽다.
② 실온과 함께 실내습도, 실내기류를 제어할 수 있다.
③ 실내 층고가 높을 경우에는 상하의 온도차가 크다.
④ 예열부하가 크므로 예열시간이 길다.

온풍난방은 비열이 작은 공기를 열매로 하기 때문에 예열부하가 작고 예열시간이 짧다.

60 온수난방에 대한 설명으로 틀린 것은?

① 증기난방에 비하여 연료소비량이 적다.
② 난방부하에 따라 온도 조절을 용이하게 할 수 있다.
③ 축열 용량이 크므로 운전을 정지해도 금방 식지 않는다.
④ 예열시간이 짧아 예열부하가 작다.

온수난방은 비열이 큰 물을 사용하기 때문에, 예열시간이 길어 예열부하가 크게 된다.

61 다음 회로에서 $E=100V$, $R=4\Omega$, $X_L=5\Omega$, $X_C=2\Omega$일 때 이 회로에 흐르는 전류(A)는?

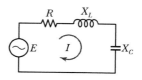

① 10
② 15
③ 20
④ 25

회로에 흐르는 전류(I) 산출

· 임피던스 $Z=\sqrt{R^2+(X_L-X_C)^2}$
$$=\sqrt{4^2+(5-2)^2}=5\Omega$$

· 전류 $I=\dfrac{V}{Z}=\dfrac{100}{5}=20A$

62 전압을 V, 전류를 I, 저항을 R, 그리고 도체의 비저항을 ρ라고 할 때 옴의 법칙을 나타낸 식은?

① $V=\dfrac{R}{I}$
② $V=\dfrac{I}{R}$
③ $V=IR$
④ $V=IR\rho$

옴의 법칙(Ohm's Law)

회로에 흐르는 전류의 세기는 전압에 비례하고 저항에 반비례한다.

$V=IR$, $I=\dfrac{V}{R}$

63 다음 블록선도의 전달함수 $\dfrac{C(s)}{R(s)}$ 는?

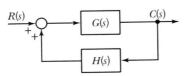

① $\dfrac{G(s)}{1-G(s)H(s)}$ 　② $\dfrac{G(s)}{1+G(s)H(s)}$

③ $\dfrac{H(s)}{1-G(s)H(s)}$ 　④ $\dfrac{H(s)}{1+G(s)H(s)}$

해설

전달함수$\left(\dfrac{C(s)}{R(s)}\right)$ 산출

$$\dfrac{C(s)}{R(s)} = \dfrac{\text{전향경로}}{1-\text{피드백 경로}}$$
$$= \dfrac{G(s)}{1-(G(s)\times H(s))} = \dfrac{G(s)}{1-G(s)H(s)}$$

64 다음 중 전류계에 대한 설명으로 틀린 것은?

① 전류계의 내부저항이 전압계의 내부저항보다 작다.
② 전류계를 회로에 병렬접속하면 계기가 손상될 수 있다.
③ 직류용 계기에는 (+), (−)의 단자가 구별되어 있다.
④ 전류계의 측정범위를 확장하기 위해 직렬로 접속한 저항을 분류기라고 한다.

해설

분류기(R_s)는 전류계의 측정범위를 넓히기 위해 적용되며, 전류계와 병렬로 연결한다.

65 다음 신호흐름선도에서 전달함수 $\dfrac{C(s)}{R(s)}$ 는?

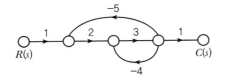

① $-\dfrac{6}{41}$ 　② $\dfrac{6}{41}$

③ $-\dfrac{6}{41}$ 　④ $\dfrac{6}{43}$

해설

전달함수$\left(\dfrac{C(s)}{R(s)}\right)$ 산출

$$\dfrac{C(s)}{R(s)} = \dfrac{\text{전향경로}}{1-\text{피드백 경로}}$$
$$= \dfrac{1\times 2\times 3\times 1}{1-[(3\times(-4))+(2\times 3\times(-5))]} = \dfrac{6}{43}$$

66 전기기기의 전로의 누전 여부를 알아보기 위해 사용되는 계측기는?

① 메거 　② 전압계
③ 전류계 　④ 검전기

해설

메거(Megger)는 절연저항 측정(누전 여부 판단) 시 사용되는 계측기이며, $10^5\Omega$ 이상의 고저항을 측정하는 데 적합하다.

67 전동기를 전원에 접속한 상태에서 중력부하를 하강시킬 때 속도가 빨라지는 경우 전동기의 유기 기전력이 전원전압보다 높아져서 발전기로 동작하고 발생전력을 전원으로 되돌려 줌과 동시에 속도를 감속하는 제동법은?

① 회생제동 　② 역전제동
③ 발전제동 　④ 유도제동

해설

회생제동
유도전동기를 전원에 연결한 상태에서 유도발전기로 동작시켜서 발생전력을 전원으로 반환하면서 제동하는 방법으로, 기계적 제동과 같은 큰 발열이 없고 마모도 적으며 또한 전력회수에도 유리하다. 특히 권선형에 많이 사용된다.

68 기계적 제어의 요소로서 변위를 공기압으로 변환하는 요소는?

① 벨로스
② 트랜지스터
③ 다이어프램
④ 노즐 플래퍼

> **해설**

변환요소의 종류

변환량	변환요소
온도 → 전압	열전대
압력 → 변위	벨로스, 다이어프램, 스프링
변위 → 압력	노즐 플래퍼, 유압 분사관, 스프링
변위 → 임피던스	가변저항기, 용량형 변환기
변위 → 전압	퍼텐셔미터, 차동변압기, 전위차계
전압 → 변위	전자석, 전자코일
광 → 임피던스	광전관, 광전도 셀, 광전 트랜지스터
광 → 전압	광전지, 광전 다이오드
방사선 → 임피던스	GM관, 전리함
온도 → 임피던스	측온 저항(열선, 서미스터, 백금, 니켈)

69 어떤 코일에 흐르는 전류가 0.01초 사이에 20A에서 10A로 변할 때 20V의 기전력이 발생한다고 하면 자기 인덕턴스(mH)는?

① 10
② 20
③ 30
④ 50

> **해설**

자기 인덕턴스(L) 산출

자기 인덕턴스 $L = -\dfrac{dt}{dI} \times e = -\dfrac{0.01}{10-20} \times 20$

$$= 0.02\text{H} = 20\text{mH}$$

여기서, dt : 전류가 흐른 시간(sec)

dI : 전류 변화량(A), e : 유도 기전력(V)

70 입력에 대한 출력의 오차가 발생하는 제어시스템에서 오차가 변환하는 속도에 비례하여 조작량을 가변하는 제어 방식은?

① 미분제어
② 정치제어
③ On−Off 제어
④ 시퀀스 제어

> **해설**

미분제어(D) 동작은 제어오차가 검출될 때 오차가 변화하는 속도에 비례하여 조작량을 가감하여 오차가 커지는 것을 미연에 방지하는 제어동작이다.

71 영구자석의 재료로 요구되는 사항은?

① 잔류자기 및 보자력이 큰 것
② 잔류자기가 크고 보자력이 작은 것
③ 잔류자기는 작고 보자력이 큰 것
④ 잔류자기 및 보자력이 작은 것

> **해설**

영구자석

• 외부로부터 전기에너지를 공급받지 않고서도 안정된 자기장을 발생, 유지하는 자석을 말한다.
• 영구자석에 대해 자화상태를 유지하는 능력이 극히 작은 자석을 일시자석이라 한다.
• 영구자석의 재료로는 높은 투자율을 지닌 물질과는 반대로 잔류자기가 크면서 동시에 보자력이 큰 것이 적합하다.

72 평형 3상 전원에서 각 상 간 전압의 위상차(rad)는?

① $\pi/2$
② $\pi/3$
③ $\pi/6$
④ $2\pi/3$

> **해설**

평형 3상 전원에서 각 상(Y결선, △결선, V결선) 간의 전압의 위상차는 $\dfrac{2\pi}{3}$ 이다.

73 피드백 제어에 관한 설명으로 틀린 것은?

① 정확성이 증가한다.
② 대역폭이 증가한다.
③ 입력과 출력의 비를 나타내는 전체 이득이 증가한다.
④ 개루프 제어에 비해 구조가 비교적 복잡하고 설치비가 많이 든다.

정답　68 ④　69 ②　70 ①　71 ①　72 ④　73 ③

계의 특성 변화에 대한 입력 대 출력비는 감소하게 된다.

74 절연의 종류를 최고 허용온도가 낮은 것부터 높은 순서로 나열한 것은?

① A종＜Y종＜E종＜B종
② Y종＜A종＜E종＜B종
③ E종＜Y종＜B종＜A종
④ B종＜A종＜E종＜Y종

Y종(90℃)＜A종(105℃)＜E종(120℃)＜B종(130℃)

절연의 종류별 허용 최고 온도

절연의 종류	허용 최고 온도(℃)
Y	90
A	105
E	120
B	130
F	155
H	180
C	180 초과

75 아래 접점회로의 논리식으로 옳은 것은?

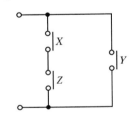

① $X \cdot Y \cdot Z$
② $(X + Y) \cdot Z$
③ $(X \cdot Z) + Y$
④ $X + Y + Z$

X와 Z는 접점이 직렬로 연결되어 있으므로 논리곱(AND)으로서 $X \cdot Z$이고, $X \cdot Z$와 Y는 병렬로 연결되어 있으므로 논리합(OR)으로서 $(X \cdot Z) + Y$가 된다.

76 다음 회로도를 보고 진리표를 채우고자 한다. 빈칸에 알맞은 값은?

A	B	X_1	X_2	X_3
1	1	1	0	(ⓐ)
1	0	0	1	(ⓑ)
0	1	0	0	(ⓒ)
0	0	0	0	(ⓓ)

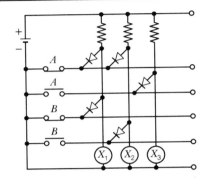

① ⓐ 1, ⓑ 1, ⓒ 0, ⓓ 0
② ⓐ 0, ⓑ 0, ⓒ 1, ⓓ 1
③ ⓐ 0, ⓑ 1, ⓒ 0, ⓓ 1
④ ⓐ 1, ⓑ 0, ⓒ 1, ⓓ 0

$\overline{A}$ 또는 $\overline{B}$가 On 되면 다이오드가 On 되므로 회로의 논리식은
$X_1 = A \cdot B$
$X_2 = A \cdot \overline{B}$
$X_3 = \overline{A}$
A가 Off 또는 "0"이므로 a와 b는 "0", c와 d는 "1"이 된다.

77 코일에 단상 200V의 전압을 가하면 10A의 전류가 흐르고 1.6kW의 전력이 소비된다. 이 코일과 병렬로 콘덴서를 접속하여 회로의 합성역률을 100%로 하기 위한 용량 리액턴스(Ω)는 약 얼마인가?

① 11.1
② 22.2
③ 33.3
④ 44.4

- 피상전력 $P_a = VI = 200 \times 10 = 2,000 \text{VA}$
- 무효전력 P_r

  $P_a = \sqrt{P^2 + P_r^2}$ 에서

  $P_r = \sqrt{P_a^2 - P^2}$

  $\quad = \sqrt{2,000^2 - 1,600^2} = 1,200 \text{Var}$

  여기서, P : 유효전력(소비전력)

- 용량 리액턴스 X_c

  $P_r = \dfrac{V^2}{X_c}$ 에서

  $X_c = \dfrac{V^2}{P_r} = \dfrac{200^2}{1,200} = 33.3\Omega$

78 시퀀스 제어에 관한 설명으로 틀린 것은?

① 조합논리회로가 사용된다.
② 시간지연요소가 사용된다.
③ 제어용 계전기가 사용된다.
④ 폐회로 제어계로 사용된다.

해설

시퀀스 제어는 개회로 제어계이다.

79 두 대 이상의 변압기를 병렬운전하고자 할 때 이상적인 조건으로 틀린 것은?

① 각 변압기의 극성이 같을 것
② 각 변압기의 손실비가 같을 것
③ 정격용량에 비례하여 전류를 분담할 것
④ 변압기 상호 간 순환전류가 흐르지 않을 것

해설

변압기의 병렬운전은 부하설비 용량의 증가에 따른 부하 대응, 변압기 수리 및 교체 시의 Back을 위해 2대 이상의 변압기를 병렬로 연결하여 운전하는 것을 말하며, 변압기의 이상적인 병렬운전 조건은 다음과 같다.
- 각 변압기의 극성이 같을 것
- 각 변압기의 권수비 및 1, 2차의 정격전압이 같을 것
- 각 변압기의 %임피던스 강하가 같으며 저항과 리액턴스비가 같을 것

- 온도 상승 한도가 가능한 한 같을 것
- 기준 충격 절연 강도가 같을 것

80 100V에서 500W를 소비하는 저항이 있다. 이 저항에 100V의 전원을 200V로 바꾸어 접속하면 소비되는 전력(W)은?

① 250
② 500
③ 1,000
④ 2,000

해설

전력 산출식을 이용하여 산출한다.

전력 $P = \dfrac{V^2}{R}$ 이므로 저항 R에 관해 풀면

$R = \dfrac{V_1^2}{P_1} = \dfrac{V_2^2}{P_2}$

$P_2 = P_1 \times \dfrac{V_2^2}{V_1^2} = 500 \times \dfrac{200^2}{100^2} = 2,000\text{W}$

Section
05 배관일반

81 같은 지름의 관을 직선으로 연결할 때 사용하는 배관 이음쇠가 아닌 것은?

① 소켓
② 유니언
③ 벤드
④ 플랜지

해설

벤드는 엘보와 같이 곡관부위의 연결재료이다.

82 온수난방 배관에서 역구환 방식을 채택하는 주된 목적으로 가장 적합한 것은?

① 배관의 신축을 흡수하기 위하여
② 온수가 식지 않게 하기 위하여
③ 온수의 유량 분배를 균일하게 하기 위하여
④ 배관길이를 짧게 하기 위하여

온수난방 역구환 방식(역환수 방식)은 각 방열기에 대하여 공급관과 환수관의 길이의 합을 동일하게 하여 온수의 유량 분배를 균일하게 하는 목적을 갖고 있다.

83 급탕배관 시공에 관한 설명으로 틀린 것은?

① 배관의 굽힘 부분에는 벨로스 이음을 한다.
② 하향식 급탕주관의 최상부에는 공기빼기 장치를 설치한다.
③ 팽창관의 관경은 겨울철 동결을 고려하여 25A 이상으로 한다.
④ 단관식 급탕배관 방식에는 상향배관, 하향배관 방식이 있다.

배관의 굽힘 부분에는 일반적으로 스위블 이음을 적용한다.

84 냉동배관 시 플렉시블 조인트의 설치에 관한 설명으로 틀린 것은?

① 가급적 압축기 가까이에 설치한다.
② 압축기의 진동방향에 대하여 직각으로 설치한다.
③ 압축기가 가동할 때 무리한 힘이 가해지지 않도록 설치한다.
④ 기계 · 구조물 등에 접촉되도록 견고하게 설치한다.

플렉시블 조인트는 진동 등에 유연하게 대처하여 기기 및 배관 등의 파손을 막아주는 역할을 한다. 강성으로 버티는 대처가 아닌 유연한 대처이므로 접촉하여 견고한 설치가 아닌 변위를 허용하는 유연한 설치가 되어야 한다.

85 밸브의 역할로 가장 먼 것은?

① 유체의 밀도 조절
② 유체의 방향 전환
③ 유체의 유량 조절
④ 유체의 흐름 단속

유체의 밀도는 유체의 고유성질로서 밸브로 유체의 밀도는 조절할 수 없다.

86 경질염화비닐관의 TS식 이음에서 작용하는 3가지 접착효과로 가장 거리가 먼 것은?

① 유동삽입
② 일출접착
③ 소성삽입
④ 변형삽입

경질염화비닐관의 TS식 이음은 일정한 규격의 테이프를 관에 삽입하여 접합하는 방법으로서 유동삽입, 일출접착, 변형삽입의 3가지 접착효과를 거둘 수 있다.

87 패킹재의 선정 시 고려사항으로 관 내 유체의 화학적 성질이 아닌 것은?

① 점도
② 부식성
③ 휘발성
④ 용해능력

점도는 관 내 유체의 성질 중 물리적 성질에 해당한다.

패킹재의 선정 시 고려되는 관 내 유체의 성질

구분	성질
물리적 성질	온도, 압력, 가스체와 액체의 구분, 밀도, 점도 등
화학적 성질	화학 성분과 안정도, 부식성, 용해능력, 휘발성, 인화성과 폭발성 등
기계적 성질	교환의 난이, 진동의 유무, 내압과 외압의 정도 등

88 기체 수송 설비에서 압축공기 배관의 부속장치가 아닌 것은?

① 후부냉각기
② 공기여과기
③ 안전밸브
④ 공기빼기밸브

압축공기 배관(시스템)의 구성

동력원 전동기 엔진	공기압발생기 압축기 탱크 후냉각기	공기청정화부 필터 유분제거기 에어드라이어	제어부 압력제어 방향제어 기타	작동부 실린더 회전작동기 공기모터

동력원 공기압축기 후냉각기 공기탱크 필터 에어드라이어 필터 압력제어 실린더

89 배관용 패킹재료 선정 시 고려해야 할 사항으로 거리가 먼 것은?

① 유체의 압력 ② 재료의 부식성
③ 진동의 유무 ④ 시트면의 형상

패킹재의 선정 시 고려되는 관 내 유체의 성질

구분	성질
물리적 성질	온도, 압력, 가스체와 액체의 구분, 밀도, 점도 등
화학적 성질	화학 성분과 안정도, 부식성, 용해능력, 휘발성, 인화성과 폭발성 등
기계적 성질	교환의 난이, 진동의 유무, 내압과 외압의 정도 등

90 무기질 단열재에 관한 설명으로 틀린 것은?

① 암면은 단열성이 우수하고 아스팔트 가공된 보냉용의 경우 흡수성이 양호하다.
② 유리섬유는 가볍고 유연하여 작업성이 매우 좋으며 칼이나 가위 등으로 쉽게 절단된다.
③ 탄산마그네슘 보온재는 열전도율이 낮으며 300~320℃에서 열분해한다.
④ 규조토 보온재는 비교적 단열효과가 낮으므로 어느 정도 두껍게 시공하는 것이 좋다.

①은 펠트에 대한 설명이다.

91 펌프 주위 배관시공에 관한 사항으로 틀린 것은?

① 풋밸브 등 모든 관의 이음은 수밀, 기밀을 유지할 수 있도록 한다.
② 흡입관의 길이는 가능한 한 짧게 배관하여 저항이 적도록 한다.
③ 흡입관의 수평배관은 펌프를 향하여 하향 구배로 한다.
④ 양정이 높을 경우 펌프 토출구와 게이트밸브 사이에 체크밸브를 설치한다.

흡입관의 수평배관은 펌프를 향하여 상향 구배로 한다.

92 다음 중 기수혼합식(증기분류식) 급탕설비에서 소음을 방지하는 기구는?

① 가열코일 ② 사일런서
③ 순환펌프 ④ 서모스탯

기수혼합식 탕비기
• 보일러에서 생긴 증기를 급탕용의 물속에 직접 불어 넣어서 온수를 얻는 방법이다.
• 열효율이 100%이다.
• 고압의 증기를 사용(0.1~0.4MPa)한다.
• 소음을 줄이기 위해 스팀사일런서(Steam Silencer)를 설치한다.
• 사용장소의 제약을 받는다.(공장, 병원 등 큰 욕조의 특수장소에 사용)

93 가스 수요의 시간적 변화에 따라 일정한 가스량을 안전하게 공급하고 저장을 할 수 있는 가스홀더의 종류가 아닌 것은?

① 무수(無水)식 ② 유수(有水)식
③ 주수(柱水)식 ④ 구(球)형

가스홀더의 종류
- 저압식 : 유수식, 무수식
- 고압식 : 원통형, 구형

94 급수관의 평균 유속이 2m/s이고 유량이 100L/s로 흐르고 있다. 관 내 마찰손실을 무시할 때 안지름(mm)은 얼마인가?

① 173   ② 227
③ 247   ④ 252

해설

$Q(\text{유량, m}^3/\text{sec}) = A(\text{단면적, m}^2) \times V(\text{유속, m/s})$

$$= \frac{\pi d^2}{4} \times V$$

$0.1\text{m}^3/\text{sec} = \frac{\pi d^2}{4} \times 2\text{m/s}$

안지름 $d = 0.252\text{m} = 252\text{mm}$

95 다음 도시기호의 이음은?

① 나사식 이음   ② 용접식 이음
③ 소켓식 이음   ④ 플랜지식 이음

해설

본 도시기호는 소켓식(턱걸이형) 이음에 해당한다.

96 도시가스 배관 시 배관이 움직이지 않도록 관 지름 13mm 이상 33mm 미만의 경우 몇 m마다 고정장치를 설치해야 하는가?

① 1m   ② 2m
③ 3m   ④ 4m

해설

가스관 지름에 따른 가스배관의 고정간격

가스관 지름	고정간격
10mm 이상~13mm 미만	1m마다 고정
13mm 이상~33mm 미만	2m마다 고정
33mm 이상	3m마다 고정

97 증기난방법에 관한 설명으로 틀린 것은?

① 저압식은 증기의 사용압력이 0.1MPa 미만인 경우이며, 주로 10~35kPa인 증기를 사용한다.
② 단관 중력환수식의 경우 증기와 응축수가 역류하지 않도록 선단 하향 구배로 한다.
③ 환수주관을 보일러 수면보다 높은 위치에 배관한 것은 습식 환수관식이다.
④ 증기의 순환이 가장 빠르며 방열기, 보일러 등의 설치 위치에 제한을 받지 않고 대규모 난방용으로 주로 채택되는 방식은 진공환수식이다.

해설

환수주관을 보일러 수면보다 높은 위치에 배관한 것은 건식 환수관식이다.

중력환수식의 분류
- 건식 환수관식 : 환수주관이 보일러보다 높은 위치에 설치되고, 트랩을 설치해야 한다.
- 습식 환수관식 : 보일러의 수면보다 환수주관이 아래에 설치되고, 트랩을 설치하지 않는다.

98 급수배관의 수격현상 방지방법으로 가장 거리가 먼 것은?

① 펌프에 플라이휠을 설치한다.
② 관경을 작게 하고 유속을 매우 빠르게 한다.
③ 에어체임버를 설치한다.
④ 완폐형 체크밸브를 설치한다.

해설

관경을 작게 하고 유속을 매우 빠르게 할 경우 수격현상이 발생할 가능성이 더욱 높아지게 된다.

99 온수배관 시공 시 유의사항으로 틀린 것은?

① 배관재료는 내열성을 고려한다.
② 온수배관에는 공기가 고이지 않도록 구배를 준다.
③ 온수보일러의 릴리프관에는 게이트밸브를 설치한다.
④ 배관의 신축을 고려한다.

해설

릴리프관은 배관 내 상승압의 도피를 위한 용도이므로 저항이 될 수 있는 게이트밸브는 설치하지 않는다.

100 제조소 및 공급소 밖의 도시가스 배관을 시가지 외의 도로 노면 밑에 매설하는 경우에는 도면으로부터 배관의 외면까지 최소 몇 m 이상을 유지해야 하는가?

① 1.0
② 1.2
③ 1.5
④ 2.0

해설

급수관의 매설깊이
• 평지 : 450mm 이상
• 시가지 일반 차량의 통행 장소 : 450mm 이상
• 시가지 외 차량 통행 장소, 중차량이 통행하는 장소 또는 한랭지방 : 1,200mm 이상

01 다음 중 가장 낮은 온도는?

① 104℃
② 284°F
③ 410K
④ 684R

해설

섭씨(℃) 온도로 환산하여 비교한다.

① 104℃

② $\dfrac{5}{9}(284-32)=140℃$

③ $410-273=137℃$

④ $684-460=224°F=\dfrac{5}{9}(224-32)=106.7℃$

02 과열증기를 냉각시켰더니 포화영역 안으로 들어와서 비체적이 0.2327m³/kg이 되었다. 이때 포화액과 포화증기의 비체적이 각각 1.079×10⁻³m³/kg, 0.5243m³/kg이라면 건도는 얼마인가?

① 0.964
② 0.772
③ 0.653
④ 0.443

해설

비체적(v) 산출식을 활용하여 습증기의 건도(x)를 산출한다.

$v = v_w + x(v_s - v_w)$

여기서, v : 습공기의 비체적
$\qquad v_w$: 포화액의 비체적
$\qquad v_s$: 포화증기의 비체적

$0.2327\text{m}^3/\text{kg}$
$\quad = 1.079 \times 10^{-3}\text{m}^3/\text{kg} + x(0.5243 - 1.079 \times 10^{-3})\text{m}^3/\text{kg}$
$\therefore\ x = 0.443$

03 증기 동력 사이클의 종류 중 재열 사이클의 목적으로 가장 거리가 먼 것은?

① 터빈 출구의 습도가 증가하여 터빈 날개를 보호한다.
② 이론 열효율이 증가한다.
③ 수명이 연장된다.
④ 터빈 출구의 질(Quality)을 향상시킨다.

해설

터빈 출구의 습도가 감소하여 터빈 날개를 보호한다.

04 비열비가 1.29, 분자량이 44인 이상기체의 정압비열은 약 몇 kJ/kg · K인가?(단, 일반기체상수는 8.314kJ/kmol · K이다.)

① 0.51
② 0.69
③ 0.84
④ 0.91

해설

기체상수를 활용한 정압비열(C_p)의 산출

$C_p = \dfrac{k}{k-1}R = \dfrac{k}{k-1} \times \dfrac{R_u}{m}$

$\quad = \dfrac{1.29}{1.29-1} \times \dfrac{8.314\text{kJ/kmol} \cdot \text{K}}{44}$

$\quad = 0.84\text{kJ/kg} \cdot \text{K}$

여기서, 수소기체의 기체상수 $R = \dfrac{\text{일반기체상수}(R_u)}{\text{분자량}(m)}$

$\qquad\qquad$ 분자량 $m = 44$

05 수소(H₂)가 이상기체라면 절대압력 1MPa, 온도 100℃에서의 비체적은 약 몇 m³/kg인가? (단, 일반기체상수는 8.3145kJ/kmol · K이다.)

① 0.781
② 1.26
③ 1.55
④ 3.46

정답　01 ①　02 ④　03 ①　04 ③　05 ③

해설

수소의 비체적은 이상기체 상태방정식을 통해 산출한다.

이상기체 상태방정식 $Pv = RT$

$$비체적(v) = \frac{RT}{P} = \frac{\frac{R_u}{m}T}{P}$$

$$= \frac{\frac{8.3145\text{kJ/kmol} \cdot \text{K}}{2} \times (273 + 100)}{1,000\text{kPa}}$$

$$= 1.55\text{m}^3/\text{kg}$$

여기서, 수소기체의 기체상수 $R = \dfrac{\text{일반기체상수}(R_u)}{\text{분자량}(m)}$

수소의 분자량 $m = 2$

06 온도 15℃, 압력 100kPa 상태의 체적이 일정한 용기 안에 어떤 이상기체 5kg이 들어 있다. 이 기체가 50℃가 될 때까지 가열되는 동안의 엔트로피 증가량은 약 몇 kJ/K인가?(단, 이 기체의 정압비열과 정적비열은 각각 1.001kJ/kg · K, 0.7171kJ/kg · K이다.)

① 0.411 ② 0.486

③ 0.575 ④ 0.732

해설

정적변화에서의 엔트로피 변화량(ΔS) 산출

$$\Delta S = S_2 - S_1 = GC_v \ln \frac{T_2}{T_1}$$

$$= 5\text{kg} \times 0.7171\text{kJ/kg} \cdot \text{K} \times \ln \frac{273+50}{273+15}$$

$$= 0.411\text{kJ/K}$$

여기서, 등적변화이므로 정적비열(C_v)을 적용한다.

07 계가 비가역 사이클을 이룰 때 클라우지우스(Clausius)의 적분을 옳게 나타낸 것은?(단, T는 온도, Q는 열량이다.)

① $\oint \dfrac{\delta Q}{T} < 0$ ② $\oint \dfrac{\delta Q}{T} > 0$

③ $\oint \dfrac{\delta Q}{T} \geq 0$ ④ $\oint \dfrac{\delta Q}{T} \leq 0$

해설

클라우지우스(Clausius)의 적분 : $\oint \dfrac{\delta Q}{T} \leq 0$

- 가역 과정 : $\oint \dfrac{\delta Q}{T} = 0$

- 비가역 과정 : $\oint \dfrac{\delta Q}{T} < 0$

08 계가 정적과정으로 상태 1에서 상태 2로 변화할 때 단순 압축성 계에 대한 열역학 제1법칙을 바르게 설명한 것은?(단, U, Q, W는 각각 내부에너지, 열량, 일량이다.)

① $U_1 - U_2 = Q_{12}$ ② $U_2 - U_1 = W_{12}$

③ $U_1 - U_2 = W_{12}$ ④ $U_2 - U_1 = Q_{12}$

해설

열역학 제1법칙

열량(Q_{12}) = 내부에너지 변화량(ΔU) + 일량(W_{12})

정적과정이므로 $v = \text{Constant}$이고 $\Delta v = 0$

$$W_{12} = \int_1^2 P\,dv = 0$$

∴ 열량(Q_{12}) = 내부에너지 변화량($\Delta U = U_2 - U_1$)

09 증기터빈에서 질량유량이 1.5kg/s이고, 열손실률이 8.5kW이다. 터빈으로 출입하는 수증기에 대한 값이 아래 그림과 같다면 터빈의 출력은 약 몇 kW인가?

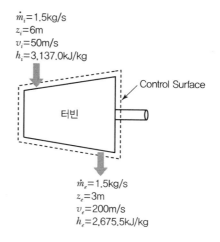

$\dot{m}_i = 1.5$kg/s
$z_i = 6$m
$v_i = 50$m/s
$h_i = 3,137.0$kJ/kg

Control Surface

터빈

$\dot{m}_e = 1.5$kg/s
$z_e = 3$m
$v_e = 200$m/s
$h_e = 2,675.5$kJ/kg

정답 06 ① 07 ① 08 ④ 09 ②

2021년 1회 기출문제 | 593

① 273kW

② 656kW

③ 1,357kW

④ 2,616kW

해설

터빈의 출력(W)

$$= \dot{m}[(h_i - h_e) + \frac{v_i^2 - v_e^2}{2} + g(Z_i - Z_e)] + Q$$

$$= 1.5\text{kg/s}[(3{,}137.0 - 2{,}675.5)\text{kJ/kg}$$

$$+ \left(\frac{(50\text{m/s})^2 - (200\text{m/s})^2}{2} + 9.8\text{m/s}(6-3)\text{m} \right)$$

$$\times \frac{1\text{kJ}}{1{,}000\text{J}}] + (-8.5\text{kW})$$

$$= 655.67\text{kW} = 656\text{kW}$$

10 완전가스의 내부에너지(u)는 어떤 함수인가?

① 압력과 온도의 함수이다.

② 압력만의 함수이다.

③ 체적과 압력의 함수이다.

④ 온도만의 함수이다.

해설

완전가스의 내부에너지는 온도만의 함수이다.(체적 및 압력과는 무관)

11 어떤 냉동기에서 0℃의 물로 0℃의 얼음 2 ton을 만드는 데 180MJ의 일이 소요된다면 이 냉동기의 성적계수는?(단, 물의 융해열은 334kJ/kg이다.)

① 2.05

② 2.32

③ 2.65

④ 3.71

해설

냉동기의 성적계수(COP_R) $= \dfrac{\text{냉동효과}}{\text{압축일}} = \dfrac{q}{AW}$

$$= \frac{2{,}000\text{kg} \times 334\text{kJ/kg}}{180 \times 10^3\text{kJ}}$$

$$= 3.71$$

12 이상적인 카르노 사이클의 열기관이 500℃인 열원으로부터 500kJ을 받고, 25℃에 열을 방출한다. 이 사이클의 일(W)과 효율(η_{th})은 얼마인가?

① $W = 307.2\text{kJ}$, $\eta_{th} = 0.6144$

② $W = 307.2\text{kJ}$, $\eta_{th} = 0.5748$

③ $W = 250.3\text{kJ}$, $\eta_{th} = 0.6143$

④ $W = 250.3\text{kJ}$, $\eta_{th} = 0.5748$

해설

• 카르노 사이클의 열효율(η_{th}) $= \dfrac{\text{생산일}(W)}{\text{공급열량}(Q)}$

$$= \frac{T_H - T_L}{T_H} = 1 - \frac{T_L}{T_H}$$

생산일(W) = 공급열량(Q) $\times \left(1 - \dfrac{T_L}{T_H}\right)$

$$= 500\text{kJ} \times \left(1 - \frac{273 + 25}{273 + 500}\right) = 307.2\text{kJ}$$

• 카르노 사이클의 열효율(η_{th}) $= \dfrac{\text{생산일}(W)}{\text{공급열량}(Q)}$

$$= \frac{307.2}{500} = 0.6144$$

13 밀폐용기에 비내부에너지가 200kJ/kg인 기체가 0.5kg 들어 있다. 이 기체를 용량이 500W인 전기가열기로 2분 동안 가열한다면 최종상태에서 기체의 내부에너지는 약 몇 kJ인가?(단, 열량은 기체로만 전달된다고 한다.)

① 20kJ

② 100kJ

③ 120kJ

④ 160kJ

해설

기체의 내부에너지(U) 산출

$U = m \cdot u + P \cdot t$

$$= 0.5\text{kg} \times 200\text{kJ/kg} + 0.5\text{kJ/s} \times 120\text{sec}$$

$$= 160\text{kJ}$$

여기서, P(전기 가열기의 용량) = 500W = 0.5kW = 0.5kJ/sec

t(가열시간) = 2분 × 60sec = 120sec

14 온도 20℃에서 계기압력 0.183MPa의 타이어가 고속주행으로 온도 80℃로 상승할 때 압력은 주행 전과 비교하여 약 몇 kPa 상승하는가?(단, 타이어의 체적은 변하지 않고, 타이어 내의 공기는 이상기체로 가정하며, 대기압은 101.3kPa이다.)

① 37kPa ② 58kPa
③ 286kPa ④ 445kPa

해설

정적과정에서의 T, P 관계를 활용한다.

$$\frac{T_2}{T_1} = \frac{P_2}{P_1}$$

$$P_2 = \frac{T_2}{T_1} \times P_1 = \frac{273+80}{273+20} \times (101.3+183)\,\text{kPa}$$
$$= 342.52\,\text{kPa}$$

여기서, $P_1 =$ 대기압 + 계기압
$$= 101.3 + 183 = 284.3\,\text{kPa}$$
$$\therefore \ P_2 - P_1 = 342.52 - 284.3 = 58.22\,\text{kPa}$$

15 10℃에서 160℃까지 공기의 평균 정적비열은 0.7315kJ/kg · K이다. 이 온도 변화에서 공기 1kg의 내부에너지 변화는 약 몇 kJ인가?

① 101.1kJ ② 109.7kJ
③ 120.6kJ ④ 131.7kJ

해설

내부에너지 변화(ΔU) 산출
$$\Delta U = U_2 - U_1 = G C_v (T_2 - T_1)$$
$$= 1\text{kg} \times 0.7315\text{kJ/kg} \cdot \text{K} \times (160-10) = 109.73\text{kJ}$$

16 온도가 127℃, 압력이 0.5MPa, 비체적이 0.4m³/kg인 이상기체가 같은 압력하에서 비체적이 0.3m³/kg으로 되었다면 온도는 약 몇 ℃가 되는가?

① 16 ② 27
③ 96 ④ 300

해설

정압과정에서의 T, v 관계를 활용한다.

$$\frac{T_2}{T_1} = \frac{v_2}{v_1}$$

$$T_2 = \left(\frac{v_2}{v_1}\right) \times T_1 = \left(\frac{0.3}{0.4}\right) \times (273+127) = 300\text{K}$$

$$\therefore \ 300 - 273 = 27℃$$

17 한 밀폐계가 190kJ의 열을 받으면서 외부에 20kJ의 일을 한다면 이 계의 내부에너지의 변화는 약 얼마인가?

① 210kJ만큼 증가한다.
② 210kJ만큼 감소한다.
③ 170kJ만큼 증가한다.
④ 170kJ만큼 감소한다.

해설

밀폐계 내부에너지의 변화(ΔU) 산출
$$\Delta U = \text{열량}(Q) - \text{일량}(W)$$
$$= 190 - 20 = 170\text{kJ(증가)}$$

18 증기를 가역 단열과정을 거쳐 팽창시키면 증기의 엔트로피는?

① 증가한다.
② 감소한다.
③ 변하지 않는다.
④ 경우에 따라 증가도 하고, 감소도 한다.

해설

가역 단열과정은 등엔트로피 과정이다.

19 오토 사이클의 압축비(ε)가 8일 때 이론 열효율은 약 몇 %인가?(단, 비열비(k)는 1.4이다.)

① 36.8% ② 46.7%
③ 56.5% ④ 66.6%

해설

오토 사이클의 열효율(η) 산출

$$\eta = 1 - \left(\frac{1}{\epsilon}\right)^{k-1} = 1 - \left(\frac{1}{8}\right)^{1.4-1} = 0.565$$

$$\therefore \ \eta = 56.5\%$$

20 열펌프를 난방에 이용하려고 한다. 실내 온도는 18℃이고, 실외 온도는 −15℃이며 벽을 통한 열손실은 12kW이다. 열펌프를 구동하기 위해 필요한 최소 동력은 약 몇 kW인가?

① 0.65kW ② 0.74kW

③ 1.36kW ④ 1.53kW

해설

$$COP_{HP} = \frac{q_H(\text{응축기의 방출 필요 열량})}{AW(\text{압축일, 필요동력})} = \frac{T_H}{T_H - T_L}$$

$$AW = q_H \times \frac{T_H - T_L}{T_H}$$
$$= 12\text{kW} \times \frac{(273+18)-(273-15)}{273+18}$$
$$= 1.36\text{kW}$$

Section 02 냉동공학

21 다음 조건을 이용하여 응축기 설계 시 1RT (3.86kW)당 응축면적(m²)을 구하면?(단, 온도차는 산술평균온도차를 적용한다.)

- 응축온도 : 35℃
- 냉각수 입구온도 : 28℃
- 냉각수 출구온도 : 32℃
- 열통과열 : 1.05kW/m²℃

① 1.05 ② 0.74

③ 0.52 ④ 0.35

해설

응축면적(A) 산출

$$q_c = KA\Delta T = q_e$$

여기서, K : 열통과율(W/m²K), A : 응축면적(m²)

ΔT : 응축온도 − 냉각수 평균온도

q_e : 냉동능력

$$KA\Delta T = q_e$$

$$A = \frac{q_e}{K \times \Delta T} = \frac{3.86\text{kW}}{1.05\text{kW/m}^2\text{K} \times \left(35 - \frac{28+32}{2}\right)} = 0.74\text{m}^2$$

22 히트 파이프(Heat Pipe)의 구성요소가 아닌 것은?

① 단열부 ② 응축부

③ 증발부 ④ 팽창부

해설

Heat Pipe는 증발부(흡열을 통한 액체 → 기체), 단열부, 응축부(방열을 통한 기체 → 액체)로 구성된다.

23 흡수식 냉동장치에서 흡수제 유동방향으로 틀린 것은?

① 흡수기 → 재생기 → 흡수기

② 흡수기 → 재생기 → 증발기 → 응축기 → 흡수기

③ 흡수기 → 용액열교환기 → 재생기 → 용액열교환기 → 흡수기

④ 흡수기 → 고온재생기 → 저온재생기 → 흡수기

해설

흡수제는 흡수기와 재생기 사이를 유동하게 된다. ①, ③, ④는 흡수기와 재생기 사이의 기기들에 대한 사항이며, ②는 흡수제의 유동이 아닌 냉매의 유동방향을 나타낸다.

24 실제 기체가 이상기체의 상태방정식을 근사하게 만족시키는 경우는 어떤 조건인가?

① 압력과 온도가 모두 낮은 경우

② 압력이 높고 온도가 낮은 경우

③ 압력이 낮고 온도가 높은 경우

④ 압력과 온도 모두 높은 경우

실제 기체는 압력이 낮을수록, 온도가 높을수록, 비체적이 클수록, 분자량이 작을수록 이상기체 상태방정식을 근사하게 만족시킬 수 있다.

25 암모니아 냉동장치에서 고압 측 게이지 압력이 $1,372.9\text{kPa}$, 저압 측 게이지 압력이 294.2kPa이고, 피스톤 압출량이 $100\text{m}^3/\text{h}$, 흡입증기의 비체적이 $0.5\text{m}^3/\text{kg}$일 때, 이 장치에서의 압축비와 냉매순환량(kg/h)은 각각 얼마인가?(단, 압축기의 체적효율은 0.7이다.)

① 압축비 3.73, 냉매순환량 70
② 압축비 3.73, 냉매순환량 140
③ 압축비 4.67, 냉매순환량 70
④ 압축비 4.67, 냉매순환량 140

압축비(ε)과 냉매순환량(G) 산출

• 압축비(ε) 산출

$$압축비(\varepsilon) = \frac{고압\ 측\ 절대압력}{저압\ 측\ 절대압력}$$

$$= \frac{1,372.9 + 101.3}{294.2 + 101.3} = 3.73$$

여기서, 101.3kPa은 대기압

$$절대압력 = 게이지압 + 대기압$$

• 냉매순환량(G) 산출

$$G = \frac{냉동능력(Q_e)}{냉동효과(q_e)}$$

$$= \frac{피스톤\ 압출량(V)}{흡입증기\ 비체적(v)} \times 압축기\ 체적효율(\eta_v)$$

$$= \frac{100\text{m}^3/\text{h}}{0.5\text{m}^3/\text{kg}} \times 0.7 = 140\text{kg/h}$$

26 냉동기유의 구비조건으로 틀린 것은?

① 점도가 적당할 것
② 응고점이 높고 인화점이 낮을 것
③ 유성이 좋고 유막을 잘 형성할 수 있을 것
④ 수분 등의 불순물을 포함하지 않을 것

냉동기유는 응고점이 낮고 인화점이 높아야 한다.

냉동기유 구비조건

구분	내용
물리적 성질	• 점도가 적당할 것 • 온도에 따른 점도의 변화가 적을 것 • 인화점이 높을 것 • 오일 회수를 위해 사용하는 액상 냉매보다 비중이 무거울 것 • 유성(油性)이 양호할 것(유막 형성 능력이 우수할 것) • 거품이 적게 날 것(Oil Forming) • 응고점이 낮고 낮은 온도에서 유동성이 있을 것 • 저온에서도 냉매와 분리되지 않을 것(상용성이 있는 냉매와 사용 시) • 수분함량이 적을 것
전기·화학적 성질	• 열안전성이 좋을 것 • 수분, 산분을 포함하지 않을 것 • 산화되기 어려울 것 • 냉매와 반응하지 않을 것 • 밀폐형 압축기에서 사용 시 전기 절연성이 좋을 것 • 저온에서 왁스성분(고형 성분)을 석출하지 않을 것(왁스성분은 팽창장치 막힘 등을 유발) • 고온에서 슬러지가 없을 것 • 반응은 중성일 것

27 다음 중 빙축열시스템의 분류에 대한 조합으로 적당하지 않은 것은?

① 정적 제빙형 - 관내착빙형
② 정적 제빙형 - 캡슐형
③ 동적 제빙형 - 관외착빙형
④ 동적 제빙형 - 과냉각 아이스형

빙축열시스템의 분류

구분	종류
정적 제빙형	관외착빙형, 관내착빙형, 완전동결형, 캡슐형
동적 제빙형	빙박리형, 액체식 빙생성형(슬러리형) ※ 액체식 빙생성형의 분류 • 직접식 : 과냉각 아이스형, 리키드 아이스형 • 간접식 : 비수용성 액체 이용 직접 열교환 방식, 직팽형 직접 열교환 방식

28 냉동장치가 정상운전되고 있을 때 나타나는 현상으로 옳은 것은?

① 팽창밸브 직후의 온도는 직전의 온도보다 높다.
② 크랭크 케이스 내의 유온은 증발온도보다 낮다.
③ 수액기 내의 액온은 응축온도보다 높다.
④ 응축기의 냉각수 출구온도는 응축온도보다 낮다.

[해설]

① 냉매가 팽창밸브를 통과하게 되면 온도와 압력이 저하되므로, 팽창밸브 직후의 온도는 직전의 온도보다 낮다.
② 크랭크 케이스 내의 유온은 50℃ 이하 수준이므로 냉매의 증발온도(표준사이클의 경우 −15℃)보다 높다.
③ 수액기는 응축기에서 팽창밸브 사이에 있는 기기로서, 응축 액화된 냉매를 팽창밸브로 보내기 전에 일시 저장하는 용기로 수액기 내의 액온은 응축온도보다 낮다.

29 여름철 공기열원 열펌프 장치로 냉방 운전할 때, 외기의 건구온도 저하 시 나타나는 현상으로 옳은 것은?

① 응축압력이 상승하고, 장치의 소비전력이 증가한다.
② 응축압력이 상승하고, 장치의 소비전력이 감소한다.
③ 응축압력이 저하하고, 장치의 소비전력이 증가한다.
④ 응축압력이 저하하고, 장치의 소비전력이 감소한다.

[해설]

외기의 건구온도 저하 시 응축온도 및 압력이 저하되고 이에 따라 장치의 소비전력도 감소하게 된다.(외기의 건구온도가 저하된다는 것은 응축부분의 냉각이 효율적으로 이루어질 수 있다는 것을 의미한다.)

30 다음 중 액압축을 방지하고 압축기를 보호하는 역할을 하는 것은?

① 유분리기　　　　② 액분리기
③ 수액기　　　　　④ 드라이어

[해설]

액분리기(축압기)는 어큐뮬레이터라고도 하며, 압축기로 흡입되는 가스 중의 액체 냉매(액립)를 분리 제거하여 리퀴드백(Liquid Back)에 의한 영향을 방지하기 위한 기기이다.

31 표준 냉동사이클에서 상태 1, 2, 3에서의 각 성적계수 값을 모두 합하면 약 얼마인가?

상태	응축온도	증발온도
1	32℃	−18℃
2	42℃	2℃
3	37℃	−13℃

① 5.11　　　　　② 10.89
③ 17.18　　　　④ 25.14

[해설]

성적계수 산출

$$COP = \frac{q_e}{AW} = \frac{T_e}{T_c - T_e}$$

- 상태 1 : $COP = \dfrac{273 + (-18)}{(273 + 32) - (273 + (-18))} = 5.1$
- 상태 2 : $COP = \dfrac{273 + 2}{(273 + 42) - (273 + 2)} = 6.875$
- 상태 3 : $COP = \dfrac{273 + (-13)}{(273 + 37) - (273 + (-13))} = 5.2$

∴ COP 합계 $= 5.1 + 6.875 + 5.2 = 17.18$

32 수액기에 대한 설명으로 틀린 것은?

① 응축기에서 응축된 고온 고압의 냉매액을 일시 저장하는 용기이다.
② 장치 안에 있는 모든 냉매를 응축기와 함께 회수할 정도의 크기를 선택하는 것이 좋다.
③ 소형 냉동기에는 필요로 하지 않다.
④ 어큐뮬레이터라고도 한다.

어큐뮬레이터는 액분리기(축압기)를 말하며, 압축기로 흡입되는 가스 중의 액체 냉매(액립)를 분리 제거하여 리퀴드백(Liquid Back)에 의한 영향을 방지하기 위한 기기이다.

33 다음 그림은 R − 134a를 냉매로 한 건식 증발기를 가진 냉동장치의 개략도이다. 지점 1, 2에서의 게이지 압력은 각각 0.2MPa, 1.4MPa으로 측정되었다. 각 지점에서의 엔탈피가 아래 표와 같을 때, 5지점에서의 엔탈피(kJ/kg)는 얼마인가?(단, 비체적(v_1)은 0.08m³/kg이다.)

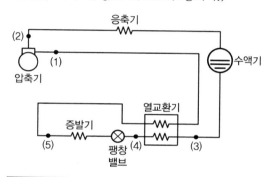

지점	엔탈피(kJ/kg)
1	623.8
2	665.7
3	460.5
4	439.6

① 20.9 　　　　② 112.8
③ 408.6 　　　　④ 602.9

열교환 평형식으로 정리한다.
$$h_3 - h_4 = h_1 - h_5$$
$$h_5 = h_1 - h_3 + h_4$$
$$= 623.8 - 460.5 + 439.6 = 602.9\text{kJ/kg}$$

34 표준 냉동사이클에서 냉매의 교축 후에 나타나는 현상으로 틀린 것은?

① 온도는 강하한다.
② 압력은 강하한다.
③ 엔탈피는 일정하다.
④ 엔트로피는 감소한다.

냉매의 교축과정 시 나타나는 현상
엔탈피 변화는 없으며, 압력과 온도는 강하되고, 비체적과 엔트로피는 증가한다.

35 냉동능력이 10RT이고 실제 흡입가스의 체적이 15m³/h인 냉동기의 냉동효과(kJ/kg)는?(단, 압축기 입구 비체적은 0.52m³/kg이고, 1RT는 3.86kW이다.)

① 4,817.2
② 3,128.1
③ 2,984.7
④ 1,534.8

• 냉매순환량(G)의 산출
$$G = \frac{V}{v} = \frac{15\text{m}^3/\text{h}}{0.52\text{m}^3/\text{kg} \times 3,600}$$

여기서, V : 실제 흡입가스의 체적
　　　　v : 비체적

• 냉동효과(q_e)의 산출
$$q_e = \frac{Q}{G} = \frac{10\text{RT} \times 3.86\text{kW}}{\dfrac{15\text{m}^3/\text{h}}{0.52\text{m}^3/\text{kg} \times 3,600}}$$
$$= 4,817.28\text{kJ/kg}$$

여기서, Q : 냉동능력
　　　　G : 냉매순환량

정답　33 ④　34 ④　35 ①

36 냉동용 압축기를 냉동법의 원리에 의해 분류할 때, 저온에서 증발한 가스를 압축기로 압축하여 고온으로 이동시키는 냉동법을 무엇이라고 하는가?

① 화학식 냉동법　　② 기계식 냉동법
③ 흡착식 냉동법　　④ 전자식 냉동법

해설

냉동법의 원리에 따른 냉동기(압축기) 분류

냉동법	종류
기계식 냉동법	• 체적식 : 왕복동식 압축기, 회전식(스크루, 로터리) 압축기 • 원심식 : 터보 압축기
화학식 냉동법	흡수식 냉동기
전자식 냉동법	전자(열전)식 냉동기
흡착식 냉동법	흡착식 냉동기

37 브라인(2차 냉매) 중 무기질 브라인이 아닌 것은?

① 염화마그네슘　　② 에틸렌글리콜
③ 염화칼슘　　　　④ 식염수

해설

브라인의 종류

구분	종류
무기질 브라인	염화칼슘($CaCl_2$) 수용액, 염화나트륨($NaCl$) 수용액(식염수), 염화마그네슘($MgCl_2$) 등
유기질 브라인	에틸렌글리콜, 프로필렌글리콜, 에틸알코올 등

38 가역 카르노 사이클에서 고온부 40℃, 저온부 0℃로 운전될 때, 열기관의 효율은?

① 7.825　　　　② 6.825
③ 0.147　　　　④ 0.128

해설

카르노 사이클의 효율(η_{th}) 산출

$$\eta_{th} = 1 - \frac{T_L}{T_H} = 1 - \frac{273+0}{273+40} = 0.128$$

39 R－22를 사용하는 냉동장치에 R－134a를 사용하려 할 때, 장치의 운전 시 유의사항으로 틀린 것은?

① 냉매의 능력이 변하므로 전동기 용량이 충분한지 확인한다.
② 응축기, 증발기 용량이 충분한지 확인한다.
③ 개스킷, 시일 등의 패킹 선정에 유의해야 한다.
④ 동일 탄화수소계 냉매이므로 그대로 운전할 수 있다.

해설

R－134a는 R－22에 비해 효율이 40% 정도 낮으므로, 동일 냉동능력을 발휘하려면 냉동기 설비 용량을 40% 정도 증가시켜야 한다. 그러므로 그대로 운전하는 것은 부적합하다.

40 흡수식 냉동기의 특징에 대한 설명으로 옳은 것은?

① 자동제어가 어렵고 운전경비가 많이 소요된다.
② 초기 운전 시 정격 성능을 발휘할 때까지의 도달 속도가 느리다.
③ 부분부하에 대한 대응이 어렵다.
④ 증기압축식보다 소음 및 진동이 크다.

해설

①, ③ 용량제어 범위가 비교적 넓어 자동제어 및 부분부하에 대한 대응이 용이하고, 부분부하 시 기기효율이 높아 운전경비가 적게 소요된다.
④ 증기압축식보다 소음 및 진동이 적은 장점이 있다.

41 습공기의 상대습도(ϕ)와 절대습도(w)와의 관계에 대한 계산식으로 옳은 것은?(단, P_a는 건공기 분압, P_s는 습공기와 같은 온도의 포화수증기 압력이다.)

① $\phi = \dfrac{w}{0.622}\dfrac{P_a}{P_s}$ ② $\phi = \dfrac{w}{0.622}\dfrac{P_s}{P_a}$

③ $\phi = \dfrac{0.622}{w}\dfrac{P_s}{P_a}$ ④ $\phi = \dfrac{0.622}{w}\dfrac{P_a}{P_s}$

> 해설

절대습도(w)와 상대습도(ϕ)의 관계성

$\phi = \dfrac{w}{0.622}\dfrac{P_a}{P_s}$

$w = 0.622\dfrac{\phi P_s}{P - \phi P_s}$

여기서, P : 습공기 분압(=수증기 분압(P_w)+건공기 분압(P_a))

42 기후에 따른 불쾌감을 표시하는 불쾌지수는 무엇을 고려한 지수인가?

① 기온과 기류   ② 기온과 노점
③ 기온과 복사열   ④ 기온과 습도

> 해설

불쾌지수(DI : Discomfort Index)
- 온습지수의 하나로 생활상 불쾌감을 느끼는 수치를 표시한 것이다.
- 불쾌지수(DI)=(건구온도+습구온도)×0.72+40.6

43 냉방부하에 따른 열의 종류로 틀린 것은?

① 인체의 발생열 – 현열, 잠열
② 틈새바람에 의한 열량 – 현열, 잠열
③ 외기 도입량 – 현열, 잠열
④ 조명의 발생열 – 현열, 잠열

> 해설

조명의 발생열은 현열에만 해당한다.

44 공기조화 설비에 관한 설명으로 틀린 것은?

① 이중덕트 방식은 개별 제어를 할 수 있는 이점이 있지만, 단일덕트 방식에 비해 설비비 및 운전비가 많아진다.
② 변풍량 방식은 부하의 증가에 대처하기 용이하며, 개별 제어가 가능하다.
③ 유인유닛 방식은 개별 제어가 용이하며, 고속덕트를 사용할 수 있어 덕트 스페이스를 작게 할 수 있다.
④ 각층유닛 방식은 중앙기계실 면적을 작게 차지하고, 공조기의 유지관리가 편하다.

> 해설

각층유닛 방식은 각 층마다 공조기가 설치되므로 공조기 설치 개소가 많아져 유지관리가 난해하다.

45 외기 및 반송(Return) 공기의 분진량이 각각 C_O, C_R이고, 공급되는 외기량 및 필터로 반송되는 공기량이 각각 Q_O, Q_R이며, 실내 발생량이 M이라 할 때, 필터의 효율(η)을 구하는 식으로 옳은 것은?

① $\eta = \dfrac{Q_O(C_O - C_R) + M}{C_O Q_O + C_R Q_R}$

② $\eta = \dfrac{Q_O(C_O - C_R) + M}{C_O Q_O - C_R Q_R}$

③ $\eta = \dfrac{Q_O(C_O + C_R) + M}{C_O Q_O + C_R Q_R}$

④ $\eta = \dfrac{Q_O(C_O - C_R) - M}{C_O Q_O - C_R Q_R}$

> 해설

필터의 효율(η)

$\eta = \dfrac{Q_O(C_O - C_R) + M}{C_O Q_O + C_R Q_R}$

정답   41 ①   42 ④   43 ④   44 ④   45 ①

46 다음 중 라인형 취출구의 종류로 가장 거리가 먼 것은?

① 브리즈 라인형
② 슬롯형
③ T – 라인형
④ 그릴형

> **해설**
>
> 그릴형 취출구(Universal Type)는 베인격자형 취출구에 속한다.

47 축열시스템에서 수축열조의 특징으로 옳은 것은?

① 단열, 방수공사가 필요 없고 축열조를 따로 구축하는 경우 추가비용이 소요되지 않는다.
② 축열배관 계통이 여분으로 필요하고 배관설비비 및 반송동력비가 절약된다.
③ 축열수의 혼합에 따른 수온저하 때문에 공조기 코일 열수, 2차 측 배관계의 설비가 감소할 가능성이 있다.
④ 열원기기는 공조부하의 변동에 직접 추종할 필요가 없고 효율이 높은 전부하에서의 연속운전이 가능하다.

> **해설**
>
> 축열조의 혼합에 따른 수온저하 때문에 공조기 코일 열수 등 2차 측 배관계의 설비가 증대될 가능성이 있다.

48 가습장치에 대한 설명으로 옳은 것은?

① 증기분무 방법은 제어의 응답성이 빠르다.
② 초음파 가습기는 다량의 가습에 적당하다.
③ 순환수 가습은 가열 및 가습효과가 있다.
④ 온수 가습은 가열 · 감습이 된다.

> **해설**
>
> ② 초음파 가습기는 소량의 가습에 적합하다.
> ③ 순환수 가습은 단열가습의 형태로서 냉각 및 가습효과가 있다.
> ④ 온수 가습은 온수의 냉각 및 가습이 된다.

49 개별 공기조화 방식에 사용되는 공기조화기에 대한 설명으로 틀린 것은?

① 사용하는 공기조화기의 냉각코일에는 간접팽창 코일을 사용한다.
② 설치가 간편하고 운전 및 조작이 용이하다.
③ 제어대상에 맞는 개별 공조기를 설치하여 최적의 운전이 가능하다.
④ 소음이 크나, 국소운전이 가능하여 에너지 절약적이다.

> **해설**
>
> 개별 공기조화 방식에서는 냉매가 직접 열매로 작용하는 직접팽창코일을 사용한다.

50 취출기류에 관한 설명으로 틀린 것은?

① 거주영역에서 취출구의 최소 확산반경이 겹치면 편류현상이 발생한다.
② 취출구의 베인 각도를 확대시키면 소음이 감소한다.
③ 천장 취출 시 베인의 각도를 냉방과 난방 시 다르게 조정해야 한다.
④ 취출기류의 강하 및 상승거리는 기류의 풍속 및 실내공기와의 온도차에 따라 변한다.

> **해설**
>
> 취출구의 베인 각도를 확대시키면 와류 등의 현상이 증가하여 소음이 커질 수 있다.

51 다음 중 원심식 송풍기가 아닌 것은?

① 다익 송풍기
② 프로펠러 송풍기
③ 터보 송풍기
④ 익형 송풍기

> **해설**
>
> 프로펠러형(Propeller Fan)은 축류형(Axial Fan)에 속한다.

52 노점온도(Dew Point Temperature)에 대한 설명으로 옳은 것은?

① 습공기가 어느 한계까지 냉각되어 그 속에 있던 수증기가 이슬방울로 응축되기 시작하는 온도
② 건공기가 어느 한계까지 냉각되어 그 속에 있던 공기가 팽창하기 시작하는 온도
③ 습공기가 어느 한계까지 냉각되어 그 속에 있던 수증기가 자연 증발하기 시작하는 온도
④ 건공기가 어느 한계까지 냉각되어 그 속에 있던 공기가 수축하기 시작하는 온도

[해설]

습공기가 포화상태(습도 100%)가 되어 습공기 내의 수증기가 이슬방울로 응축되기 시작할 때의 온도를 그 습공기의 노점온도라 한다.

53 바닥취출 공조 방식의 특징으로 틀린 것은?

① 천장 덕트를 최소화하여 건축 층고를 줄일 수 있다.
② 개개인에 맞추어 풍량 및 풍속 조절이 어려워 쾌적성이 저해된다.
③ 가압식의 경우 급기거리가 18m 이하로 제한된다.
④ 취출온도와 실내온도 차이가 10℃ 이상이면 드래프트 현상을 유발할 수 있다.

[해설]

바닥취출 공조 방식은 대표적인 거주역 공조 방식으로서, 공조대상 부위의 풍량 등을 적절히 변경해 가면서 제어가 가능하여 쾌적성 면에서 우수한 특징을 갖고 있다.

54 냉동창고의 벽체가 두께 15cm, 열전도율 1.6W/m·℃인 콘크리트와 두께 5cm, 열전도율 1.4W/m·℃인 모르타르로 구성되어 있다면 벽체의 열통과율(W/m²·℃)은?(단, 내벽 측 표면 열전달률은 9.3W/m²·℃, 외벽 측 표면 열전달률은 23.2W/m²·℃이다.)

① 1.11 ② 2.58
③ 3.57 ④ 5.91

[해설]

$$열통과율(W/m^2K) = \frac{1}{열저항(m^2K/W)}$$

$$열저항(m^2K/W) = \frac{1}{9.3} + \frac{0.15}{1.6} + \frac{0.05}{1.4} + \frac{1}{23.2} = 0.28$$

$$\therefore 열통과율(W/m^2K) = \frac{1}{열저항(m^2K/W)} = \frac{1}{0.28}$$
$$= 3.57W/m^2K$$

55 다음 온수난방 분류 중 적당하지 않은 것은?

① 고온수식, 저온수식
② 중력순환식, 강제순환식
③ 건식환수법, 습식환수법
④ 상향공급식, 하향공급식

[해설]

건식환수법과 습식환수법은 증기난방에서 응축수를 환수하는 방식의 분류사항이다.

56 공기조화 설비에서 공기의 경로로 옳은 것은?

① 환기덕트 → 공조기 → 급기덕트 → 취출구
② 공조기 → 환기덕트 → 급기덕트 → 취출구
③ 냉각탑 → 공조기 → 냉동기 → 취출구
④ 공조기 → 냉동기 → 환기덕트 → 취출구

[해설]

공기조화 설비에서 공기의 경로
실내 → 환기덕트 → 공조기 → 급기덕트 → 취출구 → 실내

57 온풍난방에 관한 설명으로 틀린 것은?

① 실내 층고가 높을 경우 상하 온도차가 커진다.
② 실내의 환기나 온습도 조절이 비교적 용이하다.
③ 직접 난방에 비하여 설비비가 높다.
④ 국부적으로 과열되거나 난방이 잘 안되는 부분이 발생한다.

정답 52 ① 53 ② 54 ③ 55 ③ 56 ① 57 ③

58 극간풍(틈새바람)에 의한 침입 외기량이 2,800L/s일 때, 현열부하(q_S)와 잠열부하(q_L)는 얼마인가?(단, 실내의 공기온도와 절대습도는 각각 25℃, 0.0179kg/kg DA이고, 외기의 공기온도와 절대습도는 각각 32℃, 0.0209kg/kg DA이며, 건공기 정압비열 1.005kJ/kg·K, 0℃ 물의 증발잠열 2,501kJ/kg, 공기밀도 1.2kg/m³이다.)

① q_S : 23.6kW, q_L : 17.8kW

② q_S : 18.9kW, q_L : 17.8kW

③ q_S : 23.6kW, q_L : 25.2kW

④ q_S : 18.9kW, q_L : 25.2kW

해설

$q_S = Q \rho C_p \Delta t$
$\quad = 2.8\text{m}^3/\text{s} \times 1.2\text{kg/m}^3 \times 1.005\text{kJ/kg} \cdot \text{K} \times (32-25)$
$\quad = 23.6\text{kW}$

$q_L = Q \rho \gamma \Delta x$
$\quad = 2.8\text{m}^3/\text{s} \times 1.2\text{kg/m}^3 \times 2,501\text{kJ/kg} \times (0.0209-0.0179)$
$\quad = 25.2\text{kW}$

59 온수난방에 대한 설명으로 틀린 것은?

① 난방부하에 따라 온도조절을 용이하게 할 수 있다.

② 예열시간은 길지만 잘 식지 않으므로 증기난방에 비하여 배관의 동결 우려가 적다.

③ 열용량이 증기보다 크고 실온 변동이 적다.

④ 증기난방보다 작은 방열기 또는 배관이 필요하므로 배관공사비를 절감할 수 있다.

해설

온수난방(523W/m²)의 경우 표준방열량이 증기난방(756 W/m²)에 비하여 작아, 방열기 또는 배관이 많이 필요하여 공사비 절감이 어렵다.

60 보일러의 성능에 관한 설명으로 틀린 것은?

① 증발계수는 1시간당 증기발생량을 시간당 연료소비량으로 나눈 값이다.

② 1보일러 마력은 매시 100℃의 물 15.65kg을 같은 온도의 증기로 변화시킬 수 있는 능력이다.

③ 보일러 효율은 증기에 흡수된 열량과 연료의 발열량과의 비이다.

④ 보일러 마력을 전열면적으로 표시할 때는 수관 보일러의 전열면적 0.929m²를 1보일러 마력이라 한다.

해설

증발계수는 상당증발량을 실제증발량으로 나눈 값이다.

Section 04 전기제어공학

61 어떤 전지에 연결된 외부회로의 저항은 4Ω이고, 전류는 5A가 흐른다. 외부회로에 4Ω 대신 8Ω의 저항을 접속하였더니 전류가 3A로 떨어졌다면, 이 전지의 기전력(V)은?

① 10 ② 20

③ 30 ④ 40

해설

기전력(V) 산출

$V = I(R+r)$
$I_1(R_1+r) = I_2(R_2+r)$
$5(4+r) = 3(8+r)$
$\therefore r = 2 \quad \therefore V = I_1(R_1+r) = 5(4+2) = 30\text{V}$

62 스위치를 닫거나 열기만 하는 제어동작은?

① 비례동작 ② 미분동작

③ 적분동작 ④ 2위치 동작

해설

2위치 동작은 불연속 동작으로서 스위치를 닫거나(Close) 열기만(Open) 하는 제어동작이다.

63 발열체의 구비조건으로 틀린 것은?

① 내열성이 클 것
② 용융온도가 높을 것
③ 산화온도가 낮을 것
④ 고온에서 기계적 강도가 클 것

해설

발열체의 구비조건
- 내열성이 클 것
- 용융, 연화 및 산화온도가 높을 것
- 고온에서 기계적 강도가 크고, 가공이 용이할 것
- 팽창계수가 작을 것
- 적당한 고유저항을 갖출 것

64 3상 교류에서 a, b, c상에 대한 전압을 기호법으로 표시하면 $E_a = E\angle 0°$, $E_b = E\angle -120°$, $E_c = E\angle 120°$로 표시된다. 여기서 $a = -\dfrac{1}{2} + j\dfrac{\sqrt{3}}{2}$ 라는 페이저 연산자를 이용하면 E_c는 어떻게 표시되는가?

① $E_c = E$
② $E_c = a^2 E$
③ $E_c = aE$
④ $E_c = \left(\dfrac{1}{a}\right)E$

해설

$E^{j\theta} = \cos\theta + j\sin\theta$

$a = -\dfrac{1}{2} + j\dfrac{\sqrt{3}}{2}$

$\begin{aligned}
E_c &= E\angle 120° \\
&= E(\cos 120° + j\sin 120°) \\
&= E\left(-\dfrac{1}{2} + j\dfrac{\sqrt{3}}{2}\right) \\
&= aE
\end{aligned}$

65 상호 인덕턴스가 150mH인 a, b 두 개의 코일이 있다. b의 코일에 전류를 균일한 변화율로 1/50초 동안에 10A 변화시키면 a코일에 유기되는 기전력(V)의 크기는?

① 75
② 100
③ 150
④ 200

해설

유도 기전력(e) 산출

$$e = L\frac{dI}{dt} = (150 \times 10^{-3}) \times \frac{10}{1/50} = 75\text{V}$$

여기서, L : 상호 인덕턴스(H)
I : 전류(A)
t : 시간(sec)

66 단상 교류전력을 측정하는 방법이 아닌 것은?

① 3전압계법
② 3전류계법
③ 단상 전력계법
④ 2전력계법

해설

2전력계법은 3상 교류전력의 측정 시 적용하는 방법이다.

67 $G(s) = \dfrac{10}{s(s+1)(s+2)}$ 의 최종값은?

① 0
② 1
③ 5
④ 10

해설

라플라스 변환을 통한 최종값 정리

$$\begin{aligned}
\lim_{t \to \infty} f(t) &= \lim_{s \to 0} sG(s) \\
&= \lim_{s \to 0} s\frac{10}{s(s+1)(s+2)} \\
&= \lim_{s \to 0} \frac{10}{s^2 + 3s + 2} \\
&= \frac{10}{2} = 5
\end{aligned}$$

68 다음 논리식 중 틀린 것은?

① $\overline{A \cdot B} = \overline{A} + \overline{B}$ ② $\overline{A + B} = \overline{A} \cdot \overline{B}$

③ $A + A = A$ ④ $A + \overline{A} \cdot B = A + \overline{B}$

해설

$A + \overline{A} \cdot B = 1 \cdot B = B$

여기서, 부정법칙에 의해 $A + \overline{A} = 1$

항등법칙에 의해 $1 \cdot B = B$

69 그림과 같은 유접점 논리회로를 간단히 하면?

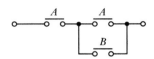

① $\underset{A}{\circ-\circ\!-\!\circ}$ ② $\underset{A}{\circ-\circ\!=\!\circ}$

③ $\underset{B}{\circ-\circ\!-\!\circ}$ ④ $\underset{B}{\circ-\circ\!=\!\circ}$

해설

$Y = A(A + B) = AA + AB = A + AB = A(1 + B) = A$

70 입력이 011₍₂₎일 때, 출력이 3V인 컴퓨터 제어의 D/A 변환기에서 입력을 101₍₂₎로 하였을 때 출력은 몇 V인가?(단, 3bit 디지털 입력이 011₍₂₎은 Off, On, On을 뜻하고 입력과 출력은 비례한다.)

① 3 ② 4

③ 5 ④ 6

해설

$101_{(2)} = 2^2 \times 1 + 2^1 \times 0 + 2^0 \times 1 = 5V$

71 잔류편차와 사이클링이 없고, 간헐현상이 나타나는 것이 특징인 동작은?

① I 동작 ② D 동작

③ P 동작 ④ PI 동작

해설

PI 동작(비례적분제어)은 비례동작에 의해 발생되는 잔류오차를 소멸시키기 위해 적분동작을 부여하는 방식으로서 제어 결과에 간헐현상(진동)이 발생하기 쉬운 단점을 갖고 있으나, 잔류오차가 적은 장점 또한 갖고 있는 제어 동작 방식이다.

72 피상전력이 P_a(kVA)이고 무효전력이 P_r(kvar)인 경우 유효전력 P(kW)를 나타낸 것은?

① $P = \sqrt{P_a - P_r}$ ② $P = \sqrt{P_a^2 - P_r^2}$

③ $P = \sqrt{P_a + P_r}$ ④ $P = \sqrt{P_a^2 + P_r^2}$

해설

피상전력 $= \sqrt{유효전력^2 + 무효전력^2}$ 이므로,

유효전력 $= \sqrt{피상전력^2 + 무효전력^2} = \sqrt{P_a^2 - P_r^2}$

73 $R = 4\Omega$, $X_L = 9\Omega$, $X_C = 6\Omega$인 직렬접속 회로의 어드미턴스($\mho$)는?

① $4 + j8$ ② $0.16 - j0.12$

③ $4 - j8$ ④ $0.16 + j0.12$

해설

어드미턴스(Y) 산출

• 임피던스(Z)

$Z = R + jX = R + j(X_L - X_C)$

$= 4 + j(9 - 6) = 4 + j3$

• 어드미턴스(Y)

$Y = \dfrac{1}{Z} = \dfrac{1}{4 + j3} = \dfrac{4 - j3}{(4 + j3)(4 - j3)}$

$= \dfrac{4 - j3}{16 + 9} = \dfrac{4 - j3}{25} = 0.16 - j0.12$

74 제어계의 구성도에서 개루프 제어계에는 없고 폐루프 제어계에만 있는 제어 구성요소는?

① 검출부 ② 조작량

③ 목표값 ④ 제어대상

75 비전해 콘덴서의 누설전류 유무를 알아보는데 사용될 수 있는 것은?

① 역률계
② 전압계
③ 분류기
④ 자속계

76 목표치가 시간에 관계없이 일정한 경우로 정전압 장치, 일정 속도제어 등에 해당하는 제어는?

① 정치제어
② 비율제어
③ 추종제어
④ 프로그램 제어

77 그림과 같은 블록선도에서 $C(s)$는?(단, $G_1(s) = 5$, $G_2(s) = 2$, $H(s) = 0.1$, $R(s) = 1$이다.)

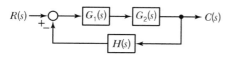

① 0
② 1
③ 5
④ ∞

78 전위의 분포가 $V = 15x + 4y^2$으로 주어질 때 점($x = 3$, $y = 4$)에서 전계의 세기(V/m)는?

① $-15i + 32j$
② $-15i - 32j$
③ $15i + 32j$
④ $15i - 32j$

79 교류를 직류로 변환하는 전기기기가 아닌 것은?

① 수은정류기
② 단극발전기
③ 회전변류기
④ 컨버터

정답　75 ②　76 ①　77 ③　78 ②　79 ②

80 PLC(Programmable Logic Controller)에 대한 설명 중 틀린 것은?

① 시퀀스 제어 방식과는 함께 사용할 수 없다.
② 무접점 제어 방식이다.
③ 산술연산, 비교연산을 처리할 수 있다.
④ 계전기, 타이머, 카운터의 기능까지 쉽게 프로그램할 수 있다.

해설

PLC 제어기(Programmable Logic Controller)는 프로그램 제어에 적용되는 제어기로서 시퀀스 제어 방식 중 무접점 제어 방식에 속한다. 유접점 회로 방식에 비해 배선작업 등의 소요가 최소화되는 장점을 갖고 있다.

Section 05 배관일반

81 다음 배관지지 장치 중 변위가 큰 개소에 사용하기에 가장 적절한 행거(Hanger)는?

① 리지드 행거   ② 콘스턴트 행거
③ 베리어블 행거   ④ 스프링 행거

해설

콘스턴트 행거(Constant Hanger)
배관의 상·하 이동을 허용하면서 관 지지력을 일정하게 유지한다.

82 밸브 종류 중 디스크의 형상을 원뿔 모양으로 하여 고압 소유량의 유체를 누설 없이 조절할 목적으로 사용하는 밸브는?

① 앵글밸브   ② 슬루스밸브
③ 니들밸브   ④ 버터플라이밸브

해설

니들밸브는 수동형 밸브의 일종으로서 유량 조절 및 개폐를 하는 용도로 적용되고 있다.

83 플래시밸브 또는 급속 개폐식 수전을 사용할 때 급수의 유속이 불규칙적으로 변하여 생기는 현상을 무엇이라고 하는가?

① 수밀작용   ② 파동작용
③ 맥동작용   ④ 수격작용

해설

수격작용(Water Hammer)
관 속을 충만하게 흐르는 액체(물)의 속도를 정지시키거나 흘려보내 물의 운동상태를 급격히 변화시킴으로써 일어나는 압력파 현상이다.

84 보온재의 구비조건으로 틀린 것은?

① 부피와 비중이 커야 한다.
② 흡수성이 작아야 한다.
③ 안전사용온도 범위에 적합해야 한다.
④ 열전도율이 낮아야 한다.

해설

보온재는 시공성 확보 및 공간 사용의 효율성을 고려하여 가급적 부피가 작은 것이 좋으며 동시에 비중(밀도)이 작아야 한다.

85 증기압축식 냉동사이클에서 냉매배관의 흡입관은 어느 구간을 의미하는가?

① 압축기 – 응축기 사이
② 응축기 – 팽창밸브 사이
③ 팽창밸브 – 증발기 사이
④ 증발기 – 압축기 사이

해설

사이클에 따른 냉매배관
[저압 흡입가스 배관] 압축기 [고압 토출가스 배관] → 응축기 → [고압 액배관] 팽창밸브 [저압 액배관] → 증발기

---

86 공조배관 설계 시 유속을 빠르게 설계하였을 때 나타나는 결과로 옳은 것은?

① 소음이 작아진다.
② 펌프양정이 높아진다.
③ 설비비가 커진다.
④ 운전비가 감소한다.

〔해설〕

유속을 빠르게 했을 경우 펌프양정은 높아지고, 소음은 커진다. 또한 유속을 빠르게 하면 관경을 줄일 수 있어 배관설비비(설치비)는 감소하고, 운전 시 빠른 유속에 의한 마찰저항이 커질 수 있으므로 운전비(운영비)는 늘어날 수 있다.

87 도시가스의 제조소 및 공급소 밖의 배관 표시기준에 관한 내용으로 틀린 것은?

① 가스배관을 지상에 설치할 경우에는 배관의 표면 색상을 황색으로 표시한다.
② 최고사용압력이 중압인 가스배관을 매설할 경우에는 황색으로 표시한다.
③ 배관을 지하에 매설하는 경우에는 그 배관이 매설되어 있음을 명확하게 알 수 있도록 표시한다.
④ 배관의 외부에 사용가스명, 최고사용압력 및 가스의 흐름 방향을 표시하여야 한다. 다만, 지하에 매설하는 경우에는 흐름 방향을 표시하지 아니할 수 있다.

〔해설〕

최고사용압력이 중압인 가스배관을 매설할 경우에는 적색으로 표시한다.

가스배관의 표면색상
• 지상배관 : 황색
• 매설배관 : 최고사용압력이 저압인 경우 황색, 최고사용압력이 중압인 경우 적색

88 주철관 이음 중 고무링 하나만으로 이음하여 이음과정이 간편하여 관 부설을 신속하게 할 수 있는 것은?

① 기계식 이음
② 빅토릭 이음
③ 타이튼 이음
④ 소켓 이음

〔해설〕

주철관 이음(접합)의 종류

종류	내용
소켓 이음 (Socket Joint)	관의 소켓부에 납과 마(얀, Yarn)를 넣어 접합한다.
플랜지 이음 (Flange Joint)	고압 및 펌프 주위 배관에 이용한다.
빅토릭 이음 (Victoric Joint)	가스배관용으로 고무링과 금속제 컬러로 구성된다.
기계적 이음 (Mechanical Joint)	수도관 접합에 이용되며 가요성이 풍부하여 지층 변화에도 누수되지 않는다.
타이튼 접합 (Tyton Joint)	원형의 고무링 하나만으로 접합한다.

89 직접가열식 중앙 급탕법의 급탕 순환 경로의 순서로 옳은 것은?

① 급탕입주관 → 분기관 → 저탕조 → 복귀주관 → 위생기구
② 분기관 → 저탕조 → 급탕입주관 → 위생기구 → 복귀주관
③ 저탕조 → 급탕입주관 → 복귀주관 → 분기관 → 위생기구
④ 저탕조 → 급탕입주관 → 분기관 → 위생기구 → 복귀주관

〔해설〕

직접가열식 중앙 급탕법은 보일러에서 급탕을 하여 저탕조로 보내는 방식으로서 급탕의 흐름은 저탕조에서 급탕입주관을 통해 수직적으로 공급되며, 층별로 분기관을 통해 분기되어 위생기구로 보내지고, 복귀주관을 통해 환탕된다.

정답 86 ② 87 ② 88 ③ 89 ④

90 냉매 유속이 낮아지게 되면 흡입관에서의 오일 회수가 어려워지므로 오일 회수를 용이하게 하기 위하여 설치하는 것은?

① 이중 입상관   ② 루프 배관
③ 액 트랩   ④ 리프팅 배관

> 해설

이중 입상관
가는 관과 굵은 관을 설치하여 흡입 및 토출배관의 오일의 회수를 용이하게 하며, 일종의 부분부하에 대처하는 효과를 가진다. 굵은 관 입구에 트랩을 설치하여 최소 부하 시는 오일이 트랩에 고여 굵은 관을 막아 가는 관으로만 가스가 통과하여 오일을 회수하고, 최대 부하 시는 두 관을 통해 가스가 통과되면서 오일을 회수한다.

91 다음 중 동관의 이음방법과 가장 거리가 먼 것은?

① 플레어 이음   ② 납땜 이음
③ 플랜지 이음   ④ 소켓 이음

> 해설

소켓 이음은 주철관 이음에 적용하는 방식이다.

동관의 이음방법
플레어 이음, 납땜 이음, 플랜지 이음, 용접 이음, 경납땜 등

92 온수난방 설비의 온수배관 시공법에 관한 설명으로 틀린 것은?

① 공기가 고일 염려가 있는 곳에는 공기 배출을 고려한다.
② 수평배관에서 관의 지름을 바꿀 때에는 편심 리듀서를 사용한다.
③ 배관재료는 내열성을 고려한다.
④ 팽창관에는 슬루스밸브를 설치한다.

> 해설

팽창관 도중에는 저항이 발생할 수 있는 밸브 등의 설치를 하지 않는다.

93 증기난방 설비 중 증기헤더에 관한 설명으로 틀린 것은?

① 증기를 일단 증기헤더에 모은 다음 각 계통별로 분배한다.
② 헤더의 설치 위치에 따라 공급헤더와 리턴헤더로 구분한다.
③ 증기헤더는 압력계, 드레인 포켓, 트랩 장치 등을 함께 부착시킨다.
④ 증기헤더의 접속관에 설치하는 밸브류는 바닥 위 5m 정도의 위치에 설치하는 것이 좋다.

> 해설

증기헤더의 접속관에 설치하는 밸브류는 조작의 편의성을 고려하여 바닥 위 1.5m 정도의 위치에 설치하는 것이 좋다.

94 지중 매설하는 도시가스배관 설치방법에 대한 설명으로 틀린 것은?

① 배관을 시가지 도로 노면 밑에 매설하는 경우 노면으로부터 배관의 외면까지 1.5m 이상 간격을 두고 설치해야 한다.
② 배관의 외면으로부터 도로의 경계까지 수평거리 1.5m 이상, 도로 밑의 다른 시설물과는 0.5m 이상 간격을 두고 설치해야 한다.
③ 배관을 인도·보도 등 노면 외의 도로 밑에 매설하는 경우에는 지표면으로부터 배관의 외면까지 1.2m 이상 간격을 두고 설치해야 한다.
④ 배관을 포장되어 있는 차도에 매설하는 경우 그 포장부분의 노반의 밑에 매설하고 배관의 외면과 노반의 최하부와의 거리는 0.5m 이상 간격을 두고 설치해야 한다.

> 해설

배관의 외면으로부터 도로의 경계까지 수평거리 1.0m 이상, 도로 밑의 다른 시설물과는 0.3m 이상 간격을 두고 설치해야 한다.

95 배수설비의 종류에서 요리실, 욕조, 세척, 싱크와 세면기 등에서 배출되는 물을 배수하는 설비의 명칭으로 옳은 것은?

① 오수 설비   ② 잡배수 설비
③ 빗물배수 설비   ④ 특수배수 설비

[해설]

배수의 성질에 의한 분류

성질	용도 및 특징
오수	화장실 대소변기에서의 배수이다.
잡배수	부엌, 세면대, 욕실 등에서의 배수이다.
우수	빗물배수로 단독배수를 원칙으로 한다.
특수배수	공장배수, 병원의 배수, 방사선 시설의 배수는 유해·위험한 물질을 포함하고 있으므로 일반적인 배수와는 다른 계통으로 처리해서 방류한다.

96 펌프의 양수량이 60m³/min이고 전양정이 20m일 때, 벌류트 펌프로 구동할 경우 필요한 동력(kW)은 얼마인가?(단, 물의 비중량은 9,800 N/m³이고, 펌프의 효율은 60%로 한다.)

① 196.1   ② 200
③ 326.7   ④ 405.8

[해설]

$$축동력(kW) = \frac{QH\gamma}{E} = \frac{60\text{m}^3/\min \times 20\text{m} \times 9,800\text{N/m}^3}{60 \times 1,000 \times 0.6}$$
$$= 326.7\text{kW}$$

여기서, Q : 양수량(m³/sec), H : 양정(m(Aq))
γ : 비중량(kN/m³), E : 효율

97 다음 중 수직배관에서 역류 방지 목적으로 사용하기에 가장 적절한 밸브는?

① 리프트식 체크밸브   ② 스윙식 체크밸브
③ 안전밸브   ④ 콕밸브

[해설]

역류 방지를 위한 체크밸브는 크게 스윙형과 리프트형으로 나눌 수 있다. 스윙형은 수직배관과 수평배관 모두 사용 가능하며, 리프트형은 수평배관에만 주로 적용한다.

98 관의 결합 방식 표시방법 중 용접식의 그림 기호로 옳은 것은?

① —┼—   ② —●—
③ —╫—   ④ —→—

[해설]

① —┼— : 나사식
③ —╫— : 플랜지식
④ —→— : 소켓 이음(턱걸이 이음)

99 연관의 접합 과정에 쓰이는 공구가 아닌 것은?

① 봄볼   ② 턴핀
③ 드레서   ④ 사이징 툴

[해설]

사이징 툴은 동관 접합 공구이다.

100 중차량이 통과하는 도로에서의 급수배관 매설깊이 기준으로 옳은 것은?

① 450mm 이상   ② 750mm 이상
③ 900mm 이상   ④ 1,200mm 이상

[해설]

급수관의 매설깊이
• 평지 : 450mm 이상
• 시가지 일반 차량의 통행 장소 : 450mm 이상
• 시가지 외 차량 통행 장소, 중차량이 통행하는 장소 또는 한랭지방 : 1,200mm 이상

01 4kg의 공기를 온도 15℃에서 일정 체적으로 가열하여 엔트로피가 3.35kJ/K 증가하였다. 이때 온도는 약 몇 K인가?(단, 공기의 정적비열은 0.717kJ/kg · K이다.)

① 926

② 337

③ 533

④ 483

해설

정적변화로 가열 시 가열 후 온도 산출

$\Delta S = GC_v \ln \dfrac{T_2}{T_1}$

$3.35 = 4 \times 0.717 \times \ln \dfrac{T_2}{15+273}$

$\therefore T_2 = 926.14\text{K}$

02 카르노 사이클로 작동되는 열기관이 200kJ의 열을 200℃에서 공급받아 20℃에서 방출한다면 이 기관의 일은 약 얼마인가?

① 38kJ

② 54kJ

③ 63kJ

④ 76kJ

해설

카르노 사이클의 열효율 산출공식을 이용하여 산출한다.

카르노 사이클의 열효율(η_c) = $\dfrac{\text{생산일}(W)}{\text{공급열량}(Q)}$

$= \dfrac{T_H - T_L}{T_H} = 1 - \dfrac{T_L}{T_H}$

생산일(W) = 공급열량(Q) × $\left(1 - \dfrac{T_L}{T_H}\right)$

$= 200\text{kJ} \times \left(1 - \dfrac{273+20}{273+200}\right) = 76\text{kJ}$

03 기체상수가 0.462kJ/kg · K인 수증기를 이상기체로 간주할 때 정압비열(kJ/kg · K)은 약 얼마인가?(단, 이 수증기의 비열비는 1.33이다.)

① 1.86

② 1.54

③ 0.64

④ 0.44

해설

기체상수를 활용한 정압비열(C_p)의 산출

$C_p = \dfrac{k}{k-1} R = \dfrac{1.33}{1.33-1} \times 0.462\text{kJ/kg · K} = 1.862\text{kJ/kg · K}$

04 다음 4가지 경우에서 (   ) 안의 물질이 보유한 엔트로피가 증가한 경우는?

ⓐ 컵에 있는 (물)이 증발하였다.
ⓑ 목욕탕의 (수증기)가 차가운 타일 벽에서 물로 응결되었다.
ⓒ 실린더 안의 (공기)가 가역 단열적으로 팽창되었다.
ⓓ 뜨거운 (커피)가 식어서 주위 온도와 같게 되었다.

① ⓐ

② ⓑ

③ ⓒ

④ ⓓ

해설

ⓐ 엔트로피 증가   ⓑ 엔트로피 감소
ⓒ 엔트로피 일정   ⓓ 엔트로피 감소

05 이상적인 오토 사이클의 열효율이 56.5%이라면 압축비는 약 얼마인가?(단, 작동 유체의 비열비는 1.4로 일정하다.)

① 7.5

② 8.0

③ 9.0

④ 9.5

오토 사이클의 압축비(ϕ) 산출

$$\eta = 1 - \left(\frac{1}{\phi}\right)^{k-1}$$

$$0.565 = 1 - \left(\frac{1}{\phi}\right)^{1.4-1}$$

$$\therefore \phi = 8.01$$

06 시스템 내에 임의의 이상기체 1kg이 채워져 있다. 이 기체의 정압비열은 1.0kJ/kg · K이고, 초기 온도가 50℃인 상태에서 323kJ의 열량을 가하여 팽창시킬 때 변경 후 체적은 변경 전 체적의 약 몇 배가 되는가?(단, 정압과정으로 팽창한다.)

① 1.5배   ② 2배

③ 2.5배   ④ 3배

해설

정압과정에서의 T, V 관계를 활용한다.

$$\frac{T_2}{T_1} = \frac{V_2}{V_1}$$

$$V_2 = \left(\frac{T_1}{T_2}\right) \times V_1 = \left(\frac{T_1}{T_2}\right) \times V_1 = \left(\frac{323}{646}\right) \times V_1 = 2V_1$$

$$\therefore 2배$$

여기서, 초기 온도(T_1) = 273 + 50 = 323K

팽창 후 온도(T_2)는 다음과 같이 구한다.

$$Q = GC_p(T_2 - T_1)$$

$$323\text{kJ} = 1\text{kg} \times 1.0\text{kJ/kg} \cdot \text{K}(T_2 - 323\text{K})$$

$$T_2 = 646\text{K}$$

07 그림과 같은 Rankine 사이클의 열효율은 약 얼마인가?(단, h는 엔탈피, s는 엔트로피를 나타내며, $h_1 = 191.8$kJ/kg, $h_2 = 193.8$kJ/kg, $h_3 = 2,799.5$kJ/kg, $h_4 = 2,007.5$kJ/kg이다.)

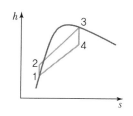

① 30.3%   ② 36.7%

③ 42.9%   ④ 48.1%

해설

$h - s$ 선도에서의 랭킨 사이클 열효율(η) 산출

$$\eta = \frac{(h_3 - h_4) - (h_2 - h_1)}{h_3 - h_2} \times 100(\%)$$

$$= \frac{(2,799.5 - 2,007.5) - (193.8 - 191.8)}{2,799.5 - 193.8} \times 100(\%)$$

$$= 30.32\%$$

08 복사열을 방사하는 방사율과 면적이 같은 2개의 방열판이 있다. 각각의 온도가 A방열판은 120℃, B방열판은 80℃일 때 두 방열판의 복사 열전달량비(Q_A / Q_B)는?

① 1.08   ② 1.22

③ 1.54   ④ 2.42

해설

슈테판 - 볼츠만 법칙에 의해 복사에너지의 양은 절대온도의 4제곱에 비례한다.

$$\therefore \frac{(120 + 273)^4}{(80 + 273)^4} = 1.54배$$

09 질량이 5kg인 강제 용기 속에 물이 20L 들어있다. 용기와 물이 24℃인 상태에서 이 속에 질량이 5kg이고 온도가 180℃인 어떤 물체를 넣었더니 일정 시간 후 온도가 35℃가 되면서 열평형에 도달하였다. 이때 이 물체의 비열은 약 몇 kJ/kg · K인가?(단, 물의 비열은 4.2kJ/kg · K, 강의 비열은 0.46kJ/kg · K이다.)

① 0.88   ② 1.12

③ 1.31   ④ 1.86

해설

가중평균에 의한 평형온도(t_b) 산출식을 통해 비열(C_3)을 산출한다.

$$t_b = \frac{\sum\limits_{i=1}^{n} G_i C_i t_i}{\sum\limits_{i=1}^{n} G_i C_i} = \frac{G_1 C_1 t_1 + G_2 C_2 t_2 + G_3 C_3 t_3}{G_1 C_1 + G_2 C_2 + G_3 C_3}$$

$$(273+35) = \frac{5\text{kg} \times 0.46\text{kJ/kg} \cdot \text{K} \times (273+24)\text{K} + 20}{5\text{kg} \times 0.46\text{kJ/kg} \cdot \text{K} + 20 \times 4.2 + 5 \times C_3}$$

$$\therefore C_3 = 1.31\text{kJ/kg} \cdot \text{K}$$

10 어느 왕복동 내연기관에서 실린더 안지름이 6.8cm, 행정이 8cm일 때 평균유효압력은 1,200 kPa이다. 이 기관의 1행정당 유효일은 약 몇 kJ 인가?

① 0.09   ② 0.15
③ 0.35   ④ 0.48

해설

1행정당 유효일(W_e) 산출

$W_e = P_e \times V = 1,200\text{kPa} \times 0.00029\text{m}^3 = 0.35\text{kJ}$

여기서, P_e : 평균유효압력

V : 배기량

$$V = A(\text{단면적}) \times L(\text{행정})$$
$$= \frac{\pi d^2}{4} \times L = \frac{\pi(0.068\text{m})^2}{4} \times 0.08\text{m}$$
$$= 0.00029\text{m}^3$$

11 실린더에 밀폐된 8kg의 공기가 그림과 같이 압력 $P_1 = 800\text{kPa}$, 체적 $V_1 = 0.27\text{m}^3$에서 $P_2 = 350\text{kPa}$, $V_2 = 0.80\text{m}^3$으로 직선 변화하였다. 이 과정에서 공기가 한 일은 약 몇 kJ인가?

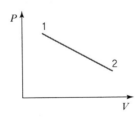

① 305   ② 334
③ 362   ④ 390

해설

$P-V$ 선도를 통해 시스템이 한 일을 계략적으로 작도한 후 해당 면적을 산출하여 공기가 한 일을 산출한다.

시스템이 한 일(W)

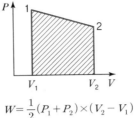

$$W = \frac{1}{2}(P_1 + P_2) \times (V_2 - V_1)$$
$$= \frac{1}{2}(800\text{kPa} + 350\text{kPa}) \times (0.8\text{m}^3 - 0.27\text{m}^3)$$
$$= 304.75\text{kJ}$$

12 상태 1에서 경로 A를 따라 상태 2로 변화하고 경로 B를 따라 다시 상태 1로 돌아오는 가역 사이클이 있다. 아래의 사이클에 대한 설명으로 틀린 것은?

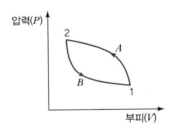

① 사이클 과정 동안 시스템의 내부에너지 변화량은 0이다.
② 사이클 과정 동안 시스템은 외부로부터 순(Net) 일을 받았다.
③ 사이클 과정 동안 시스템의 내부에서 외부로 순(Net) 열이 전달되었다.
④ 이 그림으로 사이클 과정 동안 총 엔트로피 변화량을 알 수 없다.

해설

$P-V$ 선도로부터 사이클 과정 동안 총 엔트로피 변화량 (ΔS)을 확인 가능하다.

13 보일러, 터빈, 응축기, 펌프로 구성되어 있는 증기원동소가 있다. 보일러에서 2,500kW의 열이 발생하고 터빈에서 550kW의 일을 발생시킨다. 또한, 펌프를 구동하는 데 20kW의 동력이 추가로 소모된다면 응축기에서의 방열량은 약 몇 kW인가?

① 980
② 1,930
③ 1,970
④ 3,070

〔해설〕

보일러 발생열량(공급열량)＋펌프 구동 동력＝응축기 방열량＋터빈에서 발생 일량
응축기 방열량＝보일러 발생열량(공급열량)＋펌프 구동 동력－터빈에서 발생 일량
$$=2,500+20-550=1,970\text{kW}$$

14 유리창을 통해 실내에서 실외로 열전달이 일어난다. 이때 열전달량은 약 몇 W인가?(단, 대류 열전달계수는 50W/m²K, 유리창 표면온도는 25℃, 외기온도는 10℃, 유리창면적은 2m²이다.)

① 150
② 500
③ 1,500
④ 5,000

〔해설〕

열전달량$(q)=\alpha A\Delta t$
$$=50\text{W/m}^2\text{K}\times2\text{m}^2\times(25-10)$$
$$=1,500\text{W}$$

15 냉동기 냉매의 일반적인 구비조건으로서 적합하지 않은 것은?

① 임계온도가 높고, 응고온도가 낮을 것
② 증발열이 작고, 증기의 비체적이 클 것
③ 증기 및 액체의 점성(점성계수)이 작을 것
④ 부식성이 없고, 안정성이 있을 것

〔해설〕

냉동기의 냉매는 냉동능력을 크게 하기 위해 증발열이 커야 하고, 냉동장치 체적을 최소화하기 위해 증기의 비체적은 작아야 한다.

16 완전히 단열된 실린더 안의 공기가 피스톤을 밀어 외부로 일을 하였다. 이때 외부로 행한 일의 양과 동일한 값(절댓값 기준)을 가지는 것은?

① 공기의 엔탈피 변화량
② 공기의 온도 변화량
③ 공기의 엔트로피 변화량
④ 공기의 내부에너지 변화량

〔해설〕

단열변화는 외부와 열 출입이 전혀 없는 상태변화를 의미하므로, 열역학 제1법칙에 의해 외부로 행한 일은 공기의 내부에너지 변화량과 같다. 즉, 공기의 내부에너지 변화량만큼 외부로 일을 행한 것이다.

17 오토 사이클로 작동되는 기관에서 실린더의 극간체적(Clearance Volume)이 행정체적(Stroke Volume)의 15%라고 하면 이론 열효율은 약 얼마인가?(단, 비열비 $k=1.4$이다.)

① 39.3%
② 45.2%
③ 50.6%
④ 55.7%

〔해설〕

오토 사이클의 열효율(η) 산출

$$\eta=1-\left(\frac{1}{\phi}\right)^{k-1}=1-\left(\frac{1}{7.67}\right)^{1.4-1}=0.557$$

$$\therefore 55.7\%$$

여기서, 압축비 $\phi=\dfrac{\text{실린더체적}}{\text{극간(간극)체적}}$

$$=\frac{\text{행정체적＋극간(간극)체적}}{\text{극간(간극)체적}}$$

$$=\frac{1+0.15}{0.15}=7.67$$

18 열역학 제2법칙과 관계된 설명으로 가장 옳은 것은?

① 과정(상태변화)의 방향성을 제시한다.
② 열역학적 에너지의 양을 결정한다.
③ 열역학적 에너지의 종류를 판단한다.
④ 과정에서 발생한 총 일의 양을 결정한다.

해설

열역학 제2법칙
• 열과 일은 서로 전환이 가능하나 열에너지를 모두 일에너지로 변화시킬 수 없다는 것을 나타낸다.
• 사이클 과정에서 열이 모두 일로 변화할 수는 없다.(영구기관 제작은 불가능)
• 열 이동의 방향을 정하는 법칙이다.(저온의 유체에서 고온의 유체로 자연적 이동은 불가능)
• 비가역 과정을 하며, 비가역 과정에서는 엔트로피의 변화량이 항상 증가된다.

19 압력 100kPa, 온도 20℃인 일정량의 이상기체가 있다. 압력을 일정하게 유지하면서 부피가 처음 부피의 2배가 되었을 때 기체의 온도는 약 몇 ℃가 되는가?

① 148
② 256
③ 313
④ 586

해설

정압과정에서의 T, V 관계를 활용한다.

$$\frac{T_2}{T_1} = \frac{V_2}{V_1}$$

$$T_2 = \left(\frac{V_2}{V_1}\right) \times T_1 = \left(\frac{2V_1}{V_2}\right) \times T_1 = 2 \times (273 + 20) = 586\text{K}$$

$$\therefore 586 - 273 = 313℃$$

20 어떤 열기관이 550K의 고열원으로부터 20kJ의 열량을 공급받아 250K의 저열원에 14kJ의 열량을 방출할 때 이 사이클의 Clausius 적분값과 가역, 비가역 여부의 설명으로 옳은 것은?

① Clausius 적분값은 −0.0196kJ/K이고 가역 사이클이다.
② Clausius 적분값은 −0.0196kJ/K이고 비가역 사이클이다.
③ Clausius 적분값은 0.0196kJ/K이고 가역 사이클이다.
④ Clausius 적분값은 0.0196kJ/K이고 비가역 사이클이다.

해설

클라우지우스(Clausius)의 적분 : $\oint \dfrac{\delta Q}{T} \leq 0$

• 가역 과정 : $\oint \dfrac{\delta Q}{T} = 0$

• 비가역 과정 : $\oint \dfrac{\delta Q}{T} < 0$

$$\oint \frac{dQ}{T} = \frac{dQ_1}{T_1} + \frac{dQ_2}{T_2} = \frac{20}{550} - \frac{14}{250} = -0.0196\text{kJ/K}$$

여기서, 공급받는 열량은 (+), 방출되는 열량은 (−) 부호를 적용한다.

$$\therefore \oint \frac{dQ}{T} < 0\text{이므로 비가역 과정이다.}$$

Section
02 냉동공학

21 냉각탑에 대한 설명으로 틀린 것은?

① 밀폐식은 개방식 냉각탑에 비해 냉각수가 외기에 의해 오염될 염려가 적다.
② 냉각탑의 성능은 입구공기의 습구온도에 영향을 받는다.
③ 쿨링레인지는 냉각탑의 냉각수 입·출구 온도의 차이다.
④ 어프로치는 냉각탑의 냉각수 입구온도에서 냉각탑 입구공기의 습구온도의 차이다.

해설

어프로치는 냉각탑의 열교환 효율을 나타내는 척도로서 냉각수 출구온도에서 냉각탑 입구공기의 습구온도를 뺀 값으로, 낮을수록 열교환 효율이 양호함을 의미한다.

22 다음 압축과 관련한 설명으로 옳은 것은?

> ㉠ 압축비는 체적효율에 영향을 미친다.
> ㉡ 압축기의 클리어런스(Clearance)를 크게 할수록 체적효율은 크게 된다.
> ㉢ 체적효율이란 압축기가 실제로 흡입하는 냉매와 이론적으로 흡입하는 냉매 체적과의 비이다.
> ㉣ 압축비가 클수록 냉매 단위중량당의 압축일량은 작게 된다.

① ㉠, ㉣   ② ㉠, ㉢
③ ㉡, ㉣   ④ ㉡, ㉢

〔해설〕

㉡ 클리어런스(Clearance)가 커질 경우 체적효율이 저하되며, 이에 따라 압축기에 소요되는 동력은 증가하게 된다.
㉣ 압축비가 상승할 경우 냉동능력당 소요되는 동력이 증대하게 된다. 즉, 압축비가 클수록 냉매 단위중량당 소요되는 압축일은 많아지게 된다.

23 몰리에르 선도상에서 표준 냉동사이클의 냉매 상태변화에 대한 설명으로 옳은 것은?

① 등엔트로피 변화는 압축과정에서 일어난다.
② 등엔트로피 변화는 증발과정에서 일어난다.
③ 등엔트로피 변화는 팽창과정에서 일어난다.
④ 등엔트로피 변화는 응축과정에서 일어난다.

〔해설〕

① 압축과정 : 등엔트로피 변화
② 증발과정 : 등온, 등압변화
③ 팽창과정 : 등엔탈피 변화
④ 응축과정 : 등압변화

24 흡수식 냉동기에서 냉매의 과냉 원인으로 가장 거리가 먼 것은?

① 냉수 및 냉매량 부족
② 냉각수 부족
③ 증발기 전열면적 오염
④ 냉매에 용액이 혼입

〔해설〕

냉각수 부족은 냉매의 과냉 원인이 아닌 과열 원인이 될 수 있다.

25 흡수식 냉동기에 사용하는 "냉매–흡수제"가 아닌 것은?

① 물–리튬브로마이드   ② 물–염화리튬
③ 물–에틸렌글리콜   ④ 암모니아–물

〔해설〕

에틸렌글리콜은 액상 냉각 열매체(간접냉매, 2차 냉매)인 브라인의 일종으로 흡수제로는 부적합하다.

26 냉동장치의 냉매량이 부족할 때 일어나는 현상으로 옳은 것은?

① 흡입압력이 낮아진다.
② 토출압력이 높아진다.
③ 냉동능력이 증가한다.
④ 흡입압력이 높아진다.

〔해설〕

냉동장치에서 냉매량이 부족하면 흡입가스가 과열 압축되어 흡입압력과 토출압력이 낮아지게 되고 온도가 상승하며, 이에 따라 냉동능력이 저하된다.

② 토출압력이 낮아진다.
③ 냉동능력이 감소한다.
④ 흡입압력이 낮아진다.

27 펠티에(Peltier) 효과를 이용하는 냉동방법에 대한 설명으로 틀린 것은?

① 펠티에 효과를 냉동에 이용한 것이 전자냉동 또는 열전기식 냉동법이다.
② 펠티에 효과를 냉동법으로 실용화에 어려운 점이 많았으나 반도체 기술이 발달하면서 실용화되었다.

정답   22 ②   23 ①   24 ②   25 ③   26 ①   27 ④

③ 펠티에 효과가 적용된 냉동방법은 휴대용 냉장고, 가정용 특수냉장고, 물 냉각기, 핵 잠수함 내의 냉난방장치 등에 사용된다.
④ 증기압축식 냉동장치와 마찬가지로 압축기, 응축기, 증발기 등을 이용한 것이다.

> **해설**
>
> 펠티에 효과(Peltier's Effect)는 종류가 다른 두 금속도체를 접합하여 전류를 통하면, 전류의 방향에 따라 한쪽 접합점에서는 열을 방출하고, 다른 쪽 접합점에서는 열을 흡수하게 되는 원리를 말한다. 이러한 펠티에 효과를 이용한 냉동장치를 열전식 냉동장치(열전냉동, Thermoelectric Refrigeration)라고 한다.

28 압축기의 기통수가 6기통이며, 피스톤 직경이 140mm, 행정이 110mm, 회전수가 800rpm인 NH_3 표준 냉동사이클의 냉동능력(kW)은?(단, 압축기의 체적효율은 0.75, 냉동효과는 1,126.3 kJ/kg, 비체적은 $0.5m^3/kg$이다.)

① 122.7
② 148.3
③ 193.4
④ 228.6

> **해설**
>
> **냉동능력(Q) 산출**
>
> $Q = q_e \cdot G$
>
> 여기서, q_e : 냉동효과, G : 냉매순환량
>
> • 피스톤 토출량(V)의 산출
>
> $$V = \frac{\pi d^2}{4} L \times N \times Z$$
> $$= \frac{\pi \times 0.14^2}{4} \times 0.11 \times 800 \div 60 \times 6$$
> $$= 0.135 kg/s$$
>
> 여기서, d : 실린더 지름(m), L : 행정길이(m)
> N : 회전수(rpm), Z : 기통수
>
> • 냉매순환량(G)의 산출
>
> $$G = \frac{V}{v} \times \eta_v = \frac{0.135 kg/s}{0.5} \times 0.75 = 0.203 kg/s$$
>
> 여기서, v : 비체적, η_v : 체적효율
>
> ∴ 냉동능력 $Q = q_e \cdot G$
> $$= 1,126.3 kJ/kg \times 0.203 kg/s$$
> $$= 228.64 kW(kJ/s)$$

29 증기압축식 냉동장치에 관한 설명으로 옳은 것은?

① 증발식 응축기에서는 대기의 습구온도가 저하하면 고압압력은 통상의 운전압력보다 높게 된다.
② 압축기의 흡입압력이 낮게 되면 토출압력도 낮게 되어 냉동능력이 증대한다.
③ 언로더 부착 압축기를 사용하면 급격하게 부하가 증가하여도 액백현상을 막을 수 있다.
④ 액배관에 플래시 가스가 발생하면 냉매순환량이 감소되어 증발기의 냉동능력이 저하된다.

> **해설**
>
> ① 증발식 응축기에서는 대기의 습구온도가 저하하면 응축압력이 저하되어 고압압력은 통상의 운전압력보다 낮게 된다.
> ② 압축기의 흡입압력이 낮게 되면 압축비가 증가하여 체적효율이 저하하고, 이에 따라 냉동능력이 감소한다.
> ③ 언로더 부착 압축기를 사용하더라도 급격하게 부하가 증가할 경우 액백현상을 막을 수 없다.

30 증기압축식 냉동사이클에서 증발온도를 일정하게 유지시키고, 응축온도를 상승시킬 때 나타나는 현상이 아닌 것은?

① 소요동력 증가
② 성적계수 감소
③ 토출가스 온도 상승
④ 플래시 가스 발생량 감소

> **해설**
>
> 증발온도가 일정하고 응축온도를 상승시킬 경우 과냉각도가 작아지므로 냉매가 팽창밸브를 통과할 때 플래시 가스(Flash Gas) 발생량이 증가할 수 있다.

31 2단 압축 1단 팽창 냉동장치에서 게이지 압력계로 증발압력 0.19MPa, 응축압력 1.17MPa일 때, 중간냉각기의 절대압력(MPa)은?

① 2.166 ② 1.166
③ 0.609 ④ 0.409

> 해설

중간압력(P_m, 절대압력)의 산출

$P_m = \sqrt{P_e \times P_c} = \sqrt{0.2913 \times 1.2713} = 0.6085 = 0.609$MPa

여기서,

P_e(증발압력) = 0.19MPa(게이지 압력) + 0.1013MPa(대기압)
  = 0.2913MPa

P_c(응축압력) = 1.17MPa(게이지 압력) + 0.1013MPa(대기압)
  = 1.2713MPa

32 냉동장치의 운전 중 장치 내에 공기가 침입하였을 때 나타나는 현상으로 옳은 것은?

① 토출가스 압력이 낮게 된다.
② 모터의 암페어가 작게 된다.
③ 냉각능력에는 변화가 없다.
④ 토출가스 온도가 높게 된다.

> 해설

냉동장치 내에 공기가 혼입되면, 혼입된 공기에 의해 응축압력(온도)이 상승하며, 이에 따라 압축기의 토출가스 압력(온도)이 상승한다. 이는 압축기 실린더의 과열, 냉동능력의 감소, 소비(소요)동력의 증가를 수반하게 된다. 또한 압축기의 소비(소요)동력이 상승함에 따라 모터의 암페어도 함께 커지게 된다.

33 2단 압축 냉동기에서 냉매의 응축온도가 38℃일 때 수랭식 응축기의 냉각수 입·출구의 온도가 각각 30℃, 35℃이다. 이때 냉매와 냉각수와의 대수평균온도차(℃)는?

① 2 ② 5
③ 8 ④ 10

> 해설

대수평균온도차(LMTD) 산출

대수평균온도차(LMTD) $= \dfrac{\Delta_1 - \Delta_2}{\ln \dfrac{\Delta_1}{\Delta_2}} = \dfrac{8-3}{\ln \dfrac{8}{3}} = 5.09 = 5$℃

여기서, Δ_1 : 냉각수 입구 측 냉각수와 냉매의 온도차
  $\Delta_1 = 38 - 30 = 8$

  Δ_2 : 냉각수 출구 측 냉각수와 냉매의 온도차
  $\Delta_2 = 38 - 35 = 3$

34 냉동장치에서 흡입가스의 압력을 저하시키는 원인으로 가장 거리가 먼 것은?

① 냉매유량의 부족 ② 흡입배관의 마찰손실
③ 냉각부하의 증가 ④ 모세관의 막힘

> 해설

냉각부하가 감소할 경우 흡입가스의 압력이 저하된다.

35 다음 중 열통과율이 가장 작은 응축기 형식은?(단, 동일 조건 기준으로 한다.)

① 7통로식 응축기
② 입형 셸 앤드 튜브식 응축기
③ 공랭식 응축기
④ 2중관식 응축기

> 해설

응축기의 열통과율 순서
7통로식 > 횡형 셸 앤드 튜브식, 2중관식 > 입형 셸 앤드 튜브식 > 증발식 > 공랭식

36 고온 35℃, 저온 −10℃에서 작동되는 역카르노 사이클이 적용된 이론 냉동사이클의 성적계수는?

① 2.8 ② 3.2
③ 4.2 ④ 5.8

역카르노 사이클에서의 성적계수(COP) 산출

$$COP = \frac{q_e}{AW} = \frac{T_L}{T_H - T_L} = \frac{273 + (-10)}{273 + 35 - (273 + (-10))}$$
$$= 5.84 = 5.8$$

---

37 제빙에 필요한 시간을 구하는 공식이 아래와 같다. 이 공식에서 a와 b가 의미하는 것은?

$$\tau = (0.53 \sim 0.6)\frac{a^2}{-b}$$

① a : 브라인 온도, b : 결빙두께
② a : 결빙두께, b : 브라인 유량
③ a : 결빙두께, b : 브라인 온도
④ a : 브라인 유량, b : 결빙두께

해설

$$\tau = (0.53 \sim 0.6)\frac{a^2}{-b}$$

여기서, $0.53 \sim 0.6$: 결빙계수
$\quad\quad a$: 결빙두께, b : 브라인 온도

---

38 브라인 냉각용 증발기가 설치된 소형 냉동기가 있다. 브라인 순환량이 20kg/min이고, 브라인의 입·출구 온도차는 15K이다. 압축기의 실제 소요동력이 5.6kW일 때, 이 냉동a기의 실제 성적계수는?(단, 브라인의 비열은 3.3kJ/kg·K이다.)

① 1.82
② 2.18
③ 2.95
④ 3.31

해설

냉동기의 실제 성적계수(COP) 산출

$$COP = \frac{\text{냉동효과}(q_e)}{\text{압축일}(AW)}$$
$$= \frac{\text{냉매순환량} \times \text{비열} \times \text{온도차}}{\text{압축일}(AW)}$$
$$= \frac{20\text{kg/min} \times 3.3\text{kJ/kg} \cdot \text{K} \times 15\text{K} \times 1\text{min/60sec}}{5.6\text{kW}}$$
$$= 2.946 = 2.95$$

---

39 그림에서 사이클 A($1-2-3-4-1$)로 운전될 때 증발기의 냉동능력은 5RT, 압축기의 체적효율은 0.78이었다. 그러나 운전 중 부하가 감소하여 압축기 흡입밸브 개도를 줄여서 운전하였더니 사이클 B($1'-2'-3-4-1-1'$)로 되었다. 사이클 B로 운전될 때의 체적효율이 0.70이라면 이 때의 냉동능력(RT)은 얼마인가?(단, 1RT는 3.8 kW이다.)

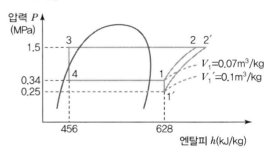

① 1.37
② 2.63
③ 2.94
④ 3.14

해설

냉동능력(Q_e) 산출

$$Q_e = q_e \times G = q_e \times \frac{V}{v} \times \eta_v$$

여기서, q_e : 냉동효과, G : 냉매순환량
$\quad\quad V$: 피스톤 토출량, v : 비체적, η_v : 체적효율

• 사이클 A($1-2-3-4-1$)에서 피스톤 토출량(V) 산출

$$Q_e = q_e \times G = q_e \times \frac{V}{v_1} \times \eta_v$$
$$V = \frac{Q_e \times v_1}{q_e \times \eta_v} = \frac{(5 \times 3.8) \times 0.07}{(628 - 456) \times 0.78} = 0.0099\text{m}^3/\text{s}$$

• 사이클 B($1'-2'-3-4-1-1'$)에서 냉동능력(Q_e) 산출

$$Q_e = q_e \times G = q_e \times \frac{V}{v_2} \times \eta_v$$
$$= (628 - 456) \times \frac{0.0099}{0.1} \times 0.7 = 11.92\text{kW}$$

$$\therefore \text{냉동능력}(Q_e) = \frac{11.92\text{kW}}{3.8\text{kW}} = 3.14\text{RT}$$

40 직경 10cm, 길이 5m의 관에 두께 5cm의 보온재(열전도율 $\lambda = 0.1163 \text{W/m} \cdot \text{K}$)로 보온을 하였다. 방열층의 내측과 외측의 온도가 각각 $-50℃$, 30℃이라면 침입하는 전열량(W)은?

① 133.4

② 248.8

③ 362.6

④ 421.7

해설

원통관의 전열량(q) 산출

$$q = \frac{2\pi L(t_o - t_i)}{\frac{1}{\lambda} \ln \frac{d_o}{d_i}}$$

$$= \frac{2\pi \times 5\text{m} \times (30 - (-50))}{\frac{1}{0.1163\text{W/m} \cdot \text{K}} \ln \frac{0.2\text{m}}{0.1\text{m}}}$$

$$= 421.69 = 421.7\text{W}$$

Section 03 공기조화

41 보일러의 수위를 제어하는 주된 목적으로 가장 적절한 것은?

① 보일러의 급수장치가 동결되지 않도록 하기 위하여

② 보일러의 연료공급이 잘 이루어지도록 하기 위하여

③ 보일러가 과열로 인해 손상되지 않도록 하기 위하여

④ 보일러에서의 출력을 부하에 따라 조절하기 위하여

해설

보일러의 수위를 제어하는 주된 목적은 보일러의 수위가 낮아져 빈불때기 등이 발생하여 보일러의 과열에 따른 손상이 일어나는 것을 막기 위해서이다.

42 열매에 따른 방열기의 표준방열량(W/m^2) 기준으로 가장 적절한 것은?

① 온수 : 405.2, 증기 : 822.3

② 온수 : 523.3, 증기 : 822.3

③ 온수 : 405.2, 증기 : 755.8

④ 온수 : 523.3, 증기 : 755.8

해설

방열기의 표준방열량

• 표준상태에서 방열면적 1m²당 방열되는 방열량이다.

• 온수난방 : 0.523kW/m²(표준상태 온수 80℃, 실온 18.5℃)

• 증기난방 : 0.756kW/m²(표준상태 증기 102℃, 실온 18.5℃)

43 에어워셔 내에 온수를 분무할 때 공기는 습공기 선도에서 어떠한 변화과정이 일어나는가?

① 가습 · 냉각

② 과냉각

③ 건조 · 냉각

④ 감습 · 과열

해설

에어워셔 내에 온수를 분무할 경우 절대습도가 상승하므로 가습되며, 온수가 증기상태로 변해야 하므로 상변화 시 소모되는 열량으로 인해 현열냉각되는 변화과정이 일어난다.

44 보일러의 발생 증기를 한 곳으로만 취출하면 그 부근에 압력이 저하하여 수면동요 현상과 동시에 비수가 발생된다. 이를 방지하기 위한 장치는?

① 급수내관

② 비수방지관

③ 기수분리기

④ 인젝터

해설

① 급수내관 : 보일러 동체의 부동팽창 방지

③ 기수분리기 : 증기와 물을 분리하여 증기의 건도 유지

④ 인젝터 : 증기에너지를 이용하는 보일러의 예비 급수장치

---

45 복사난방 방식의 특징에 대한 설명으로 틀린 것은?

① 실내에 방열기를 설치하지 않으므로 바닥이나 벽면을 유용하게 이용할 수 있다.
② 복사열에 의한 난방으로써 쾌감도가 크다.
③ 외기온도가 갑자기 변하여도 열용량이 크므로 방열량의 조정이 용이하다.
④ 실내의 온도분포가 균일하며, 열이 방의 위쪽으로 빠지지 않으므로 경제적이다.

해설

복사난방은 열용량이 큰 특징을 갖고 있으며, 이 경우 온도 변화에 대한 큰 저항성을 갖게 된다. 그러므로 외기온도가 갑자기 변할 경우 열용량이 커서 방열량의 조정이 용이하지 않다.

46 다음 중 난방부하를 경감시키는 요인으로만 짝지어진 것은?

① 지붕을 통한 전도열량, 태양열의 일사부하
② 조명부하, 틈새바람에 의한 부하
③ 실내기구부하, 재실인원의 발생열량
④ 기기(덕트 등) 부하, 외기부하

해설

실내기구부하, 재실인원에 의해 발생하는 열은 실내 엔탈피를 높이므로 난방부하를 경감시켜 준다.

47 온수난방의 특징에 대한 설명으로 틀린 것은?

① 증기난방에 비하여 연료소비량이 적다.
② 예열시간은 길지만 잘 식지 않으므로 증기난방에 비하여 배관의 동결 피해가 적다.
③ 보일러 취급이 증기보일러에 비해 안전하고 간단하므로 소규모 주택에 적합하다.
④ 열용량이 크기 때문에 짧은 시간에 예열할 수 있다.

해설

온수난방은 열용량이 크기 때문에 예열하는 데 긴 시간이 소요된다.

48 콜드 드래프트 현상의 발생 원인으로 가장 거리가 먼 것은?

① 인체 주위의 공기온도가 너무 낮을 때
② 기류의 속도가 낮고 습도가 높을 때
③ 주위 벽면의 온도가 낮을 때
④ 겨울에 창문의 극간풍이 많을 때

해설

콜드 드래프트는 기류의 속도가 크고, 절대습도가 낮으며, 주변보다 온도가 낮을 경우에 발생한다.

49 다음과 같이 단열된 덕트 내에 공기가 통하고 이것에 열량 $Q(\text{kJ/h})$와 수분 $L(\text{kg/h})$을 가하여 열평형이 이루어졌을 때, 공기에 가해진 열량(Q)은 어떻게 나타내는가?(단, 공기의 유량은 G (kg/h), 가열코일 입·출구의 엔탈피, 절대습도는 각각 h_1, $h_2(\text{kJ/kg})$, x_1, $x_2(\text{kg/kg})$이며, 수분의 엔탈피는 $h_L(\text{kJ/kg})$이다.)

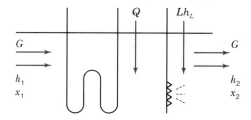

① $G(h_2 - h_1) + Lh_L$
② $G(x_2 - x_1) + Lh_L$
③ $G(h_2 - h_1) - Lh_L$
④ $G(x_2 - x_1) - Lh_L$

해설

에너지는 보존되므로 열평형식을 통해 열량(Q)을 산출한다.

$Gh_1 + Q + Lh_L = Gh_2$
$Q = Gh_2 - Gh_1 - Lh_L = G(h_2 - h_1) - Lh_L$

50 대기압(760mmHg)에서 온도 28℃, 상대습도 50%인 습공기 내의 건공기 분압(mmHg)은 얼마인가?(단, 수증기의 포화압력은 31.84mmHg 이다.)

① 16
② 32
③ 372
④ 744

해설

건공기 분압(P_a) 산출

대기압 $P = P_a + P_w$ 에서

$P_a = P - P_w = 760 - 15.92 = 744.08\text{mmHg}$

여기서, P_w (수증기 분압)는 상대습도 $\phi = \dfrac{P_w}{P_{ws}}$ 식에 의해

$P_w = \phi \times P_{ws} = \dfrac{50}{100} \times 31.84 = 15.92\text{mmHg}$

51 단일덕트 재열 방식의 특징에 관한 설명으로 옳은 것은?

① 부하 패턴이 다른 다수의 실 또는 존의 공조에 적합하다.
② 식당과 같이 잠열부하가 많은 곳의 공조에는 부적합하다.
③ 전수 방식으로서 부하변동이 큰 실이나 존에서 에너지 절약형으로 사용된다.
④ 시스템의 유지·보수 면에서는 일반 단일덕트에 비해 우수하다.

해설

단일덕트 재열 방식의 경우 각 존별로 나누어지는 덕트 속에 재열기를 설치하여 각각 개별 제어하므로, 부하 패턴이 다른 다수의 실 또는 존의 공조에 적합한 특징을 갖고 있다.

52 온풍난방에서 중력식 순환 방식과 비교한 강제순환 방식의 특징에 관한 설명으로 틀린 것은?

① 기기 설치장소가 비교적 자유롭다.
② 급기덕트가 작아서 은폐가 용이하다.

③ 공급되는 공기는 필터 등에 의하여 깨끗하게 처리될 수 있다.
④ 공기순환이 어렵고 쾌적성 확보가 곤란하다.

해설

강제순환 방식은 공기순환이 중력식에 비해 균일하고 용이하며, 이에 따라 쾌적성 확보에 유리한 특징을 갖고 있다.

53 건구온도 30℃, 절대습도 0.01kg/kg′인 외부공기 30%와 건구온도 20℃, 절대습도 0.02kg/kg′인 실내공기 70%를 혼합하였을 때 최종 건구온도(T)와 절대습도(x)는 얼마인가?

① $T = 23℃$, $x = 0.017\text{kg/kg}′$
② $T = 27℃$, $x = 0.017\text{kg/kg}′$
③ $T = 23℃$, $x = 0.013\text{kg/kg}′$
④ $T = 27℃$, $x = 0.013\text{kg/kg}′$

해설

$T_{mix} = \dfrac{30℃ \times 0.3 + 20℃ \times 0.7}{1} = 23℃$

$x_{mix} = \dfrac{0.01 \times 0.3 + 0.02 \times 0.7}{1} = 0.017\text{kg/kg}′$

54 가변풍량 방식에 대한 설명으로 틀린 것은?

① 부분부하 대응으로 송풍기 동력이 커진다.
② 시운전 시 토출구의 풍량조정이 간단하다.
③ 부하변동에 대해 제어응답이 빠르므로 거주성이 향상된다.
④ 동시부하율을 고려하여 설비용량을 적게 할 수 있다.

해설

부분부하 대응으로 송풍기 동력을 적게 할 수 있다.

55 다음 그림과 같이 송풍기의 흡입 측에만 덕트가 연결되어 있을 경우 동압(mmAq)은 얼마인가?

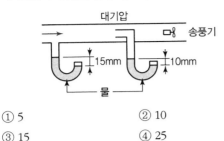

① 5
② 10
③ 15
④ 25

해설

좌측 마노미터는 흡입 측 정압(−15), 우측 마노미터는 흡입 측 전압(−10)을 나타내고 있다. 송풍기의 흡입 측에만 덕트가 있으므로 송풍기의 토출 측은 대기에 개방된 상태이다. 이 경우 송풍기 전압은 흡입측 전압(−10)과 같고, 송풍기 정압은 흡입구 정압(−15)과 같다.
송풍기 전압＝송풍기 동압＋송풍기 정압
송풍기 동압＝송풍기 전압−송풍기 정압＝−10−(−15)

56 건구온도 10℃, 절대습도 0.003kg/kg인 공기 50m³을 20℃까지 가열하는 데 필요한 열량(kJ)은?(단, 공기의 정압비열은 1.01kJ/kg · K, 공기의 밀도는 1.2kg/m³이다.)

① 425
② 606
③ 713
④ 884

해설

$q(\text{kJ}) = 50\text{m}^3 \times 1.2\text{kg/m}^3 \times 1.01\text{kJ/kg} \cdot \text{K} \times (20-10)$
$= 606\text{kJ}$

57 내부에 송풍기와 냉 · 온수 코일이 내장되어 있으며, 각 실내에 설치되어 기계실로부터 냉 · 온수를 공급받아 실내공기의 상태를 직접 조절하는 공조기는?

① 패키지형 공조기
② 인덕션유닛
③ 팬코일유닛
④ 에어핸드링유닛

해설

팬코일유닛 방식
• 물만을 열매로 하여 실내유닛으로 공기를 냉각 · 가열하는 방식이다.
• 냉온수 코일 및 필터가 구비된 소형 유닛을 각 실에 설치하고 중앙기계실에서 냉수 또는 온수를 공급받아 공기조화를 하는 방식이다.

58 취출구 관련 용어에 대한 설명으로 틀린 것은?

① 장방형 취출구의 긴 변과 짧은 변의 비를 아스펙트비라 한다.
② 취출구에서 취출된 공기를 1차 공기라 하고, 취출공기에 의해 유인되는 실내공기를 2차 공기라 한다.
③ 취출구에서 취출된 공기가 진행해서 취출기류의 중심선상의 풍속이 1.5m/s로 되는 위치까지의 수평거리를 도달거리라 한다.
④ 수평으로 취출된 공기가 어떤 거리를 진행했을 때 기류의 중심선과 취출구의 중심과의 거리를 강하도라 한다.

해설

도달거리는 기류의 중심속도가 0.25m/s에 이르렀을 때, 취출구에서의 수평거리이다.

59 극간풍의 방지방법으로 가장 적절하지 않은 것은?

① 회전문 설치
② 자동문 설치
③ 에어커튼 설치
④ 충분한 간격의 이중문 설치

해설

자동문의 경우 열리고 닫히는 과정에서 기밀성 확보가 어려우므로 극간풍 방지방법으로 적합하지 않다.

정답 55 ① 56 ② 57 ③ 58 ③ 59 ②

60 취출온도를 일정하게 하여 부하에 따라 송풍량을 변화시켜 실온을 제어하는 방식은?

① 가변풍량 방식   ② 재열코일 방식
③ 정풍량 방식   ④ 유인유닛 방식

해설

취출온도를 일정하게 하고, 풍량을 변화시켜 공기조화하는 방식은 가변풍량 방식이다.

Section
04 전기제어공학

---

61 100V용 전구 30W와 60W 두 개를 직렬로 연결하고 직류 100V 전원에 접속하였을 때 두 전구의 상태로 옳은 것은?

① 30W 전구가 더 밝다.
② 60W 전구가 더 밝다.
③ 두 전구의 밝기가 모두 같다.
④ 두 전구가 모두 켜지지 않는다.

해설

30W, 60W 각 전구의 저항을 구하면

$P = \dfrac{V^2}{R}$에서, $R_1 = \dfrac{100^2}{30} ≒ 333\Omega$, $R_2 = \dfrac{100^2}{60} ≒ 166\Omega$

직렬이므로 전류는 일정하고, $P = I^2 R$에 의해 저항과 전력은 비례하므로 저항이 더 큰 전구(30W)가 더 밝다.

---

62 워드 레너드 속도제어 방식이 속하는 제어방법은?

① 저항제어   ② 계자제어
③ 전압제어   ④ 직병렬제어

해설

워드 레너드(Word Leonard, 워드 레오나드) 속도제어 방식은 넓은 범위의 속도제어가 가능하고 효율이 좋으며 직류전압 모터(DC 모터)의 속도를 제어하는 데 사용한다.

---

63 전동기의 회전방향을 알기 위한 법칙은?

① 렌츠의 법칙
② 암페어의 법칙
③ 플레밍의 왼손 법칙
④ 플레밍의 오른손 법칙

해설

플레밍의 왼손 법칙(Fleming's Left – hand Rule)
왼손의 세 손가락(엄지손가락, 집게손가락, 가운뎃손가락)을 서로 직각으로 펼치고, 가운뎃손가락을 전류, 집게손가락을 자장의 방향으로 하면 엄지손가락의 방향이 힘의 방향이다. 이것을 플레밍의 왼손 법칙이라 한다.(이 법칙은 전동기에 적용된다.)

---

64 지상 역률 80%, 1,000kW의 3상 부하가 있다. 이것에 콘덴서를 설치하여 역률을 95%로 개선하려고 한다. 필요한 콘덴서의 용량(kvar)은 약 얼마인가?

① 421.3   ② 633.3
③ 844.3   ④ 1,266.3

해설

콘덴서 용량(Q_c) 산출

$$Q_c = P(\tan\theta_1 - \tan\theta_2)$$
$$= P\left(\frac{\sqrt{1-\cos^2\theta_1}}{\cos\theta_1} - \frac{\sqrt{1-\cos^2\theta_2}}{\cos\theta_2}\right)$$
$$= 1,000\left(\frac{\sqrt{1-0.8^2}}{0.8} - \frac{\sqrt{1-0.95^2}}{0.95}\right)$$
$$= 421.3\text{kvar}$$

여기서, $\cos\theta_1$: 개선 전 역률
          $\cos\theta_2$: 개선 후 역률

---

65 3상 유도전동기의 주파수가 60Hz, 극수가 6극, 전부하 시 회전수가 1,160rpm이라면 슬립은 약 얼마인가?

① 0.03   ② 0.24
③ 0.45   ④ 0.57

슬립(s) 산출

$$N = \frac{120f}{P}(1-s)$$

$$1,160 = \frac{120 \times 60}{6}(1-s) \quad \therefore \; s = 0.03$$

여기서, N : 회전수(rpm), f : 주파수, P : 극수, s : 슬립

66 저항에 전류가 흐르면 줄열이 발생하는데 저항에 흐르는 전류 I와 전력 P의 관계는?

① $I \propto P$ ② $I \propto P^{0.5}$

③ $I \propto P^{1.5}$ ④ $I \propto P^2$

해설

줄열(H) $= I^2 Rt = Pt$

여기서, $P = I^2 R$

그러므로 $I \propto P^{0.5}$

67 입력신호 중 어느 하나가 "1"일 때 출력이 "0"이 되는 회로는?

① AND 회로   ② OR 회로

③ NOT 회로   ④ NOR 회로

해설

NOR 회로(부정 논리합)는 OR 회로에 NOT 회로를 접속한 OR$-$NOT 회로를 말하며, A, B, X 간의 논리식은 $X = \overline{A+B}$로 표현된다.

68 입력신호 $x(t)$와 출력신호 $y(t)$의 관계가 $y(t) = K\dfrac{dx(t)}{dt}$로 표현되는 것은 어떤 요소인가?

① 비례요소   ② 미분요소

③ 적분요소   ④ 지연요소

해설

입력신호 $x(t)$를 t로 미분$\left(\dfrac{dx(t)}{dt}\right)$하고 있으므로 미분요소에 해당한다.

69 다음 조건을 만족시키지 못하는 회로는?

어떤 회로에 흐르는 전류가 20A이고, 위상이 60도이며, 앞선 전류가 흐를 수 있는 조건

① RL 병렬   ② RC 병렬

③ RLC 병렬   ④ RLC 직렬

해설

RL 병렬회로는 전류가 전압보다 위상이 θ만큼 뒤지는 위상관계를 갖는다.

70 다음 논리기호의 논리식은?

① $X = A + B$ ② $X = \overline{AB}$

③ $X = AB$ ④ $X = \overline{A+B}$

해설

드모르간의 정리에 해당한다.

$X = \overline{A} \cdot \overline{B} = \overline{A+B}$

71 콘덴서의 전위차와 축적되는 에너지와의 관계식을 그림으로 나타내면 어떤 그림이 되는가?

① 직선   ② 타원

③ 쌍곡선   ④ 포물선

해설

콘덴서에 축적되는 에너지를 정전에너지(W)라 하며, 콘덴서에 전압 V(V)가 가해져서 Q(C)의 전하가 축적되어 있을 때 다음과 같이 정의된다.

$$W = \frac{1}{2}QV = \frac{1}{2}CV^2 = \frac{1}{2}\frac{Q^2}{C}\,[\text{J}]$$

위 식에서 정전에너지(W)는 전위차(V)의 제곱에 비례하므로 정전에너지와 전위차 간의 그래프는 2차 곡선의 포물선 형태를 띠게 된다.

72 열전대에 대한 설명이 아닌 것은?

① 열전대를 구성하는 소선은 열기전력이 커야 한다.
② 철, 콘스탄탄 등의 금속을 이용한다.
③ 제벡효과를 이용한다.
④ 열팽창계수에 따른 변형 또는 내부응력을 이용한다.

해설

열팽창계수에 따른 변형 또는 내부응력을 이용하는 것은 바이메탈 온도계에 대한 사항이다.

73 전류계와 전압계는 내부저항이 존재한다. 이 내부저항은 전압 또는 전류를 측정하고자 하는 부하의 저항에 비하여 어떤 특성을 가져야 하는가?

① 내부저항이 전류계는 가능한 한 커야 하며, 전압계는 가능한 한 작아야 한다.
② 내부저항이 전류계는 가능한 한 커야 하며, 전압계도 가능한 한 커야 한다.
③ 내부저항이 전류계는 가능한 한 작아야 하며, 전압계는 가능한 한 커야 한다.
④ 내부저항이 전류계는 가능한 한 작아야 하며, 전압계도 가능한 한 작아야 한다.

해설

- 전류계(A) : 측정 회로에 직렬로 연결하고 내부저항이 작을수록 좋다.
- 전압계(V) : 측정 회로에 병렬로 연결하고 내부저항이 클수록 좋다.

74 피드백 제어에서 제어요소에 대한 설명 중 옳은 것은?

① 조작부와 검출부로 구성되어 있다.
② 동작신호를 조작량으로 변화시키는 요소이다.
③ 제어를 받는 출력량으로 제어대상에 속하는 요소이다.
④ 제어량을 주궤환신호로 변화시키는 요소이다.

해설

제어요소(Control Element)는 동작신호를 조작량으로 변화하는 요소이며, 조절부와 조작부로 이루어진다.

75 제어량에 따른 분류 중 프로세스 제어에 속하지 않는 것은?

① 압력
② 유량
③ 온도
④ 속도

해설

속도는 자동조정제어(기구)에 속하는 제어량이다.

76 다음 블록선도를 등가 합성 전달함수로 나타낸 것은?

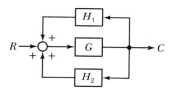

① $\dfrac{G}{1-H_1-H_2}$

② $\dfrac{G}{1-H_1G-H_2G}$

③ $\dfrac{G-1}{1-H_1G-H_2G}$

④ $\dfrac{H_1G+H_2G}{1-G}$

해설

전달함수($\dfrac{C(s)}{R(s)}$) 산출

$$\frac{C(s)}{R(s)} = \frac{\text{전향경로}}{1-\text{피드백 경로}}$$
$$= \frac{G}{1-(H_1G+H_2G)}$$
$$= \frac{G}{1-H_1G-H_2G}$$

정답   72 ④   73 ③   74 ②   75 ④   76 ②

77 다음 논리회로의 출력은?

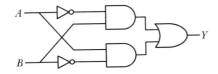

① $Y = A\overline{B} + \overline{A}B$

② $Y = \overline{A}B + \overline{A}\,\overline{B}$

③ $Y = \overline{A}\,\overline{B} + A\overline{B}$

④ $Y = \overline{A} + \overline{B}$

해설

XOR(배타적 논리합)

$A \oplus B = A\overline{B} + \overline{A}B$

XOR(배타적 논리합)은 두 개의 입력 A와 B를 받아 입력 값이 같으면 0을 출력하고, 입력값이 다르면 1을 출력하는 방식이다.

78 $R_1 = 100\Omega$, $R_2 = 1,000\Omega$, $R_3 = 800\Omega$일 때 전류계의 지시가 0이 되었다. 이때 저항 R_4는 몇 Ω인가?

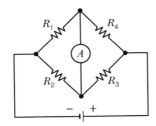

① 80

② 160

③ 240

④ 320

해설

휘트스톤 브리지 회로의 저항 산출

$R_2 R_4 = R_1 R_3$

$R_4 = \dfrac{R_1 R_3}{R_2} = \dfrac{100 \times 800}{1000} = 80\Omega$

79 $x_2 = ax_1 + cx_3 + bx_4$의 신호흐름선도는?

①
```
 o──a──>o──b──>o──c──>o
 x₁     x₂     x₃     x₄
```

②
```
 o──a──>o       o──c──>o
 x₁     x₂      x₃     x₄
         \──b──/
```

③
```
              b
         ╭─────────╮
 o──a──>o         o       o
 x₁     x₂ ──c── x₃      x₄
```

④
```
              b
         ╭─────────────╮
 o──a──>o──c──>o       o
 x₁     x₂     x₃     x₄
```

해설

① $x_2 = ax_1$

$x_4 = abcx_1$

② $x_2 = ax_1 + bx_3 = ax_1 + \dfrac{b}{c}x_4$

여기서, $x_4 = cx_3$

③ $x_2 = ax_1 + cx_3 + bx_4$

④ $x_2 = ax_1 + bx_4$

$x_3 = cx_2$

80 R, L, C가 서로 직렬로 연결되어 있는 회로에서 양단의 전압과 전류의 위상이 동상이 되는 조건은?

① $\omega = LC$

② $\omega = L^2 C$

③ $\omega = \dfrac{1}{LC}$

④ $\omega = \dfrac{1}{\sqrt{LC}}$

해설

전압과 전류가 동상인 조건은 공진조건에 해당한다.

공진조건

$\omega L = \dfrac{1}{\omega C}(X_L = X_C)$

$\therefore \omega = \dfrac{1}{\sqrt{LC}}$

81 배수배관의 시공 시 유의사항으로 틀린 것은?

① 배수를 가능한 한 천천히 옥외 하수관으로 유출할 수 있을 것
② 옥외 하수관에서 하수 가스나 쥐 또는 각종 벌레 등이 건물 안으로 침입하는 것을 방지할 수 있는 방법으로 시공할 것
③ 배수관 및 통기관은 내구성이 풍부하여야 하며 가스나 물이 새지 않도록 기구 상호 간의 접합을 완벽하게 할 것
④ 한랭지에서는 배수관이 동결되지 않도록 피복을 할 것

해설

배수는 악취 등의 역류가 발생할 수 있으므로 가급적 빠른 속도로 옥외 하수관으로 유출하여야 한다.

82 배관설비 공사에서 파이프 래크의 폭에 관한 설명으로 틀린 것은?

① 파이프 래크의 실제 폭은 신규 라인을 대비하여 계산된 폭보다 20% 정도 크게 한다.
② 파이프 래크상의 배관밀도가 작아지는 부분에 대해서는 파이프 래크의 폭을 좁게 한다.
③ 고온배관에서는 열팽창에 의하여 과대한 구속을 받지 않도록 충분한 간격을 둔다.
④ 인접하는 파이프의 외측과 파이프 래크 외측과의 최소 간격을 25mm로 하여 래크의 폭을 결정한다.

해설

인접하는 파이프의 외측과 파이프 래크 외측과의 최소 간격을 30mm 이상으로 하여 래크의 폭을 결정한다.

83 공기조화 설비 중 복사난방의 위치에 따른 패널 형식 분류가 아닌 것은?

① 바닥패널
② 천장패널
③ 벽패널
④ 유닛패널

해설

유닛패널은 강판이나 알루미늄에 강관이나 동관을 용접 또는 부착하여 복사면을 구성하는 복사난방의 한 형식으로서, 패널 구조에 따른 분류에 해당한다.
• 패널의 위치에 따른 분류 : 바닥패널, 천장패널, 벽패널
• 패널의 구조에 따른 분류 : 파이프 매설식, 유닛패널식, 덕트식

84 동관작업용 사이징 툴(Sizing Tool) 공구에 관한 설명으로 옳은 것은?

① 동관의 확관용 공구
② 동관의 끝부분을 원형으로 정형하는 공구
③ 동관의 끝을 나팔형으로 만드는 공구
④ 동관 절단 후 생긴 거스러미를 제거하는 공구

해설

① 동관의 확관용 공구 : 익스펜더(확관기)
③ 동관의 끝을 나팔형으로 만드는 공구 : 플레어링 툴
④ 동관 절단 후 생긴 거스러미를 제거하는 공구 : 리머

85 다음 중 신축 이음쇠의 종류로 가장 거리가 먼 것은?

① 벨로스형
② 플랜지형
③ 루프형
④ 슬리브형

해설

플랜지형은 관의 접속방법 중 하나이다.

정답 81 ① 82 ④ 83 ④ 84 ② 85 ②

86 공조설비에서 증기코일의 동결 방지대책으로 틀린 것은?

① 외기와 실내 환기가 혼합되지 않도록 차단한다.
② 외기 댐퍼와 송풍기를 인터록시킨다.
③ 야간의 운전정지 중에도 순환펌프를 운전한다.
④ 증기코일 내에 응축수가 고이지 않도록 한다.

해설

외기와 실내 환기가 혼합되게 하여 외기의 낮은 기온을 상쇄시켜 준다.

87 동일 구경의 관을 직선 연결할 때 사용하는 관 이음재료가 아닌 것은?

① 소켓   ② 플러그
③ 유니언   ④ 플랜지

해설

플러그는 배관 말단을 막을 때 적용하는 재료이다.

88 강관의 용접 접합법으로 가장 적합하지 않은 것은?

① 맞대기 용접   ② 슬리브 용접
③ 플랜지 용접   ④ 플라스탄 용접

해설

플라스탄 용접은 연관의 접합 시 적용된다.
※ 강관의 용접 접합법 : 맞대기 용접, 슬리브 용접, 플랜지 용접

89 하향 공급식 급탕 배관법의 구배방법으로 옳은 것은?

① 급탕관은 끝올림, 복귀관은 끝내림 구배를 준다.
② 급탕관은 끝내림, 복귀관은 끝올림 구배를 준다.
③ 급탕관, 복귀관 모두 끝올림 구배를 준다.
④ 급탕관, 복귀관 모두 끝내림 구배를 준다.

해설

하향식(Down Feed System)
• 급탕주관을 건물 최고층까지 끌어올린 후 수평주관을 설치하고 하향 수직관을 설치하여 내려오면서 공급하는 방식이다.
• 급탕관 및 복귀관 모두 앞내림(선하향) 구배로 한다.

90 보온재의 열전도율이 작아지는 조건으로 틀린 것은?

① 재료의 두께가 두꺼울수록
② 재료 내 기공이 작고 기공률이 클수록
③ 재료의 밀도가 클수록
④ 재료의 온도가 낮을수록

해설

재료의 밀도가 작을수록 열전도율은 낮아진다.

91 캐비테이션(Cavitation) 현상의 발생 조건이 아닌 것은?

① 흡입양정이 지나치게 클 경우
② 흡입관의 저항이 증대될 경우
③ 흡입 유체의 온도가 높은 경우
④ 흡입관의 압력이 양압인 경우

해설

흡입관의 압력이 음압인 경우 캐비테이션(Cavitation) 현상이 발생한다.

92 간접가열식 급탕법에 관한 설명으로 틀린 것은?

① 대규모 급탕설비에 부적당하다.
② 순환증기는 높이에 관계없이 저압으로 사용 가능하다.
③ 저탕탱크와 가열용 코일이 설치되어 있다.
④ 난방용 증기보일러가 있는 곳에 설치하면 설비비를 절약하고 관리가 편하다.

간접가열식 급탕 방식은 저탕조 내에서 다량의 물을 가열할 수 있으므로 대규모 급탕설비에 적합한 급탕 방식이다.

93 온수배관에서 배관의 길이팽창을 흡수하기 위해 설치하는 것은?

① 팽창관   ② 완충기
③ 신축 이음쇠   ④ 흡수기

온수배관에서 배관 내 유체의 온도 상승에 따른 길이팽창량을 흡수하기 위해 신축 이음쇠를 설치한다.

94 고온수 난방 방식에서 넓은 지역에 공급하기 위해 사용되는 2차 측 접속 방식에 해당되지 않는 것은?

① 직결 방식   ② 블리드인 방식
③ 열교환 방식   ④ 오리피스 접합 방식

지역난방의 2차 측(사용자 측, 단지) 접속 방식에는 직결 방식, 블리드인(Bleed-in) 방식, 열교환 방식이 있으며, 최근에는 열교환 방식이 주로 쓰이고 있다.

95 다음 중 열을 잘 반사하고 확산하여 방열기 표면 등의 도장용으로 사용하기에 가장 적합한 도료는?

① 광명단   ② 산화철
③ 합성수지   ④ 알루미늄

알루미늄 도료
- 알루미늄 분말에 유성 바니시(Oil Varnish)를 섞은 도료이다.
- 알루미늄 도막은 금속 광택이 있으며 열을 잘 반사한다.
- 400~500℃의 내열성을 지니고 있고 난방용 방열기 등의 외면에 도장한다.

96 수배관 사용 시 부식을 방지하기 위한 방법으로 틀린 것은?

① 밀폐 사이클의 경우 물을 가득 채우고 공기를 제거한다.
② 개방 사이클로 하여 순환수가 공기와 충분히 접하도록 한다.
③ 캐비테이션을 일으키지 않도록 배관한다.
④ 배관에 방식도장을 한다.

공기와 접할 경우 배관의 부식이 촉진될 수 있다.

97 다음 중 암모니아 냉동장치에 사용되는 배관 재료로 가장 적합하지 않은 것은?

① 이음매 없는 동관
② 배관용 탄소강관
③ 저온배관용 강관
④ 배관용 스테인리스강관

암모니아는 동, 동합금을 부식시키므로 배관재료로 주로 강관계열을 사용한다.

98 증기난방 배관시공에서 환수관에 수직 상향부가 필요할 때 리프트 피팅(Lift Fitting)을 써서 응축수가 위쪽으로 배출되게 하는 방식은?

① 단관 중력환수식
② 복관 중력환수식
③ 진공환수식
④ 압력환수식

리프트 이음(Lift Fitting)
- 진공환수식 난방장치에 사용한다.
- 환수주관보다 높은 위치로 응축수를 끌어올릴 때 사용하는 배관법이다.

99 다음 보온재 중 안전사용(최고)온도가 가장
높은 것은?(단, 동일 조건 기준으로 한다.)

① 글라스울 보온판
② 우모 펠트
③ 규산칼슘 보온판
④ 석면 보온판

> 해설

안전사용(최고)온도
① 글라스울 보온판 : 300℃
② 우모 펠트 : 100℃
③ 규산칼슘 보온판 : 650℃
④ 석면 보온판 : 550℃

100 급수관의 유속을 제한(1.5~2m/s 이하)
하는 이유로 가장 거리가 먼 것은?

① 유속이 빠르면 흐름 방향이 변하는 개소의 원심
력에 의한 부압(−)이 생겨 캐비테이션이 발생하
기 때문에
② 관 지름을 작게 할 수 있어 재료비 및 시공비가 절
약되기 때문에
③ 유속이 빠른 경우 배관의 마찰손실 및 관 내면의
침식이 커지기 때문에
④ 워터해머 발생 시 충격압에 의해 소음, 진동이 발
생하기 때문에

> 해설

급수관의 유속을 제한하면 관 지름이 커지게 된다.

Section 01 기계열역학

01 열전도계수 1.4W/m · K, 두께 6mm인 유리창의 내부 표면온도는 27℃, 외부 표면온도는 30℃이다. 외기온도는 36℃이고 바깥에서 창문에 전달되는 총 복사 열전달이 대류 열전달의 50배라면, 외기에 의한 대류 열전달계수(W/m² · K)는 약 얼마인가?

① 22.9 ② 11.7
③ 2.33 ④ 1.17

해설

- 복사 열전달 $Q_R = KA\dfrac{\Delta t_R}{x}$
- 대류 열전달 $Q_V = \alpha_o A\Delta t_o$
- 문제 조건에 따라 $Q_R = 50Q_V$

$$KA\frac{\Delta t_R}{x} = 50\alpha_o A\Delta t_o$$

$$\alpha_o = \frac{KA\dfrac{\Delta t_R}{x}}{50A\Delta t_o} = \frac{K\Delta t_R}{50x\Delta t_o} = \frac{1.4\text{W/m} \cdot \text{K}\times(30-27)}{50\times 0.006\text{m}\times(36-6)}$$

$$= 2.33\text{W/m}^2 \cdot \text{K}$$

02 500℃와 100℃ 사이에서 작동하는 이상적인 Carnot 열기관이 있다. 열기관에서 생산되는 일이 200kW라면 공급되는 열량은 약 몇 kW인가?

① 255 ② 284
③ 312 ④ 387

해설

카르노 사이클의 열효율 산출공식을 통해 공급 열량을 산출한다.

카르노 사이클의 열효율$(\eta_c) = \dfrac{\text{생산일}(W)}{\text{공급열량}(Q)} = 1 - \dfrac{T_L}{T_H}$

공급열량$(Q) = \dfrac{\text{생산일}(W)}{1 - \dfrac{T_L}{T_H}} = \dfrac{200\text{kW}}{1 - \dfrac{273+100}{273+500}}$

$$= 386.5 = 387\text{kW}$$

03 외부에서 받은 열량이 모두 내부에너지 변화만을 가져오는 완전가스의 상태변화는?

① 정적변화 ② 정압변화
③ 등온변화 ④ 단열변화

해설

외부에서 받은 열량이 모두 내부에너지 변화만을 가져오게 되어 외부에서 받은 열량이 내부에너지 변화량과 같은 완전가스의 상태변화는 정적변화이다.

04 절대압력 100kPa, 온도 100℃인 상태에 있는 수소의 비체적(m³/kg)은?(단, 수소의 분량량은 2이고, 일반기체상수는 8.3145kJ/kmol · K이다.)

① 31.0 ② 15.5
③ 0.428 ④ 0.0321

해설

수소의 비체적은 이상기체 상태방정식을 통해 산출한다.
이상기체 상태방정식 $Pv = RT$

비체적$(v) = \dfrac{RT}{P} = \dfrac{\dfrac{R_u}{m}T}{P}$

$$= \frac{\dfrac{8.3145\text{kJ/kmol} \cdot \text{K}}{2}\times(273+100)}{100\text{kPa}}$$

$$= 15.51\text{m}^3\text{/kg}$$

여기서, 수소기체의 기체상수 $R = \dfrac{\text{일반기체상수}(R_u)}{\text{분자량}(m)}$

정답 01 ③ 02 ④ 03 ① 04 ②

05 다음 그림은 이상적인 오토 사이클의 압력(P)－부피(V) 선도이다. 여기서 ㉠과정은 어떤 과정인가?

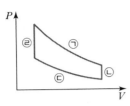

① 단열압축과정 　　② 단열팽창과정
③ 등온압축과정 　　④ 등온팽창과정

〔해설〕

㉠과정은 단열팽창과정이다.

이상적인 오토 사이클의 $P-V$ 선도

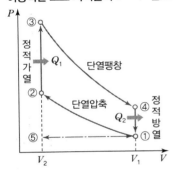

06 비열비 1.3, 압력비 3인 이상적인 브레이턴 사이클(Brayton Cycle)의 이론 열효율이 $X(\%)$였다. 여기서 열효율 12%를 추가 향상시키기 위해서는 압력비를 약 얼마로 해야 하는가?(단, 향상된 후 열효율은 $(X+12)\%$이며, 압력비를 제외한 다른 조건은 동일하다.)

① 4.6 　　② 6.2
③ 8.4 　　④ 10.8

〔해설〕

• 압력비와 비열비를 활용한 열효율(x) 산출

$$x = 1 - \frac{1}{\phi^{\frac{k-1}{k}}} = 1 - \frac{1}{3^{\frac{1.3-1}{1.3}}} = 0.2239$$

여기서, ϕ : 압력비, k : 비열비

• 열효율 12% 추가 시의 열효율(η) 산출

$$\eta = x + 0.012 = 0.2239 + 0.12 = 0.3439$$

• 열효율 추가 시의 압력비(ϕ) 산출

$$\eta = 1 - \frac{1}{\phi^{\frac{k-1}{k}}} \rightarrow 0.3439 = 1 - \frac{1}{\phi^{\frac{1.3-1}{1.3}}}$$

$$\therefore \phi = 6.21$$

07 어느 발명가가 바닷물로부터 매시간 1,800 kJ의 열량을 공급받아 0.5kW 출력의 열기관을 만들었다고 주장한다면, 이 사실은 열역학 제 몇 법칙에 위배되는가?

① 제0법칙 　　② 제1법칙
③ 제2법칙 　　④ 제3법칙

〔해설〕

단위환산을 통하여 단위를 맞춘 후 해당 값을 비교하여 판단한다.

• 공급받은 열량 : 1,800kJ/h
• 열기관 : $0.5\text{kW} = 0.5\text{kJ/sec} \times \dfrac{3,600\,\text{sec}}{1\text{h}} = 1,800\text{kJ/h}$

∴ 공급받은 열량과 열기관 출력이 1,800kJ/h로 동일하게 산출된다. 이는 100% 효율의 열기관을 만들 수 없다는 열역학 제2법칙을 위배한다.

08 그림과 같이 다수의 추를 올려놓은 피스톤이 끼워져 있는 실린더에 들어 있는 가스를 계로 생각한다. 초기 압력이 300kPa이고, 초기 체적은 0.05m³이다. 압력을 일정하게 유지하면서 열을 가하여 가스의 체적을 0.2m³으로 증가시킬 때 계가 한 일(kJ)은?

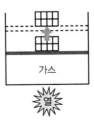

① 30 　　② 35
③ 40 　　④ 45

압력을 일정하게 유지하는 등압과정에서 계가 한 일은 다음과 같이 산출된다.

$$_1 W_2 = \int_1^2 P dV = P(V_2 - V_1)$$

$$= 300 \text{kPa}(0.2 - 0.05)\text{m}^3 = 45 \text{kJ}$$

09 1kg의 헬륨이 100kPa하에서 정압가열되어 온도가 27℃에서 77℃로 변하였을 때 엔트로피의 변화량은 약 몇 kJ/K인가?(단, 헬륨의 엔탈피(h, kJ/kg)는 아래와 같은 관계식을 가진다.)

$h = 5.238 T$ 여기서, T는 온도(K)

① 0.694   ② 0.756

③ 0.807   ④ 0.968

해설

정압변화에서의 엔트로피의 변화량(ΔS)

$$\Delta S = S_2 - S_1 = GC_p \ln \frac{T_2}{T_1}$$

$$= 1 \text{kg} \times 5.238 \text{kJ/kg} \cdot \text{K} \times \ln \frac{273 + 77}{273 + 27} = 0.807 \text{kJ/K}$$

여기서, 정압비열(C_p) $= \dfrac{dh}{dT} = 5.238 \text{kJ/kg} \cdot \text{K}$

10 8℃의 이상기체를 가역 단열압축하여 그 체적을 1/5로 하였을 때 기체의 최종 온도(℃)는? (단, 이 기체의 비열비는 1.4이다.)

① −125   ② 294

③ 222   ④ 262

해설

단열변화에서의 T, V 관계를 활용한다.

$$\frac{T_2}{T_1} = \left(\frac{V_1}{V_2}\right)^{k-1}$$

여기서, k : 비열비

$$T_2 = \left(\frac{V_1}{V_2}\right)^{k-1} \times T_1 = \left(\frac{V_1}{\frac{1}{5}V_1}\right)^{1.4-1} \times (273 + 8) = 534.93 \text{K}$$

$$\therefore 534.93 \text{K} - 273 = 261.93 = 262 ℃$$

11 흑체의 온도가 20℃에서 80℃로 되었다면 방사하는 복사에너지는 약 몇 배가 되는가?

① 1.2   ② 2.1

③ 4.7   ④ 5.5

해설

슈테판−볼츠만 법칙에 의해 복사에너지의 양은 절대온도의 4제곱에 비례한다.

$$\therefore \frac{(80 + 273)^4}{(20 + 273)^4} = 2.11 \text{배}$$

12 밀폐시스템이 압력(P_1) 200kPa, 체적(V_1) 0.1m³인 상태에서 압력(P_2) 100kPa, 체적(V_2) 0.3m³인 상태까지 가역 팽창되었다. 이 과정이 선형적으로 변화한다면, 이 과정 동안 시스템이 한 일(kJ)은?

① 10   ② 20

③ 30   ④ 45

해설

$P - V$ 선도를 통해 시스템이 한 일을 계략적으로 작도한 후 해당 면적을 산출하여 시스템이 한 일을 산출한다.

시스템이 한 일(W)

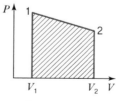

$$W = \frac{1}{2}(P_1 + P_2) \times (V_2 - V_1)$$

$$= \frac{1}{2}(200 \text{kPa} + 100 \text{kPa}) \times (0.3 \text{m}^3 - 0.1 \text{m}^3)$$

$$= 30 \text{kJ}$$

13 카르노 열펌프와 카르노 냉동기가 있는데, 카르노 열펌프의 고열원 온도는 카르노 냉동기의 고열원 온도와 같고, 카르노 열펌프의 저열원 온도는 카르노 냉동기의 저열원 온도와 같다. 이때 카르노 열펌프의 성적계수(COP_{HP})와 카르노 냉동기의 성적계수(COP_R)의 관계로 옳은 것은?

① $COP_{HP} = COP_R + 1$

② $COP_{HP} = COP_R - 1$

③ $COP_{HP} = \dfrac{1}{COP_R + 1}$

④ $COP_{HP} = \dfrac{1}{COP_R - 1}$

해설

냉동기의 성적계수(COP_R) = $\dfrac{냉동효과}{압축일}$ = $\dfrac{q}{AW}$

열펌프의 성적계수(COP_{HP}) = $\dfrac{응축기의\ 방출열량}{압축일}$

$= \dfrac{q + AW}{AW} = \dfrac{q}{AW} + 1$

$= COP_R + 1$

14 보일러 입구의 압력이 9,800kN/m²이고, 응축기의 압력이 4,900N/m²일 때 펌프가 수행한 일(kJ/kg)은?(단, 물의 비체적은 0.001m³/kg이다.)

① 9.79　　　　　② 15.17

③ 87.25　　　　④ 180.52

해설

펌프가 수행한 일(W_{pump}) 산출

$W_{pump} = \displaystyle\int_1^2 v\,dP = v(P_2 - P_1)$

$= 0.001\text{m}^3/\text{kg}\,(9{,}800\text{kN/m}^2 - 4.9\text{kN/m}^2)$

$= 9.795\text{kJ/kg}$

15 열교환기의 1차 측에서 압력 100kPa, 질량유량 0.1kg/s인 공기가 50℃로 들어가서 30℃로 나온다. 2차 측에서는 물이 10℃로 들어가서 20℃로 나온다. 이때 물의 질량유량(kg/s)은 약 얼마인가?(단, 공기의 정압비열은 1kJ/kg · K이고, 물의 정압비열은 4kJ/kg · K로 하며, 열교환 과정에서 에너지 손실은 무시한다.)

① 0.005　　　　② 0.01

③ 0.03　　　　④ 0.05

해설

열평형식을 통해 산출한다.

$\dot{Q} = \dot{m}_a C_{pa} \Delta t_a = \dot{m}_w C_{pw} \Delta t_w$

$\dot{m}_w = \dfrac{\dot{m}_a C_{pa} \Delta t_a}{C_{pw} \Delta t_w}$

$= \dfrac{0.1\text{kg/s} \times 1\text{kJ/kg} \cdot \text{K} \times (50 - 30)}{4\text{kJ/kg} \cdot \text{K} \times (20 - 10)} = 0.05\text{kg/s}$

16 다음 중 그림과 같은 냉동사이클로 운전할 때 열역학 제1법칙과 제2법칙을 모두 만족하는 경우는?

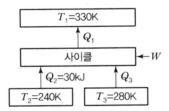

① $Q_1 = 100\text{kJ},\ Q_3 = 30\text{kJ},\ W = 30\text{kJ}$

② $Q_1 = 80\text{kJ},\ Q_3 = 40\text{kJ},\ W = 10\text{kJ}$

③ $Q_1 = 90\text{kJ},\ Q_3 = 50\text{kJ},\ W = 10\text{kJ}$

④ $Q_1 = 100\text{kJ},\ Q_3 = 30\text{kJ},\ W = 40\text{kJ}$

해설

④에 제시된 수치를 기입하면 아래와 같이 성립된다.

· 열역학 제1법칙

$Q_2 + Q_3 + W = Q_1$

$30 + 30 + 40 = 100$

· 열역학 제2법칙

$\Delta S = S_2 - S_1 = \dfrac{Q_1}{T_1} - \left(\dfrac{Q_2}{T_2} + \dfrac{Q_3}{T_3}\right) > 0$

$\dfrac{Q_1}{T_1} - \left(\dfrac{Q_2}{T_2} + \dfrac{Q_3}{T_3}\right) = \dfrac{100}{330} - \left(\dfrac{30}{240} + \dfrac{30}{280}\right) = 0.071 > 0$

17 상온(25℃)의 실내에 있는 수은 기압계에서 수은주의 높이가 730mm라면, 이때 기압은 약 몇 kPa인가?(단, 25℃ 기준, 수은 밀도는 13,534kg /m³이다.)

① 91.4 　　　　　　② 96.8
③ 99.8 　　　　　　④ 104.2

해설

기압(P)의 산출

$P = \rho g h = 13,534\text{kg/m}^3 \times 9.8\text{m/s}^2 \times 0.73\text{m}$
$\quad = 96,822\text{Pa} = 96.82\text{kPa}$

18 어느 이상기체 2kg이 압력 200kPa, 온도 30℃의 상태에서 체적 0.8m³를 차지한다. 이 기체의 기체상수(kJ/kg · K)는 약 얼마인가?

① 0.264 　　　　　② 0.528
③ 2.34 　　　　　　④ 3.53

해설

이상기체 상태방정식을 통해 산출한다.

$PV = nRT$

$R = \dfrac{PV}{nT} = \dfrac{200\text{kPa} \times 0.8\text{m}^3}{2\text{kg} \times (273+30)} = 0.264\text{kJ/kg} \cdot \text{K}$

19 고열원의 온도가 157℃이고, 저열원의 온도가 27℃인 카르노 냉동기의 성적계수는 약 얼마인가?

① 1.5 　　　　　　② 1.8
③ 2.3 　　　　　　④ 3.3

해설

냉동기의 성적계수(COP_R) 산출

$COP_R = \dfrac{T_L}{T_H - T_L}$

$\quad = \dfrac{273+27}{(273+157)-(273+27)} = 2.3$

20 질량이 m이고 한 변의 길이가 a인 정육면체 상자 안에 있는 기체의 밀도가 ρ이라면 질량이 $2m$이고 한 변의 길이가 $2a$인 정육면체 상자 안에 있는 기체의 밀도는?

① ρ 　　　　　　② $(1/2)\rho$
③ $(1/4)\rho$ 　　　　④ $(1/8)\rho$

해설

• 질량 m, 한 변의 길이 a인 정육면체 상자 안에 있는 기체의 밀도

$\rho = \dfrac{\text{질량}(m)}{\text{부피}(V)} = \dfrac{m}{a^3}$

• 질량 $2m$, 한 변의 길이 $2a$인 정육면체 상자 안에 있는 기체의 밀도

$\rho' = \dfrac{2m}{(2a)^3} = \dfrac{m}{4a^3} = \dfrac{1}{4} \cdot \dfrac{m}{a^3} = \dfrac{1}{4}\rho$

Section **02** 냉동공학

21 스크루 압축기에 대한 설명으로 틀린 것은?

① 동일 용량의 왕복동 압축기에 비하여 소형 경량으로 설치면적이 작다.
② 장시간 연속운전이 가능하다.
③ 부품수가 적고 수명이 길다.
④ 오일펌프를 설치하지 않는다.

해설

스크루 압축기는 오일펌프를 별도로 설치해야 한다는 단점을 가지고 있다.

스크루 압축기의 특징

장점	• 진동이 없으므로 견고한 기초가 필요 없다. • 소형이고 가볍다. • 무단계 용량제어(10~100%)가 가능하며 자동운전에 적합하다. • 액압축(Liquid Hammer) 및 오일 해머링(Oil Hammering)이 적다.(NH₃ 자동운전에 적합하다.) • 흡입 토출밸브와 피스톤이 없어 장시간의 연속 운전이 가능하다.(흡입 토출밸브 대신 역류방지밸브를 설치한다.) • 부품수가 적고 수명이 길다.

단점	• 오일회수기 및 유냉각기가 크다. • 오일펌프를 따로 설치한다. • 경부하 시에도 기동력이 크다. • 소음이 비교적 크고 설치 시에 정밀도가 요구된다. • 정비 보수에 고도의 기술력이 요구된다. • 압축기의 회전방향이 정회전이어야 한다. (1,000 rpm 이상인 고속회전)

22 단위시간당 전도에 의한 열량에 대한 설명으로 틀린 것은?

① 전도열량은 물체의 두께에 반비례한다.
② 전도열량은 물체의 온도차에 비례한다.
③ 전도열량은 전열면적에 반비례한다.
④ 전도열량은 열전도율에 비례한다.

해설

전도열량은 전열면적에 비례한다.

전도열량(q)의 산출식

$$q = KA\Delta t = \frac{\lambda}{d}A\Delta t$$

여기서, K : 열통과율(열관류율), A : 전열면적
Δt : 온도차, λ : 열전도율, d : 물체의 두께

23 응축기에 관한 설명으로 틀린 것은?

① 증발식 응축기의 냉각작용은 물의 증발잠열을 이용하는 방식이다.
② 이중관식 응축기는 설치면적이 작고, 냉각수량도 작기 때문에 과냉각 냉매를 얻을 수 있는 장점이 있다.
③ 입형 셸 튜브 응축기는 설치면적이 작고 전열이 양호하며 냉각관의 청소가 가능하다.
④ 공랭식 응축기는 응축압력이 수랭식보다 일반적으로 낮기 때문에 같은 냉동기일 경우 형상이 작아진다.

해설

공랭식 응축기는 공기의 전열작용이 불량하므로 응축온도와 응축압력이 수랭식보다 높아 같은 냉동기일 경우 형상이 커진다.

24 몰리에르 선도 내 등건조도선의 건조도(x) 0.2는 무엇을 의미하는가?

① 습증기 중의 건포화증기 20%(중량비율)
② 습증기 중의 액체인 상태 20%(중량비율)
③ 건증기 중의 건포화증기 20%(중량비율)
④ 건증기 중의 액체인 상태 20%(중량비율)

해설

건조도(x)는 냉매 1kg 중에 포함된 액체에 대한 기체의 양을 표시하며, 0~1의 값을 가진다. 포화증기의 건조도(x)는 1이고 포화액의 건조도(x)는 0이므로, 건조도(x) 0.2는 습증기 중 건포화증기가 20% 포함되어 있음을 나타낸다.

25 냉동장치에서 냉매 1kg이 팽창밸브를 통과하여 5℃의 포화증기로 될 때까지 50kJ의 열을 흡수하였다. 같은 조건에서 냉동능력이 400kW라면 증발 냉매량(kg/s)은 얼마인가?

① 5
② 6
③ 7
④ 8

해설

증발 냉매량(G) 산출

$$Q_e = q_e \cdot G \rightarrow G = \frac{Q_e}{q_e} = \frac{400\text{kW(kJ/s)}}{50\text{kJ/kg}} = 8\text{kg/s}$$

여기서, Q_e : 냉동능력, q_e : 냉동효과

26 염화칼슘 브라인에 대한 설명으로 옳은 것은?

① 염화칼슘 브라인은 식품에 대해 무해하므로 식품 동결에 주로 사용된다.
② 염화칼슘 브라인은 염화나트륨 브라인보다 일반적으로 부식성이 크다.
③ 염화칼슘 브라인은 공기 중에 장시간 방치하여 두어도 금속에 대한 부식성은 없다.
④ 염화칼슘 브라인은 염화나트륨 브라인보다 동일 조건에서 동결온도가 낮다.

정답 22 ③ 23 ④ 24 ① 25 ④ 26 ④

해설

① 염화칼슘 브라인은 흡수성이 강하고 쓰고 떫은맛이 있어서 식품 저장에는 부적합하다.
② 염화칼슘 브라인은 염화나트륨 브라인보다 일반적으로 부식성이 작다.
③ 염화칼슘 브라인은 공기 중에 장시간 방치할 경우 금속에 대한 부식성을 갖는다.

27 냉각탑에 관한 설명으로 옳은 것은?

① 오염된 공기를 깨끗하게 정화하며 동시에 공기를 냉각하는 장치이다.
② 냉매를 통과시켜 공기를 냉각시키는 장치이다.
③ 찬 우물물을 냉각시켜 공기를 냉각하는 장치이다.
④ 냉동기의 냉각수가 흡수한 열을 외기에 방사하고 온도가 내려간 물을 재순환시키는 장치이다.

해설

냉각탑
- 응축기용의 냉각수를 재사용하기 위하여 대기와 접속시켜 물을 냉각하는 장치이다.
- 강제통풍에 의한 증발잠열로 냉각수를 냉각시킨 후 응축기에 순환한다.
- 공업용과 공조용으로 나누어지며, 일반적으로 공조용은 냉동기의 응축기 열을 냉각시키는 데 사용된다.

28 증기압축식 냉동기에 설치되는 가용전에 대한 설명으로 틀린 것은?

① 냉동설비의 화재 발생 시 가용합금이 용융되어 냉매를 대기로 유출시켜 냉동기 파손을 방지한다.
② 안전성을 높이기 위해 압축가스의 영향이 미치는 압축기 토출부에 설치한다.
③ 가용전의 구경은 최소 안전밸브 구경의 1/2 이상으로 한다.
④ 암모니아 냉동장치에서는 가용합금이 침식되므로 사용하지 않는다.

해설

가용전(Fusible Plug)은 응축기나 수액기 등 냉매의 액체와 증기가 공존하는 부분에서 액체에 접촉하도록 설치한다.

29 다음 선도와 같이 응축온도만 변화하였을 때 각 사이클의 특성 비교로 틀린 것은?(단, 사이클 A는 $A-B-C-D-A$, 사이클 B는 $A-B'-C'-D'-A$, 사이클 C는 $A-B''-C''-D''-A$이다.)

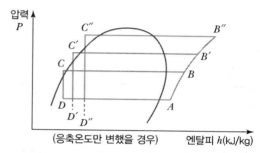

① 압축비 : 사이클 C > 사이클 B > 사이클 A
② 압축일량 : 사이클 C > 사이클 B > 사이클 A
③ 냉동효과 : 사이클 C > 사이클 B > 사이클 A
④ 성적계수 : 사이클 A > 사이클 B > 사이클 C

해설

- 압축비 및 압축일량
  일량을 나타내는 $B-A$, $B'-A$, $B''-A$ 간의 엔탈피 차가 큰 것이 압축비 및 압축일량도 커지게 된다.
  ∴ 사이클 C > 사이클 B > 사이클 A
- 냉동효과
  냉동효과를 나타내는 $A-D$, $A-D'$, $A-D''$ 간의 엔탈피 차가 큰 것이 냉동효과도 커지게 된다.
  ∴ 사이클 A > 사이클 B, 사이클 C
- 성적계수
  성적계수는 "냉동효과/압축일량"으로 나타내므로 냉동효과에 비례하고, 압축일량에 반비례한다.
  ∴ 사이클 A > 사이클 B, 사이클 C

30 흡수식 냉동기에 대한 설명으로 틀린 것은?

① 흡수식 냉동기는 열의 공급과 냉각으로 냉매와 흡수제가 함께 분리되고 섞이는 형태로 사이클을 이룬다.

② 냉매가 암모니아일 경우에는 흡수제로 리튬브로마이드(LiBr)를 사용한다.

③ 리튬브로마이드 수용액 사용 시 재료에 대한 부식성 문제로 용액에 미량의 부식억제제를 첨가한다.

④ 압축식에 비해 열효율이 나쁘며 설치면적을 많이 차지한다.

〔해설〕

냉매가 암모니아일 경우, 암모니아가 물에 잘 용해되는 특성을 이용해 흡수제로 물을 사용하게 된다. 흡수제로 리튬브로마이드(LiBr)를 사용하는 경우는 냉매를 물로 사용했을 경우이다.

31 암모니아 냉매의 특성에 대한 설명으로 틀린 것은?

① 암모니아는 오존파괴지수(ODP)와 지구온난화지수(GWP)가 각각 0으로 온실가스 배출에 대한 영향이 적다.

② 암모니아는 독성이 강하여 조금만 누설되어도 눈, 코, 기관지 등을 심하게 자극한다.

③ 암모니아는 물에 잘 용해되지만 윤활유에는 잘 녹지 않는다.

④ 암모니아는 전기 절연성이 양호하므로 밀폐식 압축기에 주로 사용된다.

〔해설〕

암모니아는 전기 절연성이 양호하지 않아 밀폐식 압축기에 적용하는 것은 부적합하다.

32 0.24MPa 압력에서 작동되는 냉동기의 포화액 및 건포화증기의 엔탈피는 각각 396kJ/kg, 615kJ/kg이다. 동일 압력에서 건도가 0.75인 지점의 습증기의 엔탈피(kJ/kg)는 얼마인가?

① 398.75 ② 481.28

③ 501.49 ④ 560.25

〔해설〕

습증기의 엔탈피(h) 산출

$h = h' + x(h'' - h')$
　　$= 396 + 0.75(615 - 396) = 560.25 \text{kJ/kg}$

여기서, h' : 포화액의 엔탈피

　　　　h'' : 포화증기의 엔탈피

　　　　x : 건도

33 왕복동식 압축기의 회전수를 n (rpm), 피스톤의 행정을 S(m)라 하면 피스톤의 평균속도 V_m (m/s)를 나타내는 식은?

① $V_m = \dfrac{\pi \cdot S \cdot n}{60}$ ② $V_m = \dfrac{S \cdot n}{60}$

③ $V_m = \dfrac{S \cdot n}{30}$ ④ $V_m = \dfrac{S \cdot n}{120}$

〔해설〕

피스톤의 평균속도(V_m) 산출공식

$V_m = \dfrac{S \cdot n}{30}$

34 착상이 냉동장치에 미치는 영향으로 가장 거리가 먼 것은?

① 냉장실 내 온도가 상승한다.

② 증발온도 및 증발압력이 저하한다.

③ 냉동능력당 전력 소비량이 감소한다.

④ 냉동능력당 소요동력이 증대한다.

〔해설〕

착상이 발생하면 냉동능력당 소요동력이 증대하고 동시에 전력 소비량도 증가하게 된다.

35 나관식 냉각코일로 물 1,000kg/h를 20℃에서 5℃로 냉각시키기 위한 코일의 전열면적(m²)은?(단, 냉매액과 물과의 대수평균온도차는 5℃, 물의 비열은 4.2kJ/kg℃, 열관류율은 0.23kW/m²℃이다.)

① 15.2　　　　　　② 30.0
③ 65.3　　　　　　④ 81.4

해설

냉수와 냉매 간의 열평형식으로 전열면적(A) 산출

$q_e = KA(LMTD) = mC\Delta t_w$

$$A = \frac{mC\Delta t_w}{K(LMTD)}$$

$$= \frac{(1,000\text{kg/h} \div 3,600\text{sec}) \times 4.2\text{kJ/kg℃} \times (20-5)\text{℃}}{0.23\text{kW/m}^2\text{℃} \times 5\text{℃}}$$

$$= 15.2\text{m}^2$$

여기서, K : 열통과율
　　　　A : 증발기의 냉각면적
　　　　$LMTD$: 냉수와 냉매 간의 대수평균온도차
　　　　m : 냉수량
　　　　C : 물의 비열
　　　　Δt_w : 냉수의 입출구 온도차

36 열 전달에 관한 설명으로 틀린 것은?

① 전도란 물체 사이의 온도차에 의한 열의 이동 현상이다.
② 대류란 유체의 순환에 의한 열의 이동 현상이다.
③ 대류 열전달계수의 단위는 열통과율의 단위와 같다.
④ 열전도율의 단위는 W/m² · K이다.

해설

열전도율의 단위는 W/m · K이고, W/m² · K는 열통과율(열관류율), 열전달률의 단위이다.

37 흡수냉동기의 용량제어 방법으로 가장 거리가 먼 것은?

① 구동열원 입구 제어　　② 증기토출 제어
③ 희석운전 제어　　　　④ 버너 연소량 제어

해설

흡수식 냉동기의 용량제어 방법
• 구동열원 입구 제어
• 가열증기(증기토출) 또는 온수유량 제어
• 버너 연소량 제어
• 바이패스 제어
• 흡수액 순환량 제어
• 버너 On/Off 제어
• High/Low/Off의 3위치 제어
• 대수제어

38 제상 방식에 대한 설명으로 틀린 것은?

① 살수 방식은 저온의 냉장창고용 유닛 쿨러 등에서 많이 사용된다.
② 부동액 살포 방식은 공기 중의 수분이 부동액에 흡수되므로 일정한 농도 관리가 필요하다.
③ 핫가스 제상 방식은 응축기 출구 측 고온의 액냉매를 이용한다.
④ 전기히터 방식은 냉각관 배열의 일부에 핀튜브 형태의 전기히터를 삽입하여 착상부를 가열한다.

해설

핫가스[고온(고압)가스] 제상의 경우 압축기에서 토출된 고온 고압의 냉매가스를 증발기로 유입시켜 고압가스의 응축잠열을 이용하여 제상하는 방법이다.

39 불응축 가스가 냉동기에 미치는 영향에 대한 설명으로 틀린 것은?

① 토출가스 온도의 상승
② 응축압력의 상승
③ 체적효율의 증대
④ 소요동력의 증대

불응축 가스 발생 시 문제점
- 체적효율 감소
- 토출가스 온도 상승
- 응축압력 상승
- 냉동능력 감소
- 소요동력 증대(단위능력당)

40 다음 중 $P-h$(압력−엔탈피) 선도에서 나타내지 못하는 것은?

① 엔탈피
② 습구온도
③ 건조도
④ 비체적

$P-h$ 선도에서는 압축기로 흡입되는 냉매가스의 엔탈피 및 비체적, 압축기에서 토출된 냉매가스의 엔탈피 및 온도, 증발압력과 증발온도, 응축압력과 응축온도, 팽창밸브 직전의 냉매액 온도에서 그 엔탈피 및 교축팽창 후의 건조도 등을 알 수 있으며, 습구온도는 나타내지 않는다.

Section 03 공기조화

41 보일러의 종류 중 수관 보일러 분류에 속하지 않는 것은?

① 자연순환식 보일러
② 강제순환식 보일러
③ 연관 보일러
④ 관류 보일러

수관 보일러는 배관 내에 증기나 물이 흐르고 주변에서 배관 내 증기나 물을 가열하는 방식이며, 연관 보일러는 배관에 고온의 가열매체가 흐르고 배관 주변에 있는 물이나 증기를 가열하는 방식이다.

42 아래의 그림은 공조기에 ①상태의 외기와 ②상태의 실내에서 되돌아온 공기가 들어와 ⑥상태로 실내로 공급되는 과정을 습공기 선도에 표현한 것이다. 공조기 내 과정을 맞게 서술한 것은?

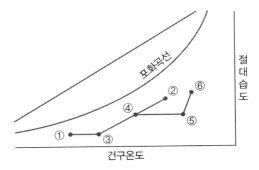

① 예열 − 혼합 − 가열 − 물분무가습
② 예열 − 혼합 − 가열 − 증기가습
③ 예열 − 증기가습 − 가열 − 증기가습
④ 혼합 − 제습 − 증기가습 − 가열

예열(① → ③) − 혼합(③ + ② = ④) − 가열(④ → ⑤) − 증기가습(⑤ → ⑥)

43 이중덕트 방식에 설치하는 혼합상자의 구비조건으로 틀린 것은?

① 냉풍 · 온풍 덕트 내의 정압변동에 의해 송풍량이 예민하게 변화할 것
② 혼합비율 변동에 따른 송풍량의 변동이 완만할 것
③ 냉풍 · 온풍 댐퍼의 공기누설이 적을 것
④ 자동제어 신뢰도가 높고 소음발생이 적을 것

이중덕트 방식은 냉풍과 온풍을 말단(공기조화 대상 공간)의 혼합상자에서 혼합하여 취출하는 공기조화 방식으로서 냉풍과 온풍의 풍량이 부하에 따라 바뀌며 이에 따라 각각 변동되는 정압에 대하여 실내기류의 안정적 공급을 위하여 송풍량이 완만하게 변화되어야 한다.

44 냉방부하 중 유리창을 통한 일사취득열량을 계산하기 위한 필요 사항으로 가장 거리가 먼 것은?

① 창의 열관류율   ② 창의 면적
③ 차폐계수   ④ 일사의 세기

해설

창의 열관류율은 일사취득열량 산출이 아닌 창의 전도에 의한 열량 산출에서 필요한 사항이다.

유리를 통한 일사취득열량 산출식
일사취득열량＝창의 면적×차폐계수×일사의 세기

45 다음 열원 방식 중에 하절기 피크전력의 평준화를 실현할 수 없는 것은?

① GHP 방식   ② EHP 방식
③ 지역냉난방 방식   ④ 축열 방식

해설

EHP 방식은 전기로 Heat Pump의 압축기를 구동하는 방식으로서 하절기 피크전력 평준화 실현방안과는 거리가 멀다.

46 일반적으로 난방부하를 계산할 때 실내 손실 열량으로 고려해야 하는 것은?

① 인체에서 발생하는 잠열
② 극간풍에 의한 잠열
③ 조명에서 발생하는 현열
④ 기기에서 발생하는 현열

해설

인체, 조명, 기기에서 발생하는 열은 발생열이므로, 난방부하 계산에는 삽입하지 않고, 냉방부하 산출 시 적용하는 요소이다.

47 원심 송풍기에 사용되는 풍량제어 방법으로 가장 거리가 먼 것은?

① 송풍기의 회전수 변화에 의한 방법
② 흡입구에 설치한 베인에 의한 방법
③ 바이패스에 의한 방법
④ 스크롤 댐퍼에 의한 방법

해설

원심 송풍기의 풍량제어 방법으로는 댐퍼 제어, 베인 제어, 가변익 축류 제어, 회전수 제어 등이 있다.

48 냉수코일의 설계에 대한 설명으로 옳은 것은?(단, q_s : 코일의 냉각부하, k : 코일전열계수, FA : 코일의 정면면적, $LMTD$: 대수평균온도차(℃), M : 젖은면계수이다.)

① 코일 내의 순환수량은 코일 출입구의 수온차가 약 5~10℃가 되도록 선정한다.
② 관 내의 수속은 2~3m/s 내외가 되도록 한다.
③ 수량이 적어 관 내의 수속이 늦게 될 때에는 더블서킷(Double Circuit)을 사용한다.
④ 코일의 열수(N) ＝ ($q_s × LMTD$) / ($M × k × FA$)이다.

해설

② 관 내의 수속은 1m/s 내외가 되도록 한다.
③ 수량이 적어 관 내의 수속이 늦게 될 때에는 하프서킷(Harf Circuit)을 사용한다.
④ 코일의 열수(N) ＝ q_s / ($M × k × FA × LMTD$)이다.

49 온도 10℃, 상대습도 50%의 공기를 25℃로 하면 상대습도(%)는 얼마인가?(단, 10℃일 경우의 포화증기압은 1.226kPa, 25℃일 경우의 포화증기압은 3.163kPa이다.)

① 9.5   ② 19.4
③ 27.2   ④ 35.5

25℃일 때의 상대습도(ϕ) 산출

$$\phi = \frac{\text{수증기 분압}(P_w)}{\text{포화수증기 분압}(P_s)}$$

- 온도 10℃에서의 수증기 분압(P_w)

$$P_w = \phi \times P_s = 0.5 \times 1.226 = 0.613 \text{kPa}$$

- 온도 25℃에서의 상대습도(ϕ)

$$\phi = \frac{\text{수증기 분압}(P_w)}{\text{포화수증기 분압}(P_s)}$$
$$= \frac{0.613}{3.163} = 0.194 = 19.4\%$$

50 건구온도 22℃, 절대습도 0.0135kg/kg′인 공기의 엔탈피(kJ/kg)는 얼마인가?(단, 공기밀도 1.2kg/m³, 건공기 정압비열 1.01kJ/kg · K, 수증기 정압비열 1.85kJ/kg · K, 0℃ 포화수의 증발잠열 2,501kJ/kg이다.)

① 58.4 ② 61.2
③ 56.5 ④ 52.4

엔탈피 = 건공기 정압비열 × 건구온도 + 절대습도
　　　　× (증발잠열 + 수증기 정압비열 × 건구온도)
　　 = 1.01kJ/kg × 22 + 0.0135 × (2,501 + 1.85 × 22)
　　 = 56.53kJ/kg

51 보일러 능력의 표시법에 대한 설명으로 옳은 것은?

① 과부하출력 : 운전시간 24시간 이후는 정미출력의 10~20% 더 많이 출력되는 정도이다.
② 정격출력 : 정미출력의 2배이다.
③ 상용출력 : 배관 손실을 고려하여 정미출력의 1.05~1.10배 정도이다.
④ 정미출력 : 연속해서 운전할 수 있는 보일러의 최대 능력이다.

보일러 출력

- 정미출력(kW) : 난방부하 + 급탕부하
  부하계산서에 의하여 산출한 난방부하와 급탕부하 계산에 의한 가열기 능력의 합을 말한다.
- 상용출력(kW) : 난방부하 + 급탕부하 + 배관부하
  보일러의 정상가동 상태의 부하를 말한다.
- 정격출력(kW) : 난방부하 + 급탕부하 + 배관부하 + 예열부하
  (예열부하란 적정 온수 또는 증기를 공급하기 위해 보일러 운전 초기 5~15분 정도 가열에 쓰이는 열량으로 보일러 크기에 따라 다르다.)
- 과부하출력
  운전 초기 혹은 운전 중 과부하가 발생하여, 정격출력의 10~20% 정도가 증가한 상태에서 운전할 때의 출력을 과부하출력이라 한다.

52 송풍기 회전날개의 크기가 일정할 때, 송풍기의 회전속도를 변화시킬 경우 상사법칙에 대한 설명으로 옳은 것은?

① 송풍기 풍량은 회전속도비에 비례하여 변화한다.
② 송풍기 압력은 회전속도비의 3제곱에 비례하여 변화한다.
③ 송풍기 동력은 회전속도비의 제곱에 비례하여 변화한다.
④ 송풍기 풍량, 압력, 동력은 모두 회전속도비의 제곱에 비례하여 변화한다.

송풍기 상사의 법칙

구분	회전수(rpm) $N_1 \to N_2$	날개직경(mm) $D_1 \to D_2$
송풍량 $Q(\text{m}^3/\text{min})$ 변화	$Q_2 = \left(\dfrac{N_2}{N_1}\right) Q_1$	$Q_2 = \left(\dfrac{D_2}{D_1}\right)^3 Q_1$
압력 $P(\text{Pa})$ 변화	$P_2 = \left(\dfrac{N_2}{N_1}\right)^2 P_1$	$P_2 = \left(\dfrac{D_2}{D_1}\right)^2 P_1$
송풍기 동력 $L(\text{kW})$ 변화	$L_2 = \left(\dfrac{N_2}{N_1}\right)^3 L_1$	$L_2 = \left(\dfrac{D_2}{D_1}\right)^5 L_1$

53 온수난방 배관 방식에서 단관식과 비교한 복관식에 대한 설명으로 틀린 것은?

① 설비비가 많이 든다.
② 온도 변화가 많다.
③ 온수 순환이 좋다.
④ 안정성이 높다.

해설

복관식은 공급관과 환수관을 별도로 설치함으로써 단관식에 비해 상대적으로 온도 변화가 적다는 특징을 갖고 있다.

배관 방식에 따른 분류

배관 방식	특징
단관식	• 1개의 관으로 공급관과 환수관을 겸하는 방식이다. • 설비비가 저렴하나 효율이 나쁘다.
복관식	• 온수의 공급관과 환수관을 별도로 설치하여 공급하는 방식이다. • 설비비가 많이 드나 효율이 좋다.

54 건축 구조체의 열통과율에 대한 설명으로 옳은 것은?

① 열통과율은 구조체 표면 열전달 및 구조체 내 열전도율에 대한 열 이동의 과정을 총 합한 값을 말한다.
② 표면 열전달 저항이 커지면 열통과율도 커진다.
③ 수평 구조체의 경우 상향 열류가 하향 열류보다 열통과율이 작다.
④ 각종 재료의 열전도율은 대부분 함습률의 증가로 인하여 열전도율이 작아진다.

해설

② 표면 열전달 저항이 커지면 열통과율은 작아진다.
③ 수평 구조체의 경우 상향 열류가 하향 열류보다 부력 등의 작용요소가 크므로 열통과율이 크다.
④ 각종 재료의 열전도율은 대부분 함습률의 증가로 인하여 열전도율이 커지는 특성을 갖고 있다.

55 다음 중 출입의 빈도가 잦아 틈새바람에 의한 손실부하가 비교적 큰 경우 난방 방식으로 적용하기에 가장 적합한 것은?

① 증기난방
② 온풍난방
③ 복사난방
④ 온수난방

해설

복사난방은 대류난방에 비해 기류에 의한 열손실이 작고 환기에 제한이 있으므로, 틈새바람이 큰 공간에 적용하기에 적합한 난방 방식이다.

56 덕트 정풍량 방식에 대한 설명으로 틀린 것은?

① 각 실의 실온을 개별적으로 제어할 수 있다.
② 설비비가 다른 방식에 비해서 적게 든다.
③ 기계실에 기기류가 집중 설치되므로 운전, 보수가 용이하고, 진동, 소음의 전달 염려가 적다.
④ 외기의 도입이 용이하며 환기팬 등을 이용하면 외기냉방이 가능하고 전열교환기의 설치도 가능하다.

해설

단일(덕트) 정풍량 방식은 부하에 따른 최대풍량을 전 실에 걸쳐 공급하므로 각 실의 실온을 개별적으로 제어하기 난해하다.

57 난방부하를 산정할 때 난방부하의 요소에 속하지 않는 것은?

① 벽체의 열통과에 의한 열손실
② 유리창의 대류에 의한 열손실
③ 침입외기에 의한 난방손실
④ 외기부하

해설

유리창의 경우 전도에 의한 열손실만 난방부하 요소로 산정한다.

난방부하의 종류

난방부하	개념	열 종류
외부부하	구조체 관류에 의한 손실열량	현열
	틈새바람에 의한 손실열량	현열 · 잠열
장치부하	덕트 등에서 손실되는 열량	현열
환기부하 (외기부하)	환기로 인한 손실열량	현열 · 잠열

58 실내의 냉방 현열부하가 5.8kW, 잠열부하가 0.93kW인 방을 실온 26℃로 냉각하는 경우 송풍량(m³/h)은?(단, 취출온도는 15℃이며, 공기의 밀도 1.2kg/m³, 정압비열 1.01kJ/kg · K이다.)

① 1,566.2 ② 1,732.4
③ 1,999.8 ④ 2,104.2

[해설]

온도 조건이 주어졌으므로 송풍량은 현열부하를 기준으로 산출한다.

$$Q(송풍량, m^3/h) = \frac{5.8kW(kJ/s) \times 3,600}{1.2kg/m^3 \times 1.01kJ/kg \cdot K \times (26-15)}$$
$$= 1,566.2 m^3/h$$

59 공조설비의 구성은 열원설비, 열운반장치, 공조기, 자동제어장치로 이루어진다. 이에 해당하는 장치로서 직접적인 관계가 없는 것은?

① 펌프 ② 덕트
③ 스프링클러 ④ 냉동기

[해설]

스프링클러는 소화설비에 해당한다.

60 다음 그림은 냉방 시의 공기조화 과정을 나타낸다. 그림과 같은 조건일 경우 취출풍량이 1,000 m³/h이라면 소요되는 냉각코일의 용량(kW)은 얼마인가?(단, 공기의 밀도는 1.2kg/m³이다.)

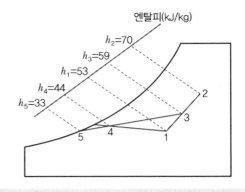

엔탈피(kJ/kg)
$h_2 = 70$
$h_3 = 59$
$h_1 = 53$
$h_4 = 44$
$h_5 = 33$

1. 실내공기의 상태점
2. 외기의 상태점
3. 혼합공기의 상태점
4. 취출공기의 상태점
5. 코일의 장치노점온도

① 8 ② 5
③ 3 ④ 1

[해설]

습공기 선도에서 습공기가 냉각코일을 통과하여 냉각감습되고 있는 과정은 3 → 4 과정이므로 3과 4의 엔탈피 차를 이용하여 냉각코일의 용량을 산정해야 한다.

냉각코일 용량(kW)
$= m\Delta h = Q\rho\Delta h$
$= 1,000 m^3/h \times 1.2kg/m^3 \times (59-44)kJ/kg$
$= 18,000 kJ/h = 5kW(kJ/s)$

Section 04 전기제어공학

61 다음 유접점 회로를 논리식으로 변환하면?

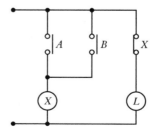

① $L = A \cdot B$ ② $L = A + B$
③ $L = \overline{(A+B)}$ ④ $L = \overline{(A \cdot B)}$

NOR 회로는 OR 회로에 NOT 회로를 접속한 OR−NOT 회로를 말하며, 논리식은 $L=\overline{(A+B)}$ 로 표현된다.

① $L=A \cdot B \rightarrow$ AND 회로
② $L=A+B \rightarrow$ OR 회로
④ $L=\overline{(A \cdot B)} \rightarrow$ NAND 회로

62 그림과 같은 논리회로가 나타내는 식은?

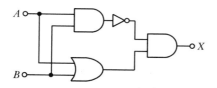

① $X=AB+BA$
② $X=\overline{(A+B)}AB$
③ $X=\overline{AB}(A+B)$
④ $X=AB+(A+B)$

$X=(\overline{A \cdot B})(A+B)=\overline{AB}(A+B)$

63 다음 블록선도에서 성립이 되지 않는 식은?

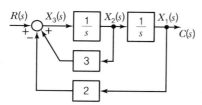

① $x_3(t)=r(t)+3x_2(t)-2c(t)$
② $\dfrac{dx_3(t)}{dt}=x_2(t)$
③ $x_2(t)=\displaystyle\int (r(t)+3x_2(t)-2x_1(t))dt$
④ $x_1(t)=c(t)$

$\dfrac{dx_1(t)}{dt}=x_2(t)$

$\therefore \dfrac{dx_2(t)}{dt}=x_3(t)=r(t)+3x_2(t)-2x_1(t)$

64 자극수 6극, 슬롯수 40, 슬롯 내 코일변수 6인 단중 중권 직류기의 정류자 편수는?

① 60
② 80
③ 100
④ 120

정류자 편수(k) 산출

정류자 편수 $k=\dfrac{\text{슬롯 내 코일변수}}{2}\times\text{슬롯수}$

$\qquad =\dfrac{40\times 6}{2}=120$

65 일정전압의 직류전원에 저항을 접속하고, 전류를 흘릴 때 이 전류값을 20% 감소시키기 위한 저항값은 처음 저항의 몇 배가 되는가?(단, 저항을 제외한 기타 조건은 동일하다.)

① 0.65
② 0.85
③ 0.91
④ 1.25

$V=IR$ 에서 변경 전후의 V 는 일정하므로 다음과 같이 식을 산정할 수 있다.

$V=I_1R_1=I_2R_2$

$I_1R_1=I_2R_2$

$I_1R_1=(1-0.2)I_1R_2$

$\therefore R_2=\dfrac{I_1R_1}{0.8I_1}=\dfrac{R_1}{0.8}=1.25R_1$

66 절연저항을 측정하는 데 사용되는 계기는?

① 메거(Megger)
② 회로시험기
③ $R-L-C$ 미터
④ 검류계

메거(Megger)는 절연저항 측정 시 사용되는 계측기이며, $10^5\Omega$ 이상의 고저항을 측정하는 데 적합하다.

67 전압방정식이 $e(t) = Ri(t) + L\dfrac{di(t)}{dt}$로 주어지는 $R-L$ 직렬회로가 있다. 직류전압 E를 인가했을 때, 이 회로의 정상상태 전류는?

① $\dfrac{E}{RL}$　　　　② E

③ $\dfrac{E}{R}$　　　　④ $\dfrac{RL}{E}$

해설

정상상태 전류(I)

$R-L$ 직렬회로의 과도전류는

$i(t) = \dfrac{E}{R}(1 - e^{-\frac{R}{L}t})$[A]

정상상태 전류는 $t = \infty$인 경우이므로

$I = i(t) = \dfrac{E}{R}$[A]가 정상상태 전류가 된다.

68 조절부의 동작에 따른 분류 중 불연속 제어에 해당되는 것은?

① On/Off 제어동작
② 비례제어동작
③ 적분제어동작
④ 미분제어동작

해설

비율제어, 비례제어, 미분제어는 연속동작에 해당한다.

제어동작의 종류

선형 동작	기본동작	비례제어 P(Proportional) 동작
		적분제어 I(Integral) 동작
		미분제어 D(Differential) 동작
	종합동작	비례적분제어 PI 동작
		비례미분제어 PD 동작
		비례적분미분제어 PID 동작
비선형 동작	공간적 불연속 동작	2위치(On-Off) 동작
		다위치 동작
		단속도 동작
	시간적 불연속 동작	시간비례 동작

69 논리식 $L = \overline{x} \cdot \overline{y} \cdot z + \overline{x} \cdot y \cdot z + x \cdot \overline{y} \cdot z + x \cdot y \cdot z$를 간단히 하면?

① x　　　　② z

③ $x \cdot \overline{y}$　　　　④ $x \cdot \overline{z}$

해설

$L = \overline{x}\,\overline{y}z + \overline{x}yz + x\overline{y}z + xyz$

$= z(\overline{x}\,\overline{y} + \overline{x}y + x\overline{y} + xy) = z(\overline{x}(\overline{y}+y) + x(\overline{y}+y))$

$= z(\overline{x} \cdot 1 + x \cdot 1) = z(\overline{x} + x)$

$= z \cdot 1 = z$

70 $v = 141\sin\{377t - (\pi/6)\}$인 파형의 주파수(Hz)는 약 얼마인가?

① 50　　　　② 60

③ 100　　　　④ 377

해설

주파수(f) 산출

정현파 교류전압 $v = V_m\sin(\omega t + \theta)$에서

• 각속도 : $\omega = 2\pi f$

• 주파수 : $f = \dfrac{\omega}{2\pi} = \dfrac{377}{2\pi} = 60\text{Hz}$

71 불평형 3상 전류 $I_a = 18 + j3$(A), $I_b = -25 - j7$(A), $I_c = -5 + j10$(A)일 때, 정상분 전류 I_1(A)은 약 얼마인가?

① $-12 - j6$　　　　② $15.9 - j5.27$

③ $6 + j6.3$　　　　④ $-4 + j2$

해설

정상분 전류(A) 산출

$I_1 = \dfrac{1}{3}(I_a + aI_b + a^2 I_c)$

$= \dfrac{1}{3}[(18+j3) + (-\dfrac{1}{2} + j\dfrac{\sqrt{3}}{2})(-25 - j7)$

$\qquad + (-\dfrac{1}{2} - j\dfrac{\sqrt{3}}{2})(-5 + j10)]$

$= 15.9 - j5.27$

여기서, a(벡터 연산자) $= 1 \angle 120° = -\dfrac{1}{2} + j\dfrac{\sqrt{3}}{2}$

$$a^2 = a \times a = 1 \angle 120° \times 1 \angle 120° = 1 \angle 240°$$
$$= -\dfrac{1}{2} - j\dfrac{\sqrt{3}}{2}$$

72 다음 설명이 나타내는 법칙은?

> 회로 내의 임의의 폐회로에서 한쪽 방향으로 일주하면서 취할 때 공급된 기전력의 대수합은 각 회로 소자에서 발생한 전압강하의 대수합과 같다.

① 옴의 법칙 ② 가우스 법칙
③ 쿨롱의 법칙 ④ 키르히호프의 법칙

 해설

보기는 키르히호프의 법칙(Kirchhoff's Law) 중 제2법칙에 대한 설명이다.

키르히호프의 법칙(Kirchhoff's Law)

구분	내용
제1법칙 (전류 평형의 법칙)	전기회로의 어느 접속점에서도 접속점에 유입하는 전류의 합은 유출하는 전류의 합과 같다.
제2법칙 (전압 평형의 법칙)	전기회로의 기전력의 합은 전기회로에 포함된 저항 등에서 발생하는 전압강하의 합과 같다.

73 다음과 같은 회로에서 I_2가 0이 되기 위한 C의 값은?(단, L은 합성 인덕턴스, M은 상호 인덕턴스이다.)

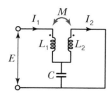

① $\dfrac{1}{\omega L}$ ② $\dfrac{1}{\omega^2 L}$

③ $\dfrac{1}{\omega M}$ ④ $\dfrac{1}{\omega^2 M}$

해설

$$j\omega(L_2 - M)I_2 + \dfrac{1}{j\omega C}(I_2 - I_1) + j\omega M(I_2 - I_1) = 0$$

$I_2 = 0$이므로 $\dfrac{1}{j\omega C}I_1 - j\omega M I_1 = 0$

$$\dfrac{1}{\omega C} = \omega M \quad \therefore \; C = \dfrac{1}{\omega^2 M}$$

74 무인으로 운전되는 엘리베이터의 자동제어 방식은?

① 프로그램 제어 ② 추종제어
③ 비율제어 ④ 정치제어

해설

프로그램 제어
• 미리 정해진 프로그램에 따라 제어량을 변화시키는 것을 목적으로 하는 제어법이다.
• 엘리베이터, 무인 열차 제어 등에 적용한다.

75 다음의 제어기기에서 압력을 변위로 변환하는 변환요소가 아닌 것은?

① 스프링 ② 벨로스
③ 노즐 플래퍼 ④ 다이어프램

해설

노즐 플래퍼는 변위를 공기압으로 변환하는 변환요소이다.

76 제어계에서 전달함수의 정의는?

① 모든 초기값을 0으로 하였을 때 계의 입력신호의 라플라스 값에 대한 출력신호의 라플라스 값의 비
② 모든 초기값을 1로 하였을 때 계의 입력신호의 라플라스 값에 대한 출력신호의 라플라스 값의 비
③ 모든 초기값을 ∞로 하였을 때 계의 입력신호의 라플라스 값에 대한 출력신호의 라플라스 값의 비
④ 모든 초기값을 입력과 출력의 비로 한다.

제어계에서 전달함수(Transfer Function)는 입력신호에 대하여 출력신호가 발생하는 요소를 표현하는 함수이며, 모든 초기값을 0으로 하였을 때 계의 입력신호의 라플라스 값에 대한 출력신호의 라플라스 값의 비를 의미한다.

77 자동조정제어의 제어량에 해당하는 것은?

① 전압
② 온도
③ 위치
④ 압력

해설

② 온도 : 프로세스 제어(기구)
③ 위치 : 서보 제어(기구)
④ 압력 : 프로세스 제어(기구)

78 발전기에 적용되는 법칙으로 유도 기전력의 방향을 알기 위해 사용되는 법칙은?

① 옴의 법칙
② 암페어의 주회적분 법칙
③ 플레밍의 왼손 법칙
④ 플레밍의 오른손 법칙

해설

플레밍의 오른손 법칙

유도 기전력의 방향은 자장의 방향을 집게손가락이 가리키는 방향으로 하고, 도체를 엄지손가락 방향으로 움직이면 가운뎃손가락 방향으로 전류가 흐른다. 이것을 플레밍의 오른손 법칙(Fleming's Right－hand Rule)이라 한다.(이 법칙은 발전기에 적용된다.)

79 피드백 제어계에서 제어요소에 대한 설명으로 옳은 것은?

① 목표값에 비례하는 기준입력신호를 발생하는 요소이다.
② 제어량의 값을 목표값과 비교하기 위하여 피드백되는 요소이다.

③ 조작부와 조절부로 구성되고 동작신호를 조작량으로 변환하는 요소이다.
④ 기준입력과 주궤환신호의 차로 제어동작을 일으키는 요소이다.

해설

제어요소(Control Element)
동작신호를 조작량으로 변화하는 요소로, 조절부와 조작부로 이루어진다.

80 2차계 시스템의 응답형태를 결정하는 것은?

① 히스테리시스
② 정밀도
③ 분해도
④ 제동계수

해설

2차 시스템
시스템의 특성방정식이 2차 방정식으로 표현되는 것을 말한다.(복소수 극점을 다루게 됨)

제동계수(감쇠비)
• 과도응답이 소멸되는 정도를 나타내는 양이다.
• 최대 오버슈트와 다음 주기에 오는 오버슈트와의 비로서, 이것이 작을수록 최대 초과량이 커진다.

Section
05 배관일반

81 순동 이음쇠를 사용할 때에 비하여 동합금 주물 이음쇠를 사용할 때 고려할 사항으로 가장 거리가 먼 것은?

① 순동 이음쇠 사용에 비해 모세관 현상에 의한 용융 확산이 어렵다.
② 순동 이음쇠와 비교하여 용접재 부착력은 큰 차이가 없다.
③ 순동 이음쇠와 비교하여 냉벽 부분이 발생할 수 있다.
④ 순동 이음쇠 사용에 비해 열팽창의 불균일에 의한 부정적 틈새가 발생할 수 있다.

순동 이음쇠에 비해 동합금 주물 이음쇠의 용접재 부착력이 좋지 않으므로, 용접재 부착력에 유의하여 사용하여야 한다.

82 증기 및 물배관 등에서 찌꺼기를 제거하기 위하여 설치하는 부속품으로 옳은 것은?

① 유니언
② P트랩
③ 부싱
④ 스트레이너

스트레이너(Strainer)
• 배관 중의 오물을 제거하기 위한 부속품이다.
• 보호밸브 앞에 설치한다.

83 관경 300mm, 배관길이 500m의 중압가스 수송관에서 공급압력과 도착압력이 게이지 압력으로 각각 0.3MPa, 0.2MPa인 경우 가스유량(m³/h)은 얼마인가?(단, 가스비중 0.64, 유량계수 52.31이다.)

① 10,238
② 20,583
③ 38,193
④ 40,153

$$Q = K\sqrt{\frac{(P_1^2 - P_2^2)d^5}{s \times l}}$$

$$= 52.31 \times \sqrt{\frac{((0.3+0.101)^2 - (0.3+0.101)^2) \times 300^5}{0.64 \times 500 \times 10^3}}$$

$$= 38,193 \text{m}^3/\text{h}$$

여기서, P_1 : 공급압력(절대압력)
P_2 : 최종압력(절대압력)
d : 관 내경, l : 관 길이
s : 가스비중, K : 유량계수

84 다음 중 배수설비에서 소제구(C.O)의 설치 위치로 가장 부적절한 곳은?

① 가옥 배수관과 옥외의 하수관이 접속되는 근처
② 배수수직관의 최상단부
③ 수평지관이나 횡주관의 기점부
④ 배수관이 45° 이상의 각도로 구부러지는 곳

배수수직관의 최상단부가 아닌 최하단부에 설치한다.

85 다음 중 폴리에틸렌관의 접합법이 아닌 것은?

① 나사 접합
② 인서트 접합
③ 소켓 접합
④ 용착 슬리브 접합

폴리에틸렌관의 접합법
나사 접합, 플랜지 접합, 인서트 접합, 용착 슬리브 접합, 테이퍼 접합

86 배관의 접합 방법 중 용접접합의 특징으로 틀린 것은?

① 중량이 무겁다.
② 유체의 저항 손실이 적다.
③ 접합부 강도가 강하여 누수 우려가 적다.
④ 보온피복 시공이 용이하다.

용접접합의 특징
• 유체의 저항 손실이 적다.
• 접합부의 강도가 강하며 누수의 염려도 없다.
• 보온피복 시공이 용이하다.
• 중량이 가볍다.
• 시설 유지보수비가 절감된다.

정답 82 ④ 83 ③ 84 ② 85 ③ 86 ①

87 폴리부틸렌관(PB) 이음에 대한 설명으로 틀린 것은?

① 에이콘 이음이라고도 한다.
② 나사 이음 및 용접 이음이 필요 없다.
③ 그랩링, 오링, 스페이스 와셔가 필요하다.
④ 이종관 접합 시는 어댑터를 사용하여 인서트 이음을 한다.

> [해설]
>
> 폴리부틸렌관(PB)은 이종관 접합 시 어댑터를 사용하여 나사 이음을 한다.

88 병원, 연구소 등에서 발생하는 배수로 하수도에 직접 방류할 수 없는 유독한 물질을 함유한 배수를 무엇이라 하는가?

① 오수
② 우수
③ 잡배수
④ 특수배수

> [해설]
>
> **배수의 성질에 의한 분류**
>
> | 성질 | 용도 및 특징 |
> | --- | --- |
> | 오수 | 화장실 대소변기에서의 배수이다. |
> | 잡배수 | 부엌, 세면대, 욕실 등에서의 배수이다. |
> | 우수 | 빗물배수로 단독배수를 원칙으로 한다. |
> | 특수배수 | 공장배수, 병원의 배수, 방사선 시설의 배수는 유해·위험한 물질을 포함하고 있으므로 일반적인 배수와는 다른 계통으로 처리해서 방류한다. |

89 LP가스 공급, 소비 설비의 압력손실 요인으로 틀린 것은?

① 배관의 입하에 의한 압력손실
② 엘보, 티 등에 의한 압력손실
③ 배관의 직관부에서 일어나는 압력손실
④ 가스미터, 콕, 밸브 등에 의한 압력손실

> [해설]
>
> 배관의 입상에 의한 압력손실이 발생하며, 입하할 경우 중력에 의해 압력이 증가하게 된다.

90 밀폐 배관계에서는 압력계획이 필요하다. 압력계획을 하는 이유로 틀린 것은?

① 운전 중 배관계 내에 대기압보다 낮은 개소가 있으면 접속부에서 공기를 흡입할 우려가 있기 때문에
② 운전 중 수온에 알맞은 최소압력 이상으로 유지하지 않으면 순환수 비등이나 플래시 현상 발생 우려가 있기 때문에
③ 펌프의 운전으로 배관계 각부의 압력이 감소하므로 수격작용, 공기정체 등의 문제가 생기기 때문에
④ 수온의 변화에 의한 체적의 팽창·수축으로 배관 각부에 악영향을 미치기 때문에

> [해설]
>
> 펌프의 운전으로 배관계 각부의 압력이 증가하므로 수격작용, 공기정체 등의 문제가 생기기 때문에 압력계획이 필요하다.

91 펌프 운전 시 발생하는 캐비테이션 현상에 대한 방지대책으로 틀린 것은?

① 흡입양정을 짧게 한다.
② 펌프의 회전수를 낮춘다.
③ 단흡입 펌프를 사용한다.
④ 흡입관의 관경을 굵게, 굽힘을 적게 한다.

> [해설]
>
> 흡입양정에 대응하기 위해 양흡입 펌프를 사용한다.

92 급탕설비에 관한 설명으로 옳은 것은?

① 급탕배관의 순환 방식은 상향 순환식, 하향 순환식, 상하향 혼용순환식으로 구분된다.
② 물에 증기를 직접 분사시켜 가열하는 기수혼합식의 사용 증기압은 $0.01MPa(0.1kgf/cm^2)$ 이하가 적당하다.
③ 가열에 따른 관의 신축을 흡수하기 위하여 팽창탱크를 설치한다.
④ 강제순환식 급탕배관의 구배는 1/200~1/300 정도로 한다.

① 급탕배관의 순환 방식은 중력순환식, 강제순환(기계 순환)식으로 분류한다.
② 물에 증기를 직접 분사시켜 가열하는 기수혼합식의 사용 증기압은 0.1~0.4MPa 정도이다.
③ 가열에 따른 관의 신축을 흡수하기 위하여 신축 이음쇠를 설치한다.

93 강관작업에서 아래 그림처럼 15A 나사용 90° 엘보 2개를 사용하여 길이가 200mm가 되도록 연결 작업을 하려고 한다. 이때 실제 15A 강관의 길이(mm)는 얼마인가?(단, 나사가 물리는 최소 길이(여유치수)는 11mm, 이음쇠의 중심에서 단면까지의 길이는 27mm이다.)

실제 강관길이
200mm

① 142   ② 158
③ 168   ④ 176

실제 강관길이(l) 산출
$l = L - 2(A - a) = 200 - 2(27 - 11) = 168\text{mm}$
여기서, L : 전체 길이
       A : 이음쇠의 중심에서 단면까지의 길이
       a : 나사가 물리는 최소 길이(여유치수)

94 온수난방에서 개방식 팽창탱크에 관한 설명으로 틀린 것은?

① 공기빼기 배기관을 설치한다.
② 4℃의 물을 100℃로 높였을 때 팽창체적비율이 4.3% 정도이므로 이를 고려하여 팽창탱크를 설치한다.
③ 팽창탱크에는 오버플로관을 설치한다.
④ 팽창관에는 반드시 밸브를 설치한다.

팽창관(도피관) 도중에는 절대 밸브를 달아서는 안 되며, 팽창관(도피관)의 배수는 간접배수로 한다.

95 다음 중 관 공작용 공구에 대한 설명으로 틀린 것은?

① 익스팬더 : 동관의 끝부분을 원형으로 정형 시 사용
② 봄볼 : 주관에서 분기관을 따내기 작업 시 구멍을 뚫을 때 사용
③ 열풍 용접기 : PVC관의 접합, 수리를 위한 용접 시 사용
④ 리드형 오스터 : 강관에 수동으로 나사를 절삭할 때 사용

익스팬더(확관기)는 동관의 확관용 공구이며, 동관의 끝부분을 원형으로 정형 시 사용하는 기구는 사이징 툴(Sizing Tool)이다.

96 공기조화설비에서 수배관 시공 시 주요 기기류의 접속배관에는 수리 시 전 계통의 물을 배수하지 않도록 서비스용 밸브를 설치한다. 이때 밸브를 완전히 열었을 때 저항이 작은 밸브가 요구되는데 가장 적당한 밸브는?

① 나비밸브   ② 게이트밸브
③ 니들밸브   ④ 글로브밸브

게이트밸브(Gate Valve, 슬루스밸브(Sluice Valve))
• 마찰저항 손실이 적고, 일반 배관의 개폐용 밸브에 주로 사용한다.
• 증기수평관에서 드레인이 고이는 것을 방지하기 위해 사용한다.

97 스테인리스 강관에 삽입하고 전용 압착공구를 사용하여 원형의 단면을 갖는 이음쇠를 6각의 형태로 압착시켜 접착하는 배관 이음쇠는?

① 나사식 이음쇠
② 그립식 관 이음쇠
③ 몰코 조인트 이음쇠
④ MR 조인트 이음

> [해설]
>
> 몰코 조인트(Molco Joint)는 시공성이 좋아 단시간 내 배관 시공이 가능하여 급수, 급탕 배관 등에서 적용되고 있다.

98 중앙식 급탕 방식의 특징으로 틀린 것은?

① 일반적으로 다른 설비 기계류와 동일한 장소에 설치할 수 있어 관리가 용이하다.
② 저탕량이 많으므로 피크부하에 대응할 수 있다.
③ 일반적으로 열원장치는 공조설비와 겸용하여 설치되기 때문에 열원단가가 싸다.
④ 배관이 연장되므로 열효율이 높다.

> [해설]
>
> 배관이 연장되므로 배관에서의 열손실이 개별 급탕에 비하여 많은 단점을 갖고 있다.

99 냉매배관용 팽창밸브의 종류로 가장 거리가 먼 것은?

① 수동식 팽창밸브
② 정압식 자동팽창밸브
③ 온도식 자동팽창밸브
④ 팩리스 자동팽창밸브

> [해설]
>
> **냉매배관용 팽창밸브의 종류**
> • 수동식 팽창밸브(MEV : Manual Expansion Valve)
> • 정압식 자동팽창밸브(AEV : Automatic Expansion Valve)
> • 온도식 자동팽창밸브(TEV : Thermostatic Expansion Valve)

• 모세관(Capillary Tube)
• 플로트 밸브(Float Valve)
• 전자식 팽창밸브(Electronic Expansion Valve)
• 열전식 팽창밸브(Thermal Electronic Expansion Valve)

100 다음 중 흡수성이 있으므로 방습재를 병용해야 하며, 아스팔트로 가공한 것은 −60℃까지의 보냉용으로 사용이 가능한 것은?

① 펠트   ② 탄화코르크
③ 석면   ④ 암면

> [해설]
>
> **펠트(Felt)**
> • 양모 펠트와 우모 펠트가 있다.
> • 아스팔트를 방습한 것은 −60℃까지의 보냉용에 사용할 수 있다.
> • 곡면의 시공에 편리하게 쓰인다.
> • 안전사용온도 : 100℃ 이하

Section 01 에너지관리

01 다음 온열환경지표 중 복사의 영향을 고려하지 않는 것은?

① 유효온도(ET)　　　② 수정유효온도(CET)
③ 예상온열감(PMV)　④ 작용온도(OT)

해설

유효온도는 기온(온도), 습도, 기류의 3요소로 공기의 쾌적조건을 표시한 것이다.

02 주간 피크(Peak)전력을 줄이기 위한 냉방시스템 방식으로 가장 거리가 먼 것은?

① 터보냉동기 방식　② 수축열 방식
③ 흡수식 냉동기 방식　④ 빙축열 방식

해설

주간 피크(Peak)전력을 줄이기 위한 방식으로는 심야전력을 이용한 현열축열 방식인 수축열 방식과 잠열축열 방식인 빙축열 방식이 있으며, 가스열을 이용하여 냉방을 하는 흡수식 냉동기 방식 등이 있다. 터보냉동기의 경우는 전기를 구동원으로 하여 냉방능력을 얻는 시스템으로서 주간 피크(Peak)전력을 줄이기 위한 냉방시스템과는 거리가 멀다.

03 실내공기 상태에 대한 설명으로 옳은 것은?

① 유리면 등의 표면에 결로가 생기는 것은 그 표면온도가 실내의 노점온도보다 높게 될 때이다.
② 실내공기 온도가 높으면 절대습도가 높다.
③ 실내공기의 건구온도와 그 공기의 노점온도와의 차는 상대습도가 높을수록 작아진다.

④ 건구온도가 낮은 공기일수록 많은 수증기를 함유할 수 있다.

해설

① 유리면 등의 표면에 결로가 생기는 것은 그 표면온도가 실내의 노점온도보다 이하일 때이다.
② 실내공기 온도만 높아질 경우 절대습도는 변화가 없다.
④ 건구온도가 낮은 공기일수록 상대습도가 낮아 적은 수증기를 함유할 수 있다.

04 열교환기에서 냉수코일 입구 측의 공기와 물의 온도차가 16℃, 냉수코일 출구 측의 공기와 물의 온도차가 6℃이면 대수평균온도차(℃)는 얼마인가?

① 10.2　　　② 9.25
③ 8.37　　　④ 8.00

해설

$$\text{대수평균온도차(LMTD)} = \frac{\Delta_1 - \Delta_2}{\ln \frac{\Delta_1}{\Delta_2}} = \frac{16 - 6}{\ln \frac{16}{6}} = 10.2℃$$

여기서, Δ_1 : 입구 측 온도차
　　　　Δ_2 : 출구 측 온도차

05 습공기를 단열 가습하는 경우 열수분비(u)는 얼마인가?

① 0　　　　② 0.5
③ 1　　　　④ ∞

해설

$$\text{열수분비}(u) = \frac{\text{엔탈피 변화량}}{\text{절대습도 변화량}} = \frac{\Delta h}{\Delta x}$$

단열 가습일 경우 등엔탈피 변화($\Delta h = 0$)로서 엔탈피 변화량이 0이므로, 열수분비(u)는 0이 된다.

정답　01 ①　02 ①　03 ③　04 ①　05 ①

06 습공기 선도($t-x$ 선도)상에서 알 수 없는 것은?

① 엔탈피   ② 습구온도
③ 풍속   ④ 상대습도

[해설]

습공기 선도는 습공기의 성질을 나타내는 선도로서 건구온도, 습구온도, 노점온도, 절대습도, 상대습도, 수증기분압, 비용적, 엔탈피, 현열비, 열수분비 등을 나타낸다. 풍속은 습공기 선도에 나타내는 사항이 아니다.

07 다음 중 풍량조절 댐퍼의 설치 위치로 가장 적절하지 않은 곳은?

① 송풍기, 공조기의 토출 측 및 흡입 측
② 연소의 우려가 있는 부분의 외벽 개구부
③ 분기덕트에서 풍량 조정을 필요로 하는 곳
④ 덕트계에서 분기하여 사용하는 곳

[해설]

풍량조절 댐퍼는 풍량의 정도를 조정하는 역할을 하는 댐퍼이다. 연소의 우려가 있는 부분의 외벽 개구부의 경우에는 방화 댐퍼(Fire Damper)를 적용하여 연소의 확대를 막아야 한다.

08 수랭식 응축기에서 냉각수 입·출구 온도차가 5℃, 냉각수량이 300LPM인 경우 이 냉각수에서 1시간에 흡수하는 열량은 1시간당 LNG 몇 N·m³을 연소한 열량과 같은가?(단, 냉각수의 비열은 4.2kJ/kg·℃, LNG 발열량은 43,961.4 kJ/N·m³, 열손실은 무시한다.)

① 4.6   ② 6.3
③ 8.6   ④ 10.8

[해설]

$$LNG(N \cdot m^3/h) = \frac{냉각수\ 흡수열량}{LNG\ 발열량}$$
$$= \frac{300LPM(L/min) \times 60 \times 4.2kJ/kg℃ \times 5℃}{43,961.4kJ/N \cdot m^3}$$
$$= 8.6N \cdot m^3/h$$

09 덕트의 분기점에서 풍량을 조절하기 위하여 설치하는 댐퍼로 가장 적절한 것은?

① 방화 댐퍼
② 스플릿 댐퍼
③ 피봇 댐퍼
④ 터닝 베인

[해설]

풍량분배용 댐퍼(스플릿 댐퍼, Split Damper)
• 덕트 분기부에서 풍량조절에 사용한다.
• 개수에 따라 싱글형과 더블형으로 구분한다.

10 증기난방 방식에 대한 설명으로 틀린 것은?

① 환수 방식에 따라 중력환수식과 진공환수식, 기계환수식으로 구분한다.
② 배관방법에 따라 단관식과 복관식이 있다.
③ 예열시간이 길지만 열량 조절이 용이하다.
④ 운전 시 증기 해머로 인한 소음을 일으키기 쉽다.

[해설]

비열이 낮은 증기를 열매로 적용하기 때문에 예열시간이 짧고, 잠열을 이용하므로 열량 조절이 원활하지 않다.

11 공기 중의 수증기가 응축하기 시작할 때의 온도, 즉 공기가 포화상태로 될 때의 온도를 무엇이라고 하는가?

① 건구온도
② 노점온도
③ 습구온도
④ 상당외기온도

[해설]

노점온도는 수증기가 응축되기 시작하는 온도를 의미하며, 일상에서 볼 수 있는 결로가 시작되는 온도이기도 하다.

12 다음 중 일반 사무용 건물의 난방부하 계산 결과에 가장 작은 영향을 미치는 것은?

① 외기온도
② 벽체로부터의 손실열량
③ 인체부하
④ 틈새바람부하

해설

인체부하는 인체가 열을 발생시킬 때 발생하는 부하이므로, 난방부하가 아닌 냉방부하 평가에 적용되는 사항이다.

13 에어워셔 단열 가습 시 포화효율(η)은 어떻게 표시하는가?(단, 입구공기의 건구온도 t_1, 출구공기의 건구온도 t_2, 입구공기의 습구온도 t_{w1}, 출구공기의 습구온도 t_{w2}이다.)

① $\eta = \dfrac{t_1 - t_2}{t_2 - t_{w2}}$
② $\eta = \dfrac{t_1 - t_2}{t_1 - t_{w1}}$
③ $\eta = \dfrac{t_2 - t_1}{t_{w2} - t_1}$
④ $\eta = \dfrac{t_1 - t_{w1}}{t_2 - t_1}$

해설

에어워셔 포화효율(η)

$$\eta = \frac{(t_1 - t_2)}{(t_1 - t_{w1})} \times 100(\%)$$

14 정방실에 35kW의 모터에 의해 구동되는 정방기가 12대 있을 때 전력에 의한 취득열량(kW)은 얼마인가?(단, 전동기와 이것에 의해 구동되는 기계가 같은 방에 있으며, 전동기의 가동률은 0.74이고, 전동기 효율은 0.87, 전동기 부하율은 0.92이다.)

① 483
② 420
③ 357
④ 329

해설

$$취득열량(발생열량) = \frac{모터용량 \times 부하율 \times 가동률}{전동기\ 효율}$$
$$= \frac{(35 \times 12) \times 0.92 \times 0.74}{0.87}$$
$$= 328.66kW$$

15 보일러의 시운전 보고서에 관한 내용으로 가장 관련이 없는 것은?

① 제어기 세팅값과 입/출수 조건 기록
② 입/출구 공기의 습구온도
③ 연도 가스의 분석
④ 성능과 효율 측정값을 기록, 설계값과 비교

해설

보일러의 시운전 보고서에는 입/출구 공기의 건구온도와 습도가 기재된다. 보기 외에도 증기압력, 안전밸브 설정압력, 급수량, 펌프 토출압력, 연료사용량, 연료공급온도 및 압력, 송풍기와 버너의 모터 전압 등이 표기된다.

16 다음 용어에 대한 설명으로 틀린 것은?

① 자유면적 : 취출구 혹은 흡입구 구멍면적의 합계
② 도달거리 : 기류의 중심속도가 0.25m/s에 이르렀을 때, 취출구에서의 수평거리
③ 유인비 : 전공기량에 대한 취출공기량(1차 공기)의 비
④ 강하도 : 수평으로 취출된 기류가 일정 거리만큼 진행한 뒤 기류중심선과 취출구 중심과의 수직거리

해설

유인비는 취출공기량(1차 공기)에 대한 전공기량[1차 공기＋2차 공기(유인공기)]의 비이다.

$$유인비 = \frac{\begin{array}{c}1차\ 공기량(취출공기량)\\ ＋2차\ 공기량(유인공기량)\end{array}}{1차\ 공기량(취출공기량)}$$

정답   12 ③   13 ②   14 ④   15 ②   16 ③

17 증기난방과 온수난방의 비교 설명으로 틀린 것은?

① 주 이용열로 증기난방은 잠열이고, 온수난방은 현열이다.
② 증기난방에 비하여 온수난방은 방열량을 쉽게 조절할 수 있다.
③ 장거리 수송으로 증기난방은 발생 증기압에 의하여, 온수난방은 자연순환력 또는 펌프 등의 기계력에 의한다.
④ 온수난방에 비하여 증기난방은 예열부하와 시간이 많이 소요된다.

해설

온수난방에 비하여 증기난방은 비열이 작으므로 예열하는 데 소요되는 부하가 작다.

18 공기조화 시스템에 사용되는 댐퍼의 특성에 대한 설명으로 틀린 것은?

① 일반 댐퍼(Volume Control Damper) : 공기 유량 조절이나 차단용이며, 아연도금 철판이나 알루미늄 재료로 제작된다.
② 방화 댐퍼(Fire Damper) : 방화벽을 관통하는 덕트에 설치되며, 화재 발생 시 자동으로 폐쇄되어 화염의 전파를 방지한다.
③ 밸런싱 댐퍼(Balancing Damper) : 덕트의 여러 분기관에 설치되어 분기관의 풍량을 조절하며, 주로 TAB 시 사용된다.
④ 정풍량 댐퍼(Linear Volume Control Damper) : 에너지 절약을 위해 결정된 유량을 선형적으로 조절하며, 역류 방지 기능이 있어 비싸다.

해설

정풍량 댐퍼는 고정된 유량으로 조절하므로 에너지 절감 기능이 크지 않고, 역류를 방지할 수 있는 별도의 기능은 포함되어 있지 않다.

19 공기조화 시 TAB 측정 절차 중 측정요건으로 틀린 것은?

① 시스템의 검토 공정이 완료되고 시스템 검토보고서가 완료되어야 한다.
② 설계도면 및 관련 자료를 검토한 내용을 토대로 하여 보고서 양식에 장비규격 등의 기준이 완료되어야 한다.
③ 댐퍼, 말단 유닛, 터미널의 개도는 완전 밀폐되어야 한다.
④ 제작사의 공기조화 시 시운전이 완료되어야 한다.

해설

댐퍼, 말단 유닛, 터미널의 개도는 개방상태에서 유량의 흐름을 측정한다.

20 강제순환식 온수난방에서 개방형 팽창탱크를 설치하려고 할 때, 적당한 온수의 온도는?

① 100℃ 미만
② 130℃ 미만
③ 150℃ 미만
④ 170℃ 미만

해설

온수온도에 따른 팽창탱크의 적용
• 보통온수식 : 100℃ 미만의 온수 – 개방형 팽창탱크
• 고온수식 : 100℃ 이상의 고온수 – 밀폐형 팽창탱크

Section
02 공조냉동설계

21 부피가 $0.4m^3$인 밀폐된 용기에 압력 3MPa, 온도 100℃의 이상기체가 들어있다. 기체의 정압비열 5kJ/kg · K, 정적비열 3kJ/kg · K일 때 기체의 질량(kg)은 얼마인가?

① 1.2
② 1.6
③ 2.4
④ 2.7

$$\text{기체상수 } R = C_p - C_v = 5 - 3 = 2\text{kJ/kg} \cdot \text{K}$$

$PV = mRT$ 에서

$$\text{질량 } m = \frac{PV}{RT} = \frac{(3 \times 10^3) \times 0.4}{2 \times (100 + 273)} = 1.6\text{kg}$$

22 온도 100℃, 압력 200kPa의 이상기체 0.4 kg이 가역 단열과정으로 압력이 100kPa로 변화하였다면, 기체가 한 일(kJ)은 얼마인가?(단, 기체의 비열비 1.4, 정적비열 0.7kJ/kg · K이다.)

① 13.7   ② 18.8
③ 23.6   ④ 29.4

해설

- 단열일량 $W = \dfrac{R \times T}{k-1} \times \left\{ 1 - \left(\dfrac{P_2}{P_1} \right)^{\frac{k-1}{k}} \right\} \times G$

- R 산출

$k = \dfrac{C_p}{C_v}$ 에서

정적비열 $C_p = k \times C_v = 1.4 \times 0.7 = 0.98\text{kJ/kg} \cdot \text{K}$

기체상수 $R = C_p - C_v = 0.98 - 0.7 = 0.28\text{kJ/kg} \cdot \text{K}$

$\therefore$ 단열일량 $W = \dfrac{0.28 \times 373}{1.4 - 1} \times \left\{ 1 - \left(\dfrac{100}{200} \right)^{\frac{1.4-1}{1.4}} \right\} \times 0.4$

$\qquad\qquad = 18.8$

23 70kPa에서 어떤 기체의 체적이 12m³이었다. 이 기체를 800kPa까지 폴리트로픽 과정으로 압축했을 때 체적이 2m³으로 변화했다면, 이 기체의 폴리트로픽 지수는 약 얼마인가?

① 1.21   ② 1.28
③ 1.36   ④ 1.43

해설

폴리트로픽 과정 $\rightarrow PV^n = \text{Constant}$

$P_1 V_1^n = P_2 V_2^n$

$70 \times 12^n = 800 \times 2^n$

$\therefore$ 폴리트로픽 지수 $n = 1.36$

24 공기의 정압비열(C_p, kJ/kg · ℃)이 다음과 같을 때 공기 5kg을 0℃에서 100℃까지 일정한 압력하에서 가열하는 데 필요한 열량(kJ)은 약 얼마인가?(단, 다음 식에서 t는 섭씨온도를 나타낸다.)

$$C_p = 1.0053 + 0.000079 \times t \, [\text{kJ/kg} \cdot ℃]$$

① 85.5   ② 100.9
③ 312.7   ④ 504.6

해설

정압상태에서의 가열 열량(q) 산출

$q = mC_p \Delta T$

$= 5\text{kg} \times \left(1.0053 + 0.000079 \times \dfrac{0+100}{2} \right) \times (100 - 0)$

$= 504.6\text{kJ}$

25 흡수식 냉동기의 냉매의 순환 과정으로 옳은 것은?

① 증발기(냉각기) → 흡수기 → 재생기 → 응축기
② 증발기(냉각기) → 재생기 → 흡수기 → 응축기
③ 흡수기 → 증발기(냉각기) → 재생기 → 응축기
④ 흡수기 → 재생기 → 증발기(냉각기) → 응축기

해설

- 흡수식 냉동기 : 증발기(냉각기) → 흡수기 → 발생기 (재생기) → 응축기 → 팽창밸브
- 압축식 냉동기 : 증발기(냉각기) → 압축기 → 응축기 → 팽창밸브

26 이상기체 1kg이 초기에 압력 2kPa, 부피 0.1m³를 차지하고 있다. 가역 등온과정에 따라 부피가 0.3m³로 변화했을 때 기체가 한 일(J)은 얼마인가?

① 9,540   ② 2,200
③ 954   ④ 220

등온과정에서 기체가 한 일(W) 산출

$$W = \int_1^2 Pdv = P_1 V_1 \ln\left(\frac{V_2}{V_1}\right)$$

$$= 2\text{kPa} \times 0.1\text{m}^3 \times \ln\left(\frac{0.3}{0.1}\right) = 0.2197\text{kJ} = 219.7\text{J} = 220\text{J}$$

---

27 증기터빈에서 질량유량이 1.5kg/s이고, 열손실률이 8.5kW이다. 터빈으로 출입하는 수증기에 대하여 그림에 표시한 바와 같은 데이터가 주어진다면 터빈의 출력(kW)은 약 얼마인가?

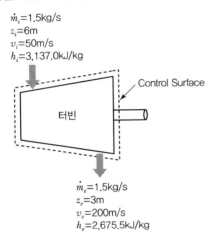

$\dot{m}_i$=1.5kg/s
z_i=6m
v_i=50m/s
h_i=3,137.0kJ/kg

Control Surface

터빈

$\dot{m}_e$=1.5kg/s
z_e=3m
v_e=200m/s
h_e=2,675.5kJ/kg

① 273.3   ② 655.7
③ 1,357.2   ④ 2,616.8

해설

터빈의 출력(W)

$$= \dot{m}\left[(h_i - h_e) + \frac{v_i^2 - v_e^2}{2} + g(Z_i - Z_e)\right] + Q$$

$$= 1.5\text{kg/s}[(3,137.0 - 2,675.5)\text{kJ/kg}$$

$$+ \left(\frac{(50\text{m/s})^2 - (200\text{m/s})^2}{2} + 9.8\text{m/s}(6-3)\text{m}\right)$$

$$\times \frac{1\text{kJ}}{1,000\text{J}}] + (-8.5\text{kW})$$

$$= 655.67\text{kW} = 655.7\text{kW}$$

---

28 냉동사이클에서 응축온도 47℃, 증발온도 −10℃이면 이론적인 최대 성적계수는 얼마인가?

① 0.21   ② 3.45
③ 4.61   ④ 5.36

해설

이상적인(이론적인) 냉동기의 성적계수(COP_R) 산출

$$COP_R = \frac{T_L}{T_H - T_L} = \frac{273 + (-10)}{(273 + 47) - (273 + (-10))} = 4.61$$

---

29 압축기의 체적효율에 대한 설명으로 옳은 것은?

① 간극체적(Top Clearance)이 작을수록 체적효율은 작다.
② 같은 흡입압력, 같은 증기 과열도에서 압축비가 클수록 체적효율은 작다.
③ 피스톤링 및 흡입밸브의 시트에서 누설이 작을수록 체적효율이 작다.
④ 이론적 요구 압축동력과 실제 소요 압축동력의 비이다.

해설

① 간극체적(Top Clearance)이 작을수록 체적효율은 높아진다.
③ 피스톤링 및 흡입밸브의 시트에서 누설이 작을수록 체적효율은 높아진다.
④ 압축기의 체적효율은 간극비와 압축비의 함수이다.

---

30 냉동장치에서 플래시 가스의 발생원인으로 틀린 것은?

① 액관이 직사광선에 노출되었다.
② 응축기의 냉각수 유량이 갑자기 많아졌다.
③ 액관이 현저하게 입상하거나 지나치게 길다.
④ 관의 지름이 작거나 관 내 스케일에 의해 관경이 작아졌다.

31 프레온 냉동장치에서 가용전에 대한 설명으로 틀린 것은?

① 가용전의 용융온도는 일반적으로 75℃ 이하로 되어 있다.

② 가용전은 Sn, Cd, Bi 등의 합금이다.

③ 온도 상승에 따른 이상 고압으로부터 응축기 파손을 방지한다.

④ 가용전의 구경은 안전밸브 최소 구경의 1/2 이하이어야 한다.

해설

가용전의 구경은 안전밸브 최소 구경의 1/2 이상이어야 한다.

32 흡수식 냉동기에 사용되는 흡수제의 구비조건으로 틀린 것은?

① 냉매와 비등온도 차이가 작을 것

② 화학적으로 안정하고 부식성이 없을 것

③ 재생에 필요한 열량이 크지 않을 것

④ 점성이 작을 것

해설

냉매와 비등온도 차이가 커야, 발생기(재생기)에서 냉매는 증기로 증발하고, 냉매는 농용액으로 원활하게 분리가 가능하다.

33 클리어런스 포켓이 설치된 압축기에서 클리어런스가 커질 경우에 대한 설명으로 틀린 것은?

① 냉동능력이 감소한다.

② 피스톤의 체적 배출량이 감소한다.

③ 체적효율이 저하한다.

④ 실제 냉매 흡입량이 감소한다.

해설

클리어런스(Clearance)가 커질 경우 피스톤의 체적 배출량이 증가하여, 체적효율 저하 및 압축기의 소요동력 증가 현상이 발생하게 된다.

34 이상기체 1kg을 일정 체적하에 20℃로부터 100℃로 가열하는 데 836kJ의 열량이 소요되었다면 정압비열(kJ/kg · K)은 약 얼마인가?(단, 해당 가스의 분자량은 2이다.)

① 2.09   ② 6.27

③ 10.5   ④ 14.6

해설

$$Q = G \times C_v \times \Delta t \quad \rightarrow \quad C_v = \frac{Q}{G \cdot \Delta t}$$

$$R = C_p - C_v \quad \rightarrow \quad C_p = C_v + R$$

$$C_p = \frac{Q}{G \cdot \Delta t} + R$$

$$= \frac{836}{1 \times (100 - 20)} + 4.157 = 14.6 \text{kJ/kg} \cdot \text{K}$$

여기서, 기체상수$(R) = \frac{8.314}{M} = \frac{8.314}{2} = 4.157 \text{kJ/kg} \cdot \text{K}$

35 20℃의 물로부터 0℃의 얼음을 매시간당 90kg을 만드는 냉동기의 냉동능력(kW)은 얼마인가?(단, 물의 비열 4.2kJ/kg · K, 물의 응고잠열 335kJ/kg이다.)

① 7.8   ② 8.0

③ 9.2   ④ 10.5

정답   31 ④   32 ①   33 ②   34 ④   35 ④

냉동능력(Q_e) 산출

$$Q_e = GC\Delta t + G\gamma = G(C\Delta t + \gamma)$$
$$= 90\text{kg/h} \div 3,600 \times [4.2\text{kJ/kg} \cdot \text{K} \times (20-0) + 335\text{kJ/kg}]$$
$$= 10.48 = 10.5\text{kW}$$

36 2차 유체로 사용되는 브라인의 구비 조건으로 틀린 것은?

① 비등점이 높고, 응고점이 낮을 것
② 점도가 낮을 것
③ 부식성이 없을 것
④ 열전달률이 작을 것

해설

브라인은 2차 유체(간접냉매)로 적용되므로 높은 열전달률을 통해 열교환이 잘되어야 한다.

37 카르노 사이클로 작동되는 기관의 실린더 내에서 1kg의 공기가 온도 120℃에서 열량 40kJ을 받아 등온팽창한다면 엔트로피의 변화(kJ/kg · K)는 약 얼마인가?

① 0.102
② 0.132
③ 0.162
④ 0.192

해설

엔트로피 변화량(ΔS) 산출

$$\Delta S = \frac{\Delta Q}{T} = \frac{40\text{kJ}}{273+120} = 0.1018 = 0.102\text{kJ/kg} \cdot \text{K}$$

38 표준 냉동사이클의 단열교축과정에서 입구 상태와 출구 상태의 엔탈피는 어떻게 되는가?

① 입구 상태가 크다.
② 출구 상태가 크다.
③ 같다.
④ 경우에 따라 다르다.

해설

단열교축과정은 압력강하 등의 물리적 성질이 변화되는 과정을 의미하며, 이 과정은 등엔탈피 과정으로서 교축 전과 후의 엔탈피는 변화가 없다.(단열교축과정 중에 엔탈피 변화는 없으며, 압력과 온도는 강하되고, 비체적과 엔트로피는 증가한다.)

39 온도식 자동팽창밸브에 대한 설명으로 틀린 것은?

① 형식에는 일반적으로 벨로스식과 다이어프램식이 있다.
② 구조는 크게 감온부와 작동부로 구성된다.
③ 만액식 증발기나 건식 증발기에 모두 사용이 가능하다.
④ 증발기 내 압력을 일정하게 유지하도록 냉매 유량을 조절한다.

해설

온도식(감온 · 조온) 팽창밸브(Temperature Expansion Valve)는 증발기 출구 냉매의 과열도를 일정하게 유지할 수 있도록 냉매 유량을 조절하는 밸브이다.

40 다음 중 검사질량의 가역 열전달 과정에 관한 설명으로 옳은 것은?

① 열전달량은 $\int PdV$와 같다.

② 열전달량은 $\int PdV$보다 크다.

③ 열전달량은 $\int TdS$와 같다.

④ 열전달량은 $\int TdS$보다 크다.

해설

$$du = TdS - PdV$$
$$dh = TdS + VdP$$
$$dq = du + PdV = dh - VdP$$

열전달량은 $\int TdS$와 같다.

41 고압가스 안전관리법령에 따라 ( ) 안의 내용으로 옳은 것은?

> "충전용기"란 고압가스의 충전질량 또는 충전압력의 (㉠)이 충전되어 있는 상태의 용기를 말한다.
> "잔가스용기"란 고압가스의 충전질량 또는 충전압력의 (㉡)이 충전되어 있는 상태의 용기를 말한다.

① ㉠ 2분의 1 이상, ㉡ 2분의 1 미만
② ㉠ 2분의 1 초과, ㉡ 2분의 1 이하
③ ㉠ 5분의 2 이상, ㉡ 5분의 2 미만
④ ㉠ 5분의 2 초과, ㉡ 5분의 2 이하

해설
용어의 정의(고압가스 안전관리법 시행규칙 제2조)
• 충전용기
  고압가스의 충전질량 또는 충전압력의 2분의 1 이상이 충전되어 있는 상태의 용기를 말한다.
• 잔가스용기
  고압가스의 충전질량 또는 충전압력의 2분의 1 미만이 충전되어 있는 상태의 용기를 말한다.

42 기계설비법령에 따라 기계설비 발전 기본계획은 몇 년마다 수립·시행하여야 하는가?

① 1   ② 2
③ 3   ④ 5

해설
기계설비 발전 기본계획의 수립(기계설비법 제5조)
국토교통부장관은 기계설비산업의 육성과 기계설비의 효율적인 유지관리 및 성능확보를 위하여 기계설비 발전 기본계획을 5년마다 수립·시행하여야 한다.

43 기계설비법령에 따라 기계설비 유지관리교육에 관한 업무를 위탁받아 시행하는 기관은?

① 한국기계설비건설협회
② 대한기계설비건설협회
③ 한국공작기계산업협회
④ 한국건설기계산업협회

해설
기계설비 유지관리교육에 관한 업무 위탁(위탁지정 관련 행정규칙)
• 위탁업무의 내용 : 기계설비 유지관리교육에 관한 업무
• 관련 법령 : 기계설비법 시행령 제16조
• 위탁기관 : 대한기계설비건설협회

44 고압가스 안전관리법령에서 규정하는 냉동기 제조 등록을 해야 하는 냉동기의 기준은 얼마인가?

① 냉동능력 3톤 이상인 냉동기
② 냉동능력 5톤 이상인 냉동기
③ 냉동능력 8톤 이상인 냉동기
④ 냉동능력 10톤 이상인 냉동기

해설
용기 등의 제조등록 대상 범위(고압가스 안전관리법 시행령 제5조)

구분	범위
용기 제조	고압가스를 충전하기 위한 용기(내용적 3dL 미만의 용기는 제외), 그 부속품인 밸브 및 안전밸브를 제조하는 것
냉동기 제조	냉동능력이 3톤 이상인 냉동기를 제조하는 것
특정설비 제조	고압가스의 저장탱크(지하 암반동굴식 저장탱크는 제외), 차량에 고정된 탱크 및 산업통상자원부령으로 정하는 고압가스 관련 설비를 제조하는 것

45 다음 중 고압가스 안전관리법령에 따라 500만 원 이하의 벌금 기준에 해당하는 경우는?

> ⊙ 고압가스를 제조하려는 자가 신고를 하지 아니하고 고압가스를 제조한 경우
> ⓛ 특정고압가스 사용신고자가 특정고압가스의 사용 전에 안전관리자를 선임하지 않은 경우
> ⓒ 고압가스의 수입을 업(業)으로 하려는 자가 등록을 하지 아니하고 고압가스 수입업을 한 경우
> ⓔ 고압가스를 운반하려는 자가 등록을 하지 아니하고 고압가스를 운반한 경우

① ⊙
② ⊙, ⓛ
③ ⊙, ⓛ, ⓒ
④ ⊙, ⓛ, ⓒ, ⓔ

> **해설**
>
> **500만 원 이하의 벌금 대상(고압가스 안전관리법 제41조)**
> • 신고를 하지 아니하고 고압가스를 제조한 자
> • 규정에 따른 안전관리자를 선임하지 아니한 자
>
> ※ 보기 ⓒ, ⓔ의 경우는 2년 이하의 징역 또는 2천만 원 이하의 벌금 대상이다.

46 전류의 측정범위를 확대하기 위하여 사용되는 것은?

① 배율기
② 분류기
③ 저항기
④ 계기용 변압기

> **해설**
>
> • 분류기(R_s) : 전류계의 측정범위를 넓히기 위해 적용되며, 전류계와 병렬로 연결한다.
> • 배율기(R_m) : 전압계의 측정범위를 넓히기 위해 적용되며, 전압계와 직렬로 연결한다.

47 절연저항 측정 시 가장 적당한 방법은?

① 메거에 의한 방법
② 전압, 전류계에 의한 방법
③ 전위차계에 의한 방법
④ 더블 브리지에 의한 방법

> **해설**
>
> 메거(Megger)는 절연저항 측정 시 사용되는 계측기이며, $10^5\Omega$ 이상의 고저항을 측정하는 데 적합하다.

48 저항 100Ω의 전열기에 5A의 전류를 흘렸을 때 소비되는 전력은 몇 W인가?

① 500
② 1,000
③ 1,500
④ 2,500

> **해설**
>
> **소비전력(P) 산출**
> $P = I^2 R = (5A)^2 \times 100\Omega = 2,500W$

49 유도전동기에서 슬립이 "0"이라고 하는 것의 의미는?

① 유도전동기가 정지 상태인 것을 나타낸다.
② 유도전동기가 전부하 상태인 것을 나타낸다.
③ 유도전동기가 동기속도로 회전한다는 것이다.
④ 유도전동기가 제동기의 역할을 한다는 것이다.

> **해설**
>
> 슬립(Slip)은 동기속도에 대한 동기속도와 회전자속도 차와의 비를 말하며, 회전자속도가 동기속도와 동일하게 회전하면 슬립(s)은 0이 된다.
>
> **슬립(s) 산출식($s = 0$)**
> $$s = \frac{N_s - N}{N_s} = 0$$
> $N_s - N = 0 \quad \therefore N_s = N$
> 여기서, N : 회전자속도(rpm)
> N_s : 동기속도(rpm)

50 논리식 중 동일한 값을 나타내지 않는 것은?

① $X(X+Y)$
② $XY + X\overline{Y}$
③ $X(\overline{X}+Y)$
④ $(X+Y)(X+\overline{Y})$

해설

① $X(X+Y) = XX + XY = X + XY$
$\qquad = X(1+Y) = X \cdot 1 = X$

② $XY + X\overline{Y} = X(Y+\overline{Y}) = X \cdot 1 = X$

③ $X(\overline{X}+Y) = X\overline{X} + XY = 0 + XY = XY$

④ $(X+Y)(X+\overline{Y}) = XX + X\overline{Y} + XY + Y\overline{Y}$
$\qquad = X + X\overline{Y} + XY + 0$
$\qquad = X(1+\overline{Y}) + XY$
$\qquad = X \cdot 1 + XY = X + XY$
$\qquad = X(1+Y) = X \cdot 1 = X$

51 $i_t = I_m \sin \omega t$인 정현파 교류가 있다. 이 전류보다 90° 앞선 전류를 표시하는 식은?

① $I_m \cos \omega t$
② $I_m \sin \omega t$
③ $I_m \cos(\omega t + 90°)$
④ $I_m \sin(\omega t - 90°)$

해설

$i_t = I_m \sin \omega t$의 정현파 교류에서 이 전류보다 90° 앞선 전류 표시는 $I_m \cos \omega t$이다.

※ 정현파(사인파) : 시간 혹은 공간의 선형함수의 정현 함수로 나타내어지는 파이다.

52 $i = I_{m1} \sin \omega t + I_{m2} \sin(2\omega t + \theta)$의 실효값은?

① $\dfrac{I_{m1} + I_{m2}}{2}$
② $\sqrt{\dfrac{I_{m1}{}^2 + I_{m2}{}^2}{2}}$
③ $\dfrac{\sqrt{I_{m1}{}^2 + I_{m2}{}^2}}{2}$
④ $\sqrt{\dfrac{I_{m1} + I_{m2}}{2}}$

해설

펄스파 실효값$(I) = \dfrac{I_m}{\sqrt{2}}$

$\therefore i = I_{m1} \sin \omega t + I_{m2} \sin(2\omega t + \theta)$의 실효값

$\dfrac{I_m}{\sqrt{2}} = \dfrac{\sqrt{I_{m1}{}^2 + I_{m2}{}^2}}{\sqrt{2}} = \sqrt{\dfrac{I_{m1}{}^2 + I_{m2}{}^2}{2}}$

53 그림과 같은 브리지 정류회로는 어느 점에 교류입력을 연결하여야 하는가?

① $A - B$점
② $A - C$점
③ $B - C$점
④ $B - D$점

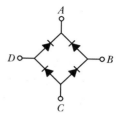

해설

브리지 정류회로는 교류를 직류로 바꾸는 회로로서, 문제의 회로에서는 B(교류/입력) → C(직류/출력), D(교류/입력) → A(직류/출력)로 구성되어 있다. 이에 따라 교류/입력 부분은 $B - D$점이다.

54 추종제어에 속하지 않는 제어량은?

① 위치
② 방위
③ 자세
④ 유량

해설

유량은 프로세스 제어(기구)에 속한다.

55 직류 · 교류 양용에 만능으로 사용할 수 있는 전동기는?

① 직권 정류자 전동기
② 직류 복권전동기
③ 유도전동기
④ 동기전동기

해설

직권 정류자 전동기
직류, 교류 양용에 만능으로 사용이 가능한 전동기이다.

56 배율기의 저항이 50kΩ, 전압계의 내부저항이 25kΩ이다. 전압계가 100V를 지시하였을 때, 측정한 전압(V)은?

① 10
② 50
③ 100
④ 300

해설

배율기(R_m)에서의 측정 전압(V) 산출

$$V = V_0\left(\frac{R_m}{R} + 1\right)[\mathrm{V}]$$

여기서, V : 측정 전압(V)
　　　　V_0 : 전압계의 눈금(V)
　　　　R_m : 배율기의 저항(Ω)
　　　　R : 전압계의 내부저항(Ω)

$$V = 100\left(\frac{50}{25} + 1\right) = 300\mathrm{V}$$

---

57 아래 그림의 논리회로와 같은 진리값을 NAND 소자만으로 구성하여 나타내려면 NAND 소자는 최소 몇 개가 필요한가?

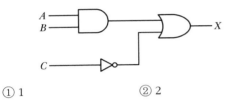

① 1　　　　　　　② 2
③ 3　　　　　　　④ 5

해설

NAND 회로는 AND 회로의 부정회로이므로, AB 접속부분에 1개, X 출력이 있는 곳(NOT+AND)에 1개, 총 2개의 소자가 필요하다.

---

58 궤환제어계에 속하지 않는 신호로서 외부에서 제어량이 그 값에 맞도록 제어계에 주어지는 신호를 무엇이라 하는가?

① 목표값　　　　　② 기준입력
③ 동작신호　　　　④ 궤환신호

해설

목표값(Desired Value)
제어량이 어떤 값을 목표로 정하도록 외부에서 주어지는 값이다. (피드백 제어계에서는 제외되는 신호)

---

59 그림과 같은 전자 릴레이 회로는 어떤 게이트 회로인가?

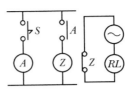

① OR　　　　　　② AND
③ NOR　　　　　④ NOT

해설

위 전자 릴레이 회로는 입력신호에 대해 부정(NOT)의 출력이 나오는 NOT 게이트 회로이다.

---

60 제어량에 따른 분류 중 프로세스 제어에 속하지 않는 것은?

① 압력　　　　　　② 유량
③ 온도　　　　　　④ 속도

해설

속도는 자동조정제어(기구)에 속하는 제어량이다.

Section 04 유지보수공사관리

61 급수배관 시공 시 수격작용의 방지 대책으로 틀린 것은?

① 플래시밸브 또는 급속 개폐식 수전을 사용한다.
② 관 지름은 유속이 2.0~2.5m/s 이내가 되도록 설정한다.
③ 역류 방지를 위하여 체크밸브를 설치하는 것이 좋다.
④ 급수관에서 분기할 때에는 T이음을 사용한다.

해설

수격작용은 급속한 밸브의 개폐에 의해서도 발생하므로, 급속 개폐식 수전을 사용할 경우 수격작용이 더욱 발생할 수 있다.

---

62 다음 중 사용압력이 가장 높은 동관은?

① L관 ② M관
③ K관 ④ N관

해설

사용압력 : K형 > L형 > M형

63 공조설비 중 덕트 설계 시 주의사항으로 틀린 것은?

① 덕트 내 정압손실을 적게 설계할 것
② 덕트의 경로는 가능한 한 최장거리로 할 것
③ 소음 및 진동이 적게 설계할 것
④ 건물의 구조에 맞도록 설계할 것

해설

덕트의 경로는 가능한 한 최단거리로 하여 마찰손실을 최소화하고, 이동 중 에너지 손실을 줄여야 한다.

64 가스배관 시공에 대한 설명으로 틀린 것은?

① 건물 내 배관은 안전을 고려하여 벽, 바닥 등에 매설하여 시공한다.
② 건축물의 벽을 관통하는 부분의 배관에는 보호관 및 부식 방지 피복을 한다.
③ 배관의 경로와 위치는 장래의 계획, 다른 설비와의 조화 등을 고려하여 정한다.
④ 부식의 우려가 있는 장소에 배관하는 경우에는 방식, 절연조치를 한다.

해설

건물에서의 가스배관은 관리, 검사가 용이하도록 노출배관을 원칙으로 한다.

65 증기배관 중 냉각 레그(Cooling Leg)에 관한 내용으로 옳은 것은?

① 완전한 응축수를 회수하기 위함이다.
② 고온증기의 동파 방지시설이다.
③ 열전도 차단을 위한 보온단열 구간이다.
④ 익스팬션 조인트이다.

해설

냉각 레그(Cooling Leg)
• 증기주관에 생긴 증기나 응축수를 냉각시킨다.
• 냉각다리와 환수관 사이에 트랩을 설치한다.
• 완전한 응축수를 트랩에 보내는 역할을 한다.
• 노출배관하고 보온피복을 하지 않는다.
• 증기주관보다 한 치수 작게 한다.
• 냉각면적을 넓히기 위해 최소 1.5m 이상의 길이로 한다.

66 보온재의 구비조건으로 틀린 것은?

① 표면시공이 좋아야 한다.
② 재질 자체의 모세관 현상이 커야 한다.
③ 보냉 효율이 좋아야 한다.
④ 난연성이나 불연성이어야 한다.

해설

보온재의 경우 흡수율이 낮은 것을 구비조건으로 하므로, 모세관 현상이 클 경우 흡수현상이 가중되기 때문에 옳지 않다.

67 신축 이음쇠의 종류에 해당하지 않는 것은?

① 벨로스형 ② 플랜지형
③ 루프형 ④ 슬리브형

해설

신축 이음쇠의 종류
• 스위블 조인트(Swivel Joint)
• 신축 곡관(Expansion Loop, 루프관)
• 슬리브형 이음쇠(Sleeve Type)
• 벨로스형 이음쇠(Bellows Type)
• 볼조인트(Ball Joint)

정답 62 ③ 63 ② 64 ① 65 ① 66 ② 67 ②

68 고압증기관에서 권장하는 유속 기준으로 가장 적합한 것은?

① 5～10m/s   ② 15～20m/s

③ 30～50m/s   ④ 60～70m/s

해설

증기압력에 따른 권장 유속
- 고압증기관 : 30～50m/s
- 저압증기관 : 15～20m/s

69 증기난방의 환수방법 중 증기의 순환이 가장 빠르며 방열기의 설치 위치에 제한을 받지 않고 대규모 난방에 주로 채택되는 방식은?

① 단관식 상향 증기난방법
② 단관식 하향 증기난방법
③ 진공환수식 증기난방법
④ 기계환수식 증기난방법

해설

진공환수식
- 진공펌프로 장치 내의 공기를 제거하면서 환수관 내의 응축수를 보일러에 환수하는 방식이다.
- 응축수 순환이 가장 빠르다.
- 보일러, 방열기의 설치 위치에 제한을 받지 않는다.

70 온수난방 배관 시 유의사항으로 틀린 것은?

① 온수 방열기마다 반드시 수동식 에어벤트를 부착한다.
② 배관 중 공기가 고일 우려가 있는 곳에는 에어벤트를 설치한다.
③ 수리나 난방 휴지 시의 배수를 위한 드레인 밸브를 설치한다.
④ 보일러에서 팽창탱크에 이르는 팽창관에는 밸브를 2개 이상 부착한다.

해설

팽창관(도피관) 도중에는 절대 밸브를 달아서는 안 되며, 팽창관(도피관)의 배수는 간접배수로 한다.

71 강관에서 호칭관경의 연결로 틀린 것은?

① 25A : $1\frac{1}{2}$ B   ② 20A : $\frac{3}{4}$ B

③ 32A : $1\frac{1}{4}$ B   ④ 50A : 2B

해설

25A → 1B(1 inch)

72 펌프 주위 배관에 관한 설명으로 옳은 것은?

① 펌프의 흡입 측에는 압력계를, 토출 측에는 진공계(연성계)를 설치한다.
② 흡입관이나 토출관에는 펌프의 진동이나 관의 열팽창을 흡수하기 위하여 신축 이음을 한다.
③ 흡입관의 수평배관은 펌프를 향해 1/50～1/100의 올림구배를 준다.
④ 토출관의 게이트밸브 설치높이는 1.3m 이상으로 하고 바로 위에 체크밸브를 설치한다.

해설

① 펌프의 흡입 측에 진공계(연성계)를 설치하고, 토출 측에는 압력계를 설치한다.
② 흡입관에는 설치하지 않는다.
④ 토출관의 게이트밸브 설치높이는 1.3m 이상으로 하고 아래 측에 체크밸브를 설치한다. 즉, 펌프와 게이트밸브 사이에 체크밸브를 설치한다.

73 중·고압 가스배관의 유량(Q)을 구하는 계산식으로 옳은 것은?(단, P_1 : 처음 압력, P_2 : 최종 압력, d : 관 내경, l : 관 길이, s : 가스비중, K : 유량계수이다.)

① $Q = K\sqrt{\dfrac{(P_1 - P_2)^2 d^5}{s \cdot l}}$

② $Q = K\sqrt{\dfrac{(P_2 - P_1)^2 d^4}{s \cdot l}}$

③ $Q = K\sqrt{\dfrac{(P_1{}^2 - P_2{}^2) d^5}{s \cdot l}}$

④ $Q = K\sqrt{\dfrac{(P_2{}^2 - P_1{}^2) d^4}{s \cdot l}}$

정답   68 ③   69 ③   70 ④   71 ①   72 ③   73 ③

해설

중고압 가스배관의 유량(Q)

$$Q = K\sqrt{\frac{(P_1^2 - P_2^2)d^5}{s \times l}}$$

여기서, P_1 : 공급압력(절대압력)

　　　　P_2 : 최종압력(절대압력)

　　　　d : 관 내경, l : 관 길이

　　　　s : 가스비중, K : 유량계수

---

74 보온재의 열전도율이 작아지는 조건으로 틀린 것은?

① 재료의 두께가 두꺼울수록

② 재질 내 수분이 작을수록

③ 재료의 밀도가 클수록

④ 재료의 온도가 낮을수록

해설

재료의 밀도가 클수록 높은 열저항 성능을 나타내는 공기층 비중이 줄어들어 열전도율이 높아질 수 있다.

---

75 다음 중 증기 사용 간접가열식 온수공급 탱크의 가열관으로 가장 적절한 관은?

① 납관　　　　　　② 주철관

③ 동관　　　　　　④ 도관

해설

동관은 열전도율이 크므로 온수공급탱크에서 급수와의 열교환이 용이하고, 내식성이 강한 특징을 갖고 있어 증기 사용 간접가열식 온수공급 탱크의 가열관으로 가장 적절하다.

---

76 펌프의 양수량이 $60\text{m}^3/\text{min}$이고 전양정이 20m일 때, 벌류트 펌프로 구동할 경우 필요한 동력(kW)은 얼마인가?(단, 물의 비중량은 $9,800$ N/m^3이고, 펌프의 효율은 60%로 한다.)

① 196.1　　　　　② 200.2

③ 326.7　　　　　④ 405.8

해설

$$축동력(\text{kW}) = \frac{60\text{m}^3/\text{min} \times 9,800\text{N/m}^3 \times 20\text{m}}{60 \times 1,000 \times 0.6}$$

$$= 326.7\text{kW}$$

---

77 다음 중 주철관 이음에 해당되는 것은?

① 납땜 이음　　　　② 열간 이음

③ 타이튼 이음　　　④ 플라스탄 이음

해설

주철관 이음(접합)의 종류

종류	내용
소켓 이음 (Socket Joint)	관의 소켓부에 납과 마(얀, Yarn)를 넣어 접합한다.
플랜지 이음 (Flange Joint)	고압 및 펌프 주위 배관에 이용한다.
빅토릭 이음 (Victoric Joint)	가스배관용으로 고무링과 금속제 컬러로 구성된다.
기계적 이음 (Mechanical Joint)	수도관 접합에 이용되며 가요성이 풍부하여 지층 변화에도 누수되지 않는다.
타이튼 접합 (Tyton Joint)	원형의 고무링 하나만으로 접합한다.

---

78 전기가 정전되어도 계속하여 급수를 할 수 있으며 급수오염 가능성이 적은 급수 방식은?

① 압력탱크 방식　　② 수도직결 방식

③ 부스터 방식　　　④ 고가탱크 방식

해설

수도직결 방식

• 도로 밑의 수도 본관에서 분기하여 건물 내에 직접 급수하는 방식이다.

• 급수의 수질오염 가능성이 가장 낮다.

• 정전 시 급수가 가능하나, 단수 시 급수가 전혀 불가능하다.

• 급수압의 변동이 있으며, 일반적으로 4층 이상에는 부적합하다.

• 구조가 간단하고 설비비 및 운전관리비가 적게 들며, 고장 가능성이 적다.

정답　　74 ③　75 ③　76 ③　77 ③　78 ②

79 도시가스의 공급설비 중 가스홀더의 종류가
아닌 것은?

① 유수식　　　　　　② 중수식
③ 무수식　　　　　　④ 고압식

해설

가스홀더의 종류
• 저압식 : 유수식, 무수식
• 고압식 : 원통형, 구형

80 강관의 두께를 선정할 때 기준이 되는 것은?

① 곡률반경　　　　　　② 내경
③ 외경　　　　　　　　④ 스케줄 번호

해설

강관의 스케줄 번호(SCH) : 관의 두께를 나타내는 번호

$$\text{SCH No.} = 10 \times \frac{P}{S}$$

여기서, P : 사용압력(MPa)
　　　　S : 허용응력(MPa)

Section 01 에너지관리

01 습공기의 상대습도(ϕ)와 절대습도(w)와의 관계식으로 옳은 것은?(단, P_a는 건공기 분압, P_s는 습공기와 같은 온도의 포화수증기압이다.)

① $\phi = \dfrac{w}{0.622} \dfrac{P_a}{P_s}$

② $\phi = \dfrac{w}{0.622} \dfrac{P_s}{P_a}$

③ $\phi = \dfrac{0.622}{w} \dfrac{P_s}{P_a}$

④ $\phi = \dfrac{0.622}{w} \dfrac{P_a}{P_s}$

> **해설**
>
> **절대습도(w)와 상대습도(ϕ)의 관계성**
>
> $\phi = \dfrac{w}{0.622} \dfrac{P_a}{P_s}$
>
> $w = 0.622 \dfrac{\phi P_s}{P - \phi P_s}$
>
> 여기서, P : 습공기 분압(=수증기 분압(P_w)+건공기 분압(P_a))

02 난방 방식 종류별 특징에 대한 설명으로 틀린 것은?

① 저온복사난방 중 바닥복사난방은 특히 실내기온의 온도분포가 균일하다.

② 온풍난방은 공장과 같은 난방에 많이 쓰이고 설비비가 싸며 예열시간이 짧다.

③ 온수난방은 배관부식이 크고 워밍업 시간이 증기난방보다 짧으며 관의 동파 우려가 있다.

④ 증기난방은 부하변동에 대응한 조절이 곤란하고 실온분포가 온수난방보다 나쁘다.

> **해설**
>
> 온수난방은 증기난방에 비해 배관부식이 적고, 비열이 큰 물을 열매로 사용하므로 워밍업 시간이 증기난방보다 길며, 물을 열매로 사용하여 동파의 우려가 있다.

03 덕트의 경로 중 단면적이 확대되었을 경우 압력변화에 대한 설명으로 틀린 것은?

① 전압이 증가한다.

② 동압이 감소한다.

③ 정압이 증가한다.

④ 풍속이 감소한다.

> **해설**
>
> 덕트의 경로에서 단면이 확대될 경우, 덕트의 마찰손실 등이 없다면 풍속의 감소에 따라 동압은 감소하고, 상대적으로 정압은 증가하게 된다. 이때 정압과 동압의 합인 전압은 동일하게 유지된다.

04 건축의 평면도를 일정한 크기의 격자로 나누어서 이 격자의 구획 내에 취출구, 흡입구, 조명, 스프링클러 등 모든 필요한 설비요소를 배치하는 방식은?

① 모듈 방식

② 셔터 방식

③ 펑커루버 방식

④ 클래스 방식

> **해설**
>
> 취출구, 흡입구, 조명, 스프링클러 등 설비들을 유닛화한 방식을 모듈 방식이라고 한다.

05 습공기의 가습 방법으로 가장 거리가 먼 것은?

① 순환수를 분무하는 방법

② 온수를 분무하는 방법

③ 수증기를 분무하는 방법

④ 외부공기를 가열하는 방법

> **해설**
>
> 외부공기를 가열할 경우 절대습도에는 변화가 없으므로 가습 방법으로 적절치 않다.

정답   01 ①   02 ③   03 ①   04 ①   05 ④

06 공기조화설비를 구성하는 열운반장치로서 공조기에 직접 연결되어 사용하는 펌프로 가장 거리가 먼 것은?

① 냉각수 펌프
② 냉수순환펌프
③ 온수순환펌프
④ 응축수(진공) 펌프

> **해설**

냉각수는 냉동기의 응축기 측과 냉각탑 간에서 순환하며, 이에 따라 냉각수 펌프는 냉동기의 응축기와 직접 연결하여 사용하게 된다.

07 저압 증기난방 배관에 대한 설명으로 옳은 것은?

① 하향공급식의 경우에는 상향공급식의 경우보다 배관경이 커야 한다.
② 상향공급식의 경우에는 하향공급식의 경우보다 배관경이 커야 한다.
③ 상향공급식이나 하향공급식은 배관경과 무관하다.
④ 하향공급식의 경우 상향공급식보다 워터해머를 일으키기 쉬운 배관법이다.

> **해설**

①, ③ 상향공급식의 경우에는 하향공급식의 경우보다 배관경이 커야 한다.
④ 상향공급식의 경우 하향공급식보다 워터해머를 일으키기 쉬운 배관법이다.

08 현열만을 가하는 경우로 500m³/h의 건구온도(t_1) 5℃, 상대습도(ψ_1) 80%인 습공기를 공기 가열기로 가열하여 건구온도(t_2) 43℃, 상대습도(ψ_2) 8%인 가열공기를 만들고자 한다. 이때 필요한 열량(kW)은 얼마인가?(단, 공기의 비열은 1.01kJ/kg · ℃, 공기의 밀도는 1.2kg/m³이다.)

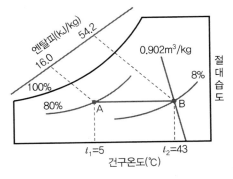

① 3.2
② 5.8
③ 6.4
④ 8.7

> **해설**

가열량(q) 산출
현열만을 가하는 경우이므로, 온도차로 산출한다.
$$q(\text{kW}) = Q\rho C_p \Delta t$$
$$= 500\text{m}^3/\text{h} \times 1.2\text{kg/m}^3 \times 1.01\text{kJ/kg} \times (43-5)$$
$$= 23{,}028\text{kJ/h} = 6.4\text{kJ/s}\,(\text{kW})$$

09 다음 중 열전도율(W/m · ℃)이 가장 작은 것은?

① 납
② 유리
③ 얼음
④ 물

> **해설**

열전도율의 크기
물(0.6) < 유리(1.1) < 얼음(2.2) < 납(35)

10 아래 표는 암모니아 냉매설비 운전을 위한 안전관리 절차서에 대한 설명이다. 이 중 틀린 내용은?

> ㉠ 노출확인 절차서 : 반드시 호흡용 보호구를 착용한 후 감지기를 이용하여 공기 중 암모니아 농도를 측정한다.
> ㉡ 노출로 인한 위험관리 절차서 : 암모니아가 노출되었을 때 호흡기를 보호할 수 있는 호흡보호프로그램을 수립하여 운영하는 것이 바람직하다.

ⓒ 근로자 작업 확인 및 교육 절차서 : 암모니아 설비가 밀폐된 곳이나 외진 곳에 설치된 경우, 해당 지역에 근로자 작업을 할 때에는 다음 중 어느 하나에 의해 근로자의 안전을 확인할 수 있어야 한다.
   • CCTV 등을 통한 육안 확인
   • 무전기나 전화를 통한 음성 확인
ⓔ 암모니아 설비 및 안전설비의 유지관리 절차서 : 암모니아 설비 주변에 설치된 안전대책의 작동 및 사용 가능 여부를 최소한 매년 1회 확인하고 점검하여야 한다.

① ㉠   ② ㉡
③ ㉢   ④ ㉣

[해설]
암모니아 설비 및 안전설비의 유지관리 절차서 : 암모니아 설비 주변에 설치된 안전대책의 작동 및 사용 가능 여부를 최소한 6개월에 1회 확인하고 점검하여야 한다.

11 외기에 접하고 있는 벽이나 지붕으로부터의 취득열량은 건물 내외의 온도차에 의해 전도의 형식으로 전달된다. 그러나 외벽의 온도는 일사에 의한 복사열의 흡수로 외기온도보다 높게 되는데 이 온도를 무엇이라고 하는가?

① 건구온도   ② 노점온도
③ 상당외기온도   ④ 습구온도

[해설]
벽체 또는 지붕은 일사가 표면에 닿아 표면온도가 상승하는데 이를 상당외기온도라고 한다.

12 보일러의 스케일 방지방법으로 틀린 것은?

① 슬러지는 적절한 분출로 제거한다.
② 스케일 방지 성분인 칼슘의 생성을 돕기 위해 경도가 높은 물을 보일러수로 활용한다.
③ 경수연화장치를 이용하여 스케일 생성을 방지한다.
④ 인산염을 일정 농도가 되도록 투입한다.

[해설]
경도가 높은 물을 사용할 경우 스케일 현상이 가중되므로, 경도가 낮은 연수를 보일러수로 활용하여야 한다.

13 습공기 선도상의 상태변화에 대한 설명으로 틀린 것은?(단, 가운데 5번 상태점을 기준으로 한다.)

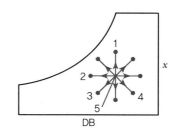

DB

① 5 → 1 : 가습
② 5 → 2 : 현열냉각
③ 5 → 3 : 냉각가습
④ 5 → 4 : 가열감습

[해설]
5 → 3은 건구온도와 절대습도가 동시에 낮아지고 있으므로 냉각감습에 해당한다.

14 다음 중 보온, 보냉, 방로의 목적으로 덕트 전체를 단열해야 하는 것은?

① 급기덕트   ② 배기덕트
③ 외기덕트   ④ 배연덕트

[해설]
급기덕트는 공기조화기를 통과하여 냉각 혹은 가열되어 실내로 공급되는 공기가 이송하는 통로이므로 덕트 전체를 단열하여 덕트에서 외부로의 열의 출입을 최소화하여야 한다.

15 어느 건물 서편의 유리 면적이 40m²이다. 안쪽에 크림색의 베네시언 블라인드를 설치한 유리면으로부터 침입하는 열량(kW)은 얼마인가? (단, 외기 33℃, 실내공기 27℃, 유리는 1중이며, 유리의 열통과율은 5.9W/m²·℃, 유리창의 복사량(I_{gr})은 608W/m², 차폐계수는 0.56이다.)

① 15.0   ② 13.6
③ 3.6   ④ 1.4

해설

유리의 침입열량은 전도에 의한 것과 일사에 의한 것을 동시에 고려해 주어야 한다.
- 전도에 의한 침입열량(q_c)

$$q_c = kA\Delta t$$
$$= 5.9W/m²℃ \times 40m² \times (33-27)℃$$
$$= 1,416W = 1.416kW$$

- 일사에 의한 침입열량(q_s)

$$q_s = I_{gr}AK_s$$
$$= 608W/m² \times 40m² \times 0.56$$
$$= 13,619W = 13.619kW$$

∴ 유리의 침입열량 $= q_c + q_s$
$$= 1.416 + 13.619$$
$$= 15.04 = 15kW$$

16 TAB 수행을 위한 계측기기의 측정 위치로 가장 적절하지 않은 것은?

① 온도 측정 위치는 증발기 및 응축기의 입·출구에서 최대한 가까운 곳으로 한다.
② 유량 측정 위치는 펌프의 출구에서 가장 가까운 곳으로 한다.
③ 압력 측정 위치는 입·출구에 설치된 압력계용 탭에서 한다.
④ 배기가스 온도 측정 위치는 연소기의 온도계 설치 위치 또는 시료 채취 출구를 이용한다.

해설

유량 측정 위치는 펌프의 출구에서 가장 먼 곳에서 한다.

17 난방부하가 7,559.5W인 어떤 방에 대해 온수난방을 하고자 한다. 방열기의 상당방열면적(m²)은 얼마인가?(단, 방열량은 표준방열량으로 한다.)

① 6.7   ② 8.4
③ 10.2   ④ 14.4

해설

$$상당방열면적(EDR) = \frac{난방부하}{표준방열량}$$
$$= \frac{7,559.5W}{523W/m²} = 14.45m²$$

18 에어워셔 내에서 물을 가열하지도 냉각하지도 않고 연속적으로 순환 분무시키면서 공기를 통과시켰을 때 공기의 상태변화는 어떻게 되는가?

① 건구온도는 높아지고, 습구온도는 낮아진다.
② 절대온도는 높아지고, 습구온도는 높아진다.
③ 상대습도는 높아지고, 건구온도는 낮아진다.
④ 건구온도는 높아지고, 상대습도는 낮아진다.

해설

순환수 분무에 대한 사항으로서, 이 경우 건구온도는 낮아지고, 상대습도와 절대습도는 높아진다.

19 크기에 비해 전열면적이 크므로 증기 발생이 빠르고, 열효율도 좋지만 내부청소가 곤란하므로 양질의 보일러수를 사용할 필요가 있는 보일러는?

① 입형 보일러   ② 주철제 보일러
③ 노통 보일러   ④ 연관 보일러

해설

연관 보일러는 보유수량이 많아 부하변동에 안전하고, 더불어 증기량에 비해 소형이고 전열면적이 넓어 효율이 높은 특징을 갖고 있다.

20 온수난방과 비교하여 증기난방에 대한 설명으로 옳은 것은?

① 예열시간이 짧다.

② 실내온도의 조절이 용이하다.

③ 방열기 표면의 온도가 낮아 쾌적한 느낌을 준다.

④ 실내에서 상하온도차가 작으며, 방열량의 제어가 다른 난방에 비해 쉽다.

해설

② 증기난방은 잠열에 의해 난방을 하므로 현열에 의해 난방을 하는 온수난방에 비해 실내온도의 조절이 난해하다.

③ 증기난방은 100℃ 이상의 증기를 활용하므로 방열기 표면의 온도가 높아 쾌적성이 떨어질 수 있다.

④ 증기난방은 설치 위치에 따라 실내에서 상하온도차가 커질 수 있으며, 방열량의 제어가 다른 난방에 비해 난해하다.

Section 02 공조냉동설계

21 공기압축기에서 입구 공기의 온도와 압력은 각각 27℃, 100kPa이고, 체적유량은 0.01m³/s이다. 출구에서 압력이 400kPa이고, 이 압축기의 등엔트로피 효율이 0.8일 때, 압축기의 소요동력(kW)은 얼마인가?(단, 공기의 정압비열과 기체상수는 각각 1kJ/kg·K, 0.287kJ/kg·K이고, 비열비는 1.4이다.)

① 0.9　　　　② 1.7

③ 2.1　　　　④ 3.8

해설

• 압축기 일량(AW) 산출

$$AW = \frac{K}{K-1} P_1 V_1 \left[\left(\frac{P_2}{P_1} \right)^{\frac{K-1}{K}} - 1 \right]$$

$$= \frac{1.4}{1.4-1} \times 100 \times 0.01 \left[\left(\frac{400}{100} \right)^{\frac{1.4-1}{1.4}} - 1 \right]$$

$$= 1.7 \text{kJ/s}$$

여기서, K : 비열비, P_1 : 입구공기 압력(kPa)

P_2 출구공기 압력(kPa), V_1 : 체적유량(m³/s)

• 압축기 소요동력 = $\dfrac{\text{압축기 일량}(AW)}{\text{압축기 효율}}$

$$= \frac{1.7 \text{kJ/s}}{0.8}$$

$$= 2.13 \text{kJ/s} = 2.1 \text{kW}$$

22 다음은 2단 압축 1단 팽창 냉동장치의 중간냉각기를 나타낸 것이다. 각부에 대한 설명으로 틀린 것은?

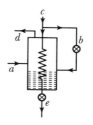

① a의 냉매관은 저단 압축기에서 중간냉각기로 냉매가 유입되는 배관이다.

② b는 제1(중간냉각기 앞)팽창밸브이다.

③ d부분의 냉매 증기온도는 a부분의 냉매 증기온도보다 낮다.

④ a와 c의 냉매순환량은 같다.

해설

a는 저단 측, c는 고단 측이며, 이때의 냉매순환량은 다르다. 고단 측 냉매순환량(G_H)은 저단 측 냉매순환량(G_L)과 중간냉각기 냉매순환량(G_m)의 합과 같다.

2단 압축 1단 팽창 냉동사이클의 장치도

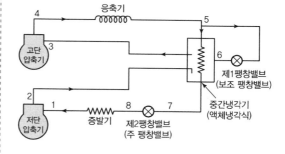

23 흡수식 냉동기의 냉매와 흡수제 조합으로 가장 적절한 것은?

① 물(냉매) - 프레온(흡수제)

② 암모니아(냉매) - 물(흡수제)

③ 메틸아민(냉매) - 황산(흡수제)

④ 물(냉매) - 디메틸에테르(흡수제)

해설
흡수식 냉동기의 냉매와 흡수제 조합
- 암모니아(냉매) - 물(흡수제)
- 물(냉매) - 리튬브로마이드(LiBr)(흡수제)

24 견고한 밀폐용기 안에 공기가 압력 100kPa, 체적 $1m^3$, 온도 20℃ 상태에 있다. 이 용기를 가열하여 압력이 150kPa이 되었다. 최종 상태의 온도와 가열량은 각각 얼마인가?(단, 공기는 이상기체이며, 공기의 정적비열은 $0.717kJ/kg \cdot K$, 기체상수는 $0.287kJ/kg \cdot K$이다.)

① 303.2K, 117.8kJ   ② 303.2K, 124.9kJ

③ 439.7K, 117.8kJ   ④ 439.7K, 124.9kJ

해설
- 온도(T_2) 산출

$$T_2 = T_1 \times \left(\frac{P_2}{P_1}\right) = (273 + 20) \times \left(\frac{150}{100}\right) \fallingdotseq 439.7K$$

- 가열량(q) 산출

질량$(G) = \frac{PV}{RT} = \frac{100 \times 1}{0.287 \times 293} = 1.19kg$

$(\because PV = GRT)$

열전달량$(q) = G \cdot C_v(T_2 - T_1)$
$$= 1.19 \times 0.717 \times (439.5 - 293) = 124.9kJ$$

25 밀폐계에서 기체의 압력이 500kPa로 일정하게 유지되면서 체적이 $0.2m^3$에서 $0.7m^3$로 팽창하였다. 이 과정 동안에 내부에너지의 증가가 60kJ이라면 계가 한 일(kJ)은 얼마인가?

① 450   ② 310

③ 250   ④ 150

해설
압력을 일정하게 유지하는 정압과정에서 계가 한 일은 다음과 같이 산출된다.

$$W = \int_1^2 PdV = P(V_2 - V_1)$$
$$= 500kPa(0.7 - 0.2)m^3 = 250kJ$$

26 이상기체가 등온과정으로 부피가 2배로 팽창할 때 한 일이 W_1이다. 이 이상기체가 같은 초기 조건하에서 폴리트로픽 과정($n = 2$)으로 부피가 2배로 팽창할 때 W_1 대비 한 일은 얼마인가?

① $\frac{1}{2\ln 2} \times W_1$ ② $\frac{2}{\ln 2} \times W_1$

③ $\frac{\ln 2}{2} \times W_1$ ④ $2\ln 2 \times W_1$

해설
팽창일(W) 산출
- 등온과정에서의 일(W_1)

$$W_1 = P_1 V_1 \ln \frac{V_2}{V_1} = P_1 V_1 \ln 2 \ \cdots\cdots \ \text{ⓐ}$$
$(\because V_2 = 2V_1)$

- 폴리트로픽 과정($n = 2$)의 일(W)

$$W = \frac{P_1 V_1}{n - 1}\left[1 - \left(\frac{V_1}{V_2}\right)^{n-1}\right]$$
$$= \frac{P_1 V_1}{2 - 1}\left[1 - \left(\frac{1}{2}\right)^{2-1}\right]$$
$$= P_1 V_1 \cdot \frac{1}{2} = \frac{P_1 V_1}{2} \rightarrow P_1 V_1 = 2W \ \cdots\cdots \ \text{ⓑ}$$

ⓑ를 ⓐ에 대입하면

$$W_1 = 2W\ln 2 \quad \therefore \ W = \frac{W_1}{2\ln 2}$$

27 증발기에 대한 설명으로 틀린 것은?

① 냉각실 온도가 일정한 경우, 냉각실 온도와 증발기 내 냉매 증발온도의 차이가 작을수록 압축기 효율은 좋다.

② 동일 조건에서 건식 증발기는 만액식 증발기에 비해 충전 냉매량이 적다.

정답   23 ② 24 ④ 25 ③ 26 ① 27 ④

③ 일반적으로 건식 증발기 입구에서의 냉매의 증기가 액냉매에 섞여 있고, 출구에서 냉매는 과열도를 갖는다.

④ 만액식 증발기에서는 증발기 내부에 윤활유가 고일 염려가 없어 윤활유를 압축기로 보내는 장치가 필요하지 않다.

해설

만액식 증발기는 증발기에 윤활유가 체류할 우려가 있기 때문에 Freon 냉동장치에서 윤활유를 회수시키는 장치가 필수적이다.

28 다음 중 압력값이 다른 것은?

① 1mAq
② 73.56mmHg
③ 980.665Pa
④ 0.98N/cm²

해설

① $1\text{mAq} \rightarrow 101.325\text{kPa} \times \dfrac{1\text{mAq}}{10.33\text{mAq}} = 9.8\text{kPa}$

② $73.56\text{mmHg} \rightarrow 101.325\text{kPa} \times \dfrac{73.56\text{mmHg}}{760\text{mmHg}} = 9.8\text{kPa}$

③ $980.665\text{Pa} = 0.98\text{kPa}$

④ $0.98\text{N/cm}^2 = 9{,}800\text{N/m}^2 = 9{,}800\text{Pa} = 9.8\text{kPa}$

29 냉동기에서 고압의 액체 냉매와 저압의 흡입증기를 서로 열교환시키는 열교환기의 주된 설치 목적은?

① 압축기 흡입증기 과열도를 낮추어 압축 효율을 높이기 위함
② 일종의 재생 사이클을 만들기 위함
③ 냉매액을 과냉시켜 플래시 가스 발생을 억제하기 위함
④ 이원 냉동사이클에서의 캐스케이드 응축기를 만들기 위함

해설

플래시 가스(Flash Gas)는 액관이 적절히 방열되지 않을 경우 발생하므로, 고압의 액체 냉매와 저압의 흡입증기를 서로 열교환하여 냉매를 과냉각함으로써 플래시 가스를 예방할 수 있다.

30 피스톤 – 실린더 시스템에 100kPa의 압력을 갖는 1kg의 공기가 들어 있다. 초기 체적은 0.5 m³이고, 이 시스템에 온도가 일정한 상태에서 열을 가하여 부피가 1.0m³이 되었다. 이 과정 중 시스템에 가해진 열량(kJ)은 얼마인가?

① 30.7
② 34.7
③ 44.8
④ 50.0

해설

• 등온변화 $Q = dU + W$에서
$dU = 0 \rightarrow Q = W$

• 등온과정에서의 일량(W) 산출

전달 에너지 $Q = W = \displaystyle\int_1^2 PdV = P_1 V_1 \ln\dfrac{V_2}{V_1}$

$= 100 \times 0.5 \times \ln\dfrac{1.0}{0.5}$

$= 34.66$

$\fallingdotseq 34.7\text{kJ}$

31 다음 조건을 이용하여 응축기 설계 시 1RT (3.86kW)당 응축면적(m²)을 구하면?(단, 온도차는 산술평균온도차를 적용한다.)

• 방열계수 : 1.3
• 응축온도 : 35℃
• 냉각수 입구온도 : 28℃
• 냉각수 출구온도 : 32℃
• 열통과율 : 1.05kW/m²℃

① 1.25
② 0.96
③ 0.74
④ 0.45

응축면적(A) 산출

$q_c = KA\Delta T = q_e \times C$

여기서, K : 열통과율(kW/m²K), A : 응축면적(m²)

ΔT : 응축온도 − 냉각수 평균온도

q_e : 냉동능력, C : 방열계수

$KA\Delta T = q_e \times C$

$$A = \frac{q_e \times C}{K \times \Delta T} = \frac{3.86\text{kW} \times 1.3}{1.05\text{kW/m}^2\text{K} \times \left(35 - \dfrac{28 + 32}{2}\right)}$$

$$= 0.96\text{m}^2$$

32 역카르노 사이클로 300K과 240K 사이에서 작동하고 있는 냉동기가 있다. 이 냉동기의 성능계수는 얼마인가?

① 3 　　　　　　② 4

③ 5 　　　　　　④ 6

역카르노 사이클에서의 성적계수(COP) 산출

$$COP = \frac{q_e}{AW} = \frac{T_L}{T_H - T_L} = \frac{240}{300 - 240} = 4$$

33 체적 2,500L인 탱크에 압력 294kPa, 온도 10℃의 공기가 들어 있다. 이 공기를 80℃까지 가열하는 데 필요한 열량(kJ)은 얼마인가?(단, 공기의 기체상수는 0.287kJ/kg · K, 정적비열은 0.717kJ/kg · K이다.)

① 408 　　　　　　② 432

③ 454 　　　　　　④ 469

필요열량(q) 산출

$q = mC_v\Delta t = 9.049 \times 0.717 \times ((273 + 80) - (273 + 10))$

$= 454.17 = 454\text{kJ}$

여기서, m은 이상기체 상태방정식($PV = mRT$)으로 산출

$$m = \frac{PV}{RT} = \frac{294\text{kPa} \times 2,500\text{L} \times 10^{-3}(\text{m})}{0.287\text{kJ/kg} \cdot \text{K} \times (273 + 10)\text{K}} = 9.049\text{kg}$$

34 다음 그림은 냉동사이클을 압력−엔탈피($P-h$) 선도에 나타낸 것이다. 다음 설명 중 옳은 것은?

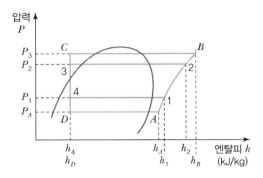

① 냉동사이클이 $1-2-3-4-1$에서 $1-B-C-4-1$로 변하는 경우 냉매 1kg당 압축일의 증가는 $(h_B - h_1)$이다.

② 냉동사이클이 $1-2-3-4-1$에서 $1-B-C-4-1$로 변하는 경우 성적계수는 $[(h_1 - h_4)/(h_2 - h_1)]$에서 $[(h_1 - h_4)/(h_B - h_1)]$로 된다.

③ 냉동사이클이 $1-2-3-4-1$에서 $A-2-3-D-A$로 변하는 경우 증발압력이 P_1에서 P_A로 낮아져 압축비는 (P_2/P_1)에서 (P_1/P_A)로 된다.

④ 냉동사이클이 $1-2-3-4-1$에서 $A-2-3-D-A$로 변하는 경우 냉동효과는 $(h_1 - h_4)$에서 $(h_A - h_4)$로 감소하지만, 압축기 흡입증기의 비체적은 변하지 않는다.

① 냉동사이클이 $1-2-3-4-1$에서 $1-B-C-4-1$로 변하는 경우 냉매 1kg당 압축일의 증가는 $(h_B - h_2)$이다.

③ 냉동사이클이 $1-2-3-4-1$에서 $A-2-3-D-A$로 변하는 경우 증발압력이 P_1에서 P_A로 낮아져 압축비는 (P_2/P_1)에서 (P_2/P_A)로 된다.

④ 냉동사이클이 $1-2-3-4-1$에서 $A-2-3-D-A$로 변하는 경우 냉동효과는 $(h_1 - h_4)$에서 $(h_A - h_4)$로 감소하지만, 압축기 흡입증기의 비체적은 증가한다.

35 다음 중 증발기 내 압력을 일정하게 유지하기 위해 설치하는 팽창장치는?

① 모세관
② 정압식 자동팽창밸브
③ 플로트식 팽창밸브
④ 수동식 팽창밸브

> 해설

정압식 자동팽창밸브(Constant Pressure Expansion Valve)
- 증발기 내의 냉매 증발압력을 항상 일정하게 해준다.
- 냉동부하변동이 심하지 않은 곳, 냉수 브라인의 동결 방지에 쓰인다.
- 증발기 내 압력이 높아지면 벨로스가 밀어 올려져 밸브가 닫히고, 압력이 낮아지면 벨로스가 줄어들어 밸브가 열려져 냉매가 많이 들어온다.
- 부하변동에 민감하지 못하다는 결점이 있다.

36 외기온도 $-5\,^\circ\text{C}$, 실내온도 $18\,^\circ\text{C}$, 실내습도 70%일 때, 벽 내면에서 결로가 생기지 않도록 하기 위해서는 내·외기 대류와 벽의 전도를 포함하여 전체 벽의 열통과율(W/m² · K)은 얼마 이하이어야 하는가?(단, 실내공기 $18\,^\circ\text{C}$, 70%일 때 노점온도는 $12.5\,^\circ\text{C}$이며, 벽의 내면 열전달률은 7W/m²K이다.)

① 1.91
② 1.83
③ 1.76
④ 1.67

> 해설

전체 벽의 열통과율(K) 산출
전체 벽체의 열전달량과 표면에서의 열전달량 간의 열평형식을 이용한다. 또한 표면에서의 열전달량 산출 시에는 결로 방지에 대한 사항이므로 표면온도를 노점온도로 설정해 준다.

$KA\Delta T = \alpha_i A \Delta T_s$

$K(T_i - T_o) = \alpha_i (T_i - T_s)$

$K = \dfrac{\alpha_i \times (T_i - T_s)}{T_i - T_o} = \dfrac{7 \times (18 - 12.5)}{18 - (-5)} = 1.674 = 1.67\text{W/m}^2\text{K}$

여기서, A : 벽체면적, ΔT : 실내외 온도차
　　　α_i : 벽의 내면 열전달률
　　　ΔT_s : 실내온도와 벽체 표면온도 간의 차

37 다음 이상기체에 대한 설명으로 옳은 것은?

① 이상기체의 내부에너지는 압력이 높아지면 증가한다.
② 이상기체의 내부에너지는 온도만의 함수이다.
③ 이상기체의 내부에너지는 항상 일정하다.
④ 이상기체의 내부에너지는 온도와 무관하다.

> 해설

이상기체(완전가스)의 내부에너지는 온도만의 함수이다. (체적 및 압력과는 무관)

38 다음 중 냉매를 사용하지 않는 냉동장치는?

① 열전냉동장치
② 흡수식 냉동장치
③ 교축팽창식 냉동장치
④ 증기압축식 냉동장치

> 해설

열전냉동장치(열전냉동, Thermoelectric Refrigeration)는 종류가 다른 두 금속도체를 접합하여 전류를 통하면, 전류의 방향에 따라 한쪽 접합점에서는 열을 방출하고, 다른 쪽 접합점에서는 열을 흡수하게 되는 펠티에 효과(Peltier's Effect)를 이용한 냉동법이다.

39 냉동장치의 냉동능력이 38.8kW, 소요동력이 10kW이었다. 이때 응축기 냉각수의 입·출구 온도차가 $6\,^\circ\text{C}$, 응축온도와 냉각수 온도와의 평균온도차가 $8\,^\circ\text{C}$일 때, 수랭식 응축기의 냉각수량(L/min)은 얼마인가?(단, 물의 정압비열은 4.2kJ/kg$^\circ$C이다.)

① 126.1
② 116.2
③ 97.1
④ 87.1

> 해설

냉각수의 유량은 응축부하(q_c)를 통해 산출한다.

$q_c = m_c C \Delta t = q_e + AW$

$m_c = \dfrac{q_c}{C\Delta t} = \dfrac{q_e + AW}{C\Delta t}$

$\quad = \dfrac{(38.8\text{kW} + 10\text{kW}) \times 60\text{sec}}{4.2\text{kJ/kg}^\circ\text{C} \times 8\,^\circ\text{C}} = 87.14 = 87.1\text{kg/min}$

정답　35 ②　36 ④　37 ②　38 ①　39 ②

40 열과 일에 대한 설명으로 옳은 것은?

① 열역학적 과정에서 열과 일은 모두 경로에 무관한 상태함수로 나타낸다.
② 일과 열의 단위는 대표적으로 Watt(W)를 사용한다.
③ 열역학 제1법칙은 열과 일의 방향성을 제시한다.
④ 한 사이클 과정을 지나 원래 상태로 돌아왔을 때 시스템에 가해진 전체 열량은 시스템이 수행한 전체 일의 양과 같다.

해설

① 열역학적 과정에서 열과 일은 모두 경로에 따라 달라지는 경로함수이다.
② 일과 열의 단위는 대표적으로 J(Joule)을 사용한다.
③ 열역학 제2법칙에 대한 설명이다.

Section **03** 시운전 및 안전관리

41 산업안전보건법령상 냉동 · 냉장 창고시설 건설공사에 대한 유해위험방지계획서를 제출해야 하는 대상시설의 연면적 기준은 얼마인가?

① 3천m² 이상
② 4천m² 이상
③ 5천m² 이상
④ 6천m² 이상

해설

냉동 · 냉장 창고시설 건설공사의 경우 연면적 5,000m² 이상 시 유해위험방지계획서를 제출하여야 한다.

42 기계설비법령에 따른 기계설비의 착공 전 확인과 사용 전 검사의 대상 건축물 또는 시설물에 해당하지 않는 것은?

① 연면적 1만m² 이상인 건축물
② 목욕장으로 사용되는 바닥면적 합계가 500m² 이상인 건축물
③ 기숙사로 사용되는 바닥면적 합계가 1천m² 이상인 건축물

④ 판매시설로 사용되는 바닥면적 합계가 3천m² 이상인 건축물

해설

기숙사로 사용되는 바닥면적 합계가 2천m² 이상인 건축물이 해당된다.

43 고압가스 안전관리법령에 따라 "냉매로 사용되는 가스 등 대통령령으로 정하는 종류의 고압가스"는 품질기준으로 고시하여야 하는데, 목적 또는 용량에 따라 고압가스에서 제외될 수 있다. 이러한 제외 기준에 해당되는 경우를 모두 고른 것은?

가. 수출용으로 판매 또는 인도되거나 판매 또는 인도될 목적으로 저장 · 운송 또는 보관되는 고압가스
나. 시험용 또는 연구개발용으로 판매 또는 인도되거나 판매 또는 인도될 목적으로 저장 · 운송 또는 보관되는 고압가스(해당 고압가스를 직접 시험하거나 연구개발하는 경우만 해당한다.)
다. 1회 수입되는 양이 400kg 이하인 고압가스

① 가, 나
② 가, 다
③ 나, 다
④ 가, 나, 다

해설

품질유지 고압가스 제외 대상(고압가스 안전관리법 시행령 제15조의3)
"냉매로 사용되는 가스 등 대통령령으로 정하는 종류의 고압가스"란 냉매로 사용되는 고압가스 또는 연료전지용으로 사용되는 고압가스로서 산업통상자원부령으로 정하는 종류의 고압가스를 말한다. 다만, 다음의 어느 하나에 해당하는 고압가스는 제외한다.
• 수출용으로 판매 또는 인도되거나 판매 또는 인도될 목적으로 저장 · 운송 또는 보관되는 고압가스
• 시험용 또는 연구개발용으로 판매 또는 인도되거나 판매 또는 인도될 목적으로 저장 · 운송 또는 보관되는 고압가스(해당 고압가스를 직접 시험하거나 연구개발하는 경우만 해당한다)
• 1회 수입되는 양이 40kg 이하인 고압가스

정답 40 ④ 41 ③ 42 ③ 43 ①

44 고압가스 안전관리법령에 따른 일체형 냉동기의 조건으로 틀린 것은?

① 냉매설비 및 압축기용 원동기가 하나의 프레임 위에 일체로 조립된 것
② 냉동설비를 사용할 때 스톱밸브 조작이 필요한 것
③ 응축기 유닛 및 증발유닛이 냉매배관으로 연결된 것으로 하루 냉동능력이 20톤 미만인 공조용 패키지 에어컨
④ 사용장소에 분할 반입하는 경우에는 냉매설비에 용접 또는 절단을 수반하는 공사를 하지 않고 재조립하여 냉동제조용으로 사용할 수 있는 것

> 해설
>
> **일체형 냉동기(고압가스 안전관리법 시행규칙 별표 11)**
> 냉동설비를 사용할 때 스톱밸브 조작이 필요 없는 것을 조건으로 한다.

45 기계설비법령에 따라 기계설비성능점검업자는 기계설비성능점검업의 등록한 사항 중 대통령령으로 정하는 사항이 변경된 경우에는 변경등록을 하여야 한다. 만약 변경등록을 정해진 기간 내 못한 경우 1차 위반 시 받게 되는 행정처분 기준은?

① 등록취소
② 업무정지 2개월
③ 업무정지 1개월
④ 시정명령

> 해설
>
> 변경등록을 정해진 기간 내 하지 않은 경우, 1차 위반 시 시정명령, 2차 위반 시 업무정지 1개월, 3차 위반 시 업무정지 2개월의 행정처분을 받게 된다.

46 엘리베이터용 전동기의 필요 특성으로 틀린 것은?

① 소음이 작아야 한다.
② 기동 토크가 작아야 한다.
③ 회전부분의 관성 모멘트가 작아야 한다.
④ 가속도의 변화 비율이 일정 값이 되어야 한다.

> 해설
>
> 엘리베이터용 전동기는 기동 토크가 커야 하며, 큰 기동 토크가 요구되는 고속 엘리베이터의 경우 큰 기동 토크를 가진 직류전동기를 적용한다.

47 다음은 직류전동기의 토크 특성을 나타내는 그래프이다. (A), (B), (C), (D)에 알맞은 것은?

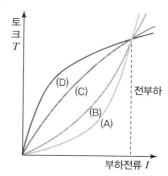

① (A) : 직권발전기, (B) : 가동복권발전기,
   (C) : 분권발전기, (D) : 차동복권발전기
② (A) : 분권발전기, (B) : 직권발전기,
   (C) : 가동복권발전기, (D) : 차동복권발전기
③ (A) : 직권발전기, (B) : 분권발전기,
   (C) : 가동복권발전기, (D) : 차동복권발전기
④ (A) : 분권발전기, (B) : 가동복권발전기,
   (C) : 직권발전기, (D) : 차동복권발전기

> 해설
>
> (A) : 직권발전기, (B) : 가동복권발전기,
> (C) : 분권발전기, (D) : 차동복권발전기
>
> **토크 특성 그래프**
>
>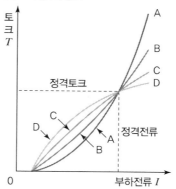

48 서보전동기는 서보기구의 제어계 중 어떤 기능을 담당하는가?

① 조작부   ② 검출부

③ 제어부   ④ 비교부

해설

서보기구는 물체의 위치, 방위, 자세, 각도 등의 기계적 변위를 제어량으로 해서 목표값이 임의의 변화에 추종하도록 구성된 제어계로서 제어계 중 조작부의 역할을 한다.

49 그림과 같은 유접점 논리회로를 간단히 하면?

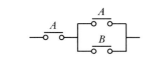

① ─○ A ○─   ② ─○ A ○─

③ ─○ B ○─   ④ ─○ B ○─

해설

유접점 논리회로

$Y = A(A+B) = AA + AB = A + AB = A(1+B) = A$

50 10kVA의 단상 변압기 2대로 V결선하여 공급할 수 있는 최대 3상 전력은 약 몇 kVA인가?

① 20   ② 17.3

③ 10   ④ 8.7

해설

최대 3상 전력($P_{\max}$) 산출

$P_{\max} = \sqrt{3}\,P_s = \sqrt{3} \times 10 = 17.3\text{kVA}$

51 교류에서 역률에 관한 설명으로 틀린 것은?

① 역률은 $\sqrt{1-(무효율)^2}$ 로 계산할 수 있다.

② 역률을 이용하여 교류전력의 효율을 알 수 있다.

③ 역률이 클수록 유효전력보다 무효전력이 커진다.

④ 교류회로의 전압과 전류의 위상차에 코사인(cos)을 취한 값이다.

해설

역률($\cos\theta$) = $\dfrac{유효전력}{피상전력}$ 이므로, 역률이 클수록 무효전력보다 유효전력이 커지게 된다.

※ 피상전력 = $\sqrt{유효전력^2 + 무효전력^2}$

52 아날로그 신호로 이루어지는 정량적 제어로서 일정한 목표값과 출력값을 비교·검토하여 자동적으로 행하는 제어는?

① 피드백 제어   ② 시퀀스 제어

③ 오픈루프 제어   ④ 프로그램 제어

해설

피드백 제어(Feedback Control)

• 검출부의 신호를 목표치와 비교한 후 수정동작을 하여 조작부에 신호를 보내 제어하고, 자동제어에서 주로 사용한다.

• 폐회로로 구성된 폐회로 방식이다.

• 제어 결과를 끊기지 않게 검출하면서 정정동작을 행한다.

• 아날로그 신호(AI : Analogue In, AO : Analogue Out)로 제어한다.

• 전압, 보일러 내 압력, 실내온도 등과 같이 목표치를 일정하게 정해 놓은 제어에 사용한다.

53 $G(s) = \dfrac{2(s+2)}{(s^2+5s+6)}$ 의 특성방정식의 근은?

① 2, 3   ② -2, -3

③ 2, -3   ④ -2, 3

해설

특성방정식의 근

$G(s) = \dfrac{2(s+2)}{(s+3)(s+2)}$

∴ $s = -2, -3$

54 $R=8\Omega$, $X_L=2\Omega$, $X_C=8\Omega$의 직렬회로에 100V의 교류전압을 가할 때, 전압과 전류의 위상관계로 옳은 것은?

① 전류가 전압보다 약 37° 뒤진다.
② 전류가 전압보다 약 37° 앞선다.
③ 전류가 전압보다 약 43° 뒤진다.
④ 전류가 전압보다 약 43° 앞선다.

[해설]

전압과 전류의 위상관계

$$\tan^{-1}\left(\frac{X_L-X_C}{R}\right)=\tan^{-1}\left(\frac{2-8}{8}\right)=\tan^{-1}\left(-\frac{6}{8}\right)=-37°$$

여기서, X_L : 유도 리액턴스, X_C : 용량 리액턴스
∴ 전류가 전압보다 약 37° 앞선다.

※ $X_L>X_C$인 경우에는 전압이 앞서고,
$X_L<X_C$인 경우에는 전류가 앞선다.

55 역률이 80%이고, 유효전력이 80kW일 때, 피상전력(kVA)은?

① 100 　　　　　② 120
③ 160 　　　　　④ 200

[해설]

피상전력(P_a) 산출

$P=P_a\cos\theta$이므로

피상전력 $P_a=\dfrac{P}{\cos\theta}=\dfrac{80}{0.8}=100\text{kVA}$

여기서, P : 유효전력(kW)

56 직류전압, 직류전류, 교류전압 및 저항 등을 측정할 수 있는 계측기기는?

① 검전기 　　　　② 검상기
③ 메거 　　　　　④ 회로시험기

[해설]

회로시험기는 직류전압, 직류전류, 교류전압 및 저항을 측정할 수 있는 계측기기이며, 절연저항을 측정할 경우에는 메거를 이용한다.

57 자장 안에 놓여 있는 도선에 전류가 흐를 때 도선이 받는 힘은 $F=BIl\sin\theta\,(\text{N})$이다. 이것을 설명하는 법칙과 응용기기가 알맞게 짝지어진 것은?

① 플레밍의 오른손 법칙 – 발전기
② 플레밍의 왼손 법칙 – 전동기
③ 플레밍의 왼손 법칙 – 발전기
④ 플레밍의 오른손 법칙 – 전동기

[해설]

플레밍의 왼손 법칙(Fleming's Left–hand Rule)
왼손의 세 손가락(엄지손가락, 집게손가락, 가운뎃손가락)을 서로 직각으로 펼치고, 가운뎃손가락을 전류, 집게손가락을 자장의 방향으로 하면 엄지손가락의 방향이 힘의 방향이다. 이것을 플레밍의 왼손 법칙이라 한다.(이 법칙은 전동기에 적용된다.)

58 다음의 논리식을 간단히 한 것은?

$$X=\overline{A}\,\overline{B}\,C+A\overline{B}\,\overline{C}+A\overline{B}\,C$$

① $\overline{B}(A+C)$ 　　　② $C(A+\overline{B})$
③ $\overline{C}(A+B)$ 　　　④ $\overline{A}(B+C)$

[해설]

OR(+) 논리식이므로 $A\overline{B}C$를 추가해도 결과는 동일하므로 $A\overline{B}C$를 추가하여 다음과 같이 정리한다.
$X=\overline{A}\,\overline{B}\,C+A\overline{B}\,\overline{C}+A\overline{B}\,C+A\overline{B}\,C$
$\quad=\overline{B}C(\overline{A}+A)+A\overline{B}(\overline{C}+C)$
$\quad=\overline{B}C(1)+A\overline{B}(1)=\overline{B}C+A\overline{B}$
$\quad=\overline{B}(C+A)=\overline{B}(A+C)$

59 전압을 인가하여 전동기가 동작하고 있는 동안에 교류전류를 측정할 수 있는 계기는?

① 후크미터(클램프미터)
② 회로시험기
③ 절연저항계
④ 어스 테스터

정답 　　54 ② 　55 ① 　56 ④ 　57 ② 　58 ① 　59 ①

후크미터(클램프미터)는 전류계의 일종으로서 회로를 차단하지 않고도 회로의 전류를 알 수 있는 변류기 내장형 전류계이다. 이러한 후크미터의 특성을 통하여 전압을 인가하여 전동기가 동작하고 있는 동안에도 교류전류를 측정할 수 있다.

60 그림과 같은 단자 1, 2 사이의 계전기 접점 회로 논리식은?

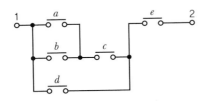

① $\{(a+b)d+c\}e$ ② $(ab+c)d+e$
③ $\{(a+b)c+d\}e$ ④ $(ab+d)c+e$

단자 1, 2 사이의 계전기 접점회로 : $\{(a+b)c+d\}e$

Section 04 유지보수공사관리

61 배수배관이 막혔을 때 이것을 점검, 수리하기 위해 청소구를 설치하는데, 다음 중 설치 필요 장소로 적절하지 않은 곳은?

① 배수수평주관과 배수수평분기관의 분기점에 설치
② 배수관이 45° 이상의 각도로 방향을 전환하는 곳에 설치
③ 길이가 긴 수평배수관인 경우 관경이 100A 이하일 때 5m마다 설치
④ 배수수직관의 제일 밑부분에 설치

길이가 긴 수평배수관인 경우 관경이 100A 이하일 때는 직선거리 15m 이내마다 설치한다.

62 증기와 응축수의 온도 차이를 이용하여 응축수를 배출하는 트랩은?

① 버킷 트랩   ② 디스크 트랩
③ 벨로스 트랩   ④ 플로트 트랩

증기트랩의 분류

구분	응축수 회수원리	종류
기계식 트랩	증기와 응축수의 비중 차이	플로트 트랩, 버킷 트랩
열동식 트랩	증기와 응축수의 온도 차이	바이메탈식 트랩, 벨로스 트랩
열역학적 트랩	증기와 응축수의 열역학적 특성인 운동에너지 차이	디스크 트랩, 피스톤, 오리피스, Y형 트랩

63 정압기의 종류 중 구조에 따라 분류할 때 해당하지 않는 것은?

① 피셔식 정압기
② 액시얼 플로식 정압기
③ 가스미터식 정압기
④ 레이놀즈식 정압기

도시가스 정압기의 구조적 분류
• 피셔(Fisher)식 정압기
• 레이놀즈(Reynolds)식 정압기
• 액시얼 플로(Axial−flow Valve)식 정압기

64 슬리브 신축 이음쇠에 대한 설명으로 틀린 것은?

① 신축량이 크고 신축으로 인한 응력이 생기지 않는다.
② 직선으로 이음하므로 설치 공간이 루프형에 비하여 적다.
③ 배관에 곡부부가 있어도 파손이 되지 않는다.
④ 장시간 사용 시 패킹의 마모로 누수의 원인이 된다.

해설

슬리브 신축 이음쇠는 벽, 바닥 관통 배관용으로 많이 쓰이며 패킹의 파손 우려가 있어 곡선부에 적용할 경우 파손될 가능성이 있다.

65 간접가열 급탕법과 가장 거리가 먼 장치는?

① 증기 사일런서　　② 저탕조
③ 보일러　　　　　④ 고가수조

해설

증기 사일런서는 증기 발생 시의 소음을 저감하는 장치로서 개별식의 기수혼합식 탕비기에 적용하는 장치이다.

66 강관의 종류와 KS 규격 기호가 바르게 짝지어진 것은?

① 배관용 탄소강관 : SPA
② 저온배관용 탄소강관 : SPPT
③ 고압배관용 탄소강관 : SPTH
④ 압력배관용 탄소강관 : SPPS

해설

① 배관용 탄소강관 : SPP
② 저온배관용 탄소강관 : SPLT
③ 고압배관용 탄소강관 : SPPH

67 폴리에틸렌 배관의 접합방법이 아닌 것은?

① 기볼트 접합
② 용착 슬리브 접합
③ 인서트 접합
④ 테이퍼 접합

해설

폴리에틸렌관의 접합법
나사 접합, 플랜지 접합, 인서트 접합, 용착 슬리브 접합, 테이퍼 접합

68 배관 접속 상태 표시 중 배관 A가 앞쪽으로 수직하게 구부러져 있음을 나타낸 것은?

① ──A──⊙　　② ──A──○
③ ─A─○──　　④ ──A──✕──

해설

② 관 A가 도면 뒤쪽에서 직각으로 구부러져 있을 때
③ 관 A가 도면 뒤쪽에서 직각으로 구부러져 우측 관에 접속할 때
④ 관 A가 우측 관과 용접 이음을 하고 있을 때

69 증기보일러 배관에서 환수관의 일부가 파손된 경우 보일러수의 유출로 안전수위 이하가 되어 보일러수가 빈 상태로 되는 것을 방지하기 위해 하는 접속법은?

① 하트퍼드 접속법　　② 리프트 접속법
③ 스위블 접속법　　　④ 슬리브 접속법

해설

하트퍼드 접속법(Hartford Connection)
• 저압 증기난방 장치에서 환수주관이 보일러 하단에 위치하여 환수하면 보일러 수면이 낮아져 보일러가 빈불때기가 되고 이는 사고위험이 있으므로 이것을 방지하여 주는 일종의 안전장치이다.
• 보일러 수면이 안전수위 이하로 내려가지 않게 하기 위해 안전수면보다 높은 위치에 환수관을 접속하는 방법이다.
• 보일러의 안전수위를 확보하기 위한 안전장치의 일종이다.

70 도시가스 입상배관의 관 지름이 20mm일 때 움직이지 않도록 몇 m마다 고정 장치를 부착해야 하는가?

① 1m　　　　② 2m
③ 3m　　　　④ 4m

가스관 지름에 따른 가스배관의 고정간격

가스관 지름	고정간격
10mm 이상~13mm 미만	1m마다 고정
13mm 이상~33mm 미만	2m마다 고정
33mm 이상	3m마다 고정

71 증기난방 배관 시공법에 대한 설명으로 틀린 것은?

① 증기주관에서 지관을 분기하는 경우 관의 팽창을 고려하여 스위블 이음법으로 한다.
② 진공환수식 배관의 증기주관은 1/100~1/200 선 상향 구배로 한다.
③ 주형 방열기는 일반적으로 벽에서 50~60mm 정도 떨어지게 설치한다.
④ 보일러 주변의 배관방법에서는 증기관과 환수관 사이에 밸런스관을 달고, 하트퍼드 접속법을 사용한다.

해설

진공환수식 배관의 증기주관은 1/200~1/300 선하향(앞내림) 구배로 한다.

72 급수배관에서 수격현상을 방지하는 방법으로 가장 적절한 것은?

① 도피관을 설치하여 옥상탱크에 연결한다.
② 수압관을 갑자기 높인다.
③ 밸브나 수도꼭지를 갑자기 열고 닫는다.
④ 급폐쇄형 밸브 근처에 공기실을 설치한다.

해설

수격현상을 방지하기 위한 설비 방안에는 공기실 설치, 수격방지기 설치, 펌프 토출 측 스모렌스키 체크밸브 설치 등이 있다.

73 홈이 만들어진 관 또는 이음쇠에 고무링을 삽입하고 그 위에 하우징(Housing)을 덮어 볼트와 너트로 죄는 이음 방식은?

① 그루브 이음
② 그립 이음
③ 플레어 이음
④ 플랜지 이음

해설

그루브(Groove) 이음은 홈이 파진 배관의 외부에서 균일하게 조이는 방식으로서 유동식과 고정식으로 분류된다.

74 90℃의 온수 2,000kg/h을 필요로 하는 간접가열식 급탕탱크에서 가열관의 표면적(m^2)은 얼마인가?(단, 급수의 온도는 10℃, 급수의 비열은 4.2kJ/kg · K, 가열관으로 사용할 동관의 전열량은 1.28 kW/m^2 · ℃, 증기의 온도는 110℃이며 전열효율은 80%이다.)

① 2.92
② 3.03
③ 3.72
④ 4.07

해설

$$WC\Delta T = (KA\Delta T) \times \eta$$
$$A = \frac{WC\Delta T}{K\Delta T \times \eta}$$
$$= \frac{2,000\text{kg/h} \times 4.2\text{kJ/kg} \cdot \text{K} \times (90-10)}{1.28\text{kW/m}^2 \cdot \text{℃} \times \left(110 - \left(\frac{90+10}{2}\right)\right) \times 0.8 \times 3,600}$$
$$= 3.038$$

75 급수배관에서 크로스 커넥션을 방지하기 위하여 설치하는 기구는?

① 체크밸브
② 워터해머 어레스터
③ 신축 이음
④ 버큠 브레이커

크로스 커넥션은 배관의 오연결을 의미하며, 배관 색깔로 오연결을 방지하고 있다. 체크밸브는 역류 방지, 워터 해머 어레스터는 수격현상 방지, 신축 이음은 배관의 팽창을 흡수하는 역할을 하며, 버큠 브레이커는 급수관으로 배수가 역류하는 것을 방지하는 장치를 의미한다.

76 아래 강관 표시방법 중 "S−H"의 의미로 옳은 것은?

$$SPPS-S-H-1965.11-100A \times SCH40 \times 6$$

① 강관의 종류   ② 제조회사명
③ 제조방법   ④ 제품표시

- SPPS : 관 종류
- S−H : 제조방법
- 1965.11 : 제조년월
- 100A : 호칭방법
- SCH40 : 스케줄 번호
- 6 : 길이

77 냉풍 또는 온풍을 만들어 각 실로 송풍하는 공기조화 장치의 구성 순서로 옳은 것은?

① 공기여과기 → 공기가열기 → 공기가습기 → 공기냉각기
② 공기가열기 → 공기여과기 → 공기냉각기 → 공기가습기
③ 공기여과기 → 공기가습기 → 공기가열기 → 공기냉각기
④ 공기여과기 → 공기냉각기 → 공기가열기 → 공기가습기

공기조화기에 들어온 공기는 공기여과기(필터)를 거쳐 공기냉각기(냉각코일)와 공기가열기(난방코일), 공기가습기(가습장치)를 통과하여 실내로 취출된다.

78 롤러 서포트를 사용하여 배관을 지지하는 주된 이유는?

① 신축 허용   ② 부식 방지
③ 진동 방지   ④ 해체 용이

롤러 서포트는 배관의 축방향 이동을 허용하는 지지대로서 배관의 신축을 허용한다.

79 배관의 끝을 막을 때 사용하는 이음쇠는?

① 유니언   ② 니플
③ 플러그   ④ 소켓

배관의 끝(말단)을 막을 때 사용하는 이음쇠는 플러그, 캡 등이 있다.

80 다음 보온재 중 안전사용온도가 가장 낮은 것은?

① 규조토   ② 암면
③ 펄라이트   ④ 발포 폴리스티렌

보기 중 안전사용(최고)온도
① 규조토 : 650℃
② 암면 : 400℃
③ 펄라이트 : 650℃
④ 발포 폴리스티렌 : 80℃

01 유효온도(Effective Temperature)의 3요소는?

① 밀도, 온도, 비열
② 온도, 기류, 밀도
③ 온도, 습도, 비열
④ 온도, 습도, 기류

[해설]

유효온도(실감온도, 감각온도, ET : Effective Temperature)
• 공기조화의 실내조건 표준이다.
• 기온(온도), 습도, 기류의 3요소로 공기의 쾌적조건을 표시한 것이다.
• 실내의 쾌적대는 겨울철과 여름철이 다르다.
• 일반적인 실내의 쾌적한 상대습도는 40~60%이다.

02 증기난방 방식에 대한 설명으로 틀린 것은?

① 환수 방식에 따라 중력환수식과 진공환수식, 기계환수식으로 구분한다.
② 배관방법에 따라 단관식과 복관식이 있다.
③ 예열시간이 길지만 열량 조절이 용이하다.
④ 운전 시 증기 해머로 인해 소음을 일으키기 쉽다.

[해설]

증기난방 방식은 열용량이 작은 증기로 난방하기 때문에 예열시간이 짧은 특징을 갖고 있다.

03 덕트의 소음 방지대책에 해당되지 않는 것은?

① 덕트의 도중에 흡음재를 부착한다.
② 송풍기 출구 부근에 플레넘 체임버를 장치한다.
③ 댐퍼 입·출구에 흡음재를 부착한다.
④ 덕트를 여러 개로 분기시킨다.

[해설]

덕트를 여러 개로 분기시킬 경우 소음의 발생원이 분산되어 발생되는 개소가 많아지므로 덕트의 소음 방지대책으로는 부적합하다.

04 실내의 CO_2 농도 기준이 1,000ppm이고, 1인당 CO_2 발생량이 18L/h인 경우, 실내 1인당 필요한 환기량(m^3/h)은?(단, 외기 CO_2 농도는 300ppm이다.)

① 22.7
② 23.7
③ 25.7
④ 26.7

[해설]

$$Q(m^3/h) = \frac{M(m^3/h)}{C_i + C_o}$$

$$= \frac{0.018 m^3/h}{(1,000 - 300) \times 10^{-6}}$$

$$= 25.7 m^3/h$$

05 습공기의 습도에 대한 설명으로 틀린 것은?

① 절대습도는 건공기 중에 포함된 수증기량을 나타낸다.
② 수증기 분압은 절대습도와 반비례 관계가 있다.
③ 상대습도는 습공기의 수증기 분압과 포화공기의 수증기 분압과의 비로 나타낸다.
④ 비교습도는 습공기의 절대습도와 포화공기의 절대습도와의 비로 나타낸다.

[해설]

수증기 분압은 공기 중의 수증기의 압력으로서, 수증기의 양에 비례하여 커진다. 따라서 수증기의 양을 나타내는 절대습도와 비례관계에 있다.

정답 01 ④ 02 ③ 03 ④ 04 ③ 05 ②

06 공조기용 코일은 관 내 유속에 따라 배열방식을 구분하는데, 그 배열방식에 해당하지 않는 것은?

① 풀서킷　　　　　　② 더블서킷
③ 하프서킷　　　　　④ 탑다운서킷

해설

유속 및 유량에 따른 배열방식으로는 일반적 유속 및 유량일 경우 풀서킷, 유속이 크고 유량이 많을 경우 더블서킷, 유속이 작고 유량이 적을 경우 하프서킷을 적용한다.

07 온풍난방에서 중력식 순환 방식과 비교한 강제순환 방식의 특징에 관한 설명으로 틀린 것은?

① 기기 설치장소가 비교적 자유롭다.
② 급기덕트가 작아서 은폐가 용이하다.
③ 공급되는 공기는 필터 등에 의하여 깨끗하게 처리될 수 있다.
④ 공기순환이 어렵고 쾌적성 확보가 곤란하다.

해설

펌프를 이용하는 강제순환식은 중력순환식에 비해 공기순환이 원활하고, 그에 따라 균일한 풍량 공급이 가능하여 쾌적성 면에서도 좋다.

08 다음 공기 선도상에서 난방풍량이 25,000 m³/h인 경우 가열코일의 열량(kW)은?(단, 1은 외기, 2는 실내 상태점을 나타내며, 공기의 비중량은 1.2kg/m³이다.)

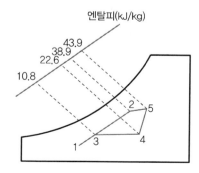

① 98.3　　　　　　② 87.1
③ 73.2　　　　　　④ 61.4

해설

가열코일에 의한 변화는 3 → 4 과정이다.
$$q = m\Delta h = Q\gamma(h_4 - h_3)$$
$$= 25,000\text{m}^3/\text{h} \times 1.2\text{kg/m}^3 \times (22.6 - 10.8)\text{kJ/kg}$$
$$= 354,000\text{kJ/h} = 98.3\text{kJ/s (kW)}$$

09 인체의 발열에 관한 설명으로 틀린 것은?

① 증발 : 인체 피부에서의 수분이 증발하여 그 증발열로 체내 열을 방출한다.
② 대류 : 인체 표면과 주위 공기와의 사이에 열의 이동으로 인위적으로 조절이 가능하며 주위 공기의 온도와 기류에 영향을 받는다.
③ 복사 : 실내온도와 관계없이 유리창과 벽면 등의 표면온도와 인체 표면과의 온도차에 따라 실제 느끼지 못하는 사이 방출되는 열이다.
④ 전도 : 겨울철 유리창 근처에서 추위를 느끼는 것은 전도에 의한 열 방출이다.

해설

겨울철 유리창 근처에서 추위를 느끼는 것은 복사에 의한 열 방출이다. 전도에 의한 열 방출은 고체의 열전달이므로 유리창에 몸이 닿아야 전도에 의한 열 방출이 일어나게 된다.

10 다음 중 급배수설비 시운전 수행 시 유의사항으로 옳지 않은 것은?

① 토출밸브를 닫고 펌프를 가동 후 토출밸브를 천천히 개방한다.
② 운전 중 소음, 진동, 압력계를 점검하고 30분 후에 베어링 부위 온도를 확인한다.
③ 시운전을 완전히 종결 후에는 펌프, 배관 내부의 물을 완전히 빼내고 사용되는 액체를 공급하여 다시 가동한다.
④ 펌프를 운전하면서 기준 토출압력으로 되는지 점검한다.

정답　06 ④　07 ④　08 ①　09 ④　10 ②

운전 중 소음, 진동, 압력계를 점검하고 10분 후에 베어링 부위 온도를 확인해야 한다.

11 다음 중 냉방부하의 종류에 해당되지 않는 것은?

① 일사에 의해 실내로 들어오는 열
② 벽이나 지붕을 통해 실내로 들어오는 열
③ 조명이나 인체와 같이 실내에서 발생하는 열
④ 침입 외기를 가습하기 위한 열

침입 외기를 가습하기 위한 열을 가습부하라 하며, 가습부하의 경우 겨울철 낮은 절대습도를 갖는 외기 유입 시 소모되는 부하로서, 냉방부하에는 속하지 않는다.

12 보일러의 능력을 나타내는 표시방법 중 가장 작은 값을 나타내는 출력은?

① 정격출력
② 과부하출력
③ 정미출력
④ 상용출력

- 정미출력 : 난방부하 + 급탕부하
- 상용출력 : 정미출력 + 배관부하
- 정격출력 : 상용출력 + 예열부하
- 과부하출력 : 정격출력을 초과하는 출력을 의미하며, 주로 운전 초기에 발생하게 된다.

13 아래 습공기 선도에 나타낸 과정과 일치하는 장치도는?

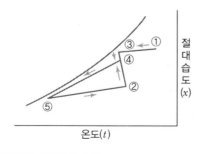

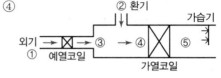

본 과정은 외기(①)를 예랭(③)한 후, 환기(②)와 혼합(④)하여 냉각코일을 통과(⑤)한 후 실내로 취출하는 프로세스이다.

14 공기조화 방식에서 변풍량 단일덕트 방식의 특징에 대한 설명으로 틀린 것은?

① 송풍기의 풍량제어가 가능하므로 부분부하 시 반송에너지 소비량을 경감시킬 수 있다.
② 동시사용률을 고려하여 기기 용량을 결정할 수 있으므로 설비용량이 커질 수 있다.
③ 변풍량 유닛을 실별 또는 존별로 배치함으로써 개별 제어 및 존 제어가 가능하다.
④ 부하변동에 따라 실내온도를 유지할 수 있으므로 열원설비용 에너지 낭비가 적다.

동시사용률은 전체 공조사용개소 중 동시에 사용할 확률을 의미하는 것으로서, 이러한 동시사용률을 고려하게 되면 설비용량을 작게 설계할 수 있다. 예를 들어 100개소의 공조사용개소가 있을 때 100개에 대하여 설비용량을 설정하는 것이 아니라, 70%의 동시사용확률이 있다면, 100개소의 70%인 70개소에 해당하는 설비용량으로 설정하는 것을 의미한다.

15 내벽 열전달률 $4.7W/m^2 \cdot K$, 외벽 열전달률 $5.8W/m^2 \cdot K$, 열전도율 $2.9W/m \cdot ℃$, 벽두께 25cm, 외기온도 $-10℃$, 실내온도 $20℃$일 때 열관류율($W/m^2 \cdot K$)은?

① 1.8 ② 2.1
③ 3.6 ④ 5.2

해설

K(열관류율) $= \dfrac{1}{R(\text{열저항})}$

$R = \dfrac{1}{\text{내부 열전달률}} + \dfrac{\text{벽체두께}(m)}{\text{벽체 열전도율}} + \dfrac{1}{\text{외부 열전달률}}$

$= \dfrac{1}{4.7} + \dfrac{0.25m}{2.9} + \dfrac{1}{5.8} = 0.47$

$\therefore K = \dfrac{1}{R} = \dfrac{1}{0.47} = 2.1W/m^2 \cdot K$

16 다음의 TAB 수행을 위한 사항 중 옳지 않은 것은?

① 분기로부터 가장 가까운 터미널에서 시작하여 말단 쪽으로 진행하면서 풍량을 조정한다.
② 터미널을 조정하지 않은 상태에서 시스템 내의 각 터미널 공기 흐름을 측정하고, 이를 비교·검토하여 분기 밸런싱 순서를 계획한다.
③ 최대 축동력일 때 팬 구동 모터의 전류를 측정한다.
④ 공기조화와 물계통 설비의 배관계통은 상호 연관 관계가 있으므로 통합된 개념으로 밸런싱을 해야 한다.

해설

분기로부터 가장 먼 터미널에서 시작하여 분기 메인 쪽으로 진행하면서 풍량을 조정한다.

17 EDR(Equivalent Direct Radiation)에 관한 설명으로 틀린 것은?

① 증기의 표준방열량은 $650kcal/m^2h$이다.
② 온수의 표준방열량은 $450kcal/m^2h$이다.
③ 상당방열면적을 의미한다.
④ 방열기의 표준방열량을 전방열량으로 나눈 값이다.

해설

EDR(상당방열면적)은 전방열량을 방열기의 표준방열량으로 나눈 값이다.

$EDR(m^2) = \dfrac{\text{전 방열량}(W)}{\text{표준방열량}(W/m^2)}$

18 전열교환기에 관한 설명으로 틀린 것은?

① 공기조화기기의 용량설계에 영향을 주지 않음
② 열교환기 설치로 설비비와 요구 공간 증가
③ 회전식과 고정식이 있음
④ 배기와 환기의 열교환으로 현열과 잠열을 교환

해설

전열교환기를 적용할 경우 도입되는 외기의 엔탈피를 설정된 실내외 온도와 가깝게 할 수 있으므로, 전열교환기를 적용하지 않는 경우에 대비하여 공기조화기기의 용량을 적게 설계할 수 있는 장점이 있다.

19 냉수코일의 설계상 유의사항으로 옳은 것은?

① 일반적으로 통과 풍속은 2~3m/s로 한다.
② 입구 냉수온도는 $20℃$ 이상으로 취급한다.
③ 관 내의 물의 유속은 4m/s 전후로 한다.
④ 병류형으로 하는 것이 보통이다.

해설

② 냉수코일 방식은 Chiller(Condensing Unit에 냉수증발기를 조합한 것)에서 코일을 배관접속하여 배관 내에 $5{\sim}15℃$ 정도의 냉수를 통수시켜 송풍되는 공기를 냉각·감습한다.

정답 15 ② 16 ① 17 ④ 18 ① 19 ①

③ 관 내의 물의 유속은 1m/s 전후로 한다.
④ 대수평균온도차(LMTD)를 크게 하기 위해 공기의 흐름과 코일 내의 냉수의 흐름이 서로 반대가 되게 하는 대향류형으로 설계하는 것이 보통이다.

20 온수난방에 대한 설명으로 틀린 것은?

① 저온수 난방에서 공급수의 온도는 100℃ 이하이다.
② 사람이 상주하는 주택에서는 복사난방을 주로 한다.
③ 고온수 난방의 경우 밀폐식 팽창탱크를 사용한다.
④ 2관식 역환수 방식에서는 펌프에 가까운 방열기일수록 온수순환량이 많아진다.

해설

역환수 방식은 온수의 공급과 환수량의 합(온수순환량)을 각 방열기에서 동일하게 하여, 온수 유량 밸런싱을 맞추는 환수 방식으로서 펌프에서의 거리와 관계없이 방열기의 온수순환량은 동일하게 된다.

Section 02 **공조냉동설계**

21 그림과 같이 온도(T) - 엔트로피(s)로 표시된 이상적인 랭킨 사이클에서 각 상태의 엔탈피(h)가 다음과 같다면, 이 사이클의 효율은 약 몇 %인가?(단, $h_1 = 30$kJ/kg, $h_2 = 31$kJ/kg, $h_3 = 274$kJ/kg, $h_4 = 668$kJ/kg, $h_5 = 764$kJ/kg, $h_6 = 478$kJ/kg이다.)

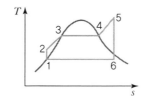

① 39   ② 42
③ 53   ④ 58

해설

$T-s$ 선도에서의 랭킨 사이클 열효율(η) 산출

$$\eta = \frac{(h_5 - h_6) - (h_2 - h_1)}{h_5 - h_2} \times 100(\%)$$

$$= \frac{(764 - 478) - (31 - 30)}{764 - 31} \times 100(\%)$$

$$= 38.9\% = 39\%$$

22 그림과 같은 사이클을 난방용 히트펌프로 사용한다면 이론 성적계수를 구하는 식은 다음 중 어느 것인가?

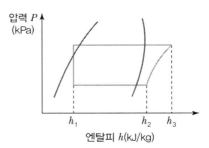

① $COP = \dfrac{h_2 - h_1}{h_3 - h_2}$ ② $COP = 1 + \dfrac{h_3 - h_1}{h_3 + h_2}$

③ $COP = \dfrac{h_2 + h_1}{h_3 + h_2}$ ④ $COP = 1 + \dfrac{h_2 - h_1}{h_3 - h_2}$

해설

히트펌프의 성적계수(COP_H)

$$= \frac{\text{고열원으로 방출하는 열량}}{\text{공급열량}} = \frac{\text{난방능력}}{\text{압축일}} = \frac{q_c}{AW}$$

$$= \frac{h_3 - h_1}{h_3 - h_2} = \frac{(h_3 - h_2) + (h_2 - h_1)}{h_3 - h_2} = 1 + \frac{h_2 - h_1}{h_3 - h_2}$$

23 다음 중 자연냉동법이 아닌 것은?

① 융해열을 이용하는 방법
② 승화열을 이용하는 방법
③ 기한제를 이용하는 방법
④ 증기분사를 하여 냉동하는 방법

정답   20 ④   21 ①   22 ④   23 ④

해설

증기분사를 하여 냉동하는 방법은 설비를 활용한 동결법 중에 하나이다.

자연냉동을 이용한 냉동법

구분	내용
융해열을 이용하는 방법	얼음 등과 같이 물체가 융해할 때에는 융해잠열을 흡수하게 되는 원리를 이용하여 냉동작용을 얻는 방법이다.
승화열을 이용하는 방법	어떤 물질이 고체에서 기체로 변화할 때 흡수하는 열을 이용하여 냉동작용을 얻는 방법이다.
증발열을 이용하는 방법	어떤 물질이 액체에서 기체로 될 때는 증발잠열을 피냉각 물질로부터 흡수하게 되는 원리를 이용하는 방법이다.
기한제를 이용하는 방법	서로 다른 두 물질을 혼합하면 한 종류만을 사용할 때보다 더 낮은 온도를 얻을 수 있는데, 이와 같은 방법을 이용하여 냉동작용을 얻을 수 있고, 이와 같은 혼합물을 기한제라 한다.

24 내부에너지가 30kJ인 물체에 열을 가하여 내부에너지가 50kJ이 되는 동안에 외부에 대하여 10kJ의 일을 하였다. 이 물체에 가해진 열량은?

① 10kJ 　　② 20kJ
③ 30kJ 　　④ 60kJ

해설

밀폐계 내부에너지의 변화(ΔU) 산출

$\Delta U =$ 열량(Q) $-$ 일량(W)

열량(Q) $= \Delta U +$ 일량(W) $= (U_2 - U_1) +$ 일량(W)

$\quad = (50 - 30)\text{kJ} + 10\text{kJ} = 30\text{kJ}$

25 체적이 일정하고 단열된 용기 내에 80℃, 320kPa의 헬륨 2kg이 들어 있다. 용기 내에 있는 회전날개가 20W의 동력으로 30분 동안 회전한다고 할 때 용기 내의 최종 온도는 약 몇 ℃인가?(단, 헬륨의 정적비열은 3.12kJ/kg · K이다.)

① 81.9℃ 　　② 83.3℃
③ 84.9℃ 　　④ 85.8℃

해설

열평형식을 통해 용기 내의 최종 온도(T_2) 산출

헬륨이 얻은 열량(q_H) $=$ 회전날개가 일한 열량(q_W)

$GC_v \Delta T = GC_v(T_2 - T_1) = q_W$

$2\text{kg} \times 3.12\text{kJ/kg} \cdot \text{K}[T_2 - (273 + 80)]$

$= 30\text{W(J/s)} \times 60\text{s} \times 20\text{min} \div 1{,}000\text{kJ}$

$\therefore \ T_2 = 358.8\text{K} = 358.8 - 273 = 85.8℃$

26 유체의 교축과정에서 Joule $-$ Thomson 계수(μ_J)가 중요하게 고려되는데 이에 대한 설명으로 옳은 것은?

① 등엔탈피 과정에 대한 온도 변화와 압력 변화의 비를 나타내며 $\mu_J < 0$인 경우 온도 상승을 의미한다.
② 등엔탈피 과정에 대한 온도 변화와 압력 변화의 비를 나타내며 $\mu_J < 0$인 경우 온도 강하를 의미한다.
③ 정적과정에 대한 온도 변화와 압력 변화의 비를 나타내며 $\mu_J < 0$인 경우 온도 상승을 의미한다.
④ 정적과정에 대한 온도 변화와 압력 변화의 비를 나타내며 $\mu_J < 0$인 경우 온도 강하를 의미한다.

해설

줄 $-$ 톰슨 계수는 $\mu_J = \dfrac{\partial T}{\partial P}$ 이다.

본 과정은 교축과정으로서 등엔탈피 과정이며, $\mu_J < 0$인 경우 교축과정에 따라 압력이 감소($-$)할 때 온도는 증가($+$)하는 것을 의미한다. $\mu_J > 0$인 경우는 두 부호가 모두 같은 경우로서, 교축과정에 따라 압력이 감소($-$)할 때 온도도 함께 감소($-$)하는 것을 의미한다. $\mu_J > 0$ 부분에서 온도가 감소하여 냉동효과가 발생하게 된다.

27 증발기에서의 착상이 냉동장치에 미치는 영향에 대한 설명으로 옳은 것은?

① 압축비 및 성적계수 감소
② 냉각능력 저하에 따른 냉장실 내 온도 강하
③ 증발온도 및 증발압력 강하
④ 냉동능력에 대한 소요동력 감소

해설

착상(적상)의 영향
• 전열 불량으로 냉장실 내 온도 상승 및 액압축 초래
• 증발압력 저하로 압축비 상승
• 증발온도 및 증발압력 저하
• 실린더 과열로 토출가스 온도 상승
• 윤활유의 열화 및 탄화 우려
• 체적효율 저하 및 압축기 소비동력 증대
• 성적계수 및 냉동능력 감소

28 다음 중 기체상수(Gas Constant, R, kJ/kg · K) 값이 가장 큰 기체는?

① 산소(O_2)　　② 수소(H_2)
③ 일산화탄소(CO)　④ 이산화탄소(CO_2)

해설

기체상수는 해당 기체의 몰질량(kg/kmol) 또는 분자량에 반비례한다.

기체상수 산출식 $R = \dfrac{R_u}{m}$

여기서, R_u : 일반기체상수(8.314kJ/kg · K)

각 기체의 분자량
① 산소(O_2) : 32
② 수소(H_2) : 2
③ 일산화탄소(CO) : 28
④ 이산화탄소(CO_2) : 44

29 냉동장치 내 공기가 혼입되었을 때, 나타나는 현상으로 옳은 것은?

① 응축기에서 소리가 난다.
② 응축온도가 떨어진다.

③ 토출온도가 높다.
④ 증발압력이 낮아진다.

해설

냉동장치 내에 공기가 혼입되면, 혼입된 공기에 의해 응축압력(온도)이 상승하며, 이에 따라 압축기의 토출가스 압력(온도)이 상승한다. 이는 압축기 실린더의 과열, 냉동능력의 감소, 소비동력의 증가를 수반하게 된다.

30 밀폐시스템에서 초기 상태가 300K, 0.5m³인 이상기체를 등온과정으로 150kPa에서 600kPa까지 천천히 압축하였다. 이 압축과정에 필요한 일은 약 몇 kJ인가?

① 104　　　　② 208
③ 304　　　　④ 612

해설

등온과정에서 필요한 일(W) 산출

$$W = \int_1^2 P dv = P_1 V_1 \ln\left(\frac{P_2}{P_1}\right)$$
$$= 150\text{kPa} \times 0.5\text{m}^3 \times \ln\left(\frac{600}{150}\right) = 104\text{kJ}$$

31 그림과 같은 Rankine 사이클로 작동하는 터빈에서 발생하는 일은 약 몇 kJ/kg인가?(단, h는 엔탈피, s는 엔트로피를 나타내며, $h_1 = 191.8$kJ/kg, $h_2 = 193.8$kJ/kg, $h_3 = 2,799.5$kJ/kg, $h_4 = 2,007.5$kJ/kg이다.)

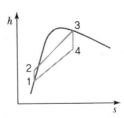

① 2.0kJ/kg　　② 792.0kJ/kg
③ 2,605.7kJ/kg　④ 1,815.7kJ/kg

> 해설

랭킨 사이클에서의 일(AW)은 단열팽창(터빈)과정($3 \rightarrow 4$)이므로,

$$AW = h_3 - h_4 = 2,799.5 - 2,007.5 = 792 \text{kJ/kg}$$

32 이상적인 카르노 사이클의 열기관이 500℃ 인 열원으로부터 500kJ을 받고, 25℃에 열을 방출한다. 이 사이클의 일(W)과 효율(η_{th})은 얼마인가?

① $W = 307.3 \text{kJ}, \ \eta_{th} = 0.6145$

② $W = 207.2 \text{kJ}, \ \eta_{th} = 0.5748$

③ $W = 250.3 \text{kJ}, \ \eta_{th} = 0.8316$

④ $W = 401.5 \text{kJ}, \ \eta_{th} = 0.6517$

> 해설

카르노 사이클의 일(W)과 효율(η_{th}) 산출

• 효율(η_{th}) 산출

$$\eta_{th} = 1 - \frac{T_L}{T_H} = 1 - \frac{273 + 25}{273 + 500} = 0.6145$$

• 일량(W) 산출

$$\eta_{th} = \frac{\text{생산일}(W)}{\text{공급열량}(Q)}$$

$$0.6145 = \frac{W}{500 \text{kJ}}$$

$$W = 307.3 \text{kJ}$$

33 시간당 380,000kg의 물을 공급하여 수증기를 생산하는 보일러가 있다. 이 보일러에 공급하는 물의 엔탈피는 830kJ/kg이고, 생산되는 수증기의 엔탈피는 3,230kJ/kg이라고 할 때, 발열량이 32,000kJ/kg인 석탄을 시간당 34,000kg씩 보일러에 공급한다면 이 보일러의 효율은 약 몇 %인가?

① 66.9%

② 71.5%

③ 77.3%

④ 83.8%

> 해설

보일러 효율(η) 산출

$$\eta = \frac{\text{증기발생량} \times \text{엔탈피 변화량}}{\text{연료소비량} \times \text{연료의 저위발열량}}$$

$$= \frac{G(h_2 - h_1)}{G_f \times H_L} = \frac{380,000 \text{kg/h}(3,230 - 830)}{34,000 \text{kg/h} \times 32,000 \text{kJ/kg}}$$

$$= 0.838 = 83.8\%$$

34 다음 그림은 2단 압축 암모니아 사이클을 나타낸 것이다. 냉동능력이 2RT인 경우 저단 압축기의 냉매순환량(kg/h)은?(단, 1RT는 3.8kW이다.)

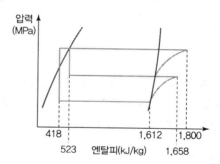

① 10.1

② 22.9

③ 32.5

④ 43.2

> 해설

저단 측 냉매순환량(G_L) 산출

$$G_L = \frac{Q_e}{\Delta h} = \frac{2RT \times 3.8 \text{kW} \times 3,600}{1,612 \text{kJ/kg} - 418 \text{kJ/kg}} = 22.9 \text{kg/h}$$

35 다음 중 흡수식 냉동기의 용량제어 방법으로 적당하지 않은 것은?

① 흡수기 공급흡수제 조절

② 재생기 공급용액량 조절

③ 재생기 공급증기 조절

④ 응축수량 조절

> 해설

흡수식 냉동기의 용량제어는 냉매(물)량을 통해 진행하게 되며, 흡수기에서 냉매를 흡수하는 역할을 하는 흡수제의 조절은 용량제어 방법에 해당하지 않는다.

36 단면이 1m²인 단열재를 통하여 0.3kW의 열이 흐르고 있다. 이 단열재의 두께는 2.5cm이고 열전도계수가 0.2W/m℃일 때 양면 사이의 온도차(℃)는?

① 54.5

② 42.5

③ 37.5

④ 32.5

해설

양면 사이의 온도차(Δt) 산출

$q = KA\Delta t$

$q = \dfrac{\lambda}{d} A\Delta t$

$0.3\text{kW} \times 10^3 = \dfrac{0.2\text{W/m℃}}{0.025\text{m}} \times 1\text{m}^2 \times \Delta t$

$\therefore \Delta t = 37.5℃$

37 클라우지우스(Clausius) 적분 중 비가역 사이클에 대하여 옳은 식은?(단, Q는 시스템에 공급되는 열, T는 절대온도를 나타낸다.)

① $\oint \dfrac{\delta Q}{T} = 0$

② $\oint \dfrac{\delta Q}{T} < 0$

③ $\oint \dfrac{\delta Q}{T} > 0$

④ $\oint \dfrac{\delta Q}{T} \geq 0$

해설

클라우지우스(Clausius)의 적분 : $\oint \dfrac{\delta Q}{T} \leq 0$

• 가역 과정 : $\oint \dfrac{\delta Q}{T} = 0$

• 비가역 과정 : $\oint \dfrac{\delta Q}{T} < 0$

38 냉동장치에서 흡입압력조정밸브는 어떤 경우를 방지하기 위해 설치하는가?

① 흡입압력이 설정압력 이상으로 상승하는 경우

② 흡입압력이 일정한 경우

③ 고압 측 압력이 높은 경우

④ 수액기의 액면이 높은 경우

해설

흡입압력조정밸브(SPR : Suction Pressure Regulator)

• 흡입압력, 증발압력(온도)이 소정압력(온도) 이상이 되는 것을 방지(증발온도의 고온화 방지)하는 역할을 한다.

• 압축기 흡입 측 배관에 설치한다.

39 25℃ 원수 1,000kg을 1일 동안에 −9℃의 얼음으로 만드는 데 필요한 냉동능력(RT)은?(단, 열손실은 없으며, 동결잠열 334kJ/kg, 원수의 비열 4.19kJ/kg · K, 얼음의 비열 2.1kJ/kg · K이며, 1RT는 3.86kW로 한다.)

① 1.37

② 1.88

③ 2.38

④ 2.88

해설

냉동능력(RT) $= \dfrac{\begin{array}{l} 1{,}000\text{kg} \times (25 \times 4.19\text{kJ/kg} \cdot \text{K} \\ + 334\text{kJ/kg} + 9 \times 2.1\text{kJ/kg} \cdot \text{K}) \end{array}}{3.86 \times 24 \times 3{,}600}$

$= 1.37\text{RT}$

40 다음의 열역학 상태량 중 종량성 상태량(Extensive Property)에 속하는 것은?

① 압력

② 체적

③ 온도

④ 밀도

해설

열역학적 상태량(Property)의 구분

구분	개념	종류
강도성 상태량 (Intensive Property)	물질이 가지는 질량의 크기에 관계없는 상태량	온도, 압력, 밀도, 비체적 등
종량성 상태량 (Extensive Property)	물질의 질량에 따라서 값이 변하는 상태량	무게, 질량, 엔탈피, 내부에너지, 엔트로피, 체적 등

41 다음 중 중대재해에 속하는 것은?

① 부상자 또는 직업성 질병자가 동시에 5명 이상 발생한 재해

② 부상자 또는 직업성 질병자가 동시에 10명 이상 발생한 재해

③ 1개월 이상의 요양이 필요한 부상자가 동시에 1명 이상 발생한 재해

④ 3개월 이상의 요양이 필요한 부상자가 동시에 1명 이상 발생한 재해

해설

중대재해(산업안전보건법 제2조)
산업재해 중 사망 등 재해 정도가 심하거나 다수의 재해자가 발생한 경우로서 고용노동부령으로 정하는 재해를 말한다.

고용노동부령으로 정하는 재해(산업안전보건법 시행규칙 제3조)
• 사망자가 1명 이상 발생한 재해
• 3개월 이상의 요양이 필요한 부상자가 동시에 2명 이상 발생한 재해
• 부상자 또는 직업성 질병자가 동시에 10명 이상 발생한 재해

42 기계설비법령에 따른 기계설비 시공자의 업무에 해당하지 않는 것은?

① 기계설비 착공 전 확인표 작성
② 기계설비 사용 전 확인표 작성
③ 기계설비 성능확인서 작성
④ 기계설비 착공적합확인서 작성

해설

기계설비 착공적합확인서의 작성은 기계설비 감리업무 수행자의 업무사항이다.

기계설비의 착공 전 확인과 사용 전 검사 시 기계설비 시공자 및 감리업무 수행자의 업무(기계설비 기술기준)
㉠ 기계설비 시공자
• 기계설비 착공 전 확인표 작성
• 기계설비 사용 전 확인표 작성
• 기계설비 성능확인서 작성
• 기계설비 안전확인서 작성
㉡ 감리업무 수행자
• 기계설비 착공적합확인서 작성
• 기계설비 사용적합확인서 작성

43 다음 보기는 고압가스 안전관리법령에 따른 고압가스 관련 용어의 정의이다. ㉠에 알맞은 것은?

초저온저장탱크는 섭씨 영하 (㉠)도 이하의 액화가스를 저장하기 위한 저장탱크로서 단열재를 씌우거나 냉동설비로 냉각시키는 등의 방법으로 저장탱크 내의 가스온도가 상용의 온도를 초과하지 아니하도록 한 것을 말한다.

① 20
② 30
③ 40
④ 50

해설

초저온저장탱크(고압가스 안전관리법 시행규칙 제2조)
섭씨 영하 50도 이하의 액화가스를 저장하기 위한 저장탱크로서 단열재를 씌우거나 냉동설비로 냉각시키는 등의 방법으로 저장탱크 내의 가스온도가 상용의 온도를 초과하지 아니하도록 한 것을 말한다.

44 고압가스 안전관리법령에 따른 벌칙 규정 중 2년 이하의 징역 또는 2천만 원 이하의 벌금에 해당하지 않는 것은?

① 허가를 받지 아니하고 고압가스를 제조한 자
② 허가를 받지 아니하고 저장소를 설치하거나 고압가스를 판매한 자
③ 안전점검을 실시하지 아니한 자 또는 시설기준과 기술기준을 위반한 자
④ 기준에 따르지 아니하고 굴착작업을 한 자

해설

안전점검을 실시하지 아니한 자 또는 시설기준과 기술기준을 위반한 자의 경우에는 1년 이하의 징역 또는 1천만원 이하의 벌금에 해당한다.

45 다음 중 기계설비 유지관리기준에 따른 기계설비의 성능점검 시 점검항목이 아닌 것은?

① 기계설비시스템 검토
② 성능개선계획 수립
③ 유지관리비용 최소화 방안 검토
④ 에너지사용량 검토

해설

기계설비의 성능점검 시 검토사항(기계설비 유지관리기준)

점검항목	세부검토사항
기계설비시스템 검토	• 유지관리지침서의 적정성 • 기계설비시스템의 작동상태 • 점검대상 현황표상의 설계값과 측정값 일치 여부
성능개선계획 수립	• 기계설비의 내구연수에 따른 노후도 • 성능점검표에 따른 부적합 및 개선사항 • 성능개선 필요성 및 연도별 세부개선계획
에너지사용량 검토	냉난방설비 등 분류별 에너지 사용량

※ 관리주체가 성능점검을 대행하게 하는 경우, 기계설비 성능점검 시 검토사항은 특급 책임기계설비유지관리자가 작성해야 한다.

46 어떤 코일에 흐르는 전류가 0.01초 사이에 일정하게 50A에서 10A로 변할 때 20V의 기전력이 발생할 경우 자기 인덕턴스(mH)는?

① 5
② 10
③ 20
④ 40

해설

자기 인덕턴스(L) 산출

$$L = -\frac{dt}{dI} \times e = -\frac{0.01}{10-50} \times 20$$

$$= 0.005H = 5mH$$

47 유도전동기에서 슬립이 '0'이란 의미와 같은 것은?

① 유도제동기의 역할을 한다.
② 유도전동기가 정지상태이다.
③ 유도전동기가 전부하 운전상태이다.
④ 유도전동기가 동기속도로 회전한다.

해설

슬립(Slip)은 동기속도에 대한 동기속도와 회전자속도 차와의 비를 말하며, 회전자속도가 동기속도와 동일하게 회전하면 슬립(s)은 0이 된다.

슬립(s) 산출식($s=0$)

$$s = \frac{N_s - N}{N_s} = 0$$

$$N_s - N = 0 \quad \therefore \ N_s = N$$

여기서, N : 회전자속도(rpm)

N_s : 동기속도(rpm)

48 피드백 제어계에서 제어장치가 제어대상에 가하는 제어신호로 제어장치의 출력인 동시에 제어대상의 입력인 신호는?

① 목표값
② 조작량
③ 제어량
④ 동작신호

해설

조작량은 제어대상에 양을 가하는 출력인 동시에 제어대상의 입력신호이다.

① 목표값 : 제어량이 어떤 값을 목표로 정하도록 외부에서 주어지는 값이 다.(피드백 제어계에서는 제외되는 신호)
③ 제어량 : 제어대상에 속하는 양으로, 제어대상을 제어하는 것을 목적으로 하는 물리적인 양을 말한다.(출력 발생 장치)
④ 동작신호 : 제어요소에 가해지는 신호를 말하며 불연속 동작, 연속 동작으로 분류된다.

49 논리식 $L = \overline{x} \cdot \overline{y} + \overline{x} \cdot y$를 간단히 한 식은?

① $L = x$ ② $L = \overline{x}$

③ $L = y$ ④ $L = \overline{y}$

[해설]

$L = \overline{x} \cdot \overline{y} + \overline{x} \cdot y = \overline{x}(\overline{y} + y) = \overline{x} \cdot 1 = \overline{x}$

50 역률 0.85, 선전류 50A, 유효전력 28kW인 평형 3상 △부하의 전압(V)은 약 얼마인가?

① 300   ② 380

③ 476   ④ 660

[해설]

3상 △부하의 전압(V) 산출

$P = \sqrt{3}\,VI\cos\theta$

$V = \dfrac{P}{\sqrt{3}\,I\cos\theta} = \dfrac{28\text{kW} \times 10^3}{\sqrt{3} \times 50\text{A} \times 0.85} = 380.37 = 380\text{V}$

여기서, P : 유효전력(kW), V : 전압(V)

I : 전류(A), $\cos\theta$: 역률

51 일정 전압의 직류전원 V에 저항 R을 접속하니 정격전류 I가 흘렀다. 정격전류 I의 130%를 흘리기 위해 필요한 저항은 약 얼마인가?

① $0.6R$ ② $0.77R$

③ $1.3R$ ④ $3R$

[해설]

옴의 법칙에 의해 전류와 저항은 서로 반비례한다. $\left(R \propto \dfrac{1}{I}\right)$

그러므로 정격전류를 130% 흘리려면,

저항 $R_2 = \dfrac{1}{1.3}R_1 = 0.77R_1$

여기서 R_1 : 기존 저항

$\qquad R_2$: 변경(필요)저항

52 그림과 같은 제어에 해당하는 것은?

① 개방 제어   ② 시퀀스 제어

③ 개루프 제어   ④ 폐루프 제어

[해설]

폐루프 제어에 대한 계통이며, 폐루프 제어를 피드백 제어라고도 한다.

53 변압기의 1차 및 2차의 전압, 권선수, 전류를 각각 E_1, N_1, I_1 및 E_2, N_2, I_2라고 할 때 성립하는 식으로 옳은 것은?

① $\dfrac{E_2}{E_1} = \dfrac{N_1}{N_2} = \dfrac{I_2}{I_1}$ ② $\dfrac{E_1}{E_2} = \dfrac{N_2}{N_1} = \dfrac{I_1}{I_2}$

③ $\dfrac{E_2}{E_1} = \dfrac{N_2}{N_1} = \dfrac{I_1}{I_2}$ ④ $\dfrac{E_1}{E_2} = \dfrac{N_1}{N_2} = \dfrac{I_1}{I_2}$

[해설]

전압, 권선수, 전류 간의 관계

$n = \dfrac{N_1}{N_2} = \dfrac{E_1}{E_2} = \dfrac{I_2}{I_1} = \sqrt{\dfrac{Z_1}{Z_2}}$

여기서, N_1, N_2 : 1차, 2차 권수

$\qquad E_1$(V), E_2(V) : 1차, 2차 유도 기전력

$\qquad I_1$(A), I_2(A) : 1차, 2차 전류

$\qquad Z_1(\Omega)$, $Z_2(\Omega)$: 1차, 2차 임피던스

54 다음 중 불연속 제어에 속하는 것은?

① 비율제어   ② 비례제어

③ 미분제어   ④ On−Off 제어

[해설]

비율제어, 비례제어, 미분제어는 연속동작에 해당한다.

제어동작의 종류

선형 동작	기본동작	비례제어 P(Proportional) 동작
		적분제어 I(Integral) 동작
		미분제어 D(Differential) 동작
	종합동작	비례적분제어 PI 동작
		비례미분제어 PD 동작
		비례적분미분제어 PID 동작
비선형 동작	공간적 불연속 동작	2위치(On−Off) 동작
		다위치 동작
		단속도 동작
	시간적 불연속 동작	시간비례 동작

55 저항 8Ω과 유도 리액턴스 6Ω이 직렬접속된 회로의 역률은?

① 0.6
② 0.8
③ 0.9
④ 1

> **해설**

역률($\cos\theta$)의 산출

$$역률(\cos\theta) = \frac{저항(R)}{임피던스(Z)} = \frac{R}{\sqrt{R^2 + X_L^2}} = \frac{8}{\sqrt{8^2 + 6^2}}$$

$$= 0.8$$

여기서, X_L : 유도 리액턴스(Ω)

56 정현파 교류의 실효값(V)과 최댓값(V_m)의 관계식으로 옳은 것은?

① $V = \sqrt{2}\, V_m$
② $V = \dfrac{1}{\sqrt{2}}\, V_m$
③ $V = \sqrt{3}\, V_m$
④ $V = \dfrac{1}{\sqrt{3}}\, V_m$

> **해설**

정현파 교류의 실효값(V)은 교류의 크기를 교류와 동일한 일을 하는 직류의 크기로 바꾸어 나타냈을 때의 값을 의미하며, 최댓값($V_{\max}$)은 교류의 순시값 중 가장 큰 값을 의미한다. 이때 실효값(V)과 최댓값($V_{\max}$)의 관계는 최댓값($V_{\max}$)이 실효값(V)의 $\sqrt{2}$ 배만큼 크게 된다.

그러므로 $V_{\max} = \sqrt{2}\, V \rightarrow V = \dfrac{V_{\max}}{\sqrt{2}}$ 가 된다.

57 다음 설명에 알맞은 전기 관련 법칙은?

회로 내의 임의의 폐회로에서 한쪽 방향으로 일주하면서 취할 때 공급된 기전력의 대수합은 각 회로 소자에서 발생한 전압강하의 대수합과 같다.

① 옴의 법칙
② 가우스 법칙
③ 쿨롱의 법칙
④ 키르히호프의 법칙

> **해설**

보기는 키르히호프의 법칙(Kirchhoff's Law) 중 제2법칙에 대한 설명이다.

키르히호프의 법칙(Kirchhoff's Law)

구분	내용
제1법칙 (전류 평형의 법칙)	전기회로의 어느 접속점에서도 접속점에 유입하는 전류의 합은 유출하는 전류의 합과 같다.
제2법칙 (전압 평형의 법칙)	전기회로의 기전력의 합은 전기회로에 포함된 저항 등에서 발생하는 전압강하의 합과 같다.

58 그림과 같은 계통의 전달함수는?

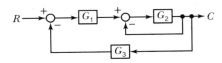

① $\dfrac{G_1 G_2}{1 + G_2 G_3}$
② $\dfrac{G_1 G_2}{1 + G_1 + G_2 G_3}$
③ $\dfrac{G_1 G_2}{1 + G_2 + G_1 G_2 G_3}$
④ $\dfrac{G_1 G_2}{1 + G_1 G_2 + G_2 G_3}$

> **해설**

$$전달함수\ G(s) = \frac{C}{R} = \frac{전향경로의\ 합}{1 - 피드백의\ 합}$$

$$= \frac{G_1 G_2}{1 - (-G_2 - G_1 G_2 G_3)}$$

$$= \frac{G_1 G_2}{1 + G_2 + G_1 G_2 G_3}$$

정답   55 ②   56 ②   57 ④   58 ③

59 물체의 위치, 방위, 자세 등의 기계적 변위를 제어량으로 하여 목표값의 임의의 변화에 항상 추종되도록 구성된 제어장치는?

① 서보기구
② 자동조정
③ 정치제어
④ 프로세스 제어

[해설]

서보기구
• 물체의 위치, 방위, 자세, 각도 등의 기계적 변위를 제어량으로 해서 목표값이 임의의 변화에 추종하도록 구성된 제어계이다.
• 비행기 및 선박의 방향제어계, 미사일 발사대의 자동 위치제어계, 추적용 레이더, 자동 평형 기록계 등에 적용되고 있다.

60 회로에서 A와 B 간의 합성 저항은 약 몇 Ω인가?(단, 각 저항의 단위는 모두 Ω이다.)

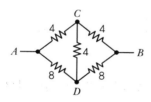

① 2.66
② 3.2
③ 5.33
④ 6.4

[해설]

휘트스톤 브리지 회로에서의 합성 저항(R)의 산출
휘트스톤 브리지 회로에서 마주보는 저항들 간의 곱의 크기가 서로 같으므로, CD의 4Ω은 개방상태로 간주할 수 있다.

$$R = \cfrac{1}{\cfrac{1}{R_{ACB}} + \cfrac{1}{R_{ADB}}}$$
$$= \cfrac{1}{\cfrac{1}{4+4} + \cfrac{1}{8+8}} = 5.33\Omega$$

61 전기가 정전되어도 계속하여 급수를 할 수 있으며 급수오염 가능성이 적은 급수 방식은?

① 압력탱크 방식
② 수도직결 방식
③ 부스터 방식
④ 고가탱크 방식

[해설]

수도직결 방식은 상수도 본관의 압력을 이용해 직접 급수전까지 급수를 공급하는 방식으로서, 별도의 저수를 하지 않고 상수도를 그대로 활용하기 때문에 급수오염 가능성이 적어지게 된다.

62 증기트랩의 종류를 대분류한 것으로 가장 거리가 먼 것은?

① 박스 트랩
② 기계적 트랩
③ 온도조절 트랩
④ 열역학적 트랩

[해설]

증기트랩의 분류
• 기계적 트랩 : 증기와 응축수 간의 비중차를 이용한다.
• 열동식 트랩(온도조절식 트랩) : 증기와 응축수 간의 온도차를 이용한다.
• 열역학적 트랩 : 증기와 응축수 간의 운동에너지 차를 이용한다.

63 도시가스 배관 매설에 대한 설명으로 틀린 것은?

① 배관을 철도부지에 매설하는 경우 배관의 외면으로부터 궤도 중심까지 거리는 4m 이상 유지할 것
② 배관을 철도부지에 매설하는 경우 배관의 외면으로부터 철도부지 경계까지 거리는 0.6m 이상 유지할 것
③ 배관을 철도부지에 매설하는 경우 지표면으로부터 배관의 외면까지의 깊이는 1.2m 이상 유지할 것
④ 배관의 외면으로부터 도로의 경계까지 수평거리 1m 이상 유지할 것

배관의 매설깊이(도시가스사업법 시행규칙 별표 5)
배관을 철도부지에 매설하는 경우에는 배관의 외면으로부터 궤도 중심까지 4m 이상, 그 철도부지 경계까지는 1m 이상의 거리를 유지하고, 지표면으로부터 배관의 외면까지의 깊이를 1.2m 이상 유지할 것

64 저장탱크 내부에 가열코일을 설치하고 코일 속에 증기를 공급하여 물을 가열하는 급탕법은?

① 간접가열식　　　② 기수혼합식
③ 직접가열식　　　④ 가스순간탕비식

해설

간접가열식
- 저탕조 내에 안전밸브와 가열코일을 설치하고 증기 또는 고온수를 통과시켜 저탕조 내의 물을 간접적으로 가열하는 방식이다.
- 증기보일러에서 공급된 증기로 열교환기에서 냉수를 가열하여 온수를 공급하는 방식으로서, 저장탱크에 설치된 서모스탯에 의해 증기공급량이 조절되어 일정한 온수를 얻을 수 있다.

65 급수량 산정에 있어서 시간평균 예상급수량(Q_h)이 3,000L/h였다면, 순간최대 예상급수량(Q_p)은?

① 70~100L/min　　② 150~200L/min
③ 225~250L/min　　④ 275~300L/min

해설

순간최대 예상급수량(Q_p)은 시간평균급수량(Q_h)의 약 3~4배이다.

$$Q_p(\text{L/min}) = \frac{3 \sim 4 Q_h}{60}$$
$$= \frac{(3 \sim 4) \times 3,000 \text{L}}{60}$$
$$= 150 \sim 200 \text{L/min}$$

66 염화비닐관의 설명으로 틀린 것은?

① 열팽창률이 크다.
② 관 내 마찰손실이 적다.
③ 산, 알칼리 등에 대해 내식성이 적다.
④ 고온 또는 저온의 장소에 부적당하다.

해설

(경질)염화비닐관(PVC관)의 특성
- 내화학적(내산 및 내알칼리)이다.
- 내열성이 취약하다.
- 마찰손실이 적고, 전기 절연성과 열팽창률이 크다.

67 동력 나사 절삭기의 종류 중 관의 절단, 나사 절삭, 거스러미 제거 등의 작업을 연속적으로 할 수 있는 유형은?

① 리드형　　　② 호브형
③ 오스터형　　④ 다이헤드형

해설

다이헤드형 동력 나사 절삭기는 관의 절삭, 절단, 리밍, 거스러미 제거 등을 연속으로 진행할 수 있는 기기이다.

68 다음 중 동관의 이음방법과 가장 거리가 먼 것은?

① 플레어 이음
② 납땜 이음
③ 플랜지 이음
④ 소켓 이음

해설

소켓 이음은 주철관 이음에 적용하는 방식이다.

동관의 이음방법
플레어 이음, 납땜 이음, 플랜지 이음, 용접 이음, 경납땜 등

69 증기난방 배관 시공법에 대한 설명으로 틀린 것은?

① 증기주관에서 지관을 분기하는 경우 관의 팽창을 고려하여 스위블 이음법으로 한다.
② 진공환수식 배관의 증기주관은 1/100~1/200 선상향 구배로 한다.
③ 주형 방열기는 일반적으로 벽에서 50~60mm 정도 떨어지게 설치한다.
④ 보일러 주변의 배관방법에서는 증기관과 환수관 사이에 밸런스관을 달고, 하트퍼드(Hartford) 접속법을 사용한다.

> **해설**
>
> 진공환수식 배관의 증기주관은 1/200~1/300 선하향(앞내림) 구배로 한다.

70 도시가스계량기(30m³/h 미만)의 설치 시 바닥으로부터 설치높이로 가장 적합한 것은?(단, 설치높이의 제한을 두지 않는 특정 장소는 제외한다.)

① 0.5m 이하
② 0.7m 이상 1m 이내
③ 1.6m 이상 2m 이내
④ 2m 이상 2.5m 이내

> **해설**
>
> **도시가스계량기 설치기준**
> - 전기계량기, 전기개폐기, 전기안전기에서 60cm 이상 이격 설치
> - 전기점멸기(스위치), 전기콘센트, 굴뚝과는 30cm 이상 이격 설치
> - 저압전선에서 15cm 이상 이격 설치
> - 설치높이는 바닥(지면)에서 1.6~2.0m 이내 설치
> - 계량기는 화기와 2m 이상의 우회거리 유지 및 양호한 환기 처리가 필요

71 리버스 리턴 배관 방식에 대한 설명으로 틀린 것은?

① 각 기기 간의 배관회로 길이가 거의 같다.
② 저항의 밸런싱을 취하기 쉽다.
③ 개방회로 시스템(Open Loop System)에서 권장된다.
④ 환수관이 2중이므로 배관 설치 공간이 커지고 재료비가 많이 든다.

> **해설**
>
> 리버스 리턴 배관 방식은 밀폐계 배관에서 유량의 밸런싱을 위해 적용되는 배관 방식이다.

72 상수 및 급탕배관에서 상수 이외의 배관 또는 장치가 접속되는 것을 무엇이라고 하는가?

① 크로스 커넥션
② 역압 커넥션
③ 사이펀 커넥션
④ 에어캡 커넥션

> **해설**
>
> **크로스 커넥션(Cross Connection)**
> 상수 및 급탕배관에 상수 이외의 배관(중수도 배관 등)이 잘못 연결되는 것을 말하며, 배관 색상 등을 명확히 구분하는 등 예방책이 필요하다.

73 배관작업용 공구의 설명으로 틀린 것은?

① 파이프 리머(Pipe Reamer) : 관을 파이프 커터 등으로 절단한 후 관 단면의 안쪽에 생긴 거스러미(Burr)를 제거
② 플레어링 툴(Flaring Tool) : 동관을 압축 이음 하기 위하여 관 끝을 나팔 모양으로 가공
③ 파이프 바이스(Pipe Vice) : 관을 절단하거나 나사 이음을 할 때 관이 움직이지 않도록 고정
④ 사이징 툴(Sizing Tool) : 동일 지름의 관을 이음쇠 없이 납땜 이음을 할 때 한쪽 관 끝을 소켓 모양으로 가공

사이징 툴(Sizing Tool)은 동관의 끝부분을 원형으로 정형하는 공구이다.

74 급수온도 5℃, 급탕온도 60℃, 가열 전 급탕설비의 전수량은 2m³, 급수와 급탕의 압력차는 50kPa일 때, 절대압력 300kPa의 정수두가 걸리는 위치에 설치하는 밀폐식 팽창탱크의 용량(m³)은?(단, 팽창탱크의 초기 봉입 절대압력은 300 kPa이고, 5℃일 때 밀도는 1,000kg/m³, 60℃일 때 밀도는 983.1kg/m³이다.)

① 0.83 　　　　② 0.57
③ 0.24 　　　　④ 0.17

밀폐식 팽창탱크의 용량(V) 산출

- $\Delta V = \left(\dfrac{1}{\rho_2} - \dfrac{1}{\rho_1} \right) V$

$\quad = \left(\dfrac{1}{0.9831 \text{kg/L}} - \dfrac{1}{1 \text{kg/L}} \right) \times 2,000 \text{L}$

$\quad = 34.38 \text{L}$

여기서, ΔV : 온수의 체적팽창량(L)

$\qquad \rho_1$: 온도 변화 전(급수)의 물의 밀도(kg/L)

$\qquad \rho_2$: 온도 변화 후(급탕)의 물의 밀도(kg/L)

$\qquad V$: 장치 내의 전수량(L)

- $V = \dfrac{\Delta V}{P_a \left(\dfrac{1}{P_0} - \dfrac{1}{P_m} \right)}$

$\quad = \dfrac{34.38 \text{L}}{300 \left(\dfrac{1}{300} - \dfrac{1}{350} \right)}$

$\quad = 240.66 \text{L} = 0.24 \text{m}^3$

여기서, V : 밀폐식 팽창탱크 용량(L)

$\qquad P_a$: 팽창탱크의 가압력(설치하는 위치의 압력)(kPa, 절대압력)

$\qquad P_0$: 장치 만수 시의 절대압력(최소압력, 초기압력)(kPa, 절대압력)

$\qquad P_m$: 팽창탱크 최고사용압력(kPa, 절대압력)

75 공조배관설비에서 수격작용의 방지방법으로 틀린 것은?

① 관 내의 유속을 낮게 한다.
② 밸브는 펌프 흡입구 가까이 설치하고 제어한다.
③ 펌프에 플라이휠(Fly Wheel)을 설치한다.
④ 서지탱크를 설치한다.

수격작용은 펌프의 토출 측에서 발생하므로 밸브는 펌프의 토출구 가까이 설치하고 제어하여야 한다.

76 유체 흐름의 방향을 바꾸어 주는 관 이음쇠는?

① 리턴 벤드 　　　　② 리듀서
③ 니플 　　　　　　④ 유니언

② 리듀서 : 관경이 다른 두 관을 직선 연결할 때 사용한다.
③ 니플 : 부속과 부속을 연결할 때 사용한다.
④ 유니언 : 배관의 조립, 분해를 용이하게 이어주는 방식으로서 주로 소구경에 적용한다.

77 길이 30m의 강관의 온도 변화가 120℃일 때 강관에 대한 열팽창량은?(단, 강관의 열팽창계수는 11.9×10^{-6} mm/mm℃이다.)

① 42.8mm 　　　　② 42.8cm
③ 42.8m 　　　　④ 4.28mm

관의 열팽창량(ΔL) 산출

$\Delta L = L \cdot \alpha \cdot \Delta t$

$\quad = 30 \text{m} \times 10^3 (\text{mm}) \times 11.9 \times 10^{-6} \text{mm/mm℃} \times 120℃$

$\quad = 42.84 = 42.8 \text{mm}$

78 배관을 지지장치에 완전하게 구속시켜 움직이지 못하도록 한 장치는?

① 리지드 행거   ② 앵커

③ 스토퍼   ④ 브레이스

해설

앵커(Anchor)에 대한 설명이며, 배관의 열팽창에 대응하는 리스트레인트(Restraint)의 종류는 다음과 같다.

종류	내용
앵커(Anchor)	관의 이동 및 회전을 방지하기 위하여 배관을 완전 고정한다.
스토퍼(Stopper)	일정한 방향의 이동과 관의 회전을 구속한다.
가이드(Guide)	관의 축과 직각방향의 이동을 구속한다. 배관 라인의 축방향의 이동을 허용하는 안내 역할도 담당한다.

79 증기 및 물배관 등에서 찌꺼기를 제거하기 위하여 설치하는 부속품은?

① 유니언   ② P트랩

③ 부싱   ④ 스트레이너

해설

스트레이너는 배관 중에 설치되어 배관의 찌꺼기를 제거하는 역할을 한다.

80 패킹재의 선정 시 고려사항으로 관 내 유체의 화학적 성질이 아닌 것은?

① 점도   ② 부식성

③ 휘발성   ④ 용해능력

해설

점도는 관 내 유체의 성질 중 물리적 성질에 해당한다.

패킹재의 선정 시 고려되는 관 내 유체의 성질

구분	성질
물리적 성질	온도, 압력, 가스체와 액체의 구분, 밀도, 점도 등
화학적 성질	화학 성분과 안정도, 부식성, 용해능력, 휘발성, 인화성과 폭발성 등
기계적 성질	교환의 난이, 진동의 유무, 내압과 외압의 정도 등

정답   78 ②   79 ④   80 ①

Section 01 에너지관리

01 수관식 보일러의 특징에 관한 설명으로 틀린 것은?

① 관(드럼)의 직경이 작아서 고온·고압용에 적당하다.
② 전열면적이 커서 증기 발생시간이 빠르다.
③ 구조가 단순하여 청소나 검사 수리가 용이하다.
④ 보유수량이 적어 부하변동 시 압력변화가 크다.

해설

수관식 보일러는 복사열이 크게 전달되도록 상부는 기수 드럼, 하부는 물 드럼 및 여러 개의 수관으로 구성된 외분식 보일러로서 전열면적이 크고 효율이 높지만, 구조가 복잡하고 가격이 비싼 특징을 갖고 있다.

02 다음 중 예상평균온열감 PMV(Predicted Mean Vote) 쾌적구간은?

① $-0.5 < \text{PMV} < 0.5$
② $-1 < \text{PMV} < 1$
③ $-1.5 < \text{PMV} < 1.5$
④ $-2 < \text{PMV} < 2$

해설

PMV는 투표에 의해 온열감을 평가하는 것으로서 다음과 같이 총 7단계의 온열단계로 나누어지며, 투표 결과 평균적으로 $-0.5 < \text{PMV} < 0.5$이면 해당 공간이 쾌적구간에 속한다고 판단한다.

-3	-2	-1	0	$+1$	$+2$	$+3$
Cold	Cool	Slightly Cool	Neutral	Slightly Warm	Warm	Hot
춥다	시원하다	약간 시원	쾌적	약간 따뜻	따뜻하다	덥다

03 다음 중 사용되는 공기 선도가 아닌 것은? (단, h : 엔탈피, x : 절대습도, t : 온도, p : 압력이다.)

① $h-x$ 선도
② $t-x$ 선도
③ $t-h$ 선도
④ $p-h$ 선도

해설

$p-h$ 선도는 압력과 엔탈피의 관계를 나타내는 선도로서 냉동기의 냉매 등의 상태변화량을 나타내는 것으로 습공기의 상태를 나타내는 공기 선도와는 거리가 멀다.

04 실내의 냉방 현열부하가 5.8kW, 잠열부하가 0.93kW인 방을 실온 26℃로 냉각하는 경우 송풍량(m³/h)은?(단, 취출온도는 15℃이며, 공기의 밀도 1.2kg/m³, 정압비열 1.01kJ/kg·K 이다.)

① 1,566.2
② 1,732.4
③ 1,999.8
④ 2,104.2

해설

온도 조건이 주어졌으므로 송풍량은 현열부하를 기준으로 산출한다.

$$Q(\text{송풍량, m}^3/\text{h}) = \frac{5.8\text{kW(kJ/s)} \times 3{,}600}{1.2\text{kg/m}^3 \times 1.01\text{kJ/kg}\cdot\text{K} \times (26-15)}$$
$$= 1{,}566.2\text{m}^3/\text{h}$$

05 축동력이 3.5kW인 송풍기가 있다. 송풍기의 회전수를 500rpm에서 550rpm으로 변경하고, 송풍기(임펠러)의 크기를 20% 증가한 경우 축동력의 값은?

① 4.66kW
② 11.59kW
③ 14.66kW
④ 21.59kW

회전수에 대해 $L_2 = L_1 \left(\dfrac{N_2}{N_1} \right)^3$ 이고, 임펠러 직경에 대해

$L_2 = L_1 \left(\dfrac{D_2}{D_1} \right)^5$ 이므로 $L_2 = L_1 \left(\dfrac{N_2}{N_1} \right)^3 \times \left(\dfrac{D_2}{D_1} \right)^5$ 이다.

$\therefore L_2 = 3.5 \times \left(\dfrac{550}{500} \right)^3 \times \left(\dfrac{1.2}{1} \right)^5 = 11.59\text{kW}$

06 덕트 설계 시 주의사항으로 틀린 것은?

① 장방형 덕트 단면의 종횡비는 가능한 한 6 : 1 이상으로 해야 한다.
② 덕트의 풍속은 15m/s 이하, 정압은 50mmAq 이하의 저속덕트를 이용하여 소음을 줄인다.
③ 덕트의 분기점에는 댐퍼를 설치하여 압력평행을 유지시킨다.
④ 재료는 아연도금강판, 알루미늄판 등을 이용하여 마찰저항 손실을 줄인다.

장방형 덕트 단면의 종횡비는 가능한 한 4 : 1 이하로 하는 것이 좋다. 종횡비가 커지면 마찰저항 및 소음 등이 증가할 수 있다.

07 공기세정기의 구성품인 엘리미네이터의 주된 기능은?

① 미립화된 물과 공기와의 접촉 촉진
② 균일한 공기 흐름 유도
③ 공기 내부의 먼지 제거
④ 공기 중의 물방울 제거

엘리미네이터는 실내로 비산되는 수분(물방울)을 제거하는 설비기기이다.

08 냉수코일의 설계상 유의사항으로 옳은 것은?

① 일반적으로 통과 풍속은 2~3m/s로 한다.
② 입구 냉수온도는 20℃ 이상으로 취급한다.
③ 관 내의 물의 유속은 4m/s 전후로 한다.
④ 병류형으로 하는 것이 보통이다.

② 냉수코일 방식은 Chiller(Condensing Unit에 냉수증발기를 조합한 것)에서 코일을 배관접속하여 배관 내에 5~15℃ 정도의 냉수를 통수시켜 송풍되는 공기를 냉각·감습한다.
③ 관 내의 물의 유속은 1m/s 전후로 한다.
④ 대수평균온도차(LMTD)를 크게 하기 위해 공기의 흐름과 코일 내의 냉수의 흐름이 서로 반대가 되게 하는 대향류형으로 설계하는 것이 보통이다.

09 보일러의 스케일 방지 방법으로 틀린 것은?

① 슬러지는 적절한 분출로 제거한다.
② 스케일 방지 성분인 칼슘의 생성을 돕기 위해 경도가 높은 물을 보일러수로 활용한다.
③ 경수연화장치를 이용하여 스케일 생성을 방지한다.
④ 인산염을 일정 농도가 되도록 투입한다.

경도가 높은 물을 사용하는 것은 보일러 스케일 발생의 원인이 된다.

10 콜드 드래프트 현상의 발생 원인으로 가장 거리가 먼 것은?

① 인체 주위의 공기온도가 너무 낮을 때
② 기류의 속도가 낮고 습도가 높을 때
③ 주위 벽면의 온도가 낮을 때
④ 겨울에 창문의 극간풍이 많을 때

콜드 드래프트는 기류의 속도가 크고, 절대습도가 낮으며, 주변보다 온도가 낮을 경우에 발생한다.

정답   06 ①   07 ④   08 ①   09 ②   10 ②

11 다음 중 축류 취출구의 종류가 아닌 것은?

① 펑커루버형 취출구　　② 그릴형 취출구
③ 라인형 취출구　　④ 팬형 취출구

> **해설**
>
> 팬형 취출구(Pan Type)는 여러 방향으로 취출되는 방식인 복류 취출구(Double Flow Diffuser)이다.

12 난방부하가 7,558W인 어떤 방에 대해 온수난방을 하고자 한다. 방열기의 상당방열면적(m²)은?

① 6.7　　② 8.4
③ 10　　④ 14.5

> **해설**
>
> $$\text{상당방열면적(EDR, m}^2) = \frac{\text{난방부하}}{\text{표준방열량}}$$
> $$= \frac{7,558\text{W}}{523\text{W}}$$
> $$= 14.45 = 14.5\text{m}^2$$

13 압력 1MPa, 건도 0.89인 습증기 100kg이 일정 압력의 조건에서 엔탈피가 3,052kJ/kg인 300℃의 과열증기로 되는 데 필요한 열량(kJ)은? (단, 1MPa에서 포화액의 엔탈피는 759kJ/kg, 증발잠열은 2,018kJ/kg이다.)

① 44,208　　② 94,698
③ 229,311　　④ 103,432

> **해설**
>
> 습증기 엔탈피 $h_1 = h' + xh$
> $$= 759 + 0.89 \times 2,018$$
> $$= 2,555.02\text{kJ/kg}$$
> 여기서, h' : 포화액의 엔탈피
> 　　　　h : 증발잠열
> 　　　　x : 건도
> $q = G(h_2 - h_1)$
> $= 100\text{kg} \times (3,502 - 2,555.02)\text{kJ/kg}$
> $= 94,698\text{kJ}$

14 대류 및 복사에 의한 열전달률에 의해 기온과 평균복사온도를 가중평균한 값으로 복사난방 공간의 열환경을 평가하기 위한 지표를 나타내는 것은?

① 작용온도(Operative Temperature)
② 건구온도(Dry-bulb Temperature)
③ 카타냉각력(Kata Cooling Power)
④ 불쾌지수(Discomfort Index)

> **해설**
>
> **작용온도(OT : Operative Temperature)**
> 기온과 복사열 및 기류의 영향을 조합한 쾌적지표(습도의 영향이 고려되지 않음)
> $$OT = \frac{h_r \cdot MRT + h_c \cdot t_a}{h_r + h_c}$$
> 여기서, h_r : 복사전달률, h_c : 대류열전달률
> 　　　　MRT : 평균복사온도(℃), t_a : 기온(℃)

15 유효온도차(상당외기온도차)에 대한 설명으로 틀린 것은?

① 태양 일사량을 고려한 온도차이다.
② 계절, 시각 및 방위에 따라 변화한다.
③ 실내온도와는 무관하다.
④ 냉방부하 시에 적용된다.

> **해설**
>
> 유효온도차(상당외기온도차)는 여름철 일사에 의한 축열을 고려한 외기온도인 상당외기온도와 실내온도 간의 차이를 나타낸 것으로서 실내온도와 관련이 있다.

16 온도가 30℃이고, 절대습도가 0.02kg/kg인 실외 공기와 온도가 20℃, 절대습도가 0.01kg/kg인 실내공기를 1 : 2의 비율로 혼합하였다. 혼합된 공기의 건구온도와 절대습도는?

① 23.3℃, 0.013kg/kg
② 26.6℃, 0.025kg/kg
③ 26.6℃, 0.013kg/kg
④ 23.3℃, 0.025kg/kg

가중평균을 통해 산출한다.

$t_m = \dfrac{30 \times 1 + 20 \times 2}{1 + 2} = 23.3℃$

$x_m = \dfrac{0.02 \times 1 + 0.01 \times 2}{1 + 2} = 0.013\text{kg/kg}$

17 공기조화 시 TAB 측정 절차 중 측정요건으로 틀린 것은?

① 시스템의 검토 공정이 완료되고 시스템 검토보고서가 완료되어야 한다.
② 설계도면 및 관련 자료를 검토한 내용을 토대로 하여 보고서 양식에 장비규격 등의 기준이 완료되어야 한다.
③ 댐퍼, 말단 유닛, 터미널의 개도는 완전 밀폐되어야 한다.
④ 제작사의 공기조화 시 시운전이 완료되어야 한다.

> **해설**

공기계통의 풍량 댐퍼 등은 완전 개방된 상태로 TAB를 실시하게 된다.

18 간접난방과 직접난방 방식에 대한 설명으로 틀린 것은?

① 간접난방은 중앙공조기에 의해 공기를 가열해 실내로 공급하는 방식이다.
② 직접난방은 방열기에 의해서 실내공기를 가열하는 방식이다.
③ 직접난방은 방열체의 방열형식에 따라 대류난방과 복사난방으로 나눌 수 있다.
④ 온풍난방과 증기난방은 간접난방에 해당된다.

> **해설**

온풍난방은 간접난방에 속하나, 증기난방은 직접난방에 속한다.

19 다음 공기 선도상에서 난방풍량이 25,000 m³/h인 경우 가열코일의 열량(kW)은?(단, 1은 외기, 2는 실내 상태점을 나타내며, 공기의 비중량은 1.2kg/m³이다.)

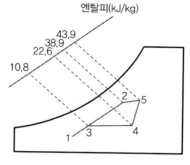

① 98.3
② 87.1
③ 73.2
④ 61.4

> **해설**

가열코일에 의한 변화는 3 → 4 과정이다.
$q = m\Delta h = Q\gamma(h_4 - h_3)$
$= 25,000\text{m}^3/\text{h} \times 1.2\text{kg/m}^3 \times (22.6 - 10.8)\text{kJ/kg}$
$= 354,000\text{kJ/h} = 98.3\text{kJ/s (kW)}$

20 다음 중 냉방부하의 종류에 해당되지 않는 것은?

① 일사에 의해 실내로 들어오는 열
② 벽이나 지붕을 통해 실내로 들어오는 열
③ 조명이나 인체와 같이 실내에서 발생하는 열
④ 침입 외기를 가습하기 위한 열

> **해설**

침입 외기를 가습하기 위한 열을 가습부하라 하며, 가습부하의 경우 겨울철 낮은 절대습도를 갖는 외기 유입 시 소모되는 부하로서, 냉방부하에는 속하지 않는다.

21 고온가스 제상(Hot Gas Defrost) 방식에 대한 설명으로 틀린 것은?

① 압축기의 고온 · 고압가스를 이용한다.
② 소형 냉동장치에 사용하면 언제라도 정상운전을 할 수 있다.
③ 비교적 설비하기가 용이하다.
④ 제상 소요시간이 비교적 짧다.

해설

핫가스[고온(고압)가스] 제상의 경우 압축기에서 토출된 고온 고압의 냉매가스를 증발기로 유입시켜 고압가스의 응축 잠열에 의해 제상하는 방법으로서 제상 시간이 짧고 쉽게 설비할 수 있어 대형의 경우 가장 많이 사용되며, 냉매 충전량이 적은 소형 냉동장치의 경우 정상운전이 힘들어 사용하지 않는다.

22 냉각탑에 관한 설명으로 옳은 것은?

① 오염된 공기를 깨끗하게 정화하며 동시에 공기를 냉각하는 장치이다.
② 냉매를 통과시켜 공기를 냉각시키는 장치이다.
③ 찬 우물물을 냉각시켜 공기를 냉각하는 장치이다.
④ 냉동기의 냉각수가 흡수한 열을 외기에 방사하고 온도가 내려간 물을 재순환시키는 장치이다.

해설

냉각탑
• 응축기용의 냉각수를 재사용하기 위하여 대기와 접속시켜 물을 냉각하는 장치이다.
• 강제통풍에 의한 증발잠열로 냉각수를 냉각시킨 후 응축기에 순환한다.
• 냉각탑은 공업용과 공조용으로 나누어지며, 일반적으로 공조용은 냉동기의 응축기 열을 냉각시키는 데 사용된다.

23 어느 내연기관에서 피스톤의 흡기과정으로 실린더 속에 0.2kg의 기체가 들어 왔다. 이것을 압축할 때 15kJ의 일이 필요하였고, 10kJ의 열을 방출하였다고 한다면, 이 기체 1kg당 내부에너지의 증가량은?

① 10kJ/kg
② 25kJ/kg
③ 35kJ/kg
④ 50kJ/kg

해설

1kg당 내부에너지 증가량(kJ) 산출
• $\Delta U =$ 열량(Q) − 일량(W)
$= (-10)kJ - (-15) = 5kJ(증가)$
• 1kg당 $\Delta U(kJ/kg) = \dfrac{\Delta U}{m} = \dfrac{5kJ}{0.2kg} = 25kJ/kg$

24 온도 150℃, 압력 0.5MPa의 공기 0.2kg이 압력이 일정한 과정에서 원래 체적의 2배로 늘어난다. 이 과정에서의 일은 약 몇 kJ인가?(단, 공기는 기체상수가 0.287kJ/kg · K인 이상기체로 가정한다.)

① 12.3kJ
② 16.5kJ
③ 20.5kJ
④ 24.3kJ

해설

정압과정에서 일량(W) 산출
$W = mR\Delta T = mR(T_2 - T_1)$
$= 0.2kg \times 0.287kJ/kg \cdot K \times [846 - (273 + 150)] = 24.3kJ$

여기서, T_2는 다음과 같이 산출된다.

정압과정이므로 $\dfrac{T_1}{V_1} = \dfrac{T_2}{V_2} = k$

$\Leftrightarrow T_2 = \dfrac{T_1 \cdot V_2}{V_1} = \dfrac{T_1 \cdot 2V_1}{V_1}$
$= 2T_1 = 2 \times (273 + 150) = 846k$

(문제 조건에 따라 $V_2 = 2V_1$)

25 흡수식 냉동기에서 냉매가 물일 때 흡수제는 어느 것인가?

① 암모니아
② 리튬브로마이드
③ 이산화탄소
④ 공기

해설

냉매와 흡수액

- 냉매가 H_2O(물)일 때, 흡수액은 LiBr(리튬브로마이드) 용액이다.
- 냉매가 NH_3(암모니아)일 때, 흡수액은 H_2O(물)이다.

26 스크루 압축기의 운전 중 로터에 오일을 분사시켜주는 목적으로 가장 거리가 먼 것은?

① 높은 압축비를 허용하면서 토출온도 유지
② 압축효율 증대로 전력소비 증가
③ 로터의 마모를 줄여 장기간 성능 유지
④ 높은 압축비에서도 체적효율 유지

해설

압축효율 증대로 전력소비를 감소시키는 데 목적이 있다.

27 500℃와 100℃ 사이에서 작동하는 이상적인 Carnot 열기관이 있다. 열기관에서 생산되는 일이 200kW라면 공급되는 열량은 약 몇 kW인가?

① 255
② 284
③ 312
④ 387

해설

카르노 사이클의 열효율 산출공식을 통해 공급 열량을 산출한다.

카르노 사이클의 열효율$(\eta_c) = \dfrac{\text{생산일}(W)}{\text{공급열량}(Q)} = 1 - \dfrac{T_L}{T_H}$

공급열량$(Q) = \dfrac{\text{생산일}(W)}{1 - \dfrac{T_L}{T_H}} = \dfrac{200\text{kW}}{1 - \dfrac{273+100}{273+500}}$

$= 386.5 = 387\text{kW}$

28 온도 100℃, 압력 200kPa의 이상기체 0.4kg이 가역 단열과정으로 압력이 100kPa로 변화하였다면, 기체가 한 일(kJ)은 얼마인가?(단, 기체의 비열비 1.4, 정적비열 0.7kJ/kg · K이다.)

① 13.7
② 18.8
③ 23.6
④ 29.4

해설

- 단열일량 $W = \dfrac{R \times T}{k-1} \times \left\{ 1 - \left(\dfrac{P_2}{P_1} \right)^{\frac{k-1}{k}} \right\} \times G$

- R 산출

$k = \dfrac{C_p}{C_v}$ 에서

정적비열 $C_p = k \times C_v = 1.4 \times 0.7 = 0.98\text{kJ/kg} \cdot \text{K}$
기체상수 $R = C_p - C_v = 0.98 - 0.7 = 0.28\text{kJ/kg} \cdot \text{K}$

∴ 단열일량 $W = \dfrac{0.28 \times 373}{1.4-1} \times \left\{ 1 - \left(\dfrac{100}{200} \right)^{\frac{1.4-1}{1.4}} \right\} \times 0.4$

$= 18.8$

29 실린더에 밀폐된 8kg의 공기가 그림과 같이 압력 $P_1 = 800\text{kPa}$, 체적 $V_1 = 0.27\text{m}^3$에서 $P_2 = 350\text{kPa}$, $V_2 = 0.80\text{m}^3$으로 직선 변화하였다. 이 과정에서 공기가 한 일은 약 몇 kJ인가?

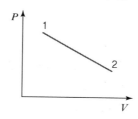

① 305
② 334
③ 362
④ 390

해설

$P - V$ 선도를 통해 시스템이 한 일을 계략적으로 작도한 후 해당 면적을 산출하여 공기가 한 일을 산출한다.

시스템이 한 일(W)

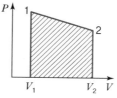

$W = \dfrac{1}{2}(P_1 + P_2) \times (V_2 - V_1)$

$= \dfrac{1}{2}(800\text{kPa} + 350\text{kPa}) \times (0.8\text{m}^3 - 0.27\text{m}^3) = 304.75\text{kJ}$

정답 26 ② 27 ④ 28 ② 29 ①

30 그림과 같이 온도(T)−엔트로피(s)로 표시된 이상적인 랭킨 사이클에서 각 상태의 엔탈피(h)가 다음과 같다면, 이 사이클의 효율은 약 몇 %인가?(단, $h_1 = 30\text{kJ/kg}$, $h_2 = 31\text{kJ/kg}$, $h_3 = 274\text{kJ/kg}$, $h_4 = 668\text{kJ/kg}$, $h_5 = 764\text{kJ/kg}$, $h_6 = 478\text{kJ/kg}$이다.)

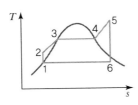

① 39
② 42
③ 53
④ 58

해설

$T-s$ 선도에서의 랭킨 사이클 열효율(η) 산출

$$\eta = \frac{(h_5 - h_6) - (h_2 - h_1)}{h_5 - h_2} \times 100(\%)$$

$$= \frac{(764 - 478) - (31 - 30)}{764 - 31} \times 100(\%) = 38.9\% = 39\%$$

31 증발기에서의 착상이 냉동장치에 미치는 영향에 대한 설명으로 옳은 것은?

① 압축비 및 성적계수 감소
② 냉각능력 저하에 따른 냉장실 내 온도 강하
③ 증발온도 및 증발압력 강하
④ 냉동능력에 대한 소요동력 감소

해설

착상(적상)의 영향

• 전열 불량으로 냉장실 내 온도 상승 및 액압축 초래
• 증발압력 저하로 압축비 상승
• 증발온도 및 증발압력 저하
• 실린더 과열로 토출가스 온도 상승
• 윤활유의 열화 및 탄화 우려
• 체적효율 저하 및 압축기 소비동력 증대
• 성적계수 및 냉동능력 감소

32 증기압축 냉동사이클로 운전하는 냉동기에서 압축기 입구, 응축기 입구, 증발기 입구의 엔탈피가 각각 387.2kJ/kg, 435.1kJ/kg, 241.8kJ/kg일 경우 성능계수는 약 얼마인가?

① 3.0
② 4.0
③ 5.0
④ 6.0

해설

냉동기의 성적계수(COP_R)

$$COP_R = \frac{q_e}{AW} = \frac{\text{압축기 입구 } h - \text{증발기 입구 } h}{\text{응축기 입구 } h - \text{압축기 입구 } h}$$

$$= \frac{387.2 - 241.8}{435.1 - 387.2} = 3.0$$

33 냉동능력이 5kW인 제빙장치에서 0℃의 물 20kg을 모두 0℃ 얼음으로 만드는 데 걸리는 시간(min)은 얼마인가?(단, 0℃ 얼음의 융해열은 334 kJ/kg이다.)

① 22.3
② 18.7
③ 13.4
④ 11.2

해설

제빙에 소요되는 시간(T) 산출

$$T(\text{min}) = \frac{G\gamma}{Q_e} = \frac{20\text{kg} \times 334\text{kJ/kg}}{5\text{kW}(\text{kJ/s}) \times 60\text{s}} = 22.27 = 22.3\text{min}$$

34 클라우지우스(Clausius) 적분 중 비가역 사이클에 대하여 옳은 식은?(단, Q는 시스템에 공급되는 열, T는 절대온도를 나타낸다.)

① $\oint \frac{\delta Q}{T} = 0$
② $\oint \frac{\delta Q}{T} < 0$
③ $\oint \frac{\delta Q}{T} > 0$
④ $\oint \frac{\delta Q}{T} \geq 0$

해설

클라우지우스(Clausius)의 적분 : $\oint \frac{\delta Q}{T} \leq 0$

• 가역 과정 : $\oint \frac{\delta Q}{T} = 0$ • 비가역 과정 : $\oint \frac{\delta Q}{T} < 0$

35 다음 중 냉매의 구비조건에 대한 설명으로 틀린 것은?

① 동일한 냉동능력에 대하여 냉매가스의 용적이 적을 것

② 저온에 있어서도 대기압 이상의 압력에서 증발하고 비교적 저압에서 액화할 것

③ 점도가 크고 열전도율이 좋을 것

④ 증발열이 크며 액체의 비열이 작을 것

〔해설〕

냉매는 점도가 낮고 열전도율이 좋아야(높아야) 한다.

36 어떤 냉장고의 방열벽 면적이 500m², 열통과율이 0.311W/m²℃일 때, 이 벽을 통하여 냉장고 내로 침입하는 열량(kW)은?(단, 이때의 외기온도는 32℃이며, 냉장고 내부온도는 −15℃이다.)

① 12.6　　　　② 10.4

③ 9.1　　　　④ 7.3

〔해설〕

냉장고 침입열량(q) 산출

$q = KA\Delta t$

$\quad = 0.311 \times 500 \times (32 - (-15))$

$\quad = 7,308.5\text{W} = 7.3\text{kW}$

37 암모니아 냉동장치에서 고압 측 게이지 압력이 1,372kPa, 저압 측 게이지 압력이 294kPa이고, 피스톤 압출량이 100m³/h, 흡입증기의 비체적이 0.5m³/kg이라 할 때, 이 장치에서의 압축비와 냉매순환량(kg/h)은 각각 얼마인가?(단, 압축기의 체적효율은 0.7로 한다.)

① 3.73, 70　　　② 3.73, 140

③ 4.67, 70　　　④ 4.67, 140

〔해설〕

압축비(ε)과 냉매순환량(G) 산출

- 압축비(ε) 산출

$$\text{압축비}(\varepsilon) = \frac{\text{고압 측 절대압력}}{\text{저압 측 절대압력}}$$

$$= \frac{1,372 + 101.3}{294 + 101.3} = 3.73$$

여기서, 101.3kPa은 대기압

절대압력 = 게이지압 + 대기압

- 냉매순환량(G) 산출

$$G = \frac{\text{냉동능력}(Q_e)}{\text{냉동효과}(q_e)}$$

$$= \frac{\text{피스톤 압출량}(V)}{\text{흡입증기 비체적}(v)} \times \text{압축기 체적효율}(\eta_v)$$

$$= \frac{100\text{m}^3/\text{h}}{0.5\text{m}^3/\text{kg}} \times 0.7 = 140\text{kg/h}$$

38 암모니아와 프레온 냉매의 비교 설명으로 틀린 것은?(단, 동일 조건을 기준으로 한다.)

① 암모니아가 R−13보다 비등점이 높다.

② R−22는 암모니아보다 냉동효과(kJ/kg)가 크고 안전하다.

③ R−13은 R−22에 비하여 저온용으로 적합하다.

④ 암모니아는 R−22에 비하여 유분리가 용이하다.

〔해설〕

암모니아(1,127.24kJ/kg)의 냉동효과가 프레온계의 R−22(168.23kJ/kg)에 비하여 크다.

39 외부에서 받은 열량이 모두 내부에너지 변화만을 가져오는 완전가스의 상태변화는?

① 정적변화　　　② 정압변화

③ 등온변화　　　④ 단열변화

〔해설〕

외부에서 받은 열량이 모두 내부에너지 변화만을 가져오게 되어 외부에서 받은 열량이 내부에너지 변화량과 같은 완전가스의 상태변화는 정적변화이다.

40 다음 냉동사이클에서 열역학 제1법칙과 제2법칙을 모두 만족하는 Q_1, Q_2, W는?

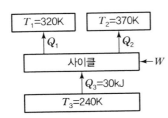

① $Q_1 = 20\text{kJ}$, $Q_2 = 20\text{kJ}$, $W = 20\text{kJ}$

② $Q_1 = 20\text{kJ}$, $Q_2 = 30\text{kJ}$, $W = 20\text{kJ}$

③ $Q_1 = 20\text{kJ}$, $Q_2 = 20\text{kJ}$, $W = 10\text{kJ}$

④ $Q_1 = 20\text{kJ}$, $Q_2 = 15\text{kJ}$, $W = 5\text{kJ}$

[해설]

②에 제시된 수치를 기입하면 아래와 같이 성립된다.

• 열역학 제1법칙

$Q_3 + W = Q_1 + Q_2$

$30 + 20 = 20 + 30$

• 열역학 제2법칙

$\Delta S = S_2 - S_1 = \left(\dfrac{Q_1}{T_1} + \dfrac{Q_2}{T_2}\right) - \left(\dfrac{Q_3}{T_3}\right) > 0$

$\left(\dfrac{Q_1}{T_1} + \dfrac{Q_2}{T_2}\right) - \left(\dfrac{Q_3}{T_3}\right) = \left(\dfrac{20}{320} + \dfrac{30}{370}\right) - \left(\dfrac{30}{240}\right) = 0.0186 > 0$

Section 03 시운전 및 안전관리

41 기계설비법상 기계설비의 범위에 속하지 않는 것은?

① 플랜트설비

② 오수정화 및 물재이용설비

③ 가스설비

④ 위생기구설비

[해설]

가스설비는 기계설비법상 기계설비의 범위에 속하지 않는다.

기계설비의 범위(기계설비법 시행령 별표 1)

열원설비, 냉난방설비, 공기조화·공기청정·환기설비, 위생기구·급수·급탕·오배수·통기설비, 오수정화·물재이용설비, 우수배수설비, 보온설비, 덕트(Duct)설비, 자동제어설비, 방음·방진·내진설비, 플랜트설비, 특수설비(청정실 구성 설비 등)

42 기계설비 유지관리 준수 대상 건축물(기계설비유지관리자 선임대상 건축물) 중 공동주택의 기준에 대해 다음 괄호 안에 들어갈 숫자는?

• (㉠)세대 이상의 공동주택
• (㉡)세대 이상으로서 중앙집중식 난방 방식(지역난방방식을 포함한다)의 공동주택

① ㉠ 500, ㉡ 500 ② ㉠ 500, ㉡ 300

③ ㉠ 300, ㉡ 500 ④ ㉠ 300, ㉡ 300

[해설]

기계설비 유지관리 준수 대상 건축물(기계설비법 시행령 제14조)

1. 연면적 10,000㎡ 이상의 건축물(창고시설은 제외)
2. 500세대 이상의 공동주택 또는 300세대 이상으로서 중앙집중식 난방 방식(지역난방 방식 포함)의 공동주택
3. 다음의 건축물 등 중 해당 건축물 등의 규모를 고려하여 국토교통부장관이 정하여 고시하는 건축물 등
   • 건설공사를 통하여 만들어진 교량·터널·항만·댐·건축물 등 구조물과 그 부대시설
   • 학교시설
   • 지하역사 및 지하도상가
4. 중앙행정기관의 장, 지방자치단체의 장 및 그 밖에 국토교통부장관이 정하는 자가 소유하거나 관리하는 건축물 등

43 다음 중 고압가스 정밀안전점검 실시기관은?

① 한국가스안전공사 ② 한국가스공사

③ 한국가스기술공사 ④ 한국환경공단

[해설]

정밀안전검진의 실시기관(고압가스 안전관리법 시행령 제14조의2)

• 한국가스안전공사
• 한국산업안전보건공단

정답 40 ② 41 ③ 42 ② 43 ①

44 다음 중 용기 등의 제조등록 기준 중 냉동기에 속하는 범위의 설비 종류에 해당하지 않는 것은?

① 성형설비 ② 제관설비
③ 프레스설비 ④ 건조설비

해설

성형설비는 냉동기가 아닌 용기의 범위에 해당한다.

용기 등의 제조등록기준(고압가스 안전관리법 시행령 제5조)

구분	범위
용기	용기별로 제조에 필요한 단조(鍛造 : 금속을 두들기거나 늘러서 필요한 형체로 만드는 일)설비·성형설비·용접설비 또는 세척설비 등을 갖출 것
냉동기	냉동기 제조에 필요한 프레스설비·제관설비·건조설비·용접설비 또는 조립설비 등을 갖출 것
특정설비	특정설비의 제조에 필요한 용접설비·단조설비 또는 조립설비 등을 갖출 것

45 고압가스 안전관리법령에 따라 ( ) 안의 내용으로 옳은 것은?

> "충전용기"란 고압가스의 충전질량 또는 충전압력의 (㉠)이 충전되어 있는 상태의 용기를 말한다. "잔가스용기"란 고압가스의 충전질량 또는 충전압력의 (㉡)이 충전되어 있는 상태의 용기를 말한다.

① ㉠ 2분의 1 이상, ㉡ 2분의 1 미만
② ㉠ 2분의 1 초과, ㉡ 2분의 1 이하
③ ㉠ 5분의 2 이상, ㉡ 5분의 2 미만
④ ㉠ 5분의 2 초과, ㉡ 5분의 2 이하

해설

용어의 정의(고압가스 안전관리법 시행규칙 제2조)
• 충전용기
  고압가스의 충전질량 또는 충전압력의 2분의 1 이상이 충전되어 있는 상태의 용기를 말한다.
• 잔가스용기
  고압가스의 충전질량 또는 충전압력의 2분의 1 미만이 충전되어 있는 상태의 용기를 말한다.

46 다음 회로에서 $E = 100V$, $R = 4\Omega$, $X_L = 5\Omega$, $X_C = 2\Omega$일 때 이 회로에 흐르는 전류(A)는?

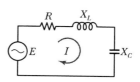

① 10 ② 15
③ 20 ④ 25

해설

회로에 흐르는 전류(I) 산출
• 임피던스 $Z = \sqrt{R^2 + (X_L - X_C)^2}$
  $\qquad = \sqrt{4^2 + (5-2)^2} = 5\Omega$
• 전류 $I = \dfrac{V}{Z} = \dfrac{100}{5} = 20A$

47 전류의 측정범위를 확대하기 위하여 사용되는 것은?

① 배율기 ② 분류기
③ 전위차계 ④ 계기용 변압기

해설

분류기는 어떤 전로의 전류를 측정할 때, 전로의 전류가 전류계의 정격보다 큰 경우에 전류계와 병렬로 전로를 만들고 전류를 분류하여 전류의 측정범위를 확대하여 측정하는 계기이다.

48 $e(t) = 200\sin\omega t(V)$, $i(t) = 4\sin\left(\omega t - \dfrac{\pi}{3}\right)$ (A)일 때 유효전력(W)은?

① 100 ② 200
③ 300 ④ 400

해설

유효전력(P) 산출

$P = VI\cos\theta = \dfrac{V_m}{\sqrt{2}} \cdot \dfrac{I_m}{\sqrt{2}} \cdot \cos\theta$

$\quad = \dfrac{200}{\sqrt{2}} \times \dfrac{4}{\sqrt{2}} \times \cos\left(0 - \left(-\dfrac{\pi}{3}\right)\right) = 400\cos\dfrac{\pi}{3} = 200W$

여기서, $\theta = \theta_e - \theta_i$, $2\pi = 360$, $\pi = 180$

49 다음 중 무인 엘리베이터의 자동제어로 가장 적합한 것은?

① 추종제어 ② 정치제어
③ 프로그램 제어 ④ 프로세스 제어

해설

프로그램 제어
• 미리 정해진 프로그램에 따라 제어량을 변화시키는 것을 목적으로 하는 제어법이다.
• 무인 엘리베이터, 무인 열차 제어 등에 적용한다.

50 정격주파수 60Hz의 농형 유도전동기를 50Hz의 정격전압에서 사용할 때, 감소하는 것은?

① 토크 ② 온도
③ 역률 ④ 여자전류

해설

주파수 60Hz → 50Hz로 감소 시 변수의 증감
• 토크 증가
• 온도 상승
• 역률 감소
• 여자전류 증가
• 회전수 감소
• 속도 감소
• 기동전류 증가 등

51 전기자 철심을 규소 강판으로 성층하는 주된 이유는?

① 정류자면의 손상이 적다.
② 가공하기 쉽다.
③ 철손을 적게 할 수 있다.
④ 기계손을 적게 할 수 있다.

해설

전기자 철심을 규소 강판으로 성층하는 주된 이유는 철손(와류손, 히스테리시스손으로 구성)을 적게 하기 위해서이다.

52 그림과 같은 제어에 해당하는 것은?

① 개방 제어 ② 시퀀스 제어
③ 개루프 제어 ④ 폐루프 제어

해설

폐루프 제어에 대한 계통이며, 폐루프 제어를 피드백 제어라고도 한다.

53 저항에 전류가 흐르면 줄열이 발생하는데 저항에 흐르는 전류 I와 전력 P의 관계는?

① $I \propto P$ ② $I \propto P^{0.5}$
③ $I \propto P^{1.5}$ ④ $I \propto P^2$

해설

줄열$(H) = I^2 Rt = Pt$
여기서, $P = I^2 R$
그러므로 $I \propto P^{0.5}$

54 토크가 증가하면 속도가 낮아져 대체적으로 일정한 출력이 발생하는 것을 이용해서 전차, 기중기 등에 주로 사용하는 직류전동기는?

① 직권전동기 ② 분권전동기
③ 가동복권전동기 ④ 차동복권전동기

해설

직권전동기
• 직권전동기는 직류전동기의 한 종류로서 토크가 증가하면 속도가 저하되는 특성이 있다.
• 이에 따라 회전속도와 토크와의 곱에 비례하는 출력도 어느 정도 일정한 경향을 갖게 되며, 이와 같은 특성을 이용하여 큰 기동 토크가 요구되고 운전 중 부하변동이 심한 전차, 기중기 등에 주로 적용하고 있다.

55 온도를 전압으로 변환시키는 것은?

① 광전관
② 열전대
③ 포토다이오드
④ 광전 다이오드

온도를 전압으로 변환시키는 요소는 열전대이다.

변환량과 변환요소

변환량	변환요소
온도 → 전압	열전대
압력 → 변위	벨로스, 다이어프램, 스프링
변위 → 압력	노즐 플래퍼, 유압 분사관, 스프링
변위 → 임피던스	가변저항기, 용량형 변환기
변위 → 전압	퍼텐셔미터, 차동변압기, 전위차계
전압 → 변위	전자석, 전자코일
광 → 임피던스	광전관, 광전도 셀, 광전 트랜지스터
광 → 전압	광전지, 광전 다이오드
방사선 → 임피던스	GM관, 전리함
온도 → 임피던스	측온 저항(열선, 서미스터, 백금, 니켈)

56 상호 인덕턴스가 150mH인 a, b 두 개의 코일이 있다. b의 코일에 전류를 균일한 변화율로 1/50초 동안에 10A 변화시키면 a코일에 유기되는 기전력(V)의 크기는?

① 75
② 100
③ 150
④ 200

유도 기전력(e) 산출

$$e = L\frac{dI}{dt} = (150 \times 10^{-3}) \times \frac{10}{1/50} = 75V$$

여기서, L : 상호 인덕턴스(H)

　　　　I : 전류(A), t : 시간(sec)

57 60Hz, 4극, 슬립 6%인 유도전동기를 어느 공장에서 운전하고자 할 때 예상되는 회전수는 약 몇 rpm인가?

① 240
② 720
③ 1,690
④ 1,800

회전수(N) 산출

$$N = \frac{120f}{P}(1-s) = \frac{120 \times 60Hz}{4}(1-0.06)$$

$$= 1,692 ≒ 1,690 \text{rpm}$$

여기서, f : 주파수, P : 극수, s : 슬립

58 그림과 같은 피드백 제어계에서의 폐루프 종합 전달함수는?

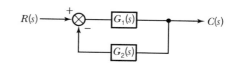

① $\dfrac{1}{G_1(s)} + \dfrac{1}{G_2(s)}$

② $\dfrac{1}{G_1(s) + G_2(s)}$

③ $\dfrac{G_1(s)}{1 + G_1(s)G_2(s)}$

④ $\dfrac{G_1(s)G_2(s)}{1 + G_1(s)G_2(s)}$

전달함수(G)의 산출

$$G = \frac{C(s)}{R(s)} = \frac{\text{전향경로}}{1 - \text{피드백 경로}}$$

$$= \frac{G_1(s)}{1 - (-G_1(s)G_2(s))} = \frac{G_1(s)}{1 + G_1(s)G_2(s)}$$

※ (−) 피드백되고 있음에 유의한다.

59 PLC(Programmable Logic Controller)에서, CPU부의 구성과 거리가 먼 것은?

① 연산부
② 전원부
③ 데이터 메모리부
④ 프로그램 메모리부

PLC는 CPU(중앙처리장치로서 연산부와 메모리부 등으로 구성), 입력부, 출력부(전자개폐기 등으로 구성), 전원부, 기타 주변장치로 구성되어 있다.

60 논리식 $L = \overline{x} \cdot \overline{y} + \overline{x} \cdot y$를 간단히 한 식은?

① $L = x$
② $L = \overline{x}$
③ $L = y$
④ $L = \overline{y}$

해설

$L = \overline{x} \cdot \overline{y} + \overline{x} \cdot y = \overline{x}(\overline{y} + y) = \overline{x} \cdot 1 = \overline{x}$

Section **04** 유지보수공사관리

61 길이 20m, 지름 400mm인 덕트에 평균속도 12m/s로 공기가 흐를 때 발생하는 마찰저항은?(단, 덕트의 마찰저항계수는 0.02, 공기의 밀도는 1.2kg/m³이다.)

① 7.3Pa
② 8.6Pa
③ 73.2Pa
④ 86.4Pa

해설

덕트의 마찰저항 산출

$\Delta P = f \cdot \dfrac{l}{d} \cdot \dfrac{v^2}{2} \cdot \rho = 0.02 \times \dfrac{20}{0.4} \times \dfrac{12^2}{2} \times 1.2 = 86.4 \text{Pa}$

여기서, ΔP : 덕트의 마찰저항(Pa)

$\quad\quad f$: 덕트의 마찰저항계수
$\quad\quad d$: 관의 지름(m)
$\quad\quad l$: 관의 길이(m)
$\quad\quad v$: 공기의 이동 속도(m/s)
$\quad\quad \rho$: 공기의 밀도(kg/m³)

62 다음 배관지지 장치 중 변위가 큰 개소에 사용하기에 가장 적절한 행거(Hanger)는?

① 리지드 행거
② 콘스턴트 행거
③ 베리어블 행거
④ 스프링 행거

해설

콘스턴트 행거(Constant Hanger)
배관의 상·하 이동을 허용하면서 관 지지력을 일정하게 유지한다.

63 냉매배관에서 압축기 흡입관의 시공 시 유의사항으로 틀린 것은?

① 압축기가 증발기보다 밑에 있는 경우 흡입관은 작은 트랩을 통과한 후 증발기 상부보다 높은 위치까지 올려 압축기로 가게 한다.
② 흡입관의 수직상승 입상부가 매우 길 때는 냉동기유의 회수를 쉽게 하기 위하여 약 20m마다 중간에 트랩을 설치한다.
③ 각각의 증발기에서 흡입주관으로 들어가는 관은 주관 상부로부터 들어가도록 접속한다.
④ 2대 이상의 증발기가 있어도 부하의 변동이 그다지 크지 않은 경우는 1개의 입상관으로 충분하다.

해설

흡입관의 수직상승 입상부가 매우 길 때는 냉동기유의 회수를 쉽게 하기 위하여 약 10m마다 중간에 트랩을 설치한다.

64 급수급탕설비에서 탱크류에 대한 누수의 유무를 조사하기 위한 시험방법으로 가장 적절한 것은?

① 수압시험
② 만수시험
③ 통수시험
④ 잔류염소의 측정

해설

① 수압시험 : 배관 및 이음쇠의 누수 여부 조사
② 만수시험 : 탱크류 등 유체가 정체하는 공간의 누수 여부 조사
③ 통수시험 : 위생기구 등으로의 통수를 통해, 필요 유량과 압력에 적합한지를 조사
④ 잔류염소의 측정 : 잔류염소의 농도를 측정하여 음용수로서의 적합성 조사

65 배관용 패킹재료 선정 시 고려해야 할 사항으로 거리가 먼 것은?

① 유체의 압력
② 재료의 부식성
③ 진동의 유무
④ 시트면의 형상

정답 60 ② 61 ④ 62 ② 63 ② 64 ② 65 ④

패킹재의 선정 시 고려되는 관 내 유체의 성질

구분	성질
물리적 성질	온도, 압력, 가스체와 액체의 구분, 밀도, 점도 등
화학적 성질	화학 성분과 안정도, 부식성, 용해능력, 휘발성, 인화성과 폭발성 등
기계적 성질	교환의 난이, 진동의 유무, 내압과 외압의 정도 등

66 급탕설비의 설계 및 시공에 관한 설명으로 틀린 것은?

① 중앙식 급탕 방식은 개별식 급탕 방식보다 시공비가 많이 든다.
② 온수의 순환이 잘되고 공기가 고이는 것을 방지하기 위해 배관에 구배를 둔다.
③ 게이트밸브는 공기고임을 만들기 때문에 글로브밸브를 사용한다.
④ 순환 방식은 순환펌프에 의한 강제순환식과 온수의 비중량 차이에 의한 중력식이 있다.

글로브밸브는 공기고임을 만들기 때문에 게이트밸브를 사용한다.

67 방열량이 3kW인 방열기에 공급하여야 하는 온수량(L/s)은 얼마인가?(단, 방열기 입구온도 80℃, 출구온도 70℃, 온수 평균온도에서 물의 비열은 4.2kJ/kg·K, 물의 밀도는 977.5kg/m³이다.)

① 0.002
② 0.025
③ 0.073
④ 0.098

온수량(Q) 산출

$$온수량(Q, L/s) = \frac{q(방열량)}{\rho(밀도) \times C(비열) \times \Delta t(온도차)}$$

$$= \frac{3kW(kJ/s)}{977.5kg/m^3 \times 4.2kJ/kg \cdot K \times (80-70)}$$

$$= 0.000073m^3/s = 0.073L/s$$

68 지역난방의 특징에 관한 설명으로 틀린 것은?

① 대기오염물질이 증가한다.
② 도시의 방재수준 향상이 가능하다.
③ 사용자에게는 화재에 대한 우려가 적다.
④ 대규모 열원기기를 이용한 에너지의 효율적 이용이 가능하다.

지역난방은 발전과정에서 나오는 여열(폐열)을 이용하는 것이 일반적이다. 여열(폐열)을 이용하므로 대기오염물질의 증가와는 거리가 멀다.

69 증기난방법에 관한 설명으로 틀린 것은?

① 저압 증기난방에 사용하는 증기의 압력은 0.15~0.35kg/cm² 정도이다.
② 단관 중력환수식의 경우 증기와 응축수가 역류하지 않도록 선단 하향 구배로 한다.
③ 환수주관을 보일러 수면보다 높은 위치에 배관한 것은 습식 환수관식이다.
④ 증기의 순환이 가장 빠르며 방열기, 보일러 등의 설치 위치에 제한을 받지 않고 대규모 난방용으로 주로 채택되는 방식은 진공환수식이다.

환수주관을 보일러 수면보다 높은 위치에 배관한 것은 건식 환수관식이다.

70 급수배관의 수격현상 방지방법으로 가장 거리가 먼 것은?

① 펌프에 플라이휠을 설치한다.
② 관경을 작게 하고 유속을 매우 빠르게 한다.
③ 에어체임버를 설치한다.
④ 완폐형 체크밸브를 설치한다.

관경을 작게 하고 유속을 매우 빠르게 할 경우 수격현상이 발생할 가능성이 더욱 높아지게 된다.

정답　66 ③　67 ③　68 ①　69 ③　70 ②

71 도시가스 배관 시 배관이 움직이지 않도록 관 지름 13~33mm 미만의 경우 몇 m마다 고정 장치를 설치해야 하는가?

① 1m ② 2m
③ 3m ④ 4m

해설

가스관 지름에 따른 가스배관의 고정간격

가스관 지름	고정간격
10mm 이상~13mm 미만	1m마다 고정
13mm 이상~33mm 미만	2m마다 고정
33mm 이상	3m마다 고정

72 온수난방 배관에서 리버스 리턴(Reverse Return) 방식을 채택하는 주된 이유는?

① 온수의 유량 분배를 균일하게 하기 위하여
② 배관의 길이를 짧게 하기 위하여
③ 배관의 신축을 흡수하기 위하여
④ 온수가 식지 않도록 하기 위하여

해설

리버스 리턴 방식(역환수 방식)은 모든 방열기의 공급관과 환수관 길이의 합을 동일하게 한 방식으로 방열기의 위치에 관계없이 온수 유량을 균등하게 배분하게 하기 위해 적용한다.

73 LP가스 공급, 소비 설비의 압력손실 요인으로 틀린 것은?

① 배관의 입하에 의한 압력손실
② 엘보, 티 등에 의한 압력손실
③ 배관의 직관부에서 일어나는 압력손실
④ 가스미터, 콕, 밸브 등에 의한 압력손실

해설

배관의 입상에 의한 압력손실이 발생하며, 입하할 경우 중력에 의해 압력이 증가하게 된다.

74 같은 지름의 관을 직선으로 연결할 때 사용하는 배관 이음쇠가 아닌 것은?

① 소켓 ② 유니언
③ 벤드 ④ 플랜지

해설

벤드는 엘보와 같이 곡관부위의 연결재료이다.

75 하트퍼드(Hartford) 배관법에 관한 설명으로 틀린 것은?

① 보일러 내의 안전 저수면보다 높은 위치에 환수관을 접속한다.
② 저압 증기난방에서 보일러 주변의 배관에 사용한다.
③ 하트퍼드 배관법은 보일러 내의 수면을 안전수위 이하로 유지하기 위해 사용된다.
④ 하트퍼드 배관 접속 시 환수주관에 침적된 찌꺼기의 보일러 유입을 방지할 수 있다.

해설

하트퍼드 배관법은 보일러 내의 수면을 안전수위 이상으로 유지하기 위해 사용된다.

76 가열기에서 최고위 급탕 전까지 높이가 12m이고, 급탕온도가 85℃, 복귀탕의 온도가 70℃일 때, 자연순환수두(mmAq)는?(단, 85℃일 때 밀도는 0.96876kg/L이고, 70℃일 때 밀도는 0.97781kg/L이다.)

① 70.5 ② 80.5
③ 90.5 ④ 108.6

해설

자연순환수두(H) 산출

$H = (\rho_1 - \rho_2)h = (0.97781 - 0.96876) \times 12\text{m}$
$= 0.1086\text{mAq} = 108.6\text{mmAq}$

여기서, ρ_1 : 급수(저온)의 밀도(kg/L)
ρ_2 : 급탕(고온)의 밀도(kg/L)
h : 가열기에서 수전까지의 높이(m)

정답 71 ② 72 ① 73 ① 74 ③ 75 ③ 76 ④

77 증기배관의 수평 환수관에서 관경을 축소할 때 사용하는 이음쇠로 가장 적합한 것은?

① 소켓
② 부싱
③ 플랜지
④ 리듀서

해설

① 소켓 : 배관의 직선 연결 시에 사용한다.
② 부싱 : 지름이 다른 배관과 부속을 연결할 때 사용한다.
③ 플랜지 : 배관의 조립, 분해를 용이하게 이어주는 방식으로서 주로 대구경에 적용한다.

78 보온재를 유기질과 무기질로 구분할 때, 다음 중 성질이 다른 하나는?

① 우모 펠트
② 규조토
③ 탄산마그네슘
④ 슬래그 섬유

해설

우모 펠트는 유기질이며, 나머지 보기는 모두 무기질 재료이다.

79 5명의 가족이 생활하는 아파트에서 급탕가열기를 설치하려고 할 때 필요한 가열기의 용량(kW)은?(단, 1일 1인당 급탕량 90L/d, 1일 사용량에 대한 가열능력비율 1/7, 탕의 온도 70℃, 급수온도 20℃이다.)

① 0.50
② 0.75
③ 2.62
④ 3.74

해설

q=1일 급탕량×가열능력비율×비열×온도차

$= 90\text{L/d}×5명×1\text{kg/L}×\dfrac{1}{7}×4.19\text{kJ/kg}\cdot\text{K}×(70-20)$

$= 13,467.86\text{kJ/h} = 3.74\text{kW(kJ/s)}$

80 증발량 5,000kg/h인 보일러의 증기 엔탈피가 2,681.6kJ/kg이고, 급수 엔탈피가 62.85kJ/kg일 때, 보일러의 상당증발량(kg/h)은?

① 278
② 4,800
③ 5,804
④ 3,125,000

해설

보일러의 상당증방량(G_e) 산출

$$G_e = \frac{G(h_H - h_L)}{\gamma} = \frac{5,000\text{kg/h}(2,681.6 - 62.85)\text{kJ/kg}}{2,256\text{kJ/kg}}$$

$$= 5,804\text{kg/h}$$

01 다음 중 HEPA 필터에 관한 설명으로 옳지 않은 것은?

① HEPA 필터 유닛 시공 시 공기 누설이 없어야 한다.
② 클린룸이나 방사성 물질을 취급하는 시설에 사용한다.
③ $0.1\mu m$의 미세한 분진까지 높은 포집률로 포집할 수 있다.
④ HEPA 필터의 수명 연장을 위해 HEPA 필터의 앞에 프리필터를 설치한다.

해설

$0.1\mu m$의 미세한 분진까지 높은 포집률로 포집할 수 있는 것은 ULPA Filter이다.

- HEPA Filter(High Efficiency Particulate Air Filter)
  직경 $0.3\mu m$인 입자에 대해 99.97%의 포집효율을 갖는 고성능 필터이다.
- ULPA Filter(Ultra Low Particulate Air Filter)
  직경 $0.1\mu m$인 입자에 대해 99.9995%의 포집효율을 갖는 초고성능 필터이다.

02 이중덕트 방식에 설치하는 혼합상자의 구비 조건으로 틀린 것은?

① 냉풍 · 온풍 덕트 내의 정압변동에 의해 송풍량이 예민하게 변화할 것
② 혼합비율 변동에 따른 송풍량의 변동이 완만할 것
③ 냉풍 · 온풍 댐퍼의 공기누설이 적을 것
④ 자동제어 신뢰도가 높고 소음발생이 적을 것

해설

이중덕트 방식은 냉풍과 온풍을 말단(공기조화 대상 공간)의 혼합상자에서 혼합하여 취출하는 공기조화 방식으로서 냉풍과 온풍의 풍량이 부하에 따라 바뀌며 이에 따라 각각 변동되는 정압에 대하여 실내기류의 안정적 공급을 위하여 송풍량이 완만하게 변화되어야 한다.

03 냉동창고의 벽체가 두께 15cm, 열전도율 1.6W/m · ℃인 콘크리트와 두께 5cm, 열전도율 1.4W/m · ℃인 모르타르로 구성되어 있다면 벽체의 열통과율(W/m² · ℃)은?(단, 내벽 측 표면 열전달률은 9.3W/m² · ℃, 외벽 측 표면 열전달률은 23.2W/m² · ℃이다.)

① 1.11
② 2.58
③ 3.57
④ 5.91

해설

$$열통과율(W/m^2K) = \frac{1}{열저항(m^2K/W)}$$

$$열저항(m^2K/W) = \frac{1}{9.3} + \frac{0.15}{1.6} + \frac{0.05}{1.4} + \frac{1}{23.2} = 0.28$$

$$\therefore 열통과율(W/m^2K) = \frac{1}{열저항(m^2K/W)} = \frac{1}{0.28}$$
$$= 3.57W/m^2K$$

04 장방형 덕트(장변 a, 단변 b)를 원형 덕트로 바꿀 때 사용하는 식은 아래와 같다. 이 식으로 환산된 장방형 덕트와 원형 덕트의 관계는?

$$D_e = 1.3\left[\frac{(a \cdot b)^5}{(a+b)^2}\right]^{\frac{1}{8}}$$

① 두 덕트의 풍량과 단위길이당 마찰손실이 같다.
② 두 덕트의 풍량과 풍속이 같다.
③ 두 덕트의 풍속과 단위길이당 마찰손실이 같다.
④ 두 덕트의 풍량과 풍속 및 단위길이당 마찰손실이 모두 같다.

정답 01 ③ 02 ① 03 ③ 04 ①

해설

보기는 원형 덕트경(D_e)과 각형 덕트의 장단변(장변 a, 단변 b) 간의 관계식을 나타낸 것이다. 원형 덕트경(D_e)을 결정할 때 마찰저항 선도를 사용하며, 마찰저항 선도 종축의 풍량, 횡축의 단위길이당 마찰손실을 통해 원형 덕트경(D_e)을 산정하게 된다. 이렇게 산정된 원형 덕트경(D_e)과 동일한 풍량과 단위길이당 마찰손실을 갖는 장방형 덕트를 식으로 환산한다.

05 다음 그림과 같이 송풍기의 흡입 측에만 덕트가 연결되어 있을 경우 동압(mmAq)은 얼마인가?

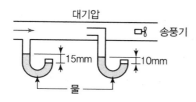

① 5

② 10

③ 15

④ 25

해설

좌측 마노미터는 흡입 측 정압(−15), 우측 마노미터는 흡입 측 전압(−10)을 나타내고 있다. 송풍기의 흡입 측에만 덕트가 있으므로 송풍기의 토출 측은 대기에 개방된 상태이다. 이 경우 송풍기 전압은 흡입측 전압(−10)과 같고, 송풍기 정압은 흡입구 정압(−15)과 같다.

송풍기 전압 = 송풍기 동압 + 송풍기 정압

송풍기 동압 = 송풍기 전압 − 송풍기 정압 = −10 − (−15)

06 외기 및 반송(Return) 공기의 분진량이 각각 C_O, C_R이고, 공급되는 외기량 및 필터로 반송되는 공기량이 각각 Q_O, Q_R이며, 실내 발생량이 M이라 할 때, 필터의 효율(η)을 구하는 식으로 옳은 것은?

① $\eta = \dfrac{Q_O(C_O - C_R) + M}{C_O Q_O + C_R Q_R}$

② $\eta = \dfrac{Q_O(C_O - C_R) + M}{C_O Q_O - C_R Q_R}$

③ $\eta = \dfrac{Q_O(C_O + C_R) + M}{C_O Q_O + C_R Q_R}$

④ $\eta = \dfrac{Q_O(C_O - C_R) - M}{C_O Q_O - C_R Q_R}$

해설

필터의 효율(η)

$$\eta = \frac{Q_O(C_O - C_R) + M}{C_O Q_O + C_R Q_R}$$

07 취출구 방향을 상하좌우 자유롭게 조절할 수 있어 주방, 공장 등의 국부냉방에 적용되는 취출구는?

① 팬형

② 라인형

③ 펑커루버형

④ 아네모스탯형

해설

펑커루버(Punkah Louver)

기류의 방향을 자유롭게 조절할 수 있으며, 열부하가 많아서 국부냉방의 적용이 필요한 주방, 공장 등에서 특정한 방향으로 국부취출할 때 사용하는 방식이다.

08 보일러의 출력표시 중 난방부하와 급탕부하를 합한 용량으로 표시되는 것은?

① 정미출력

② 상용출력

③ 정격출력

④ 과부하출력

해설

보일러의 출력표시방법

• 정미출력 : 난방부하 + 급탕부하
• 상용출력 : 난방부하 + 급탕부하 + 배관부하
• 정격출력 : 난방부하 + 급탕부하 + 배관부하 + 예열부하
• 과부하출력 : 운전 초기 혹은 과부하가 발생하여 정격출력의 10~20% 정도 증가하여 운전할 때의 출력을 과부하출력이라 한다.

정답 05 ① 06 ① 07 ③ 08 ①

09 극간풍이 비교적 많고 재실 인원이 적은 실의 중앙공조 방식으로 가장 경제적인 방식은?

① 변풍량 2중덕트 방식   ② 팬코일유닛 방식
③ 정풍량 2중덕트 방식   ④ 정풍량 단일덕트 방식

해설
극간풍이 비교적 많고, 재실 인원이 적어 잠열 처리 및 실내 공기질에 대한 처리 부담이 적은 공간에서는 수 방식인 팬코일유닛 방식이 적합하다.

10 동일한 덕트 장치에서 송풍기 날개의 직경이 d_1, 전동기 동력이 L_1인 송풍기를 직경 d_2로 교환했을 때 동력의 변화로 옳은 것은?(단, 회전수는 일정하다.)

① $L_2 = \left(\dfrac{d_2}{d_1}\right)^2 L_1$

② $L_2 = \left(\dfrac{d_2}{d_1}\right)^3 L_1$

③ $L_2 = \left(\dfrac{d_2}{d_1}\right)^4 L_1$

④ $L_2 = \left(\dfrac{d_2}{d_1}\right)^5 L_1$

해설
송풍기 상사의 법칙

구분	회전수(rpm) $N_1 \to N_2$	날개직경(mm) $D_1 \to D_2$
송풍량 Q(m³/min) 변화	$Q_2 = \left(\dfrac{N_2}{N_1}\right) Q_1$	$Q_2 = \left(\dfrac{D_2}{D_1}\right)^3 Q_1$
압력 P(Pa) 변화	$P_2 = \left(\dfrac{N_2}{N_1}\right)^2 P_1$	$P_2 = \left(\dfrac{D_2}{D_1}\right)^2 P_1$
송풍기 동력 L(kW) 변화	$L_2 = \left(\dfrac{N_2}{N_1}\right)^3 L_1$	$L_2 = \left(\dfrac{D_2}{D_1}\right)^5 L_1$

11 냉각탑의 성능이 좋아지기 위한 조건으로 적절한 것은?

① 쿨링레인지가 작을수록, 쿨링어프로치가 작을수록
② 쿨링레인지가 작을수록, 쿨링어프로치가 클수록
③ 쿨링레인지가 클수록, 쿨링어프로치가 작을수록
④ 쿨링레인지가 클수록, 쿨링어프로치가 클수록

해설
냉각수의 입구온도와 출구온도의 차이인 쿨링레인지가 클수록, 냉각수의 출구온도와 공기의 입구온도(습구온도) 간의 차이는 작을수록 냉각탑에서 열교환이 잘 된 것이다.

12 냉수코일 설계 시 유의사항으로 옳은 것은?

① 대향류로 하고 대수평균온도차를 되도록 크게 한다.
② 병행류로 하고 대수평균온도차를 되도록 작게 한다.
③ 코일 통과 풍속을 5m/s 이상으로 취하는 것이 경제적이다.
④ 일반적으로 냉수 입·출구 온도차는 10℃보다 크게 취하여 통과 유량을 적게 하는 것이 좋다.

해설
② 대향류로 하고 대수평균온도차를 되도록 크게 한다.
③ 코일 통과 풍속을 2～3m/s 정도로 취하는 것이 경제적이다.
④ 일반적으로 냉수 입·출구 온도차는 5℃ 내외로 하고, 적당한 통과 유량을 확보하는 것이 좋다.

13 건물의 콘크리트 벽체의 실내 측에 단열재를 부착하여 실내 측 표면에 결로가 생기지 않도록 하려고 한다. 외기온도가 0℃, 실내온도가 20℃, 실내공기의 노점온도가 12℃, 콘크리트 두께가 100mm일 때, 결로를 막기 위한 단열재의 최소 두께(mm)는?(단, 콘크리트와 단열재의 접촉부분의 열저항은 무시한다.)

열전도도	콘크리트	1.63W/m·K
	단열재	0.17W/m·K
대류 열전달계수	외기	23.3W/m²·K
	실내공기	9.3W/m²·K

① 11.7   ② 10.7
③ 9.7   ④ 8.7

표면온도가 노점온도보다 클 경우 결로가 예방되므로, 표면온도를 노점온도로 간주한다.

- 열평형식을 통해 표면온도가 노점온도일 때 열관류율을 산출한다.

$$KA\Delta T = \alpha_i A\Delta T_s$$
$$K\Delta T = \alpha_i \Delta T_s$$
$$K = \frac{\alpha_i \Delta T_s}{\Delta T} = \frac{9.3 \times (20-12)}{20-0} = 3.72 \text{W/m}^2\text{K}$$

여기서, α_i : 실내공기의 대류 열전달계수

ΔT : 실내외 온도차

ΔT_s : 실내온도와 표면온도 간의 온도차

- 벽체의 열관류율 산정식을 세우고 단열재 두께를 산출한다.

$$K = \frac{1}{R} = \frac{1}{\frac{1}{\alpha_i} + \frac{L_{콘크리트}}{\lambda_{콘크리트}} + \frac{L_{단열재}}{\lambda_{단열재}} + \frac{1}{\alpha_o}}$$

$$= \frac{1}{\frac{1}{9.3} + \frac{0.1}{1.63} + \frac{L_{단열재}}{0.17} + \frac{1}{23.3}} = 3.72$$

$$\therefore L_{단열재} = 0.0097\text{m} = 9.7\text{mm}$$

14 일사를 받는 외벽으로부터의 침입열량(q)을 구하는 식으로 옳은 것은?(단, k는 열관류율, A는 면적, Δt는 상당외기온도차이다.)

① $q = k \times A \times \Delta t$

② $q = \dfrac{0.86 \times A}{\Delta t}$

③ $q = \dfrac{0.24 \times A \times \Delta t}{k}$

④ $q = \dfrac{0.29 \times k}{A \times \Delta t}$

일사를 받는 외벽으로터의 침입열량(q)은 일사의 영향을 고려한 상당외기온도를 적용하고 이 때의 산출식은 다음과 같다.

$$q = k \times A \times \Delta t$$

15 다음 그림에서 상태 1인 공기를 상태 2로 변화시켰을 때의 현열비를 바르게 나타낸 것은?

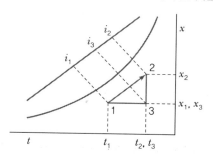

① $\dfrac{i_3 - i_1}{i_2 - i_1}$

② $\dfrac{i_2 - i_3}{i_2 - i_1}$

③ $\dfrac{x_2 - x_1}{t_1 - t_2}$

④ $\dfrac{t_1 - t_2}{i_3 - i_1}$

현열비는 전체 엔탈피의 변화량($i_2 - i_1$)에서 온도에 따른 엔탈피의 변화량($i_3 - i_1$)의 비율을 나타낸다.

16 건구온도(t_1) 5℃, 상대습도 80%인 습공기를 공기 가열기를 사용하여 건구온도(t_2) 43℃가 되는 가열공기 950m³/h을 얻으려고 한다. 이때 가열에 필요한 열량(kW)은?

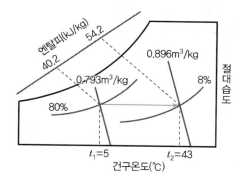

① 2.14

② 4.66

③ 8.97

④ 11.02

해설

가열량(q) 산출

$$q(\text{kW}) = m\Delta h = Q\frac{1}{\nu}(h_2 - h_1)$$
$$= 950\text{m}^3/\text{h} \times \frac{1}{0.793\text{m}^3/\text{kg}} \times (54.2 - 40.2)\text{kJ/kg}$$
$$= 16,771.8\text{kJ/h} = 4.66\text{kJ/s}\,(\text{kW})$$

여기서, v는 비체적이며, 가열 전 비체적을 적용한다.

17 다음 중 냉방부하의 종류에 해당되지 않는 것은?

① 일사에 의해 실내로 들어오는 열
② 벽이나 지붕을 통해 실내로 들어오는 열
③ 조명이나 인체와 같이 실내에서 발생하는 열
④ 침입 외기를 가습하기 위한 열

해설

침입 외기를 가습하기 위한 열을 가습부하라 하며, 가습부하의 경우 겨울철 낮은 절대습도를 갖는 외기 유입 시 소모되는 부하로서, 냉방부하에는 속하지 않는다.

18 가로 20m, 세로 7m, 높이 4.3m인 방이 있다. 아래 표를 이용하여 용적 기준으로 한 전체 필요환기량(m^3/h)을 구하면?

실용적(m^3)	500 미만	500~1,000	1,000~1,500	1,500~2,000	2,000~2,500
환기횟수 n (회/h)	0.7	0.6	0.55	0.5	0.42

① 421
② 361
③ 331
④ 253

해설

필요환기량(Q) = 환기횟수(n) × 실용적(m^3)
여기서, 실용적(m^3) = 20×7×4.3 = 602m^3이므로, 조건에 의해 환기횟수는 0.6회/h이다.
∴ Q = 0.6회/h × 602m^3 = 361.2m^3

19 다음 중 증기난방장치의 구성으로 가장 거리가 먼 것은?

① 트랩
② 감압밸브
③ 응축수탱크
④ 팽창탱크

해설

팽창탱크는 온수난방에서 온수의 팽창에 대응하는 설비이다.

20 콜드 드래프트 현상의 발생 원인으로 가장 거리가 먼 것은?

① 인체 주위의 공기온도가 너무 낮을 때
② 기류의 속도가 낮고 습도가 높을 때
③ 주위 벽면의 온도가 낮을 때
④ 겨울에 창문의 극간풍이 많을 때

해설

콜드 드래프트는 기류의 속도가 크고, 절대습도가 낮으며, 주변보다 온도가 낮을 경우에 발생한다.

Section 02 공조냉동설계

21 냉동장치의 냉매량이 부족할 때 일어나는 현상으로 옳은 것은?

① 흡입압력이 낮아진다.
② 토출압력이 높아진다.
③ 냉동능력이 증가한다.
④ 흡입압력이 높아진다.

해설

냉동장치에서 냉매량이 부족하면 흡입가스가 과열 압축되어 흡입압력과 토출압력이 낮아지게 되고 온도가 상승하며, 이에 따라 냉동능력이 저하된다.

② 토출압력이 낮아진다.
③ 냉동능력이 감소한다.
④ 흡입압력이 낮아진다.

22 다음 카르노 사이클의 $P - V$ 선도를 $T - S$ 선도로 바르게 나타낸 것은?

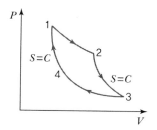

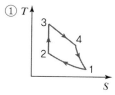 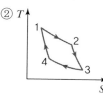

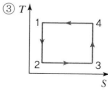 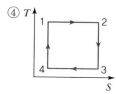

- $1 \rightarrow 2$ 과정 : 등온팽창
- $2 \rightarrow 3$ 과정 : 단열팽창
- $3 \rightarrow 4$ 과정 : 등온압축
- $4 \rightarrow 1$ 과정 : 단열압축

---

23 열과 일에 대한 설명 중 옳은 것은?

① 열역학적 과정에서 열과 일은 모두 경로에 무관한 상태함수로 나타낸다.

② 일과 열의 단위는 대표적으로 Watt(W)를 사용한다.

③ 열역학 제1법칙은 열과 일의 방향성을 제시한다.

④ 한 사이클 과정을 지나 원래 상태로 돌아왔을 때 시스템에 가해진 전체 열량은 시스템이 수행한 전체 일의 양과 같다.

① 열역학적 과정에서 열과 일은 모두 경로에 따라 달라지는 경로함수이다.

② 일과 열의 단위는 대표적으로 J(Joule)을 사용한다.

③ 열역학 제2법칙에 대한 설명이다.

---

24 스크루 압축기에 대한 설명으로 틀린 것은?

① 동일 용량의 왕복동 압축기에 비하여 소형 경량으로 설치면적이 작다.

② 장시간 연속운전이 가능하다.

③ 부품수가 적고 수명이 길다.

④ 오일펌프를 설치하지 않는다.

스크루 압축기는 오일펌프를 별도로 설치해야 한다는 단점을 가지고 있다.

스크루 압축기의 특징

장점	• 진동이 없으므로 견고한 기초가 필요 없다. • 소형이고 가볍다. • 무단계 용량제어(10~100%)가 가능하며 자동운전에 적합하다. • 액압축(Liquid Hammer) 및 오일 해머링(Oil Hammering)이 적다.(NH_3 자동운전에 적합하다.) • 흡입 토출밸브와 피스톤이 없어 장시간의 연속 운전이 가능하다.(흡입 토출밸브 대신 역류방지밸브를 설치한다.) • 부품수가 적고 수명이 길다.
단점	• 오일회수기 및 유냉각기가 크다. • 오일펌프를 따로 설치한다. • 경부하 시에도 기동력이 크다. • 소음이 비교적 크고 설치 시에 정밀도가 요구된다. • 정비 보수에 고도의 기술력이 요구된다. • 압축기의 회전방향이 정회전이어야 한다.(1,000 rpm 이상인 고속회전)

---

25 냉동장치 운전 중 팽창밸브의 열림이 적을 때 발생하는 현상이 아닌 것은?

① 증발압력은 저하한다.

② 냉매순환량은 감소한다.

③ 액압축으로 압축기가 손상된다.

④ 체적효율은 저하한다.

액압축 현상은 증발기의 냉매액이 전부 증발하지 못하고 액체상태로 압축기로 흡입되는 현상을 말하며, 팽창밸브 열림이 과도하게 클 때 발생한다.

---

22 ④ 23 ④ 24 ④ 25 ③

26 중간냉각이 완전한 2단 압축 1단 팽창 사이클로 운전되는 R−134a 냉동기가 있다. 냉동능력은 10kW이며, 사이클의 중간압, 저압부의 압력은 각각 350kPa, 120kPa이다. 전체 냉매순환량을 m, 증발기에서 증발하는 냉매의 양을 m_e 라 할 때, 중간냉각시키기 위해 바이패스되는 냉매의 양 $m - m_e$ (kg/h)은 얼마인가?(단, 제1압축기의 입구 과열도는 0이며, 각 엔탈피는 아래 표를 참고한다.)

압력(kPa)	포화액체 엔탈피 (kJ/kg)	포화증기 엔탈피 (kJ/kg)
120	160.42	379.11
350	195.12	395.04

지점별 엔탈피(kJ/kg)	
h_2	227.23
h_4	401.08
h_7	482.41
h_8	234.29

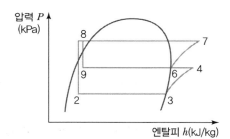

① 5.8 ② 11.1
③ 15.7 ④ 19.4

해설

- 증발기의 냉매순환량($\dot{m_e}$) 산출

$$q_e = \dot{m_e}(h_3 - h_2)$$

$$10kJ/s = \dot{m_e}(379.11 - 227.33)kJ/kg$$

여기서, q_e : 냉동능력(kW=kJ/s)

$$\therefore \dot{m_e} = 0.0659kg/s = 237.24kg/h$$

- 전체 냉매순환량(m) 산출

$$\dot{m} = \dot{m_e} \times \frac{h_4 - h_2}{h_6 - h_9}$$

$$= 237.94 \times \frac{401.08 - 227.23}{395.04 - 234.29} = 257.33kg/h$$

여기서, $h_9 = h_8$

$$\therefore \dot{m} - \dot{m_e} = 257.33 - 237.94 = 19.4kg/h$$

27 다음 중 만액식 증발기에 대한 설명으로 옳은 것은?

① 증발기 내에는 일정량의 액냉매가 들어 있으며 건식에 비해 전열이 양호하다.
② 증발기 내에서 윤활유가 냉매와 함께 체류할 가능성이 적다.
③ 주로 소용량의 액체 냉각용으로 이용한다.
④ 냉매 소요량이 적은 특징을 갖고 있다.

해설

② 증발기 내에서 윤활유가 냉매와 함께 체류할 가능성이 많다.
③ 대용량의 액체 냉각용에 이용되고 있다.
④ 냉매 소요량이 많다.

28 암모니아용 압축기의 실린더에 있는 워터재킷의 주된 설치 목적은?

① 밸브 및 스프링의 수명을 연장하기 위해서
② 압축효율의 상승을 도모하기 위해서
③ 암모니아는 토출온도가 낮기 때문에 이를 방지하기 위해서
④ 암모니아의 응고를 방지하기 위해서

해설

워터재킷(Water Jacket, 물주머니)
수랭식 기관에서 압축기 실린더 헤드의 외측에 설치한 부분으로 냉각수를 순환시켜 실린더를 냉각시킴으로써 기계(압축)효율(n_m)을 증대시키고 기계적 수명도 연장시킨다.(워터재킷을 설치하는 압축기는 냉매의 비열비(k) 값이 1.8~1.20 이상인 경우에 효과가 있다.)

29 냉동능력이 15RT인 냉동장치가 있다. 흡입 증기 포화온도가 −10℃이며, 건조포화증기 흡입 압축으로 운전된다. 이때 응축온도가 45℃이라면 이 냉동장치의 응축부하(kW)는 얼마인가?(단, 1RT는 3.8kW이다.)

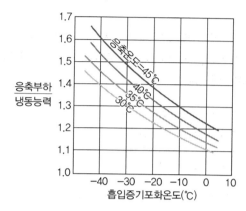

① 74.1

② 58.7

③ 49.8

④ 36.2

해설

응축부하(q_c) 산출

응축온도 45℃, 흡입증기포화온도 −10℃의 교점에서의 $\dfrac{응축부하}{냉동능력}=1.3$이므로,

응축부하 = 냉동능력×1.3
$= 15RT×3.8kW×1.3 = 74.1kW$

30 축열시스템 중 빙축열 방식이 수축열 방식에 비해 유리하다고 할 수 없는 것은?

① 축열조를 소형화할 수 있다.

② 낮은 온도를 이용할 수 있다.

③ 난방 시의 축열 대응에 적합하다.

④ 축열조의 설치장소가 자유롭다.

해설

빙축열시스템은 잠열을 이용하여 축열 및 방열을 하는 시스템으로서, 현열을 이용하는 수축열시스템에 비하여 부하에 대한 정밀한 대응이 어려운 단점이 있으며, 난방 보다는 냉방 시의 축열 대응에 적합하다.

31 역카르노 사이클로 운전하는 이상적인 냉동 사이클에서 응축기 온도가 40℃, 증발기 온도가 −10℃이면 성능계수는?

① 4.26

② 5.26

③ 3.56

④ 6.56

해설

이상적인 냉동기의 성적계수(COP_R) 산출

$$COP_R = \frac{T_L}{T_H - T_L}$$
$$= \frac{273 + (-10)}{(273 + 40) - (273 + (-10))} = 5.26$$

32 암모니아 냉동장치에서 고압 측 게이지 압력 이 1,372.9kPa, 저압 측 게이지 압력이 294.2kPa 이고, 피스톤 압출량이 100m³/h, 흡입증기의 비 체적이 0.5m³/kg일 때, 이 장치에서의 압축비와 냉매순환량(kg/h)은 각각 얼마인가?(단, 압축기 의 체적효율은 0.7이다.)

① 압축비 3.73, 냉매순환량 70

② 압축비 3.73, 냉매순환량 140

③ 압축비 4.67, 냉매순환량 70

④ 압축비 4.67, 냉매순환량 140

해설

압축비(ε)과 냉매순환량(G) 산출

• 압축비(ε) 산출

$$압축비(\varepsilon) = \frac{고압\ 측\ 절대압력}{저압\ 측\ 절대압력}$$
$$= \frac{1,372.9 + 101.3}{294.2 + 101.3} = 3.73$$

여기서, 101.3kPa은 대기압

절대압력 = 게이지압 + 대기압

• 냉매순환량(G) 산출

$$G = \frac{냉동능력(Q_e)}{냉동효과(q_e)}$$
$$= \frac{피스톤\ 압출량(V)}{흡입증기\ 비체적(v)} × 압축기\ 체적효율(\eta_v)$$
$$= \frac{100m^3/h}{0.5m^3/kg} × 0.7 = 140kg/h$$

정답 29 ① 30 ③ 31 ② 32 ②

33 냉동장치를 운전할 때 다음 중 가장 먼저 실시하여야 하는 것은?

① 응축기 냉각수 펌프를 기동한다.
② 증발기 팬을 기동한다.
③ 압축기를 기동한다.
④ 압축기의 유압을 조정한다.

해설
냉동장치의 운전 순서
응축기 통수를 위해 냉각수 펌프 기동 → 냉각탑 운전 → 응축기 등 수배관 내 공기를 배출시키고 완전하게 만수시킨 후 밸브 잠금 → 증발기의 송풍기 또는 냉수 순환펌프를 운전하고 공기 배출 → 압축기를 기동하여 흡입 측 정지밸브를 서서히 개방 → 압축기의 유압을 확인하여 조정 → 전동기의 전압, 운전전류 확인 → 각종 기기 및 계기류(수액기 액면, 각종 스위치 등)의 작동 확인

34 클라우지우스(Clausius)의 부등식을 옳게 나타낸 것은?(단, T는 절대온도, Q는 시스템으로 공급된 전체 열량을 나타낸다.)

① $\oint T\delta Q \leq 0$ ② $\oint T\delta Q \geq 0$

③ $\oint \dfrac{\delta Q}{T} \leq 0$ ④ $\oint \dfrac{\delta Q}{T} \geq 0$

해설
클라우지우스(Clausius)의 적분 : $\oint \dfrac{\delta Q}{T} \leq 0$

• 가역 과정 : $\oint \dfrac{\delta Q}{T} = 0$

• 비가역 과정 : $\oint \dfrac{\delta Q}{T} < 0$

35 다음 중 일반기체상수에 대한 설명으로 옳지 않은 것은?

① 일반기체상수는 이상기체 상태방정식을 만족시키는 기본적인 물리상수를 말한다.
② 일반기체상수는 압력에 비례한다.
③ 일반기체상수는 부피에 반비례한다.
④ 일반기체상수는 온도에 반비례한다.

해설
일반기체상수($\overline{R}$)는 부피에 비례한다.
$$\overline{R} = \frac{PV}{T}$$
여기서, P : 압력, V : 부피, T : 온도

36 랭킨 사이클의 각각의 지점에서 엔탈피는 다음과 같다. 이 사이클의 효율은 약 몇 %인가?(단, 펌프일은 무시한다.)

• 보일러 입구 : 290.5kJ/kg
• 보일러 출구 : 3,476.9kJ/kg
• 응축기 입구 : 2,622.1kJ/kg
• 응축기 출구 : 286.3kJ/kg

① 32.4%   ② 29.8%
③ 26.8%   ④ 23.8%

해설
펌프일을 무시하므로, 다음과 같이 효율을 산출한다.
$$\eta = \frac{h_3 - h_4}{h_3 - h_2} \times 100(\%)$$
$$= \frac{3,476.9 - 2,622.1}{3,476.9 - 290.5} \times 100(\%) = 26.83\% = 26.8\%$$
여기서, h_2 : 보일러 입구 엔탈피(kJ/kg)
   h_3 : 보일러 출구 엔탈피(kJ/kg)
   h_4 : 응축기 입구 엔탈피(kJ/kg)

37 그림과 같이 실린더 내의 공기가 상태 1에서 상태 2로 변화할 때 공기가 한 일은?(단, P는 압력, V는 부피를 나타낸다.)

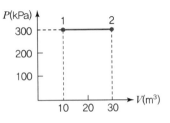

① 30kJ   ② 60kJ
③ 3,000kJ   ④ 6,000kJ

$W = \int_1^n P\,dv$ 이므로 $P-V$ 선도의 면적은 일을 나타낸다.

$$W_{12} = \int_1^2 P\,dv = P(V_2 - V_1)$$
$$= 300\text{kPa}(30-10)\text{m}^3 = 6{,}000\text{kJ}$$

38 유체의 교축과정에서 Joule − Thomson 계수(μ_J)가 중요하게 고려되는데 이에 대한 설명으로 옳은 것은?

① 등엔탈피 과정에 대한 온도 변화와 압력 변화의 비를 나타내며 $\mu_J < 0$인 경우 온도 상승을 의미한다.

② 등엔탈피 과정에 대한 온도 변화와 압력 변화의 비를 나타내며 $\mu_J < 0$인 경우 온도 강하를 의미한다.

③ 정적과정에 대한 온도 변화와 압력 변화의 비를 나타내며 $\mu_J < 0$인 경우 온도 상승을 의미한다.

④ 정적과정에 대한 온도 변화와 압력 변화의 비를 나타내며 $\mu_J < 0$인 경우 온도 강하를 의미한다.

줄−톰슨 계수는 $\mu_J = \dfrac{\partial T}{\partial P}$ 이다.

본 과정은 교축과정으로서 등엔탈피 과정이며, $\mu_J < 0$인 경우 교축과정에 따라 압력이 감소(−)할 때 온도는 증가(+)하는 것을 의미한다. $\mu_J > 0$인 경우는 두 부호가 모두 같은 경우로서, 교축과정에 따라 압력이 감소(−)할 때 온도도 함께 감소(−)하는 것을 의미한다. $\mu_J > 0$ 부분에서 온도가 감소하여 냉동효과가 발생하게 된다.

39 600kPa, 300K 상태의 이상기체 1kmol이 엔탈피가 일정한 등온과정을 거쳐 압력이 200kPa로 변했다. 이 과정 동안의 엔트로피 변화량은 약 몇 kJ/K인가?(단, 일반기체상수($\overline{R}$)는 8.31451 kJ/kmol · K이다.)

① 0.782   ② 6.31
③ 9.13   ④ 18.6

엔트로피 변화량(ΔS) 산출

$$\Delta S = S_2 - S_1 = G\overline{R}\ln\frac{P_1}{P_2}$$
$$= 1\text{kmol} \times 8.31451\text{kJ/kmol} \cdot \text{K} \times \ln\frac{600}{200}$$
$$= 9.134\text{kJ/K}$$

40 증기압축 냉동사이클에서 압축기의 압축일은 5HP이고, 응축기의 용량은 12.86kW이다. 이때 냉동사이클의 냉동능력(RT)은?

① 1.8   ② 2.4
③ 3.1   ④ 3.5

냉동능력(Q_e) 산출

냉동능력(Q_e) = 응축부하(Q_c) − 압축일(AW)
$$= 12.86\text{kW} - 5\text{HP} \times 0.746\text{kW} = 9.13\text{kW}$$

여기서, 1HP = 0.746kW

1RT = 3.86kW이므로

$\therefore$ 냉동능력(Q_e, RT) $= \dfrac{9.13}{3.86} = 2.37\text{RT}$

Section 03 시운전 및 안전관리

41 고압가스 안전관리법령상 정밀안전검진을 실시하여야 하는 노후기기는 완성검사증명서를 받은 날부터 몇 년이 경과한 시설을 의미하는가?

① 5년   ② 10년
③ 15년   ④ 20년

고압가스 안전관리법 시행규칙 제33조에 따라 노후시설이란 완성검사증명서를 받은 날부터 15년이 경과한 시설을 의미한다.

정답   38 ①   39 ③   40 ②   41 ③

42 기계설비법령상 기계설비 유지관리 대상 건축물로서 기계설비유지관리자 선임이 필요한 공동주택 기준은?

> (㉠)세대 이상의 공동주택 또는 (㉡)세대 이상으로서 중앙집중식 난방 방식(지역난방 방식 포함)의 공동주택

① ㉠ 500, ㉡ 500
② ㉠ 500, ㉡ 300
③ ㉠ 300, ㉡ 300
④ ㉠ 300, ㉡ 500

해설

기계설비 유지관리 준수 대상 건축물(기계설비법 시행령 제14조)
1. 연면적 10,000m² 이상의 건축물(창고시설은 제외)
2. 500세대 이상의 공동주택 또는 300세대 이상으로서 중앙집중식 난방 방식(지역난방 방식 포함)의 공동주택
3. 다음의 건축물 등 중 해당 건축물 등의 규모를 고려하여 국토교통부장관이 정하여 고시하는 건축물 등
   • 건설공사를 통하여 만들어진 교량·터널·항만·댐·건축물 등 구조물과 그 부대시설
   • 학교시설
   • 지하역사 및 지하도상가
4. 중앙행정기관의 장, 지방자치단체의 장 및 그 밖에 국토교통부장관이 정하는 자가 소유하거나 관리하는 건축물 등

43 산업안전보건법령상 냉동·냉장 창고시설 건설공사에 대한 유해위험방지계획서를 제출해야 하는 대상시설의 연면적 기준은 얼마인가?

① 3천m² 이상
② 4천m² 이상
③ 5천m² 이상
④ 6천m² 이상

해설

냉동·냉장 창고시설 건설공사의 경우 연면적 5,000m² 이상 시 유해위험방지계획서를 제출하여야 한다.

44 기계설비법령에 따른 기계설비의 착공 전 확인과 사용 전 검사의 대상 건축물 또는 시설물에 해당하지 않는 것은?

① 연면적 1만m² 이상인 건축물
② 목욕장으로 사용되는 바닥면적 합계가 500m² 이상인 건축물
③ 기숙사로 사용되는 바닥면적 합계가 1천m² 이상인 건축물
④ 판매시설로 사용되는 바닥면적 합계가 3천m² 이상인 건축물

해설

기숙사로 사용되는 바닥면적 합계가 2천m² 이상인 건축물이 해당된다.

45 고압가스 안전관리법령상 냉동제조와 관련하여 고압가스 제조의 신고대상 기준으로 옳은 것은?(단, 산업용 및 냉동·냉장용 제외, 건축물의 냉·난방용 제외)

① 냉동능력 3톤 이상 20톤 미만
② 냉동능력 5톤 이상 20톤 미만
③ 냉동능력 10톤 이상 20톤 미만
④ 냉동능력 20톤 이상 30톤 미만

해설

고압가스 제조의 신고대상(고압가스 안전관리법 시행령 제4조)
냉동능력이 3톤 이상 20톤 미만(가연성 가스 또는 독성가스 외의 고압가스를 냉매로 사용하는 것으로서 산업용 및 냉동·냉장용인 경우에는 20톤 이상 50톤 미만, 건축물의 냉·난방용인 경우에는 20톤 이상 100톤 미만)인 설비를 사용하여 냉동을 하는 과정에서 압축 또는 액화의 방법으로 고압가스가 생성되게 하는 것

46 직류·교류 양용에 만능으로 사용할 수 있는 전동기는?

① 직권 정류자 전동기
② 직류 복권전동기
③ 유도전동기
④ 동기전동기

해설

직권 정류자 전동기
직류, 교류 양용에 만능으로 사용이 가능한 전동기이다.

47 피상전력이 P_a(kVA)이고 무효전력이 P_r(kvar)인 경우 유효전력 P(kW)를 나타낸 것은?

① $P = \sqrt{P_a - P_r}$ 　　② $P = \sqrt{P_a^2 - P_r^2}$

③ $P = \sqrt{P_a + P_r}$ 　　④ $P = \sqrt{P_a^2 + P_r^2}$

〔해설〕

피상전력 $= \sqrt{유효전력^2 + 무효전력^2}$ 이므로,

유효전력 $= \sqrt{피상전력^2 + 무효전력^2} = \sqrt{P_a^2 - P_r^2}$

48 유도전동기의 회전수 제어요소가 아닌 것은?

① 주파수 　　② 슬립

③ 극수 　　④ 전압

〔해설〕

유도전동기의 회전수(N) 산출

$N = \dfrac{120f}{P}(1-s)$[rpm]

여기서, f : 주파수, P : 극수, s : 슬립

49 전류의 측정범위를 확대하기 위하여 사용되는 것은?

① 배율기 　　② 분류기

③ 전위차계 　　④ 계기용 변압기

〔해설〕

분류기는 어떤 전로의 전류를 측정할 때, 전로의 전류가 전류계의 정격보다 큰 경우에 전류계와 병렬로 전로를 만들고 전류를 분류하여 전류의 측정범위를 확대하여 측정하는 계기이다.

50 전동기를 전원에 접속한 상태에서 중력부하를 하강시킬 때 속도가 빨라지는 경우 전동기의 유기 기전력이 전원전압보다 높아져서 발전기로 동작하고 발생전력을 전원으로 되돌려 줌과 동시에 속도를 감속하는 제동법은?

① 회생제동 　　② 역전제동

③ 발전제동 　　④ 유도제동

〔해설〕

회생제동

유도전동기를 전원에 연결한 상태에서 유도발전기로 동작시켜서 발생전력을 전원으로 반환하면서 제동하는 방법으로, 기계적 제동과 같은 큰 발열이 없고 마모도 적으며 또한 전력회수에도 유리하다. 특히 권선형에 많이 사용된다.

51 피드백 제어의 장점으로 틀린 것은?

① 목표값에 정확히 도달할 수 있다.

② 제어계의 특성을 향상시킬 수 있다.

③ 외부 조건의 변화에 대한 영향을 줄일 수 있다.

④ 제어기 부품들의 성능이 나쁘면 큰 영향을 받는다.

〔해설〕

제어기 부품들의 성능이 나쁘면 검출의 부정확성 등으로 인해 나쁜 영향을 줄 수 있다. 이는 피드백 제어의 단점에 해당한다.

52 배율기의 저항이 50kΩ, 전압계의 내부저항이 25kΩ이다. 전압계가 100V를 지시하였을 때, 측정한 전압(V)은?

① 10 　　② 50

③ 100 　　④ 300

〔해설〕

배율기(R_m)에서의 측정 전압(V) 산출

$V = V_0 \left(\dfrac{R_m}{R} + 1 \right)$[V]

여기서, V : 측정 전압(V)

　　　　V_0 : 전압계의 눈금(V)

　　　　R_m : 배율기의 저항(Ω)

　　　　R : 전압계의 내부저항(Ω)

$V = 100 \left(\dfrac{50}{25} + 1 \right) = 300$V

53 $R_1 = 100\Omega$, $R_2 = 1,000\Omega$, $R_3 = 800\Omega$일 때 전류계의 지시가 0이 되었다. 이때 저항 R_4는 몇 Ω인가?

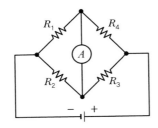

① 80
② 160
③ 240
④ 320

54 여러 가지 전해액을 이용한 전기분해에서 동일량의 전기로 석출되는 물질의 양은 각각의 화학당량에 비례한다는 법칙은?

① 줄의 법칙
② 렌츠의 법칙
③ 쿨롱의 법칙
④ 패러데이의 법칙

55 기계장치, 프로세스 및 시스템 등에서 제어되는 전체 또는 부분으로서 제어량을 발생시키는 장치는?

① 제어장치
② 제어대상
③ 조작장치
④ 검출장치

56 프로세스 제어용 검출기기는?

① 유량계
② 전위차계
③ 속도검출기
④ 전압검출기

57 다음 중 릴레이(Relay)에서 a접점의 상태로 옳은 것은?

① 열려 있는 접점(Arbeit Contact)
② 닫혀 있는 접점(Break Contact)
③ 전환 접점(Change − over Contact)
④ 상폐 접점(Normally Close Contact)

58 아래 $R - L - C$ 직렬회로의 합성 임피던스(Ω)는?

4Ω 7Ω 4Ω

① 1
② 5
③ 7
④ 15

해설

임피던스(Z) 산출

$$Z = \sqrt{R^2 + (X_L - X_C)^2}$$
$$= \sqrt{4^2 + (7-4)^2} = 5\Omega$$

59 온도를 전압으로 변환시키는 것은?

① 광전관　　　　② 열전대
③ 포토다이오드　　④ 광전 다이오드

해설

온도를 전압으로 변환시키는 요소는 열전대이다.

변환량과 변환요소

변환량	변환요소
온도 → 전압	열전대
압력 → 변위	벨로스, 다이어프램, 스프링
변위 → 압력	노즐 플래퍼, 유압 분사관, 스프링
변위 → 임피던스	가변저항기, 용량형 변환기
변위 → 전압	퍼텐셔미터, 차동변압기, 전위차계
전압 → 변위	전자석, 전자코일
광 → 임피던스	광전관, 광전도 셀, 광전 트랜지스터
광 → 전압	광전지, 광전 다이오드
방사선 → 임피던스	GM관, 전리함
온도 → 임피던스	측온 저항(열선, 서미스터, 백금, 니켈)

60 그림의 논리회로에서 A, B, C, D를 입력, Y를 출력이라 할 때 출력식은?

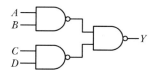

① $A + B + C + D$　　② $(A+B)(C+D)$
③ $AB + CD$　　　　④ $ABCD$

해설

$Y = \overline{\overline{AB} \cdot \overline{CD}}$
　$= \overline{\overline{AB}} + \overline{\overline{CD}}$　($\because$ 드모르간 법칙 적용)
　$= AB + CD$　($\because$ 부정법칙 적용)

61 급탕설비의 설계 및 시공에 관한 설명으로 틀린 것은?

① 중앙식 급탕 방식은 개별식 급탕 방식보다 시공비가 많이 든다.
② 온수의 순환이 잘되고 공기가 고이는 것을 방지하기 위해 배관에 구배를 둔다.
③ 게이트밸브는 공기고임을 만들기 때문에 글로브밸브를 사용한다.
④ 순환 방식은 순환펌프에 의한 강제순환식과 온수의 비중량 차이에 의한 중력식이 있다.

해설

글로브밸브는 공기고임을 만들기 때문에 게이트밸브를 사용한다.

62 슬리브 신축 이음쇠에 대한 설명으로 틀린 것은?

① 신축량이 크고 신축으로 인한 응력이 생기지 않는다.
② 직선으로 이음하므로 설치 공간이 루프형에 비하여 적다.
③ 배관에 곡선부가 있어도 파손이 되지 않는다.
④ 장시간 사용 시 패킹의 마모로 누수의 원인이 된다.

해설

슬리브 신축 이음쇠는 벽, 바닥 관통 배관용으로 많이 쓰이며 패킹의 파손 우려가 있어 곡선부에 적용할 경우 파손될 가능성이 있다.

63 다음 기호는 어떤 연결방법을 나타낸 것인가?

![기호]

① 나사형　　　　② 턱걸이형(소켓형)
③ 플랜지형　　　④ 납땜형

해설

그림은 턱걸이형(소켓형)을 나타내는 기호이다.

정답　59 ②　60 ③　61 ③　62 ③　63 ②

64 캐비테이션(Cavitation) 현상의 발생 조건이 아닌 것은?

① 흡입양정이 지나치게 클 경우
② 흡입관의 저항이 증대될 경우
③ 흡입 유체의 온도가 높은 경우
④ 흡입관의 압력이 양압인 경우

해설

흡입관의 압력이 음압인 경우 캐비테이션(Cavitation) 현상이 발생한다.

65 패킹재의 선정 시 고려사항으로 관 내 유체의 화학적 성질이 아닌 것은?

① 점도   ② 부식성
③ 휘발성   ④ 용해능력

해설

점도는 관 내 유체의 성질 중 물리적 성질에 해당한다.

패킹재의 선정 시 고려되는 관 내 유체의 성질

구분	성질
물리적 성질	온도, 압력, 가스체와 액체의 구분, 밀도, 점도 등
화학적 성질	화학 성분과 안정도, 부식성, 용해능력, 휘발성, 인화성과 폭발성 등
기계적 성질	교환의 난이, 진동의 유무, 내압과 외압의 정도 등

66 아래 강관 표시방법 중 "SPP"의 의미로 옳은 것은?

$$SPP - B - 80A - 2005 - 6$$

① 제조방법   ② 제조회사명
③ 호칭방법   ④ 관의 KS 기호

해설

• SPP : 관의 KS 기호(관 종류)
• B : 제조방법
• 80A : 호칭방법
• 2005 : 제조년도
• 6 : 길이

67 강관의 나사 이음 시 관을 절단한 후 관 단면의 안쪽에 생기는 거스러미를 제거할 때 사용하는 공구는?

① 파이프 바이스   ② 파이프 리머
③ 파이프 렌치   ④ 파이프 커터

해설

① 파이프 바이스 : 물체를 고정하는 기구
③ 파이프 렌치 : 관 이음에서 파이프를 조이거나 회전시킬 때 쓰이는 공구
④ 파이프 커터 : 관을 절단하는 기구

68 통기관의 설치 목적으로 가장 거리가 먼 것은?

① 배수의 흐름을 원활하게 하여 배수관의 부식을 방지한다.
② 봉수가 사이펀 작용으로 파괴되는 것을 방지한다.
③ 배수계통 내에 신선한 공기를 유입하기 위해 환기시킨다.
④ 배수계통 내의 배수 및 공기의 흐름을 원활하게 한다.

해설

통기관이 배수의 흐름을 원활하게 하는 것은 맞으나 배수관의 부식까지 방지하지는 못한다.

69 간접가열식 급탕법에 관한 설명으로 틀린 것은?

① 고압보일러의 적용이 필요하다.
② 순환증기는 높이에 관계없이 저압으로 사용 가능하다.
③ 저탕탱크와 가열용 코일이 설치되어 있다.
④ 난방용 증기보일러가 있는 곳에 설치하면 설비비를 절약하고 관리가 편하다.

해설

간접가열식의 경우 직접가열식에 비해 높은 압력이 요구되지 않으므로 고압용 보일러가 불필요하다.

정답   64 ④ 65 ① 66 ④ 67 ② 68 ① 69 ①

70 길이 30m의 강관의 온도 변화가 120℃일 때 강관에 대한 열팽창량은?(단, 강관의 열팽창계수는 11.9×10^{-6}mm/mm℃이다.)

① 42.8mm

② 42.8cm

③ 42.8m

④ 4.28mm

관의 열팽창량(ΔL) 산출

$\Delta L = L \cdot \alpha \cdot \Delta t$

$= 30\text{m} \times 10^3\,(\text{mm}) \times 11.9 \times 10^{-6}\,\text{mm/mm}℃ \times 120℃$

$= 42.84 = 42.8\text{mm}$

71 방열량이 3kW인 방열기에 공급하여야 하는 온수량(L/s)은 얼마인가?(단, 방열기 입구온도 80℃, 출구온도 70℃, 온수 평균온도에서 물의 비열은 4.2kJ/kg · K, 물의 밀도는 977.5kg/m³이다.)

① 0.002

② 0.025

③ 0.073

④ 0.098

온수량(Q) 산출

온수량$(Q, \text{L/s}) = \dfrac{q(\text{방열량})}{\rho(\text{밀도}) \times C(\text{비열}) \times \Delta t(\text{온도차})}$

$= \dfrac{3\text{kW}(\text{kJ/s})}{977.5\text{kg/m}^3 \times 4.2\text{kJ/kg} \cdot \text{K} \times (80 - 70)}$

$= 0.000073\text{m}^3/\text{s}$

$= 0.073\text{L/s}$

72 고가탱크식 급수방법에 대한 설명으로 틀린 것은?

① 고층건물이나 상수도 압력이 부족할 때 사용된다.

② 고가탱크의 용량은 양수펌프의 양수량과 상호 관계가 있다.

③ 건물 내의 밸브나 각 기구에 일정한 압력으로 물을 공급한다.

④ 고가탱크에 펌프로 물을 압송하여 탱크 내에 공기를 압축 가압하여 일정한 압력을 유지시킨다.

고가탱크식 급수방법은 고가탱크에 펌프로 물을 압송한 후 대기압 수준의 압력을 유지하고, 급수 필요시 중력에 의해 하향 급수하는 방식이다.

73 증기와 응축수의 온도 차이를 이용하여 응축수를 배출하는 트랩은?

① 버킷 트랩

② 디스크 트랩

③ 벨로스 트랩

④ 플로트 트랩

① 버킷 트랩(Bucket Trap) : 증기와 응축수 간의 비중차를 이용한다.

② 디스크 트랩(Disk Trap) : 증기와 응축수 간의 운동에너지 차를 이용한다.

④ 플로트 트랩(Float Trap) : 증기와 응축수 간의 비중차를 이용한다.

74 가스미터는 구조상 직접식(실측식)과 간접식(추정식)으로 분류된다. 다음 중 직접식 가스미터는?

① 습식

② 터빈식

③ 벤투리식

④ 오리피스식

가스미터의 구조상 분류

구분	종류
직접식(실측식)	건식(막식, 회전식), 습식(루츠미터) 등
간접식(추정식)	터빈, 임펠러식, 오리피스식, 벤투리식, 와류식 등

75 온수난방 배관에서 리버스 리턴(Reverse Return) 방식을 채택하는 주된 이유는?

① 온수의 유량 분배를 균일하게 하기 위하여

② 배관의 길이를 짧게 하기 위하여

③ 배관의 신축을 흡수하기 위하여

④ 온수가 식지 않도록 하기 위하여

정답 70 ① 71 ③ 72 ④ 73 ③ 74 ① 75 ①

리버스 리턴 방식(역환수 방식)은 모든 방열기의 공급관과 환수관 길이의 합을 동일하게 한 방식으로 방열기의 위치에 관계없이 온수 유량을 균등하게 배분하게 하기 위해 적용한다.

76 배관용 보온재의 구비조건에 관한 설명으로 틀린 것은?

① 내열성이 높을수록 좋다.
② 열전도율이 작을수록 좋다.
③ 비중이 작을수록 좋다.
④ 흡수성이 클수록 좋다.

보온재에 수분이 흡수되면 단열성능이 저하되므로, 보온재는 흡수성이 작을수록 좋다.

77 증기난방 설비의 특징에 대한 설명으로 틀린 것은?

① 증발열을 이용하므로 열의 운반능력이 크다.
② 예열시간이 온수난방에 비해 짧고 증기순환이 빠르다.
③ 방열면적을 온수난방보다 작게 할 수 있다.
④ 실내 상하 온도차가 작다.

증기난방은 대류난방 형태가 일반적이어서, 실내의 수직(상하) 온도차가 크게 형성된다. 실내 상하 온도차가 적게 형성되는 것은 복사난방 형태인 바닥복사난방 방식이다.

78 공랭식 응축기 배관 시 유의사항으로 틀린 것은?

① 소형 냉동기에 사용하며 핀이 있는 파이프 속에 냉매를 통하여 바람 이송 냉각설계로 되어 있다.
② 냉방기가 응축기 아래 설치되는 경우 배관 높이가 10m 이상일 때는 5m마다 오일 트랩을 설치해야 한다.

③ 냉방기가 응축기 위에 위치하고, 압축기가 냉방기에 내장되었을 경우에는 오일 트랩이 필요 없다.
④ 수랭식에 비해 능력은 낮지만, 냉각수를 사용하지 않아 동결의 염려가 없다.

냉방기가 응축기 아래 설치되는 경우 배관 높이가 10m 이상일 때는 10m마다 오일 트랩을 설치해야 한다.

79 증기압축식 냉동사이클에서 냉매배관의 흡입관은 어느 구간을 의미하는가?

① 압축기 – 응축기 사이
② 응축기 – 팽창밸브 사이
③ 팽창밸브 – 증발기 사이
④ 증발기 – 압축기 사이

사이클에 따른 냉매배관
[저압 흡입가스 배관] 압축기 [고압 토출가스 배관] → 응축기 → [고압 액배관] 팽창밸브 [저압 액배관] → 증발기

80 관경 300mm, 배관길이 500m의 중압가스 수송관에서 공급압력과 도착압력이 게이지 압력으로 각각 0.3MPa, 0.2MPa인 경우 가스유량(m³/h)은 얼마인가?(단, 가스비중 0.64, 유량계수 52.31이다.)

① 10,238
② 20,583
③ 38,193
④ 40,153

$$Q = K\sqrt{\frac{(P_1^2 - P_2^2)d^5}{s \times l}}$$

$$= 52.31 \times \sqrt{\frac{((0.3+0.101)^2 - (0.3+0.101)^2) \times 300^5}{0.64 \times 500 \times 10^3}}$$

$$= 38,193 \text{m}^3/\text{h}$$

여기서, P_1 : 공급압력(절대압력)
P_2 : 최종압력(절대압력)
d : 관 내경, l : 관 길이
s : 가스비중, K : 유량계수

Section 01 에너지관리

01 온도 10℃, 상대습도 50%의 공기를 25℃로 하면 상대습도(%)는 얼마인가?(단, 10℃일 경우의 포화증기압은 1.226kPa, 25℃일 경우의 포화증기압은 3.163kPa이다.)

① 9.5
② 19.4
③ 27.2
④ 35.5

해설

25℃일 때의 상대습도(ϕ) 산출

$$\phi = \frac{\text{수증기 분압}(P_w)}{\text{포화수증기 분압}(P_s)}$$

- 온도 10℃에서의 수증기 분압(P_w)

$$P_w = \phi \times P_s = 0.5 \times 1.226 = 0.613\text{kPa}$$

- 온도 25℃에서의 상대습도(ϕ)

$$\phi = \frac{\text{수증기 분압}(P_w)}{\text{포화수증기 분압}(P_s)}$$

$$= \frac{0.613}{3.163} = 0.194 = 19.4\%$$

02 다음 중 축류 취출구의 종류가 아닌 것은?

① 펑커루버형 취출구
② 그릴형 취출구
③ 라인형 취출구
④ 팬형 취출구

해설

팬형 취출구(Pan Type)는 여러 방향으로 취출되는 방식인 복류 취출구(Double Flow Diffuser)이다.

03 크기 1,000×500mm의 직관 덕트에 35℃의 온풍 18,000m³/h이 흐르고 있다. 이 덕트가 −10℃의 실외 부분을 지날 때 길이 20m당 덕트 표면으로부터의 열손실(kW)은?(단, 덕트는 암면 25mm로 보온되어 있고, 이때 1,000m당 온도차 1℃에 대한 온도 강하는 0.9℃이다. 공기의 밀도는 1.2kg/m³, 정압비열은 1.01kJ/kg·K이다.)

① 3.0
② 3.8
③ 4.9
④ 6.0

해설

손실열량(q) 산출

$$
\begin{aligned}
q(\text{kW}) &= Q\rho C_p \Delta t \\
&= 18,000\text{m}^3/\text{h} \times 1.2\text{kg/m}^3 \div 3,600 \times 1.01\text{kJ/kg·K} \\
&\quad \times \left(\frac{0.9℃}{1,000\text{m}} \times 20\text{m}\right) \times (35 - (-10)) \\
&= 4.9\text{kW}
\end{aligned}
$$

여기서, $\frac{0.9℃}{1,000\text{m}} \times 20\text{m}$는 문제의 조건에 따라 1,000m당 온도 강하 0.9℃에 20m당 덕트 표면 열손실 산출사항을 반영한 것이다.

04 다음 중 예상평균온열감 PMV(Predicted Mean Vote) 쾌적구간은?

① $-0.5 < \text{PMV} < 0.5$
② $-1 < \text{PMV} < 1$
③ $-1.5 < \text{PMV} < 1.5$
④ $-2 < \text{PMV} < 2$

해설

PMV는 투표에 의해 온열감을 평가하는 것으로서 다음과 같이 총 7단계의 온열단계로 나누어지며, 투표 결과 평균적으로 $-0.5 < \text{PMV} < 0.5$이면 해당 공간이 쾌적구간에 속한다고 판단한다.

−3	−2	−1	0	+1	+2	+3
Cold	Cool	Slightly Cool	Neutral	Slightly Warm	Warm	Hot
춥다	시원하다	약간 시원	쾌적	약간 따뜻	따뜻하다	덥다

05 유효온도차(상당외기온도차)에 대한 설명으로 틀린 것은?

① 태양 일사량을 고려한 온도차이다.
② 계절, 시각 및 방위에 따라 변화한다.
③ 실내온도와는 무관하다.
④ 냉방부하 시에 적용된다.

해설

유효온도차(상당외기온도차)는 여름철 일사에 의한 축열을 고려한 외기온도인 상당외기온도와 실내온도 간의 차이를 나타낸 것으로서 실내온도와 관련이 있다.

06 대류 및 복사에 의한 열전달률에 의해 기온과 평균복사온도를 가중평균한 값으로 복사난방 공간의 열환경을 평가하기 위한 지표를 나타내는 것은?

① 작용온도(Operative Temperature)
② 건구온도(Dry−bulb Temperature)
③ 카타냉각력(Kata Cooling Power)
④ 불쾌지수(Discomfort Index)

해설

작용온도(OT : Operative Temperature)
기온과 복사열 및 기류의 영향을 조합한 쾌적지표(습도의 영향이 고려되지 않음)

$$OT = \frac{h_r \cdot MRT + h_c \cdot t_a}{h_r + h_c}$$

여기서, h_r : 복사전달률, h_c : 대류열전달률
　　　　MRT : 평균복사온도(℃), t_a : 기온(℃)

07 건물의 지하실, 대규모 조리장 등에 적합한 기계환기법(강제급기＋강제배기)은?

① 제1종 환기　　　　② 제2종 환기
③ 제3종 환기　　　　④ 제4종 환기

해설

강제급기＋강제배기방식은 일정한 압력을 유지하고자 시행하는 환기방식으로 제1종 환기에 해당한다.

08 다음 중 직접난방 방식이 아닌 것은?

① 온풍난방　　　　② 고온수난방
③ 저압증기난방　　④ 복사난방

해설

온풍난방은 공기조화기를 통해 난방하는 방식으로서, 공조기 내에 설치된 난방코일에 공기가 부딪혀 따뜻한 공기로 열교환되어 실내로 취출되는 간접난방에 해당한다.

09 공기조화 방식을 결정할 때에 고려할 요소로 가장 거리가 먼 것은?

① 건물의 종류
② 건물의 안정성
③ 건물의 규모
④ 건물의 사용목적

해설

건물의 안정성은 건축물의 구조 형식 등을 결정할 때 고려하는 요소이다.

10 다음과 같이 단열된 덕트 내에 공기가 통하고 이것에 열량 Q(kJ/h)와 수분 L(kg/h)을 가하여 열평형이 이루어졌을 때, 공기에 가해진 열량(Q)은 어떻게 나타내는가?(단, 공기의 유량은 G(kg/h), 가열코일 입·출구의 엔탈피, 절대습도는 각각 h_1, h_2(kJ/kg), x_1, x_2(kg/kg)이며, 수분의 엔탈피는 h_L(kJ/kg)이다.)

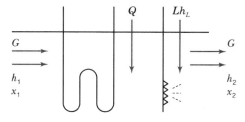

① $G(h_2 - h_1) + Lh_L$　　② $G(x_2 - x_1) + Lh_L$
③ $G(h_2 - h_1) - Lh_L$　　④ $G(x_2 - x_1) - Lh_L$

해설

에너지는 보존되므로 열평형식을 통해 열량(Q)을 산출한다.

$$Gh_1 + Q + Lh_L = Gh_2$$
$$Q = Gh_2 - Gh_1 - Lh_L = G(h_2 - h_1) - Lh_L$$

11 다음 중 공기의 감습장치에 관한 설명으로 틀린 것은?

① 화학적 감습법은 흡착과 흡수 기능을 이용하는 방법이다.
② 압축식 감습법은 감습만을 목적으로 사용하는 경우 재열이 필요하므로 비경제적이다.
③ 흡착식 감습법은 실리카겔 등을 사용하며, 흡습재의 재생이 가능하다.
④ 흡수식 감습법은 활성 알루미나를 이용하기 때문에 연속적이고 큰 용량의 것에는 적용하기 곤란하다.

해설

④는 흡착식(고체) 감습법에 해당하며, 흡수식(액체) 감습법은 연속적이고 큰 용량의 것에 적용하기 적합한 방식이다.

12 온풍난방에 관한 설명으로 틀린 것은?

① 송풍동력이 크며, 설계가 나쁘면 실내로 소음이 전달되기 쉽다.
② 실온과 함께 실내습도, 실내기류를 제어할 수 있다.
③ 실내 층고가 높을 경우에는 상하의 온도차가 크다.
④ 예열부하가 크므로 예열시간이 길다.

해설

온풍난방은 비열이 작은 공기를 열매로 하기 때문에 예열부하가 작고 예열시간이 짧다.

13 콜드 드래프트 현상의 발생 원인으로 가장 거리가 먼 것은?

① 인체 주위의 공기온도가 너무 낮을 때
② 기류의 속도가 낮고 습도가 높을 때
③ 주위 벽면의 온도가 낮을 때
④ 겨울에 창문의 극간풍이 많을 때

해설

콜드 드래프트는 기류의 속도가 크고, 절대습도가 낮으며, 주변보다 온도가 낮을 경우에 발생한다.

14 아래 습공기 선도에 나타낸 과정과 일치하는 장치도는?

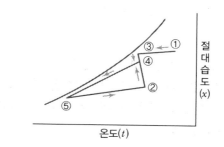

①
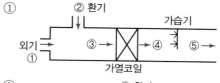

②
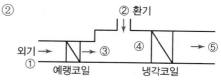

③
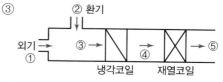

④
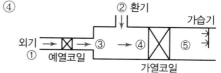

> **해설**

본 과정은 외기(①)를 예랭(③)한 후, 환기(②)와 혼합(④)하여 냉각코일을 통과(⑤)한 후 실내로 취출하는 프로세스이다.

15 냉방부하의 종류에 따라 연관되는 열의 종류로 틀린 것은?

① 인체의 발생열 – 현열, 잠열
② 극간풍에 의한 열량 – 현열, 잠열
③ 조명부하 – 현열, 잠열
④ 외기 도입량 – 현열, 잠열

> **해설**

조명부하는 현열부하만 발생시킨다.

16 다음 공기 선도상에서 난방풍량이 25,000 m³/h인 경우 가열코일의 열량(kW)은?(단, 1은 외기, 2는 실내 상태점을 나타내며, 공기의 비중량은 1.2kg/m³이다.)

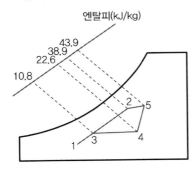

① 98.3
② 87.1
③ 73.2
④ 61.4

> **해설**

가열코일에 의한 변화는 $3 \rightarrow 4$ 과정이다.

$q = m\Delta h = Q\gamma(h_4 - h_3)$

$= 25,000\text{m}^3/\text{h} \times 1.2\text{kg/m}^3 \times (22.6 - 10.8)\text{kJ/kg}$

$= 354,000\text{kJ/h} = 98.3\text{kJ/s (kW)}$

17 온풍난방에 관한 설명으로 틀린 것은?

① 실내 층고가 높을 경우 상하 온도차가 커진다.
② 실내의 환기나 온습도 조절이 비교적 용이하다.
③ 직접 난방에 비하여 설비비가 높다.
④ 국부적으로 과열되거나 난방이 잘 안되는 부분이 발생한다.

> **해설**

온풍난방은 난방코일과 습공기 간의 열교환을 통해 습공기를 가열하여 실내로 취출하는 간접난방 방식을 말하며, 직접난방 방식에 비해 경제적으로 난방을 할 수 있다.

18 다음 중 열수분비(μ)와 현열비(SHF)와의 관계식으로 옳은 것은?(단, q_S는 현열량, q_L는 잠열량, L은 가습량이다.)

① $\mu = SHF \times \dfrac{q_S}{L}$
② $\mu = \dfrac{1}{SHF} \times \dfrac{q_L}{L}$
③ $\mu = SHF \times \dfrac{q_L}{L}$
④ $\mu = \dfrac{1}{SHF} \times \dfrac{q_S}{L}$

> **해설**

㉠ 열수분비 $\mu = \dfrac{dh}{dx} = \dfrac{q_s + q_L}{L}$

㉡ 현열비 $SHF = \dfrac{q_s}{q_s + q_L} \rightarrow q_s + q_L = \dfrac{q_s}{SHF}$

㉡식을 ㉠식에 대입하면,

$U = \dfrac{dh}{dx} = \dfrac{q_s + q_L}{L} = \dfrac{\dfrac{q_s}{SHF}}{L} = \dfrac{1}{SHF} \times \dfrac{q_s}{L}$

19 개별 공기조화 방식에 사용되는 공기조화기에 대한 설명으로 틀린 것은?

① 사용하는 공기조화기의 냉각코일에는 간접팽창코일을 사용한다.
② 설치가 간편하고 운전 및 조작이 용이하다.
③ 제어대상에 맞는 개별 공조기를 설치하여 최적의 운전이 가능하다.
④ 소음이 크나, 국소운전이 가능하여 에너지 절약적이다.

해설

개별 공기조화 방식에서는 냉매가 직접 열매로 작용하는 직접팽창코일을 사용한다.

20 보일러의 스케일 방지 방법으로 틀린 것은?

① 슬러지는 적절한 분출로 제거한다.

② 스케일 방지 성분인 칼슘의 생성을 돕기 위해 경도가 높은 물을 보일러수로 활용한다.

③ 경수연화장치를 이용하여 스케일 생성을 방지한다.

④ 인산염을 일정 농도가 되도록 투입한다.

해설

경도가 높은 물을 사용하는 것은 보일러 스케일 발생의 원인이 된다.

Section 02 공조냉동설계

21 물(H_2O) – 리튬브로마이드($LiBr$) 흡수식 냉동기에 대한 설명으로 틀린 것은?

① 특수 처리한 순수한 물을 냉매로 사용한다.

② 4~15℃ 정도의 냉수를 얻는 기기로 일반적으로 냉수온도는 출구온도 7℃ 정도를 얻도록 설계한다.

③ $LiBr$ 수용액은 성질이 소금물과 유사하여, 농도가 진하고 온도가 낮을수록 냉매증기를 잘 흡수한다.

④ $LiBr$의 농도가 진할수록 점도가 높아져 열전도율이 높아진다.

해설

$LiBr$의 농도가 진할수록 점도가 높아져 열전도율이 낮아지게 된다. (열저항 특성 증가)

22 흡수식 냉동사이클 선도에 대한 설명으로 틀린 것은?

① 듀링 선도는 수용액의 농도, 온도, 압력 관계를 나타낸다.

② 증발잠열 등 흡수식 냉동기 설계상 필요한 열량은 엔탈피 – 농도 선도를 통해 구할 수 있다.

③ 듀링 선도에서는 각 열교환기 내의 열교환량을 표현할 수 없다.

④ 엔탈피 – 농도 선도는 수평축에 비엔탈피, 수직축에 농도를 잡고 포화용액의 등온·등압선과 발생증기의 등압선을 그은 것이다.

해설

엔탈피 – 농도 선도는 수평축에 농도, 수직축에 비엔탈피를 잡고 포화용액의 등온·등압선, 발생증기의 등압선을 그은 것이다.

23 펠티에(Peltier) 효과를 이용하는 냉동방법에 대한 설명으로 틀린 것은?

① 펠티에 효과를 냉동에 이용한 것이 전자냉동 또는 열전기식 냉동법이다.

② 펠티에 효과를 냉동법으로 실용화에 어려운 점이 많았으나 반도체 기술이 발달하면서 실용화되었다.

③ 펠티에 효과가 적용된 냉동방법은 휴대용 냉장고, 가정용 특수냉장고, 물 냉각기, 핵 잠수함 내의 냉난방장치 등에 사용된다.

④ 증기압축식 냉동장치와 마찬가지로 압축기, 응축기, 증발기 등을 이용한 것이다.

해설

펠티에 효과(Peltier's Effect)는 종류가 다른 두 금속도체를 접합하여 전류를 통하면, 전류의 방향에 따라 한쪽 접합점에서는 열을 방출하고, 다른 쪽 접합점에서는 열을 흡수하게 되는 원리를 말한다. 이러한 펠티에 효과를 이용한 냉동장치를 열전식 냉동장치(열전냉동, Thermoelectric Refrigeration)라고 한다.

정답 20 ② 21 ④ 22 ④ 23 ④

24 다음 그림은 R-134a를 냉매로 한 건식 증발기를 가진 냉동장치의 개략도이다. 지점 1, 2에서의 게이지 압력은 각각 0.2MPa, 1.4MPa으로 측정되었다. 각 지점에서의 엔탈피가 아래 표와 같을 때, 5지점에서의 엔탈피(kJ/kg)는 얼마인가?(단, 비체적(v_1)은 0.08m³/kg이다.)

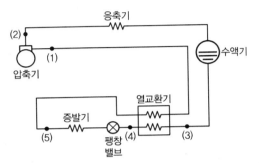

지점	엔탈피(kJ/kg)
1	623.8
2	665.7
3	460.5
4	439.6

① 20.9 ② 112.8
③ 408.6 ④ 602.9

해설

열교환 평형식으로 정리한다.
$h_3 - h_4 = h_1 - h_5$
$h_5 = h_1 - h_3 + h_4 = 623.8 - 460.5 + 439.6 = 602.9 \text{kJ/kg}$

25 흡수식 냉동기에 사용하는 흡수제의 구비조건으로 틀린 것은?

① 농도 변화에 의한 증기압의 변화가 클 것
② 용액의 증기압이 낮을 것
③ 점도가 높지 않을 것
④ 부식성이 없을 것

해설

흡습제는 농도 변화(희용액 ↔ 농용액)에 따라 증기압의 변화가 크지 않아야 한다.

26 카르노 사이클로 작동되는 열기관이 200kJ의 열을 200℃에서 공급받아 20℃에서 방출한다면 이 기관의 일은 약 얼마인가?

① 38kJ ② 54kJ
③ 63kJ ④ 76kJ

해설

카르노 사이클의 열효율 산출공식을 이용하여 산출한다.

카르노 사이클의 열효율(η_c) $= \dfrac{\text{생산일}(W)}{\text{공급열량}(Q)}$

$= \dfrac{T_H - T_L}{T_H} = 1 - \dfrac{T_L}{T_H}$

생산일(W) $=$ 공급열량(Q) $\times \left(1 - \dfrac{T_L}{T_H}\right)$

$= 200\text{kJ} \times \left(1 - \dfrac{273+20}{273+200}\right) = 76\text{kJ}$

27 다음 중 기계식 냉동 방식이 아닌 것은?

① 압축식 냉동법
② 흡수식 냉동법
③ 증기분사를 하여 냉동하는 방법
④ 승화열을 이용하는 방법

해설

승화열을 이용하는 방법은 어떤 물질이 고체에서 기체로 변화할 때 흡수하는 열을 이용하여 냉동작용을 얻는 것으로서 자연식 냉동 방식에 속한다.

28 내부에너지가 30kJ인 물체에 열을 가하여 내부에너지가 50kJ이 되는 동안에 외부에 대하여 10kJ의 일을 하였다. 이 물체에 가해진 열량은?

① 10kJ ② 20kJ
③ 30kJ ④ 60kJ

해설

밀폐계 내부에너지의 변화(ΔU)로부터 열량 산출
$\Delta U =$ 열량(Q) $-$ 일량(W)
열량(Q) $= \Delta U +$ 일량(W) $= (U_2 - U_1) +$ 일량(W)
$= (50-30)\text{kJ} + 10\text{kJ} = 30\text{kJ}$

정답 24 ④ 25 ① 26 ④ 27 ④ 28 ③

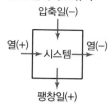

일과 열의 부호규약

압축일(−)

열(+) → 시스템 → 열(−)

팽창일(+)

29 두께가 200mm인 두꺼운 평판의 한 면(T_0)은 600K, 다른 면(T_1)은 300K로 유지될 때 단위 면적당 평판을 통한 열전달량(W/m²)은?(단, 열전도율은 온도에 따라 $\lambda(T) = \lambda_0(1 + \beta t_m)$로 주어지며, λ_0는 0.029W/m · K, β는 3.6×10^{-3} K⁻¹이고, t_m은 양면 간의 평균온도이다.)

① 114   ② 105
③ 97   ④ 83

> 해설

$$q = KA\Delta t = \frac{\lambda}{d}A\Delta t = \frac{\lambda_0(1 + \beta t_m)}{d}A\Delta t$$

$$= \frac{0.029\text{W/m} \cdot \text{K}\left(1 + 3.6 \times 10^{-3}\text{K}^{-1} \times \frac{600 + 300}{2}\text{K}\right)}{0.2\text{m}}$$

$$\times 1\text{m}^2 \times (600 - 300)\text{K}$$

$$= 113.97\text{W/m}^2$$

여기서, d : 평판의 두께(m)

A : 단위면적당 열량 산출이므로 면적 A는 1m²를 적용한다.

30 공기 10kg이 압력 200kPa, 체적 5m³인 상태에서 압력 400kPa, 온도 300℃인 상태로 변한 경우 최종 체적(m³)은 얼마인가?(단, 공기의 기체상수는 0.287kJ/kg · K이다.)

① 10.7   ② 8.3
③ 6.8   ④ 4.1

> 해설

이상기체 상태방정식 $P_2 V_2 = nRT_2$

$$V_2 = \frac{nRT_2}{P_2}$$

$$= \frac{10\text{kg} \times 0.287\text{kJ/kg} \cdot \text{K} \times (273 + 300)}{400\text{kPa}} = 4.1\text{m}^3$$

31 다음 중 슈테판−볼츠만의 법칙과 관련이 있는 열전달은?

① 대류   ② 복사
③ 전도   ④ 응축

> 해설

슈테판−볼츠만 법칙에 의해 다음과 같이 복사량을 산출할 수 있다.

$$Q = \sigma F_E F_A A(T_1{}^4 - T_2{}^4)$$

여기서, Q : 복사량(W)

σ : 슈테판−볼츠만 상수(5.667×10^{-8}W/m²K⁴)

F_E : 유효방사율(Emissivity)

F_A : 형태계수(형상계수, Configuration Factor)

A : 열전달면적(m²)

T_1, T_2 : 각 면의 온도(K)

32 체적이 1m³인 용기에 물이 5kg 들어 있으며 그 압력을 측정해 보니 500kPa이었다. 이 용기에 있는 물 중에 증기량(kg)은 얼마인가?(단, 500kPa에서 포화액체와 포화증기의 비체적은 각각 0.001093m³/kg, 0.37489m³/kg이다.)

① 0.005   ② 0.94
③ 1.87   ④ 2.65

> 해설

$$\text{증기량(수증기량, kg)} = \frac{\text{증기 체적(m}^3)}{\text{증기 비체적(kg/m}^3)}$$

$$= \frac{0.9945}{0.37489} = 2.65\text{kg}$$

여기서, 증기체적

　　= 전체 체적 − 액체의 체적

　　= 전체 체적 − (액체의 질량 × 액체의 비체적)

　　= 1m³ − (5kg × 0.001093m³/kg)

　　= 0.9945m³

33 냉동장치의 운전 중 장치 내에 공기가 침입하였을 때 나타나는 현상으로 옳은 것은?

① 토출가스 압력이 낮게 된다.
② 모터의 암페어가 작게 된다.
③ 냉각능력에는 변화가 없다.
④ 토출가스 온도가 높게 된다.

〔해설〕

냉동장치 내에 공기가 혼입되면, 혼입된 공기에 의해 응축압력(온도)이 상승하며, 이에 따라 압축기의 토출가스 압력(온도)이 상승한다. 이는 압축기 실린더의 과열, 냉동능력의 감소, 소비(소요)동력의 증가를 수반하게 된다. 또한 압축기의 소비(소요)동력이 상승함에 따라 모터의 암페어도 함께 커지게 된다.

34 압력이 0.2MPa이고, 초기 온도가 120℃인 1kg의 공기를 압축비 18로 가역 단열압축하는 경우 최종 온도는 약 몇 ℃인가?(단, 공기는 비열비가 1.4인 이상기체이다.)

① 676℃
② 776℃
③ 876℃
④ 976℃

〔해설〕

단열변화에서의 T, V 관계를 활용한다.

$$\frac{T_2}{T_1} = \left(\frac{V_1}{V_2}\right)^{k-1}$$

여기서, k : 비열비

$$T_2 = \left(\frac{V_1}{V_2}\right)^{k-1} \times T_1 = (18)^{1.4-1} \times (273+120) = 1,248.82\text{K}$$

∴ $1,248.82\text{K} - 273 = 975.82 = 976℃$

35 그림과 같이 A, B 두 종류의 기체가 한 용기 안에서 박막으로 분리되어 있다. A의 체적은 0.1 m³, 질량은 2kg이고, B의 체적은 0.4m³, 밀도는 1kg/m³이다. 박막이 파열되고 난 후에 평형에 도달하였을 때 기체 혼합물의 밀도(kg/m³)는 얼마인가?

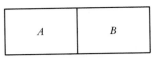

① 4.8
② 6.0
③ 7.2
④ 8.4

〔해설〕

혼합물의 밀도(ρ_m) 산출

A, B 기체의 체적에 따른 가중평균으로 구한다.

$$\rho_m = \frac{V_A \cdot \rho_A + V_B \cdot \rho_B}{V_A + V_B}$$

$$= \frac{0.1\text{m}^3 \times 20\text{kg/m}^3 + 0.4 \times 1}{0.1 + 0.4}$$

$$= 4.8\text{kg/m}^3$$

여기서, $\rho_A = \dfrac{2\text{kg}}{0.1\text{m}^3} = 20\text{kg/m}^3$

36 그림과 같이 온도(T) – 엔트로피(s)로 표시된 이상적인 랭킨 사이클에서 각 상태의 엔탈피(h)가 다음과 같다면, 이 사이클의 효율은 약 몇 %인가?(단, $h_1 = 30\text{kJ/kg}$, $h_2 = 31\text{kJ/kg}$, $h_3 = 274\text{kJ/kg}$, $h_4 = 668\text{kJ/kg}$, $h_5 = 764\text{kJ/kg}$, $h_6 = 478\text{kJ/kg}$이다.)

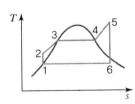

① 39
② 42
③ 53
④ 58

〔해설〕

$T-s$ 선도에서의 랭킨 사이클 열효율(η) 산출

$$\eta = \frac{(h_5 - h_6) - (h_2 - h_1)}{h_5 - h_2} \times 100(\%)$$

$$= \frac{(764 - 478) - (31 - 30)}{764 - 31} \times 100(\%)$$

$$= 38.9\% = 39\%$$

37 고온가스 제상(Hot Gas Defrost) 방식에 대한 설명으로 틀린 것은?

① 압축기의 고온 · 고압가스를 이용한다.
② 소형 냉동장치에 사용하면 언제라도 정상운전을 할 수 있다.
③ 비교적 설비하기가 용이하다.
④ 제상 소요시간이 비교적 짧다.

> **해설**
>
> 핫가스[고온(고압)가스] 제상의 경우 압축기에서 토출된 고온 고압의 냉매가스를 증발기로 유입시켜 고압가스의 응축 잠열에 의해 제상하는 방법으로서 제상 시간이 짧고 쉽게 설비할 수 있어 대형의 경우 가장 많이 사용되며, 냉매 충전량이 적은 소형 냉동장치의 경우 정상운전이 힘들어 사용하지 않는다.

38 온도가 127℃, 압력이 0.5MPa, 비체적이 0.4m³/kg인 이상기체가 같은 압력하에서 비체적이 0.3m³/kg으로 되었다면 온도는 약 몇 ℃가 되는가?

① 16   ② 27
③ 96   ④ 300

> **해설**
>
> 정압과정에서의 T, v 관계를 활용한다.
>
> $$\frac{T_2}{T_1} = \frac{v_2}{v_1}$$
>
> $$T_2 = \left(\frac{v_2}{v_1}\right) \times T_1 = \left(\frac{0.3}{0.4}\right) \times (273 + 127) = 300\text{K}$$
>
> $$\therefore \ 300 - 273 = 27℃$$

39 두 물체가 각각 제3의 물체와 온도가 같을 때는 두 물체도 역시 서로 온도가 같다는 것을 말하는 법칙으로 온도 측정의 기초가 되는 것은?

① 열역학 제0법칙   ② 열역학 제1법칙
③ 열역학 제2법칙   ④ 열역학 제3법칙

> **해설**
>
> **열역학 제0법칙**
> • 온도가 서로 다른 두 물체를 접촉시키면 고온의 물체는 열을 방출하고 저온의 물체는 열을 흡수해서 두 물체의 온도차는 없어진다.
> • 이때 두 물체는 열평형이 되었다고 하며 이렇게 열평형이 되는 것을 열역학 제0법칙이라 한다.

40 냉동기유의 구비조건으로 틀린 것은?

① 응고점이 높아 저온에서도 유동성이 있을 것
② 냉매나 수분, 공기 등이 쉽게 용해되지 않을 것
③ 쉽게 산화하거나 열화하지 않을 것
④ 적당한 점도를 가질 것

> **해설**
>
> 냉동기유는 응고점이 낮아 저온에서 유동성이 있어야 한다.

냉동기유 구비조건

물리적 성질	• 점도가 적당할 것 • 온도에 따른 점도의 변화가 적을 것 • 인화점이 높을 것 • 오일 회수를 위해 사용하는 액상 냉매보다 비중이 무거울 것 • 유성(油性)이 양호할 것(유막 형성 능력이 우수할 것) • 거품이 적게 날 것(Oil Forming) • 응고점이 낮고 낮은 온도에서 유동성이 있을 것 • 저온에서도 냉매와 분리되지 않을 것(상용성이 있는 냉매와 사용 시) • 수분함량이 적을 것
전기 · 화학적 성질	• 열안전성이 좋을 것 • 수분, 산분을 포함하지 않을 것 • 산화되기 어려울 것 • 냉매와 반응하지 않을 것 • 밀폐형 압축기에서 사용 시 전기 절연성이 좋을 것 • 저온에서 왁스성분(고형 성분)을 석출하지 않을 것(왁스성분은 팽창장치 막힘 등을 유발) • 고온에서 슬러지가 없을 것 • 반응은 중성일 것

41 산업안전보건법령상 냉동·냉장 창고시설 건설공사에 대한 유해위험방지계획서를 제출해야 하는 대상시설의 연면적 기준은 얼마인가?

① 3천m² 이상　　　　② 4천m² 이상
③ 5천m² 이상　　　　④ 6천m² 이상

해설

냉동·냉장 창고시설 건설공사의 경우 연면적 5,000m² 이상 시 유해위험방지계획서를 제출하여야 한다.

42 공조냉동기계기사를 보유하였다면 특급 책임기계설비유지관리자가 되려면 몇 년 이상의 실무경력이 있어야 하는가?

① 3년 이상　　　　② 5년 이상
③ 10년 이상　　　　④ 15년 이상

해설

기계설비유지관리자의 자격 및 등급(기계설비법 시행령 별표 5의2)에 따라 공조냉동기계기사를 보유할 경우 실무경력 10년 이상이면 특급 책임기계설비유지관리자가 될 수 있다.(공조냉동기계산업기사 취득자의 경우는 실무경력 13년 이상)

43 고압가스법령상 안정성 향상계획에 포함되어야 할 사항을 모두 고르면?

| A. 공정안전 자료 | B. 안전성 평가서 |
| C. 안전운전계획 | D. 비상조치계획 |

① A, B, C　　　　② A, B, D
③ B, C, D　　　　④ A, B, C, D

해설

안전성 향상계획의 내용(고압가스 안전관리법 시행령 제10조)
안전성 향상계획에는 다음의 사항이 포함되어야 한다.
• 공정안전 자료

• 안전성 평가서
• 안전운전계획
• 비상조치계획
• 그 밖에 안전성 향상을 위하여 산업통상자원부장관이 필요하다고 인정하여 고시하는 사항

44 고압가스 안전관리법령에 따라 (　) 안의 내용으로 옳은 것은?

"충전용기"란 고압가스의 충전질량 또는 충전압력의 (㉠)이 충전되어 있는 상태의 용기를 말한다. "잔가스용기"란 고압가스의 충전질량 또는 충전압력의 (㉡)이 충전되어 있는 상태의 용기를 말한다.

① ㉠ 2분의 1 이상, ㉡ 2분의 1 미만
② ㉠ 2분의 1 초과, ㉡ 2분의 1 이하
③ ㉠ 5분의 2 이상, ㉡ 5분의 2 미만
④ ㉠ 5분의 2 초과, ㉡ 5분의 2 이하

해설

용어의 정의(고압가스 안전관리법 시행규칙 제2조)
• 충전용기
　고압가스의 충전질량 또는 충전압력의 2분의 1 이상이 충전되어 있는 상태의 용기를 말한다.
• 잔가스용기
　고압가스의 충전질량 또는 충전압력의 2분의 1 미만이 충전되어 있는 상태의 용기를 말한다.

45 고압가스 안전관리법령에 따른 일체형 냉동기의 조건으로 틀린 것은?

① 냉매설비 및 압축기용 원동기가 하나의 프레임 위에 일체로 조립된 것
② 냉동설비를 사용할 때 스톱밸브 조작이 필요한 것
③ 응축기 유닛 및 증발유닛이 냉매배관으로 연결된 것으로 하루 냉동능력이 20톤 미만인 공조용 패키지 에어컨
④ 사용장소에 분할 반입하는 경우에는 냉매설비에 용접 또는 절단을 수반하는 공사를 하지 않고 재조립하여 냉동제조용으로 사용할 수 있는 것

일체형 냉동기(고압가스 안전관리법 시행규칙 별표 11)
냉동설비를 사용할 때 스톱밸브 조작이 필요 없는 것을
조건으로 한다.

46 최대눈금 100mA, 내부저항 1.5Ω인 전류
계에 0.3Ω의 분류기를 접속하여 전류를 측정할
때 전류계의 지시가 50mA라면 실제 전류는 몇
mA인가?

① 200   ② 300
③ 400   ④ 600

해설

분류기 접속 시 실제 전류(I) 산출

$$I = I_a \times \left(1 + \frac{r_a}{R_s}\right) = 50\text{mA} \times \left(1 + \frac{1.5\Omega}{0.3\Omega}\right) = 300\text{mA}$$

여기서, I_a : 전류계에서의 측정 전류(mA)
$\quad\quad r_a$: 내부저항(Ω)
$\quad\quad R_s$: 분류기 저항(Ω)

47 저항 8Ω과 유도 리액턴스 6Ω이 직렬접속된
회로의 역률은?

① 0.6   ② 0.8
③ 0.9   ④ 1

해설

역률($\cos\theta$)의 산출

$$역률(\cos\theta) = \frac{저항(R)}{임피던스(Z)}$$

$$= \frac{R}{\sqrt{R^2 + X_L^2}} = \frac{8}{\sqrt{8^2 + 6^2}} = 0.8$$

여기서, X_L : 유도 리액턴스(Ω)

48 토크가 증가하면 속도가 낮아져 대체적으로
일정한 출력이 발생하는 것을 이용해서 전차, 기
중기 등에 주로 사용하는 직류전동기는?

① 직권전동기   ② 분권전동기
③ 가동복권전동기   ④ 차동복권전동기

해설

직권전동기
- 직권전동기는 직류전동기의 한 종류로서 토크가 증가
하면 속도가 저하되는 특성이 있다.
- 이에 따라 회전속도와 토크와의 곱에 비례하는 출력도
어느 정도 일정한 경향을 갖게 되며, 이와 같은 특성을
이용하여 큰 기동 토크가 요구되고 운전 중 부하변동이
심한 전차, 기중기 등에 주로 적용하고 있다.

49 배율기의 저항이 50kΩ, 전압계의 내부저항
이 25kΩ이다. 전압계가 100V를 지시하였을 때,
측정한 전압(V)은?

① 10   ② 50
③ 100   ④ 300

해설

배율기(R_m)에서의 측정 전압(V) 산출

$$V = V_0\left(\frac{R_m}{R} + 1\right)[\text{V}]$$

여기서, V : 측정 전압(V)
$\quad\quad V_0$: 전압계의 눈금(V)
$\quad\quad R_m$: 배율기의 저항(Ω)
$\quad\quad R$: 전압계의 내부저항(Ω)

$$V = 100\left(\frac{50}{25} + 1\right) = 300\text{V}$$

50 승강기나 에스컬레이터 등의 옥내 전선의 절
연저항을 측정하는 데 가장 적당한 측정기기는?

① 메거   ② 휘트스톤 브리지
③ 켈빈 더블 브리지   ④ 콜라우시 브리지

해설

② 휘트스톤 브리지 : 0.5~10^5Ω의 중저항 측정용 계기
③ 켈빈 더블 브리지 : 1Ω 이하의 저저항 측정용 계기
④ 콜라우시 브리지 : 접지저항, 전해액의 저항, 전지의
내부저항을 측정하는 계기

정답   46 ②   47 ②   48 ①   49 ④   50 ①

51 PLC(Programmable Logic Controller)에서, CPU부의 구성과 거리가 먼 것은?

① 연산부
② 전원부
③ 데이터 메모리부
④ 프로그램 메모리부

해설

PLC는 CPU(중앙처리장치로서 연산부와 메모리부 등으로 구성), 입력부, 출력부(전자개폐기 등으로 구성), 전원부, 기타 주변장치로 구성되어 있다.

52 전동기를 전원에 접속한 상태에서 중력부하를 하강시킬 때 속도가 빨라지는 경우 전동기의 유기 기전력이 전원전압보다 높아져서 발전기로 동작하고 발생전력을 전원으로 되돌려 줌과 동시에 속도를 감속하는 제동법은?

① 회생제동
② 역전제동
③ 발전제동
④ 유도제동

해설

회생제동
유도전동기를 전원에 연결한 상태에서 유도발전기로 동작시켜서 발생전력을 전원으로 반환하면서 제동하는 방법으로, 기계적 제동과 같은 큰 발열이 없고 마모도 적으며 또한 전력회수에도 유리하다. 특히 권선형에 많이 사용된다.

53 다음 논리식을 간단히 한 것은?

$$X = \overline{A}\overline{B}C + A\overline{B}\overline{C} + A\overline{B}C$$

① $\overline{B}(A+C)$
② $C(A+\overline{B})$
③ $\overline{C}(A+B)$
④ $\overline{A}(B+C)$

해설

OR(+) 논리식이므로 $A\overline{B}C$를 추가해도 결과는 동일하므로 $A\overline{B}C$를 추가하여 다음과 같이 정리한다.
$$X = \overline{A}\overline{B}C + A\overline{B}\overline{C} + A\overline{B}C + A\overline{B}C$$
$$= \overline{B}C(\overline{A}+A) + A\overline{B}(\overline{C}+C) = \overline{B}C(1) + A\overline{B}(1)$$
$$= \overline{B}C + A\overline{B} = \overline{B}(C+A) = \overline{B}(A+C)$$

54 $10\mu F$의 콘덴서에 200V의 전압을 인가하였을 때 콘덴서에 축적되는 전하량은 몇 C인가?

① 2×10^{-3}
② 2×10^{-4}
③ 2×10^{-5}
④ 2×10^{-6}

해설

전하량(Q) 산출
$$Q = CV = (10 \times 10^{-6}) \times 200 = 2 \times 10^{-3} \text{C}$$
여기서, Q : 전하량(C)
C : 정전용량(F)
V : 전압(V)

55 온도, 유량, 압력 등 상태량을 제어량으로 하는 제어계를 무엇이라고 하는가?

① 서보기구
② 자동조정기구
③ 프로세스 기구
④ 정치제어

해설

프로세스 기구는 온도, 유량, 압력 등 상태량을 제어량으로 하는 제어로서 외란의 억제를 주목적으로 한다.

56 전동기의 회전방향을 알기 위한 법칙은?

① 렌츠의 법칙
② 암페어의 법칙
③ 플레밍의 왼손 법칙
④ 플레밍의 오른손 법칙

해설

플레밍의 왼손 법칙(Fleming's Left-hand Rule)
왼손의 세 손가락(엄지손가락, 집게손가락, 가운뎃손가락)을 서로 직각으로 펼치고, 가운뎃손가락을 전류, 집게손가락을 자장의 방향으로 하면 엄지손가락의 방향이 힘의 방향이다. 이것을 플레밍의 왼손 법칙이라 한다.(이 법칙은 전동기에 적용된다.)

정답　51 ②　52 ①　53 ①　54 ①　55 ③　56 ③

57 다음의 제어기기에서 압력을 변위로 변환하는 변환요소가 아닌 것은?

① 스프링 ② 벨로스

③ 노즐 플래퍼 ④ 다이어프램

> 해설

노즐 플래퍼는 변위를 공기압으로 변환하는 변환요소이다.

58 다음 중 불연속 제어에 속하는 것은?

① 비율제어 ② 비례제어

③ 미분제어 ④ On – Off 제어

> 해설

비율제어, 비례제어, 미분제어는 연속동작에 해당한다.

제어동작의 종류

선형 동작	기본동작	비례제어 P(Proportional) 동작
		적분제어 I(Integral) 동작
		미분제어 D(Differential) 동작
	종합동작	비례적분제어 PI 동작
		비례미분제어 PD 동작
		비례적분미분제어 PID 동작
비선형 동작	공간적 불연속 동작	2위치(On – Off) 동작
		다위치 동작
		단속도 동작
	시간적 불연속 동작	시간비례 동작

59 60Hz, 4극, 슬립 6%인 유도전동기를 어느 공장에서 운전하고자 할 때 예상되는 회전수는 약 몇 rpm인가?

① 240 ② 720

③ 1,690 ④ 1,800

> 해설

회전수(N) 산출

$$N = \frac{120f}{P}(1-s) = \frac{120 \times 60Hz}{4}(1-0.06)$$

$$= 1,692 ≒ 1,690 \mathrm{rpm}$$

여기서, f : 주파수, P : 극수, s : 슬립

60 아래 접점회로의 논리식으로 옳은 것은?

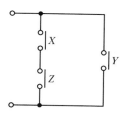

① $X \cdot Y \cdot Z$ ② $(X+Y) \cdot Z$

③ $(X \cdot Z) + Y$ ④ $X + Y + Z$

> 해설

X와 Z는 접점이 직렬로 연결되어 있으므로 논리곱(AND)으로서 $X \cdot Z$이고, $X \cdot Z$와 Y는 병렬로 연결되어 있으므로 논리합(OR)으로서 $(X \cdot Z) + Y$가 된다.

Section 04 유지보수공사관리

61 증기 및 물배관 등에서 찌꺼기를 제거하기 위하여 설치하는 부속품은?

① 유니언 ② P트랩

③ 부싱 ④ 스트레이너

> 해설

스트레이너는 배관 중에 설치되어 배관의 찌꺼기를 제거하는 역할을 한다.

62 강관의 접합 방식으로 옳지 않은 것은?

① 나사 접합

② 플랜지 접합

③ 플레어 접합

④ 용접 접합

> 해설

플레어 접합은 동관의 접합 방식이다.

63 배관 접속 상태 표시 중 배관 A가 앞쪽으로 수직하게 구부러져 있음을 나타낸 것은?

① ──A── ⊙
② ──A── ○
③ ─A─ ○──
④ ──A── ✕──

해설

② 관 A가 도면 뒤쪽에서 직각으로 구부러져 있을 때
③ 관 A가 도면 뒤쪽에서 직각으로 구부러져 우측 관에 접속할 때
④ 관 A가 우측 관과 용접 이음을 하고 있을 때

64 도시가스 배관의 공급압력 분류에서 고압기준으로 옳은 것은?

① 0.1MPa 이상
② 0.5MPa 이상
③ 1.0MPa 이상
④ 5.0MPa 이상

해설

도시가스 공급압력의 분류

구분	공급압력
저압	0.1MPa 이하
중압	0.1MPa 이상~1.0MPa 미만
고압	1.0MPa 이상

65 베이퍼록 현상을 방지하기 위한 방법으로 틀린 것은?

① 실린더 라이너의 외부를 가열한다.
② 흡입배관을 크게 하고 단열 처리한다.
③ 펌프의 설치 위치를 낮춘다.
④ 흡입관로를 깨끗이 청소한다.

해설

베이퍼록은 일종의 비등현상으로서 실린더 라이너의 외부를 가열하게 되면, 비등현상이 증가되어 베이퍼록 현상이 가중될 수 있다.

66 증기트랩에 관한 설명으로 옳은 것은?

① 플로트 트랩은 응축수나 공기가 자동적으로 환수관에 배출되며, 저·고압에 쓰이고 형식에 따라 앵글형과 스트레이트형이 있다.
② 열동식 트랩은 고압, 중압의 증기관에 적합하며, 환수관을 트랩보다 위쪽에 배관할 수도 있고, 형식에 따라 상향식과 하향식이 있다.
③ 임펄스 증기트랩은 실린더 속의 온도 변화에 따라 연속적으로 밸브가 개폐하며, 작동 시 구조상 증기가 약간 새는 결점이 있다.
④ 버킷 트랩은 구조상 공기를 함께 배출하지 못하지만 다량의 응축수를 처리하는 데 적합하며, 다량 트랩이라고 한다.

해설

① 열동식 트랩에 대한 설명이다.
② 기계식 트랩 중 버킷 트랩에 대한 설명이다.
④ 기계식 트랩 중 플로트 트랩에 대한 설명이다.

67 5세주형 700mm의 주철제 방열기를 설치하여 증기온도가 110℃, 실내 공기온도가 20℃이며 난방부하가 29kW일 때 방열기의 소요쪽수는?(단, 방열계수는 8W/m²℃, 1쪽당 방열면적은 0.28m²이다.)

① 144쪽
② 154쪽
③ 164쪽
④ 174쪽

해설

방열기의 쪽수(n, 절수) 산정

$$n = \frac{\text{총 손실열량(난방부하, kW)}}{\text{방열량(kW/m}^2) \times \text{방열기 1쪽당 면적(m}^2)}$$

$$= \frac{\text{총 손실열량(난방부하, kW)}}{\text{방열계수(kW/m}^2℃) \times \text{온도차} \times \text{방열기 1쪽당 면적(m}^2)}$$

$$= \frac{29\text{kW} \times 10^3\,(\text{W})}{8\text{W/m}^2℃ \times (110-20)℃ \times 0.28\text{m}^2}$$

$$= 143.85 = 144쪽$$

68 펌프 주위 배관시공에 관한 사항으로 틀린 것은?

① 풋밸브 등 모든 관의 이음은 수밀, 기밀을 유지할 수 있도록 한다.
② 흡입관의 길이는 가능한 한 짧게 배관하여 저항이 적도록 한다.
③ 흡입관의 수평배관은 펌프를 향하여 하향 구배로 한다.
④ 양정이 높을 경우 펌프 토출구와 게이트밸브 사이에 체크밸브를 설치한다.

흡입관의 수평배관은 펌프를 향하여 상향 구배로 한다.

69 5명의 가족이 생활하는 아파트에서 급탕가열기를 설치하려고 할 때 필요한 가열기의 용량(kW)은?(단, 1일 1인당 급탕량 90L/d, 1일 사용량에 대한 가열능력비율 1/7, 탕의 온도 70℃, 급수온도 20℃이다.)

① 0.50
② 0.75
③ 2.62
④ 3.74

$q = $ 1일 급탕량 × 가열능력비율 × 비열 × 온도차

$= 90\text{L/d} \times 5$명 $\times 1\text{kg/L} \times \dfrac{1}{7} \times 4.19\text{kJ/kg} \cdot \text{K} \times (70 - 20)$

$= 13,467.86\text{kJ/h} = 3.74\text{kW(kJ/s)}$

70 공기조화설비에서 수배관 시공 시 주요 기기류의 접속배관에는 수리 시 전 계통의 물을 배수하지 않도록 서비스용 밸브를 설치한다. 이때 밸브를 완전히 열었을 때 저항이 작은 밸브가 요구되는데 가장 적당한 밸브는?

① 나비밸브
② 게이트밸브
③ 니들밸브
④ 글로브밸브

게이트밸브(Gate Valve, 슬루스밸브(Sluice Valve))
• 마찰저항 손실이 적고, 일반 배관의 개폐용 밸브에 주로 사용한다.
• 증기수평관에서 드레인이 고이는 것을 방지하기 위해 사용한다.

71 펌프의 양수량이 60m³/min이고 전양정이 20m일 때, 벌류트 펌프로 구동할 경우 필요한 동력(kW)은 얼마인가?(단, 물의 비중량은 9,800 N/m³이고, 펌프의 효율은 60%로 한다.)

① 196.1
② 200
③ 326.7
④ 405.8

축동력(kW) $= \dfrac{QH\gamma}{E} = \dfrac{60\text{m}^3/\text{min} \times 20\text{m} \times 9,800\text{N/m}^3}{60 \times 1,000 \times 0.6}$

$= 326.7\text{kW}$

여기서, Q : 양수량(m³/sec)
　　　　H : 양정(m(Aq))
　　　　γ : 비중량(kN/m³)
　　　　E : 효율

72 증발량 5,000kg/h인 보일러의 증기 엔탈피가 2,681.6kJ/kg이고, 급수 엔탈피가 62.85kJ/kg일 때, 보일러의 상당증발량(kg/h)은?

① 278
② 4,800
③ 5,804
④ 3,125,000

보일러의 상당증발량(G_e) 산출

$G_e = \dfrac{G(h_H - h_L)}{\gamma}$

$= \dfrac{5,000\text{kg/h}(2,681.6 - 62.85)\text{kJ/kg}}{2,256\text{kJ/kg}}$

$= 5,804\text{kg/h}$

정답　　68 ③　69 ④　70 ②　71 ③　72 ③

73 냉매배관 설치 시 주의사항으로 틀린 것은?

① 배관은 가능한 한 간단하게 한다.

② 배관의 굽힘을 적게 한다.

③ 배관에 큰 응력이 발생할 염려가 있는 곳에는 루프 배관을 한다.

④ 냉매의 열손실을 방지하기 위해 바닥에 매설한다.

> **해설**
>
> 냉매배관의 누설 등 유지보수에 대한 사항을 고려하여 가급적 매립하지 않으며, 열손실을 방지하기 위해서는 단열처리를 해야 한다.

74 공조배관설비에서 수격작용의 방지방법으로 틀린 것은?

① 관 내의 유속을 낮게 한다.

② 밸브는 펌프 흡입구 가까이 설치하고 제어한다.

③ 펌프에 플라이휠(Fly Wheel)을 설치한다.

④ 서지탱크를 설치한다.

> **해설**
>
> 수격작용은 펌프의 토출 측에서 발생하므로 밸브는 펌프의 토출구 가까이 설치하고 제어하여야 한다.

75 열팽창에 의한 배관의 이동을 구속 또는 제한하기 위해 사용되는 관 지지장치는?

① 행거(Hanger)

② 서포트(Support)

③ 브레이스(Brace)

④ 리스트레인트(Restraint)

> **해설**
>
> ① 행거(Hanger) : 배관을 천장에 고정하는 역할을 한다.
> ② 서포트(Support) : 배관의 하중을 아래에서 위로 지지하는 지지쇠 역할을 한다.
> ③ 브레이스(Brace) : 배관의 자중이나 열팽창에 의한 힘 이외에 기계의 진동, 수격작용, 지진 등 다른 하중에 의해 발생하는 변위 또는 진동을 억제시키기 위한 장치이다.

76 관의 두께별 분류에서 가장 두꺼워 고압배관으로 사용할 수 있는 동관의 종류는?

① K형 동관 ② S형 동관

③ L형 동관 ④ N형 동관

> **해설**
>
> 동관의 두께 크기 순서는 K > L > M > N으로서 가장 두꺼운 K형 동관이 고압배관으로 적용 가능하다.

77 다음 중 지역난방의 특징에 관한 설명으로 틀린 것은?

① 대기오염물질이 증가한다.

② 도시의 방재수준 향상이 가능하다.

③ 사용자에게는 화재에 대한 우려가 적다.

④ 대규모 열원기기를 이용한 에너지의 효율적 이용이 가능하다.

> **해설**
>
> 지역난방은 발전과정에서 나오는 여열(폐열)을 이용하는 것이 일반적이다. 여열(폐열)을 이용하므로 대기오염물질의 증가와는 거리가 멀다.

78 도시가스의 공급계통에 따른 공급 순서로 옳은 것은?

① 원료 → 압송 → 제조 → 저장 → 압력조정

② 원료 → 제조 → 압송 → 저장 → 압력조정

③ 원료 → 저장 → 압송 → 제조 → 압력조정

④ 원료 → 저장 → 제조 → 압송 → 압력조정

> **해설**
>
> **도시가스 공급계통**
> 원료 → 가스 제조 → 압송설비 → 저장설비 → 압력조정기 → 도관 → 수용가

79 부하변동에 따라 밸브의 개도를 조절함으로써 만액식 증발기의 액면을 일정하게 유지하는 역할을 하는 것은?

① 에어벤트
② 온도식 자동팽창밸브
③ 감압밸브
④ 플로트밸브

> 해설

플로트밸브(Float Valve)

- 액면 위에 떠 있는 플로트의 위치에 따라 밸브를 개폐하여 냉매유량을 조절한다.
- 저압 측 플로트 밸브(Low Side Float Valve)는 저압 측에 설치하여 부하변동에 따라 밸브의 열림을 조절함으로써 증발기 내의 액면을 유지하는 역할을 하며, 암모니아, CFC계 냉매의 만액식 증발기에 주로 사용된다.
- 고압 측 플로트 밸브(High Side Float Valve)는 고압 측에 설치하여 부하변동에 따라 밸브의 개도를 조절하여 증발기 내의 액면을 일정하게 유지시키는 밸브이다. 이 밸브는 고압 측의 액면이 높아지면 밸브가 열리고, 액면이 낮아지면 닫히게 되어 냉매 공급을 감소시키지만 부하의 변동에 신속히 대응할 수 없다는 단점을 가지고 있다.

80 다음 중 열을 잘 반사하고 확산하여 방열기 표면 등의 도장용으로 사용하기에 가장 적합한 도료는?

① 광명단   ② 산화철
③ 합성수지   ④ 알루미늄

> 해설

알루미늄 도료

- 알루미늄 분말에 유성 바니시(Oil Varnish)를 섞은 도료이다.
- 알루미늄 도막은 금속 광택이 있으며 열을 잘 반사한다.
- 400~500℃의 내열성을 지니고 있고 난방용 방열기 등의 외면에 도장한다.

Section 01 에너지관리

01 다음 조건에 따른 불쾌지수 값을 산출하시오.

- 건구온도 : 32℃
- 습구온도 : 27℃

① 73　　　　　　② 77
③ 83　　　　　　④ 87

[해설]
불쾌지수(DI) = (건구온도 + 습구온도)×0.72 + 40.6 = (32 + 27)×0.72 + 40.6 = 83.08 = 83

02 다음 중 상당외기온도의 산출과 관계 없는 것은?

① 일사강도　　　　② 표면 열전달률
③ 표면 흡수율　　　④ 실내온도

[해설]
실내온도는 상당외기온도의 산출요소가 아니다.

상당외기온도차(t_e)

$$t_e = t_o + \frac{a}{\alpha_o} I$$

여기서, t_o : 실외온도
a : 표면 흡수율
α_o : 표면 열전달률(W/m²K)
I : 일사강도(W/m²)

03 다음 중 출입의 빈도가 잦아 틈새바람에 의한 손실부하가 비교적 큰 경우 난방 방식으로 적용하기에 가장 적합한 것은?

① 증기난방　　　　② 온풍난방
③ 복사난방　　　　④ 온수난방

[해설]
복사난방은 대류난방에 비해 기류에 의한 열손실이 작고, 환기에 제한이 있으므로, 틈새바람이 큰 공간에 적용하기에 적합한 난방 방식이다.

04 지역난방의 특징으로 옳지 않은 것은?

① 경제적이나 인력소요가 많다.
② 도시의 방재수준 향상이 가능하다.
③ 사용자에게는 화재에 대한 우려가 적다.
④ 대규모 열원기기를 이용한 에너지의 효율적 이용이 가능하다.

[해설]
지역난방은 지역의 대형플랜트에서 집약하여 열원을 생산하므로 분산하여 열원을 생산하는 방식에 비해 열원 생산이 경제적이며, 인력소요가 상대적으로 적은 특징을 갖고 있다.

05 덕트의 분기점에서 풍량을 조절하기 위하여 설치하는 댐퍼로서 스플릿 댐퍼(Split Damper)라고도 하는 것은?

① 방화 댐퍼
② 볼륨 댐퍼
③ 피봇 댐퍼
④ 터닝 베인

[해설]
풍량분배용 댐퍼[볼륨 댐퍼(Volume Damper), 스플릿 댐퍼(Split Damper)]
• 덕트 분기부에서 풍량조절에 사용한다.
• 개수에 따라 싱글형과 더블형으로 구분한다.

정답　01 ③　02 ④　03 ③　04 ①　05 ②

06 취출구에서 수평으로 취출된 공기가 일정 거리만큼 진행된 뒤 기류 중심선과 취출구 중심과의 수직거리를 무엇이라고 하는가?

① 강하도
② 도달거리
③ 취출온도차
④ 셔터

해설

강하도는 냉풍의 취출 시 주로 발생하는 현상으로 수평으로 취출된 공기가 일정 거리만큼 진행한 뒤 냉풍의 높은 비중에 의해 기류가 하강하는 정도를 말한다. 온풍을 취출할 경우는 반대로 낮은 비중에 의해 기류가 상승하게 되고 그때의 상승 정도를 상승도라고 한다.

07 보일러 능력의 표시법에 대한 설명으로 옳은 것은?

① 과부하출력 : 운전시간 24시간 이후는 정미출력의 10~20% 더 많이 출력되는 정도이다.
② 정격출력 : 정미출력의 2배이다.
③ 상용출력 : 배관 손실을 고려하여 정미출력의 1.05~1.10배 정도이다.
④ 정미출력 : 연속해서 운전할 수 있는 보일러의 최대 능력이다.

해설

보일러 출력

• 정미출력(kW) : 난방부하+급탕부하
부하계산서에 의하여 산출한 난방부하와 급탕부하 계산에 의한 가열기 능력의 합을 말한다.
• 상용출력(kW) : 난방부하+급탕부하+배관부하
보일러의 정상가동 상태의 부하를 말한다.
• 정격출력(kW) : 난방부하+급탕부하+배관부하+예열부하
(예열부하란 적정 온수 또는 증기를 공급하기 위해 보일러 운전 초기 5~15분 정도 가열에 쓰이는 열량으로 보일러 크기에 따라 다르다.)
• 과부하출력
운전 초기 혹은 운전 중 과부하가 발생하여, 정격출력의 10~20% 정도가 증가한 상태에서 운전할 때의 출력을 과부하출력이라 한다.

08 동일한 송풍기에서 회전수를 2배로 했을 경우 풍량, 정압, 소요동력의 변화에 대한 설명으로 옳은 것은?

① 풍량 1배, 정압 2배, 소요동력 2배
② 풍량 1배, 정압 2배, 소요동력 4배
③ 풍량 2배, 정압 4배, 소요동력 4배
④ 풍량 2배, 정압 4배, 소요동력 8배

해설

상사의 법칙

회전수 변화가 n배될 때 풍량은 n배, 정압은 n^2배, 소요동력은 n^3배로 변하게 된다. 그러므로 회전수 변화가 2배가 되면 풍량은 2배, 정압은 $2^2 = 4$배, 소요동력은 $2^3 = 8$배로 변하게 된다.

09 다음 중 빙축열시스템의 분류에 대한 조합으로 적당하지 않은 것은?

① 정적 제빙형 – 관내착빙형
② 정적 제빙형 – 캡슐형
③ 동적 제빙형 – 관외착빙형
④ 동적 제빙형 – 과냉각아이스형

해설

빙축열시스템의 분류

구분	종류
정적 제빙형	관외착빙형, 관내착빙형, 완전동결형, 캡슐형
동적 제빙형	빙박리형, 액체식 빙생성형(슬러리형) ※ 액체식 빙생성형의 분류 • 직접식 : 과냉각 아이스형, 리키드 아이스형 • 간접식 : 비수용성 액체 이용 직접 열교환 방식, 직팽형 직접 열교환 방식

10 다음 중 축류형 취출구에 해당되는 것은?

① 아네모스탯형 취출구
② 펑커루버형 취출구
③ 팬형 취출구
④ 다공판형 취출구

해설

아네모스탯형 취출구와 팬형 취출구는 복류(輻流) 취출구(Double Flow Diffuser)에 해당한다.

11 냉수코일 설계상 유의사항으로 틀린 것은?

① 코일의 통과 풍속은 2~3m/s로 한다.
② 코일의 설치는 관이 수평으로 놓이게 한다.
③ 코일 내 냉수속도는 2.5m/s 이상으로 한다.
④ 코일의 출입구 수온 차이는 5~10℃ 전·후로 한다.

해설
코일 내 냉수속도는 1m/s 내외로 한다.

12 에어워셔를 통과하는 공기의 상태변화에 대한 설명으로 틀린 것은?

① 분무수의 온도가 입구공기의 노점온도보다 낮으면 냉각 감습된다.
② 순환수 분무를 하면 공기는 냉각 가습되어 엔탈피가 감소한다.
③ 증기분무를 하면 공기는 가열 가습되고 엔탈피도 증가한다.
④ 분무수의 온도가 입구공기 노점온도보다 높고 습구온도보다 낮으면 냉각 가습된다.

해설
순환수 분무를 할 경우 엔탈피의 변화는 없다.

13 공기조화 시 TAB 측정 절차 중 측정요건으로 틀린 것은?

① 시스템의 검토 공정이 완료되고 시스템 검토보고서가 완료되어야 한다.
② 설계도면 및 관련 자료를 검토한 내용을 토대로 하여 보고서 양식에 장비규격 등의 기준이 완료되어야 한다.
③ 댐퍼, 말단 유닛, 터미널의 개도는 완전 밀폐되어야 한다.
④ 제작사의 공기조화 시 시운전이 완료되어야 한다.

해설
공기계통의 풍량 댐퍼 등은 완전 개방된 상태로 TAB를 실시하게 된다.

14 내벽 열전달률 4.7W/m² · K, 외벽 열전달률 5.8W/m² · K, 열전도율 2.9W/m · ℃, 벽두께 25cm, 외기온도 -10℃, 실내온도 20℃일 때 열관류율(W/m² · K)은?

① 1.8 ② 2.1
③ 3.6 ④ 5.2

해설

$$K(열관류율) = \frac{1}{R(열저항)}$$

$$R = \frac{1}{내부\,열전달률} + \frac{벽체\,두께(m)}{벽체\,열전도율} + \frac{1}{외부\,열전달률}$$

$$= \frac{1}{4.7} + \frac{0.25\,m}{2.9} + \frac{1}{5.8} = 0.47$$

$$\therefore K = \frac{1}{R} = \frac{1}{0.47} = 2.1\text{W/m}^2 \cdot \text{K}$$

15 건물의 지하실, 대규모 조리장 등에 적합한 기계환기법(강제급기+강제배기)은?

① 제1종 환기 ② 제2종 환기
③ 제3종 환기 ④ 제4종 환기

해설
강제급기+강제배기방식은 일정한 압력을 유지하고자 시행하는 환기방식으로 제1종 환기에 해당한다.

16 압력 1MPa, 건도 0.89인 습증기 100kg이 일정 압력의 조건에서 엔탈피가 3,052kJ/kg인 300℃의 과열증기로 되는 데 필요한 열량(kJ)은? (단, 1MPa에서 포화액의 엔탈피는 759kJ/kg, 증발잠열은 2,018kJ/kg이다.)

① 44,208 ② 94,698
③ 229,311 ④ 103,432

습증기 엔탈피 $h_1 = h' + xh$

$$= 759 + 0.89 \times 2,018$$
$$= 2,555.02 \text{kJ/kg}$$

여기서, h' : 포화액의 엔탈피

$\quad\quad h$: 증발잠열

$\quad\quad x$: 건도

$q = G(h_2 - h_1)$

$\quad = 100\text{kg} \times (3,502 - 2,555.02)\text{kJ/kg}$

$\quad = 94,698\text{kJ}$

---

17 건물의 콘크리트 벽체의 실내 측에 단열재를 부착하여 실내 측 표면에 결로가 생기지 않도록 하려고 한다. 외기온도가 0℃, 실내온도가 20℃, 실내공기의 노점온도가 12℃, 콘크리트 두께가 100mm일 때, 결로를 막기 위한 단열재의 최소 두께(mm)는?(단, 콘크리트와 단열재의 접촉부분의 열저항은 무시한다.)

열전도도	콘크리트	1.63W/m · K
	단열재	0.17W/m · K
대류 열전달계수	외기	23.3W/m² · K
	실내공기	9.3W/m² · K

① 11.7　　　　② 10.7

③ 9.7　　　　④ 8.7

표면온도가 노점온도보다 클 경우 결로가 예방되므로, 표면온도를 노점온도로 간주한다.

• 열평형식을 통해 표면온도가 노점온도일 때 열관류율을 산출한다.

$KA\Delta T = \alpha_i A \Delta T_s$

$K\Delta T = \alpha_i \Delta T_s$

$K = \dfrac{\alpha_i \Delta T_s}{\Delta T} = \dfrac{9.3 \times (20 - 12)}{20 - 0} = 3.72\text{W/m}^2\text{K}$

여기서, α_i : 실내공기의 대류 열전달계수

$\quad\quad \Delta T$: 실내외 온도차

$\quad\quad \Delta T_s$: 실내온도와 표면온도 간의 온도차

• 벽체의 열관류율 산정식을 세우고 단열재 두께를 산출한다.

$$K = \frac{1}{R} = \cfrac{1}{\cfrac{1}{\alpha_i} + \cfrac{L_{콘크리트}}{\lambda_{콘크리트}} + \cfrac{L_{단열재}}{\lambda_{단열재}} + \cfrac{1}{\alpha_o}}$$

$$= \cfrac{1}{\cfrac{1}{9.3} + \cfrac{0.1}{1.63} + \cfrac{L_{단열재}}{0.17} + \cfrac{1}{23.3}} = 3.72$$

$\therefore L_{단열재} = 0.0097\text{m} = 9.7\text{mm}$

---

18 유효온도(Effective Temperature)의 3요소는?

① 밀도, 온도, 비열

② 온도, 기류, 밀도

③ 온도, 습도, 비열

④ 온도, 습도, 기류

유효온도(실감온도, 감각온도, ET : Effective Temperature)

• 공기조화의 실내조건 표준이다.

• 기온(온도), 습도, 기류의 3요소로 공기의 쾌적조건을 표시한 것이다.

• 실내의 쾌적대는 겨울철과 여름철이 다르다.

• 일반적인 실내의 쾌적한 상대습도는 40~60%이다.

---

19 어느 건물 서편의 유리 면적이 40m²이다. 안쪽에 크림색의 베네시언 블라인드를 설치한 유리면으로부터 오후 4시에 침입하는 열량(kW)은?(단, 외기는 33℃, 실내는 27℃, 유리는 1중이며, 유리의 열통과율(K)은 5.9W/m² · ℃, 유리창의 복사량(I_{gr})은 608W/m², 차폐계수(K_s)는 0.560이다.)

① 15　　　　② 13.6

③ 3.6　　　　④ 1.4

유리의 침입열량은 전도에 의한 것과 일사에 의한 것을 동시에 고려해 주어야 한다.

- 전도에 의한 침입열량(q_c)

$q_c = kA\Delta t = 5.9\text{W/m}^2 \cdot \text{℃} \times 40\text{m}^2 \times (33-27)\text{℃}$
$\qquad = 1,416\text{W} = 1.416\text{kW}$

- 일사에 의한 침입열량(q_s)

$q_s = I_{gr}AK_s = 608\text{W/m}^2 \times 40\text{m}^2 \times 0.56$
$\qquad = 13,619\text{W} = 13.619\text{kW}$

∴ 유리의 침입열량 $= q_c + q_s = 1.416 + 13.619$
$\qquad\qquad\qquad\qquad = 15.04 = 15\text{kW}$

20 TAB 수행을 위한 계측기기의 측정 위치로 가장 적절하지 않은 것은?

① 온도 측정 위치는 증발기 및 응축기의 입·출구에서 최대한 가까운 곳으로 한다.
② 유량 측정 위치는 펌프의 출구에서 가장 가까운 곳으로 한다.
③ 압력 측정 위치는 입·출구에 설치된 압력계용 탭에서 한다.
④ 배기가스 온도 측정 위치는 연소기의 온도계 설치 위치 또는 시료 채취 출구를 이용한다.

해설

유량 측정 위치는 펌프의 출구에서 가장 먼 부분, 즉 사용측(말단 측)에 가장 가까운 곳에서 측정해야 한다.

Section 02 공조냉동설계

21 냉매의 구비조건에 대한 설명으로 틀린 것은?

① 동일한 냉동능력에 대하여 냉매가스의 용적이 적을 것
② 저온에 있어서도 대기압 이상의 압력에서 증발하고 비교적 저압에서 액화할 것
③ 점도가 크고 열전도율이 좋을 것
④ 증발열이 크며 액체의 비열이 작을 것

해설

냉매는 점도가 낮고 열전도율이 좋아야(높아야) 한다.

22 냉매배관 내에 플래시 가스(Flash Gas)가 발생했을 때 나타나는 현상으로 틀린 것은?

① 팽창밸브의 능력 부족 현상 발생
② 냉매 부족과 같은 현상 발생
③ 액관 중의 기포 발생
④ 팽창밸브에서의 냉매순환량 증가

해설

플래시 가스는 액관 중에 기포가 발생하는 현상이다.

플래시 가스(Flash Gas)의 발생영향
- 팽창밸브의 능력 감소로 냉매순환이 감소되어 냉동능력이 감소된다.
- 증발압력이 저하하여 압축비의 상승으로 냉동능력당 소요동력이 증대한다.
- 흡입가스의 과열로 토출가스 온도가 상승하며 윤활유의 성능이 저하하여 윤활 불량을 초래한다.

23 다음 중 흡수식 냉동기의 용량제어 방법으로 적당하지 않은 것은?

① 흡수기 공급흡수제 조절
② 재생기 공급용액량 조절
③ 재생기 공급증기 조절
④ 응축수량 조절

해설

흡수식 냉동기의 용량제어는 냉매(물)량을 통해 진행하게 되며, 흡수기에서 냉매를 흡수하는 역할을 하는 흡수제의 조절은 용량제어 방법에 해당하지 않는다.

24 그림과 같은 냉동사이클로 작동하는 압축기가 있다. 이 압축기의 체적효율이 0.65, 압축효율이 0.8, 기계효율이 0.9라고 한다면 실제 성적계수는?

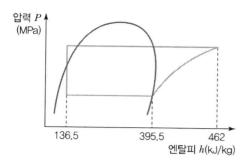

① 3.89   ② 2.80

③ 1.82   ④ 1.42

> 해설

실제 성적계수(COP) 산출

$$COP = \frac{냉동효과(q_e)}{\dfrac{압축일(AW)}{압축효율 \times 기계효율}} = \frac{395.5 - 136.5}{\dfrac{462 - 395.5}{0.8 \times 0.9}} = 2.804$$

25 1대의 압축기로 −20℃, −10℃, 0℃, 5℃의 온도가 다른 저장실로 구성된 냉동장치에서 증발압력조정밸브(EPR)를 설치하지 않는 저장실은?

① −20℃의 저장실   ② −10℃의 저장실

③ 0℃의 저장실   ④ 5℃의 저장실

> 해설

증발온도가 서로 다른 여러 대의 증발기를 한 대의 냉동기로 운전하는 경우, 증발압력조정밸브(EPR)가 없으면 고온 측의 증발온도가 지나치게 낮아지게 되어 고온 측 증발기에 EPR을 설치함으로써 온도저하를 방지하게 된다. 그러므로 보기 중 가장 저온인 −20℃의 저장실은 다른 저장실에 비해 상대적으로 고온 측이 아니므로 증발압력조정밸브(EPR)를 설치하지 않는다.

26 다음 중 절연내력이 크고 절연물질을 침식시키지 않기 때문에 밀폐형 압축기에 사용하기에 적합한 냉매는?

① 프레온계 냉매   ② H_2O

③ 공기   ④ NH_3

> 해설

프레온계 냉매는 암모니아(NH_3) 냉매에 비하여 절연내력이 커서 밀폐형에 적용이 가능하다.

27 냉각수 입구온도 25℃, 냉각수량 900kg/min인 응축기의 냉각 면적이 80m², 그 열통과율이 1.6kW/m² · K이고, 응축온도와 냉각 수온의 평균 온도차가 6.5℃이면 냉각수 출구온도(℃)는?(단, 냉각수의 비열은 4.2kJ/kg · K이다.)

① 28.4   ② 32.6

③ 29.6   ④ 38.2

> 해설

냉각수와 냉매 간의 열교환에 따른 열평형식으로 출구온도 (t_{w2}) 산출

$$q_c = KA\Delta t = m_c C\Delta t_w = m_c C(t_{w2} - t_{w1})$$

$$KA\Delta t = m_c C(t_{w2} - t_{w1})$$

$$1.6\text{kW/m}^2 \cdot \text{K} \times 80\text{m}^2 \times 6.5$$

$$= 900\text{kg/min} \times 4.2\text{kJ/kg} \cdot \text{K}(t_{w2} - 25) \div 60$$

여기서, K : 열통과율, A : 응축기의 냉각면적

Δt : 응축온도와 냉각 수온의 평균 온도차

m_c : 냉각수량, C : 냉각수의 비열

Δt_w : 냉각수의 입출구 온도차

$\therefore t_{w2} = 38.2℃$

28 냉동능력이 1RT인 냉동장치가 1kW의 압축동력을 필요로 할 때, 응축기에서의 방열량(kW)은?

① 2   ② 3.3

③ 4.9   ④ 6

> 해설

응축기 방열량(q_c) 산출

$$q_c = q_e + AW$$
$$= 1\text{RT} + 1\text{kW}$$
$$= 3.86\text{kW} + 1\text{kW} = 4.86\text{kW}$$

정답   25 ①   26 ①   27 ④   28 ③

29 폐열을 회수하기 위한 히트파이프(Heat Pipe)의 구성요소가 아닌 것은?

① 단열부 ② 응축부
③ 증발부 ④ 팽창부

해설

Heat Pipe는 증발부(흡열을 통한 액체 → 기체), 단열부, 응축부(방열을 통한 기체 → 액체)로 구성된다.

30 다음 중 절연내력이 크고 절연물질을 침식시키지 않기 때문에 밀폐형 압축기에 사용하기에 적합한 냉매는?

① 프레온계 냉매 ② H_2O
③ 공기 ④ NH_3

해설

프레온계 냉매는 암모니아(NH_3) 냉매에 비하여 절연내력이 커서 밀폐형에 적용이 가능하다.

31 다음 4가지 경우에서 ( ) 안의 물질이 보유한 엔트로피가 증가한 경우는?

ⓐ 컵에 있는 (물)이 증발하였다.
ⓑ 목욕탕의 (수증기)가 차가운 타일 벽에서 물로 응결되었다.
ⓒ 실린더 안의 (공기)가 가역 단열적으로 팽창되었다.
ⓓ 뜨거운 (커피)가 식어서 주위 온도와 같게 되었다.

① ⓐ ② ⓑ
③ ⓒ ④ ⓓ

해설

ⓐ 엔트로피 증가
ⓑ 엔트로피 감소
ⓒ 엔트로피 일정
ⓓ 엔트로피 감소

32 이상적인 오토 사이클에서 단열압축되기 전 공기가 101.3kPa, 21℃이며, 압축비 7로 운전할 때 이 사이클의 효율은 약 몇 %인가?(단, 공기의 비열비는 1.4이다.)

① 62% ② 54%
③ 46% ④ 42%

해설

오토 사이클의 효율(η) 산출

$$\eta = 1 - \left(\frac{1}{\phi}\right)^{k-1} = 1 - \left(\frac{1}{7}\right)^{1.4-1} = 0.54 = 54\%$$

33 다음 이상기체에 대한 설명으로 옳은 것은?

① 이상기체의 내부에너지는 압력이 높아지면 증가한다.
② 이상기체의 내부에너지는 온도만의 함수이다.
③ 이상기체의 내부에너지는 항상 일정하다.
④ 이상기체의 내부에너지는 온도와 무관하다.

해설

이상기체(완전가스)의 내부에너지는 온도만의 함수이다. (체적 및 압력과는 무관)

34 천제연 폭포의 높이가 55m이고 주위와 열교환을 무시한다면 폭포수가 낙하한 후 수면에 도달할 때까지 온도 상승은 약 몇 K인가?(단, 폭포수의 비열은 4.2kJ/kg·K이다.)

① 0.87 ② 0.31
③ 0.13 ④ 0.68

해설

에너지 보존 법칙에 의해 "위치에너지 = 열에너지"의 평형식을 통해 온도 상승(Δt) 정도를 산정한다.

$mgh = mC\Delta t$

$gh = C\Delta t$

$9.8 \times 55m = 4.2kJ/kg \cdot K \times 10^3(J) \times \Delta t$

$\therefore \Delta t = 0.128 = 0.13K$

35 랭킨 사이클의 각각의 지점에서 엔탈피는 다음과 같다. 이 사이클의 효율은 약 몇 %인가?(단, 펌프일은 무시한다.)

- 보일러 입구 : 290.5kJ/kg
- 보일러 출구 : 3,476.9kJ/kg
- 응축기 입구 : 2,622.1kJ/kg
- 응축기 출구 : 286.3kJ/kg

① 32.4%
② 29.8%
③ 26.8%
④ 23.8%

> **해설**
>
> **랭킨 사이클의 열효율(η) 산출**
>
> $$\eta = \frac{\text{보일러 출구 } h - \text{응축기 입구 } h}{\text{보일러 출구 } h - \text{응축기 출구 } h} \times 100(\%)$$
>
> $$= \frac{3,476.9 - 2,622.1}{3,476.9 - 286.3} \times 100(\%) = 26.79\%$$

36 단면이 1m²인 단열재를 통하여 0.3kW의 열이 흐르고 있다. 이 단열재의 두께는 2.5cm이고 열전도계수가 0.2W/m · ℃일 때 양면 사이의 온도차(℃)는?

① 54.5
② 42.5
③ 37.5
④ 32.5

> **해설**
>
> **양면 사이의 온도차(Δt) 산출**
>
> $$q = KA\Delta t = \frac{\lambda}{d}A\Delta t$$
>
> $$0.3\text{kW} \times 10^3 = \frac{0.2\text{W/m · ℃}}{0.025\text{m}} \times 1\text{m}^2 \times \Delta t$$
>
> $$\therefore \Delta t = 37.5℃$$

37 열역학 제2법칙과 관계된 설명으로 가장 옳은 것은?

① 과정(상태변화)의 방향성을 제시한다.
② 열역학적 에너지의 양을 결정한다.
③ 열역학적 에너지의 종류를 판단한다.
④ 과정에서 발생한 총 일의 양을 결정한다.

> **해설**
>
> **열역학 제2법칙**
>
> - 열역학 제2법칙이란 열과 일은 서로 전환이 가능하나 열에너지를 모두 일에너지로 변화시킬 수 없다는 것을 나타낸다.
> - 사이클 과정에서 열이 모두 일로 변화할 수는 없다.(영구기관 제작 불가능)
> - 열 이동의 방향을 정하는 법칙이다.(저온의 유체에서 고온의 유체로의 자연적 이동은 불가능)
> - 비가역 과정을 하며, 비가역 과정에서는 엔트로피의 변화량이 항상 증가된다.

38 체적이 일정하고 단열된 용기 내에 80℃, 320kPa의 헬륨 2kg이 들어 있다. 용기 내에 있는 회전날개가 20W의 동력으로 30분 동안 회전한다고 할 때 용기 내의 최종 온도는 약 몇 ℃인가?(단, 헬륨의 정적비열은 3.12kJ/kg · K이다.)

① 81.9℃
② 83.3℃
③ 84.9℃
④ 85.8℃

> **해설**
>
> **열평형식을 통해 용기 내의 최종 온도(T_2) 산출**
>
> 헬륨이 얻은 열량(q_H) = 회전날개가 일한 열량(q_W)
>
> $$GC_v \Delta T = GC_v(T_2 - T_1) = q_W$$
>
> $$2\text{kg} \times 3.12\text{kJ/kg · K}[T_2 - (273 + 80)]$$
>
> $$= 30\text{W(J/s)} \times 60\text{s} \times 20\text{min} \div 1,000\text{kJ}$$
>
> $$\therefore T_2 = 358.8\text{K} = 358.8 - 273 = 85.8℃$$

39 전류 25A, 전압 13V를 가하여 축전지를 충전하고 있다. 충전하는 동안 축전지로부터 15W의 열손실이 있다. 축전지의 내부에너지 변화율은 약 몇 W인가?

① 310
② 340
③ 370
④ 420

> **해설**
>
> **내부에너지의 변화(ΔU) 산출**
>
> $$\Delta U = 열량(Q) - 일량(W) = 열량(Q) - 일량(IV)$$
>
> $$= -15 - (-25 \times 13) = 310\text{W(증가)}$$

40 다음 중 슈테판－볼츠만의 법칙과 관련이 있는 열전달은?

① 대류   ② 복사
③ 전도   ④ 응축

해설

슈테판－볼츠만 법칙에 의해 다음과 같이 복사량을 산출할 수 있다.

$$Q = \sigma F_E F_A A (T_1^4 - T_2^4)$$

여기서, Q : 복사량(W)
       σ : 슈테판－볼츠만 상수($5.667 \times 10^{-8} \text{W/m}^2\text{K}^4$)
       F_E : 유효방사율(Emissivity)
       F_A : 형태계수(형상계수, Configuration Factor)
       A : 열전달면적(m^2)
       T_1, T_2 : 각 면의 온도(K)

Section 03 시운전 및 안전관리

41 토크가 증가하면 속도가 낮아져 대체적으로 일정한 출력이 발생하는 것을 이용해서 전차, 기중기 등에 주로 사용하는 직류전동기는?

① 직권전동기
② 분권전동기
③ 가동복권전동기
④ 차동복권전동기

해설

직권전동기

- 직권전동기는 직류전동기의 한 종류로서 토크가 증가하면 속도가 저하되는 특성이 있다.
- 이에 따라 회전속도와 토크와의 곱에 비례하는 출력도 어느 정도 일정한 경향을 갖게 되며, 이와 같은 특성을 이용하여 큰 기동 토크가 요구되고 운전 중 부하변동이 심한 전차, 기중기 등에 주로 적용하고 있다.

42 유도전동기에 인가되는 전압과 주파수의 비를 일정하게 제어하여 유도전동기의 속도를 정격속도 이하로 제어하는 방식은?

① CVCF 제어 방식
② VVVF 제어 방식
③ 교류 궤환제어 방식
④ 교류 2단 속도제어 방식

해설

VVVF(Variable Voltage Variable Frequency) 속도제어 방식

- 가변전압 가변주파수 변환장치로 공급된 전압과 주파수를 변환하여 유도전동기에 공급함으로써 모터의 회전수를 제어하는 방법으로 효율 면에서 우수하다.
- VVVF 속도제어 방식에는 전압형 인버터와 전류형 인버터가 있으며 일반적으로 전압형 인버터를 많이 적용한다.

43 전기기기의 전로의 누전 여부를 알아보기 위해 사용되는 계측기는?

① 메거   ② 전압계
③ 전류계   ④ 검전기

해설

메거(Megger)는 절연저항 측정(누전 여부 판단) 시 사용되는 계측기이며, $10^5 \Omega$ 이상의 고저항을 측정하는 데 적합하다.

44 PLC(Programmable Logic Controller)에 대한 설명 중 틀린 것은?

① 시퀀스 제어 방식과는 함께 사용할 수 없다.
② 무접점 제어 방식이다.
③ 산술연산, 비교연산을 처리할 수 있다.
④ 계전기, 타이머, 카운터의 기능까지 쉽게 프로그램할 수 있다.

PLC 제어기(Programmable Logic Controller)는 프로그램 제어에 적용되는 제어기로서 시퀀스 제어 방식 중 무접점 제어 방식에 속한다. 유접점 회로 방식에 비해 배선작업 등의 소요가 최소화되는 장점을 갖고 있다.

45 기계설비법상 기계설비의 범위에 속하지 않는 것은?

① 플랜트설비
② 오수정화 및 물재이용설비
③ 가스설비
④ 위생기구설비

가스설비는 기계설비법상 기계설비의 범위에 속하지 않는다.

기계설비의 범위(기계설비법 시행령 별표 1)
열원설비, 냉난방설비, 공기조화·공기청정·환기설비, 위생기구·급수·급탕·오배수·통기설비, 오수정화·물재이용설비, 우수배수설비, 보온설비, 덕트(Duct)설비, 자동제어설비, 방음·방진·내진설비, 플랜트설비, 특수설비(청정실 구성 설비 등)

46 기계설비 유지관리 준수 대상 건축물(기계설비유지관리자 선임대상 건축물) 중 공동주택의 기준에 대해 다음 괄호 안에 들어갈 숫자는?

> • (㉠)세대 이상의 공동주택
> • (㉡)세대 이상으로서 중앙집중식 난방 방식(지역난방방식을 포함한다)의 공동주택

① ㉠ 500, ㉡ 500
② ㉠ 500, ㉡ 300
③ ㉠ 300, ㉡ 500
④ ㉠ 300, ㉡ 300

기계설비 유지관리 준수 대상 건축물(기계설비법 시행령 제14조)
1. 연면적 10,000㎡ 이상의 건축물(창고시설은 제외)
2. 500세대 이상의 공동주택 또는 300세대 이상으로서 중앙집중식 난방 방식(지역난방 방식 포함)의 공동주택
3. 다음의 건축물 등 중 해당 건축물 등의 규모를 고려하여 국토교통부장관이 정하여 고시하는 건축물 등
   • 건설공사를 통하여 만들어진 교량·터널·항만·댐·건축물 등 구조물과 그 부대시설
   • 학교시설
   • 지하역사 및 지하도상가
4. 중앙행정기관의 장, 지방자치단체의 장 및 그 밖에 국토교통부장관이 정하는 자가 소유하거나 관리하는 건축물 등

47 다음 중 고압가스 정밀안전점검 실시기관은?

① 한국가스안전공사
② 한국가스공사
③ 한국가스기술공사
④ 한국환경공단

정밀안전검진의 실시기관(고압가스 안전관리법 시행령 제14조의2)
• 한국가스안전공사
• 한국산업안전보건공단

48 그림과 같은 유접점 논리회로를 간단히 하면?

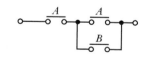

① $\circ\!-\!-\!A\!-\!-\!\circ$

② $\circ\!-\!-\!A\!-\!-\!\circ$

③ $\circ\!-\!-\!B\!-\!-\!\circ$

④ $\circ\!-\!-\!B\!-\!-\!\circ$

유접점 논리회로
$$Y = A(A+B) = AA + AB = A + AB = A(1+B) = A$$

---

49 다음의 제어기기에서 압력을 변위로 변환하는 변환요소가 아닌 것은?

① 스프링
② 벨로스
③ 노즐 플래퍼
④ 다이어프램

[해설]

노즐 플래퍼는 변위를 공기압으로 변환하는 변환요소이다.

50 다음 중 고압가스 안전관리법령에 따라 500만 원 이하의 벌금 기준에 해당하는 경우는?

> ㉠ 고압가스를 제조하려는 자가 신고를 하지 아니하고 고압가스를 제조한 경우
> ㉡ 특정고압가스 사용신고자가 특정고압가스의 사용 전에 안전관리자를 선임하지 않은 경우
> ㉢ 고압가스의 수입을 업(業)으로 하려는 자가 등록을 하지 아니하고 고압가스 수입업을 한 경우
> ㉣ 고압가스를 운반하려는 자가 등록을 하지 아니하고 고압가스를 운반한 경우

① ㉠
② ㉠, ㉡
③ ㉠, ㉡, ㉢
④ ㉠, ㉡, ㉢, ㉣

[해설]

500만 원 이하의 벌금 대상(고압가스 안전관리법 제41조)
• 신고를 하지 아니하고 고압가스를 제조한 자
• 규정에 따른 안전관리자를 선임하지 아니한 자

※ 보기 ㉢, ㉣의 경우는 2년 이하의 징역 또는 2천만 원 이하의 벌금 대상이다.

51 산업안전보건법령상 냉동·냉장 창고시설 건설공사에 대한 유해위험방지계획서를 제출해야 하는 대상시설의 연면적 기준은 얼마인가?

① 3천m² 이상
② 4천m² 이상
③ 5천m² 이상
④ 6천m² 이상

[해설]

냉동·냉장 창고시설 건설공사의 경우 연면적 5,000m² 이상 시 유해위험방지계획서를 제출하여야 한다.

52 다음 논리기호의 논리식은?

① $X = A + B$
② $X = \overline{AB}$
③ $X = AB$
④ $X = \overline{A + B}$

[해설]

드모르간의 정리에 해당한다.
$X = \overline{A} \cdot \overline{B} = \overline{A + B}$

53 일정 전압의 직류전원에 저항을 접속하고, 전류를 흘릴 때 이 전류값을 20% 감소시키기 위한 저항값은 처음 저항의 몇 배가 되는가?(단, 저항을 제외한 기타 조건은 동일하다.)

① 0.65
② 0.85
③ 0.91
④ 1.25

[해설]

$V = IR$에서 변경 전후의 V는 일정하므로 다음과 같이 식을 산정할 수 있다.
$V = I_1 R_1 = I_2 R_2$, $I_1 R_1 = I_2 R_2$
$I_1 R_1 = (1 - 0.2) I_1 R_2$
$R_2 = \dfrac{I_1 R_1}{0.8 I_1} = \dfrac{R_1}{0.8} = 1.25 R_1$

54 유도전동기에서 슬립이 "0"이라고 하는 것의 의미는?

① 유도전동기가 정지 상태인 것을 나타낸다.
② 유도전동기가 전부하 상태인 것을 나타낸다.
③ 유도전동기가 동기속도로 회전한다는 것이다.
④ 유도전동기가 제동기의 역할을 한다는 것이다.

슬립(Slip)은 동기속도에 대한 동기속도와 회전자속도 차와의 비를 말하며, 회전자속도가 동기속도와 동일하게 회전하면 슬립(s)은 0이 된다.

슬립(s) 산출식($s=0$)

$$s = \frac{N_s - N}{N_s} = 0$$

$$N_s - N = 0 \quad \therefore \ N_s = N$$

여기서, N : 회전자속도(rpm)

$\quad\quad\quad N_s$: 동기속도(rpm)

55 그림과 같은 단자 1, 2 사이의 계전기 접점 회로 논리식은?

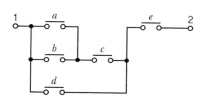

① $\{(a+b)d+c\}e$

② $(ab+c)d+e$

③ $\{(a+b)c+d\}e$

④ $(ab+d)c+e$

단자 1, 2 사이의 계전기 접점회로 : $\{(a+b)c+d\}e$

56 다음 설명에 알맞은 전기 관련 법칙은?

> 회로 내의 임의의 폐회로에서 한쪽 방향으로 일주하면서 취할 때 공급된 기전력의 대수합은 각 회로 소자에서 발생한 전압강하의 대수합과 같다.

① 옴의 법칙

② 가우스 법칙

③ 쿨롱의 법칙

④ 키르히호프의 법칙

보기는 키르히호프의 법칙(Kirchhoff's Law) 중 제2법칙에 대한 설명이다.

키르히호프의 법칙(Kirchhoff's Law)

구분	내용
제1법칙 (전류 평형의 법칙)	전기회로의 어느 접속점에서도 접속점에 유입하는 전류의 합은 유출하는 전류의 합과 같다.
제2법칙 (전압 평형의 법칙)	전기회로의 기전력의 합은 전기회로에 포함된 저항 등에서 발생하는 전압강하의 합과 같다.

57 온도를 임피던스로 변환시키는 요소는?

① 측온 저항체

② 광전지

③ 광전 다이오드

④ 전자석

온도를 임피던스로 변환시키는 요소는 측온 저항체(열선, 서미스터, 백금, 니켈)이다.

변환량과 변환요소

변환량	변환요소
온도 → 전압	열전대
압력 → 변위	벨로스, 다이어프램, 스프링
변위 → 압력	노즐 플래퍼, 유압 분사관, 스프링
변위 → 임피던스	가변저항기, 용량형 변환기
변위 → 전압	퍼텐셔미터, 차동변압기, 전위차계
전압 → 변위	전자석, 전자코일
광 → 임피던스	광전관, 광전도 셀, 광전 트랜지스터
광 → 전압	광전지, 광전 다이오드
방사선 → 임피던스	GM관, 전리함
온도 → 임피던스	측온 저항(열선, 서미스터, 백금, 니켈)

58 역률이 80%이고, 유효전력이 80kW일 때, 피상전력(kVA)은?

① 100

② 120

③ 160

④ 200

피상전력(P_a) 산출

$P = P_a \cos\theta$ 이므로

피상전력 $P_a = \dfrac{P}{\cos\theta} = \dfrac{80}{0.8} = 100\text{kVA}$

여기서, P : 유효전력(kW)

정답 55 ③ 56 ④ 57 ① 58 ①

59 단상 변압기 2대를 사용하여 3상 전압을 얻고자 하는 결선방법은?

① Y결선
② V결선
③ △결선
④ Y−△결선

┌ 해설 ┐

V결선은 단상 변압기 3대로 △결선 운전 중 변압기 1대가 고장날 경우 나머지 2대의 변압기로 3상 부하를 운전할 수 있는 결선방법이다.

60 다음의 제어기기에서 압력을 변위로 변환하는 변환요소가 아닌 것은?

① 스프링
② 벨로스
③ 노즐 플래퍼
④ 다이어프램

┌ 해설 ┐

노즐 플래퍼는 변위를 공기압으로 변환하는 변환요소이다.

Section
04 유지보수공사관리

61 포장된 지표면을 기준으로 하여 배관장치의 높이를 표시할 때 적용되는 높이 표시는?

① TOP
② BOP
③ GL
④ FL

┌ 해설 ┐

① TOP(Top of Pipe) : 지름이 다른 관의 높이를 나타낼 때 적용되며 관 바깥 지름의 윗면을 기준으로 하여 표시한다.
② BOP(Bottom of Pipe) : 지름이 다른 관의 높이를 나타낼 때 적용되며 관 바깥 지름의 아랫면까지를 기준으로 하여 표시한다.
④ FL(Floor Line) : 1층의 바닥면을 기준으로 하여 높이를 표시한다.

62 관의 두께별 분류에서 가장 두꺼워 고압배관으로 사용할 수 있는 동관의 종류는?

① K형 동관
② S형 동관
③ L형 동관
④ N형 동관

┌ 해설 ┐

동관의 두께 크기 순서는 K > L > M > N으로서 가장 두꺼운 K형 동관이 고압배관으로 적용 가능하다.

63 열팽창에 의한 배관의 이동을 구속 또는 제한하기 위해 사용되는 관 지지장치는?

① 행거(Hanger)
② 서포트(Support)
③ 브레이스(Brace)
④ 리스트레인트(Restraint)

┌ 해설 ┐

① 행거(Hanger) : 배관을 천장에 고정하는 역할을 한다.
② 서포트(Support) : 배관의 하중을 아래에서 위로 지지하는 지지쇠 역할을 한다.
③ 브레이스(Brace) : 배관의 자중이나 열팽창에 의한 힘 이외에 기계의 진동, 수격작용, 지진 등 다른 하중에 의해 발생하는 변위 또는 진동을 억제시키기 위한 장치이다.

64 보온재를 유기질과 무기질로 구분할 때, 다음 중 성질이 다른 하나는?

① 우모 펠트
② 규조토
③ 탄산마그네슘
④ 슬래그 섬유

┌ 해설 ┐

우모 펠트는 유기질이며, 나머지 보기는 모두 무기질 재료이다.

정답   59 ②   60 ③   61 ③   62 ①   63 ④   64 ①

65 베이퍼록 현상을 방지하기 위한 방법으로 틀린 것은?

① 실린더 라이너의 외부를 가열한다.
② 흡입배관을 크게 하고 단열 처리한다.
③ 펌프의 설치 위치를 낮춘다.
④ 흡입관로를 깨끗이 청소한다.

[해설]

베이퍼록은 일종의 비등현상으로서 실린더 라이너의 외부를 가열하게 되면, 비등현상이 증가되어 베이퍼록 현상이 가중될 수 있다.

66 전기가 정전되어도 계속하여 급수를 할 수 있으며 급수오염 가능성이 적은 급수 방식은?

① 압력탱크 방식
② 수도직결 방식
③ 부스터 방식
④ 고가탱크 방식

[해설]

수도직결 방식은 상수도 본관의 압력을 이용해 직접 급수전까지 급수를 공급하는 방식으로서, 별도의 저수를 하지 않고 상수도를 그대로 활용하기 때문에 급수오염 가능성이 적다.

67 아래 저압가스배관의 직경(D)을 구하는 식에서 S가 의미하는 것은?(단, L은 관의 길이를 의미한다.)

$$D^5 = \frac{Q^2 \cdot S \cdot L}{K^2 \cdot H}$$

① 관의 내경
② 공급압력차
③ 가스유량
④ 가스비중

[해설]

배관의 직경(D)

$$D^5 = \frac{Q^2 \cdot S \cdot L}{K^2 \cdot H}$$

여기서, Q : 가스유량, S : 가스비중
L : 배관길이, K : 유량계수
H : 허용압력손실

68 저·중압의 공기 가열기, 열교환기 등 다량의 응축수를 처리하는 데 사용되며, 작동원리에 따라 다량 트랩, 부자형 트랩으로 구분하는 트랩은?

① 바이메탈 트랩
② 벨로스 트랩
③ 플로트 트랩
④ 벨 트랩

[해설]

플로트 트랩은 기계식(비중식) 트랩의 일종으로서 다량의 응축수를 연속적으로 처리하는 특성을 갖고 있다. 반면, 기계식(비중식) 트랩 중 소량의 응축수를 간헐적으로 처리하는 트랩으로는 버킷 트랩이 있다.

69 관경 100A인 강관을 수평주관으로 시공할 때 지지간격으로 가장 적절한 것은?

① 2m 이내
② 4m 이내
③ 8m 이내
④ 12m 이내

[해설]

강관을 수평주관으로 시공할 때 100A일 경우 지지간격은 4.0m 이내이다.

70 다음 중 열을 잘 반사하고 확산하여 방열기 표면 등의 도장용으로 사용하기에 가장 적합한 도료는?

① 광명단
② 산화철
③ 합성수지
④ 알루미늄

[해설]

알루미늄 도료
• 알루미늄 분말에 유성 바니시(Oil Varnish)를 섞은 도료이다.
• 알루미늄 도막은 금속 광택이 있으며 열을 잘 반사한다.
• 400~500℃의 내열성을 지니고 있고 난방용 방열기 등의 외면에 도장한다.

정답 65 ① 66 ② 67 ④ 68 ③ 69 ② 70 ④

71 보일러 등 압력용기와 그 밖에 고압 유체를 취급하는 배관에 설치하여 관 또는 용기 내의 압력이 규정 한도에 달하면 내부에너지를 자동적으로 외부에 방출하여 항상 안전한 수준으로 압력을 유지하는 밸브는?

① 감압밸브　　　　② 온도조절밸브
③ 안전밸브　　　　④ 전자밸브

[해설]

안전밸브는 유체의 압력이 이상적으로 높아졌을 때, 해당 압력을 도피시켜주는 역할을 한다.

72 도시가스계량기(30m³/h 미만)의 설치 시 바닥으로부터 설치높이로 가장 적합한 것은?(단, 설치높이의 제한을 두지 않는 특정 장소는 제외한다.)

① 0.5m 이하
② 0.7m 이상 1m 이내
③ 1.6m 이상 2m 이내
④ 2m 이상 2.5m 이내

[해설]

도시가스계량기 설치기준
- 전기계량기, 전기개폐기, 전기안전기에서 60cm 이상 이격 설치
- 전기점멸기(스위치), 전기콘센트, 굴뚝과는 30cm 이상 이격 설치
- 저압전선에서 15cm 이상 이격 설치
- 설치높이는 바닥(지면)에서 1.6~2.0m 이내 설치
- 계량기는 화기와 2m 이상의 우회거리 유지 및 양호한 환기 처리가 필요

73 증기난방법에 관한 설명으로 틀린 것은?

① 저압 증기난방에 사용하는 증기의 압력은 0.15 ~0.35kg/cm² 정도이다.
② 단관 중력환수식의 경우 증기와 응축수가 역류하지 않도록 선단 하향 구배로 한다.

③ 환수주관을 보일러 수면보다 높은 위치에 배관한 것은 습식 환수관식이다.
④ 증기의 순환이 가장 빠르며 방열기, 보일러 등의 설치 위치에 제한을 받지 않고 대규모 난방용으로 주로 채택되는 방식은 진공환수식이다.

[해설]

환수주관을 보일러 수면보다 높은 위치에 배관한 것은 건식 환수관식이다.

74 급수급탕설비에서 탱크류에 대한 누수의 유무를 조사하기 위한 시험방법으로 가장 적절한 것은?

① 수압시험
② 만수시험
③ 통수시험
④ 잔류염소의 측정

[해설]

① 수압시험 : 배관 및 이음쇠의 누수 여부 조사
② 만수시험 : 탱크류 등 유체가 정체하는 공간의 누수 여부 조사
③ 통수시험 : 위생기구 등으로의 통수를 통해, 필요 유량과 압력에 적합한지를 조사
④ 잔류염소의 측정 : 잔류염소의 농도를 측정하여 음용수로서의 적합성 조사

75 LP가스 공급, 소비 설비의 압력손실 요인으로 틀린 것은?

① 배관의 입하에 의한 압력손실
② 엘보, 티 등에 의한 압력손실
③ 배관의 직관부에서 일어나는 압력손실
④ 가스미터, 콕, 밸브 등에 의한 압력손실

[해설]

배관의 입상에 의한 압력손실이 발생하며, 입하할 경우 중력에 의해 압력이 증가하게 된다.

---

76 벤더에 의한 관 굽힘 시 주름이 생겼다. 주된 원인은?

① 재료에 결함이 있다.
② 굽힘형의 홈이 관 지름보다 작다.
③ 클램프 또는 관에 기름이 묻어 있다.
④ 압력형이 조정이 세고 저항이 크다.

해설

굽힘형의 홈이 관 지름보다 작게 되면 벤더 과정에서 주름이 생길 수 있다.

77 배수의 성질에 따른 구분에서 수세식 변기의 대ㆍ소변에서 나오는 배수는?

① 오수   ② 잡배수
③ 특수배수   ④ 우수배수

해설

수세식 변기의 대소변은 오수에 해당한다.
② 잡배수 : 세탁배수, 싱크배수 등 일반 생활배수를 말한다.
③ 특수배수 : 공장 등에서 나오는 각종 특이물질 등이 섞여 있는 배수를 말한다.
④ 우수배수 : 빗물배수를 말한다.

78 펌프의 양수량이 $60\text{m}^3/\text{min}$이고 전양정이 20m일 때, 벌류트펌프로 구동할 경우 필요한 동력(kW)은 얼마인가?(단, 물의 비중량은 9,800 N/m^3이고, 펌프의 효율은 60%로 한다.)

① 196.1   ② 200
③ 326.7   ④ 405.8

해설

$$축동력(\text{kW}) = \frac{QH\gamma}{E}$$

$$= \frac{60\text{m}^3/\text{min} \times 20\text{m} \times 9,800\text{N/m}^3}{60 \times 1,000 \times 0.6}$$

$$= 326.7\text{kW}$$

여기서, Q : 양수량(m^3/sec), H : 양정(m(Aq))
γ : 비중량(kN/m^3), E : 효율

79 다음 중 암모니아 냉동장치에 사용되는 배관 재료로 가장 적합하지 않은 것은?

① 이음매 없는 동관
② 배관용 탄소강관
③ 저온배관용 강관
④ 배관용 스테인리스강관

해설

암모니아는 동, 동합금을 부식시키므로 배관재료로 주로 강관계열을 사용한다.

80 증기배관 중 냉각 레그(Cooling Leg)에 관한 내용으로 옳은 것은?

① 완전한 응축수를 회수하기 위함이다.
② 고온증기의 동파 방지시설이다.
③ 열전도 차단을 위한 보온단열 구간이다.
④ 익스팬션 조인트이다.

해설

냉각 레그(Cooling Leg)
• 증기주관에 생긴 증기나 응축수를 냉각시킨다.
• 냉각다리와 환수관 사이에 트랩을 설치한다.
• 완전한 응축수를 트랩에 보내는 역할을 한다.
• 노출배관하고 보온피복을 하지 않는다.
• 증기주관보다 한 치수 작게 한다.
• 냉각면적을 넓히기 위해 최소 1.5m 이상의 길이로 한다.

01 특정한 곳에 열원을 두고 열수송 및 분배망을 이용하여 한정된 지역으로 열매를 공급하는 난방법은?

① 간접난방법
② 지역난방법
③ 단독난방법
④ 개별난방법

해설

지역난방은 중앙 플랜트에서 증기 혹은 고온수를 이송관을 통해 아파트 단지 등의 사용처에 공급하여 난방하는 방식이다.

02 외기의 건구온도 32℃와 환기의 건구온도 24℃인 공기를 1 : 3(외기 : 환기)의 비율로 혼합하였다. 이 혼합공기의 온도는?

① 26℃
② 28℃
③ 29℃
④ 30℃

해설

가중평균으로 혼합온도(T_{mix}) 산출

$$T_{mix} = \frac{32℃ \times 1 + 24℃ \times 3}{1+3} = 26℃$$

03 간이계산법에 의한 건평 150m²에 소요되는 보일러의 급탕부하는?(단, 건물의 열손실은 90kJ/m²h, 급탕량은 100kg/h, 급수 및 급탕 온도는 각각 30℃, 70℃이다.)

① 3,500kJ/h
② 4,000kJ/h
③ 13,500kJ/h
④ 16,800kJ/h

해설

급탕부하(kJ/h) = 급탕량×비열×온도차
= 100kg/h×4.19kJ/kg℃×(70−30)℃
= 16,760kJ/h ≒ 16,800kJ/h

04 가열로(加熱爐)의 벽 두께가 80mm이다. 벽의 안쪽과 바깥쪽의 온도차가 32℃, 벽의 면적은 60m², 벽의 열전도율은 46.5W/m·K일 때, 방열량(W)은?

① 886,000
② 932,000
③ 1,116,000
④ 1,235,000

해설

$$q = kA\Delta t = \frac{\lambda}{d}A\Delta t = \frac{46.5}{0.08} \times 60 \times 32 = 1,116,000W$$

05 온수관의 온도가 80℃, 환수관의 온도가 60℃인 자연순환식 온수난방장치에서의 자연순환수두(mmAq)는?(단, 보일러에서 방열기까지의 높이는 5m, 60℃에서의 온수 밀도는 983.24kg/m³, 80℃에서의 온수 밀도는 971.84kg/m³이다.)

① 55
② 56
③ 57
④ 58

해설

자연순환수두(H) 산출

$H = (\rho_L - \rho_H) \times h = (983.24 - 971.84) \times 5m$
   $= 57kgf/m^2 = 57mmAq$
여기서, ρ_L : 저온 온수의 밀도
    ρ_H : 고온 온수의 밀도
    h : 보일러에서 방열기까지의 높이

정답 01 ② 02 ① 03 ④ 04 ③ 05 ③

06 증기난방과 온수난방의 비교 설명으로 틀린 것은?

① 주 이용열로 증기난방은 잠열이고, 온수난방은 현열이다.
② 증기난방에 비하여 온수난방은 방열량을 쉽게 조절할 수 있다.
③ 장거리 수송으로 증기난방은 발생증기압에 의하며, 온수난방은 자연순환력 또는 펌프 등의 기계력에 의한다.
④ 온수난방에 비하여 증기난방은 예열부하와 시간이 많이 소요된다.

해설

온수난방에 비하여 증기난방은 비열이 작으므로 예열하는 데 소요되는 부하가 작다.

07 TAB 적용 시 올바르지 않은 것은?

① TAB 수행계획서에는 수행업체의 인원 및 측정장비현황이 포함되어야 한다.
② 댐퍼, 말단 유닛, 터미널의 개도는 완전 개방되어야 한다.
③ TAB는 제작사의 공기조화 시운전이 완료된 후 실시한다.
④ 숙련자의 시운전으로 대체가 가능하다.

해설

TAB는 전문업체의 인원 및 장비로 수행하여야 한다.

08 보일러의 시운전 보고서에 관한 내용으로 가장 관련이 없는 것은?

① 제어기 세팅 값과 입/출수 조건 기록
② 입/출구 공기의 습구온도
③ 연도 가스의 분석
④ 성능과 효율 측정값을 기록, 설계값과 비교

해설

보일러의 시운전 보고서에는 입/출구 공기의 건구온도와 습도가 기재된다. 보기 외에도 증기압력, 안전밸브 설정압력, 급수량, 펌프 토출압력, 연료사용량, 연료공급온도 및 압력, 송풍기와 버너의 모터 전압 등이 표기된다.

09 전열교환기에 관한 설명으로 틀린 것은?

① 공기조화기기의 용량설계에 영향을 주지 않음
② 열교환기 설치로 설비비와 요구 공간 증가
③ 회전식과 고정식이 있음
④ 배기와 환기의 열교환으로 현열과 잠열을 교환

해설

전열교환기를 적용할 경우 도입되는 외기의 엔탈피를 설정된 실내외 온도와 가깝게 할 수 있으므로, 전열교환기를 적용하지 않는 경우에 대비하여 공기조화기기의 용량을 적게 설계할 수 있는 장점이 있다.

10 취출기류에 관한 설명으로 틀린 것은?

① 거주영역에서 취출구의 최소 확산반경이 겹치면 편류현상이 발생한다.
② 취출구의 베인 각도를 확대시키면 소음이 감소한다.
③ 천장 취출 시 베인의 각도를 냉방과 난방 시 다르게 조정해야 한다.
④ 취출기류의 강하 및 상승거리는 기류의 풍속 및 실내공기와의 온도차에 따라 변한다.

해설

취출구의 베인 각도를 확대시키면 와류 등의 현상이 증가하여 소음이 커질 수 있다.

11 동일한 송풍기에서 회전수를 2배로 했을 경우 풍량, 정압, 소요동력의 변화에 대한 설명으로 옳은 것은?

① 풍량 1배, 정압 2배, 소요동력 2배
② 풍량 1배, 정압 2배, 소요동력 4배

정답   06 ④   07 ④   08 ②   09 ①   10 ②   11 ④

③ 풍량 2배, 정압 4배, 소요동력 4배
④ 풍량 2배, 정압 4배, 소요동력 8배

해설

상사의 법칙

회전수 변화가 n배 될 때 풍량은 n배, 정압은 n^2배, 소요동력은 n^3배로 변하게 된다.

그러므로 회전수 변화가 2배가 되면 풍량은 2배, 정압은 $2^2 = 4$배, 소요동력은 $2^3 = 8$배로 변하게 된다.

12 다음 온열환경지표 중 복사의 영향을 고려하지 않는 것은?

① 유효온도(ET)
② 수정유효온도(CET)
③ 예상온열감(PMV)
④ 작용온도(OT)

해설

유효온도는 기온(온도), 습도, 기류의 3요소로 공기의 쾌적조건을 표시한 것이다.

13 건축의 평면도를 일정한 크기의 격자로 나누어서 이 격자의 구획 내에 취출구, 흡입구, 조명, 스프링클러 등 모든 필요한 설비요소를 배치하는 방식은?

① 모듈 방식
② 셔터 방식
③ 평커루버 방식
④ 클래스 방식

해설

취출구, 흡입구, 조명, 스프링클러 등 설비들을 유닛화한 방식을 모듈 방식이라고 한다.

14 공조기용 코일은 관 내 유속에 따라 배열방식을 구분하는데, 그 배열방식에 해당하지 않는 것은?

① 풀서킷
② 더블서킷
③ 하프서킷
④ 탑다운서킷

해설

유속 및 유량에 따른 배열방식으로는 일반적 유속 및 유량일 경우 풀서킷, 유속이 크고 유량이 많을 경우 더블서킷, 유속이 작고 유량이 적을 경우 하프서킷을 적용한다.

15 공기세정기의 구성품인 엘리미네이터의 주된 기능은?

① 미립화된 물과 공기와의 접촉 촉진
② 균일한 공기 흐름 유도
③ 공기 내부의 먼지 제거
④ 공기 중의 물방울 제거

해설

엘리미네이터는 실내로 비산되는 수분(물방울)을 제거하는 설비기기이다.

16 이중덕트 방식에 설치하는 혼합상자의 구비조건으로 틀린 것은?

① 냉풍 · 온풍 덕트 내에 정압변동에 의해 송풍량이 예민하게 변화할 것
② 혼합비율 변동에 따른 송풍량의 변동이 완만할 것
③ 냉풍 · 온풍 댐퍼의 공기 누설이 적을 것
④ 자동제어 신뢰도가 높고 소음 발생이 적을 것

해설

혼합상자는 이중덕트 방식에서 냉풍과 온풍을 혼합하는 역할을 하는 설비로서, 냉풍과 온풍의 혼합 시 발생하는 압력변화(정압변동)에 적절히 대응하여 송풍량의 급변 등이 일어나지 않도록 하여야 한다.

17 아래의 그림은 공조기에 ①상태의 외기와 ②상태의 실내에서 되돌아온 공기가 들어와 ⑥상태로 실내로 공급되는 과정을 습공기 선도에 표현한 것이다. 공조기 내 과정을 맞게 서술한 것은?

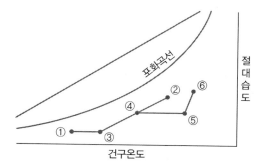

① 예열 – 혼합 – 가열 – 물분무가습
② 예열 – 혼합 – 가열 – 증기가습
③ 예열 – 증기가습 – 가열 – 증기가습
④ 혼합 – 제습 – 증기가습 – 가열

해설

예열(① → ③) – 혼합(③ + ② = ④) – 가열(④ → ⑤) – 증기가습(⑤ → ⑥)

18 실내를 항상 급기용 송풍기를 이용하여 정압 (+)상태로 유지할 수 있어서 오염된 공기의 침입을 방지하고, 연소용 공기가 필요한 보일러실, 반도체 무균실, 소규모 변전실, 창고 등에 적용하기에 적합한 환기법은?

① 제1종 환기   ② 제2종 환기
③ 제3종 환기   ④ 제4종 환기

해설

제2종 환기(압입식)

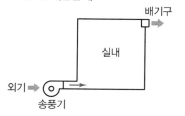

• 송풍기와 배기구로 환기하는 방식
• 실내를 정(+)압 상태로 유지하여 오염공기 침입을 방지하는 환기
• 용도 : Clean Room, 무균실, 무진실, 반도체공장, 수술실 등 유해가스, 분진 등 외부로부터의 유입을 최대한 막아야 하는 곳

19 콜드 드래프트 현상의 발생 원인으로 가장 거리가 먼 것은?

① 인체 주위의 공기온도가 너무 낮을 때
② 기류의 속도가 낮고 습도가 높을 때
③ 주위 벽면의 온도가 낮을 때
④ 겨울에 창문의 극간풍이 많을 때

해설

콜드 드래프트는 기류의 속도가 크고, 절대습도가 낮으며, 주변보다 온도가 낮을 경우에 발생한다.

20 환기에 따른 공기조화부하의 절감대책으로 틀린 것은?

① 예랭, 예열 시 외기 도입을 차단한다.
② 열 발생원이 집중되어 있는 경우 국소배기를 채용한다.
③ 전열교환기를 채용한다.
④ 실내 정화를 위해 환기횟수를 증가시킨다.

해설

환기횟수(환기량)를 늘릴 경우 환기부하가 증가하므로 공기조화부하의 절감대책과는 거리가 멀다.

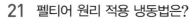
21 펠티어 원리 적용 냉동법은?

① 열전식
② 흡수식
③ 압축식
④ 흡착식

> **해설**
>
> 열전식 냉동장치(열전냉동, Thermoelectric Refrigera-tion)는 종류가 다른 두 금속도체를 접합하여 전류를 통하면, 전류의 방향에 따라 한쪽 접합점에서는 열을 방출하고, 다른 쪽 접합점에서는 열을 흡수하게 되는 펠티에 효과(Peltier's Effect)를 이용한 냉동법이다.

22 다음 중 밀착 포장된 식품을 냉각부동액 중에 집어 넣어 동결시키는 방식은?

① 침지식 동결장치
② 접촉식 동결장치
③ 진공동결장치
④ 유동층 동결장치

> **해설**
>
> **냉각부동액(브라인) 침지식 동결장치**
> - 선망어업이나 줄낚시 어업과 같이 다획성 어업의 보호 처리에 현재 가장 많이 사용된다.
> - 피동결품을 브라인에 직접 침적하는 직접접촉 방식과 피동결품을 포장하여 침적하는 간접접촉 방식이 있다.
> - 종류로는 식염 브라인 동결장치, 염화칼슘 브라인 동결 장치가 있다.

23 증기압축 냉동사이클로 운전하는 냉동기에서 압축기 입구, 응축기 입구, 증발기 입구의 엔탈피가 각각 387.2kJ/kg, 435.1kJ/kg, 241.8kJ/kg일 경우 성능계수는 약 얼마인가?

① 3.0
② 4.0
③ 5.0
④ 6.0

> **해설**
>
> **냉동기의 성적계수(COP_R)**
>
> $$COP_R = \frac{q_e}{AW} = \frac{압축기\ 입구\ h - 증발기\ 입구\ h}{응축기\ 입구\ h - 압축기\ 입구\ h}$$
>
> $$= \frac{387.2 - 241.8}{435.1 - 387.2} = 3.0$$

24 냉동기 중 공급 에너지원이 동일한 것끼리 짝지어진 것은?

① 흡수 냉동기, 압축 냉동기
② 증기분사 냉동기, 증기압축 냉동기
③ 압축기체 냉동기, 증기분사 냉동기
④ 증기분사 냉동기, 흡수 냉동기

> **해설**
>
> ① 흡수 냉동기 : 증기, 압축 냉동기 : 압축일
> ② 증기분사 냉동기 : 증기, 증기압축 냉동기 : 압축일
> ③ 압축기체 냉동기 : 압축일, 증기분사 냉동기 : 증기
> ④ 증기분사 냉동기 : 증기, 흡수 냉동기 : 증기

25 축열시스템 중 빙축열 방식이 수축열 방식에 비해 유리하다고 할 수 없는 것은?

① 축열조를 소형화할 수 있다.
② 낮은 온도를 이용할 수 있다.
③ 난방 시의 축열 대응에 적합하다.
④ 축열조의 설치장소가 자유롭다.

> **해설**
>
> 빙축열시스템은 잠열을 이용하여 축열 및 방열을 하는 시스템으로서, 현열을 이용하는 수축열시스템에 비하여 부하에 대한 정밀한 대응이 어려운 단점이 있으며, 난방보다는 냉방 시의 축열 대응에 적합하다.

26 다음 조건을 이용하여 응축기 설계 시 1RT (3.86kW)당 응축면적을 구하면?(단, 온도차는 산술평균온도차를 적용한다.)

- 방열계수 : 1.3
- 응축온도 : 35℃
- 냉각수 입구온도 : 28℃
- 냉각수 출구온도 : 32℃
- 열통과율 : 1.05 kW/m²K

① 1.25m²
② 0.96m²
③ 0.62m²
④ 0.45m²

해설

응축면적(A) 산출

$q_c = KA\Delta T = q_e \times C$

여기서, K : 열통과율(kW/m²K), A : 응축면적(m²)

ΔT : 응축온도 − 냉각수 평균온도

q_e : 냉동능력, C : 방열계수

$KA\Delta T = q_e \times C$

$A = \dfrac{q_e \times C}{K \times \Delta T} = \dfrac{3.86\text{kW} \times 1.3}{1.05\text{kW/m}^2\text{K} \times \left(35 - \dfrac{28+32}{2}\right)}$

$= 0.96\text{m}^2$

27 다음 그림은 2단 압축 암모니아 사이클을 나타낸 것이다. 냉동능력이 2RT인 경우 저단 압축기의 냉매순환량(kg/h)은?(단, 1RT는 3.8kW이다.)

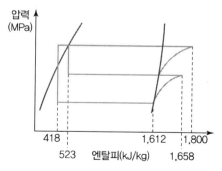

① 10.1
② 22.9
③ 32.5
④ 43.2

해설

저단 측 냉매순환량(G_L) 산출

$G_L = \dfrac{Q_e}{\Delta h} = \dfrac{2\text{RT} \times 3.8\text{kW} \times 3,600}{1,612\text{kJ/kg} - 418\text{kJ/kg}} = 22.9\text{kg/h}$

28 염화나트륨 브라인을 사용한 식품냉장용 냉동장치에서 브라인의 순환량이 220L/min이며, 냉각관 입구의 브라인 온도가 −5℃, 출구의 브라인 온도가 −9℃라면 이 브라인 쿨러의 냉동능력(kW)은?(단, 브라인의 비열은 3.14kJ/kg · K, 비중은 1.150이다.)

① 45.56
② 52.96
③ 63.78
④ 72.35

해설

브라인 쿨러의 냉동능력(Q) 산출

$Q = mC\Delta t$

$= 220\text{L/min} \div 60\text{sec} \times 1.15\text{kg/L} \times 3.14\text{kJ/kg} \cdot \text{K}$
$\times (-5 - (-9))$

$= 52.96\text{kW}$

29 축동력 10kW, 냉매순환량 33kg/min인 냉동기에서 증발기 입구 엔탈피가 406kJ/kg, 증발기 출구 엔탈피가 615kJ/kg, 응축기 입구 엔탈피가 632kJ/kg이다. ㉠ 실제 성능계수와 ㉡ 이론 성능계수는 각각 얼마인가?

① ㉠ 8.5, ㉡ 12.3
② ㉠ 8.5, ㉡ 9.5
③ ㉠ 11.5, ㉡ 9.5
④ ㉠ 11.5, ㉡ 12.3

해설

㉠ 실제 성능계수 산출

$COP = \dfrac{G(\text{냉매순환량}) \times q_e}{AW(\text{축동력})}$

$= \dfrac{\dfrac{33\text{kg/min}(615-406)}{60}}{10}$

$= 11.495 = 11.5$

ⓛ 이론 성능계수 산출

$$COP = \frac{q_e}{AW} = \frac{h_1 - h_4}{h_2 - h_1}$$

$$= \frac{615 - 406}{632 - 615}$$

$$= 12.294 = 12.3$$

30 다음 중 암모니아 냉동시스템에 사용되는 팽창장치로 적절하지 않은 것은?

① 수동식 팽창밸브
② 모세관식 팽창장치
③ 저압 플로트 팽창밸브
④ 고압 플로트 팽창밸브

〔해설〕

모세관(Capillary Tube)식 팽창장치(압력강하장치)
1HP 이하의 소형용으로 가격이 경제적이나, 부하변동에 따른 유량 조절이 불가능하고, 고압 측에 수액기를 설치할 수 없으며, 수분이나 이물질에 의해 동결, 폐쇄의 우려가 있다. 또한 암모니아계 냉매 적용 시에는 사용이 어렵다.

31 클라우지우스(Clausius) 적분 중 비가역 사이클에 대하여 옳은 식은?(단, Q는 시스템에 공급되는 열, T는 절대온도를 나타낸다.)

① $\oint \frac{\delta Q}{T} = 0$　　② $\oint \frac{\delta Q}{T} < 0$

③ $\oint \frac{\delta Q}{T} > 0$　　④ $\oint \frac{\delta Q}{T} \geq 0$

32 보일러에 온도 40℃, 엔탈피 167kJ/kg인 물이 공급되어 온도 350℃, 엔탈피 3,115kJ/kg인 수증기가 발생한다. 입구와 출구에서의 유속은 각각 5m/s, 50m/s이고, 공급되는 물의 양이 2,000kg/h일 때, 보일러에 공급해야 할 열량(kW)은?(단, 위치에너지 변화는 무시한다.)

① 631　　② 832
③ 1,237　　④ 1,638

〔해설〕

보일러 공급열량(q) 산출

$$q(\text{kW}) = m[\Delta h + \frac{1}{2}(v_2^2 - v_1^2)]$$

$$= m[(h_2 - h_1) + \frac{1}{2}(v_2^2 - v_1^2)]$$

$$= 2,000\text{kg/h} \times \left(\frac{1}{3,600}\right)$$

$$\times \left[(3,115 - 167)\text{kJ/kg} + \frac{1}{2}(50^2 - 5^2) \times \frac{1\text{kJ}}{1,000\text{J}}\right]$$

$$= 1,638.5\text{kW}$$

33 외부에서 받은 열량이 모두 내부에너지 변화만을 가져오는 완전가스의 상태변화는?

① 정적변화　　② 정압변화
③ 등온변화　　④ 단열변화

〔해설〕

외부에서 받은 열량이 모두 내부에너지 변화만을 가져오게 되어 외부에서 받은 열량이 내부에너지 변화량과 같은 완전가스의 상태변화는 정적변화이다.

34 온도 20℃에서 계기압력 0.183MPa의 타이어가 고속주행으로 온도 80℃로 상승할 때 압력은 주행 전과 비교하여 약 몇 kPa 상승하는가?(단, 타이어의 체적은 변하지 않고, 타이어 내의 공기는 이상기체로 가정한다. 그리고 대기압은 101.3kPa이다.)

① 37kPa　　② 58kPa
③ 286kPa　　④ 445kPa

〔해설〕

정적과정

$$\frac{T_2}{T_1} = \frac{P_2}{P_1}$$

$$P_2 = \frac{T_2}{T_1} \times P_1 = \frac{273 + 80}{273 + 20} \times (101.3 + 183)\text{kPa} = 342.52\text{kPa}$$

여기서, P_1 = 대기압 + 계기압 = 101.3 + 183 = 284.3kPa
∴ $P_2 - P_1$ = 342.52 − 284.3 = 58.22kPa

35 어떤 기체 1kg이 압력 50kPa, 체적 2.0m^3의 상태에서 압력 1,000kPa, 체적 0.2m^3의 상태로 변화하였다. 이 경우 내부에너지의 변화가 없다고 한다면, 엔탈피의 변화는 얼마나 되겠는가?

① 57kJ

② 79kJ

③ 91kJ

④ 100kJ

해설

엔탈피 변화량(dh) 산출

$$dh = dU + d(PV) = dU + (P_2 V_2 - P_1 V_1)$$
$$= 0\text{kJ} + (1,000 \times 0.2 - 50 \times 2) = 100\text{kJ}$$

여기서, 내부에너지의 변화가 없으므로 $dU = 0$

36 자동차 엔진을 수리한 후 실린더 블록과 헤드 사이에 수리 전과 비교하여 더 두꺼운 개스킷을 넣었다면 압축비와 열효율은 어떻게 되겠는가?

① 압축비는 감소하고, 열효율도 감소한다.

② 압축비는 감소하고, 열효율은 증가한다.

③ 압축비는 증가하고, 열효율은 감소한다.

④ 압축비는 증가하고, 열효율도 증가한다.

해설

자동차 압축비는 실린더 안으로 들어간 기체가 피스톤에 의해 압축된 용적비를 말하므로 실린더에 더 두꺼운 개스킷을 넣었다면 기체의 압축되는 용적비가 감소하게 된다. 또한 압축비가 커질수록 열효율은 증대되므로, 압축비가 감소하여 열효율도 감소하게 된다.

37 10℃에서 160℃까지 공기의 평균 정적비열은 0.7315kJ/kg · K이다. 이 온도 변화에서 공기 1kg의 내부에너지 변화는 약 몇 kJ인가?

① 101.1kJ

② 109.7kJ

③ 120.6kJ

④ 131.7kJ

해설

내부에너지 변화(ΔU) 산출

$$\Delta U = U_2 - U_1 = G C_v (T_2 - T_1)$$
$$= 1\text{kg} \times 0.7315\text{kJ/kg} \cdot \text{K} \times (160 - 10) = 109.73\text{kJ}$$

38 그림과 같이 카르노 사이클로 운전하는 기관 2개가 직렬로 연결되어 있는 시스템에서 두 열기관의 효율이 똑같다고 하면 중간 온도 T는 약 몇 K인가?

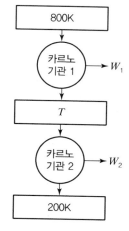

① 330K

② 400K

③ 500K

④ 660K

해설

카르노 기관 1의 효율(η_1)과 카르노 기관 2의 효율(η_2)이 같을 경우 온도 T 산출

$\eta = 1 - \dfrac{T_L}{T_H}$ 이므로, $\eta_1 = \eta_2$이면, $1 - \dfrac{T}{800} = 1 - \dfrac{200}{T}$

$\therefore T = 400\text{K}$

39 복사열을 방사하는 방사율과 면적이 같은 2개의 방열판이 있다. 각각의 온도가 A방열판은 120℃, B방열판은 80℃일 때 두 방열판의 복사열전달량비(Q_A / Q_B)는?

① 1.08

② 1.22

③ 1.54

④ 2.42

해설

슈테판 – 볼츠만 법칙에서 복사에너지의 양은 절대온도의 4제곱에 비례한다.

$$\therefore \frac{(120 + 273)^4}{(80 + 273)^4} = 1.54\text{배}$$

정답   35 ④   36 ①   37 ②   38 ②   39 ③

40 어떤 기체 동력장치가 이상적인 브레이턴 사이클로 다음과 같이 작동할 때 이 사이클의 열효율은 약 몇 %인가?(단, 온도(T)−엔트로피(s) 선도에서 $T_1 = 30\,℃$, $T_2 = 200\,℃$, $T_3 = 1,060\,℃$, $T_4 = 160\,℃$이다.)

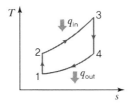

① 81% ② 85%

③ 89% ④ 92%

〔해설〕

Brayton 사이클의 열효율(η_b) 산출

$$\eta_b = \left(1 - \frac{T_4 - T_1}{T_3 - T_2}\right) \times 100(\%)$$

$$= \left(1 - \frac{(273+160)-(273+30)}{(273+1,060)-(273+200)}\right) \times 100(\%) = 85\%$$

〔Section〕
03 시운전 및 안전관리

41 다음의 논리식 중 다른 값을 나타내는 논리식은?

① $X(\overline{X} + Y)$ ② $X(X + Y)$

③ $XY + X\overline{Y}$ ④ $(X + Y)(X + \overline{Y})$

〔해설〕

① $X(\overline{X} + Y) = X\overline{X} + XY = 0 + XY = XY$

② $X(X + Y) = XX + XY = X + XY = X(1 + Y)$
$\qquad = X \cdot 1 = X$

③ $XY + X\overline{Y} = X(Y + \overline{Y}) = X \cdot 1 = X$

④ $(X + Y)(X + \overline{Y}) = XX + X\overline{Y} + XY + Y\overline{Y}$
$\qquad = X + X\overline{Y} + XY + 0$
$\qquad = X + X(\overline{Y} + Y) = X + X(1) = X$

---

42 전압을 V, 전류를 I, 저항을 R, 그리고 도체의 비저항을 ρ라고 할 때 옴의 법칙을 나타낸 식은?

① $V = \dfrac{R}{I}$ ② $V = \dfrac{I}{R}$

③ $V = IR$ ④ $V = IR\rho$

〔해설〕

옴의 법칙(Ohm's Law)

회로에 흐르는 전류의 세기는 전압에 비례하고 저항에 반비례한다.

$$V = IR, \ I = \frac{V}{R}$$

---

43 산업안전보건법령에서 규정하는 중대재해의 요건을 갖추려면 부상자 또는 직업성 질병자가 동시에 몇명 이상 발생하여야 하는가?

① 3명 ② 5명

③ 7명 ④ 10명

〔해설〕

중대재해(산업안전보건법 시행규칙 제3조)

• 사망자가 1명 이상 발생한 재해
• 3개월 이상의 요양이 필요한 부상자가 동시에 2명 이상 발생한 재해
• 부상자 또는 직업성 질병자가 동시에 10명 이상 발생한 재해

---

44 기계설비기술기준 규정에 따른 기계설비의 착공 전 확인과 사용 전 검사 시 기계설비 시공자의 업무가 아닌 것은?

① 기계설비 착공 전 확인표 작성

② 기계설비 사용적합확인서 작성

③ 기계설비 성능확인서 작성

④ 기계설비 안전확인서 작성

기계설비 사용적합확인서 작성은 감리업무 수행자의 업무사항이다.

기계설비의 착공 전 확인과 사용 전 검사 시 기계설비 시공자 및 감리업무 수행자의 업무(기계설비 기술기준)

㉠ 기계설비 시공자
- 기계설비 착공 전 확인표 작성
- 기계설비 사용 전 확인표 작성
- 기계설비 성능확인서 작성
- 기계설비 안전확인서 작성

㉡ 감리업무 수행자
- 기계설비 착공적합확인서 작성
- 기계설비 사용적합확인서 작성

45 고압가스안전관리법령에서 규정한 안전관리자의 업무가 아닌 것은?

① 사업소 또는 사용신고시설의 시설 · 용기 등 또는 작업과정의 안전유지
② 용기등의 제조공정관리
③ 안전관리규정의 시행 및 그 기록의 작성 · 보존
④ 가스안전공사 직원의 교육

가스안전공사 직원에 대한 교육은 안전관리자의 업무가 아니다.

안전관리자의 업무(고압가스 안전관리법 시행령 제13조)
- 사업소 또는 사용신고시설의 시설 · 용기 등 또는 작업과정의 안전유지
- 용기 등의 제조공정관리
- 공급자의 의무이행 확인
- 안전관리규정의 시행 및 그 기록의 작성 · 보존
- 사업소 또는 사용신고시설의 종사자(사업소 또는 사용신고시설을 개수(改修) 또는 보수(補修)하는 업체의 직원을 포함)에 대한 안전관리를 위하여 필요한 지휘 · 감독
- 그 밖의 위해방지 조치

46 다음 중 고압가스 안전관리법령에 따라 500만 원 이하의 벌금 기준에 해당하는 경우는?

㉠ 고압가스를 제조하려는 자가 신고를 하지 아니하고 고압가스를 제조한 경우
㉡ 특정고압가스 사용신고자가 특정고압가스의 사용 전에 안전관리자를 선임하지 않은 경우
㉢ 고압가스의 수입을 업(業)으로 하려는 자가 등록을 하지 아니하고 고압가스 수입업을 한 경우
㉣ 고압가스를 운반하려는 자가 등록을 하지 아니하고 고압가스를 운반한 경우

① ㉠
② ㉠, ㉡
③ ㉠, ㉡, ㉢
④ ㉠, ㉡, ㉢, ㉣

500만 원 이하의 벌금 대상(고압가스 안전관리법 제41조)
- 신고를 하지 아니하고 고압가스를 제조한 자
- 규정에 따른 안전관리자를 선임하지 아니한 자

※ 보기 ㉢, ㉣의 경우는 2년 이하의 징역 또는 2천만 원 이하의 벌금 대상이다.

47 기계설비법령에 따라 기계설비 유지관리교육에 관한 업무를 위탁받아 시행하는 기관은?

① 한국기계설비건설협회
② 대한기계설비건설협회
③ 한국공작기계산업협회
④ 한국건설기계산업협회

기계설비 유지관리교육에 관한 업무 위탁(위탁지정 관련 행정규칙)
- 위탁업무의 내용 : 기계설비 유지관리교육에 관한 업무
- 관련 법령 : 기계설비법 시행령 제16조
- 위탁기관 : 대한기계설비건설협회

48 유도전동기에 인가되는 전압과 주파수의 비를 일정하게 제어하여 유도전동기의 속도를 정격 속도 이하로 제어하는 방식은?

① CVCF 제어 방식
② VVVF 제어 방식
③ 교류 궤환제어 방식
④ 교류 2단 속도제어 방식

해설

VVVF(Variable Voltage Variable Frequency) 속도제어 방식

- VVVF란 가변전압 가변주파수 변환장치로 공급된 전압과 주파수를 변환하여 유도전동기에 공급함으로써 모터의 회전수를 제어하는 방법으로 효율 면에서 우수하다.
- VVVF 속도제어 방식에는 전압형 인버터와 전류형 인버터가 있으며 일반적으로 전압형 인버터를 많이 적용한다.

49 승강기나 에스컬레이터 등의 옥내 전선의 절연저항을 측정하는 데 가장 적당한 측정기기는?

① 메거
② 휘트스톤 브리지
③ 켈빈 더블 브리지
④ 콜라우시 브리지

해설

② 휘트스톤 브리지 : 0.5~$10^5\Omega$의 중저항 측정용 계기
③ 켈빈 더블 브리지 : 1Ω 이하 이하 저저항 측정용 계기
④ 콜라우시 브리지 : 접지저항, 전해액의 저항, 전지의 내부저항을 측정하는 계기

50 $e(t) = 200\sin\omega t\,(V)$, $i(t) = 4\sin\left(\omega t - \dfrac{\pi}{3}\right)$
(A)일 때 유효전력(W)은?

① 100
② 200
③ 300
④ 400

해설

유효전력(P) 산출

$$P = VI\cos\theta = \frac{V_m}{\sqrt{2}} \cdot \frac{I_m}{\sqrt{2}} \cdot \cos\theta$$

$$= \frac{200}{\sqrt{2}} \times \frac{4}{\sqrt{2}} \times \cos\left(0 - \left(-\frac{\pi}{3}\right)\right) = 400\cos\frac{\pi}{3} = 200\text{W}$$

여기서, $\theta = \theta_e - \theta_i$, $2\pi = 360$, $\pi = 180$

51 공기 중 자계의 세기가 100A/m의 점에 놓아 둔 자극에 작용하는 힘은 8×10^{-3}N이다. 이 자극의 세기는 몇 Wb인가?

① 8×10
② 8×10^5
③ 8×10^{-1}
④ 8×10^{-5}

해설

자극의 세기(m) 산출

$$m = \frac{F}{H} = \frac{8\times10^{-3}}{100} = 8\times10^{-5}\text{Wb}$$

여기서, F : 자력, H : 자계의 세기

52 여러 가지 전해액을 이용한 전기분해에서 동일량의 전기로 석출되는 물질의 양은 각각의 화학당량에 비례한다는 법칙은?

① 줄의 법칙
② 렌츠의 법칙
③ 쿨롱의 법칙
④ 패러데이의 법칙

해설

패러데이의 법칙(Faraday's Law)

- 전기량이 일정할 때 석출되는 물질의 양은 화학당량에 비례한다.
- 전기분해에 의해서 석출되는 물질의 양은 전해액 속을 통과한 전기량에 비례한다.

53 $v = 141\sin\{377t - (\pi/6)\}$인 파형의 주파수(Hz)는 약 얼마인가?

① 50
② 60
③ 100
④ 377

해설

주파수(f) 산출

정현파 교류전압 $v = V_m \sin(\omega t + \theta)$에서

- 각속도 : $\omega = 2\pi f$
- 주파수 : $f = \dfrac{\omega}{2\pi} = \dfrac{377}{2\pi} = 60\text{Hz}$

---

54 전동기의 회전방향을 알기 위한 법칙은?

① 렌츠의 법칙

② 암페어의 법칙

③ 플레밍의 왼손 법칙

④ 플레밍의 오른손 법칙

해설

플레밍의 왼손 법칙(Fleming's Left-hand Rule)

왼손의 세 손가락(엄지손가락, 집게손가락, 가운뎃손가락)을 서로 직각으로 펼치고, 가운뎃손가락을 전류, 집게손가락을 자장의 방향으로 하면 엄지손가락의 방향이 힘의 방향이다. 이것을 플레밍의 왼손 법칙이라 한다.(이 법칙은 전동기에 적용된다.)

---

55 그림과 같은 유접점 논리회로를 간단히 하면?

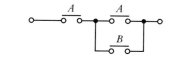

해설

$Y = A(A+B) = AA + AB = A + AB = A(1+B) = A$

---

56 100V용 전구 30W와 60W 두 개를 직렬로 연결하고 직류 100V 전원에 접속하였을 때 두 전구의 상태로 옳은 것은?

① 30W 전구가 더 밝다.

② 60W 전구가 더 밝다.

③ 두 전구의 밝기가 모두 같다.

④ 두 전구가 모두 켜지지 않는다.

해설

30W, 60W 각 전구의 저항을 구하면

$P = \dfrac{V^2}{R}$ 에서, $R_1 = \dfrac{100^2}{30} ≒ 333\Omega$, $R_2 = \dfrac{100^2}{60} ≒ 166\Omega$

직렬이므로 전류는 일정하고, $P = I^2 R$에 의해 저항과 전력은 비례하므로 저항이 더 큰 전구(30W)가 더 밝다.

---

57 3상 유도전동기의 주파수가 60Hz, 극수가 6극, 전부하 시 회전수가 1,160rpm이라면 슬립은 약 얼마인가?

① 0.03

② 0.24

③ 0.45

④ 0.57

해설

슬립(s) 산출

$N = \dfrac{120f}{P}(1-s)$

$1,160 = \dfrac{120 \times 60}{6}(1-s)$

$\therefore s = 0.03$

여기서, N : 회전수(rpm)

$\quad\quad\quad f$: 주파수

$\quad\quad\quad P$: 극수

$\quad\quad\quad s$: 슬립

---

58 $R_1 = 100\Omega$, $R_2 = 1,000\Omega$, $R_3 = 800\Omega$일 때 전류계의 지시가 0이 되었다. 이때 저항 R_4는 몇 Ω인가?

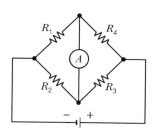

① 80

② 160

③ 240

④ 320

> **해설**

휘트스톤 브리지 회로의 저항 산출

$$R_2\,R_4 = R_1\,R_3$$

$$R_4 = \frac{R_1\,R_3}{R_2} = \frac{100 \times 800}{1000} = 80\Omega$$

59 열전대에 대한 설명이 아닌 것은?

① 열전대를 구성하는 소선은 열기전력이 커야 한다.

② 철, 콘스탄탄 등의 금속을 이용한다.

③ 제벡효과를 이용한다.

④ 열팽창계수에 따른 변형 또는 내부응력을 이용한다.

> **해설**

열팽창계수에 따른 변형 또는 내부응력을 이용하는 것은 바이메탈 온도계에 대한 사항이다.

60 시퀀스 제어에 관한 설명으로 틀린 것은?

① 조합논리회로가 사용된다.

② 시간지연요소가 사용된다.

③ 제어용 계전기가 사용된다.

④ 폐회로 제어계로 사용된다.

> **해설**

시퀀스 제어는 개회로 제어계이다.

> Section
> **04 유지보수공사관리**

61 5세주형 700mm의 주철제 방열기를 설치하여 증기온도가 110℃, 실내 공기온도가 20℃이며 난방부하가 29kW일 때 방열기의 소요쪽수는?(단, 방열계수는 8W/m²℃, 1쪽당 방열면적은 0.28m²이다.)

① 144쪽   ② 154쪽

③ 164쪽   ④ 174쪽

> **해설**

방열기의 쪽수(n, 절수) 산정

$$n = \frac{\text{총 손실열량(난방부하, kW)}}{\text{방열량}(kW/m^2) \times \text{방열기 1쪽당 면적}(m^2)}$$

$$= \frac{\text{총 손실열량(난방부하, kW)}}{\begin{array}{c}\text{방열계수}(kW/m^2℃) \times \text{온도차}\\ \times \text{방열기 1쪽당 면적}(m^2)\end{array}}$$

$$= \frac{29kW \times 10^3\,(W)}{8W/m^2℃ \times (110-20)℃ \times 0.28m^2}$$

$$= 143.85 = 144쪽$$

62 증기난방 배관시공에서 환수관에 수직 상향부가 필요할 때 리프트 피팅(Lift Fitting)을 써서 응축수가 위쪽으로 배출되게 하는 방식은?

① 단관 중력환수식   ② 복관 중력환수식

③ 진공환수식   ④ 압력환수식

> **해설**

리프트 이음(Lift Fitting)
- 진공환수식 난방장치에 사용한다.
- 환수주관보다 높은 위치로 응축수를 끌어올릴 때 사용하는 배관법이다.

63 도시가스배관 설비기준에서 배관을 시가지의 도로 노면 밑에 매설하는 경우에는 노면으로부터 배관의 외면까지 얼마 이상을 유지해야 하는가?(단, 방호구조물 안에 설치하는 경우는 제외한다.)

① 0.8m   ② 1m

③ 1.5m   ④ 2m

> **해설**

배관을 시가지의 도로 노면 밑에 매설하는 경우에는 노면으로부터 배관의 외면까지 1.5m 이상을 유지하여야 한다.

64 다음 중 암모니아 냉동장치에 사용되는 배관재료로 가장 적합하지 않은 것은?

① 이음매 없는 동관
② 배관용 탄소강관
③ 저온배관용 강관
④ 배관용 스테인리스강관

> 해설

암모니아는 동, 동합금을 부식시키므로 배관재료로 주로 강관계열을 사용한다.

65 패킹재의 선정 시 고려사항으로 관 내 유체의 화학적 성질이 아닌 것은?

① 점도
② 부식성
③ 휘발성
④ 용해능력

> 해설

점도는 관 내 유체의 성질 중 물리적 성질에 해당한다.

패킹재의 선정 시 고려되는 관 내 유체의 성질

구분	성질
물리적 성질	온도, 압력, 가스체와 액체의 구분, 밀도, 점도 등
화학적 성질	화학 성분과 안정도, 부식성, 용해능력, 휘발성, 인화성과 폭발성 등
기계적 성질	교환의 난이, 진동의 유무, 내압과 외압의 정도 등

66 가스 배관재료 중 내약품성 및 전기 절연성이 우수하며 사용온도가 80℃ 이하인 관은?

① 주철관
② 강관
③ 동관
④ 폴리에틸렌관

> 해설

폴리에틸렌관은 지하매설용 가스관 등에 이용하는 비금속관의 일종이다.

67 가스미터는 구조상 직접식(실측식)과 간접식(추정식)으로 분류된다. 다음 중 직접식 가스미터는?

① 습식
② 터빈식
③ 벤투리식
④ 오리피스식

> 해설

가스미터의 구조상 분류

구분	종류
직접식(실측식)	건식(막식, 회전식), 습식(루츠미터) 등
간접식(추정식)	터빈, 임펠러식, 오리피스식, 벤투리식, 와류식 등

68 길이 30m의 강관의 온도 변화가 120℃일 때 강관에 대한 열팽창량은?(단, 강관의 열팽창계수는 11.9×10^{-6}mm/mm℃이다.)

① 42.8mm
② 42.8cm
③ 42.8m
④ 4.28mm

> 해설

관의 열팽창량(ΔL) 산출

$\Delta L = L \cdot \alpha \cdot \Delta t$
$= 30m \times 10^3 (mm) \times 11.9 \times 10^{-6} mm/mm℃ \times 120℃$
$= 42.84 = 42.8mm$

69 공기조화설비에서 에어워셔의 플러딩 노즐이 하는 역할은?

① 공기 중에 포함된 수분을 제거한다.
② 입구공기의 난류를 정류로 만든다.
③ 엘리미네이터에 부착된 먼지를 제거한다.
④ 출구에 섞여 나가는 비산수를 제거한다.

> 해설

• 입구루버 : 입구공기의 난류를 정류로 만든다.
• 엘리미네이터 : 출구에 섞여 나가는 비산수를 제거한다.
• 플러딩 노즐 : 엘리미네이터에 부착된 먼지를 제거한다.

70 동관작업용 사이징 툴(Sizing Tool) 공구에 관한 설명으로 옳은 것은?

① 동관의 확관용 공구
② 동관의 끝부분을 원형으로 정형하는 공구
③ 동관의 끝을 나팔형으로 만드는 공구
④ 동관 절단 후 생긴 거스러미를 제거하는 공구

[해설]

① 동관의 확관용 공구 : 익스펜더(확관기)
③ 동관의 끝을 나팔형으로 만드는 공구 : 플레어링 툴
④ 동관 절단 후 생긴 거스러미를 제거하는 공구 : 리머

71 급탕배관에 관한 설명으로 틀린 것은?

① 단관식의 경우 급수관경보다 큰 관을 사용해야 한다.
② 하향식 공급 방식에서는 급탕관 및 복귀관은 모두 선하향 구배로 한다.
③ 보통 급탕관은 수명이 짧으므로 장래에 수리, 교체가 용이하도록 노출 배관하는 것이 좋다.
④ 연관은 열에 강하고 부식도 잘되지 않으므로 급탕배관에 적합하다.

[해설]

연관은 내산성이 우수하나 알칼리에는 약한 특성을 가지고 있으며, 급탕배관이 아닌 주로 급수용 수도관에 사용한다.

72 다음 보온재 중 안전사용(최고)온도가 가장 높은 것은?(단, 동일 조건 기준으로 한다.)

① 글라스울 보온판
② 우모 펠트
③ 규산칼슘 보온판
④ 석면 보온판

[해설]

안전사용(최고)온도
① 글라스울 보온판 : 300℃
② 우모 펠트 : 100℃
③ 규산칼슘 보온판 : 650℃
④ 석면 보온판 : 550℃

73 강관에서 호칭관경의 연결로 틀린 것은?

① 25A : $1\frac{1}{2}$B
② 20A : $\frac{3}{4}$B
③ 32A : $1\frac{1}{4}$B
④ 50A : 2B

[해설]

25A → 1B(1 inch)

74 수도 직결식 급수 방식에서 건물 내에 급수를 할 경우 수도 본관에서의 최저 필요압력을 구하기 위한 필요 요소가 아닌 것은?

① 수도 본관에서 최고 높이에 해당하는 수전까지의 관 재질에 따른 저항
② 수도 본관에서 최고 높이에 해당하는 수전이나 기구별 소요압력
③ 수도 본관에서 최고 높이에 해당하는 수전까지의 관 내 마찰손실수두
④ 수도 본관에서 최고 높이에 해당하는 수전까지의 상당압력

[해설]

수도 본관의 필요수압 P_o(kPa) $\geq P_1 + P_2 + 10h$
여기서, P_1 : 기구별 최저소요압력(kPa)
　　　　P_2 : 관 내 마찰손실수두(kPa)
　　　　h : 수전고(수도 본관과 최고층 수전까지의 높이)(m)

75 배수 및 통기배관에 대한 설명으로 틀린 것은?

① 루프통기식은 여러 개의 기구군에 1개의 통기지관을 빼내어 통기주관에 연결하는 방식이다.
② 도피통기관의 관경은 배수관의 1/4 이상이 되어야 하며 최소 40mm 이하가 되어서는 안 된다.
③ 루프통기식 배관에 의해 통기할 수 있는 기구의 수는 8개 이내이다.
④ 한랭지의 배수관은 동결되지 않도록 피복을 한다.

정답　　70 ② 　71 ④ 　72 ③ 　73 ① 　74 ① 　75 ②

도피통기관의 관경은 배수관의 1/2 이상이 되어야 하며 최소 32mm 이하가 되어서는 안 된다.

76 동관 이음 중 경납땜 이음에 사용되는 것으로 가장 거리가 먼 것은?

① 황동납 ② 은납
③ 양은납 ④ 규소납

융점이 450℃ 이상의 납땜재인 경납(Hard Solder)의 종류로는 황동납, 은납, 양은납, 알루미늄납, 니켈납 등이 있다.

77 지역난방의 특징에 관한 설명으로 틀린 것은?

① 대기오염물질이 증가한다.
② 도시의 방재수준 향상이 가능하다.
③ 사용자에게는 화재에 대한 우려가 적다.
④ 대규모 열원기기를 이용한 에너지의 효율적 이용이 가능하다.

지역난방은 발전과정에서 나오는 여열(폐열)을 이용하는 것이 일반적이다. 여열(폐열)을 이용하므로 대기오염물질의 증가와는 거리가 멀다.

78 동력 나사 절삭기의 종류 중 관의 절단, 나사절삭, 거스러미 제거 등의 작업을 연속적으로 할 수 있는 유형은?

① 리드형 ② 호브형
③ 오스터형 ④ 다이헤드형

다이헤드형 동력 나사 절삭기는 관의 절삭, 절단, 리밍, 거스러미 제거 등을 연속으로 진행할 수 있는 기기이다.

79 염화비닐관의 설명으로 틀린 것은?

① 열팽창률이 크다.
② 관 내 마찰손실이 적다.
③ 산, 알칼리 등에 대해 내식성이 적다.
④ 고온 또는 저온의 장소에 부적당하다.

(경질)염화비닐관(PVC관)의 특성
• 내화학적(내산 및 내알칼리)이다.
• 내열성이 취약하다.
• 마찰손실이 적고, 전기 절연성과 열팽창률이 크다.

80 배관을 지지장치에 완전하게 구속시켜 움직이지 못하도록 한 장치는?

① 리지드 행거 ② 앵커
③ 스토퍼 ④ 브레이스

앵커(Anchor)에 대한 설명이며, 배관의 열팽창에 대응하는 리스트레인트(Restraint)의 종류는 다음과 같다.

종류	내용
앵커(Anchor)	관의 이동 및 회전을 방지하기 위하여 배관을 완전 고정한다.
스토퍼(Stopper)	일정한 방향의 이동과 관의 회전을 구속한다.
가이드(Guide)	관의 축과 직각방향의 이동을 구속한다. 배관 라인의 축방향의 이동을 허용하는 안내 역할도 담당한다.

정답 76 ④ 77 ① 78 ④ 79 ③ 80 ②

Section 01
에너지관리

01 보일러의 스케일 방지 방법으로 틀린 것은?

① 슬러지는 적절한 분출로 제거한다.
② 스케일 방지 성분인 칼슘의 생성을 돕기 위해 경도가 높은 물을 보일러수로 활용한다.
③ 경수연화장치를 이용하여 스케일 생성을 방지한다.
④ 인산염을 일정 농도가 되도록 투입한다.

> 해설
>
> 경도가 높은 물을 사용하는 것은 보일러 스케일 발생의 원인이 된다.

02 다음 중 예상평균온열감 PMV(Predicted Mean Vote) 쾌적구간은?

① $-0.5 < \text{PMV} < 0.5$
② $-1 < \text{PMV} < 1$
③ $-1.5 < \text{PMV} < 1.5$
④ $-2 < \text{PMV} < 2$

> 해설
>
> PMV는 투표에 의해 온열감을 평가하는 것으로서 다음과 같이 총 7단계의 온열단계로 나누어지며, 투표 결과 평균적으로 $-0.5 < \text{PMV} < 0.5$이면 해당 공간이 쾌적구간에 속한다고 판단한다.
>
>
>
> | -3 | -2 | -1 | 0 | $+1$ | $+2$ | $+3$ |
> |---|---|---|---|---|---|---|
> | Cold | Cool | Slightly Cool | Neutral | Slightly Warm | Warm | Hot |
> | 춥다 | 시원하다 | 약간 시원 | 쾌적 | 약간 따뜻 | 따뜻하다 | 덥다 |

03 보일러의 출력표시 중 난방부하와 급탕부하를 합한 용량으로 표시되는 것은?

① 정미출력
② 상용출력
③ 정격출력
④ 과부하출력

> 해설
>
> **보일러의 출력표시방법**
> - 정미출력 : 난방부하 + 급탕부하
> - 상용출력 : 난방부하 + 급탕부하 + 배관부하
> - 정격출력 : 난방부하 + 급탕부하 + 배관부하 + 예열부하
> - 과부하출력 : 운전 초기 혹은 과부하가 발생하여 정격출력의 10~20% 정도 증가하여 운전할 때의 출력을 과부하출력이라 한다.

04 습공기의 상대습도(ϕ)와 절대습도(w)와의 관계에 대한 계산식으로 옳은 것은?(단, P_a는 건공기 분압, P_s는 습공기와 같은 온도의 포화수증기 압력이다.)

① $\phi = \dfrac{w}{0.622} \dfrac{P_a}{P_s}$
② $\phi = \dfrac{w}{0.622} \dfrac{P_s}{P_a}$
③ $\phi = \dfrac{0.622}{w} \dfrac{P_s}{P_a}$
④ $\phi = \dfrac{0.622}{w} \dfrac{P_a}{P_s}$

> 해설
>
> **절대습도(w)와 상대습도(ϕ)의 관계성**
>
> $$\phi = \frac{w}{0.622} \frac{P_a}{P_s}$$
>
> $$w = 0.622 \frac{\phi P_s}{P - \phi P_s}$$
>
> 여기서, P : 습공기 분압
> ($=$ 수증기 분압(P_w) + 건공기 분압(P_a))

정답   01 ②   02 ①   03 ①   04 ①

05 송풍량 2,000m³/min을 송풍기 전후의 전압차 20Pa로 송풍하기 위한 필요 전동기 출력(kW)은?(단, 송풍기의 전압효율은 80%, 전동효율은 V벨트로 0.95이며, 여유율은 0.2이다.)

① 1.05
② 10.35
③ 14.04
④ 25.32

┌ 해설

$$전동기\ 출력(\mathrm{kW}) = \frac{QH}{E_T \times E_A} \times \alpha$$

$$= \frac{2,000\mathrm{m^3/min} \times 20\mathrm{Pa}}{60 \times 0.8 \times 0.95} \times 1.2$$

$$= 1,052.63\mathrm{W} = 1.05\mathrm{kW}$$

06 다음 중 일반 공기 냉각용 냉수코일에서 가장 많이 사용되는 코일의 열수로 가장 적절한 것은?

① 0.5~1
② 1.5~2
③ 4~8
④ 10~14

┌ 해설

일반 공조용 냉수코일의 열수는 공기의 풍속 및 공기와 코일이 부딪치는 정면 면적 등을 고려할 때 4~8열로 구성하는 것이 가장 적절하다.

07 다음 중 축류 취출구의 종류가 아닌 것은?

① 펑커루버형 취출구
② 그릴형 취출구
③ 라인형 취출구
④ 팬형 취출구

┌ 해설

팬형 취출구(Pan Type)는 여러 방향으로 취출되는 방식인 복류 취출구(Double Flow Diffuser)이다.

08 유효온도(Effective Temperature)의 3요소는?

① 밀도, 온도, 비열
② 온도, 기류, 밀도
③ 온도, 습도, 비열
④ 온도, 습도, 기류

┌ 해설

유효온도(실감온도, 감각온도, ET : Effective Temperature)
• 공기조화의 실내조건 표준이다.
• 기온(온도), 습도, 기류의 3요소로 공기의 쾌적조건을 표시한 것이다.
• 실내의 쾌적대는 겨울철과 여름철이 다르다.
• 일반적인 실내의 쾌적한 상대습도는 40~60%이다.

09 송풍덕트 내의 정압제어가 필요 없고, 발생소음이 적은 변풍량 유닛은?

① 유인형
② 슬롯형
③ 바이패스형
④ 노즐형

┌ 해설

바이패스형은 개구면적을 줄여 필요한 공기량을 실내에 공급하고 여분은 환기덕트로 바이패스하는 VAV Unit 방식으로, 구조가 간단하고 저소음이며, 정압(송풍기)제어가 필요 없다.

10 6인용 입원실이 100실인 병원의 입원실 전체 환기를 위한 최소 신선공기량(m³/h)은?(단, 외기 중 CO_2 함유량은 0.0003m³/m³이고 실내 CO_2의 허용농도는 0.1%, 재실자의 CO_2 발생량은 개인당 0.015m³/h이다.)

① 6,857
② 8,857
③ 10,857
④ 12,857

┌ 해설

$$Q(\mathrm{m^3/h}) = \frac{M(\mathrm{m^3/h})}{C_i + C_o}$$

$$= \frac{6 \times 100 \times 0.015\mathrm{m^3/h}}{0.001 - 0.0003}$$

$$= 12,857\mathrm{m^3/h}$$

11 건구온도 22℃, 절대습도 0.0135kg/kg′인 공기의 엔탈피(kJ/kg)는 얼마인가?(단, 공기밀도 1.2kg/m³, 건공기 정압비열 1.01kJ/kg · K, 수증기 정압비열 1.85kJ/kg · K, 0℃ 포화수의 증발잠열 2,501kJ/kg이다.)

① 58.4   ② 61.2
③ 56.5   ④ 52.4

> **해설**
> 엔탈피 = 건공기 정압비열×건구온도 + 절대습도
> ×(증발잠열 + 수증기 정압비열×건구온도)
> = 1.01kJ/kg×22 + 0.0135×(2,501 + 1.85×22)
> = 56.53kJ/kg

12 건구온도 30℃, 절대습도 0.01kg/kg′인 외부공기 30%와 건구온도 20℃, 절대습도 0.02kg/kg′인 실내공기 70%를 혼합하였을 때 최종 건구온도(T)와 절대습도(x)는 얼마인가?

① $T = 23℃$, $x = 0.017$kg/kg′
② $T = 27℃$, $x = 0.017$kg/kg′
③ $T = 23℃$, $x = 0.013$kg/kg′
④ $T = 27℃$, $x = 0.013$kg/kg′

> **해설**
> $$T_{mix} = \frac{30℃ \times 0.3 + 20℃ \times 0.7}{1} = 23℃$$
> $$x_{mix} = \frac{0.01 \times 0.3 + 0.02 \times 0.7}{1} = 0.017\text{kg/kg}′$$

13 원심식 펌프의 TAB에서 검토하지 않는 사항은?

① 펌프의 회전방향
② 펌프의 회전수
③ 펌프의 토출 및 흡입압력
④ 펌프에 적용되는 물의 pH

> **해설**
> 펌프에 적용되는 물의 pH(산성도)는 TAB의 검토대상이 아니다.

14 다음 보기를 TAB의 수행순서로 올바르게 나열한 것은?

> 가. 물 분배 계통의 시험조정
> 나. 전원점검
> 다. 현장점검
> 라. 예비보고서의 작성

① 가 → 나 → 다 → 라   ② 나 → 다 → 라 → 가
③ 다 → 나 → 라 → 가   ④ 라 → 다 → 나 → 가

> **해설**
> **TAB 수행순서**
> 계통검토 → 예비보고서 작성 → 현장점검 → 전원점검 → 물, 공기 분배계통 및 자동제어 계통의 시험조정과 각종 측정(온 · 습도, 소음 등) → 종합보고서 작성

15 보일러의 시운전 보고서에 관한 내용으로 가장 관련이 없는 것은?

① 제어기 세팅 값과 입/출수 조건 기록
② 입/출구 공기의 습구온도
③ 연도 가스의 분석
④ 성능과 효율 측정값을 기록, 설계값과 비교

> **해설**
> 보일러의 시운전 보고서에는 입/출구 공기의 건구온도와 습도가 기재된다.

16 전열교환기에 관한 설명으로 틀린 것은?

① 공기조화기기의 용량설계에 영향을 주지 않음
② 열교환기 설치로 설비비와 요구 공간이 증가
③ 회전식과 고정식이 있음
④ 배기와 환기의 열교환으로 현열과 잠열을 교환

> **해설**
> 전열교환기를 적용할 경우 도입되는 외기의 엔탈피를 설정된 실내외 온도와 가깝게 할 수 있으므로, 전열교환기를 적용하지 않는 경우에 비하여 공기조화기기의 용량을 적게 설계할 수 있는 장점이 있다.

17 슈테판－볼츠만(Stefan－Boltzmann)의 법칙과 관계있는 열 이동 현상은?

① 열전도   ② 열대류
③ 열복사   ④ 열통과

해설

슈테판－볼츠만(Stefan－Boltzmann)의 법칙은 각 면 간의 온도차, 면의 형태, 방사율 등과 복사량 간의 관계를 정리한 법칙으로서 열 이동 현상 중 열복사와 관계있는 법칙이다.

18 공기세정기에서 순환수 분무에 대한 설명으로 틀린 것은?(단, 출구 수온은 입구 공기의 습구 온도와 같다.)

① 단열변화   ② 증발냉각
③ 습구온도 일정   ④ 상대습도 일정

해설

순환수 분무는 분무 시 단열변화를 일으키게 된다. 단열 변화 시 습구온도는 일정하다. 또한 건구온도는 낮아지고 절대습도는 높아지는 증발냉각의 형태를 띠므로 상대습도는 상승하게 된다.

19 달시－바이스바하(Darcy－Weisbach)의 식에 의해 마찰에 의한 손실을 산출하게 된다. 다음 중 마찰 손실 산출 시 적용되는 마찰계수 산정과 연관되는 무차원수는?

① Reynolds Number
② Nusselt Number
③ Grashof Number
④ Biot Number

해설

층류의 마찰계수 f 의 경우 Reynolds Number(Re)를 이용하여 다음과 같이 산정한다.

$$f = \frac{64}{Re}$$

20 다음 그림에서 상태 1인 공기를 2로 변화시켰을 때의 현열비를 바르게 나타낸 것은?

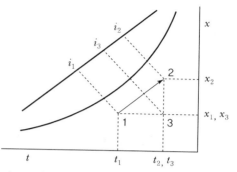

① $\dfrac{(i_3 - i_1)}{(i_2 - i_1)}$ ② $\dfrac{(i_2 - i_3)}{(i_2 - i_1)}$

③ $\dfrac{(x_2 - x_1)}{(t_1 - t_2)}$ ④ $\dfrac{(t_1 - t_2)}{(i_3 - i_1)}$

해설

현열비는 전체 엔탈피의 변화량($i_2 - i_1$)에서 온도에 따른 엔탈피의 변화량($i_3 - i_1$)의 비율을 나타내는 것이다.

Section
02 공조냉동설계

21 전열면적이 20m²인 수랭식 응축기의 용량이 200kW이다. 냉각수의 유량은 5kg/s이고, 응축기 입구에서 냉각수 온도는 20℃이다. 열관류율이 800W/m²K일 때, 응축기 내부 냉매의 온도(℃)는 얼마인가?(단, 온도차는 산술평균온도차를 이용하고, 물의 비열은 4.18kJ/kg · K이며, 응축기 내부 냉매의 온도는 일정하다고 가정한다.)

① 36.5   ② 37.3
③ 38.1   ④ 38.9

해설

응축기 내부 냉매 온도(t_c) 산출
• 냉각수 출구온도(t_{w2}) 산출

$$q_s = m_c C \Delta t = m_c C(t_{w2} - t_{w1})$$

$$200\text{kW} = 5\text{kg/s} \times 4.18\text{kJ/kg} \cdot \text{K}(t_{w2} - 20)$$

$$\therefore \ t_{w2} = 29.57\text{℃}$$

- 응축기 내부 냉매 온도(t_c) 산출

$$q_s = KA\Delta t = KA\left(t_c - \frac{t_{w2} - t_{w1}}{2}\right)$$

$$200\text{kW} = 800\text{W/m}^2\text{K} \times 10^{-3} \times 20\text{m}^2\left(t_c - \frac{29.57 + 20}{2}\right)$$

$$\therefore \ t_{w2} = 37.29 = 37.3\text{℃}$$

22 온도식 자동팽창밸브에 대한 설명으로 틀린 것은?

① 형식에는 일반적으로 벨로스식과 다이어프램식이 있다.

② 구조는 크게 감온부와 작동부로 구성된다.

③ 만액식 증발기나 건식 증발기에 모두 사용이 가능하다.

④ 증발기 내 압력을 일정하게 유지하도록 냉매 유량을 조절한다.

해설

온도식(감온 · 조온) 팽창밸브(Temperature Expansion Valve)는 증발기 출구 냉매의 과열도를 일정하게 유지할 수 있도록 냉매 유량을 조절하는 밸브이다.

23 다음 중 열통과율이 가장 작은 응축기 형식은?(단, 동일 조건 기준으로 한다.)

① 7통로식 응축기

② 입형 셸 앤드 튜브식 응축기

③ 공랭식 응축기

④ 2중관식 응축기

해설

응축기의 열통과율 순서
7통로식 > 횡형 셸 앤드 튜브식, 2중관식 > 입형 셸 앤드 튜브식 > 증발식 > 공랭식

24 흡수식 냉동기에서 냉동시스템을 구성하는 기기들 중 냉각수가 필요한 기기의 구성으로 옳은 것은?

① 재생기와 증발기

② 흡수기와 응축기

③ 재생기와 응축기

④ 증발기와 흡수기

해설

- 흡수기 : 리튬브로마이드의 농용액이 증발기에서 들어온 냉매증기(수증기)를 연속적으로 흡수하고, 농용액은 물로써 희석되고 동시에 흡수열이 발생하며, 흡수열은 냉각수에 의하여 냉각된다.
- 응축기 : 재생기에서 응축기로 넘어온 수증기는 냉각수에 의해 냉각되어 물로 응축된 후 다시 증발기로 넘어간다.

25 냉동능력이 5kW인 제빙장치에서 0℃의 물 20kg을 모두 0℃ 얼음으로 만드는 데 걸리는 시간(min)은 얼마인가?(단, 0℃ 얼음의 융해열은 334 kJ/kg이다.)

① 22.3

② 18.7

③ 13.4

④ 11.2

해설

제빙에 소요되는 시간(T) 산출

$$T(\text{min}) = \frac{G\gamma}{Q_e} = \frac{20\text{kg} \times 334\text{kJ/kg}}{5\text{kW}(\text{kJ/s}) \times 60\text{s}} = 22.27 = 22.3\text{min}$$

26 축동력 10kW, 냉매순환량 33kg/min인 냉동기에서 증발기 입구 엔탈피가 406kJ/kg, 증발기 출구 엔탈피 615kJ/kg, 응축기 입구 엔탈피가 632kJ/kg이다. ㉠ 실제 성능계수와 ㉡ 이론 성능계수는 각각 얼마인가?

① ㉠ 8.5, ㉡ 12.3

② ㉠ 8.5, ㉡ 9.5

③ ㉠ 11.5, ㉡ 9.5

④ ㉠ 11.5, ㉡ 12.3

- 실제 성능계수 산출

$$COP = \frac{G(냉매순환량) \times q_e}{AW(축동력)}$$

$$= \frac{33\text{kg/min}(615-406) \div 60}{10} = 11.495 = 11.5$$

- 이론 성능계수 산출

$$COP = \frac{q_e}{AW} = \frac{h_1 - h_4}{h_2 - h_1}$$

$$= \frac{615 - 406}{632 - 615} = 12.294 = 12.3$$

27 다음 중 냉매를 사용하지 않는 냉동장치는?

① 열전냉동장치
② 흡수식 냉동장치
③ 교축팽창식 냉동장치
④ 증기압축식 냉동장치

열전냉동장치(열전냉동, Thermoelectric Refrigeration)는 종류가 다른 두 금속도체를 접합하여 전류를 통하면, 전류의 방향에 따라 한쪽 접합점에서는 열을 방출하고, 다른 쪽 접합점에서는 열을 흡수하게 되는 펠티에 효과(Peltier's Effect)를 이용한 냉동법이다.

28 냉동기 팽창밸브 장치에서 교축과정을 일반적으로 어떤 과정이라고 하는가?

① 정압과정
② 등엔탈피 과정
③ 등엔트로피 과정
④ 등온과정

교축과정은 압력이 강하되는 단열과정으로서 등엔탈피 과정이다.

29 냉매의 구비조건으로 옳은 것은?

① 표면장력이 작을 것
② 임계온도가 낮을 것
③ 증발잠열이 작을 것
④ 비체적이 클 것

② 임계온도가 높고 상온에서 반드시 액화할 것
③ 증발잠열이 클 것
④ 비체적이 작을 것

30 다음 조건을 이용하여 응축기 설계 시 1RT (3.86kW)당 응축면적을 구하면?(단, 온도차는 산술평균온도차를 적용한다.)

- 방열계수 : 1.3
- 응축온도 : 35℃
- 냉각수 입구온도 : 28℃
- 냉각수 출구온도 : 32℃
- 열통과율 : 1.05 kW/m²K

① 1.25m²
② 0.96m²
③ 0.62m²
④ 0.45m²

응축면적(A) 산출

$q_c = KA\Delta T = q_e \times C$

여기서, K : 열통과율(kW/m²K), A : 응축면적(m²)

ΔT : 응축온도 − 냉각수 평균온도

q_e : 냉동능력, C : 방열계수

$KA\Delta T = q_e \times C$

$$A = \frac{q_e \times C}{K \times \Delta T} = \frac{3.86\text{kW} \times 1.3}{1.05\text{kW/m}^2\text{K} \times \left(35 - \frac{28+32}{2}\right)}$$

$$= 0.96\text{m}^2$$

31 1kg의 공기가 100℃를 유지하면서 가역 등온팽창하여 외부에 500kJ의 일을 하였다. 이때 엔트로피의 변화량은 약 몇 kJ/K인가?

① 1.895   ② 1.665
③ 1.467   ④ 1.340

> 해설

엔트로피 변화량(ΔS) 산출

$$\Delta S = \frac{\Delta Q}{T} = \frac{500\text{kJ}}{273+100} = 1.34\text{J/K}$$

32 진공압력이 60mmHg일 경우 절대압력(kPa)은?(단, 대기압은 101.3kPa이고 수은의 비중은 13.6이다.)

① 53.8   ② 93.3
③ 106.6   ④ 196.4

> 해설

절대압력 = 대기압 − 진공압

$$= 101.3\text{kPa} - \frac{60\text{mmHg}}{760\text{mmHg}} \times 101.3\text{kPa}$$

$$= 93.3\text{kPa}$$

33 비열비가 1.29, 분자량이 44인 이상기체의 정압비열은 약 몇 kJ/kg · K인가?(단, 일반기체상수는 8.314kJ/kmol · K이다.)

① 0.51   ② 0.69
③ 0.84   ④ 0.91

> 해설

기체상수를 활용한 정압비열(C_p)의 산출

$$C_p = \frac{k}{k-1}R = \frac{k}{k-1} \times \frac{R_u}{m}$$

$$= \frac{1.29}{1.29-1} \times \frac{8.314\text{kJ/kmol} \cdot \text{K}}{44}$$

$$= 0.84\text{kJ/kg} \cdot \text{K}$$

여기서, 수소기체의 기체상수 $R = \dfrac{\text{일반기체상수}(R_u)}{\text{분자량}(m)}$

분자량 $m = 44$

34 두께 30cm의 벽돌로 된 벽이 있다. 내면온도 21℃, 외면온도가 35℃일 때 이 벽을 통해 흐르는 열량(W/m²)은?(단, 벽돌의 열전도율은 0.793W/m · K이다.)

① 32   ② 37
③ 40   ④ 43

> 해설

통과열량(q) 산출

$$q = KA\Delta t = \frac{\lambda}{d}A\Delta t$$

$$= \frac{0.793\text{W/m}^2\text{K}}{0.3\text{m}} \times 1\text{m}^2 \times (35-21)$$

$$= 37\text{W/m}^2$$

35 랭킨 사이클에서 보일러 입구 엔탈피 192.5 kJ/kg, 터빈 입구 엔탈피 3,002.5kJ/kg, 응축기 입구 엔탈피 2,361.8kJ/kg일 때 열효율(%)은? (단, 펌프의 동력은 무시한다.)

① 20.3   ② 22.8
③ 25.7   ④ 29.5

> 해설

펌프동력을 무시하므로, 다음과 같이 효율을 산출한다.

$$\eta = \frac{h_3 - h_4}{h_3 - h_2} \times 100(\%)$$

$$= \frac{3,002.5 - 2,361.8}{3,002.5 - 192.5} \times 100(\%) = 22.8\%$$

여기서, h_2 : 보일러 입구 엔탈피(kJ/kg)

$\quad\quad\quad h_3$: 보일러 출구(터빈 입구) 엔탈피(kJ/kg)

$\quad\quad\quad h_4$: 응축기 입구 엔탈피(kJ/kg)

36 카르노 사이클로 작동되는 열기관이 200kJ의 열을 200℃에서 공급받아 20℃에서 방출한다면 이 기관의 일은 약 얼마인가?

① 38kJ   ② 54kJ
③ 63kJ   ④ 76kJ

카르노 사이클의 열효율 산출공식을 이용하여 산출한다.

카르노 사이클의 열효율$(\eta_c) = \dfrac{\text{생산일}(W)}{\text{공급열량}(Q)}$

$$= \dfrac{T_H - T_L}{T_H} = 1 - \dfrac{T_L}{T_H}$$

생산일$(W) = $공급열량$(Q) \times \left(1 - \dfrac{T_L}{T_H}\right)$

$$= 200\text{kJ} \times \left(1 - \dfrac{273 + 20}{273 + 200}\right) = 76\text{kJ}$$

37 그림과 같이 A, B 두 종류의 기체가 한 용기 안에서 박막으로 분리되어 있다. A의 체적은 0.1m^3, 질량은 2kg이고, B의 체적은 0.4m^3, 밀도는 1kg/m^3이다. 박막이 파열되고 난 후에 평형에 도달하였을 때 기체 혼합물의 밀도(kg/m^3)는 얼마인가?

① 4.8
② 6.0
③ 7.2
④ 8.4

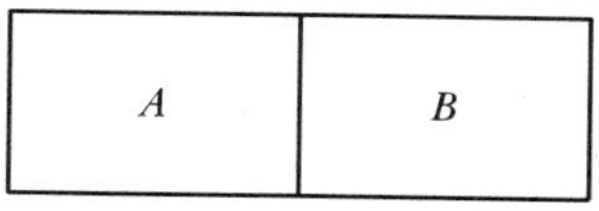

A	B

혼합물의 밀도(ρ_m) 산출

A, B 기체의 체적에 따른 가중평균으로 구한다.

$$\rho_m = \dfrac{V_A \cdot \rho_A + V_B \cdot \rho_B}{V_A + V_B} = \dfrac{0.1\text{m}^3 \times 20\text{kg/m}^3 + 0.4 \times 1}{0.1 + 0.4}$$

$$= 4.8\text{kg/m}^3$$

여기서, $\rho_A = \dfrac{2\text{kg}}{0.1\text{m}^3} = 20\text{kg/m}^3$

38 열역학적 상태량은 일반적으로 강도성 상태량과 용량성 상태량으로 분류할 수 있다. 강도성 상태량에 속하지 않는 것은?

① 압력
② 온도
③ 밀도
④ 체적

열역학적 상태량(Property)의 구분

구분	개념	종류
강도성 상태량 (Intensive Property)	물질이 가지는 질량의 크기에 관계없는 상태량	온도, 압력, 밀도, 비체적 등
종량성 상태량 (Extensive Property)	물질의 질량에 따라서 값이 변하는 상태량	무게, 질량, 엔탈피, 내부에너지, 엔트로피, 체적 등

39 클라우지우스(Clausius) 부등식을 옳게 표현한 것은?(단, T는 절대온도, Q는 시스템으로 공급된 전체 열량을 표시한다.)

① $\oint \dfrac{\delta Q}{T} \geq 0$
② $\oint \dfrac{\delta Q}{T} \leq 0$
③ $\oint T\delta Q \geq 0$
④ $\oint T\delta Q \leq 0$

클라우지우스(Clausius)의 적분 : $\oint \dfrac{\delta Q}{T} \leq 0$

• 가역 과정 : $\oint \dfrac{\delta Q}{T} = 0$

• 비가역 과정 : $\oint \dfrac{\delta Q}{T} < 0$

40 다음 중 이상기체의 조건 성립이 용이한 기체의 상태는?

① 높은 압력과 높은 온도
② 높은 압력과 낮은 온도
③ 낮은 압력과 낮은 온도
④ 낮은 압력과 높은 온도

기체의 밀도와 압력이 낮을수록, 온도가 높을수록 이상기체의 조건 성립이 용이하다.

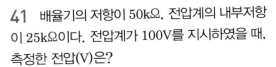

41 배율기의 저항이 50kΩ, 전압계의 내부저항이 25kΩ이다. 전압계가 100V를 지시하였을 때, 측정한 전압(V)은?

① 10　　　　　　② 50

③ 100　　　　　　④ 300

> **해설**
>
> **배율기(R_m)에서의 측정 전압(V) 산출**
>
> $$V = V_0\left(\frac{R_m}{R} + 1\right)[\mathrm{V}]$$
>
> 여기서, V : 측정 전압(V)
> 　　　　V_0 : 전압계의 눈금(V)
> 　　　　R_m : 배율기의 저항(Ω)
> 　　　　R : 전압계의 내부저항(Ω)
>
> $$V = 100\left(\frac{50}{25} + 1\right) = 300\mathrm{V}$$

42 물체의 위치, 방향 및 자세 등의 기계적 변위를 제어량으로 해석 목표값의 임의의 변화에 추종하도록 구성된 제어계는?

① 프로그램 제어

② 프로세스 제어

③ 서보기구

④ 자동조정

> **해설**
>
> **서보기구**
> • 물체의 위치, 방위, 자세, 각도 등의 기계적 변위를 제어량으로 해서 목표값이 임의의 변화에 추종하도록 구성된 제어계이다.
> • 비행기 및 선박의 방향제어계, 미사일 발사대의 자동 위치제어계, 추적용 레이더, 자동 평형 기록계 등에 적용되고 있다.

43 최대눈금 100mA, 내부저항 1.5Ω인 전류계에 0.3Ω의 분류기를 접속하여 전류를 측정할 때 전류계의 지시가 50mA라면 실제 전류는 몇 mA인가?

① 200　　　　　　② 300

③ 400　　　　　　④ 600

> **해설**
>
> **분류기 접속 시 실제 전류(I) 산출**
>
> $$I = I_a \times \left(1 + \frac{r_a}{R_s}\right) = 50\mathrm{mA} \times \left(1 + \frac{1.5\Omega}{0.3\Omega}\right) = 300\mathrm{mA}$$
>
> 여기서, I_a : 전류계에서의 측정 전류(mA)
> 　　　　r_a : 내부저항(Ω)
> 　　　　R_s : 분류기 저항(Ω)

44 피드백 제어의 장점으로 틀린 것은?

① 목표값에 정확히 도달할 수 있다.

② 제어계의 특성을 향상시킬 수 있다.

③ 외부 조건의 변화에 대한 영향을 줄일 수 있다.

④ 제어기 부품들의 성능이 나쁘면 큰 영향을 받는다.

> **해설**
>
> 제어기 부품들의 성능이 나쁘면 검출의 부정확성 등으로 인해 나쁜 영향을 줄 수 있다. 이는 피드백 제어의 단점에 해당한다.

45 일정 전압의 직류전원 V에 저항 R을 접속하니 정격전류 I가 흘렀다. 정격전류 I의 130%를 흘리기 위해 필요한 저항은 약 얼마인가?

① $0.6R$　　　　　　② $0.77R$

③ $1.3R$　　　　　　④ $3R$

> **해설**
>
> 옴의 법칙에 의해 전류와 저항은 서로 반비례한다$\left(R \propto \dfrac{1}{I}\right)$.
>
> 그러므로 정격전류를 130% 흘리려면,
>
> 저항 $R_2 = \dfrac{1}{1.3}R_1 = 0.77R_1$
>
> 여기서 R_1 : 기존 저항, R_2 : 변경(필요)저항

정답　41 ④　42 ③　43 ②　44 ④　45 ②

46 PLC(Programmable Logic Controller)에 대한 설명 중 틀린 것은?

① 시퀀스 제어 방식과는 함께 사용할 수 없다.
② 무접점 제어 방식이다.
③ 산술연산, 비교연산을 처리할 수 있다.
④ 계전기, 타이머, 카운터의 기능까지 쉽게 프로그램할 수 있다.

해설

PLC 제어기(Programmable Logic Controller)는 프로그램 제어에 적용되는 제어기로서 시퀀스 제어 방식 중 무접점 제어 방식에 속한다. 유접점 회로 방식에 비해 배선작업 등의 소요가 최소화되는 장점을 갖고 있다.

47 논리식 $L = \overline{x} \cdot \overline{y} \cdot z + \overline{x} \cdot y \cdot z + x \cdot \overline{y} \cdot z + x \cdot y \cdot z$를 간단히 하면?

① x　　　　　　　② z
③ $x \cdot \overline{y}$　　　　　④ $x \cdot \overline{z}$

해설

$L = \overline{x}\,\overline{y}z + \overline{x}yz + x\overline{y}z + xyz$
$\quad = z(\overline{x}\,\overline{y} + \overline{x}y + x\overline{y} + xy) = z(\overline{x}(\overline{y}+y) + x(\overline{y}+y))$
$\quad = z(\overline{x} \cdot 1 + x \cdot 1) = z(\overline{x}+x)$
$\quad = z \cdot 1 = z$

48 영구자석의 재료로 요구되는 사항은?

① 잔류자기 및 보자력이 큰 것
② 잔류자기가 크고 보자력이 작은 것
③ 잔류자기는 작고 보자력이 큰 것
④ 잔류자기 및 보자력이 작은 것

해설

영구자석
• 외부로부터 전기에너지를 공급받지 않고서도 안정된 자기장을 발생, 유지하는 자석을 말한다.
• 영구자석에 대해 자화상태를 유지하는 능력이 극히 작은 자석을 일시자석이라 한다.

• 영구자석의 재료로는 높은 투자율을 지닌 물질과는 반대로 잔류자기가 크면서 동시에 보자력이 큰 것이 적합하다.

49 발전기에 적용되는 법칙으로 유도 기전력의 방향을 알기 위해 사용되는 법칙은?

① 옴의 법칙
② 암페어의 주회적분 법칙
③ 플레밍의 왼손 법칙
④ 플레밍의 오른손 법칙

해설

플레밍의 오른손 법칙
유도 기전력의 방향은 자장의 방향을 집게손가락이 가리키는 방향으로 하고, 도체를 엄지손가락 방향으로 움직이면 가운뎃손가락 방향으로 전류가 흐른다. 이것을 플레밍의 오른손 법칙(Fleming's Right−hand Rule)이라 한다.(이 법칙은 발전기에 적용된다.)

50 전자석의 흡인력은 자속밀도 $B(\text{Wb/m}^2)$와 어떤 관계에 있는가?

① B에 비례　　　　② $B^{1.5}$에 비례
③ B^2에 비례　　　　④ B^3에 비례

해설

전자석의 흡인력(f)는 자속밀도(B)의 제곱에 비례한다.
전자석의 흡인력(f) 산출식
$$f = \frac{1}{2} \times \frac{B^2}{\mu_0}(\text{N/m}^2)$$
여기서, B : 자속밀도, μ_0 : 자장의 세기

51 예비 전원으로 사용되는 축전지의 내부저항을 측정할 때 가장 적합한 브리지는?

① 캠벨 브리지
② 맥스웰 브리지
③ 휘트스톤 브리지
④ 콜라우시 브리지

정답　　46 ①　47 ②　48 ①　49 ④　50 ③　51 ④

브리지의 종류별 용도

구분	용도
캠벨 브리지	상호 인덕턴스와 주파수 측정에 사용
맥스웰 브리지	상호 인덕턴스 측정용 브리지
휘트스톤 브리지	$0.5 \sim 10^5 \Omega$의 중저항 측정용 계기
콜라우시 브리지	접지저항, 전해액의 저항, 전지의 내부저항을 측정하는 계기

52 어떤 전지에 5A의 전류가 10분간 흘렀다면 이 전지에서 나온 전기량은 몇 C인가?

① 1,000　　　　② 2,000
③ 3,000　　　　④ 4,000

해설

전기량(Q, 전하량) 산출
$Q = I \times t = 5 \times (10 \times 60) = 3,000\text{C}$
여기서, Q : 전기량(C), I : 전류(A), t : 시간(sec)

53 입력 A, B, C에 따라 Y를 출력하는 다음의 회로는 무접점 논리회로 중 어떤 회로인가?

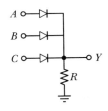

① OR 회로　　　　② NOR 회로
③ AND 회로　　　④ NAND 회로

해설

A, B, C 중 하나라도 On이 될 경우 Y가 On이 되는 형태로서 OR 회로에 속한다.

54 다음은 직류전동기의 토크 특성을 나타내는 그래프이다. (A), (B), (C), (D)에 알맞은 것은?

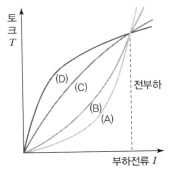

① (A) : 직권발전기, (B) : 가동복권발전기,
　　(C) : 분권발전기, (D) : 차동복권발전기
② (A) : 분권발전기, (B) : 직권발전기,
　　(C) : 가동복권발전기, (D) : 차동복권발전기
③ (A) : 직권발전기, (B) : 분권발전기,
　　(C) : 가동복권발전기, (D) : 차동복권발전기
④ (A) : 분권발전기, (B) : 가동복권발전기,
　　(C) : 직권발전기, (D) : 차동복권발전기

해설

(A) : 직권발전기, (B) : 가동복권발전기,
(C) : 분권발전기, (D) : 차동복권발전기

토크 특성 그래프

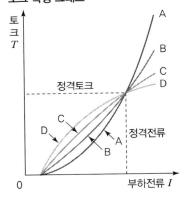

55 전류계와 전압계는 내부저항이 존재한다. 이 내부저항은 전압 또는 전류를 측정하고자 하는 부하의 저항에 비하여 어떤 특성을 가져야 하는가?

① 내부저항이 전류계는 가능한 한 커야 하며, 전압계는 가능한 한 작아야 한다.
② 내부저항이 전류계는 가능한 한 커야 하며, 전압계도 가능한 한 커야 한다.
③ 내부저항이 전류계는 가능한 한 작아야 하며, 전압계는 가능한 한 커야 한다.
④ 내부저항이 전류계는 가능한 한 작아야 하며, 전압계도 가능한 한 작아야 한다.

해설

- 전류계(A) : 측정 회로에 직렬로 연결하고 내부저항이 작을수록 좋다.
- 전압계(V) : 측정 회로에 병렬로 연결하고 내부저항이 클수록 좋다.

56 고압가스 안전관리법령에 따라 다음 중 고압가스의 종류 및 범위에 해당하지 않는 것은?

> 가. 상용(常用)의 온도에서 압력이 1메가파스칼 이상이 되는 압축가스로서 실제로 그 압력이 1메가파스칼 이상이 되는 것 또는 섭씨 35도의 온도에서 압력이 1메가파스칼 이상이 되는 압축가스
> 나. 섭씨 15도의 온도에서 압력이 0파스칼을 초과하는 아세틸렌가스
> 다. 상용의 온도에서 압력이 0.2메가파스칼 이상이 되는 액화가스로서 실제로 그 압력이 0.2메가파스칼 이상이 되는 것 또는 압력이 0.2메가파스칼이 되는 경우의 온도가 섭씨 35도 이하인 액화가스
> 라. 냉동능력이 3톤 미만인 냉동설비 안의 고압가스

① 가
② 나
③ 다
④ 라

해설

냉동능력이 3톤 미만인 냉동설비 안의 고압가스는 고압가스의 종류 및 범위의 예외조건에 해당한다.

고압가스의 종류 및 범위(고압가스 안전관리법 시행령 제2조)
- 상용(常用)의 온도에서 압력(게이지압력)이 1메가파스칼 이상이 되는 압축가스로서 실제로 그 압력이 1메가파스칼 이상이 되는 것 또는 섭씨 35도의 온도에서 압력이 1메가파스칼 이상이 되는 압축가스(아세틸렌가스는 제외)
- 섭씨 15도의 온도에서 압력이 0파스칼을 초과하는 아세틸렌가스
- 상용의 온도에서 압력이 0.2메가파스칼 이상이 되는 액화가스로서 실제로 그 압력이 0.2메가파스칼 이상이 되는 것 또는 압력이 0.2메가파스칼이 되는 경우의 온도가 섭씨 35도 이하인 액화가스
- 섭씨 35도의 온도에서 압력이 0파스칼을 초과하는 액화가스 중 액화시안화수소·액화브롬화메탄 및 액화산화에틸렌가스

57 기계설비법령상 기계설비 발전 기본계획수립 주기로 올바른 것은?

① 1년
② 2년
③ 3년
④ 5년

해설

기계설비법 제5조(기계설비 발전 기본계획의 수립)
국토교통부장관은 기계설비산업의 육성과 기계설비의 효율적인 유지관리 및 성능확보를 위하여 기계설비 발전 기본계획을 5년 마다 수립·시행하여야 한다.

58 고압가스 안전관리법령에 따라 일체형 냉동기의 조건으로 틀린 것은?

① 냉매설비 및 압축기용 원동기가 하나의 프레임 위에 일체로 조립된 것
② 냉동설비를 사용할 때 스톱밸브 조작이 필요한 것
③ 응축기 유닛 및 증발유닛이 냉매배관으로 연결된 것으로 하루 냉동능력이 20톤 미만인 공조용 패키지 에어컨
④ 사용장소에 분할 반입하는 경우에는 냉매설비에 용접 또는 절단을 수반하는 공사를 하지 않고 재조립하여 냉동제조용으로 사용할 수 있는 것

일체형 냉동기(고압가스 안전관리법 시행규칙 별표 11)
냉동설비를 사용할 때 스톱밸브 조작이 필요 없는 것을 조건으로 한다.

59 공조냉동기계기사를 보유하였다면 특급 책임기계설비유지관리자가 되려면 몇 년 이상의 실무경력이 있어야 하는가?

① 3년 이상　　　　　② 5년 이상
③ 10년 이상　　　　④ 15년 이상

기계설비유지관리자의 자격 및 등급(기계설비법 시행령 별표 5의2)에 따라 공조냉동기계기사를 보유할 경우 실무경력 10년 이상이면 특급 책임기계설비유지관리자가 될 수 있다.(공조냉동기계산업기사 취득자의 경우는 실무경력 13년 이상)

60 다음 중 중대재해에 속하는 것은?

① 부상자 또는 직업성 질병자가 동시에 5명 이상 발생한 재해
② 부상자 또는 직업성 질병자가 동시에 10명 이상 발생한 재해
③ 1개월 이상의 요양이 필요한 부상자가 동시에 1명 이상 발생한 재해
④ 3개월 이상의 요양이 필요한 부상자가 동시에 1명 이상 발생한 재해

중대재해(산업안전보건법 제2조)
산업재해 중 사망 등 재해 정도가 심하거나 다수의 재해자가 발생한 경우로서 고용노동부령으로 정하는 재해를 말한다.

고용노동부령으로 정하는 재해(산업안전보건법 시행규칙 제3조)
• 사망자가 1명 이상 발생한 재해
• 3개월 이상의 요양이 필요한 부상자가 동시에 2명 이상 발생한 재해

• 부상자 또는 직업성 질병자가 동시에 10명 이상 발생한 재해

Section 04 유지보수공사관리

61 중 · 고압 가스배관의 유량(Q)을 구하는 계산식으로 옳은 것은?(단, P_1 : 처음 압력, P_2 : 최종 압력, d : 관 내경, l : 관 길이, s : 가스비중, K : 유량계수이다.)

① $Q = K\sqrt{\dfrac{(P_1 - P_2)^2 d^5}{s \cdot l}}$

② $Q = K\sqrt{\dfrac{(P_2 - P_1)^2 d^4}{s \cdot l}}$

③ $Q = K\sqrt{\dfrac{(P_1{}^2 - P_2{}^2) d^5}{s \cdot l}}$

④ $Q = K\sqrt{\dfrac{(P_2{}^2 - P_1{}^2) d^4}{s \cdot l}}$

중고압 가스배관의 유량(Q)

$Q = K\sqrt{\dfrac{(P_1^2 - P_2^2) d^5}{s \times l}}$

여기서, P_1 : 공급압력(절대압력)
　　　　P_2 : 최종압력(절대압력)
　　　　d : 관 내경, l : 관 길이
　　　　s : 가스비중, K : 유량계수

62 다음 중 체크밸브를 의미하는 배관기호는?

① 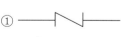　　②

③ 　　④

② 공기빼기밸브
③ 앵글밸브
④ 콕

63 강관작업에서 아래 그림처럼 15A 나사용 90° 엘보 2개를 사용하여 길이가 200mm가 되도록 연결 작업을 하려고 한다. 이때 실제 15A 강관의 길이(mm)는 얼마인가?[단, 나사가 물리는 최소 길이(여유치수)는 11mm, 이음쇠의 중심에서 단면까지의 길이는 27mm이다.]

① 142
② 158
③ 168
④ 176

> **해설**

실제 강관길이(l) 산출

$l = L - 2(A - a)$
$= 200 - 2(27 - 11)$
$= 168mm$

여기서, L : 전체 길이
　　　　A : 이음쇠의 중심에서 단면까지의 길이
　　　　a : 나사가 물리는 최소 길이(여유치수)

64 냉매 유속이 낮아지게 되면 흡입관에서의 오일 회수가 어려워지므로 오일 회수를 용이하게 하기 위하여 설치하는 것은?

① 이중 입상관
② 루프 배관
③ 액 트랩
④ 리프팅 배관

> **해설**

이중 입상관

가는 관과 굵은 관을 설치하여 흡입 및 토출배관의 오일의 회수를 용이하게 하며, 일종의 부분부하에 대처하는 효과를 가진다. 굵은 관 입구에 트랩을 설치하여 최소 부하 시는 오일이 트랩에 고여 굵은 관을 막아 가는 관으로만 가스가 통과하여 오일을 회수하고, 최대 부하 시는 두 관을 통해 가스가 통과되면서 오일을 회수한다.

65 공조배관설비에서 수격작용의 방지방법으로 틀린 것은?

① 관 내의 유속을 낮게 한다.
② 밸브는 펌프 흡입구 가까이 설치하고 제어한다.
③ 펌프에 플라이휠(Fly Wheel)을 설치한다.
④ 서지탱크를 설치한다.

> **해설**

수격작용은 펌프의 토출 측에서 발생하므로 밸브는 펌프의 토출구 가까이 설치하고 제어하여야 한다.

66 LP가스 공급, 소비 설비의 압력손실 요인으로 틀린 것은?

① 배관의 입하에 의한 압력손실
② 엘보, 티 등에 의한 압력손실
③ 배관의 직관부에서 일어나는 압력손실
④ 가스미터, 콕, 밸브 등에 의한 압력손실

> **해설**

배관의 입상에 의한 압력손실이 발생하며, 입하할 경우 중력에 의해 압력이 증가하게 된다.

67 캐비테이션(Cavitation) 현상의 발생 조건이 아닌 것은?

① 흡입양정이 지나치게 클 경우
② 흡입관의 저항이 증대될 경우
③ 흡입 유체의 온도가 높은 경우
④ 흡입관의 압력이 양압인 경우

> **해설**

흡입관의 압력이 음압인 경우 캐비테이션(Cavitation) 현상이 발생한다.

68 증기배관 중 냉각 레그(Cooling Leg)에 관한 내용으로 옳은 것은?

① 완전한 응축수를 회수하기 위함이다.
② 고온증기의 동파 방지시설이다.
③ 열전도 차단을 위한 보온단열 구간이다.
④ 익스팬션 조인트이다.

해설

냉각 레그(Cooling Leg)
• 증기주관에 생긴 증기나 응축수를 냉각시킨다.
• 냉각 다리와 환수관 사이에 트랩을 설치한다.
• 완전한 응축수를 트랩에 보내는 역할을 한다.
• 노출배관을 하고 보온피복을 하지 않는다.
• 증기주관보다 한 치수 작게 한다.
• 냉각면적을 넓히기 위해 최소 1.5m 이상의 길이로 한다.

69 병원, 연구소 등에서 발생하는 배수로 하수도에 직접 방류할 수 없는 유독한 물질을 함유한 배수를 무엇이라 하는가?

① 오수   ② 우수
③ 잡배수   ④ 특수배수

해설

배수의 성질에 의한 분류

성질	용도 및 특징
오수	화장실 대소변기에서의 배수이다.
잡배수	부엌, 세면대, 욕실 등에서의 배수이다.
우수	빗물배수로 단독배수를 원칙으로 한다.
특수배수	공장배수, 병원의 배수, 방사선 시설의 배수는 유해·위험한 물질을 포함하고 있으므로 일반적인 배수와는 다른 계통으로 처리해서 방류한다.

70 동관 이음방법에 해당하지 않는 것은?

① 타이튼 이음   ② 납땜 이음
③ 압축 이음   ④ 플랜지 이음

해설

타이튼 이음(Tyton Joint)은 원형의 고무링 하나만으로 접합을 하는 이음방법으로서 주철관의 이음방법이다.

71 하트퍼드(Hartford) 배관법에 관한 설명으로 틀린 것은?

① 보일러 내의 안전 저수면보다 높은 위치에 환수관을 접속한다.
② 저압 증기난방에서 보일러 주변의 배관에 사용한다.
③ 하트퍼드 배관법은 보일러 내의 수면을 안전수위 이하로 유지하기 위해 사용된다.
④ 하트퍼드 배관 접속 시 환수주관에 침적된 찌꺼기의 보일러 유입을 방지할 수 있다.

해설

하트퍼드 배관법은 보일러 내의 수면을 안전수위 이상으로 유지하기 위해 사용된다.

72 증기난방법에 관한 설명으로 틀린 것은?

① 저압식은 증기의 사용압력이 0.1MPa 미만인 경우이며, 주로 $10 \sim 35 kPa$인 증기를 사용한다.
② 단관 중력환수식의 경우 증기와 응축수가 역류하지 않도록 선단 하향 구배로 한다.
③ 환수주관을 보일러 수면보다 높은 위치에 배관한 것은 습식 환수관식이다.
④ 증기의 순환이 가장 빠르며 방열기, 보일러 등의 설치 위치에 제한을 받지 않고 대규모 난방용으로 주로 채택되는 방식은 진공환수식이다.

해설

환수주관을 보일러 수면보다 높은 위치에 배관한 것은 건식 환수관식이다.

중력환수식의 분류
• 건식 환수관식 : 환수주관이 보일러보다 높은 위치에 설치되고, 트랩을 설치해야 한다.
• 습식 환수관식 : 보일러의 수면보다 환수주관이 아래에 설치되고, 트랩을 설치하지 않는다.

73 온수배관 시공 시 유의사항으로 틀린 것은?

① 일반적으로 팽창관에는 밸브를 설치하지 않는다.
② 배관의 최저부에는 배수 밸브를 설치한다.
③ 공기밸브는 순환펌프의 흡입 측에 부착한다.
④ 수평관은 팽창탱크를 향하여 올림구배로 배관한다.

> 해설

공기밸브는 밀폐배관계의 가장 높은 위치에 설치하며, 순환펌프 흡입 측이 아닌 토출 측에 설치한다.

74 공장에서 제조 정제된 가스를 저장했다가 공급하기 위한 압력탱크로서 가스압력을 균일하게 하며, 급격한 수요 변화에도 제조량과 소비량을 조절하기 위한 장치는?

① 정압기
② 압축기
③ 오리피스
④ 가스홀더

> 해설

가스홀더는 수요 변화에 대응하기 위한 일종의 저장탱크이다. 가스홀더의 저장량을 통해 정전, 배관공사 등 제조나 공급의 일시적 중단 시에도 공급이 가능토록 하는 것이 주목적이다.

75 상수 및 급탕배관에서 상수 이외의 배관 또는 장치가 접속되는 것을 무엇이라고 하는가?

① 크로스 커넥션
② 역압 커넥션
③ 사이펀 커넥션
④ 에어캡 커넥션

> 해설

크로스 커넥션(Cross Connection)
상수 및 급탕배관에 상수 이외의 배관(중수도 배관 등)이 잘못 연결되는 것을 말하며, 배관 색상 등을 명확히 구분하는 등 예방책이 필요하다.

76 다음 중 밸브몸통 내에 밸브대를 축으로 하여 원판 형태의 디스크가 회전함에 따라 개폐하는 밸브는 무엇인가?

① 버터플라이밸브
② 슬루스밸브
③ 앵글밸브
④ 볼밸브

> 해설

버터플라이밸브(Butterfly Valve)
밸브판의 지름을 축으로 하여 밸브판을 회전함으로써 유량을 조정하는 밸브이다. 이 밸브는 기밀을 완전하게 하는 것은 곤란하나 유량을 조절하는 데는 편리하다.

77 지역난방의 특징에 관한 설명으로 틀린 것은?

① 대기오염물질이 증가한다.
② 도시의 방재수준 향상이 가능하다.
③ 사용자에게는 화재에 대한 우려가 적다.
④ 대규모 열원기기를 이용한 에너지의 효율적 이용이 가능하다.

> 해설

지역난방은 발전과정에서 나오는 여열(폐열)을 이용하는 것이 일반적이다. 여열(폐열)을 이용하므로 대기오염물질의 증가와는 거리가 멀다.

78 증기트랩의 종류를 대분류한 것으로 가장 거리가 먼 것은?

① 박스 트랩
② 기계적 트랩
③ 온도조절 트랩
④ 열역학적 트랩

> 해설

증기트랩의 분류
• 기계적 트랩 : 증기와 응축수 간의 비중차를 이용한다.
• 열동식 트랩(온도조절식 트랩) : 증기와 응축수 간의 온도차를 이용한다.
• 열역학적 트랩 : 증기와 응축수 간의 운동에너지 차를 이용한다.

정답　73 ③　74 ④　75 ①　76 ①　77 ①　78 ①

79 염화비닐관의 설명으로 틀린 것은?

① 열팽창률이 크다.
② 관 내 마찰손실이 적다.
③ 산, 알칼리 등에 대해 내식성이 적다.
④ 고온 또는 저온의 장소에 부적당하다.

해설

(경질)염화비닐관(PVC관)의 특성
- 내화학적(내산 및 내알칼리)이다.
- 내열성이 취약하다.
- 마찰손실이 적고, 전기 절연성과 열팽창률이 크다.

80 아래 강관 표시방법 중 "S-H"의 의미로 옳은 것은?

$$SPPS - S - H - 1965.11 - 100A \times SCH40 \times 6$$

① 강관의 종류　　② 제조회사명
③ 제조방법　　　④ 제품표시

해설

- SPPS : 관 종류
- 1965.11 : 제조년월
- SCH40 : 스케줄 번호
- S-H : 제조방법
- 100A : 호칭방법
- 6 : 길이

이 석 훈

한양대학교 졸업/서울대학교 대학원 석사과정 졸업
공조냉동기계기술사/건축기계설비기술사
건축물에너지평가사/건축시공기술사
국제기술사/APEC Engineer
한국기술사회 정회원/대한설비공학회 정회원
JS기술사사무소 대표

공조냉동기계기사 필기

발행일 | 2023. 3. 10   초판발행
　　　　 2024. 1. 10   개정1판1쇄
　　　　 2024. 5. 10   개정1판2쇄
　　　　 2025. 1. 10   개정2판1쇄

저　자 | 이석훈
발행인 | 정용수
발행처 | 예문사

주　소 | 경기도 파주시 직지길 460(출판도시) 도서출판 예문사
T E L | 031) 955 − 0550
F A X | 031) 955 − 0660
등록번호 | 11 − 76호

정가 : 33,000원

ISBN 978−89−274−5539−4 13550